Werner Groß

Digitale
Schaltungstechnik

Werner Groß

Digitale Schaltungstechnik

Mit über 500 Abbildungen und 92 Aufgaben

ISBN-13: 978-3-528-03373-6   e-ISBN-13: 978-3-322-84905-2
DOI: 10.1007/978-3-322-84905-2

Satz: Vieweg
Druck und buchbinderische Verarbeitung: pdc, Braunschweig
Gedruckt auf säurefreiem Papier

Vorwort

Moderne Elektronik ist ohne Digitaltechnik nicht denkbar, digitale Schaltungen sind die Grundelemente dieser Technik. Das vorliegende Buch zu dieser Thematik entstand aus Vorlesungsskripten des Faches Digitale Schaltungen einer mehr als 20jährigen Lehrtätigkeit auf diesem Gebiet und eigenen Arbeiten zur Vertiefung und Ergänzung des in Lehrveranstaltungen anzubietenden Stoffes.

Kapitel 1 gibt einen Überblick über den Inhalt des Fachgebietes Digitale Schaltungen und ist gleichzeitig Wegweiser durch das Buch.
Kapitel 2 behandelt die Grundelemente jeder digitalen Schaltung, die Schaltstufen mit Dioden, Bipolar- und Feldeffekttransistoren.
In Kapitel 3 werden die wichtigsten kombinatorischen Grundschaltungen vorgestellt, sie entstehen durch Ergänzung von Schaltungsteilen zu den in Kapitel 2 behandelten Schaltstufen und sind nach ihren Herstellungstechnologien und Wirkprinzipien gegliedert.
Aufbauend auf Kapitel 3 werden in Kapitel 4 bistabile, monostabile und astabile Kippschaltungen beschrieben, die aus kombinatorischen Schaltungen und zusätzlichen Rückkopplungen entstehen.
Kapitel 5 ist den Interfaceschaltungen gewidmet, um einerseits die Anpassung digitaler Schaltungen an Standardpegel und unterschiedliche Technologien, andererseits aber auch die Anpassung an systemfremde Komponenten (z.B. analoge Schaltungen) zu ermöglichen.
Kapitel 6 behandelt die schaltungstechnischen Grundprinzipien moderner Halbleiterspeicher als wichtigen Spezialfall bistabiler Kippschaltungen.
In den Kapiteln 7 und 8 werden aus den in den Kapiteln 3 und 4 dargestellten kombinatorischen und sequentiellen Grundschaltungen komplexere Schaltungen wie z.B. Kodewandler, Multiplexer, Addierer, ... bzw. Zähler, Teiler, Schieberegister und Taktgeber entwickelt.
Kapitel 9 enthält schließlich einige wenige Gedanken zur Stromversorgung digitaler Schaltungen.
Das Buch schließt mit den Lösungen zu den in den Kapiteln 1 bis 9 gestellten Aufgaben und mit den Verzeichnissen für verwendete Literaturstellen und Sachwörter.

Es wird sicher deutlich, daß das Buch nach folgenden Grundsätzen aufgebaut ist:

1. Es werden zunächst die Grundelemente digitaler Schaltungen behandelt, aus denen durch Hinzufügen weiterer Schaltungsteile kombinatorische Grundschaltungen entstehen. Diese wiederum sind Grundbausteine für sequentielle Grundschaltungen. Aus kombinatorischen und sequentiellen Grundschaltungen werden Schaltungen im MSI- und LSI-Niveau entwickelt, es wird konsequent der Weg vom Einfachen zum Komplexen gewählt.

2. Für die meisten Schaltungen wird stets die Einheit von Struktur und Verhalten betrachtet, für Grundelemente auch die Verbindung zur physischen Realisierung geschaffen. Es wird meist das statische und dynamische Verhalten der Schaltungen im Logik- und Elektrikniveau untersucht, wobei das logische Verhalten als Abstraktion des elektrischen Verhaltens dargestellt wird.

3. Das Buch versucht, eine Brücke zu schlagen zu den Nachbargebieten Halbleiterphysik, mikroelektronische Realisierung von Schaltungen, Entwurf digitaler Systeme und analoge Schaltungen.

4. Die jedem Kapitel angefügten Aufgaben ermöglichen es dem Leser, selbst seinen Wissensstand über digitale Schaltungen zu überprüfen.

Das Buch wendet sich in erster Linie an Studenten und Lehrende elektronischer Fachrichtungen an Universitäten und Hochschulen. Es soll aber auch für die Weiterbildung von Ingenieuren und als Nachschlagewerk genutzt werden.

Bedanken möchte ich mich bei den Mitarbeitern meiner ehemaligen Arbeitsgruppe, die mich in vielen Diskussionen sehr unterstützten. Ganz besonderer Dank gebührt dem Verlag Vieweg und meinem Lektor, Herrn Edgar Klementz, für die umfassende Förderung des Vorhabens und dessen Herausgabe.

Weixdorf, im September 1994 *Werner Groß*

Inhaltsverzeichnis

Symbolverzeichnis

Formelzeichen, Namen von Anschlüssen, Bauelementen und Schaltungen

Achtung: Namen von digitalen Anschlüssen können außerdem Namen logischer Variablen sein.

A	analoges Signal
A	Ausgang
A	Fläche eines Gebietes
A	logische Variable (allgemein)
A_B	Basisfläche
A_C	Kollektorfläche
A_E	Emitterfläche
A_I	Stromverstärkung in Basisschaltung bei Inversbetrieb
A_N	Stromverstärkung in Basisschaltung bei Normalbetrieb
a_ν	Wert der Stelle ν einer Zahl
B	Basisanschluß des Bipolartransistors
B	Breite eines Gebietes
B	Bulkanschluß des FET
B	Impulsbreite
B	logische Variable (allgemein)
B	Borger eines Subtrahierers
B'	innerer Basisanschluß des Bipolartransistors
b_ν	digitaler Eingang ν eines DAU bzw. Ausgang eines ADU
b_ν	logische Variable eines n-Bit breiten Wortes oder Busses
$B, \overline{B}$	wahre und negierte Bitleitung
BI	Borgereingang eines Subtrahierers
B_I	Stromverstärkung in Emitterschaltung bei Inversbetrieb
B_N	Stromverstärkung in Emitterschaltung bei Normalbetrieb
BO	Borgerausgang eines Subtrahierers
β	Leitfähigkeitskonstante eines FET
β_D	Leitfähigkeitskonstante eines n-Kanal-Depletion-FET
β_E	Leitfähigkeitskonstante eines n-Kanal-Enhancement-FET
β_L	Leitfähigkeitskonstante eines Last-FET
β_n	Leitfähigkeitskonstante eines n-Kanal-Enhancement-FET
β_{nL}	Leitfähigkeitskonstante β_n eines Last-FET
β_{nS}	Leitfähigkeitskonstante β_n eines Schalt-FET
β_p	Leitfähigkeitskonstante eines p-Kanal-Enhancement-FET
β_S	Leitfähigkeitskonstante eines Schalt-FET
C	Kollektoranschluß des Bipolartransistors
C	logische Variable (allgemein)
C	Übertrag eines Addierers
C	Kapazität
CI	Übertragseingang
CIN	Übertragseingang
CO	Übertragsausgang
COUT	Übertragsausgang
C'	Kapazitätsbelag einer Leitung
C_B	Bitleitungskapazität eines Speichers
C_{BD}	Bulk-Drain-Sperrschichtkapazität
C_{BD0}	Kapazität C_{BD} bei $U_{BD} = 0$
C_{BS}	Bulk-Source-Sperrschichtkapazität
C_{BS0}	Kapazität C_{BS} bei $U_{BS} = 0$
$C_{BS0A''}$	Kapazität C_{BS0} pro Sperrschichtfläche
$C_{BS0U'}$	Kapazität C_{BS0} pro Sperrschichtumfang
C_{CS}	Sperrschichtkapazität zwischen Basis und Kollektor
C_{CS0}	Kapazität C_{CS} bei $U_{BC} = 0$
C_D	Diffusionskapazität
C_{DC}	Diffusionskapazität des Basis-Kollektor-Überganges
C_{DE}	Diffusionskapazität des Basis-Emitter-Überganges
C_{ES}	Sperrschichtkapazität zwischen Basis und Emitter
C_{ES0}	Kapazität C_{ES} bei $U_{BE} = 0$
$C_{E\text{-}LB}$	Kapazität zwischen Emitter und Leitbahn
C_{FK}	Kapazität zwischen Floating-Gate und Kanal bei EPROM

C_G	Gate-Kapazität
C_{GB}	Gate-Bulk-Kapazität
C_{GBK}	Bulk-Anteil der Gate-Kanal-Kapazität
C_{GBO}	Gate-Bulk-Überlappungskapazität
C_{GD}	Gate-Drain-Kapazität
C_{GDK}	Drain-Anteil der Gate-Kanal-Kapazität
C_{gdk}	Drain-Anteil der Gate-Kanal-Kleinsignalkapazität
C_{GDO}	Gate-Drain-Überlappungskapazität
C_{GK}	Gate-Kanal-Kapazität
C_{GSK}	Source-Anteil der Gate-Kanal-Kapazität
C_{gsk}	Source-Anteil der Gate-Kanal-Kleinsignalkapazität
C_{GSO}	Gate-Source-Überlappungskapazität
C_L	Ladekondensator
C_L	Lastkapazität
C_L	Kapazität einer Leitung
C_{ox}	Kapazität des Gate-Oxyds
C_P	Parallelkapazität des Schwingquarzes
C_P	Parasitäre Kapazität
C_S	Kapazität einer DRAM-Speicherzelle
C_S	Sperrschichtkapazität einer Diode
C_{SF}	Kapazität zwischen Steuergate und Floating-Gate bei EPROM
C_{SS}	Kollektor-Substrat-Sperrschicht-kapazität
C_{S0}	Kapazität C_S der Diode bei $U = 0$
D	Datenleitung
D	Diode
D	logische Variable einer Datenleitung
d	logischer Wert gleichgültig (don't care)
D, $\overline{\text{D}}$	H- und L-aktiver Eingang eines D-Flip-Flop
DC	Entladetakt (Discharge)
ΔU	Spannungshub
E	Eingang
e	Elementarladung
E	Empfänger
E	logische Variable eines Einganges
ε_{ox}	Dielektrizitätskonstante des Gateoxyds
f	Frequenz
f_I	Informationsübertragungsfrequenz
f_{TI}	Transitfrequenz von Bipolartransistoren bei Inversbetrieb
f_{TN}	Transitfrequenz von Bipolartransistoren bei Normalbetrieb
ϕ	Oberflächenpotential
Φ	Takt bei Mehrphasensystemen
γ	Substrateffektkonstante
H	Hysteresebreite
H	logischer Wert High (= 1)
I	logische Variable Strom
I	zeitlich konstanter Strom
i	zeitlich sich ändernder Strom
I_B	Basisstrom
I_{BC}	Strom der Basis-Kollektor-Diode
I_{BC0}	Sättigungsstrom der Basis-Kollektor-Diode
I_{BD}	Strom der Bulk-Drain-Diode
I_{BD0}	Sättigungsstrom der Bulk-Drain-Diode
I_{BE}	Strom der Basis-Emitter-Diode
I_{BE0}	Sättigungsstrom der Basis-Emitter-Diode
I_{BS}	Strom der Bulk-Source-Diode
I_{BS0}	Sättigungsstrom der Bulk-Source-Diode
$I_{B\ddot{U}}$	Basisstrom eines Bipolartransistors an der Übersteuerungsgrenze
I_{BX}	Basisstrom im EIN-Zustand eines Bipolartransistors
I_{BY}	Basisstrom beim Ausschalten eines Bipolartransistors
I_C	Kollektorstrom
I_{CB}	Strom der Kollektor-Basis-Diode
I_{CE}	Quellenstrom zwischen Kollektor und Emitter
I_{CE0}	Quellensättigungsstrom zwischen Kollektor und Emitter
I_{CX}	Kollektorstrom im EIN-Zustand eines Bipolartransistors
I_D	Diodenstrom
I_D	Drainstrom
I_E	Emitterstrom
I_{EB}	Strom der Emitter-Basis-Diode
I_{EC}	Quellenstrom zwischen Emitter und Kollektor
I_S	Sättigungsstrom einer Diode
J, $\overline{\text{J}}$	H- und L-aktiver Eingang eines JK-Flip-Flop
k	Ausschaltfaktor
k	Rückkopplungsfaktor
k	Tastverhältnis von Impulsen

$K, \overline{K}$	H- und L-aktiver Eingang eines JK-Flip-Flop
κ	spezifischer Leitwert
L	Induktivität
L	Kanallänge eines FET
l	Länge einer Leitung
L	Länge eines Gebietes
L	logischer Wert Low ($= 0$)
L'	Induktivitätsbelag einer Leitung
λ	Faktor der Kanallängenverkürzung
m	Korrekturfaktor der Temperaturspannung
m	Übersteuerungsgrad
m	Zahl der Eingänge von Schaltstufen (Einfächerung)
m_E	Korrekturfaktor der Temperaturspannung der Basis-Emitter-Diode
m_C	Korrekturfaktor der Temperaturspannung der Basis-Kollektor-Diode
μ_n	mittlere Beweglichkeit der Elektronen
n	Zahl der Ausgänge von Schaltstufen (Ausfächerung)
n	Zahl der Elektronen in einem Gebiet
n	Zahl der Leitungen eines Busses
n	Zahl verzweigter Leitungen
PC	Vorladetakt (Precharge)
P_V	Verlustleistung
Q	Güte eines Schwingkreises
Q	Ladung
$Q, \overline{Q}$	wahrer und negierter Ausgang eines Flip-Flop
Q_0	fest eingebaute Ladungen im Kanal eines FET
Q_{BE}	Basisladung bei Normalbetrieb
Q_n	bewegliche Ladungen im Kanal eines FET
R	Widerstand
$R, \overline{R}$	H- und L-aktiver Eingang (RESET, CLEAR) eines RS-Flip-Flop
R_B	Basiswiderstand
R_C	Kollektorwiderstand
R_{CE}	Widerstand zwischen Kollektor und Emitter
R_D	Drainwiderstand
R_E	Eingangswiderstand
R_E	Emitterwiderstand
R_G	Generatorinnenwiderstand
R_{GX}	Generatorinnenwiderstand beim H-Pegel ($= R_G(H)$)
R_{GY}	Generatorinnenwiderstand Beim L-Pegel ($= R_G(L)$)
R_K	Emitterwiderstand
R_S	Schutzwiderstand
R_S	Übergangswiderstand eines Schalters
R_{SB}	Schichtwiderstand der äußeren Basis
R_{SBI}	Schichtwiderstand der inneren Basis
R_Z	Zusatzwiderstand
ρ	spezifischer Widerstand
S	logische Variable eines Steuereinganges
S	Schalter
S	Sender
S	Sender
S	Steuereingang
S	Stromdichte
$s(t)$	Sprungfunktion
$S, \overline{S}$	H- und L-aktiver Eingang (SET, PRESET) eines RS-Flip-Flop
T	absolute Temperatur
T	Impulsdauer
T	logische Variable einesTakteinganges
T	Periodendauer von Impulsen
T	Schwellwert
T	Takteingang
T	Transistor
T	Verweilzeit von Monoflop
t	Zeit
t_a	Anstiegszeit bei Pegeländerungen von 0% auf 90% oder 10% auf100%
t_{ACC}	Speicherzugriffszeit
t_a'	Anstiegszeit bei Pegeländerungen von 0% auf 100%
t_{CD}	Deselektionszeit von Speicherschaltkreisen
t_{CS}	Selektionszeit von Speicherschaltkreisen
t_d'	Einschaltverzögerungszeit bei Pegeländerungen von 0% auf 0%
t_f	Abfallzeit bei Pegeländerungen von 90% auf 0% oder 100% auf 10%
t_f'	Abfallzeit bei Pegeländerungen von 100% auf 0%
T_H	Zeitdauer des H-Pegels
t_{HL}	Abfallzeit
t_{HOLD}	HOLD-Zeit eines getakteten Flip-Flop

T_L	Zeitdauer des L-Pegels
t_{LH}	Anstiegszeit
t_{PHL}	Abfallverzögerungszeit
t_{PLH}	Anstiegsverzögerungszeit
t_{Prell}	Prellzeit eines Schalters
t_s'	Speicherzeit bei Pegeländerungen von 100% auf 100%
t_{SETUP}	SETUP-Zeit eines getakteten Flip-Flop
t_V	Verzögerungszeit
τ	Laufzeit
τ	Zeitkonstante
τ	Laufzeit der Welle auf einer Leitung
τ_B	Lebensdauer von Ladungen in der Basis bei Normalbetrieb
τ_C	Laufzeit von Ladungen durch die Basis bei Normalbetrieb
τ_D	Diodenzeitkonstante
τ_E	Laufzeit von Ladungen durch die Basis bei Inversbetrieb
τ_S	Speicherzeitkonstante
U	Umfang eines Gebietes
U	zeitlich konstante Spannung
u	zeitlich sich ändernde Spannung
$\hat{U}$	Spitzenwert einer analogen Spannung
U_0	Betriebsspannung
U_{0B}	Betriebsspannung an die Basisleitung angeschlossen
U_{0C}	Betriebsspannung an die Kollektorleitung angeschlossen
U_{0D}	Betriebsspannung an die Drainleitung angeschlossen
U_{0E}	Betriebsspannung an die Emitterleitung angeschlossen
U_{0G}	Betriebsspannung an die Gateleitung angeschlossen
U_a	Analoge Ausgangsspannung
U_A	Ausgangsspannung
U_B	Bitleitungsspannung
U_B	Bulk-Spannung eines FET
$U_{B'C}$	Spannung zwischen innerer Basis und Kollektor
$U_{B'E}$	Spannung zwischen innerer Basis und Emitter
U_{BC}	Basis-Kollektor-Spannung
U_{BCX}	Basis-Kollektor-Spannung im EIN-Zustand
U_{BE}	Basis-Emitter-Spannung
U_{BEF}	Basis-Emitter-Flußspannung
U_{BEX}	Basis-Emitter-Spannung im EIN-Zustand
U_{BEY}	Basis-Emitter-Spannung im AUS-Zustand
$U_{CB'}$	Spannung zwischen Kollektor und innerer Basis
U_{CE}	Kollektor-Emitter-Spannung
U_{CES}	Kollektor-Emitter-Sättigungsspannung
U_{CEX}	Kollektor-Emitter-Spannung im EIN-Zustand
U_{CS}	Spannung auf der Speicherkapazität C_S
U_{DS}	Drain-Source-Spannung eines FET
U_e	Analoge Eingangsspannung
U_{eff}	Effektivwert einer Spannung
U_E	Eingangsspannung
$U_{EB'}$	Spannung zwischen Emitter und innerer Basis
U_{EC}	Emitter-Kollektor-Spannung
U_F	Flußspannung
U_G	Generatorspannung
U_{GD}	Gate-Drain-Spannung eines FET
U_{GS}	Gate-Source-Spannung eines FET
U_{GX}	Generatorleerlaufspannung beim H-Pegel (= $U_G(H)$)
U_{GY}	Generatorleerlaufspannung beim L-Pegel (= $U_G(L)$)
U_L	Betriebsspannung externer Lastelemente
U_R	Referenzspannung
U_{READ}	Lesespannung von Speichern
U_S	Schwellspannung
U_S	statische Störsicherheit
U_{SH}	statische Sicherheit gegen Störungen des Eingangs-H-Pegels
U_{SL}	statische Sicherheit gegen Störungen des Eingangs-L-Pegels
U_T	Temperaturspannung (25,25mV bei 20°C)
U_{TD}	Schwellspannung eines n-Kanal-Depletion-FET
U_{TE}	Schwellspannung eines n-Kanal-Enhancement-FET
U_{Tn}	Schwellspannung eines n-Kanal-Enhancement-FET
U_{Tp}	Schwellspannung eines p-Kanal-Enhancement-FET

$\ddot{u}$	Übertragungsverhältnis eines Transformators
v	Ausbreitungsgeschwindigkeit der Welle auf einer Leitung
v	Verstärkung
W	Kanalbreite eines FET
W	logische Variable einer Wortleitung
W	Übergangsbereich zwischen den Pegeln
W	Wortleitung
ω	Kreisfrequenz
ω_0	Reihenresonanzfrequenz des Schwingquarzes
x	Eindringtiefe
x	Laufvariable einer Länge
X	logischer Wert unbekannt oder undefiniert (= U)
Z	logischer Wert hochohmig
Z	Wellenwiderstand einer Leitung

Verzeichnis der Abkürzungen

AB	Adreßbus
ADU	Analog-Digital-Umsetzer
AL-LB	Aluminium-Leitbahn
ASIC	Anwenderspezifischer integrierter Schaltkreis (Application Specific Integrated Circuit)
BCD	Binär Codierte Dezimalzahl
BiCMOS	Kombinierte Bipolar-CMOS-Schaltung
CAD	Rechnerunterstützter Entwurf (Computer Aided Design)
CMOS-	Komplementärer MOS- (Complementary MOS-)
CSGT	CMOS-Silicon-Gate-Technologie (Complementary Silicon Gate Technology)
D-FF	Flip-Flop mit einem Dateneingang
DAU	Digital-Analog-Umsetzer
DCTL-FF	FF mit direkt gekoppelter Transistologik (Direct Coupled Transistor Logic)
DFET	Verarmungs-FET (Depletion-FET)
DIB	Dateneingangsbus
DOB	Datenausgangsbus
DRAM	Dynamischer RAM (Dynamic RAM)
DRC	Prüfung auf Einhaltung von Layoutentwurfsregeln (Design Rules Check)
EAROM	ROM mit der Möglichkeit des mehrfachen selektiven Löschens und der Neuprogrammierung (Electrically Alternable ROM)
ECL	Emitter-gekoppelte Logik (Emmitter Coupled Logic)
ED-	Anreicherungs-Verarmungs- (Enhancement-Depletion-)
EE-	Anreicherungs-Anreicherungs- (Enhancement-Enhancement-)
EFET	Anreicherungs-FET (Enhancement-FET)
EPROM	PROM mit der Möglichkeit des mehrfachen globalen Löschens und der Neuprogrammierung (Erasable PROM)
ERC	Prüfung auf Einhaltung elektrischer Entwurfsregeln (Electrical Rules Check)
FET	Feldeffekttransistor (Field Effect Transistior)
FF	Flip-Flop
FPGA	Logikanordnung mit flüchtigen Programmiermöglichkeiten (Field Programmable Gate Array)
FPLA	Logikanordnung mit nichtflüchtigen Programmiermöglichkeiten in der AND- und OR-Matrix (Field Programmable Logic Array)
I^2L	Integrierte Injektionslogik (Integrated Injection Logic)
I/O-	Eingangs/Ausgangs- (Input/Output-)
JK-FF	Flip-Flop mit J- und K-Eingängen
L-FET	Last-FET
LRC	Prüfung auf Einhaltung logischer Entwurfsregeln (Logical Rules Check)
LSB	Niedrigwertigstes Bit (Least Significant Bit)
LSI	Großintegration (Large Scale Integration)
LSTTL	Low-Power-Schottky-TTL
MF	Monoflop
MISFET	Metall-Isolator-Halbleiter-FET (Metal Isolator Semiconductor FET)
MOS-	Metall-Oxyd-Silizium- (Metal Oxid Semiconductor-)
MSB	Höchstwertiges Bit (Most Significant Bit)
MSI	Mittelintegration (Medium Scale Integration)
NBG	niederohmig begrabenes Gebiet
NMOS-	n-Kanal-MOS- (n Channel MOS-)
NSGT	n-Kanal-Silicon-Gate-Technologie (n Channel Silicon Gate Technology)
PAL	Logikanordnung mit nichtflüchtigen Programmiermög-

	lichkeiten in der AND-Matrix (Programmable Array Logic)
PLD	Programmierbare Logikanordnung (Programmable Logic Device)
PROM	Progammierbarer ROM (Programmable ROM)
RAM	Schreib-Lese-Speicher (Random Access Memory)
ROM	Nur-Lese-Speicher (Read Only Memory)
RS-FF	Flip-Flop mit Setz- und Rücksetz-Eingängen
S-FET	Schalt-FET
STTL	Schottky-TTL
T-FF	Teiler-Flip-Flop (2:1-Teiler)
SRAM	Statischer RAM (Static RAM)
SSI	Niedrigintegration (Short Scale Integration)
TTL	Transistor-Transistor-Logik
ULSI	Ultrahochintegration (Ultra Large Scale Integration)
VCO	Spannungs-Frequenz-Umsetzer (Voltage Controlled Oszillator)
VG	Verzögerungsglied
VLSI	Höchstintegration (Very Large Scale Integration)

1 Einführung in das Fachgebiet

Das Niveau einer modernen Gesellschaft und ihr Entwicklungstempo hängen immer stärker davon ab, wie effektive Informationstechnologien in nahezu allen Bereichen verfügbar sind und eingesetzt werden. Träger der Information sind dabei vorrangig elektrische Signale, die in elektronischen Schaltungen erzeugt werden bzw. durch Wandlung aus anderen Energieformen entstehen. Die Verarbeitung und Weiterleitung dieser Signale erfolgt ebenfalls mit Hilfe elektronischer Schaltungen, ehe sie zur Darstellung oder zur Steuerung von Anlagen und Prozessen wieder in andere Energieformen gewandelt werden.

Auf Grund der wachsenden Anforderungen an die Leistungsfähigkeit informationsverarbeitender Strukturen werden elektronische Schaltungen zunehmend komplexer. Die immer bessere Beherrschung moderner Technologien gibt zudem die Möglichkeit, solche Informationssysteme zu miniaturisieren und zu integrieren. So werden z.B. heute elektronische Schaltungen in einer leistungsfähigen Mikroelektronikindustrie als Schaltkreise in einem breiten Spektrum des Integrationsgrades hergestellt und lösen oft Aufgaben kompletter Informationsverarbeitungssysteme.

Die elektrischen Signale als Träger der Information unterteilt man in analoge und digitale Signale, daraus ergeben sich unterschiedliche Schaltungstechniken, nämlich analoge und digitale Schaltungen. Sie werden aus methodischen Gründen meist getrennt behandelt, obwohl es eine Reihe Gemeinsamkeiten gibt und zunehmend analoge und digitale Schaltungen in einem System zusammenwirken. Das vorliegende Buch widmet sich den bisherigen Traditionen folgend den digitalen Schaltungen, aber auch der Nahtstelle zur Analogtechnik.

1.1 Digitale Signale

1.1.1 Definition digitaler Signale

Das Wort digital hat wahrscheinlich seinen Ursprung im Lateinischen und bedeutet: „mit dem Finger"! Eine daraus abgeleitete mathematisch-technische Bedeutung führt zu „mit abgegrenzten, diskreten oder quantisierten Wertstufen".

Digitale Signale sind also Signale mit diskreten Wertstufen im Gegensatz zu analogen Signalen mit einem kontinuierlichen Wertevorrat. Die von der digitalen Schaltungstechnik zu bearbeitenden Signale können bereits in diskreten Wertstufen vorliegen (z.B. Ziffern) oder müssen aus einem kontinuierlichen Signalverlauf erst erzeugt werden. Bild 1-1 zeigt den prinzipiellen Weg dieser Diskretisierung zur Gewinnung digitaler Signale aus analogen Signalen.

Zunächst muß die Zahl der diskreten Signalwerte festgelegt werden. Im angegebenen Beispiel wurden die 4 Signalwerte 0,1,2,3 gewählt. Die eindeutige Zuordnung der analogen Signalwerte zu digitalen Signalwerten erfordert außerdem die Einführung von Schwellen (siehe Bild 1-1b), es entsteht ein quantisiertes Signal $Z_1(t)$, das eine nur sehr ungenaue Abbildung des ursprünglichen Signals darstellt. Die Genauigkeit der Abbildung wird jedoch umso besser, je größer die Zahl der Signalwerte ist. Tastet man nun das quantisierte Signal $Z_1(t)$ zu diskreten Zeiten ab, so entsteht das in Bild 1-1c angegebene Signal $Z_2(t)$. Leider ist die Verarbeitung digitaler Signale mit mehr als 2 Signalwerten (mehrwertige Signale) sehr aufwendig, so daß nachfolgend eine Wandlung in zweiwertige Signale erfolgen muß. Dabei steigt die Zahl der zweiwertigen Impulse n zur Darstellung eines mehrwertigen Signalwertes m entsprechend an, es gilt

$$m = 2^n. \tag{1.1}$$

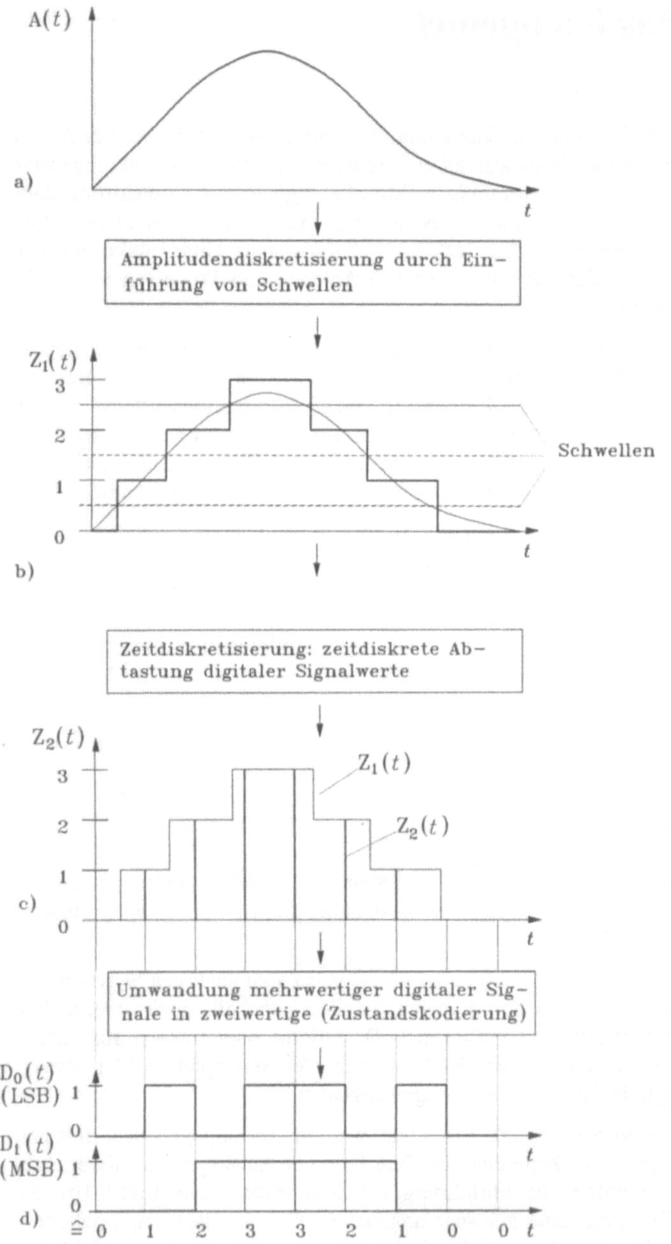

Bild 1-1 Prinzip der Wandlung analoger Signale in digitale Signale

So läßt z.B. ein 10 Bit breites zweiwertiges Signal die Darstellung von 1024 Signalwerten zu. Die Zuordnung der Signalwerte zur 2-wertigen Darstellung nennt man Kodierung. Im Beispiel Bild 1-1d wurde für die 4 Signalwerte der Dual- oder Binärkode gewählt (siehe Tabelle 1-1).

Tabelle 1-1 Binäre Kodierung der Signalwerte

Signalwert	D_1	D_0
0	0	0
1	0	1
2	1	0
3	1	1

Dabei heißt das niederwertigste Bit D_0 stets LSB (Least Significant Bit), das höchstwertige (im Beispiel D_1) MSB (Most Significant Bit). Der digitale Signalwert in Bild 1-1d wurde über die Dauer des Abtastimpulses hinaus jeweils so lange erhalten (gespeichert), bis ein neuer Signalwert vorliegt.

Die nahezu ausschließliche Verwendung zweiwertiger Signale in der digitalen Schaltungstechnik ermöglicht es, diese Signale sehr einfach zu beschreiben und zu verarbeiten.
Die beiden Zustände können z.B. sein:

– Signalwert Hoch oder Tief, H oder L.

– Spannung Hoch oder Tief, U(H) oder U(L)

– Strom vorhanden oder nicht, I(H) oder I(L)

– Ladung Hoch oder Tief, Q(H) oder Q(L).

Die technische Realisierung digitaler Schaltungen mit 2 Zuständen kann sehr einfach und sehr gut durch gesteuerte Schalter erfolgen, z.B. mit den Schalterzuständen offen und geschlossen, wie in Bild 1-2 gezeigt wird.

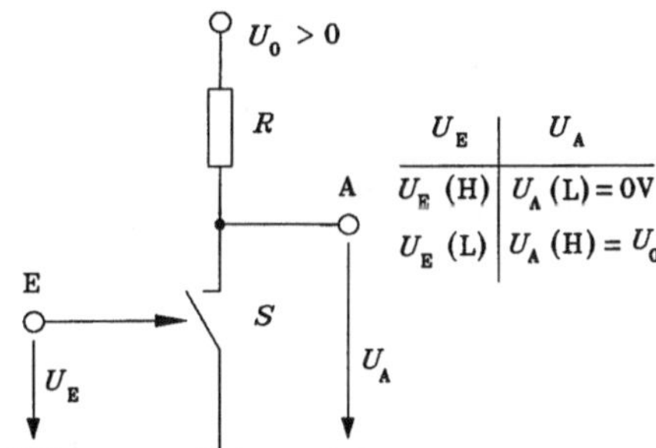

Bild 1-2
Digitale Grundschaltung mit Schalter

Für $U_E = U_E$(H) soll der Schalter geschlossen sein, U_A wird U_A(L) = 0V. Ist hingegen U_E = U_E(L), so ist der Schalter offen, U_A ergibt sich somit zu U_A(H) = U_0 > 0. Die Schaltung invertiert das Eingangssignal, sie stellt einen einfachen Inverter oder Negator dar. Die tatsächliche Realisierung elektronischer Schalter erfolgt durch Dioden, Bipolar- oder Feldeffekttransistoren.

1.1.2 Beschreibung digitaler Signale

Digitale Signale können durch elektrische Parameter (Spannung, Strom, Ladung) oder daraus abgeleitet in abstrakteren höheren Niveaus, z.B. im Architekturniveau, im Register-Transfer-Niveau oder im Logikniveau, durch abstrakte Zustände beschrieben werden. Im vorliegenden Buch werden nur Beschreibungen im Elektrik- oder Logikniveau benutzt.

Bild 1-3 zeigt die typische Übertragungskennlinie eines Inverters mit realen Bauelementen (der Schalter in Bild 1-2 wurde dazu durch einen Transistor ersetzt). Auf Grund von Parameterschwankungen (Bauelementeparameter, Versorgungsspannungen bzw. -ströme, Bedingungen der Zusammenschaltung digitaler Schaltungen) müssen die Bereiche für die L- und H-Pegel am Eingang und am Ausgang festgelegt werden. Die Festlegung erfolgt so, daß sich L- und H-Pegel deutlich unterscheiden und außerdem kleine Schwankungen der Eingangspegel keinen Einfluß auf die Ausgangspegel haben.

Schaltet man Inverter mit gleicher Übertragungskennlinie in Kette, so wird die Ausgangsspannung des einen Inverters zur Eingangsspannung des nachfolgenden (s. Bild 1-3). Die Schwankungsbreite der H- und L-Pegel wird mit

$$U_{A,E}(L,H)_{min} \leq U_{A,E}(L,H) \leq U_{A,E}(L,H)_{max} \tag{1.2}$$

angegeben. Im Übergangsbereich zwischen L- und H-Pegel sind digitale Signale nicht definiert, es

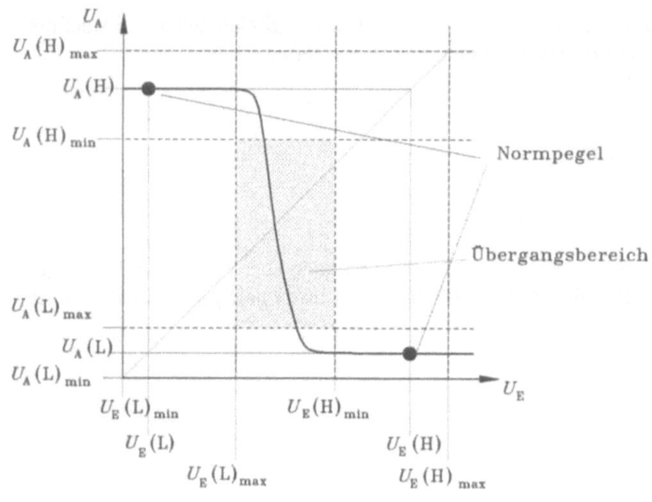

Bild 1-3
Übertragungskennlinie und Pegeltoleranzen

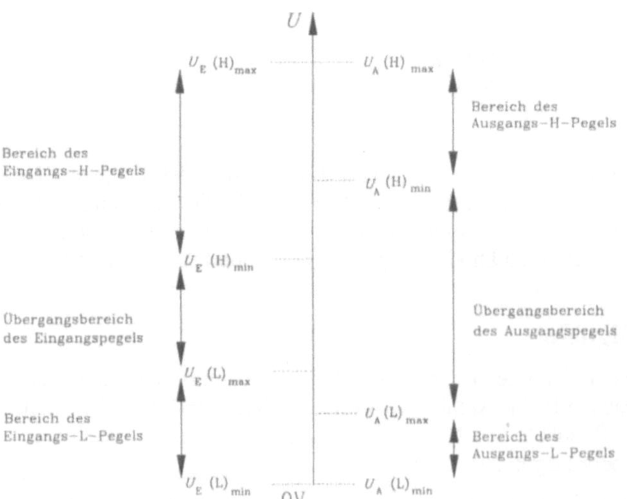

Bild 1-4
Spannungsskala digitaler Signale

ist der typische Arbeitsbereich analoger Schaltungen. Die Bereiche digitaler Signalpegel werden nochmals in Bild 1-4 an der Spannungsskala deutlich.

Die größeren Toleranzbereiche der Eingangspegel bieten eine zusätzliche Sicherheit gegen Schwankungen der Ausgangspegel einer den Inverter ansteuernden gleichartigen Stufe. Diese Sicherheit heißt statische Störsicherheit,

$$U_{\text{SH}} = U_{\text{A}}(\text{H})_{\text{min}} - U_{\text{E}}(\text{H})_{\text{min}},\tag{1.3}$$

$$U_{\text{SL}} = U_{\text{A}}(\text{L})_{\text{max}} - U_{\text{E}}(\text{L})_{\text{max}}.\tag{1.4}$$

Digitale Schaltungen bilden oft logische Funktionen nach, die im Logikniveau beschrieben werden können. Abstrahiert man demzufolge vom Elektrikniveau in das Logikniveau, so werden aus Spannungen, Strömen und Ladungen logische Zustände, wie in Tabelle 1-2 gezeigt ist.

Tabelle 1-2 Digitale Signale im Elektrik- und Logikniveau

	Elektrikniveau	Logikniveau
L-Pegel	$U(\text{L})_{\text{min}} \leq U(\text{L}) \leq U(\text{H})_{\text{max}}$	L = 0
Übergangsbereich W	$U(\text{L})_{\text{max}} \leq U \leq U(\text{H})_{\text{min}}$	X
H-Pegel	$U(\text{H})_{\text{min}} \leq U(\text{H}) \leq U(\text{H})_{\text{max}}$	H = 1

Für den Zustand L (Low) wird oft der logische Wert 0, für den Zustand H (High) der logische Wert 1 verwendet. Der für digitale Signale ungeeignete Übergangsbereich W führt im Logikniveau zu dem Zustand X: „unbestimmt".

X hat im allgemeinen 2 Bedeutungen:

1. wird ausgedrückt, daß bei einer kontinuierlichen Spannungsänderung im Elektrikniveau im Logikniveau ein undefinierter Zustand auftritt,

2. drückt X auch unbekannte Zustände von Knoten aus, wenn z.B. Eingangssignale beim Einschalten einer Schaltung diesen Knoten noch nicht erreicht haben.

Zunächst jedoch soll in den einführenden Betrachtungen auf den Zustand X verzichtet werden, so daß von einer Logik mit 2 Werten (L und H oder 0 und 1) ausgegangen werden kann.

1.1.3 Erzeugung zweiwertiger digitaler Signale (binärer Signale)

1. Zweiwertige digitale Signale können direkt erzeugt werden, (z.B. aus Generatoren oder anderen Signalquellen), wenn nur binäre Entscheidungen (ja/nein; wahr/falsch; hoch/tief; ...) vorkommen.

2. Sehr oft liegen jedoch Entscheidungen in diskreter Form mit mehr als 2 Zuständen vor (z.B. Unterscheidung von Ziffern, Buchstaben bzw. generell Zeichen oder mehrwertige Signale aus technischen Prozessen). Dann muß mit Hilfe einer geeigneten Kodierung (siehe Bild 1-1c und d) die Umsetzung in zweiwertige Signale erfolgen. Eine einfache Kodierung n-wertiger Signale erfolgt nach dem Stellenwert entsprechend dem üblichen Dezimalsystem.

Für das Dezimalsystem (n = 10) gilt mit

$$W = a_{n-1}\,10^{n-1} + a_{n-2}\,10_{n-2} + ... + a_1\,10^1 + a_0\,10^0\tag{1.5}$$

$$= \sum_{\nu=0}^{n-1} a_\nu \cdot 10^\nu$$

mit $\{\, a_\nu \,\} = 0, 1, 2, ..., 9$.

Der Wert W einer Dezimalzahl wird i.a. kürzer stellenwertorientiert angegeben,

$$W = a_{n-1}\, a_{n-2} \,...a_1\, a_0. \tag{1.6}$$

Wählt man z.B. $n = 3$, so lassen sich $m = 10^n = 10^3$ Signalwerte darstellen und zwar die Zahlen 000 bis 999. Ganz analog dazu erhält man für Zahlen im Binärsystem:

$$W = a_{n-1}\, 2^{n-1} + a_{n-2}\, 2^{n-2} + ... + a_1\, 2^1 + a_0\, 2^0 \tag{1.7}$$

$$= \sum_{\nu=0}^{n-1} a_\nu \cdot 2^\nu$$

mit $\{a_\nu\} = 0, 1,$

oder in verkürzter Schreibweise analog zu Gl. (1.6)

$$W = a_{n-1}\, a_{n-2} \,...a_1\, a_0.$$

Mit $n = 3$ ergeben sich nun allerdings nur

$$m = 2^n = 2^3 = 8$$

Signalwerte. Diese Kodierung nach dem Stellenwert heißt Dual- oder Binärkode. Existieren also diskrete Signale mit m Signalwerten, so läßt sich über eine entsprechende Kodewandlung ein zweiwertiger Kode erzeugen, z.B. der eben besprochene Binärkode. So wird die Zahl $W = 19$ im Binärkode zu

$$W = 1 \cdot 2^4 + 0 \cdot 2^3 + 0 \cdot 2^2 + 1 \cdot 2^1 + 1 \cdot 2^0$$

$$= 1\ 0\ 0\ 1\ 1.$$

3. Sollen analoge Signale in digitalen Schaltungen verarbeitet werden, sind diese in zweiwertige digitale Signale über Analog-Digital-Umsetzer (ADU) zu wandeln. Dabei laufen die in Bild 1-1a bis d angegebenen Schritte ab.

1.2 Grundelemente digitaler Schaltungen

Digitale Schaltungen erzeugen, verarbeiten und speichern digitale Signale bzw. wandeln sie in andere Signalarten. Die dazu benötigten Elemente der digitalen Schaltungstechnik sind im wesentlichen

− kombinatorische Grundschaltungen,

− sequentielle Grundschaltungen,

− Impulsgeneratoren,

− sowie Schaltungen zur Pegel-, und Signalumsetzung.

Alle diese Schaltungen beinhalten ein Grundelement der digitalen Schaltungstechnik, den elektronischen Schalter, oder exakter die Schaltstufe, wie sie bereits in Bild 1-2 dargestellt ist. Deshalb ist die Beherrschung der Schaltstufenprinzipien eine Grundvoraussetzung für das Verstehen digitaler Schaltungen.

1.2.1 Schaltstufen

Schaltstufen sind digitale Schaltungen zur Verarbeitung eines einzigen Eingangssignals E. Sie können dieses Eingangssignal negiert oder nicht negiert zum Ausgang A leiten. Daraus ergeben sich die beiden möglichen Funktionstabellen (Tabelle 1-3).

Tabelle 1-3 Funktionstabellen von Schaltstufen

E	A
0	1
1	0

negierende Schaltstufe

E	A
0	0
1	1

nicht negierende Schaltstufe

Die logische Funktion der negierenden Schaltstufe heißt Negation

$$A = \overline{E} \tag{1.8}$$

und wird durch den Querstrich über der negierten Größe dargestellt. Die logische Funktion der nicht negierenden Schaltstufe wird Identität genannt,

$$A = E. \tag{1.9}$$

Das Schaltungssymbol einer Negation bzw. Identität zeigt Bild 1-5.

$$A = \overline{E}$$

Negation

$$A = E$$

Identität

Bild 1-5
Schaltungssymbole für Negation und Identität

Der Aufbau von Schaltstufen aus elektronischen Schaltern erfolgt im wesentlichen nach drei Prinzipien (siehe Bild 1-6).

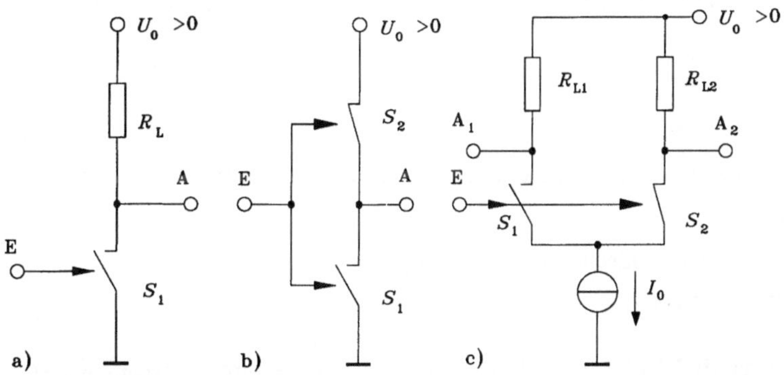

Bild 1-6 Schaltstufenprinzipien

Die Schalter S_1 sollen als Arbeitskontakte wirken, d.h., sie sind geschlossen, wenn ihre Steuervariable mit High (H,1) belegt ist. Die Schalter S_2 arbeiten als Ruhekontakte, sie sind geschlossen, wenn ihre Steuervariable mit Low (L,0) belegt ist. Die in Bild 1-6 gezeigte Schalterstellung gilt deshalb für E = L. Die Schaltung Bild 1-6a benutzt einen einzigen Schalter, für E = H wird A = L, die Ausgangsspannung U_A(L) erreicht das Massepotential. Für E = L ist der Schalter offen, A wird H, die Ausgangsspannung wird gleich der Betriebsspannung, U_A(H) = U_0.

Die Schaltung Bild 1-6b benutzt komplementär wirkende Schalter, so daß mit einer einzigen Steuervariablen gearbeitet werden kann. Dieses Prinzip wird vor allem in CMOS-Schaltungen verwendet.

Die Schaltung nach Bild 1-6c schaltet den Strom I_0 der Stromquelle nur um, A_1 liefert also die Negation und A_2 die Identität,

$$A_1 = \overline{E} \; , \; A_2 = E.$$

Dieses Prinzip wird in der bipolaren ECL-Technik angewendet. Die Besonderheiten der einzelnen Schaltstufenprinzipien werden im Abschnitt 2 behandelt.

Aus den Prinzipschaltungen nach den Bildern 1-2 und 1-6 lassen sich jedoch bereits wichtige Erkenntnisse zu den grundlegenden Eigenschaften digitaler Schaltungen ableiten. Dabei wird zwischen statischen und dynamischen Eigenschaften unterschieden.

1. Statische Eigenschaften

– Logische Funktion

    Für die Schaltstufe gilt A = $\overline{E}$ bzw. A = E.

– Größe der statischen Pegel

    U_E(L), U_E(H), U_A(L), U_A(H)

und daraus abgeleitet Größe des Spannungshubes ΔU, der den Unterschied zwischen H- und L-Pegel deutlich macht

$$\Delta U = U_A(H) - U_A(L) = U_E(H) - U_E(L) \tag{1.10}$$

– Grenzen der H- u. L-Pegel, insbesondere

    $U_A(L)_{max}$, $U_A(H)_{min}$, $U_E(L)_{max}$, $U_E(H)_{min}$

und daraus abgeleitet statische Störsicherheiten gegen Störungen der Eingangsspannung (Gl. (1.3) und (1.4))

$$U_{SH} = U_A(H)_{min} - U_E(H)_{min}$$

$$U_{SL} = U_E(L)_{max} - U_A(L)_{max}$$

– Stromaufnahme aus der Versorgungsspannungsquelle in den beiden Zuständen

    I(E = H), I(E = L)

und daraus abgeleitet eine mittlere statische Verlustleistung

$$P_V = \frac{1}{2}U_0(I(E = H) + I(E = L)). \tag{1.11}$$

Während die Schaltung nach Bild 1-6b keinen Gleichstrompfad zwischen Betriebsspannung U_0 und Masse aufweist, also bei Leerlauf am Ausgang keine statische Verlustleistung auftritt, fließt in Schaltung Bild 1-6a bei geschlossenem Schalter Strom zwischen U_0 und Masse, P_v wird also

$$P_V = \frac{U_0^2}{2R_L}.$$

(1.12)

In der Schaltung Bild 1-6c wird der Strom nur umgeschaltet, die Verlustleistung ist also konstant und beträgt

$$P_V = U_0 \cdot I_0.$$

(1.13)

2. Dynamische Eigenschaften

Da elektronische Bauelemente nicht verzögerungsfrei schalten können, sind die Reaktionen des Ausgangs der Schaltstufe gegenüber dem Eingangssignal verzögert (siehe Bild 1-7 für Negatoren).

Die Verzögerungszeit der fallenden Flanke am Ausgang heißt t_{PHL}, die der steigenden t_{PLH}. t_{PLH} und t_{PHL} müssen nicht identisch sein. Bild 1-7 zeigt auch, daß die Funktion $A = \overline{E}$ nur im eingeschwungenen Zustand richtig ist, sie gilt nicht während dynamischer Übergangsprozesse.

Untersucht man das Verhalten von Negatoren genauer im Elektrikniveau, so werden aus den idealen Flanken im Logikniveau (siehe Bild 1-7) reale Flanken, die oft durch Geraden angenähert werden (Bild 1-8).

Dabei sind bei Kettenschaltung mehrerer gleicher Negatoren die Anstiegszeiten t_{LH} am Ein- und Ausgang identisch, ebenso die Abfallzeiten t_{HL}, es entstehen systemeigene Flanken. Die in Bild 1-7 angegebenen Verzögerungszeiten können aus Bild 1-8 entnommen werden, wenn man dazu einen entsprechenden Bezugspunkt (Schwellwert U_S) einführt, z.B.

$$U_S = \frac{1}{2}(U(H) + U(L)).$$

(1.14)

Die ausführliche Behandlung von Schaltstufen ist Gegenstand des Kapitels 2.

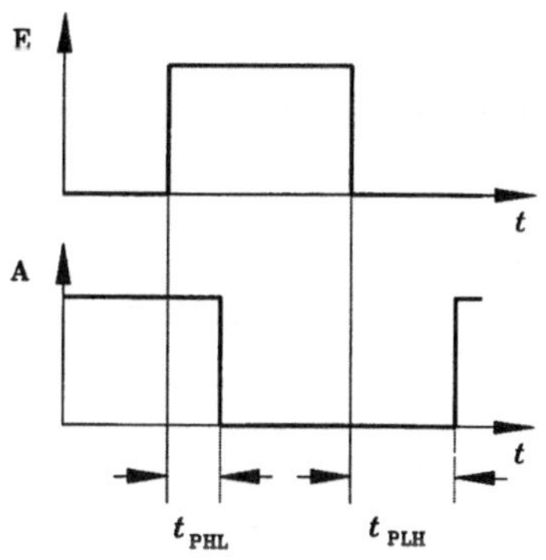

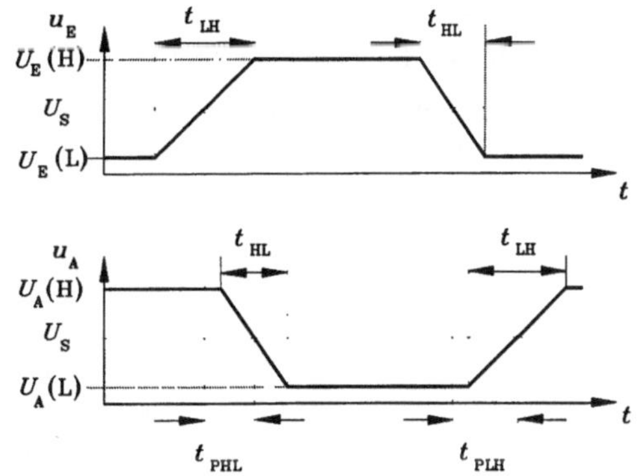

Bild 1.7
Impulsdiagramm eines Negators im Logikniveau

Bild 1.8
Impulsdiagramm eines Negators im Elektrikniveau

1.2.2 Schaltungen zur Verarbeitung digitaler Signale

Man unterscheidet kombinatorische und sequentielle Grundschaltungen. In kombinatorischen Grundschaltungen entsteht das Ausgangssignal als Ergebnis der Verknüpfungen der Eingangsvariablen unabhängig vom bisher vorhandenen Zustand des Ausgangssignals. Im Gegensatz dazu ist bei sequentiellen Schaltungen das Ausgangssignal sowohl von den Eingangsvariablen als auch von eigenen inneren Zuständen abhängig, sequentielle Schaltungen besitzen somit Speicherverhalten. Ihr Verhalten zum Zeitpunkt t_{n+1} hängt demzufolge von der Vorgeschichte zum Zeitpunkt t_n ab.

Komplexe digitale Schaltungen beinhalten meist kombinatorische und sequentielle Grundschaltungen.

1.2.2.1 Kombinatorische Grundschaltungen

Kombinatorische Grundschaltungen stellen die technische Realisierung von Grundverknüpfungen der Schaltalgebra oder anderer zweiwertiger Algebren dar, z.B. der Algebra der Aussagen (eine Aussage kann wahr oder falsch sein) oder der Mengenalgebra (eine Menge kann vorhanden oder nicht vorhanden sein). Der Oberbegriff dieser zweiwertigen Algebren ist die Boolsche Algebra. Die Operationen und Regeln lassen sich einfach an Schaltungen erläutern, die aus Erweiterungen der Schaltung nach Bild 1-6a entstehen. Dabei werden zunächst nur Schaltungen mit 2 Eingangsvariablen betrachtet, eine spätere Erweiterung ist bei den meisten Schaltungen problemlos möglich.

1. Disjunktion (OR-Verknüpfung)

Für die Disjunktion gilt folgende Funktionstabelle:

E_1	E_2	A
0	0	0
0	1	1
1	0	1
1	1	1

Man schreibt dafür

$$A = E_1 + E_2. \tag{1.15}$$

Andere gebräuchliche Symbole für + sind : $\vee$, $\cup$.

Das Schaltungssymbol des OR-Gliedes zeigt Bild 1-9, eine mögliche technische Realisierung mit Schaltern Bild 1-10.

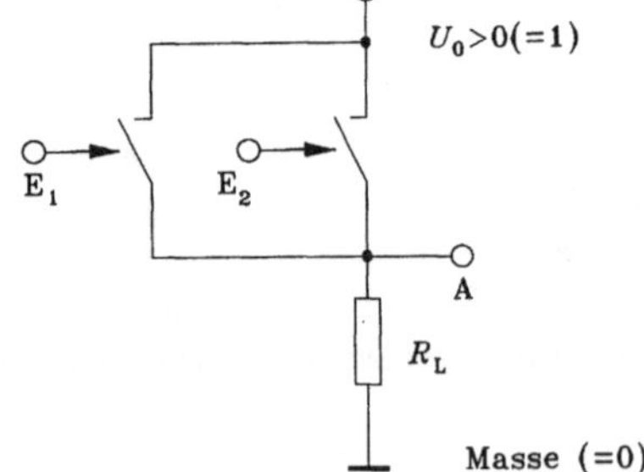

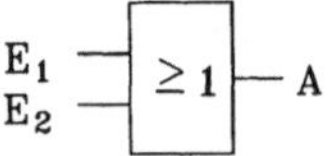

Bild 1-9
Schaltungssymbol des OR-Gliedes

Bild 1-10
Technische Realisierung des OR-Gliedes

Sobald einer der beiden Schalter durch den Eingangs-H-Pegel geschlossen wird, entsteht am Ausgang ebenfalls der H-Pegel.

2. Konjunktion (AND-Verknüpfung)

Es gilt folgende Funktionstabelle:

E_1	E_2	A
0	0	0
0	1	0
1	0	0
1	1	1

Man schreibt dafür:

$$A = E_1 \cdot E_2. \tag{1.16}$$

Andere Symbole dafür sind: $*$, $\&$, $\wedge$, $\cap$. Oft wird bei Eindeutigkeit der in Gl. (1.16) verwendete Punkt weggelassen. Bild 1-11 zeigt das Schaltungssymbol, Bild 1-12 eine mögliche technische Realisierung.

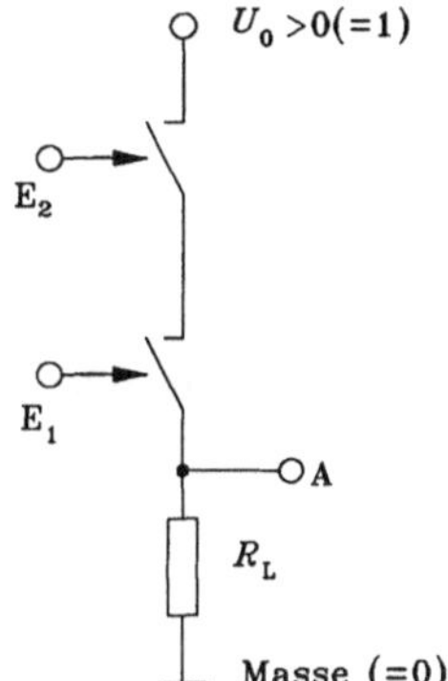

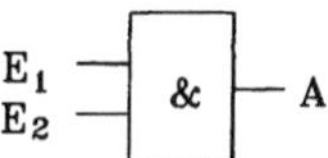

Bild 1-11
Schaltungssymbol des AND-Gliedes

Bild 1-12
Technische Realisierung des AND-Gliedes

Obwohl mit den bisher behandelten Funktionen Negation (NOT), Disjunktion (OR) und Konjunktion (AND) alle Aufgaben zur Verarbeitung digitaler Signale gelöst werden können, wurden weitere Schaltungen entwickelt, die schaltungstechnisch günstiger aufzubauen sind und bessere Eigenschaften haben. Dazu zählen z.B. NOR- und NAND-Funktionen.

3. Negierte Disjunktion (NOR-Verknüpfung)

Funktionstabelle:

E_1	E_2	A
0	0	1
0	1	0
1	0	0
1	1	0

Bild 1-13 zeigt das Schaltungssymbol des NOR-Gliedes, es entsteht aus dem OR-Glied und dem Punkt am Ausgang, der die Negation darstellt. Bild 1-14 gibt eine mögliche technische Realisierung an.

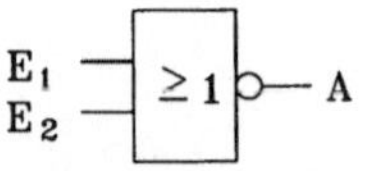

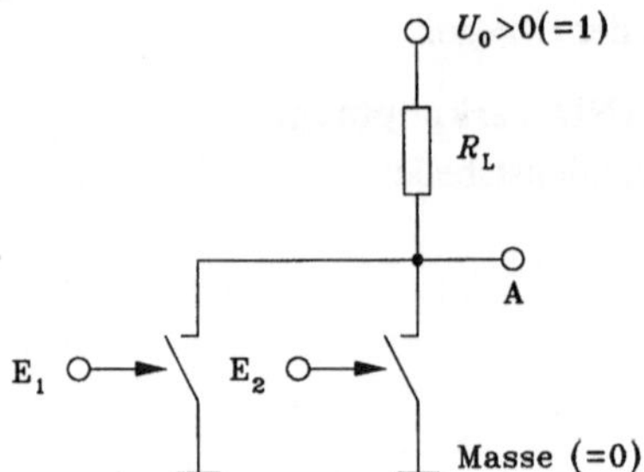

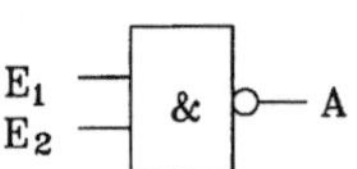

Bild 1-13
Schaltungssymbol des NOR-Gliedes

Bild 1-14
Technische Realisierung des NOR-Gliedes

4. Negierte Konjunktion (NAND-Verknüpfung)

Funktionstabelle:

E_1	E_2	A
0	0	1
0	1	1
1	0	1
1	1	0

In Bild 1-15 ist das Schaltungssymbol und in Bild 1-16 eine mögliche technische Realisierung dargestellt.

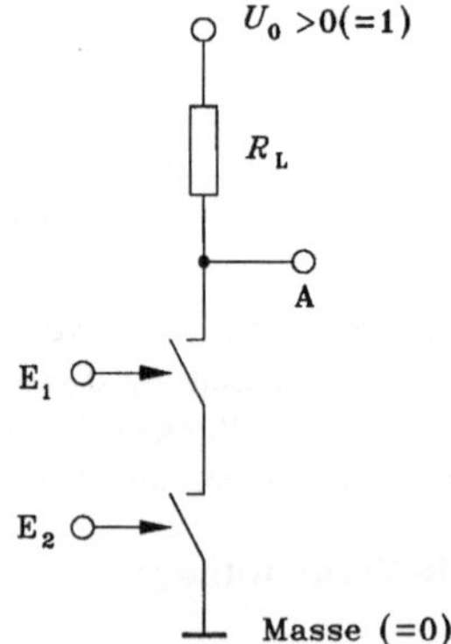

Bild 1-15
Schaltungssymbol des NAND-Gliedes

Bild 1-16
Technische Realisierung des NAND-Gliedes

Im Detail werden die kombinatorischen Grundschaltungen im Kapitel 3 des Buches behandelt. Mit den angegebenen Grundschaltungen lassen sich komplexere Funktionseinheiten wie Kodewandler, Multiplexer, Komparatoren, Addierer, Komplementbildner, Substrahierer u.a. aufbauen, die in Kapitel 7 beschrieben werden.

1.2.2.2 Sequentielle Grundschaltungen

Grundelement sequentieller Schaltungen ist das RS-Flip-Flop. Es gehört zur Klasse der Kippschaltungen und besitzt zwei statisch stabile Zustände. Es wird deshalb auch als bistabile Kippschaltung bezeichnet. Es kann aus NOR- oder NAND-Gliedern gebildet werden (siehe Bild 1-17).

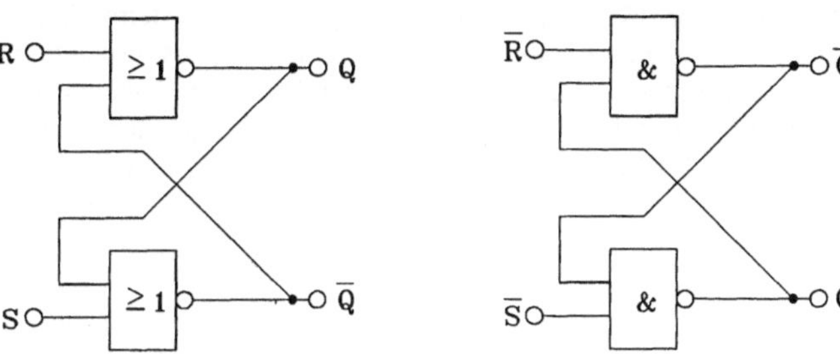

Bild 1-17 RS-Flip-Flop

Die Abhängigkeit der Ausgänge Q und $\overline{Q}$ von ihrer eigenen Vorgeschichte wird durch die Rückkopplungen der Ausgänge auf die Eingänge erreicht. Der Eingang R (RESET) wird oft auch als CLEAR, der Eingang S (SET) als PRESET bezeichnet. Das Flip-Flop aus NOR-Gliedern wird mit den wahren Variablen R und S, das NAND-Flip-Flop mit den negierten Variablen $\overline{R}$ und $\overline{S}$ angesteuert. Damit sind die Eingänge beim NOR-Flip-Flop H-aktiv, hingegen beim NAND-Flip-Flop L-aktiv. Das RS-Flip-Flop weist folgende Funktionstabelle auf:

R	S	Q^{t+1}	$\overline{Q}^{t+1}$
0	0	Q^t	$\overline{Q}^t$
0	1	1	0
1	0	0	1
1	1	verboten	

Es bedeuten:

$t+1$: Zustand nach Anlegen von R und S
t: Zustand vor Anlegen von R und S

Die logische Funktion dieses Flip-Flop lautet

$$Q^{t+1} = (\,\overline{R}\,(S + Q))^t \quad \text{mit R} \cdot S = 0. \tag{1.17}$$

Mit den im nächsten Abschnitt zu behandelnden Umrechnungsregeln folgt daraus:

$$Q^{t+1} = \left(\overline{R + \overline{(S+Q)}}\right)^t, \tag{1.18}$$

$$Q^{t+1} = \left(\overline{\overline{S} \cdot \overline{\overline{R} \cdot Q}}\right)^t. \tag{1.19}$$

Gl. (1.18) führt auf die NOR-Realisierung, Gl. (1.19) auf die NAND-Realisierung nach Bild 1-17.

Der Zustand R = S = 1 ist deshalb verboten, weil nach Rückkehr in den Ruhestand R = S = 0 das Flip-Flop in einen Zustand kippt, der i.a. nicht vorausschaubar ist, der z.B. davon abhängt, welcher Eingang zuerst wieder auf Low schaltet oder ob der Aufbau des Flip-Flop unsymmetrisch ist.

Aus dem hier erläuterten RS-Flip-Flop und kombinatorischen Schaltungen lassen sich weitere Flip-Flop aufbauen, die für die digitale Informationsverarbeitung wichtig sind. Das betrifft insbesondere das D-Flip-Flop (D-FF), das JK-Flip-Flop (JK-FF) und das Teiler-Flip-Flop (T-FF), das Frequenzen im Verhältnis 1:2 teilt. Diese Schaltungen sind Gegenstand des Kapitels 4.2.

Diese komplexeren Flip-Flop bilden wiederum die Grundlage zur Entwicklung von Frequenzzählern, Frequenzteilern, Schieberegistern und von Generatoren für Mehrphasentaktsysteme (siehe Kapitel 8). Außerdem werden sie entsprechend modifiziert in statischen Schreib-Lese-Speichern SRAM (Static Random Access Memory) eingesetzt. Die Informationsspeicherung in dynamischen Schreib-Lese-Speichern DRAM (Dynamic Random Access Memory) erfolgt durch Ladungsspeicherung auf Kapazitäten (siehe Bild 1-18).

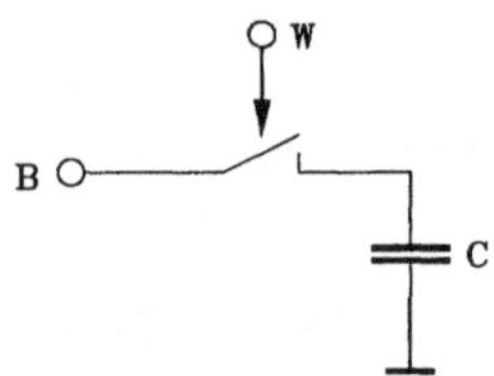

Bild 1-18
Geschaltete Kapazität als sequentielles Grundelement für
dynamische Speicher

1.2.2.3 Wichtige Regeln der Schaltalgebra

Zur Analyse und Synthese kombinatorischer und sequentieller Schaltungen werden Grundgesetze der Schaltalgebra benötigt, die ohne Beweis angegeben werden, jedoch durch den Leser mit Hilfe der Funktionstabelle leicht bewiesen werden können.

Diese Grundgesetze lauten:

$$A + B = B + A, \tag{1.20}$$

$$A \cdot B = B \cdot A, \tag{1.21}$$

$$(A + B) \cdot C = A \cdot C + B \cdot C, \tag{1.22}$$

$$A \cdot B + C = (A + C)(B + C), \tag{1.23}$$

$$A + 0 = A, \tag{1.24}$$

$$A \cdot 1 = A, \tag{1.25}$$

$$A + A = A, \tag{1.26}$$

$$A + \overline{A} = 1, \tag{1.27}$$

$$A \cdot \overline{A} = 0. \tag{1.28}$$

Zur Umformung logischer Funktionen eignet sich besonders das Theorem von de Morgan:

$$\overline{A + B} = \overline{A} \cdot \overline{B}, \tag{1.29}$$

$$\overline{A \cdot B} = \overline{A} + \overline{B}. \tag{1.30}$$

Für die Vereinfachung (Minimierung) von Schaltfunktionen können folgende Regeln benutzt werden:

$$F(x) = F(x) \cdot C + F(x) \cdot \overline{C}, \tag{1.31}$$

$$F(x) \cdot \overline{C} + C = F(x) + C. \tag{1.32}$$

Gl. (1.31) sagt Folgendes aus:

wenn sich zwei Konjunktionen genau an einer Stelle unterscheiden (durch eine wahre und negierte Variable), dann kann diese Variable weggelassen werden,

$$F(x) \cdot C + F(x) \cdot \overline{C} = F(x) \cdot (C + \overline{C}) = F(x).$$

Auf der Nutzung von Gl. (1.31) beruhen alle Minimierungsverfahren für logische Funktionen. Gl. (1.32) kann durch Erweiterung und anschließende Minimierung bewiesen werden,

$$F(x) \cdot \overline{C} + C = F(x) \cdot \overline{C} + F(x) \cdot C + \overline{F(x)} \cdot C$$
$$= F(x)\,(\overline{C} + C) + C\,(F(x) + \overline{F(x)})$$
$$= F(x) + C.$$

Zur Realisierung beliebiger komplexer logischer Funktionen werden sogenannte Grundoperationssysteme, vollständige Systeme oder Basissysteme benötigt. Das erste Grundoperationssystem besteht aus den Funktionen NOT, OR und AND, wobei 2 Verknüpfungen genügen (NOT und OR oder NOT und AND). Die 3. und alle weiteren komplexen Funktionen sind daraus ableitbar, wie nachfolgend beweisen werden soll.

Gegeben seien NOT- und OR-Glieder, gesucht sei die daraus abzuleitende AND-Funktion. Mit Gl. (1.30) gilt

$$A \cdot B = \overline{\overline{A} + \overline{B}}. \tag{1.33}$$

Die entsprechende Gatterrealisierung zeigt Bild 1-19.

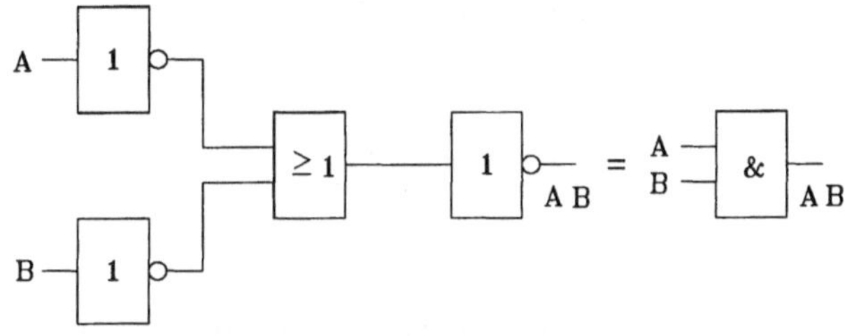

Bild 1-19
AND-Verknüpfung aus OR- und NOT-Gliedern

Analog erhält man die OR-Verknüpfung aus AND- und NOT-Gliedern über Gl.(1.29) zu

$$A + B = \overline{\overline{A} \cdot \overline{B}}. \tag{1.34}$$

In Bild 1-20 ist diese Umwandlung angegeben.

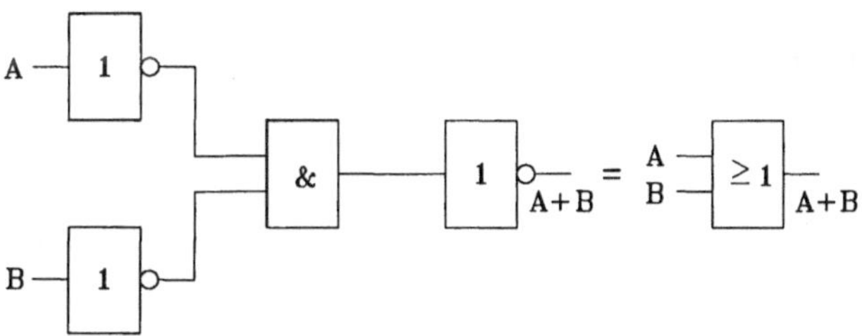

Bild 1-20
OR-Verknüpfung aus AND- und NOT-Gliedern

Die Bilder 1-14 und 1-16 machen bereits deutlich, daß die Funktionen NOR und NAND einfach
zu realisieren sind. Diese Funktionen sind selbst jede für sich vollständige Systeme. Bild 1-21 zeigt
die Realisierung der Grundfunktionen NOT, OR und AND aus reinen NOR-Gattern, Bild 1-22 die
entsprechende Realisierung aus reinen NAND-Gattern.

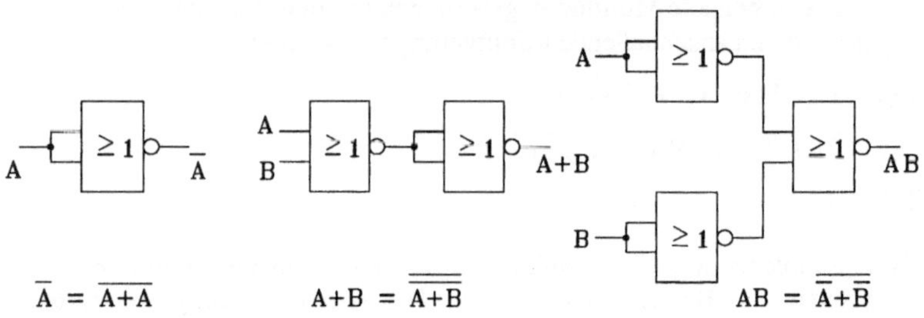

$$\overline{A} = \overline{A+A} \qquad A+B = \overline{\overline{A+B}} \qquad AB = \overline{\overline{A}+\overline{B}}$$

Bild 1-21 Vollständiges System NOR

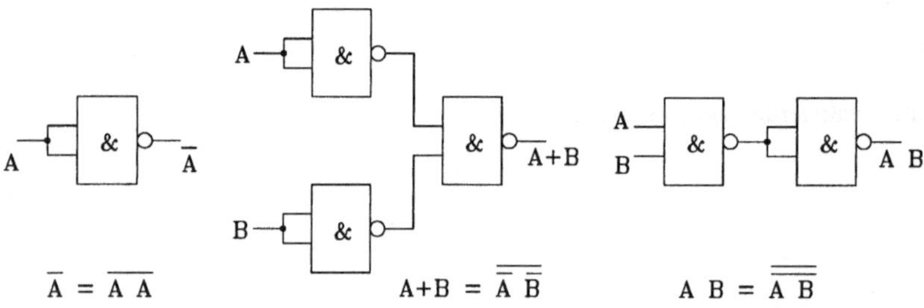

$$\overline{A} = \overline{A\,A} \qquad A+B = \overline{\overline{A}\,\overline{B}} \qquad A\,B = \overline{\overline{A\,B}}$$

Bild 1-22 Vollständiges System NAND

Reine NOR- bzw. NAND-Systeme haben oft den Nachteil, daß zur Realisierung von komplexen
logischen Funktionen mehr Bausteine notwendig sind als in gemischten Systemen. Gleichzeitig
steigt die Kettenlänge für den Informationsfluß, es entstehen zusätzliche Verzögerungszeiten. Der
Entwerfer des Systems muß die Vorteile der Standardisierung gegen diesen Nachteil für die be-
treffende Aufgabe abwägen und bei der Wahl der einzusetzenden Gatter entsprechend entscheiden.

Neben den 3 beschriebenen Grundoperationssystemen existieren weitere. Dazu betrachte man die
Wertetafel (Tabelle 1-4), in der alle möglichen 16 logischen Verknüpfungen von 2 Variablen angegeben sind.

Man erkennt, daß u.a. folgende weitere Grundoperationssysteme möglich sind:

-   AND, Antivalenz, 1
-   OR, Äquivalenz, 0
-   AND, Äquivalenz, 0
-   OR, Antivalenz, 1
-   Implikation, 0
-   Inhibition, 1

Insgesamt existieren 44 Grundoperationssysteme in binärer Logik. Davon enthalten 2 eine Funktion, 16 zwei Funktionen, 23 drei Funktionen, und 3 bestehen aus 4 Funktionen.

Tabelle 1-4 Wertetafel der möglichen logischen Verknüpfungen zweier Variablen

A	0	0	1	1	Logische Funktion	
B	0	1	0	1		
C	0	0	0	0	$C = 0$	Konstanz
	0	0	0	1	$C = A\,B$	AND
	0	0	1	0	$C = A\,\overline{B}$	Inhibition
	0	0	1	1	$C = A$	Identität
	0	1	0	0	$C = \overline{A}\,B$	Inhibition
	0	1	0	1	$C = B$	Identität
	0	1	1	0	$C = \overline{A}\,B + A\,\overline{B}$	Antivalenz[1]
	0	1	1	1	$C = A + B$	OR
	1	0	0	0	$C = \overline{A + B}$	NOR
	1	0	0	1	$C = A\,B + \overline{A}\,\overline{B}$	Äquivalenz
	1	0	1	0	$C = \overline{B}$	NOT
	1	0	1	1	$C = A + \overline{B}$	Implikation
	1	1	0	0	$C = \overline{A}$	NOT
	1	1	0	1	$C = \overline{A} + B$	Implikation
	1	1	1	0	$C = \overline{A \cdot B}$	NAND
	1	1	1	1	$C = 1$	Konstanz

[1] Die Antivalenz entspricht der Modulo-2-Addition

1.2.3 Verzögerungsglieder

In digitalen Schaltungen sollen oft einzelne Schaltflanken eine digitale Signalverarbeitung auslösen. Dazu muß aus einer solchen Flanke ein Impuls genügender Länge erzeugt werden (Bild 1-23).

Diese Aufgabe lösen Differenzierglieder der digitalen Schaltungstechnik (Flankendiskriminatoren), wobei sie interne Verzögerungen der digitalen Bauelemente ausnutzen. Eine ähnliche Aufgabe besteht oft darin, aus kurzen Eingangsimpulsen längere Ausgangsimpulse zu erzeugen (siehe Bild 1-24). Solche Schaltungen heißen monostabile Kippschaltungen oder Monoflop.

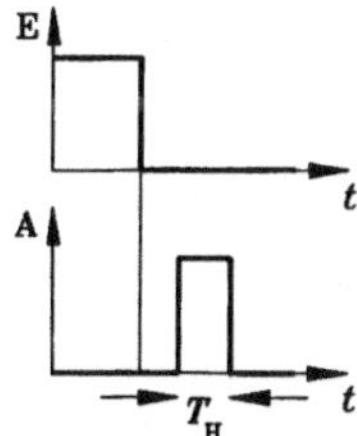

Bild 1-23
Verhalten eines digitalen Differenzergliedes

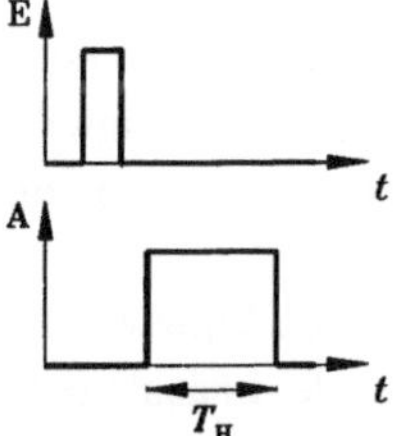

Bild 1-24
Verhalten eines Monoflop

Beide Verzögerungsglieder können nicht mit Hilfe der Boolschen Algebra beschrieben werden. Sie werden im Kapitel 4.3 genauer behandelt.

1.2.4 Impulsgeneratoren

Impulsgeneratoren gehören wie sequentielle Schaltungen zu den Kippschaltungen. Sie generieren Impulsfolgen mit konstanter Frequenz, die zur Ansteuerung kombinatorischer und/oder sequentieller Schaltungen dienen, z.B. als Taktgeneratoren. Impulsgeneratoren weisen zwei kurzzeitig oder dynamisch stabile Zustände auf und werden deshalb auch astabile Kippschaltungen genannt. Da sie keinen statisch stabilen Zustand haben, ist ihnen ebenso wie den Verzögerungsgliedern keine logische Funktion im Sinne der Schaltalgebra zuweisbar.

Bild 1-25 zeigt eine solche generierte Impulsfolge.

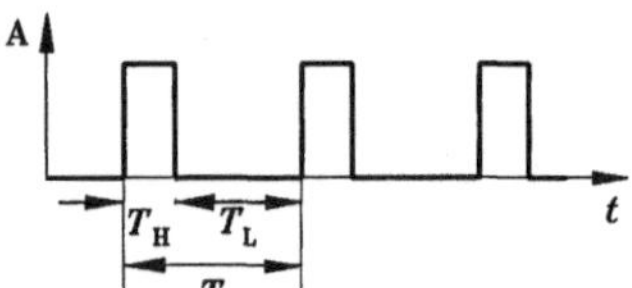

Bild 1-25
Impulsfolge eines Impulsgenerators

Die Impulsfolgefrequenz ergibt sich aus der Periodendauer T zu

$$f = \frac{1}{T}.$$

(1.35)

Außerdem definiert man das Tastverhältnis k zu

$$k = \frac{T_H}{T} = \frac{T_H}{T_H + T_L}.$$

(1.36)

Wird die Dauer des H-Pegels T_H gleich der Dauer des L-Pegels T_L, so ergibt sich k zu

$$k = \frac{1}{2},$$

es entsteht die für viele digitale Verarbeitungsaufgaben günstige symmetrische Impulsfolge. Impulsgeneratoren werden ausführlich in Kapitel 4.4 des Buches behandelt.

1.2.5 Schaltungen zur Pegel- und Signalumsetzung

Zur digitalen Schaltungstechnik gehören eine Reihe von Schaltungen zur Aufbereitung digitaler Signale, um sie anschließend gut weiter verarbeiten zu können. Dazu zählen insbesondere:

– Schaltungen zur Veränderung der Impulsbreite,

– Schaltungen zur Regenerierung gestörter digitaler Signale,

– Schaltungen zur Umsetzung digitaler Signale mit Pegeln einer Technologie in Pegel einer anderen Technologie,

– Schaltungen zur Wandlung analoger Signale in digitale Signale und

– Schaltungen zur Wandlung digitaler in analoge Signale.

Diese Schaltungen sind Gegenstand des Kapitels 5 des Buches.

Regenerierung gestörter digitaler Signale

Digitale Signale werden in digitalen Schaltungen durch dynamische Prozesse (Verzögerungen von Signalen, Einschwingverhalten) und durch äußere Störungen (Einkopplung fremder Signale) verzerrt.

Durch geeignete schaltungstechnische Maßnahmen, z.B. Einsatz von Begrenzern und Schmitt-Triggern können diese Signale in echte digitale Signale restandardisiert werden. Bild 1-26 zeigt die Kennlinie eines Schmitt-Triggers (mit Hystereseverhalten) sowie die daraus abgeleitete Impulsregenerierung aus stark verzerrten digitalen Signalen.

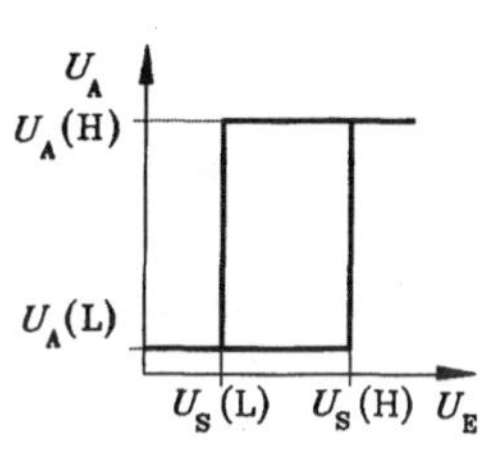
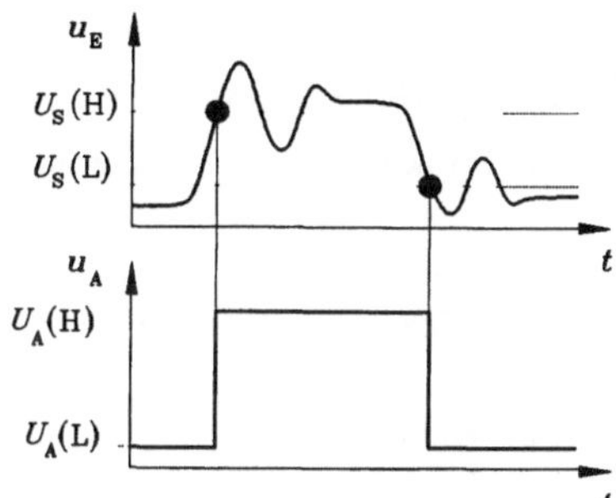

a) Übertragungskennlinie
   (Hysteresekennlinie)
   eines Schmitt–Triggers

b) Impulsdiagramm von
   Ein- und Ausgangsspannung
   eines Schmitt–Triggers

Bild 1-26
Verhalten des Schmitt-Triggers

Schmitt-Trigger eignen sich nicht nur zur Restandardisierung gestörter digitaler Signale, sie können auch vorteilhaft eingesetzt werden zur Wandlung beliebiger Signalformen (z.B. Sinus-Schwingungen, Dreiecks- oder Trapezimpulse) in digitale Signale.

Technologiebedingte Pegelumsetzung

Bekanntlich werden Schaltkreise in unterschiedlichen Technologien hergestellt. Außerdem sollen digitale Schaltkreise andere Bauelemente treiben können (z.B. ohmsche, kapazitive oder induktive Lasten, elektrisch lange Leitungen) oder von anderen Bauelementen angesteuert werden (z.B. diskret aufgebaute digitale Schaltungen, Schalter, Relais,...). Damit müssen die Parameter der unterschiedlichen digitalen Baugruppen aneinander angepaßt werden. Das betrifft die Anpassung von Spannungspegeln und Stromtreib- und -aufnahmefähigkeiten als statische Parameter sowie die Sicherung guter dynamischer Eigenschaften dieser Umsetzer.

So werden z.B. oft die Pegel in einer bipolaren ECL-Technologie mit den Werten

$$U(\mathrm{H}) = 0\mathrm{V}, \quad U(\mathrm{L}) = -0{,}8\mathrm{V}$$

benutzt, während die weit verbreitete bipolare TTL-Technologie mit den Pegelwerten

$$U(\mathrm{L}) \leq 0{,}8\mathrm{V}, \quad U(\mathrm{H}) \geq 2{,}0\mathrm{V}$$

arbeitet. Ein entsprechender Pegelumsetzer muß diese Bedingungen berücksichtigen, ohne daß an den Schnittstellen der jeweils geltende logische Pegel verlorengeht.

Analog-Digital- und Digital-Analog-Umsetzer

Das Grundprinzip von Analog-Digital-Umsetzern (ADU) wurde bereits im Abschnitt 1.1.1 dargelegt. Digital-Analog-Umsetzer (DAU) arbeiten genau in umgekehrter zu der in Bild 1-1 angegebenen Reihenfolge.

Da ADU bzw. DAU gerade die Grenze zwischen Analog- und Digitaltechnik darstellen, wird im Rahmen dieses Buches nur auf einige wichtige Grundverfahren eingegangen.

1.3 Beschreibung digitaler Schaltungen

Wenn digitale Schaltungen untersucht werden sollen, muß man sie beschreiben können und sich über die Beschreibungsmöglichkeiten sowie über ihre Zusammenhänge Klarheit verschaffen. Diesem Anliegen ist das folgende Kapitel gewidmet.

1.3.1 Grundsätzliche Beschreibungsmöglichkeiten

Digitale Schaltungen können wie viele Strukturen durch drei grundsätzliche Formen beschrieben werden. Es sind das:

1. die *Struktur der Schaltung*, also Schaltbilder oder Blockschaltbilder auf elektrischem, logischem oder einem höheren Niveau als Text oder als Grafik,

2. das *Verhalten der Schaltung*, also die Antwort der Schaltung auf entsprechende Eingangsstimuli (Anlegen von Eingangsimpulsfolgen oder Betriebsspannungen) im elektrischen, logischen oder einem höheren Niveau und

3. die *konstruktive oder physische Beschreibung der Schaltung*, also die Konstruktionszeichnungen für Bauelemente, Baugruppen, Chiplayouts, Leiterplattenlayouts, Geräte usw.

Die unterste Beschreibungsebene ist dabei in allen 3 Formen die *Elektrik-Ebene*. In ihr werden Schaltungen auf Transistorniveau beschrieben. Die Schaltungsstruktur besteht also aus Transistoren, Dioden, Widerständen, Kapazitäten, Induktivitäten und Spannungs- oder Stromquellen, die durch Leitungen verbunden sind. Das Verhalten der Schaltung ist durch das Verhalten von Strömen und Spannungen als Funktion anderer Ströme oder Spannungen (statisches Verhalten) oder als Funktion der Zeit (dynamisches Verhalten) gekennzeichnet. Die konstruktiven Beschreibungen können je nach Herstellungstechnologie das Layout einer Baugruppe in einem integrierten Schaltkreis oder die Konstruktionszeichnung für einen anderen Bauelementeträger (z.B. eine Leiterplatte) und der Bestückungsplan sein.

Im *Logik-Niveau* werden mehrere Schaltungen des Elektrik-Niveaus zu Baugruppen zusammengefaßt. Der Schaltplan besteht dann aus Grundgattern und/oder Blöcken, die selbst wieder aus Grundgattern aufgebaut sind. Das Verhalten wird durch logische Variable beschrieben, z.B. statisch mit den Methoden der Schaltalgebra, mit Funktionstabellen u.a., dynamisch durch die Abhängigkeit der logischen Variablen von der Zeit (Impulsdiagramme). Die Konstruktion geht von den äußeren Abmessungen dieser Baugruppen aus, plaziert diese auf dem Bauelementeträger (z.B. Placement von Baugruppen auf dem Chip) und verbindet sie über entsprechende Leitungen (Routing).

Die Behandlung einer Schaltung mit Nutzung aller möglichen Niveaus ist effektiv und macht oft eine sinnvolle Beschreibung großer Schaltungen erst möglich. So werden Baugruppen mit wenigen Bauelementen auf dem Elektrikniveau entworfen sowie untersucht und ihre Eigenschaften für das Logikniveau abstrahiert. Danach werden komplexere Schaltungen aus logischen Grundschaltungen zusammengesetzt und als komplexe Baugruppe untersucht, ehe diese in noch komplexeren Systemen Eingang findet. Man erkennt, daß demzufolge die Genauigkeit mit steigendem Niveau abnimmt, also nur so genau wie nötig entworfen wird. Diese hierarchische Vorgehensweise ermöglicht es außerdem, in höheren Ebenen mehrfach benötigte Grundstrukturen nur einmal zu entwerfen und mehrfach zu verwenden (Wiederholstrukturen). Damit wird insgesamt der Prozeß des

Entwurfs großer digitaler Schaltungen erst möglich und effektiv. Beim gegenwärtigen Stand der Technik, wo digitale Schaltkreise bereits weit mehr als 1 Million Transistoren aufweisen, wäre das Zeichnen eines solchen Schaltplanes und die Simulation auf Elektrikniveau oder die manuelle Layoutzeichnung der Transistoren und Leitbahnen nicht mehr möglich. Der einzige Ausweg ist dafür die hierarchische Beschreibung, wo durch Abstraktion in den oberen Beschreibungsebenen jeweils nur der Rand von Baugruppen betrachtet wird (bzgl. seines Schaltbildes, seiner Abmessungen und seines Black-Box-Verhaltens).

1.3.2 Strukturbeschreibung

Wie schon erwähnt, ist die Strukturbeschreibung einer Schaltung stets ein Schaltbild als grafische Darstellung oder eine äquivalente Textbeschreibung. Diese Beschreibungen sollten so gewählt werden (Grafik oder Text), daß sie von CAD-Systemen zum Schaltungsentwurf problemlos übernommen werden können.

Elektrikniveau

Bild 1-27 zeigt eine NOR-Schaltung mit 2 Eingängen. Sie wurde aus der Prinzipschaltung Bild 1-14 entwickelt, indem die Schalter durch die Feldeffekttransistoren M1 und M2 eines bestimmten Typs (Enhancement-Typ = EFET) und der Lastwiderstand R_L durch einen als Zweipol geschalteten Feldeffekttransistor M3 eines anderen Typs (Depletion-Typ = DFET) ersetzt wurde (siehe Kapitel 2.3).

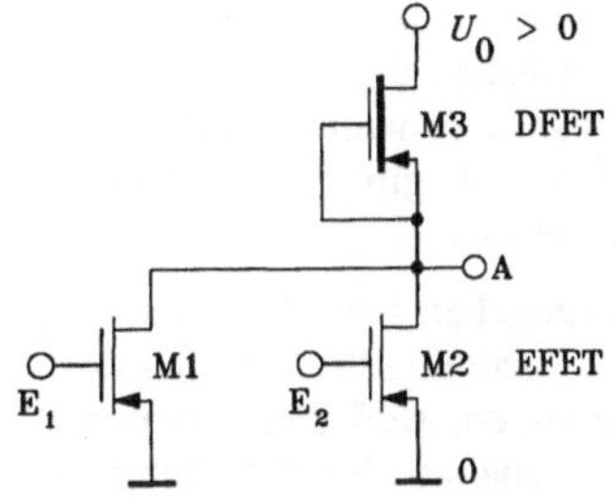

Bild 1-27
NOR-Schaltung mit Feldeffekttransistoren

Die entsprechende Textnotation (Ausschnitt) lautet z.B. im Netzwerksimulationsprogramm SPICE

```
NOR
     .
     .
M1   A  E1 0 0    EFET ;  D G S B Transistortyp
M2   A  E2 0 0    EFET
M3   U0 A  A 0    DFET
     .
     .
```

Die Textzeilen sind bauelementeorientiert. Die Reihenfolge der Anschlüsse an den Bauelementen wird im jeweiligen Programmsystem definiert, sie lautet im angegebenen Beispiel D (Drain-Anschluß des FET), G (Gate-Anschluß des FET), S (Source-Anschluß des FET) und B (Bulk-Anschluß des FET).

Logikniveau

Der Schaltplan im Logikniveau besteht aus Logikgattern. Aus der in Bild 1-27 angegebenen Schaltung wird dann ein einziges Symbol (Bild 1-28).

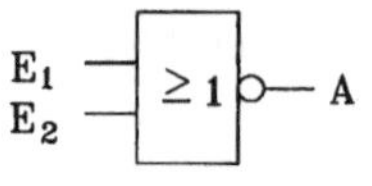

E_1 E_2 — ≥ 1 o— A

Bild 1-28
Logiksymbol der Schaltung nach Bild 1-27

Die entsprechende SPICE-Notation (Ausschnitt) würde lauten:

    NOR

    .

    .

    U1 NOR(2) E1 E2 A   D1 IO1

    .

    .

Die Bauelementebeschreibung im Logikniveau beginnt stets mit dem Buchstaben U, NOR(2) bedeutet ein NOR-Gatter mit 2 Eingängen, D1 und IO1 weisen auf ein dynamisches (D1) bzw. statisches Modell (IO1) für die Ein- und Ausgänge hin.

1.3.3 Verhaltensbeschreibung

Man unterscheidet zwischen dem statischen und dem dynamischen Verhalten digitaler Schaltungen.Während das statische Verhalten nur Zustände beschreibt, nachdem alle dynamischen Prozesse abgelaufen sind, zeigt das dynamische Verhalten das Gesamtverhalten auf, gibt demnach einen genauen Überblick des statischen und dynamischen Verhaltens der Schaltung.

Im allgemeinen wird das Verhalten der Schaltung vom Anwender vorgegeben sein, die Schaltung ist danach entsprechend zu entwerfen. Oft kann die Synthese einer Schaltungsstruktur aus dem Verhalten nicht automatisch alle vorgegebenen Parameter berücksichtigen, weil diese Synthese meist von den statischen Zuständen ausgeht. Demzufolge ist das Verhalten der Schaltung zu überprüfen, es ist zu simulieren. Diese Probleme sollen nun im Elektrik- und Logikniveau besprochen werden.

Elektrikniveau

Als Beispiel sei ein Negator in Bipolartechnik mit vorgegebenem statischen und dynamischen Verhalten (Eigenschaften) zu entwickeln. Die nach statischen Gesichtspunkten durchgeführte Synthese habe die in Bild 1-29 dargestellte Schaltung ergeben, deren dynamisches Verhalten anschließend simuliert werden soll.

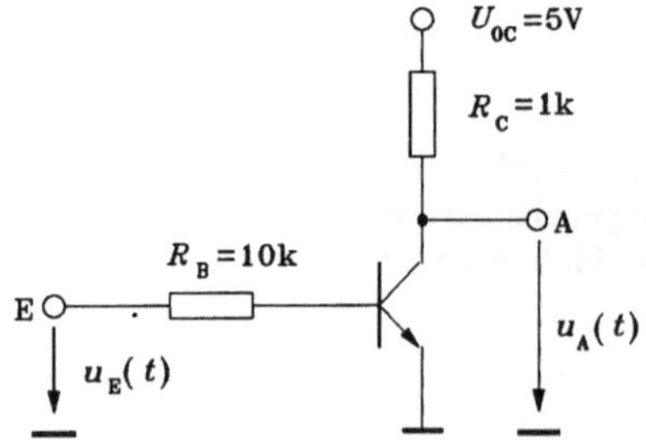

Bild 1-29
Negator in Bipolartechnik

Zur Simulation der Schaltung muß der Eingang stimuliert werden, er benötigt einen Eingangsimpuls. Weiterhin müssen alle nichttrivialen Schaltungssymbole (im Bild 1-29 der Transistor) durch entsprechende Modelle (einfache Grundelemente, Funktionen) ersetzt werden. Erst danach kann die Simulation erfolgen. Bild 1-30 zeigt ein dafür gebräuchliches Modell des Bipolartransistors, das sogenannte Transportmodell.

Die anschließende Simulation liefert die in Bild 1-31 dargestellte Ausgangsspannung $u_A(t)$ als Funktion der Eingangsspannung $u_E(t)$.

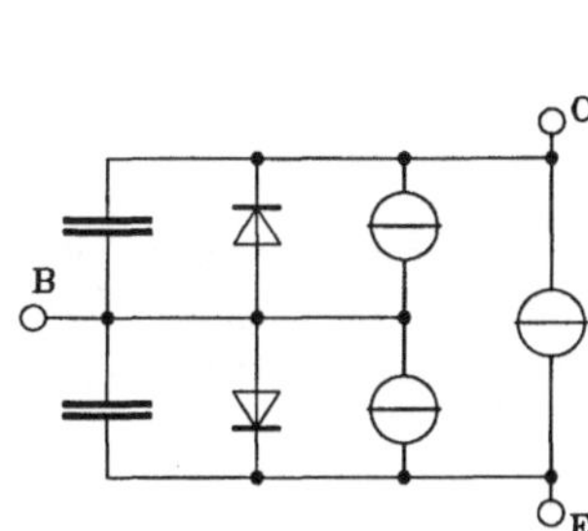

Bild 1-30 Transportmodell des Bipolartransistors

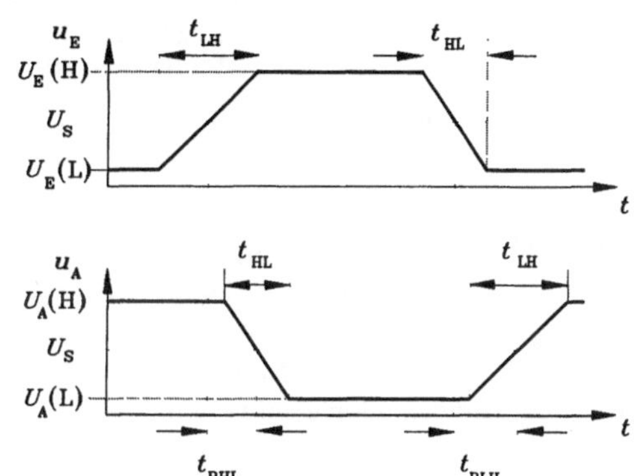

Bild 1-31 Dynamisches Verhalten des Inverters (siehe auch Bild 1-8)

Der Entwerfer hat anschließend zu beurteilen, ob die erreichten statischen und dynamischen Eigenschaften (im Beispiel $U_A(L)$, $U_A(H)$, t_{PHL}, t_{PLH}, t_{HL} und t_{LH}) seinen Anforderungen entsprechen.

Logikniveau

Das Verhalten einer Schaltung im Logikniveau ist durch zeitabhängige logische Zustände 0 und 1 bzw. L und H gekennzeichnet. Der Übergang zwischen den Zuständen erfolgt sprungartig.

Bild 1-32 zeigt das Verhalten der Schaltung nach Bild 1-29 im Logikniveau.

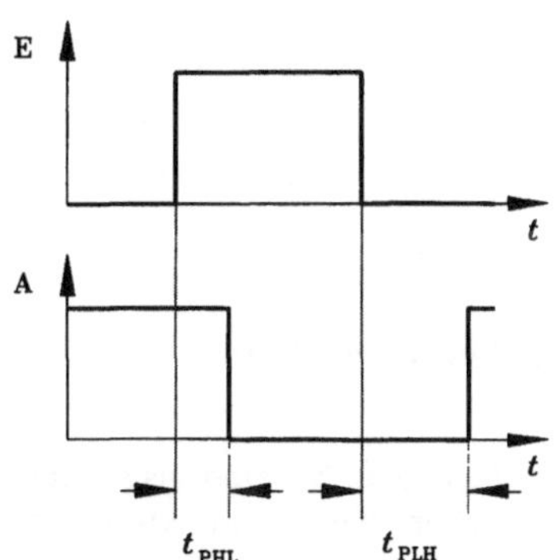

Bild 1-32
Logikverhalten des Negators nach Bild 1-29

Die Verzögerungen t_{PHL} und t_{PLH} werden aus dem Verhalten im Elektrikniveau ermittelt (s. Bild 1-31).

Das Modell der Schaltung besteht demzufolge aus einem Logikblock (im Beispiel ein Negator) und einem Verzögerungsglied τ. Im einfachsten Fall wird das Verzögerungsglied am Ausgang des Logikblocks angeschlossen, es verzögert das Signal um t_{PHL} bzw. t_{PLH} (siehe Bild 1-33).

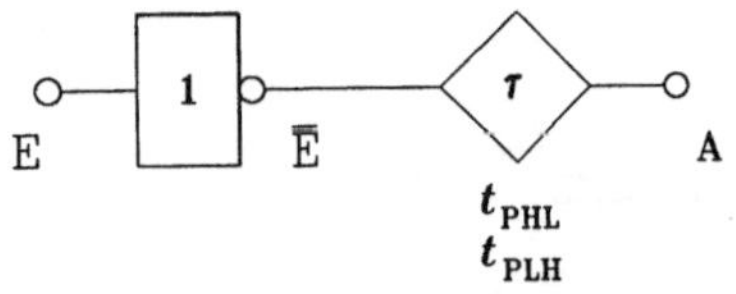

Bild 1-33
Logikmodell des Negators

1.3.4 Konstruktive Beschreibung

Die konstruktive oder physische Beschreibung einer Schaltung ist ihre Konstruktionszeichnung, z.B. das Layout einer integrierten Schaltung oder die Konstruktionszeichnung einer Leiterplatte mit Bestückung. So könnte z.B. der Negator nach Bild 1-29 das in Bild 1-34 gezeichnete Layout einer bipolaren Standardtechnologie aufweisen.

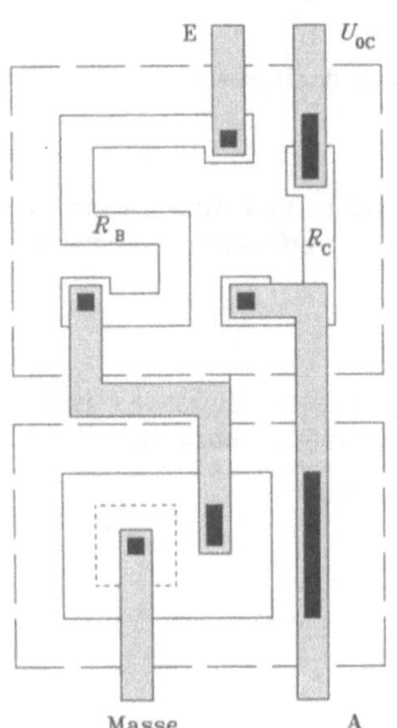

Bild 1-34
Layout des Negators (Ausschnitt)

1.3.5 Zusammenhang zwischen Struktur, Verhalten und konstruktiver Beschreibung

Alle drei Schaltungsbeschreibungsmöglichkeiten repräsentieren die Schaltung. Sie sind insgesamt notwendig, um eine funktionsfähige Schaltung zu erhalten. Am Verhalten wird die Funktion der Schaltung nachgewiesen, die konstruktive Beschreibung liefert die Herstellungsunterlagen und wird selbst aus dem Schaltplan (der Struktur) erzeugt.

Der Zusammenhang zwischen Struktur, Verhalten und konstruktiver Beschreibung wird besonders deutlich am sogenannten Y-Diagramm von Gajsky (siehe Bild 1-35). Die drei Schenkel dieses Diagramm repräsentieren die 3 Beschreibungsarten, die Kreise die Entwurfsniveaus (hier nur Logik- und Elektrikniveau dargestellt). Die Kreuzungspunkte zwischen Schenkel und Kreis stellen entsprechende Beschreibungen der Schaltung dar. Wie schon erläutert, werden im Elektrikniveau nur kleine Schaltungsteile, etwa Grundgatter, beschrieben, während im Logikniveau bereits größere Funktionseinheiten behandelt werden können. Dazu werden die Parameter der elektrisch beschriebenen Grundzellen in das Logikniveau abstrahiert und dort vergröbert dargestellt. Während demzufolge die Konstruktion im Elektrikniveau z.B. das Layout einer Grundzelle beinhaltet, beschreibt die Konstruktion im Logikniveau die Plazierung dieser Grundzellen auf dem Chip (Placement) und deren Verdrahtung (Routing).

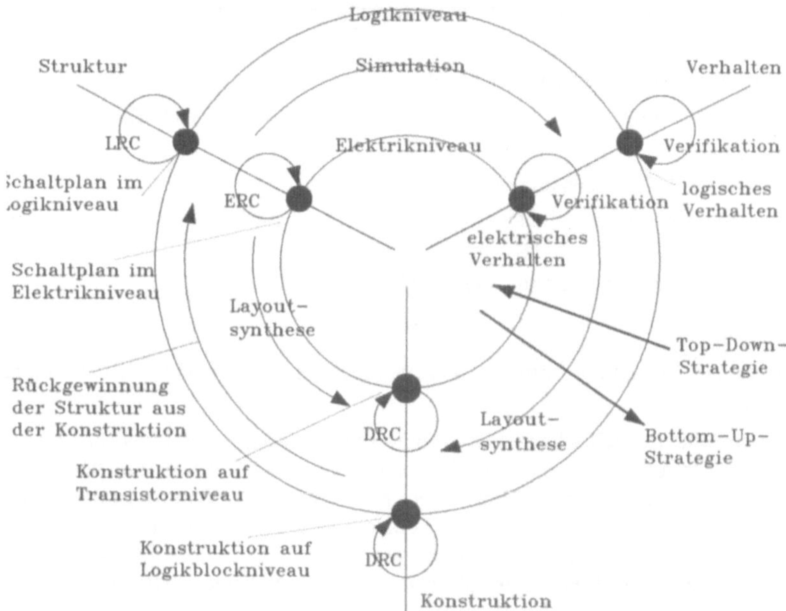

Bild 1-35 Y-Diagramm

Das angegebene Y-Diagramm stellt nur 2 Entwurfsniveaus (Logik und Elektrik) dar. Für den Entwurf großer digitaler Systeme (z.B. VLSI-Prozessorschaltkreise) sind weitere Entwurfsebenen hinzuzufügen, z.B. die Register-Transfer- und die Systembeschreibungsebene (Architekturebene), auf die im Rahmen des Buches nicht eingegangen wird.

Aussagen über die einzelnen Beschreibungspunkte erhält man auf verschiedene Weise, wobei einige wichtige Methoden fragmentarisch erläutert werden sollen:

Simulation
Ermittlung des Verhaltens aus der Struktur mit Hilfe von Stimuli

Layoutsynthese
– Erzeugung von Grundzellen aus der elektrischen Struktur,

– Erzeugung des Chiplayout durch Placement und Routing der Grundzellen zur Gesamtschaltung

– Layoutkonstruktion direkt aus Verhaltensbeschreibungen für bestimmte Schaltungsklassen regelmäßiger Struktur, z.B. Speicher.

Rückgewinnung der Struktur aus der Konstruktion
Diese Methode ermöglicht den Vergleich zwischen der ursprünglichen Struktur und der nach der Konstruktion entstandenen Struktur einschließlich der Ermittlung von geometrischen Parametern, die Einfluß auf das elektrische Verhalten haben. Ermittelt werden außerdem parasitäre Elemente (z.B. Leitungskapazitäten).

Verifikation

Vergleich zwischen ursprünglicher Struktur und Konstruktion bzw. zwischen ursprünglichem Verhalten (Absichtsimulation) und aus der Konstruktion ermitteltem Verhalten (Bestätigungssimulation). Dieser Vergleich wird innerhalb eines Beschreibungspunktes des Y-Diagramms ausgeführt.

LRC, ERC (logical rules checking, electrical rules checking)

Prüfung der Struktur der Schaltung auf formale Richtigkeit. Solche Regeln beinhalten z.B. die folgenden Prüfungen:

– Sind alle Anschlüsse von Bauelementen angeschlossen?

– Gibt es Kurzschlüsse zwischen Informationsleitungen und Versorgungsleitungen oder zwischen Versorgungsleitungen?

– Gibt es Leitungen mit nur einem Bauelementeanschluß?

DRC (design rules checking)

Prüfung der Konstruktion auf Einhaltung formaler Entwurfsregeln, z.B. Abstände von Leitungen, Breite von Leitbahnen, ...

Bei der Ermittlung der einzelnen Beschreibungspunkte unterscheidet man generell zwischen zwei Strategien, der Top-Down-Strategie (von außen nach innen, bzw. vom Gröberen zum Feineren) und der Bottom-Up-Strategie (von innen nach außen, vom Feineren zum Gröberen). In der Praxis treten beide Verfahren meist gemischt auf. Wird z.B. aus einer Schaltungsidee eine Logikschaltung entwickelt und danach in eine elektrische Schaltung untersetzt, so ist das Top-Down-Entwurf innerhalb der Strukturbeschreibung. Werden nachfolgend die Bauelemente physisch zu Baugruppen zusammengesetzt und anschließend auf einem Verdrahtungsträger (Leiterplatte, Layout) plaziert und zur Gesamtschaltung verbunden, so entspricht das einer Bottom-Up-Strategie.

Um den Schaltungsentwurf effektiver zu gestalten, sollten nicht alle Beschreibungspunkte mit jeder Schaltungsaufgabe neu untersucht werden. Das wird möglich, wenn dazu in Bibliotheken abgelegte und geprüfte Elemente eingesetzt werden. So werden beim Logikentwurf nach Möglichkeit Standardgatter eingesetzt und nur dann dazu Transistorstrukturen entwickelt, wenn damit wesentlich verbesserte und für die konkrete Aufgabe notwendige Schaltungsparameter erreicht werden können.

1.4 Realisierung digitaler Schaltungen

Digitale Schaltungen werden heute im Zeitalter der Mikroelektronik vorwiegend durch integrierte Schaltkreise (IC = Integrated Circuits) realisiert. Für die Kommunikation der Schaltkreise mit anderen Technologien und zur Ergänzung der Schaltkreislösungen durch solche Bauelemente, die nicht oder schlecht integrierbar sind, werden weitere diskrete Bauelemente benötigt.

1.4.1 Einsatz von Schaltkreisen

Digitale Schaltkreise lassen sich sinnvoll nach ihrer Herstellungstechnologie, nach ihrer Entwurfstechnologie und nach ihrem Integrationsgrad gliedern. Bild 1-36 gibt einen Überblick über die in diesem Buch zu behandelnden technologieorientierten Schaltkreisfamilien.

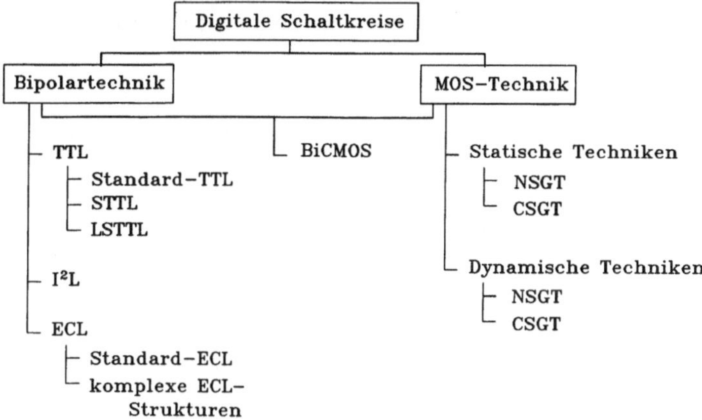

Bild 1-36 Schaltkreise, technologieorientiert

TTL (Transistor-Transistor-Logic)-Schaltkreise sind die am weitesten verbreiteten Standardschaltkreise, eine Reihe von Normparametern sind aus dieser Technologie entnommen worden, z.B. Interface-Pegel beim Zusammenschalten von Schaltkreisen unterschiedlicher Technologie.

I²L (Integrated-Injection-Logic) stellt eine Bipolartechnologie dar mit geringem Flächenaufwand und Leistungsverbrauch pro Gatterfunktion und guten Eigenschaften in der direkten Kopplung zur Analogtechnik auf einem Chip .

ECL (Emitter-Coupled-Logic) ist eine Technologie, die sehr schnelle Schaltungslösungen im Subnanosekundenbereich ermöglicht. Sie ist demnach gut geeignet für Hochgeschwindigkeitsanwendungen im Echtzeitbetrieb.

NSGT (N-Channel-Silicon-Gate-Technology) arbeitet ausschließlich mit N-Kanal-Transistoren und verliert z.Zt. an Bedeutung zugunsten der CSGT.

CSGT (CMOS-Silicon-Gate-Technology) verwendet komplementäre Transistoren, ist äußerst verlustleistungsarm und ermöglicht hohe Geschwindigkeiten. Sie ist die Technologie der Höchstintegration.

Neben dem statischen Betrieb von MOS-Schaltungen hat sich für eine Reihe Fälle die getaktete dynamische Informationsverarbeitung durchgesetzt. Bedeutendstes Beispiel dieser Gruppe sind die dynamischen Schreib-Lese-Speicher (DRAM = Dynamic Random Access Memory).

Jede Schaltkreistechnologie weist charakteristische Merkmale auf. So ist z.B. das Produkt aus Verlustleistung P_V und mittlere Verzögerungszeit t_V annähernd konstant,

$$P_V \cdot t_V = P_V \frac{1}{2}(t_{PHL} + t_{PLH}) = \text{konstant.} \tag{1.37}$$

Durch Verändern der Bauelementewerte (z.B. der Widerstandswerte einer Schaltung) können P_V und t_V variiert werden, also schnelle verlustleistungsreiche oder langsame verlustleistungsarme Schaltungen erzielt werden. Trägt man Gl. (1.37) im logarithmischen Maßstab auf, so erhält man das $P_V t_V$-Diagramm als Gerade,

$$\ln t_V = \ln \text{konstant} - \ln P_V. \tag{1.38}$$

In diesem Diagramm ist jede Schaltungsfamilie einordenbar (Bild 1-37), so daß der Schaltungstechniker entsprechend seinen Wünschen eine Familie für die Lösung seiner Aufgabe auswählen kann.

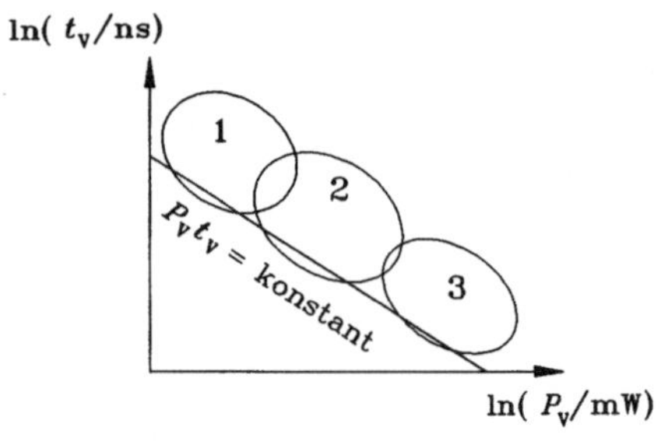

1 = Schaltkreise mit geringer Verlustleistung und hoher Verzögerungszeit (z.B. NSGT, I²L)

2 = Schaltkreise mit mittlerer Verlustleistung und Verzögerungszeit (z.B. TTL)

3 = Schaltkreise mit großer Verlustleistung und geringer Verzögerungszeit (z.B. ECL)

Bild 1-37 P_V t_V-Diagramm

Die weiteren technologischen Fortschritte zielen auf die Verringerung dieses P_V t_V-Produktes, so daß Bild 1-37 ständigen Veränderungen unterliegt. Besondere Fortschritte bzgl. des $P_V t_V$-Produktes und der Einzelkomponenten t_V und P_V hat dabei in den letzten Jahren die CMOS-Technologie (CSGT) erreicht und damit aus Sicht des $P_V t_V$-Diagramms gegenüber anderen Techniken (NSGT, TTL, I²L) einen bedeutenden Vorsprung erzielt. Trotzdem haben diese anderen Techniken weiterhin dann Bedeutung, wenn sie

— von der CSGT nicht erreichbare Geschwindigkeitsbereiche überdecken (z.B. ECL),

— andere wichtige Eigenschaften aufweisen, die aus dem $P_V t_V$-Diagramm nicht hervorgehen (z.B. hohe Treiberleistungen, hohe Störsicherheiten, gute Kombinierfähigkeit zu anderen Techniken wie der Analogtechnik).

Bild 1-38 zeigt die Ordnung der digitalen Schaltkreise nach ihren Entwurfsmethoden.

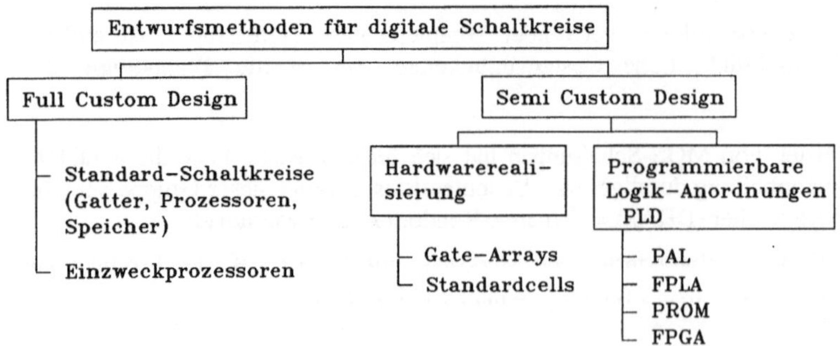

Bild 1-38 Schaltkreise, entwurfsmethodenorientiert

Schaltkreise mit Full Custom Design werden in der Regel durch Spezialisten der Mikroelektronik entworfen und erfüllen optimal die an sie gestellten Forderungen.

Bei Schaltkreisen im Semi Custom Design kann sich der Kunde am Entwurf beteiligen, indem ihm vereinfachte aber sichere Entwurfsverfahren zur Verfügung gestellt werden. Dabei arbeiten Gate-Arrays mit einem vorgefertigten Chip aus unverdrahteten Bauelementen (dem sog. Master). Durch das Entwurfssystem werden die Bauelemente der Schaltung den Bauelementen des Masters zugeordnet und diese anschließend automatisch verdrahtet. Es versteht sich von selbst, daß die Bauelemente der zu entwickelnden Schaltung zum Vorrat des Masters gehören müssen. Da die Master für viele Anwendungen genutzt werden sollen und nicht nur für eine Anwendung entwickelt wurden, ist die Flächenauslastung des Chips i.a. kleiner als 100%, meist sogar weniger als 80%.

Optimalere Entwürfe garantiert die Standardzellen-Methode. Das gesamte Chip wird unter Nutzung von in Bibliotheken abgelegten Standardzellen (im Logikniveau) entworfen. Die Konstruktion des Chip erfolgt so, daß die Standardzellen in Straßen aufgereiht werden und über Kanäle verbunden sind.

PLDs sind programmierbare logische Anordnungen, bei denen meist nur Verbindungspunkte ein- oder ausgeschaltet werden. Die Mehrzahl der PLDs realisieren disjunktive Normalformen logischer Funktionen (PAL = Programmable Array Logic, FPLA = Field Programmable Logic Array, PROM = Programmable Read Only Memory). Eine Ausnahme bilden FPGA (Field Programmable Gate Array), bei denen logische Funktionen durch SRAM realisiert werden.

Entscheidend für die Auswahl einer Entwurfstechnologie sind die Kosten K für einen Schaltkreis, wie sie schematisch in Bild 1-39 dargestellt sind. Sie gehorchen annähernd der Beziehung

$$K = K_\mathrm{F} + \frac{K_\mathrm{E}}{n}. \tag{1.39}$$

Dabei sind:

K_F = Fertigungskosten pro Schaltkreis
K_E = Entwurfskosten des Schaltkreises
n = zu fertigende Stückzahl

n_1, n_2, und n_3 sind die kritischen Stückzahlen, bei denen der Umstieg auf die nächste kostengünstigere Technologie sinnvoll erscheint, wenn die technische Machbarkeit des Schaltungskonzeptes das zuläßt. So können Schaltkreise mit höchsten Stückzahlen im Full Custom Design entworfen werden, während für geringste Schaltkreismengen PLDs und Gate Arrays geeignet sind. Oft ist es sinnvoll, für erste Experimente mit dem Schaltungskonzept PLDs einzusetzen, um nach Bestätigung dieses Konzeptes für die spätere Produktion andere parameter- und flächengünstigere Technologien (Gate-Arrays, Standardzellen) einzusetzen.

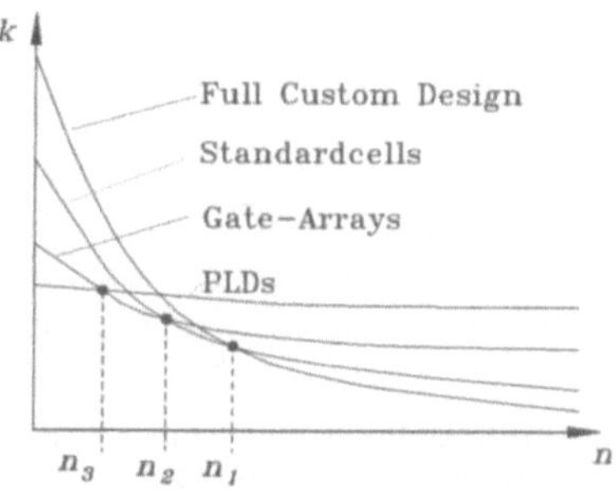

Bild 1-39
Kosten eines Schaltkreises

Die Gliederung der Schaltkreise nach dem Integrationsgrad erfolgt meist nach folgendem Schema:

Bezeichnung	Bauelementezahl auf dem Chip
SSI = Short Scale Integration	$n \leq 30$
MSI = Medium Scale Integration	$30 \leq n \leq 1000$
LSI = Large Scale Integration	$1000 \leq n \leq 30\,000$
VLSI = Very Large Scale Integration	$30\,000 \leq n \leq 1\,000\,000$
ULSI = Ultra Large Scale Integration	$1\,000\,000 \leq n$

Die angegebenen Bauelementezahlen weichen in verschiedenen Publikationen voneinander ab und sind als grobe Richtwerte zu verstehen. Da sich das Buch mit den schaltungstechnischen Grundlagen der Digitaltechnik befaßt, werden Schaltungen im SSI- und MSI-Niveau im Vordergrund stehen.

1.4.2 Einsatz diskreter Bauelemente zur Ergänzung der Schaltkreislösung

Digitale Signalverarbeitung kann nicht ausschließlich durch digitale Schaltkreise erfolgen, weil deren Bauelementevorrat begrenzt ist. Insbesondere werden folgende Bauelemente zur Ergänzung des Schaltkreissortimentes als diskrete oder niedrig integrierte Lösung notwendig:

- Treiberstufen für hohe Ströme oder hohe Spannungen, die die Grenzen üblicher Schaltkreistechnologien überschreiten,

- Induktivitäten, Übertrager, Transformatoren, LC-Filter u.ä., da solche Schaltungsteile nur mit begrenztem Wertevorrat durch aktive RC-Schaltungen in Schaltkreisen realisiert werden können,

- große Kapazitäten,

- Sensoren und Aktoren, die die Wandlung zwischen elektrischen und anderen Energieformen vornehmen (z.B. optische, chemische, mechanische Sensoren, Taster, Schalter, Relais, Magnete, Anzeigeelemente usw.),

- räumlich stark ausgedehnte Netze zur Übertragung digitaler Signale, also Leitungssysteme mit ihren Laufzeit-, Reflexions- und Übersprecheigenschaften.

Ein Teil dieser Elemente ist dann auf Zwischenträgern (z.B. in Dünn- oder Dickschichttechnik) mit Schaltkreisen integrierbar, wenn die Größenverhältnisse und die räumliche Nähe der Komponenten das erlauben.

1.5 Möglichkeiten und Grenzen der digitalen Informationsverarbeitung

Die digitale Informationsverarbeitung bietet eine Reihe von Vorteilen gegenüber der analogen Signalverarbeitung, die sie für viele Anwendungen als besonders geeignet erscheinen läßt. Das sind vor allem:

1. Digitale Signale lassen eine nahezu beliebig genaue Signalwertdarstellung zu, wenn nur die Zahl der Bits zur Darstellung dieses Signalwertes entsprechend hoch gewählt wird. Damit sind sie z.B. für die Gebiete der Rechentechnik, der Präsisionsmeßtechnik u.a. prädestiniert;

2. Digitale Signale lassen sich präzise anzeigen und damit gut ablesen. Das ist besonders günstig für digital vorliegende Informationen (z.B. Uhrzeit, Ein- und Ausgabe am Taschenrechner, ...). Einschränkend ist allerdings zu sagen, daß bei bestimmten Informationen oft die mehr globale ungenaue Anzeige der Analogtechnik bei dynamischen Vorgängen ruhiger wirkt (z.B. Drehzahl- und Geschwindigkeitsanzeige in Fahrzeugen);

3. Digitale Signale lassen sich mit beliebiger Genauigkeit verarbeiten, sie werden kaum verfälscht;

4. Digitale Signale können bequem gespeichert werden, da jeder Speicherplatz nur zwischen den Werten L und H unterscheiden muß;

5. Die beiden digitalen Signalwerte L und H unterscheiden sich in ihren Spannungs- oder Strompegeln deutlich, so daß Störungen diese Pegel kaum beeinflussen bzw. relativ leicht zu beseitigen sind;

6. Der Entwurf digitaler Schaltungen ist methodisch ausgereift, dem Entwerfer steht außerdem ein großes Sortiment von Standardschaltkreisen zur Verfügung, so daß er relativ schnell die Lösung für seine Aufgabe findet.

Diesen Vorzügen der Digitaltechnik stehen eine Reihe Nachteile gegenüber:

1. L- und H-Pegel digitaler Signale sollen sich deutlich unterscheiden, digitale Schaltungen benötigen deshalb zur Ansteuerung große Signale, die oft als Eingangssignale nicht vorliegen (z.B. Funksignale). Eine digitale Verarbeitung solch kleiner Signale erfordert demzufolge vorgeschaltete Signalverstärker.

2. Eine Reihe von Informationen liegen zunächst analog vor oder sollen als analoge Informationen ausgegeben werden (z.B. Sprache, Musik, Bilder). Digitale Signalverarbeitung benötigt deshalb Analog-Digital- oder Digital-Analog-Umsetzer als zusätzliche Baugruppen. Es ist deshalb von Fall zu Fall zu prüfen, ob die erreichbare hohe Qualität der digitalen Signalverarbeitung diese zusätzliche Signalumsetzung rechtfertigt.

3. Die digitale Signalverarbeitung analoger Signale erfordert meist einen größeren Aufwand als eine analoge Signalverarbeitung, wenn diese möglich ist. Dieser Nachteil wird jedoch durch die enormen technologischen Fortschritte der Mikroelektronik weitgehend ausgeglichen.

Es zeigt sich, daß Analog- und Digitaltechnik durch ihre jeweiligen Stärken beide Daseinsberechtigung haben. Für viele Aufgaben wird es sogar immer mehr notwendig, in gemischt analog-digitalen Schaltungen die Stärken beider Techniken zu vereinen.

1.6 Aufgaben

Die Aufgaben zu Kapitel 1 des Buches dienen der Wiederholung der für die digitale Schaltungstechnik notwendigen Grundkenntnisse der Elektrotechnik. Außerdem sollen sie helfen, den in Kapitel 1 vermittelten Stoff zu vertiefen.

Aufgabe 1.1

Für die Darstellung der 10 Zahlen des Dezimalsystems werden in der Digitaltechnik im Dezimalsystem ein Wort mit einem Buchstaben (einer Stelle) und 10 Signalniveaus benötigt. Wieviel Buchstaben (Stellen) und Signalniveaus werden für die Darstellung dieser 10 Zahlen im Binär- und Ternärsystem benötigt?

Wie groß ist die dabei auftretende Redundanz?

Aufgabe 1.2

Weisen Sie mit Hilfe der Funktionstabellen die Richtigkeit der Theoreme von de Morgan

$$\overline{A+B} = \overline{A}\cdot\overline{B}, \quad \overline{A\cdot B} = \overline{A}+\overline{B}$$

nach.

Aufgabe 1.3

Welche kleinsten analogen Signalwerte Δa können 10Bit-ADU bzw. 13Bit-ADU nicht mehr unterscheiden? Wie groß ist demzufolge die Genauigkeit $\dfrac{\Delta a}{a_{max}}$ dieser Wandler?

Aufgabe 1.4

Berechnen Sie die Teilströme I_1 bis I_4 des dargestellten Netzwerkes.

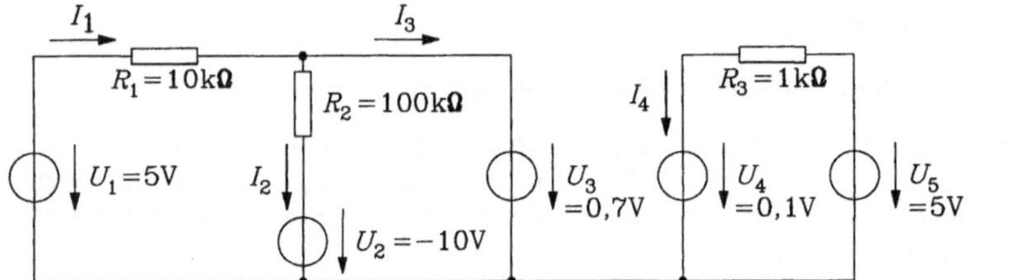

Bild 1-40

Aufgabe 1.5

Berechnen Sie den Verlauf der Ausgangsspannung $u_A(t)$ für die angegebenen passiven Schaltungen, wenn sich die Eingangsspannung u_E zum Zeitpunkt $t = 0$ von 0 V auf $U_0 > 0$ sprungartig ändert.

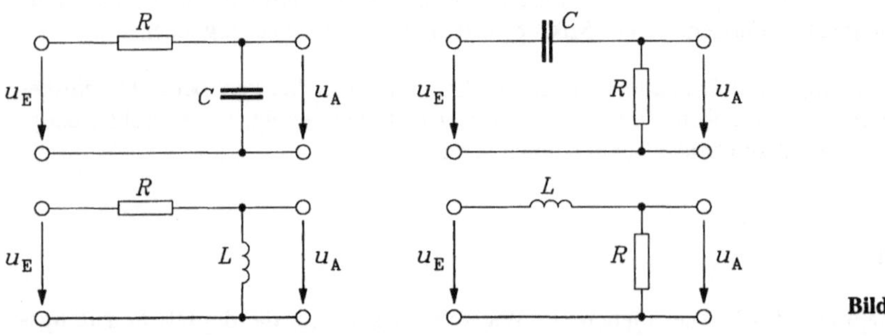

Bild 1-41

Aufgabe 1.6

Berechnen Sie den Spannungsverlauf $u_C(t)$ der dargestellten Schaltung, wenn zur Zeit $t = 0$ der Schalter S geschlossen wird.

Stellen Sie das Ergebnis grafisch dar.

$U_0 = 5$ V, $R_1 = 1$ kΩ, $R_2 = 10$ kΩ, $C = 1$ µF

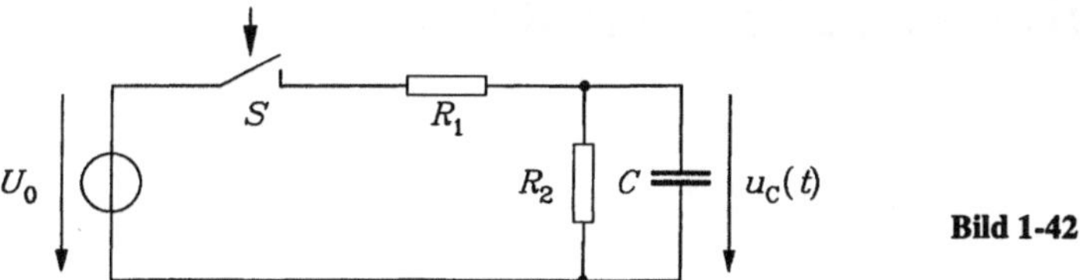

Bild 1-42

Aufgabe 1.7

Gegeben ist folgende Schaltung:

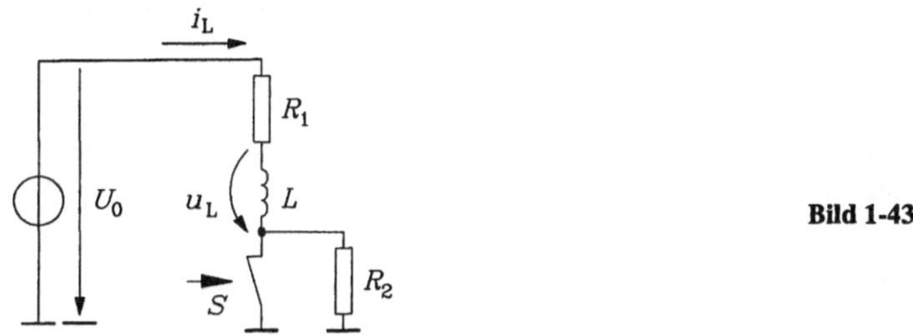

Bild 1-43

$R_1 = 10\ \text{k}\Omega$, $R_2 = 10\ \text{M}\Omega$, $L = 1\ \text{mH}$, $U_0 = 10\ \text{V}$

Zum Zeitpunkt $t = 0$ wird der Schalter S geöffnet.

Berechnen Sie

1. den Verlauf des Stromes $i_L(t)$,

2. den Verlauf der Spannung $u_L(t)$.

Erweitern Sie die Schaltung so, daß über dem Schalter das Auftreten einer Hochspannung verhindert wird.

2 Schaltstufen als Grundelemente digitaler Schaltungen

2.1 Grundprinzip und grundlegende Eigenschaften von Schaltstufen

Die Grundprinzipien von Schaltstufen mit Transistoren wurden bereits im Abschnitt 1.2.1 (Bild 1-6) dargelegt. Ersetzt man die gesteuerten Schalter durch Bipolar- bzw. Feldeffekt-Transistoren, so führt das auf die in Bild 2-1 dargestellten üblichen Schaltstufen, die nachfolgend näher untersucht werden.

Alle Schaltstufen besitzen einen Eingang E (evtl. noch einen zweiten mit dem negierten Eingangssignal $\overline{E}$) und einen oder zwei Ausgänge (A und evtl. $\overline{A}$). Als sinnvolle logische Funktion von Schaltstufen kommen deshalb nur die Negation oder/und die Identität in Frage (siehe Bild 2-2).

Ebenfalls im Abschnitt 1.2.1 wurden bereits wesentliche Eigenschaften von Schaltstufen genannt. Dazu gehören im *Logikniveau*

1. die logische Funktion (siehe Bild 2-2),
2. die Verzögerungszeiten t_{PLH} und t_{PHL} (siehe Bild 1-7).

Zur Erläuterung der Eigenschaften im *Elektrikniveau* soll zunächst die Schaltstufe unabhängig von ihrer konkreten Realisierung als Black-Box betrachtet werden (Bild 2-3).

Dabei stehen Großbuchstaben für konstante, d.h. statische Werte von Strom und Spannung und demzufolge Kleinbuchstaben für sich zeitlich ändernde, also dynamische Größen $u(t)$ bzw. $i(t)$.

Das statische Verhalten von Schaltstufen wird im wesentlichen durch die folgenden 3 Kennlinien bestimmt:

1. Statische Übertragungskennlinie U_A = f(U_E),
(siehe Bild 1-3 und Bild 2-4 am Beispiel eines Negators)

Aus dieser Kennlinie entnimmt man die statischen Pegel $U_{E,A}$(L, H), den Spannungshub ΔU und die statischen Störsicherheiten, wobei vorausgesetzt wurde, daß die Ein- und Ausgangspegel kompatibel sind, also durch eine Zusammenschaltung gleichartiger Schaltstufen entstehen (Bild 2-5).

2. Eingangskennlinie I_E = f(U_E)
Bild 2-6 zeigt ein Beispiel einer Eingangskennlinie.

Die Eingangskennlinie liefert Aussagen zu den Eingangsströmen, die bei den entsprechenden Eingangspegeln fließen. Diese Eingangsströme müssen durch einen vorgeschalteten Generator (oder eine gleichartige Schaltstufe) bereitgestellt werden.

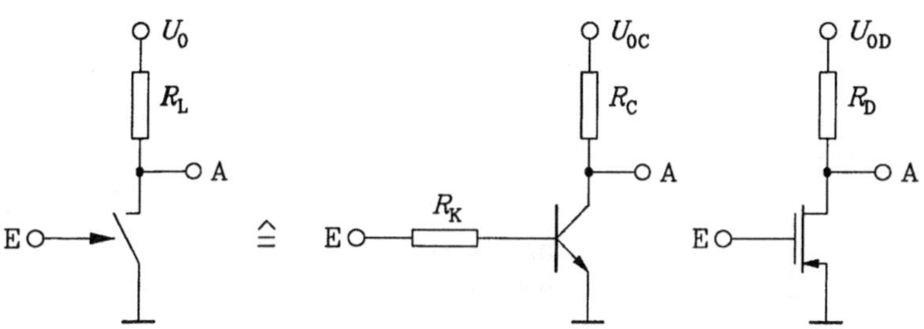

a) EIN–AUS–Schalter
in Bipolartechnik

b) EIN–AUS–Schalter
in NMOS–Technik

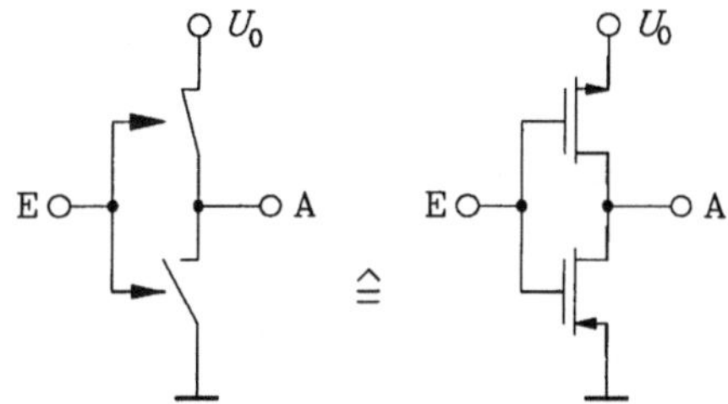

c) Spannungsumschalter
in CMOS–Technik

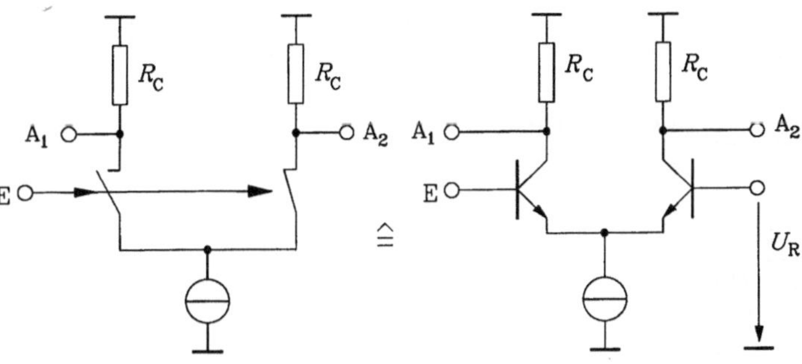

d) Stromumschalter in Bipolartechnik

Bild 2-1 Schaltstufen mit Transistoren

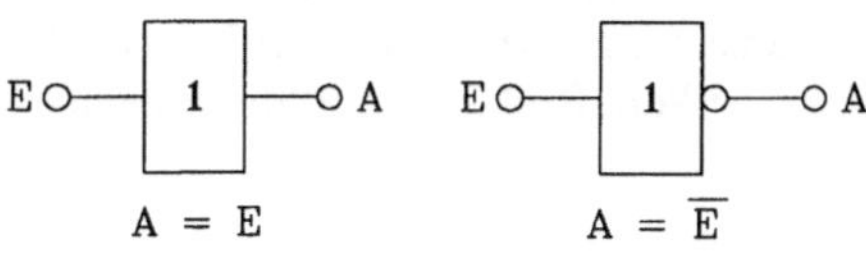

Bild 2-2
Logische Funktionen von Schaltstufen

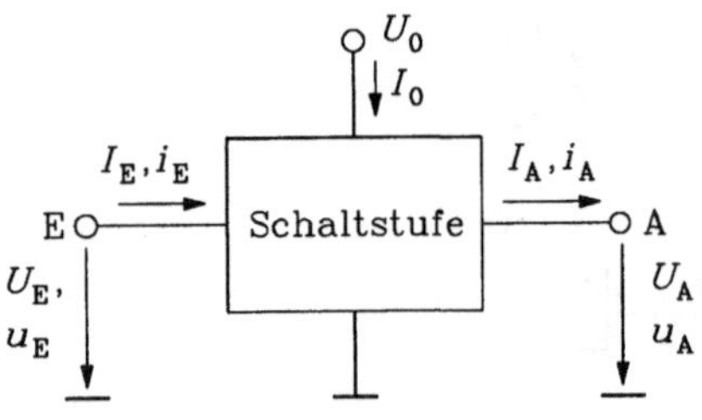

Bild 2.3
Black-Box-Darstellung einer Schaltstufe

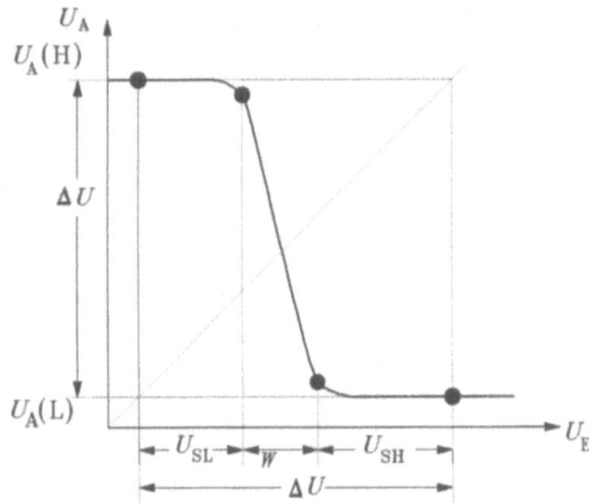

Bild 2-4
Statische Übertragungskennlinie
eines Negators

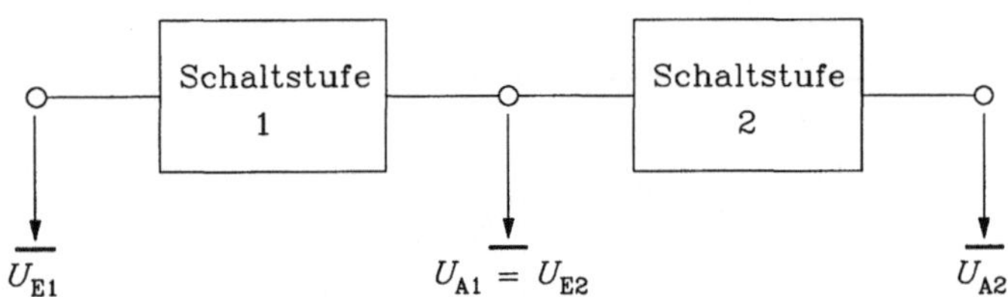

Bild 2-5 Zusammenschaltung von Schaltstufen

3. *Ausgangskennlinien I_A = f(U_A, E)*

Jede Schaltstufe besitzt 2 Ausgangskennlinien in Abhängigkeit von der Belegung des Eingangs
der Schaltstufe mit E = L oder E = H. Das soll am Beispiel der Schaltstufe nach Bild 2-1a erläutert werden. Ist der Eingang mit E = L belegt, so soll der Transistor gesperrt sein. Für E = H soll
er näherungsweise als niederohmiger Widerstand $R_{CE} \ll R_C$ wirken. Bild 2-7 zeigt diese beiden
Schaltungsmodelle.

Für E = L gilt:

$$I_A(H) = \frac{U_{0C} - U_A(H)}{R_C},$$ \hfill (2.1)

für E = H

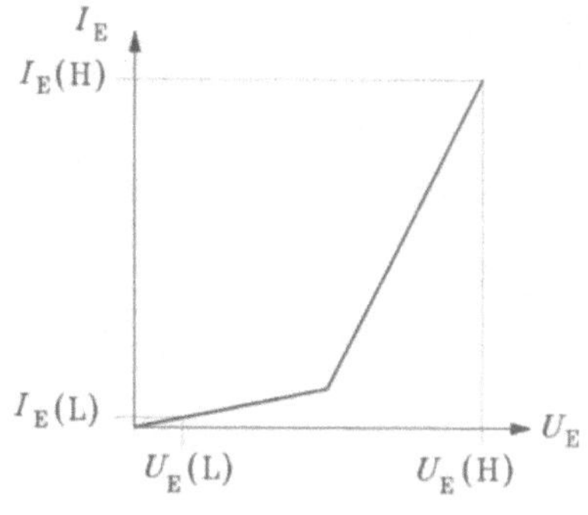

Bild 2-6
Eingangskennlinie

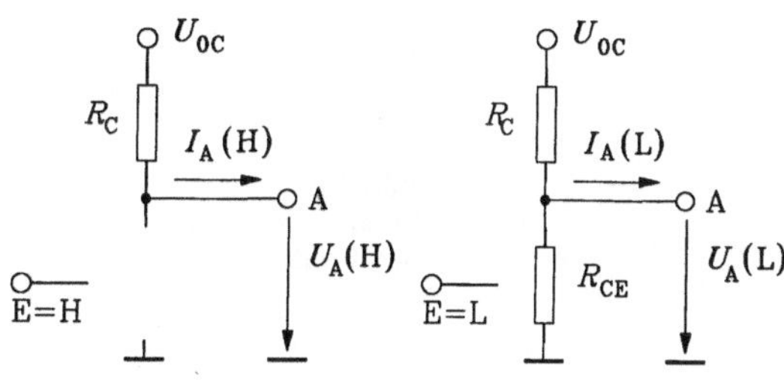

Bild 2-7
Modelle des Ausganges der
Schaltstufe nach Bild 2-1a

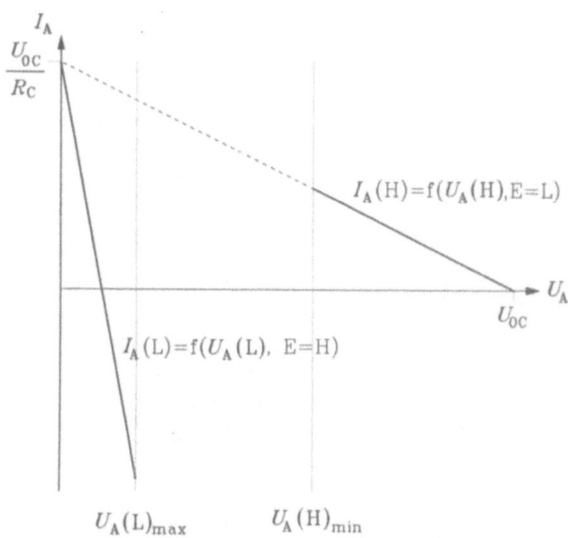

Bild 2-8
Ausgangskennlinien

$$I_\mathrm{A}(\mathrm{L}) = \frac{U_{0\mathrm{C}} - U_\mathrm{A}(\mathrm{L})}{R_\mathrm{C}} - \frac{U_\mathrm{A}(\mathrm{L})}{R_\mathrm{CE}}.$$

(2.2)

Die beiden Ausgangskennlinien mit ihren Gültigkeitsbereichen sind in Bild 2-8 dargestellt.

Der Ausgangsstrom ist ein Maß für die Treiberfähigkeit der Schaltstufe. Soll z.B. eine Schaltstufen gleichartige Schaltstufen mit den in Bild 2-6 gezeigten Eingangskennlinien treiben (Bild 2-9), so muß

$$I_A = n\, I_E \tag{2.3}$$

gelten, wobei die Pegel $U_A(H)_{min}$ nicht unter- und $U_A(L)_{max}$ nicht überschritten werden dürfen.

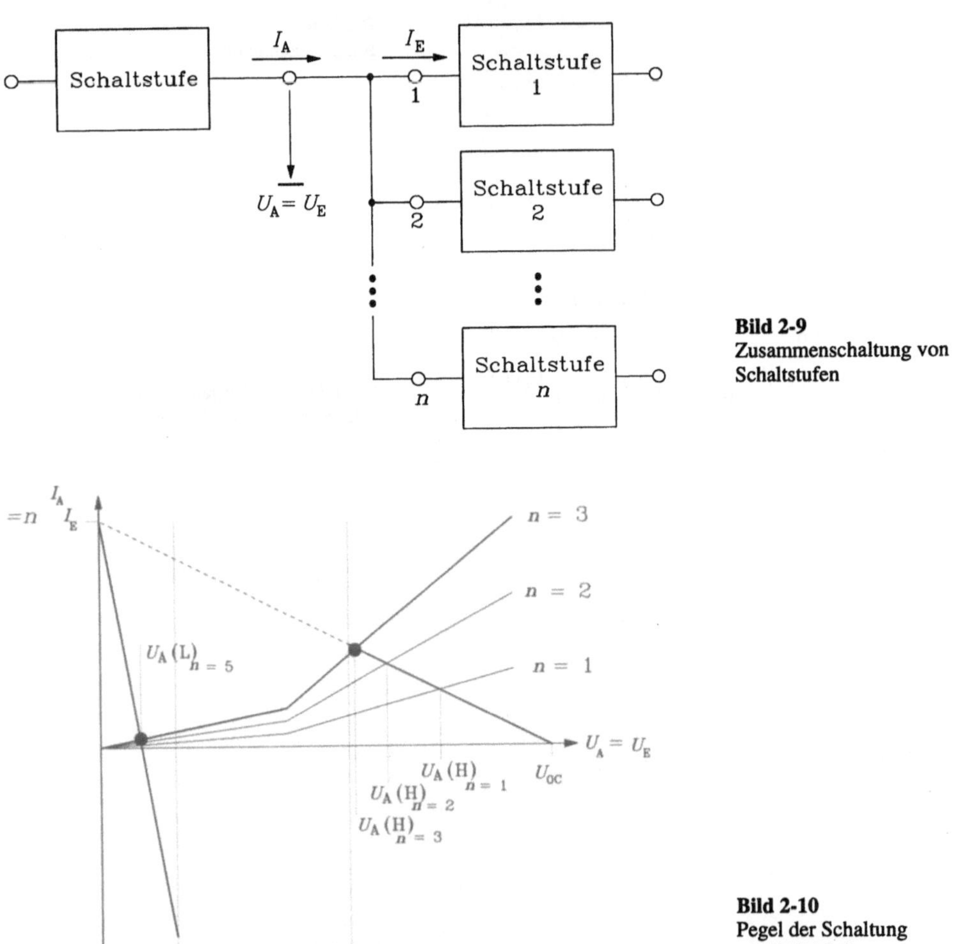

Bild 2-9
Zusammenschaltung von
Schaltstufen

Bild 2-10
Pegel der Schaltung
nach Bild 2-8

Bild 2-10 zeigt in einem gemeinsamen Diagramm die sich einstellenden Ströme und Spannungen.

Man erkennt, daß im gewählten Beispiel maximal 3 Schaltstufen durch eine Schaltstufe getrieben werden können, ohne daß die definierten Spannungspegel verletzt werden.

Aus Bild 2-10 wird außerdem deutlich, daß die Größen der Ein- und Ausgangspegel von den Zusammenschaltungsbedingungen abhängen. Es ist demnach i.a. nicht günstig, die Eingänge von Schaltstufen mit idealen Eingangspegeln $U_E(H)$ oder $U_E(L)$ zu belegen. Deshalb werden nachfolgend digitale Schaltungen durch Generatoren mit den Leerlaufspannungen $U_G(H)$ bzw. $U_G(L)$ und den Innenwiderständen $R_G(H)$ bzw. $R_G(L)$ angesteuert. Zur Vereinfachung wird der H-Zustand zukünftig mit dem Index X, der L-Zustand mit Y gekennzeichnet (U_{GX}, U_{GY} und R_{GX}, R_{GY}). Die Leerlaufspannung U_G wird nur dann durch die Eingangsspannung U_E ersetzt, wenn entweder die Innenwiderstände R_G des Generators Null sind oder wie bei der MOS-Technik kein Strom aus dem Generator entnommen wird.

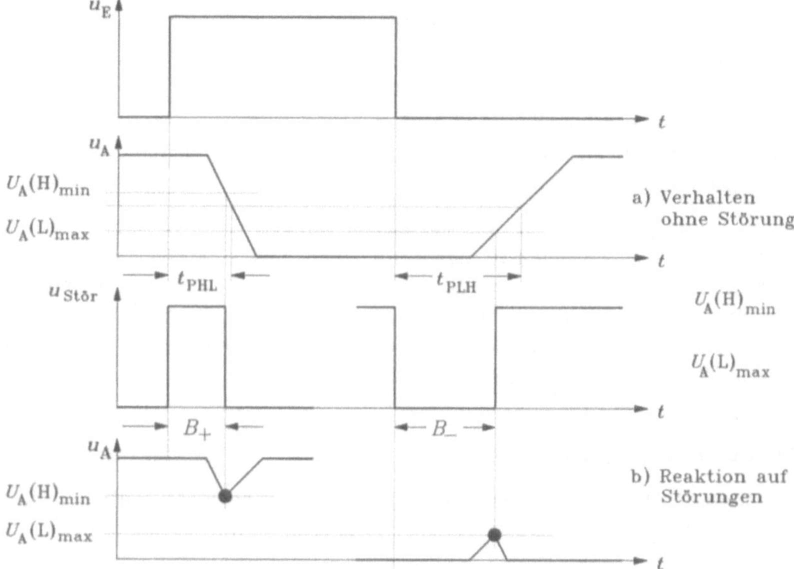

Bild 2-11 Dynamische Störsicherheit

Neben den 3 beschriebenen statischen Kennlinien für die Signalpegel sind weitere wichtige Kenngrößen von Schaltstufen

1. die Versorgungsspannung U_0, die aus entsprechenden Netzgeräten oder Batterien bereitgestellt werden muß und

2. die Stromaufnahme I_0 der Schaltstufe in den beiden Zuständen

$$I_0(E = L),\ \ I_0(E = H),$$

aus der nach Gl. (1.11) die mittlere Verlustleistung P_V ermittelt wird. Da diese Verlustleistung in Wärme umgesetzt wird, muß es Ziel sein, Schaltungen mit geringer Stromaufnahme zu entwikkeln.

Das dynamische Verhalten von Schaltungen beinhaltet die in Bild 1-8 angegebenen Verzögerungszeiten t_{PLH} und t_{PHL} sowie die Flankensteilheiten t_{LH} und t_{HL}. Zusätzlich werden bei digitalen Schaltungen *dynamische Störsicherheiten* definiert. Sie geben an, wie breit ein großer Störimpuls sein darf, ohne daß der eingestellte Ausgangspegel verletzt wird. Bild 2-11 soll dieses Verhalten deutlich machen, wobei der Anschaulichkeit wegen ideale Flanken der Eingangssignale angenommen werden. In Bild 2-11a ist das ungestörte Verhalten der Schaltung dargestellt, Bild 2-11b zeigt die Reaktion auf Störimpulse.

Führt z.B. ein positiver Störimpuls zum Absinken der Ausgangsspannung, so muß bei Erreichen der minimalen Ausgangsspannung $U_A(H)_{min}$ der Störimpuls abgebrochen werden, so daß die Ausgangsspannung umgehend wieder ansteigt. Die maximale Störimpulsbreite B muß deshalb kleiner als die Verzögerungszeit t_{PHL} sein, $B_+ < t_{PHL}$, wenn der Störimpuls unwirksam bleiben soll. Analog gilt für negative Störimpulse $B_- < t_{PLH}$.

$$B_{+,-} < t_{PHL,PLH} \qquad\qquad (2.4)$$

2.2 Schaltstufen mit Dioden

Dioden lassen sich nicht in die in Bild 2-1 angegebenen Kategorien einfügen, weil der steuernde dritte Anschluß des Bauelementes fehlt. Der Stromfluß kann lediglich durch die Größe und Polarität der angelegten Spannung gesteuert werden.

In diesem Abschnitt wird die Kenntnis der physikalischen Vorgänge in Halbleiterdioden vorausgesetzt, die inneren elektronischen Eigenschaften werden nicht abgeleitet. Es werden lediglich qualitative Aussagen gemacht, die zum Verständnis der Schaltungen notwendig sind. Dioden eignen sich als Schalterelemente zum Aufbau von Verknüpfungselementen. Sie besitzen jedoch keine Verstärkungseigenschaften und können daher nur mit Verstärkerelementen (z.B. Bipolartransistoren) regenerierende Schaltkreise realisieren.

2.2.1 Das statische Verhalten von Dioden

In integrierten Schaltkreisen arbeiten vorwiegend Siliziumdioden. Das statische Verhalten der Diode wird durch folgende Gleichung beschrieben:

$$I = I_s\left(\exp.\frac{U}{U_T} - 1\right). \qquad\qquad (2.5)$$

I_S – idealer Sättigungsstrom, Sperrstrom der ideal gesperrten Diode für $U \to -\infty$

$U_T = \dfrac{k \cdot T}{e}$ – Temperaturspannung;

$k = 1{,}380 \cdot 10^{-23}\,\dfrac{Ws}{grd}$ – Boltzmann-Konstante;

T – absolute Temperatur;

$e = 1{,}602 \cdot 10^{-19}$ As – Elementarladung;

$U_T = 25{,}25$ mV bei Zimmertemperatur $T = 293$ grd

Gl. (2.5) gibt nur das Verhalten der inneren reinen Diode wieder; alle anderen Einflußgrößen (Bahnwiderstände) wurden vernachlässigt. Bild 2-12 zeigt die zu Gl. (2.5) gehörende Kennlinie. Man erkennt, daß im Durchlaßbereich die Diodenspannung U_F (Flußspannung) etwa konstant bleibt ($U_F = 0{,}5 \dots 0{,}8$ V). Die Diode wirkt in diesem Bereich als Spannungsquelle der Spannung U_F. Im Sperrbereich stellt sich bereits bei kleinen Spannungen der Reststrom I_R ein, der praktisch von der Sperrspannung unabhängig ist. Deshalb wird oft für einfache Näherungsbetrachtungen die Diodenkennlinie durch eine Schalterkennlinie (siehe Bild 2-12) approximiert.

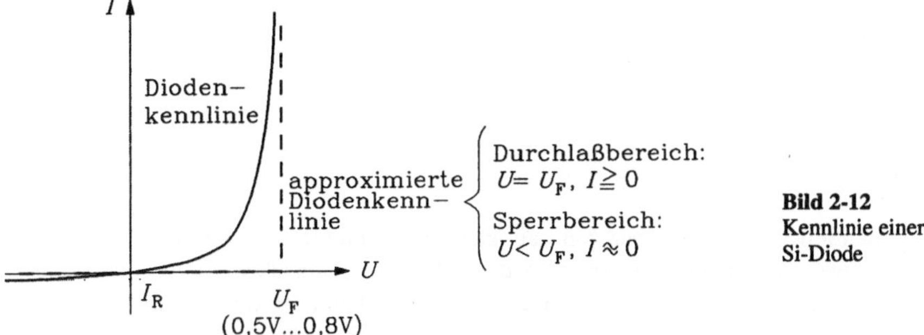

Bild 2-12
Kennlinie einer
Si-Diode

2.2.2 Das dynamische Verhalten von Dioden

Zur Berechnung des dynamischen Verhaltens von Diodenschaltungen ist ein geeignetes dynamisches Modell zu verwenden (Bild 2-13). Dabei ist berücksichtigt, daß am pn-Übergang der Diode eine Raumladung entsteht, die abhängig von der inneren Diodenspannung und als spannungsabhängige Sperrschichtkapazität C_s dargestellt werden kann

$$C_\mathrm{s} = \frac{C_\mathrm{s0}}{\left(1-\dfrac{u}{U_\mathrm{D}}\right)^\mathrm{N}}. \tag{2.6}$$

C_s0 – Sperrschichtkapazität bei $U = 0$;

U_D – Diffusionsspannung, $0{,}7\ \mathrm{V} \leqslant U_\mathrm{D} \leqslant 1{,}0\ \mathrm{V}$;

$\mathrm{N} \;=\; \dfrac{1}{3}\cdots\dfrac{1}{2}$

Für Näherungen kann für C_s ein mittlerer Wert als Konstante angenommen werden. Weiter wurde neben dem statischen reinen pn-Übergang (Diode) beachtet, daß der Auf- und Abbau der Ladungen in den Diffusionsgebieten mit einer Zeitkonstanten behaftet ist (Diodenzeitkonstante τ_D). Als Symbol wurde dafür eine Stromquelle eingeführt. Dieses Element kann aus der Kontinuitätsgleichung der Diode (siehe Abschnitt 2.3) abgeleitet werden. Oft wird dieses Element als Diffusionskapazität C_D dargestellt (siehe Bild 2-14). Es gilt

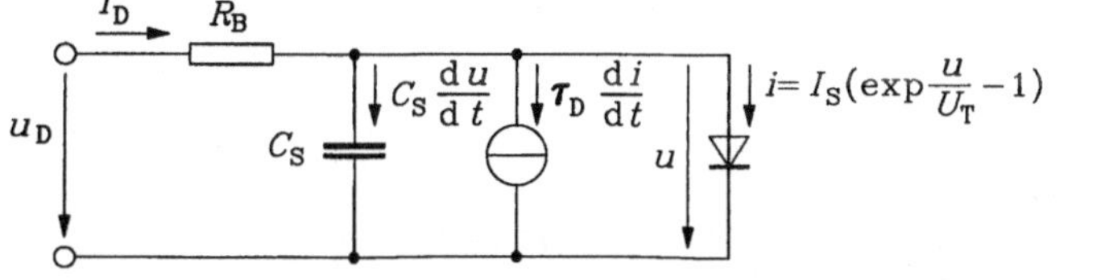

Bild 2-13
Diodenersatzschaltung
(dynamisch)

$$\tau_D \frac{di}{dt} = C_D \frac{du}{dt},$$

$$C_D = \tau_D \frac{di}{du} = \tau_D \frac{d}{du}\left[I_s\left(\exp\frac{u}{U_T} - 1\right)\right]$$

$$= \tau_D \frac{I_s}{U_T}\exp\frac{u}{U_T} \approx \tau_D \frac{i}{U_T}. \tag{2.7}$$

C_D hängt also exponentiell von u und linear von i ab, kann demnach nicht als konstant angenommmen werden. In den weiteren Betrachtungen wird deshalb im dynamischen Modell stets eine Stromquelle eingesetzt, die proportional dem Differential eines anderen Stromes ist.

Zusätzlich wurden im Modell Bild 2-13 die Bahnwiderstände (R_B) berücksichtigt. Insgesamt gelten damit folgende Gleichungen:

$$i_D = C_S \frac{du}{dt} + i + \tau_D \frac{di}{dt}, \tag{2.8}$$

$$u_D = i_D R_B + u, \tag{2.9}$$

$$i = I_s\left(\exp\frac{u}{U_T} - 1\right) \approx I_s\exp\frac{u}{U_T} \tag{2.10}$$

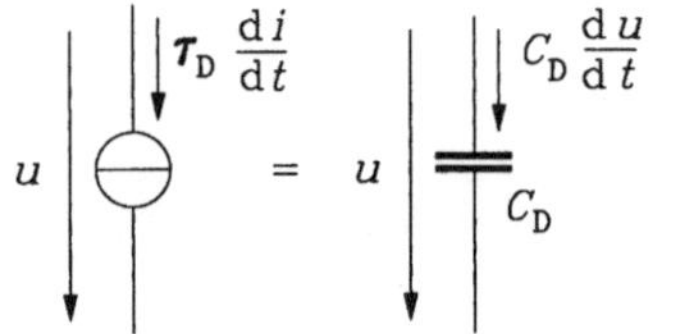

Bild 2-14 Diffusionskapazität

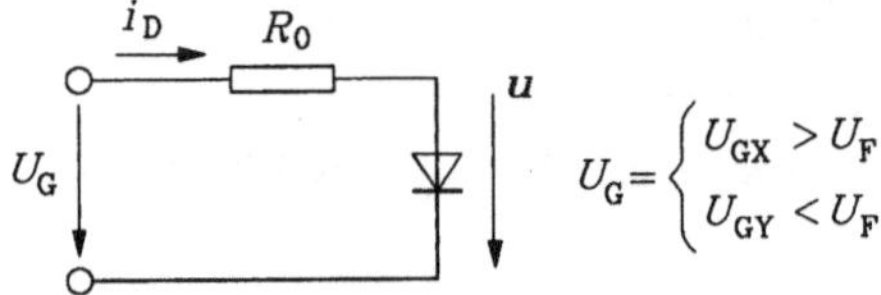

Bild 2-15 Diodenschaltung

Untersucht wird nun das Verhalten einer einfachen Diodenschaltung nach Bild 2-15, wobei die Generatorspannung sprungförmig von U_{GY} auf U_{GX} geschaltet wird. Nach Abklingen aller zeitabhängigen Prozesse wird wieder auf U_{GY} zurückgeschaltet. Die statische Diodenkennlinie soll durch eine Schalterkennlinie approximiert werden (Bild 2-16).

Zunächst sei die Diode durch $U_G = U_{GY}$ gesperrt. Im folgenden sollen die einzelnen Phasen des Umschaltens berechnet werden:

1. Die Generatorspannung wird plötzlich auf U_{GX} umgeschaltet. Da die Diodenspannung u (siehe Bild 2-13) nicht sprunghaft verändert werden kann, fließt sofort ein hoher Diodenstrom:

$$i_D(t = 0) = \frac{U_{GX} - U_{GY}}{R_0 + R_B} \tag{2.11}$$

Mit dem Ansteigen der inneren Diodenspannung über C_s sinkt dieser Strom und wird beim Erreichen der inneren Diodenflußspannung U_F auf

$$I_{DX} = \frac{U_{GX} - U_F}{R_0 + R_B} \tag{2.12}$$

begrenzt.

2. Die Generatorspannung wird erneut auf U_{GY} zurückgeschaltet. Der Diodenstrom i kann sich wegen des Ladungsspeicherelements $\tau_D\,(di/dt)$ nicht sprunghaft ändern, demzufolge bleibt die Diodenspannung $u = U_F$ bestehen, solange $i > 0$ gilt. Damit kann mit folgender Ersatzschaltung gerechnet werden (Bild 2-17), in der C_S wegen der Spannungskonstanz nicht berücksichtigt wird. Der Diodenstrom i_D wird negativ ($U_{GV} < U_F$), bleibt aber zunächst konstant,

$$i_D = I_{DY} = -\frac{U_F - U_{GY}}{R_0 + R_B} \tag{2.13}$$

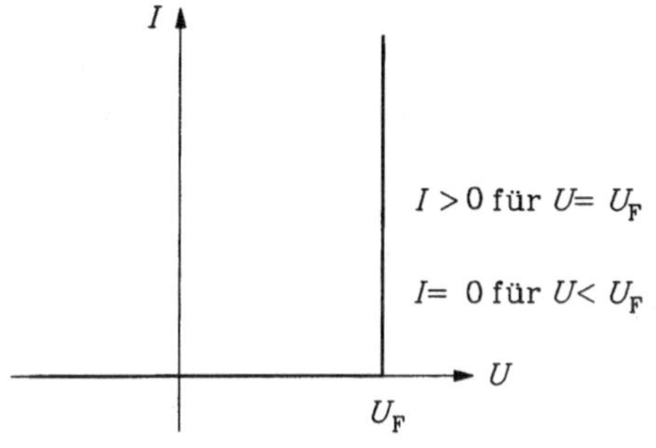

Bild 2-16 Idealisierte Diodenschaltung

Bild 2-17 Ersatzschaltung beim Ausschalten der Diode während der Speicherzeit t_s'

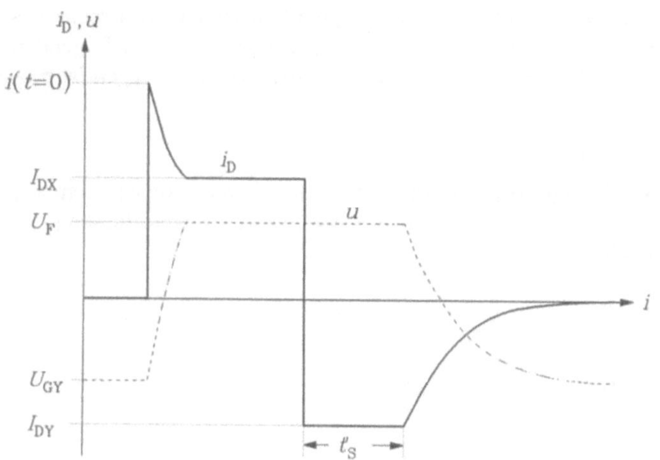

Bild 2-18
Schaltverfahren der
Diode

Die Zeitdauer t_s' (Speicherzeit) dieses konstanten Stroms wird aus der Differentialgleichung

$$I_D = -\frac{U_F - U_{GY}}{R_0 + R_B} = \tau_D \frac{di}{dt} + i \tag{2.14}$$

und der Abbruchbedingung

$$i\big(t = t_s'\big) = 0 \tag{2.15}$$

zu

$$t_s' = \tau_D \ln\left(1 - \frac{I_{DX}}{I_{DY}}\right) \tag{2.16}$$

berechnet.

Nachdem der innere Diodenstrom Null geworden ist, wird nachfolgend die Sperrschichtkapazität C_s erneut auf U_{GY} aufgeladen, der Diodenstrom i_D wird auf Null ansteigen. Bild 2-18 zeigt das Gesamtverhalten des Diodenstroms i_D und der inneren Diodenspannung u.

2.2.3 Mikroelektronische Realisierung von Dioden

Für die mikroelektronische Realisierung von Dioden eignen sich verschiedene pn-Übergänge in integrierten Schaltungen. Meist werden Basis-Emitter- bzw. Basis-Kollektor-Übergänge von Bipolartransistoren dazu ausgenutzt (siehe dazu Abschnitt 2.3).

2.3 Schaltstufen mit Bipolartransistoren

2.3.1 Bauelementemodelle

2.3.1.1 Modell und Layout des Bipolartransistors

Für die Berechnung des Verhaltens digitaler Schaltungen mit Bipolartransistoren wird meist das Transportmodell (Gummel-Poon-Modell) verwendet. Dieses Transportmodell wird im folgenden am Beispiel eines npn-Transistors behandelt, eine Umsetzung auf andere Transistortypen ist problemlos möglich.

1. Statisches Modell des Bipolartransistors

Bild 2-19 zeigt das statische Modell des npn-Bipolartransistors, wobei bereits solche Elemente weggelassen wurden, die das Gesamtverhalten einer digitalen Schaltung wenig beeinflussen (z.B. Kollektor- und Emitterbahnwiderstände).

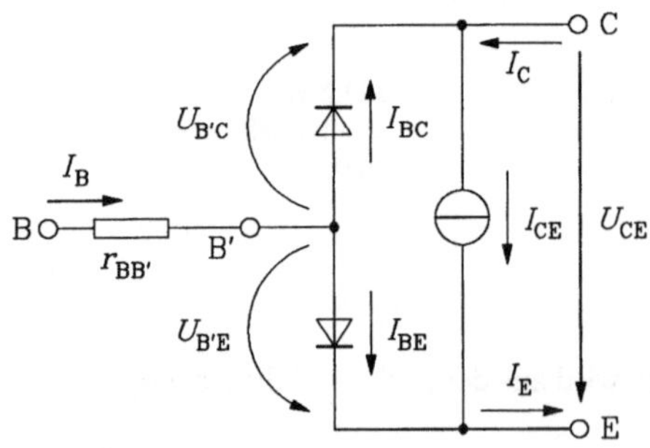

Bild 2-19
Transportmodelle des Bipolartransistors

Dabei bedeuten :

I_{CE} – Transportstrom zwischen Kollektor und Emitter.

$$I_{CE} = I_{CE0}\left(\exp\frac{U_{B'E}}{U_T} - \exp\frac{U_{B'C}}{U_T}\right) \tag{2.17}$$

I_{BE} – Strom der Basis-Emitter-Diode.

$$I_{BE} = I_{BE0}\left(\exp\frac{U_{B'E}}{m_E U_T} - 1\right) \approx I_{BE0}\exp\frac{U_{B'E}}{m_E U_T} \tag{2.18}$$

I_{BC} – Strom der Basis-Kollektor-Diode.

$$I_{BC} = I_{BC0}\left(\exp\frac{U_{B'C}}{m_C U_T} - 1\right) \approx I_{BC0}\exp\frac{U_{B'C}}{m_C U_T}. \tag{2.19}$$

Die Größen m_E und m_C sind arbeitspunktabhängige Korrekturfaktoren der Temperaturspannungen. Sie berücksichtigen den Verstärkungsanstieg bei höheren Strömen. Diese Faktoren werden meßtechnisch durch Ermittlung des Anstiegs des entsprechenden Basisstroms gewonnen.

So wird z.B. nach Logarithmieren von Gl. (2.18) mit anschließender Differentiation

$$m_E = \frac{1}{U_T}\ \frac{dU_{B'E}}{d\ln I_{BE}} \tag{2.20}$$

Die Werte für m_E und m_C sind im Niedrigstrombetrieb des Transistors nur geringfügig größer als 1.

Die Daten für I_{CEO} , I_{BEO} und I_{BCO} können meßtechnisch ebenfalls einfach ermittelt werden, indem im üblichen Betriebsbereich des Transistors die Spannungen U_{BE} und U_{BC} sowie die dazugehörigen Ströme I_{CE} und I_{BE} beziehungsweise I_{CE} und I_{BC} gemessen werden. Danach können über die Gln. (2.17), (2.18) und (2.19) die Restströme berechnet werden. Dabei wird bei kleinen Strömen der Spannungsabfall über dem Basisbahnwiderstand $r_{BB'}$ vernachlässigt. Ist diese Vereinfachung nicht möglich, so kann $r_{BB'}$ aus der Kenntnis der mikroelektronischen Parameter ermittelt werden, wie noch zu zeigen ist.

Anschließend sollen die Großsignalstromverstärkungen bei Normalbetrieb B_N und bei Inversbetrieb B_I in das Transportmodell eingeführt werden.

Der Quotient von I_{CE} nach Gl. (2.17) und I_{BE} nach Gl. (2.18) entspricht dann B_N, wenn die Basis-Kollektorspannung so klein ist, daß der Transistor im aktiv normalen Betriebszustand arbeitet,

$$B_N = \frac{I_{CE}}{I_{BE}}\bigg|_{U_{B'C} \ll U_{B'E}} = \frac{I_{CE0}}{I_{BE0}}\exp\left[\frac{U_{B'E}}{U_T}\left(1 - \frac{1}{m_E}\right)\right]. \tag{2.21}$$

Analog gilt:

$$B_I = \frac{-I_{CE}}{I_{BC}}\bigg|_{U_{B'E} \ll U_{B'C}} = \frac{I_{CE0}}{I_{BC0}}\exp\left[\frac{U_{B'C}}{U_T}\left(1 - \frac{1}{m_C}\right)\right]. \tag{2.22}$$

Sind B_N und B_I bekannt (z.ß. durch Messung ermittelt), kann Gl. (2.17) auch wie folgt geschrieben werden:

$$I_{CE} = B_N I_{BE} - B_I I_{BC}. \tag{2.23}$$

Genaue Berechnungen des statischen Verhaltens von Schaltungen mit Bipolartransistoren erfordern den Einsatz des Modells nach Bild 2-19 und auf Grund der darin vorkommenden Nichtlinearitäten den Einsatz eines Netzwerkanalyseprogramms. Oft sind jedoch nur Näherungsrechnungen oder Abschätzungen notwendig. Aus diesem Grunde soll bereichsweise das statische Transportmodell vereinfacht werden (Bild 2-20). Mit diesen Vereinfachungen wird die Allgemeingültigkeit des Modells aufgegeben, d.h., die Schaltung muß auch getrennt in den einzelnen Betriebsbereichen berechnet werden. In einer ersten Näherung wurden nur die Bahnwiderstände und die Ströme gesperrter Dioden vernachlässigt, in den Modellen bleiben Nichtlinearitäten enthalten. Diese Näherung ist vom Schaltungsentwickler dann einzusetzen, wenn die nichtlinearen Kennlinien wesentlichen Einfluß auf die elektronischen Eigenschaften der Gesamtschaltung haben, die zweite Näherung demnach zu ungenau ist. Die 2. Näherung selbst ersetzt zusätzlich die Diodenkennlinien durch ideale Schalterkennlinien (siehe dazu auch Bild 2-12). Diese Näherung ist möglich, wenn z.B. durch äußere ohmsche Widerstände der Einfluß der Nichtlinearitäten auf das Gesamtverhalten der Schaltung unwesentlich ist. Wie bereits bei der Diodenschaltung praktiziert, soll vereinbart werden, den Ein-Zustand des Transistors mit dem Index X zu kennzeichnen, entsprechend den Aus-Zustand mit dem Index Y. Aus diesem Grunde wurden als approximierte Werte für die beiden Diodenkennlinien U_{BEX} und U_{BCX} verwendet.

Bild 2-21 zeigt einen aufgeschnittenen npn-Transistor. In einem von einem Isolierrahmen (der das im System vorkommende niedrigste konstante Potential erhält, z.B. Masse) umgebenen Gebiet befindet sich die diffundierte Basis p und darin der n^+-Emitter. Die Epitaxieschicht mit dem niederohmig begrabenen Gebiet (NBG) und das (n^+)-Gebiet unter dem Kollektoranschluß bilden den Kollektor. Beide sichern die Niederohmigkeit des Kollektors.

Der eigentliche Transportmechanismus des Transistors wirkt im wesentlichen unter dem Emitter, wie Bild 2-21 deutlich macht, denn nur dort existiert die geringste Basisweite. Der Transportstrom wird also proportional einer Stromdichte S_{CE} und der Emitterfläche A_E sein,

$$I_{CE} = S_{CE} \cdot A_E. \tag{2.24}$$

Das gleiche gilt natürlich nach Umrechnung auch für den Sättigungsstrom

$$I_{CE0} = S_{CE0} \cdot A_E. \tag{2.25}$$

Wenn z.B. ein Transistor mit Minimalabmessungen im Normalbetrieb einen Maximalstrom I_{CEmax} von

$$I_{CEmax} = 1 \dots 5 \text{ mA}$$

aufnehmen kann, so muß ein Endstufentransistor für $I_{CEmax} = 100$ mA die 20-bis 100fache Emitterfläche aufweisen.

Für den Basis-Emitterstrom ist ebenfalls die Emitterfläche maßgebend,

$$I_{BE0} = S_{BE0} \cdot A_E, \tag{2.26}$$

für den Basis-Kollektorstrom jedoch die gesamte Basisfläche A_B,

$$I_{CB0} = S_{BC0} \cdot A_B. \tag{2.27}$$

Der Basisbahnwiderstand $r_{BB'}$ muß als Widerstand zwischen dem Kontaktfenster und dem eigentlichen Transistor unter dem Emitter verstanden werden (siehe Bild 2-22).

Der Widerstand $r_{BB'}$ errechnet sich näherungsweise zu

$$r_{BB'} = \rho \frac{L_B}{x_B B_B}. \tag{2.28}$$

$$\frac{\rho}{x_B} = R_{SB} \tag{2.29}$$

und wird Schichtwiderstand der äußeren Basis genannt, er beträgt technologieabhängig gegenwärtig

$$R_{SB} = 150 \dots 250 \; \Omega/\square.$$

($\square$ bedeutet $L_B = B_B$)

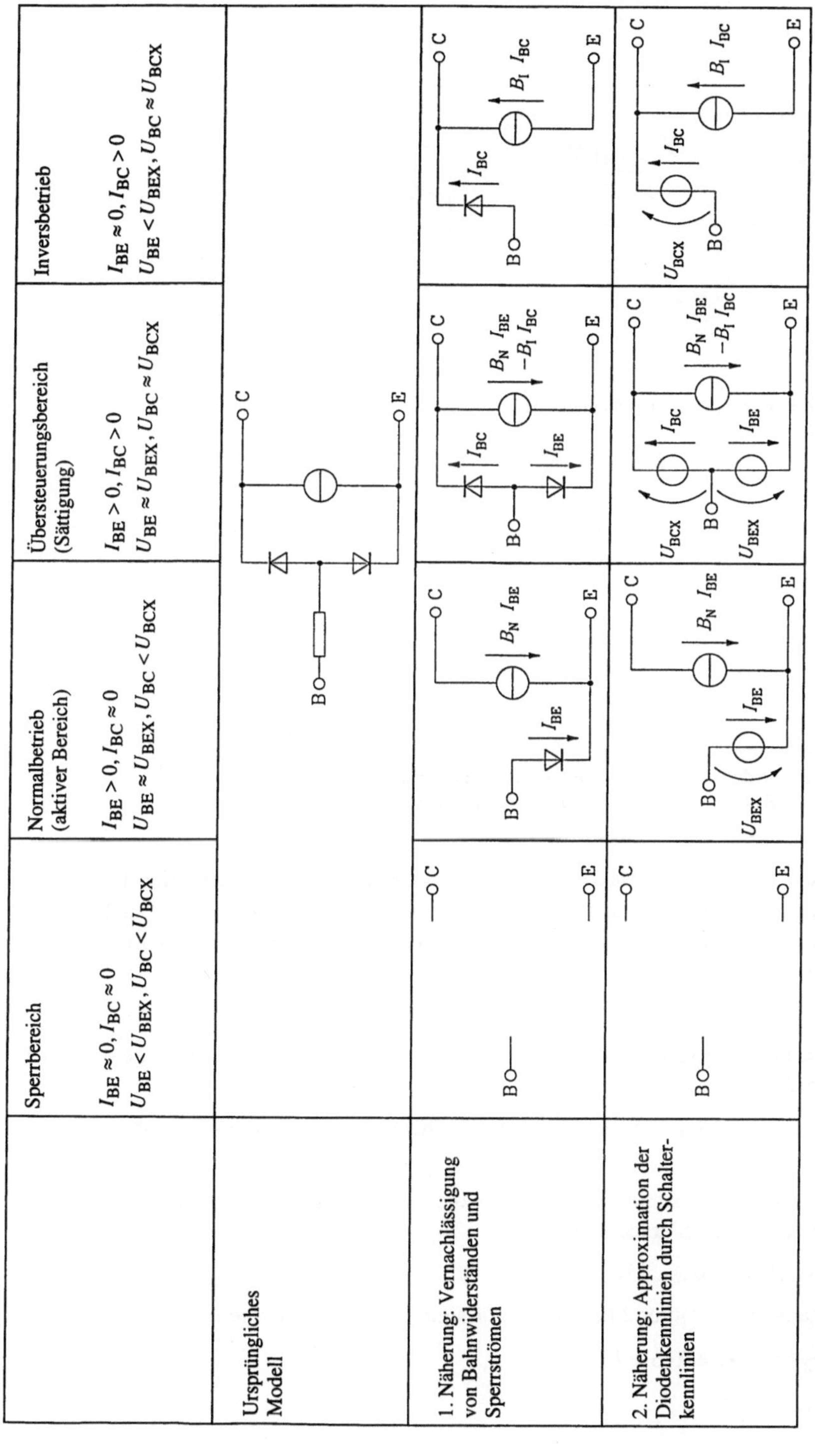

	Sperrbereich	Normalbetrieb (aktiver Bereich)	Übersteuerungsbereich (Sättigung)	Inversbetrieb
	$I_{BE} \approx 0,\, I_{BC} \approx 0$ $U_{BE} < U_{BEX},\, U_{BC} < U_{BCX}$	$I_{BE} > 0,\, I_{BC} \approx 0$ $U_{BE} \approx U_{BEX},\, U_{BC} < U_{BCX}$	$I_{BE} > 0,\, I_{BC} > 0$ $U_{BE} \approx U_{BEX},\, U_{BC} \approx U_{BCX}$	$I_{BE} \approx 0,\, I_{BC} > 0$ $U_{BE} < U_{BEX},\, U_{BC} \approx U_{BCX}$
Ursprüngliches Modell				
1. Näherung: Vernachlässigung von Bahnwiderständen und Sperrströmen				
2. Näherung: Approximation der Diodenkennlinien durch Schalterkennlinien				

Bild 2-20 Näherungsmodell des Bipolartransistors in den einzelnen Betriebsbereichen für statische Berechnungen

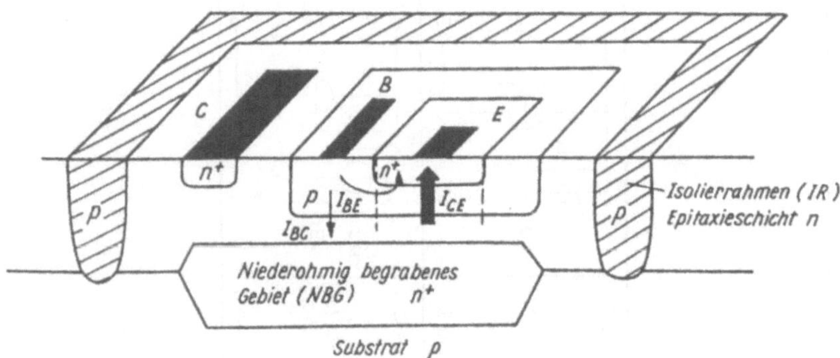

Bild 2-21 Aufgeschnittener npn-Transistor (schematisch)

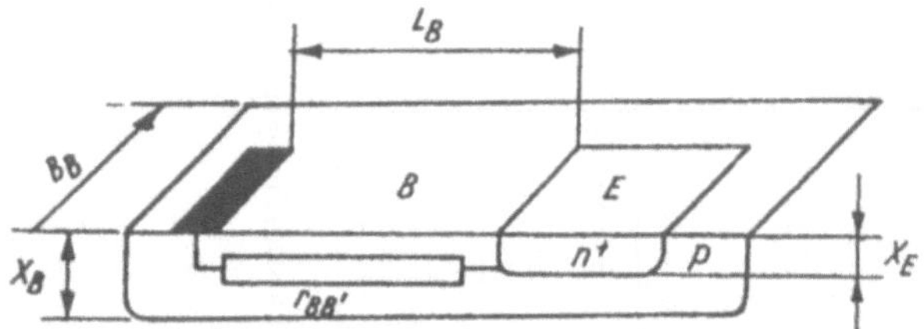

Bild 2-22   Zum Basisbahnwiderstand
x_E – Eindringtiefe des Emitters; x_B – Eindringtiefe der Basis;
B_B – Breite der Basis; L_B – Länge des für $r_{BB'}$ wirksamen Basisgebietes

Ein Transistor, dessen Emitter vom Basiskontakt 5mal so weit entfernt ist wie seine Breite beträgt, wird also einen Basisbahnwiderstand von $r_{BB'} = 750 \ldots 1250 \ \Omega$ aufweisen. Der Schichtwiderstand der inneren Basis unter dem Emitter ist auf Grund der geringeren Basisweite $(x_B - x_E)$ wesentlich größer, er beträgt

$$R_{SBI} = 5 \ldots 15 \ \mathrm{k\Omega/\square}.$$

Die Bahnwiderstände der Epitaxieschicht, des Emitters und des NBG sind wesentlich geringer als die der Basis und werden deshalb oft vernachlässigt.

Bild 2-23 zeigt das Layout (mikroelektronische Geometrie) eines 2-Emitter-Transistors (Basis und Emitter).

Zerlegt man die Basis zur Widerstandsberechnung in die eingetragenen Einzelwiderstände r_1, r_2, r_3, so erhält man für den Bahnwiderstand zum Emitter 1

$$r_{BB'1} = r_1 \approx 0{,}6 \ R_{SB} = 90 \ldots 150 \ \Omega,$$

für den Bahnwiderstand zum Emitter 2 bei Vernachlässigung des hochohmigen Anteils von R_{SBI}

$$r_{BB'2} = r_1 + r_2 \| r_2 + r_3 \approx (0{,}6 + 1{,}5 + 0{,}4) \ R_{SB}$$
$$= 275 \ldots 625 \ \Omega.$$

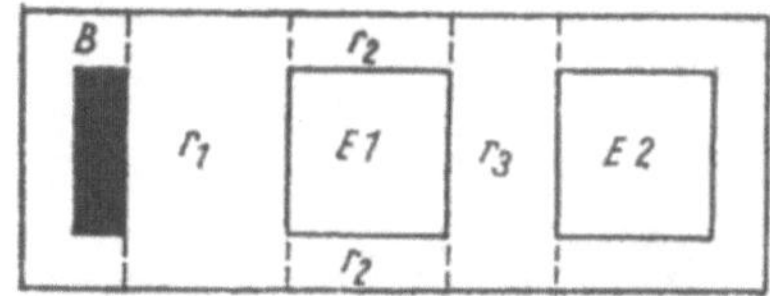

Bild 2-23
2-Emitter-Transistor

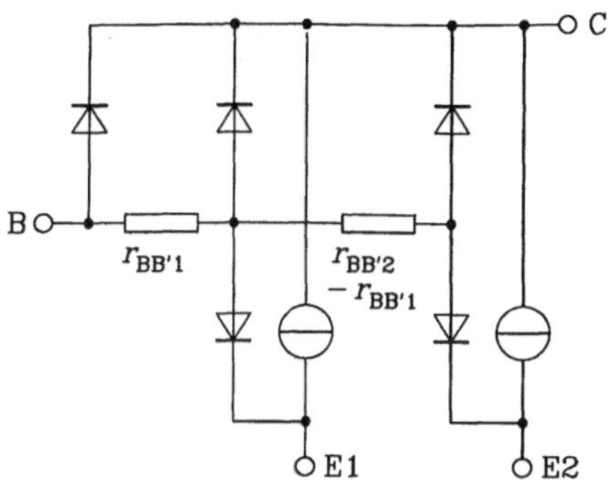

Bild 2-24
Statisches Ersatzbild des 2-Emitter-Transistors

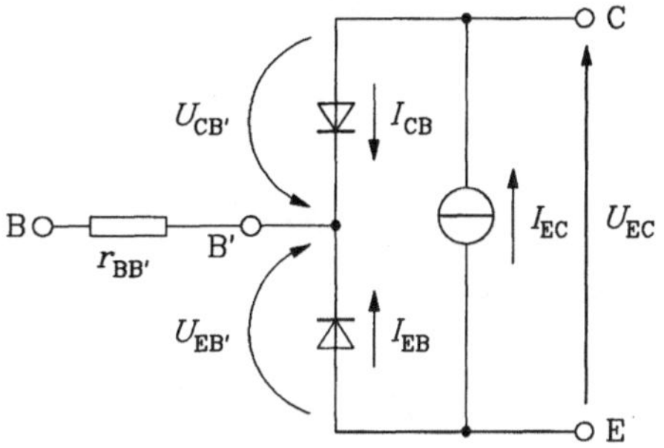

Bild 2-25
Transportmodell des pnp-Transistors

Dieses Ergebnis zeigt, daß die am weitesten vom Basiskontakt entfernten Emitter eine geringere Basis-Emitter-Spannung erhalten, was bei hohen Strömen (und damit großen Spannungsabfällen über den Basisbahnwiderständen) zu einem Verstärkungsabfall führt. Zur Modellierung dieses Effekts kann das in Bild 2-19 dargelegte Ersatzschaltbild verfeinert werden (siehe Bild 2-24 für den 2-Emitter-Transistor).

Bisher wurden nur npn-Transistoren betrachtet. Das Ersatzschaltbild von pnp-Transistoren ist in Bild 2-25 dargestellt. Die mikroelektronische Realisierung von pnp-Transistoren zeigt Bild 2-26.

Mit einer p-Diffusion wird der Emitter und der außen um den Emitter einen Ring bildende Kollektor realisiert, die Epitaxieschicht bildet die Basis.

Für die mikroelektronische Dimensionierung dieses Lateraltransistors gilt ähnlich wie beim npn-Planar-Transistor, daß die Ströme proportional den entsprechenden Flächen sind, also

$$I_{CB} = S_{CB} \cdot A_{C}, \tag{2.30}$$

A_{C} - Kollektorfläche

$$I_{EB} = S_{EB} \cdot A_{E}, \tag{2.31}$$

A_{E} - Emitterfläche

$$I_{EC} = S_{EC} \cdot x_{B} \cdot U_{E}. \tag{2.32}$$

x_{B} – Eindringtiefe p-Diffusion;
U_{E} – Umfang des Emitters

Da Emitter und Kollektor mit der gleichen Diffusion ($\hat{=}$ Basisdiffusion des npn-Transistors) realisiert werden, gilt

$$S_{CB} = S_{EB}. \tag{2.33}$$

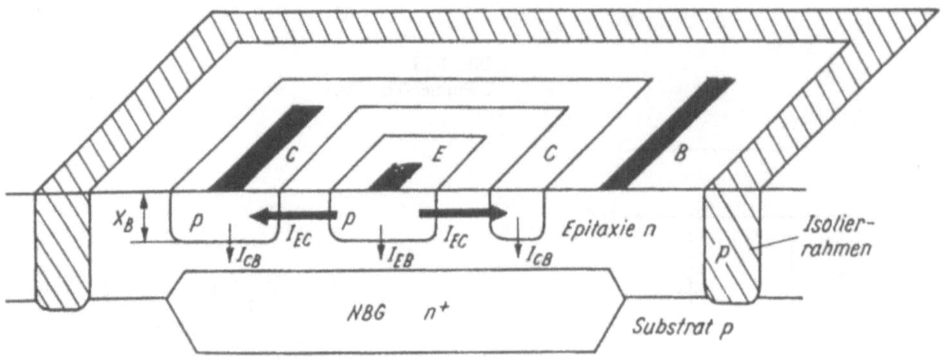

Bild 2-26 pnp-Transistor

2. Dynamisches Modell des Bipolartransistors

Zur Berechnung des dynamischen Verhaltens von Bipolartransistoren sind die dargelegten statischen Ersatzschaltbilder durch zeitbestimmende Elemente zu ergänzen, d.h., das statische Großsignalersatzschaltbild stellt den Sonderfall des statischen Zustands im Rahmen des allgemeineren, also des dynamischen Ersatzschaltbildes, dar. Zur Ableitung des dynamischen Modells nehmen wir zunächst an, daß sich der Transistor im aktiv normalen Bereich befindet, die Basis-Kollektor-Diode ist also gesperrt. Bild 2-27 zeigt ein einfaches Transistormodell mit den entsprechenden Strömen.

Die Ströme für den inneren Transistor i_{BE} und i_{CE} werden ergänzt durch Ströme zur Umladung der Raumladungszonen an den pn-Übergängen. Diese Raumladungen können durch Sperrschichtkapazitäten modelliert werden, die nach Gl. (2.5) spannungsabhängig anzunehmen sind,

$$C_{ES} = \frac{C_{ES0}}{\left(1 - \dfrac{u_{BE}}{U_D}\right)^N}, \tag{2.34}$$

$$C_{CS} = \frac{C_{CS0}}{\left(1 - \dfrac{u_{BC}}{U_D}\right)^N}. \tag{2.35}$$

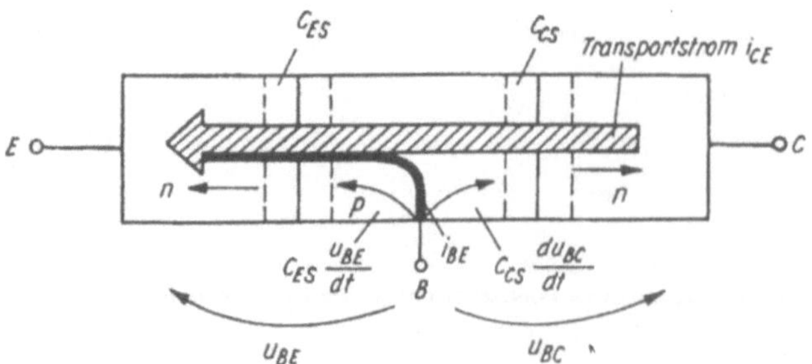

Bild 2-27
Stromaufteilung im npn-Transistor

Auf Grund der jedoch relativ geringen Spannungsabhängigkeit dieser Kapazitäten kann oft entweder mit einem Mittelwert

$$C_S = \frac{1}{U_1 - U_2} \int_{U_1}^{U_2} \frac{C_{S0}}{\left(1 - \dfrac{u}{U_D}\right)^N} \, dU \qquad (2.36)$$

oder direkt mit der Kapazität C_{S0} gearbeitet werden.

Die Sperrschichtkapazitäten sind direkt proportional den Flächen der jeweiligen pn-Übergänge,

$$C_{ES0} = C'_{ES0} \cdot A_E, \qquad (2.37)$$

$$C_{CS0} = C'_{CS0} \cdot A_B. \qquad (2.38)$$

Diese Beziehungen gelten für den npn-Transistor nach Bild 2-21. Für den Lateraltransistor nach Bild 2-26 gilt sinngemäß

$$C_{ES0} = C'_{ES0} \cdot A_E, \qquad (2.39)$$

$$C_{CS0} = C'_{CS0} \cdot A_C. \qquad (2.40)$$

C'_{ES0}; C'_{CS0} – flächenbezogene Nullpunktskapazitäten

Bei besonders genauen Betrachtungen wird oft die Sperrschichtkapazität noch aufgeteilt in eine flächenbezogene (z.B. Emitterfläche) und eine umfangsbezogene (Umfang des Emitters multipliziert mit der Eindringtiefe der Emitterdiffusion), auf die im Rahmen dieses Buches jedoch nicht eingegangen werden soll.

Für den inneren Transistor ohne Sperrschichtkapazitäten gilt die in der Halbleiterliteratur angegebene Kontinuitätsgleichung des Elektronenstroms in der Basis:

$$\frac{\partial i_n}{\partial x} = eA\left(\frac{n - n_{0B}}{\tau_B} + \frac{\partial n}{\partial t}\right). \qquad (2.41)$$

Dabei bedeuten

i_n – Elektronenstrom durch die Basis
e – Elementarladung
A – Transistorquerschnittsfläche
n – Minoritätsträgerkonzentration in der Basis
n_{0B} – Minoritätsträgerkonzentration im Ruhezustand ($U_{BE} = 0$)

Die Koordinate x bezeichnet die effektive Basisweite W, beginnend vom Ende der Emittersperrschicht bis zum Beginn der Kollektorsperrschicht (Bild 2-28).

Integriert man Gl. (2.41), so folgt

$$i_n(W) - i_n(0) = eA\int_0^W \left(\frac{n - n_{0B}}{\tau_B} + \frac{\partial n}{\partial t}\right) dx. \qquad (2.42)$$

Mit

$$Q_{BE} = eA\int_0^W (n - n_{0B}) \, dx; \qquad (2.43)$$

$$i_n(W) = -i_C; \qquad (2.44)$$

$$i_n(0) = -i_E; \qquad (2.45)$$

ergibt sich

$$-i_C + i_E = i_B = \frac{Q_{BE}}{\tau_B} + \frac{dQ_{BE}}{dt} \qquad (2.46)$$

Q_{BE} stellt die vom Basisstrom eingebrachte Basisladung dar, die vom Normalbetrieb des Transistors herrührt.

Für den statischen Fall gilt mit $dQ_{BE}/dt = 0$

$$I_B = I_{BE} = \frac{Q_{BE}}{\tau_B}. \qquad (2.47)$$

τ_B – Lebensdauer der Ladungsträger in der Basis.

Der Kollektorstrom ergibt sich aus der Transportgleichung zu

$$i_C = \frac{Q_{BE}}{\tau_C}. \qquad (2.48)$$

Führt man Gl. (2.48) in Gl. (2.47) ein, so erhält man

$$i_B = \frac{i_C}{B_N} + \tau_C \frac{di_C}{dt}, \quad \left(B_N = \frac{I_C}{I_B} = \frac{\tau_B}{\tau_C} \right). \qquad (2.49)$$

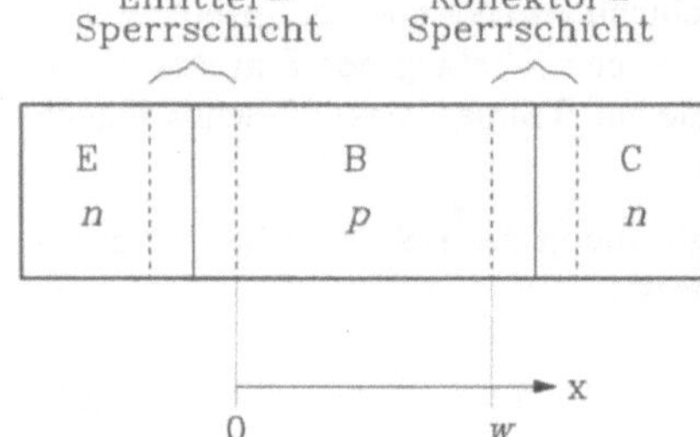

Bild 2-28
Geometrisches Transistormodell

Im aktiven Bereich (Normalbetrieb) gilt $i_C = i_{CE}$, damit wird Gl. (2.49)

$$i_B = \frac{i_{CE}}{B_N} + \tau_C \frac{di_{CE}}{dt} = i_{BE} + \tau_C B_N \frac{di_{BE}}{dt} \qquad (2.50)$$

τ_C – Laufzeit der Ladungsträger durch die Basis (aus der Transitfrequenz f_{TN} des Transistors ermittelt, wie im folgenden gezeigt wird). Bild 2-29 zeigt das für den aktiven Bereich gültige dynamische Ersatzschaltbild.

Betrachtet man nur das Verhältnis der inneren Ströme bei sinusförmiger Kleinsignalaussteuerung, so wird mit $d/dt = j\omega$

$$\frac{i_{CE}}{i_B} = \frac{B_N}{1 + j\omega\tau_C B_N}. \qquad (2.51)$$

Bezieht man den Betrag dieser komplexen Verstärkung auf den Wert bei der Frequenz $\omega = 0$, so folgt

$$\left| \frac{i_{CE}(j\omega)}{i_{CE}(\omega = 0)} \right| = \frac{1}{\sqrt{1 + \omega^2 \tau_C^2 B_N^2}} \qquad (2.52)$$

Mißt man den Verstärkungsabfall im Normalbetrieb bei der Grenzfrequenz f_{TN} (α – Grenzfrequenz) als $\sqrt{2}$-Abfall zu

$$\left|\frac{i_{CE}(j2\pi f_{TN})}{i_{CE}(\omega=0)}\right|=\frac{1}{\sqrt{2}}, \tag{2.53}$$

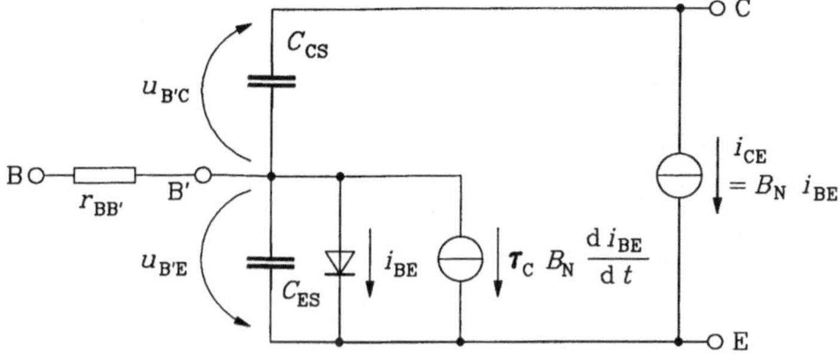

Bild 2-29 Dynamisches Ersatzschaltbild des aktiv normal betriebenen Transistors

ergibt sich

$$\tau_C=\frac{1}{2\pi f_{TN}B_N}. \tag{2.54}$$

Analog zum Normalbetrieb lassen sich folgende Gleichungen für den Inversbetrieb ableiten:

$$i_B=i_{BC}+\tau_E B_I\frac{di_{BC}}{dt}=-\left(\frac{i_{CE}}{B_I}+\tau_E\frac{di_{CE}}{dt}\right), \tag{2.55}$$

$$\tau_E=\frac{1}{2\pi f_{TI}B_I}. \tag{2.56}$$

f_{TI} – Grenzfrequenz bei Inversbetrieb

Es wird deutlich, daß die im Modell zu verwendenden Zeitkonstanten τ_C und τ_E direkt aus den Grenzfrequenzen f_{TN} und f_{TI} sowie den Verstärkungen B_N und B_I ermittelt werden können.

Durch Überlagerung erhält man das vollständige dynamische Ersatzschaltbild (Bild 2-30).

Die in Bild 2-30 dargestellten Ladungsspeicherelemente können erneut durch Diffusionskapazitäten ersetzt werden:

$$1.\ \tau_E B_I\frac{di_{BC}}{dt}=\tau_E\frac{d}{dt}\left(I_{CE0}\exp\frac{u_{B'C}}{U_T}\right)=C_{DC}\frac{du_{B'C}}{dt}; \tag{2.57}$$

$$C_{DC}=\tau_E B_I\frac{di_{BC}}{du_{B'C}}=\tau_E\frac{1}{U_T}I_{CE0}\exp\frac{u_{B'C}}{U_T}; \tag{2.58}$$

$$2.\ \tau_C B_N\frac{di_{BE}}{dt}=\tau_C\frac{d}{dt}\left(I_{CE0}\exp\frac{u_{B'E}}{U_T}\right)=C_{DE}\frac{du_{B'E}}{dt}; \tag{2.59}$$

$$C_{DE} = \tau_C B_N \frac{d i_{BE}}{d u_{B'E}} = \tau_C \frac{1}{U_T} I_{CE0} \exp \frac{u_{B'E}}{U_T}. \tag{2.60}$$

Wie schon im Abschnitt 2.2 angegeben, weden sie jedoch im Buch wegen der großen Nicht-
linearität nicht verwendet.

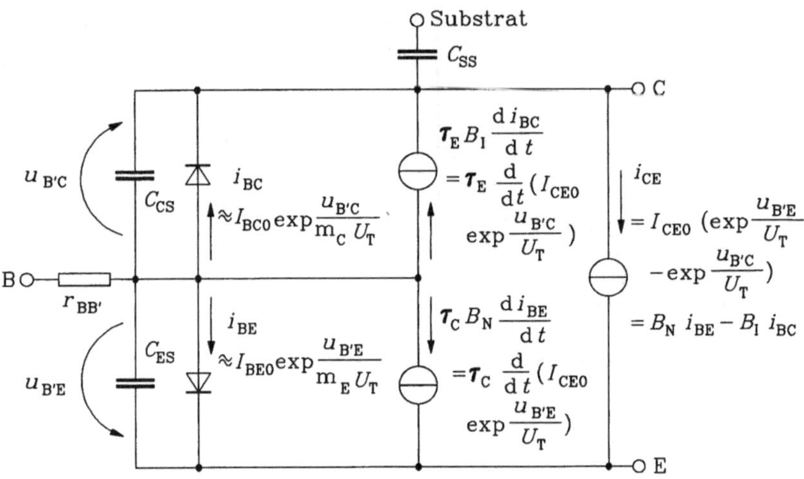

Bild 2-30 Vollständiges dynamisches Ersatzschaltbild des npn-Bipolartransistors

Wird in einer integrierten Schaltung der nach Bild 2-21 angegebene Transistor eingesetzt, so entstehen zusätzliche Sperrschichtkapazitäten (C_{SS}) zwischen Kollektor (Epitaxieschicht, NBG) und
dem Isolierrahmen sowie dem Substrat. Diese Kapazitäten sind parallelgeschaltet, da Substrat
und Isolierrahmen das gleiche konstante Potential besitzen, und hängen ab von der Gesamtfläche
des Kollektors. In Bild 2-30 wurde diese Kapazität bereits berücksichtigt.

Wie beim npn-Transistor kann das dynamische Ersatzschaltbild auch für den pnp-Transistor aufgebaut werden. Allerdings ist die Sperrschichtkapazität zum Substrat hier an der Basis anzuschließen.

Analog zur Vereinfachung des statischen Modells (siehe Bild 2-20) kann auch das allgemeinere
(die statischen Verhältnisse mit erfassende) dynamische Modell bereichsweise durch einfachere
Näherungsmodelle ersetzt werden (Bild 2-31). Das ist insbesondere notwendig zur Ableitung von
Näherungsbeziehungen für die Verzögerungszeiten von Schaltungen. Dabei muß meist auf die
2. Näherung, die Approximation von Diodenkennlinien durch ideale Schalterkennlinien, zurück-
gegriffen werden. Das führt zu der wesentlichen Vereinfachung, daß aufgrund der konstanten
Spannung eingeschalteter Dioden (U_{BEX}, U_{BCX}) die diesen Dioden parallelgeschalteten Sperrschichtkapazitäten (C_{ES}, C_{CS}) entfallen können, da keine kapazitiven Umladeströme fließen können. Diese Vereinfachung gilt jedoch nicht für die Diffusionskapazitäten.

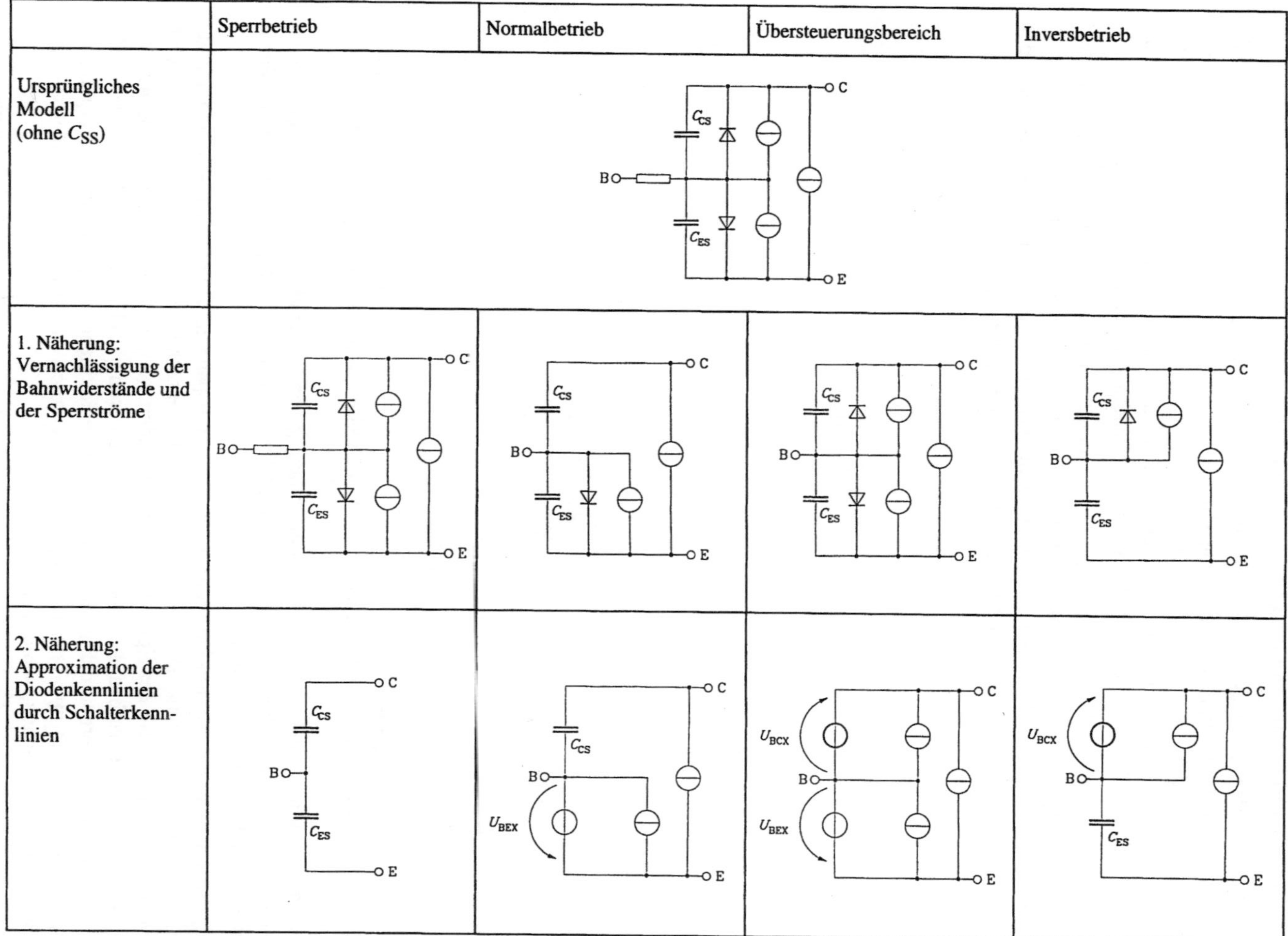

Bild 2-31 Näherungsmodell des Bipolartransistors in den einzelnen Betriebsbereichen für dynamische Berechnungen

2.3.1.2 Modell und Layout von integrierten Widerständen

Widerstände werden meist als diffundierte Widerstände realisiert, obwohl auch aufgedampfte Widerstände üblich sind (z.B. als Präzisionswiderstände bei der Realisierung von R2R-Kettennetzwerken für Digital-Analog-Wandler). Im Rahmen des Buches soll nur auf diffundierte Widerstände eingegangen werden, wobei der Basiswiderstand der äußeren Basis R_{SB} bzw. für hochohmigere Widerstände der der inneren Basis R_{SBI} Verwendung findet (Bild 2-32).

Im Bild 2-32a beträgt der Gesamtwiderstand bei Annahme von R_{SB} = 200 $\Omega/\square$ und 4,5 Quadraten (L_B/B_B = 4,5) zwischen den Kontaktfenstern R = 900 Ω. Bringt man hingegen noch eine Emitterdiffusion zum Einschnüren der Basis ein (Bild 2-32b), so beträgt in unserem Beispiel der Widerstand bei R_{SBI} = 10 k$\Omega/\square$ und 3,5 Quadraten (L_B/B_B = 3,5) R = 35 kΩ.

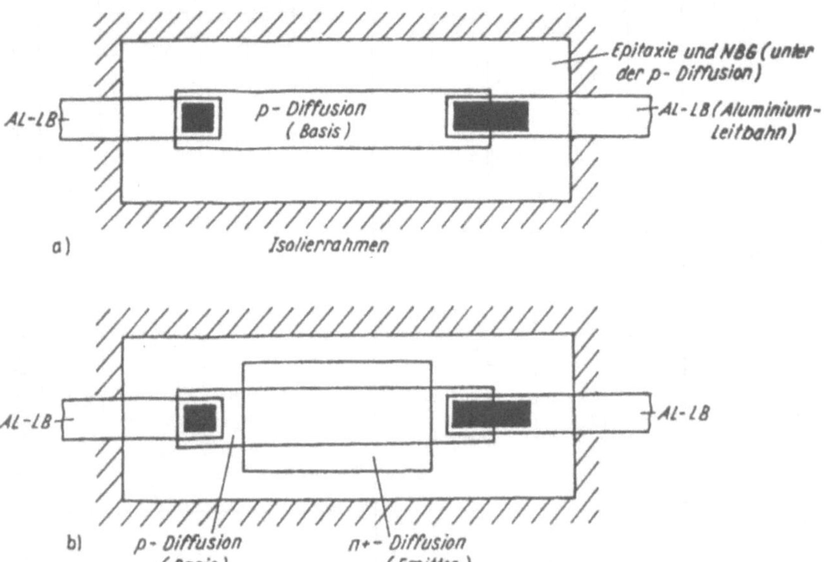

Bild 2-32 Diffundierte Widerstände
a) diffundierter Widerstand mit R_{SB} = 150 ... 250 $\Omega/\square$ b) diffundierter Widerstand mit R_{SB} = 5 ... 15 k$\Omega/\square$

Eingeschnürte Widerstände sind stark toleranzabhängig gegenüber nicht eingeschnürten. Sollen in Variante Bild 2-32a größere Widerstände realisiert werden, so sind längere Widerstandsbahnen vorzusehen (z. B. mäanderförmig).

Die Epitaxieschicht und die (n$^+$)-Diffusionen sind so vorzuspannen, daß die Basis-Kollektordiode (p-Diffusion, Epitaxieschicht) stets gesperrt bleibt. Im betrachteten Beispiel wurde die rechte Seite des Widerstandes mit der Epitaxieschicht verbunden, weil an diesem Widerstandsende die positivste Spannung herrschen soll und damit die Forderung nach Sperrung der Diode erfüllt wird. Zu bemerken ist ferner, daß in einem Diffusionsgebiet mehrere Widerstände untergebracht werden können und auch npn-Transistoren, deren Kollektoren an die in diesem Gebiet verwendete positivste Spannung angeschlossen sind.

Als Modell des Widerstandes ist neben dem Widerstandswert die Sperrschichtkapazität zu berücksichtigen (als verteilte Kapazität, oft jedoch vereinfacht als Kapazität an den beiden Klemmen). Bild 2-33 zeigt diese Ersatzschaltung für den Fall des diffundierten Widerstandes nach Bild 2-32a.

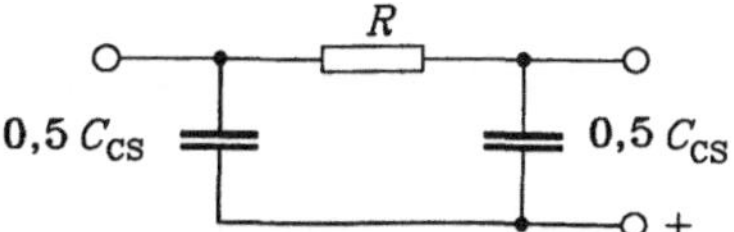

Bild 2-33
Ersatzschaltung des Widerstandes

Ist wie im angegebenen Fall die rechte Seite des Widerstandes gleichzeitig das konstante positive Potential, so kann die rechte Sperrschichtkapazität $C_{CS}/2$ entfallen, die linke liegt parallel zum Widerstand R.

2.3.1.3 Modell und Layout von integrierten Kapazitäten

Als Kapazitäten werden Sperrschichtkapazitäten verwendet. In Bild 2-34 ist eine solche Kapazität angegeben, die alle Sperrschichten und die Kapazität zwischen Emitter und Leitbahn (dünnstes Oxid) ausnutzt.

In dem Beispiel ergibt sich die Gesamtkapazität zwischen den Anschlüssen zu

$$C = C_{E-LB} + C_{ES} + C_{CS}. \tag{2.61}$$

Außerdem existiert noch eine Kapazität zwischen dem rechten LB-Anschluß (Emitter, NBG, Epitaxie) zum Isolierrahmen IR und zum Substrat p.

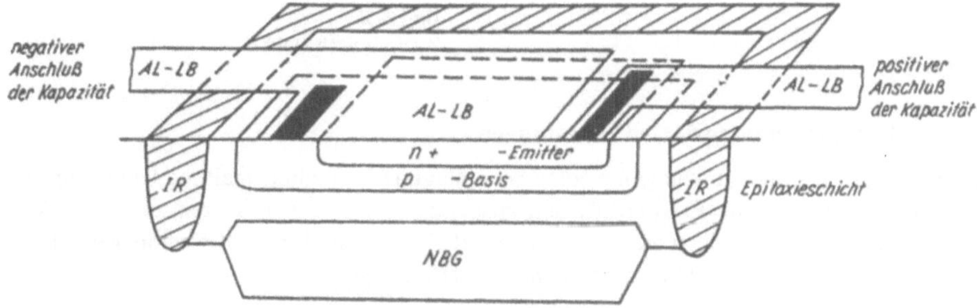

Bild 2-34 Mikroelektronische Realisierung einer Kapazität

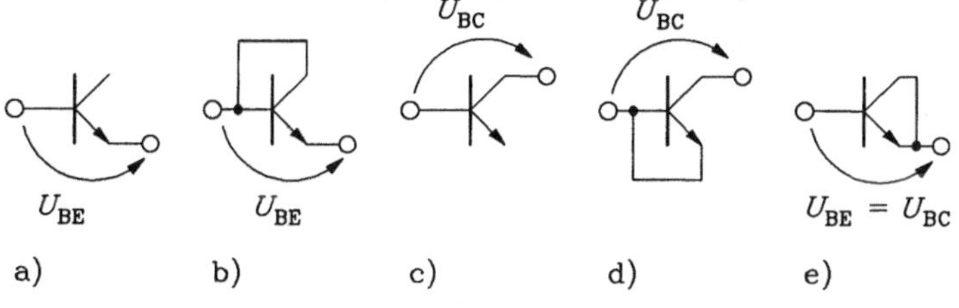

Bild 2-35 Diodenvarianten

2.3.1.4 Integrierte Dioden

Wie im Abschnitt 2.2.3 erläutert, werden vor allem npn-Transistoren als Dioden verwendet. Mögliche Schaltungsvarianten sind im Bild 2-35 dargestellt.

Die Varianten a) und c) erreichen bei gleichen Diodenströmen die größten Diodenspannungen, weil hier der Diodenstrom insgesamt durch die entsprechenden Dioden fließt, während in den anderen Varianten ein großer Stromanteil durch die Transportströme festgelegt ist. Diese Tatsache kann vom Leser durch Einführung der entsprechenden Modelle (Bild 2-20) überprüft werden.

Eine besondere Art von Dioden sind Z-Dioden. Sie nutzen die Zener-Durchbruchspannung aus. Eine besonders stabile Diodenspannung (5 ... 6) V erreicht man mit einer Z-Diode nach Dobkin (Bild 2-36). Der Zener-Durchbruch geschieht im Innern des Transistors in der sogenannten vergrabenen Schicht.

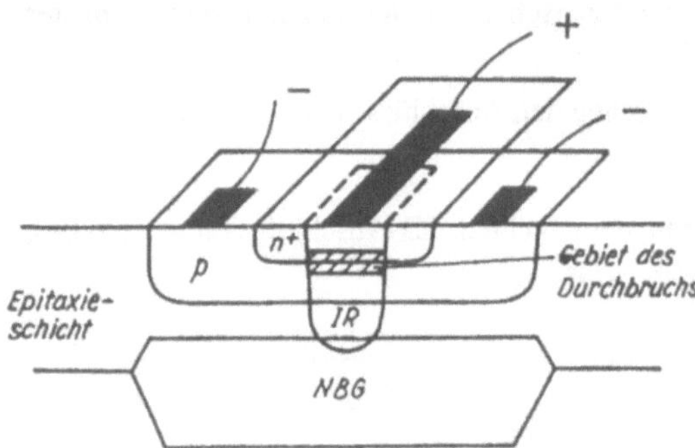

Bild 2-36
Z-Diode nach Dobkin

2.3.1.5 Unterführungen in integrierten Schaltungen

Zur Realisierung von Leitungskreuzungen werden bei einlagiger Leitbahngestaltung Unterführungen benötigt. Oft wird dazu die Emitterdiffusion ausgenutzt (Bild 2-37). Treten zwischen den Leitungen größere Spannungsunterschiede auf, wird auf Basis- und Emitterdiffusion verzichtet und die Epitaxie und das NBG zur Unterführung benutzt (Bild 2-38).

Die Klemmung der Basis auf Masse (in Bild 2-37) durch eine zusätzliche Leitung kann vermieden werden, wenn die Basisdiffusion auf den Isolierrahmen gezogen wird, da der Isolierrahmen sowieso das negativste Potential besitzt. Das Modell einer Unterführung ist ein niederohmiger Widerstand zwischen den beiden Kontakten und Sperrschichtkapazitäten gegen das negative Potential.

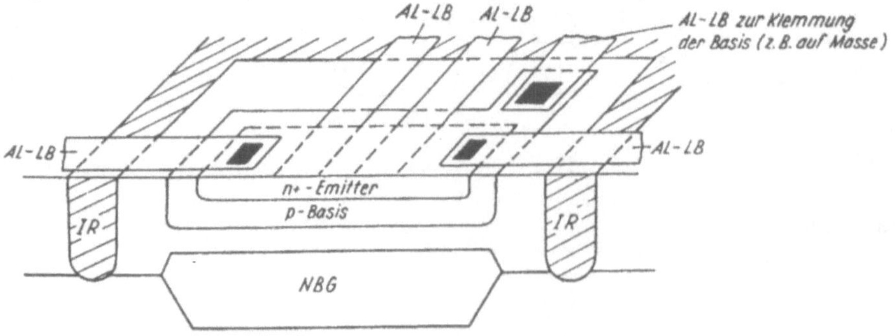

Bild 2-37 Emitter als Unterführung

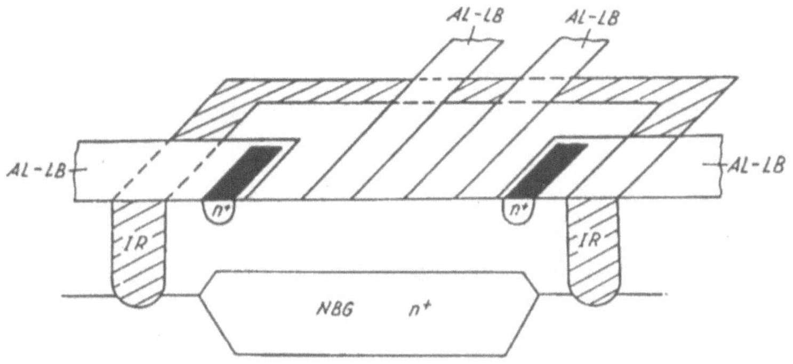

Bild 2-38 Epitaxie mit NBG als Unterführung

2.3.2 Schaltstufe nach dem Übersteuerungsprinzip

Die Schaltstufe nach dem Übersteuerungsprinzip arbeitet als Ein-Aus-Schalter. Bild 2-39 zeigt den prinzipiellen Aufbau einer solchen Stufe, Bild 2-40 das Ausgangskennlinienfeld des Schalttransistors. Wird der Transistor durch eine hohe Generatorspannung U_{GX} leitend gemacht, soll der Basisstrom I_{BX} fließen, so daß der Transistor in den Übersteuerungsbereich (Sättigungsbereich) gelangt. Damit stellt sich am Ausgang A die niedrige Sättigungsspannung U_{CEX} ein. Wird hingegen die Generatorspannung auf den niedrigen Wert U_{GY} geschaltet, soll der Transistor gesperrt werden, am Ausgang A stellt sich im Leerlauf die Batteriespannung U_{0C} ein. Die Festlegung der beiden Arbeitspunkte in den Sperr- und Übersteuerungsbereich des Transistors sichert konstante Ausgangspegel, nahezu unabhängig von den Schwankungen der Transistorparameter,

$$U_A(\text{H}) \approx U_{0C}; \tag{2.62}$$

$$U_A(\text{L}) \approx U_{CEX}. \tag{2.63}$$

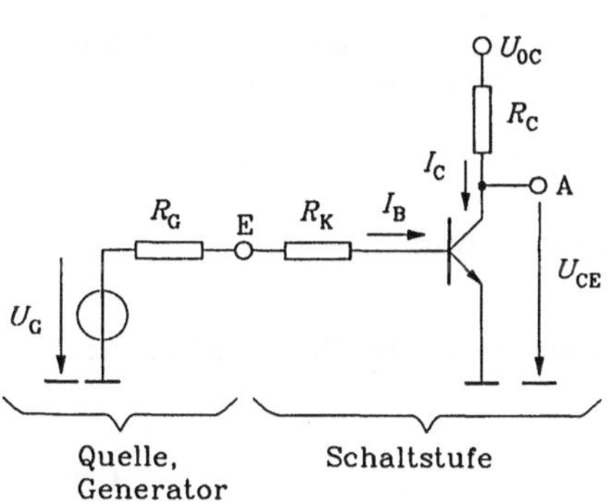

Bild 2-39
Schaltstufe nach dem Übersteuerungsprinzip

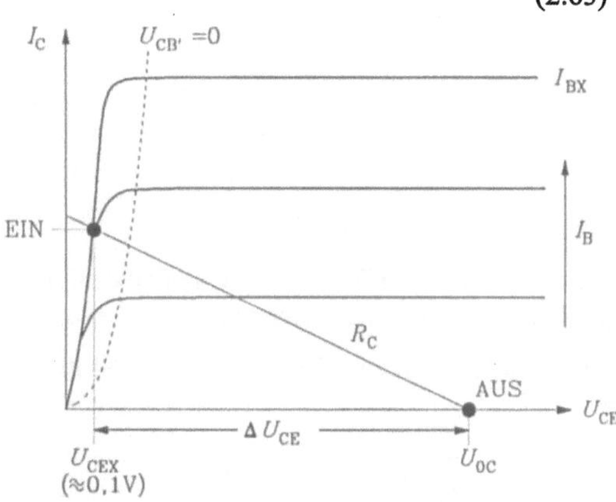

Bild 2-40
Ausgangskennlinienfeld des Schalttransisitors

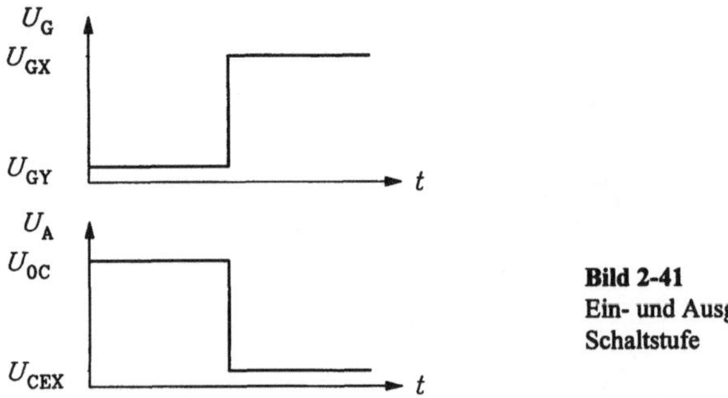

Bild 2-41
Ein- und Ausgangspegel der
Schaltstufe

Betrachtet man die Zuordnung der Ausgangs- zu den Eingangssignalen (Bild 2-41), so wird deutlich, daß die angegebene Schaltstufe als Negator wirkt,

$$A = \overline{E}. \tag{2.64}$$

2.3.2.1 Statische Bemessung

Zunächst werden einige Hilfsgrößen eingeführt, die wesentliche Eigenschaften der Schaltstufe ausdrücken. Diese Größen werden an Hand des Ausgangskennlinienfeldes des Transistors erklärt (Bild 2-42).

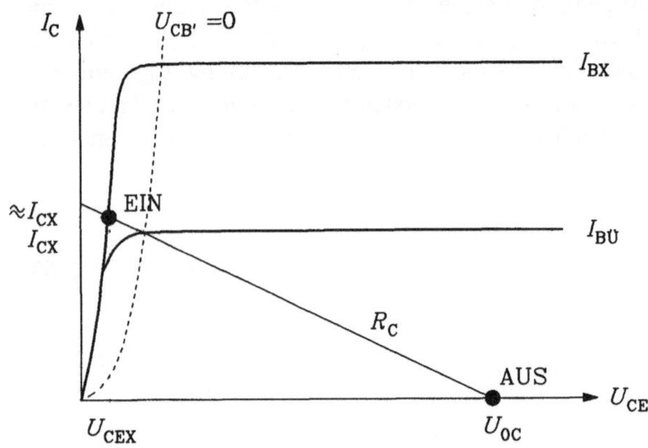

Bild 2-42
Ausgangskennlinie des Transistors im
Übersteuerungsschalter

Dabei bedeuten :

I_{BX} - Basisstrom im Ein-Zustand, so daß der Transistor übersteuert wird

$I_{BÜ}$ - Basisstrom an der Übersteuerungsgrenze ($U_{CB'} = 0$)

Man erhält entsprechend Gl. (2.20) die Großsignalverstärkung B_N an der Übersteuerungsgrenze zu

$$B_N = \frac{I_{CX}}{I_{BÜ}} \ (B_N = 20...500). \tag{2.65}$$

Weiterhin ist interessant, wie groß I_{BX} im Verhältnis zum Basisstrom $I_{BÜ}$ ist. Ein Maß dafür ist der Übersteuerungsgrad m.

$$m = \frac{I_{BX}}{I_{B\ddot{U}}} = \frac{B_N I_{BX}}{I_{CX}} \; (m = 2...10) \tag{2.66}$$

Für das Ausschalten ist wichtig, wie hoch der Ausschaltstrom I_{BY} gegenüber dem Strom $I_{B\ddot{U}}$ ist. Das Verhältnis beider Ströme wird Ausschaltfaktor k genannt.

$$k = \frac{I_{BY}}{I_{B\ddot{U}}} = -\frac{B_N I_{BY}}{I_{CX}} \tag{2.67}$$

Die wichtigste Forderung an den Transistorschalter besteht darin, daß der Transistor zwischen dem Sperrbereich (Aus-Zustand) und dem Übersteuerungsbereich sicher schalten muß. Daraus leiten sich die beiden Schaltbedingungen ab.

1. Sperrbedingung

$$U_{BEY} \leq U_{BEF}. \tag{2.68}$$

2. Übersteuerungsbedingung

$$m \geq 1. \tag{2.69}$$

Die Sperrbedingung sagt aus, daß die einzustellende Basis-Emitter-Sperrspannung so klein sein muß, daß der Transistor sicher gesperrt ist. Gleichung (2.69) ist so zu interpretieren, daß B_N, I_{BX}, I_{CX} so einzustellen sind, daß unter allen Bedingungen der Übersteuerungsbereich erreicht wird, zumal eine enge Verknüpfung zwischen dem Pegel $U_A(L)$ und dem Übersteuerungsgrad m besteht. Bild 2.43 zeigt die für die Ermittlung dieses Zusammenhangs benötigte Ersatzschaltung der Schaltstufe unter Verwendung des Transportmodells (Bild 2-19).

Gl. (2.66) kann auch als Verhältnis des maximalen Kollektorstroms

$$I_{CX\,max} = B_N I_{BX} \tag{2.70}$$

(Kollektorstrom des nichtübersteuerten Transistors) zum tatsächlichen Kollektorstrom I_{CX} aufgefaßt werden,

$$m = \frac{I_{CX\,max}}{I_{CX}}. \tag{2.71}$$

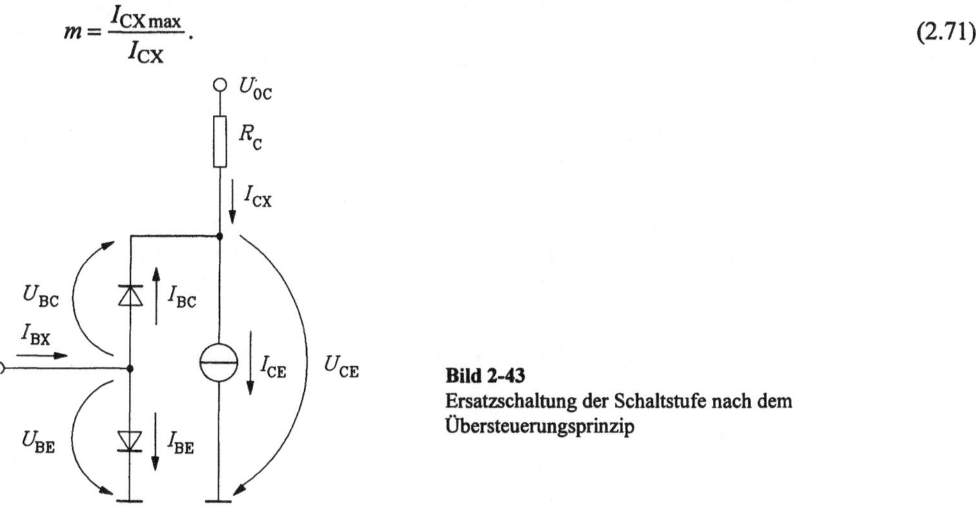

Bild 2-43
Ersatzschaltung der Schaltstufe nach dem
Übersteuerungsprinzip

Aus Gl. (2.17) und (2.19) entnimmt man demnach

$$m = \frac{I_{CE0}\exp\dfrac{U_{BEX}}{U_T}}{I_{CE0}\left(\exp\dfrac{U_{BEX}}{U_T} - \exp\dfrac{U_{BEX}-U_{CEX}}{U_T}\right) - I_{BC0}\exp\dfrac{U_{BEX}-U_{CEX}}{m_C U_T}}. \tag{2.72}$$

Führt man in Gl. (2.72) Gl. (2.22) in der Form

$$I_{BC0}\exp\frac{U_{BEX}-U_{CEX}}{m_C U_T} = \frac{I_{CE0}}{B_I}\exp\frac{U_{BEX}-U_{CEX}}{U_T}$$

ein, so erhält man schließlich

$$m = \frac{1}{1-\left(1+\dfrac{1}{B_I}\right)\exp\dfrac{-U_{CEX}}{U_T}} \tag{2.73}$$

oder

$$U_{CEX} = U_A(L) = U_T \ln\left[\left(1+\frac{1}{B_I}\right)\frac{m}{m-1}\right]. \tag{2.74}$$

Nur ein Übersteuerungsgrad $m > 1$ wird also einen kleinen Nullpegel $U_A(L)$ sichern.

Dabei ist bei der praktischen Dimensionierung des Übersteuerungsgrades zu beachten, daß die Schaltung auch bei Betriebsspannungs- und Temperaturschwankungen sicher arbeiten soll, der Übersteuerungsgrad also bei mittleren (Nenn-)Bedingungen den Grenzwert 1 nie erreichen darf, d.h.

$$m > 1+\varepsilon, \tag{2.75}$$

wobei meist $\varepsilon = 1$ ($\hat{=}$ $m = 2$) bei Nennbedingungen den Nullpegel im gesamten Temperaturbereich sichert.

Die statische Dimensionierung richtet sich nach Festlegen der Schaltbedingungen Gl. (2.68) und Gl. (2.69) auf die Berechnung der Widerstände R_K (Anpassungswiderstand zwischen Quelle und Schalttransistor) und R_C (Arbeitswiderstand) sowie der Ströme I_{BX} und I_{CX}.

Zur statischen Dimensionierung werden nur die beiden Schaltzustände betrachtet. Die Diodenkennlinien des Transistors werden entsprechend Bild 2-20 durch Schalterkennlinien approximiert, d.h., daß im Ein-Zustand des Transistors kann U_{BE} durch den konstanten Wert U_{BEX} ($U_{BEX} \approx$ 0,5V ... 0,8 V), U_{BC} durch U_{BCX} ersetzt werden, während im Aus-Zustand der Transistor als Leerlauf wirkt (bei Vernachlässigung von Restströmen). Das Modell für den Übersteuerungsbereich kann noch modifiziert werden, indem für U_{CEX} ebenfalls eine Spannungsquelle angesetzt wird (siehe Bild 2-44). Bild 2-45 gibt die komplette Ersatzschaltung der Schaltstufe in den beiden Zuständen an.

Zur statischen Analyse der Schaltung im Ein-Zustand können zwei Gleichungen angegeben werden:

$$1.\ \text{Masche}: U_{0C} = I_{CX}R_C + U_{CEX}, \tag{2.76}$$
$$2.\ \text{Masche}: U_{GX} = I_{BX}(R_{GX} + R_K) + U_{CEX}. \tag{2.77}$$

Außerdem gilt die Knotengleichung Gl. (2.66)

$$I_{BX} = \frac{m I_{CX}}{B_N}.$$

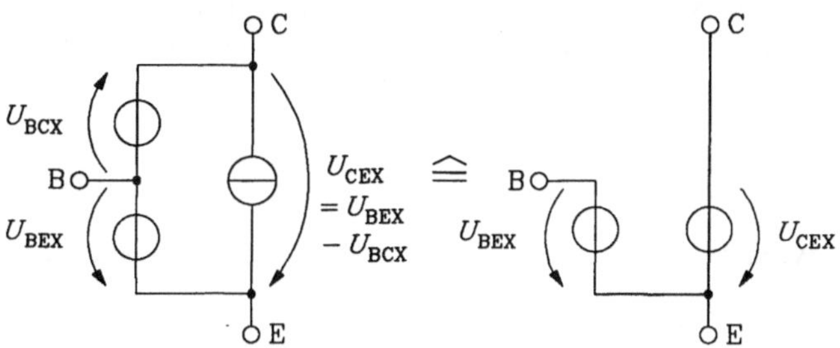

Bild 2-44 Vereinfachte statische Ersatzschaltschilder des Bipolartransistors im Übersteuerungsbereich

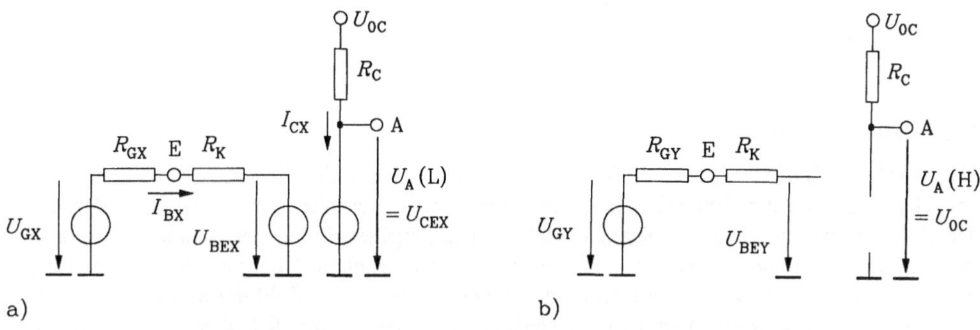

a)   b)

Bild 2-45   Ersatzschaltungen zur statischen Dimensionierung der Schaltstufe nach dem Übersteuerungsprinzip
          a) im Ein-Zustand
          b) im Aus-Zustand

Im Aus-Zustand liest man sofort ab:

$$U_{\mathrm{BEY}} = U_{\mathrm{GY}}; \tag{2.78}$$

$$U_{\mathrm{A}}(\mathrm{H}) = U_{\mathrm{0C}}. \tag{2.79}$$

Gl. (2.78) muß der Sperrbedingung Gl. (2.68) gehorchen, d.h.,

$$U_{\mathrm{GY}} \leq U_{\mathrm{BEF}} \tag{2.80}$$

muß gesichert werden.

Mit den Gln. (2.66), (2.76), (2.77) liegt auch die statische Dimensionierung der Widerstände fest, wenn z.B. I_{CX} vorgegeben wird:

$$R_{\mathrm{C}} = \frac{U_{\mathrm{0C}} - U_{\mathrm{CEX}}}{I_{\mathrm{CX}}}, \tag{2.81}$$

$$R_{\mathrm{K}} = \frac{U_{\mathrm{GX}} - U_{\mathrm{BEX}}}{m I_{\mathrm{CX}}} \cdot B_{\mathrm{N}} - R_{\mathrm{GX}}. \tag{2.82}$$

Oft befindet sich die zu dimensionierende Schaltstufe in einer Kette gleichartiger Stufen. Dann erhält man die Größen der Quelle U_{GX} und R_{GX} nach den Regeln der Zweipoltheorie (bei gesperrtem Schalttransistor der Quelle) zu

$$U_{GX} = U_{0C},\tag{2.83}$$

$$R_{GX} = R_C.\tag{2.84}$$

Die Werte U_{GY} und R_{GY} entstehen, wenn der Schalttransistor der Quelle leitend übersteuert ist. In diesem Zustand wird

$$U_{GY} = U_{CEX},\tag{2.85}$$

während R_{GY} die Parallelschaltung von R_C mit dem übersteuerten, sehr niederohmigen Transistor darstellt.

Da alle anderen Widerstände (R_K, R_C) im allgemeinen wesentlich hochohmiger sind, wird für die Berechnungen im Rahmen dieses Buches

$$R_{GY} \approx 0\tag{2.86}$$

gesetzt.

2.3.2.2 Statische Analyse

Bisher wurde die Schaltstufe nur in ihren beiden statischen Zuständen (Ein-Aus) berechnet. Ebenso wichtig ist jedoch die Kenntnis des gesamten statischen Verhaltens, weil mit Hilfe der statischen Analyse die Eingangs-, Ausgangs- und Übertragungskennlinien der Schaltstufe ermittelt werden, aus denen solche Parameter wie statische Störsicherheiten, Übergangsbereich zwischen den beiden statischen Pegeln, Veränderung der Pegel bei Belastung, Zahl der an den Kreis anzuschließenden Lasten gewonnen werden. Diese Kennlinien werden mit Hilfe des statischen Ersatzschaltbildes des Schalttransistors (Bild 2-19) berechnet. Auf Grund der im Modell vorhandenen Nichtlinearitäten ist dazu meist schon ein Netzwerkanalyseprogramm notwendig. Um jedoch einen groben Überblick über die erwähnten Kennlinien zu erhalten, sollen diese Kennlinien nur bereichsweise auf der Basis der Näherung 2. Grades aus Bild 2-20 berechnet werden.

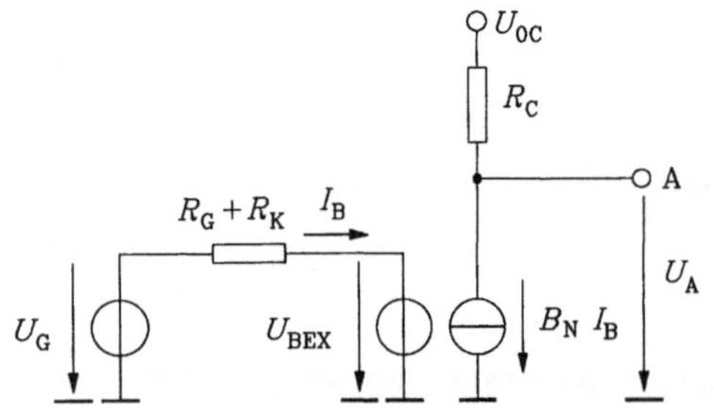

Bild 2-46
Ersatzschaltung der Schaltstufe im Normalbetrieb

Übertragungskennlinie U_A = f(U_G)

Für den Sperrbereich $U_G \leq U_{BEX}$ des Transistors gilt

$$U_A = U_A(H) = U_{0C}.\tag{2.87}$$

Das Ersatzschaltbild für den Normalbetrieb des Transistors ($U_{GX} \geq U_G \geq U_{BEX}$) zeigt Bild 2-46. Man liest folgende Netzwerkgleichungen ab:

$$U_A = U_{0C} - R_C \cdot B_N I_B, \tag{2.88}$$

$$U_G = (R_G + R_K)I_B + U_{BEX}. \tag{2.89}$$

Daraus folgt der Verlauf der Übertragungskennlinie in diesem Bereich als fallende Gerade zu

$$U_A = U_{0C} - \frac{B_N R_C}{R_G R_K}(U_G - U_{BEX}). \tag{2.90}$$

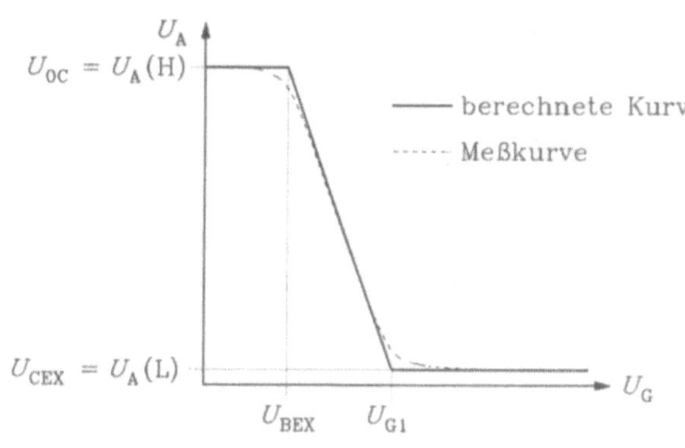

Bild 2-47
Übertragungskennlinie des Übersteuerungsschalters

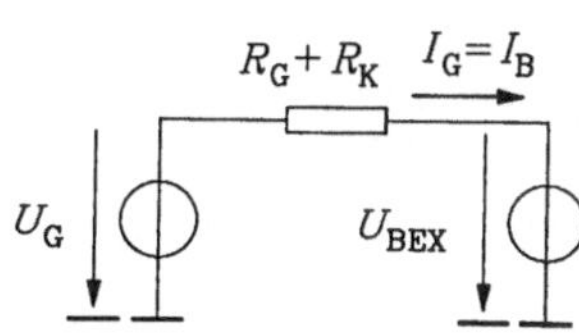

Bild 2-48
Ersatzschaltung des Eingangs der
Schaltstufe im Normal- und Über-
steuerungsbetrieb

Eine große Verstärkung B_N sichert einen steilen Übergang zum Null-Pegel $U_A(L)$.

Die Ausgangsspannung erreicht bei der Generatorspannung

$$U_{G1} = U_{BEX} + \frac{R_G + R_K}{B_N R_C}(U_{0C} - U_{CEX}) \tag{2.91}$$

den Wert

$$U_A = U_A(L) = U_{CEX}, \tag{2.92}$$

der Transistor gelangt in den Übersteuerungsbereich für $U_G \geq U_{G1}$, die Ausgangsspannung bleibt konstant. Die gesamte Übertragungskennlinie ist in Bild 2-47 angegeben.

Eingangskennlinie $I_G = f(U_G)$
Im Sperrbereich $U_G \leq U_{BEX}$ ftießt aus der Quelle kein Strom,

$$I_G = 0. \tag{2.93}$$

Im Normal- und Übersteuerungsbetrieb gilt das in Bild 2-48 dargestellte Ersatzschaltbild, der Generatorstrom I_G wird,

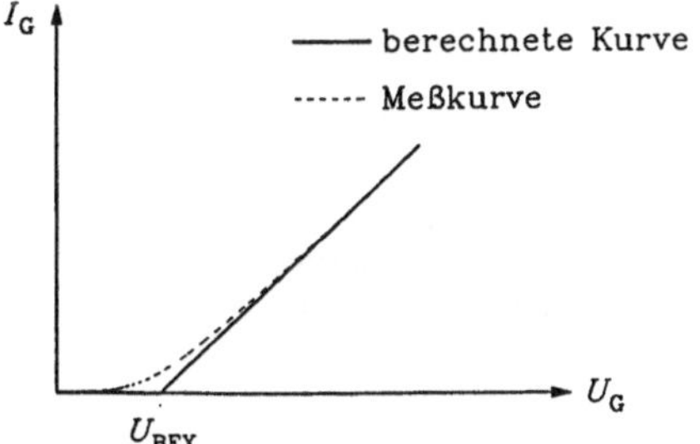

Bild 2-49
Eingangskennlinie des Übersteuerungsschalters

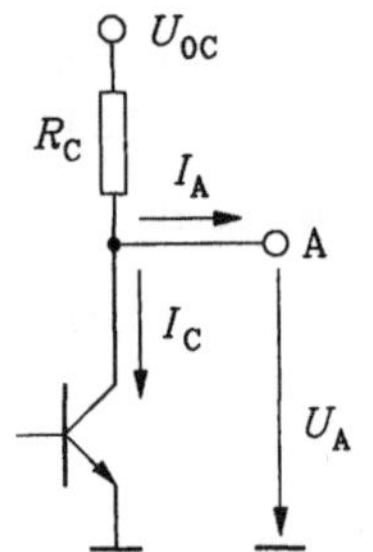

Bild 2-50
Ausgangsteil des Übersteuerungsschalters

$$I_G = I_B = \frac{U_G - U_{CEX}}{R_G + R_K}.$$
(2.94)

Ausgangskennlinien $I_A = f(U_A)$

Es existieren zwei Ausgangskennlinien für den Ausgangsstrom in Abhängigkeit von den Ausgangspegeln. Zur Berechnung dieser Ströme wird zunächst der entsprechende Schaltungsteil betrachtet (Bild 2-50).

Der Ausgangsstrom ergibt sich zu

$$I_A = \frac{U_{0C} - U_A}{R_C} - I_C(U_A = U_{CE}).$$
(2.95)

Für den Ausgangs-H-Pegel wird bei gesperrtem Transistor

$$I_A(H) = \frac{U_{0C} - U_A(H)}{R_C}.$$
(2.96)

Liegt dagegen bei übersteuertem Transistor der Ausgangs-L-Pegel vor, muß von dem durch den Widerstand R_C eingestellten Strom noch die Kennlinie des Kollektorstromes für $I_B = I_{BX}$ (siehe dazu z.B. Bild 2-42) subtrahiert werden.

$$I_A(L) = \frac{U_{0C} - U_A(L)}{R_C} - I_C(U_A(L) = U_{CE}, I_B = I_{BX}).$$
(2.97)

Bild 2-51 zeigt beide Ausgangskennlinien.

Im H-Zustand darf nur ein so großer Ausgangsstrom aus der Schaltstufe entnommen werden, daß $U_A(H)_{min}$ nicht unterschritten, im L-Zustand dagegen $U_A(L)_{max}$ nicht überschritten wird.

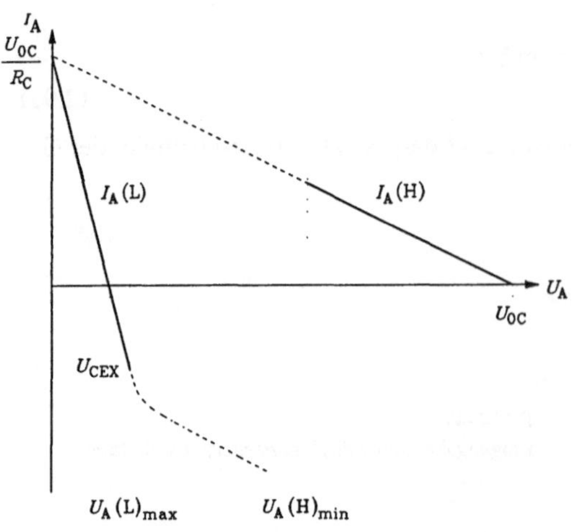

Bild 2-51
Ausgangskennlinien des
Übersteuerungsschalters

Verlustleistung P_V

Zur statischen Analyse gehört die Bestimmung der mittleren Verlustleistung P_V. Sie wird als mittlerer Wert der Verlustleistungen der beiden Schaltzustände angegeben. P_V wird bei diesem Schalter im wesentlichen durch den Leistungsverbrauch in der Schaltstufe bestimmt, die Steuerleistung wird vernachlässigt. Damit gilt für die Schaltstufe im gesperrten Zustand des Schalttransistors

$$P_{V1} \approx 0 \tag{2.98}$$

und im leitend übersteuerten Zustand

$$P_{V2} = U_{0C} \cdot I_{CX} = U_{0C} \frac{U_{0C} - U_{CEX}}{R_C} \approx \frac{U_{0C}^2}{R_C}. \tag{2.99}$$

Die mittlere Verlustleistung P_V folgt nun zu

$$P_V = \frac{1}{2}(P_{V1} + P_{V2}) = \frac{1}{2} U_{0C} I_{CX} \approx \frac{1}{2} \frac{U_{0C}^2}{R_C}. \tag{2.100}$$

2.3.2.3 Dynamisches Verhalten

Die dynamische Analyse einer Schaltstufe, eines Gatters oder eines Kollektivs zusammenhängender Gatter beantwortet die Frage nach dem Zeitverlauf der Ausgangsspannung als Funktion von Eingangsimpulsen, gesucht wird also die Impulsantwort des Ausgangssignals. Dabei spielt die Form des Eingangssignals eine wesentliche Rolle. Betrachtet man eine Kettenschaltung von gleichen Schaltstufen, so werden sich bereits nach wenigen Schaltstufen (2 ... 4) systemeigene Flanken der Impulse einstellen, d.h., daß jede folgende Schaltstufe mit solchen Impulsen angesteuert wird, die sie selbst am Ausgang abgibt (Bild 2-52). Diese systemeigenen Impulsflanken können relativ gut durch Trapezimpulse angenähert werden, wenn man die Verzögerungszeiten zwischen Ausgangs- und Eingangsimpulsen (t_{PHL}, t_{PLH}) und die Anstiegs- und Abfallzeiten der Impulse (t_{HL}, t_{LH}) kennt.

Bild 2-53 zeigt dazu eine übliche Definition dieser Zeiten. Bei den Verzögerungszeiten bezieht man sich auf die Zeitdifferenz zwischen Ausgangs- und Eingangssignal, meist gemessen bei Erreichen des halben Spannungs- (oder Strom-)Hubes ($0{,}5\,\Delta U$). Für die Anstiegs- und Abfallzeiten werden oft die Zeiten zwischen dem 10- und 90%-Wert des Hubes verwendet. Damit entfällt in diesen Zeiten das oft langsame Erreichen des statischen Endwertes, welches für das Schaltverhalten meist unwesentlich ist.

Für die Berechnung der Schaltzeiten im Rahmen dieses Buches kann jedoch nicht mit trapezförmigen oder systemeigenen Flanken gerechnet werden, dazu wäre erneut ein leistungsfähiges Netzwerkanalyseprogramm notwendig. Aus diesem Grunde werden zur Ableitung des grundsätzlichen dynamischen Verhaltens ideal steile Impulse und nur in Ausnahmefällen systemeigene Flanken verwendet.

Untersucht werden soll nun das dynamische Verhalten der Schaltstufe nach dem Übersteuerungsprinzip Bild 2-54. Das im Anschluß zu berechnende Zeitverhalten ist in Bild 2-55 dargestellt. Die Verzögerungszeit t_{PHL} beinhaltet die HL-Flanke der Ausgangsspannung, also die LH-Flanke des Kollektorstroms i_C. Analog gilt t_{PLH} für die LH-Flanke von u_A und für die HL-Flanke von i_C. Im Ausgangszustand soll der Transistor gesperrt sein; d.h.,

$$u_G = U_{GY} = U_{BEY}; \tag{2.101}$$
$$u_A = U_A(H) = U_{0C}; \tag{2.102}$$
$$i_B = i_C = 0. \tag{2.103}$$

Die Berechnung des Zeitverhaltens kann im Rahmen des Buches nur bereichsweise mit den Näherungen 2. Grades für den Schalttransistor aus Bild 2-31 erfolgen.

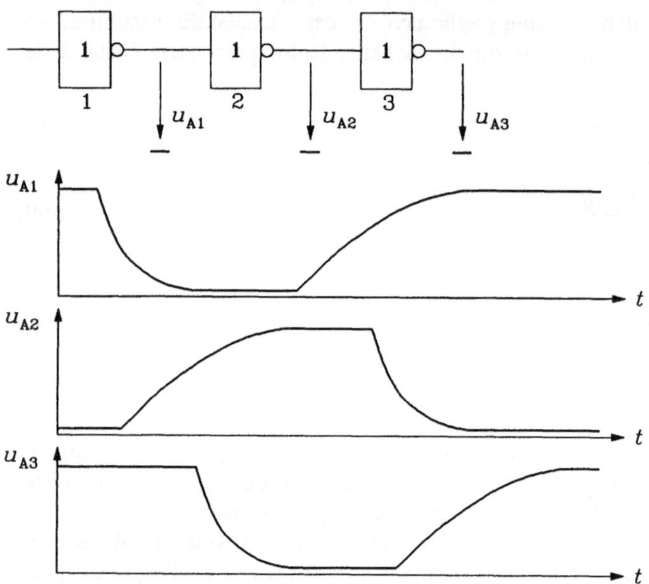

Bild 2-52 Impulsfortpflanzung innerhalb einer Negatorkette

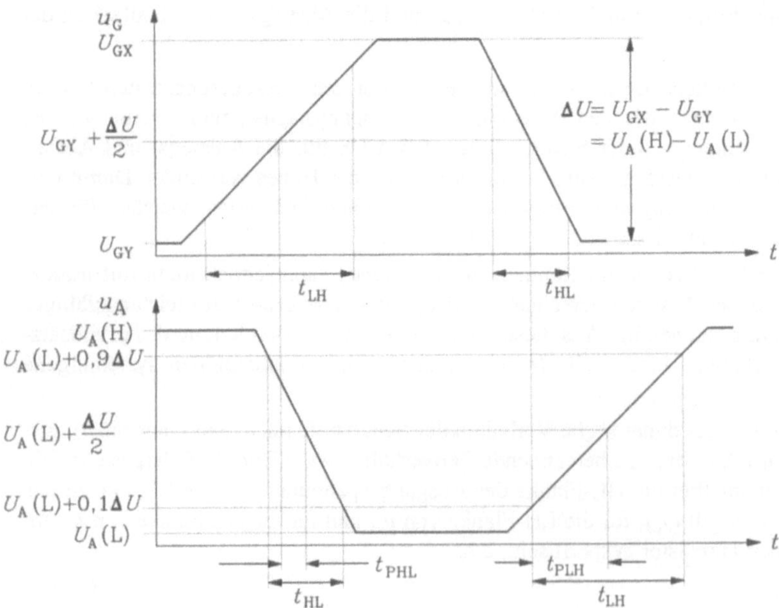

Bild 2-53 Definition der Schaltzeiten

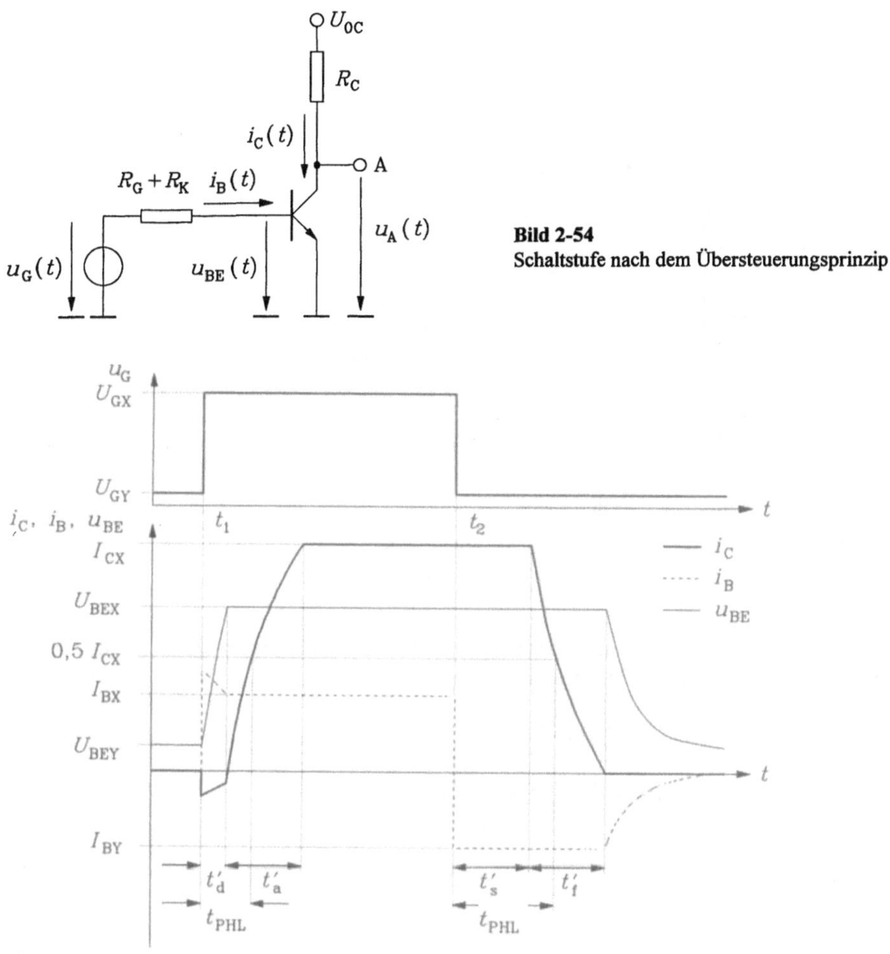

Bild 2-54
Schaltstufe nach dem Übersteuerungsprinzip

Bild 2-55 Zeitverhalten der Schaltstufe nach dem Übersteuerungsprinzip
t'_d - Einschaltverzögerungszeit; t'_a - Anstiegszeit; t'_s - Speicherzeit; t'_f - Abfallzeit

1. Einschaltverzögerungszeit t'_d

Zur Zeit t_1 wird die Quelle von U_{GY} auf U_{GX} umgeschaltet. Der sofort einsetzende Basisstrom baut zunächst die Raumladung der Basis-Emitter-Sperrschicht ab, so daß U_{BE} positiver wird. Da noch kein wesentlicher Kollektorstrom fließt, bleibt am Kollektor U_{0C} nahezu erhalten, so daß mit steigender Spannung U_{BE} die Kollektor-Basis-Spannung um den gleichen Betrag sinkt.

Damit wird auch die Basis-Kollektor-Sperrschichtkapazität C_{CS} umgeladen. Der Abbau dieser Ladung geschieht während der Zeit t'_d, bis die Basis-Emitter-Flußspannung $U_{BEF} \approx U_{BEX}$ erreicht ist (wenn für den pn-Übergang die Diodenkennlinie durch eine Schalterkennlinie mit U_{BEX} ersetzt wird, dann ist die Annahme $U_{BEF} \approx U_{BEX}$ berechtigt). Erst danach gelangt die Basis-Emitter-Diode in den Durchlaßbereich, so daß positiver Kollektorstrom möglich wird. Bild 2-56 zeigt das zur Berechnung der Basis-Emitter-Spannung notwendige Ersatzschaltbild, aus dem die beiden Gleichungen abgelesen werden:

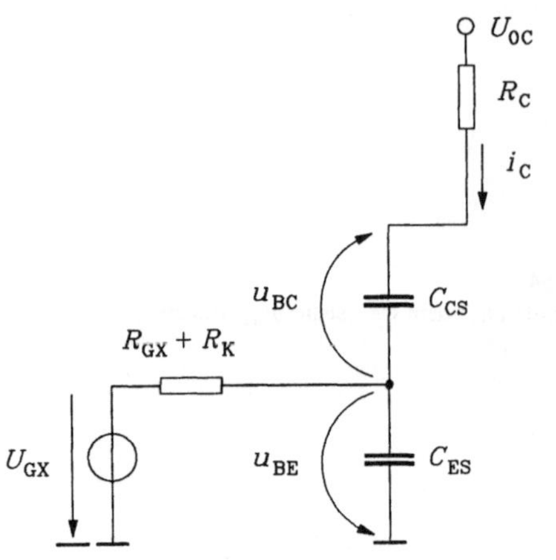

Bild 2-56
Ersatzschaltung zur Berechnung der
Einschaltverzögerung

$$\frac{U_{GX} - u_{BE}}{R_{GX} + R_K} = C_{ES}\frac{du_{BE}}{dt} + C_{CS}\frac{du_{BC}}{dt}, \tag{2.104}$$

$$U_{0C} = -R_C C_{CS}\frac{du_{BC}}{dt} - u_{BC} + u_{BE}. \tag{2.105}$$

Wegen $R_C \ll R_K + R_{GX}$ kann der Spannungsabfall über R_C vernachlässigt werden. Damit erhält man aus Gl. (2.104) und (2.105) eine Differentialgleichung 1. Ordnung:

$$U_{GX} = u_{BE} + (R_{GX} + R_K)(C_{ES} + C_{CS})\frac{du_{BE}}{dt}. \tag{2.106}$$

Die allgemeine Lösung einer Differentialgleichung 1. Ordnung

$$A = x(\infty) = x + \tau\frac{dx}{dt} \tag{2.107}$$

lautet

$$x = x(\infty) + \left[x(0) - x(\infty)\right]\exp\frac{-t}{\tau}, \tag{2.108}$$

wenn unter $x(0)$ der Anfangswert zur Zeit $t = 0$ verstanden wird.

Angewendet auf Gl. (2.106) unter Beachtung des Anfangswertes Gl. (2.101) ergibt sich u_{BE} zu

$$u_{BE} = U_{GX} + (U_{GY} - U_{GX})\exp\frac{-t}{(R_{GX} + R_K)(C_{ES} + C_{CS})}. \tag{2.109}$$

Mit der Abbruchbedingung

$$u_{BE}\left(t_d'\right) = U_{BEX} \tag{2.110}$$

wird

$$t_d' = (R_{GX} + R_K)(C_{ES} + C_{CS})\ln\frac{U_{GX} - U_{GY}}{U_{GX} - U_{BEX}}. \tag{2.111}$$

Ist in Ausnahmefällen R_G als konstant anzusehen, so folgt mit

$$I_{BX} = \frac{U_{GX} - U_{BEX}}{R_G + R_K} \quad \text{(siehe Anstiegszeit)} \tag{2.112}$$

und

$$I_{BY} = \frac{U_{GY} - U_{BEX}}{R_G + R_K} \quad \text{(siehe Speicherzeit)} \tag{2.113}$$

$$t_d' = (R_G + R_K)(C_{ES} + C_{CS})\ln\left(1 - \frac{I_{BY}}{I_{BX}}\right) \tag{2.114}$$

$$= (R_G + R_K)(C_{ES} + C_{CS})\ln\left(1 + \frac{k}{m}\right). \tag{2.115}$$

Meist ist die Einschaltverzögerung t_d' gegenüber den anderen Zeiten t_a', t_s', t_f' sehr klein und wird deshalb oft vernachlässigt.

2. Anstiegszeit t_a'

Nachdem am Ende der Einschaltverzögerungsphase die Basis-Emitter-Spannung den Wert U_{BEX} erreicht hat, gelangt der Transistor in den aktiven Bereich, es gilt das in Bild 2-57 angegebene Ersatzschaltbild. Der Transistor wird durch den konstanten Basisstrom I_{BX} gesteuert,

$$I_{BX} = \frac{U_{GX} - U_{BEX}}{R_{GX} + R_K}. \tag{2.116}$$

Die Netzwerkgleichungen zur Berechnung des ansteigenden Kollektorstroms i_C lauten:

$$I_{BX} = i_{BE} + \tau_C B_N + = \frac{di_{BE}}{dt} + C_{CS}\frac{du_{BC}}{dt}, \tag{2.117}$$

$$U_{0C} = R_C\left(B_N i_{BE} - C_{CS}\frac{du_{BC}}{dt}\right) - u_{BC} + U_{BEX}. \tag{2.118}$$

Vernachlässigt man im Gesamtkollektorstrom den kleinen Teil der Umladung der Kapazität C_{CS},

$$C_{CS} = \frac{du_{BE}}{dt} \ll B_N i_{BE}, \tag{2.119}$$

so erhält man die Differentialgleichung

$$I_{BX} = i_{BE} + B_N(\tau_C + R_C C_{CS})\frac{di_{BE}}{dt}. \tag{2.120}$$

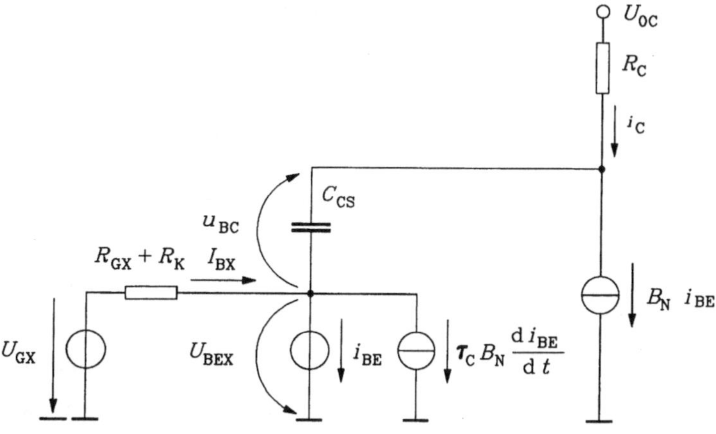

Bild 2-57 Ersatzschaltung zur Berechnung der Anstiegszeit

Mit der Anfangsbedingung

$$i_{BE}(0) = 0 \tag{2.121}$$

folgt

$$i_{BE} = I_{BX}\left(1 - \exp\frac{-t}{B_N(\tau_C + R_C C_{CS})}\right) \tag{2.122}$$

und damit

$$i_C \approx B_N i_{BE} = B_N I_{BX}\left(1 - \exp\frac{-t}{B_N(\tau_C + R_C C_{CS})}\right). \tag{2.123}$$

Der exponentielle Stromanstieg wird mit Erreichen des statischen Stromwertes I_{CX} zur Zeit t'_a abgebrochen,

$$i_C(t'_a) = I_{CX}. \tag{2.124}$$

Damit ergibt sich

$$t'_a = B_N(\tau_C + R_C C_{CS})\ln\frac{I_{BX}}{I_{BX} - \dfrac{I_{CX}}{B_N}}, \tag{2.125}$$

$$t'_a = B_N(\tau_C + R_C C_{CS})\ln\frac{m}{m-1}. \tag{2.126}$$

Ein großer Übersteuerungsgrad m garantiert somit eine kleine Anstiegszeit t'_a.

3. Phase konstanter Übersteuerung des Transistors

Nach Erreichen des konstanten Stroms I_{CX} an der Übersteuerungsgrenze wird nun der Transistor weiter übersteuert bis zu seinem statischen Endwert. Zur Berechnung des statischen Endzustands können im Modell alle zeitbestimmenden Glieder entfallen, es gilt die Ersatzschaltung nach Bild 2-58.

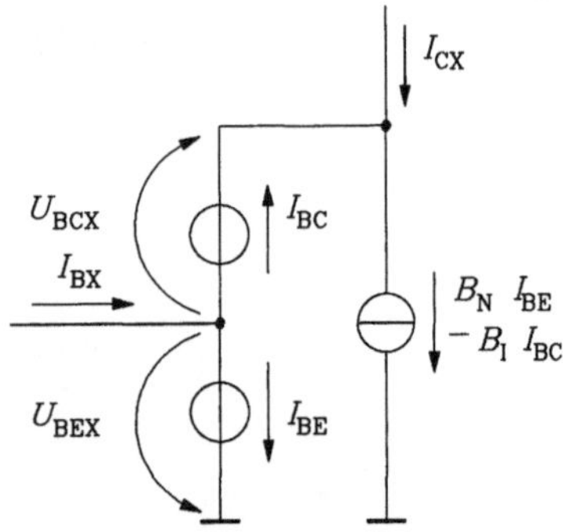

Bild 2-58
Ersatzschaltung zur Berechnung des
Übersteuerungszustandes

Mit den beiden Gleichungen

$$I_{BX} = I_{BE} + I_{BC}, \tag{2.127}$$

$$I_{CX} = B_N I_{BE} - (1 + B_I)I_{BC} \tag{2.128}$$

ergeben sich

$$I_{BE} = \frac{(1+B_I)I_{BX} + I_{CX}}{1 + B_I + B_N}, \tag{2.129}$$

$$I_{BC} = \frac{B_N I_{BX} - I_{CX}}{1 + B_I + B_N}. \tag{2.130}$$

Diese Werte sind die Anfangsbedingungen der nun folgenden Phase der Speicherzeit t_s' beim erneuten Umschalten der Generatorspannung U_G auf U_{GY}.

4. Speicherzeit t_s'

Beim Umschalten der Quelle von U_{GX} auf U_{GY} werden sich beide Ströme i_{BC} und i_{BE} verringern. Dieser Stromabfall kann jedoch auf Grund der Ladungsspeicherelemente

$$\tau_E B_I \frac{di_{BC}}{dt} \quad \text{und} \quad \tau_C B_N \frac{di_{BE}}{dt}$$

nicht sprungartig vollzogen werden. Solange aber noch beide Ströme i_{BC} und i_{BE} fließen, müssen auch beide Dioden leitend bleiben, d.h.; die Ausgangsspannung bleibt U_{CEX}, der Kollektorstrom also I_{CX} und die Basis-Emitter-Spannung U_{BEX}. Es gilt das in Bild 2-59 dargestellte Ersatzschaltbild. Der Übersteuerungsbereich wird verlassen, wenn $i_{BC} = 0$ erreicht wird. Danach kann im aktiven Bereich nun auch der Kollektorstrom absinken. Damit ist die Abbruchbedingung für diesen Bereich bereits formuliert,

$$i_{BC}(t_s') = 0. \tag{2.131}$$

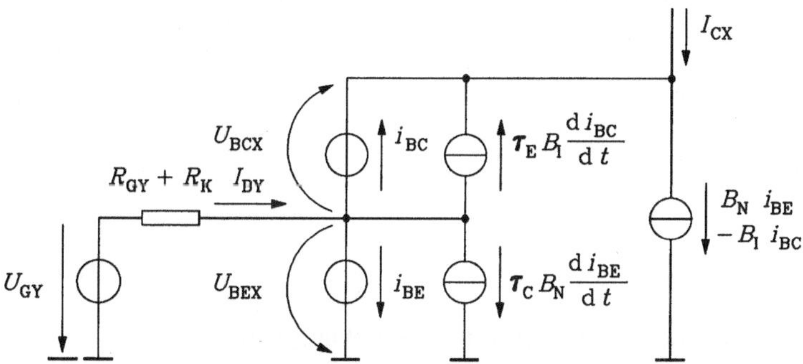

Bild 2-59 Ersatzschaltung zur Berechnung der Speicherzeit

Das Basisstrom ist in dieser Phase ebenfalls konstant,

$$I_{BY} = \frac{U_{GY} - U_{BEX}}{R_{GY} + R_K}, \tag{2.132}$$

er ist wegen $U_{GY} < U_{BEX}$ negativ.

Man liest aus Bild 2-59 folgende Differentialgleichungen ab:

$$I_{BY} = i_{BC} + \tau_E B_I \frac{di_{BC}}{dt} + i_{BE} + \tau_C B_N \frac{di_{BE}}{dt}, \tag{2.133}$$

$$I_{CX} = B_N i_{BE} - (1 + B_I)i_{BC} - \tau_E B_I \frac{di_{BC}}{dt}. \tag{2.134}$$

Die daraus abzuleitende Differentialgleichung für den Strom i_{BC} lautet

$$\frac{B_N I_{BY} - I_{CX}}{1 + B_I + B_N} = i_{BC} + \frac{\tau_E B_I (1 + B_N) + \tau_C B_N (1 + B_I)}{1 + B_I + B_N} \frac{di_{BC}}{dt}$$

$$+ \frac{\tau_E \tau_C B_I B_N}{1 + B_I + B_N} \frac{d^2 i_{BC}}{dt^2}. \tag{2.135}$$

Zur Lösung von Gl. (2.135) werden als Anfangsbedingungen $i_{BC}(0)$ und die Ableitung des Stroms $di_{BC}(0)/dt$ benötigt.

$i_{BC}(0)$ erhält man aus Gl. (2.130), $di_{BC}(0)/dt$ folgt aus Gl. (2.134) zu

$$\tau_E B_I \frac{di_{BC}(0)}{dt} = B_N i_{BE}(0) - (1 - B_I) i_{BC}(0) - I_{CX}. \tag{2.136}$$

Unter Verwendung von Gl. (2.129) für $i_{BE}(0)$ und Gl. (2.130) wird

$$\frac{di_{BC}(0)}{dt} = 0. \tag{2.137}$$

Da es sich um monoton verlaufende Änderungen des Stroms i_{BC} handelt, ist der Ansatz

$$i_{BC} = K_0 + K_1 \exp\frac{-t_1}{\tau_1} + K_2 \exp\frac{-t_2}{\tau_2} \tag{2.138}$$

gestattet.

K_0 wird aus Gl. (2.135) als statischer Endwert $i_{BC}(\infty)$ entnommen.

$$K_0 = \frac{B_N I_{BY} - I_{CX}}{1 + B_I + B_N}. \tag{2.139}$$

Mit

$$i_{BC}(0) = K_0 + K_1 + K_2 \tag{2.140}$$

wird

$$K_1 + K_2 = \frac{B_N (I_{BX} - I_{BY})}{1 + B_I + B_N}. \tag{2.141}$$

Differenziert man Gl. (2.138) an der Stelle $t = 0$, so folgt unter Beachtung von Gl. (2.137)

$$0 = \frac{K_1}{\tau_1} + \frac{K_2}{\tau_2}. \tag{2.142}$$

Führt man Gl. (2.138) in Gl. (2.135) ein, ergibt sich folgende quadratische Gleichung zur Berechnung der Zeitkonstanten $\tau_{1,2}$:

$$1 - \frac{1}{\tau} \frac{\tau_E B_I (1 + B_N) + \tau_C B_N (1 + B_I)}{1 + B_I + B_N} + \frac{1}{\tau^2} \frac{\tau_E \tau_C B_I B_N}{1 + B_I + B_N} = 0. \tag{2.143}$$

Damit wird

$$\tau_{1,2} = \frac{\tau_E B_I (1 + B_N) + \tau_C B_N (1 + B_I)}{2 (1 + B_I + B_N)}$$

$$\times \left[1 \pm \sqrt{1 - \frac{\tau_E \tau_C B_I B_N (1 + B_I + B_N)}{[\tau_E B_I (1 + B_N) + \tau_C B_N (1 + B_I)]^2}} \right]. \tag{2.144}$$

Für den Wurzelausdruck in Gl. (2.144) ist der 2. Summand meist klein gegen 1, so daß

$$\sqrt{1-\varepsilon} \approx 1 - \frac{\varepsilon}{2} \quad \text{mit} \quad \varepsilon \le 0,5 \tag{2.145}$$

gilt. Damit ergeben sich

$$\tau_1 = \frac{\tau_E B_I(1+B_N) + \tau_C B_N(1+B_I)}{1+B_I+B_N} \tag{2.146}$$

$$\tau_2 = \frac{\tau_E \tau_C B_I B_N}{\tau_E B_I(1+B_N) + \tau_C B_N(1+B_I)} \tag{2.147}$$

Da $\tau_2 \ll \tau_1$, wird nach Gl. (2.142) auch $K_2 \ll K_1$ sein, so daß in der angestrebten Näherung die 2. Exponentialfunktion in Gl. (2.138) entfallen kann. Somit folgt i_{BC} zu

$$i_{BC} \approx \frac{1}{1+B_I+B_N}$$
$$\times \left[B_N I_{BY} - I_{CX} + B_N(I_{BX} - I_{BY}) \exp \frac{-t(1+B_I+B_N)}{\tau_E B_I(1+B_N) + \tau_C B_N(1+B_I)} \right]. \tag{2.148}$$

Mit der Abbruchbedingung Gl. (2.131) wird nun

$$t_s' = \frac{\tau_E B_I(1+B_N) + \tau_C B_N(1+B_I)}{1+B_N+B_I} \ln \frac{I_{BX} - I_{BY}}{\dfrac{I_{CX}}{B_N} - I_{BY}}, \tag{2.149}$$

$$t_s' = \tau_s \ln \frac{m+k}{1+k}. \tag{2.150}$$

τ_S heißt Speicherzeitkonstante. Für übliche npn-Transistoren nach Bild 2-21 ist $\tau_E B_I \gg \tau_C B_N$ und $B_N \gg B_I$, so daß

$$\tau_S \approx \tau_E B_I \tag{2.151}$$

wird.

5. Abfallzeit t_f

Nach Verlassen des Übersteuerungsbereichs gelangt der Transistor wieder in den aktiven Bereich, es gilt die Ersatzschaltung nach Bild 2-60.

Damit wird

$$I_{BY} = i_{BE} + \tau_C B_N \frac{di_{BE}}{dt} + C_{CS} \frac{dU_{BC}}{dt}, \tag{2.152}$$

$$U_{0C} = R_C \left(B_N i_{BE} - C_{CS} \frac{du_{BC}}{dt} \right) - u_{BC} + U_{BEX}. \tag{2.153}$$

Mit der schon während der Anstiegszeit gemachten Näherung Gl. (2.119) erhält man

$$I_{BY} = i_{BE} + B_N(\tau_C + R_C C_{CS}) \frac{di_{BE}}{dt}. \tag{2.154}$$

Die Anfangsbedingung muß aus der Abbruchbedingung während der Speicherzeit $i_{BE}(t_s')$ berechnet werden. Näherungsweise kann jedoch

$$B_N i_{BE}(0) = I_{CX} \tag{2.155}$$

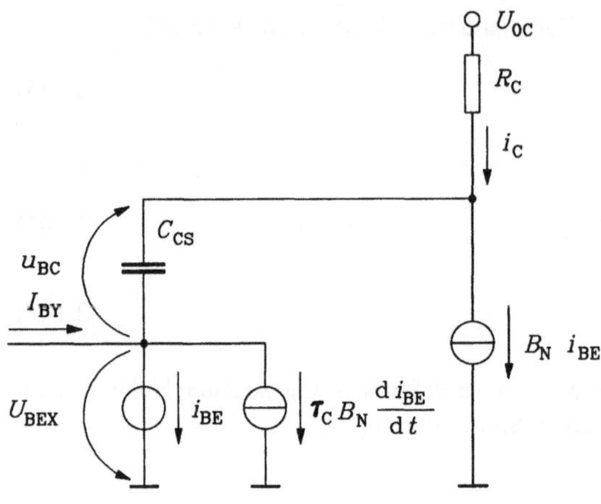

Bild 2-60
Ersatzschaltung zur Berechnung der
Abfallzeit

angenommen werden, so daß

$$i_{BE} = I_{BY} + \left(\frac{I_{CX}}{B_N} - I_{BY}\right)\exp\frac{-t}{B_N(\tau_C + R_C C_{CS})} \tag{2.156}$$

wird. Die Abfallzeit folgt daraus mit der Abbruchbedingung

$$i_{BE}\left(t_f\right) = 0 \tag{2.157}$$

zu

$$t_f = B_N(\tau_C + R_C C_{CS})\ln\frac{\dfrac{I_{CX}}{B_N} - I_{BY}}{-I_{BY}}, \tag{2.158}$$

$$t_f = B_N(\tau_C + R_C C_{CS})\ln\left(1 + \frac{1}{k}\right). \tag{2.159}$$

6. Sperrung des Transistors

Im Anschluß an den Abfall des Stroms i_{BE} auf Null werden durch den nun positiver (absolut kleiner) werdenden Basisstrom i_{BY} die beiden Sperrschichtkapazitäten aufgeladen, die Basis-Emitter-Spannung sinkt auf U_{BEY} ab.

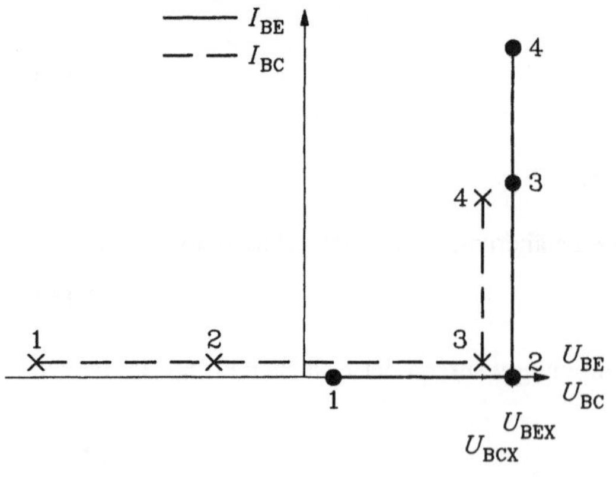

Bild 2-61
Arbeitspunktverläufe während des
Umschaltens der Schaltstufe

Die Berechnungen des dynamischen Verhaltens bestätigen das in Bild 2-55 angegebene Zeitverhalten. Zur Zusammenfassung und besseren Veranschaulichung ist in Bild 2-61 der Weg der Arbeitspunkte der beiden Dioden während des Umschaltens angegeben. Im Sperrzustand des Transistors fließt kein Strom, die Basis-Kollektor-Diode ist stärker als die Basis-Emitter-Diode gesperrt (Arbeitspunkt 1). Während der Einschaltverzögerung wird die Basis-Emitter-Diode den leitenden Zustand erreichen, die Basis-Kollektor-Diode bleibt gesperrt (Arbeitspunkt 2). In der Anstiegszeit steigt i_{BE} an, die Basis-Kollektor-Diode erreicht den leitenden Zustand (Arbeitspunkt 3). Anschließend steigen i_{BC} und i_{BE} bis zum endgültigen Übersteuerungszustand (Arbeitspunkt 4) an. Beim Ausschalten wird dieser Weg rückwärts durchlaufen, beim Arbeitspunkt 3 endet die Speicherzeit, bei 2 die Abfallzeit und bei 1 ist der Transistor wieder gesperrt.

Die für den Schaltungsentwerfer wichtigen Abhängigkeiten der Schaltzeiten vom Übersteuerungsgrad m und Ausschaltfaktor k sind in folgender Tabelle zusammengefaßt :

Schaltzeit	t_d'	t_a'	t_s'	t_f'
Abhängigkeit von m, k	$\approx \ln\left(1+\dfrac{k}{m}\right)$	$\approx \ln\dfrac{m}{m-1}$	$\approx \ln\dfrac{m+k}{1+k}$	$\approx \ln\left(1+\dfrac{1}{k}\right)$

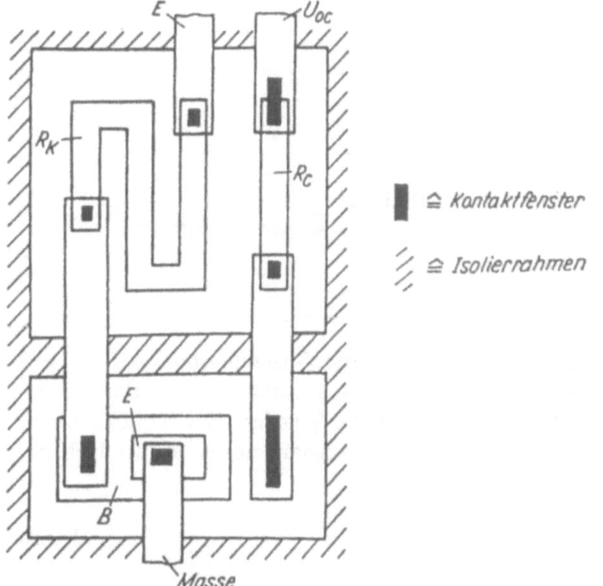

Bild 2-62
Layout des Übersteuerungsschalters

Ein hoher Übersteuerungsgrad bedeutet eine kleine Einschaltverzögerung und Anstiegszeit, jedoch eine große Speicherzeit, während ein großer Ausschaltfaktor eine große Einschaltverzögerung und eine kleine Speicherzeit sowie Abfallzeit hervorbringt. Bei der Dimensionierung ist also ein Kompromiß zwischen m und k einzugehen.

Die weiteren in Bild 2-55 angegebenen Verzögerungszeiten können bei großen m und k näherungsweise berechnet werden:

$$t_{PHL} \approx t_d' + \frac{1}{2}t_a', \tag{2.160}$$

$$t_{PLH} \approx t_s' + \frac{1}{2}t_f'. \tag{2.161}$$

2.3.2.4 Layout

Zum Abschluß soll eine Schaltstufe statisch dimensioniert und als integrierte Schaltung entworfen werden. Es sollen folgende Parameter verwendet werden:

$$U_{0C} = 5 \text{ V} \quad U_{BEX} = 0,7 \text{ V} \quad U_{CEX} = 0,2 \text{ V},$$

$$I_{CX} = 5 \text{ mA} \quad B_N = 20, \quad m = 4.$$

Nach Gl. (2.81) und (2.82) ergeben sich

$$R_C = 960 \ \Omega, \quad R_K = 3340 \ \Omega.$$

Mit einem Schichtwiderstand $R_{SB} = 200 \ \Omega/\square$ sind für R_C ein L_B/B_B-Verhältnis von 4,8, für R_K ein L_B/B_B-Verhältnis von 16,7 zu realisieren. Bild 2-62 zeigt dazu ein mögliches Layout.

2.3.3 Schaltstufe nach dem Stromschaltprinzip

Die Schaltstufe nach dem Stromschaltprinzip arbeitet als Stromumschalter (Bild 2-63).

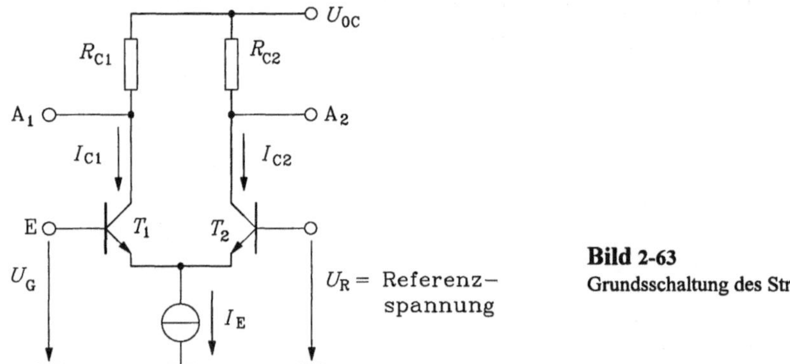

Bild 2-63
Grundsschaltung des Stromschalters

Die Kollektorwiderstände sind relativ klein, so daß auch der Spannungshub ΔU an den Ausgängen A_1 und A_2 klein bleibt. Die Transistoren arbeiten im Aus-Zustand im Sperrbereich, im Ein-Zustand im aktiven Bereich. Infolge der Konstantstromquelle I_E ändern sich Kollektorstrom und -spannung im Ein-Zustand bei Schwankungen der Transistorparameter nicht, der Hub ΔU bleibt auch bei diesem Schalter konstant.

$$I_E = I_C + I_B = I_C\left(1 + \frac{1}{B_N}\right) = \frac{I_C}{A_N} \tag{2.162}$$

A_N heißt Großsignalstromverstärkung bei Normalbetrieb in Basisschaltung und ist wegen $B_N \gg 1$ nur geringfügig kleiner als 1. Da A_N nur sehr geringen Schwankungen unterworfen ist, wird I_C nahezu unabhängig von den Transistorkennwerten.

Die beiden emittergekoppelten Transistoren arbeiten als Schalter, die wechselseitig den Strom I_E in den linken oder rechten Zweig umschalten.

Der von der Konstantstromquelle gelieferte Strom I_E kann durch Transistor 1 oder 2 oder durch beide Transistoren fließen. Wenn die Eingangsspannung U_G genügend groß gegenüber der konstanten Referenzspannung U_R ist, dann ist die Basis-Emitter-Spannung von Transistor 1 positiv und die von Transistor 2 negativ. Somit leitet Transistor 1, während Transistor 2 gesperrt ist. Ist hingegen U_G hinreichend negativer als U_R, so kehren sich die Verhältnisse um, Transistor 2 leitet, und Transistor 1 sperrt. Die beiden beschriebenen Zustände sind die erwünschten Schaltzustände, während der Fall des Stromflusses durch beide Transistoren (z.B. für $U_G = U_R$) auf den verbotenen Übergangsbereich zwischen den Schaltzuständen führt. Leitet Transistor 1, so entsteht an seinem Kollektorwiderstand R_{C1} ein Spannungsabfall, die Spannung am Ausgang A_1 ist negativer als U_{0C}. Da Transistor 2 dabei gesperrt ist, wird die Ausgangsspannung an A_2 gleich der Betriebsspannung U_{0C}. Während also Transistor 1 die gegenüber der Referenzspannung positivere Spannung U_G negiert, bildet Transistor 2 diese Spannung nichtnegiert ab. Bei durch U_G gesperrtem Transistor 1 entsteht am Ausgang 1 U_{0C}, am Ausgang 2 eine gegenüber U_{0C} negative Spannung. In jedem Schaltzustand liefert also die Schaltung 2 komplementäre Ausgangssignale. Diese Eigenschaft nutzt man in vielen Anwendungsfällen aus.

2.3.3.1 Statische Bemessung

Die statische Bemessung des Stromschalters erfolgt wieder durch die statische Analyse der beiden Schaltzustände. Zukünftig soll $U_{0C} = 0$ gesetzt werden (siehe dazu Bild 2-64), ohne damit die Allgemeingültigkeit der Aussagen einzuschränken. Dieser Fall ist auch am häufigsten in praktischen Schaltkreisen anzutreffen. Liegt am Eingang U_{GX}, dann soll Transistor 1 leiten (U_{BE1} = U_{BEX}) und Transistor 2 gesperrt sein ($U_{BE2} = U_{BEY}$). Dieses Verhalten wird durch die Masche Gl. (2.163) beschrieben.

$$U_{GX} = U_{BEX} - U_{BEY} + U_R \quad (U_{GX} > U_R) \tag{2.163}$$

Ebenso läßt sich für den Fall des durch $U_{GY} < U_R$ gesperrten Transistors 1 und geöffneten Transistors 2 die analoge Maschengleichung angeben.

$$U_{GX} = U_{BEX} - U_{BEY} + U_R \quad (U_{GX} > U_R) \tag{2.164}$$

Die Gleichungen (2.163) und (2.164) sind 2 Schaltbedingungen dieser Schaltstufe. Sie legen bei vorgegebenen Transistordaten die Größen der Eingangspegel für einwandfreies Schalten fest. Eine weitere Bedingung garantiert, daß die Transistoren nur zwischen Sperr- und aktivem Bereich arbeiten, der Übersteuerungsbereich also vermieden wird. Sie lautet

$$U_{BC} \leq 0. \tag{2.165}$$

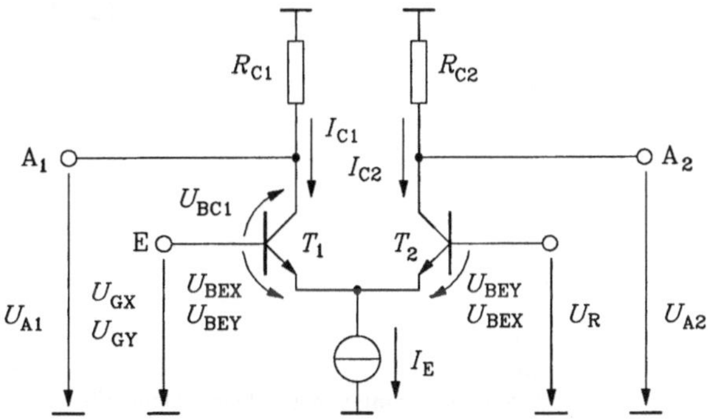

Bild 2-64
Zur statischen Dimensionierung des Stromschalters

Diese sehr strenge Bedingung Gl. (2.165) kann verlassen werden, wenn man davon ausgeht, daß auch bei kleinen positiven Spannungen

$$U_{BC} \leq (0{,}4...0{,}5) \tag{2.166}$$

noch kein wesentlicher Strom I_{BC} fließt.

Damit wird bei Einhaltung der Bedingung Gl. (2.166) noch keine echte Übersteuerung auftreten, so daß die beim Übersteuerungsschalter existierende Speicherzeit t_s' entfällt.

Zur statischen Dimensionierung werden zunächst die Gl. (2.163) und (2.164) verknüpft. Daraus folgen zwei wichtige Festlegungen für die Spannungspegel der Schaltung:

$$1.\quad U_R = \frac{U_{GX} + U_{GY}}{2}. \tag{2.167}$$

Die Referenzspannung ist als arithmetisches Mittel der Eingangspegel zu wählen.

$$2.\quad \Delta U = U_{GX} - U_{GY} = 2\left(U_{BEX} - U_{BEY}\right) \tag{2.168}$$

Der Spannungshub ΔU am Eingang des Schalters ist unmittelbar mit den Transistoreingangsspannungen verknüpft.

Für den Stromschalter gilt genau wie für den Übersteuerungsschalter, daß der Eingangsspannungshub gleich dem am Ausgang ist. Dadurch erst wird es möglich, weitere gleichartige Schaltstufen zu treiben. Es gilt also

$$\Delta U = I_{C1X}R_{C1} = I_{C2X}R_{C2} \quad \text{mit} \quad I_{C1Y} = I_{C2Y} \approx 0. \tag{2.169}$$

Nach Gl. (2.162) werden $I_{C1,2}$ durch

$$I_{C1,2} = A_N I_E \tag{2.170}$$

ersetzt. Darnit wird

$$R_{C1} = R_{C2} = R \tag{2.171}$$

und

$$\Delta U = A_N I_E R_C. \tag{2.172}$$

Oft wird die Stromquelle in Bild 2-64 durch einen Widerstand R_E und die Spannungsquelle $U_{0E} <$ 0 ersetzt (Bild 2-65). Dann gelten für die beiden Schaltzustände folgende Maschengleichungen:

1. Transistor 1 leitend

$$U_{GX} = U_R + \frac{\Delta U}{2} = U_{BEX} + I_{E1}R_E + U_{0E}. \tag{2.173}$$

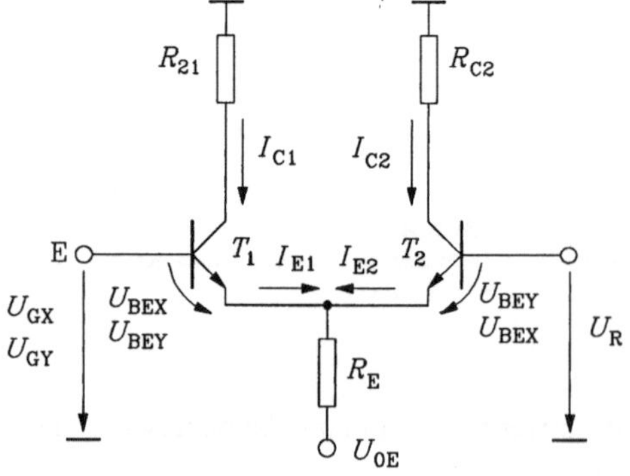

Bild 2-65
Stromschalter mit vereinfachter Stromquelle

2. Transistor 2 leitend

$$U_R = U_{BEX} + I_{E2}R_E + U_{0E}. \tag{2.174}$$

Auf Grund der jetzt unterschiedlichen Emitterströme ergeben sich unterschiedliche Kollektorwiderstände. Mit den Gln. (2.169), (2.162), (2.173) und (2.174) folgt

$$\frac{R_{C1}}{R_{C2}} = \frac{1}{1 + \dfrac{\Delta U}{2(U_R - U_{BEX} - U_{0E})}} \qquad (2.175)$$

Außerdem ergeben sich

$$\frac{R_{C1}}{R_E} = \frac{\Delta U}{A_N\left(U_R + \dfrac{\Delta U}{2} - U_{BEX} - U_{0E}\right)}, \qquad (2.176)$$

$$\frac{R_{C2}}{R_E} = \frac{\Delta U}{A_N(U_R - U_{BEX} - U_{0E})}. \qquad (2.177)$$

Die in Bild 2-64 angegebene Schaltung beinhaltet nur die eigentliche Schaltstufe. Auch der Stromschalter benötigt im allgemeinen ein Anpassungsnetzwerk. Die Anpassungsstufe muß sichern, daß die Ausgangspegel $U_{CX,Y}$ mit den Eingangspegeln übereinstimmen. Zur Klärung der Problemstellung sollen deshalb die Ausgangspegel an A_1 mit den Eingangspegeln verglichen werden. Nach Bild 2-64 und unter Beachtung von Gl. (2.172) werden

$$U_{A1,2}(H) = 0, \qquad (2.178)$$

$$U_{A1,2}(L) = -\Delta U. \qquad (2.179)$$

Bei der Festlegung der Höhe der Eingangspegel U_{GX} und U_{GY} ist zu beachten, daß die Transistoren entsprechend Gl. (2.166) nicht übersteuert werden. Dabei ist nur der leitende Zustand des Eingangstransistors 1 kritisch, der leitende Zustand des Referenztransistors 2 ist auf Grund der Bedingung

$$U_R = U_{GX} - \frac{\Delta U}{2} < U_{GX} \qquad (2.180)$$

bezüglich der Übersteuerung unkritisch.

Aus Bild 2-64 folgt für den kritischen Zustand die Maschengleichung

$$U_{A1}(L) = -\Delta U = -U_{BCX1} + U_{GX}. \qquad (2.181)$$

Damit wird

$$U_{GX} = -\Delta U + U_{BCX1}. \qquad (2.182)$$

Eine direkte Zusammenschaltung von Stromschaltern ist nur möglich, wenn

$$U_{GX} = U_A(H) \qquad (2.183)$$

und

$$U_{GY} = U_A(L) \qquad (2.184)$$

gemacht werden können. Mit Gl. (2.182) folgt dazu für den Spannungshub ΔU

$$\Delta U = -U_{GX} + U_{BCX1} = -U_A(H) + U_{BCX1} = U_{BCX1}. \qquad (2.185)$$

Mit der Bedingung Gl. (2.166) muß ΔU

$$\Delta U \le (0{,}4 \dots 0{,}5)\,V \qquad (2.186)$$

gewählt werden. Um auch bei kleinem Stromquellenstrom I_E (und damit kleinem U_{BCX}) unbedingt die Übersteuerung zu vermeiden, sollte

$$\Delta U = 0{,}4\,V \qquad (2.187)$$

garantiert werden. Mit diesem Grenzwert $\Delta U = 0{,}4$ V ergeben sich

$$U_{\mathrm{GX}} = U_{\mathrm{A}}(\mathrm{H}) = 0\mathrm{V}, \tag{2.188}$$

$$U_{\mathrm{GY}} = U_{\mathrm{A}}(\mathrm{L}) = -\Delta U = -0{,}4\mathrm{V}, \tag{2.189}$$

$$U_{\mathrm{R}} = -\frac{\Delta U}{2} = -0{,}2\mathrm{V}. \tag{2.190}$$

Werden größere Spannungshübe benötigt (z.B. $\Delta U = 0{,}8$ V als typischer Wert), sind Anpassungsschaltungen notwendig. In heute üblichen Schaltungen werden dazu Kollektorstufen oder Dioden verwendet.

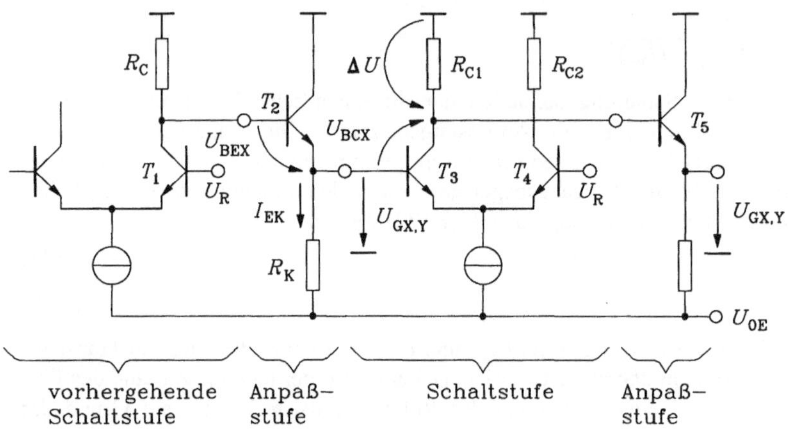

Bild 2-66 Stromschalter mit Kollektoranpaßstufen

In Bild 2-66 ist die am weitesten verbreitete Schaltung mit Kollektoranpaßstufen dargestellt. Emitter- und damit Kollektorstrom der Anpaßstufe werden durch R_{K} so eingestellt, daß Änderungen des Basispotentials der Anpaßstufe um ΔU den Emitterstrom nur in solchen Grenzen ändern, daß der Transistor ständig im Ein-Zustand betrieben wird. Damit bleibt $U_{\mathrm{BE}} = U_{\mathrm{BEX}} \approx$ konstant. Änderungen des Basispotentials wirken sich deshalb in voller Größe als Spannungsänderungen an R_{K} aus (siehe dazu Bild 2-67). Die Pegelabsenkung der Kollektorstufe legt den Hub ΔU fest. Wenn die vorhergehende Schaltstufe so angesteuert wird, daß Transistor 1 gesperrt ist, fällt an seinem Kollektorwiderstand R_{C} keine Spannung ab. Dann ist Transistor 3 eingeschaltet, an R_{C1} fällt ΔU ab. Die Maschengleichung von R_{C} über Transistor 2 und 3 nach R_{C1} liefert die Beziehung

$$U_{\mathrm{BEX}} + U_{\mathrm{BCX}} - \Delta U = 0, \tag{2.191}$$

$$\Delta U = U_{\mathrm{BEX}} + U_{\mathrm{BCX}}. \tag{2.192}$$

Mit Gl. (2.166) ergibt sich als endgültige Festlegung für den Hub

$$\Delta U = U_{\mathrm{BEX}} + 0{,}4\mathrm{V}.$$

Die Eingangspegel U_{GX} und U_{GY} werden bei Verwendung von Kollektoranpaßstufen

$$U_{\mathrm{GX}} = U_{\mathrm{A}}(\mathrm{H}) - U_{\mathrm{BEX}} = -U_{\mathrm{BEX}}, \tag{2.193}$$

$$U_{\mathrm{GY}} = U_{\mathrm{A}}(\mathrm{L}) - U_{\mathrm{BEX}} = -\Delta U - U_{\mathrm{BEX}}. \tag{2.194}$$

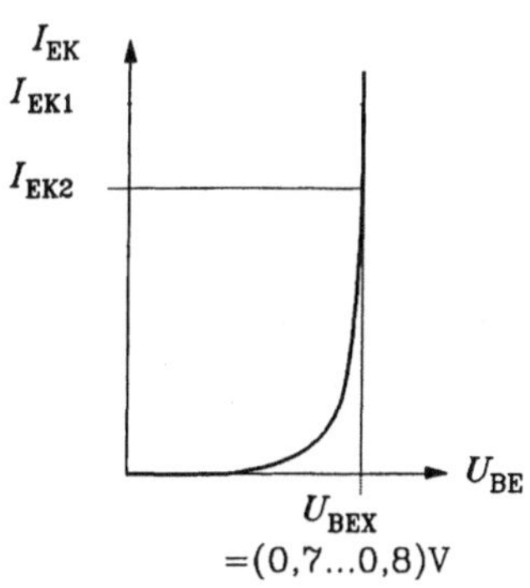

Bild 2-67
Zur Erläuterung des Ein-Zustandes
der Kollektorstufe

2.3.3.2 Statisches Verhalten

Der Stromschalter bietet die Möglichkeit, die statische Analyse über die nichtlineare Transistor-
ersatzschaltung ohne Netzwerkanalyseprogramm durchzurechnen und eine Übersicht über den
gesamten Lösungsweg des nichtlinearen Problems zu gewinnen. Zunächst wird die Ausgangsspannung als Funktion der Eingangsspannung, die sogenannte Übertragungskurve berechnet.
Dadurch gelingt es z.B., die für die Schaltung wichtige Kenngröße *Breite des Übergangsbereichs*
zwischen den Schaltzuständen (Übertragungsweite) zu beurteilen. Als Ersatzschaltung des
Transistors wird die in Bild 2-20 angegebene 1. Näherung für den aktiven Bereich verwendet, so
daß die in Bild 2-68 angegebene Ersatzschaltung des Stromschalters entsteht. Es lassen sich
folgende Netzwerkgleichungen ablesen :

$$U_{\mathrm{G}} = U_{\mathrm{BE1}} - U_{\mathrm{BE2}} + U_{\mathrm{R}}, \tag{2.195}$$

$$I_{\mathrm{E}} = (1 + B_{\mathrm{N}})I_{\mathrm{BE1}} + (1 + B_{\mathrm{N}})I_{\mathrm{BE2}}, \tag{2.196}$$

$$U_{\mathrm{A1}} = -B_{\mathrm{N}}R_{\mathrm{C}}I_{\mathrm{BE1}}, \tag{2.197}$$

$$U_{\mathrm{A2}} = -B_{\mathrm{N}}R_{\mathrm{C}}I_{\mathrm{BE2}}. \tag{2.198}$$

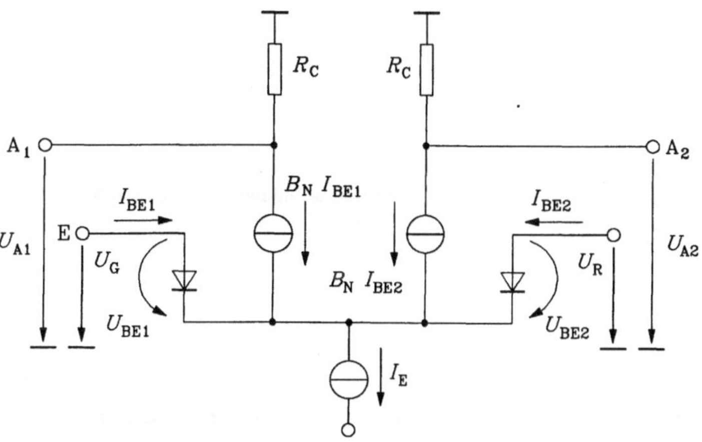

Bild 2-68 Statische Ersatzschaltung des Stromschalters

Unter Beachtung der Gln. (2.17), (2.162) und (2.195) kann Gl. (2.196) umgeformt werden:

$$I_{CE0}\,\exp\frac{U_{BE1}}{U_T} = B_N I_{BE1} = \frac{A_N I_E}{1+\exp\!\left(-\dfrac{U_G-U_R}{U_T}\right)}.$$
(2.199)

Analog ergibt sich

$$I_{CE0}\,\exp\frac{U_{BE2}}{U_T} = B_N I_{BE2} = \frac{A_N I_E}{1+\exp\dfrac{U_G-U_R}{U_T}}.$$
(2.200)

Schließlich werden damit die Ausgangsspannungen

$$U_{A1} = \frac{-R_C A_N I_E}{1+\exp\!\left(-\dfrac{U_G-U_R}{U_T}\right)} = \frac{-\Delta U}{1+\exp\!\left(-\dfrac{U_G-U_R}{U_T}\right)};$$
(2.201)

$$U_{A2} = \frac{-R_C A_N I_E}{1+\exp\dfrac{U_G-U_R}{U_T}} = \frac{-\Delta U}{1+\exp\dfrac{U_G-U_R}{U_T}}.$$
(2.202)

Dabei wurde Gl. (2.172) verwendet. Bild 2-69 zeigt beide Funktionen. Definiert man die Breite des Übergangsbereichs W als Differenz der Eingangsspannungen, bei denen die Ausgangsspannungen den Wert $-0{,}1\,\Delta U$ und $-0{,}9\,\Delta U$ annehmen,

$$W = U_{G1}(U_{A1}=-0{,}9\Delta U) - U_{G2}(U_{A1}=-0{,}1\Delta U)$$
(2.203)

$$= U_{G1}(U_{A2}=-0{,}1\Delta U) - U_{G2}(U_{A2}=-0{,}9\Delta U)$$
(2.204)

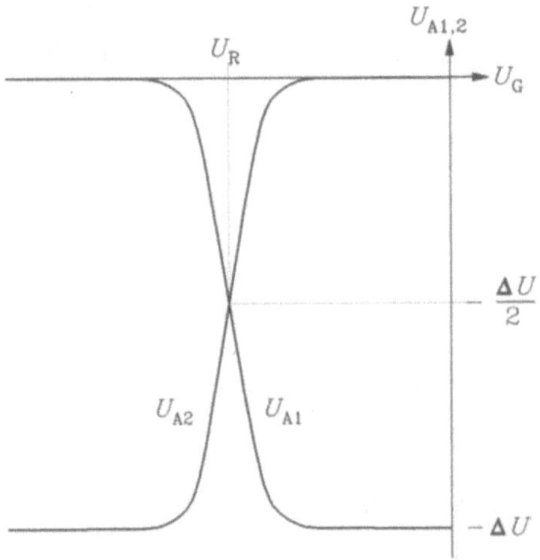

Bild 2-69
Übertragungskennlinien des Stromschalters

so folgt daraus

$$W = 2U_T \ln 9 \approx 110\,\text{mV}.$$
(2.205)

Die Eingangskennlinie $I_G = I_{BE1} = f(U_G)$ kann sofort aus Gl. (2.199) berechnet werden,

$$I_G = I_{BE1} = \frac{I_E}{1+B_N} = \frac{1}{1+\exp\!\left(-\dfrac{U_G-U_R}{U_T}\right)}.$$
(2.206)

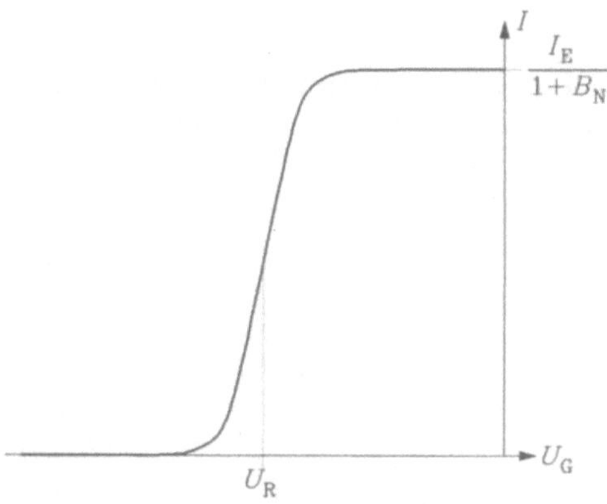

Bild 2-70

Eingangskennlinie des Stromschalters

Bild 2-70 zeigt diese Kennlinie. Die Ausgangskennlinien des Stromschalters sollen nur an einem Ausgang (A_1) berechnet werden, die Kennlinien an A2 haben den gleichen Verlauf, wenn der Eingang gerade mit dem jeweils anderen logischen Pegel angesteuert wird. In Bild 2-71 sind die beiden Ersatzschaltungen für den gesperrten und leitenden Transistor 1 aus Bild 2-64 dargestellt. Für $U_G = U_{GY}(E = L)$, $U_{A1} = U_{A1}(H)$ gilt

$$I_{A1} = -\frac{U_{A1}}{R_C}, \tag{2.207}$$

für $U_G = U_{GX}(E = H), U_{A1} = U_{A1}(L)$

$$I_{A1} = -\frac{U_{A1}}{R_C} - A_N I_E = -\frac{U_{A1} + \Delta U}{R_C} \tag{2.208}$$

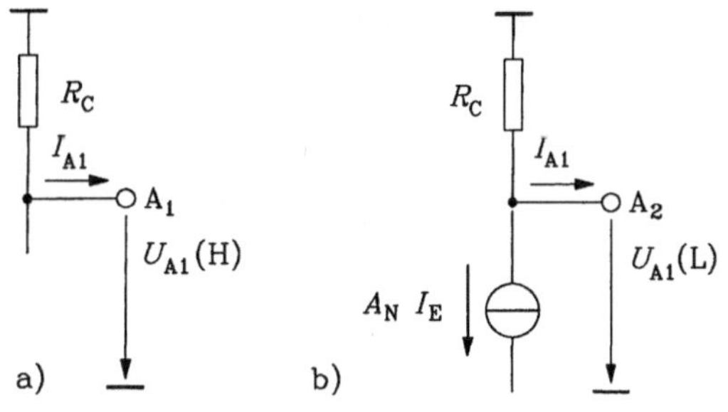

Bild 2-71

Ersatzschaltung zur Berechnung der Ausgangskennlinien des Stromschalters
a) gesperrter Transistor 1
b) leitender Transistor 1

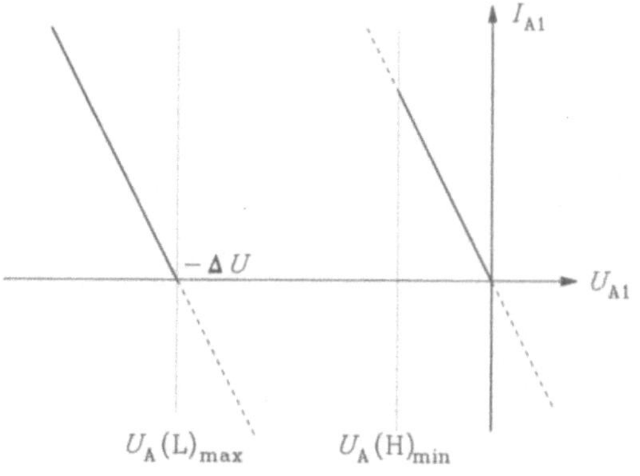

Bild 2-72

Ausgangskennlinien des Stromschalters

Bild 2-72 zeigt diese Kennlinien.

Zur Berechnung der Kennlinien der oft benötigten Kollektorstufen wird erneut die statische Ersatzschaltung für den aktiven Bereich nach Bild 2-20 benutzt. Es kann die Näherung 2. Grades verwendet werden, weil diese Stufe ständig im Ein-Zustand betrieben wird (Bild 2-73).

Die Übertragungskennlinie $U_A = f(U_G)$ wird

$$U_A = U_G - U_{BEX} \tag{2.209}$$

(siehe Bild 2-74).

Die Eingangskennlinie $I_G = f(U_G)$ mit $I_A = 0$ lautet

$$I_G = -I_B = -\frac{U_G - U_{0E} - U_{BEX}}{(1 + B_N)R_K}, \tag{2.210}$$

sie gilt im Bereich $0 \geq U_G \geq -\Delta U$ und ist in Bild 2-75 dargestellt. Man erkennt, daß I_{BE} auf Grund der Hochohmigkeit $B_N R_K$ (siehe Gl. (2.210)) den Stromschalter nur gering belastet.

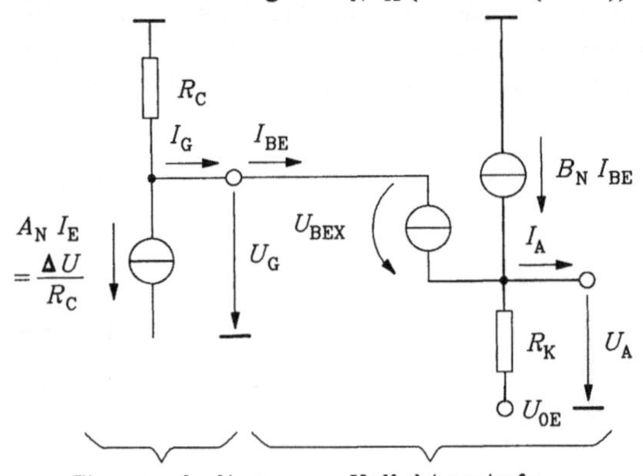

Bild 2-73
Ersatzschaltung zur statischen Analyse der Kollektorstufe

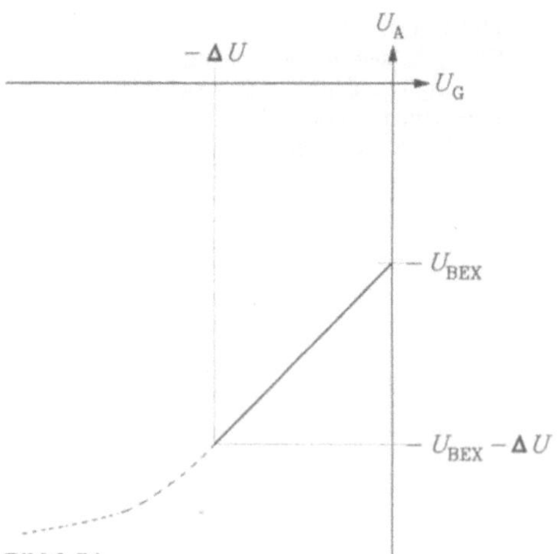

Bild 2-74
Übertragungskennlinie der Kollektorstufe

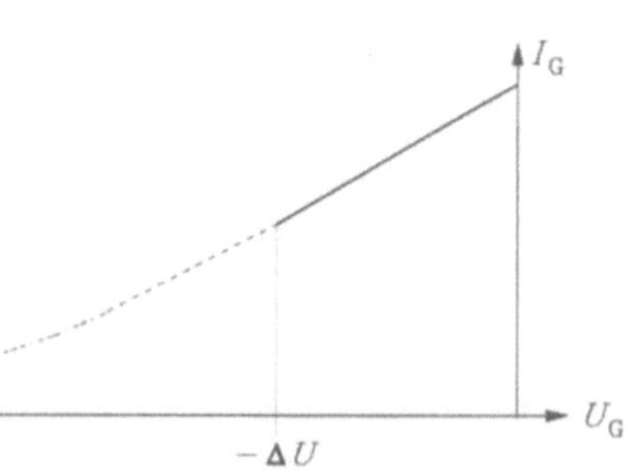

Bild 2-75
Eingangskennlinie der Kollektorstufe

Die Ausgangskennlinie $I_A = f(U_A)$ lauten

$$I_A = -U_A\left(\frac{1}{R_K} + \frac{1+B_N}{R_C}\right) + \frac{U_{0E}}{R_K} - \frac{(1+B_N)}{R_C}(U_{BEX} + 0, \Delta U).$$
(2.211)

In Gl. (2.211) gilt 0 für den gesperrten, ΔU für den leitenden Stromschalttransistor in Bild 2-73. Im allgemeinen gilt

$$\frac{1+B_N}{R_C} \gg \frac{1}{R_K},$$
(2.212)

so daß

$$I_A \approx \frac{1+B_N}{R_C}(U_A + U_{BEX} + 0, \Delta U)$$
(2.213)

wird. Diese Kennlinie (Bild 2-76) verläuft auf Grund des hohen Leitwertes $(1+B_N)/R_C$ sehr steil, so daß die Kollektorstufe als echte Spannungsquelle gelten kann.

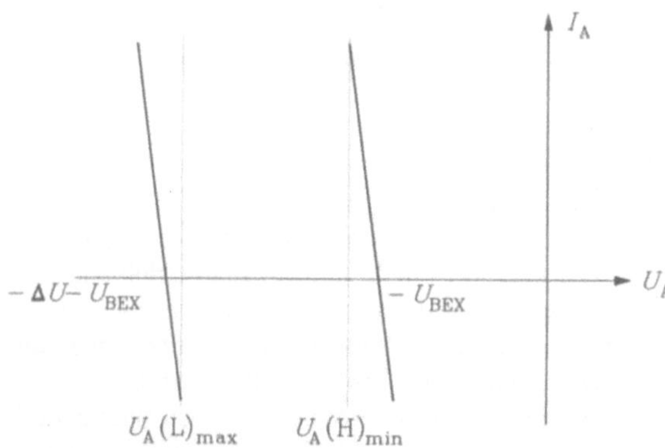

Bild 2-76
Ausgangskennlinien der Kollektorstufe

Da im Stromschalter stets Strom fließt, wird die Verlustleistung meist größer als in vergleichbaren Schaltstufen nach dem Übersteuerungsprinzip. Sie ergibt sich zu

$$P_V = -U_{0E} \cdot I_E.$$
(2.214)

Werden zusätzliche Kollektorstufen verwendet, wird P_V um die mittlere Verlustleistung dieser Stufen (meist 2)

$$P_V = -\frac{U_{0E}}{2}(I_{EK1} + I_{EK2})$$
(2.215)

erhöht.

2.3.3.3 Dynamisches Verhalten

Vergleich des Stromschalters mit dem Übersteuerungsschalter

Die Schaltzeiten des Stromschalters werden zunächst mit denen des Übersteuerungsschalters qualitativ verglichen.

Einschaltverzögerungszeit t_d'

Die schon beim Übersteuerungsschalter kaum meßbare Einschaltverzögerung t_d' ist beim Stromschalter noch weit geringer. Die kleinen Raumladungen der nur sehr wenig gesperrten Basis-Emitter-Diode werden sehr schnell abgebaut.

Anstiegszeit t'_a

Während des Stromanstiegs ändert sich die Kollektor-Basis-Spannung des linken Transistors um $2\Delta U$, die Basis-Emitter-Spannung des Referenztransistors um $\Delta U/2$. Damit sind auch während des Stromanstiegs nur geringe Umladungen dieser Sperrschichten notwendig. In Verbindung mit der erwähnten Spannungssteuerung wird deshalb die Basisladung sehr schnell abgebaut. Das führt zu außerordentlich kurzen Stromanstiegszeiten (0,2 ... 1 ns) bei heute üblichen Schaltungen mit Si-Planar-Transistoren in integrierter Technik.

Speicherzeit t'_s

Infolge der Vermeidung der Übersteuerung ist die Speicherzeit $t'_s = 0$.

Abfallzeit t'_f

Da nach Bild 2-64 der in den Schalter eingespeiste Strom I_E stets konstant ist, muß bei Vernachlässigung der Basisströme der Kollektorstromanstieg des einen Transistors mit dem Stromabfall des anderen übereinstimmen. Damit wird die Abfallzeit gleich der Anstiegszeit.

$$t'_s = t'_f \tag{2.216}$$

Insgesamt erreicht der Stromschalter gegenüber dem Übersteuerungsschalter höhere Schaltgeschwindigkeiten.

Berechnung des dynamischen Verhaltens des Stromschalters

Bei der Berechnung des dynamischen Verhaltens der Schaltstufe nach Bild 2-64 ist nur zwischen Sperrbereich der Transistoren und aktivem Bereich zu unterscheiden, da keine Übersteuerung auftritt. Deshalb kann die in der Näherung 1. Grades in Bild 2-31 für den Normalbetrieb angegebene Ersatzschaltung als geschlossenes Modell verwendet werden. Daraus entsteht die in Bild 2-77 dargestellte dynamische Ersatzschaltung des Stromschalters. Mit Hilfe entsprechender Netzwerkanalyseprogramme kann das dynamische Verhalten des Stromschalters berechnet werden. Zur Abschätzung des Einflusses einzelner Bauelementeparameter ist es jedoch notwendig, Näherungsformeln anzugeben, die es dem Entwerfer ermöglichen, kurzfristig gut genäherte Ergebnisse zu erhalten. Diesem Ziel dient die im folgenden beschriebene Analyse.

Zur Vereinfachung werden die Basis-Emitter-Dioden erneut durch ideale Schalter ersetzt. Weiterhin sollen alle Transistorparameter mittlere Werte sein, wobei als Basiswiderstand näherungsweise der beim Umschalten hauptsächlich auftretende niedrige Widerstand des leitenden Transistors verwendet wird.

Zunächst wird das dynamische Verhalten des Stroms i_{C1} bei Anlegen eines Sprungs am Eingang von U_{GY} nach U_{GX} berechnet. Der Leser ist danach in der Lage, selbständig die restlichen dynamischen Probleme nachzuempfinden.

Einschaltverzögerungszeit t'_d

Im statischen Zustand liege

$$U_{GY} = U_{GX} - \Delta U \tag{2.217}$$

am Eingang des linken Transistors, er ist gesperrt. Bei Anlegen des positiven Sprungs werden zunächst die Kapazitäten C_{CS} und C_{ES} des linken Transistors so weit umgeladen, bis sich $u_{B'E1}$ von $U_{B'EY}$ auf $U_{B'EX}$ geändert hat. Während dieser Einschaltverzögerung bleibt der innere Transistor 1 noch gesperrt, er muß im Ersatzschaltbild nicht berücksichtigt werden. Außerdem wird angenommen, daß die Umladeprozesse in den Sperrschichtkapazitäten des Transistors 1 nur geringen Einfluß auf Transistor 2 haben. Deshalb bleibt Transistor 2 vorerst eingeschaltet, seine kapazitiven Ströme werden vernachlässigt. Mit diesen Annahmen vereinfacht sich das Ersatzschaltbild wesentlich (Bild 2-78). In den statischen Zuständen ist $U_{B'EX} \approx U_{BEX}$, da der Basisstrom sehr klein ist. Deshalb wird nicht mehr zwischen beiden Größen unterschieden.

$$U_{B'EX} \approx U_{BEX} \tag{2.218}$$

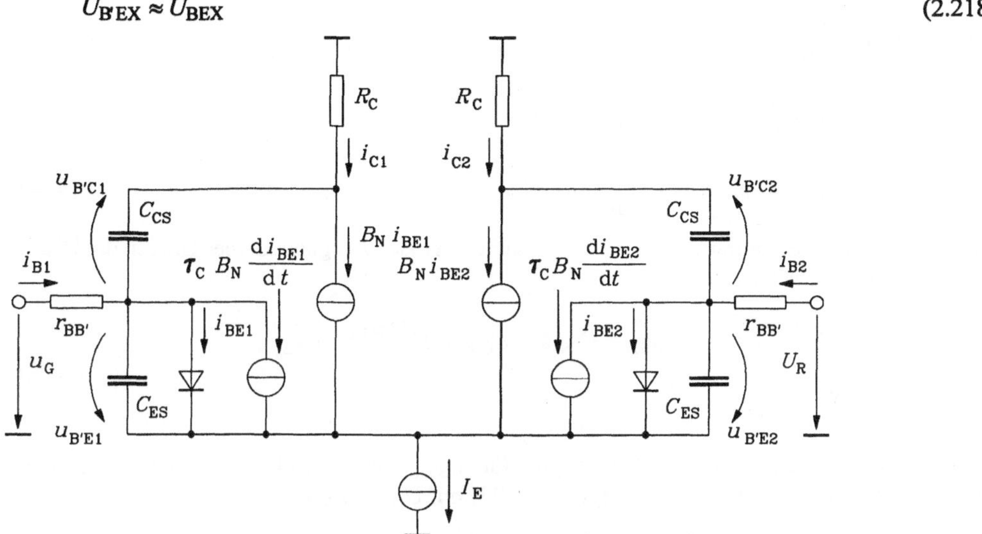

Bild 2-77 Dynamische Ersatzschaltung des Stromschalters

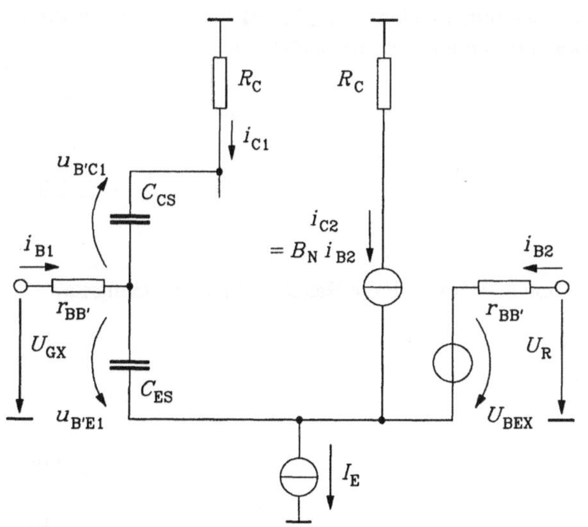

Bild 2-78
Dynamisches Ersatzschaltbild zur
Berechnung von t'_d

Aus dem Ersatzschaltbild liest man folgende Knoten- und Maschengleichungen ab:

$$i_{\mathrm{B1}} = C_{\mathrm{ES}}\frac{\mathrm{d}u_{\mathrm{B'E1}}}{\mathrm{d}t} + C_{\mathrm{CES}}\frac{\mathrm{d}u_{\mathrm{B'C2}}}{\mathrm{d}t}, \tag{2.219}$$

$$I_{\mathrm{E}} = C_{\mathrm{ES}}\frac{\mathrm{d}u_{\mathrm{B'E1}}}{\mathrm{d}t} + i_{\mathrm{C2}}\left(1 + \frac{1}{B_{\mathrm{N}}}\right), \tag{2.220}$$

$$0 = -R_{\mathrm{C}}C_{\mathrm{CS}}\frac{\mathrm{d}u_{\mathrm{B'C1}}}{\mathrm{d}t} - u_{\mathrm{BC1}} - i_{\mathrm{B1}}r_{\mathrm{BB'}} + U_{\mathrm{GX}}, \tag{2.221}$$

$$U_{\mathrm{GX}} = i_{\mathrm{B1}}r_{\mathrm{BB'}} + u_{\mathrm{B'E1}} - U_{\mathrm{BEX}} - \frac{i_{\mathrm{C2}}}{B_{\mathrm{N}}}r_{\mathrm{BB'}} + U_{\mathrm{R}}. \tag{2.222}$$

Daraus folgt unter Beachtung von Gl. (2.172) und bei Vernachlässigung kleiner Größen die Differentialgleichung für $u_{\mathrm{B'E1}}$.

$$R_{\mathrm{C}}r_{\mathrm{BB'}}C_{\mathrm{ES}}C_{\mathrm{S}}\frac{\mathrm{d}^2 u_{\mathrm{B'E1}}}{\mathrm{d}t^2} + (C_{\mathrm{ES}}r_{\mathrm{BB'}} + C_{\mathrm{CS}}R_{\mathrm{C}} + C_{\mathrm{CS}}r_{\mathrm{BB'}})\frac{\mathrm{d}^2 u_{\mathrm{B'E1}}}{\mathrm{d}t} + u_{\mathrm{B'E1}}$$
$$= U_{\mathrm{BEX}} + \frac{\Delta U}{2}. \tag{2.223}$$

Als Anfangsbedingung von Gl. (2.223) gilt für $u_{\mathrm{B'E1}}$ der statische Wert des gesperrten Transistors. Er wird aus den Gln. (2.220) und (2.222) mit $U_{\mathrm{G}} = U_{\mathrm{GY}}$ zu

$$u_{\mathrm{B'E1}}(t = 0) = U_{\mathrm{BEX}} - \frac{\Delta U}{2} + \frac{I_{\mathrm{E}}r_{\mathrm{BB'}}}{1 + B_{\mathrm{N}}} \approx U_{\mathrm{BEX}} - \frac{\Delta U}{2} \tag{2.224}$$

ermittelt. Zur Lösung von Gl. (2.223) wird außerdem die Ableitung der Spannung $u_{\mathrm{B'E1}}$ zur Zeit $t = 0$ benötigt. Sie kann ebenfalls aus dem Gleichungssystem Gln.(2.219) bis (2.222) ermittelt werden, wenn $u_{\mathrm{B'E1}}$ durch $u_{\mathrm{B'E1}}(t = 0)$ und $u_{\mathrm{B'C1}}$ durch $u_{\mathrm{B'C1}}(t = 0)$ ersetzt wird. Mit

$$u_{\mathrm{B'C1}} = (t = 0) = U_{\mathrm{GY}} \tag{2.225}$$

(Wert des gesperrten Transistors) werden

$$\frac{\mathrm{d}u_{\mathrm{B'C1}}}{\mathrm{d}t}(t = 0) = \frac{\mathrm{d}u_{\mathrm{B'E1}}}{\mathrm{d}t}(t = 0) = 0, \tag{2.226}$$

wenn $B_{\mathrm{N}} \gg 1$ gelten soll.

Bei Beachtung der angegebenen Randbedingungen ergibt sich die Basis-Emitter-Spannung zu

$$u_{\mathrm{B'E1}} = U_0 + U_1 \exp\left(\frac{-t}{\tau_1}\right) + U_2 \exp\left(\frac{-t}{\tau_2}\right) \tag{2.227}$$

mit den Konstanten

$$\tau_1 \approx C_{\mathrm{ES}}r_{\mathrm{BB'}} = C_{\mathrm{CS}}(r_{\mathrm{BB'}} + R_{\mathrm{C}}) - \tau_2, \tag{2.228}$$

$$\tau_2 \approx \frac{R_{\mathrm{C}}r_{\mathrm{BB'}}C_{\mathrm{CS}}C_{\mathrm{ES}}}{C_{\mathrm{ES}}r_{\mathrm{BB'}} + C_{\mathrm{CS}}(r_{\mathrm{BB'}} + R_{\mathrm{C}})}, \tag{2.229}$$

$$U_0 = U_{\mathrm{BEX}} + \frac{\Delta U}{2} \tag{2.230}$$

$$U_1 = -\frac{\tau_1}{\tau_1 - \tau_2}\,\Delta U, \tag{2.231}$$

$$U_2 = -\frac{\tau_2}{\tau_1 - \tau_2}\,\Delta U. \tag{2.232}$$

Aus Gl. (2.227) kann die Einschaltverzögerung t_d' berechnet werden:

$$u_{\mathrm{B'E1}} = (t = t_\mathrm{d}') = U_{\mathrm{BEX}}. \tag{2.233}$$

Die Einschaltverzögerung läßt sich auf Grund der 2 unterschiedlichen Exponentialfunktionen in Gl. (2.227) nur iterativ berechnen.

Da jedoch meist $\tau_2 \ll \tau_1$ und somit $U_2 \ll U_1$ gilt, wird

$$u_{\mathrm{B'E1}} = (t = t_\mathrm{d}') = U_{\mathrm{BEX}} \approx U_{\mathrm{BEX}} + \frac{\Delta U}{2} - \Delta U \exp\frac{-t_\mathrm{d}'}{\tau_1}. \tag{2.234}$$

Damit ergibt sich

$$t_\mathrm{d}' \approx \tau_1 \ln 2 \approx 0,7\left[C_{\mathrm{ES}}r_{\mathrm{BB'}} + C_{\mathrm{CS}}(r_{\mathrm{BB'}} + R_{\mathrm{C}})\right]. \tag{2.235}$$

Anstiegszeit t_a' von i_{C1}, Abfallzeit t_f' von i_{C2}

Zur Zeit t_d' erreicht die Basis-Emitter-Spannung $u_{\mathrm{B'E1}}$ den Wert U_{BEX}, im inneren Transistor 1 beginnt Strom zu fließen. Mit ansteigendem Emitterstrom i_{E1} sinkt i_{E2} zwangsläufig ab, wobei auch dieser Transistor weiterhin leitend bleibt. Damit können im Ersatzschaltbild beide Basis-Emitter-Dioden durch Spannungsquellen der Größe U_{BEX} ersetzt werden. Außerdem entfallen die Basis-Emitter-Sperrschichtkapazitäten, weil deren Strom infolge konstanter Spannung U_{BEX} Null ist. Bild 2-79 zeigt das so vereinfachte Ersatzschaltbild.

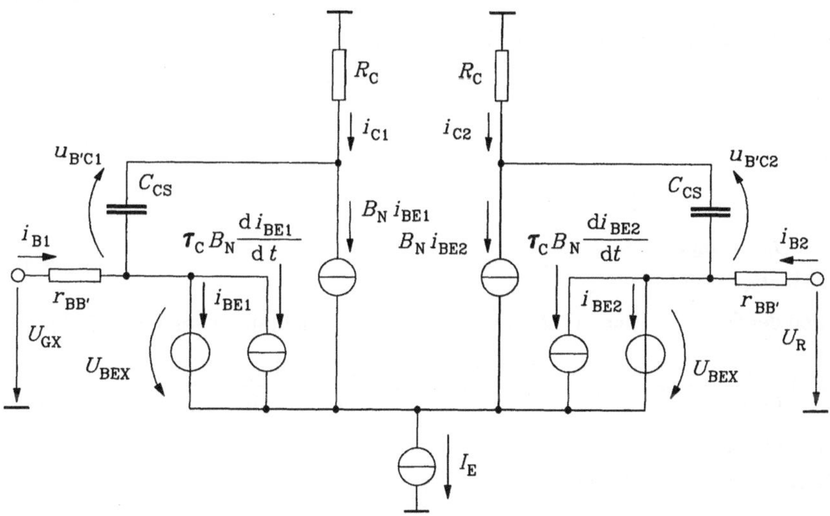

Bild 2-79 Dynamisches Ersatzschaltbild zur Berechnung von t_a'

Daraus liest man folgende bereits zusammengefaßte Gleichungen ab:

$$U_{GX} = i_{BE1}(r_{BB'} - B_N R_C) + r_{BB'}\tau_C B_N \frac{di_{BE1}}{dt}$$
$$+ u_{B'C1} + (R_C + r_{BB'})C_{CS}\frac{du_{B'C1}}{dt} \tag{2.236}$$

$$U_R = i_{BE2}(r_{BB'} - B_N R_C) + r_{BB'}\tau_C B_N \frac{di_{BE2}}{dt}$$
$$+ u_{B'C2} + (R_C + r_{BB'})C_{CS}\frac{du_{B'C2}}{dt} \tag{2.237}$$

$$U_{GX} = r_{BB'}\left[i_{BE1} - i_{BE2} + \tau_C B_N\left(\frac{di_{BE1}}{dt} - \frac{di_{BE2}}{dt}\right)\right.$$
$$\left. + C_{CS}\left(\frac{du_{B'C1}}{dt} - \frac{du_{B'C2}}{dt}\right)\right] + U_R, \tag{2.238}$$

$$I_E = (1 + B_N)(i_{BE1} + i_{BE2}) + \tau_C B_N\left(\frac{di_{BE1}}{dt} - \frac{di_{BE2}}{dt}\right). \tag{2.239}$$

Gl. (2.239) hat die allgemeine Form

$$A = (x_1 + x_2) + \tau\frac{d}{dt}(x_1 + x_2) \tag{2.240}$$

und entspricht damit Gl. (2.107) mit der Lösung

$$x_1 + x_2 = x_1(\infty) + x_2(\infty) + [x_1(0) + x_2(0) - x_1(\infty) - x_2(\infty)]\exp\frac{-t}{\tau}, \tag{2.241}$$

$$x_1(\infty) + x_2(\infty) = A. \tag{2.242}$$

Als Anfangsbedingungen für die Lösung von Gl. (2.239) gelten

$$i_{BE1}(0) = 0, \tag{2.243}$$

$$i_{BE2}(0) \approx \frac{I_E}{1 + B_N}, \tag{2.244}$$

so daß

$$i_{BE1} + i_{BE2} = \frac{I_E}{1 + B_N}, \quad \frac{di_{BE1}}{dt} + \frac{di_{BE2}}{dt} = 0 \tag{2.245}$$

wird. Durch Addition der Gl. (2.236) und (2.237) folgt unter Berücksichtigung von Gl. (2.245)

$$(r_{BB'} - B_N R_C)\frac{I_E}{1 + B_N} + u_{B'C1} + u_{B'C2} + C_{CS}(r_{BB'} + R_C)\left(\frac{du_{B'C1}}{dt} + \frac{du_{B'C2}}{dt}\right)$$
$$= U_{GX} + U_R \tag{2.246}$$

und mit $r_{BB'} \ll B_N R_C$ sowie Gl. (2.172) und (2.180)

$$u_{B'C1} + u_{B'C2} + C_{CS}(r_{BB'} + R_C)\left(\frac{du_{B'C1}}{dt} + \frac{du_{B'C2}}{dt}\right) = 2U_R + \frac{3}{2}\Delta U. \tag{2.247}$$

Gl. (2.247) hat erneut die Form von Gl. (2.241).

Als Anfangsbedingung entnimmt man aus Bild 2-79 bei Vernachlässigung des Spannungsabfalls über dem Basisbahnwiderstand

$$u_{B'C2}(0) \approx U_R + R_C B_N i_{BE2}(0) = U_R + \Delta U, \tag{2.248}$$

$$u_{B'C1}(0) \approx U_R + R_C B_N i_{BE1}(0) = U_R. \tag{2.249}$$

Damit ergeben sich

$$u_{B'C1} + u_{B'C2} = 2U_R + \frac{3}{2}\Delta U - \frac{\Delta U}{2}\exp\frac{-t}{C_{CS}(r_{BB'}+R_C)}, \tag{2.250}$$

$$\frac{du_{B'C1}}{dt} + \frac{du_{B'C2}}{dt} = \frac{\Delta U}{2C_{CS}(r_{BB'}+R_C)}\exp\frac{-t}{C_{CS}(r_{BB'}+R_C)}. \tag{2.251}$$

Durch Einfügen von Gl. (2.235) und (2.251) in Gl. (2.248) folgen die Abhängigkeiten für

$$\frac{du_{B'C1}}{dt} = f(i_{BE1},t), \tag{2.252}$$

$$\frac{du_{B'C2}}{dt} = g(i_{BE2},t). \tag{2.253}$$

Werden diese Funktionen in die Ableitungen der Gl. (2.236) und Gl. (2.237) eingeführt, ergeben sich bei Vernachlässigung kleiner Größen (mit $B_N \gg 1$) folgende Differentialgleichungen für i_{BE1} und i_{BE2}:

$$i_{BE1} + B_N(\tau_C + R_C C_{CS})\frac{di_{BE1}}{dt} + B_N R_C C_{CS}\tau_G \frac{d^2 i_{BE1}}{dt^2} \approx \frac{\Delta U}{4r_{BB'}}, \tag{2.254}$$

$$i_{BE2} + B_N(\tau_C + R_C C_{CS})\frac{di_{BE2}}{dt} + B_N R_C C_{CS}\tau_G \frac{d^2 i_{BE2}}{dt^2} \approx -\frac{\Delta U}{4r_{BB'}}. \tag{2.255}$$

Ebenfalls aus dem Gleichungssystem Gln. (2.236) bis (2.238) erhält man unter Beachtung der Gln. (2.243), (2.248), (2.244) und (2.249) die Anfangsbedingungen für den Anstieg der Ströme $i_{BE1}(0)$ und $i_{BE2}(0)$,

$$\tau_C B_N \frac{di_{BE1}}{dt}(0) = \frac{\Delta U}{4r_{BB'}}, \tag{2.256}$$

$$\tau_C B_N \frac{di_{BE2}}{dt}(0) = -\frac{\Delta U}{4r_{BB'}}. \tag{2.257}$$

Mit dem Ansatz

$$i_{BE1} = K_0 + K_1 \exp\frac{-t}{\tau_1} + K_2 \exp\frac{-t}{\tau_2} \tag{2.258}$$

folgen die Konstanten zu

$$\tau_1 \approx B_N(\tau_C + R_C C_{CS}), \tag{2.259}$$

$$\tau_2 \approx \frac{\tau_C R_C C_{CS}}{\tau_C + R_C C_{CS}} \ll \tau_1, \tag{2.260}$$

$$K_0 \approx \frac{\Delta U}{4r_{BB'}}, \tag{2.261}$$

$$K_1 \approx -\frac{\Delta U}{4r_{BB'}}, \qquad\qquad (2.262)$$

$$K_2 \approx 0. \qquad\qquad (2.263)$$

Für die Abbruchbedingung gilt

$$i_{BE1}\left(t = t_a'\right) = \frac{I_E}{1 + B_N}. \qquad\qquad (2.264)$$

Damit wird

$$t_a' = \tau_1 \ln \frac{1}{1 - \dfrac{4r_{BB'}I_E}{(1 + B_N)\Delta U}} = \tau_1 \ln \frac{1}{1 - \dfrac{4r_{BB'}}{B_N R_C}} \qquad\qquad (2.265)$$

$$\approx \left(\tau_C + R_C C_{CS}\right)\frac{4r_{BB'}}{R_C}.$$

Analog ergibt sich die Abfallzeit t_f' des Stroms i_{BE2} mit

$$i_{BE2}\left(t = t_f'\right) = 0 \qquad\qquad (2.266)$$

zu

$$t_f' = \tau_1 \ln\left(1 + \frac{4r_{BB'}}{B_N R_C}\right) \approx \left(\tau_C + R_C C_{CS}\right)\frac{4r_{BB'}}{R_C}, \qquad\qquad (2.267)$$

Anstiegs- und Abfallzeit sind also identisch.

Während des Umschaltens der inneren Transistoren werden auch die Sperrschichtkapazitäten C_{CS} weiter umgeladen. Trotzdem erreichen die äußeren Kollektorströme i_{C1} bzw. i_{C2} während dieser Zeit noch nicht ihre Endwerte. Demzufolge schließt sich an die eben behandelte Umschaltung noch die endgültige Umladung der Sperrschichtkapazitäten C_{CS} über die Kollektorwiderstände R_C an. Aus der zur Berechnung von i_{C1} für diese Phase notwendigen Ersatzschaltung Bild 2-80 liest man folgende Differentialgleichung ab:

$$U_{GX} = \frac{I_E}{1 + B_N}\left(r_{BB'} - B_N R_C\right) + u_{B'C1} + C_{CS}(R_C + r_{BB'})\frac{du_{B'C1}}{dt'}. \qquad\qquad (2.268)$$

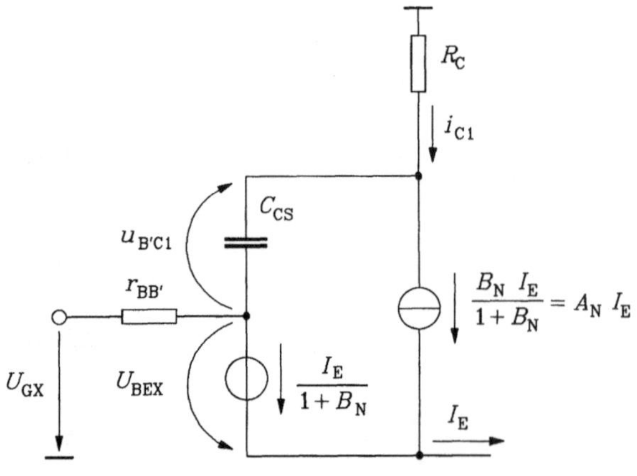

Bild 2-80
Ersatzschaltung für die Berechnung
von t_a''

Daraus folgt mit $B_N \gg 1$

$$u_{B'C1} + C_{CS}(R_C + r_{BB'})\frac{du_{B'C1}}{dt} \approx U_{GX} + \Delta U. \tag{2.269}$$

Gl. (2.269) hat die Lösung

$$u_{B'C1} = U_{GX} + \Delta U + \left[u_{B'C1}(0) - U_{GX} - \Delta U\right]\exp\frac{-t}{C_{CS}(R_C + r_{BB'})}. \tag{2.270}$$

Definiert man die Zeit bis zum Erreichen des Kollektorstromwertes $0{,}9A_N I_E$ zu t''_a, so ergibt sich mit

$$i_{C1}(t''_a) = 0{,}9A_N I_E = A_N I_E - C_{CS}\frac{du_{B'C1}}{dt} \tag{2.271}$$

diese Zeit zu

$$t''_a = C_{CS}(R_C + r_{BB'})\ln\frac{U_{GX} + \Delta U - u_{B'C1}(0)}{0{,}1A_N I_E(R_C + r_{BB'})}. \tag{2.272}$$

Die Anfangsbedingung $u_{B'C1}(0)$ erhält man als Abbruchbedingung der vorhergehenden Phase,

$$u_{B'C1}(0) = u_{B'C1}(t'_a). \tag{2.273}$$

Zur Berechnung dieses Anfangswertes ist die Differentialgleichung für $u_{B'C1}$, während der Anstiegszeit zu lösen. Aus Gl. (2.236) folgt bei Beachtung von Gl. (2.258) und der Bedingung $B_N \gg 1$

$$u_{B'C1} + C_{CS}(R_C + r_{BB'})\frac{du_{B'C1}}{dt}$$
$$\approx U_{GX} + \frac{B_N R_C \Delta U}{4 r_{BB'}}\left[1 - \exp\frac{-t}{B_N(\tau_C + R_C C_{CS})}\right]. \tag{2.274}$$

Mit der Anfangsbedingung Gl. (2.249) wird

$$u_{B'C1} \approx U_{GX} + \frac{B_N R_C \Delta U}{4 r_{BB'}}\left[1 - \exp\frac{-t}{B_N(\tau_C + R_C C_{CS})}\right]$$
$$+ \left[-\frac{\Delta U}{2} + \frac{R_C \Delta U}{4 r_{BB'}}\cdot\frac{C_{CS}(R_C + r_{BB'})}{\tau_C + R_C C_{CS}}\right]\exp\frac{-t}{C_{CS}(R_C + r_{BB'})} \tag{2.275}$$

und damit

$$u_{B'C1}(t'_a) \approx U_{GX} + \Delta U + \left[-\frac{\Delta U}{2} + \frac{R_C \Delta U}{4 r_{BB'}}\cdot\frac{C_{CS}(R_C + r_{BB'})}{\tau_C + R_C C_{CS}}\right](1 - 4 r_{BB'})$$
$$\times \exp\left[\frac{B_N + (\tau_C + R_C C_{CS})}{C_{CS}(R_C + r_{BB'})}\ln\left(1 - \frac{4 r_{BB'}}{B_N R_C}\right)\right]. \tag{2.276}$$

Die Anstiegszeit t''_a ergibt sich somit zu

$$t_{\mathrm{a}}'' = C_{\mathrm{CS}}(R_{\mathrm{C}} + r_{\mathrm{BB'}})$$

$$\times \left[\ln \frac{\dfrac{\Delta U}{2} - \dfrac{R_{\mathrm{C}}\Delta U}{4 r_{\mathrm{BB'}}}\, \dfrac{C_{\mathrm{CS}}(R_{\mathrm{C}} + r_{\mathrm{BB'}})}{\tau_{\mathrm{C}} + R_{\mathrm{C}}C_{\mathrm{CS}}}}{0{,}1 A_{\mathrm{N}} I_{\mathrm{E}}(R_{\mathrm{C}} + r_{\mathrm{BB'}})} + \frac{B_{\mathrm{N}}(\tau_{\mathrm{C}} + R_{\mathrm{C}}C_{\mathrm{CS}})}{C_{\mathrm{CS}}(R_{\mathrm{C}} + r_{\mathrm{BB'}})}\ln\left(1 - \frac{4 r_{\mathrm{BB'}}}{B_{\mathrm{N}} R_{\mathrm{C}}}\right) \right]. \tag{2.277}$$

$$t_{\mathrm{a}}'' \approx C_{\mathrm{CS}}(R_{\mathrm{C}} + r_{\mathrm{BB'}})\ln\left(\frac{5 R_{\mathrm{C}}}{R_{\mathrm{C}} + r_{\mathrm{BB'}}} - \frac{10 R_{\mathrm{C}} C_{\mathrm{CS}}}{t_{\mathrm{a}}'}\right) - t_{\mathrm{a}}'. \tag{2.278}$$

Ist zu Beginn dieser letzten Phase des Stromanstiegs der Strom durch C_{CS} bereits hinreichend groß (s. Gl. (2.272)),

$$\frac{U_{\mathrm{GX}} + \Delta U - u_{\mathrm{B'C1}}(t_{\mathrm{a}}')}{0{,}1 A_{\mathrm{N}} I_{\mathrm{E}}(R_{\mathrm{C}} + r_{\mathrm{BB'}})} \le 1, \tag{2.279}$$

dann existiert t_{a}'' nicht. Die Bedingung dafür wird aus Gl. (2.277) ermittelt. Sie lautet

$$\frac{\left[\dfrac{\Delta U}{2} - \dfrac{R_{\mathrm{C}}\Delta U}{4 r_{\mathrm{BB'}}}\, \dfrac{C_{\mathrm{CS}}(R_{\mathrm{C}} + r_{\mathrm{BB'}})}{\tau_{\mathrm{C}} + R_{\mathrm{C}}C_{\mathrm{CS}}}\right] \exp \dfrac{B_{\mathrm{N}} + (\tau_{\mathrm{C}} + R_{\mathrm{C}}C_{\mathrm{CS}})}{C_{\mathrm{CS}}(R_{\mathrm{C}} + r_{\mathrm{BB'}})}\ln\left(1 - \dfrac{4 r_{\mathrm{BB'}}}{B_{\mathrm{N}} R_{\mathrm{C}}}\right)}{R_{\mathrm{C}} + r_{\mathrm{BB'}}} \tag{2.280}$$

$$\le 0{,}1 A_{\mathrm{N}} I_{\mathrm{E}}$$

oder

$$\ln\left(\frac{5 R_{\mathrm{C}}}{R_{\mathrm{C}} + r_{\mathrm{BB'}}} - \frac{10 R_{\mathrm{C}} C_{\mathrm{CS}}}{t_{\mathrm{a}}'}\right) - \frac{t_{\mathrm{a}}'}{C_{\mathrm{CS}}(R_{\mathrm{C}} + r_{\mathrm{BB'}})} \le 0. \tag{2.281}$$

Die Gesamtanstiegszeit t_{a} des Stroms i_{C1} wird bei Erfüllung von Gl. (2.281)

$$t_{\mathrm{a}} = t_{\mathrm{a}}' = \frac{4 r_{\mathrm{BB'}}}{R_{\mathrm{C}}}(\tau_{\mathrm{C}} + R_{\mathrm{C}} C_{\mathrm{CS}}), \tag{2.282}$$

bei Nichterfüllung

$$t_{\mathrm{a}} = t_{\mathrm{a}}' + t_{\mathrm{a}}'' = C_{\mathrm{CS}}(R_{\mathrm{C}} + r_{\mathrm{BB'}})\ln\left[\frac{5 R_{\mathrm{C}}}{R_{\mathrm{C}} + r_{\mathrm{BB'}}} - \frac{2{,}5 R_{\mathrm{C}}^{2} C_{\mathrm{CS}}}{r_{\mathrm{BB}}(\tau_{\mathrm{C}} + R_{\mathrm{C}} C_{\mathrm{CS}})}\right]. \tag{2.283}$$

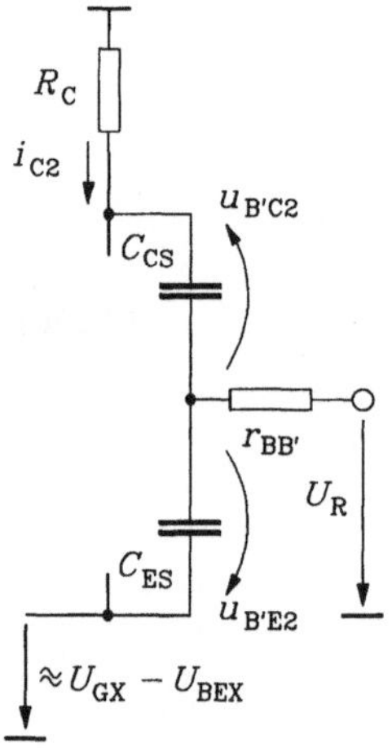

Bild 2-81
Ersatzschaltbild zur Berechnung von t_{a}''

Zur Berechnung der letzten Phase der Abfallzeit t_f'' des Stroms i_{C2} wird die Ersatzschaltung nach Bild 2-81 verwendet. Es entsteht folgende Differentialgleichung

$$u_{B'C1} + \left(r_{BB'}C_{ES} + R_C C_{CS} + r_{BB'}C_{CS}\right)\frac{du_{B'C2}}{dt}$$
$$+ R_C r_{BB'} C_{CS} C_{ES} \frac{d^2 u_{B'C2}}{dt} = U_R. \tag{2.284}$$

Die Anfangsbedingungen werden ebenfalls wieder aus der vorhergehenden Phase berechnet. Die Gesamtabfallzeit des Stroms i_{C2} wird für

$$\ln \frac{10 R_C C_{CS}^{2}(R_C + r_{BB'})}{4\left[C_{ES}r_{BB'} + C_{CS}(R_C + r_{BB'})\right]t_f'} - \frac{t_f'}{C_{CS}(R_C + r_{BB'})} = \leq 0 \tag{2.285}$$

$$t_f = t_f' = \frac{4 r_{BB'}}{R_C}\left(\tau_C + R_C C_{CS}\right). \tag{2.286}$$

Ist Gl. (2.285) nicht erfüllt, so wird mit

$$i_{CE2}\left(t_f''\right) = 0{,}1 A_N I_E = -C_{CS}\frac{du_{B'C2}}{dt} \tag{2.287}$$

$$t_f = t_f' + t_f'' = \left[C_{ES}r_{BB'} + C_{CS}(R_C + r_{BB'})\right]$$
$$\times \ln \frac{10 R_C C_{CS}^{2}(R_C + r_{BB'})}{4\left[C_{ES}r_{BB'} + C_{CS}(R_C + r_{BB'})\right]t_f'} - \frac{C_{ES}r_{BB'}t_f'}{C_{CS}(R_C + r_{BB'})}. \tag{2.288}$$

Bild 2-82 zeigt das durch Messung bestätigte Verhalten von i_{C1} und i_{C2}. Dabei zeigt sich, daß der Eingangsimpuls mit einem bestimmten Teil sofort am Ausgang 2 durch direkte Kopplung wirksam wird, so daß i_{C2} kurzzeitig absinkt.

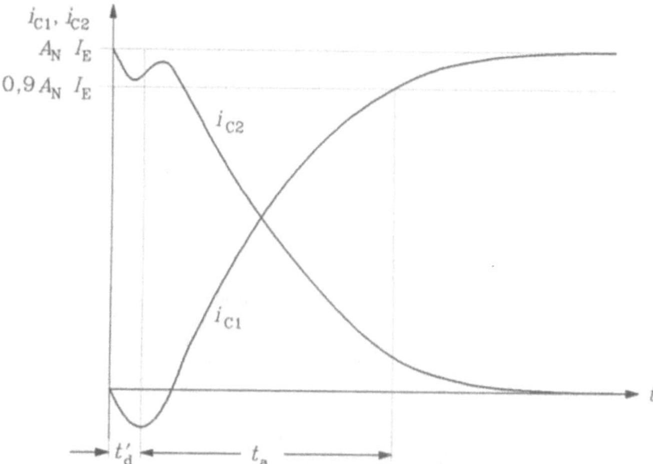

Bild 2-82
Impulsantwort des Stromschalters auf einen positiven Eingangssprung

Verhalten beim Schalten von U_{GX} nach U_{GY}

Wird an den Transistor 1 ein negativer Sprung angelegt, so entsteht die in Bild 2-83 gezeichnete Reaktion der Kollektorströme.

Die dabei auftretende Ausschaltverzögerung entspricht annähernd der Einschaltverzögerung. Außerdem kann der Leser mit den dargelegten Methoden selbst beweisen, daß die Anstiegs- und Abfallzeiten einer Schalterseite gleich sind.

$$t_{\mathrm{aT1}} = t_{\mathrm{fT1}}, \tag{2.289}$$

$$t_{\mathrm{aT2}} = t_{\mathrm{fT2}}. \tag{2.290}$$

Diese insgesamt sehr aufwendigen Näherungsrechnungen ermöglichen dem Anwender auf Grund der einfachen Ergebnisse eine gute Abschätzung des dynamischen Verhaltens mit anschließender Optimierung. Mit Hilfe von Rechnern sind diese Ergebnisse zu verfeinern.

Ziel dieses Abschnitts war es außerdem, zum Verständnis der dynamischen Probleme den vollständigen Rechnungsgang darzulegen und damit den Leser anzuregen, ähnliche Betrachtungen für gleich gelagerte Probleme anzustellen.

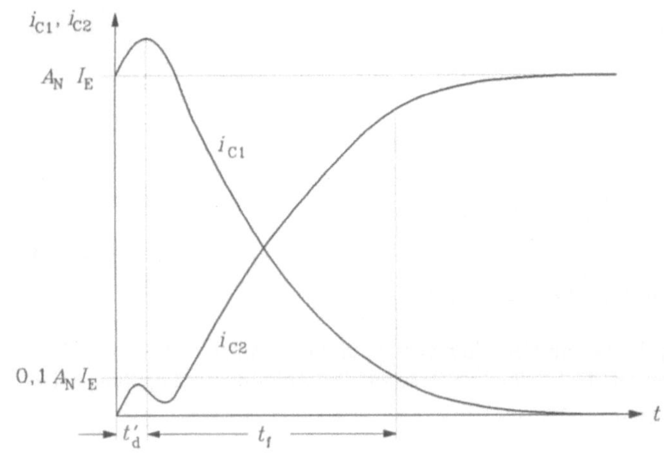

Bild 2-83
Impulsantwort des Stromschalters auf einen negativen Eingangssprung.

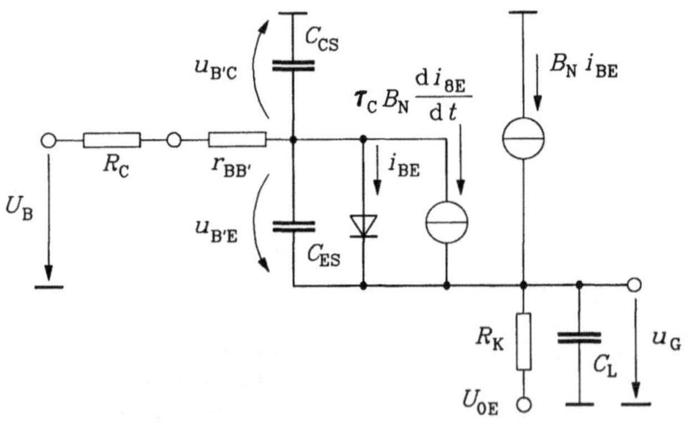

Bild 2-84
Ersatzschaltbild der Kollektorstufe

Berechnung des dynamischen Verhaltens der Kollektoranpaßstufe

Zur vollständigen dynamischen Analyse gehört die Erfassung des Einflusses der Kollektorstufe zur Pegelanpassung. Diese Rechnung soll wesentlich vereinfacht dargelegt werden, um den Rahmen des Buches nicht zu sprengen. Genauere Ergebnisse lassen sich mit Hilfe des vollständigen Ersatzschaltbildes erreichen (siehe Bild 2-84).

Zur Abschätzung des Verhaltens werden anschließend z.B. die geringen Umladungen von C_{ES} und die Verzögerungen durch τ_C vernachlässigt. Damit wird das dynamische Verhalten wesentlich durch angeschlossene Lasten beeinflußt, die infolge ihrer Hochohmigkeit als Kapazitäten mit dem Wert C_L angesehen werden können. Bild 2-84 zeigt das Ersatzschaltbild der Kollektorstufe mit vorgeschalteter Spannungsquelle. Der Innenwiderstand der Quelle wird durch einen Stromschalter mit dem Kollektorwiderstand R_C und der Spannungsquelle U_B gebildet. Betrachtet werden soll zuerst das Schalten von $U_B = 0$ auf $U_B = -\Delta U$, also der negative Sprung. Da sich infolge des speichernden Verhaltens der Kapazität C_L die Ausgangsspannung u_G nicht sprunghaft ändern kann, wird als Reaktion auf den Sprung die Basis-Emitter-Spannung $u_{B'E}$ unter U_{BEX} absinken, der Transistor wird zeitweilig gesperrt. Damit vereinfacht sich das Ersatzschaltbild bei Vernachlässigung von C_{ES} zu einer einfachen RC-Schaltung (Bild 2-85).

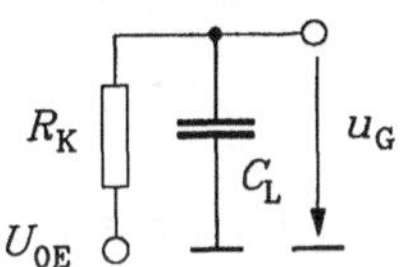

Bild 2-85

Ersatzschaltbild der Kollektorstufe bei Anlegen eines negativen Sprungs

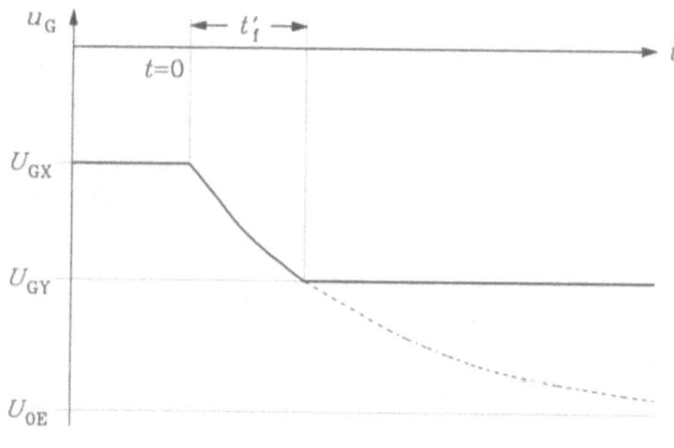

Bild 2-86

Reaktion der Kollektorstufe auf einen negativen Sprung

Mit der Anfangsbedingung

$$u_G(t = 0) = U_{GX} = -U_{BEX} \tag{2.291}$$

wird

$$u_G = U_{0E} + (-U_{BEX} - U_{0E})\exp\left(\frac{-t}{R_K C_L}\right). \tag{2.292}$$

Die zugehörige Zeitfunktion zeigt Bild 2-86.

Zur Zeit $t = t_f'$ erreicht u_G den Wert U_{GY}, der Transistor schaltet wieder ein, die Umladung ist beendet. Somit gilt:

$$U_{GY} = -U_{0E} - \Delta U = U_{0E} + (-U_{BEX} - U_{0E})\exp\left(\frac{-t_f'}{R_K C_L}\right), \tag{2.293}$$

$$t_f' = R_K C_L \ln\frac{-U_{BEX} - U_{0E}}{-U_{BEX} - \Delta U - U_{0E}} \approx R_K C_L \frac{\Delta U}{-U_{BEX} - U_{0E}}. \tag{2.294}$$

Läßt man nun die Eingangsspannung von $U_B = -\Delta U$ nach $U_B = 0$ den positiven Sprung ausführen, so bleibt der Transistor eingeschaltet. Zur Berechnung des Zeitverhaltens soll zusätzlich die Verzögerung durch τ_C vernachlässigt werden, so daß das Ersatzschaltbild besonders einfach wird (Bild 2-87).

Man liest aus Bild 2-87 folgende Gleichungen ab:

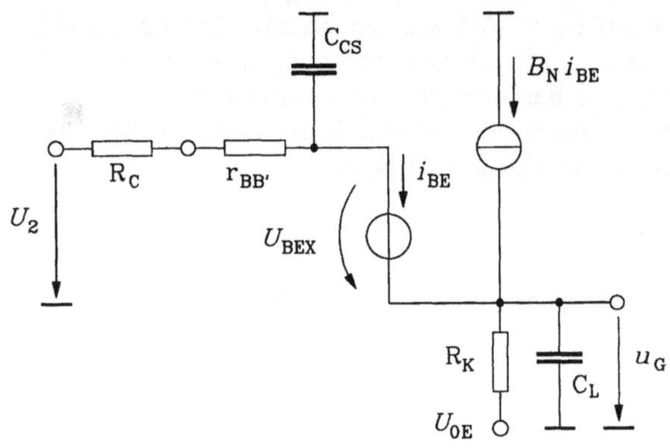

Bild 2-87
Ersatzschaltbild der Kollektorstufe bei
Anlegen eines positiven Sprungs

$$i_{BE}\left(1 + B_N\right) = C_L \frac{du_G}{dt} + \frac{u_G - U_{0E}}{R_K}, \tag{2.295}$$

$$\frac{U_B - U_{BEX} - u_G}{R_C + r_{BB'}} = i_{BE} + C_{CS} \frac{d}{dt}\left(U_{BEX} + u_G\right). \tag{2.296}$$

Daraus erhält man die Differentialgleichung

$$\left(C_L + C_{CS} B_N\right) \frac{du_G}{dt} + u_G\left(\frac{1}{R_K} + \frac{B_N}{R_C + r_{BB'}}\right)$$
$$\approx -\frac{U_{BEX}}{R_C + r_{BB'}} B_N + \frac{U_{0E}}{R_K}. \tag{2.297}$$

Mit den Näherungen

$$R_K \gg \frac{1}{B_N}\left(R_C + r_{BB'}\right), \quad A_N \approx 1 \tag{2.298}$$

und der Anfangsbedingung

$$u_G\left(t = 0\right) = U_{GY} = -U_{BEX} - \Delta U \tag{2.299}$$

folgt die Lösung für die Ausgangsspannung

$$u_G = -U_{BEX} - \Delta U \exp\frac{-t}{\left(R_C + r_{BB'}\right)\left(C_{CS} + C_L B_N\right)}. \tag{2.300}$$

Die zugehörige Zeitfunktion zeigt Bild 2-88.

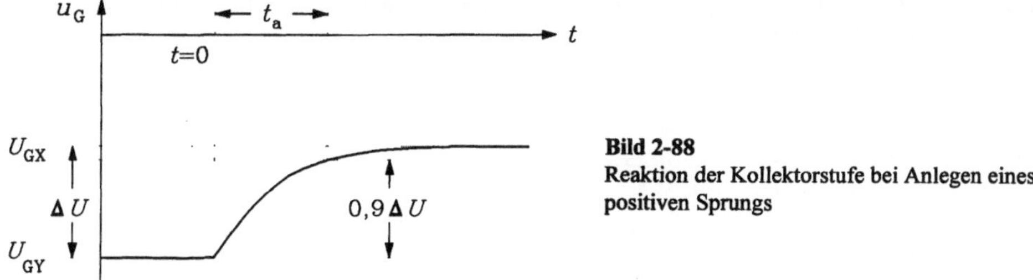

Bild 2-88
Reaktion der Kollektorstufe bei Anlegen eines positiven Sprungs

Definiert man an dieser Stelle wegen des exponentiellen Verhaltens von u_G die Anstiegszeit zu

$$u_G = (t = t_a) - U_{BEX} - 0{,}1\Delta U, \tag{2.301}$$

so ergibt sich

$$t_a = (R_C + r_{BB'})\left(C_{CS} + \frac{C_L}{B_N}\right)\ln 10 \tag{2.302}$$

$$t_a \approx 2{,}3(R_C + r_{BB'})\left(C_{CS} + \frac{C_L}{B_N}\right). \tag{2.303}$$

Der Vergleich zwischen t_a und t_f' zeigt bei üblichen Bauelementeparametern, daß die Reaktion auf den positiven Sprung schneller vor sich geht als die auf den negativen

$$t_a < t_f'. \tag{2.304}$$

Vergleicht man die Schaltzeiten zwischen Stromschalter und Kollektorstufe, so stellt man fest, daß sie sich nicht wesentlich unterscheiden und daß besonders die Reaktion der Kollektorstufe auf den negativen Sprung große Verzögerungen hervorruft. Aus diesem Grunde wird oft mit kleinem Hub ($\Delta U \leq 400\,\text{mV}$) gearbeitet, so daß die Kollektorstufe entfallen kann. Außerdem wird damit die Verlustleistung P_V der Stufe wesentlich reduziert. Auf weitere Möglichkeiten bei diesem Schaltstufentyp wird im Kapitel 3 eingegangen.

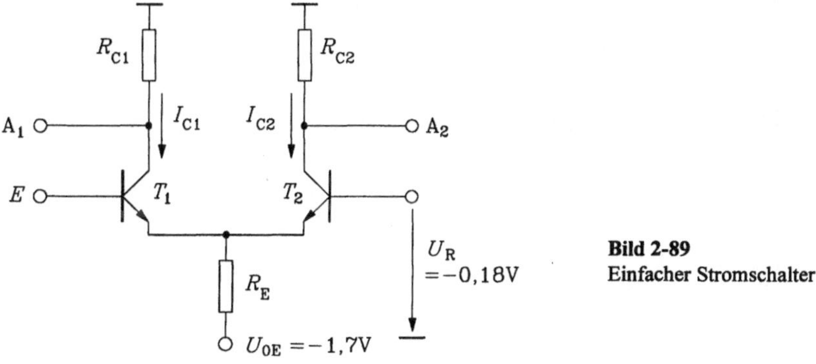

Bild 2-89
Einfacher Stromschalter

2.3.3.4 Layout

Eine Möglichkeit für die Gestaltung eines Layout des einfachen Stromschalters mit Widerstand R_E als Stromquelle (Bild 2-89) zeigt Bild 2-90.

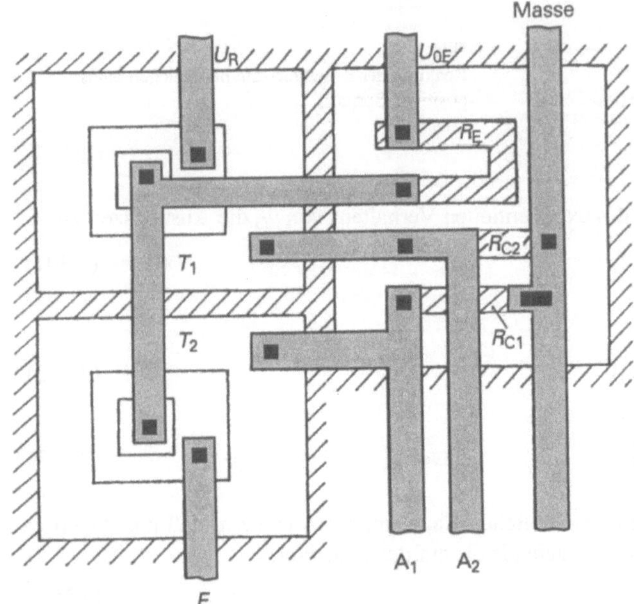

Bild 2-90
Layout des Stromschalters

Da dieser Stromschalter ohne Anpaßstufe betrieben werden soll, wurde als Spannungshub $\Delta U = 0{,}36$ V gewählt. Weiter soll der Kollektorstrom $I_{C1} = 0{,}5$ mA betragen. Mit $A_N \approx 1$ wird somit

$$R_{C1} = 720\,\Omega.$$

Aus Gl. (2.175) erhält man mit $U_{BEX} = 0{,}7$ V

$$R_{C2} = 950\,\Omega,$$

aus Gl. (2.176)

$$R_E = 1640\,\Omega.$$

Die Werte wurden der Dimensionierung in Bild 2-90 zugrunde gelegt.

2.4 Schaltstufen mit Feldeffekttransistoren

Bei Feldeffekttransistoren wird durch die Gate-Elektrode G ein zwischen den Elektroden Drain D und Source S entstehender Kanal gesteuert, der einen Strom I_D zwischen D und S ermöglicht. Die Steuerung erfolgt leistungslos, es fließt kein statischer Gate-Strom.

In digitalen Schaltungen werden überwiegend solche Feldeffekttransistoren verwendet, bei denen das Gate die Ladungsträgerdichte im Kanal steuert. Zwischen dem aus Metall oder Polysilizium bestehendem Gate und dem im Substrat entstehenden Kanal befindet sich eine Isolatorschicht (z.B. SiO_2). Die so aufgebauten Feldeffekttransistoren heißen MISFET (**Metall-Isolator-Substrat-Feldeffekt-Transistor**), MOSFET (**Metall-Oxyd-Substrat-Feldeffekt-Transistor**) oder verkürzt FET, ihr Aufbau ist am Beispiel eines n-Kanal-FET in Bild 2-91 dargestellt.

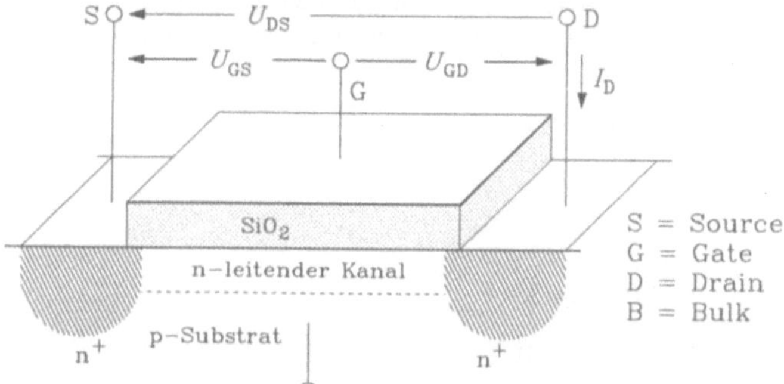

Bild 2-91
Aufbau eines n-Kanal-FET

Wird eine gegenüber dem Substrat positive Gate-Spannung z.B. U_{GS} zwischen Gate und Source angelegt, so werden an der Grenze zwischen Substrat und Isolator negative Ladungen influenziert, es entsteht ein n-leitender Kanal. Bei Anlegen einer positiven Drain-Source-Spannung U_{DS} fließt ein Drainstrom I_D. Die Dicke des Kanals und seine Form hängt vom Potentialunterschied zwischen Gate und Kanal ab und beeinflußt direkt den Drainstrom I_D. So wird z.B. am linken Ende des Kanals die Kanaldicke von U_{GS} abhängen, am rechten Ende jedoch von U_{GD}. Da U_{DS} für einen Strom $I_D > 0$ positiv sein muß, ergibt sich für U_{GD}

$$U_{GD} = U_{GS} - U_{DS} < U_{GS}. \tag{2.305}$$

Somit wird der Kanal an seinem rechten Ende dünner sein als am linken (siehe Bild 2-92).

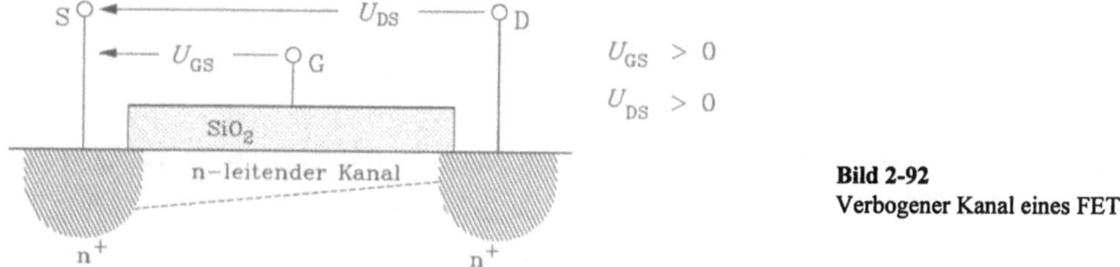

Bild 2-92
Verbogener Kanal eines FET

Für das Entstehen eines Kanals ist eine Gate-Source-Spannung notwendig, die größer als eine Schwellspannung U_T ist,

$$U_{GS} > U_T. \tag{2.306}$$

Wählt man $U_{GS} = U_T$, so werden zunächst Ladungen influenziert, die an festen Positionen eingebaut werden, damit unbeweglich sind und keinen Anteil zu einem leitenden Kanal bringen.

In Bild 2-91 ist als 4. Elektrode B (Bulk) angegeben. Sie erhält eine feste Vorspannung, die sichert, daß die pn-Übergänge zwischen Source und Substrat bzw. Drain und Substrat stets gesperrt sind. Im angegebenen Beispiel eines n-Kanal-FET muß die Bulk-Spannung das niedrigste Potential haben,

$$U_{BS} \leq 0. \tag{2.307}$$

FET werden nach dem Kanaltyp (n-Kanal- oder p-Kanal-FET) und nach dem Vorzeichen der Schwellspannung U_T ($U_T > 0$: Enhancement-Typ; $U_T < 0$: Depletion-Typ) unterschieden.

Für $U_{GS} = 0$ ist die wirksame Gate-Source-Spannung U_{GS}-U_T beim Depletion-Transistor positiv (es existiert ein leitender Kanal), somit kann Drainstrom I_D fließen, während ein Enhancement-Typ mit $U_{GS} = 0$ gesperrt ist.

In den weiteren Kapiteln des Buches werden folgende Transistortypen verwendet:

- n-Kanal-Enhancement-Typ,
- p-Kanal-Enhancement-Typ,
- n-Kanal-Depletion-Typ.

Die entsprechenden Schaltungssymbole zeigt Bild 2-93.

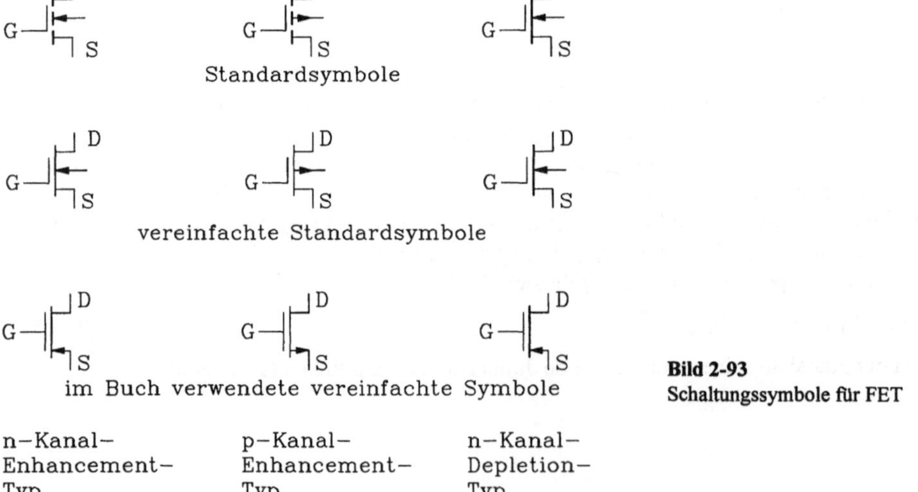

Bild 2-93
Schaltungssymbole für FET

Bei den im Buch verwendeten Symbolen wird damit auf den gesonderten Bulk-Anschluß in Schaltplänen verzichtet.

2.4.1 Modell des Feldeffekttransistors

Für das Verständnis einer großen Zahl von FET-Schaltungen reicht ein relativ einfaches statisches und dynamisches Modell aus, das im folgenden abgeleitet wird. Für genauere Berechnungen mit Netzwerkanalyseprogrammen (z.B. SPICE) sind Modellerweiterungen vorzunehmen, die im Anschluß kurz erklärt werden. Alle Betrachtungen gelten für n-Kanal-Enhancement-Typen und sind auf die anderen Transistortypen übertragbar.

2.4.1.1 Statisches Verhalten von FET

Der Berechnung des Drainstromes I_D liegt die in Bild 2-94 angegebene Geometrie zugrunde.

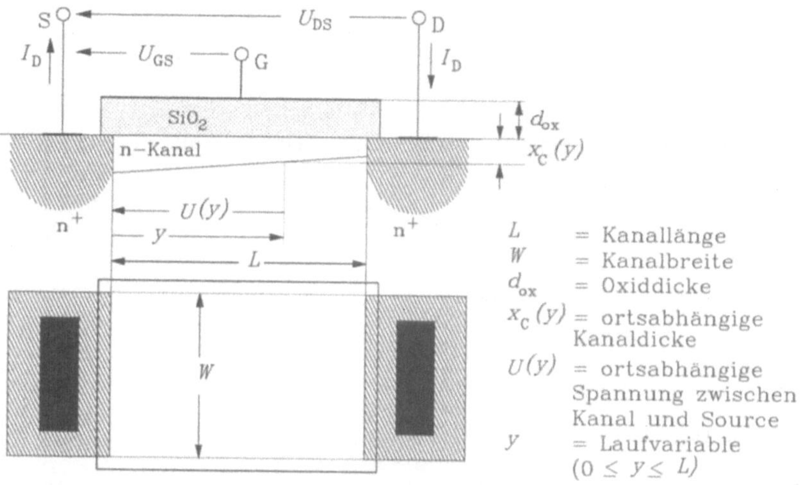

Bild 2-94 Geometrie eines n-Kanal-Enhancement-FET

Der differentielle Spannungsabfall im Kanal beträgt

$$dU = I_D \, dR. \tag{2.308}$$

dR ist der ortsabhängige differentielle Widerstand im Kanal (siehe Bild 2-95) und berechnet sich zu

$$dR = \frac{\rho \cdot dy}{x_C(y) \cdot W} = \frac{dy}{\kappa \cdot x_C(y) \cdot W} = \frac{dy}{e \cdot n \cdot \mu_n \cdot x_C(y) \cdot W}. \tag{2.309}$$

Dabei bedeuten:

ρ = spezifischer Widerstand
κ = spezifischer Leitwert
e = Elementarladung
n = Zahl der Elektronen im betrachteten differentiellen Kanalstück $x_C(y) \, W \, dy$
μ_n = mittlere Beweglichkeit der Elektronen

Die in diesem Kanalstück vorhandene Ladungsmenge $dQ(y)$ hat 2 Anteile,

$$dQ(y) = dQ_0 + dQ_n. \tag{2.310}$$

dQ_0 stellt eine fest eingebaute Ladungsmenge dar, zu deren Aufbau die Schwellspannung U_T notwendig ist und die keinen Beitrag zum Drainstrom liefert.
dQ_n ist die den Drainstrom bestimmende Ladung,

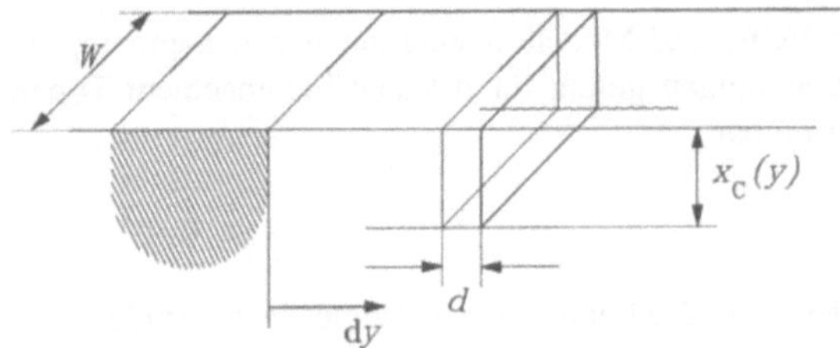

Bild 2-95
Zum differentiellen Widerstand dR
im Kanal

$$dQ_n = e\, n\, x_C(y)\, W\, dy, \tag{2.311}$$

$$dQ_n = dQ(y) - dQ_0. \tag{2.312}$$

Die Ladungen d$Q(y)$ und dQ_0 sind proportional zur differentiellen Gate-Kapazität dC_{ox} des betrachteten Kanalstückes,

$$dC_{ox} = \frac{\varepsilon_{ox}\, W\, dy}{d_{ox}}. \tag{2.313}$$

ε_{ox}: Dielektrizitätskonstante der SiO$_2$-Schicht

Damit wird aus Gl. (2.311) und Gl. (2.312)

$$e\, n\, x_C(y)\, W\, dy = dC_{ox}\,(U_{GS} - U(y)) - dC_{ox}\, U_T \tag{2.314}$$

$$e\, n\, x_C(y)\, W\, dy = dC_{ox}\,(U_{GS} - U_T - U(y)) \tag{2.315}$$

$$e\, n\, x_C(y)\, W\, dy = \frac{\varepsilon_{ox}\, W\, dy}{d_{ox}}\,(U_{GS} - U_T - U(y)). \tag{2.316}$$

Wird Gl. (2.316) in Gl. (2.308) und Gl. (2.309) eingeführt, so ergibt sich

$$I_D \cdot dy = \frac{\mu_n\, \varepsilon_{ox}\, W}{d_{ox}}\,(U_{GS} - U_T - U(y))\, dU. \tag{2.317}$$

Die Integration von Gl. (2.317) liefert

$$I_D \int_0^L dy = \frac{\mu_n\, \varepsilon_{ox}\, W}{d_{ox}} \int_0^{U_{DS}} (U_{GS} - U_T - U(y))\, dU. \tag{2.318}$$

$$I_D = \frac{\mu_n\, \varepsilon_{ox}}{d_{ox}} \cdot \frac{W}{L}\left[(U_{GS} - U_T)\, U_{DS} - \frac{1}{2} U_{DS}^2\right] \tag{2.319}$$

$$I_D = \beta\left[(U_{GS} - U_T)\, U_{DS} - \frac{1}{2} U_{DS}^2\right] \tag{2.320}$$

Der Proportionalitätsfaktor β kann zunächst als konstant angesehen werden. Er hat einen technologieabhängigen Anteil $\mu_n \varepsilon_{ox}/d_{ox}$ und einen konstruktiven Anteil W/L. Dieses Verhältnis W/L bestimmt wesentlich die Leitfähigkeit des Transistors.

Gl. (2.320) wurde entsprechend Bild 2-94 unter der Voraussetzung abgeleitet, daß über die gesamte Kanallänge L ein n-leitender Kanal entstanden ist. Diese Annahme bedeutet, daß an allen Punkten y die Gate-Kanalspannung $U_{GS} - U(y) \geq U_T$ ist. Für das linke Kanalende ist das mit $U(0) = 0$ voraussetzungsgemäß erfüllt, für das rechte Ende gilt mit $U(L) = U_{DS}$

$$U_{GS} - U_{DS} \geq U_{T} \tag{2.321}$$

oder

$$U_{GS} - U_{T} \geq U_{DS}. \tag{2.322}$$

Für den Grenzfall

$$U_{GS} - U_{T} = U_{DS} \tag{2.323}$$

wird

$$U_{GD} = U_{T}, \tag{2.324}$$

es entsteht ein dreiecksförmiger eingeschnürter Kanal (Bild 2-96).

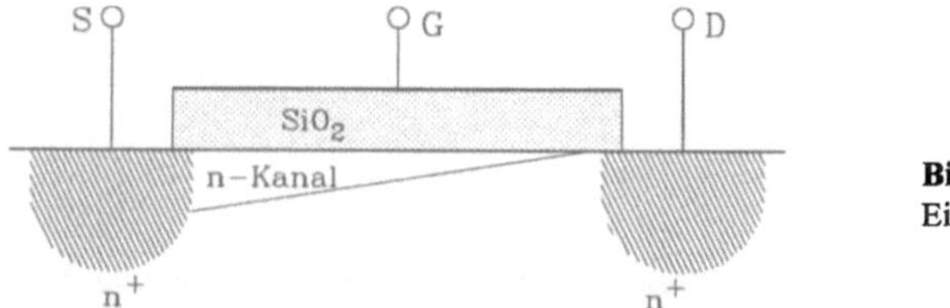

Bild 2-96
Eingeschnürter Kanal

Der Drainstrom I_D wird an dieser Grenze (Gl. (2.324))

$$I_{D} = \frac{\beta}{2}(U_{GS} - U_{T})^2 = \frac{\beta}{2}U_{DS}^{2}. \tag{2.325}$$

Wird $U_{DS} \geq U_{GS} - U_{T}$, so wird der Kanal geringfügig weiter eingeschnürt, zwischen drainseitigem Kanalende und Drain entsteht ein Tunneleffekt mit hoher Feldstärke. Somit behält der Kanal bei konstanter Spannung U_{GS} annähernd seine Form bei. Damit bleibt I_D in erster Näherung mit dem in Gl. (2.325) angegebenen Wert konstant,

$$I_{D} = \frac{\beta}{2}(U_{GS} - U_{T})^2. \tag{2.326}$$

Zusammenfassung:

Der Feldeffekttransistor hat 3 Arbeitsbereiche.

1. Sperrbereich $U_{GS} \leq U_{T}$

$$I_{D} = 0 \tag{2.327}$$

2. Einschnürbereich $0 \leq U_{GS} - U_{T} \leq U_{DS}$

$$I_{D} = \frac{\beta}{2}(U_{GS} - U_{T})^2. \tag{2.328}$$

3. aktiver Bereich $U_{GS} - U_{T} \geq U_{DS}$

$$I_{D} = \beta\left[(U_{GS} - U_{T})U_{DS} - \frac{1}{2}U_{DS}^{2}\right] \tag{2.329}$$

Die entsprechenden Kennlinien sind in Bild 2-97 dargestellt.

Für den Einschnürbereich werden oft auch die Begriffe Pinch-off-Bereich, Pentodenbereich, gesättigter Bereich oder Sättigungsbereich verwendet, für den aktiven Bereich die Begriffe linearer Bereich, ohmscher Bereich, Widerstandsbereich, Triodenbereich und ungesättigter Bereich.

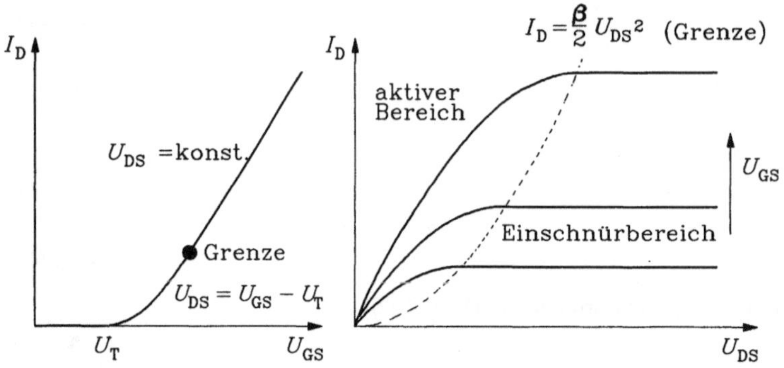

Bild 2-97 Statische Kennlinien des FET

2.4.1.2 Dynamisches Modell des FET

Das dynamische Modell beinhaltet das statische Modell und notwendige Ergänzungen von auftretenden Kapazitäten, die in Bild 2-98 angegeben sind.

Folgende Kapazitäten treten auf:

C_{GSO} = Gate-Source-Überlappungskapazität
C_{GSK} = Source-Anteil der Gate-Kanal-Kapazität
C_{GDO} = Gate-Drain-Überlappungskapazität
C_{GDK} = Drain-Anteil der Gate-Kanal-Kapazität
C_{GBO} = Gate-Bulk-Überlappungskapazität
C_{GBK} = Gate-Bulk/Kanal-Kapazität
C_{BS} = Bulk-Source-Kapazität des pn-Überganges
C_{BD} = Bulk-Drain-Kapazität des pn-Überganges

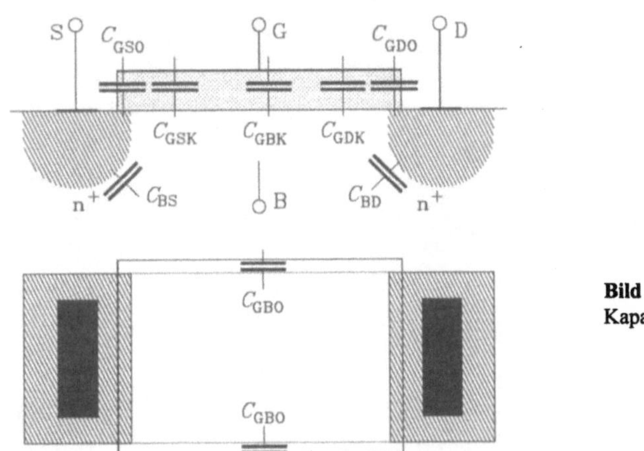

Bild 2-98
Kapazitäten des FET

Die Überlappungskapazitäten des Gate (C_{GSO}, C_{GDO}, C_{GBO}) sind spannungsunabhängig, die Sperrschichtkapazitäten der pn-Übergänge Bulk-Source und Bulk-Drain gehorchen der bekannten Beziehung

$$C_{\mathrm{BS,BD}} = \frac{C_{\mathrm{BS0,BD0}}}{\left(1 - \dfrac{U_{\mathrm{BS,BD}}}{U_{\mathrm{D}}}\right)^{\mathrm{N}}}$$

(2.330)

mit $C_{\mathrm{BS0}},\ C_{\mathrm{BD0}}$ = Sperrschichtkapazitt bei $U_{\mathrm{BS}},\ U_{\mathrm{BD}} = 0$,
   U_{D} = Diffusionsspannung $0.6\mathrm{V} \le U_{\mathrm{D}} \le 1.0\mathrm{V}$,
   N   = 1/3 ... 1/2.

Für Überschlagsrechnungen kann die Spannungsabhängigkeit von C_{BS} und C_{BD} vernachlässigt werden, es wird mit den Fußpunktkapazitäten C_{BS0} und C_{BD0} gerechnet. Die Zuordnung der Gate-Kanal-Kapazität zur Gate-Source-Kapazität bzw. Gate-Drain-Kapazität ist nicht exakt. Eigentlich müßte der Kanal als eine RC-Kette aus Kanalwiderstand und Gate-Kanal-Kapazität gebildet werden, wobei zusätzlich noch Kanal-Bulk-Kapazitäten auftreten (siehe Bild 2-99).

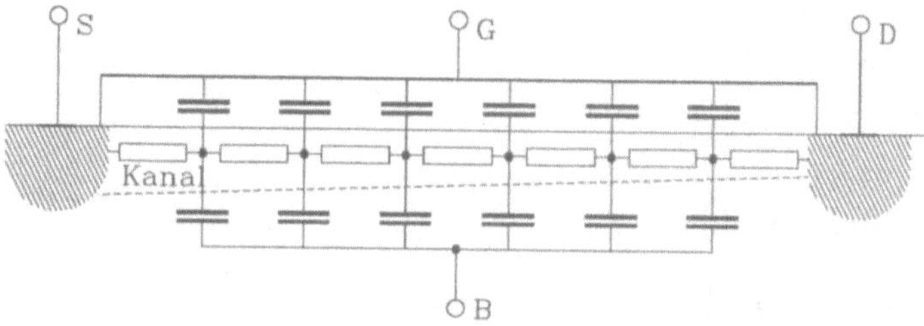

Bild 2-99 Modellbildung für Gate-Bulk- und Kanal-Bulk-Kapazität

Im allgemeinen versucht man jedoch, die Gate-Kanal-Ladung den 3 Kapazitäten C_{GS}, C_{GD} und C_{GB} zuzuordnen.

Aus Gl. (2.317) folgt

$$I_{\mathrm{D}}\int\limits_{0}^{y} \mathrm{d}y = \frac{\mu_{\mathrm{n}}\ \varepsilon_{\mathrm{ox}}\ W}{d_{\mathrm{ox}}} \int\limits_{0}^{U(y)} (U_{\mathrm{GS}} - U_{\mathrm{T}} - U(y))\ \mathrm{d}U.$$

(2.331)

Mit Gl. (2.319) wird

$$U(\mathrm{y}) = (U_{\mathrm{GS}} - U_{\mathrm{T}}) \pm \sqrt{(U_{\mathrm{GS}} - U_{\mathrm{T}})^2 - \frac{2\mathrm{y}}{\mathrm{L}}\left[(U_{\mathrm{GS}} - U_{\mathrm{T}})U_{\mathrm{DS}} - \frac{1}{2}U_{\mathrm{DS}}^{\,2}\right]},$$

(2.332)

und mit den Gl. (2.313 und 2.315) bei Weglassen des unsinnigen positiven Vorzeichens vor der Wurzel in Gl. (2.332)

$$x_{\mathrm{C}}(y) = \frac{\varepsilon_{\mathrm{ox}}}{e\ n\ d_{\mathrm{ox}}} \sqrt{(U_{\mathrm{GS}} - U_{\mathrm{T}})^2 - \frac{2y}{\mathrm{L}}\left[(U_{\mathrm{GS}} - U_{\mathrm{T}})U_{\mathrm{DS}} - \frac{1}{2}U_{\mathrm{DS}}^{\,2}\right]}.$$

(2.333)

Führt man Gl. (2.333) in Gl. (2.311) unter Beachtung von Gl. (2.313) ein, so ergibt sich die Kanalladung Q_{n} zu

$$\int\limits_{0}^{Q_{\mathrm{n}}} \mathrm{d}Q_{\mathrm{n}} = \frac{\varepsilon_{\mathrm{ox}}\ W}{d_{\mathrm{ox}}} \int\limits_{0}^{L} \sqrt{(U_{\mathrm{GS}} - U_{\mathrm{T}})^2 - \frac{2y}{\mathrm{L}}\left[(U_{\mathrm{GS}} - U_{\mathrm{T}})U_{\mathrm{DS}} - \frac{1}{2}U_{\mathrm{DS}}^{\,2}\right]}\ \mathrm{d}y,$$

(2.334)

$$Q_n = \frac{2}{3} C_{ox} \left[(U_{GS} - U_T) + \frac{(U_{GS} - U_T - U_{DS})^2}{2(U_{GS} - U_T) - U_{DS}} \right],$$

$$Q_n = \frac{2}{3} C_{ox} \left[(U_{GS} - U_T) + (U_{GD} - U_T) - \frac{(U_{GS} - U_T)(U_{GD} - U_T)}{(U_{GS} - U_T) + (U_{GD} - U_T)} \right]. \tag{2.335}$$

$$\text{mit} \quad C_{ox} = \frac{\varepsilon_{ox} \cdot W \cdot L}{d_{ox}}.$$

Die Kleinsignalkapazitäten Cgsk und Cgdk erhält man über die Differentiale

$$Cgdk = \frac{dQ_n}{dU_{GD}}\bigg|_{U_{GS}=konst.} \,, \tag{2.336}$$

$$Cgsk = \frac{dQ_n}{dU_{GS}}\bigg|_{U_{GD}=konst.} \tag{2.337}$$

$$Cgdk = \frac{2}{3} C_{ox} \left\{ 1 - \frac{(U_{GS} - U_T)^2}{\left[2(U_{GS} - U_T) - U_{DS}\right]^2} \right\}, \tag{2.338}$$

$$Cgsk = \frac{2}{3} C_{ox} \left\{ 1 - \frac{(U_{GS} - U_T - U_{DS})^2}{\left[2(U_{GS} - U_T) - U_{DS}\right]^2} \right\}. \tag{2.339}$$

Als Grenzwerte ergeben sich:

1. $U_{DS} = 0$ (aktiv linearer Bereich)

$Cgdk = 1/2\ Cox$ (2.340)

$Cgsk = 1/2\ Cox$ (2.341)

2. $U_{DS} = U_{GS} - U_T$ (Grenze aktiver Bereich / Einschnürbereich)

$Cgdk = 0$ (2.342)

$Cgsk = 2/3\ Cox$ (2.343)

Bei Nutzung von Netzwerkanalyseprogrammen kann auch für das Großsignalverhalten mit diesen Kapazitäten gerechnet werden, da die geringen Schrittweiten von Strom, Spannung oder Zeit dem Kleinsignalverhalten sehr nahe kommen. Für Überschlagsrechnungen bzw. die Ableitung von Formeln für das dynamische Verhalten soll noch auf das Großsignalverhalten eingegangen werden. Dabei gilt das in Bild 2-100 gezeigte Modell.

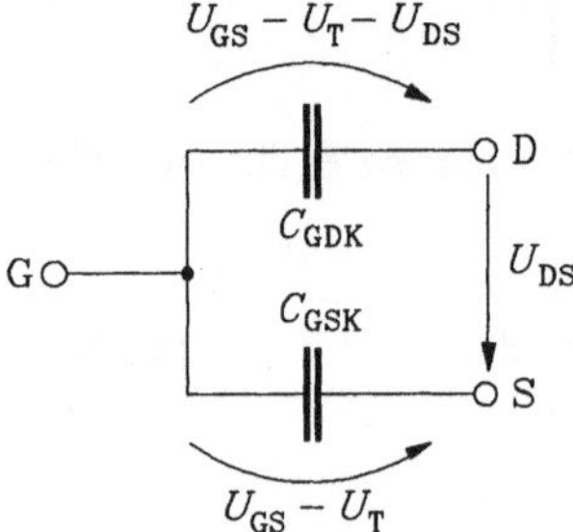

Bild 2-100
Modellierung der Gate-Kapazitäten

Mit Gl. (2.335) gilt

$$\frac{2}{3}C_{\text{ox}}\left[(U_{\text{GS}}-U_{\text{T}})+\frac{(U_{\text{GS}}-U_{\text{T}}-U_{\text{DS}})^2}{2(U_{\text{GS}}-U_{\text{T}})-U_{\text{DS}}}\right]$$
$$= C_{\text{GSK}}(U_{\text{GS}}-U_{\text{T}})+C_{\text{GDK}}(U_{\text{GS}}-U_{\text{T}}-U_{\text{DS}}) \tag{2.344}$$

Für $U_{\text{DS}} = 0$ ist die Ladungsverteilung gleich,

$$C_{\text{GSK}} + C_{\text{GDK}} = C_{\text{ox}}, \qquad C_{\text{GSK}} = C_{\text{GDK}} = C_{\text{ox}}/2, \tag{2.345}$$

für $U_{\text{DS}} = U_{\text{GS}} - U_{\text{T}}$ wird die Gate-Drain-Ladung Null,

$$C_{\text{GDK}} = 0, \qquad C_{\text{GSK}} = 2/3\ C_{\text{ox}}. \tag{2.346}$$

Die Werte des Großsignalverhaltens entsprechen denen des Kleinsignalverhaltens. Im Sperrbereich existiert kein Kanal, mithin ist

$$C_{\text{GSK}} = C_{\text{GDK}} = 0. \tag{2.347}$$

Dafür wird zwischen Gate und Bulk eine Kapazität der Größe

$$C_{\text{GBK}} = C_{\text{ox}} \tag{2.348}$$

wirksam.

Die an der Grenze zwischen dem aktiven Bereich und dem Einschnürbereich ermittelten Kapazitäten gelten annähernd auch im Einschnürbereich, da sich der Kanal nur noch wenig verändert. Daraus folgt die in Bild 2-101 dargestellte Modellierung der Gate-Kapazitäten C_{GSK}, C_{GDK} und C_{GBK}.

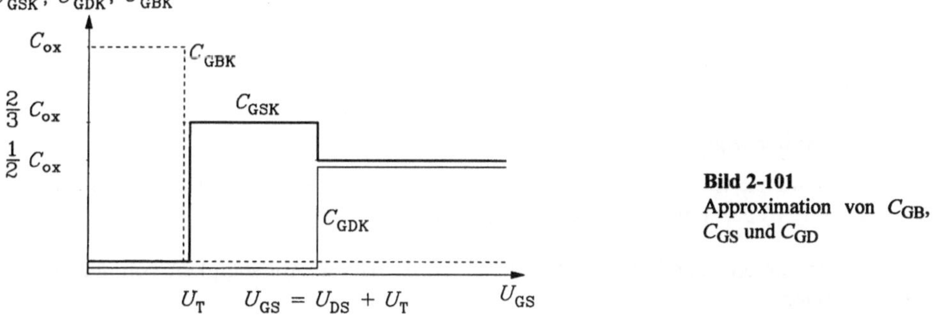

Bild 2-101
Approximation von C_{GB}, C_{GS} und C_{GD}

Damit ergeben sich folgende Gate-Gesamtkapazitäten in den einzelnen Bereichen:

1. Sperrbereich

$$C_{\text{GS}} = C_{\text{GSO}} \tag{2.349}$$
$$C_{\text{GD}} = C_{\text{GDO}} \tag{2.350}$$
$$C_{\text{GB}} = C_{\text{GBO}} + C_{\text{GBK}} = C_{\text{GBO}} + C_{\text{ox}} \tag{2.351}$$

2. Einschnürbereich

$$C_{\text{GS}} = C_{\text{GSO}} + 2/3\ C_{\text{ox}} \tag{2.352}$$
$$C_{\text{GD}} = C_{\text{GDO}} \tag{2.353}$$
$$C_{\text{GB}} = C_{\text{GBO}} \tag{2.354}$$

3. aktiver Bereich

$$C_{GS} = C_{GSO} + 1/2\ C_{ox} \qquad\qquad (2.355)$$
$$C_{GD} = C_{GDO} + 1/2\ C_{ox} \qquad\qquad (2.356)$$
$$C_{GB} = C_{GBO} \qquad\qquad (2.357)$$

Bild 2-102 zeigt das Gesamtschaltbild des FET, wobei zusätzlich die pn-Übergänge Source-Bulk und Drain-Bulk sowie die Bahnwiderstände angegeben sind.

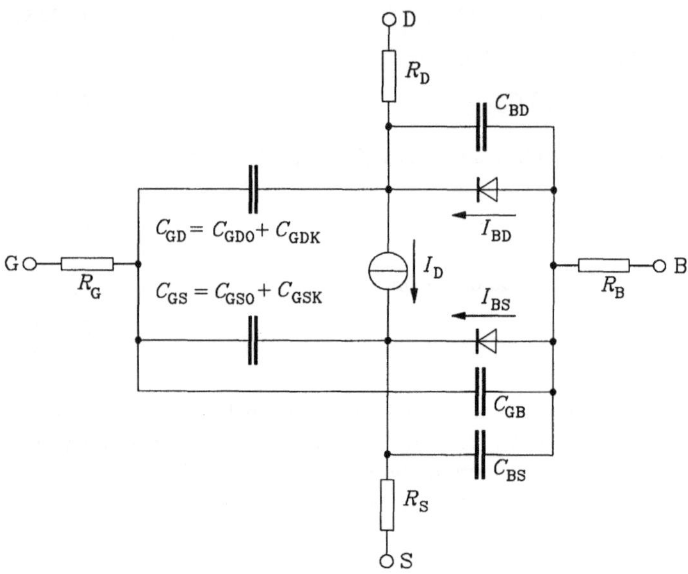

Bild 2-102 Ersatzschaltbild des FET

2.4.1.3 Modellerweiterungen

Die in den Abschnitten 2.4.1.1 und 2.4.1.2 angegebenen Modelle werden in Netzwerkanalyseprogrammen (z.B. SPICE) durch folgende Beziehungen ergänzt:

1. Kanallängenverkürzung durch die Einschnürung des Kanals in Abhängigkeit von der Drain-Source-Spannung,

$$L_K = \frac{L}{1 + \lambda\ U_{DS}}. \qquad\qquad (2.358)$$

λ = Faktor der Kanallängenverkürzung (Kanallängenmodulation)

Damit ergeben sich für den aktiven Bereich und den Einschnürbereich folgende Veränderungen des Drainstromes:

$$I_D = \beta(1 + \lambda\ U_{DS})\left[(U_{GS} - U_T)U_{DS} - \frac{1}{2}U_{DS}^2 \right], \qquad\qquad (2.359)$$

$$I_D = \frac{\beta}{2}(1 + \lambda\ U_{DS})(U_{GS} - U_T)^2. \qquad\qquad (2.360)$$

Die Kanallängenverkürzung ist besonders im Einschnürbereich mit $U_{DS} \geq U_{GS} - U_T$ wirksam und führt zu einem weiteren Anstieg des Stromes I_D in Abhängigkeit von U_{DS}.

2. Schwellspannungskorrektur durch die Bulk-Source-Spannung U_{BS}

$$U_T = U_{T0} + \gamma \left[(\varphi - U_{BS})^{0,5} - \varphi^{0,5} \right]. \tag{2.361}$$

U_T = Schwellspannung für $U_{BS} = 0$
γ = Bulk-Schwellwert-Parameter, Substrateffektkonstante
φ = Oberflächenpotential ($\approx 0{,}6\text{V}$)

3. Diodenströme der Bulk-Drain- bzw. Bulk-Source-Dioden (s. Bild 2-102)

$$I_{BD} = I_{BD0}(\exp \frac{U_{BD}}{m\,U_T} - 1), \tag{2.362}$$

$$I_{BS} = I_{BS0}(\exp \frac{U_{BS}}{m\,U_T} - 1). \tag{2.363}$$

I_{BD0}, I_{BS0} = Sättigungsströme
m = Korrekturfaktor der Temperaturspannung

4. Berechnung der Sättigungsströme bzw. Fußpunktkapazitäten der pn-Übergänge aus den geometrischen Konstruktionen, wobei ein diffundiertes Gebiet vereinfacht als Quader dargestellt wird (s. Bild 2-103)

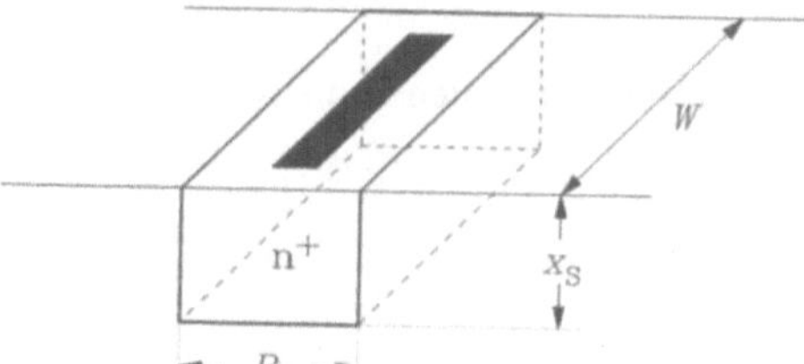

Bild 2-103
Vereinfachtes geometrisches Modell eines
diffundierten Gebietes (z.B. Source)

So ergibt sich z.B. die Fußpunktkapazität des Source-Bulk-Überganges zu

$$C_{BS0} = C_{BS0A}{''} B_S W + C_{BS0U}{''} x_S (2W + 2B_S), \tag{2.364}$$

$$C_{BS0} = C_{BS0A}{''} A + C_{BS0U}{'} U. \tag{2.365}$$

$C_{BS0A}{''}$ = flächenbezogene Fußpunktkapazität
$C_{BS0U}{'}$ = umfangsbezogene Fußpunktkapazität
A = Source-Fläche in Richtung Bulk
U = Umfang des Source-Gebietes

Neben den hier angegebenen wichtigsten Ergänzungen des Modells des FET existieren weitere, auf die im Rahmen des Buches nicht eingegangen werden soll. Das betrifft z.B. die Bahnwiderstände und das Temperaturverhalten.

2.4.1.4 Modellübertragung auf andere Transistortypen

In der digitalen Schaltungstechnik werden vor allem n- und p-Kanal-Enhancement- sowie n-Kanal-Depletion-FET eingesetzt. Für die in diesem Buch vorzunehmenden grundsätzlichen Betrachtungen zur Wirkungsweise digitaler Schaltungen kann mit dem für den n-Kanal-Enhancement-FET abgeleiteten Beziehungen gearbeitet werden, wenn man für die anderen Transistortypen bestimmte Besonderheiten beachtet.

1. p-Kanal-Enhancement-FET

$$U_{Tp} < 0, \quad I_D \leq 0, \quad U_{BS,BD} \geq 0 \tag{2.366}$$

Sperrbereich: $U_{GS} - U_{Tp} \geq 0$ $\tag{2.367}$

Einschnürbereich: $U_{DS} \leq U_{GS} - U_{Tp} \leq 0$ $\tag{2.368}$

aktiver Bereich: $U_{GS} - U_{Tp} \leq \ U_{DS}$ $\tag{2.369}$

2. n-Kanal-Depletion-FET

$$U_{TD} < 0, \quad I_D \geq 0, \quad U_{BS,BD} \leq 0 \tag{2.370}$$

Die Definition der Bereiche entspricht der des n-Kanal-Enhancement-Typs. Sehr oft wird der Depletion-FET als Widerstand geschaltet, indem Gate mit Source verbunden wird ($U_{GS} = 0$). Damit ergeben sich die folgenden Kennliniengleichungen:

Einschnürbereich: $\quad I_D = \dfrac{\beta}{2} U_{TD}^{\,2},$ $\tag{2.371}$

aktiver Bereich: $\quad I_D = \beta(-U_{TD}\,U_{DS} - \dfrac{1}{2} U_{DS}^{\,2}).$ $\tag{2.372}$

2.4.2 Schaltstufenprinzipien

Schaltstufen mit Feldeffekttransistoren lassen sich nach 2 Wirkprinzipien ordnen (siehe Bild 2-104).

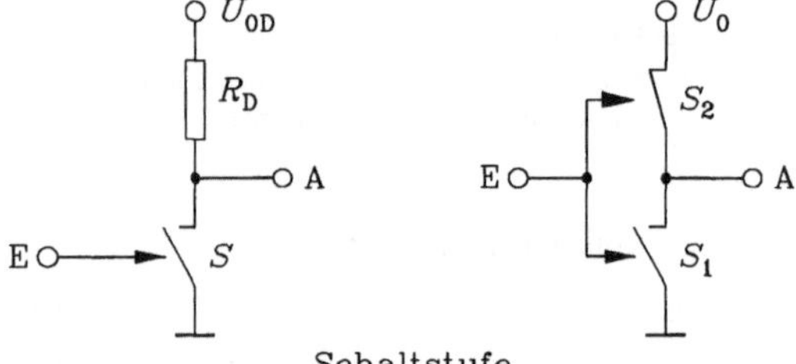

I) mit Lastwiderstand   II) mit komplementären
                                          Schaltern

Bild 2-104
Schaltstufenprinzipien mit FET

Bei Prinzip I wird ein Lastwiderstand und als Schalter ein FET eingesetzt. Damit fließt bei geschlossenem Schalter stets Strom, der zu einer statischen Verlustleistung führt. Die Dimensionierung des Schalters S und des Lastwiderstandes R_D muß so erfolgen, daß im EIN-Zustand des Schalters die Ausgangsspannung U_A den L-Pegel $U_A(L)$ erreicht, d.h., das Verhältnis des Schalterwiderstandes R_S zum Lastwiderstand R_D muß entsprechend niedrig sein,

$$\frac{R_S}{R_D} = \frac{U_A(L)}{U_{0D} - U_A(L)}. \tag{2.373}$$

(R_S = Übergangswiderstand des Schalters)

Als Schalter wird meist ein n-Kanal-Enhancement-FET eingesetzt, als Lastwiderstand werden vor allem als Widerstand geschaltete Transistoren genutzt (Bild 2-105).

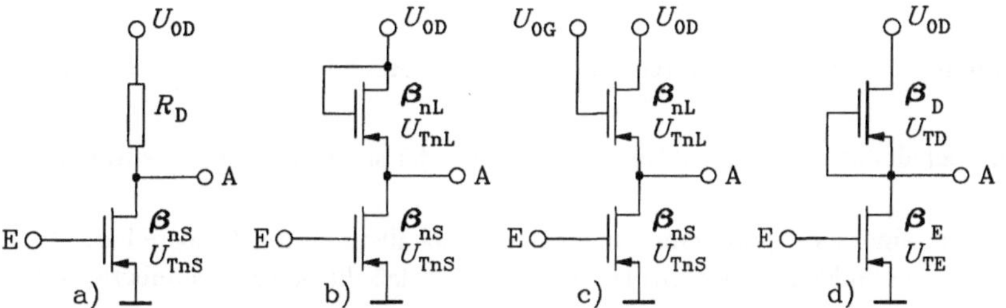

Schaltstufen mit Lastelementen:

a) ohmscher Widerstand R_D

b) n$-$Kanal$-$Enhancement$-$FET (U_GSL $=U_\mathrm{DSL}$, EE$-$Technik)

c) n$-$Kanal$-$Enhancement$-$FET (U_0G $>U_\mathrm{0D}$, EE$-$Technik)

d) n$-$Kanal$-$Depletion$-$FET (U_GSL $=0$,   ED$-$Technik)

Bild 2-105 Schaltstufen mit Lastelement

Prinzip II verwendet komplementäre Schalter, für E = L ist S_2 eingeschaltet, am Ausgang A entsteht der H-Pegel $U_\mathrm{A}(\mathrm{H}) = U_0$, für E = H ist S_1 eingeschaltet, U_A wird $U_\mathrm{A}(\mathrm{L}) = 0$. Ein Gleichstrompfad zwischen U_0 und Masse existiert nicht, damit entsteht auch keine statische Verlustleistung. Ideale H- und L-Pegel können ohne Beachtung von Widerstandsverhältnissen gesichert werden, so daß die Schaltung nach dynamischen Gesichtspunkten optimiert und dimensioniert werden kann. Die komplementären Schalter werden durch komplementäre Transistoren (CMOS-Prinzip) gebildet (Bild 2-106).

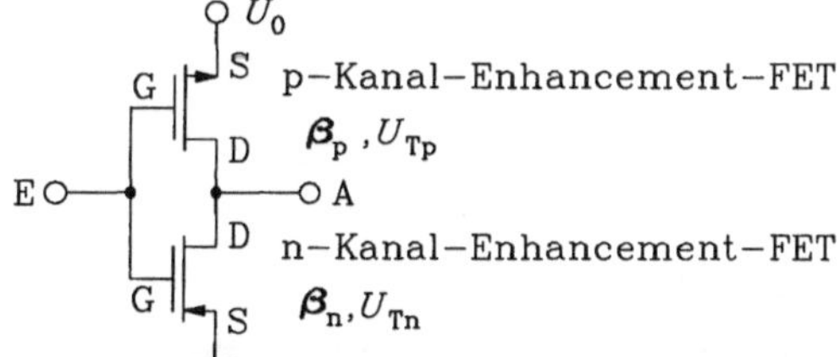

Bild 2-106
Schaltstufe mit komplementären
Transistoren (CMOS-Technik)

Alle Schaltstufen nach den Bildern 2-105 und 2-106 wirken logisch als Negatoren,

$$A = \overline{E}. \tag{2.374}$$

Bei den Schaltstufen mit Lastelement wird mit dem Eingangs-H-Pegel $U_\mathrm{E}(\mathrm{H})$ der Schalttransistor eingeschaltet, so daß der Ausgangspegel $U_\mathrm{A}(\mathrm{L})$ entsteht. Bei durch $U_\mathrm{E}(\mathrm{L})$ gesperrtem Schalttransistor wird der Ausgangspegel $U_\mathrm{A}(\mathrm{H})$ erreicht, der nach Möglichkeit U_0D werden soll.

Die Schaltstufe in CMOS-Technik besitzt 2 Schalttransistoren. Für $U_\mathrm{E}(\mathrm{H})$ ist der n-Kanal-FET leitend, der p-Kanal-FET gesperrt. Damit sichert der n-Kanal-FET den L-Pegel am Ausgang $U_\mathrm{A}(\mathrm{L})$,

$$\overline{A} = E \quad \text{für} \quad E = H. \tag{2.375}$$

Ist hingegen $U_E = U_E(L)$, so sperrt der n-Kanal-FET, der p-Kanal-FET ist leitend ($U_{GSp} = -U_0$). Damit wird über den p-Kanal-FET der Ausgangs-H-Pegel $U_A(H)$ gesichert,

$$A = \overline{E} \quad \text{für} \quad E = L. \tag{2.376}$$

Gegenüber Schaltstufen mit Bipolartransistoren treten folgende Besonderheiten bei FET-Schaltstufen auf:

1. die Steuerung der Schaltstufen am Gate erfolgt leistungslos, der statische Eingangsstrom I_E ist stets Null,

2. da FET hochohmiger sind als Bipolartransistoren, ist bei Schaltstufen mit Last-FET der Widerstand zwischen U_{0D} und Masse ebenfalls hochohmiger, so daß die Ausgangstreiberleistung geringer ist als bei vergleichbaren bipolaren Schaltstufen,

3. die Hochohmigkeit von FET-Schaltstufen mit Lastelement führt bei vergleichbaren Lastkapazitäten dazu, daß FET-Schaltungen (mit Ausnahme der CMOS-Technik) höhere Verzögerungszeiten aufweisen als vergleichbare bipolare Schaltungen.

2.4.2.1 Schaltstufen mit Lastelementen

2.4.2.1.1 Statisches Verhalten

Unter dem statischen Verhalten sollen die statische Übertragungskennlinie, die statischen Störsicherheiten und Richtlinien zur statischen Dimensionierung der Schaltstufen behandelt werden.

Zunächst soll das Verhalten des Schalttransistors (S-FET) global für alle 4 Schaltstufen betrachtet werden. Den prinzipiellen Verlauf der Übertragungskennlinie eines Inverters zeigt Bild 2-107.

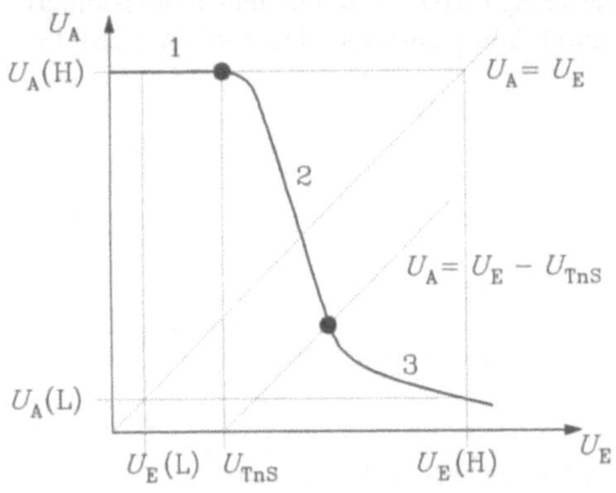

Bild 2-107
Übertragungskennlinie eines FET-Inverters

Die Ausgangsspannung U_A entspricht der Drain-Source-Spannung U_{DSS}, die Eingangsspannung der Gate-Source-Spannung U_{GSS} des Schalttransistors.

Für $U_E \leq U_{TnS}$ ist der S-FET gesperrt (Bereich 1 in Bild 2-107), $U_A = U_A(H)$. Wird $U_E > U_{TnS}$, sinkt U_A unter $U_A(H)$ ab. Da zunächst noch $U_A > U_E - U_{TnS}$ gilt, gelangt der S-FET in den Einschnürbereich (Bereich 2 in Bild 2-107), der Drainstrom wird

$$I_{DS} = \frac{\beta_S}{2}(U_E - U_{TnS})^2. \tag{2.377}$$

Bei Erreichen der Grenze

$$U_A = U_E - U_{TnS} \tag{2.378}$$

erreicht der S-FET den aktiven Bereich (Bereich 3 in Bild 2-107),

$$I_{DS} = \beta_S\left[(U_E - U_{TnS})U_A - \frac{1}{2}U_A^2\right]. \tag{2.379}$$

Für den Sonderfall $U_E = U_E(H)$ wird $U_A = U_A(L)$. Wegen der Kompatibilität von Ein- und Ausgangspegel kann $U_E(H) = U_A(H)$ gesetzt werden, so daß

$$I_{DS} = \beta_S\left[(U_A(H) - U_{TnS})U_A(L) - \frac{1}{2}U_A(L)^2\right] \tag{2.380}$$

wird.

Auf Grund der leistungslosen Steuerung (der statische Gatestrom ist stets Null) ist der Strom I_{DL} durch das Lastelement dem Strom durch den Schalttransistor gleichzusetzen,

$$I_{DL} = I_{DS}. \tag{2.381}$$

Schaltstufe mit Lastwiderstand R_D (Bild 2-108)

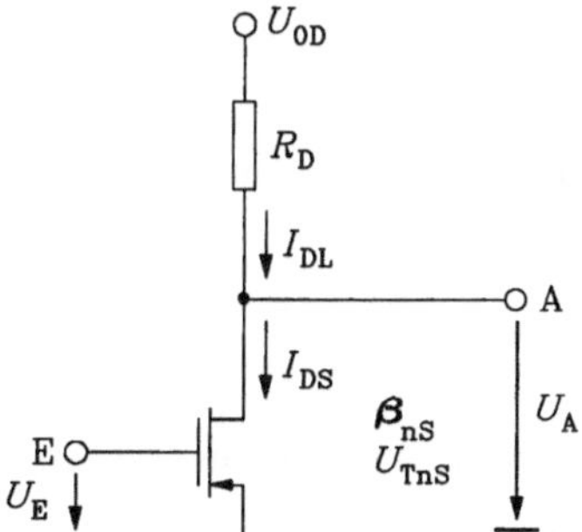

Bild 2-108
Schaltstufe mit Lastwiderstand

- Sperrzustand des S-FET: $U_E \leq U_{Tn}$

$$I_{DL} = \frac{U_{0D} - U_A(H)}{R_D} = I_{DS} = 0 \tag{2.382}$$

$$U_A(H) = U_{0D} \tag{2.383}$$

Es entsteht somit ein idealer Ausgangs-H-Pegel $U_A(H)$.

- Einschnürbereich des S-FET: $U_{Tn} \leq U_E \leq U_A + U_{Tn}$

$$I_{DL} = \frac{U_{0D} - U_A}{R_D} = I_{DS} = \frac{\beta_{nS}}{2}(U_E - U_{TnS})^2 \tag{2.384}$$

$$U_A = U_{0D} - \frac{R_D\,\beta_{nS}}{2}(U_E - U_{TnS})^2 \tag{2.385}$$

Die Grenze zum aktiven Bereich wird mit $U_A = U_E - U_{TnS}$ erreicht,

$$U_A = U_{0D} - \frac{R_D\,\beta_{nS}}{2}U_A^2, \tag{2.386}$$

$$U_A = -\frac{1}{\beta_{nS}\, R_D} \pm \sqrt{\frac{1}{(\beta_{nS}\, R_D)^2} + \frac{2U_{0D}}{\beta_{nS}\, R_D}}\,. \qquad (2.387)$$

- Aktiver Bereich des S-FET: $U_A + U_{Tn} \leq U_E$

$$I_{DL} = \frac{U_{0D} - U_A(H)}{R_D} = I_{DS} = \beta_{nS}\left[(U_E - U_{TnS})U_A - \frac{1}{2}U_A^2\right] \qquad (2.388)$$

Bild 2-109 zeigt die entsprechende Übertragungskurve.

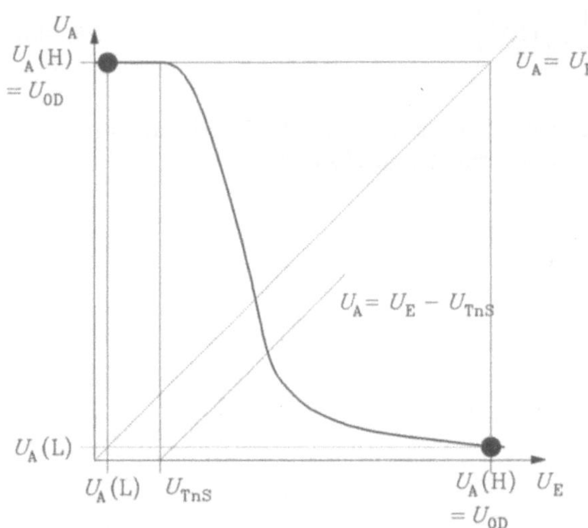

Bild 2-109
Statische Übertragungskennlinie der
Schaltstufe nach Bild 2-108

Für $U_E = U_E(H) = U_A(H)$ wird die Ausgangsspannung $U_A(L)$. Damit kann Gl. (2.388) modifiziert werden zu

$$R_D\,\beta_{nS} = \frac{2(U_{0D} - U_A(L))}{2(U_A(H) - U_{TnS})U_A(L) - U_A(L)^2}\,, \qquad (2.389)$$

$$R_D\,\beta_{nS} = \frac{2(U_{0D} - U_A(L))}{2(U_{0D} - U_{TnS})U_A(L) - U_A(L)^2} \qquad (2.390)$$

Gl. 2.390 dient der Dimensionierung von R_D bzw. β_{nS}. Auf Grund der ungünstigen Realisierungsmöglichkeit von hochohmigen Widerständen in integrierten Schaltungen wird diese Schaltstufe jedoch kaum eingesetzt.

Schaltstufe mit Enhancement-Last-FET (Bild 2-110)

Diese einfach aufgebaute Schaltstufe benötigt nur einen Transistortyp und zwei Versorgungsleitungen. Die Hochohmigkeit des Lastelementes zur Sicherung des L-Pegels $U_A(L)$ wird durch eine entsprechende Gestaltung des Verhältnisses β_{nL}/β_{nS} garantiert.

Der Last-FET befindet sich unabhängig von der Größe der Ausgangsspannung U_A stets im Einschnürbereich, wie folgender Vergleich beweist:

$$U_{DSL} = U_{GSL} > U_{GSL} - U_{TnL}. \qquad (2.391)$$

Somit gilt stets (unabhängig vom Zustand des S-FET)

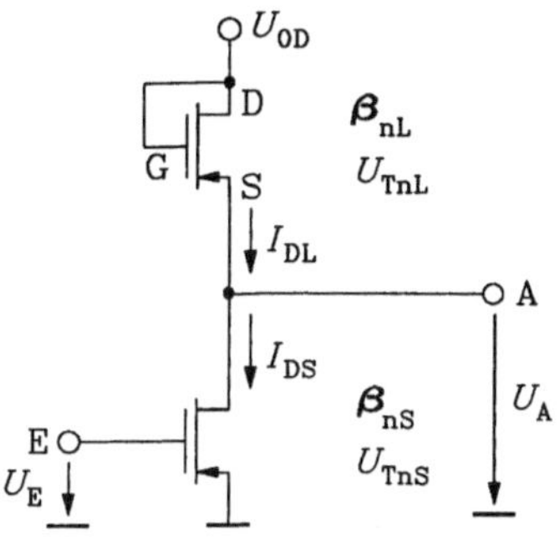

Bild 2-110
Schaltstufe mit Enhancement-Last-FET mit
Verbindung von Drain u. Gate

$$I_{\mathrm{DL}} = \frac{\beta_{\mathrm{nL}}}{2}(U_{\mathrm{GSL}} - U_{\mathrm{TnL}})^2, \tag{2.392}$$

$$I_{\mathrm{DL}} = \frac{\beta_{\mathrm{nL}}}{2}(U_{\mathrm{OD}} - U_{\mathrm{A}} - U_{\mathrm{TnL}})^2. \tag{2.393}$$

- Sperrzustand des S-FET: $U_{\mathrm{E}} \leq U_{\mathrm{TnS}}$

$$I_{\mathrm{DL}} = \frac{\beta_{\mathrm{nL}}}{2}(U_{\mathrm{OD}} - U_{\mathrm{A}}(\mathrm{H}) - U_{\mathrm{TnL}})^2 = I_{\mathrm{DS}} = 0 \tag{2.394}$$

$$U_{\mathrm{A}}(\mathrm{H}) = U_{\mathrm{OD}} - U_{\mathrm{TnL}} \tag{2.395}$$

Der H-Pegel der Ausgangsspannung $U_{\mathrm{A}}(\mathrm{H})$ erreicht nicht den Wert der Versorgungsspannung U_{OD}, er ist um die Schwellspannung U_{TnL} abgesenkt.

- Einschnürbereich des S-FET: $U_{\mathrm{TnS}} \leq U_{\mathrm{E}} \leq U_{\mathrm{A}} + U_{\mathrm{TnS}}$

$$I_{\mathrm{DL}} = \frac{\beta_{\mathrm{nL}}}{2}(U_{\mathrm{A}}(\mathrm{H}) - U_{\mathrm{A}})^2 = I_{\mathrm{DS}} = \frac{\beta_{\mathrm{nS}}}{2}(U_{\mathrm{E}} - U_{\mathrm{TnS}})^2 \tag{2.396}$$

$$U_{\mathrm{A}} = U_{\mathrm{A}}(\mathrm{H}) - \sqrt{\frac{\beta_{\mathrm{nS}}}{\beta_{\mathrm{nL}}}}(U_{\mathrm{E}} - U_{\mathrm{TnS}}) \tag{2.397}$$

Der Abfall von U_{A} erfolgt linear mit steigendem U_{E}, seine Steilheit hängt vom Verhältnis $\beta_{\mathrm{nL}} / \beta_{\mathrm{nS}}$ ab.

Die Grenze zum aktiven Bereich ergibt sich zu

$$U_{\mathrm{A}} = U_{\mathrm{A}}(\mathrm{H}) - \sqrt{\frac{\beta_{\mathrm{nS}}}{\beta_{\mathrm{nL}}}}\, U_{\mathrm{A}} = U_{\mathrm{E}} - U_{\mathrm{TnS}}, \tag{2.398}$$

$$U_{\mathrm{A}} = \frac{U_{\mathrm{A}}(\mathrm{H})}{1 + \sqrt{\dfrac{\beta_{\mathrm{nS}}}{\beta_{\mathrm{nL}}}}} = U_{\mathrm{E}} - U_{\mathrm{TnS}}. \tag{2.399}$$

- Aktiver Bereich des S-FET: $U_{\mathrm{A}} + U_{\mathrm{TnS}} \leq U_{\mathrm{E}}$

$$I_{\mathrm{DL}} = \frac{\beta_{\mathrm{nL}}}{2}(U_{\mathrm{A}}(\mathrm{H}) - U_{\mathrm{A}})^2 = I_{\mathrm{DS}} = \beta_{\mathrm{nS}}\left[(U_{\mathrm{E}} - U_{\mathrm{TnS}})U_{\mathrm{A}} - \frac{1}{2}U_{\mathrm{A}}^2\right] \tag{2.400}$$

Die entsprechende Übertragungskurve ist in Bild 2-111 dargestellt.

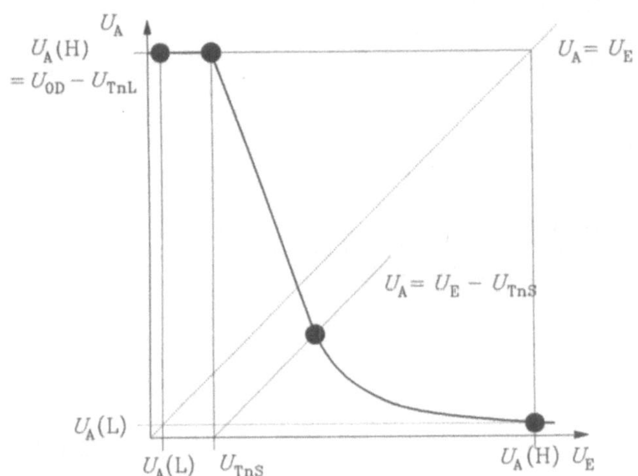

Bild 2-111
Statische Übertragungskurve der
Schaltstufe nach Bild 2-110

Für den EIN-Zustand folgt aus Gl. 2.400 unter Beachtung von Bild 2-111

$$\frac{\beta_{nS}}{\beta_{nL}} = \frac{(U_A(H)-U_A(L))^2}{2(U_A(H)-U_{TnS})U_A(L)-U_A(L)^2}. \tag{2.401}$$

Um dieses Verhältnis zahlenmäßig beurteilen zu können, soll mit folgenden typischen Werten gerechnet werden: $U_{OD} = 5V$, $U_A(L) = 0.2V$, $U_{TnS} = U_{TnL} = 0,8V$. Danach ergeben sich

$$U_A(H) = 4{,}2V, \quad \beta_{nS}/\beta_{nL} \approx 12.$$

Da sich β durch das entsprechende W/L-Verhältnis einstellen läßt, folgt daraus

$$\frac{W_S}{L_S} \cdot \frac{L_L}{W_L} \approx 12$$

oder bei z.B. symmetrischer Aufteilung

$$\frac{W_S}{L_S} \approx 3{,}5, \qquad \frac{W_L}{L_L} \approx \frac{1}{3{,}5}.$$

Bild 2-112
Symbolisches Layout der Schaltstufe nach
Bild 2-110

Die mikroelektronische Konstruktion (Layout) zeigt symbolhaft Bild 2-112.

Es entsteht ein Layout mit ungünstigen Flächenverhältnissen, daß sich schlecht für hochintegrierte Schaltungen eignet.

Schaltstufe mit Enhancement-Last-FET (Bild 2-113)

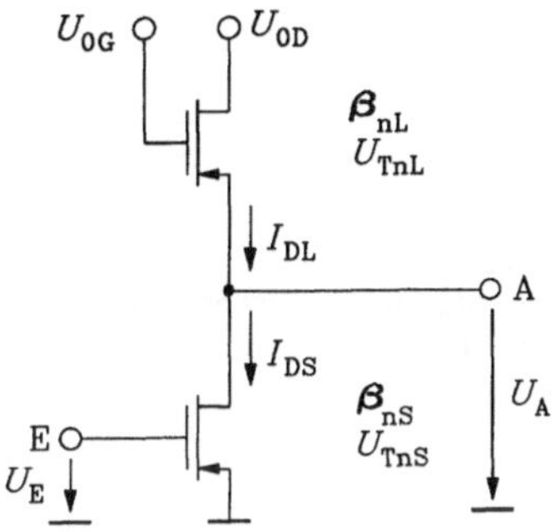

Bild 2-113
Schaltstufe mit Enhancement-Last-FET und zusätzlicher Gate-Versorgungsspannung U_{0G}

Die Gate-Versorgungsspannung der Schaltung nach Bild 2-113 wird so gewählt, daß der Last-FET stets im aktiven Bereich arbeitet. Damit wird sowohl das statische wie auch das dynamische Verhalten wesentlich verbessert (siehe auch Abschnitt 2.4.2.1.1). Der Nachteil dieser Schaltung ist die Notwendigkeit einer 2. Versorgungsspannung.

Mit der o.a. Forderung des Betriebes des Last-FET im aktiven Bereich muß gelten

$$U_{GSL} - U_{TnL} \geq U_{DSL}, \tag{2.402}$$

$$U_{0G} - U_A - U_{TnL} \geq U_{0D} - U_A, \tag{2.403}$$

$$U_{0G} \geq U_{0D} + U_{TnL}. \tag{2.404}$$

Der Strom I_{DL} ergibt sich damit zu

$$I_{DL} = \beta_{nL}\left[(U_{0G} - U_A - U_{TnL})(U_{0D} - U_A) - \frac{1}{2}(U_{0D} - U_A)^2 \right] \tag{2.405}$$

Der H-Pegel der Ausgangsspannung erreicht bei gesperrtem Schalt-FET den idealen Wert

$$U_A(H) = U_{0D}. \tag{2.406}$$

Mit den bisher praktizierten Methoden zur Berechnung der Übertragungskennlinie kann auch bei dieser Schaltung gearbeitet werden. Die entsprechende Übertragungskennlinie zeigt Bild 2-114.

Das Verhältnis β_{nS}/β_{nL} wird erneut aus dem EIN-Zustand berechnet,

$$I_{DL} = \beta_{nL}\left[(U_{0G} - U_A(L) - U_{TnL})(U_{0D} - U_A(L)) - \frac{1}{2}(U_{0D} - U_A(L))^2 \right]$$

$$= I_{DS} = \beta_{nS}\left[(U_A(H) - U_{TnS})U_A(L) - \frac{1}{2}U_A(L)^2 \right], \tag{2.407}$$

$$\frac{\beta_{nS}}{\beta_{nL}} = \frac{2(U_{0G} - U_A(L) - U_{TnL})(U_A(H) - U_A(L)) - (U_A(H) - U_A(L))^2}{2(U_A(H) - U_{TnS})U_A(L) - U_A(L)^2}. \tag{2.408}$$

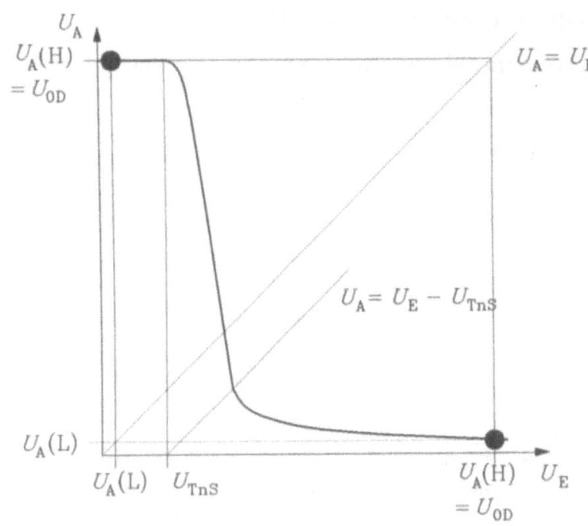

Bild 2-114
Übertragungskennlinie der Schaltstufe
nach Bild 2-113

Zum Vergleich mit den anderen Schaltstufenprinzipien werden gleiche Zahlenwerte verwendet (U_{0D} = 5V, U_{TnS} = U_{TnL} = 0,8V, $U_A(L)$ = 0,2V, U_{0G} = 10V). Damit ergeben sich

$$U_A(H) = U_{0D} = 5V, \quad \beta_{nS}/\beta_{nL} = 38,6.$$

Schaltstufe mit Depletion-Last-FET (Bild 2-115)

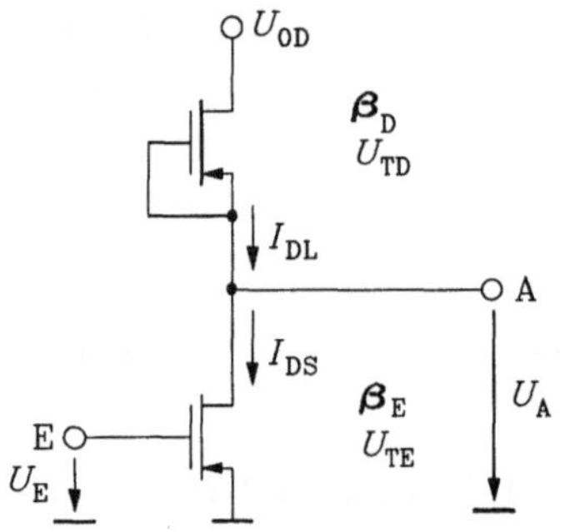

Bild 2-115
Schaltstufe mit Depletion-Last-FET

Der Last-FET hat eine negative Schwellspannung $U_{TD} < 0$. Abhängig von der Ausgangsspannung U_A arbeitet er im aktiven oder im Einschnürbereich. Für das Verhalten im aktiven Bereich gilt mit

$$U_{DSL} = U_{0D} - U_A \leq U_{GSL} - U_{TD} = -U_{TD}, \tag{2.409}$$

$$U_A \geq U_{0D} + U_{TD}. \tag{2.410}$$

Somit wird

$$I_{DL} = \beta_D\left[-U_{TD}(U_{0D} - U_A) - \frac{1}{2}(U_{0D} - U_A)^2\right]. \tag{2.411}$$

Im Einschnürbereich ($U_A \leq U_{0D} + U_{TD}$) folgt der Strom I_{DL} zu

$$I_{DL} = \frac{\beta_D}{2} U_{TD}^2, \qquad\qquad\qquad (2.412)$$

der Last-FET wirkt als Konstantstromquelle. Die Kennlinien des Last-FET und des Schalt-FET in der Schaltstufe zeigt Bild 2-116.

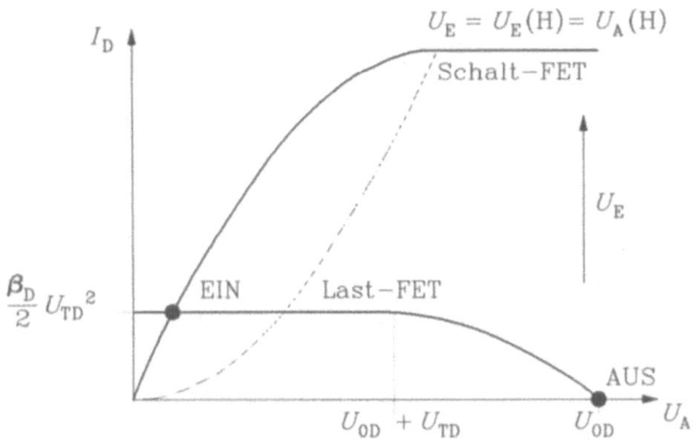

Bild 2-116
Transistorkennlinien der Schaltstufe
nach Bild 2-115

Es wird deutlich, daß im Sperrzustand des Schalt-FET ein idealer H-Pegel

$$U_A(H) = U_{0D} \qquad\qquad\qquad (2.413)$$

entsteht, wie auch aus Gl. (2.411) für $I_{DL} = 0$ hervorgeht. Die Übertragungskennlinie nach Bild 2-117 beinhaltet folgende Teilbereiche, die mit wachsender Eingangsspannung U_E in der angegebenen Reihenfolge durchlaufen werden:

	Schalt-FET	Last-FET
1.	Sperrbereich	aktiver Bereich
2.	Einschnürbereich	aktiver Bereich
3.	Einschnürbereich	Einschnürbereich
4.	aktiver Bereich	Einschnürbereich

Die Übertragungskurve wird wieder bereichsweise berechnet.

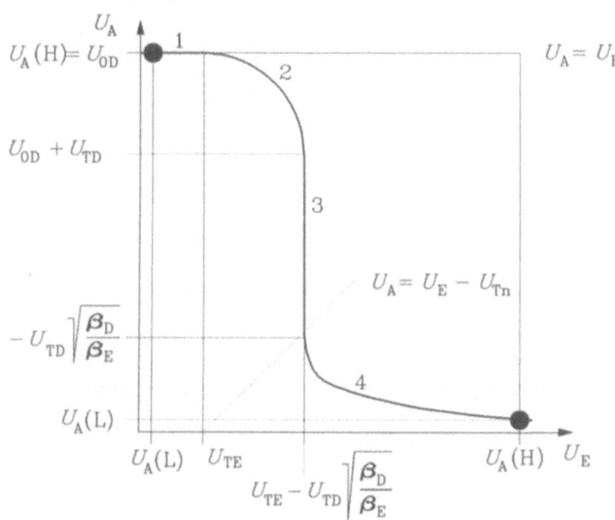

Bild 2-117
Übertragungskurve der
Schaltstufe nach Bild 2-115

Im Bereich 1 gilt Gl. (2.413). Der Bereich 2 gehorcht der Ellipsengleichung

$$\left(\frac{U_E - U_{TE}}{U_{TD}}\right)^2 \frac{\beta_E}{\beta_D} + \left(\frac{U_{0D} + U_{TD} - U_A}{U_{TD}}\right)^2 = 1. \tag{2.414}$$

Im Bereich 3 ist U_E konstant,

$$U_E = U_{TE} - U_{TD}\sqrt{\frac{\beta_D}{\beta_E}}, \tag{2.415}$$

was jedoch nur für das einfache Transistormodell gilt. Bereich 4 folgt der Beziehung

$$U_A^2 - 2(U_E - U_{TE})U_A + \frac{\beta_D}{\beta_E}U_{TD}^2 = 0. \tag{2.416}$$

Die Dimensionierung der Schaltstufe erfolgt wie bei den bisher behandelten Schaltungen über den EIN-Zustand mit $U_E = U_A(H)$, $U_A = U_A(L)$ nach Gl. (2.416),

$$\frac{\beta_E}{\beta_D} = \frac{U_{TD}^2}{2(U_A(H) - U_{TE})U_A(L) - U_A(L)^2}. \tag{2.417}$$

Mit den bisher verwendeten Zahlenwerten $U_{0D} = 5\text{V}$, $U_A(L) = 0{,}2\text{V}$, $U_{TE} = 0{,}8\text{V}$ und der zu ergänzenden Schwellspannung $U_{TD} = -2\text{V}$ ergeben sich

$$U_A(H) = 5\text{V}, \quad \beta_E/\beta_D = 2{,}4.$$

Damit läßt sich bereits ein flächengünstiges Layout erreichen (Bild 2-118).

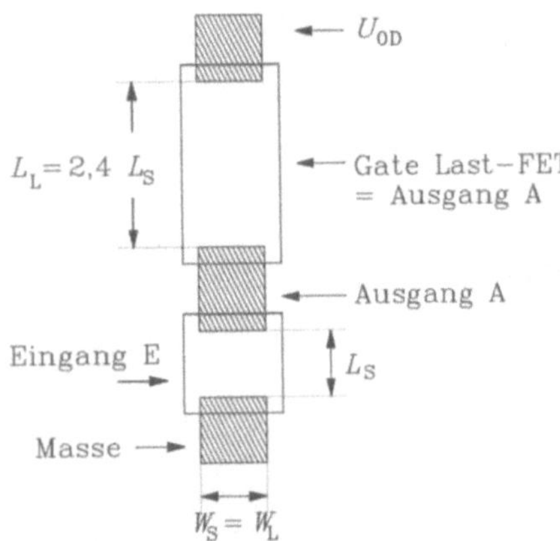

Bild 2-118
Symbolisches Layout der Schaltstufe nach Bild 2-115

Zusammenfassung

Der Vergleich der statischen Eigenschaften der einzelnen Schaltstufen mit Lastelementen liefert folgende Ergebnisse:

1. die Dimensionierung aller Schaltstufen ist auf die Sicherung des L-Pegels $U_A(L)$ gerichtet, wobei das daraus resultierende Layout die günstigste Form mit der ED-Technik erreicht;

2. im EIN-Zustand fließt in allen Stufen ein Querstrom $I_{DL} = I_{DS}$, so daß in diesem Zustand eine statische Verlustleistung der Größe

$$P_V = U_{0D}\, I_{DS},\tag{2.418}$$

$$P_V = U_{0D} \cdot \beta_S\left[(U_A(H) - U_{Tn})U_A(L) - \frac{1}{2}U_A(L)^2\right]\tag{2.419}$$

entsteht, die in Wärme umgesetzt wird;

3. der sehr steile Übergang vom H- zum L-Pegel der Übertragungskurve der Schaltstufe in ED-Technik wirkt sich günstig auf hohe statische Störsicherheiten aus (siehe dazu auch Bild 2-119, in dem alle Übertragungskurven mit den verwendeten Zahlenwerten angegeben sind).

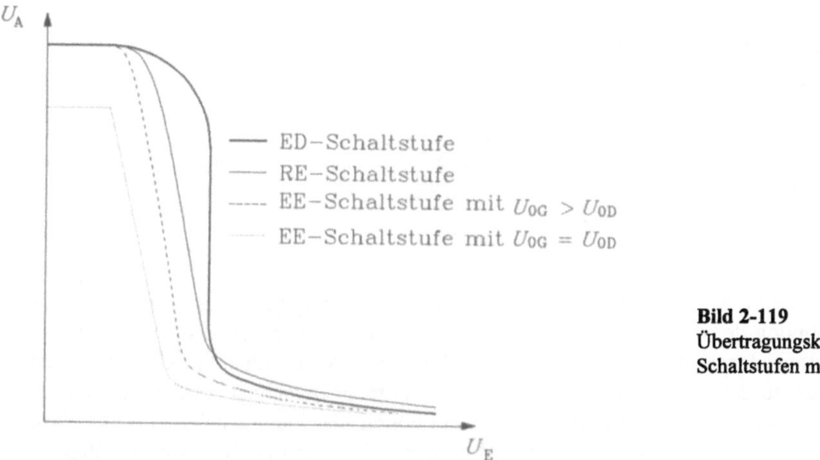

Bild 2-119
Übertragungskennlinien für FET-Schaltstufen mit Lastelementen

2.4.2.1.1 Dynamisches Verhalten

Entsprechend den in Abschnitt 2.4.1 abgeleiteten Bauelementemodellen lassen sich alle Kapazitäten des Feldeffekttransistors zu 3 Typen zusammenfassen:

1. Kapazitäten mit sich ändernden Spannungen beim Umschalten an beiden Knoten,

2. Kapazitäten mit Spannungsänderung an einem Knoten,

3. Kapazitäten ohne Spannungsänderung an den Knoten.

Für eine dynamische Analyse sind nur die ersten beiden Kapazitätsarten interessant, wobei die 2. Art immer mit der sich nicht verändernden Knotenspannung auf das Bezugspotential Masse gelegt werden kann. Damit kann das dynamische Verhalten aller Schaltstufen nach Bild 2-105 mit einem Modell nach Bild 2-120 berechnet werden.

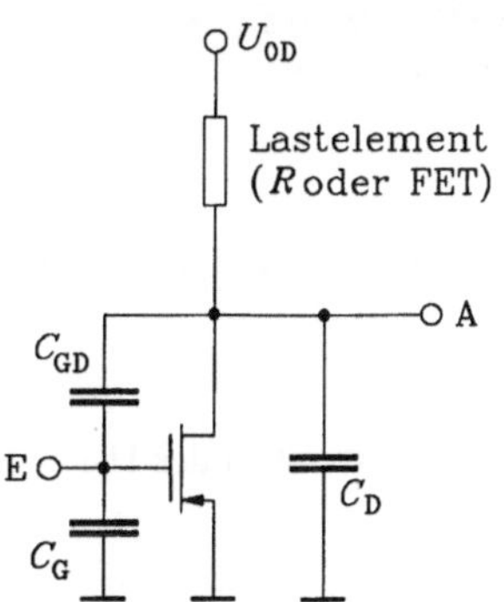

Bild 2-120
Kapazitätsmodell der Schaltstufen nach Bild 2-105

Da sich Schaltstufen meist in einer Kette mit weiteren Schaltungen befinden, kann die Gate-Kapazität C_G mit der am Drain wirkenden Kapazität C_D und möglichen Leitungskapazitäten zu einer Gesamtlastkapazität C_L zusammengefaßt werden. Für die in diesem Buch anzustellenden einfachen Näherungsberechnungen soll die ohnehin kleine Gate-Drain-Kapazität entfallen, so daß das in Bild 2-121 dargestellte Modell entsteht.

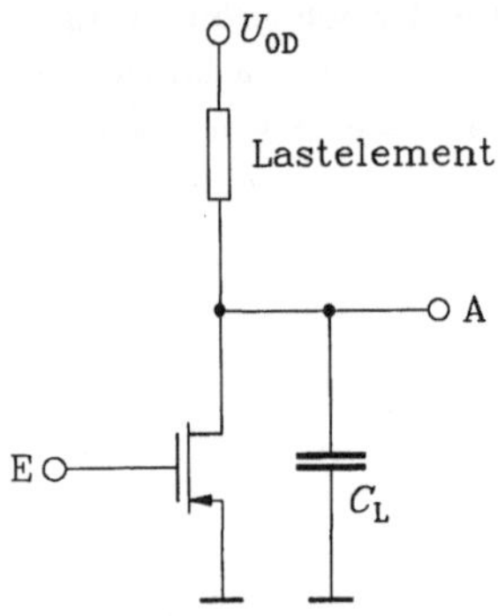

Bild 2-121
Vereinfachtes dynamisches Modell der Schaltstufen nach
Bild 2-105

Für den Schalt-FET und das Lastelement werden die statischen Modellgleichungen verwendet, so daß sich die Berechnung des dynamischen Verhaltens auf die Umladung der Lastkapazität C_L beschränkt. Da die Transistoren nun keine dynamischen Elemente mehr enthalten, schalten sie sehr schnell ein bzw. aus, so daß Auf- und Entladung von C_L getrennt berechnet werden können. Die Aufladung geschieht bei gesperrtem Schalt-FET ausschließlich über das Lastelement. Die Entladung erfolgt über den eingeschalteten Schalt-FET, wobei eine geringe Nachladung über das Lastelement zu verzeichnen ist. Dieser Nachladestrom ist auf Grund der Widerstandsverhältnisse zwischen Lastelement und Schalt-FET klein gegenüber dem Entladestrom durch den Schalt-FET (siehe auch Bild 2-122).

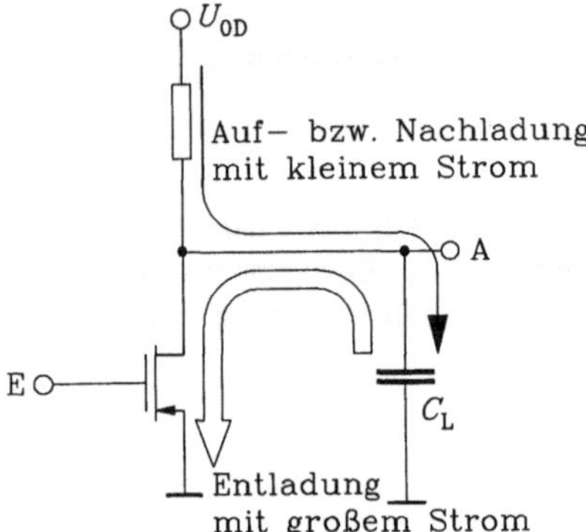

Bild 2-122
Symbolische Darstellung der Umladevorgänge am
Ausgang einer Schaltstufe nach Bild 2-105

Die folgenden Berechnungen des dynamischen Verhaltens werden mit idealen Eingangsimpulsflanken durchgeführt.

1. Aufladung der Lastkapazität C_L

Die Aufladung beginnt mit der Augangsspannung $U_A(L)$ und endet mit dem Erreichen des H-Pegels $U_A(H)$.

● *Schaltstufe mit Lastwiderstand R_D* (Bild 2-123)

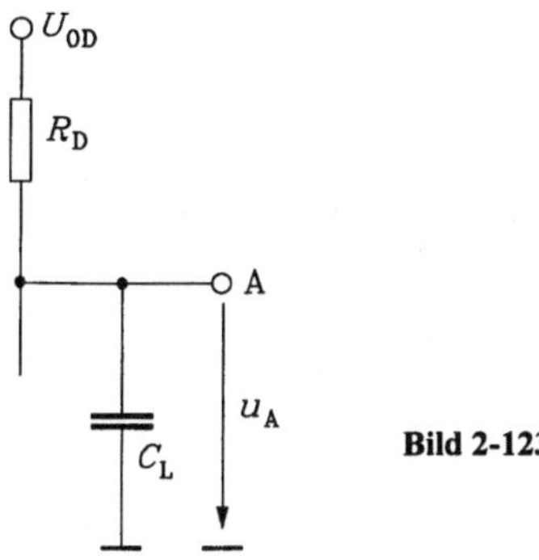

Bild 2-123

Der Aufladestrom durch R_D ist identisch mit dem Strom durch C_L,

$$\frac{U_{0D} - u_A}{R_D} = C_L \frac{du_A}{dt}, \tag{2.420}$$

$$U_{0D} = u_A + R_D\, C_L \frac{du_A}{dt}. \tag{2.421}$$

Die Lösung von Gl. (2.421) ergibt

$$u_A(t) = U_{0D} + \left[U_A(L) - U_{0D}\right] \exp\frac{-t}{R_D\, C_L} \tag{2.422}$$

und ist in Bild 2-124 dargestellt.

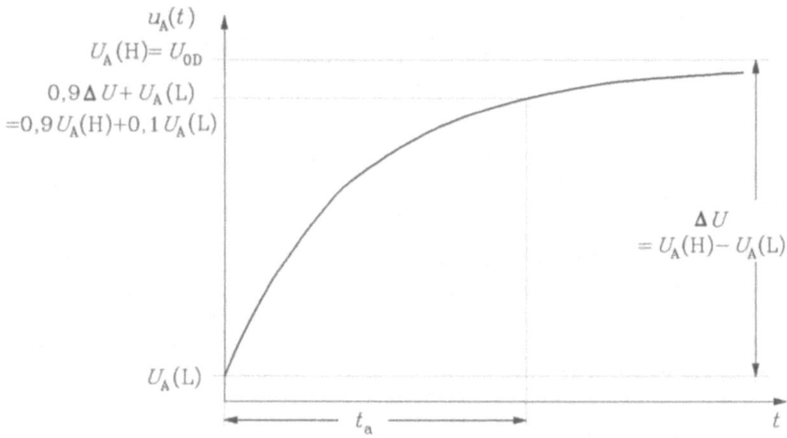

Bild 2-124 Aufladung der Lastkapazität über den ohmschen Widerstand R_D

Definiert man die Anstiegszeit t_a als den Zeitpunkt, bei dem die Ausgangsspannung 90% des Hubes ΔU erreicht, so wird

$$t_a = R_D\, C_L \ln 10 = 2{,}3\, R_D\, C_L. \tag{2.423}$$

● *Schaltstufe mit Enhancement-Last-FET nach Bild 2-110* (siehe Bild 2-125)

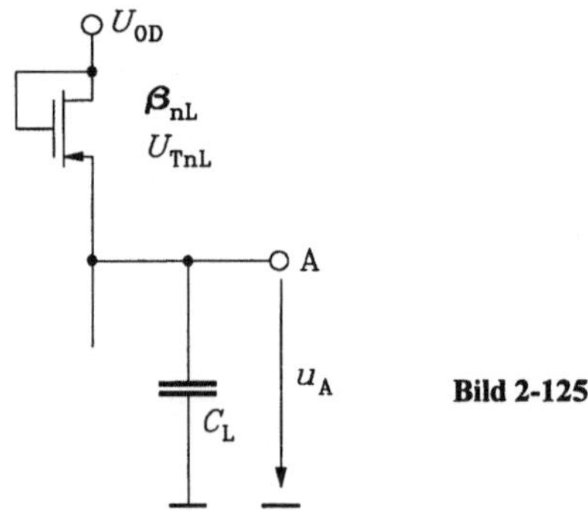

Bild 2-125

Die Differentialgleichung zur Aufladung von C_L ergibt sich unter Beachtung von Gl. (2.393) und Gl. (2.395) zu

$$\frac{\beta_{nL}}{2}(U_A(H)-u_A)^2 = C_L\frac{du_A}{dt}. \tag{2.424}$$

Mit der Anfangsbedingung $u_A(t{=}0) = U_A(L)$ folgt nach Integration von Gl. (2.424)

$$u_A(t) = U_A(H) - \frac{U_A(H)-U_A(L)}{1+\dfrac{t}{\tau}}, \tag{2.425}$$

$$\tau = \frac{2C_L}{\beta_{nL}(U_A(H)-U_A(L))}. \tag{2.426}$$

Führt man für $u_A(t{=}t_a)$ die in Bild 2-124 verwendete Abbruchbedingung der Integration ein,

$$u_A(t{=}t_a) = 0{,}9\,U_A(H) + 0{,}1\,U_A(L), \tag{2.427}$$

so wird

$$t_a = \frac{18C_L}{\beta_{nL}(U_A(H)-U_A(L))}. \tag{2.428}$$

Der Verlauf des Spannungsanstieges ähnelt dem in Bild 2-124, allerdings wird die Anstiegszeit um den Faktor $9/2{,}3 \approx 4$ größer, wie die nachfolgende Rechnung beweist. Bildet man das Verhältnis der beiden Anstiegszeiten aus Gl. (2.428) und Gl. (2.423) unter Beachtung der statischen Dimensionierung (Gl. (2.401) und Gl. (2.390)), so erhält man bei Vernachlässigung von $U_A(L)^2$ und bei Annahme gleich großer Schalt-FET (gleiches β_{nS})

$$\frac{t_{aFET}}{t_{aWid}} \approx \frac{9}{2{,}3}\,\frac{U_{0D}-U_{TnL}-U_A(L)}{U_{0D}-U_A(L)}\,\frac{U_{0D}-U_{TnS}}{U_{0D}-U_{TnL}-U_{TnS}} \approx 4. \tag{2.429}$$

● *Schaltstufe mit Enhancement-Last-FET nach Bild 2-113* (siehe Bild 2-126)

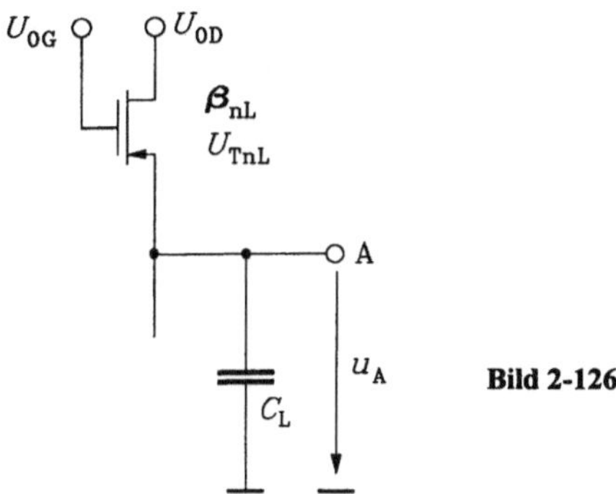

Bild 2-126

Für die Aufladung der Kapazität gilt mit Gl. (2.405)

$$\beta_{nL}\left[(U_{0G}-u_A-U_{TnL})(U_{0D}-u_A)-\frac{1}{2}(U_{0D}-u_A)^2\right]=C_L\frac{du_A}{dt}. \tag{2.430}$$

Wird $U_{0G} \gg U_{0D}$ gewählt, vereinfacht sich Gl. (2.430) zu

$$\beta_{nL}\ U_{0G}\ (U_{0D}-u_A) \approx C_L\frac{du_A}{dt}, \tag{2.431}$$

$$U_{0D} \approx u_A + \frac{C_L}{\beta_{nL}\ U_{0G}}\frac{du_A}{dt}. \tag{2.432}$$

Gl. (2.432) hat die gleiche Struktur wie Gl. (2.421), die Aufladung der Kapazität erfolgt über den fiktiven ohmschen Widerstand

$$R_D = \frac{1}{\beta_{nL}\ U_{0G}}, \tag{2.433}$$

die Aufladezeit beträgt

$$t_a = 2{,}3\frac{C_L}{\beta_{nL}\ U_{0G}}. \tag{2.434}$$

Damit wird die Anstiegszeit gegenüber der vorhergehenden Schaltung wesentlich verbessert, allerdings zu Lasten einer zusätzlichen hohen Versorgungsspannung U_{0G}.

● *Schaltstufe mit Depletion-Last-FET nach Bild 2-115* (siehe Bild 2-127)

Die Aufladung durchläuft 2 Bereiche, für $u_A \leq U_{0D} + U_{TD}$ befindet sich der Last-FET im Einschnürbereich, für $U_{0D} + U_{TD} \leq u_A \leq U_{0D}$ im aktiven Bereich.

1. $u_A \leq U_{0D} + U_{TD}$:

$$\frac{\beta_D}{2}U_{TD}^2 = C_L\frac{du_A}{dt} \tag{2.435}$$

Die Ausgangsspannung u_A steigt linear an (siehe Bereich 1 in Bild 2-128), die Teilanstiegszeit t_{a1} wird

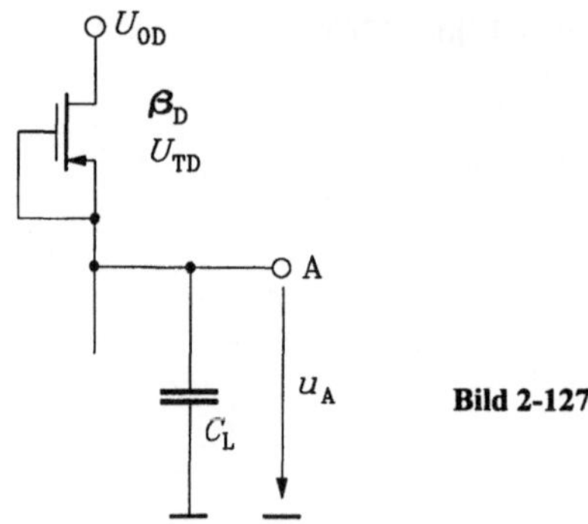

$$t_{\mathrm{a1}} = \frac{2C_{\mathrm{L}}}{\beta_{\mathrm{D}}\,U_{\mathrm{TD}}{}^2} \int\limits_{U_{\mathrm{A}}(\mathrm{L})}^{U_{\mathrm{0D}}+U_{\mathrm{TD}}} \mathrm{d}u_{\mathrm{A}} = \frac{2C_{\mathrm{L}}}{\beta_{\mathrm{D}}\,U_{\mathrm{TD}}{}^2}\left(U_{\mathrm{0D}} + U_{\mathrm{TD}} - U_{\mathrm{A}}(\mathrm{L})\right) \tag{2.436}$$

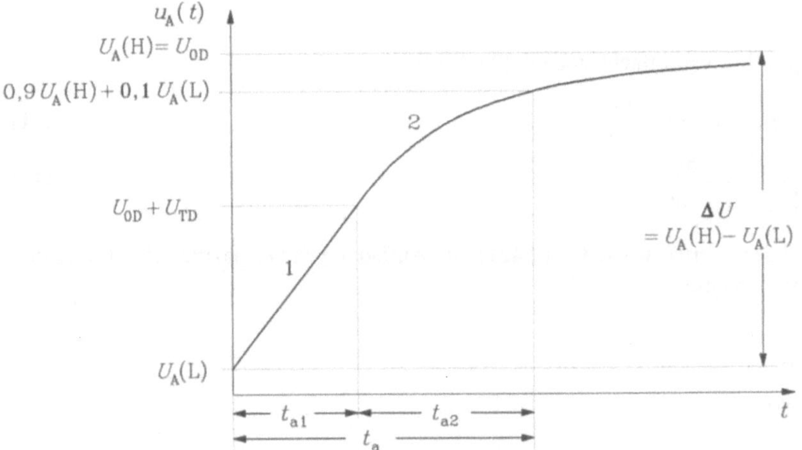

Bild 2-128 Aufladung der Lastkapazität C_{L} in der ED-Schaltstufe

2. $U_{\mathrm{0D}} + U_{\mathrm{TD}} \le u_{\mathrm{A}} \le U_{\mathrm{0D}}$:

$$\beta_{\mathrm{D}}\left[-U_{\mathrm{TD}}(U_{\mathrm{0D}} - u_{\mathrm{A}}) - \frac{1}{2}(U_{\mathrm{0D}} - u_{\mathrm{A}})^2\right] = C_{\mathrm{L}}\frac{\mathrm{d}u_{\mathrm{A}}}{\mathrm{d}t} \tag{2.437}$$

Die Integration von Gl. (2.437) mit den in Bild 2-128 eingetragenen Grenzen liefert

$$t_{\mathrm{a2}} = -\frac{C_{\mathrm{L}}}{\beta_{\mathrm{D}}\,U_{\mathrm{TD}}{}^2}\ln\left(\frac{-2U_{\mathrm{TD}}}{0,1(U_{\mathrm{A}}(\mathrm{H}) - U_{\mathrm{A}}(\mathrm{L}))} - 1\right). \tag{2.438}$$

Die Gesamtanstiegszeit ergibt sich damit zu

$$t_{\mathrm{a}} = -\frac{C_{\mathrm{L}}}{\beta_{\mathrm{D}}\,U_{\mathrm{TD}}}\left[\frac{\Delta U}{-U_{\mathrm{TD}}} - 1 + \ln\left(\frac{-20U_{\mathrm{TD}}}{\Delta U} - 1\right)\right]. \tag{2.439}$$

Vergleicht man die Anstiegszeit der Schaltung mit Depletion-Last-FET (t_{aD}) mit der nach Bild 2-105b (t_{aE}), so ergibt sich in grober Näherung (Vernachlässigung kleiner Größen) bei gleichen Lastkapazitäten C_L und gleich dimensionierten Schalt-FET

$$\frac{t_{aD}}{t_{aE}} \approx \frac{1}{18} \frac{\left[U_{0D} + U_{TD} - U_{TD} \ln \frac{-20U_{TD}}{\Delta U} \right](U_{0D} - U_{TnL} - U_{TnS})}{(U_{0D} - U_{TD})(U_{0D} - U_{TnL})} . \tag{2.440}$$

Mit den bisher verwendeten Zahlenwerten ergibt sich dieses Verhältnis zu 1/13. Damit wird klar, daß die Schaltstufe mit Depletion-Last-FET deutliche Geschwindigkeitsvorteile gegenüber allen bisher behandelten FET-Schaltungen aufweist. Das geht auch aus Bild 2-129 hervor, bei dem alle Schaltstufen mit den im Buch verwendeten Zahlenwerten simuliert wurden.

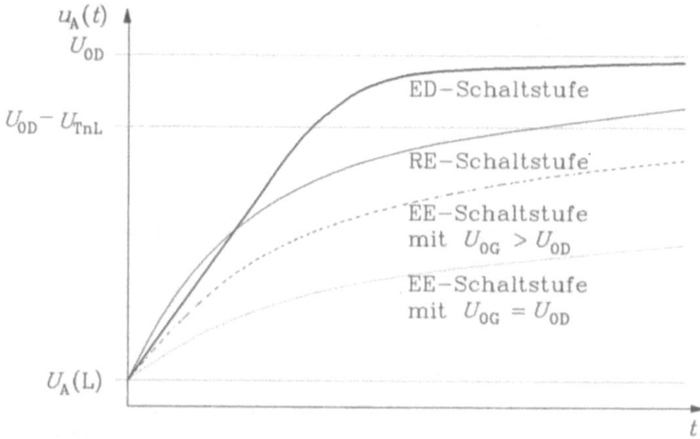

Bild 2-129 Vergleich der Aufladung der Lastkapazitäten von FET-Schaltstufen mit Lastelementen

2. Entladung der Last-Kapazität C_L

Die Entladung der Kapazität C_L beginnt unabhängig von der Art des Lastelementes mit der Spannung $u_A(t = 0) = U_A(H)$, wobei der H-Pegel entweder U_{0D} (Schaltungen nach Bild 2-105a, c, d) oder U_{0D}-U_{TnL} (Schaltung Bild 2-105b) beträgt. Damit unterscheiden sich die Abfallzeiten der einzelnen Schaltungen nicht wesentlich.

Das Schaltungsmodell für die Entladung zeigt Bild 2-130.

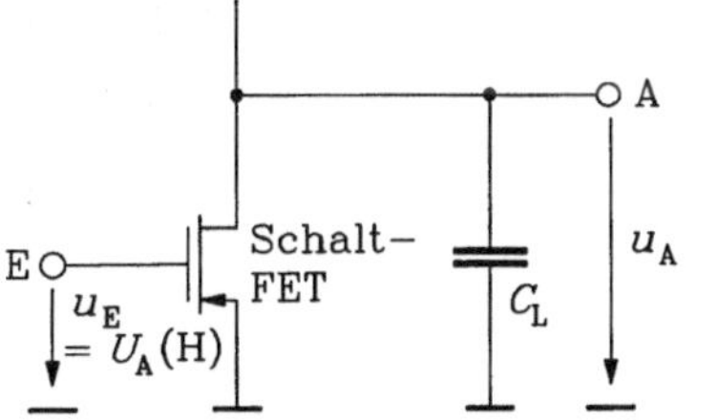

Bild 2-130
Entladung der Lastkapazität C_L über den Schalt-FET

Zu Beginn der Entladung befindet sich der Transistor im Einschnürbereich, solange

$$u_A = u_{DS} \geq U_{GS} - U_{TnS} = U_A(H) - U_{TnS} \tag{2.441}$$

gilt. Danach wird der aktive Bereich durchlaufen. Die Berechnung der Abfallzeit t_f muß demzufolge in 2 Bereichen erfolgen (siehe Bild 2-131).

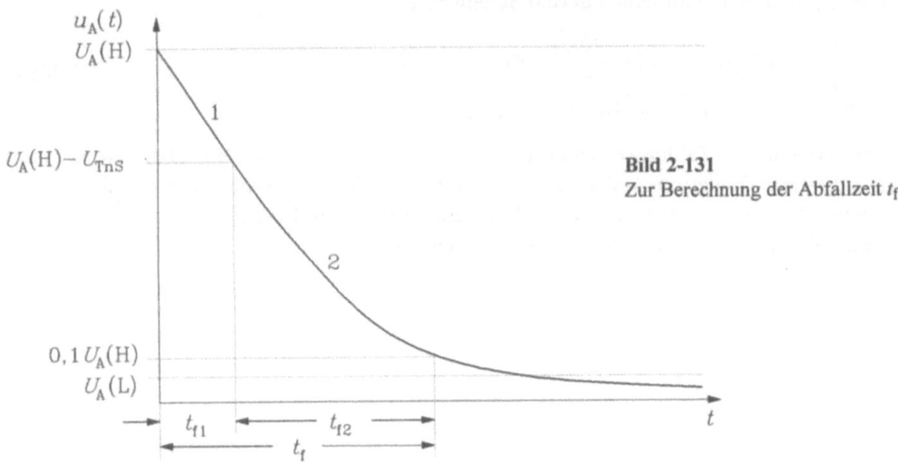

Bild 2-131
Zur Berechnung der Abfallzeit t_f

Auf Grund des bei der Berechnung der Entladungsvorgänge zu vernachlässigenden Lastelementes wird $u_A(t{\rightarrow}\infty) = 0$ und nicht $U_A(L)$.

Für die Entladung im Einschnürbereich gilt

$$i_{DS} = \frac{\beta_S}{2}(U_A(H) - U_{TnS})^2 = -C_L \frac{du_A}{dt}, \tag{2.442}$$

$$t_{f1} = -\frac{2C_L}{\beta_S} \frac{1}{(U_A(H) - U_{TnS})^2} \int\limits_{U_A(H)}^{U_A(H)-U_{TnS}} du_A, \tag{2.443}$$

$$t_{f1} = \frac{2C_L}{\beta_S} \frac{U_{TnS}}{(U_A(H) - U_{TnS})^2}. \tag{2.444}$$

Analog folgt für die Entladung im aktiven Bereich

$$i_{DS} = \beta_S\left[(U_A(H) - U_{TnS})u_A - \frac{1}{2}u_A^{\,2}\right]^2 = -C_L \frac{du_A}{dt}, \tag{2.445}$$

$$t_{f2} = \frac{2C_L}{\beta_S} \int\limits_{U_A(H)-U_{TnS}}^{0,1U_A(H)} \frac{du_A}{u_A^{\,2} - 2(U_A(H) - U_{TnS})u_A}, \tag{2.446}$$

$$t_{f2} = \frac{C_L}{\beta_S} \frac{1}{U_A(H) - U_{TnS}} \ln\left(19 - \frac{20U_{TnS}}{U_A(H)}\right). \tag{2.447}$$

Damit wird

$$t_f = \frac{C_L}{\beta_S} \frac{1}{U_A(H) - U_{TnS}}\left[\frac{2U_{TnS}}{U_A(H) - U_{TnS}} + \ln\left(19 - \frac{20U_{TnS}}{U_A(H)}\right)\right]. \tag{2.448}$$

Für viele Anwendungen ist das Verhältnis der Anstiegszeit t_a zur Abfallzeit t_f wichtig, wobei $t_a \approx t_f$ sein sollte. Die geringste Anstiegszeit wird mit der ED-Technik erreicht. Das Verhältnis t_a/t_f ergibt sich dabei mit den bisher verwendeten Zahlenwerten zu

$$\frac{t_a}{t_f} \approx 11 \cdot$$

Dieses sehr ungünstige Verhältnis verschlechtert sich für alle anderen Schaltstufen weiter. Ursache der sehr unterschiedlichen Zeiten ist die Notwendigkeit, die Schaltstufe nach statischen Gesichtspunkten dimensionieren und das damit verbundene dynamische Verhalten akzeptieren zu müssen. Erst die nachfolgend zu behandelnde CMOS-Technik gibt die Möglichkeit, Schaltstufen nach dynamischen Zielstellungen dimensionieren zu können.

2.4.2.2 Schaltstufen mit komplementären Transistoren (CMOS-Technik)

2.4.2.2.1 Statisches Verhalten

Die zur Berechnung des statischen Verhaltens notwendigen Größen sind in Bild 2-132 angegeben.

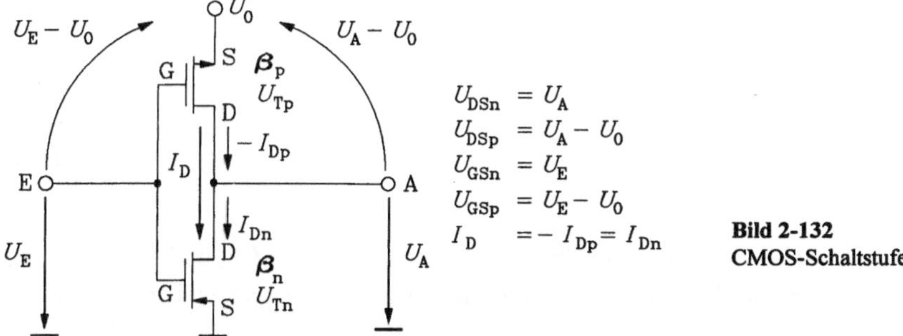

$$U_{DSn} = U_A$$
$$U_{DSp} = U_A - U_0$$
$$U_{GSn} = U_E$$
$$U_{GSp} = U_E - U_0$$
$$I_D = -I_{Dp} = I_{Dn}$$

Bild 2-132
CMOS-Schaltstufe

Beide Transistoren wirken wechselseitig als Schalt-FET. Für die Behandlung als Schaltstufe können ihre Ausgangskennlinien in einem Diagramm zusammengefaßt werden (Bild 2-133).

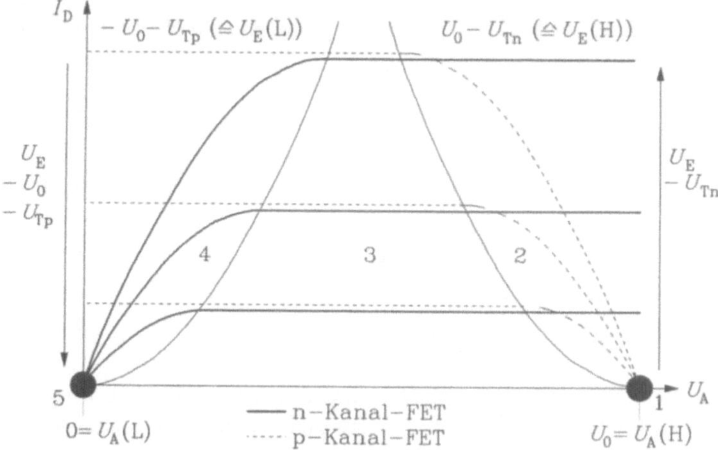

Bild 2-133 Ausgangskennlinienfeld der CMOS-Schaltstufe

Beim Erhöhen der Eingangsspannung U_E vom L- auf den H-Pegel werden die angegebenen Kennlinienbereiche 1...5 durchlaufen:

Bereich	n-FET	p-FET
1	Sperrbereich	aktiver Bereich
2	Einschnürbereich	aktiver Bereich
3	Einschnürbereich	Einschnürbereich
4	aktiver Bereich	Einschnürbereich
5	aktiver Bereich	Sperrbereich

Im Bereich 1 gilt mit $U_E \leq U_{Tn}$

$$I_D = \beta_p \left[(U_E - U_0 - U_{Tp})(U_A - U_0) - \frac{1}{2}(U_A - U_0)^2 \right] = 0, \tag{2.449}$$

$$U_A = U_A(H) = U_0, \tag{2.450}$$

es entsteht ein idealer H-Pegel.

Im Bereich 5 gilt mit $U_E - U_0 \geq U_{Tp}$

$$I_D = \beta_n \left[(U_E - U_{Tn})U_A - \frac{1}{2}U_A^2 \right] = 0, \tag{2.451}$$

$$U_A = U_A(L) = 0, \tag{2.452}$$

auch der L-Pegel ist ideal.

Die Schaltung arbeitet als Inverter, wobei die Dimensionierung von β_n, β_p, U_{Tn} und U_{Tp} zunächst keinen Einfluß auf die Pegel hat, die Schaltung kann nach dynamischen Aspekten bemessen werden.

Der p-Kanal-Transistor sichert für E = L den H-Pegel am Ausgang,

$$A = \overline{E}, \tag{2.453}$$

während der n-Kanal-Transistor für den Ausgangs-L-Pegel bei eingangsseitigem H-Pegel verantwortlich ist,

$$\overline{A} = E. \tag{2.454}$$

Für den Bereich 2 der Übertragungskennlinie gilt mit

$$U_{Tn} \leq U_E \leq U_A + U_{Tp} \tag{2.455}$$

$$\beta_p \left[(U_E - U_0 - U_{Tp})(U_A - U_0) - \frac{1}{2}(U_A - U_0)^2 \right] = \frac{\beta_n}{2}(U_E - U_{Tn})^2 \tag{2.456}$$

$$U_A = U_E - U_{Tp} \pm \sqrt{(U_E - U_0 - U_{Tp})^2 - \frac{\beta_n}{\beta_p}(U_E - U_{Tn})^2} . \tag{2.457}$$

Im Bereich 3 ist die Eingangsspannung $U_E = U_S$ = konstant, während sich U_A verändert, wie aus dem Ausgangskennlinienfeld ersichtlich ist. U_S kann aus den Grenzen der Bereiche 2 oder 4 ermittelt werden und ergibt sich zu

$$U_{\mathrm{S}} = \frac{U_{\mathrm{Tn}} + \sqrt{\dfrac{\beta_{\mathrm{p}}}{\beta_{\mathrm{n}}}}\,(U_0 + U_{\mathrm{Tp}})}{1 + \sqrt{\dfrac{\beta_{\mathrm{p}}}{\beta_{\mathrm{n}}}}}\,. \tag{2.458}$$

Im Bereich 4 gilt mit

$$U_{\mathrm{A}} + U_{\mathrm{Tn}} \le U_{\mathrm{E}} \le U_0 + U_{\mathrm{Tp}} \tag{2.459}$$

$$\frac{\beta_{\mathrm{p}}}{2}(U_{\mathrm{E}} - U_0 - U_{\mathrm{Tp}})^2 = \beta_{\mathrm{n}}\left[(U_{\mathrm{E}} - U_{\mathrm{Tn}})U_{\mathrm{A}} - \frac{1}{2}U_{\mathrm{A}}^{\,2}\right], \tag{2.460}$$

$$U_{\mathrm{A}} = U_{\mathrm{E}} - U_{\mathrm{Tn}} \pm \sqrt{(U_{\mathrm{E}} - U_{\mathrm{Tn}})^2 - \frac{\beta_{\mathrm{p}}}{\beta_{\mathrm{n}}}(U_{\mathrm{E}} - U_0 - U_{\mathrm{Tp}})^2}\,. \tag{2.461}$$

Den Verlauf der Übertragungskennlinie zeigt Bild 2-134.

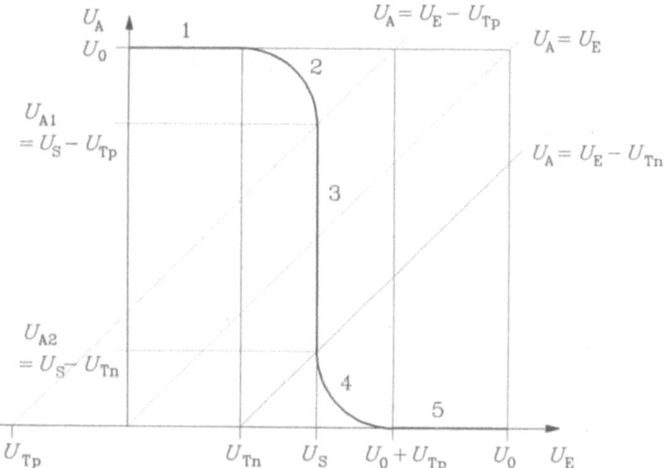

Bild 2-134
Übertragungskennlinie des
CMOS-Inverters

Durch den steilen Übergang zwischen L- und H-Pegel entstehen große statische Störsicherheiten.

Nach Bild 2-133 fließt der maximale Querstrom I_{D} durch das Gatter während des Umschaltens im Bereich 3. Dieser Strom errechnet sich zu

$$I_{\mathrm{D}} = \frac{\beta_{\mathrm{n}}}{2}(U_{\mathrm{E}} - U_{\mathrm{Tn}})^2 = \frac{\beta_{\mathrm{p}}}{2}(U_{\mathrm{E}} - U_0 - U_{\mathrm{Tp}})^2\,. \tag{2.462}$$

Mit dem in Bild 2-134 angegebenen Wert für die Eingangsspannung U_{E} in diesem Bereich folgt

$$I_{\mathrm{Dmax}} = \frac{\beta_{\mathrm{n}}}{2}\frac{(U_0 - U_{\mathrm{Tn}} + U_{\mathrm{Tp}})^2}{\left(1 + \sqrt{\dfrac{\beta_{\mathrm{p}}}{\beta_{\mathrm{n}}}}\right)^2}\,. \tag{2.463}$$

I_{D} wird im Bereich 2

$$I_{\mathrm{D}} = \frac{\beta_{\mathrm{n}}}{2}(U_{\mathrm{E}} - U_{\mathrm{Tn}})^2, \tag{2.464}$$

im Bereich 4

$$I_D = \frac{\beta_p}{2}(U_E - U_0 - U_{Tp})^2,$$

(2.465)

so daß der in Bild 2-135 angegebene Stromverlauf entsteht.

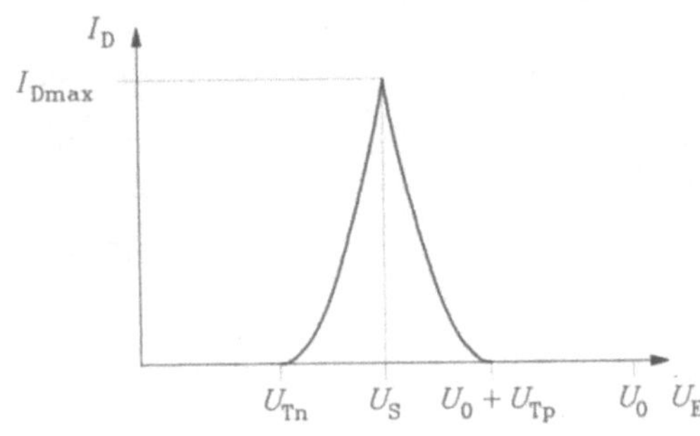

Bild 2-135
Drainstrom des CMOS-Inverters

Der mittlere Strom I_D (bezogen auf den Spannungshub ΔU) ergibt sich für den in der Praxis oft angestrebten Sonderfall $\beta_n = \beta_p = \beta$ und $U_{Tn} = -U_{Tp} = U_T$ zu

$$I_D = \frac{1}{\frac{U_0}{2}} \int_{U_T}^{\frac{U_0}{2}} \frac{\beta}{2}(U_E - U_T)^2 \; dU_E,$$

(2.466)

$$I_D = \frac{\beta}{24 U_0}(U_0 - 2U_T)^3,$$

(2.467)

die mittlere Verlustleistung also zu

$$P_V = \frac{\beta}{24}(U_0 - 2U_T)^3.$$

(2.468)

Gl. (2.468) sagt aus, daß während eines Schaltvorganges die angegebene quasistatische Verlustleistung entsteht. Betreibt man den CMOS-Inverter mit einer Impulsfolge nach Bild 2-136, so folgt daraus eine mittlere Verlustleistung von

$$P_{VS} = \frac{t_{LH} + t_{HL}}{T} \frac{\beta}{24}(U_0 - 2U_T)^3.$$

(2.469)

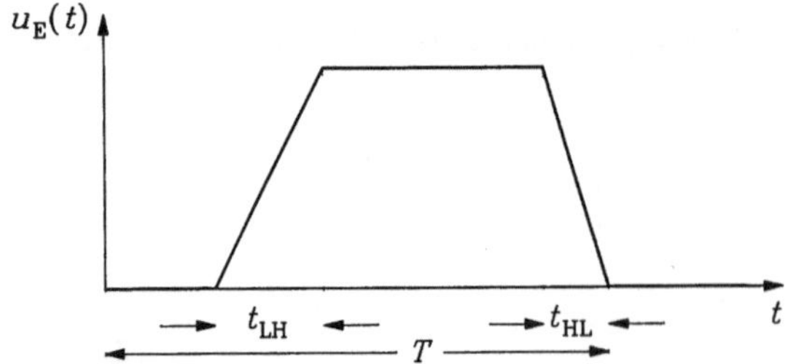

Bild 2-136
Zur Ermittlung der quasistatischen
Verlustleistung des CMOS-Inverters

2.4.2.2.2 Dynamisches Verhalten

Auf- und Entladung der Lastkapazität C_L erfolgen über den p- bzw. n-Kanal-Schalt-FET.

1. Aufladung (siehe Bild 2-137)

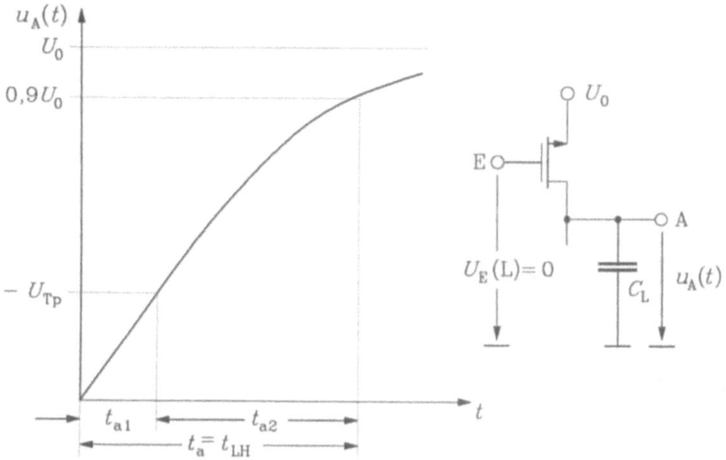

Bild 2-137 Aufladung der Lastkapazität des CMOS-Inverters

Die Aufladung erfolgt in 2 Bereichen des p-Kanal-Transistors. Für $u_A \leq -U_{Tp}$ befindet sich der Transistor im Einschnürbereich, weil

$$U_{DSp} = u_A - U_0 \leq U_{GSp} - U_{Tp} = -U_0 - U_{Tp} \tag{2.470}$$

gilt. Damit wird

$$I_D = \frac{\beta_p}{2}(-U_0 - U_{Tp})^2 = C_L \frac{du_A}{dt}. \tag{2.471}$$

Die Integration von Gl. (2.471) in den angegebenen Grenzen liefert

$$t_{a1} = \frac{2C_L}{\beta_p} \frac{-U_{Tp}}{(U_0 + U_{Tp})^2}. \tag{2.472}$$

Für $u_A \geq -U_{Tp}$ gilt das Modell des aktiven Bereichs des Transistors, so daß

$$I_D = \beta_p\left[(-U_0 - U_{Tp})(u_A - U_0) - \frac{1}{2}(u_A - U_0)^2\right] = C_L \frac{du_A}{dt} \tag{2.473}$$

wird. Dieser Teil der Integration liefert

$$t_{a2} = \frac{C_L}{\beta_p(U_0 + U_{Tp})} \cdot \ln\left(19 + \frac{20U_{Tp}}{U_0}\right). \tag{2.474}$$

Damit lautet die Gesamtanstiegszeit t_a

$$t_a = \frac{C_L}{\beta_p(U_0 + U_{Tp})}\left[\frac{-2U_{Tp}}{U_0 + U_{Tp}} + \ln\left(19 + \frac{20U_{Tp}}{U_0}\right)\right]. \tag{2.475}$$

Diese Anstiegszeit beträgt bei vergleichbaren Parametern nur ca. 1/8 der der ED-Technik.

2. Entladung (siehe Bild 2-138)

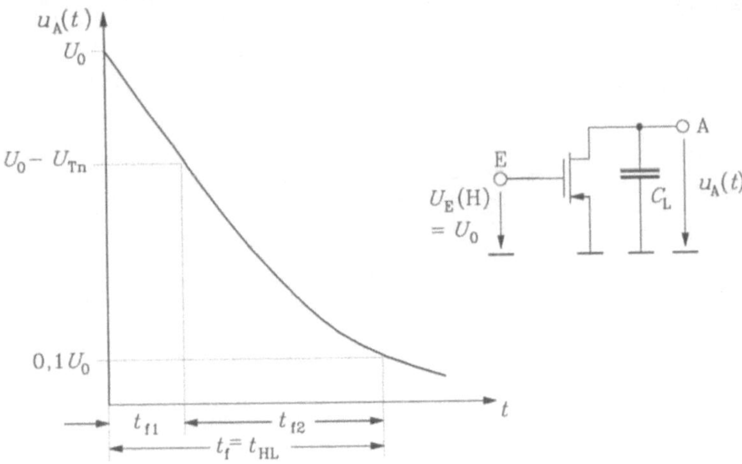

Bild 2-138 Entladung der Lastkapazität des CMOS-Inverters

Die Entladung der Lastkapazität wird analog zur Aufladung berechnet. Dabei ergeben sich folgende Abfallzeiten:

$$t_{f1} = \frac{2C_L}{\beta_n} \frac{U_{Tn}}{(U_0 - U_{Tn})^2}, \tag{2.476}$$

$$t_{f2} = \frac{C_L}{\beta_n(U_0 - U_{Tn})} \ln\left(19 - \frac{20 U_{Tn}}{U_0}\right), \tag{2.477}$$

$$t_f = \frac{C_L}{\beta_n(U_0 - U_{Tn})} \left[\frac{2 U_{Tn}}{U_0 - U_{Tn}} + \ln\left(19 - \frac{20 U_{Tn}}{U_0}\right)\right]. \tag{2.478}$$

Sie ist bei vergleichbaren Parametern identisch mit der der ED-Technik.

Setzt man $\beta_n = \beta_p$ und $U_{Tn} = -U_{Tp}$, so wird

$$t_a = t_f, \tag{2.479}$$

beide Flanken schalten mit gleicher Geschwindigkeit. Damit kann der CMOS-Inverter bzgl. seines dynamischen Verhaltens optimiert werden.

Neben den Anstiegs- und Abfallzeiten sind die Verzögerungszeiten t_{PLH} und t_{PHL} für die Beurteilung des dynamischen Verhaltens von Bedeutung. Sie geben Auskunft über die Fortpflanzungsgeschwindigkeit der Information in einer Schaltung. Mit der üblichen Definition dieser Zeiten, die sich auf Erreichen des 50%-Wertes des Spannungshubes ΔU bezieht, ergeben sich für die CMOS-Technik unter der Voraussetzung idealer Ansteuerimpulse (siehe Bild 2-139) folgende Werte:

$$t_{\text{PLH}} = \frac{C_{\text{L}}}{\beta_{\text{p}}(U_0 + U_{\text{Tp}})} \left[\frac{-2U_{\text{Tp}}}{U_0 + U_{\text{Tp}}} + \ln\left(3 + \frac{4U_{\text{Tp}}}{U_0} \right) \right], \tag{2.480}$$

$$t_{\text{PHL}} = \frac{C_{\text{L}}}{\beta_{\text{n}}(U_0 - U_{\text{Tn}})} \left[\frac{2U_{\text{Tn}}}{U_0 - U_{\text{Tn}}} + \ln\left(3 - \frac{4U_{\text{Tn}}}{U_0} \right) \right]. \tag{2.481}$$

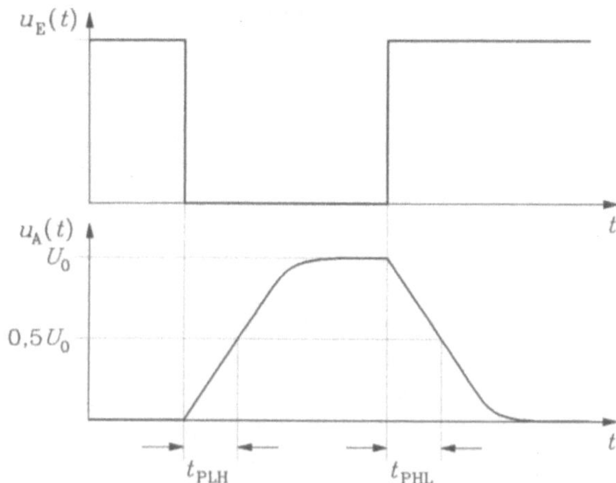

Bild 2-139
Definition von t_{PLH} und t_{PHL}

3. Dynamische Verlustleistung P_{VD}

Zur Umladung der Lastkapazität C_{L} wird aus der Quelle die Energie

$$W = \int U_0\, i\, \mathrm{d}t = \int_0^{U_0} U_0\, C_{\text{L}}\, \mathrm{d}u = C_{\text{L}}\, U_0^2 \tag{2.482}$$

entnommen. Während der Aufladung wird ein Teil dieser Energie zur Aufladung von C_{L} benutzt und dort gespeichert,

$$W_{\text{C}} = \int u\, i\, \mathrm{d}t = \int_0^{U_0} u\, C_{\text{L}}\, \mathrm{d}u = \frac{C_{\text{L}}}{2}U_0^2, \tag{2.483}$$

während die restliche Energie (ebenfalls $0{,}5 C_{\text{L}} U_0^2$) den p-Kanal-Transistor erwärmt. Bei der Entladung erwärmt die gespeicherte Energie den n-Kanal-Transistor.

Die Verlustleistung P_{VD} ist die auf die Periodendauer T bezogene in Wärme umgesetzte aus der Quelle entnommene Gesamtenergie,

$$P_{\text{VD}} = \frac{C_{\text{L}} U_0^2}{T} = C_{\text{L}} U_0^2\, f. \tag{2.484}$$

(f = Frequenz der Eingangsimpulse)

Damit wird die Gesamtverlustleistung P_{V}

$$P_{\text{V}} = P_{\text{VS}} + P_{\text{VD}}, \tag{2.485}$$

$$P_{\text{V}} = f\left[(t_{\text{LH}} + t_{\text{HL}}) \frac{\beta}{24} (U_0 - 2U_{\text{T}})^3 + C_{\text{L}} U_0^2 \right]. \tag{2.486}$$

2.4.3 Transfer- und Transmission-Gate

In FET-Schaltungen werden Einzeltransistoren als Schalter zur Ansteuerung von Schaltstufen oder zur Umladung von Kapazitäten eingesetzt. Dadurch können in bestimmten Schaltungsstrukturen (z.B. Multiplexer oder Flip-Flop) wesentliche Einsparungen an Bauelementen gegenüber der Gatterrealisierung vorgenommen werden. Mögliche Schaltungsvarianten solcher Grundschaltungen zeigt Bild 2-140, wobei Einzeltransistoren oft als Transfer-Gates und Schalter aus komplementären Transistoren in CMOS-Technik als Transmission-Gates bezeichnet werden.

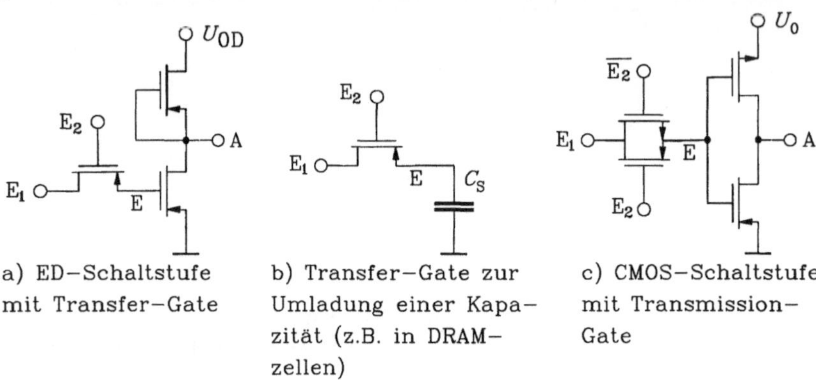

a) ED–Schaltstufe   b) Transfer–Gate zur   c) CMOS–Schaltstufe
mit Transfer–Gate   Umladung einer Kapa–   mit Transmission–
                           zität (z.B. in DRAM–   Gate
                           zellen)

Bild 2-140 Schaltungen mit Transfer- bzw. Transmission-Gate

2.4.3.1 Schaltung mit Transfer-Gate nach Bild 2-140a

1. Wirkungsweise

Bei Anlegen des H-Pegels an E_2 gelangt der Pegel von E_1 an den internen Eingang E, es gilt also

$$E = E_1 E_2. \tag{2.487}$$

Allerdings ist zu beachten, daß bei $E_2 = L$ an E kein definierter Pegel existiert (vorhandene Ladungen an E werden gespeichert oder über Leckströme abgebaut). Um an E stets definierte Pegel zu erhalten, ist entweder E_2 in solch regelmäßigen Abständen mit H zu belegen, daß zwischenzeitlich die an E gespeicherte Ladung nicht verloren geht, oder es sind an E zusätzliche Einspeisungen von anderen Pfaden vorzusehen, z.B. durch weitere Transfer-Gates (siehe Bild 2-141).

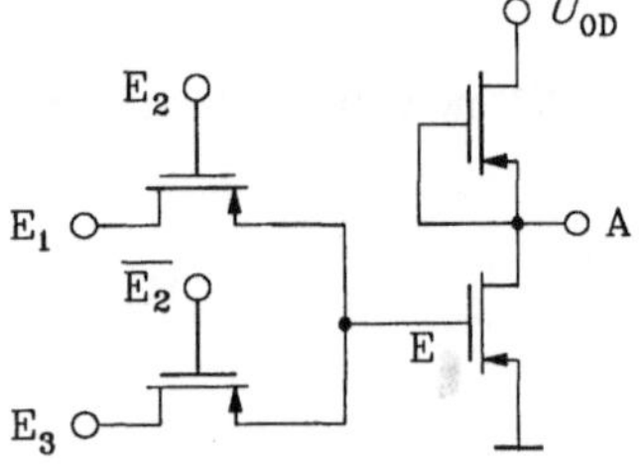

Bild 2-141
Multiplexer mit Transfer-Gate

Für $E_2 = H$ wird $E = E_1$, für $E_2 = L$ wird $E = E_3$, die Schaltung wirkt als Multiplexer oder Datenselektor,

$$E = E_1 E_2 + E_3 \overline{E_2}, \tag{2.488}$$

$$A = \overline{E_1 E_2 + E_3 \overline{E_2}}. \tag{2.489}$$

Weitere Möglichkeiten zur Schaffung definierter Pegel an E bilden zusätzliche gegenüber dem Transfer-Gate hochohmige Pull-down- oder Pull-up-Widerstände oder -Transistoren (Bild 2-142).

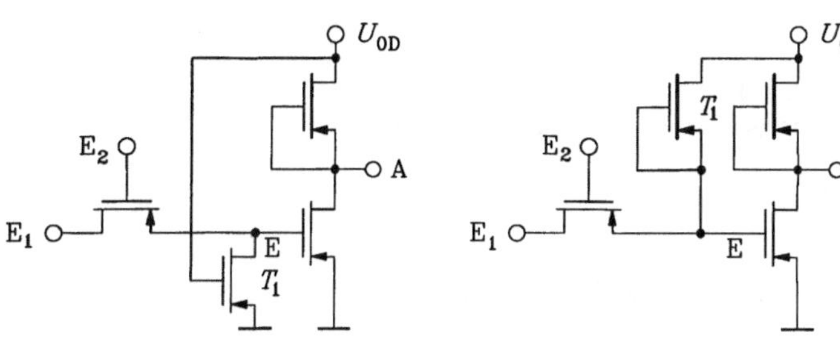

a) Pull–down–Transistor   b) Pull–up–Transistor

Bild 2-142
Schaltungen mit Pull-down-
bzw. Pull-up-Transistor

In Schaltung a wird E für $E_2 = L$ durch den hochohmigen Transistor T_1 auf den L-Pegel gezogen, so daß

$$E = E_1 \, E_2 + L = E_1 \, E_2 \tag{2.490}$$

gilt. In Schaltung b nimmt E für $E_2 = L$ den H-Pegel ein, der L-Pegel wird nur erreicht für

$$\overline{E} = E_1 \, \overline{E_2}, \tag{2.491}$$

$$E = \overline{E_1 \, \overline{E_2}} = \overline{E_1} + E_2. \tag{2.492}$$

2. Statisches Verhalten

Werden die Eingänge E_1 und E_2 der Schaltung nach Bild 2-140a mit dem H-Pegel $U_A(H)$ belegt, so entspricht das dem statischen Verhalten der Schaltstufe nach Bild 2-105b, indem an Gate und Drain die gleiche Spannung $U_A(H)$ liegt. Da in dem Transfer-Gate kein statischer Strom fließt, wird nach Gl. (2.395) die Spannung an E

$$U_E(H) = U_A(H) - U_{Tn} \tag{2.493}$$

gegenüber dem H-Pegel um die Schwellspannung des Transfer-Gate-Transistors abgesenkt. Werden in größeren Schaltungen Transfer-Gates in Reihe geschaltet (siehe Bild 2-143), so bedeutet das eine mehrmalige Absenkung des H-Pegels. Damit wird die Zahl der in Kette geschalteten Transistoren begrenzt.

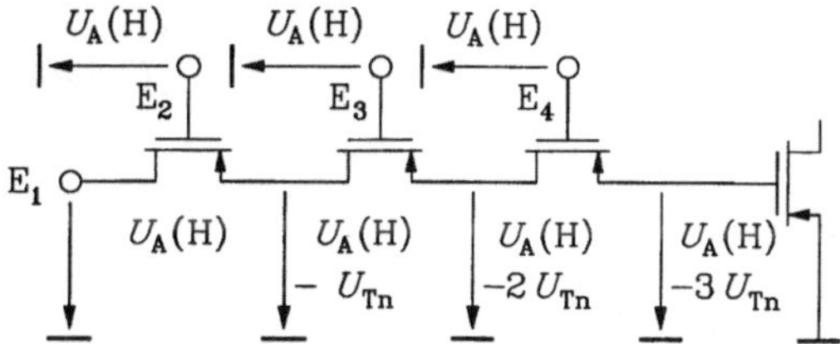

Bild 2-143
Kettenschaltung von Transfer-Gates

In der Schaltung nach Bild 2-140a befindet sich der Transfer-Gate-Transistor für $E_1 = L$, $E_2 = H$ im aktiven Bereich, wenn gilt

$$U_{DS} = U_A(L) - U_E(L) \leq U_{GS} - U_{Tn} = U_A(H) - U_E(L) - U_{Tn}, \tag{2.494}$$

oder

$$U_A(H) \geq U_A(L) + U_{Tn}, \tag{2.495}$$

siehe dazu auch Bild 2-144.

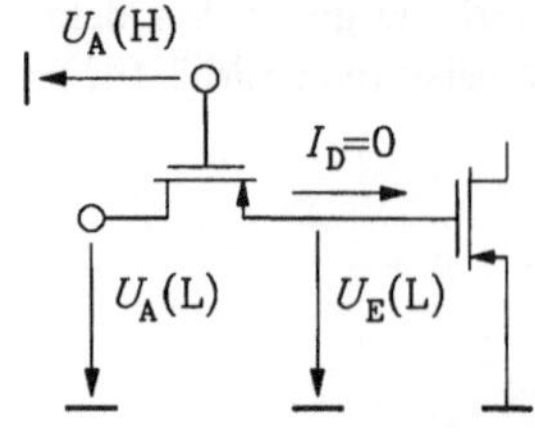

Bild 2-144
Übertragung des L-Pegels am Transfer-Gate

Mit $I_D = 0$ wird demzufolge

$$I_D = 0 = \frac{\beta_n}{2}\left[\begin{array}{l}2(U_A(H)-U_E(L)-U_{Tn})(U_A(L)-U_E(L)) \\ -(U_A(L)-U_E(L))^2\end{array}\right],\qquad(2.496)$$

$$U_E(L) = U_A(L),\qquad(2.497)$$

der L-Pegel wird ideal übertragen.

3. Dynamisches Verhalten

Es müßte zunächst unterschieden werden, ob der Schaltvorgang am Gate oder Drain des Transfer-Gate ausgelöst wird. Es zeigt sich jedoch, daß in beiden Fällen die gleichen dynamischen Verhältnisse vorliegen, d.h., die Differentialgleichungen und die zu ihrer Lösung notwendigen Randbedingungen sind identisch, so daß nur eine Variante berechnet werden muß. Im dargelegten Beispiel Bild 2-145 ist das die Steuerung über das Gate des Transfer-Gate.

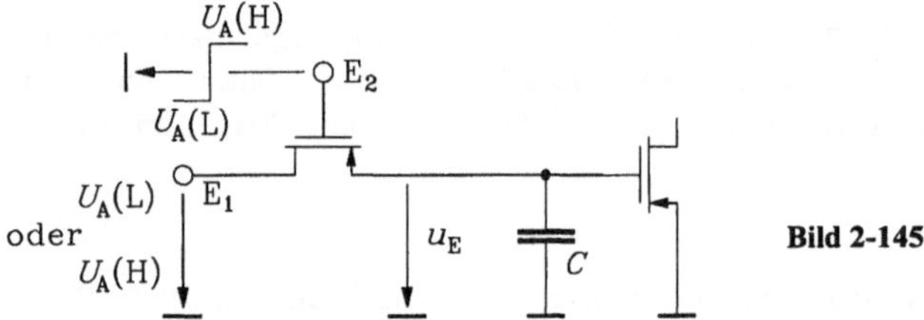

Bild 2-145

Zunächst sei $u_E = U_A(L)$, an E_1 liege $U_A(H)$, E_2 wird von $U_A(L)$ auf $U_A(H)$ geschaltet. Die Aufladung von C erfolgt genau nach dem für die EE-Schaltstufe nach Bild 2-105b angenommenen Modell (siehe Gl. (2.428)),

$$t_a = \frac{18C}{\beta_n(U_A(H)-U_A(L)-U_{Tn})}.\qquad(2.498)$$

Die Entladung der Kapazität erfolgt mit den Anfangswerten

$$u_{GS}(t{=}0) = U_A(H) - U_A(L),\qquad(2.499)$$

$$u_{DS}(t{=}0) = u_E(t{=}0) - U_A(L) = U_A(H) - U_{Tn} - U_A(L),\qquad(2.500)$$

wobei E_1 als Source und E_2 als Drain aufgefaßt wurde. Damit erfolgt die Entladung stets im aktiven Bereich des Transfer-Gate-Transistors,

$$i_D = \frac{\beta_n}{2}\left[2(U_A(H)-U_A(L)-U_{Tn})u_{DS}-u_{DS}^2\right] = -C\frac{du_E}{dt} = -C\frac{du_{DS}}{dt}.\qquad(2.501)$$

Die Abfallzeit wird mit

$$u_{DS}(t_f) = 0{,}1(U_A(H) - U_A(L) - U_{Tn}) \qquad (2.502)$$

erreicht. Damit ergibt sich

$$t_f = \frac{C}{\beta_n} \frac{\ln 19}{U_A(H) - U_A(L) - U_{Tn}} = \frac{C}{\beta_n} \frac{2{,}94}{U_A(H) - U_A(L) - U_{Tn}}. \qquad (2.503)$$

Wie eingangs dargelegt, ergibt die Steuerung am Drain (siehe Bild 2-146) die gleiche Anstiegs- und Abfallzeit nach Gl. (2.498) bzw. Gl. (2.503).

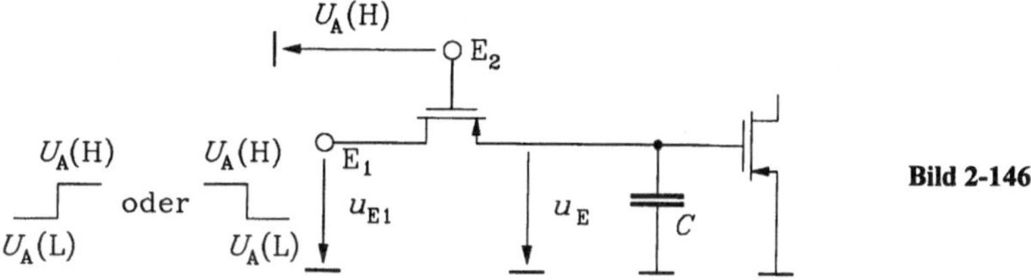

Bild 2-146

2.4.3.2 Schaltung mit Transfer-Gate nach Bild 2-140b

Diese Schaltung ohne nachfolgende Schaltstufe wird als dynamische Speicherzelle eingesetzt. Über das Transfer-Gate erfolgt das Einschreiben bzw. Auslesen der Zelle. Da die Ladung auf der Speicherkapazität C_S durch Leckströme verloren geht, muß regelmäßig ausgelesen und wieder eingeschrieben werden (Refresh des Speicherinhaltes).

Das statische Verhalten entspricht dem der Schaltung nach Bild 2-140a, ebenso das dynamische Verhalten beim Einschreiben des Speichers über entsprechende Spannungspegel $U_A(H)$ oder $U_A(L)$. Das Auslesen der Zelle erfolgt durch Einschalten des Transfer-Gates, wobei die gespeicherte Ladung auf an E_1 vorhandene parasitäre Kapazitäten umverteilt wird (siehe Bild 2-147), so daß insbesondere der Pegel $U_E(H)$ auf Grund der Kapazitätsverhältnisse stark abgesenkt wird.

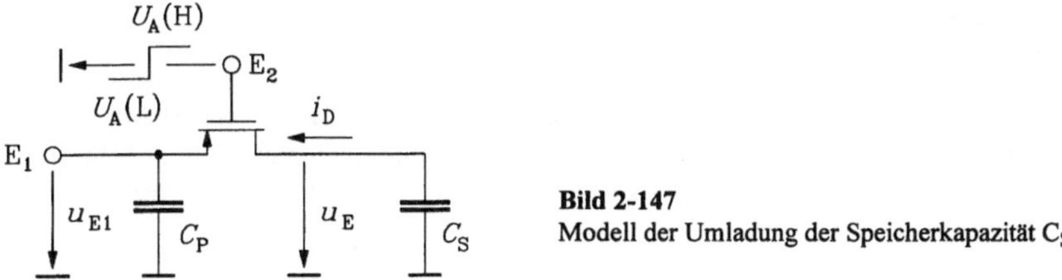

Bild 2-147
Modell der Umladung der Speicherkapazität C_S

Anmerkung:

FET sind bzgl. Drain und Source symmetrische Bauelemente (siehe dazu Bild 2-94). Demzufolge können Drain und Source (z.B. in Schaltbildern) vertauscht werden, ohne daß sich die Funktion der Schaltung verändert. Für das im Abschnitt 2.4.1 abgeleitete Modell des FET ist jedoch Source als Bezugselektrode angenommen worden, so daß es für Berechnungen im Elektrikniveau zweckmäßig ist, bei n-Kanal-FET stets die negativere Elektrode als Source zu bezeichnen. Sinngemäß wird bei p-Kanal-Transistoren die positivere Elektrode als Source definiert. Von der Vertauschbarkeit von Source und Drain wurde wegen der umkehrbaren Spannungsverhältnisse erstmals in der Schaltung zur Umladung einer Kapazität über ein Transfer-Gate Gebrauch gemacht (siehe Bild 2-140b im Vergleich zu Bild 2-147).

Mit den Anfangsbedingungen

$$u_E(t{=}0) = U_A(H) - U_{Tn}, \tag{2.504}$$

$$u_{E1}(t{=}0) = 0, \tag{2.505}$$

$$u_{GS}(t{=}0) = U_A(H), \tag{2.506}$$

$$u_{DS}(t{=}0) = U_A(H) - U_{Tn} \tag{2.507}$$

wird deutlich, daß die Umladung stets den aktiven Bereich des Transfer-Gate-Transistors benutzt. Damit gilt

$$\begin{aligned}
i_D &= \frac{\beta_n}{2}\Big[2(U_A(H) - u_{E1} - U_{Tn})(u_E - u_{E1}) - (u_E - u_{E1})^2\Big] \\
&= -C_S\frac{du_E}{dt} = C_P\frac{du_{E1}}{dt}
\end{aligned} \tag{2.508}$$

Aus Gl. (2.508) folgt

$$du_{E1} = -\frac{C_S}{C_P}\,du_E. \tag{2.509}$$

Ist die Umladung beendet, wird mit $i_D = 0$

$$u_{E1} = u_E = U_X(H), \tag{2.510}$$

oder

$$\int_0^{U_X(H)} du_{E1} = -\frac{C_S}{C_P}\int_{U_A(H)-U_{Tn}}^{U_X(H)} du_E. \tag{2.511}$$

Damit ergibt sich

$$U_X(H) = \frac{C_S}{C_P + C_S}(U_A(H) - U_{Tn}). \tag{2.512}$$

Da meist $C_P > C_S$ ist, sinkt $U_X(H)$ erheblich ab, z.T. bis auf $0,1\,U_A(H)$. Dieser wesentlich abgesunkene H-Pegel muß erkannt und verstärkt werden, um anschließend nach außen als Information und in die Zelle zum Auffrischen (Refresh) gegeben werden. Zur Lösung von Gl. (2.508) soll u_E durch u_{E1} ersetzt werden. Aus Gl. (2.509) folgt

$$u_E = -\frac{C_P}{C_S}u_{E1} + K_0. \tag{2.513}$$

Für $t \to \infty$ wird $u_E = u_{E1} = U_X(H)$, so daß K_0 zu

$$K_0 = U_A(H) - U_{Tn} \tag{2.514}$$

ermittelt wird. Den Verlauf von u_E und u_{E1} zeigt Bild 2-148.

Die Anstiegszeit t_a ergibt sich nach Integration von Gl. (2.508) unter Nutzung der Gl. (2.513) und (2.514) zu

$$t_a = \frac{C_S}{\beta_n(U_A(H) - U_{Tn})}\ln\frac{C_S + 9C_P}{C_S + C_P}. \tag{2.515}$$

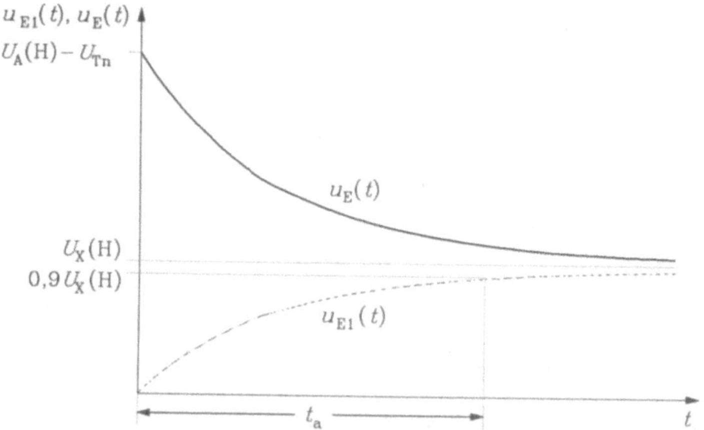

Bild 2-148 Verlauf der Umladung der Speicherkapazität C_S

2.4.3.3 Schaltung mit Transmission-Gate nach Bild 2-140c

In CMOS-Schaltungen werden ebenfalls häufig komplementäre Schalter eingesetzt. Für $E_2 = H$ und $\overline{E_2} = L$ ist der Schalter geschlossen, die Eingangsinformation E_1 gelangt an die Schaltstufe. Wird $\overline{E_2} = L$ und $E_2 = H$, ist der Schalter offen, an E existiert kein definiertes Potential. Das Transmission-Gate verhält sich bzgl. seiner logischen Funktion somit äquivalent zum Transfer-Gate in der Schaltung nach Bild 2-140a, so daß ähnliche Lösungen zum Erreichen definierter Pegel vorzusehen sind. Zur Berechnung der statischen Pegel an E wird das in Bild 2-149 dargestellte Modell verwendet.

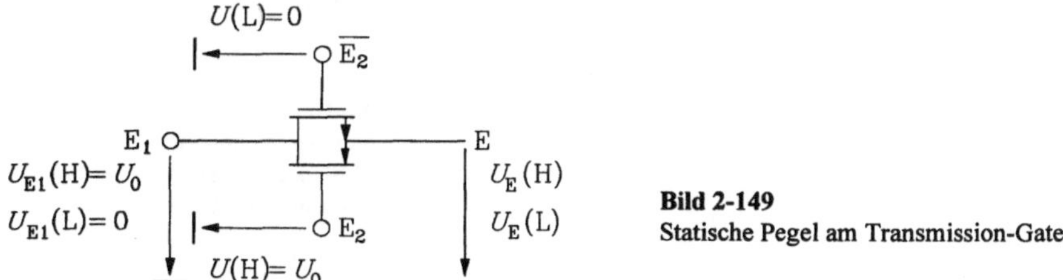

Bild 2-149
Statische Pegel am Transmission-Gate

Für $U_{E1}(H) = U_0$ arbeitet der p-Kanal-Transistor im aktiven Bereich, so daß $U_{DSp} = 0$ wird, es entsteht ein idealer H-Pegel,

$$U_E(H) = U_{E1}(H) = U_0, \tag{2.516}$$

der durch den n-Kanal-Transistor nicht zu sichern wäre, er befindet sich im Sperrbereich ($U_{GSn} = 0$). Für $U_{E1}(L) = 0$ kehren sich die Verhältnisse um, der n-Kanal-Transistor sichert an E einen idealen L-Pegel,

$$U_E(L) = U_{E1}(L) = 0, \tag{2.517}$$

während der p-Kanal-Transistor mit $U_{GSp} = 0$ gesperrt ist.

Auf die Berechnung des dynamischen Verhaltens soll an dieser Stelle verzichtet werden, sie geschieht analog zu den im Abschnitt 2.4.3.1 dargestellten Methoden. Allerdings ist zu beachten, daß beim Umschalten beide Transistoren des Transmission-Gate beteiligt sind. Bei symmetrischer Gestaltung beider Transistoren, d.h.,

$$\beta = \beta_n = \beta_p, \quad U_T = U_{Tn} = -U_{Tp},$$

ergeben sich gleiche Anstiegs- und Abfallzeiten,

$$t_{a,f} = \frac{C_L}{\beta} \left\{ \frac{1}{U_0 - U_T}\left[2 \arctan \frac{U_T}{2U_0 - 3U_T} + \ln\left(\frac{U_T}{U_0} \frac{19U_0 - 20U_T}{2U_0 - 3U_T} \right)\right] + \frac{1}{U_0 - 2U_T} \ln \frac{2U_0^2 - 6U_0\,U_T + 5U_T^2}{2U_0U_T - 3U_T^2} \right\}. \tag{2.518}$$

Bild 2-150 zeigt den Verlauf der Umladung und die dabei durchlaufenen Bereiche beider Transistoren.

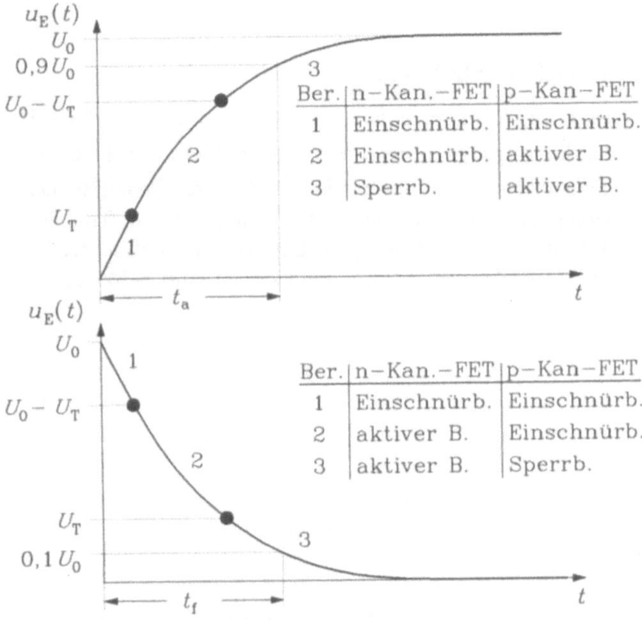

Bild 2-150
Zur Berechnung der
Umladezeiten am
Transmission-Gate

2.5 Aufgaben

Aufgabe 2.1

Es ist das Zeitverhalten der angegebenen Diodenschaltung zu analysieren. Das Netzwerk wird impulsförmig angesteuert (siehe Bild).

$$R_G = 500\ \Omega\ ;\ R = 1\ k\Omega\ ;\ U_F = 0{,}7\ V\ ;\ \tau_D = 1{,}4\ ns\ ;\ C_S = 1{,}8\ pF$$

Berechnen Sie unter Annahme einer idealen Schalterkennlinie für den pn-Übergang der Diode für die 3 Phasen der Ansteuerung ($t < t_0$, $t_0 \leq t < t_1$, $t_1 \leq t$)

1. die statischen Werte von u_A, u_D, i_D;

2. die Zeitverläufe $u_A(t)$, $u_D(t)$, $i_D(t)$;

3. die Einschaltverzögerung t_d' (Zeit des Anstiegs der Diodenspannung von der Sperrspannung bis zu U_F);

4. die Speicherzeit t_s':

5. die Abfallzeit t_f (Zeit des Absinkens des negativen Diodenstroms i_D vom Ende der Speicherzeit bis zum Wert $0{,}1\ I_{DY}$).

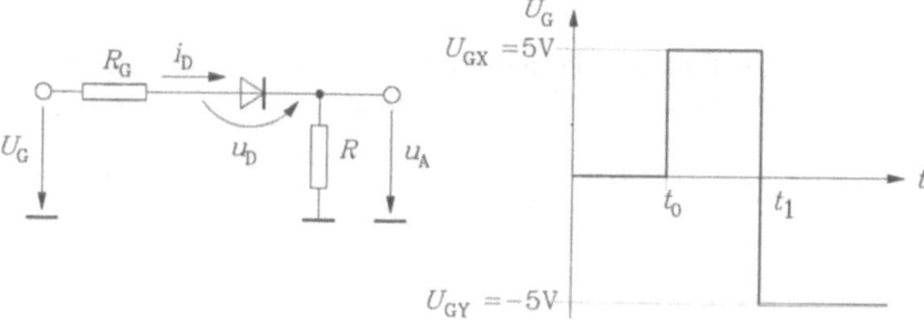

Aufgabe 2.2

Leiten Sie aus dem Großsignalersatzschaltbild eines npn-Transistors nach Gummel-Poon (Transportmodell) die für das Kleinsignalverhalten wichtigen Größen

Kleinsignaleingangswiderstand $\quad r_{BE} = \dfrac{\partial U_{BE}}{\partial I_B}$,

Kleinsignalstromverstärkung $\quad b = \dfrac{\partial I_C}{\partial I_B}$ und

Ausgangswiderstand $\quad r_{CE} = \dfrac{\partial U_{CE}}{\partial I_C}$

ab, wobei sich der Arbeitspunkt im aktiv normalen Bereich befinden soll.

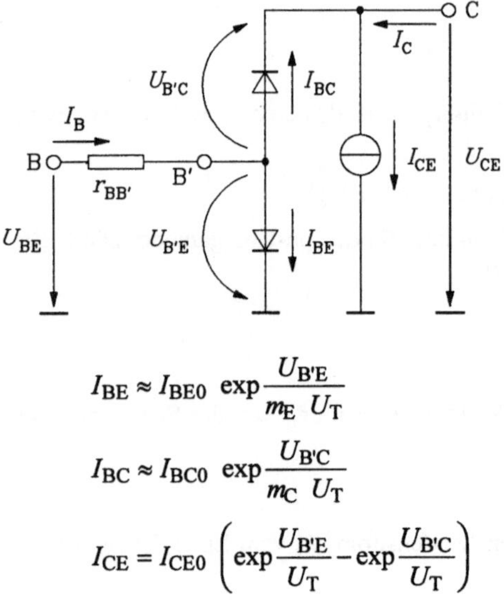

$$I_{BE} \approx I_{BE0} \; \exp\frac{U_{B'E}}{m_E \; U_T}$$

$$I_{BC} \approx I_{BC0} \; \exp\frac{U_{B'C}}{m_C \; U_T}$$

$$I_{CE} = I_{CE0} \left(\exp\frac{U_{B'E}}{U_T} - \exp\frac{U_{B'C}}{U_T} \right)$$

Aufgabe 2.3

Berechnen Sie für den dargestellten npn-Transistor die normale und inverse Stromverstärkung B_N und B_I. Verwenden Sie dazu das Transportmodell des Bipolartransistors.

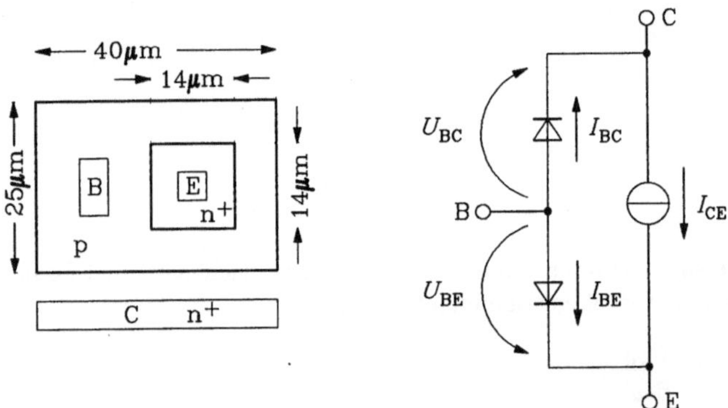

$$I_{BE} \approx I_{BE0} \; \exp\frac{U_{BE}}{U_T}$$

$$I_{BC} \approx I_{BC0} \; \exp\frac{U_{BC}}{U_T}$$

$$I_{CE} = I_{CE0} \left(\exp\frac{U_{BE}}{U_T} - \exp\frac{U_{BC}}{U_T} \right)$$

Als Sättigungsstromdichten wurden bei $U_{BE,BC} = 0{,}5$ V folgende Werte meßtechnisch ermittelt:

$$S_{BE} = 2 \cdot 10^{-5} \, \mu A / (\mu m)^2; \quad S_{BC} = 9 \cdot 10^{-5} \mu A / (\mu m)^2; \quad S_{CE} = 4,5 \cdot 10^{-3} \mu A / (\mu m)^2.$$

Aufgabe 2.4

Gegeben sei folgender Übersteuerungsschalter, der durch eine gleichartige Stufe angesteuert wird.

$$I_{CX} = 8 \, \text{mA}; \; m = 4; \; B_N = 80; \; U_{0C} = 5 \, \text{V}; \; U_{BEX} = 0,8 \, \text{V}; \; U_{CEX} = 0,2 \, \text{V}; \; U_{BEF} = 0,4 \, \text{V}$$

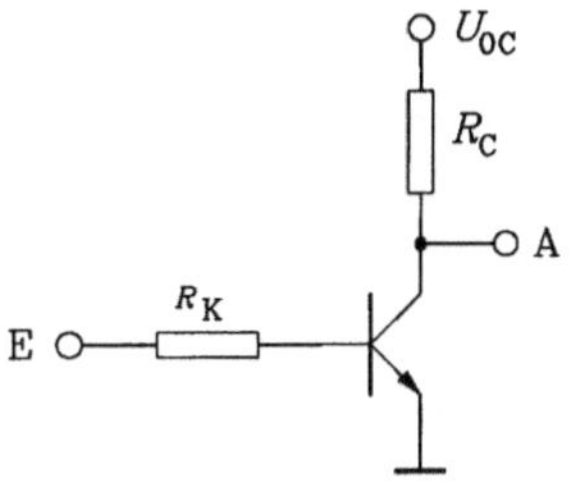

1. Berechnen Sie die die Widerstände R_C und R_K.

2. Berechnen Sie die Basis-Emitter-Spannung U_{BEY} im Sperrzustand und geben Sie an, ob der Transistor tatsächlich gesperrt ist.

Aufgabe 2.5

Gegeben sei ein Negator, der durch eine gleichartige Stufe angesteuert wird. Berechnen Sie

1. die Widerstände R_C, R_K, R_{GX}, R_{GY};

2. die Sperrspannung U_{BEY}.

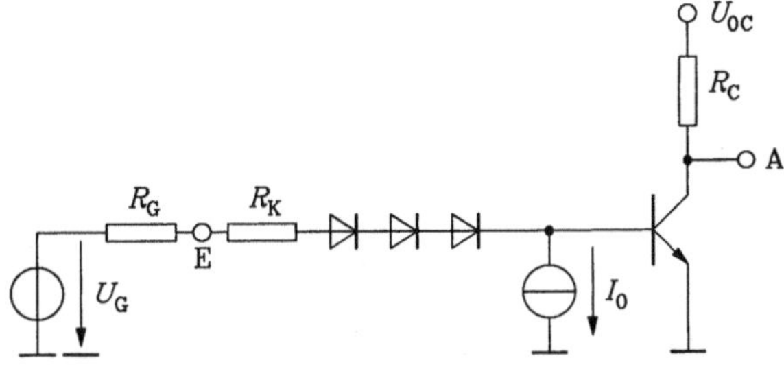

Werte:

$$U_{0C} = 5 \, \text{V}; \; U_{BEX} = U_F = 0,7 \, \text{V}; \; U_{CEX} = 0,1 \, \text{V}; \; B_N = 20; \; m = 5; \; I_{CX} = 5 \, \text{mA};$$

$$I_0 = 10 \, \mu A$$

Aufgabe 2.6

Berechnen Sie die Übertragungskennlinie $U_{CE} = f(U_G)$ des angegebenen Übersteuerungsschalters für den Fall, daß die Dioden des Transistors durch ideale Schalterkennlinien approximiert werden.

Welche Quellenspannung ΔU_G ist zum Umschalten von einem Zustand in den anderen unbedingt notwendig?

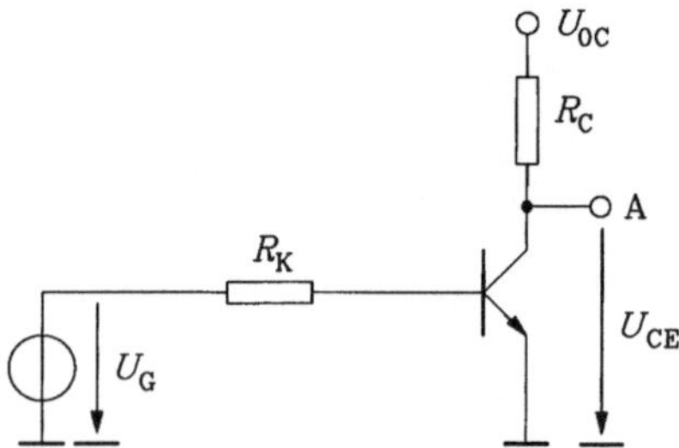

Werte:

$$U_{0C} = 10 \text{ V}; \; R_K = 10 \text{ k}\Omega; \; R_C = 1 \text{ k}\Omega; \; U_{CEX} = 0,3 \text{ V}; \; B_N = 100; \; U_{BEX} = 0,8 \text{ V};$$

Aufgabe 2.7

Berechnen Sie für den angegebenen Inverter:

1. die Einschaltverzögerung t_d',

2. die Anstiegszeit t_a',

3. die Speicherzeit t_s',

4. die Abfallzeit t_f'.

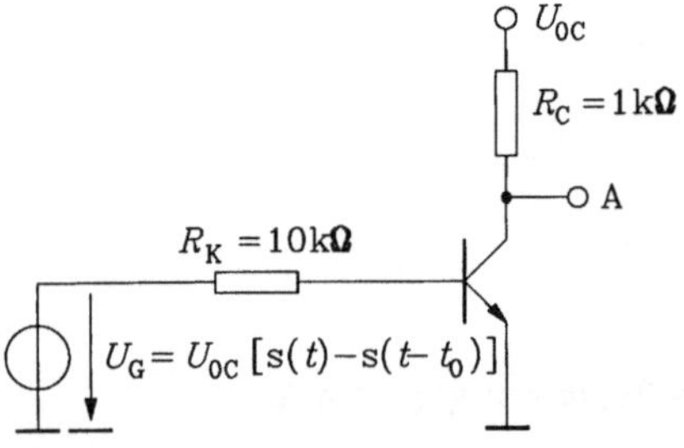

Werte:

$$U_{BEX} = 0,8 \text{ V}; \; U_{CEX} = 0,2 \text{ V}; \; B_N = 50; \; C_{CS} = C_{ES} = 3 \text{ pF}; \; \tau_C = 1 \text{ ns}; \; \tau_S = 50 \text{ ns}$$

Aufgabe 2.8

Berechnen Sie für die Schaltung aus Aufgabe 2.5 die Ansteigszeit t_a' und Abfallzeit t_f'. Die Schaltzeiten der Diodenkette sind vernachlässigbar klein gegenüber den Schaltzeiten des Transistors. Transistordaten: $\tau_C = 0,8$ ns; $C_{CS} = 2$ pF.

Aufgabe 2.9

Gegeben ist folgender Stromschalter, der durch eine gleichartige Stufe angesteuert wird:

$$U_{BEX} = 0,8 \text{ V}; \ \Delta U = 0,8 \text{ V}; \ A_N = 1$$

1. Welche logische Funktionen entstehen an A_1 und A_2?

2. Berechnen Sie U_{GX} und U_{GY}.

3. Berechnen Sie R_{C1} und R_{C2}.

4. Berechnen Sie R_K.

5. Berechnen Sie die mittlere Verlustleistung der Stufe.

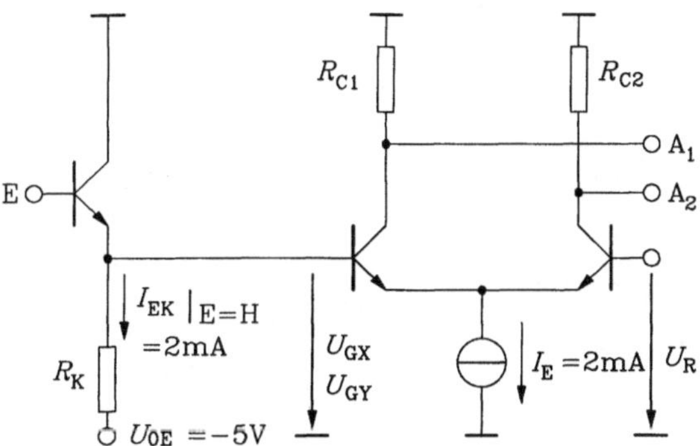

Aufgabe 2.10

Gegeben ist folgender Stromschalter in einer Kette gleichartiger Schalter.

Berechnen Sie

1. U_{GX}, U_{GY}, U_R,

2. R_{C1} und R_{C2}.

Werte:

$$A_N \approx 1; \ \Delta U = 0,8 \text{ V}; \ U_{BEX} = 0,75 \text{ V}; \ U_{0E} = -5 \text{ V}$$

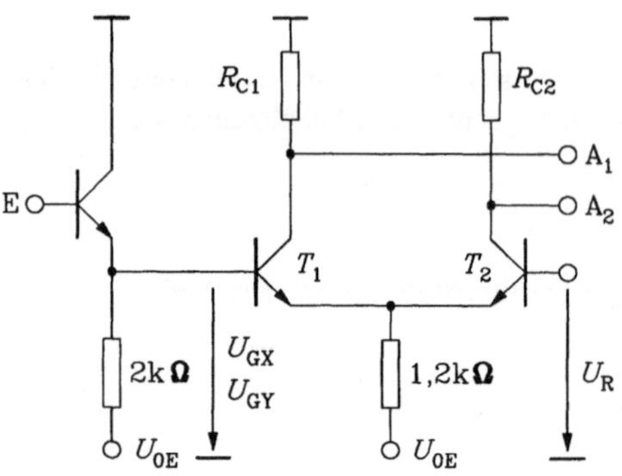

Aufgabe 2.11

Gegeben ist die Übertragungsfunktion des dargestellten ECL-Schalters

$$U_C = \frac{-\Delta U}{1 + \exp\left(-\dfrac{U_G - U_R}{U_T}\right)} \quad \text{mit } U_T = 25 \text{ mV}; \ \Delta U = 0{,}8 \text{ V}.$$

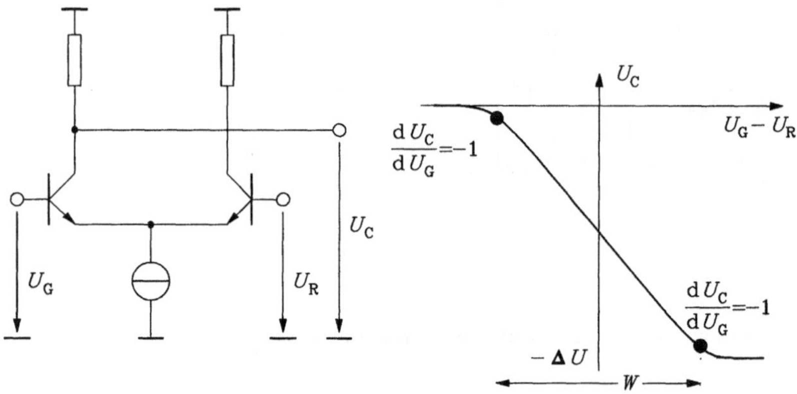

Berechnen Sie

1. die Übertragungsweite W als Differenz der Schwellspannungen (siehe Bild);

2. W, wenn sich die Referenzspannung U_R gegenläufig zu U_G ändert.

Hinweis:

Ersetzen Sie in der Übertragungsfunktion U_G durch $U_R + \Delta U_G$ und U_R durch $U_R - \Delta U_G$.

Aufgabe 2.12

Es soll ein FET-Inverter statisch dimensioniert werden, dessen Lasttransistor im Einschnürbereich arbeitet. Der Inverter befindet sich in einer Kette gleichartiger Stufen und soll im leitenden Zustand eine maximal zulässige Verlustleitung von $P_V = 3$ mW ausweisen.

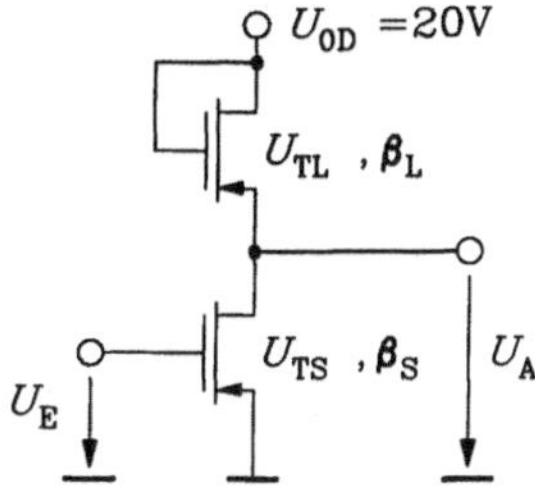

Berechnen Sie:

1. das β_S/β_L-Verhältnis des Inverters;

2. β_S und β_L unter Beachtung von P_V.

Werte:

$$U_{TL} = 5 \text{ V}; \ U_{TS} = 4 \text{ V}; \ U_A(L) = 2 \text{ V}$$

Aufgabe 2.13

Berechnen Sie die Anstiegszeiten der Ausgangsspannung $u_A(t)$ des angegebenen FET-Inverters, wenn

1. der Lasttransistor im Einschnürbereich arbeitet, $U_{0D} = U_{0G} = 15$ V;

2. der Lasttransistor im aktiven Bereich arbeitet, $U_{0G} = 2U_{0D} = 30$ V; zur Vereinfachung der Ableitung soll $U_{0G} \gg U_{0D}, U_{TL}$ angenommen werden.

3. Vergleichen Sie beide Ergebnisse.

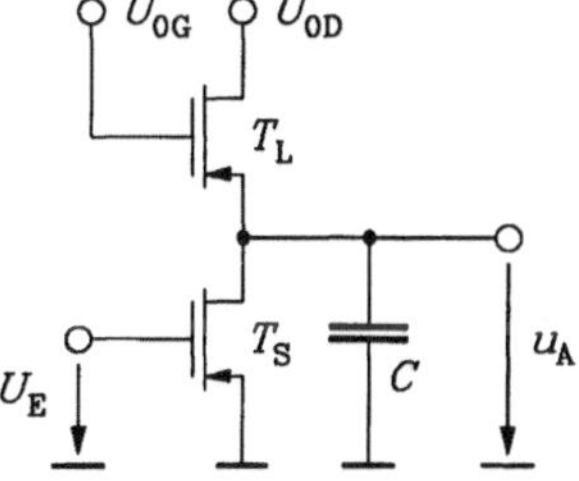

Werte:

$$\beta_L = 5 \ \mu A/V^2; \ U_{TL} = 5 \text{ V}; \ C = 0,5 \text{ pF}$$

Aufgabe 2.14

Berechnen Sie näherungsweise die Abfallzeit der Ausgangsspannung $u_A(t)$ des Inverters aus Aufgabe 2.13 bei Vernachlässigung des Lasttransistoreinflusses. Dabei soll der Lasttransistor

1. im Einschnürbereich arbeiten, $U_{0D} = U_{0G} = 15$ V;

2. im aktiven Bereich arbeiten $U_{0G} = 2U_{0D} = 30$ V.

Werte:

$$\beta_S = 10 \cdot \beta_L = 50\,\mu A / V^2 \,;\ U_{TS} = 3\ V$$

Aufgabe 2.15

Gegeben ist ein ED-Inverter. Berechnen Sie

1. das Kanalgrößenverhältnis β_E/β_D;

2. die Verzögerungszeit t_{pLH} der Ausgangsspannung u_A, wenn der Inverter mit idealen Impulsen angesteuert wird.

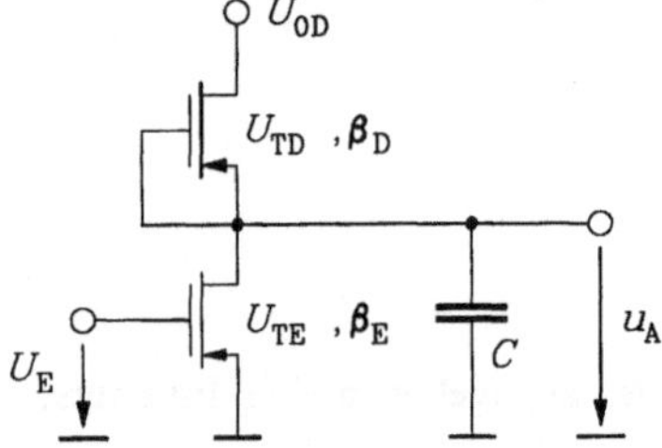

Werte:

$$U_{0D} = 5\ V;\ U_{TD} = -2\ V;\ U_{TE} = 0{,}8\ V;\ U_A(L) = 0{,}2\ V;\ C = 1\ pF;\ \beta_D = 50\mu A / V^2$$

3 Kombinatorische Grundschaltungen

Kombinatorische Grundschaltungen bilden logische Grundfunktionen nach, damit vollständige Schaltfunktionssysteme entstehen. Sie werden aus Schaltstufen durch Hinzufügen weiterer Schaltungsteile entwickelt, so daß die Verknüpfung mehrerer Eingangssignale ermöglicht wird.

Kombinatorische Grundschaltungen werden als Standardgatter mit niedrigem Integrationsgrad (SSI $\triangleq$ *Short Scale Integration*) verwendet oder zu größeren Komplexen in MSI (*Medium Scale Integration*)-, LSI (*Large Scale Integration*)- oder VLSI (*Very Large Scale Integration*)-Schaltkreisen zusammengefügt.

Kombinatorische Grundschaltungen klassifiziert man entweder nach ihren schaltungstechnischen Besonderheiten oder nach ihrer Herstellungstechnologie (siehe dazu Abschnitt 3.2). Bei der Auswahl des einzusetzenden Typenspektrums von kombinatorischen Grundschaltungen in Schaltungskomplexen sind folgende Faktoren zu beachten :

1. Technische Parameter
- Arbeitsgeschwindigkeit der Grundgatter
  Die Arbeitsgeschwindigkeit wird durch die Verzögerungszeit t_V der Gatter ausgedrückt. Sie wird abgeleitet aus den Geschwindigkeitsforderungen des Gesamtsystems.

- Verlustleistung P_V des Gatters
  Die maximal auftretende Verlustleistung ist zu bilanzieren. Dabei ist zu beachten, daß einerseits diese maximale Verlustleistung für alle in einem System auftretenden Gatter durch die Stromversorgung aufzubringen ist, andererseits diese Verlustleistung in Wärme umgesetzt wird und abgeführt werden muß.

  Da sich häufig Verlustleistung und Verzögerungszeit umgekehrt proportional zueinander verhalten, wird für eine Klasse von logischen Grundschaltungen (Schaltkreisfamilie) das Produkt

$$P_V \cdot t_V = \text{konstant} \tag{3.1}$$

ein schaltungstypisches Merkmal (siehe Bild 3-1).

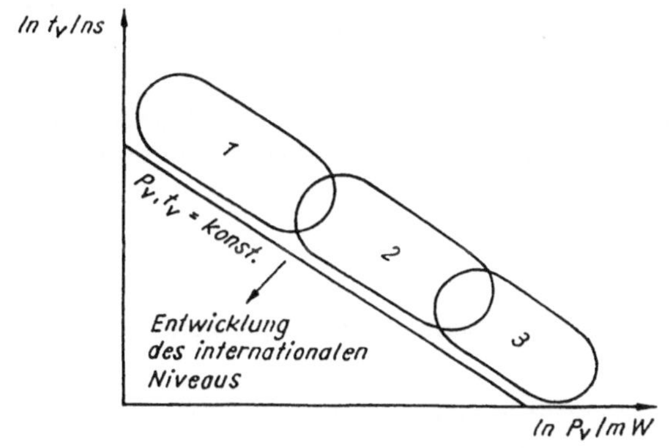

Bild 3-1
P_V, t_V-Charakterisierung von Schaltkreisen

1– Schaltkreisfamilien mit geringster Verlustleistung und hoher Verzögerungszeit (z.B. n- und p-Kanal-MOS-Schaltkreise, I²L)
2 – Schaltungen mit mittlerer Verlustleistung und Verzögerungszeit (z.B. TTL, CMOS-Schaltkreise)
3 – Schaltungen mit hoher Verlustleistung und geringster Verzögerungszeit (z.B. ECL-Schaltkreise)

– Störsicherheiten
Die Höhe der zuzulassenden Störungen beeinflußt wesentlich die auszuwählende Schaltungstechnik. Treten große Störungen auf, so muß meist ein System mit hohen Spannungspegeln
und Versorgungsspannungen gewählt werden.

– Spannungspegel, Versorgungsspannungen
Aus den Forderungen des Einsatzes in einem Gesamtsystem muß die Zusammenschaltbarkeit
der Schaltkreise (Kompatibilität) gesichert werden. Dazu gehören Vereinbarungen zu den
logischen Pegeln $U(\mathrm{H})$ und $U(\mathrm{L})$ sowie zur im System zu benutzenden Betriebsspannung U_0.

– Temperaturbereich
Das Gesamtsystem muß in einem vorgegebenen Temperaturbereich stabil arbeiten, d.h., daß
auch jede Teilschaltung diese Anforderungen erfüllen muß. So verändert sich zum Beispiel
die Basis-Emitter-Spannung U_{BE} bei konstant gehaltenem Kollektorstrom I_{C} von npn-Transistoren in Abhängigkeit von der Temperatur um

$$\left.\frac{\mathrm{d}U_{\mathrm{BE}}}{\mathrm{d}T}\right|_{I_{\mathrm{C}=\mathrm{konst}}} = -(2\ldots2{,}5)\,\frac{\mathrm{mV}}{\mathrm{grd}}. \tag{3.2}$$

Bei einemTemperaturbereich von 100 Grad ergibt das eine Spannungsänderung von

$$\left.\frac{\mathrm{d}U_{\mathrm{BE}}}{\mathrm{d}T}\right|_{I_{\mathrm{C}=\mathrm{konst}}} = -(2\ldots250)\,\frac{\mathrm{mV}}{\mathrm{grd}}.$$

Solche großen Änderungen können oft nicht zugelassen werden, so daß andere Schaltungen,
Kompensationsmaßnahmen oder Einschränkungen im Temperaturbereich notwendig werden.

– Logische Funktionen der angestrebten Schaltungsvariante
Es ist zu prüfen, ob die Logikfunktionen des Systems sich einfach auf die vorhandenen
Grundgatter abbilden lassen.

– Zuverlässigkeit
Ein besonders wesentliches Merkmal der Schaltung ist ihre Zuverlässigkeit. Die Ausfallrate λ
einer Schaltung,

$$\lambda = \frac{\Delta n}{\Delta t}, \tag{3.3}$$

Δn – Zahl der Ausfälle in der Zeiteinheit Δt

bestimmt die Zuverlässigkeit des Gesamtsystems wesentlich. Oft stehen Zuverlässigkeitsfor-
derungen noch vor der Erfüllung anderer Parameter, wie Arbeitsgeschwindigkeit oder Störsicherheit, beeinflussen sie doch besonders den Anteil der Garantie- und Reparaturleistungen
der Hersteller von Systemen gegenüber dem Anwender.

2. Ökonomische Forderungen

Soll ein Gerät auf der Basis einer bestimmten Schaltungstechnik entwickelt werden, müssen
folgende Fragen beantwortet werden:

– Existieren bereits gleiche oder ähnliche integrierte Schaltkreise, wie sie in dem geplanten
System verwendet werden sollen? Trifft das zu, so sollten diese Schaltkreise eingesetzt
werden (z.B. TTL-Standard-Schaltkreise, Mikroprozessoren, Speicher).

– Kann durch Kombination niedrig integrierter Schaltkreise, eventuell unter Einsatz der Hybrid-
technik die Aufgabe gelöst werden?

– Wenn unbedingt eine neue Schaltungstechnik einzusetzen ist oder neue Schaltkreise auf der Basis schon existierender Grundschaltungen zu entwickeln sind, spielt die zu produzierende Stückzahl eine wesentliche Rolle. Lohnt sich eine Entwicklung nicht, müssen Standardschaltkreise (z.B. TTL-SSI-Schaltkreise) oder programmierbare logische Felder (PLA) eingesetzt werden. Auch bei mittleren Stückzahlen ist meist ein vollständiger Schaltkreisentwurf uneffektiv. Oft werden daher vereinfachte Entwurfssysteme (z.B. Gate-Array-Schaltkreise und Standardzellen-Schaltkreise) eingesetzt. Nur bei höchsten Stückzahlen oder besonderen Forderungen werden optimierte Schaltkreisentwicklungen (Kundenwunsch-Schaltkreise, ASIC) ökonomisch vertretbar sein.

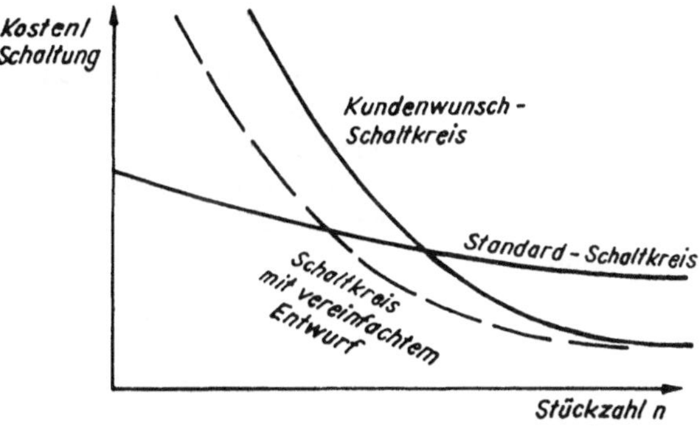

Bild 3-2
Kosten eines Schaltkreises als Funktion der Stückzahl und der Entwurfsmethode

Bei der Entscheidung zwischen den einzelnen Realisierungsprinzipien sind die entstehenden Schaltkreiskosten zu beachten. In Bild 3-2 sind diese Kosten für eine Schaltung dargestellt, die durch Standard-, Kundenwunsch- oder Schaltkreise mit vereinfachten Entwurfssystemen realisiert wird. Während bei großen Stückzahlen der optimierte Kundenwunschentwurf rentabel ist, sollten für mittlere Stückzahlen technisch nicht ganz optimale Schaltungen mit vereinfachtem Entwurf und für kleinste Mengen Standardschaltkreise eingesetzt werden.

3.1 Grundprinzip und grundlegende Eigenschaften

3.1.1 Schaltungsprinzip

Jede kombinatorische Grundschaltung soll zweiwertige digitale Signale entsprechend Tabelle 1.4 (Abschnitt 1.2.2.1) verknüpfen. Sie muß deshalb mindestens 2 Eingänge besitzen (eine Ausnahme bilden nur die im Kapitel 2 behandelten Schaltstufen zur Realisierung der Negation bzw. Identität).

Eine kombinatorische Grundschaltung entsteht aus einer Schaltstufe durch Hinzufügen eines Verknüpfungsnetzwerkes, welches die m Eingangssignale für den Schaltstufeneingang E aufbereitet (siehe Bild 3-3).

Jede kombinatorische Grundschaltung nach Bild 3-3 besitzt einen Schwellwert T. Dieser gibt an, bei welcher Eingangsbelegung die Schaltung ihren Ausgangszustand wechselt. Es gilt

$$A = L \text{ oder } H \text{ für } \sum_{v=1}^{T-0,5}(E_v = H) \tag{3.4}$$

und

$$A = H \text{ oder } L \text{ für } \sum_{v=1}^{T+0,5}(E_v = H). \tag{3.5}$$

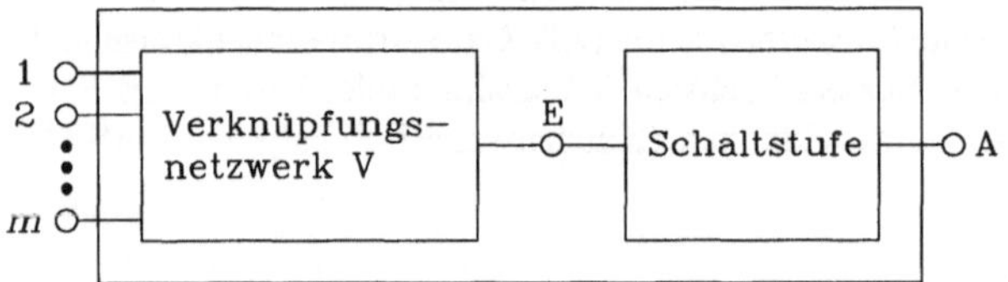

Bild 3-3
Prinzip einer kombinatorischen
Grundschaltung

Für eine OR- oder NOR-Schaltung ist $T = 0{,}5$; es genügt, einen Eingang mit H zu belegen, damit der Ausgang umschaltet. AND- oder NAND-Schaltungen haben den Schwellwert $T = m\text{-}0{,}5$; es müssen alle Eingänge mit H belegt sein, damit der andere Zustand eingenommen wird. So kann die in Bild 3-4 angegebene kombinatorische Grundschaltung, die aus einer einfachen Erweiterung der Schaltstufe nach dem Übersteuerrungsprinzip (siehe Kapitel 2) entstanden ist, je nach Dimensionierung verschiedene logische Funktionen nachbilden.

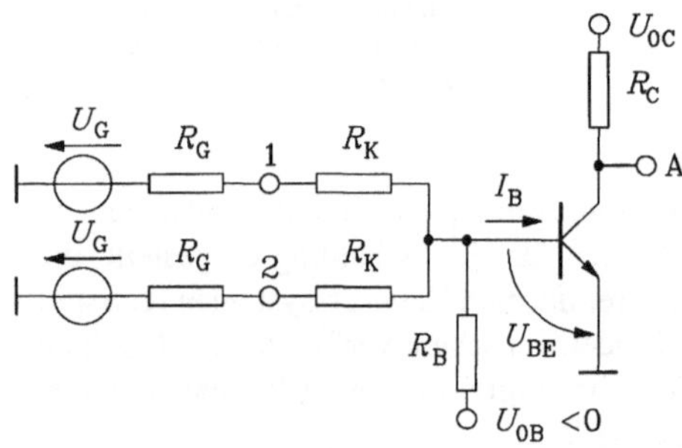

Bild 3-4
Kombinatorische Grundschaltung
in Übersteuerungstechnik

Sind alle Eingänge mit L belegt, so soll der Transistor gesperrt sein. Eine NOR-Schaltung mit $T = 0{,}5$ entsteht dann, wenn ein mit H belegter Eingang ($U_{GX} = U_{0C}$, $R_{GX} = R_C$) den Transistor einschaltet ($U_{BE} = U_{BEX}$) und außerdem übersteuert ($I_B \doteq I_{BX}$), während der andere Eingang mit L ($U_{GY} = U_{CEX}$, $R_{GY} = 0$) belegt ist. Somit gilt für den Eingangsknoten im EIN-Zustand

$$\frac{U_{GX} - U_{BEX}}{R_{GX} + R_K} = I_{BX} + \frac{U_{BEX} - U_{GY}}{R_K + R_{GY}} + \frac{U_{BEX} - U_{0B}}{R_B}, \tag{3.6}$$

$$\frac{U_{0C} - U_{BEX}}{R_C + R_K} = I_{BX} + \frac{U_{BEX} - U_{CEX}}{R_K} + \frac{U_{BEX} - U_{0B}}{R_B}. \tag{3.7}$$

Im AUS-Zustand wird durch die Kombination $U_{0B} < 0$ und R_B ein sicheres Sperren des Transistors erreicht. Die entsprechende Knotengleichung lautet

$$2\frac{U_{GY} - U_{BEY}}{R_{GY} + R_K} = \frac{U_{BEY} - U_{0B}}{R_B}, \tag{3.8}$$

$$2\frac{U_{CEX} - U_{BEY}}{R_K} = \frac{U_{BEY} - U_{0B}}{R_B}. \tag{3.9}$$

Die Gl. (3.7) und (3.9) bestimmen die Dimensionierung von R_K und R_B.

Als NAND-Schaltung ($T = 1,5$) arbeitet die Schaltung nach Bild 3-4 dann, wenn 2 Eingänge mit H belegt werden müssen, um den Transistor einzuschalten. Damit gilt für den EIN-Zustand

$$2\frac{U_{0C} - U_{BEX}}{R_C + R_K} = I_{BX}\frac{U_{BEX} - U_{0B}}{R_B}, \tag{3.10}$$

während die Belegung eines Einganges mit H bereits auf den AUS-Zustand ($U_{BE} = U_{BEY}$, $I_B = 0$) führt,

$$\frac{U_{0C} - U_{BEY}}{R_C + R_K} = \frac{U_{BEY} - U_{CEX}}{R_K} + \frac{U_{BEY} - U_{0B}}{R_B}. \tag{3.11}$$

Die praktische Dimensionierung als NAND-Glied würde allerdings $R_C \gg R_K$ ergeben, so daß die statische und dynamische Treiberfähigkeit dieser Stufe sehr eingeschränkt wäre.

Auf Grund weiterer ungünstiger Eigenschaften (schlechtes statisches und dynamisches Verhalten, schlechte Integrationseigenschaften) wird die Schaltung nach Bild 3-4 kaum noch als kombinatorische Grundschaltung eingesetzt. Im vorliegenden Buch wird sie dann genutzt, wenn sich daran gut die Probleme der digitalen Schaltungstechnik darstellen lassen.

3.1.2 Grundlegende Eigenschaften

Die aus dem Kapitel 2 (Schaltstufen) bekannten statischen und dynamischen Eigenschaften sind bei kombinatorischen Schaltungen durch weitere im Logik- und Elektrikniveau zu ergänzen.

Logikniveau:
1. die logische Funktion der Schaltung,

2. die Verzögerungszeiten des Ausgangssignals gegenüber den einzelnen Eingangssignalen. Das im Kapitel 2 abgeleitete Modell (siehe Bild 3-5) kann dann mit der notwendigen Ergänzung durch zusätzliche Eingänge weiter benutzt werden, wenn alle Eingänge dynamisch gleichberechtigt sind.

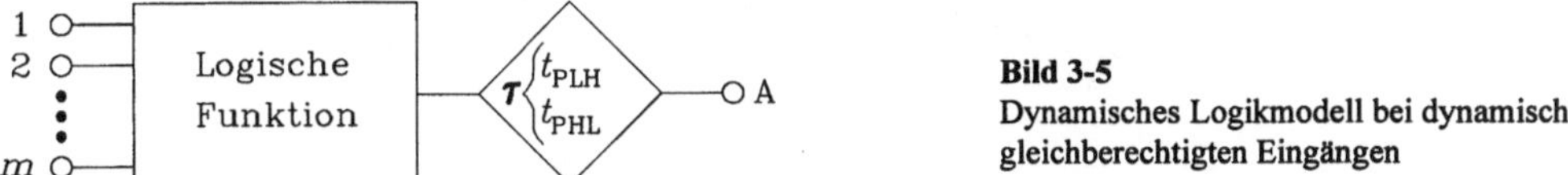

Bild 3-5
Dynamisches Logikmodell bei dynamisch gleichberechtigten Eingängen

Reagiert jedoch der Ausgang auf verschiedene Eingänge mit deutlich unterschiedlichen Verzögerungszeiten, muß das Verzögerungsglied τ in die Eingangsleitungen eingefügt werden (Bild 3-6).

Elektrikniveau:
1. die Zahl der Eingänge m
   Die Möglichkeit, unterschiedliche Zahlen von Eingängen realisieren zu können, zeichnet u.a. gute Schaltkreisfamilien aus. Dazu ist es notwendig, insbesondere für größere Eingangszahlen die Eingänge statisch und dynamisch zu entkoppeln (z.B. durch Dioden oder Transistoren), so daß die Belastung einer Treiberschaltung durch folgende kombinatorische Schaltungen gering ist.

Bei der Ermittlung des Eingangsstrombedarfs für die Eingangs- sowie die Übertragungskennlinie und schließlich auch für die Bedingungen der Zusammenschaltung kombinatorischer

Schaltungen (siehe Bild 3-7) ist stets davon auszugehen, daß der Ausgang unter Worst-Case-Bedingungen umschalten soll.

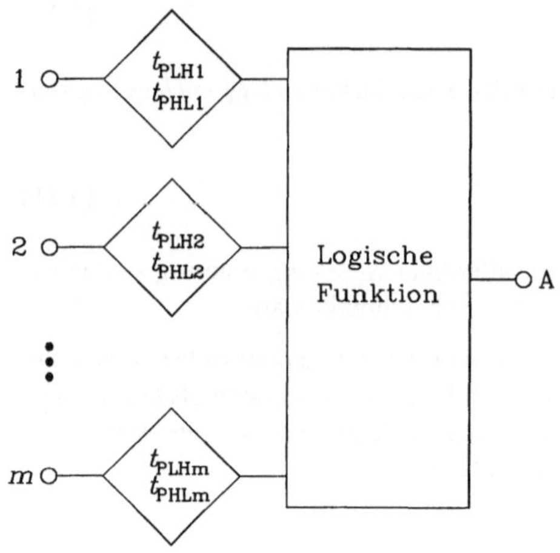

Bild 3-6
Dynamisches Logikmodell bei dynamisch nicht gleichberechtigten Eingängen

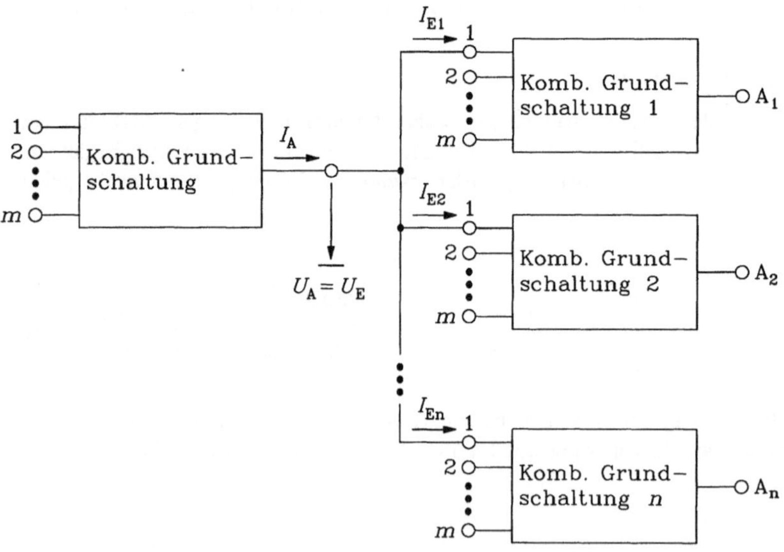

Bild 3-7 Zusammenschaltung kombinatorischer Grundschaltungen

Deshalb sind die Eingangsbelegungen so zu wählen, daß gerade der Schwellwert T über- bzw. unterschritten wird. Für OR/NOR-Schaltungen bedeutet das, $(m-1)$ Eingänge mit L zu belegen und nur einen Eingang von L nach H schalten zu lassen. Bei AND/NAND-Schaltungen sind demnach $(m-1)$ Eingänge mit H zu belegen, während der restliche Eingang umschaltet. Bild 3-8 macht diese Bedingungen deutlich.

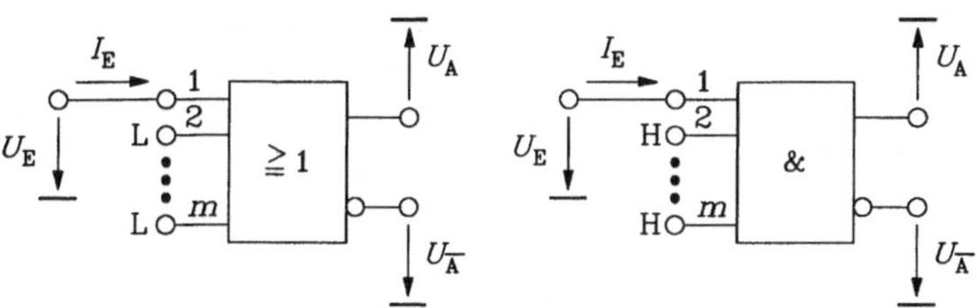

Bild 3-8 Eingangsbeschaltung zur Ermittlung statischer Kennlinien und der Zusammenschaltungsbedingungen (siehe Bild 3-7) für OR/NOR- und AND/NAND-Schaltungen

2. Dynamisches Verhalten des Ausganges bei unterschiedlichen Eingangsbelegungen
Dazu können die im Kapitel 2 abgeleiteten Bauelementemodelle eingesetzt werden. Die so ermittelten Verzögerungszeiten t_{PLHv} und t_{PHLv} können als Parameter in das Logikmodell überführt werden.

3.2 Wichtige kombinatorische Grundschaltungen

Die Vielfalt kombinatorischer Grundschaltungen und damit Schaltkreistechniken erfordert eine strenge Systematisierung dieser Schaltungen. Folgende Systematisierungsgesichtspunkte werden beachtet:

1. Schaltungen mit konstanter logischer Funktion und Schaltungen, deren logische Funktion durch einfache schaltungstechnische Maßnahmen veränderbar ist (Schwellwertschalter);
2. Schaltungen, die nach dem Prinzip des Ein-Aus-Schalters arbeiten, und solche, deren Funktion auf der Stromumschaltung bzw. dem Stromschaltprinzip beruht;
3. Schaltungen mit Bipolartransistoren oder Feldeffekttransistoren.

Zwischen diesen 3 Punkten ist eine Rangfolge nur willkürlich festzulegen. Die hier vorgenommene Systematisierung entspricht der allgemein üblichen und hat den Vorteil der einfachen Übersicht, weil einige Gruppen gegenwärtig nur wenige typische Schaltkreistechniken aufweisen. Bild 3-9 gibt schematisch die Systematisierung der kombinatorischen Grundschaltungen an.

Schaltungen mit konstanter logischer Funktion sind dadurch gekennzeichnet, daß im allgemeinen relativ unabhängig von den Bauelementeparametern nur eine logische Funktion einstellbar ist. Die logische Funktion ist somit bereits durch den Schaltungsaufbau eindeutig festgelegt. Der Schwellwert dieser Schaltungen beträgt meist

$$T = \tfrac{1}{2} \quad \text{oder} \quad T = m - \tfrac{1}{2}. \tag{3.12}$$

Andererseits ist bei Schwellwertschaltern schaltungstechnisch die Einstellung einer Vielzahl von Schwellwerten $T(\tfrac{1}{2} \leq T \leq m - \tfrac{1}{2})$ möglich, so daß die gleiche Schaltungsstruktur verschiedene logische Funktionen realisieren kann, indem die Bauelemente und die Versorgungsspannungen verändert werden. Weiterhin ist es möglich, den Schwellwert T eines Schwellwertschalters durch Änderung von dafür vorgesehenen Eingangsbelegungen zu variieren. Solche Schalter können in Abhängigkeit vom Ergebnis bestimmter logischer Operationen ihre Eigenschaften ändern, so daß ein so aufgebautes System sich entsprechend seiner Programmierung selbst weiterentwickeln kann. Man erhält damit eine Möglichkeit, sogenannte lernende Strukturen aufzubauen.

Einige einfache Schaltungen geringer Leistungsfähigkeit können dabei sowohl zu den Schaltungen mit konstanter logischer Funktion wie auch zu den Schwellwertschaltungen gerechnet werden. Moderne Schaltkreise sind jedoch so spezialisiert, daß sie eindeutig nach den vorgegebenen Systematisierungspunkten zu trennen sind.

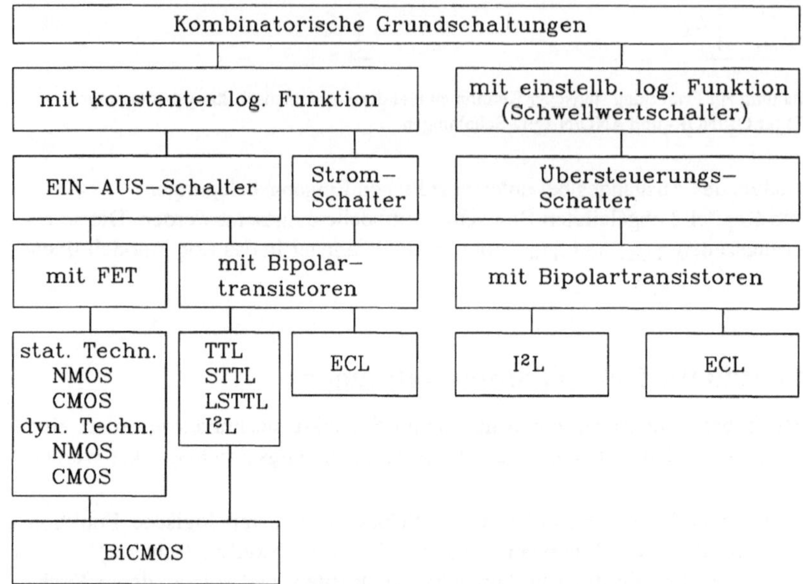

Bild 3-9 Systematisierung der logischen Grundschaltungen

3.2.1 Transistor-Transistor-Logik (TTL, STTL, LSTTL)

Die TTL-Grundschaltung, *(transistor-transistor-logic,* TTL) in Bild 3-10 besteht aus einer Übersteuerungsschaltstufe (T_2 und R_C) und einer Anpassungs- und Verknüpfungsstufe (Multi-Emitter-Transistor T_1 und R_B). Sie realisiert die NAND-Funktion, wie aus der folgenden Betrachtung zur Wirkungsweise hervorgeht.

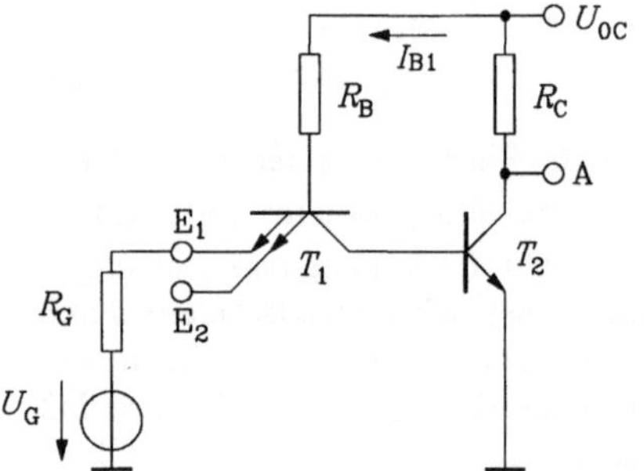

Bild 3-10
TTL-Grundschaltung (NAND)

Zur Wirkungsweise und statischen Dimensionierung

Liegt an mindestens einem Eingang die niedrige Spannung U_{GY}, so ist die Basis-Emitter-Diode des Multi-Emitter-Transistors leitend ($U_{BE1} = U_{BEX}$) das Potential an der Basis dieses Transistors beträgt etwa

$$U_{GY} + U_{BEX} = U_{CEX} + U_{BEX} \approx 0,9 \text{ V}. \tag{3.13}$$

Diese Spannung ist zu klein, um über den Kollektor des Multi-Emitter-Transistors einen wesentlichen Strom in die Basis des Schalttransistors T_2 zu treiben. Zum Beweis stellt man das Ersatzschaltbild des Eingangsteils der Schaltung auf (Bild 3-11) und berechnet die Basis-Emitter-Spannung von Transistor 2.

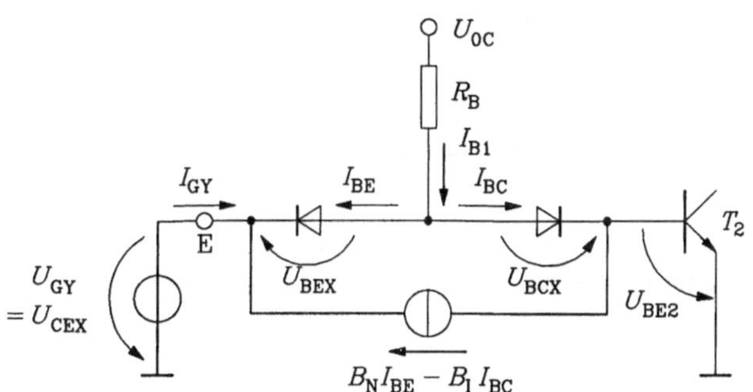

Bild 3-11
Ersatzschaltung der TTL-Eingangsstufe (Einfächerung $m = 1$) bei Eingangs-L-Pegel

Dabei wird angenommen, daß die Quelle ebenfalls eine TTL-Schaltung darstellt,

$$U_{GY} = U_{CEX}, \quad R_{GY} \approx 0. \tag{3.14}$$

Da aus dem Eingang Strom in die Quelle fließt, d.h.,

$$I_{BE} > 0, \tag{3.15}$$

muß auch

$$B_N I_{BE} > 0 \tag{3.16}$$

sein. Andererseits kann Transistor T_2 keinen Strom liefern, so daß der Transistorstrom durch den Transistor T_1 selbst geliefert werden muß,

$$I_{BC} = B_N I_{BE} - B_I I_{BC}, \tag{3.17}$$

$$I_{BC} = \frac{B_N I_{BE}}{1 + B_I}. \tag{3.18}$$

Somit wird auch

$$I_{BC} > 0 \tag{3.19}$$

und damit ebenfalls

$$U_{BC1} = U_{BCX}. \tag{3.20}$$

Aus der Eingangsmasche folgt nun

$$U_{BE2} = U_{CEX} + U_{BEX} - U_{BCX} \approx U_{CEX}. \tag{3.21}$$

Damit bleibt Transistor T_2 an der Grenze zum Sperrbereich äußerst schwach leitend; er ist praktisch gesperrt.

Werden andererseits alle Eingänge auf U_{GX} gelegt, so sind alle Basis-Emitter-Strecken des Multi-Emitter-Transistors gesperrt ; es gilt die Ersatzschaltung Bild 3-12.

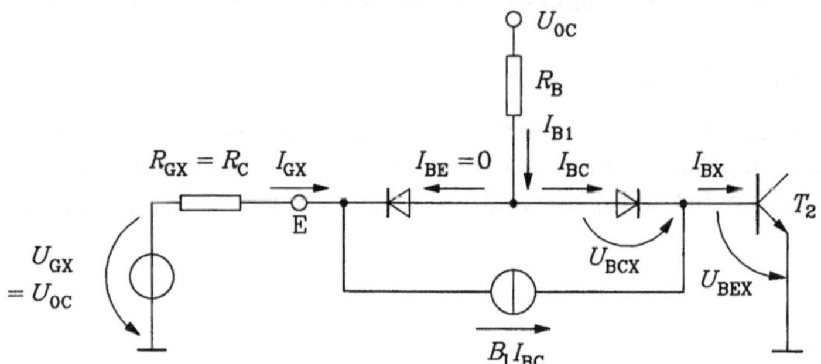

Bild 3-12 Ersatzschaltung der TTL-Eingangsstufe (Einfächerung m = 1) bei Eingangs-H-Pegel

Gleichzeitig ist die Kollektor-Basis-Strecke des Multi-Emitter-Transistors leitend übersteuert ($U_{BCX} \approx U_{BEX}$), der Multi-Emitter-Transistor wird invers betrieben. Man erhält aus der Maschengleichung

$$U_{0C} = I_{B1}R_B + U_{BCX} + U_{BEX} \tag{3.22}$$

mit

$$I_{B1} = \frac{I_{BX}}{1 + B_I} \approx I_{BX}(B_I \ll 1) \tag{3.23}$$

die für die Festlegung von R_B wichtige Beziehung

$$R_B \approx \frac{U_{0C} - U_{BEX} - U_{BCX}}{I_{BX}}. \tag{3.24}$$

R_C wird nach den bei der Übersteuerungsschaltstufe üblichen Prinzipien dimensioniert.

Der Eingangsstrom I_{GX} wird sehr klein,

$$I_{GX} = B_I I_{BC}. \tag{3.25}$$

Die in Bild 3-10 angegebene Grundschaltung wird meist durch Endstufen ergänzt, um größere Störsicherheiten und höhere Ausfächerungen zu erreichen (Bild 3-13). Wird an den Eingang die hohe Spannung U_{0C} gelegt, so wird die Basis-Emitter-Diode von T_1 gesperrt, die Basis-Kollektor-Diode jedoch leitend. Damit fließt durch T_2 Strom, er ist leitend übersteuert. R_3 wird so dimensioniert, daß sich bei übersteuertem Transistor T_2 an der Basis von T_4 U_{BEX} einstellt und ein Teil des Emitterstroms von T_2 als Basisstrom von T_4 dessen Übersteuerung gewährleistet. Am Ausgang A liegt die Restspannung U_{CEX}, wenn nachfolgende Stufen Strom in die Schaltung treiben. Bei leitendem T_2 liegt an seinem Kollektor die Spannung

$$U_{C2} = U_{CEX2} + U_{BEX4}, \tag{3.26}$$

die Spannungsdifferenz des Kollektors von T_2 und der Basis von T_3 zum Ausgang A beträgt somit U_{BEX}. Diese Spannung reicht nicht aus, T_3 und D leitend zu machen. Die Diode D hat also den Zweck, bei anliegender hoher Eingangsspannung das Sperren von T_3 zu garantieren.

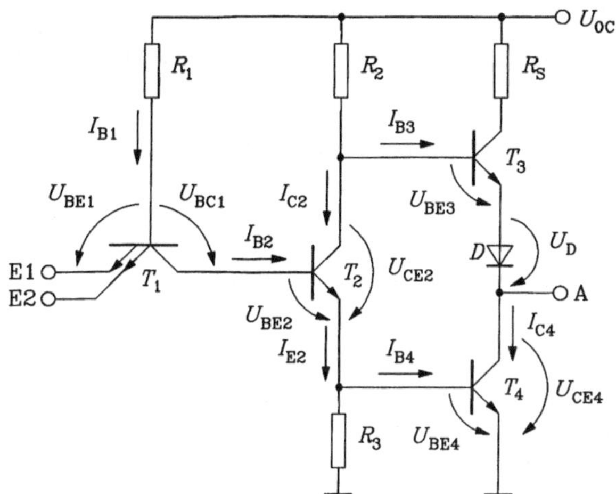

Bild 3-13
TTL-Schaltung mit Endstufe

Liegt am Eingang die niedrige Spannung U_{CEX}, so leitet die Basis-Emitter-Diode von T_1; T_2 und T_4 sind gesperrt, die Basis von T_3 liegt über R_2 an U_{0C}, T_3 wird leitend. Damit steigt die Ausgangsspannung auf einen hohen Wert an. R_S stellt einen Schutzwiderstand dar, der den Querstrom der Endstufe begrenzen soll, weil bei geerdetem Ausgang oder beim Umschalten durch T_3 und T_4 ein hoher Kurzschlußstrom fließt. Bei genügend kleinem Schutzwiderstand R_S (50 Ω ... 150 Ω) wirkt T_3 als Emitterfolger, der nicht übersteuert wird.

Für die statische Bemessung werden weitere Gleichungen benötigt, die im folgenden angegeben werden, ohne daß die Schaltung vollständig dimensioniert wird.

Zustand E $\hat{=}$ L:

$$U_{0C} = I_{B1}R_1 + U_{BEX1} + U_{CEX} \tag{3.27}$$

$$U_A = U_A(H) = U_{0C} - I_{B3}R_2 - U_{BEX3} - U_D \tag{3.28}$$

Zustand E $\hat{=}$ H:

$$U_{0C} = I_{BX2}R_1 + U_{BCX1} + U_{BEX2} + U_{BEX4} \tag{3.29}$$

$$U_{0C} = I_{CX2}R_2 + U_{CEX2} + U_{BEX4} \tag{3.30}$$

$$I_{E2} = \frac{U_{BEX4}}{R_3} + I_{BX4} \tag{3.31}$$

$$I_{E2} = I_{BX2} + I_{CX2} = I_{BX2}\left(1 + \frac{B_{N2}}{m_2}\right) = \frac{U_{0C} - U_{CEX2} - U_{BEX4}}{R_2}$$

$$+ \frac{U_{0C} - U_{BCX1} - U_{BEX2} - U_{BEX4}}{R_1} \tag{3.32}$$

$$I_{BX4} = \frac{B_{N4}}{m_4} I_{CX4} = \frac{B_{N4}}{m_4} n I_{B1} \tag{3.33}$$

$$U_A = U_A(L) = U_{CEX} \tag{3.34}$$

I_{CX4} wird durch n nachgeschaltete Gatter mit dem Strom I_{B1} realisiert.

Bei der Analyse des Klemmenverhaltens werden erneut alle Dioden durch Schalter mit $U_{BCX} = U_{BEX} = U_F$ ersetzt.

Bild 3-14 zeigt die zu analysierende Schaltung, wobei R_S aus Vereinfachungsgründen weggelassen wurde.

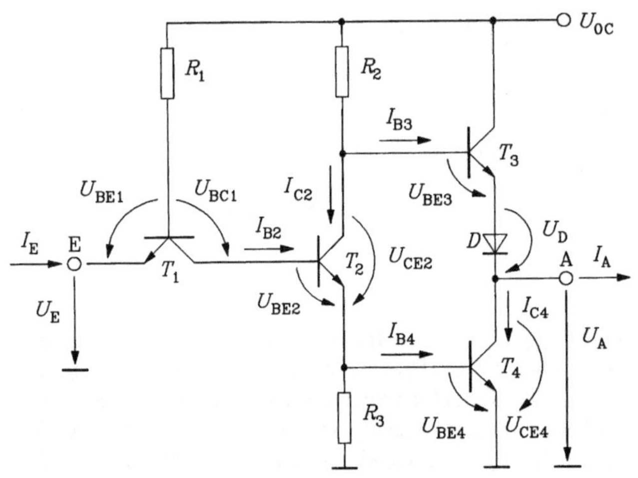

Bild 3-14
TTL-Schaltung mit einem Emitter

Zur Übertragungskennlinie bei leerlaufendem Ausgang:

1. Ist die Eingangsspannung genügend klein, $U_E \leq U_{BEX}$, so ist T_3 leitend, T_2 und T_4 sind gesperrt, es gilt die Maschengleichung

$$U_{0C} \approx R_2 I_{B3} + U_{BEX3} + U_F + U_A. \tag{3.35}$$

Der Spannungsabfall über R_2, ist vernachlässigbar klein, so daß

$$U_A \approx U_{0C} - U_{BEX} - U_F \approx U_{0C} - 2U_{BEX} \tag{3.36}$$

wird.

2. $\quad U_{BEX} \leq U_G < 2U_{BEX} \tag{3.37}$

Mit steigender Spannung U_E werden das Basisipotential von T_1 angehoben, die Basis-Kollektor-Diode T_1 leitend und T_2 leitend aktiv, die Spannung an R_3, erhöht sich, obwohl T_4 zunächst noch nicht leitend wird. T_3 bleibt noch leitend aktiv.

Aus der Maschengleichung des Eingangs

$$U_E = -U_{BEX1} + U_{BCX1} + U_{BEX2} + I_{B2}(1 + B_{N2})R_3 \tag{3.38}$$

gewinnt man

$$I_{B2} \approx \frac{U_E - U_{BEX}}{(1 + B_{N2})R_3}. \tag{3.39}$$

Aus der Ausgangsmaschengleichung

$$U_{0C} \approx R_2 I_{C2} + U_{BEX3} + U_F + U_A \tag{3.40}$$

folgt

$$U_A \approx U_{0C} - 2U_{BEX} - \frac{R_2}{R_3} \frac{B_{N2}}{1 + B_{N2}}(U_E - U_{BEX}), \tag{3.41}$$

$$U_A \approx U_{0C} - 2U_{BEX} - \frac{R_2}{R_3}(U_E - U_{BEX}). \tag{3.42}$$

3. Erreicht $U_E = 2U_{BEX}$, so wird T_4 leitend. Eine geringfügige Erhöhung von U_E läßt T_4 übersteuern, d.h.,

$$U_A = U_{CEX} \quad \text{für} \quad U_E > 2U_{BEX}. \tag{3.43}$$

Bild 3-15 zeigt die berechnete Übertragungskurve.

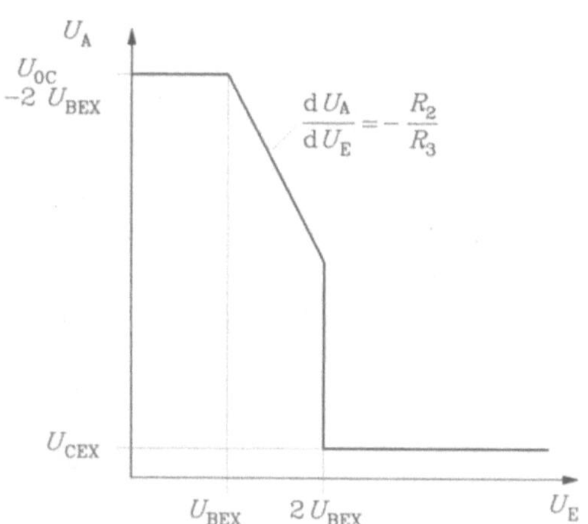

Bild 3-15
Statische Übertragungskurve des TTL-Schaltkreises

Zur Eingangskennlinie:

1. $U_E \leq U_{BEX}$

   Der Eingangsstrom fließt nur durch T_1 und R_1 zur Versorgungsspannung U_{0C}.

$$I_E = -\frac{U_{0C} - U_{CEX} - U_E}{R_1} \tag{3.44a}$$

2. $U_{BEX} \leq U_E < 2U_{BEX}$

   Durch R_1 fließen in diesem Bereich sowohl I_E wie auch der durch Gl. (3.39) festgelegte Basisstrom I_{B2}.

$$I_E = -\frac{U_{0C} - U_{BEX} - U_E}{R_1} + \frac{U_E - U_{BEX}}{(1 + B_{N2})R_3} \tag{3.44b}$$

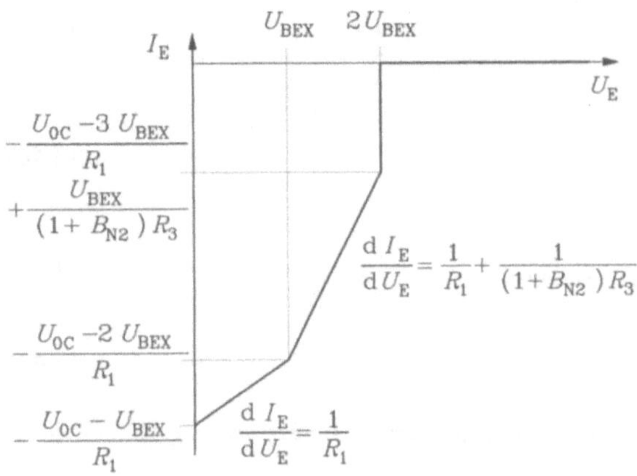

Bild 3-16
Eingangskennlinie des TTL-
Schaltkreises

3. Erreicht die Eingangsspannung U_E den Wert $2U_{BEX}$, so wird T_4 leitend. Eine differentiell kleine Erhöhung von U_E läßt sofort T_2 und T_4 übersteuern und sperrt die Eingangsdiode von T_1. Damit wird

$$I_E = 0 \quad \text{für} \quad U_E > 2U_{BEX}. \tag{3.44}$$

Die gesamte Eingangskennlinie ist in Bild 3-16 dargestellt.

Zur Ausgangskennlinie:

1. Durch eine hohe Eingangsspannung U_E sei Transistor T_4 leitend. Als Ausgangskennlinie erscheint dann das Ausgangskennlinienfeld dieses Transistors mit einem entsprechenden Basisstrom I_{BX4} (Bild 3-17).

2. Bei niedrigen Eingangsspannungen ist T_3 leitend, T_4 gesperrt. T_3 soll bei kleinem Schutzwiderstand R_S als nicht übersteuert angesehen werden.

Mit

$$I_{B3} = \frac{I_A}{1 + B_N} \approx \frac{I_A}{B_N} \tag{3.45}$$

Bild 3-17
Ausgangskennlinie des TTL-
Schaltkreises bei L-Pegel

und Gl. (3.35) folgt

$$I_\text{A} \approx \frac{U_\text{0C} - U_\text{BEX} - U_\text{F} - U_\text{A}}{R_2}\, B_\text{N}.$$ (3.46)

Bild 3-18 zeigt diese Abhängigkeit, die besonders bei kleinen Strömen infolge kleiner werdender, nicht konstanter Diodenspannungen korrigiert werden muß.

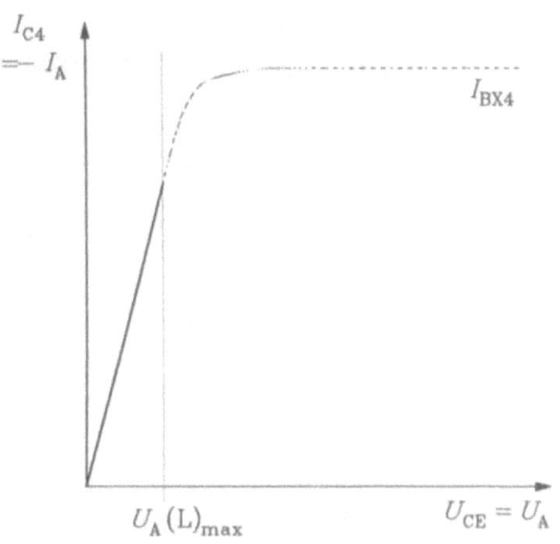

Bild 3-18
Ausgangskennlinie des TTL-Schaltkreises bei
H-Pegel

Zur statischen Analyse gehören Angaben zur Verlustleistung. Die Verlustleistung P_V wird wieder als Mittelwert der beiden Schaltzustände angegeben. Im Falle E $\hat{=}$ H fließt im Baustein lediglich durch T_2 und die Basis-Kollektor-Diode von T_1 Strom, der aus der Quelle U_0C entnommen wird (der Strom durch T_4 wird von folgenden Stufen geliefert):

$$I(\text{E} = \text{II}) = \frac{U_\text{0C} - U_\text{BCX1} - U_\text{BEX2} - U_\text{BEX4}}{R_1}$$
$$+ \frac{U_\text{0C} - U_\text{BEX2} - U_\text{BEX4}}{R_2}$$ (3.47)

$$I(\text{E} = \text{H}) \approx \frac{U_\text{0C} - 3U_\text{BEX}}{R_1} + \frac{U_\text{0C} - U_\text{CEX} - U_\text{BEX}}{R_2}.$$ (3.48)

Ist die Eingangsbelegung E $\hat{=}$ L , so liefert der Baustein über R_1, und T_1 Strom. Außerdem liefert T_3 einen meist kleinen Strom, der in folgende gesperrte Eingänge fließt. Diese folgenden Transistoren werden dabei invers betrieben. Infolge kleiner inverser Stromverstärkung wird dieser Anteil vernachlässigt:

$$I(\text{E} = \text{L}) \approx \frac{U_\text{0C} - U_\text{BEX} - U_\text{CEX}}{R_1}.$$ (3.49)

Damit folgt die mittlere Verlustleistung P_V zu

$$P_\text{V} \approx \frac{1}{2} U_\text{0C} \left[\frac{1}{R_1} \left(2U_\text{0C} - 4U_\text{BEX} - U_\text{CEX} \right) + \frac{1}{R_2} \left(U_\text{0C} - U_\text{BEX} - U_\text{CEX} \right) \right]$$ (3.50)

Diese statische Verlustleistung ist im allgemeinen klein, sie beträgt 1 ... 30 mW. Hinzu kommt während des Umschaltens eine dynamische Verlustleistung, und zwar besonders durch die in dieser Phase gleichzeitig leitenden Transistoren T_3 und T_4. Diese Leistung tritt kurzfristig auf und wird durch R_S begrenzt. Für die statische Bemessung wird sie vernachlässigt.

Zur dynamischen Analyse der Schaltung:
Im Rahmen des Buches sollen die dynamischen Probleme nur näherungsweise angedeutet werden, wobei die Schaltung in 3 Einzelteile zerlegt wird, die jeweils durch ideale Impulse angesteuert werden: Multi-Emitter-Transistor T_1, Trennstufe T_2 und Gegentakttreiber T_3 und T_4. Die Teilschaltung Eingangs-Multi-Emitter-Transistor zeigt Bild 3-19. Bei niedriger Eingangsspannung

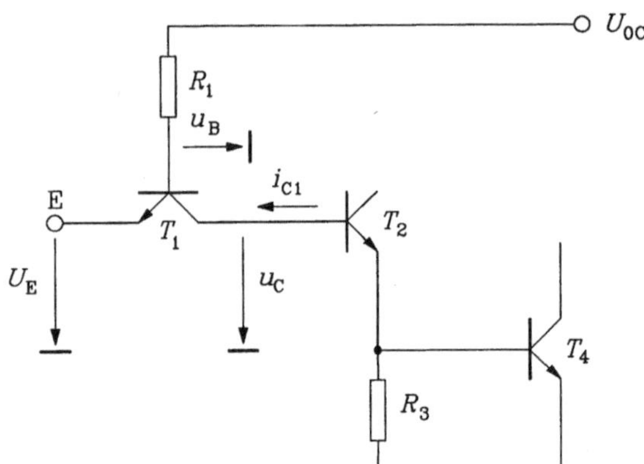

Bild 3-19
Eingangstransistor des TTL-Schaltkreises

$U_E = U_{CEX}$ sind die Basis-Emitter-Diode und die Basis-Kollektor-Diode leitend, es fließt kein Kollektorstrom i_{C1}. Springt U_E von U_{CEX} nach einer hohen positiven Spannung, so wird sich dieser positive Impuls über die Basis-Emitter-Diode und die Sperrschichtkapazität C_{ES} sofort auf die Basis übertragen. Damit tritt eine Überhöhung von u_B auf, der folgende Transistor erhält nahezu einen Stromsprung. Über R_1 wird anschließend C_{ES} so umgeladen, daß u_B auf den durch die nun leitenden Transistoren T_2 und T_4 festgelegten Wert zurücksinkt (Bild 3-20).

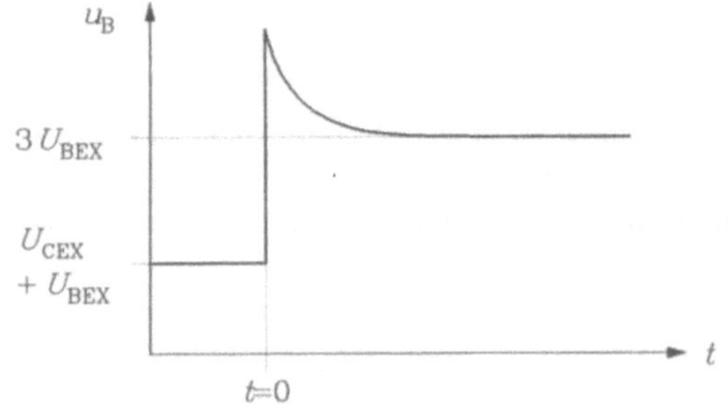

Bild 3-20
Dynamisches Verhalten des Eingangstransistors des TTL-Schaltkreises

Damit ist das Einschalten nahezu verzögerungsfrei verlaufen. Die Basis-Emitter-Diode von T_1 ist nun gesperrt, die Basis-Kollektor-Diode leitend. Bei einer durch erneutes Umschalten folgenden Absenkung der Eingangsspannung auf U_{CEX} wird die Basis-Emitter-Diode sehr schnell wieder leitend, das Basis-Potential sinkt ab. Da andererseits das Kollektor-Potential u_C infolge der Ausschaltverzögerung von T_2 und T_4 noch nahezu konstant bleibt ($u_C \approx 2U_{BEX}$), wird die Kollektor-Basis-Spannung u_{CB} von T_1 positiv, T_1 befindet sich im aktiven Normalbetrieb. Damit kann ein nahezu konstanter Kollektorstrom $i_C > 0$ fließen, der das Ausräumen der Basisladung von T_2 garantiert. Auch dieser negative Eingangssprung wird somit durch T_1 kaum verzögert.

Die Besonderheit der Trennstufe besteht darin, daß ein zusätzlicher Widerstand R_3 mit parallelgeschalteter Eingangsdiode von T_4 in die Schaltung aufgenommen werden muß. Das Ersatzschaltbild während des Kollektorstromanstiegs und -abfalls zeigt Bild 3-21 (die Einschaltverzögerung t'_d von T_2 soll vernachlässigt werden). Außerdem wird das dynamische Verhalten von T_4 als zusätzliche kapazitive Last beim Einschalten von T_2 nicht berücksichtigt. Während des Einschaltens von T_2 kann die Eingangsdiode T_4 entfallen, da T_4 erst leitend wird, wenn T_2 annähernd die Übersteuerungsgrenze erreicht. Beim Ausschalten ist die Diode zu berücksichtigen, weil sich auch T_4 dann in der Ausschaltphase befindet ($U_{BE4} \approx U_{BEX}$).

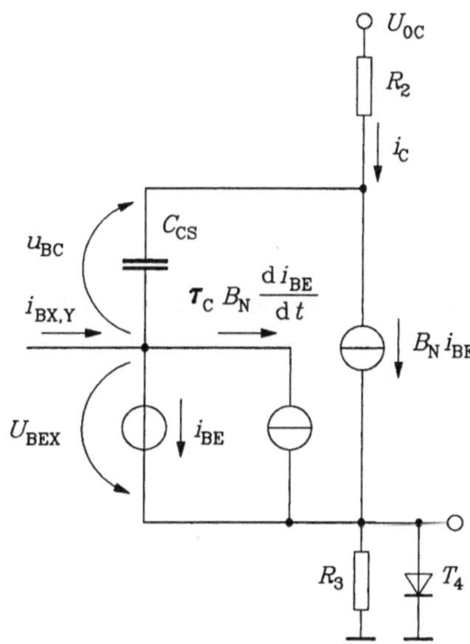

Bild 3-21
Trennstufe des TTL-Schaltkreises

Der Strom i_{BX} wird durch R_1 festgelegt, er ändert sich jedoch mit dem Spannungsanstieg an R_3:

$$i_{BX} \approx \frac{U_{0C} - U_{BCX} - U_{BEX} - i_{BE}(1 + B_N)R_3}{R_1}. \tag{3.51}$$

In der Näherungsbetrachtung wird zur Vereinfachung i_{BX} als konstant angenommen mit dem für die Schaltzeit ungünstigen Wert

$$i_{BX} = I_{BX} = \frac{U_{0C} - U_{BCX} - 2U_{BEX}}{R_1}. \tag{3.52}$$

Der Strom i_{BY} hat im aktiven Bereich von T_1 die Größe

$$i_{BY} = I_{BY} = -i_{C1} = -B_{N1}i_{B1} = -B_{N1}\frac{U_{0C} - U_{BEX} - U_{CEX}}{R_1}. \tag{3.53}$$

Diese Größe gilt während der Speicherzeit und der Abfallzeit von T_2, wenn also das Basis-potential von T_2 nur wenig von $2U_{BEX}$ abweicht. Die Schaltzeiten des Kollektorstroms i_C bzw. des Emitterstroms i_E ergeben sich mit ähnlichen Näherungen wie im Abschnitt 2.3.2.3 zu

$$t'_a \approx \left[\tau_C + C_{CS}(R_2 + R_3)\right]\ln\frac{1}{1-\dfrac{U_{BEX}}{I_{BX}R_3B_N}}, \qquad (3.54)$$

wobei als Abbruchbedingung

$$R_3 B_N i_{BE}\left(t'_a\right) = U_{BEX} \qquad (3.55)$$

(Einschaltbeginn von T_4) gewählt wurde,

$$t'_f \approx B_N(\tau_C + R_2 C_{CS})\ln\left(1+\frac{1}{k}\right), \qquad (3.56)$$

$$t'_s \approx \tau_S \ln\frac{m+k}{1+k}. \qquad (3.57)$$

Zur Berechnung von m und k wird neben den Basisströmen für I_{BX} Gl. (3.29) und I_{BY} Gl. (3.53) der Kollektorstrom I_{CX} benötigt. Er lautet bei Beachtung von T_4

$$I_{CX} = \frac{U_{0C} - U_{CEX} - U_{BEX}}{R_2}. \qquad (3.58)$$

Bei der Behandlung der Gegentaktendstufe unterscheidet man das Einschalten von T_4 und damit Ausschalten von T_3 und den umgekehrten Fall. Dabei sollen nachfolgende Laststufen wegen ihrer Hochohmigkeit durch eine Kapazität C_L dargestellt werden (Bild 3-22).

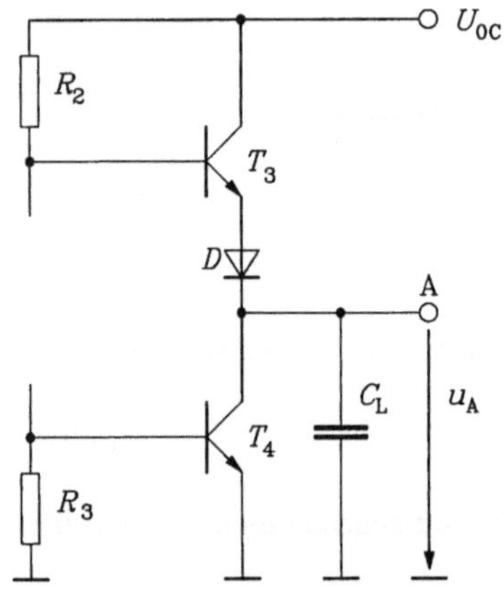

Bild 3-22
TTL-Endstufe

Zunächst soll das Einschalten von T_4 betrachtet und näherungsweise die Abfallzeit von u_A mit Hilfe des Ladungssteuermodells berechnet werden. Beim Einschalten von T_4 wird gleichzeitig das Potential an der Basis von T_3 durch die Trennstufe erniedrigt. Infolge der Klemmung der Ausgangsspannung wird sofort T_3 gesperrt, er hat wenig Einfluß auf die Entladung von C_L. Bild 3-23 zeigt das Ersatzschaltbild, wobei der bei niedrigen Spannungen u_A auftretende Laststrom folgender Stufen vernachlässigt wurde.

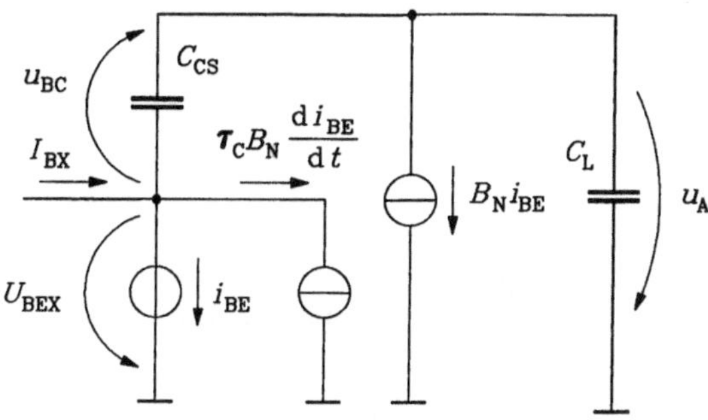

Bild 3-23
Dynamisches Ersatzschaltbild der
TTL-Endstufe

Man findet folgendes Gleichungssystem:

$$u_A = U_{BEX} - u_{BC};\tag{3.59}$$

$$I_{BX} = i_{BE} + \tau_C B_N \frac{di_{BE}}{dt} + C_{CS} \frac{du_{BC}}{dt};\tag{3.60}$$

$$C_{CS} \frac{du_{BC}}{dt} = B_N i_{BE} + C_L \frac{du_A}{dt}.\tag{3.61}$$

Mit den Anfangs- und Randbedingungen

$$i_{BE}(t = 0) = 0,\tag{3.62}$$

$$u_A(t = 0) = U_{0C} - U_{BEX} - U_F = U_A(H)\tag{3.63}$$

ergibt sich

$$u_A \approx U_A(H) - \frac{I_{BX} B_N}{C_L + B_N C_{CS}} \left[t - \tau \left(1 - \exp \frac{-t}{\tau} \right) \right],\tag{3.64}$$

$$\tau \approx \tau_C \frac{B_N (C_L + C_{CS})}{C_L + B_N C_{CS}}.\tag{3.65}$$

Entwickelt man für $t \ll \tau$ die Exponentialfunktion in eine Taylorreihe, so folgt

$$u_A(t \ll \tau) = U_A(H) = \text{konstant}.\tag{3.66}$$

Übersteigt t im Verlaufe des Umladeprozesses die relativ kleine Zeitkonstante τ, so kann die Exponentialfunktion entfallen,

$$u_A(t > \tau) \approx U_A(H) - \frac{I_{BX} B_N}{C_L + B_N C_{CS}} (t - \tau).\tag{3.67}$$

Erreicht u_A den Wert der Restspannung $U_A(L) = U_{CEX}$, so ist die Entladung zur Zeit $t = t'_f$ beendet.

$$t'_f \approx (C_L + B_N C_{CS}) \frac{U_A(H) - U_A(L)}{B_N I_{BX}} + \tau_C \frac{B_N (C_L + C_{CS})}{C_L + B_N C_{CS}}.\tag{3.68}$$

Bild 3-24 zeigt die zugehörigen Zeitverläufe.

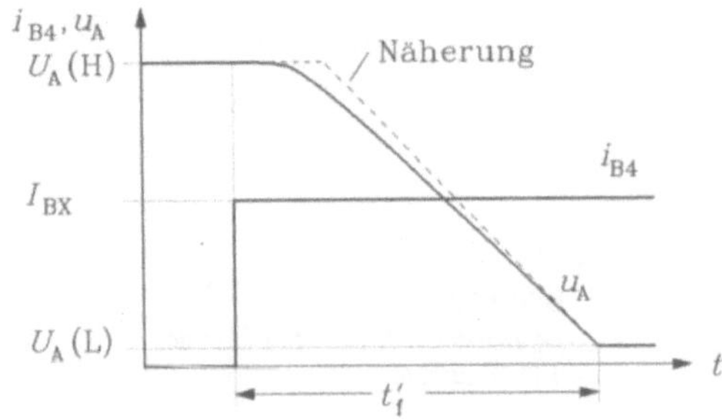

Bild 3-24
Dynamisches Verhalten der TTL-Endstufe

Beim Einschalten von T_3 und Ausschalten von T_4 sind kurzzeitig beide Transistoren leitend. Die Ursache dafür liegt in der auftretenden Speicherzeit von T_4. Während der Speicherphase von T_4 bleibt die Ausgangsspannung auf dem niedrigen Wert der Restspannung U_{CEX}. Der durch T_3 fließende Strom i_{E3} erhöht jedoch den Kollektorstrom i_{C4} auf

$$i_{C4} = I_{CX} + i_{E3},\tag{3.69}$$

wobei I_{CX} aus dem Strom von n Laststufen gebildet wird. Die Erhöhung von i_{C4} bedeutet eine Erhöhung von $I_{B\ddot{U}}$ auf

$$I_{B\ddot{U}} = \frac{I_{CX} + i_{E3}}{B_N}\tag{3.70}$$

und damit eine Verringerung des Übersteuerungsgrades m von Transistor T_4. Für die Speicherzeit t'_s ist außerdem der Ausschaltfaktor k maßgebend, der durch den Widerstand R_3 bestimmt wird,

$$I_{BY} \approx -\frac{U_{BEX}}{R_3}.\tag{3.71}$$

Aus Gl. (2.152) folgt die Speicherzeit t'_s

$$t'_s \approx \tau_s \ln \frac{m+k}{1+k} = \tau_s \ln \frac{I_{BX} + |I_{BY}|}{I_{B\ddot{U}} + |I_{BY}|}.\tag{3.72}$$

Eine Erhöhung von $I_{B\ddot{U}}$ durch Einschalten von T_3 verringert also die Speicherzeit von T_4. Nach Beendigung der Speicherphase kann die Spannung an C_L ansteigen. Dabei wird T_4 zunehmend gesperrt, ebenso wie die Eingänge folgender Stufen; beide werden nicht mehr berücksichtigt. Die nun notwendige Berechnung der Anstiegszeit entspricht der des Emitterfolgers entsprechend Gl. (2.303) und folgt zu

$$t_a = 2{,}3\left(R_2 + r_{BB'}\right)\left(C_{CS} + \frac{C_L}{B_N}\right).\tag{3.73}$$

Die Ausgangsspannung erreicht also erst nach

$$t_{a\,ges} = t'_s + t_a\tag{3.74}$$

ihren H-Pegel (Bild 3-25).

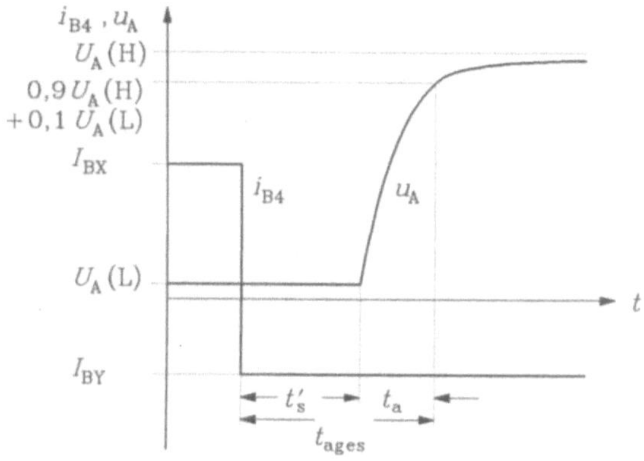

Bild 3-25
Dynamisches Verhalten der TTL-Endstufe

Zusammenfassend gilt für die TTL-Stufe:

Beim Anlegen eines positiven Sprungs kann erst nach Erreichen der Anstiegszeit t'_{a2} von Transistor T_2 Transistor T_4 einschalten. Zur berechneten Abfallzeit t'_{f4} dieses Transistors muß also t'_{a2} addiert werden. Ein folgender negativer Sprung ruft in Transistor T_2 die Abfall- und Speicherzeit t'_{f2}, t'_{s2} hervor. Erst nach Ablauf dieser Speicherphase beginnt der durch R_3 fließende Emitterstrom i_{E2} abzusinken, danach setzt der Ausschaltprozeß von T_4 ein, so daß die Summe der Speicherzeiten wesentlich die Gesamtverzögerung der Schaltung bestimmt.

Im allgemeinen wird die dynamische Analyse exakter mittels nichtlinearer Netzwerkanalyseprogramme vorgenommen, im vorliegenden Falle kam es auf die Schaffung des Verständnisses für diese Vorgänge an.

Die bisher behandelten TTL-Gatter erzeugten stets NAND-Funktionen. Es gibt jedoch in beschränktem Umfang die Möglichkeit, komplexere Grundgatter zu schaffen. Eine Möglichkeit bietet die Erweiterung des Bausteins durch Parallelschalten von Strukturen nach Bild 3-10.

Bild 3-26 zeigt eine solche Variante, wobei die Klemmen 1 und 2 dafür vorgesehen sind, extern weitere sogenannte Expander anzuschließen. Die logische Funktion am Ausgang A lautet

$$A = \overline{E_1 E_2 + E_3 E_4 + E_5 E_6}. \tag{3.75}$$

Eine Erhöhung der logischen Funktion durch Parallelschalten von Ausgängen ist nur bei der Grundstruktur Bild 3-10 gestattet, wobei nur ein Kollektorwiderstand R_C zu verwenden ist. Ein Parallelschalten der Gegentaktendstufen ist zu vermeiden, weil bei bestimmten Eingangsbelegungen nahezu Kurzschlüsse entstehen können und damit die Verlustleistung unzulässig erhöht wird. Das Problem des Parallelschaltens von TTL-Ausgängen kann auf zwei Wegen gelöst werden:

1. durch Open-Kollektor-Stufen und
2. durch Tristate-Stufen.

Solche Zusammenschaltungen werden notwendig, wenn mehrere TTL-Steuerstufen auf eine Datensammelschiene (Bus) arbeiten müssen, wie das zum Beispiel bei Rechnerstrukturen üblich ist. In Bild 3-27 ist eine Open-Kollektor-Stufe angegeben, die durch einen externen Kollektorwiderstand R_L zu beschalten ist.

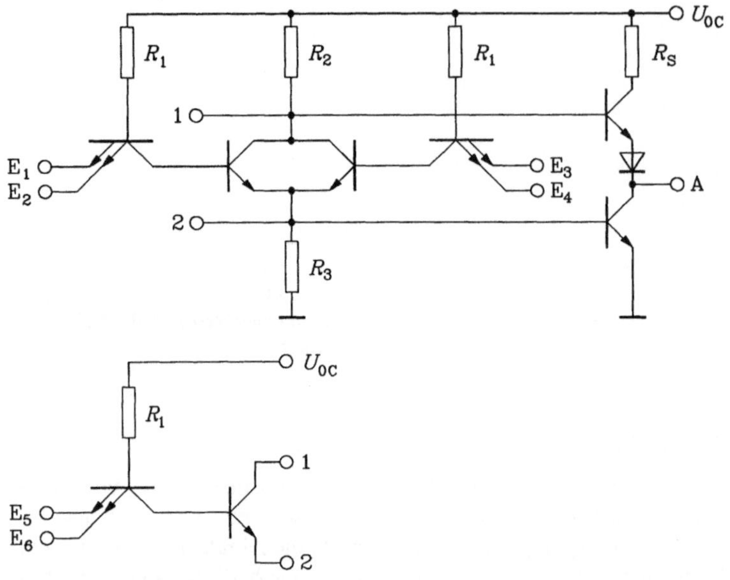

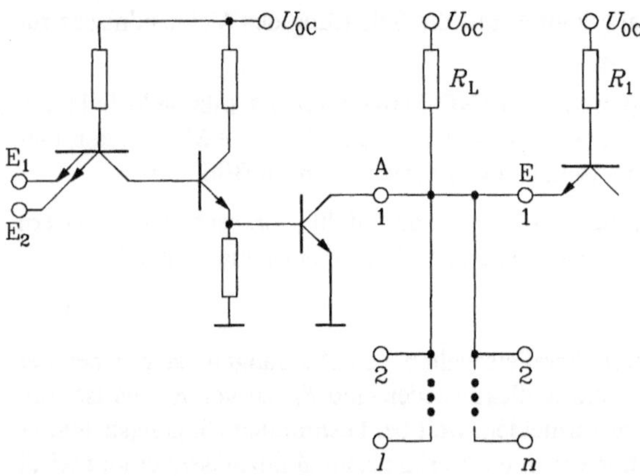

Bild 3-26 TTL-Gatter mit Expander

Bild 3-27 Open-Kollektor-Stufe

Der Widerstand R_L ist so zu bemessen, daß bei nur einem eingeschalteten Ausgangstransistor der l Open-Kollektor-Stufen und maximaler Ausfächerung n der Kollektorstom I_{CX} einen Maximalwert I_{CXmax} nicht überschreitet, der wiederum eine minimale Übersteuerung m_{min} garantiert.

$$I_{Cmax} = \frac{U_{OC} - U_{CEX}}{R_L} + n \frac{U_{OC} - U_{BEX} - U_{CEX}}{R_l} \tag{3.76}$$

Der maximale Widerstand R_{Lmax} muß die Sperrströme in l Open-Kollektor-Stufen und n Eingangsstufen sichern, wenn am Ausgang A = H entsteht.

Die zweite Möglichkeit für Bustreiber sind Tristate-Stufen (Bild 3-28). Wird der Steuereingang S mit S = L belegt, sind Transistor T_2 und T_3 gesperrt, das TTL-Gatter arbeitet als NAND-Glied. Für S = H werden T_2 und T_3 leitend, damit werden durch den nun über den Zusatzemitter von T_4 abfließenden Strom T_5 und T_8 gesperrt. Außerdem wird über die Diode D das Basispotential von T_6 abgesenkt, so daß auch T_7 gesperrt wird, am Ausgang herrscht Leerlauf (= dritter Zustand). Da solche Schaltungen möglichst eine hohe Zahl von Lasten schnell treiben sollen, wurde auf die Diode zur Spannungsabsenkung im Gegentaktzweig verzichtet, die notwendige Absenkung erfolgt durch die Kollektorstufe (T_6 und R_K). Der Kollektor von T_6 ist mit dem von T_7 verbunden, um eine Übersteuerung von T_7 und damit Geschwindigkeitseinbußen zu verhindern.

In der bisher beschriebenen Weise existieren TTL-Standardschaltkreise in 3 Versionen:

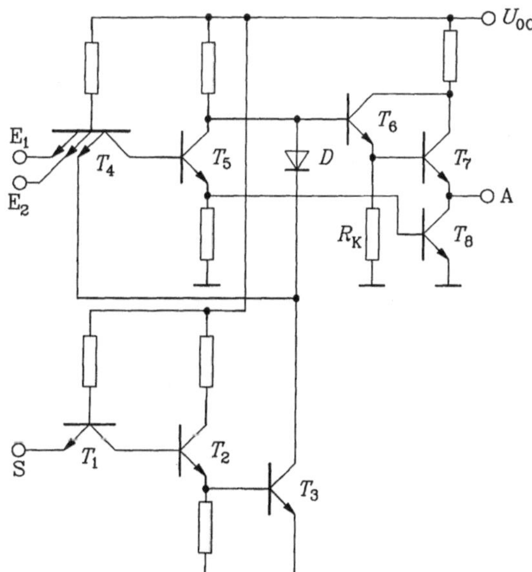

Bild 3-28
TTL-Tristate-Stufe

- Low-Power-TTL-Reihe
    $t_v \approx 30$ ns, $P_v \approx 3$ mW;
- Standard-TTL-Reihe
    $t_v \approx 10$ ns, $P_v \approx 10$ mW;
- High-speed-TTL-Reihe
    $t_v \approx 5$ ns, $P_v \approx 20$ mW.

Die 3 Versionen unterscheiden sich besonders in der Dimensionierung der Widerstände. Bei der TTL-H-Reihe wird die Ausgangsstufe durch eine Kollektorstufe wie bei Tristate-Stufen angesteuert. Außerdem existieren an den Eingängen noch Dioden, die beim Anschluß der Schaltung über Leitungen das schnelle Einschwingen am Eingang sichern sollen (Bild 3-29).

Neben den drei bisher dargelegten TTL-Versionen existieren weitere, die entwickelt wurden, um hohe Schaltgeschwindigkeiten bei kleinen Verlustleistungen zu erreichen.

So läßt sich z.B. eine weitere Geschwindigkeitssteigerung erreichen, wenn ein Teil des zur Übersteuerung des Transistors notwendigen Überschußbasisstroms über sogenannte Klemmdioden (Schottky-Dioden, Schottky-Kontakte bei Transistoren) direkt von der Basis zum Kollektor geleitet wird (Bild 3-30). Diese Schottky-Dioden existieren als Halbleiter-Metall(Ni)-Übergänge und erreichen kleine Flußspannungen ($U_F \approx 0{,}4$V) und hohe Geschwindigkeiten. In Bild 3-31 ist der Querschnitt eines Schottky-Transistors angegeben.

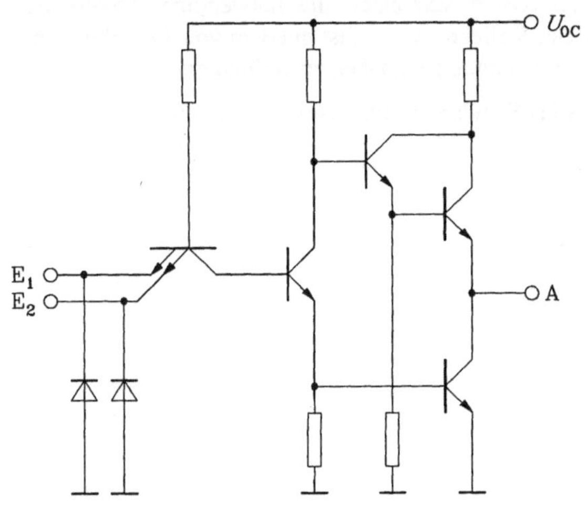

Bild 3-29
High-speed-TTL-Stufe

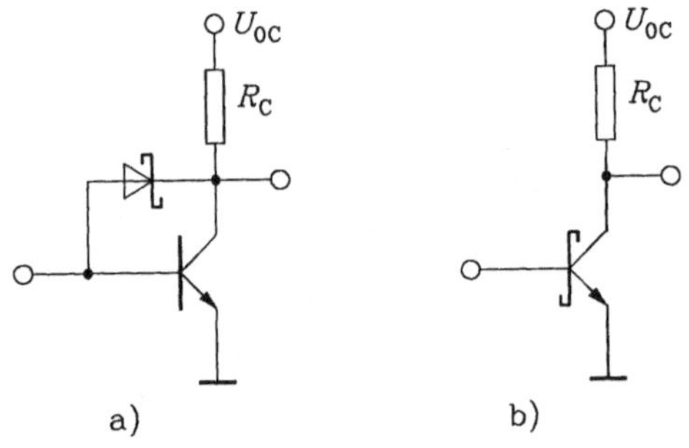

Bild 3-30
Schaltstufe mit Schottky-Diode (a)
oder Schottky-Transistor (b)

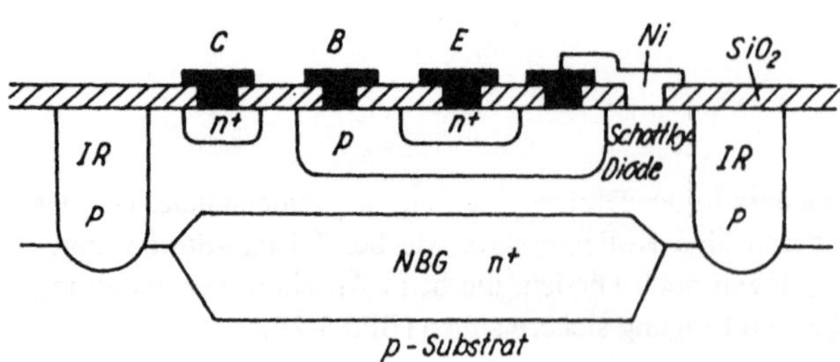

Bild 3-31
Transistor mit Schottky-
Klemmdiode

Damit wird die Schaltung insgesamt übersteuert, der Pegel also konstant gehalten, der Transistor selbst aber nur gering mit der Flußspannung der Klemmdiode übersteuert. Die Schaltung verbessert jedoch nur dann die Schaltgeschwindigkeit, wenn die Klemmdiode schneller schaltet als der Transistor. Diese Forderung erfüllen Schottky-Barrieren-Dioden (kurz Schottky-Dioden). Um die Übersteuerung des Transistors klein zu halten und den größten Teil des Überschußstroms über diese Schnellschaltdioden abfließen zu lassen, muß deren Flußspannung möglichst klein sein. Diese Bedingung wird ebenfalls von Schottky-Dioden erfüllt. Zur näherungsweisen statischen Analyse der Schaltung wird die Diode durch eine geschaltete Spannungsquelle der Spannung U_F ersetzt (Bild 3-32). Die Analyse soll nachweisen, daß sich nach Erreichen der Übersteuerung $U_{BC} = U_F$ der in der Basis fließende Transistorstrom I_{BT} trotz Erhöhung von I_B kaum noch erhöht, daß demnach die Übersteuerung des Transistors klein bleibt. Für $U_{BC} \leq U_F$ gilt $I_D = 0$, damit wird

$$I_B = I_{BT}. \tag{3.77}$$

Für $U_{BC} = U_F$ werden aus Bild 3-32 folgende Netzwerkgleichungen abgelesen:

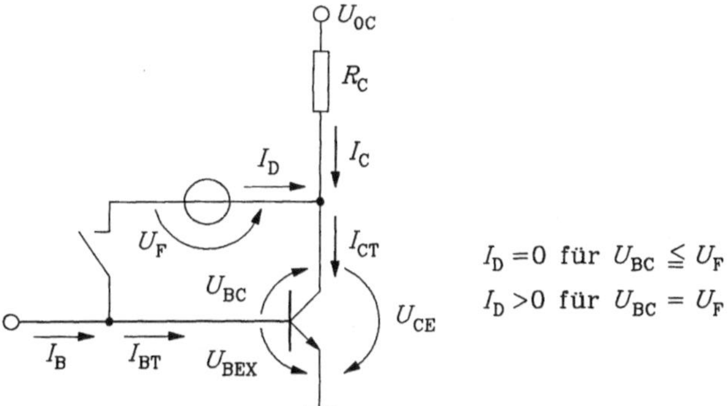

Bild 3-32
Zur statischen Analyse von Transistorschaltern mit Klemmdiode

$$I_B = I_{BT} + I_D, \tag{3.78}$$

$$I_{CT} = I_D + I_C, \tag{3.79}$$

$$U_{0C} = I_C R_C - U_F + U_{BEX}. \tag{3.80}$$

Wegen der geringen Übersteuerung des Transistors gilt

$$I_{CT} \approx B_N I_{BT}, \tag{3.81}$$

so daß

$$I_B = I_{BT}(1 + B_N) - \frac{U_{0C} - U_{BEX} + U_F}{R_C} \tag{3.82}$$

wird.

Bild 3-33 zeigt den Zusammenhang $I_{BT} = f(I_B)$ entsprechend Gl. (3.77) und (3.82). Bild 3-33 beweist, daß die Übersteuerung des Transistors nach Erreichen der Diodenflußspannung etwa konstant bleibt. TTL-Schaltungen mit Schottky-Klemmdioden am Schalttransistor erreichen gegenwärtig die höchsten Schaltgeschwindigkeiten von Schaltungen nach dem Übersteuerungsprinzip ($t_v \approx 10^{-9}$ s). Selbstverständlich ist die Verwendung von Klemmdioden nicht auf TTL-Schaltungen beschränkt, obwohl sie dort besonders sinnvoll ist.

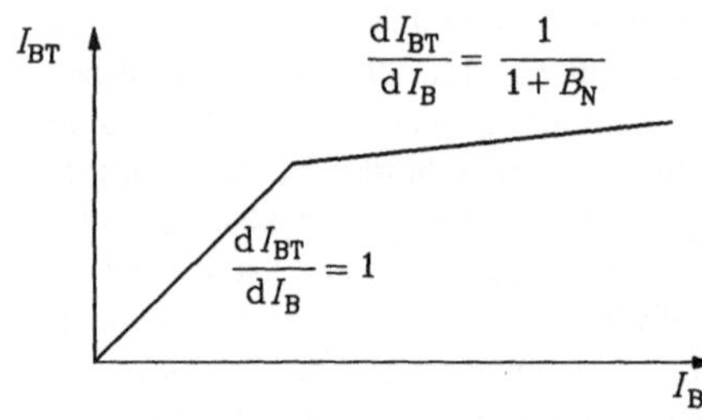

Bild 3-33
Zur Wirkung der Klemmdioden

In Bild 3-34 ist eine TTL-Schaltung mit Schottky-Transistoren und -Dioden angegeben, die Verzögerungszeiten von $t_v = 3$ ns und Verlustleistungen von $P_v = 20$ mW erreicht.

Die Schaltungskombination T_1, R_1, R_2 sichert, daß beim Einschalten von T_3 dieser Transistor zuerst Strom von T_2 erhält, ehe T_1 leitend wird, so daß damit die Geschwindigkeit erhöht wird. Beim Ausschalten von T_3 garantiert diese Kombination einen hohen Ausschaltstrom i_{BY3}. T_4 besitzt keine Schottky-Kontakte, weil er nicht übersteuert wird.

Neben der STTL-Reihe existiert noch die leistungsarme Low-Power-Schottky-TTL.

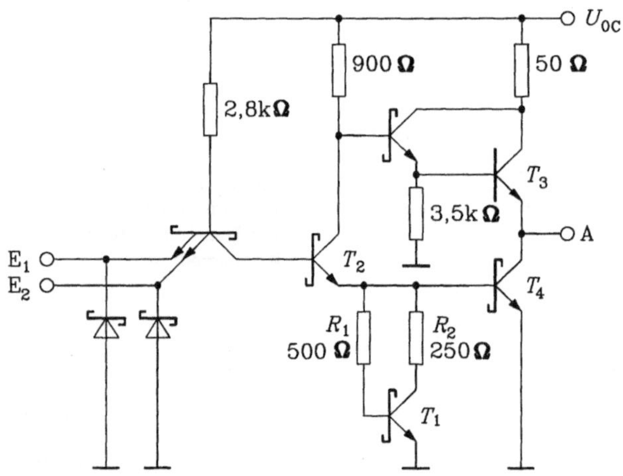

Bild3-34
STTL-Stufe

Die LSTTL erreicht Verzögerungszeiten von $t_v \approx 10$ ns und Verlustleistungen vom $P_v \approx 2$ mW. Bild 3-35 zeigt eine typische LSTTL-Schaltung.

Die Reduzierung der Verlustleistung gegenüber der STTL wird einerseits durch höherohmige Widerstände erreicht. Andererseits ist die verlustleistungsintensive Kollektorstufe aus T_3 und R_{E3} nur dann in Betrieb, wenn durch den übersteuerten Transistor T_5 der Ausgang nahezu auf Massepotential liegt. Im H-Zustand des Ausganges ist T_5 gesperrt und T_4 leitend, so daß über R_{E3} nur die niedrige Basis-Emitter-Spannung U_{BEX4} dieses Transistors abfällt. Damit weist die Kollektorstufe näherungsweise nur für A = L Verlustleistung auf.

Geschwindigkeitserhöhend wirkt das Ersetzen des bisher üblichen Multi-Emitter-Eingangstransistors durch schnelle Schottky-Dioden (D_3 und D_4). Außerdem wird das Ausschalten von T_4 infolge des Einschaltens von T_1 durch die Schottky-Diode D_5 beschleunigt, indem dadurch schnell die Basisladungen von T_4 abgebaut werden. Weiterhin wird das schnelle Einschalten von T_5

durch die nichtlineare Widerstandskombination R_{B2}, R_{C2} und T_2 gefördert (beim Einschalten von T_1 steigt der Emitterstrom I_{E1} an, der auf Grund zunächst gesperrter Transistoren T_5 und T_2 sofort zu einer hohen Basis-Emitter-Spannung U_{BE5} führt und damit das schnelle Einschalten von T_5 und nachfolgend von T_2 bewirkt).

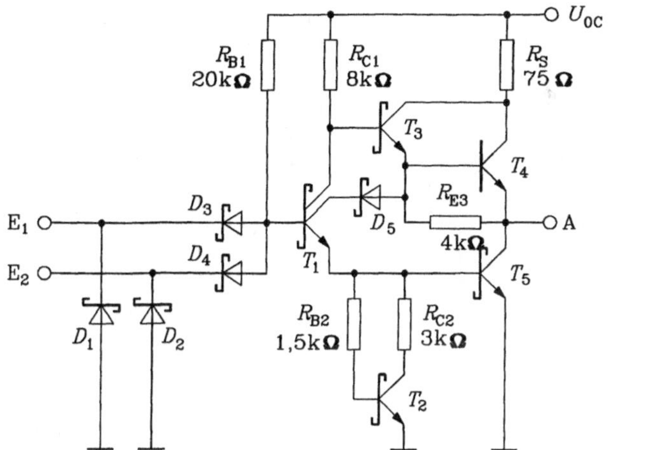

Bild 3-35
LSTTL-Schaltung

Die Dioden D_1 und D_2 dienen wie bei der TTL und der STTL zur Begrenzung negativer Eingangsimpulse, die z.B. auf angeschalteten Leitungen entstehen können (siehe dazu Kapitel 5). Damit wird die Dauer des Einschwingens der Leitung wesentlich verkürzt.

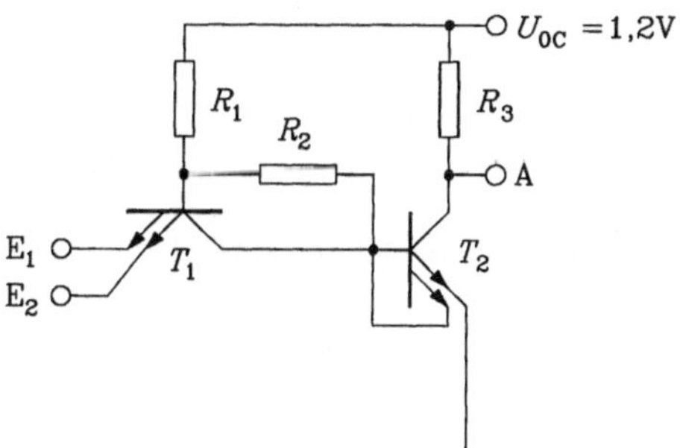

Bild 3-36
MSI-TTL-Schaltung

In höher integrierten Schaltungen (MSI/LSI-Niveau) werden zum Teil ebenfalls TTL-Schaltungen eingesetzt, wobei mit Ausnahme der Ausgangsstufen nur einfache Grundgatter ähnlich der Schaltung Bild 3-10 eingesetzt werden (die Zahl der auf dem Chip zu treibenden Lasten ist gering). Bild 3-36 zeigt ein solches MSI-TTL-Grundgatter. Die Betriebsspannung beträgt nur 1,2 V, so daß die Verlustleistung/Gatter bei Widerständen im kΩ-Bereich nur etwa 1 mW beträgt. Trotzdem entstehen bei einem Integrationsgrad von 1000 Gattern/Chip Verlustleistungen von 1 W, die als Wärme über das Gehäuse abzuführen sind. Der Spannungshub beträgt bei $U_A(H) =$ 1,2 V und $U_A(L) \approx 0,1$ V nur 1,1 V. Der Widerstand R_2 beschleunigt das Ein- und Ausschalten von T_2. Der mit der Basis verbundene 2. Emitter von T_2 verringert die Übersteuerung des Schalttransistors und damit die Speicherzeit t'_s. Aus dem Modell dieses Transistors (siehe Bild 3-37) lassen sich folgende Netzwerkgleichungen ablesen:

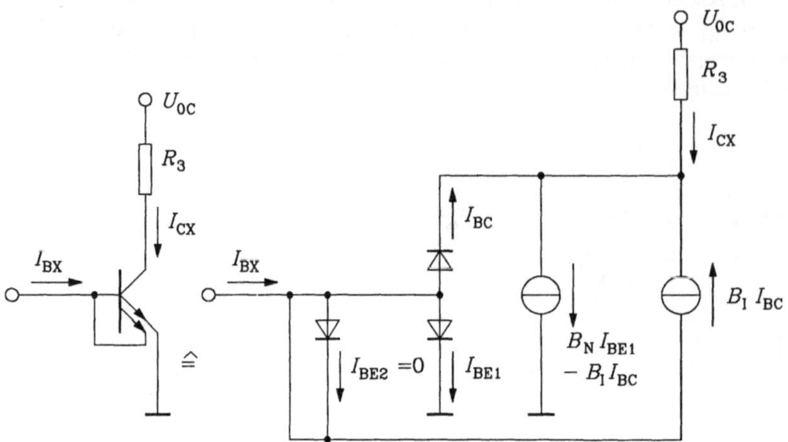

Bild 3-37 Modell des MSI-TTL-Transistors

$$I_{BX} = I_{BE1} + I_{BC}(1 + B_I),\qquad(3.83)$$

$$I_{CX} = B_N I_{BE1} - I_{BC}(1 + 2B_I).\qquad(3.84)$$

Mit $1 < B_I \ll B_N$ wird

$$I_{BC} \approx \frac{I_{BX} - \dfrac{I_{CX}}{B_N}}{1 + B_I}.\qquad(3.85)$$

Ohne diesen Zusatzemitter wird I_{BC}

$$I_{BC} = I_{BX} - \frac{I_{CX}}{B_N}.\qquad(3.86)$$

Durch diesen zusätzlichen Emitter verringert sich also im Übersteuerungsfall der Basis-Kollektor-Strom I_{BC} um den Faktor $1/(1 + B_I)$.

3.2.2 Integrierte Injektionslogik I²L

Die I²L (*integrated injection logic*) ist jene bipolare Schaltkreistechnik, die auf Grund ihrer geringen Gatterverlustleistung (P_V/Gatter $= 10^{-8} \dots 10^{-5}$ W) und ihrer hohen Packungsdichte bei mittleren Gatterverzögerungszeiten ebenso wie MOS-Techniken den Übergang zur LSI/VLSI möglich gemacht hat. Mit diesen niedrigen Verlustleistungen kann sie außerdem vorteilhaft in Geräten mit Batteriespeisung eingesetzt werden. Weiterhin läßt sie sich gut mit analogen Schaltungen (zum Beispiel in Analog-Digital- und Digital-Analog-Wandlern) auf einem Chip kombinieren. Den Grundaufbau von I²L-Gattern zeigt Bild 3-38.

Auf der Grundlage der bekannten Bipolartechnologie werden Planartransistoren erzeugt, die jedoch invers betrieben werden, so daß Mehrkollektorelemente entstehen. Alle Strukturen haben den gleichen verbundenen Emitter (NBG n⁺), der auf das Massepotential gelegt wird. Jeder I²L-Transistor besitzt außerdem noch einen Injektor, der als Lateral-pnp-Transistor (Injektor ≙ Emitter, NBG ≙ Basis, Basis des npn-Transistors ≙ Kollektor) wirkt. Alle Injektoren sind über die gemeinsame Injektorleitung (Speisespannung der Gatter $U_1 \approx 0{,}6 \ldots 0{,}65$ V) verbunden. Untereinander sind die Transistoren in der Standardtechnologie nur durch ein n^+-Gebiet voneinander isoliert, um parasitäre Ströme zwischen den Strukturen klein zu halten (Aufbau von großen Raumladungszonen). Alle I^2L-Gatter einer Schaltung befinden sich in einer Diffusionswanne mit gemeinsamen NBG und werden von Randstrukturen durch den Isolierrahmen getrennt. Dieser Aufbau garantiert einen hohen Flächengewinn, da die bei Bipolarstrukturen notwendige große Isolationsfläche entfällt. Faßt man die Summe der Injektoren als einen Emitter auf, so entsteht die in Bild 3-39a) dargestellte Transistorschaltung.

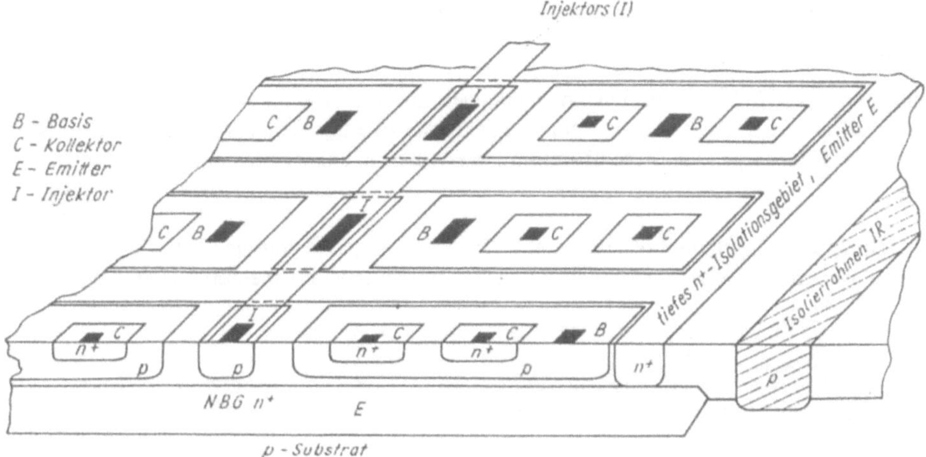

Bild 3-38 Mikroelektronischer Aufbau von I^2L-Strukturen

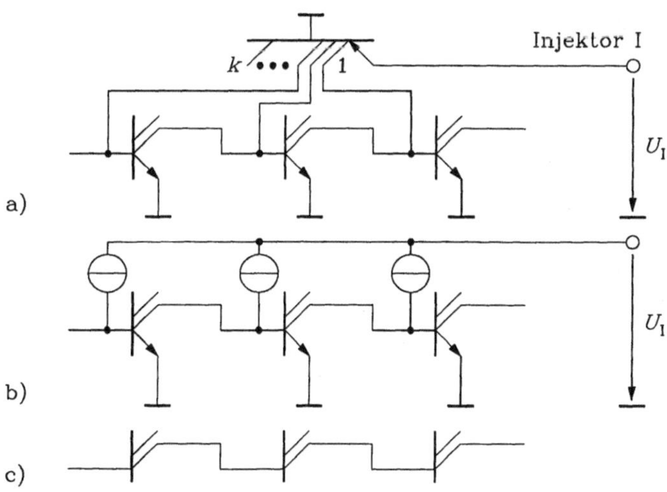

Bild 3-39 I^2L-Transistorersatzschaltungen
a) I^2L-Transistorschaltung
b) vereinfachte I^2L-Transistorschaltung
c) Symbol für I^2L-Strukturen

Dabei wurden die Einzelstrukturen bereits durch direkte Kopplung miteinander verbunden. Der Lateraltransistor wirkt für jedes Gatter als Stromquelle (keine logische Funktion, so daß eine vereinfachte Ersatzschaltung angegeben werden kann; Bild 3-39 b). Da Stromquelle und gemeinsamer Emitter stets vorhanden sind, wird für I²L-Transistoren im folgenden das in Bild 3-39 c) angegebene Symbol verwendet.

Zur Wirkungsweise und *statischen Dimensionierung* der *Schaltung:*

Wird ein I²L-Transistor durch die vorhergehende Stufe gesperrt, so fließt sein Injektorstrom in diese Stufe, die nachfolgende Stufe wird durch ihren Injektorstrom leitend. Am Ausgang der gesperrten Stufe entsteht hohes Potential durch die eingeschaltete folgende Stufe,

$$U(\mathrm{H}) = U_{\mathrm{BEX}}. \tag{3.87}$$

Wird hingegen der I²L-Transistor leitend übersteuert infolge einer gesperrten vorangehenden Stufe, so erhält er in der Basis seinen eigenen Injektorstrom eingespeist, während der Kollektor den Injektorstrom der folgenden Stufe übernimmt, am Ausgang entsteht das niedrige Potential

$$U(\mathrm{L}) = U_{\mathrm{CEX}}. \tag{3.88}$$

Diese Verhältnisse sind in Bild 3-40 dargestellt. Die Schaltung realisiert also lediglich die Negation, so daß weitere logische Funktionen durch Zusammenschalten mehrerer Gatter entstehen müssen (Bild 3-41).

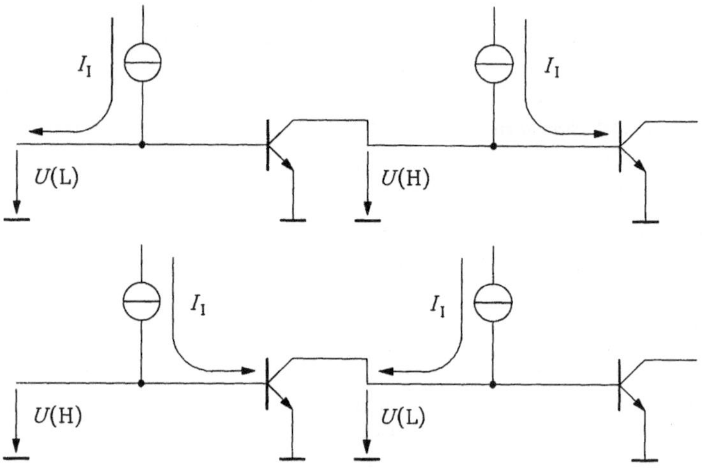

Bild 3-40 Zur Wirkungsweise von I²L-Gattern

Bild 3-41
Logische Verknüpfung von I²L-Gattern

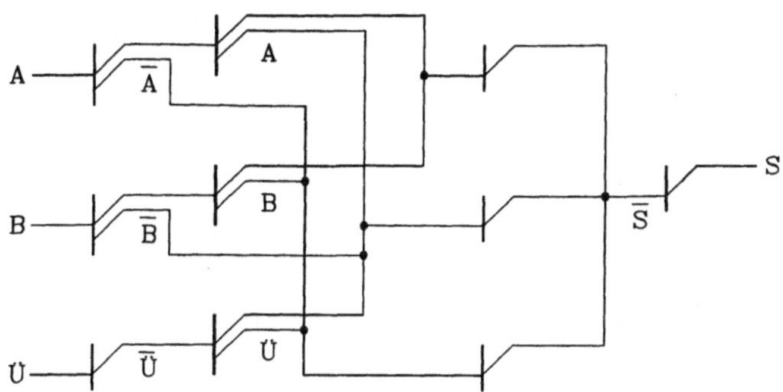

Bild 3-42
Summenbildung eines
I^2L-Volladder-Elements

Durch Verbinden mehrerer Kollektoren mit einer folgenden Basis entstehen AND-Verknüpfungen,

$$E_3 = A_1 \cdot A_2 \tag{3.89}$$

und bezogen auf die Eingänge NOR-Funktionen,

$$E_3 = \overline{E_1} \cdot \overline{E_2} = \overline{E_1 + E_2}, \tag{3.90}$$

so daß mit diesen Strukturen alle logischen Aufgaben gelöst werden können (vollständiges System).

Die weiteren bisher unbenutzten Kollektoren können mit Kollektoren anderer Transistoren verknüpft werden und die Basis eines weiteren Transistors treiben, um andere logische Funktionen zu realisieren, wie in Bild 3-42 am Beispiel des Summenbildners eines Volladdiererelements mit der logischen Funktion

$$S = AB + \ddot{U}A\overline{B} + \ddot{U}\overline{A}B \tag{3.91}$$

A, B – Summanden
Ü – einlaufender Übertrag
S – Summe

gezeigt wird.

Zur Berechnung der statischen Verhältnisse wird ein genaueres Ersatzschaltbild benötigt (siehe Bild 3-43), weil eine verschmolzene Struktur vorliegt (Basis pnp = Emitter npn, Kollektor pnp = Basis npn).

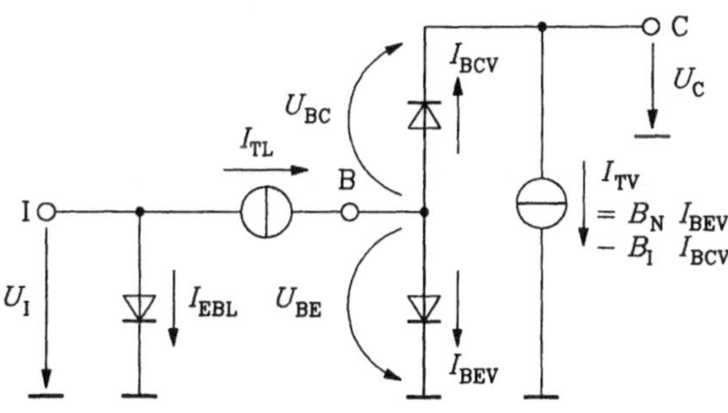

Bild 3-43
Modell des I^2L-Transistors
Index L $\hat{=}$ Lateraltransistor;
Index V $\hat{=}$ Vertikaltransistor

Für die einzelnen Elemente des Modells gelten entsprechend Abschnitt 2.3.1.1 folgende Beziehungen:

1. Emitter-Basis-Diode des Lateraltransistors
Diese Diode wird durch den Übergang Injektor-Epitaxieschicht gebildet. Es gilt

$$I_{EBL} \approx I_{EBL0}\, \exp\frac{U_I}{m_L U_T} \tag{3.92}$$

2. Transportstrom I_{TL} des Lateraltransistors
Die Größe dieses Stroms ist proportional der sich gegenüberstehenden Injektor- und Basisfläche des Vertikaltransistors.

$$I_{TL} = I_{TL0}\left(\exp\frac{U_I}{U_T} - \exp\frac{U_{BE}}{U_T} \right) \tag{3.93}$$

3. Basis-Emitter-Diode des Vertikaltransistors

$$I_{BEV} \approx I_{BEV0}\, \exp\frac{U_I}{m_E U_T} \tag{3.94}$$

Dieser Strom ist proportional der Basisfläche des Vertikaltransistors.

4. Transportstrom I_{TV} des Vertikaltransistors

$$I_{TV} = B_N I_{BEV} - B_I I_{BCV} \tag{3.95}$$

$$= I_{TV0}\left(\exp\frac{U_E}{U_T} - \exp\frac{U_{BE}-U_C}{U_T} \right) \tag{3.96}$$

Da der I²L-Transistor im Gegensatz zur herkömmlichen Bipolartechnik invers betrieben wird, ergibt sich

$$B_N \ll B_I. \tag{3.97}$$

Weiterhin muß

$$I_{TV} > 0 \tag{3.98}$$

sein. Beide Bedingungen können nur erfüllt werden, wenn

$$I_{BCV} \ll I_{BEV} \tag{3.99}$$

wird. Aus diesem Grund kann die Basis-Kollektordiode mit dem Strom

$$I_{BCV} \approx I_{BCV0}\, \exp\frac{U_{BE}-U_C}{m_C U_T} \tag{3.100}$$

in Bild 3-43 entfallen.

Bei der Berechnung des Übersteuerungsgrades m und der Sättigungsspannung $U_C(L)$ ist der aus der nachfolgenden Stufe gelieferte Injektorstrom zu beachten (siehe Bild 3-44). Er beträgt als Transportstrom

$$I_{TL2} = I_{TL02}\left(\exp\frac{U_I}{U_T} - \exp\frac{U_C(L)}{U_T} \right)$$

$$\approx I_{TL02}\, \exp\frac{U_I}{U_T};\quad \left(U_C(L) \ll U_I\right). \tag{3.101}$$

Der Übersteuerungsgrad ergibt sich zu

$$m = \frac{I_{\text{TV1max}}}{I_{\text{TV1}}} = \frac{I_{\text{TV01}} \exp \dfrac{U_{\text{BE}}}{U_\text{T}}}{I_{\text{TL02}} \exp \dfrac{U_\text{I}}{U_\text{T}}}.$$ (3.102)

Bei Beachtung der Eingangsstrombeziehung

$$I_{\text{TL01}} \left(\exp \frac{U_\text{I}}{U_\text{T}} - \exp \frac{U_{\text{BE}}}{U_\text{T}} \right) = \frac{I_{\text{TV01}}}{B_{\text{N1}}} \exp \frac{U_{\text{BE}}}{U_\text{T}}$$ (3.103)

wird nun

$$m = \frac{\dfrac{I_{\text{TV01}}}{I_{\text{TL02}}}}{1 + \dfrac{I_{\text{TV01}}}{I_{\text{TL01}}} \dfrac{1}{B_{\text{N1}}}}$$ (3.104)

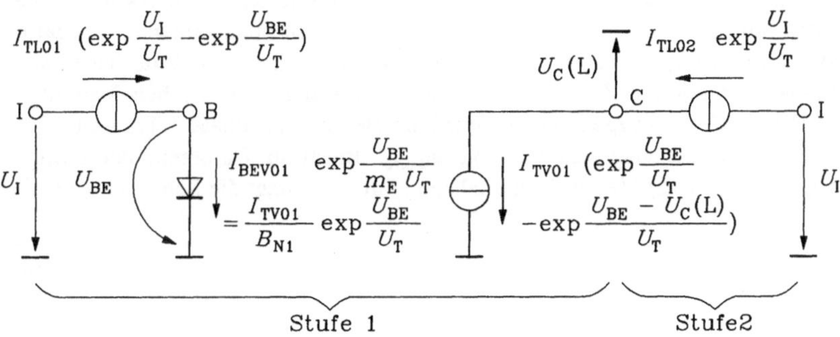

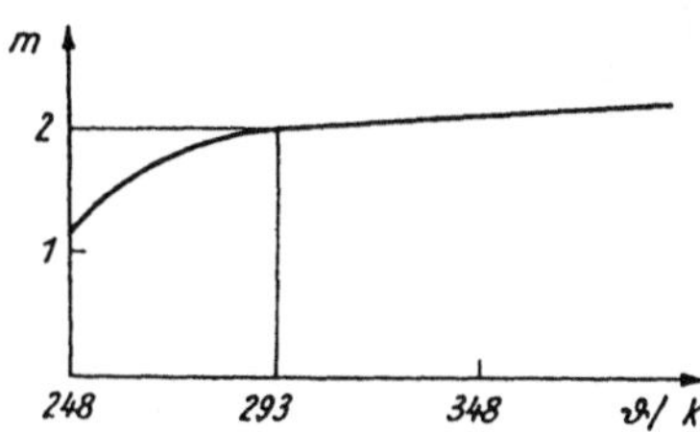

Bild 3-44 Zur statischen Berechnung des I^2L-Transistors

Bild 3-45
Temperaturverhalten von I^2L-Strukturen

Voraussetzung für einen Übersteuerungsgrad $m > 1$ sind demnach

$$I_{\text{TV01}} > I_{\text{TL02}}$$

und

$$\frac{B_{\text{N1}} I_{\text{TL01}}}{I_{\text{TV01}}} \gg 1.$$ (3.105)

m sollte möglichst $m > 2$ dimensioniert werden, da der Übersteuerungsgrad mit tieferen Temperaturen stark absinkt (Bild 3-45).

Der L-Pegel kann ebenfalls aus den Beziehungen nach Bild 3-44 ermittelt werden. Aus der Strombeziehung

$$I_{\mathrm{TV01}}\left(\exp\frac{U_{\mathrm{BE}}}{U_{\mathrm{T}}} - \exp\frac{U_{\mathrm{BE}} - U_{\mathrm{C}}(\mathrm{L})}{U_{\mathrm{T}}}\right) = I_{\mathrm{TL02}}\exp\frac{U_{\mathrm{I}}}{U_{\mathrm{T}}} \tag{3.106}$$

gewinnt man bei Einbeziehung von Gl. (3.102)

$$U_{\mathrm{C}}(\mathrm{L}) = U_{\mathrm{T}}\ln\frac{m}{m-1}. \tag{3.107}$$

Gl. (3.107) macht nochmals deutlich, daß der Übersteuerungsgrad unter allen Betriebsbedingungen

$$m > 1$$

zu sichern ist, weil sonst der L-Pegel nicht garantiert werden kann.

Zum dynamischen Verhalten der Schaltung:

Infolge der kleinen Gatterströme (I_{TL} = 10 nA ... 100 µA) können die Diffusionskapazitäten im dynamischen Modell entfallen, so daß das statische Modell lediglich durch die Sperrschichtkapazitäten ergänzt werden muß. Zunächst soll das dynamische Verhalten einer einfachen Negatorkette betrachtet werden (Bild 3-46), wobei die schaltende Stufe K inmitten der Kette liegen soll, also systemeigene Flanken existieren. Zum besseren Verständnis des dynamischen Verhaltens wird das Ergebnis im Bild 3-47 vorweggenommen. Wird am Beginn von Phase 1 Transistor K-1 durch die vorhergehende Stufe K-2 ausgeschaltet, sinkt $u_{\mathrm{BE,K-1}}$ linear ab. Da bereits bei geringer Unterschreitung von I_{BEX} um (1 ... 2) U_{T} der Strom nahezu Null wird, liegt die Schaltschwelle U_{S} nur wenig unter U_{BEX},

$$U_{\mathrm{S}} = U_{\mathrm{BEX}} - (1...2)U_{\mathrm{T}}. \tag{3.108}$$

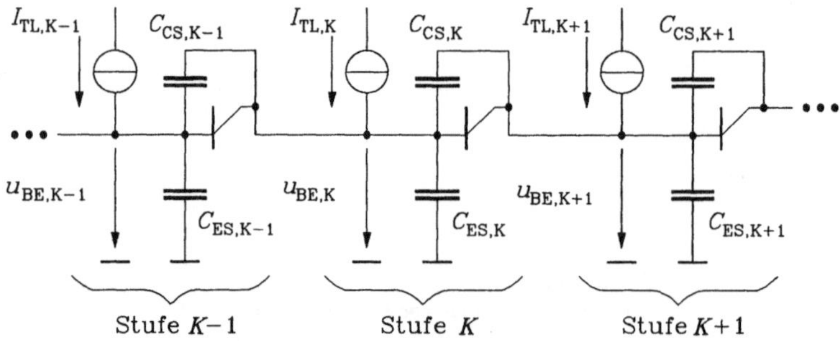

Bild 3-46 Zum dynamischen Verhalten einer Negatorkette

Beim Absinken von $u_{\mathrm{BE,K-1}}$ beginnt gleichzeitig der Anstieg von $u_{\mathrm{BE,K}}$, indem alle Kapazitäten an der Basis von Stufe K durch $I_{\mathrm{TL,K}}$ linear aufgeladen werden. In Phase 2 ist $u_{\mathrm{BE,K-1}} \approx 0$, so daß die weitere Aufladung der Knotenkapazitäten schneller geschehen kann (steilerer Anstieg von $u_{\mathrm{BE,K}}$). Bei Erreichen von U_{s} durch $u_{\mathrm{B,K}}$ geht Transistor K in den aktiven Bereich, der Kollektorstrom ist proportional dem Basisstrom

$$i_{\mathrm{TVK}} = I_{\mathrm{TV,K}} = B_{\mathrm{N}}I_{\mathrm{TL,K}} = B_{\mathrm{N}}I_{\mathrm{TL0,K}}\left(\exp\frac{U_{\mathrm{I}}}{U_{\mathrm{T}}} - \exp\frac{U_{\mathrm{BEX}}}{U_{\mathrm{T}}}\right), \tag{3.109}$$

so daß nun die Kapazitäten an der Basis von Stufe $K+1$ linear entladen werden können (Entladung von Kapazitäten mit konstantem Strom).

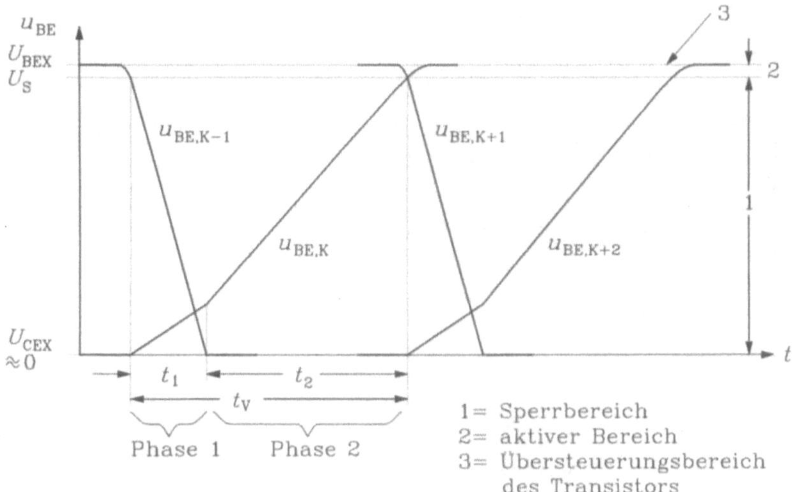

Bild 3-47 Dynamisches Verhalten der Negatorkette

Für die Aufladung des Knotens an Stufe K während t_V gilt die Knotengleichung

$$I_{TLK} = C_{ES,K} \frac{du_{BE,K}}{dt} + C_{CS,K} \frac{d}{dt}\left(u_{BE,K} - u_{BE,K+1}\right)$$
$$+ C_{CS,K-1} \frac{d}{dt} \cdot \left(u_{BE,K} - u_{BE,K-1}\right). \tag{3.110}$$

Da $u_{BE,K+1}$ während dieser Phase konstant bleibt ($u_{BE,K+1} = U_{BEX}$), entfällt dieser Teil des Differentials.

Damit kann Gl. (3.110) integriert werden, wobei die Integrationsgrenzen aus Bild 3-47 hervorgehen.

$$I_{TL,K} \int_0^{t_V} dt = \left(C_{ES,K} + C_{CS,K} + C_{CS,K-1}\right) \int_0^{\approx U_{BEX}} du_{BE,K}$$
$$- C_{CS,K-1} \int_{\approx U_{BEX}}^0 du_{BE,K-1} \tag{3.111}$$

$$t_V = \frac{U_{BEX}}{I_{TL,K}}\left(C_{ES,K} + C_{CS,K} + 2C_{CS,K-1}\right) \tag{3.112}$$

Die Sperrschichtkapazität des steuernden Kollektors hat doppelten Einfluß auf t_V, da hier Basis- und Kollektorspannung entgegengesetzt geändert werden. In $I_{TL,K}$ ist während der Umladung eine Spannung $u_{BE,K} \leq U_S$ vorhanden, so daß dieser Teil im Transportstrom vernachlässigt werden kann,

$$I_{TL,K} \approx I_{TL0,K} \exp\frac{U_I}{U_T}. \tag{3.113}$$

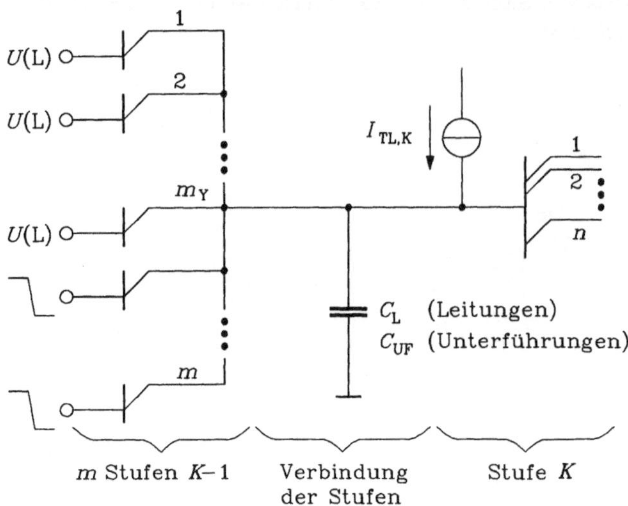

Bild 3-48 Zum dynamischen Verhalten von I²L-Strukturen

Gl. (3.112) läßt sich auf I²L-Stufen mit Ein- und Ausfächerung und zusätzlichen Knotenkapazitäten (Leitungskapazitäten, Unterführungskapazitäten) ausdehnen (siehe Bild 3-48).

$$t_v = \frac{U_{\text{BEX}}(U_\text{I})}{I_{\text{TL0,K}}\exp\dfrac{U_\text{I}}{U_\text{T}}}\left(C_{\text{ES,K}} + \sum_{\gamma=1}^{n} C_{\text{CS,K}} + C_\text{L} + C_\text{UF} \right.$$

$$\left. + \sum_{\gamma=1}^{m_Y} C_{\text{CS,K-1}} + 2\sum_{\gamma=1}^{m-m_Y} C_{\text{CS,K-1}} \right) \tag{3.114}$$

Die m_v Stufen, die auf L liegen, stellen nur einfache Lastkapazitäten dar, während die $m - m_v$ gleichzeitig steuernden Transistoren mit ihren Kapazitäten doppelt eingehen. Meist steuert jedoch nur ein Transistor, somit wird

$$m - m_Y = 1. \tag{3.115}$$

Die Basis-Emitter-Spannung U_{BEX} ist selbst von U_I abhängig und kann nach Bild 3-44 ermittelt werden.

Zur Randelektronik von I²L-Schaltungen:

Bild 3-49 zeigt eine einfache Schaltung zur Erzeugung der Injektorspannung aus der meist hohen Betriebsspannung $U_0 = 5$ V. Für die Widerstandsdimensionierung gilt

$$R_2 = \frac{U_1 - U_{\text{BEX}} - U_\text{I}}{\sum I_{\text{TL}}}, \tag{3.116}$$

$$R_1 = \frac{U_0 - U_\text{I}}{(1 + B_{\text{N1}})I_\text{D} + \sum I_{\text{TL}}}(1 + B_{\text{N1}}). \tag{3.117}$$

Leider wird bei dieser Stufe eine hohe Verlustleistung entstehen,

$$P_\mathrm{v} = U_0 \cdot \sum I_\mathrm{TL}. \tag{3.118}$$

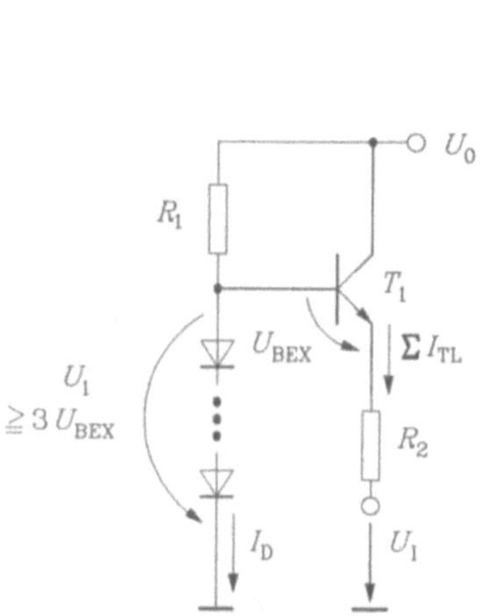

Bild 3-49
Injektorspannungserzeugung

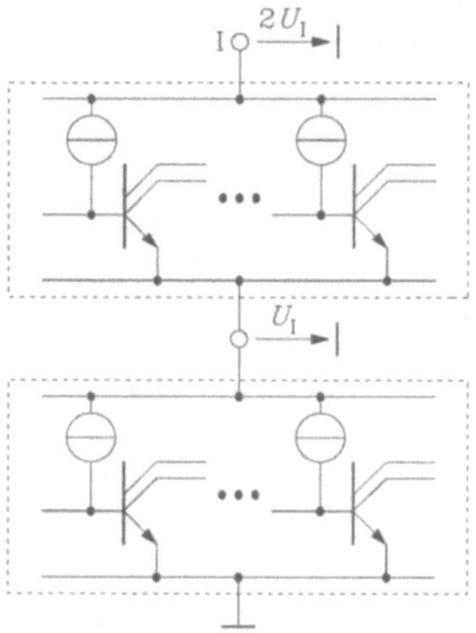

Bild 3-50
I^2L-Stapelprinzip

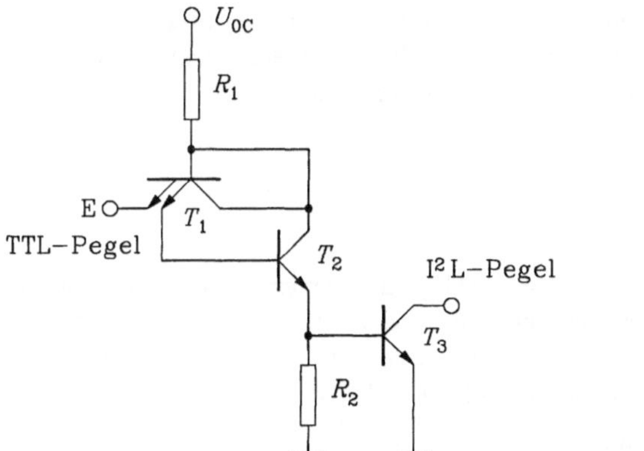

Bild 3-51
Pegelwandlung TTL–I^2L

Eine Möglichkeit der Reduzierung der Gesamtverlustleistung bietet die Stapelung von I^2L-Schaltungen (siehe Bild 3-50). Teilt man die Gesamtschaltung in zwei etwa gleich große möglichst voneinander unabhängige Teile, ist diese Stapelung möglich. Verbindungen zwischen den beiden Teilen sind gesondert zu dimensionieren.

Neben der Stromversorgung sind bei I^2L-Schaltungen Ein- und Ausgangsstufen notwendig, die die I^2L-Pegel an die allgemein üblichen TTL-Pegel anpassen. Aus der Vielzahl der Ein- und Ausgangsstufen werden zwei sehr oft verwendete Schaltungen angegeben (Bild 3-51 und Bild 3-52). Die Eingangsstufe wandelt TTL-Pegel in die niedrigen I^2L-Pegel um. Für E = L sind T_2

und T_3 gesperrt, für E = H werden T_2 und T_3 leitend. Die Stufe arbeitet also ähnlich wie eine TTL-Open-Kollektor-Stufe. Wird an die Ausgangsstufe nach Bild 3-52 der niedrige I²L-Pegel gelegt, so sind alle Transistoren bis auf T_2 gesperrt. T_2 soll die Basisspannung von T_4 zusätzlich auf etwa 0 V herabziehen, um sicheres Sperren zu gewähren. Liegt der I²L-H-Pegel an T_1, so ist T_2 gesperrt. Durch T_3 fließt durch beide Kollektoren unter der Voraussetzung gleicher Kollektorflächen der gleiche Strom, der durch T_1 festgelegt wird (Stromspiegelprinzip).

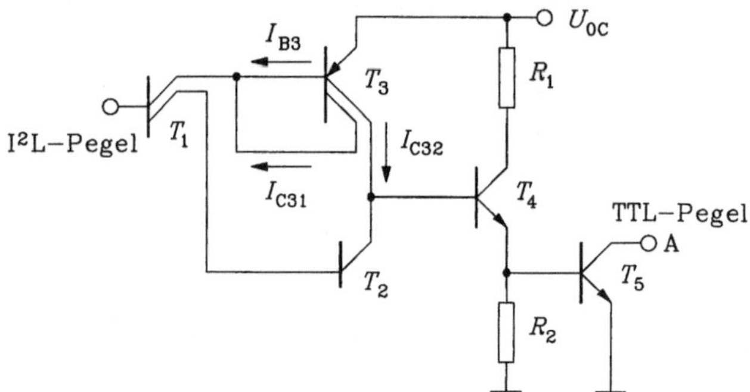

Bild 3-52
Pegelwandlung I²L–TTL

Da T_1 nicht übersteuert wird (falls $U_{0C} - U_{EBX3} \geq U_{BEX1}$ dimensioniert wird), gilt

$$I_{B3} + I_{C31} = I_{C31}\left(1 + \frac{1}{B_{N3}}\right) = B_{N3}I_{TL1}. \tag{3.119}$$

Mit diesem Kollektorstrom I_{C31} ist eine bestimmte Spannung U_{EBX3} verbunden, die bei vergrößertem zweiten Kollektor auch einen entsprechend vergrößerten Strom I_{C32} maximal zuläßt. Dieser Strom macht T_4 leitend, der verstärkte Emitterstrom I_{E4} führt zur Übersteuerung von T_5, so daß T_5 TTL-Ströme auf nehmen kann, ohne daß der L-Pegel verlorengeht.

3.2.3 Emittergekoppelte Logik ECL

3.2.3.1 Einfache ECL-Schaltungen

Unter einfachen ECL-Schaltungen (*emitter coupled logic* (ECL) oder *current mode logic* (CML)) sollen Schaltungen verstanden werden, die nur eine Schaltstufe nach Abschnitt 2.3.3 beinhalten. Demgegenüber enthalten komplexe ECL-Schaltungen mehrere Schaltstufen in mehreren Ebenen, d.h., mindestens eine Stromquelle I_E ist selbst ein einfacher Stromschalter.

Schaltungen mit konstanter Referenzspannung

ECL-Schaltungen mit konstanter Referenzspannung entstehen aus der Schaltstufe nach dem Stromschaltprinzip nach Abschnitt 2.3.3 durch Hinzufügen weiterer Eingänge, indem weitere Eingangstransistoren parallelgeschaltet werden oder die Kollektoranpaßstufe am Eingang durch weitere parallelgeschaltete Transistoren ergänzt wird. In Bild 3-53 ist die erste Möglichkeit der Verknüpfung auf der Grundlage des Stromschaltprinzips dargestellt.

Wird an beide Eingangstransistoren T_1 und T_2 U_{GY}, angelegt, so sind diese gesperrt, der Referenztransistor T_3 ist leitend. Damit entstehen am Ausgang A_1 die Spannung 0V, am Ausgang A_2 $-\Delta U$. Legt man an einen Eingangstransistor die Spannung U_{GX} an, so wird dieser leitend, Transistor T_3 wird gesperrt. Außerdem wird in diesem Fall der andere Eingangstransistor stärker als bisher gesperrt, wie eine Pegelüberprüfung zeigt. Am Emitterknoten entsteht infolge des geöffneten Eingangstransistors die Spannung $U_{GX} - U_{BEX}$, die Basis des gesperrten Transistors liegt auf U_{GY}, somit wird dessen Basis-Emitter-Spannung

$$U_{BE} = U_{GY} - U_{GX} + U_{BEX} = -\Delta U + U_{BEX} < U_{BEY}. \tag{3.120}$$

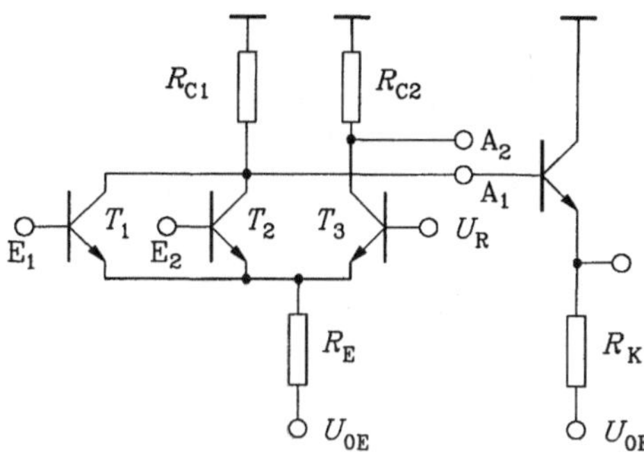

Bild 3-53
ECL-Schaltung mit Verknüpfungsnetzwerk
nach dem Stromschaltprinzip

Am Ausgang kehren sich die Verhältnisse gegenüber dem Fall der gesperrten Transistoren T_1 und T_2 um, an A_1 entsteht $-\Delta U$, an A_2 0 V. Werden schließlich beide Eingangstransistoren durch die Eingangsspannung U_{GX} leitend, so teilt sich der Gesamtemitterstrom auf beide auf, an den Ausgängen bleiben die gleichen Verhältnisse bestehen, wie sie bei einem leitenden Eingangstransistor auftraten. Die Schaltung arbeitet am Ausgang A_1 als NOR-Glied, am Ausgang A_2 als OR-Glied.

Die Schaltung nach Bild 3-53 kann ohne Kollektor-Ausgangsstufen betrieben werden, wenn der Spannungshub $\Delta U \leq 0,4$ V gewählt wird (siehe Abschnitt 2.3.3 und Bild 3-54). Die Spannungspegel werden dann

$$U_A(H) = 0 \text{ V}, \tag{3.121}$$

$$U_A(L) = -\Delta U \geq -0,4 \text{ V}, \tag{3.122}$$

$$U_R = -\frac{\Delta U}{2} \geq -0\ 2 \text{ V}. \tag{3.123}$$

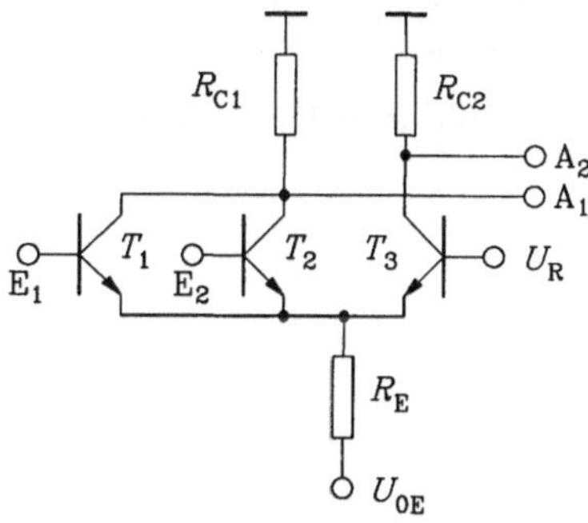

Bild 3-54
ECL-Schaltung ohne Anpaßstufe mit
$\Delta U \leq 0,4$ V

Die Vorteile der Schaltung bestehen in der Geschwindigkeitserhöhung, Verlustleistungsverringerung und Flächenreduzierung durch Wegfall der Anpaßstufe, der Nachteil in der geringeren Störsicherheit. Solche Schaltungen werden in MSI/LSI-Schaltungen angewendet. Zur weiteren Erhöhung der Schaltgeschwindigkeit und der Störsicherheit können einfache ECL-Schaltstufen gegenphasig angesteuert werden, da stets die Information und ihre Negation vorliegen (Vorteil der ECL-Technik). Bild 3-55 zeigt dieses Gatter.

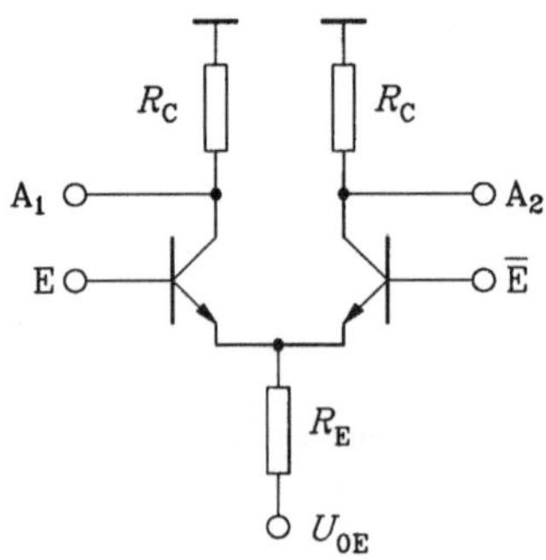

Bild 3-55
Gegenphasig angesteuerte ECL-Schaltstufe

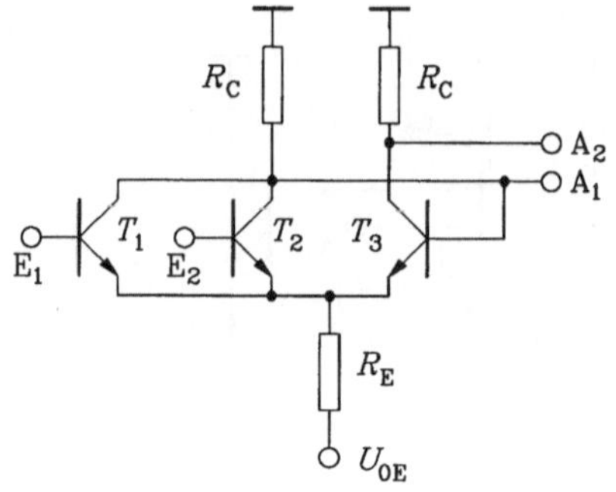

Bild 3-56
RECL-Schaltung

Um dieses Prinzip auch bei logischen Grundschaltungen ohne zusätzlichen Aufwand an Transistoren anwenden zu können, werden Rückkopplungen eingeführt (RECL $\triangleq$ rückgekoppelte ECL). Dieses Schaltungsprinzip für Spannungshübe $\Delta U \leq 0{,}4$ V ist in Bild 3-56 dargestellt. Sinkt die Spannung U_{A1} durch Ansteigen einer Eingangsspannung $U_{G1,2}$ ab, wird gleichermaßen die Referenzspannung erniedrigt und damit das Umschalten beschleunigt. Analog geschieht das Zurückschalten in den Ausgangszustand. Werden Spannungshübe $\Delta U = 8$ V gefordert, muß die Rückkopplung über eine Kollektoranpaßstufe erfolgen. Die Zahl der Ein- und Ausgänge wird bei den bisher besprochenen ECL-Schaltungen dadurch bestimmt, daß durch Restströme und bisher vernachlässigte Basisströme Spannungspegelverschiebungen auftreten, die ein einwandfreies Schalten gefährden. Zusätzlich ist zu beachten, daß bei Umschaltungen auf Grund der verbundenen Kollektoren und Emitter die Sperrschichtkapazitäten jedes Transistors umgeladen werden, und zwar unabhängig davon, ob er selbst schaltet oder nicht. Die damit verbundene Geschwindigkeitseinbuße begrenzt ebenfalls die Zahl der Eingänge. Wichtig ist ferner, daß bei diesen Hochgeschwindigkeitsschaltungen auf kürzeste Leitungen Wert gelegt wird, um Leitungsverzögerungen zu vermeiden. Damit wird auch die Zahl der Lasten festgelegt.

Für Schaltungen mit $\Delta U = 8$ V vermeidet die Verknüpfung mittels Kollektorstufen einen Teil der Umladungen der Sperrschichtkapazitäten (Bild 3-57).

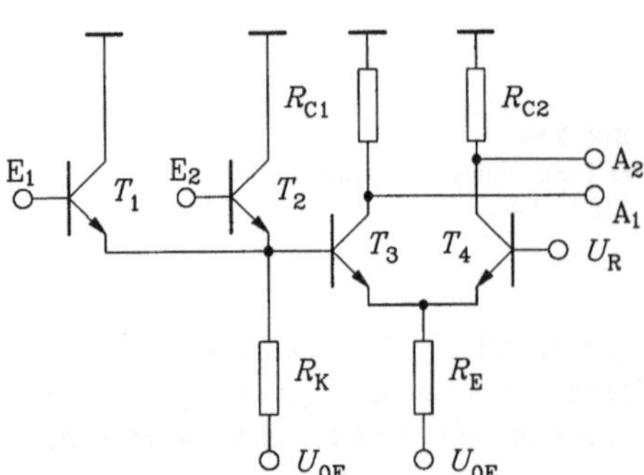

Bild 3-57
ECL-Schaltung mit Kollektorstufen als
Verknüpfungsnetzwerk

Legt man an beide Eingangstransistoren T_1 und T_2 entsprechend Abschnitt 2.3.3 die Spannung 0 V, so sind beide leitend, an der Basis von Transistor T_3 entsteht U_{GX}, T_3 ist leitend, T_4 gesperrt. Wird die Eingangsspannung an T_1 und T_2 $-\Delta U$, so sind ebenfalls beide leitend, an T_3 liegt nun U_{GY}, jetzt leitet der Referenztransistor T_4, während T_3 gesperrt ist. Erhält nur ein Eingangstransistor 0 V, so leitet dieser, an T_3 entsteht wieder $U_{GX} = -U_{BEX}$. Der andere Eingangstransistor, an dem an der Basis $-\Delta U$ liegt, wird jetzt gesperrt, seine Basis-Emitter-Spannung U_{BE} wird

$$U_{BE} = -\Delta U - U_{GX} = -\Delta U + U_{BEX} = 0 \text{ V für } \Delta U = U_{BEX}. \tag{3.124}$$

Die Schaltung hat die gleiche logische Funktion wie die nach Bild 3-53, am Ausgang A_1 entsteht die NOR-Funktion, an A_2 die OR-Funktion. Auf Grund der kleineren Zahl von Umladungen beim Umschalten erreicht diese Schaltung höhere Geschwindigkeiten als die nach Bild 3-53, es entstehen Anstiegs- und Verzögerungszeiten im Subnanosekundenbereich. Die statische Bemessung der Schaltungen ist identisch mit der des einfachen Stromschalters nach Abschnitt 2.3.3 und wird deshalb hier nicht behandelt.

Häufig verwendet man statt des Emitterwiderstandes R_E Konstantstromquellen (Bild 3-58).

Bei der Schaltung b) ergibt sich der Stromquellenstrom zu

$$I_E \approx \frac{1}{R_E}\left[\frac{R_2}{R_1 + R_2}(-U_{0E}) - U_{BEX} \right]. \tag{3.125}$$

I_E ist relativ toleranzempfindlich gegen Betriebsspannungsschwankungen, eine Verbesserung liefert Schaltung c):

$$I_E \approx \frac{1}{R_E} U_{BEX}. \tag{3.126}$$

Die Schaltung d) stellt die Verbindung von b) und c) dar und eignet sich zur Temperaturkompensation der Ausgangsspannung von ECL-Schaltungen. Der Quellenstrom I_E ergibt sich bei dieser Schaltung zu

$$I_E \approx \frac{-U_{0E} R_2}{(R_1 + R_2) R_E} + \frac{U_{BEX}}{R_E} \cdot \frac{R_1 - R_2}{R_1 + R_2}. \tag{3.127}$$

Für $R_1 = R_2$ bleibt die Temperaturabhängigkeit der Basis-Emitter-Spannung

$$U_{BE}(T) = U_{BE}(T_0) + D_T(T - T_0) \tag{3.128}$$

D_T – Temperaturdurchgriff = $(-1.6 \ldots -2.7)$ mV/grd/I_C = konst.

ohne Wirkung auf den Quellenstrom. Die Ausgangsspannung des H-Pegels ist 0 V und bleibt konstant, die des L-Pegels ergibt sich zu

$$U_A(L) = -A_N I_E R_C = \frac{U_{0E}}{2} \frac{R_C}{R_E} \cdot A_N. \tag{3.129}$$

Sie ist dann in geringem Maße temperaturabhängig, wenn beide Widerstände der integrierten Schaltung gleiche Temperaturkoeffizienten aufweisen (A_N ist ebenfalls nahezu temperaturunabhängig).

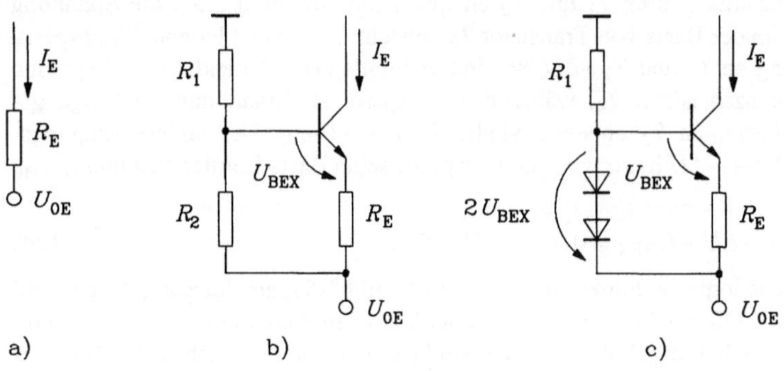

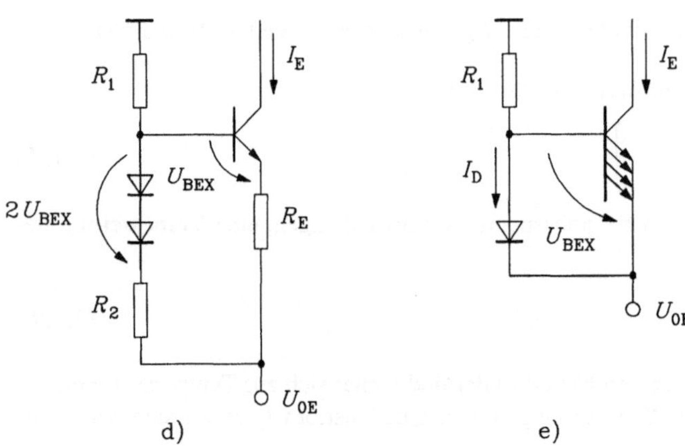

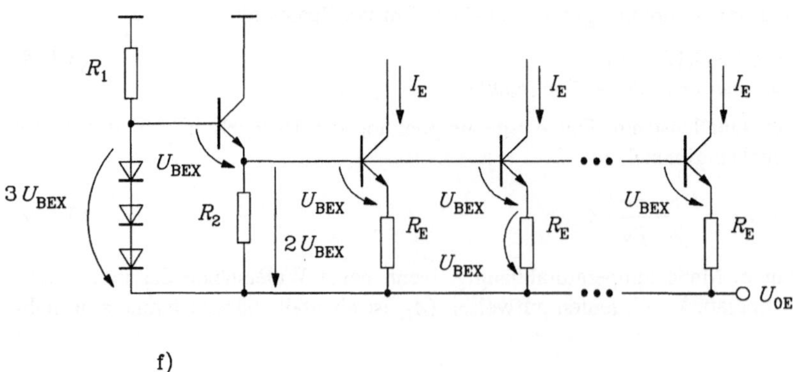

Bild 3-58 Varianten von Konstantstromquellen

Schaltung e) enthält n Eingangsdioden des Multi-Emitter-Transistors und eine gesonderte Diode mit gleicher Charakteristik. Damit wird der Quellenstrom I_E bei Vernachlässigung des Basisstroms

$$I_E = nI_D = n\frac{-U_{BEX} - U_{0E}}{R_1}.$$

$$(3.130)$$

Auch diese Schaltung ist gegen Spannungsschwankungen toleranzempfindlich.

Oft werden in Schaltungen mit vielen ECL-Gattern (MSI/LSI-Schaltungen) mehrere Stromquellen benötigt. Diese werden zweckmäßig als Strombänke (Bild 3.58f) realisiert. In der angegebenen Schaltungsversion beträgt der Strom I_E ebenfalls

$$I_E = \frac{U_{BEX}}{R_E},$$

$$(3.131)$$

ist also betriebsspannungsunabhängig. Der Vorteil der Schaltung besteht darin, daß die Basisvorspannung für mehrere Stromquellen nur einmal erzeugt werden muß.

Zur statischen Analyse der ECL-Schaltungen:

Für Schaltungen mit $\Delta U = 0{,}8$ V werden Kollektoranpaßstufen benötigt, die entweder am Eingang oder am Ausgang angebracht sind (Bild 3-53 oder Bild 3-57). Für die im Abschnitt 2.3.3 abgeleitete Übertragungskennlinie hat das nur insofern Bedeutung, daß die konstante Pegelanpassungsspannung U_{BEX} entweder die Eingangs- oder die Ausgangsspannung des Schalters verschiebt, es entstehen keine prinzipiell neuen Kurven. Wesentliche Unterschiede treten jedoch bei Ein- und Ausgangskennlinien auf. Für die Schaltung nach Bild 3-53 muß die Eingangskennlinie nach Bild 2-70 und die Ausgangskennlinie nach Bild 2-76 verwendet werden. Wird die Schaltung entsprechend Bild 3-57 eingesetzt, gilt als Eingangskennlinie Bild 2-75 und als Ausgangskennlinie Bild 2-72.

Zur dynamischen Analyse:

Die dynamische Analyse des Stromschalters und des Emitterfolgers wurde bereits im Abschnitt 2.3.3 behandelt. Im folgenden wird lediglich die Ersatzschaltung zur Berechnung der Anstiegs- und Abfallzeiten angegeben (Bild 3-59), wobei unter Worst-Case-Bedingungen nur 1 Transistor das Umschalten des Gatters bewirken soll, während m-1 Transistoren durch $U_G = U_{GY}$ gesperrt sind. Zusätzlich sind weitere parasitäre Kapazitäten C_{p1}. C_{p2} und C_{p3} angegeben, die auch in realen Schaltungen auftreten. Die Berechnung dieser Zeiten sprengt den Rahmen des Buches und muß dem interessierten Leser überlassen werden. Aus Bild 3-59 ist erkennbar, daß die Schaltzeiten durch die zusätzlichen Kapazitäten ansteigen, wobei davon besonders die NOR-Seite betroffen ist.

Um hohe Geschwindigkeiten zu erreichen, darf also die Einfächerung nicht zu groß werden (m = 3 ... 5). Viele Schaltkreishersteller bieten deshalb Grund-Gatter mit kleinen Einfächerungen und zusätzlichen Expandern an (Bild 3-60).

Beim Zuschalten von einem oder mehreren Expandern steigt die Einfächerung, wobei der Anwender gleichzeitig auf hohe Geschwindigkeit verzichtet. Eine weitere Möglichkeit der Steigerung der logischen Komplexität einfacher Gatter bietet das sogenannte „verdrahtete OR", in dem mehrere Ausgangsemitterfolger auf einen äußeren gemeinsamen Emitterwiderstand R_K geschaltet werden (Bild 3-61).

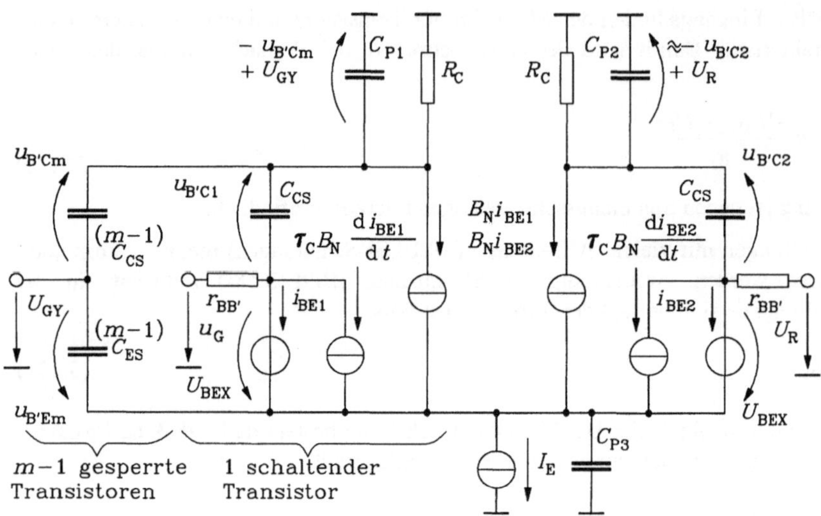

Bild 3-59 Dynamische Ersatzschaltung des ECL-Schalters

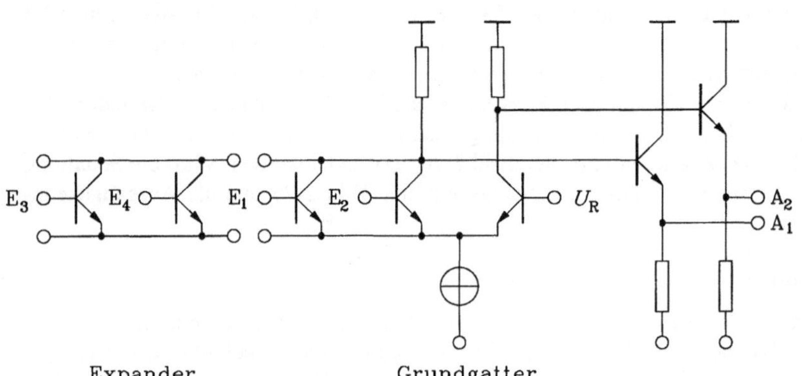

Bild 3-60 ECL-Gatter mit Expander

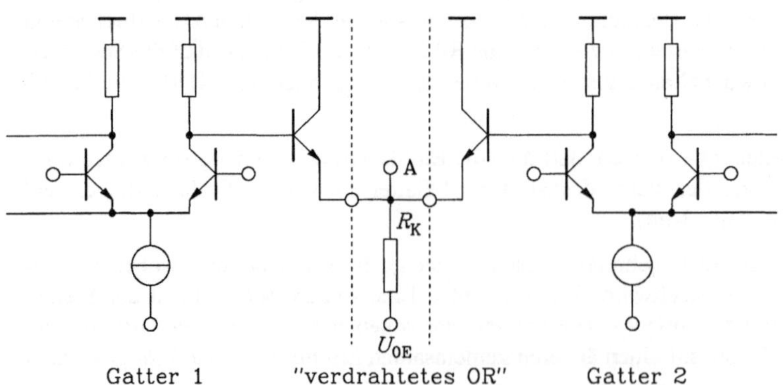

Bild 3-61 ECL-Gatter mit verdrahtetem OR (*wired* OR)

ECL-Grundgatter lassen sich auch nach Bild 3-62 verbinden, um die logische Funktion zu erweitern. Dabei gibt es verschiedene Verdrahtungsmöglichkeiten der zwei Gatter, so daß unterschiedliche logische Funktionen realisiert werden können. Die Diode dient zur Pegelbegrenzung, sie ist notwendig, wenn die Möglichkeit besteht, daß zwei Stromquellenströme auf einen Kollektorwiderstand arbeiten können. Der dann entstehende doppelte Spannungshub würde zur Übersteuerung der Transistoren führen.

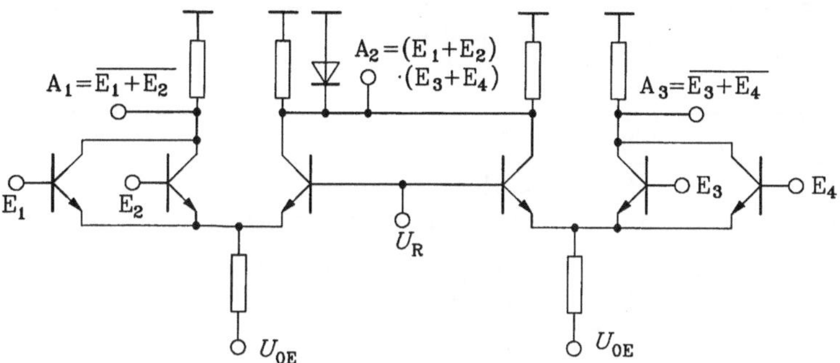

Bild 3-62 Zusammengeschaltete ECL-Grundgatter

Schaltungen mit logischen Pegel führender Referenzspannung

Bisher wurde die Referenzspannung U_R konstant gehalten. Zur Steigerung der logischen Komplexität der Schaltung wird nunmehr an den Referenztransistor ebenfalls ein logisches Signal angelegt. Bild 3-63 soll das Wirkungsprinzip erläutern. Die Schaltung soll dann wie ein Stromschalter mit konstanter Referenzspannung arbeiten, wenn am Eingang E_2 die Spannung U_{GX} anliegt. Aus dieser Bedingung wird die Größe von U_1, abgeleitet.

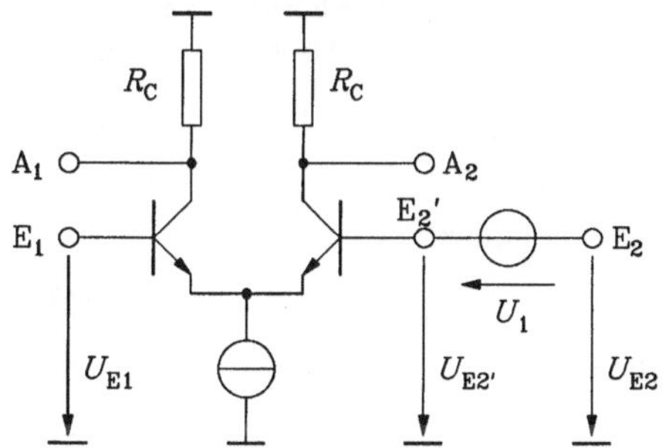

Bild 3-63
Stromschalter mit logischen Pegel führender
Referenzspannung

Konstante Referenzspannung bedeutet in Schaltung Bild 3-63

$$U'_{E2} = \frac{U_{GX} + U_{GY}}{2} \text{ mit } U_{E2} = U_{GX}. \tag{3.132}$$

Daraus folgt für U_1

$$U_1 = U_{E2} - U'_{E2} = \frac{U_{GX} + U_{GY}}{2} = \frac{\Delta U}{2}. \tag{3.133}$$

Mit der Festlegung nach Gl. (3.133) ergibt sich für $U'_{E2} = U_{GY}$

$$U'_{E2} = U_{GY} - \frac{\Delta U}{2}. \tag{3.134}$$

Damit ist die Referenzspannung U'_{E2}, mindestens um $\Delta U/2$ niedriger als die Spannung U_{E1}, unabhängig davon, ob U_{GX} oder U_{GY} an E_1 liegt. Somit fließt für den Fall $U_{E2} = U_{GY}$ stets im linken Transistor von Bild 3-63 Strom, an seinem Ausgang A_1 entsteht die Spannung -ΔU. Der rechte Transistor bleibt dabei unabhängig von U_{E1} gesperrt, die Spannung an A_2 ist 0 V. Dieses eben beschriebene Verhalten führt zu folgender Funktionstabelle:

Zustand	E_1	E_2	A_1	A_2	Bemerkungen
1	H	H	L	H	Schalter arbeitet wie bei
2	L	H	H	L	konstanter Referenzspannung
3	H	L	L	H	linker Transistor stets leitend,
4	L	L	L	H	rechter stets gesperrt

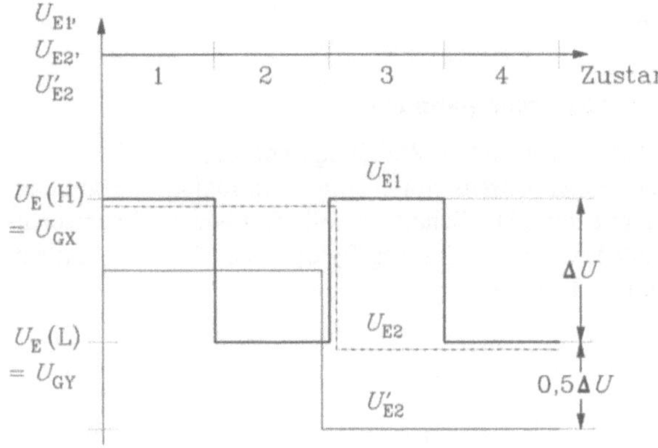

Bild 3-64
Zustandsdiagramm der
Schaltung des Bildes 3.63

Der Schalter führt als logische Funktion am Ausgang A_1 die Inhibition

$$A_1 = \overline{E_1} \cdot E_2 \tag{3.135}$$

und am Ausgang A_1 die Implikation oder negierte Inhibition

$$A_2 = E_1 + \overline{E_2} = \overline{\overline{E_1} \cdot E_2} \tag{3.136}$$

Zur Erläuterung der Wirkungsweise der Schaltung sind in Bild 3-64 die 4 möglichen Schaltzustände entsprechend der angegebenen Funktionstabelle aufgetragen. Die Prinzipschaltung nach Bild 3-63 kann an den Eingängen E_1 und E_2 durch Hinzufügen von mehreren Kollektorstufen erweitert werden, so daß E_1 und E_2 selbst OR-Verknüpfungen darstellen. Damit wird die logische Komplexität der Schaltung erhöht (Bild 3-65).

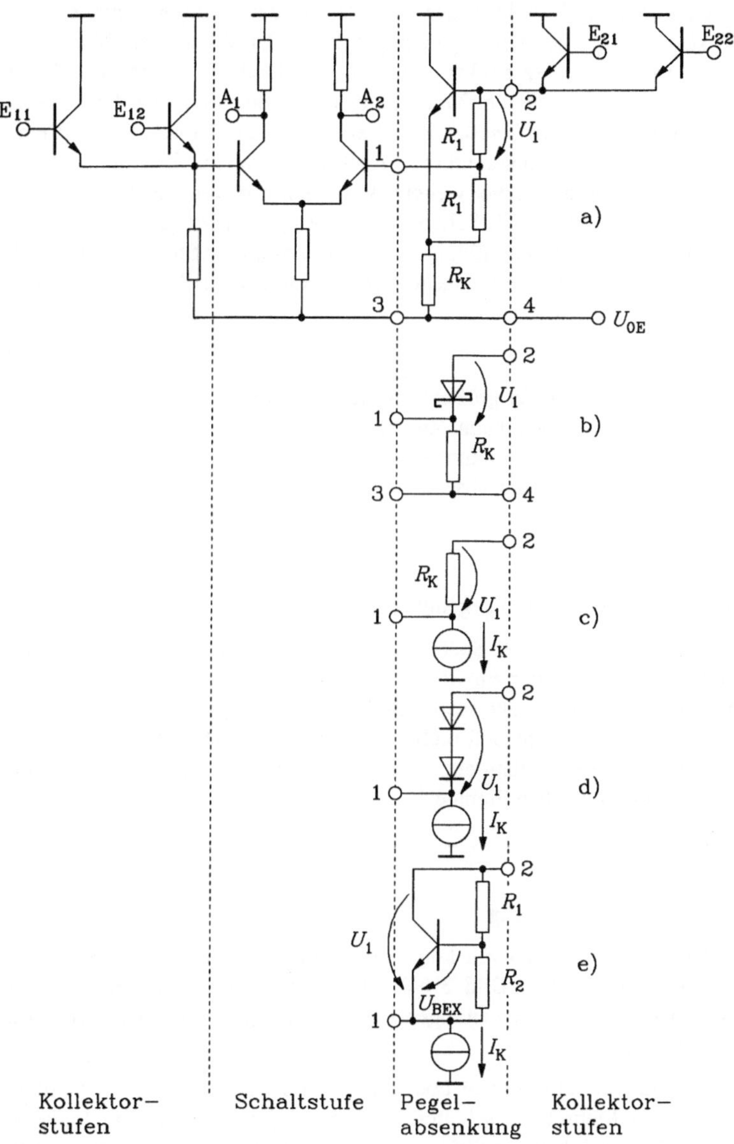

Bild 3-65 Vollständige ECL-Schaltung mit logischen Pegel führender Referenzspannung

Ein wesentliches Problem der Schaltung besteht in der Realisierung der Spannungsquelle $\Delta U/2$ am Referenztransistor. Bei $\Delta U = 0{,}8$ V muß diese Spannung $\Delta U/2 = 0{,}4$ V betragen. Manchmal wird dazu die Basis-Emitter-Spannung einer Kollektorstufe U_{BEX} durch Widerstände halbiert (Variante a). Eine günstigere Variante geringeren Bauelementeaufwandes stellt die Ausnutzung der Flußspannung von Schottky-Dioden mit $U_{\mathrm{F}} \approx 0{,}4$ V in Variante b) dar. In Bild 3-65 ist eine solche vollständige Schaltung in beiden Varianten und mit Kollektorstufen zur Erhöhung der logischen Komplexität angegeben. Außerdem sind weitere Varianten für verschiedenste Spannungsabsenkungen angegeben, wie sie oft in ECL-Schaltungen benötigt werden (die Varianten d) und e) eignen sich nur für größere Spannungsabsenkungen, z.B. für komplexe Stromschalter nach Abschnitt 3.2.3.2). In Variante c) wird die Spannungsabsenkung durch eine Stromquelle realisiert,

$$U_1 = R_{\mathrm{K}} I_{\mathrm{K}}. \tag{3.137}$$

Schaltung d) stellt eine Absenkungsvariante für größere Spannungen dar, die auf Grund der eingesetzten Dioden besonders schnell umschalten kann. Zur Erzielung bestimmter Absenkungen ist sie mit Variante c) verknüpfbar. Beliebige Absenkungen größerer Spannungen lassen sich auch mit Variante e) erzielen. Es gilt für die Spannungsabsenkung

$$U_1 \approx U_{\mathrm{BEX}} \cdot \frac{R_1 + R_2}{R_2}, \tag{3.138}$$

wenn der Querstrom durch die Widerstände groß gegenüber dem Basisstrom ist.

Bei der Auswahl einer geeigneten Variante einer Spannungspegelabsenkung, die bei verschiedenen ECL-Gattern notwendig ist, muß sich der Entwerfer auch die Schaltung hinsichtlich ihrer Toleranzempfindlichkeit auf Temperatur- und Speisespannungsschwankungen anschauen und ein Optimum suchen. Auf diese Frage soll hier jedoch nicht eingegangen werden. Das dynamische Verhalten der Schaltung nach Bild 3-65 entspricht annähernd dem der ECL-Schaltung mit Kollektorstufen zur Verknüpfung der logischen Signale.

3.2.3.2 Komplexe Stromschalter

Schaltungen mit konstanter Referenzspannung

Aus der Vielzahl der komplexen Stromschalter mit konstanter Referenzspannung sollen 3 typische Schaltungsbeispiele ausgewählt werden (Bild 3-66), die als Vertreter bestimmter Schaltungsklassen angesehen werden können. Die Schaltungen bestehen aus je 2 Stromschaltern in 2 Ebenen mit jeweils einer Stromquelle.

Die logische Funktion der Schaltungen kann erneut über die Funktionstabelle ermittelt werden. Dieses Verfahren wird jedoch bei Mehrebenenschaltern unübersichtlich, so daß die logische Funktion der Schaltung aus der Abhängigkeit der Ströme von den logischen Eingangsbelegungen berechnet werden soll.

Schaltung 1:

Schaltung 1 verwendet als Vertreter einer Klasse komplexer Schalter einen Multi-Emitter-Transistor. Die Zahl der Stromschalter ist in jeder Ebene gleich (hier 1). Der Quellenstrom I_{E} muß stets durch alle Ebenen fließen. Die Besonderheit der Schaltung besteht darin, daß beim Stromfluß durch Transistor T_2 unabhängig von der Spannungsbelegung an E_2 Strom über den 2. Emitter durch Transistor T_4 fließt. Es lassen sich folgende Gleichungen der Schaltalgebra für den Stromfluß angeben:

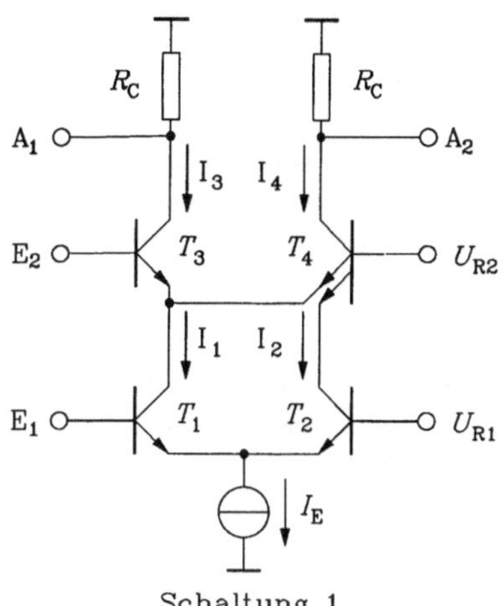

Schaltung 1

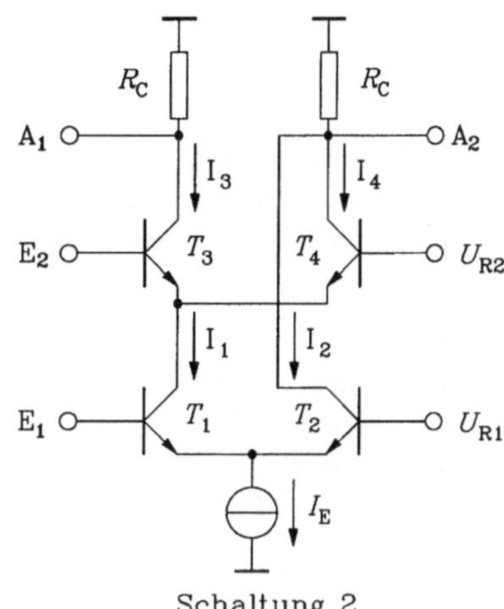

Schaltung 2

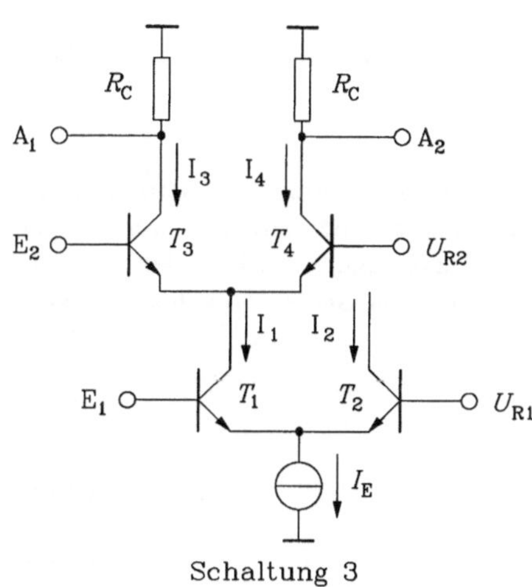

Schaltung 3

Bild 3-66
Möglichkeiten komplexer ECL-Schalter

$$I_1 = E_1, \quad I_2 = \overline{E_1}. \tag{3.139}$$

Gl. (3.139) sagt aus, daß für E1 = H ($\hat{=} U_{GX}$) der Strom I_1 vorhanden ist und I_2 nicht.

$$I_3 = E_2 I_1, \quad I_4 = \overline{E_2} I_1 + I_2 \tag{3.140}$$

Aus Gl. (3.140) erkennt man, daß I_4 fließt, wenn E_2 = L und I_1 fließt oder wenn I_2 fließt.

Faßt man Gl. (3.139) und (3.140) zusammen, so ergibt sich

$$I_3 = E_1 \cdot E_2, \quad I_4 = E_1 \cdot \overline{E_2} + \overline{E_1} = \overline{E_1 \cdot E_2}. \tag{3.141}$$

Die logische Funktion A_1 und A_2 erhält man aus der Negation der Ströme, weil vorhandener Strom das Potential an den Ausgängen absenkt:

$$A_1 = \overline{I_3} = \overline{E_1 \cdot E_2}, \quad A_2 = \overline{I_4} = E_1 \cdot E_2. \tag{3.142}$$

Schaltung 1 arbeitet in der dargestellten Verdrahtung als NAND- bzw. AND-Glied mit komplementären Ausgängen.

Schaltung 2:

Diese Schaltung erzeugt die gleiche logische Funktion wie Schaltung 1, benötigt jedoch keine Multi-Emitter-Transistoren. Die Zahl der Stromschalter ist wieder in jeder Ebene gleich, jedoch kann der Quellenstrom unter bestimmten Bedingungen der Eingangsbelegungen Ebenen überspringen.

Schaltung 3:

Diese Schaltung stellt nur einen Ausschnitt einer komplexeren Schaltung dar, am Kollektor von Transistor T_2 kann zum Beispiel ein weiterer Stromschalter angeschlossen werden, so daß „fächerförmige Strukturen" (Baumstrukturen) entstehen. Die logische Funktion dieser Schaltung wird wieder mit Hilfe der Stromflüsse ermittelt:

$$I_1 = E_1, \quad I_2 = \overline{E_1}; \tag{3.143}$$

$$I_3 = E_2 \cdot I_1 = E_1 \cdot E_2, \quad I_4 = \overline{E_2} \cdot I_1 = E_1 \cdot \overline{E_2}, \tag{3.144}$$

$$A_1 = \overline{E_1 \cdot E_2}, \quad A_2 = \overline{E_1} + E_2. \tag{3.145}$$

Im oberen Stromschalter fließt nur Strom, wenn E_1 = H ist. Für E_1 = L ist $A_1 = A_2$ = H, die Ausgänge sind nicht komplementär.

Statische Dimensionierung

Bild 3-67 zeigt die vollständige Schaltung 1 nach Bild 3-66, an deren Beispiel die statische Analyse vorgenommen werden soll. Zunächst soll die obere Schalterebene betrachtet werden. Da beide Eingänge E_1 und E_2 an die Ausgänge A_1 und A_2 im Pegel angepaßt sein sollen, gilt mit $U_{CB} \geq 0$ auch für den komplexen Schalter $\Delta U \leq U_{BEX}$. Legt man $\Delta U = U_{BEX}$ fest. so wird $U_{CBX3} = 0$.

Daraus folgt

$$U_{GX2} = -\Delta U = -U_{BEX}, \tag{3.146}$$

$$U_{GX2} = -2\Delta U, \tag{3.147}$$

$$U_{R2} = \frac{U_{GX2} + U_{GY2}}{2} = -\frac{3}{2}\Delta U. \tag{3.148}$$

Bei der Festlegung der Spannungspegel des unteren Schalters muß beachtet werden, daß die Transistoren T_1 und T_2 ebenfalls nicht übersteuert werden.

Dazu müssen die Spannungsverhältnisse der jeweils leitenden Transistoren betrachtet werden, weil dort U_{CB} minimal wird.

1. An Transistor T_1 liege U_{GY1}, dann fließt der Strom durch Transistor T_2 und Transistor T_4 über den 2. Emitter. Es gilt die Maschengleichung

$$U_{R2} = U_{BEX2} + U_{CBX2} + U_{R1}. \tag{3.149}$$

2. Transistor T_1 werde mit U_{GX1} angesteuert, Transistor T_3 mit U_{GY2}. Damit sind Transistor T_1 und T_4 leitend.

$$U_{R2} = U_{BEX4} + U_{CBX1} + U_{GX1} \tag{3.150}$$

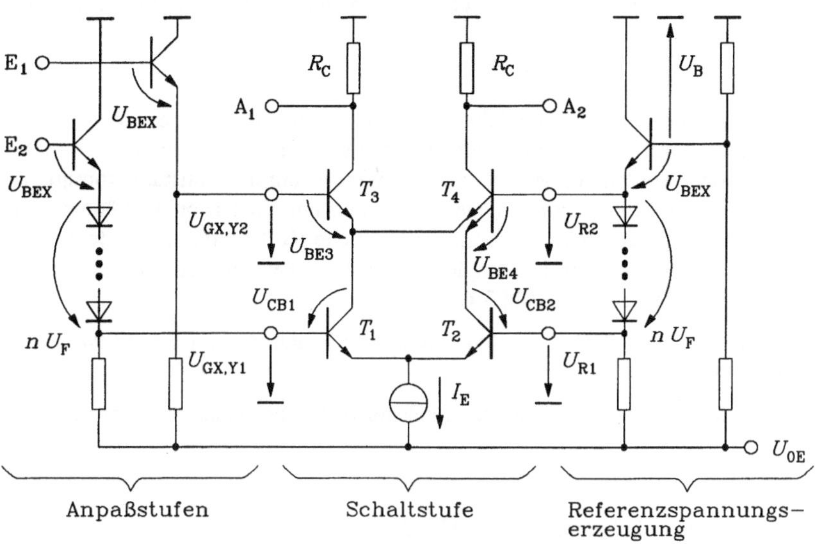

Bild 3-67 Komplexe ECL-Schaltung

3. An Transistor T_1 liege U_{GX1}, an Transistor T_3 U_{GX2}. Damit fließt der Quellenstrom durch die Transistoren T_1 und T_3.

$$U_{GX2} = U_{BEX3} + U_{CBX1} + U_{GX1} \tag{3.151}$$

Gl. (3.150) ist die kritischste Gleichung für minimale Kollektor-Basis-Spannung. Mit Gl. (2.165) folgt für U_{GX1}

$$U_{GX1} \leq U_{R2} - U_{BEX} = U_{R2} - \Delta U = -\frac{5}{2}\Delta U. \tag{3.152}$$

Damit liegt auch die Bedingung für die Referenzspannung des unteren Schalters fest.

$$U_{R1} = U_{GX1} - \frac{\Delta U}{2} = U_{R2} - \frac{3}{2}\Delta U = -3\Delta U. \tag{3.153}$$

Die Absenkung von U_{R1} gegenüber U_{R2} wird bei Beachtung von Gl. (3.153) dadurch bestimmt, daß sie durch n Dioden mit der Flußspannung U_F realisiert werden soll.

$$U_{R1} = U_{R2} - nU_F \tag{3.154}$$

Mit Gl. (3.154) ergibt sich somit für die Zahl der zum Absenken der Referenzspannung notwendigen Dioden

$$n \geq \frac{3}{2}\frac{\Delta U}{U_F}. \tag{3.155}$$

Die Zahl der zur Absenkung des Potentials an der Basis von Transistor T_1 notwendigen Dioden ist gleich der nach Gl. (3.155) berechneten, weil

$$U_{GX2} - U_{GX1} = U_{GY2} - U_{GY1} = U_{R2} - U_{R1} \tag{3.156}$$

gilt. Schließlich ist noch die zur Einstellung der Referenzspannung wichtige Größe U_B festzulegen.

$$U_\mathrm{B} = U_\mathrm{BEX} + U_\mathrm{R2} \tag{3.157}$$

Auf die Bemessung der Widerstände wird verzichtet, da mit den angegebenen Spannungsfestlegungen und vorzugebenden Strömen die Widerstände mit den gleichen Methoden wie beim einfachen Stromschalter berechnet werden können. Besonderer Wert ist auf die Konstantstromquelle I_E zu legen. Änderungen dieses Stroms durch Pegeländerungen am Transistor T_1 können auf Grund der verschiedenen Strompfade nicht durch unterschiedliche Kollektorwiderstände ausgeglichen werden. Es empfiehlt sich deshalb, in komplexen Schaltern den Emitterwiderstand stets durch eine Konstantstromquelle zu ersetzen (Bild 3-68).

Wird die Schaltung Bild 3-68 in Bild 3-67 eingeführt, so ist es möglich, die minimal notwendige Betriebsspannung $-U_\mathrm{0E}$ abzuschätzen.

Unter der Voraussetzung, daß auch der Stromquellentransistor nicht übersteuert wird, ergibt sich die Spannung am Punkt E zu

$$U_\mathrm{E} > U_\mathrm{BEX} + U_\mathrm{0E}. \tag{3.158}$$

Andererseits ergibt sich als minimale Spannung nach Gl. (3.148) und (3.153) an E

$$U_\mathrm{E} = U_\mathrm{R1} - U_\mathrm{BEX} \leq U_\mathrm{R2} - \frac{3}{2}\Delta U = -U_\mathrm{BEX}, \tag{3.159}$$

$$U_\mathrm{E} \leq -3\Delta U - U_\mathrm{BEX} = -4U_\mathrm{BEX}. \tag{3.160}$$

Somit folgt

$$-4U_\mathrm{BEX} > U_\mathrm{0E} + U_\mathrm{BEX}, \tag{3.161}$$

$$-U_\mathrm{0E} > 5U_\mathrm{BEX}. \tag{3.162}$$

Jede weitere Schaltebene vergrößert diese Spannung nach Gl. (3.153) um $\frac{3}{2}U_\mathrm{BEX}$. Bei der Konzipierung komplexer Stromschalter ist stets die auftretende Verlustleistung zu beachten, weil mit der Zahl der Ebenen die Speisespannung $-U_\mathrm{0E}$ und die Zahl der Kollektorstufen zunimmt. Da gerade die Kollektorstufen einen wesentlichen Beitrag zur Verlustleistung liefern, ist besonders bei großen Packungsdichten integrierter Schaltungen die Komplexität von ECL-Schaltungen begrenzt.

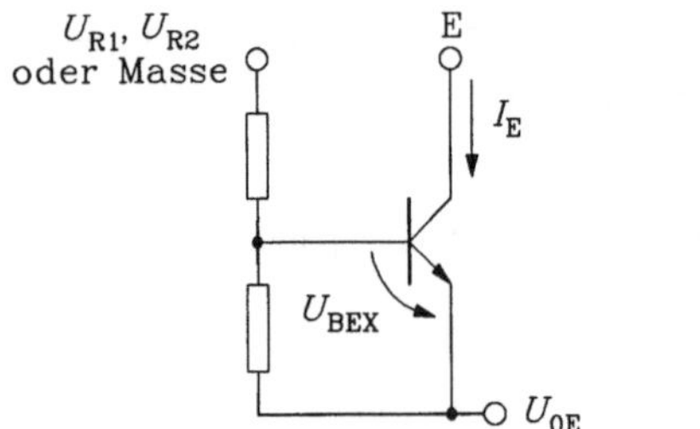

Bild 3-68
Konstantstromquelle

Die Schaltung nach Bild 3-67 ist für $\Delta U = 0{,}8$ V geeignet, für $\Delta U \leq 0{,}4$ V kann der Eingangstransistor an E_1 entfallen. Außerdem wird die Spannungsabsenkung geringer, so daß die Referenzspannungserzeugung und die Absenkung des Eingangs E_2 einfacher werden (siehe Bild 3-69).

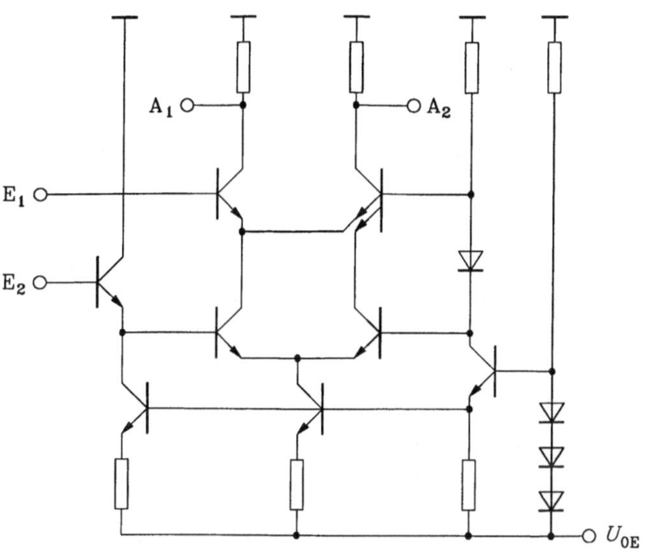

Bild 3-69
Komplexe ECL-
Schaltung mit ΔU 0,4 V

Schaltungen mit logischen Pegel führender Referenzspannung

Die Referenzspannungen dieser Schaltungen sind, wie schon beim einfachen Stromschalter, mit logischen Pegeln behaftet, und zwar so, daß das Potential am Referenzspannungstransistor um $\Delta U/2$ abgesenkt ist. Der Leser ist selbst in der Lage, solche Schaltungen zu konstruieren und zu analysieren, so daß auf die Angabe konkreter Schaltungen an dieser Stelle verzichtet wird.

3.2.3.3 ECL- Ein- und -Ausgangsstufen

Im allgemeinen werden für komplexe ECL-Systeme innerhalb der Systeme keine Pegelumsetzungen ECL-TTL vorgenommen, der ECL-Pegel und damit die hohe Geschwindigkeit bleiben erhalten. Zum Treiben größerer Lasten werden mehrere Kollektorstufen an einen Stromschalter geschaltet (Bild 3-70). Als Leitungstreiber werden gegenphasig angesteuerte Stromschalter ohne Kollektorwiderstand verwendet (Bild 3-71), der am Ende der Leitung (angepaßt an den Wellenwiderstand Z der Leitung) extern zugeschaltet wird.

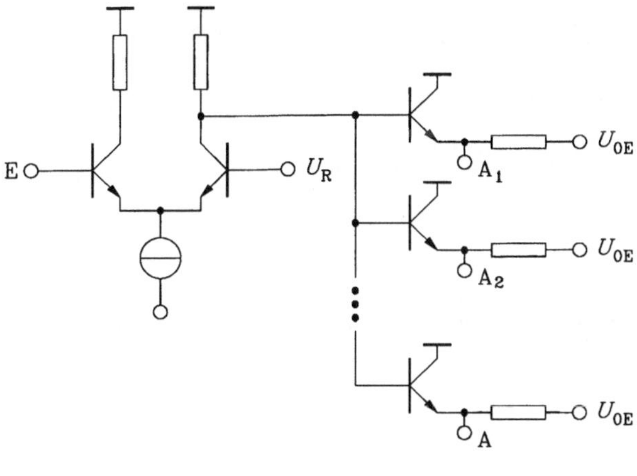

Bild 3-70
ECL-Ausgangstreiber

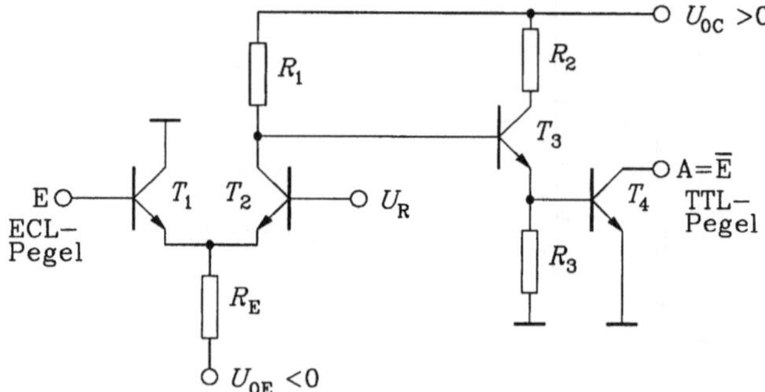

Bild 3-71
ECL-Leitungstreiber

Bild 3-72
ECL-TTL-Umsetzer

Am Rande von ECL-Komplexen ist meist der Übergang zum TTL-Pegel notwendig. Bild 3-72 zeigt eine einfache Möglichkeit der Realisierung des TTL-Ausgangspegels einer durch ECL-Pegel angesteuerten Open-Kollektor-Stufe. Bei gesperrtem Transistor T_2 sind T_3 und T_4 leitend, über R_1 ist der Basisstrom I_{BX3} einzustellen,

$$R_1 = \frac{U_{0C} - 2U_{BEX}}{I_{BX3}}. \tag{3.163}$$

Wird T_2 infolge E = L leitend, sollen T_3 und T_4 gesperrt werden, d.h., der Spannungsabfall über R_1 muß etwa U_{0C} betragen. Damit ergibt sich folgende Strombilanz,

$$\frac{U_{0C}}{R_1} \approx \frac{U_R - U_{BEX} - U_{0E}}{R_E}, \tag{3.164}$$

aus der R_E ermittelt werden kann.

Aus der Vielzahl der möglichen Eingangsschaltungen zur Umsetzung des TTL-Pegels auf den ECL-Pegel wurde eine ausgewählt (Bild 3-73), die als Eingangsstufe einen Stromschalter mit pnp-Transistoren verwendet. Die Referenzspannung ist als Mittelwert des TTL-Pegels zu wählen,

$$U_{R1} = \frac{U_A(H)_{min} + U_A(L)_{max}}{2} = \frac{U_E(H)_{min} + U_E(L)_{max}}{2} = 1{,}4 \text{ V}. \tag{3.165}$$

Dimensioniert man

$$I_{E1} \cdot R_{C1} = \Delta U = U_{GX} - U_{GY} \tag{3.166}$$

(ΔU, U_{GX}, U_{GY} für ECL-Pegel), entstehen an den gegenphasigen Eingängen des npn-Stromschalters die ECL-Eingangsspannungen U_{GX} und U_{GY} und am Ausgang die üblichen ECL-Pegel.

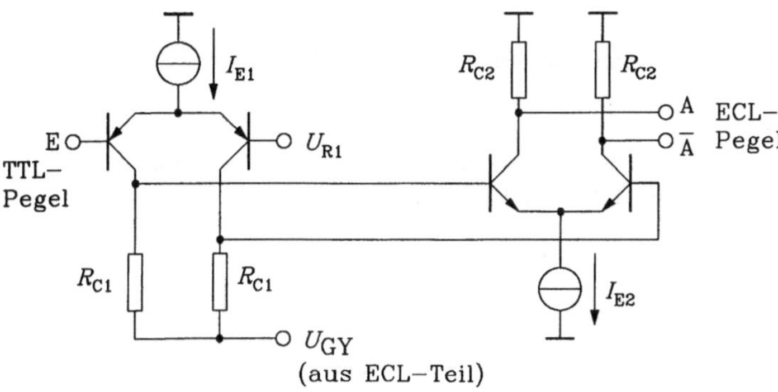

Bild 3-73 TTL-ECL-Umsetzer

3.2.4 Statische MOS-Schaltungen mit Lastelement

Die in diesem Abschnitt zu behandelnden Schaltungen benutzen ausschließlich die meist eingesetzten n-Kanal-Transistoren in Silicon-Gate-Technologie. Die dargelegten Methoden des Schaltungsentwurfs sind bei Bedarf problemlos auf andere Technologien übertragbar. Die Schaltungsbeispiele sind in moderner ED-Technik ausgeführt.

3.2.4.1 Grundprinzip

Die in Abschnitt 2.3.2 dargelegten Prinzipien und Methoden für Schaltstufen können auf kombinatorische Grundschaltungen übertragen werden, wenn anstelle eines Schalttransistors oder eines Transfer-Gates eine Verknüpfungsmatrix mit mehreren Eingängen eingeführt wird (siehe Bild 3-74).

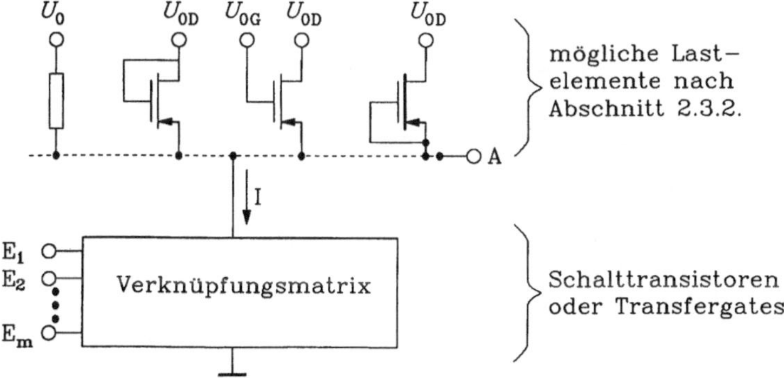

Bild 3-74 Grundprinzip kombinatorischer Grundschaltungen mit Lastelement in MOS-Technik

Der Strom I wird zur Bestimmung der logischen Funktion als logische Variable und nicht als elektrische Größe aufgefaßt (I = H: es fließt Strom, I = L: es fließt kein Strom). I hängt unmittelbar von der logischen Belegung der Eingänge ab,

$$I = f(E_1, ..., E_m). \tag{3.167}$$

Der Pegel am Ausgang A ist dann High, wenn kein Strom I fließt, er ist Low, wenn Strom fließt,

$$A = \overline{I}. \tag{3.168}$$

Damit existiert eine einfache Methode zur Analyse und Synthese solcher kombinatorischer Grundschaltungen, wie in den Abschnitten 3.2.4.2 und 3.2.4.3 gezeigt wird.

3.2.4.2 NOR- und NAND-Matrizen

* NOR-Gatter

Die logische Funktion eines NOR-Gatters (z.B. mit 2 Eingängen) lautet

$$A = \overline{E_1 + E_2}, \tag{3.169}$$

die Gleichung für den Strom I durch die Verknüpfungsmatrix demnach

$$I = E_1 + E_2. \tag{3.170}$$

Die Stromflußmöglichkeiten $E_1 = H$ oder $E_2 = H$ führen auf eine Parallelschaltung von 2 Schalttransistoren (siehe Bild 3-75).

* NAND-Gatter

Aus der logischen Funktion

$$A = \overline{E_1 E_2} \tag{3.171}$$

folgt

$$I = E_1 E_2, \tag{3.172}$$

Gl. (3.172) sagt aus, daß nur dann Strom fließt, wenn E_1 und E_2 mit High belegt sind, was auf eine Reihenschaltung von 2 Schalttransistoren führt (siehe Bild 3-76).

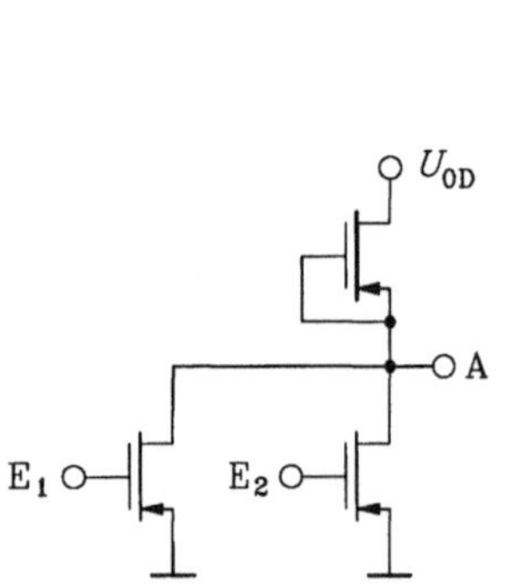

Bild 3-75
NOR-Gatter in ED-Technik

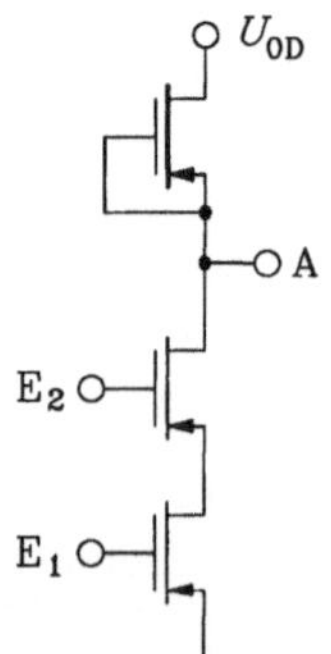

Bild 3-76
NAND-Gatter in ED-Technik

* Schaltungen mit NOR- bzw. NAND-Matrizen (siehe Bilder 3-77 und 3-78)

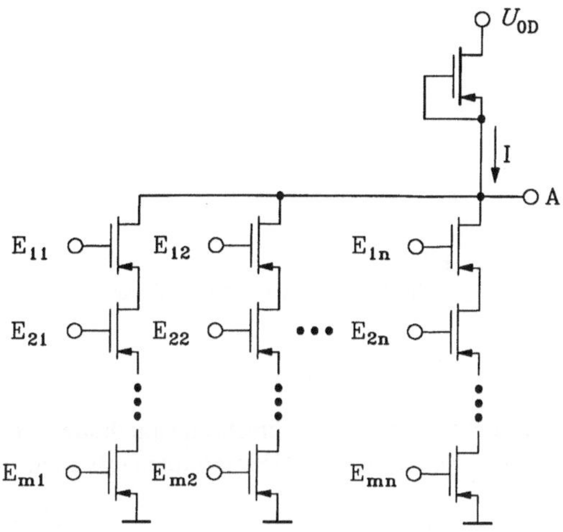

Bild 3-77
NOR-Matrix

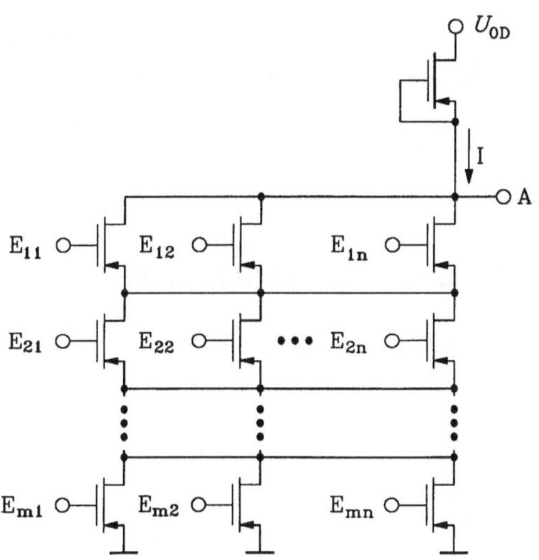

Bild 3-78
NAND-Matrix

Die logische Funktion der Schaltung nach Bild 3-77 lautet

$$A = \bar{I} = \overline{E_{11}\,E_{21} \cdots E_{m1} + \cdots + E_{1n}\,E_{2n} \cdots E_{mn}}, \qquad (3.173)$$

die der Schaltung nach Bild 3-78

$$A = \bar{I} = \overline{(E_{11} + E_{12} + \cdots + E_{1n})(\cdots)(E_{m1} + E_{m2} + \cdots + E_{mn})}. \qquad (3.174)$$

Selbstverständlich ist es möglich, von dieser vollständigen Matrixform abweichende Schaltungen zu realisieren, wenn die logische Funktion das zuläßt (siehe Bild 3-79).

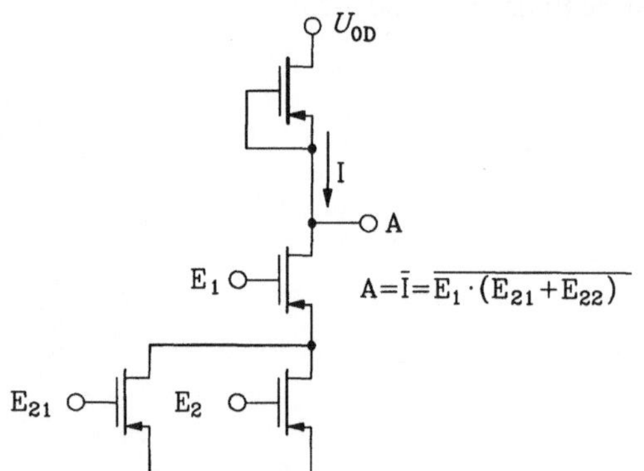

Bild 3-79
Schaltung mit reduzierter NOR-Matrix

Im Abschnitt 3.2.4.1 wurde bereits auf die gute Eignung der Strombetrachtungsmethode zur Schaltungssynthese hingewiesen. Das sei am Beispiel der Äquivalenz zweier Variablen erläutert,

$$A = E_1 E_2 + \overline{E_1 E_2}. \tag{3.175}$$

Der Strom I folgt daraus zu

$$I = \overline{E_1 E_2 + \overline{E_1} \, \overline{E_2}}. \tag{3.176}$$

Nach Umformung mit Hilfe des Theorems von de Morgan erhält man

$$I = (\overline{E_1} + \overline{E_2})(E_1 + E_2) \tag{3.177}$$

oder

$$I = E_1 \overline{E_2} + \overline{E_1} E_2. \tag{3.178}$$

Die zu Gl. (3.177) gehörende Schaltung zeigt Bild 3-80a, die zu Gl. (3.178) Bild 3-80b.

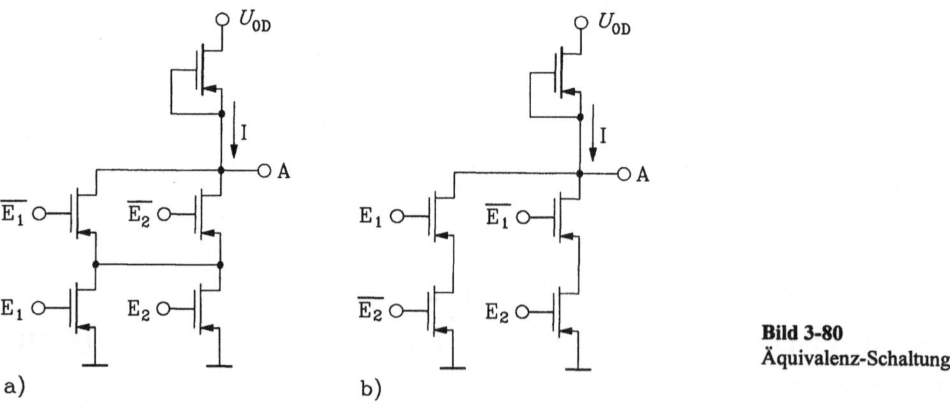

Bild 3-80
Äquivalenz-Schaltungen

Die so gewonnenen Schaltungen stellen immer einstufige Netzwerke dar, wobei die Negation der Eingangsvariablen evt. in einer 2. Stufe erzeugt werden muß.

* Schaltungstechnische Besonderheiten

Die im Abschnitt 2.4 erläuterten Methoden zum statischen und dynamischen Verhalten von Schaltstufen gelten auch für kombinatorische Grundschaltungen, wobei 2 Besonderheiten zu beachten sind:

1. durch die Reihenschaltung von Transistoren erhöht sich der L-Pegel $U_A(L)$ am Ausgang. Eine exakte Analyse sollte dazu mit einem Netzwerkanalyseprogramm vorgenommen werden. Näherungsweise kann man jedoch aus der Reihenschaltung von Schalttransistoren zur Berechnung des L-Pegels einen Ersatzschalttransistor gewinnen, dessen Kanallänge der Summe der Kanallängen der Einzeltransistoren entspricht,

$$L_{ers} = m\,L, \tag{3.179}$$

siehe dazu Bild 3-81.

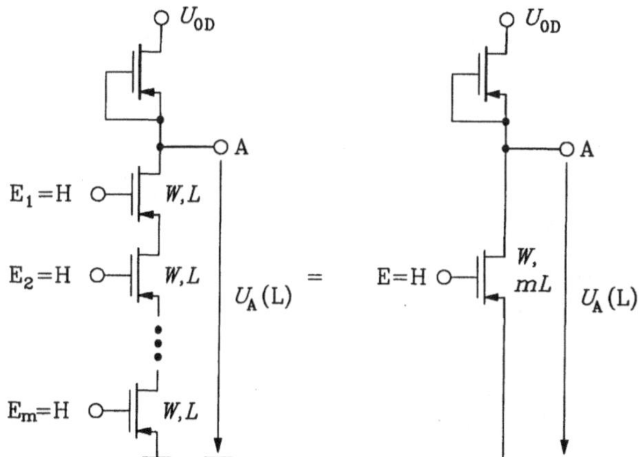

Bild 3-81
Ersatzschaltung zur Berechnung des L-Pegels bei in Reihe liegenden Schalttransistoren

Auf Grund der vergrößerten Kanallänge des Ersatztransistors sinkt die Konstante β_E ab, mithin steigt $U_A(L)$. Das wiederum führt zur Verringerung der Störsicherheit des L-Pegels für die nachfolgende Stufe. Damit begrenzt der „sichere" L-Pegel die Zahl der in Reihe geschalteten Transistoren.

2. die Erhöhung der Zahl der Transistoren in der Verknüpfungsmatrix bedeutet eine Erhöhung der Zahl der parasitären Kapazitäten, was zu einer Verschlechterung des dynamischen Verhaltens führt. Damit ist zu entscheiden, ob komplexere logische Funktionen evtl. in einfachere zerlegt werden sollten und durch mehrstufige Netzwerke aufzubauen sind.

3.2.4.3 Schaltungen mit Transfer Gate

Das grundsätzliche Verhalten von Transfer-Gates wurde im Abschnitt 2.4.2.3 behandelt. Man unterscheidet uni- und bidirektionale Transfer-Gates.

* Unidirektionale Transfer-Gates

Unidirektionale Transfer-Gates (der Informationsfluß durch das Transfer-Gate hat stets die gleiche Richtung) eignen sich besonders gut zur Realisierung als Multiplexer/Datenselektoren oder ähnlicher Strukturen. Bild 3-82 zeigt eine solche Grundstruktur.

Für $E_3 = H$ wird $E = E_1$ und $A = \overline{E_1}$, für $E_3 = L$ ergibt sich A zu $A = \overline{E_2}$. Man erkennt, daß zur Vermeidung unbestimmter Zustände an E stets ein Zweig durch das entsprechende Transfer-Gate leitend gemacht werden muß. Die Eingangsfunktion lautet also

$$E = E_1 E_3 + E_2 \overline{E_3}, \tag{3.180}$$

oder verallgemeinert

$$E = E_1 f(x) + E_2 \overline{f(x)}, \tag{3.181}$$

wobei $f(x)$ eine beliebige durch Transfer-Gates zu realisierende Funktion sein kann. Natürlich lassen sich auch Multiplexer aus mehr als 2 Datenpfaden günstig mit Transfer-Gates aufbauen. Ein 1-aus-4-Multiplexer ist in Bild 3-83 dargestellt.

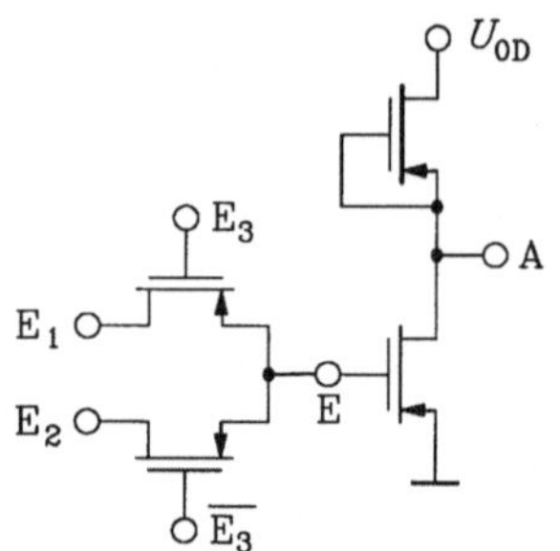

Bild 3-82
1-aus-2-Multiplexer

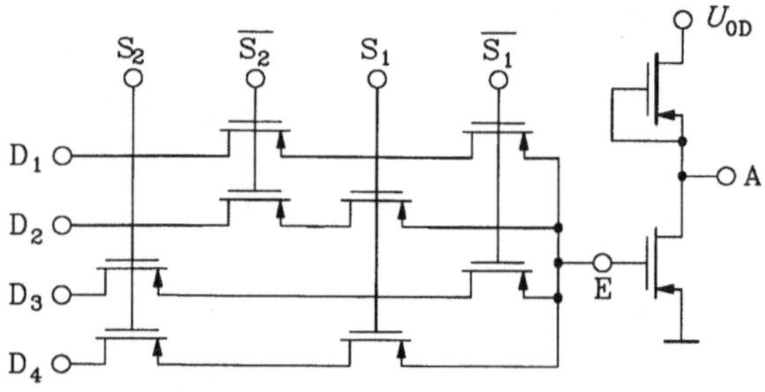

Bild 3-83
1-aus-4-Multiplexer

Die log. Funktion dieses Multiplexers lautet

$$A = \overline{D_1 \overline{S_2}\, \overline{S_1} + D_2 \overline{S_2}\, S_1 + D_3 S_2 \overline{S_1} + D_4 S_2 S_1}. \tag{3.182}$$

Allgemein gilt also

$$E = D_1 f(x) + D_2 g(x) + D_3 h(x) + D_4 i(x) + \cdots. \tag{3.183}$$

Zur Sicherung eindeutiger Pegel an E müssen folgende Bedingungen für die Steuerfunktionen $f(x)$, $g(x)$, $h(x)$, $i(x)\cdots$ eingehalten werden:

1. es darf jeweils nur eine dieser Funktionen den Wert H haben, um einen eindeutigen Informationsfluß von den Dateneingängen zum Eingang E der Schaltstufe zu erhalten. Würden 2 oder mehr Pfade leitend, so können an E Potentiale entstehen, die im digitalen Sinn nicht definiert sind (z.B. $U_{0D}/2$).

2. es muß jeweils eine dieser Funktionen den Wert H haben, weil sonst an E ein hochohmiger undefinierter Zustand entsteht.

Insgesamt kann diese Bedingung folgendermaßen formuliert werden:

$$f\,\overline{g}\,\overline{h}\,i + \overline{f}\,g\,\overline{h}\,i + \overline{f}\,\overline{g}\,h\,\overline{i} + \overline{f}\,\overline{g}\,\overline{h}\,i = 1. \tag{3.184}$$

Es soll noch einmal Gl. (3.181) betrachtet werden. Sie beinhaltet auch die Sonderfälle

$$E = E_1 f(x) + \overline{E_1}\, \overline{f(x)}, \tag{3.185}$$

$$E = E_1 \overline{f(x)} + \overline{E_1}\, f(x). \tag{3.186}$$

Die Gl. (3.185) und (3.186) entsprechen der Äquivalenz bzw. der Antivalenz. So läßt sich z.B. die Summenfunktion eines 1-Bit-Volladdierers mit den Summanden A und B und dem einlaufenden Übertrag CIN sehr einfach mit Transfer-Gates realisieren,

$$\overline{S} = \overline{A}\,\overline{B}\,\overline{CIN} + A\,B\,\overline{CIN} + A\,\overline{B}\,CIN + \overline{A}\,B\,CIN, \tag{3.187}$$

$$\overline{S} = CIN\,(A\,\overline{B} + A\,B) + \overline{CIN}\,(A\,B + \overline{A}\,\overline{B}), \tag{3.188}$$

$$\overline{S} = CIN\,(A\,\overline{B} + \overline{A}\,B) + \overline{CIN}\,\overline{(A\,\overline{B} + \overline{A}\,B)}. \tag{3.189}$$

Die entsprechende Schaltung ist in Bild 3-84 dargestellt.

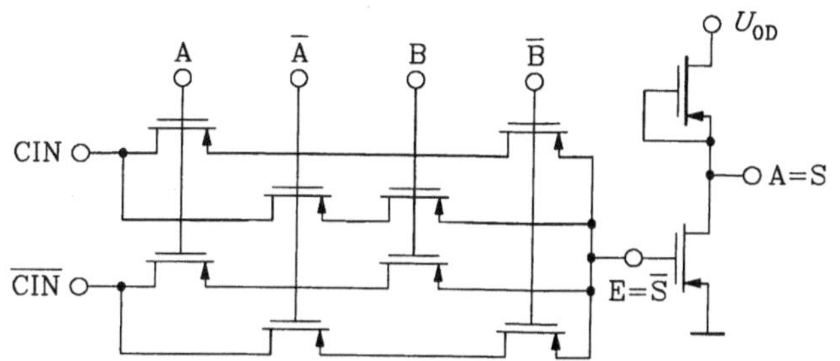

Bild 3-84
Summenbildung eines 1-Bit-Volladdierers

Nicht unproblematisch ist hingegen die Schaltung zur Bildung des Ausgangsübertrages des oben angegebenen Volladdierers. Die logische Funktion

$$\overline{COUT} = \overline{CIN}\,(A\overline{B} + \overline{A}B) + \overline{A}\overline{B} \tag{3.190}$$

ergibt die in Bild 3-85 angegebene Schaltung, wobei der zusätzliche Transistor T_Z einen hochohmigen Pull-Down-Widerstand darstellt, der den L-Pegel am Eingang der Schaltstufe für A = B = H sichern soll. Damit wird der bei dieser Belegung auftretende unbestimmte Zustand vermieden.

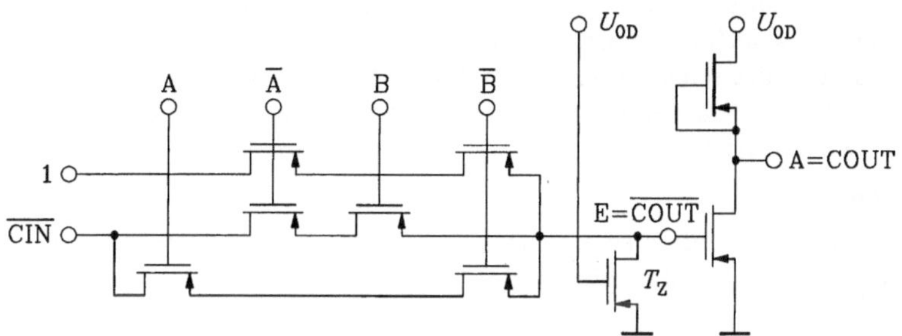

Bild 3-85 Übertragsbildung eines 1-Bit-Volladdierers mit Pull-Down-Transistor

Eine bessere Lösung für den Übertrag des 1-Bit-Volladdierers ergibt sich, wenn man Gl. (3.190) so umformt, daß sie der Bedingung Gl. (3.181) genügt,

$$\overline{COUT} = \overline{CIN}\,(A\,\overline{B} + \overline{A}\,B) + \overline{A}\,\overline{B}\,(A\,B + \overline{A}\,\overline{B}), \tag{3.191}$$

$$\overline{COUT} = \overline{CIN}\,(A\,\overline{B} + \overline{A}\,B) + \overline{A}\,(A\,B + \overline{A}\,\overline{B}), \tag{3.192}$$

$$\overline{COUT} = \overline{CIN}\,(A\,\overline{B} + \overline{A}\,B) + \overline{B}\,(A\,B + \overline{A}\,\overline{B}). \tag{3.193}$$

Bild 3-86 zeigt eine auf Gl. (3.192) basierende Gesamtschaltung des 1-Bit-Volladdierers mit 12 Transistoren. Die beiden Negatoren dienen der Entkopplung zu nachfolgenden Schaltungsteilen und der Restandardisierung der Pegel (insbesondere des H-Pegels).

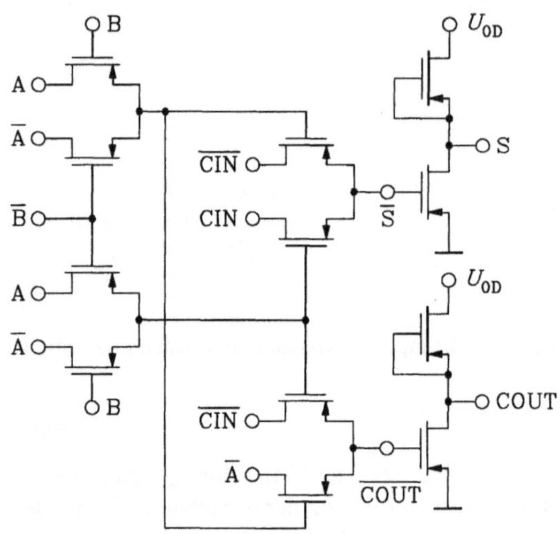

Bild 3-86
1-Bit-Volladdierer in Transfer-Gate-Realisierung

Insgesamt wird deutlich, daß der Einsatz von Transfer-Gates einerseits oft günstige Schaltungslösungen hervorbringt, andererseits auch nicht unproblematisch ist, insbesondere bzgl. des Auftretens undefinierter Zustände und des schon im Abschnitt 2.4.2.3 besprochenen Absinkens des H-Pegels durch Kettenschaltung von Transfer-Gates. In jedem Fall sollten solche Schaltungen beim Entwurf möglichst exakt simuliert werden, um ihre Eigenschaften beurteilen zu können.

* Bidirektionale Transfer-Gates

Bidirektionale Transfer-Gates leiten die Information je nach Zustand der angrenzenden Schaltungen in beiden Richtungen weiter (siehe Schaltungsbeispiel Bild 3-87).

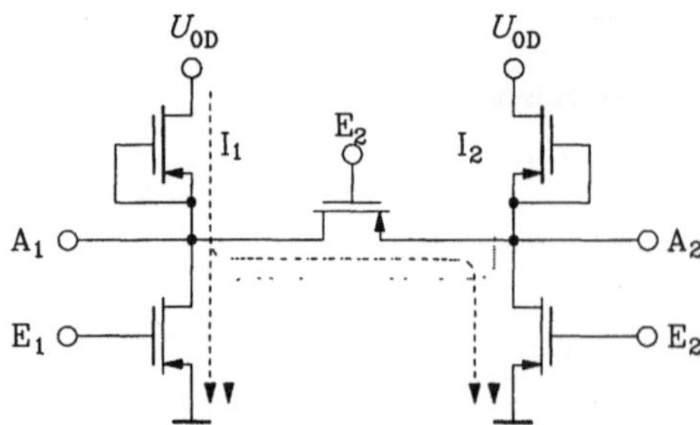

Bild 3-87
Schaltung mit bidirektionalem Transfer-Gate

Zur Analyse der logischen Funktion der Schaltung nach Bild 3-87 ist die Stromflußanalyse wieder besonders geeignet,

$$I_1 = E_1 + E_2 E_3, \tag{3.194}$$

$$I_2 = E_2 + E_1 E_3, \tag{3.195}$$

$$A_1 = \overline{I_1} = \overline{E_1 + E_2 E_3}, \tag{3.196}$$

$$A_2 = \overline{I_2} = \overline{E_2 + E_1 E_3}. \tag{3.197}$$

3.2.4.4 Treiberstufen

Treiberstufen werden häufig als Gegentaktstufen (siehe Bild 3-88) realisiert.

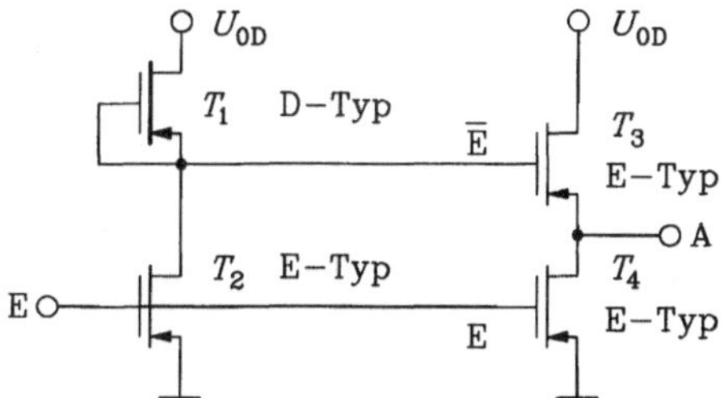

Bild 3-88
Gegentakttreiberstufe in ED-Technik

Zum Treiben größerer Ströme müssen die Endstufentransistoren T_3 und T_4 mit großen Kanalbreiten konstruiert werden. Trotzdem werden im allgemeinen nicht die bei Bipolarendstufen üblichen Ausgangsströme erreicht. Deshalb wird zur Sicherung der Kompatibilität mit bipolaren TTL-Stufen versucht, wenigstens eine TTL-Last treiben zu können.

Neben den einfachen Ausgangsstufen (negierend oder nicht negierend) werden Tristate-Treiberstufen benötigt. Bild 3-89 zeigt eine solche Schaltung.

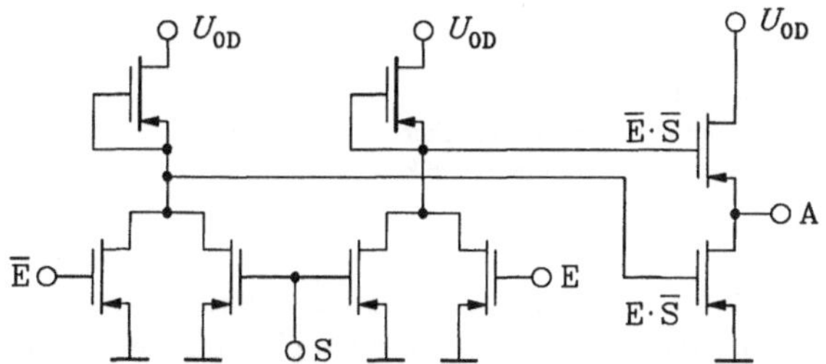

Bild 3-89
Tristate-Treiberschaltung

Für S = H werden beide Ausgangstransistoren gesperrt, an A erscheint der hochohmige Zustand Z. Wird S mit S = L angesteuert, wirkt die Stufe wie die in Bild 3-88.

3.2.4.5 Eingangsstufen

Die leistungslose Steuerung von MOS-Schaltungen birgt die Gefahr von statischen Aufladungen in sich, die zur Zerstörung von Eingangstransistoren führen können. Zur Vermeidung solcher Aufladungen werden Widerstands-Dioden-Kombinationen in den Eingangspfad integriert. Ein Beispiel einer solchen Schaltung zeigt Bild 3-90.

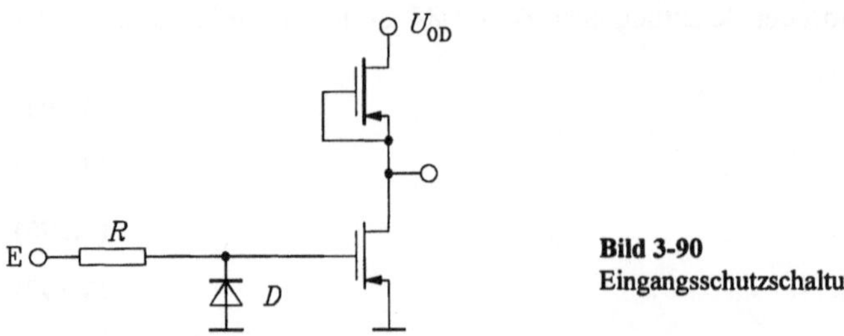

Bild 3-90
Eingangsschutzschaltung

Die Diode D begrenzt mögliche durch Aufladung entstehende negative Spannungen am Gate der ersten nachfolgenden Schaltstufe, der Widerstand R den maximalen Strom beim Einschalten der Diode, so daß auch die Diode geschützt wird.

3.2.5 Statische CMOS-Schaltungen

3.2.5.1 Grundprinzip

Die in Abschnitt 2.4.2.2 behandelten CMOS-Schaltstufen sind zu kombinatorischen Grundschaltungen erweiterbar, wenn die beiden Schaltstufentransistoren durch entsprechende Verknüpfungsmatrizen ersetzt werden (siehe Bild 3-91).

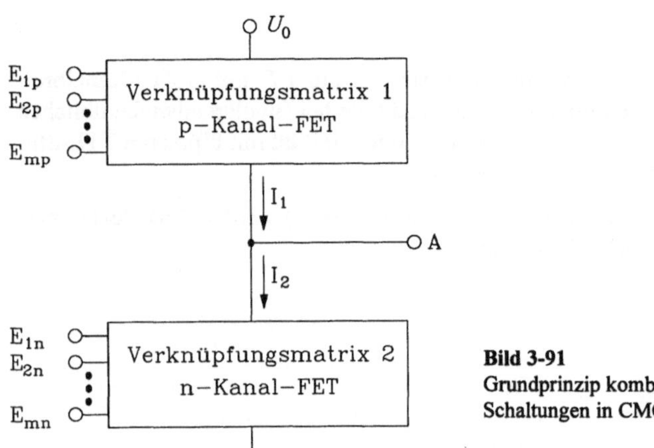

Bild 3-91
Grundprinzip kombinatorischer
Schaltungen in CMOS-Technik

Die Matrix aus p-Kanal-Transistoren garantiert den H-Pegel am Ausgang, die Matrix aus n-Kanal-Transistoren den L-Pegel. Der Ausgang A wird H, wenn eine Stromflußmöglichkeit zwischen U_0 und A besteht,

$$A = I_1, \tag{3.198}$$

er wird L, wenn eine solche zwischen A und Masse existiert,

$$\overline{A} = I_2. \tag{3.199}$$

Im Abschnitt 2.4.2.2 wurde deutlich, daß der p-Kanal-Transistor selbst ein negierendes Element ist, daß also durch ihn nur Strom fließen kann, wenn er mit E = L angesteuert wird. Im Gegensatz dazu muß der n-Kanal-Transistor mit E = H angesteuert werden, um eine Stromflußmöglichkeit zu schaffen.

Die Entwicklung einer Schaltung aus der logischen Funktion geschieht getrennt für die p- und n-Matrix. Die Ausgangsfunktion A wird zur Synthese der p-Matrix benötigt, die Negation $\overline{A}$ zur Synthese der n-Matrix.

3.2.5.2 NOR- und NAND-Matrizen

* NOR-Gatter (mit 2 Eingängen)

Funktionstabelle

E_2	E_1	A
0	0	1
0	1	0
1	0	0
1	1	0

Das Eins-Feld von A lautet

$$A = \overline{E_1}\,\overline{E_2} = I_1. \tag{3.200}$$

I_1 kann also fließen, wenn E_1 und E_2 L sind, also zwei in Reihe geschaltete p-Kanal-Transistoren durch E_1 und E_2 leitend werden (Bild 3-92).

Die Ansteuerung erfolgt mit den Variablen E_1 und E_2, weil die Negation durch die p-Kanal-Transistoren selbst erfolgt. Das Null-Feld erhält man zu

$$\overline{A} = \overline{E_1}\,E_2 + E_1\,\overline{E_2} + E_1\,E_2 = E_1 + E_2 = I_2. \tag{3.201}$$

I_2 ist H, wenn E_1 oder E_2 H sind, also 2 n-Kanal-Transistoren parallel geschaltet werden. Darauf aufbauend zeigt Bild 3-93 die Gesamtschaltung des CMOS-NOR-Gatters.

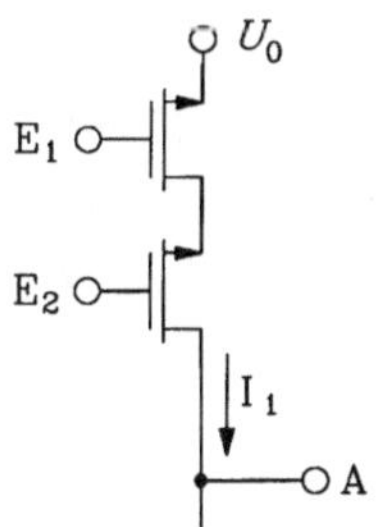

Bild 3-92
CMOS-NOR-Gatter

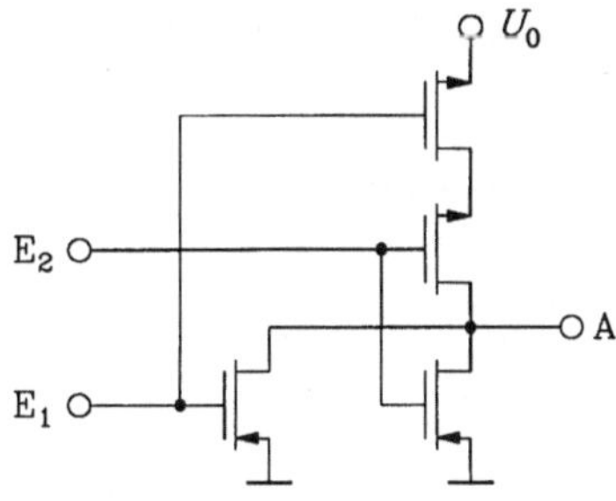

Bild 3-93
p-Matrix eines NOR-Gatters

* NAND-Gatter (mit 2 Eingängen)

Funktionstabelle

E_2	E_1	A
0	0	1
0	1	1
1	0	1
1	1	0

Das Eins-Feld von A lautet

$$A = \overline{E_1}\,\overline{E_2} + E_1\,\overline{E_2} + \overline{E_1}\,E_2, \tag{3.202}$$

$$A = \overline{E_1} + \overline{E_2} = I_1. \tag{3.203}$$

I_1 kann fließen, wenn E_1 oder E_2 L sind, das entspricht zwei parallel geschalteten p-Kanal-Transistoren. Das Null-Feld folgt zu

$$\overline{A} = E_1\,E_2 = I_2. \tag{3.204}$$

Die technische Realisierung führt auf zwei in Reihe geschaltete n-Kanal-Transistoren, so daß I_2 nur fließen kann, wenn beide Transistoren leitend sind. Bild 3-94 zeigt das entsprechende NAND-Gatter.

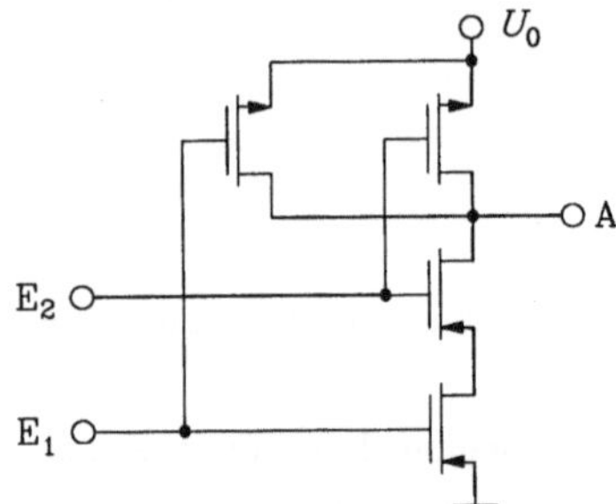

Bild 3-94
CMOS-NAND-Gatter

* Matrixartige Komplexgatter

In der für NOR- und NAND-Gatter beschriebenen Form lassen sich auch Gatter mit komplexeren Funktionen entwickeln. Als verallgemeinerungsfähiges Beispiel soll ein Gatter zur Realisierung der Antivalenz entwickelt werden. Die Antivalenz-Funktion lautet:

$$A = E1\,\overline{E2} + \overline{E1}\,E2. \tag{3.205}$$

Gl. (3.205) kann direkt zur Synthese der Matrix der p-Kanal-Transistoren genutzt werden. Durch Umformung über das Theorem von DE MORGAN erhält man 2 Varianten für die Negation von A und eine weitere Variante für A selbst,

$$\overline{A} = (\overline{E1} + E2)\,(E1 + \overline{E2}), \tag{3.206}$$

$$\overline{A} = E1\,E2 + \overline{E1}\,\overline{E2}, \tag{3.207}$$

$$A = (\overline{E1} + \overline{E2})\,(E1 + E2). \tag{3.208}$$

Bild 3-95 zeigt diese 4 Matrizen, die zu 4 verschiedenen Schaltungsvarianten führen.

Die Kombinationen p1/n1 und p2/n2 sind strukturduale Schaltungen, d.h., die Reihenschaltung in der p-Matrix wird zur Parallelschaltung in der n-Matrix und umgekehrt, wobei die Eingangsbelegung beibehalten wird. Damit benötigt man zum Schaltungsentwurf stets nur eine Matrix (p- oder n-Matrix), die andere ist über die Dualiätsbeziehung leicht angebbar.

Kombiniert man hingegen p2/n1 oder p1/n2 miteinander, so entstehen verhaltensduale Schaltungen, es besteht keine Strukturdualität.

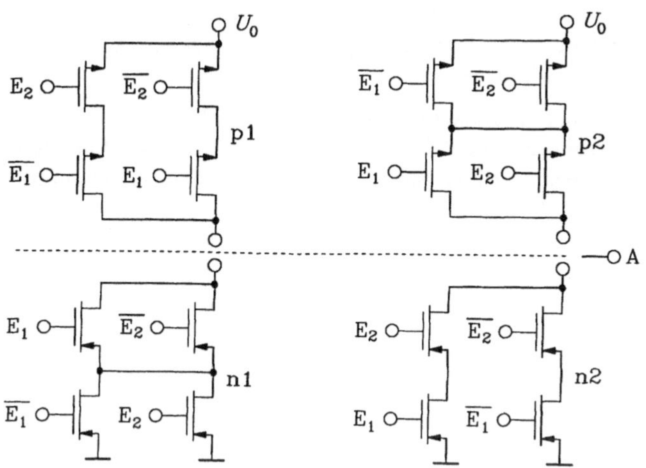

Bild 3-95
CMOS-Antivalenz-Gatter

Beim Entwurf der p-Matrix ist zu beachten, daß die p-Kanal-Transistoren die Eingangsvariablen selbst negieren, so daß sie gegenüber der ursprünglichen Form der Logikfunktion dem Gatter negiert zugeführt werden müssen. Das soll am Beispiel der Funktion

$$A = E_1 (E_2 + E_3)$$
(3.209)

erläutert werden. Durch zusätzliche Negationen muß Gl. (3.209) zur Realisierung durch die p-Matrix aufbereitet werden,

$$A = \overline{\overline{E_1}} \, (\overline{\overline{E_2}} + \overline{\overline{E_3}}).$$
(3.210)

In Bild 3-96 ist die Gesamtschaltung dieses Gatters dargestellt, die n-Matrix ist als strukturduale Schaltung angenommen worden.

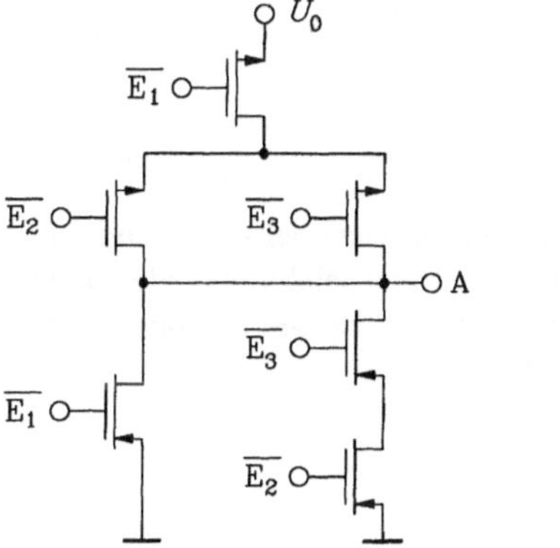

Bild 3-96
CMOS-Gatter

In den bisher angegebenen Schaltungen wurde vereinbarungsgemäß auf den Bulk-Anschluß verzichtet. Bei allen p-Kanal-Transistoren ist Bulk mit U_0 zu verbinden, bei den n-Kanal-Transistoren mit Masse. Die mikroelektronische Realisierung führt demzufolge dazu, daß alle p-Kanal-Transistoren sich über einem n-leitenden Substrat, alle n-Kanal-Transistoren über einem p-leitenden Substrat befinden. Ist das Ausgangsmaterial p-leitendes Substrat, so wird für die p-Kanal-Transistoren eine n-leitende Substrat-Wanne durch Umdotierung erzeugt, im anderen Falle für die n-Kanal-Transistoren eine p-leitende Substrat-Wanne.

Substrat und die entsprechende Wanne sind als Bulk-Anschlüsse mit U_0 (n-leitendes Substrat) bzw. Masse (p-leitendes Substrat) zu verbinden. Bild 3-97 zeigt in symbolhafter Darstellung das Layout der Schaltung Bild 3-96. Die Leitbahnen (linienhafte Darstellung) wurden wegen auftretender Kreuzungen in 2 Ebenen verlegt.

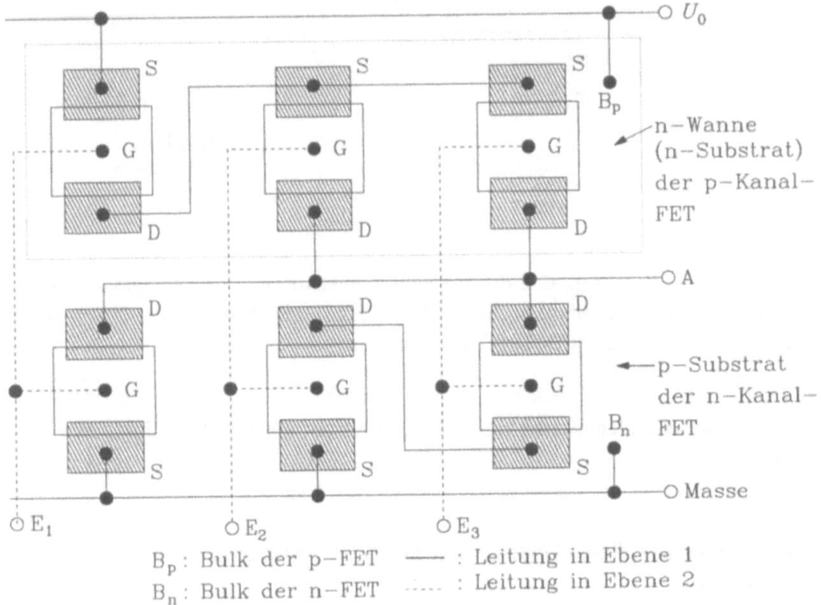

Bild 3-97 Symbollayout des CMOS-Gatters nach Bild 3-96

3.2.5.3 Schaltungen mit Transmission-Gate

Genauso wie Transfer-Gate (Abschnitt 3.2.4.3) eignen sich Transmission-Gate bei vergleichsweise geringem Bauelementeaufwand ausgezeichnet zum Aufbau von Datenselektoren oder ähnlichen Schaltungen. Somit lassen sich Funktionen besonders gut in Transmission-Gate umsetzen, die den Gl. (3.181) bzw. (3.183)/(3.184) genügen. So führt z.B. die Funktion

$$A = 1\,2 + 3\,\overline{2} \tag{3.211}$$

auf die in Bild 3-98 dargestellte Schaltung.

Für $2 = H$ ist das obere Transmission-Gate leitend, für $2 = L$ das untere, es entsteht ein 2-Bit-Multiplexer. Setzt man $3 = \overline{1}$, so entsteht eine einfache Antivalenzschaltung.

Werden zur schaltungstechnischen Realisierung von Funktionen nach Gl. (3.181) und (3.183)/(3.184) Transmission-Gates nach Bild 3-99 eingesetzt, entstehen stets ideale Pegel am Ausgang der Schaltung ($U_A(L) = 0$, $U_A(H) = U_0$).

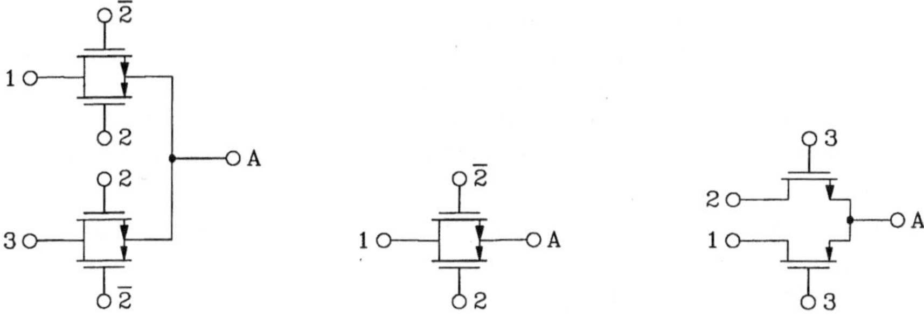

Bild 3-98
Transfer-Gate-Schaltung

Bild 3-99
Grundelement 1 für Schaltungen
mit Transmission-Gates

Bild 3-100
Grundelement 2 für Schaltungen mit
Transmission-Gates

Eine weitere Möglichkeit der Nutzung von Transmission-Gates zeigt Bild 3-100, wobei die beiden Transistoren eigentlich getrennt als Transfer-Gates wirken.

Wird 3 = H, so ist der n-Kanal-Transistor leitend, der p-Kanal-Transistor ist gesperrt. Für 1 = L entsteht am Ausgang ein idealer L-Pegel $U_A(L) = 0$, für 1 = H jedoch ein um U_{Tn} abgesenkter H-Pegel $U_A(H) = U_0 - U_{Tn}$.

Wird 3 = L gesetzt, ist der p-Kanal-Transistor leitend und der n-Kanal-Transistor gesperrt. Für 2 = H ergibt sich an A ein idealer H-Pegel $U_A(H) = U_0$, für 2 = L ein nicht idealer L-Pegel $U_A(L) = -U_{Tp} > 0$.

Setzt man also Schaltungen nach Bild 3-100 ein, so ist durch Analyse des Verhaltens der Schaltung einzuschätzen, ob diese unterschiedlichen L- und H-Pegel akzeptiert werden können.

Die logische Funktion der Schaltung Bild 3-100 lautet

$$A = 1\,3 + 2\,\bar{3}, \tag{3.212}$$

sie genügt wieder der Gl. (3.181), allerdings mit den eben angegebenen Einschränkungen.

Die Kombination von beiden Grundelementen 1 und 2 ist möglich und führt oft zu Schaltungen mit geringem Aufwand und idealen Pegeln (siehe Bild 3-101 für eine Äquivalenz-Schaltung).

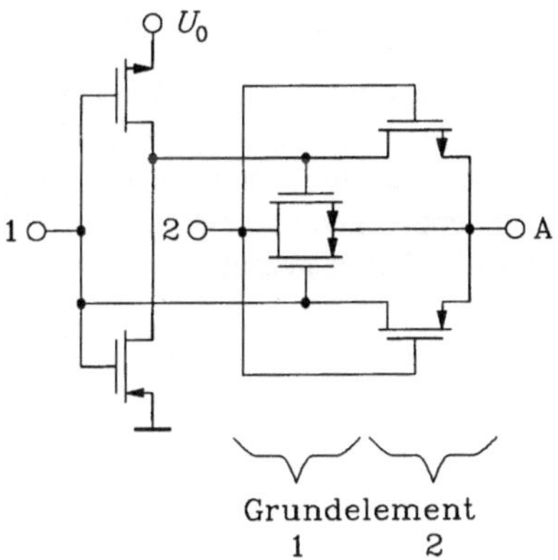

Bild 3-101
Äquivalenz-Schaltung

Das Grundelement 2 realisiert bereits die Funktion $A = 1\,2 + \overline{1\,2}$ (allerdings mit unterschiedlichen Pegeln), Grundelement 1 liefert zusätzlich die Funktion $1\,2$ mit idealen Pegeln, so daß insgesamt an A stets ideale Pegel entstehen. Diese Äquivalenz-Schaltung benötigt 6 Transistoren, eine vergleichbare Schaltung (etwa nach Bild 3-98) benötigt 8 Transistoren, weil neben den 4 Transistoren des Transmission-Gates weitere 4 zur Bereitstellung der negierten Eingangsvariablen notwendig sind.

Mit der in Bild 3-101 angegebenen Grundschaltung ist ein 1-Bit-Volladdierer auf Basis der Gl. (3.188) und (3.192) realisierbar (siehe Bild 3-102). Gegenüber einer reinen Gatterrealisierung werden erheblich weniger Bauelemente benötigt.

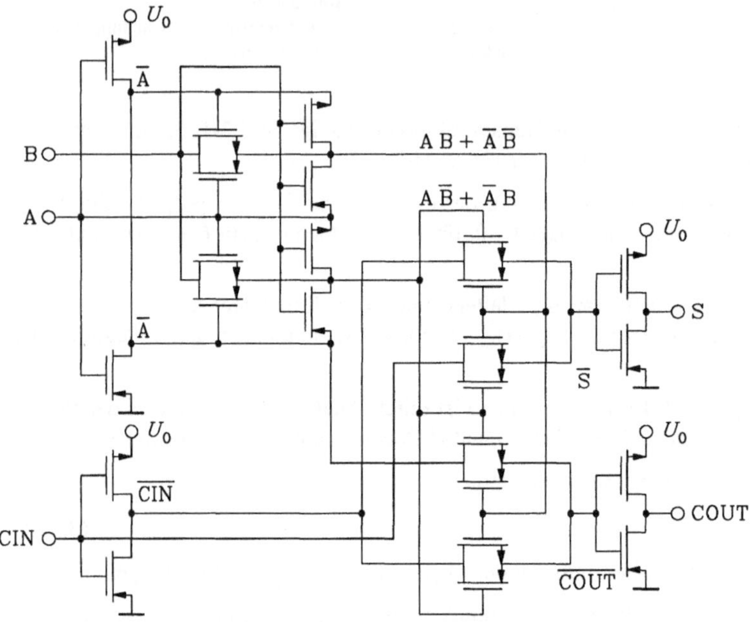

Bild 3-102 CMOS-Volladdierer

Leider ist es im Rahmen des Buches nur möglich, einige wenige typische Transmission-Gate-Schaltungen anzugeben. Weitere Möglichkeiten bestehen z.B. in der Nutzung reiner Transfer-Gates in n-Kanal-Technik oder wie beim Grundelement 2 in p- und n-Kanal-Technik. Meist werden die nicht idealen L- oder H-Pegel durch hochohmige Rückkopplungen verbessert. In Bild 3-103 sind diese Varianten an Hand des Summenbildners eines Volladdierers gezeigt.

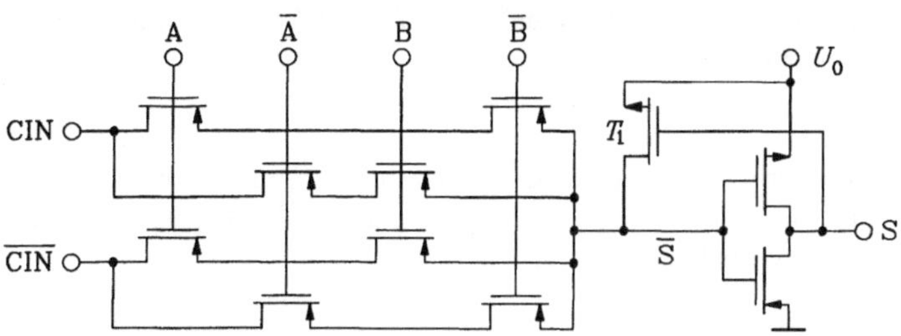

a) hochohmiger Pull−Up−Transistor T_1 zur
   Anhebung des H−Pegels an $\overline{S}$

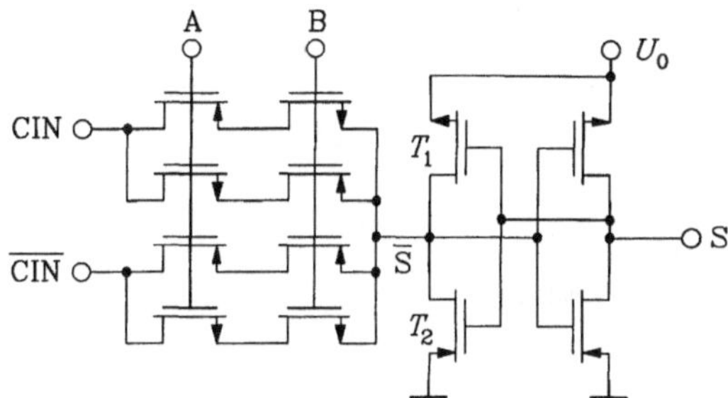

b) hochohmige Pull−Up− bzw. Pull−Down−
   Transistoren T_1 und T_2 Zur Realisierung
   idealer Pegel an $\overline{S}$

Bild 3-103 Varianten von Schaltungen mit Transfer-Gate in CMOS-Technik

3.2.5.4 Treiberstufen

Einfache Treiber sind schaltungstechnisch CMOS-Inverter. Ihre Treibfähigkeit erreichen sie durch entsprechend vergrößerte Kanalbreiten. Eine Tristate-Schaltung unter Nutzung von Transmission-Gates ist in Bild 3-104 dargestellt.

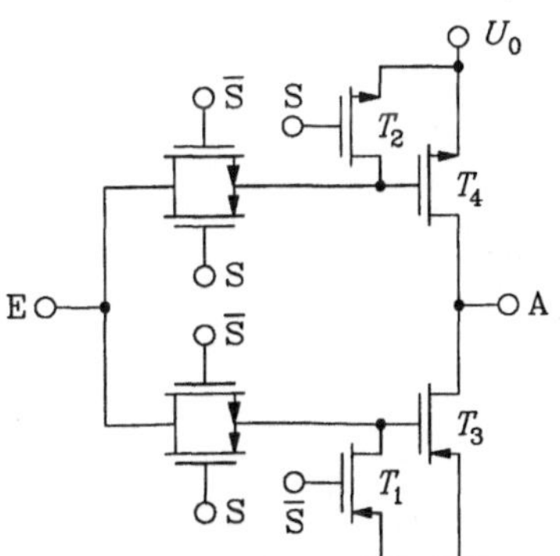

Bild 3-104
Tristate-Schaltung

Für S = H sind die Transmission-Gates leitend, die Transistoren T_1 und T_2 sind gesperrt, am Ausgang A erscheint die negierte Eingangsfunktion,

$$A = \overline{E}. \tag{3.213}$$

Wird S = L, so werden die Transmission-Gates gesperrt, die Transistoren T_1 und T_2 werden leitend und ziehen die Gate-Spannung von T_3 auf 0 und von T_4 auf U_0, so daß beide gesperrt sind, am Ausgang A erscheint der hochohmige Zustand,

$$A = Z. \tag{3.214}$$

3.2.5.5 Eingangsstufen

Wie schon im Abschnitt 3.2.4.5 erläutert, sind die Eingangstransistoren gegen Überspannungen im Sperrzustand zu schützen. Eine mögliche Schaltung dazu zeigt Bild 3-105.

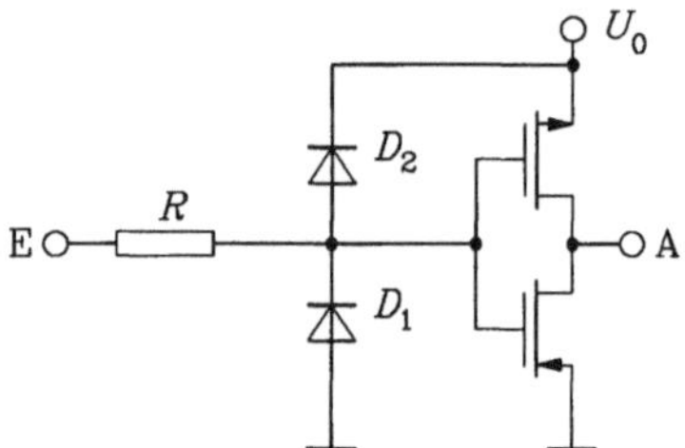

Bild 3-105
Eingangsschutzschaltung

3.2.6 Dynamische MOS-Schaltungen

3.2.6.1 Grundsätzliche Kennzeichen

Dynamische MOS-Schaltungen werden getaktet betrieben. Träger der Information ist die auf vorwiegend parasitären Kapazitäten gespeicherte Ladungsmenge $Q(H)$ bzw. $Q(L)$. Bild 3-106 zeigt einen dynamischen Inverter in NMOS-Technik, an dem die dynamische Betriebsweise erläutert werden soll.

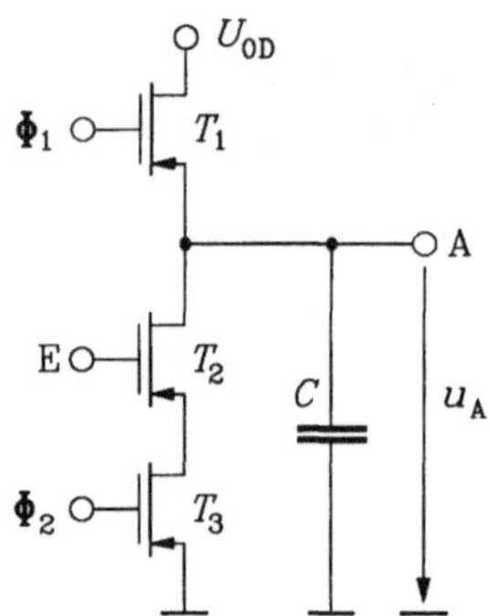

Bild 3-106
Dynamischer NMOS-Inverter

Die Betriebsweise dieses Inverters wird in Bild 3-107 deutlich.

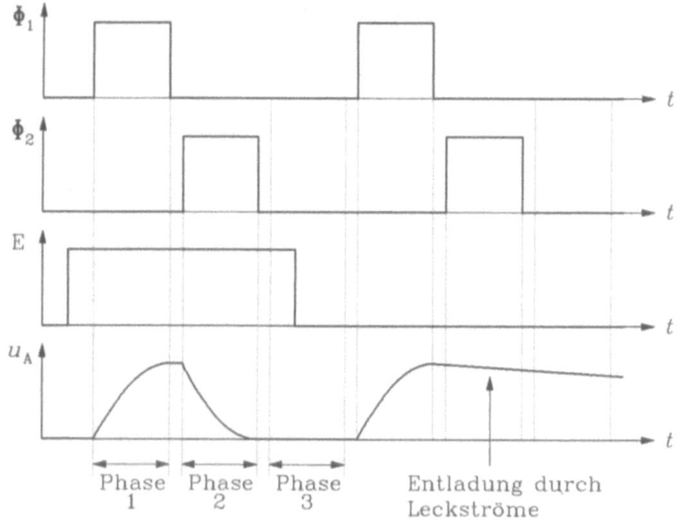

Bild 3-107 Verhalten des dynamischen NMOS-Inverters

In Phase 1, der sogenannten Vorladephase, erfolgt die Aufladung der Kapazität C über T_1 auf den H-Pegel und zwar unabhängig vom Eingangspegel, weil T_3 gesperrt ist. In Phase 2 wird die Kapazität C umgeladen, für E = H wird sie über T_3 entladen, für E = L behält sie den H-Pegel bei. In der nun folgenden Pause (Phase 3) steht die richtige Information am Ausgang A zur Weiterleitung an folgende Gatter zur Verfügung.

Die dynamische Betriebsweise weist folgende Vorteile auf:

1. es entsteht keine statische Verlustleistung in der Schaltstufe,

2. die Schaltung kann wegen des Fehlens der statischen Verlustleistung vollständig nach dynamischen Gesichtspunkten dimensioniert werden, so daß z.B. Vorlade- und Umladephase gleich lang gewählt werden können,

3. da der Ausgang zunächst stets auf den H-Pegel vorgeladen wird und mit dem Zuschalten des Umladetaktes die Eingangsinformation anliegen muß, kann die Ausgangsspannung u_A nur einmalig auf den L-Pegel absinken oder den H-Pegel behalten, so daß keine Hazards entstehen können.

Diesen Vorteilen stehen einige Nachteile gegenüber:

1. die dynamische Betriebsweise erfordert die Einhaltung eines strengen Taktregimes von Schaltungen, wobei die Informationen zeitpunktgebunden an allen Schaltungsteilen zum jeweiligen Umladetakt zur Verfügung stehen müssen,

2. die Vor- und Umladephase erfordert, die Mindestbreite des H-Zustandes des jeweiligen Taktes so zu wählen, daß gute H- bzw. L- Pegel entstehen. Diese Mindestbreite bestimmt damit die maximal mögliche Taktfrequenz. Wird während der Umladephase der H-Pegel beibehalten, so verringert sich dieser durch auftretende Leckströme, so daß auch eine minimal mögliche Taktfrequenz vorgeschrieben werden muß.

Neuere dynamische MOS-Schaltungen nutzen die CMOS-Technik (siehe Bild 3-108).

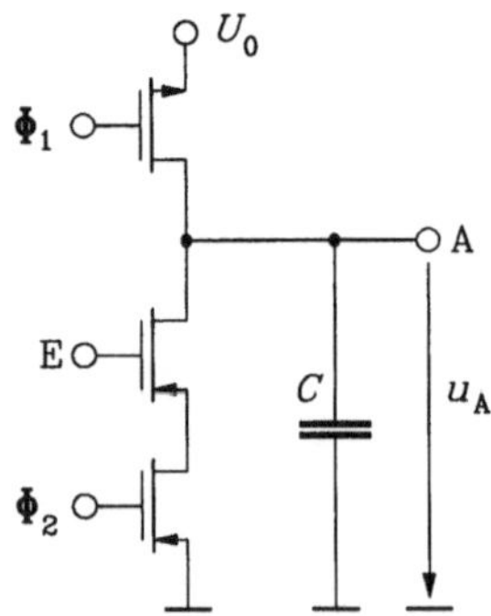

Bild 3-108
Dynamischer CMOS-Inverter

Die Vorladung erfolgt mit $\Phi_1 = L$, die Umladung mit $\Phi_2 = H$ (Bild 3-109).

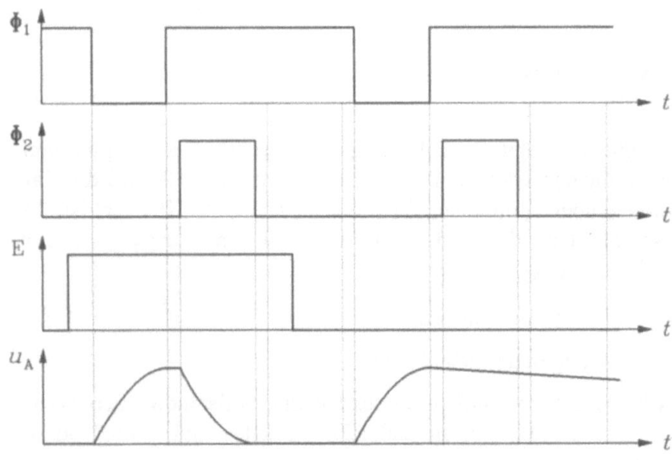

Bild 3-109
Verhalten des
dynamischen CMOS-
Inverters

Der Vorteil verringerter Verlustleistung entfällt naturgemäß bei Nutzung der CMOS-Technik für
die dynamische Betriebsweise. Wie noch zu zeigen ist, wird jedoch ein anderer Vorteil wirksam,
in dem auch bei kombinatorischen Schaltungen mit mehr als einer Eingangsvariablen nur ein
p-Kanal-Transistor benötigt wird, der Schaltungsaufwand gegenüber statischen CMOS-Gattern
nahezu auf die Hälfte reduziert wird.

Dynamische MOS-Schaltungen werden vorwiegend in Schieberegistern eingesetzt, aber auch als
kombinatorische Schaltungen, wenn das Signalablaufdiagramm diese Betriebsweise zuläßt.

Die Taktung kann auf verschiedene Weise erfolgen. Im vorliegenden Buch sollen nur die sogenannte 3-Phasentechnik und nachfolgend die 2-Phasentechnik behandelt werden.

3.2.6.2 3-Phasen-Technik

Bild 3-110 zeigt ein dynamisches Schieberegister in NMOS-Technik. Es benötigt 3 verschiedene
Taktsignale Φ_1, Φ_2 und Φ_3.

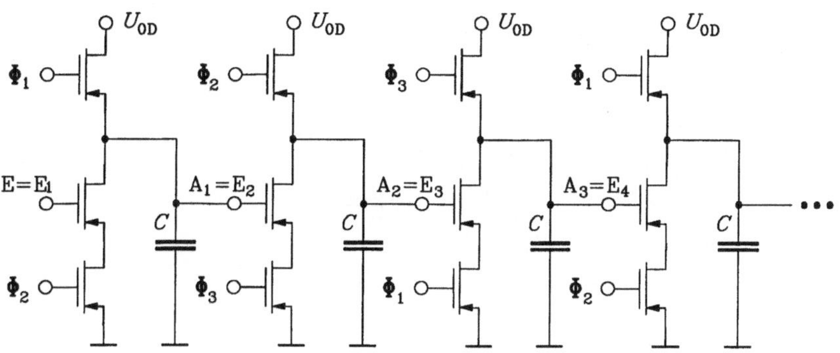

Bild 3-110 Dynamisches Schieberegister in NMOS-Technik

Die Wirkungsweise der Schaltung geht aus dem Impulsdiagramm (Bild 3-111) hervor.

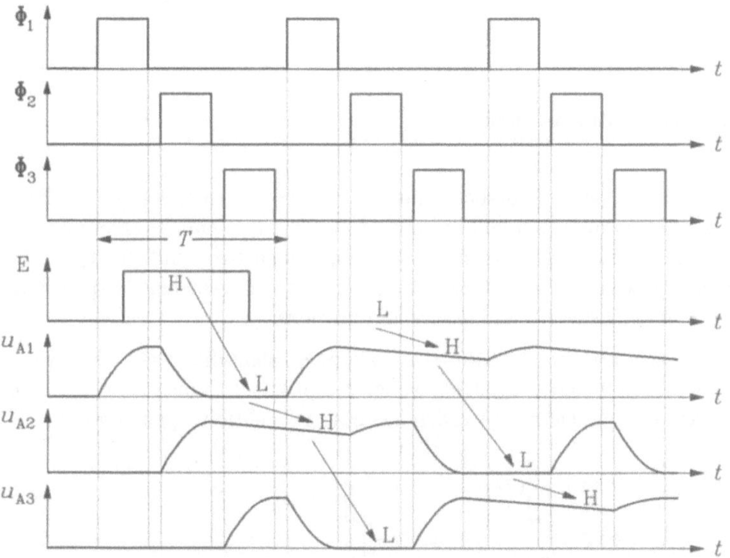

Bild 3-111 Impulsdiagramm des dynamischen NMOS-Schieberegisters

Es wird deutlich, daß die Information mit der Informationsübertragungsfrequenz f_I

$$f_I = 3\frac{1}{T} \tag{3.215}$$

weitergeleitet wird, wobei jeder Takt sowohl Vorlade- wie auch Umladeaufgaben zu erfüllen hat.

Ersetzt man die Transistoren für die Informationseingänge durch Verknüpfungsmatrizen V_v mit mehr als einem Eingang, so entstehen kombinatorische Schaltungen in dynamischer Betriebsweise (Bild 3-112).

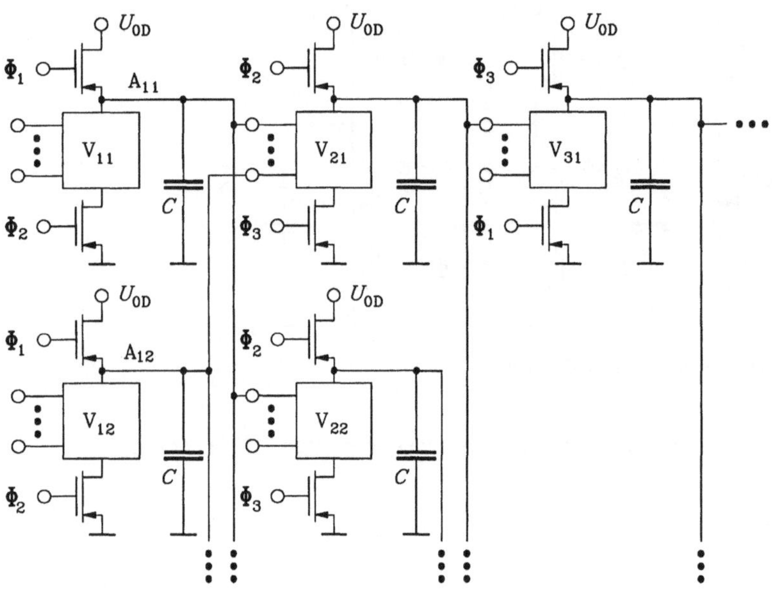

Bild 3-112 Kombinatorische Schaltung in 3-Phasen-Technik

Der Entwurf der Schaltung muß die Tatsache berücksichtigen, daß Zwischenergebnisse (in Bild 3-112 z.B. die Signale A_{11} und A_{12}) immer nur zu bestimmten Zeiten zur Weiterverarbeitung zur Verfügung stehen. Demzufolge müssen alle an einer Verknüpfungsmatrix anliegenden Eingangssignale durch die gleichen Taktsignale bereitgestellt werden (im vorliegenden Beispiel Bild 3-112 müssen A_{11} und A_{12} durch die Takte Φ_1 und Φ_2 erzeugt werden).

Überträgt man die Schaltung Bild 3-110 in die CMOS-Technik, so entsteht die in Bild 3-113 gezeigte Schaltung eines dynamischen Schieberegisters, wobei die p-Kanal-Transistoren mit den negierten Taktsignalen anzusteuern sind. Dadurch werden insgesamt 6 Taktleitungen benötigt.

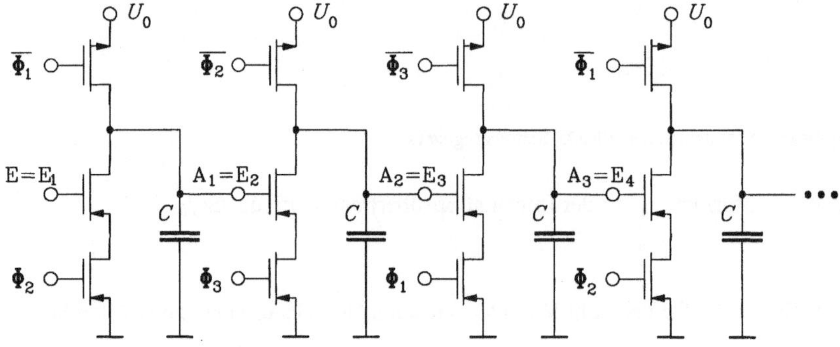

Bild 3-113 Dynamisches Schieberegister in CMOS-Technik

Werden nun die n-Kanal-Transistoren der Informationseingänge wieder analog zu Bild 3-112 durch Verknüpfungsmatrizen in n-Kanal-Technik ersetzt, so entsteht eine dynamische kombinatorische Schaltung, die gegenüber der statischen Betriebsweise den Vorteil eines geringeren Bauelementeaufwandes besitzt, da nur eine Verknüpfungsmatrix aufgebaut werden muß. Besteht diese Verknüpfungsmatrix aus x Transistoren, so wird der Bauelementeaufwand a für ein Logikgatter in dynamischer Betriebsweise

$$a_{dyn} = x + 2, \tag{3.216}$$

in statischer Betriebsweise jedoch

$$a_{stat} = 2\,x. \tag{3.217}$$

Bereits für $x \geq 3$ lohnt es also, über den Einsatz dynamischer Logikgatter nachzudenken.

Vorteilhaft lassen sich auch Schaltungen mit zeitlich gestaffelten mehrfach benötigten Operationen aufbauen, so daß nur ein Logikgatter benötigt wird. Typisches Beispiel ist ein Addierer für mehrere Bit (z.B. 8, 16 oder 32), bei dem in einem dynamischen Addierer für 1 Bit zunächst die niederwertigsten Summanden addiert werden, wobei das Summenbit und ein Übertragsbit entstehen, anschließend die nächst höheren unter Beachtung des Übertrages aus der vorhergehenden Addition, bis schließlich das höchstwertige Bit erreicht ist. Voraussetzung für diese Betriebsweise ist die zeitlich abgestufte Bereitstellung der Summanden für die einzelnen Bits und die Speicherung der Summenwerte bis zur endgültigen Ausgabe in einem Zwischenspeicher (z.B. einem dynamischen Schieberegister nach Bild 3-113).

3.2.6.3 2-Phasen-Technik

Die in der CMOS-Schaltung nach Bild 3-113 benötigten 6 Taktleitungen können durch Einsatz von Transmission-Gates auf 2 Taktleitungen reduziert werden (Bild 3-114).

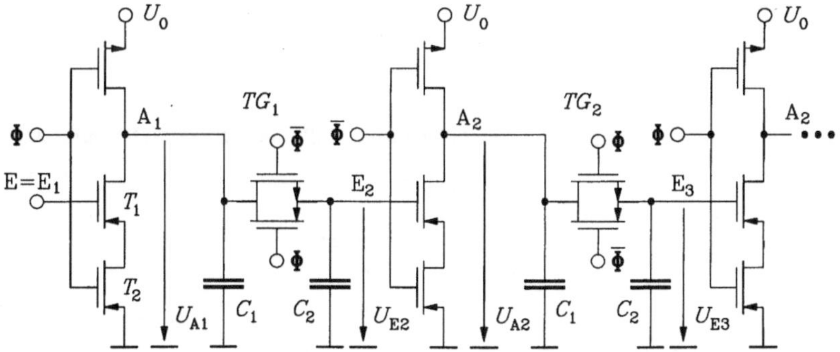

Bild 3-114 Dynamisches Schieberegister in CMOS-Technik mit Transmission-Gate

Mit $\Phi = L$ wird z.B. C_1 auf $A_1 = H$ vorgeladen. Wird anschließend $\Phi = H$, so werden das Transmission-Gate TG_1 leitend und in Abhängigkeit von E_1 auch die Transistoren T_1 und T_2. Für $E_1 = H$ entlädt sich C_1, A_1 und E_2 werden $A_1 = E_2 = L$. Ist jedoch $E_1 = L$, so erfolgt ein Ladungsausgleich zwischen den Knoten A_1 und E_2, wobei für den statischen Endzustand gilt

$$Q = C_1 \cdot U_{A1}(H) = (C_1 + C_2)U_{E2}(H). \tag{3.218}$$

Somit wird

$$U_{E2}(H) = \frac{C_1}{C_1 + C_2} U_{A1}(H) = \frac{1}{1 + \dfrac{C_2}{C_1}} U_0. \tag{3.219}$$

Damit $U_{E2}(H)$ noch als H-Pegel für die folgende Stufe gelten kann, muß $C_2 \ll C_1$ gewählt werden. Das dynamische Verhalten des Schieberegisters nach Bild 3-114 ist in Bild 3-115 dargestellt.

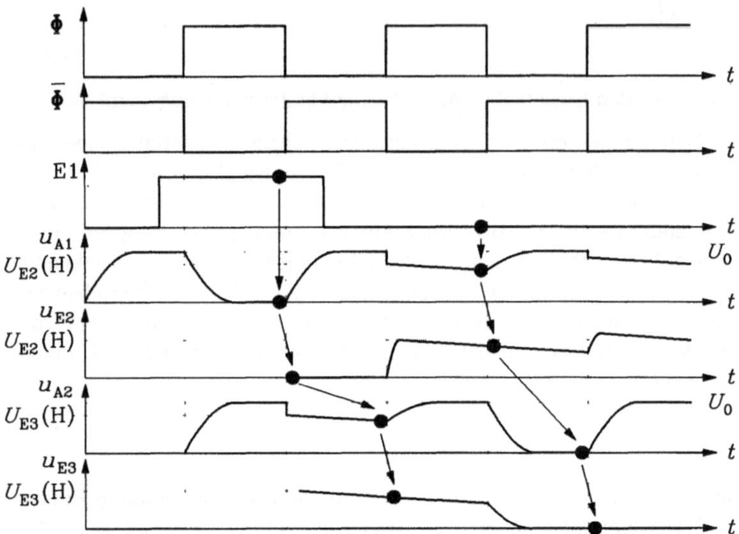

Bild 3-115 Dynamisches Verhalten des CMOS-Schieberegisters

3.2.6.4 DOMINO-Logik

Eine Mischung aus statischer und dynamischer CMOS-Technik stellt die DOMINO-Logik dar (siehe Bild 3-116).

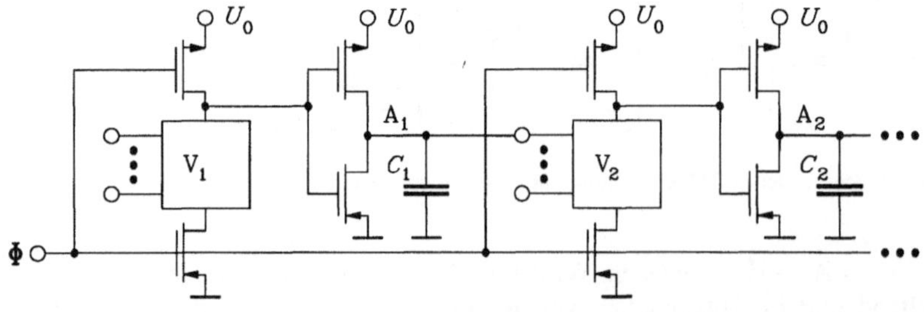

Bild 3-116 DOMINO-Logik

Mit Φ = L erfolgt die Vorladung der Kapazitäten C_V. Um zu verhindern, daß schon bei der Vorladung die Verknüpfungsmatrizen leitend werden, müssen durch die statisch wirkenden Negatoren die internen Knoten auf A_v = L vorgeladen werden. Mit Φ = H gelangen die Informationssignale der externen Eingänge in die DOMINO-Logik. Wird dabei die Verknüpfungsmatrix leitend, so wird der nachfolgende Ausgang des Negators mit A_v = H belegt, so daß in der gleichen Phase auch die folgenden Stufen schalten können. Dabei ist in jedem Fall an jedem Ausgangsknoten nur ein einmaliges Schalten von L nach H möglich, so daß Hazards vermieden werden. Nachteilig wirkt sich bei dieser Logik aus, daß keine Negation möglich ist. Diese Negation muß in externen Schaltungsteilen an den Ein- oder Ausgängen der DOMINO-Logik erzeugt werden.

3.2.7 Kombinierte Bipolar-CMOS-Schaltungen (BiCMOS)

Bei der Gestaltung neuer informationsverarbeitender Strukturen treten zunehmend Forderungen auf, die Vorteile der Bipolartechnik (gute Treiberfähigkeit, hohe Schaltgeschwindigkeit, Eignung zur Präzisionsanalogtechnik) mit denen der CMOS-Technik (geringe Verlustleistung, gutes dynamisches Verhalten, gute Integrationsfähigkeit) zu verbinden. Das führte zur Entwicklung der BiCMOS-Mischtechnologie. In der Digitaltechnik wurden zunächst vor allem CMOS-Schaltungen mit bipolaren Treiberstufen ausgerüstet (siehe Bilder 3.117 und 3.118).

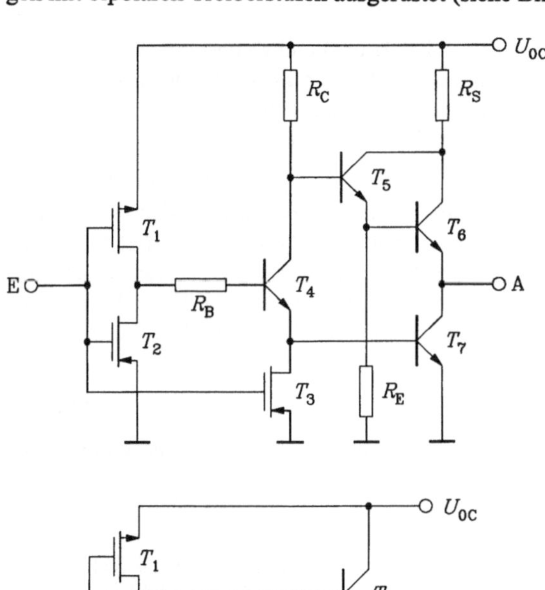

Bild 3-117
BiCMOS-Ausgangsstufe mit TTL-Treiberleistungen

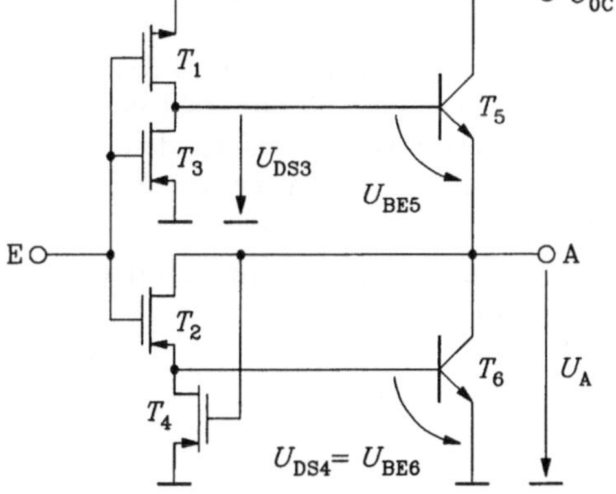

Bild 3-118
BiCMOS-Ausgangsstufe mit geringer Treiberleistung

Die Schaltung nach Bild 3-117 besteht aus einem CMOS-Inverter (T_1 und T_2) und einer aus der TTL-Technik bekannten Ausgangsstufe (T_4, T_5, T_6 und T_7). Transistor T_3 garantiert für E = H den L-Pegel zur Sperrung von T_7 und außerdem das Ausräumen der Basisladung dieses Transistors bei der LH-Flanke des Einganges. R_B dient der Basisstrombegrenzung von T_4 für E = L. Die logische Funktion der Schaltung lautet:

$$A = E. \tag{3.220}$$

Die Schaltung kann die gleiche Zahl von Lasten wie eine normale TTL-Stufe treiben, weil die kleinen Drain-Ströme der CMOS-Technik bis zum Ausgang über zwei Stufen verstärkt werden (1. Stufe: T_4, 2. Stufe: T_6 bzw. T_7).

Im Gegensatz dazu steuern in der Schaltung Bild 3-118 die CMOS-Transistoren T_1 bzw. T_2 direkt die Bipolartransistoren T_5 bzw. T_6 an, so daß die Treiberleistung zwar höher als bei reiner CMOS-Technik ist, aber niedriger als in der Schaltung nach Bild 3-117. Sie kann nur relativ kleine statische Ströme im H-Pegel abgeben und im L-Pegel aufnehmen.

Für E = L ist T_1 leitend und liefert den Basisstrom für T_5, so daß die Ausgangsspannung u_A ansteigen kann, die Lastkapazität wird umgeladen. Mit dem Ansteigen von u_A verringert sich die Source-Drain-Spannung des p-Kanal-Transistors T_1. Damit wird der Ladestrom geringer, bis er bei Erreichen des H-Pegels Null wird. In dieser Phase ist T_2 gesperrt, so daß auch T_6 keinen Basisstrom erhält.

Wird anschließend der Eingang mit E = H belegt, so wird T_2 leitend und T_1 gesperrt. Damit liefert die zunächst noch hohe Ausgangsspannung u_A über T_2 den Basisstrom für T_6, der dadurch einschaltet und die Lastkapazität entlädt. Der Entladestrom verringert sich ebenfalls mit fallender Ausgangsspannung und wird Null, wenn der L-Pegel $U_A(L)$ erreicht ist.

Die Transistoren T_3 bzw. T_4 dienen beim Sperren der Transistoren T_5 bzw. T_6 dazu, die Basisladungen schnell abzubauen, so daß die Transistoren in kurzer Zeit gesperrt werden. Außerdem sollen sie nachfolgend die gute Sperrung dieser Transistoren sichern. T_3 bzw. T_4 dürfen somit nur im Sperrzustand ihres nachfolgenden Bipolartransistors leitend sein. So soll T_5 für E = H und A = L gesperrt sein. Das wird durch T_3 bewirkt, der in diesem Fall im aktiven Bereich mit dem Drain-Strom $I_D = 0$ arbeitet, so daß seine Drain-Source-Spannung $U_{DS3} = 0$ wird. Somit ergibt sich

$$U_{BE5} = U_{DS3} - U_A(L) \tag{3.221}$$

Für E = L und A = H wird T_4 leitend im aktiven Bereich. Somit wird $U_{DS4} = 0$ und damit auch U_{BE6},

$$U_{BE6} = U_{DS4} = 0V. \tag{3.222}$$

Die beiden BiCMOS-Schaltungen nach den Bildern 3.117 und 3.118 sind auf Grund des gegenüber der CMOS-Technik niederohmigen Ausganges in der Lage, eine größere Zahl von Lastkapazitäten schnell umzuschalten. Kleine MOS-typische Lasten werden jedoch durch reine CMOS-Stufen schneller umgeladen, weil andernfalls die relativ großen inneren Verzögerungen der Bipolartransistoren bei niedrigen Strömen dann mit zu berücksichtigen sind.

Zu beachten ist außerdem, daß die betrachteten BiCMOS-Schaltungen bei statischer Belastung ähnlich wie TTL-Stufen keine idealen H- und L-Pegel aufweisen.

3.2.8 Schwellwertschaltungen

3.2.8.1 Wirkungsprinzip der Schwellwertschalter

In Bild 3.119 ist schematisch ein Schwellwertschalter mit m Eingängen dargestellt. Die logischen Eingangsbelegungen gelangen über die ganzzahligen Wichten w_k gewichtet an den Schalter. Vom Schwellwert T ($T = i + \frac{1}{2}$, i = 0, ..., m − 1) des Schalters hängt es ab, ob am Ausgang A entsprechend der jeweiligen Eingangsbelegung das logische Signal L oder H entsteht. Es gilt z.B.

$$A = H \quad \text{für} \quad \sum_{k=1}^{m} w_k E_k > T, \tag{3.223}$$

$$A = L \quad \text{für} \quad \sum_{k=1}^{m} w_k E_k < T. \tag{3.224}$$

Wird der Schwellwert

$$T = \frac{\sum\limits_{k=1}^{m} w_k}{2} \tag{3.225}$$

gewählt, so spricht man von der Majoritätslogik. Unter der Voraussetzung gleicher Wichten $w_k = 1$ ist die Summe der Wichten gleich der Zahl der Eingänge. Majoritätslogik bedeutet dann, daß der Schalter umschaltet, wenn über die Hälfte der Eingänge mit dem logischen Signal H belegt ist.

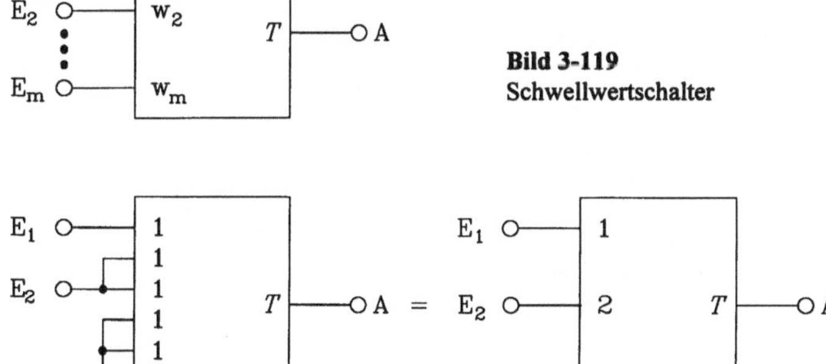

Bild 3-119
Schwellwertschalter

Bild 3-120 Wichteänderung von Schwellwertschaltern

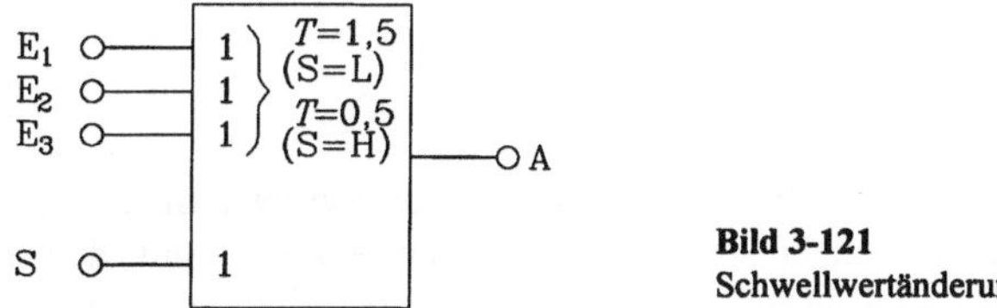

Bild 3-121
Schwellwertänderungen

In den einführenden Betrachtungen sollen stets alle Wichten $w_k = 1$ gesetzt werden. Das schränkt Wichtenänderungen in keiner Weise ein, weil durch Zusammenschalten von Eingängen der Wichte $w = 1$ Schaltungen mit höheren Wichten entstehen (Bild 3.120). Schwellwertänderungen können durch Änderung der Schaltungsparameter, aber auch durch besondere Steuereingänge erreicht werden. Die zweite Möglichkeit soll kurz an einem Beispiel erläutert werden. Dabei wird abhängig von bestimmten Ergebnissen logischer Operationen die logische Funktion der Schaltung geändert, so daß sich diese Schaltungen entsprechend der vorgesehenen Programmierung selbst optimieren können (lernende Strukturen). Eine Möglichkeit bietet die in Bild 3.121 dargestellte Schwellwertänderung durch Steuereingangsbelegungen. Wird der Steuereingang S mit L belegt, so soll $T = 1{,}5$ sein, es sind also 2 Eingänge mit U_{GX} zu belegen, damit die Schaltung in den anderen Zustand übergeht. Legt man dagegen S auf H, so muß zum Umschalten nur noch 1 Eingang U_{GX} erhalten, die Schaltung wirkt mit dem Schwellwert $T = 0{,}5$. Zur Erläuterung der logischen Funktion von Schwellwertschaltern soll folgende Tabelle einer Schaltung mit 3 gleichgewichteten ($w_k = 1$) Eingängen E_1, E_2, E_3 dienen.

T	$A = f(E_1, E_2, E_3)$	
0,5	$A = E_1 + E_2 + E_3$	OR-Funktion
1,5	$A = E_1E_2 + E_1E_3 + E_2E_3$	
2,5	$A = E_1E_2E_3$	AND-Funktion

Während bei $T = 0{,}5$ ein mit H belegter Eingang den Schalter bereits umschaltet, sind dafür bei $T = 2{,}5$ alle 3 Eingänge auf H zu legen.

Für Schwellwertschalter gibt es zwei Wege des Schaltungsaufbaus:
1. Die logische Funktion wird durch Kombinationen von digitalen logischen Grundschaltungen mit konstanter logischer Funktion erzeugt. Diese Variante einer rein digitalen Realisierung bedeutet meist einen sehr hohen Aufwand. So sind z.B. für die angegebene Schaltung mit 3 Eingängen bei $T = 1{,}5$ drei AND- und ein OR-Glied notwendig.

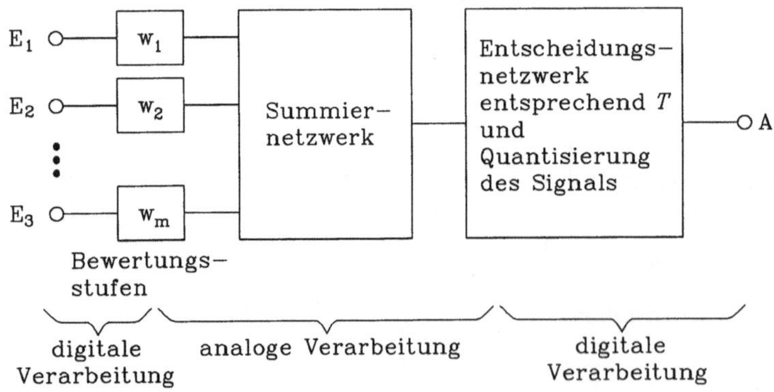

Bild 3-122 Blockschaltbild des Schwellwertschalters

2. Entsprechend dem Schwellwertprinzip werden die gewichteten Eingangsgrößen in einem Summiernetzwerk analog addiert und anschließend im Entscheidungsnetzwerk mit dem Schwellwert T verglichen. Das Netzwerk gibt danach ein quantisiertes, also digitales Signal ab (siehe Bild 3-122).

Die zum Teil analoge Signalverarbeitung bedingt besonders bei großen Schwellwerten große Toleranzen am Ausgang des Summiernetzwerkes. Diese Tatsache begrenzt sehr oft die Zahl der Eingänge.

Nach diesen wenigen einführenden Darlegungen soll die schaltungsmäßige Realisierung von Schwellwertschaltungen nach dem 2. Prinzip dargelegt werden.

3.2.8.2 Schwellwertschalter nach dem Übersteuerungsprinzip

Der Übersteuerungsschwellwertschalter soll am Beispiel der I²L dargelegt werden (Bild 3.123). Drei I²L-Eingangstransistoren mit auf die Basis rückgekoppelten Kollektoren arbeiten auf einen Ausgangstransistor. Der Schwellwert der Schaltung soll $T = 1{,}5$ betragen, so daß als logische Funktion

$$A = \overline{E_1 \cdot E_2 + E_1 \cdot E_3 + E_2 \cdot E_3} \tag{3.226}$$

realisiert wird. Diese Schwellwerteinstellung wird durch genau eingestellte Stromaufnahmemöglichkeiten der Kollektoren der Eingangstransistoren erreicht.

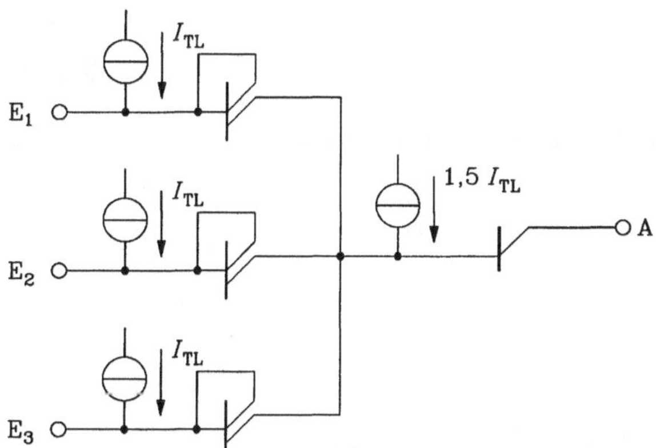

Bild 3-123
I²L-Schwellwert-Element

In dem gewählten Beispiel soll ein Eingangstransistor nur I_{TL} aufnehmen können, so daß zum Ausschalten des Ausgangstransistors zwei eingeschaltete Eingangstransistoren notwendig sind. Diese Stromeinstellungen werden durch die Anwendung des Stromspiegelprinzips an den Eingangstransistoren erreicht, das entsprechende Netzwerkmodell zeigt Bild 3.124. Es gelten folgende Knotengleichungen:

$$I_{TL} = I_{CE0}\left(1 + \frac{1}{B_N}\right)\exp\frac{U_{BE}}{U_T}, \tag{3.227}$$

$$I_{CE2} = I_{CE0}\left(1 - \exp\frac{-U_C}{U_T}\right)\exp\frac{U_{BE}}{U_T}. \tag{3.228}$$

Dabei wurde beachtet, daß der Kollektor 1 infolge der Rückkopplung nicht übersteuert wird ($U_{BC1} = 0$). Aus den Gln.(3.227) und (3.228) erhält man

$$I_{CE2} = I_{TL}\frac{B_N}{1 + B_N}\left(1 - \exp\frac{-U_C}{U_T}\right). \tag{3.229}$$

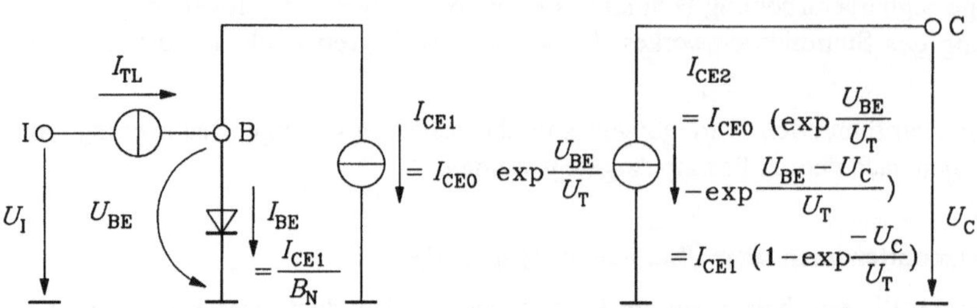

Bild 3-124 Ersatzschaltbild des I²L-Stromspiegels

Der durch den 2. Kollektor maximal aufnehmbare Strom I_{CE2max} beträgt mit $B_\text{N} \gg 1$

$$I_{\text{CE2max}} = I_{\text{TL}}. \tag{3.230}$$

Damit sind zwei Kollektorströme zur sicheren Aufnahme von $1{,}5\,I_{\text{TL}}$ des Ausgangstransistors notwendig, wobei durch Absinken von U_C auf $U_\text{C}(\text{L})$ diese Stromaufnahmefähigkeit entsprechend Gl. (3.107) auf

$$I_{\text{CE2}} = I_{\text{TL}}\,\frac{B_\text{N}}{1+B_\text{N}}\,\frac{m-1}{m} \tag{3.231}$$

absinkt. Im vorliegenden Fall gilt also folgende Dimensionierungsrichtlinie

$$2\,I_{\text{TL01}}\left(\exp\frac{U_\text{I}}{U_\text{T}} - \exp\frac{U_{\text{BE}}}{U_\text{T}}\right)\frac{B_\text{N}}{1+B_\text{N}}\,\frac{m-1}{m} \approx 1{,}5\,I_{\text{TL02}}\exp\frac{U_\text{I}}{U_\text{T}} \tag{3.232}$$

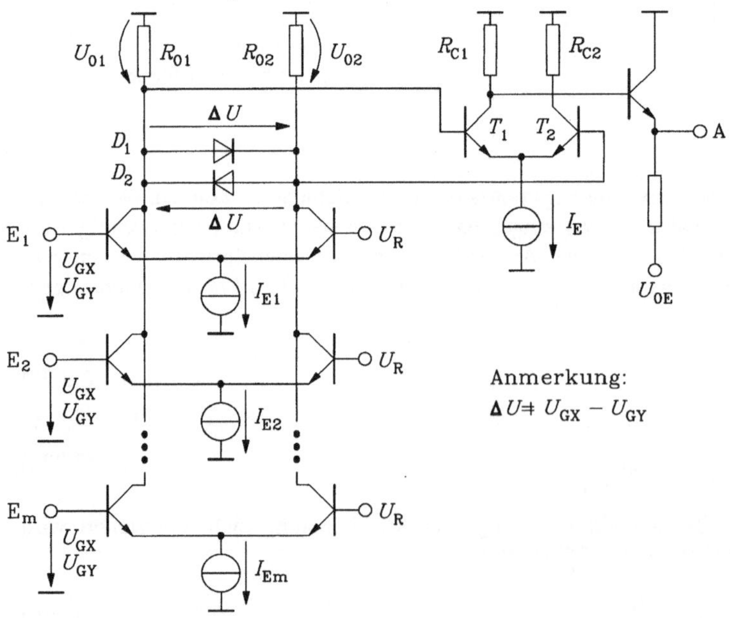

Bild 3-125 ECL-Schwellwertschalter

3.2.8.3 Schwellwertschalter nach dem Stromschaltprinzip

ECL-Schwellwertschalter erfüllen gegenwärtig die Toleranz- und Geschwindigkeitsforderungen am besten. Die Dimensionierungsprobleme sollen an einem typischen Schaltungsbeispiel erläutert werden (Bild 3.125).

Im Summiernetzwerk werden die Ströme der einzelnen Stromschalter addiert, sie erzeugen an R_{01} bzw. R_{02} Spannungsabfälle. Die Wichten sind durch die Größe der Quellenströme I_{EK} einstellbar. Da der einzelne Kollektorstrom der Stromschalter nur wenig von den Eingangsspannungsschwankungen abhängt und die Stromquellen mit großer Genauigkeit realisierbar sind, ist das Summiernetzwerk toleranzunempfindlich. Der Schwellwert kann durch das Verhältnis R_{01}/R_{02} eingestellt werden.

Ist die Zahl der mit U_{GX} belegten Eingänge $k = T + \frac{1}{2}$, so wird die Spannung an R_{01} um den zur Ansteuerung des Entscheidungsnetzwerkes notwendigen Hub ΔU größer als die Spannung an R_{02}:

$$U_{02} = U_{02} + \Delta U \left(k = T + \tfrac{1}{2} \right). \tag{3.233}$$

Damit wird Transistor T_1 gesperrt, Transistor T_2 leitend. Wird andererseits die Zahl der auf U_{GX} liegenden Eingänge $k = T - \frac{1}{2}$, so wird U_{02} um ΔU größer als U_{01}, es leitet Transistor T_1, während Transistor T_2 gesperrt wird:

$$U_{02} = U_{01} + \Delta U \left(k = T - \tfrac{1}{2} \right). \tag{3.234}$$

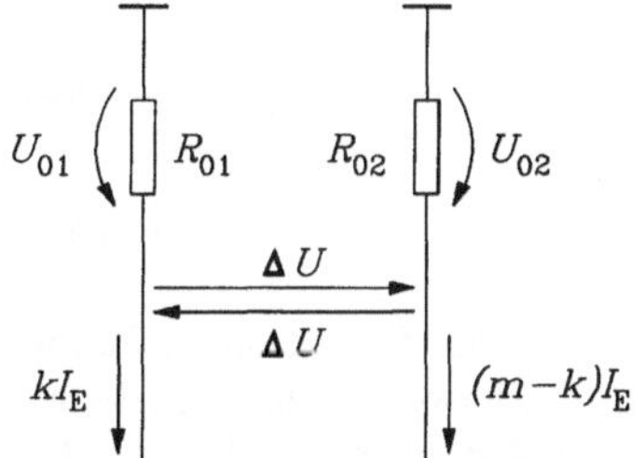

Bild 3- 126
Zur Dimensionierung des ECL-Schwellwertschalters

Werden $k > T + \frac{1}{2}$ Eingänge auf U_{GX} gelegt, so müßte die Spannung an R_{01} steigen, an R_{02} sinken, der Hub ΔU würde größer. Die Vergrößerung von U_{01} bedeutet eine Gefahr der Übersteuerung der Transistoren des ECL-Summationsnetzwerkes, die Vergrößerung von ΔU verringert die Schaltgeschwindigkeit. Deshalb werden der Hub ΔU und die Spannungen U_{01}, U_{02} durch die Diode D_2 auf den beim Überschreiten des Schwellwertes Gl. (3.233) festgelegten Wert begrenzt. Sinkt dagegen die Zahl der mit U_{GX} belegten Eingänge unter den Wert $T - \frac{1}{2}$ ($k < T - \frac{1}{2}$), so wirkt Diode D_1 als Begrenzer.

Eine weitere Besonderheit der Schaltung besteht darin, daß der ECL-Schalter im Entscheidungsnetzwerk an beiden Eingängen, jedoch mit komplementären Signalen angesteuert wird. Dadurch kann der zum Ansteuern des Schalters notwendige Hub gegenüber dem Schalter mit konstanter Referenzspannung auf die Hälfte reduziert werden ($\Delta U < U_{GX} - U_{GY}$).

Bei der statischen Dimensionierung der Schaltung wird lediglich die Bemessung von R_{01} und R_{02} betrachtet, alle übrigen Größen entsprechen denen des Stromschalters mit konstanter logischer Funktion. Bild 3.126 macht diesen Teil der Schaltung deutlich. Die Zahl der Schalter sei m. Alle Wichten seien gleich, das bedeutet

$$I_{E1} = I_{E2} = \ldots = I_{Em} = \frac{I_0}{A_n}. \tag{3.235}$$

Die Zahl der auf U_{GX} liegenden Eingänge werde k genannt. Dann gilt

1. nach Gl. (3.233) für $k = T + \frac{1}{2}$:

$$U_{01} - U_{02} = kI_0R_{01} - (m - k)R_{02}I_0 = \Delta U, \tag{3.236}$$

$$\left(T + \frac{1}{2}\right)(R_{01} + R_{02}) - mR_{02} = \frac{\Delta U}{I_0}; \tag{3.237}$$

2. nach Gl. (3.234) für $k = T - \frac{1}{2}$:

$$U_{01} - U_{02} = kI_0R_{01} - (k - m)R_{02} = -\Delta U, \tag{3.238}$$

$$\left(T - \frac{1}{2}\right)(R_{01} + R_{02}) - mR_{02} = -\frac{\Delta U}{I_0}. \tag{3.239}$$

Aus Gl. (3.237) und (3.239) gewinnt man folgende Beziehungen:

$$\frac{R_{01}}{R_{02}}\frac{m}{T} - 1, \tag{3.240}$$

$$R_{01} = \frac{2\Delta U}{I_0}\left(1 - \frac{T}{m}\right), \tag{3.241}$$

$$R_{02} = \frac{2\Delta U}{I_0} \cdot \frac{T}{m}, \tag{3.242}$$

$$R_{01} + R_{02} = \frac{2\Delta U}{I_0}. \tag{3.243}$$

Nach Gl. (3.240) wird der Schwellwert T durch das Verhältnis der Widerstände eingestellt, für die Majoritätslogik mit $T = m/2$ (m ungerade Zahl) wird $R_{01} = R_{02}$. Da besonders in integrierten Schaltungen das Widerstandsverhältnis recht genau eingestellt werden kann, wird auch der Schwellwert T gut einstellbar sein. Bemerkenswert ist ferner, daß die Summe der Widerstände unabhängig vom Schwellwert und der Zahl der Eingänge ist. Mit der statischen Dimensionierung ist zu überprüfen, wie groß U_{01} und U_{02} werden, um durch geeignete Maßnahmen die Übersteuerung der Summier-ECL-Schalter zu vermeiden.

3.3 Aufgaben

Aufgabe 3.1

Jeder Eingang der abgebildeten Schaltung wird durch eine gleichartige Stufe angesteuert, die jeweils nur die angegebene Schaltung als Last betreibt.

1. Geben Sie die logische Funktion der Schaltstufe an, wenn bereits ein mit $U_E(H)$ belegter Eingang den Transistor minimal übersteuern soll.
2. Berechnen Sie die maximale Zahl der Eingänge m pro Stufe so, daß die angegebenen Bedingungen für den minimalen und maximalen Übersteuerungsgrad nicht verletzt werden.

Zahlenwerte: $R_C = 500\Omega$, $R_K = 10k\Omega$, $U_{0C} = 5V$, $U_{BEX} = 0,8V$, $U_{CEX} = 0,1V$, $B_N = 100$, $m_{min} = 2$, $m_{max} = 14$.

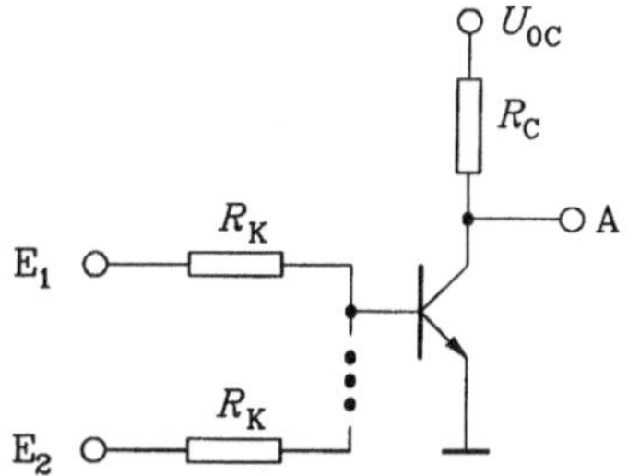

Bild Aufgabe 3.1

Aufgabe 3.2

Der abgebildete Negator soll von einer gleichartigen Stufe angesteuert werden. Berechnen Sie:

1. R_C, wenn ein Kollektorstrom $I_{CX} = 10mA$ fließt,
2. R_K, wenn der Transistor mit $m = 3$ übersteuert wird,
3. die Zahl gleichartiger Stufen n, die am Ausgang angeschlossen werden dürfen, so daß der H-Pegel $U_A(H)$ höchstens auf 90% des Wertes absinkt, den er im Leerlauf annimmt. Wie groß wird in diesem Fall der Übersteuerungsgrad m einer angeschlossenen gleichartigen Laststufe?

Zahlenwerte: $U_{0C} = 5V$, $U_{BEX} = 0,8V$, $U_{CEX} = 0,1V$, $B_N = 100$

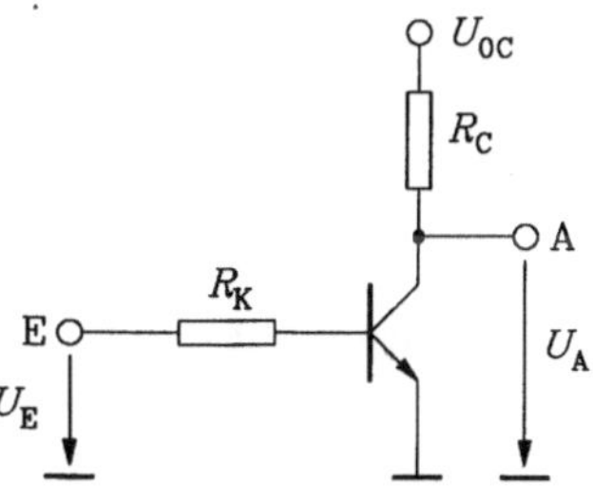

Bild Aufgabe 3.2

Aufgabe 3.3

Gegeben ist folgende Schaltung in TTL-Technik:

$U_{0C} = 5\,\text{V}\,;\ U_{BEX} = U_{BCX1,2} = 0,7\,\text{V}\,;\ m_{min} = 2\,;\ B_N = 50\,;\ I_{BX3,4} = 0,5\,\text{mA}\,;\ U_{CEX3,4} = 0,2\,\text{V}$

1. Berechnen Sie R_1 und R_2.
2. Berechnen Sie R_C.
3. Wie groß ist m_{max}?
4. Welche logische Funktion ergibt sich am Ausgang A?

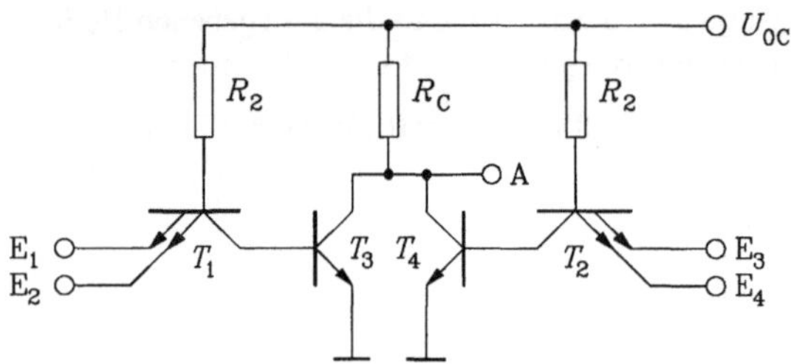

Bild Aufgabe 3.3

Aufgabe 3.4

Gegeben ist folgender TTL-Schaltkreis:

$R_3 = 400\,\Omega\,;\ U_{0C} = 5\,\text{V}\,;\ U_{BCX1} = 0,7\,\text{V}\,;\ U_{BEX} = 0,75\,\text{V}\,;\ U_{CEX2,4} = U_{CEX} = 0,05\,\text{V}\,;\ B_{N2} = 20\,;$
$B_{N4} = 10,8\,;\ m_2 = 2\,;\ m_{4min} = 2\,;\ m_{4max} = 60\,;\ n_{min} = 1$

Berechnen Sie:

1. R_1, wenn nur eine Laststufe am Ausgang A angeschlossen ist ($n_{min} = 1$),
2. die maximale Ausfächerung n_{max},
3. R_2, wenn $I_{B3} << I_{C2}$,
4. die Basis-Emitter-Sperrspannung U_{BEY5} des Transistors 5.

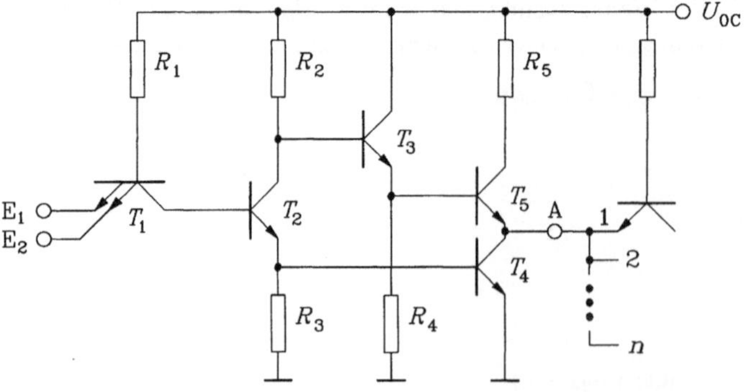

Bild Aufgabe 3.4

Aufgabe 3.5

Gegeben ist folgende TTL-Stufe:

$U_{CEX2,3,4} = U_{CEX} = 0,15\,\text{V}\,;\ U_{BEX1,2,4} = U_{BCX1} = U_F = U_{BEX} = 0,6\,\text{V}$

1. Berechnen Sie die Stromaufnahmen des Bausteins aus der Quelle U_{0C}, wenn die Eingangsspannung in den beiden Zuständen die Werte U_{CEX} und $(U_{0C} - U_{BEX} - U_F)$ annimmt.
2. Berechnen Sie die mittlere Verlustleistung P_V des Kreises (Restströme sind zu vernachlässigen).

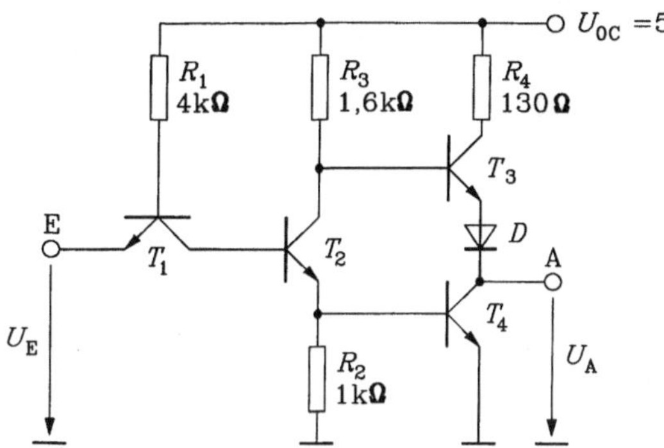

Bild Aufgabe 3.5

Aufgabe 3.6

Gegeben ist die dargestellte Ausgangsstufe. Berechnen Sie:

1. die logische Funktion unter Beachtung von R_L,
2. den möglichen Bereich des Ausgangsstromes $I_{CX5}(I_{CX5min}, I_{CX5max})$ und des Lastwiderstandes $R_L(R_{Lmin}, R_{Lmax})$,
3. die Zahl der an A anschließbaren gleichartigen TTL-Gatter, wenn zur Sicherung des H-Pegels ein Widerstand $R_L = 1\,\text{k}\Omega$ vorzusehen ist.

Zahlenwerte: $U_{BEX} = 0,7\text{V}$, $U_{CEX4,5} = 0,1\text{V}$, $U_F = 0,7\text{V}$, $B_{N5} = 15$, $m_{5min} = 3$, $m_{5max} = 30$

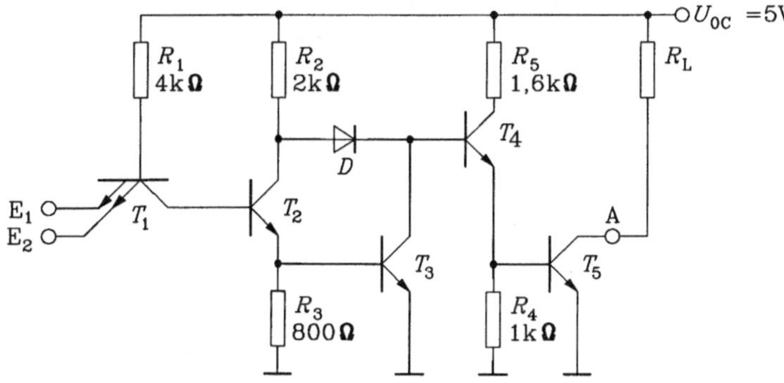

Bild Aufgabe 3.6

Aufgabe 3.7

Die abgebildete LSTTL-Schaltung arbeitet im Verbund gleichartiger Schaltungen.

1. Geben Sie die logische Funktion $A = f(E_1, E_2)$ an.
2. Berechnen Sie R_E.
3. Ermitteln Sie R_C für maximale Ausfächerung n_{max}.

4. Welchen Strom I_{0C} nimmt der Schaltkreis in den beiden Schaltzuständen auf?

Zahlenwerte: $U_{0C} = 5V$, $U_{BEX} = 0,7V$, $U_{CEX} = 0,3V$, $U_F = 0,4V$, $B_{N5} = 30$, $m_{5min} = 3$, $n_{max} = 30$, $I_E(H) = -215\mu A$, $I_E(L) = 0$

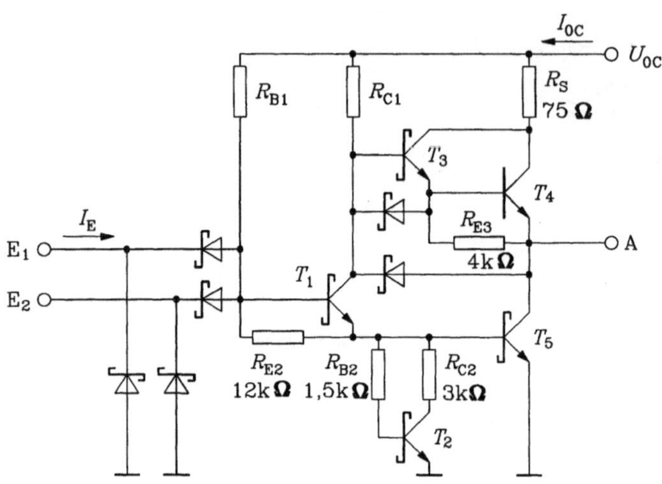

Bild Aufgabe 3.7

Aufgabe 3.8

Ermitteln Sie

1. die Eingangskennlinie des Gatters $I_E = f(U_E)$,
2. die Übertragungskennlinie $U_A = g(U_E)$, wenn für $U_A = U_A(H)$ der Ausgangsstrom $I_A = 10\,\mu A$ betragen soll.

Die Diodenkennlinien sind durch ideale Schalterkennlinien zu approximieren.

Zahlenwerte: $U_{BEX} = 0,7V$, $U_{BCX1} = 0,7V$, $U_{CEX2,4} = 0,1V$, $U_F = 0,7V$, $B_{N2,3} = 15$, $B_{N4} = 10$, $B_{I1} = 0,04$

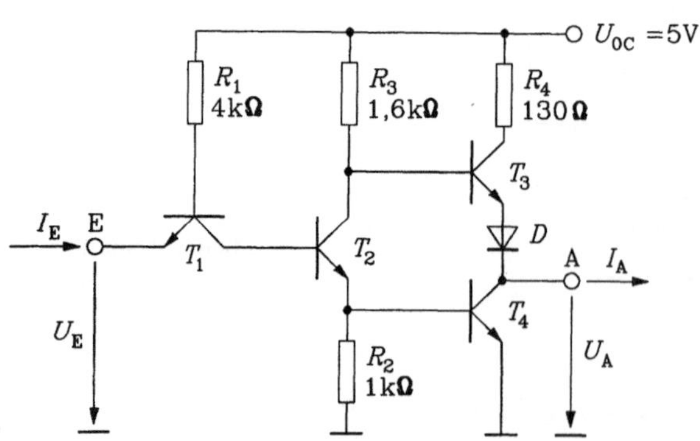

Bild Aufgabe 3.8

Aufgabe 3.9

Ergänzen Sie die nebenstehende Schaltung so, daß eine Tristate-Stufe entsteht! Der aktive Zustand soll für S = H erreicht werden, während mit S = L die Schaltung in den hochohmigen Zustand gehen soll.

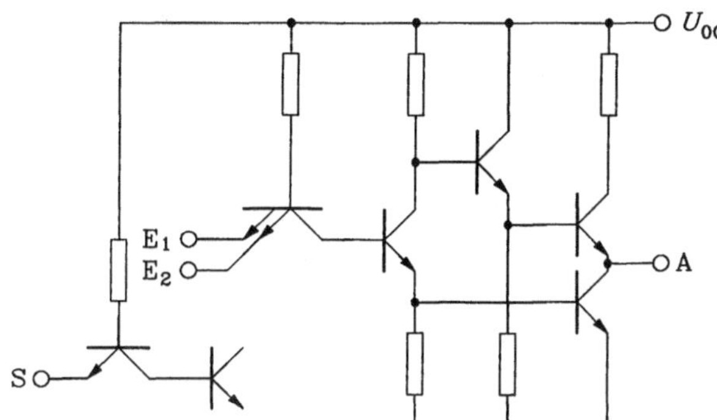

Bild Aufgabe 3.9

Aufgabe 3.10

Berechnen Sie für die I²L-Schaltung die Anstiegszeit des Basis-Emitter-Spannung u_{BE1}, wenn sie sich in einer Kette gleichartiger Stufen befindet! Die Basis-Emitter-Kapazitäten aller Transistoren betragen $C_{ES} = 0,6\,\text{pF}$, die Basis-Kollektor-Kapazitäten $C_{CS} = 0,4\,\text{pF}$. Außerdem seien $U_{BEX} = 0,65\,\text{V}$, $U_{CEX} \approx 0\,\text{V}$ und der Injektorstrom bei gesperrtem Transistor $I_0 = 6\,\mu\text{A}$ gegeben.

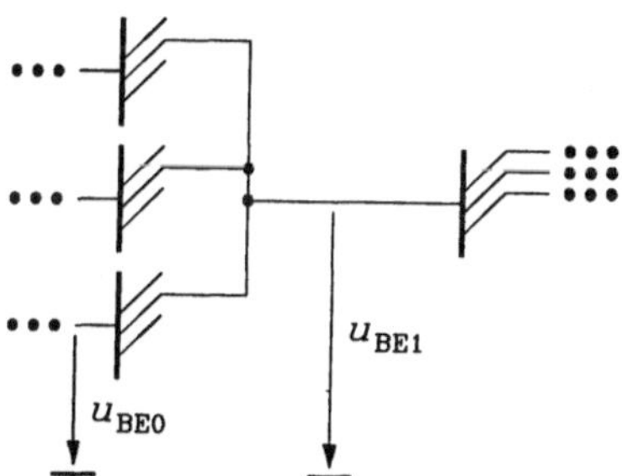

Bild Aufgabe 3.10

Aufgabe 3.11

Welche logische Funktion realisiert die angegebene I²L-Schaltung?

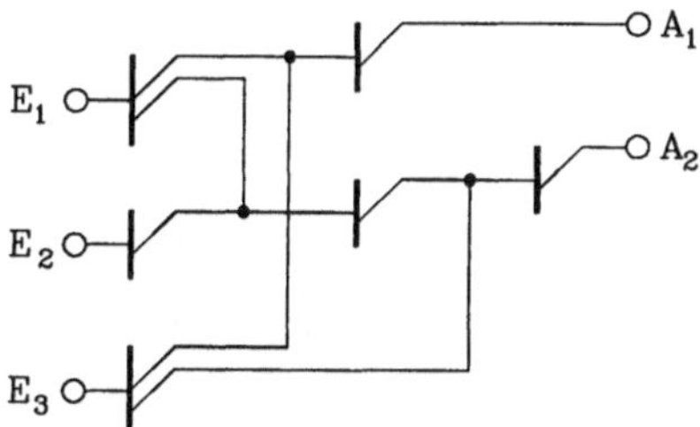

Bild Aufgabe 3.11

Aufgabe 3.12

Entwerfen Sie die I²L-Schaltung eines Volladdierers (siehe Funktionstabelle).

A	B	$Ü_{-1}$	S	Ü
L	L	L	L	L
L	H	L	H	L
H	L	L	H	L
H	H	L	L	H
L	L	H	H	L
L	H	H	L	H
H	L	H	L	H
H	H	H	H	H

Aufgabe 3.13

Gegeben ist folgende logische Schaltung:

$$U_{0E} = -6\,\text{V}; \; U_{BEX} = 0{,}8\,\text{V}; \; I_{BX} \ll I_C, I_E; \; I_E = 3\,\text{mA}\big|_{E1=E2=L}; \; A_N = 1; \; I_K = 10\,\text{mA}\big|_{E1=L,\,E2=L}$$

1. Welche logische Verknüpfung entstehen am Ausgang A?
2. Wie groß ist der Hub, wenn $U_{CB} \geq 0$?
3. Berechnen Sie $U_{GX,Y}$; U_R; U_{BEY}.
4. Berechnen Sie R_K; R_{C1}; R_{C2}; R_E.

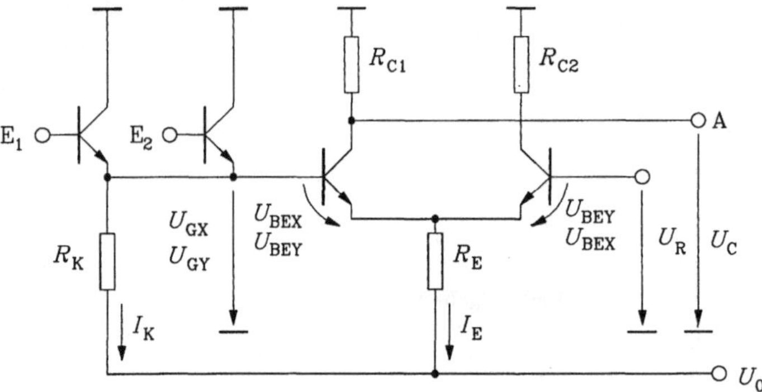

Bild Aufgabe 3.13

Aufgabe 3.14

Berechnen Sie die durchschnittliche Verlustleistung der angegebenen Schaltung mit den eingetragenen Parametern. Gegeben sind noch folgende Daten: $U_{0E} = -5,2\ \text{V}$; $\Delta U = U_{BEX} = U_F = 0,8\ \text{V}$; $U_R = -1,2\ \text{V}$; $I_B = 2\ \text{mA}$; $A_N = 1$

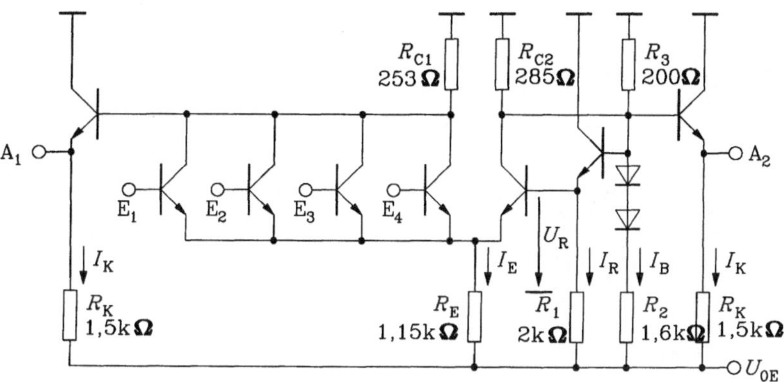

Bild Aufgabe 3.14

Aufgabe 3.15

Die folgende ECL-Schaltung habe eine Übertragungsweite $W = 140\ \text{mV}$.

$I_K = I_E = 5\ \text{mA}$; $B_N = 50$; $R_C = 140\ \Omega$

Wieviel gleichartige Stufen können am Ausgang A maximal angeschlossen werden, damit die Störsicherheitseinbuße nicht mehr als 20% beträgt?

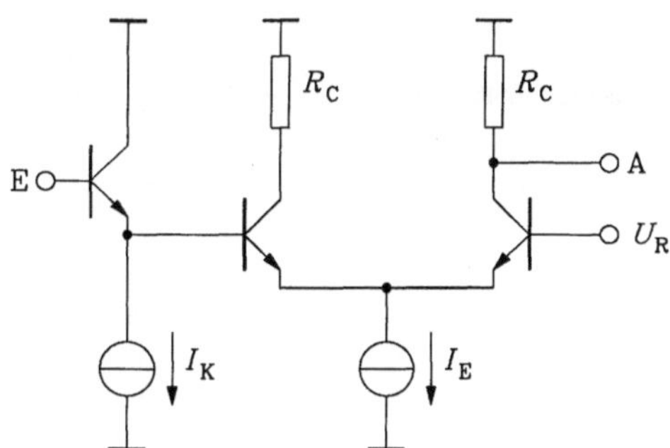

Bild Aufgabe 3.15

Aufgabe 3.16

Gegeben sind zwei komplexe ECL-Schaltkreise.

1. Welche logischen Funktionen realisieren die Schaltkreise I und II?
2. Wozu dient die Diode D, deren Flußspannung $U_F = \Delta U$ ist?

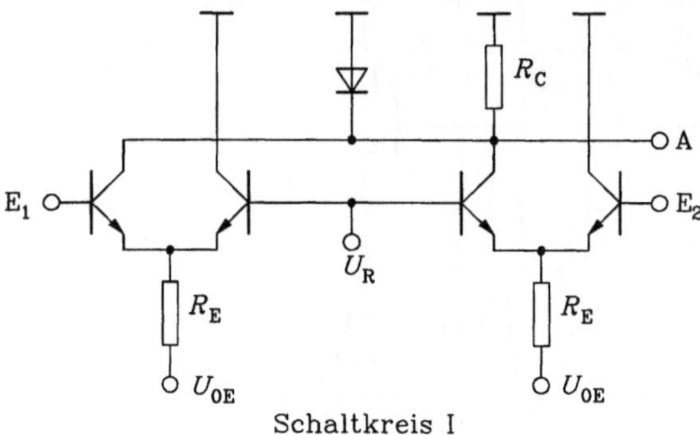

Bild Aufgabe 3.16

Aufgabe 3.17

Gegeben ist folgender Zweiebenenschalter.

Berechnen Sie die logische Funktion an A_1 und A_2.

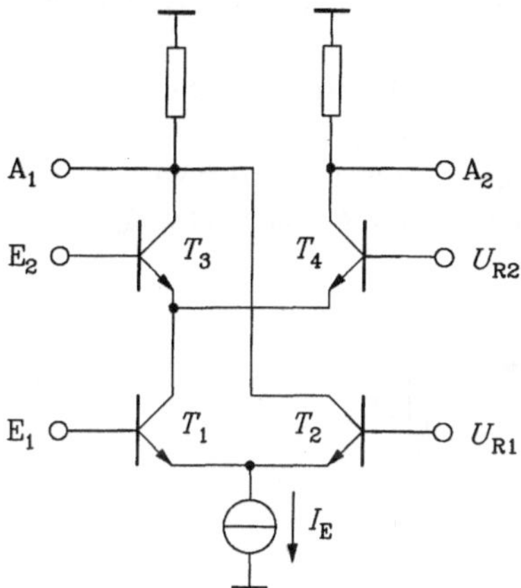

Bild Aufgabe 3.17

Aufgabe 3.18

Gegeben ist folgender komplexer ECL-Schalter in Baumstruktur:

1. An welche Eingänge müssen die Signale X und Y und konstante Referenzspannungen angelegt werden, damit am Ausgang B die Funktion $B = \overline{X}Y + X\overline{Y}$ erreicht wird?
2. Welche Funktion ergibt sich dann am Ausgang A?

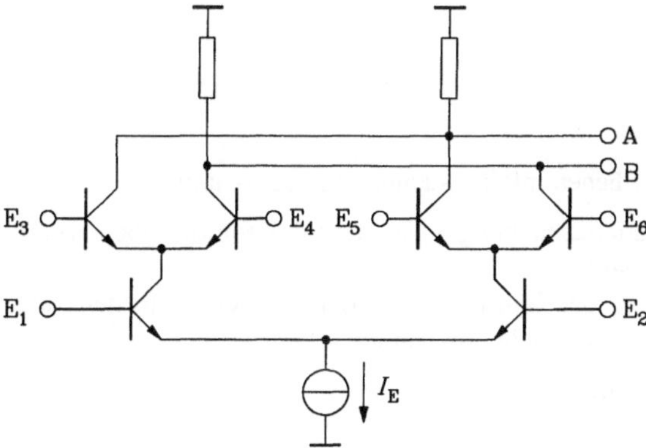

Bild Aufgabe 3.18

Aufgabe 3.19

Gegeben ist folgende logische Schaltung:

$U_{0E} = -5\,\text{V}\,;\ \Delta U = U_{BEX} = 0{,}8\,\text{V}\,;\ I_E = I_1|_{E=H} = 3\,\text{mA}\,;\ I_2 = I_3 = 1\,\text{mA}\,;\ A_N = 1$

1. Geben Sie die Eingangsspannungen $U_{BX,Y}$ an , wenn der Schaltkreis durch gleichartige Stufen angesteuert wird.
2. Berechnen Sie die Referenzspannungen U_{R1} und U_{R2} sowie die Steuerspannungen $U_{GX,Y1,\,2}$ so, daß die Transistoren T_1 bis T_4 nicht übersteuert werden ($U_{CBX} \geq 0$).
3. Geben Sie die Zahl der Dioden n zur Erzeugung von U_{D1} bzw. U_{D2} an ($U_F = 0{,}6\,\text{V}$).
4. Berechnen Sie näherungsweise bei Vernachlässigung der Basisströme R_1 bis R_5 und R_C.

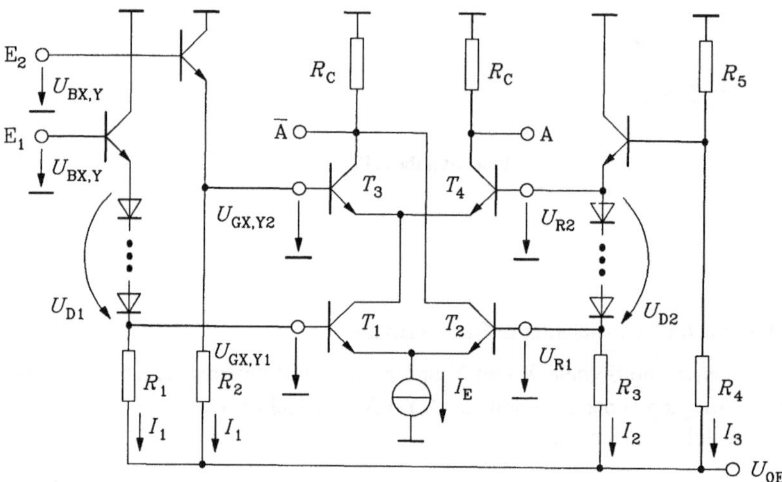

Bild Aufgabe 3.19

Aufgabe 3.20

Gegeben ist ein komplexer Stromschalter in n Ebenen mit konstanter Referenzspannung.

1. Berechnen Sie die minimal notwendige Batteriespannung $-U_{0E}$ als Funktion der Ebenenzahl n, wenn kein Transistor übersteuert werden soll.
2. Berechnen Sie die Gesamtverlustleistung P_V des Bausteins als Funktion von n mit dem aus 1. gewonnenen Wert, wenn I_R, I_E und I_K unabhängig von n sind.

Zahlenwerte: $U_{BEX} = 0{,}8\,\text{V}\,;\ I_R = 1\,\text{mA}\,;\ I_E = 3\,\text{mA}\,;\ I_K = 3\,\text{mA}$

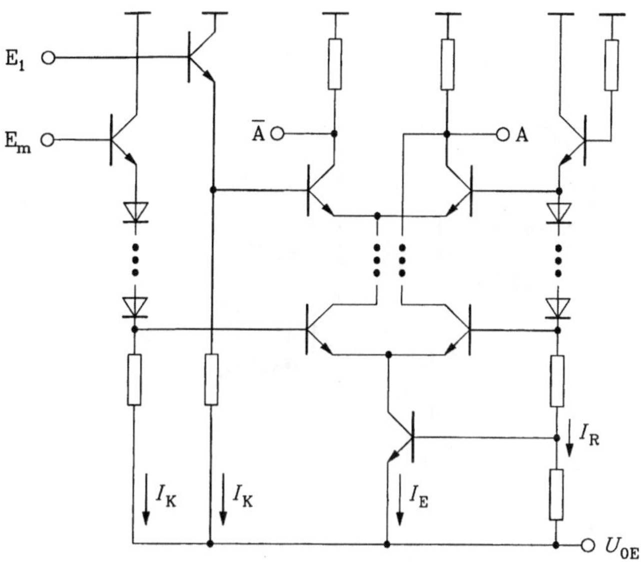

Bild Aufgabe 3.20

Aufgabe 3.21

Gegeben sind folgende ECL-Schaltungen in Baumstruktur. Ermitteln Sie die logische Funktion dieser Schaltungen! Wofür können diese Schaltungen als Grundbausteine eingesetzt werden? Warum wird die oberste Stromschalterebene an beiden Transistoren gegenphasig angesteuert?

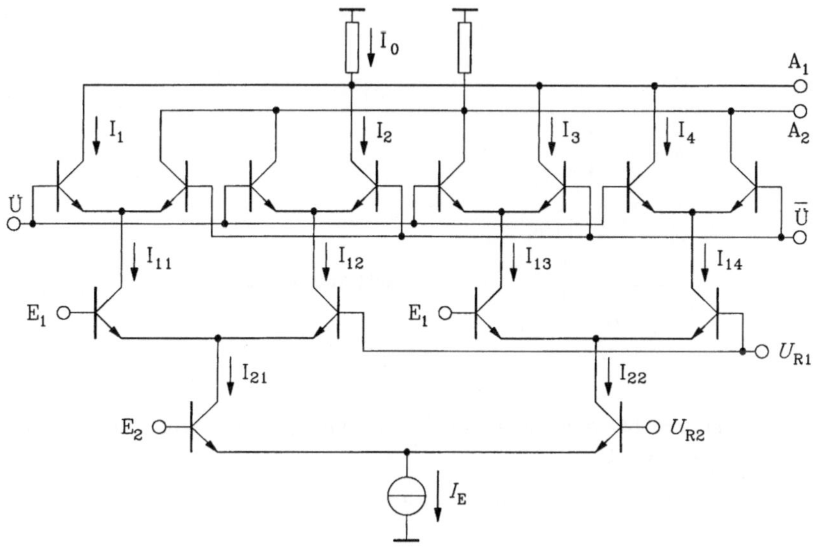

Bild Aufgabe 3.21a

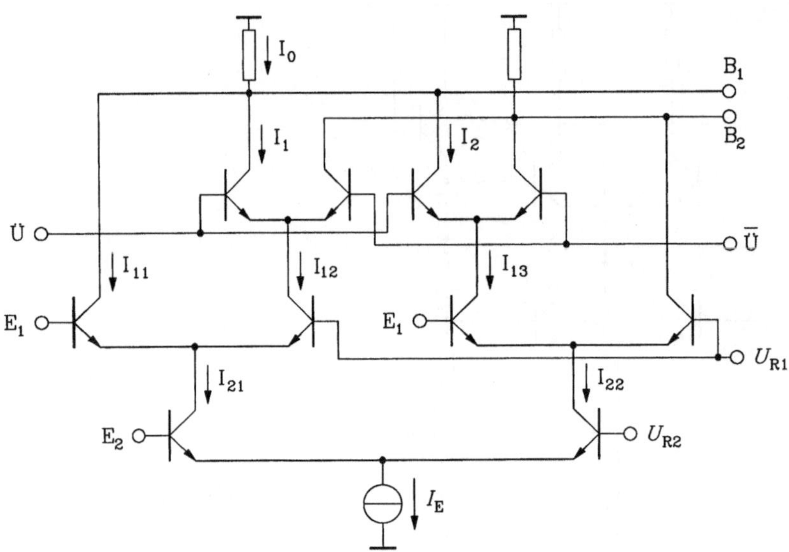

Bild Aufgabe 3.21b

Aufgabe 3.22

Untersuchen Sie die Abhängigkeit des Stromes I_0 von der Betriebsspannung U_{0E} der nachstehenden Stromquellen.

$U_F = U_{BEX}$; $A_N \approx 1$

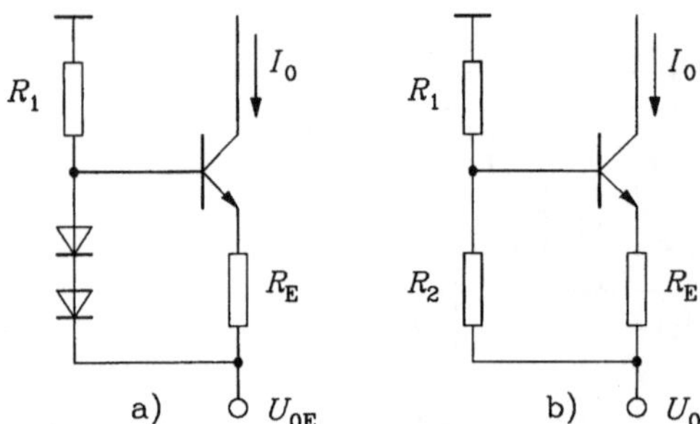

Bild Aufgabe 3.22

Aufgabe 3.23

Dimensionieren Sie die gegebene Stromquelle so, daß der Strom I_0 unabhängig von der stark temperaturabhängigen Größe U_{BEX} ist.

$U_{0E} = -5\,\text{V}$; $I_Q = 5\,\text{mA}$; $I_0 = 5\,\text{mA}$; $A_N = 1$; $U_{BEX} = 0,75\,\text{V}$

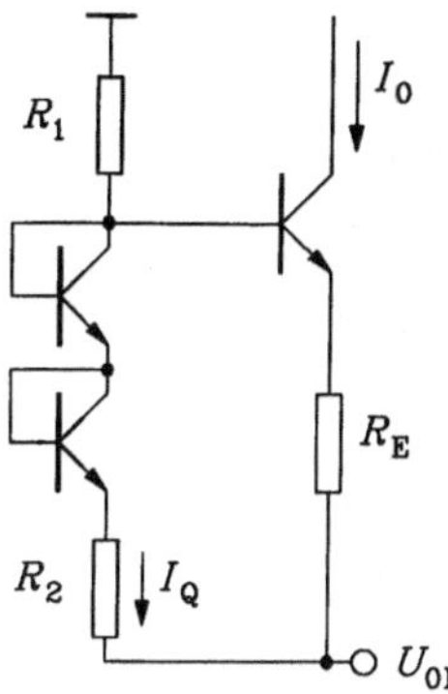

Bild Aufgabe 3.23

Aufgabe 3.24

Gegeben ist der im nebenstehenden Bild dargestellte Subtrahierer.

1. Analysieren Sie die logische Funktionen der Schaltung an den Ausgängen A und $ü_1$.
2. Überprüfen Sie, daß kein Transistor der Baumstruktur übersteuert wird ($U_{BEX} = U_F = \Delta U = 0,8\ \mathrm{V}$).
3. Berechnen Sie die mittlere Verlustleistung des Bausteins ($A_N = 1$).

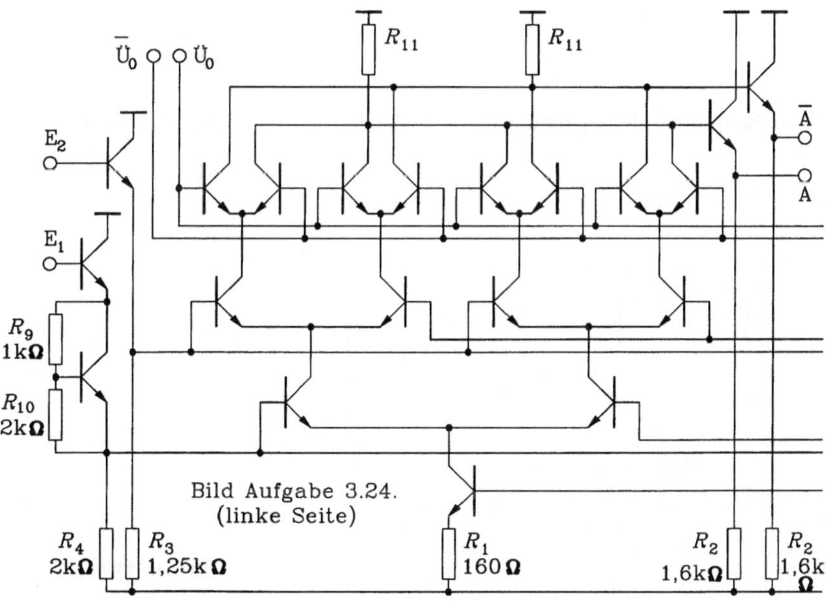

Bild Aufgabe 3.24a

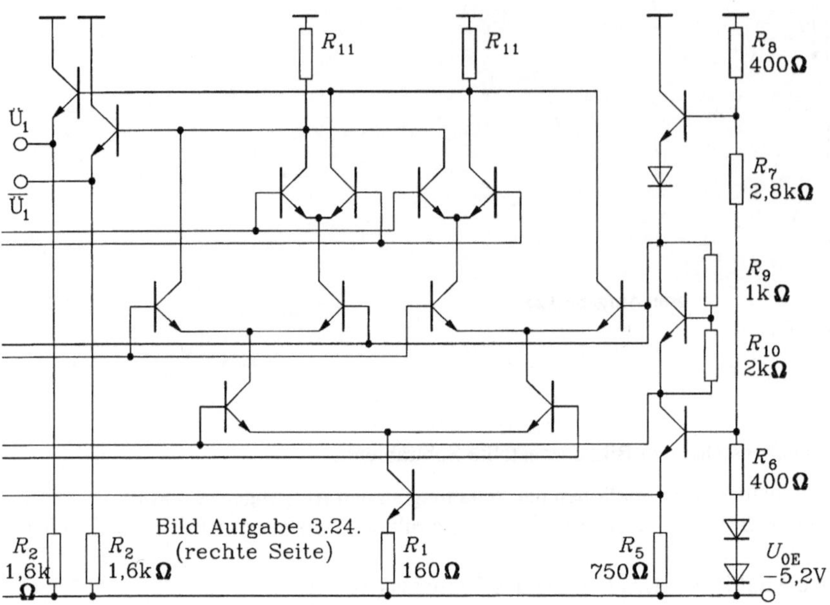

Bild Aufgabe 3.24b

Aufgabe 3.25

Analysieren Sie die Abhängigkeit der Spannung U_0 von der Betriebsspannung U_{0E} in den folgenden Schaltungen.

$(U_{BEX} = 0,7\,\text{V}; U_0 = -1,5\,\text{V} \cdot U_{BEX})$

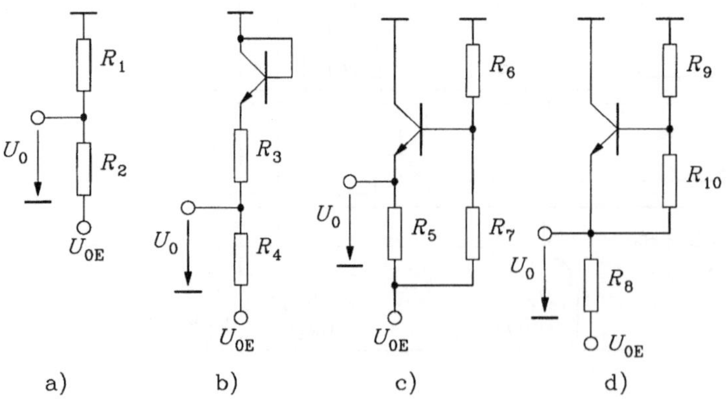

Bild Aufgabe 3.25

Aufgabe 3.26

Welche logischen Verknüpfungen realisieren am Ausgang X die folgenden FET-Logikkomplexbausteine?

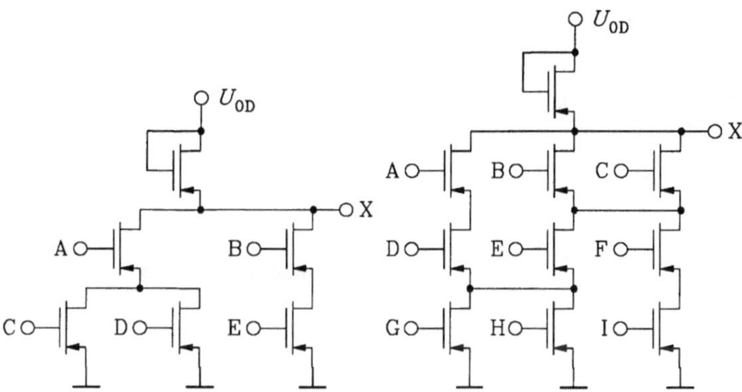

Bild Aufgabe 3.26

Aufgabe 3.27

Die angegebene ED-Schaltung befindet sich in einer Kette gleichartiger Stufen.

Berechnen Sie

1. die logische Funktion;
2. $U_A(\text{H})$;
3. $U_A(\text{L})$, wenn nur ein Eingang bzw. wenn beide Eingänge H-Pegel führen.

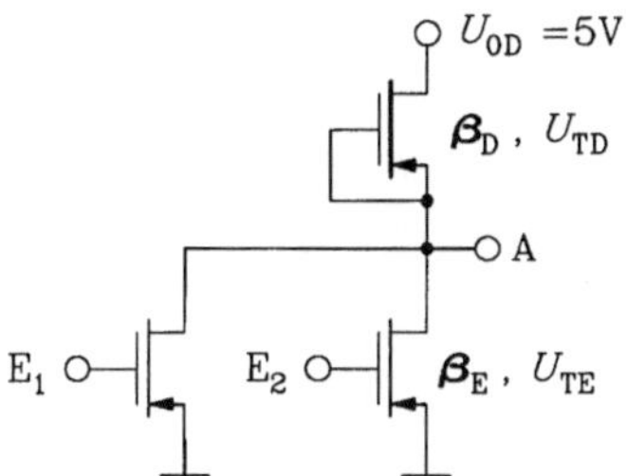

Bild Aufgabe 3.27

Zahlenwerte: $U_{TD} = -2\text{V}$, $U_{TE} = 1\text{V}$, $\dfrac{\beta_E}{\beta_D} = 5$

Aufgabe 3.28

Welche logische Funktion realisiert die nachstehend angegebene MOS-Schaltung in ED-Technik?

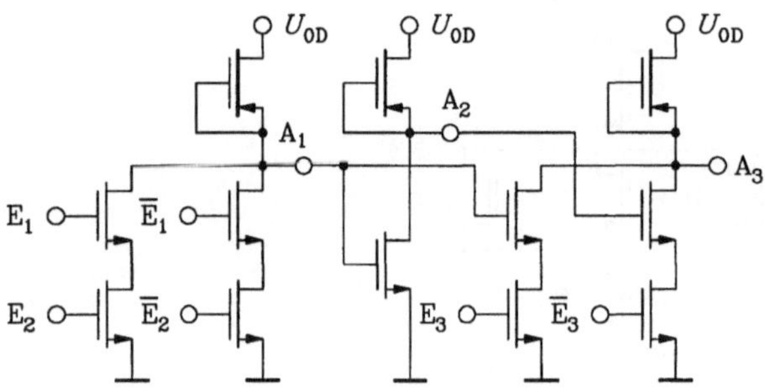

Bild Aufgabe 3.28

Aufgabe 3.29

Ein ED-Inverter wird über ein Transfergate von 2 weiteren gleichartigen ED-Invertern angesteuert.

1. Welche logische Funktion entsteht am Ausgang A?
2. Berechnen Sie $U_A(H)$ und $U_E(H)$.
3. Berechnen Sie $U_A(L)$.
4. Geben Sie Möglichkeiten zur Vermeidung des unbestimmten Zustandes an E an.

Zahlenwerte: U_{TD}=-2,5V, U_{TE}=0,8V, $\dfrac{\beta_E}{\beta_D} = 4$

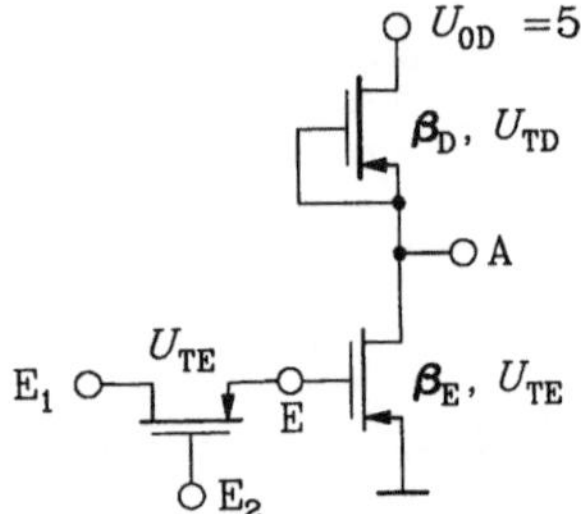

Bild Aufgabe 3.29

Aufgabe 3.30

Welche logische Funktion realisiert die abgebildete Schaltung

1. für $S_1 = L$;
2. für $S_1 = H$?

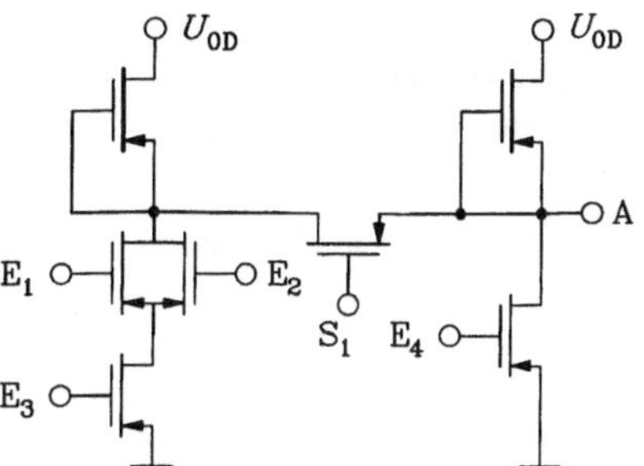

Bild Aufgabe 3.30

Aufgabe 3.31

Ermitteln Sie die logische Funktion der ED-Schaltung mit Transfergattern.

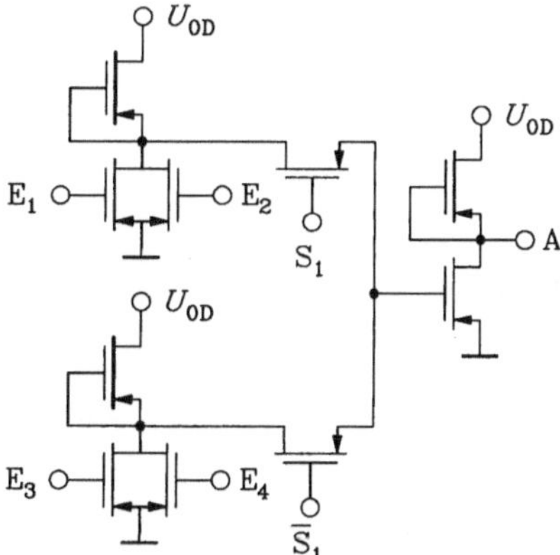

Bild Aufgabe 3.31

Aufgabe 3.32

Die abgebildete MOS-Schaltung in ED-Technik soll analysiert werden.

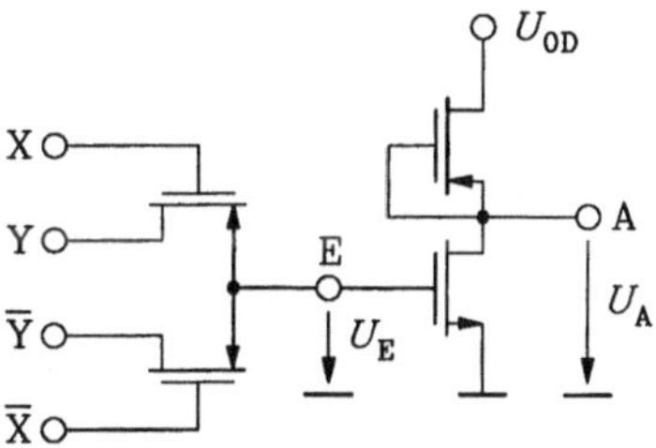

Bild Aufgabe 3.32

1. Geben Sie A als logische Funktion von X und Y an.
2. Ermitteln Sie $U_A(H)$, $U_E(H)$ und $U_E(L)$, wenn die Eingänge der Schaltung durch gleichartige Stufen angesteuert werden.

Zahlenwerte: $U_{0D} = 5V$, $U_A(L) = 0{,}2V$, $U_{TE} = 0{,}8V$, $U_{TD} = -2V$

Aufgabe 3.33

Entwerfen Sie eine Schaltung zur Realisierung der Äquivalenz zweier Signale E_1 und E_2, die aus einer Schaltstufe in ED-Technik und vorgeschalteten Transfer-Gate besteht. Die Eingangsvariablen liegen in wahrer und negierter Form vor.

Überprüfen Sie, ob am Eingang der Schaltstufe unbestimmte Zustände auftreten können.

Aufgabe 3.34

Analysieren Sie die folgende Schaltung (die Eingangspegeln entsprechen denen des Punktes B).

Berechnen Sie

1. $U_B(H)$ und $U_B(L)$,
2. $U_A(H)$ und $U_A(L)$.

Wo setzt man solche Schaltungen ein?

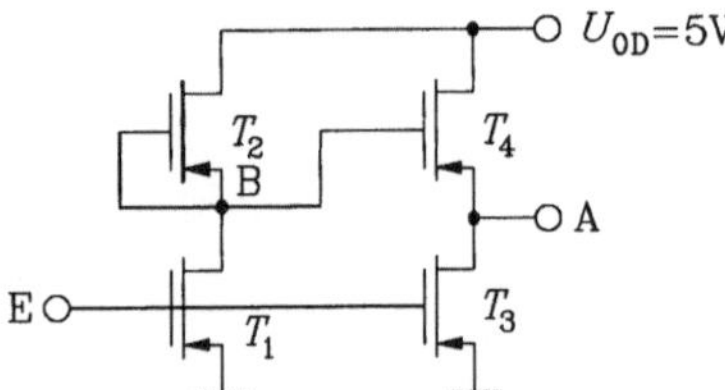

Bild Aufgabe 3.34

Zahlenwerte: $U_{TE1,3,4}=1V$, $U_{TD2}=-3V$, $\dfrac{\beta_{E1}}{\beta_{D2}}=4{,}5$

Aufgabe 3.35

Analysieren Sie die Arbeitsweise der CMOS-Schaltung.

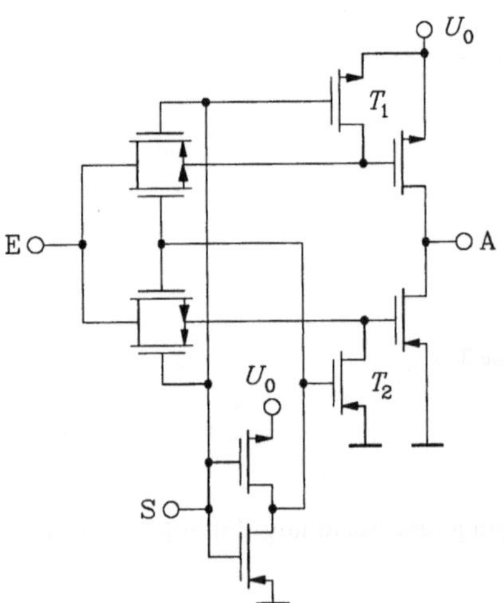

Bild Aufgabe 3.35

1. Erklären Sie die Funktion des Transmission-Gate.
2. Erklären Sie die Funktionsweise in Abhängigkeit der Variablen S = L, H.
3. Welche Aufgaben haben T_1 und T_2?

Aufgabe 3.36

Entwickeln Sie eine Antivalenz-Schaltung in NSGT-ED-Technik und in CMOS-Technik

1. mit üblichen Logikgattern (NOT, NOR, NAND),
2. mit komplexen Logikgattern,
3. unter Nutzung von Transfer- bzw. Transmissiongate.

Die Eingangsvariablen stehen nur als wahre Variable zur Verfügung. Vergleichen Sie den Schaltungsaufwand für die einzelnen Lösungen.

Aufgabe 3.37

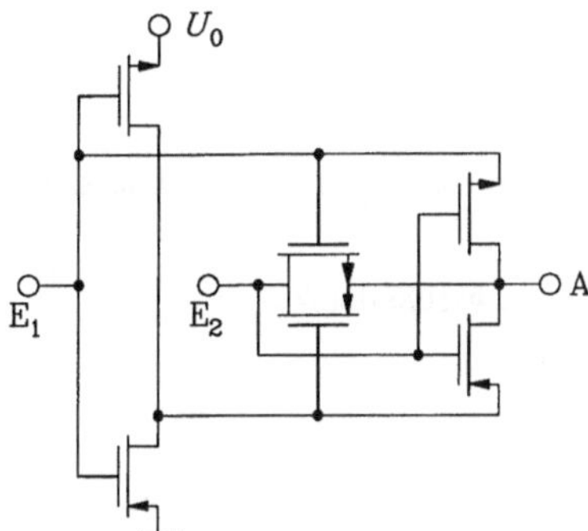

Bild Aufgabe 3.37

1. Welche logische Funktion realisiert die Schaltung am Ausgang A?
2. Konstruieren Sie auf Basis dieser Schaltung einen Volladdierer.

Aufgabe 3.38

Gegeben ist ein Summiernetzwerk eines ECL-Schwellwertmajoritätsgatters.

$I_0 = 5\,\mathrm{mA}$; $\Delta U^* = 0{,}2\ \mathrm{V}$; $U_{GX} = -0{,}8\ \mathrm{V}$; $A_N = 1$

1. Berechnen Sie die Spannungen U_{01} und U_{02} an der Schaltschwelle T und schließen Sie daraus auf die maximale Zahl von Eingängen, wenn kein Transistor übersteuert werden darf.
2. Berechnen Sie R_{01} und R_{02}.

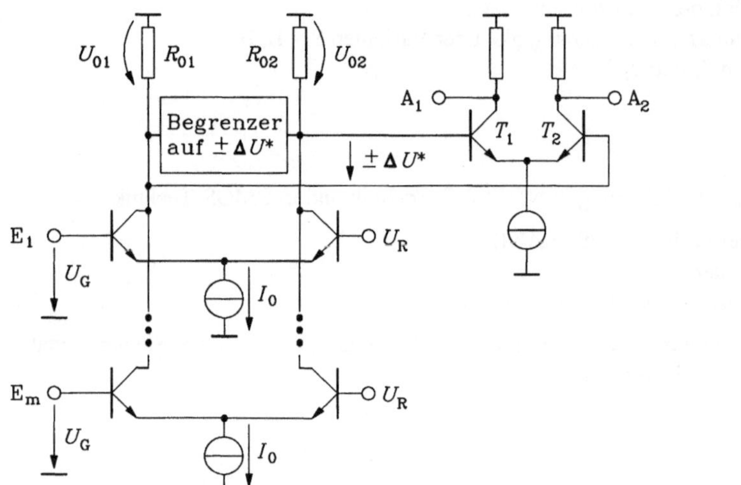

Bild Aufgabe 3.38

Aufgabe 3.39

Gegeben ist ein Summiernetzwerk eines ECL-Schwellwertgatters mit $n = 7$ Eingängen und dem Schwellwert $T = 6,5$ (siehe Text und Bild der Aufgabe 3.38).

1. Welche logische Funktion entsteht an A_1 und A_2 des Entscheidungsschalters?
2. Berechnen Sie R_{01} und R_{02}.
3. Werden die Transistoren des Summiernetzwerkes übersteuert?

4 Kippschaltungen

4.1 Grundsätzliche Kennzeichen

Kippschaltungen sind digitale Schaltungen mit sprungartigen Übergängen zwischen den beiden Zuständen, die durch intern vorhandene Rückkopplungen (Mitkopplungen) bewirkt werden. Der Ausgangszustand einer Kippschaltung hängt von ihren inneren Zuständen und von äußeren Eingangssignalen ab. Bild 4-1 macht das Schaltungsprinzip deutlich, indem über den Rückkopplungsvierpol ein Teil der Ausgangsspannung auf den Eingang rückgekoppelt wird, so daß bei gleicher Ausgangsspannung U_A die Eingangsspannung U_E verringert werden kann.

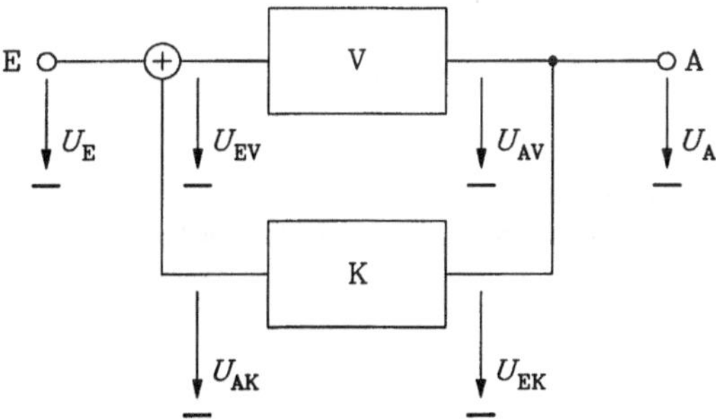

Bild 4-1
Prinzip einer Kippschaltung

Aus Bild 4-1 folgen

$$U_A = U_{AV} = U_{EK},\qquad(4.1)$$

$$U_{EV} = U_E + U_{AK}.\qquad(4.2)$$

Zunächst sollen der Vierpol V als nichtinvertierende Schaltstufe und der Vierpol K als linearer Verstärker mit den in Bild 4-2 angegebenen idealisierten Kennlinien angenommen werden.

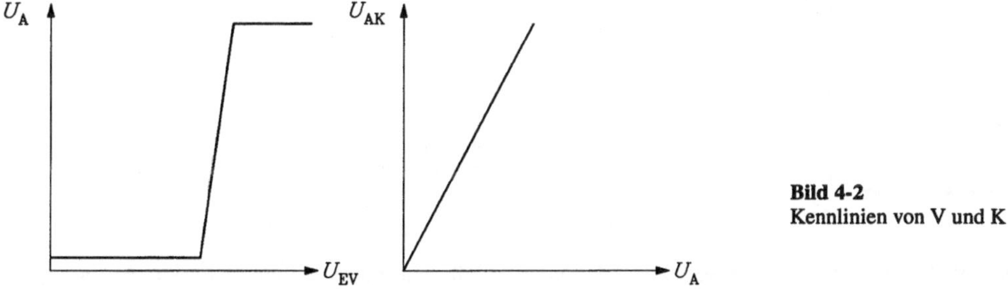

Bild 4-2
Kennlinien von V und K

Mit den Kennlinien nach Bild 4-2 und der aus Gl. (4.2) abgeleiteten Beziehung

$$U_E = U_{EV} - U_{AK}\qquad(4.3)$$

kann nunmehr die resultierende Übertragungskennlinie ermittelt werden. Dazu werden beide Kennlinien in ein Diagramm mit gemeinsamer U_A-Achse gezeichnet (siehe Bild 4-3), die Spannungsdifferenz zwischen U_{EV} und U_{AK} entspricht dann der Eingangsspannung U_E.

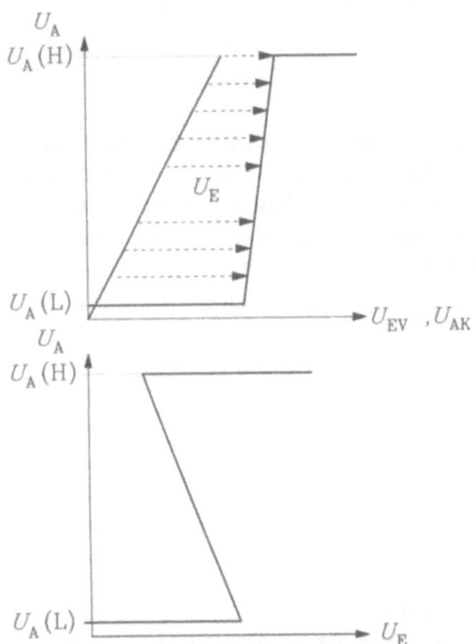

Bild 4-3
Übertragungskennlinie einer Kippschaltung

Man erkennt, daß eine Kennlinie mit teilweise negativem Anstieg entstanden ist, eine sogenannte Hysteresekennlinie. Wird die Eingangsspannung von niedrigen Werten an vergrößert, erfolgt bei Erreichen des unteren Knickes ein sprunghafter Übergang zu U_A(H). Bei anschließender Verringerung der Eingangsspannung erfolgt bei Erreichen des oberen Knickes der Sprung zu U_A(L). Bild 4-4 zeigt diese Unterschiedlichkeit des LH- bzw. HL-Sprunges der Übertragungskennlinie als deutliches Merkmal von Hysteresekennlinien.

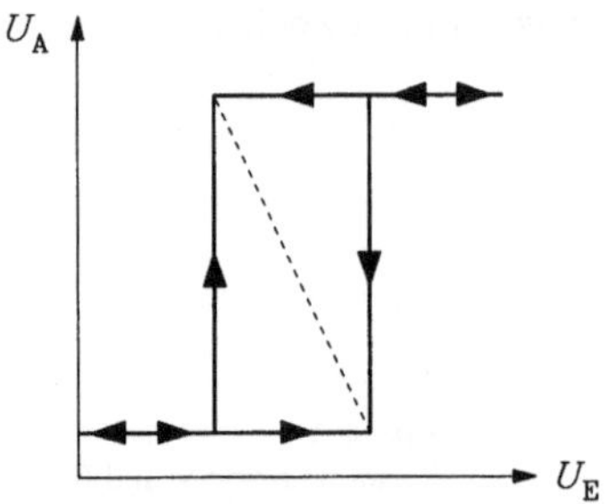

Bild 4-4
Hysteresekennlinie

Das Auftreten einer Hysterese hängt davon ab, daß zumindest differentiell der Anstieg der Übertragungskurve des Vierpols V größer ist als der der reziproken des Koppelvierpols K,

$$\frac{dU_A}{dU_{EV}} > \frac{dU_A}{dU_{AK}}. \tag{4.4}$$

Benutzt man für Gl. (4.4) die in der Analogtechnik üblichen Kleinsignalgrößen Verstärkung v und Rückkopplungsfaktor k,

$$v = \frac{\mathrm{d}U_\mathrm{A}}{\mathrm{d}U_\mathrm{EV}}, \quad k = \frac{\mathrm{d}U_\mathrm{AK}}{\mathrm{d}U_\mathrm{A}}, \tag{4.5}$$

so erhält man die Bedingung

$$v > \frac{1}{k}$$

oder

$$v\,k > 1. \tag{4.6}$$

$v\,k$ heißt Schleifenverstärkung, sie muß für das Auftreten einer Hysterese größer als 1 sein. Das entspricht einer Mitkopplung.

Bemerkenswert ist, daß bei Eingangsspannungen im Hysteresebereich der Zustand U_A(L) oder U_A(H) eingestellt werden kann, je nachdem, mit welcher Eingangsspannung der Hysteresebereich erreicht wurde. Auf diesem Effekt beruht die Möglichkeit, mit Kippschaltungen an sie angelegte Eingangsspannungen zu speichern (siehe dazu Bild 4-5 einer speziellen Hysteresekurve einer speichernden Kippschaltung).

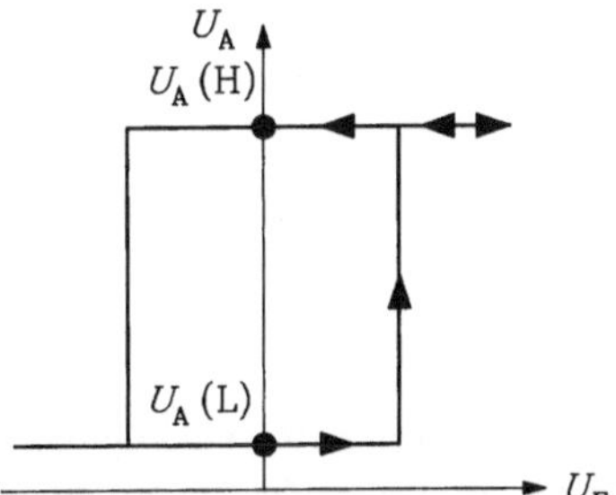

Bild 4-5
Hysteresekurve einer speichernden Kippschaltung

Ist im Ruhezustand z.B. U_A(L) existent, so kann durch Anlegen einer genügend großen positiven Eingangsspannung U_E der Zustand U_A(H) erreicht werden, der auch nach Rückkehr in den Ruhezustand $U_\mathrm{E} = 0\mathrm{V}$ erhalten bleibt. Erst eine negative Eingangsspannung könnte diesen Vorgang wieder rückgängig machen.

Werden Kippschaltungen innerhalb der Hysterese betrieben, so sind also stets zwei Zustände möglich, außerhalb der Hysterese jedoch nur ein Zustand, der dann nur noch von der Eingangsspannung abhängt.

Schaltungen mit Hysterese lassen sich danach unterteilen, ob der Ruhezustand einer Schaltung innerhalb oder außerhalb des Hysteresebereiches liegt. Bei Schaltungen mit einem Ruhezustand außerhalb des Hysteresebereiches wird dieser nur beim Umschalten von einem in den anderen Zustand durchlaufen, wobei sich das Verhalten beim Umschalten durch den sprunghaften Übergang wesentlich verbessert. Diese Schaltungen heißen Schmitt-Trigger. Schaltungen, die nur durch die Nutzung der Hysterese im Ruhestand ihre Funktion erreichen, sind die eigentlichen Kippschaltungen. Werden innerhalb der Hysterese zwei statisch stabile Zustände möglich, so spricht man von bistabilen Kippschaltungen oder Flip-Flop. Wird hingegen der eine Zustand nur kurzzeitig während einer dimensionierten Verweilzeit eingenommen, ansonsten aber der andere als statisch stabiler Zustand, so entsteht eine monostabile Kippschaltung (Monoflop). Schaltungen mit zwei kurzzeitig stabilen Zuständen wechseln entsprechend den dimensionierten Verweilzeiten ständig ihre Zustände, sie werden astabile Kippschaltungen oder Multivibratoren genannt und als Impulsgeneratoren eingesetzt.

4.2 Bistabile Kippschaltungen, Flip-Flop (FF)

Bistabile Kippschaltungen werden als Grundelemente in Speichern, Registern, Zählern, Teilern und weiteren Schaltungen mit Speicherverhalten eingesetzt.

4.2.1 Grund- oder Kern-Flip-Flop, RS-FF

Das RS-FF ist der Grundbaustein aller Flip-Flop. Aus ihm werden u.a. komplexe FF verschiedener Art gebildet. Das RS-Flip-Flop hat 2 Eingänge R (RESET) und S (SET), die oft auch als C (CLEAR) und PR (PRESET) bezeichnet werden. Außerdem stehen 2 Ausgänge Q und $\overline{Q}$ zur Verfügung. Die Funktionstabelle (Tabelle 4.1) weist gegenüber kombinatorischen Schaltungen die Besonderheit auf, daß zwischen dem Schaltungszustand vor dem Schaltvorgang (zum Zeitpunkt t) und nach dem Schaltvorgang (Zeitpunkt $t+1$) unterschieden werden muß, da ja der Zustand der Schaltung stets von den Eingangsbelegungen und den internen Zuständen des Flip-Flop selbst abhängt.

Tabelle 4-1 Funktionstabelle des RS-FF

R^t	S^t	Q^{t+1}	$\overline{Q}^{t+1}$
0	0	Q^t	$\overline{Q}^t$
0	1	1	0
1	0	0	1
1	1	X	X

Der Zustand R = S = 0 wird Ruhezustand genannt, das FF behält seinen bisherigen Zustand Q^t bei. Mit S = 1 und R = 0 wird Q = 1, mit S = 0 und R = 1 $\overline{Q}$ = 1. Mit diesen beiden Zuständen wird die Information in das FF eingeschrieben. Da das Einschreiben jeweils mit dem H-Zustand erfolgt, ist dieses FF also H-aktiv. Der Zustand R = S = 1 sollte vermieden werden, weil nach Verlassen dieses Zustandes unklar ist, welchen Zustand das FF anschließend einnimmt. Dieser Zustand ist unbekannt und unbestimmbar, so daß dafür der Wert X (oder U) eingesetzt wird. Aus Tabelle 4-1 erhält man folgende Schaltfunktionen:

$$Q^{t+1} = (Q\,\overline{R}\,\overline{S} + \overline{R}\,S)^t, \tag{4.7}$$

$$Q^{t+1} = (\overline{R}\,(Q + S)\,)^t, \tag{4.8}$$

$$Q^{t+1} = (\overline{R + \overline{Q + S}})^t, \tag{4.9}$$

$$\overline{Q}^{t+1} = (\overline{Q}\,\overline{R}\,\overline{S} + R\,\overline{S})^t, \tag{4.10}$$

$$\overline{Q}^{t+1} = (\overline{S}\,(\overline{Q} + R))^t, \tag{4.11}$$

$$\overline{Q}^{t+1} = (\overline{S + \overline{\overline{Q} + R}})^t. \tag{4.12}$$

Während die Gl. (4.9) und (4.12) Schaltungen mit NOR-Gliedern bei Ansteuerung mit R und S entsprechen, kann durch Umwandlung von Gl. (4.8) und (4.11) die entsprechende NAND-Realisierung erzeugt werden. Aus Gl. (4.8) folgt

$$\overline{Q}^{t+1} = (\overline{\overline{R(\overline{Q + S})}})^t, \tag{4.13}$$

$$\overline{Q}^{t+1} = (\overline{R}\,\overline{\overline{Q}\,\overline{S}})^t, \tag{4.14}$$

aus Gl. (4.11)

$$Q^{t+1} = (\overline{\overline{\overline{S}\,(\overline{Q}+R)}})^t, \tag{4.15}$$

$$Q^{t+1} = (\overline{\overline{\overline{S}\,Q\,\overline{R}}})^t. \tag{4.16}$$

Die Ansteuerung erfolgt mit den negierten Eingangsvariablen $\overline{R}$ und $\overline{S}$. Die beiden üblichen Schaltungsvarianten von RS-FF zeigt Bild 4-6.

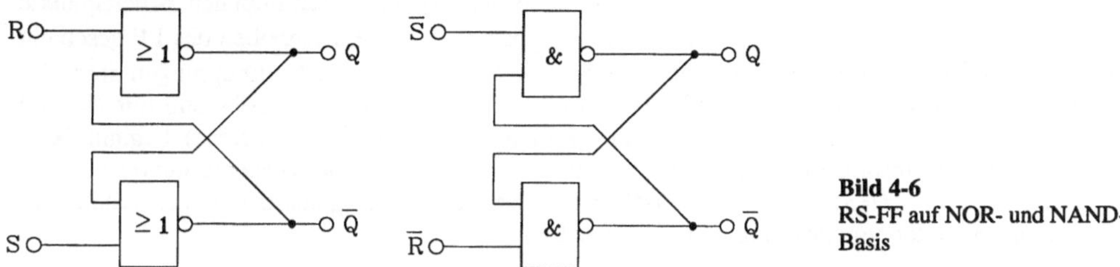

Bild 4-6
RS-FF auf NOR- und NAND-Basis

Aus den Gl. (4.14) und (4.16) folgt für das RS-FF mit NAND-Gliedern die folgende Funktionstabelle (Tabelle 4-2).

Tabelle 4-2 Funktionstabelle des RS-FF mit negierten Eingangsvariablen

$\overline{R}^t$	$\overline{S}^t$	Q^{t+1}	$\overline{Q}^{t+1}$
0	0	X	X
0	1	0	1
1	0	1	0
1	1	Q^t	$\overline{Q}^t$

Das Einschreiben erfolgt mit dem L-Zustand von $\overline{R}$ bzw. $\overline{S}$, das FF ist also L-aktiv.

Die Ableitung der statischen und dynamischen Eigenschaften der RS-FF erfolgt am Beispiel der NOR-Realisierung, die Ergebnisse können vom Leser ohne Schwierigkeiten auf die NAND-Realisierung übertragen werden. In Bild 4-7 ist das NOR-RS-FF nochmals dargestellt, wobei an seinen Anschlüssen zur Untersuchung der elektrischen Eigenschaften nunmehr konkrete Spannungswerte angenommen werden (keine logischen Variablen).

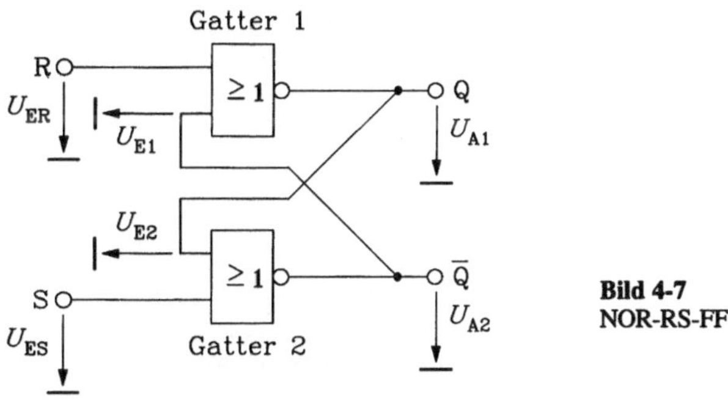

Bild 4-7
NOR-RS-FF

Es gilt $U_{A1} = U_{E2}$ und $U_{A2} = U_{E1}$, so daß die beiden statischen Übertragungskennlinien in ein Diagramm gezeichnet werden können (Bild 4-8). Bild 4-8 enthält außerdem parallel zu den Achsen die Angabe der Eingangsspannungen U_{ER} und U_{ES}.

Zunächst sollen die Spannungen U_{ER} und U_{ES} den L-Pegel erhalten, so daß sie keinen Einfluß auf das statische Verhalten des FF ausüben können. Man erkennt, daß sich die beiden Übertragungskurven an 3 Punkten schneiden. Während AP1 und AP2 stabile Arbeitspunkte darstellen, ist AP3 ein instabiler Arbeitspunkt. Kleinste Änderungen einer Spannung (z.B. ΔU_{E1} in Bild 4-8) bewirken ein Verlassen von AP3 in Richtung AP1 oder AP2, so daß nur die beiden digitalen Arbeitspunkte AP1 (Q = H, $\overline{Q}$ = L) bzw. AP2 (Q = L, $\overline{Q}$ = H) möglich sind. Das Einschreiben des FF geschieht über die OR-Verknüpfung der Eingänge. Bekanntlich setzt sich in OR-Verknüpfungen stets das Maximum der Spannung durch, so daß z.B. mit $U_{ES}(H)$ der Arbeitspunkt AP1 und mit $U_{ER}(H)$ der Arbeitspunkt AP2 erzwungen wird. Der sprungartige Übergang (Hysterese) beginnt beim Überschreiten des instabilen Arbeitspunktes AP3. Bild 4-9 zeigt die Hysteresekurven U_{A1} = f(U_{ER}) und U_{A2} = g(U_{ER}). Durch Vertauschen der Indizes der Ausgangsspannungen erhält man deren Abhängigkeiten von der Eingangsspannung U_{ES}.

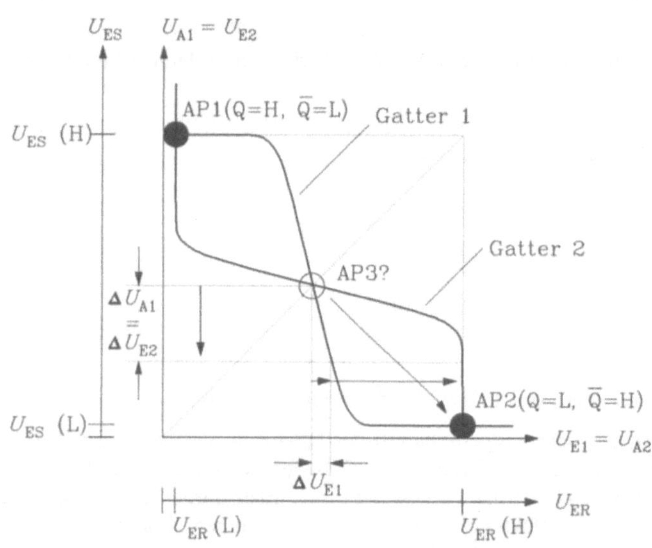

Bild 4-8
Übertragungskennlinie des
NOR-FS-FF

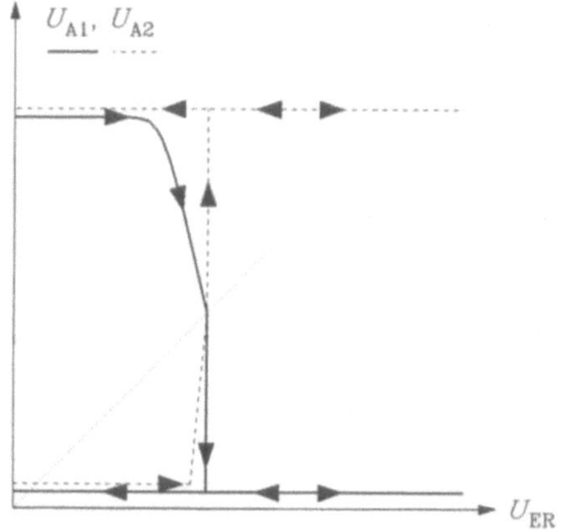

Bild 4-9
Hysteresekennlinie des
NOR-RS-FF

Die Hysterese ist entartet, das erneute Ändern der gespeicherten Zustände ist nur über den S-Eingang möglich.

Das dynamische Verhalten des NOR-RS-FF soll zunächst auf der Logikebene untersucht werden, um die Mindestbreite des Setz- bzw. Rücksetzimpulses ermitteln zu können. Dazu wird jedes NOR-Gatter durch ein Verzögerungsglied τ am Gatterausgang ergänzt, das die Verzögerungen t_{PLH} bzw. t_{PHL} realisiert (siehe Bild 4-10).

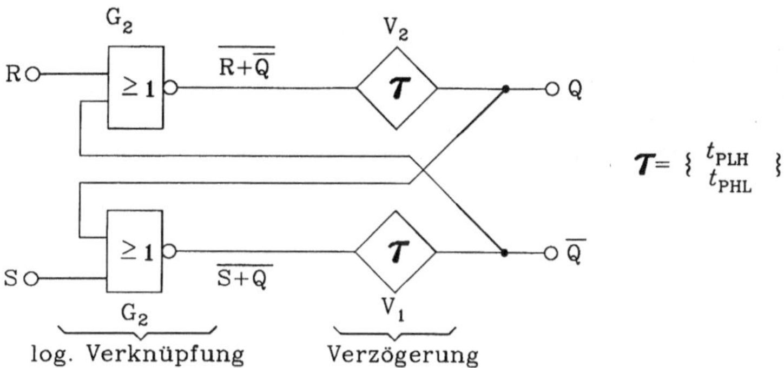

Bild 4-10 Dynamisches Logikmodell des NOR-RS-FF

Zur Berechnung der Mindestbreite B des Setzimpulses genügt es, nur einen Eingang zu betrachten, weil die Schaltung bzgl. der Eingänge völlig symmetrisch aufgebaut ist. So wird z.B. mit einer LH-Flanke des Setzimpulses S und dem Zustand $Q^t = L$ am Ausgang des Logikgatters G$_1$ eine HL-Flanke entstehen, die im Verzögerungsglied V$_1$ um t_{PHL} verzögert wird und an den Ausgang $\overline{Q}$ gelangt. Diese HL-Flanke wird am Ausgang des Logikgatters G$_2$ mit R = L zu einer LH-Flanke führen, die nach dem Verzögerungsglied V$_2$ um t_{PLH} verzögert am Ausgang Q erscheint und auf das Logikgatter G$_1$ rückgekoppelt wird. Damit bleibt an seinem Logikausgang der Logikpegel L erhalten, auch wenn der Setzeingang den Ruhezustand S = L nun wieder einnimmt. Die Mindestbreite des Setzimpulses beträgt somit

$$B > t_{PLH} + t_{PHL}. \tag{4.17}$$

Das entsprechende dynamische Verhalten ist in Bild 4-11 dargestellt.

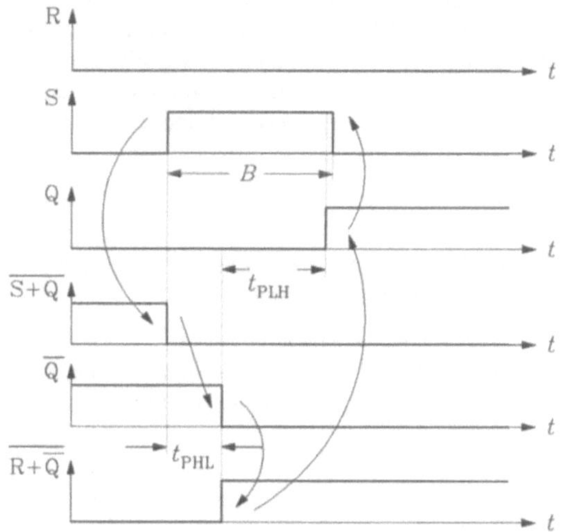

Bild 4-11
Dynamisches Verhalten des NOR-RS-FF
im Logikniveau

Um ein sicheres Setzen des FF zu erreichen, sollte die Breite des Setzimpulses das 2-3-fache der Mindestbreite betragen. Wird die angegebene Mindestbreite unterschritten, so ist kein sicheres definiertes Setzen des FF zu erwarten. In Abhängigkeit von der Breite des Impulses können im Logikniveau 3 Betriebsfälle auftreten:

- das FF zeigt keine Reaktion am Ausgang, der alte Zustand bleibt erhalten,
- es treten einmaliges oder mehrmaliges Umschalten an den Ausgängen auf.

Der Leser kann dieses Verhalten mit dem Modell nach Bild 4-10 selbst sehr schnell nachempfinden. In realen Transistorschaltungen tritt mehrmaliges Umschalten (Schwingen) meist nicht auf. Die Fehlinterpretation zu kleiner Setzimpulsbreite im Logikniveau hat ihre Ursache in der Ungenauigkeit des dynamischen Modells für diese Effekte. Etwas genauere Werte zur Setzimpulsbreite liefert die Analyse des elektrischen Verhaltens des FF, wie sie in Bild 4-12 dargestellt ist

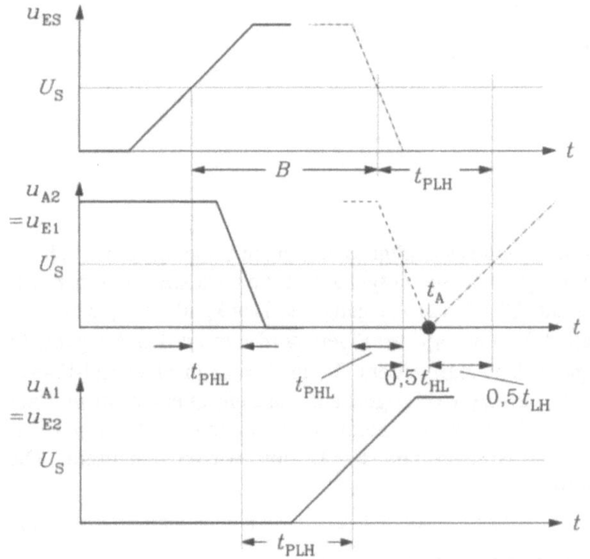

Bild 4-12
Dynamisches Verhalten des NOR-RS-FF im Elektrikniveau

Mit dem Anstieg des Setzimpulses fällt die Ausgangsspannung u_{A2} und damit u_{E1}, so daß nachfolgend u_{A1} und u_{E2} ansteigen. Das wiederum führt dazu, daß zum Zeitpunkt t_A die Ausgangsspannung u_{A2} – nun durch u_{E2} gesteuert – im L-Zustand gehalten wird (siehe gestrichelte Linie in Bild 4-12), das FF hält seinen eingeprägten Zustand selbst. Ein erneuter Anstieg von u_{A2} – ausgelöst durch die fallende Flanke des Setzimpulses (siehe strichpunktierte Linie) – ist damit nicht mehr möglich. Aus Bild 4-12 folgt somit

$$B > 2\, t_{PHL} + \frac{1}{2}\, (t_{LH} + t_{HL}). \tag{4.18}$$

Die schaltungstechnische Realisierung von RS-FF in NOR-Technik kann mit den in Kapitel 3 behandelten Schaltungen erfolgen. Bild 4-13 zeigt dazu 3 Schaltungsbeispiele in ECL-, NMOS- und CMOS-Technik.

Gegenüber RS-FF mit reinen NOR-Gliedern weist das ECL-RS-FF die Besonderheit auf, nur eine Stromquelle zu benutzen, so daß die Verlustleistung dieser Schaltung gegenüber der reinen Gattervariante reduziert werden kann.

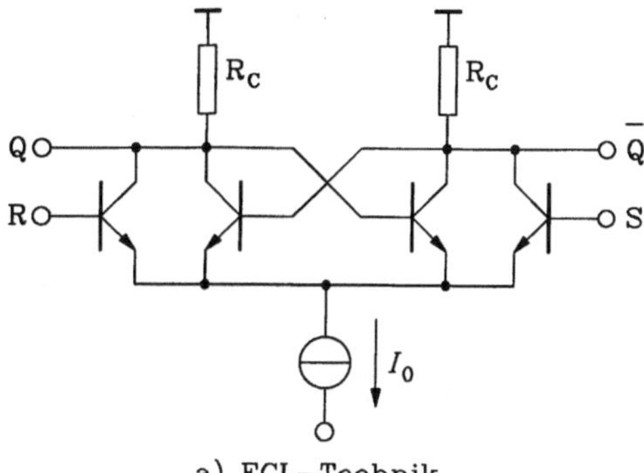

a) ECL–Technik

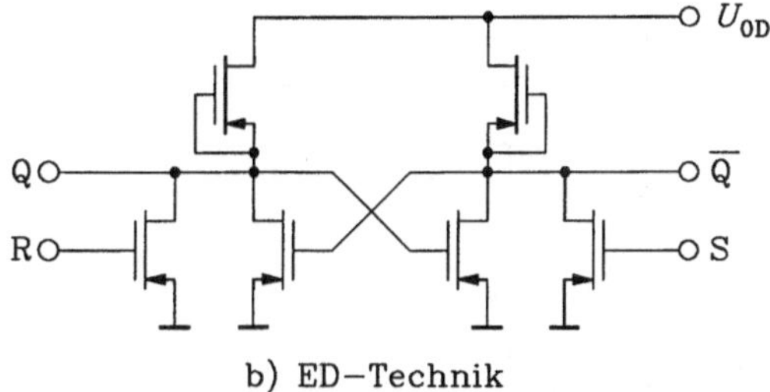

b) ED–Technik

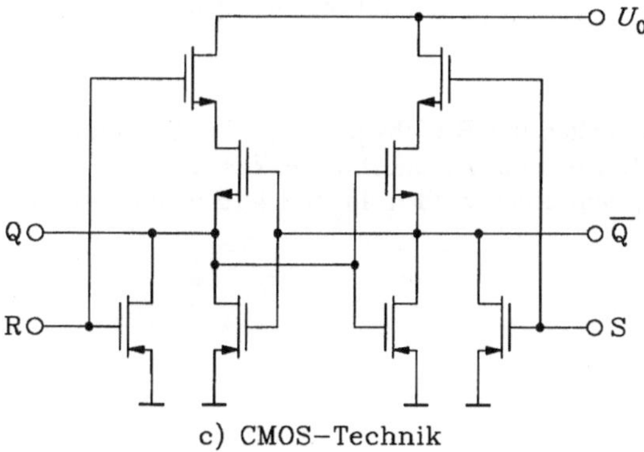

c) CMOS–Technik

Bild 4-13 Schaltungsbeispiele für NOR-RS-FF

Im folgenden sollen RS-FF mit NAND-Gliedern betrachtet werden. Wie aus den Gl. (4.14) und (4.16) sowie Tabelle 4-2 hervorgeht, sind NAND-RS-FF L-aktiv, d.h., das Setzen und Rücksetzen erfolgt mit dem L-Zustand des $\overline{R}$- bzw. $\overline{S}$-Einganges. Der unbestimmte Zustand tritt auf, wenn beide Eingänge mit $\overline{S} = \overline{R} = L$ beschaltet werden, weil bei Rückkehr in den Ruhezustand $\overline{S} = \overline{R} = H$ nicht angegeben werden kann, in welche Lage das FF kippt. Bild 4-14 zeigt typische Schaltungen von RS-FF in NAND-Technik.

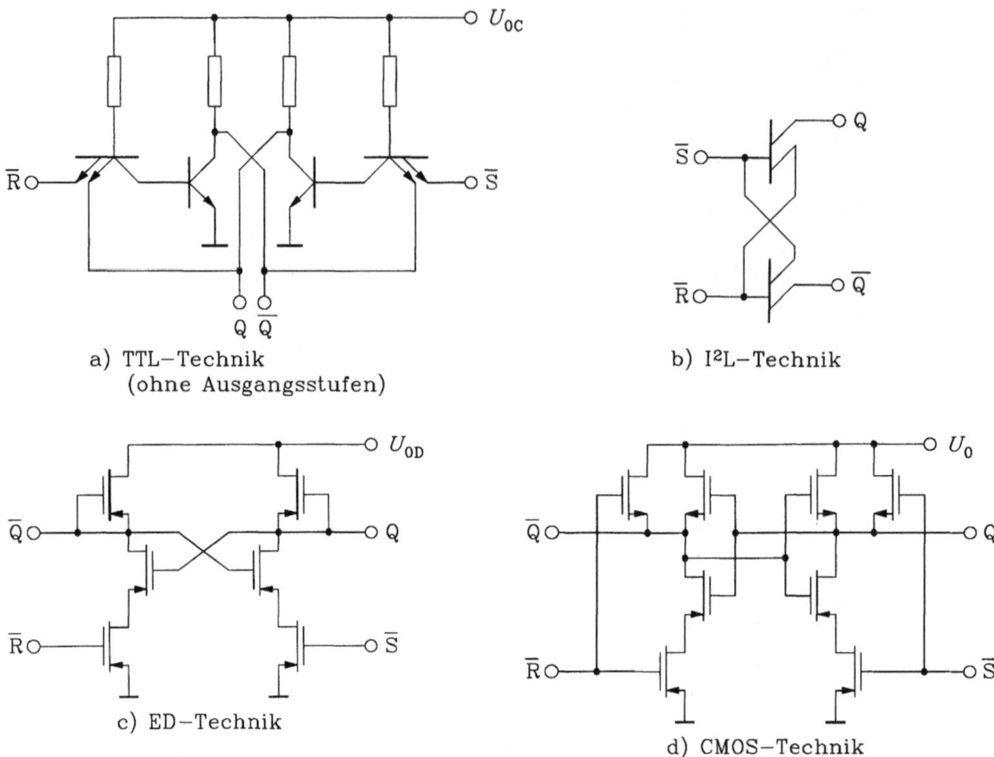

a) TTL–Technik
(ohne Ausgangsstufen)

b) I²L–Technik

c) ED–Technik

d) CMOS–Technik

Bild 4-14 RS-FF in NAND-Technik

RS-FF werden oft auch benutzt, um beim Einschalten der Betriebsspannung eine Schaltung in einen definierten Anfangszustand zu bringen. Dabei muß der undefinierte Zustand $S = R = H$ durch eine unsymmetrische Schaltungsgestaltung vermieden werden. In Bild 4-15 ist eine solche Schaltung in Bipolartechnik dargestellt.

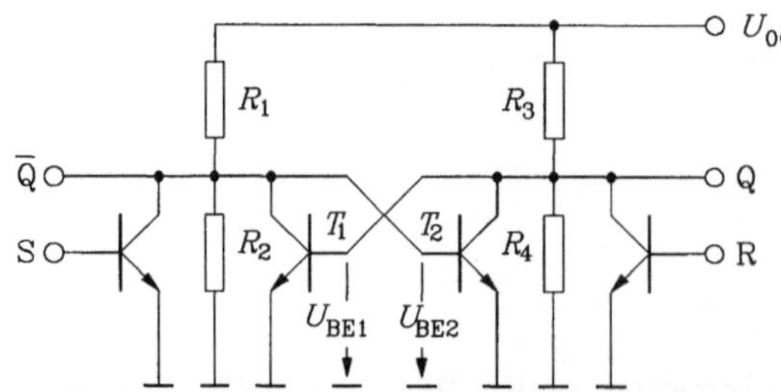

Bild 4-15
Unsymmetrisches RS-FF

Beim Einschalten der Betriebsspannung U_{0C} sollen die Eingänge R und S zunächst mit $R = S = L$ belegt sein. Durch unsymmetrische Gestaltung der Widerstandsverhältnisse wird erreicht, daß z.B. $U_{BE1} > U_{BE2}$ wird,

$$U_{BE1} = \frac{R_4}{R_3 + R_4} U_{0C} > U_{BE2} = \frac{R_2}{R_1 + R_2} U_{0C}. \tag{4.19}$$

Daraus folgt

$$\frac{R_1}{R_2} > \frac{R_3}{R_4}.$$ (4.20)

Mit dem Ansteigen der Betriebsspannung erreicht zunächst U_{BE1} den Wert der Flußspannung U_{BEX}, so daß Transistor T_1 einschaltet. Damit sinkt seine Ausgangsspannung U_{BE2} ab, Transistor T_2 sperrt (siehe Bild 4-16). Durch anschließende Betätigung des R- oder S-Einganges kann die Schaltung als „normales" RS-FF betrieben werden.

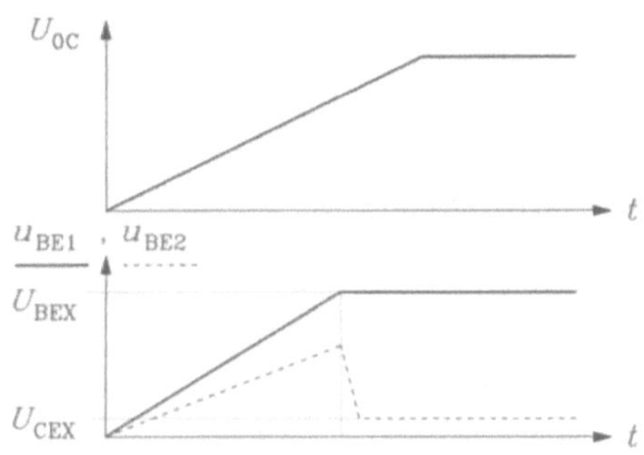

Bild 4-16
Verhalten eines unsymmetrischen RS-FF

4.2.2 Komplexe Flip-Flop

Komplexe Flip-Flop bestehen aus einem RS-FF und einer getakteten Ansteuerschaltung (Bild 4-17).

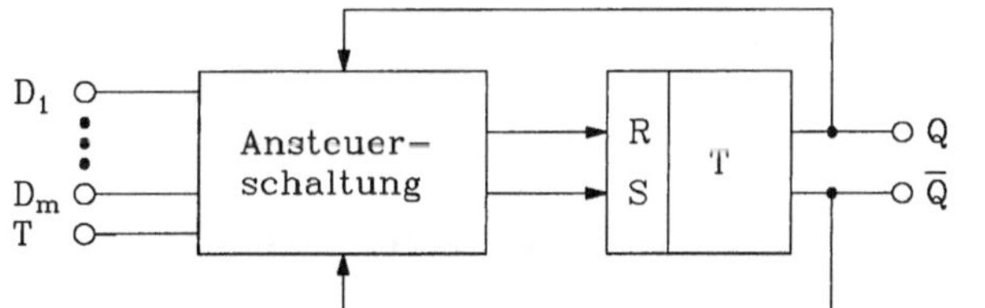

Bild 4-17
Komplexes FF

Die Ansteuerschaltung kann neben dem Takteingang und den Dateneingängen $D_1, \ldots, D_m$ 2 weitere Eingänge besitzen, auf die die Ausgangssignale Q und $\overline{Q}$ rückgekoppelt werden.

Komplexe FF können nach der Art der Taktsteuerung unterschieden werden in

- taktzustandsgesteuerte FF und
- taktflankengesteuerte FF.

Bei taktzustandsgesteuerten FF erfolgt die Übernahme der Informationen der Dateneingänge während des L- bzw. H-Zustandes des Taktes, je nachdem, ob das FF L- oder H-aktiv ist. Demzufolge können auch bis kurz vor Beendigung des übernehmenden Taktzustandes die Dateneingänge ihren Wert ändern, wobei der letzte Zustand vor Abbruch der Übernahme in das FF übernommen wird. Taktflankengesteuerte FF übernehmen die Information der Dateneingänge nur bei der LH-Flanke des Taktes (LH-flankenaktive FF) bzw. bei der HL-Flanke (HL-flankenaktive FF).

Die gebräuchlichsten taktzustandsgesteuerten FF sind das RS-FF und das D-FF, sie werden auch als Latch bezeichnet. Taktflankengesteuerte FF existieren als RS-FF, D-FF, JK-FF und T-FF. Diese genannten FF-Typen werden nachfolgend behandelt.

4.2.2.1 Taktzustandsgesteuerte Flip-Flop (Latch)

Bei taktzustandsgesteuerten FF müssen neben der Breite von Setzimpulsen (siehe Abschnitt 4.2.1) weitere dynamische Parameter definiert werden, die SETUP- und die HOLD-Zeit. t_{SETUP} ist die Zeit vor dem Ende der Übernahmephase durch den Takt, während der der Dateneingang den in das FF zu übernehmenden Wert stabil bereitstellen muß, also nicht mehr ändern darf. t_{HOLD} ist die Zeit nach dem Ende der Übernahmephase, während der der Wert des Dateneinganges noch nicht wieder geändert werden darf. Bild 4-18 macht diese Verhältnisse deutlich.

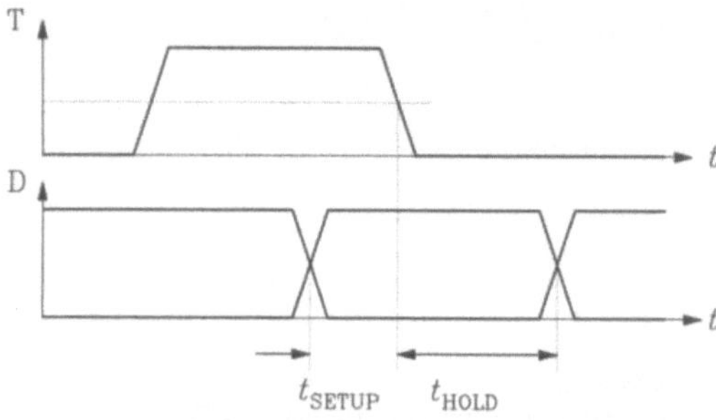

a) H–aktiver Takteingang

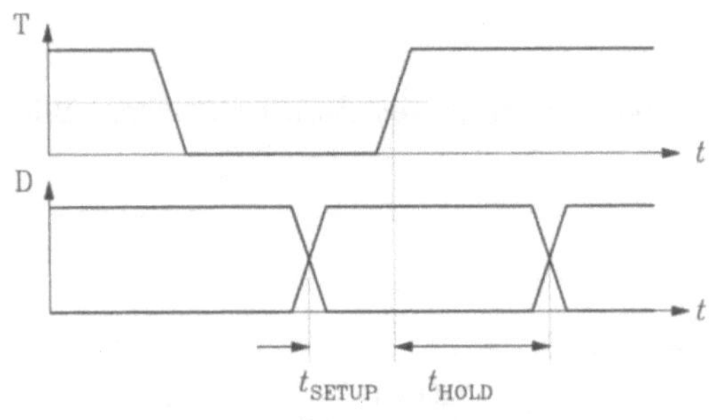

b) L–aktiver Eingang

Bild 4-18
Definition von SETUP- und HOLD-Zeit

Die Definition von SETUP- und HOLD-Zeit legt die Mindestbreite des Dateneingangsimpulses und seine Lage gegenüber dem Taktimpuls fest, so daß die Datenübernahme erfolgreich ist.

Die einfachste taktzustandsgesteuerte Schaltung stellt das in Bild 4-19 angegebene RS-FF dar.

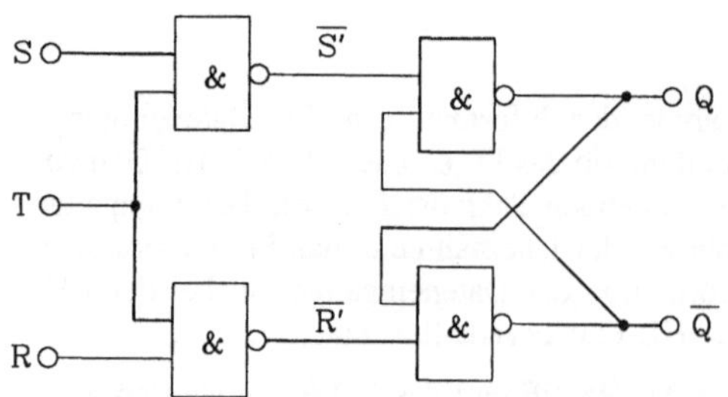

Bild 4-19
Taktzustandsgesteuertes RS-FF

Sie besteht aus dem Kern-FF in NAND-Technik und einer vorgeschalteten Tor-Schaltung. Für
T = H gibt der Takt das Tor (die beiden Eingangs-NAND-Gatter) frei, die an S und R anliegenden
Informationen gelangen an das Kern-FF.

Bedeutsamer als das RS-FF ist das taktzustandsgesteuerte D-Flip-Flop, das die folgende Funktionstabelle realisiert.

Tabelle 4-3 Funktionstabelle des D-FF

D^t	Q^{t+1}	$\overline{Q}^{t+1}$
0	0	1
1	1	0

Unter Beachtung des Takteinganges ergibt sich die erweiterte Funktionstabelle (Tabelle 4-4) für
das D-Latch, wobei die Ansteuerbedingungen für das Kern-FF mit angegeben sind.

Tabelle 4-4 Funktionstabelle des D-Latch

T^t	D^t	Q^{t+1}	$\overline{Q}^{t+1}$	$\overline{R'}$	$\overline{S'}$
0	d	Q^t	$\overline{Q}^t$	1	1
1	0	0	1	0	1
1	1	1	0	1	0

Für T = 0 ist die Belegung des D-Einganges gleichgültig (d = *don't care*), weil in diesem Zustand
keine Datenübernahme erfolgt. Aus Tabelle 4-4 können folgende Ansteuerbedingungen für das
Kern-FF ausgelesen werden:

$$\overline{S'} = \overline{T} + T\overline{D} = \overline{T} + \overline{D} = \overline{T\,D}, \tag{4.21}$$

$$\overline{R'} = \overline{T} + T\,D = \overline{T\,\overline{T\,D}}, \tag{4.22}$$

die zu der Schaltung nach Bild 4-0 führen.

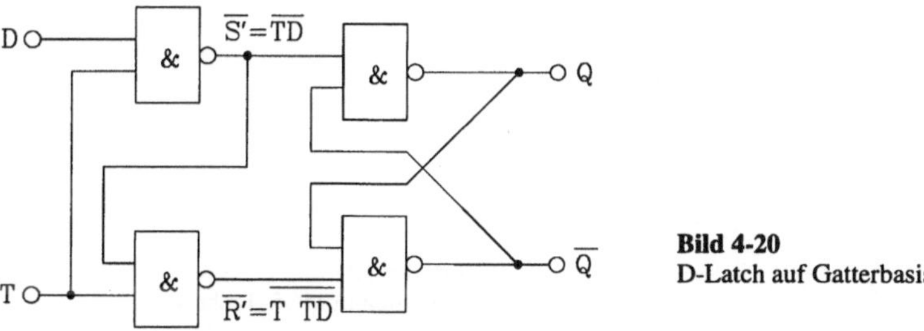

Bild 4-20
D-Latch auf Gatterbasis

Die Realisierung der Schaltung nach Bild 4-20 auf Transistorbasis kann mit jeder der in Abschnitt
3 behandelten NAND-Glieder erfolgen. Besonders einfach ist dabei die I²L-Realisierung (siehe
Bild 4-21).

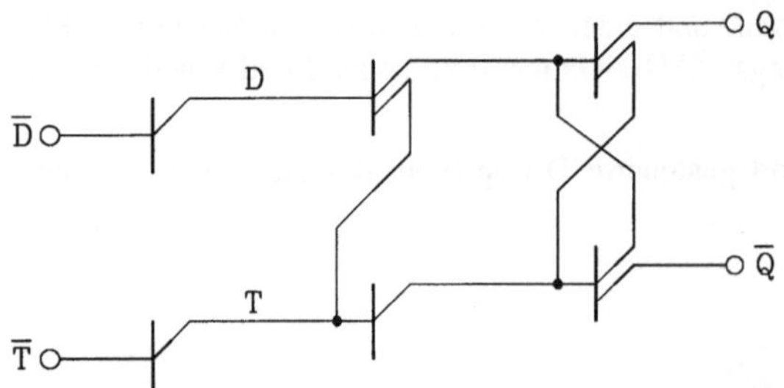

Bild 4-21
D-Latch in I²L-Technik

Ebenfalls sehr einfach sind D-Latches mit Transfer- bzw. Transmission-Gates in NMOS- bzw. CMOS-Technik aufgebaut. Aus Tabelle 4.4 entnimmt man

$$Q^{t+1} = (\overline{T}\, Q + T\, D)^t. \tag{4.23}$$

Die Gl. (4.23) entsprechenden Schaltungen zeigt Bild 4-22.

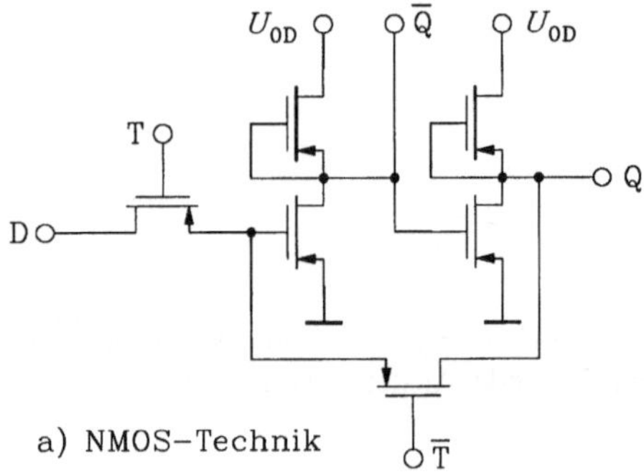

a) NMOS–Technik

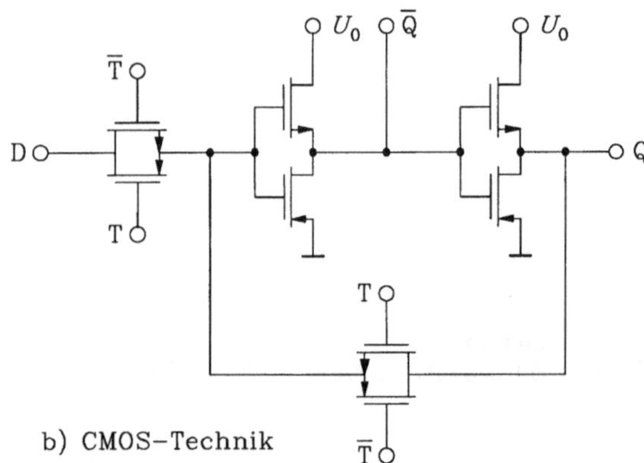

b) CMOS–Technik

Bild 4-22
D-Latch in MOS-Technik

Ein D-Latch nach Gl. (4.23) mit komplexer ECL-Technik ist in Bild 4-23 dargestellt. Es zeichnet sich wie schon die in den Bildern 4-21 und 4-22 angegebenen Schaltungen durch geringen Bauelementeaufwand aus. Außerdem erreicht dieses Flip-Flop sehr geringe Verzögerungszeiten.

Ebenfalls taktzustandsgesteuert sind die Zellen von statischen Schreib-Lese-Speichern (SRAM). Sie bestehen meist aus einer Kombination von Gatter- und Transfergaterealisierung (Bild 4-24).

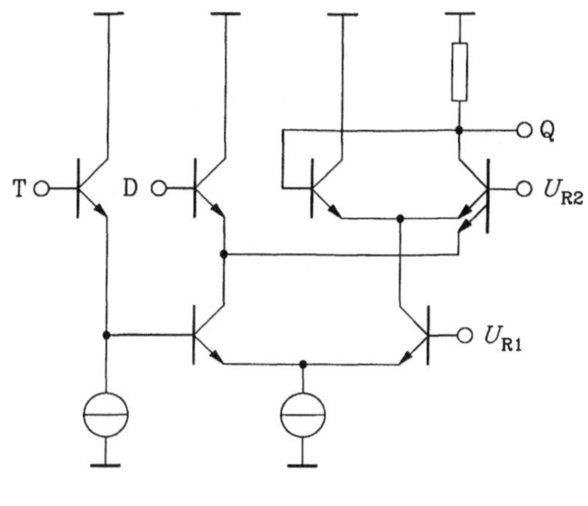

Bild 4-23
D-Latch in komplexer ECL-Technik

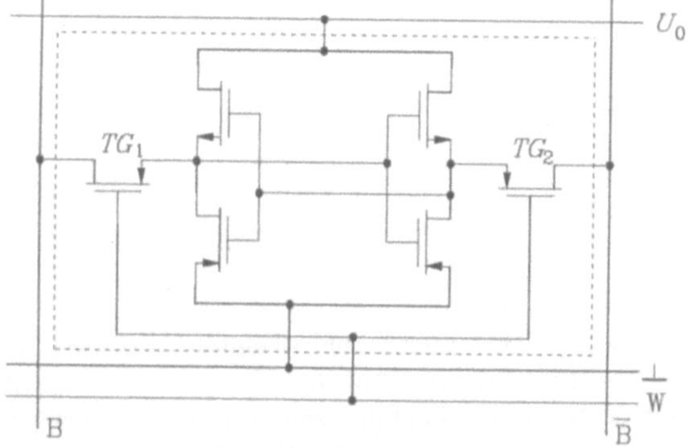

Bild 4-24
SRAM-Zelle in CMOS-Technik

Während die Rückkopplung der Negatoren direkt erfolgt, wird das Einschreiben oder Auslesen von Informationen über die beiden Transfergate TG_1 bzw. TG_2 ausgeführt. Wird die Taktleitung (im Speicher Wortleitung W) mit H belegt, so sind die Datenleitungen (im Speicher die Bitleitungen B und $\overline{B}$) mit der Zelle über die leitenden Transfergates verbunden. Somit kann der Inhalt der Zelle von außen gesetzt oder abgefragt werden.

4.2.2.2 Taktflankengesteuerte Flip-Flop

Analog zum taktzustandsgesteuerten Flip-Flop sind die SETUP- und HOLD-Zeiten zu definieren. Dabei gelten die in Bild 4-18 angegebenen Definitionen, wenn anstelle des H-aktiven Takteinganges eine HL-Flankensteuerung (Bild 4-18a) und anstelle des L-aktiven Takteinganges eine LH-Flankensteuerung (Bild 4-18b) angenommen werden.

Neben diesen für die Eingangssignale wichtigen dynamischen Parametern (Breite von Eingangsimpulsen, SETUP- und HOLD-Zeiten) existieren natürlich auch die Verzögerungszeiten der Ausgangsimpulse gegenüber den auslösenden Eingangssignalen. Da die meisten taktflankengesteuerten Flip-Flop neben dem Takteingang und durch ihn beeinflußte (dynamisch wirkende) Dateneingänge noch statisch mit Priorität wirkende Setz- und Rücksetzeingänge aufweisen, sind diese Verzögerungszeiten unterschiedlich groß in Abhängigkeit vom auslösenden Eingang.

Es existieren im wesentlichen 2 Schaltungsprinzipien für die schaltungstechnische Auslegung der Flankensteuerung, die nachfolgend beschrieben werden sollen.

Selbstverriegelung von FF nach Übernahme der Information

Nach diesem Prinzip sind z.B. die nachfolgend beschriebenen taktflankengesteuerten RS- und D-Flip-Flop aufgebaut. Bild 4-25 zeigt die Schaltung und das Symbol eines RS-FF in NAND-Technik. Es besteht aus dem Kern-FF (Gatter 5 und 6) und einer Ansteuerschaltung (Gatter 1,2,3 und 4).

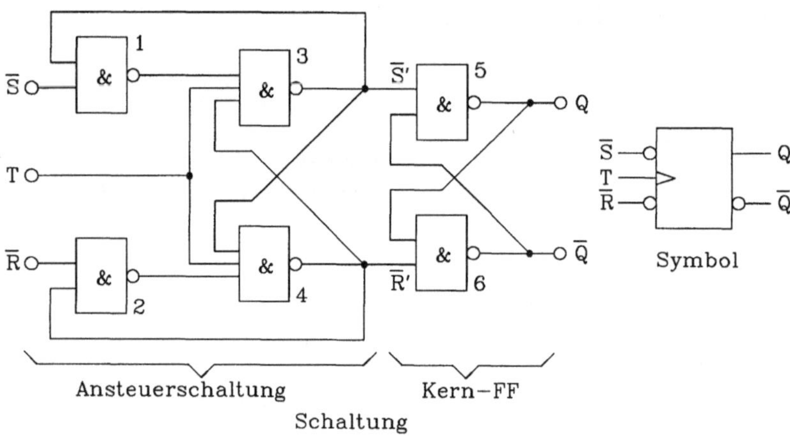

Bild 4-25 Taktflankengesteuertes RS-FF

Im Ruhezustand ist T = L, die Eingänge $\overline{S}'$ und $\overline{R}'$ des Kern-FF sind dadurch mit H belegt. Außerdem wurden die Gatter 1 und 2 für das Einschreiben über den $\overline{R}$- und $\overline{S}$-Eingang freigegeben, weil der 2. Eingang dieser Gatter durch die Rückkopplungen von Gatter 3 nach 1 bzw. 4 nach 2 ebenfalls mit H belegt ist. Damit gelangen die Werte von $\overline{S}$ und $\overline{R}$ während des Taktzustandes T = L an die Gatter 3 und 4. Soll z.B. über den $\overline{R}$-Eingang der Wert L in das FF eingeschrieben werden, führt das am unteren Eingang von Gatter 4 zum Wert H, während der obere Eingang von Gatter 3 durch $\overline{S}$ = H auf dem Wert L bleibt. Mit der LH-Flanke des Taktes sind damit sämtliche Eingänge von Gatter 4 mit H belegt, der Ausgang $\overline{R}'$ nimmt den Wert L ein, der in das Kern-FF übernommen wird. Dieser Zustand L am Ausgang von Gatter 4 verriegelt über die beiden Rückkopplungen Gatter 3 und Gatter 2, so daß ein erneuter Zustandswechsel auf den Datenleitungen nicht mehr in das Kern-FF gelangen kann. Erst eine neue LH-Flanke des Taktes ermöglicht das Umsetzen des Kern-FF. In Bild 4-26 ist das eben beschriebene dynamische Verhalten des Flip-Flop nochmals dargestellt.

Aus dem RS-FF ist das taktflankengesteuerte D-FF ableitbar. Bild 4-27 zeigt die Schaltung und das Symbol dieses D-FF, wobei noch zusätzlich je ein statisch wirkender Setz- und Rücksetzeingang eingebracht wurde.

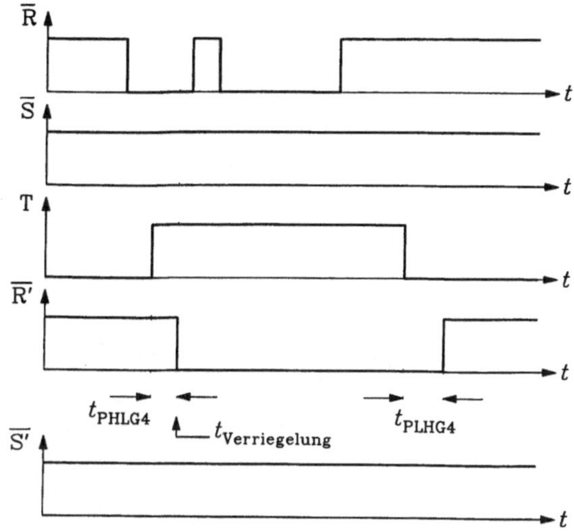

Bild 4-26
Dynamisches Verhalten des
taktflankengesteuerten RS-FF

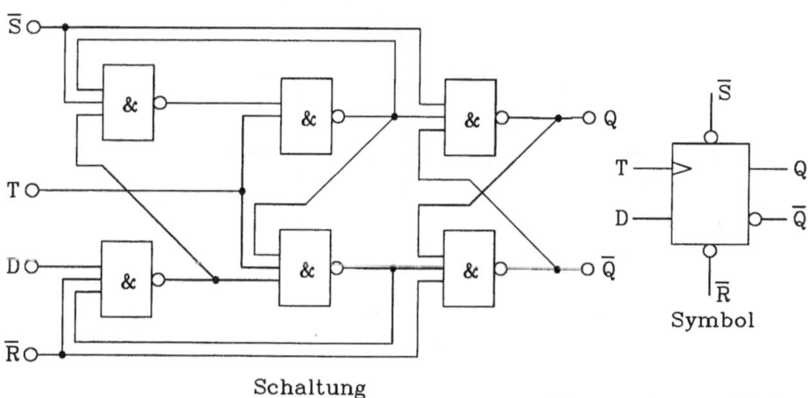

Schaltung

Bild 4-27 Taktflankengesteuertes D-FF

Taktflankengesteuerte D-FF nach Bild 4-27 sind vor allem in TTL-Technik und teilweise in I²L realisiert worden. Eine entsprechende I²L-Schaltung mit 8 Transistoren ist in Bild 4-28 dargestellt.

Kettenschaltung von 2 zustandsgesteuerten Flip-Flop mit inverser Ansteuerung der Takteingänge, Master-Slave-FF

Bild 4-29 zeigt ein taktflankengesteuertes Master-Slave-D-FF, das aus zwei D-Latches entstanden ist.

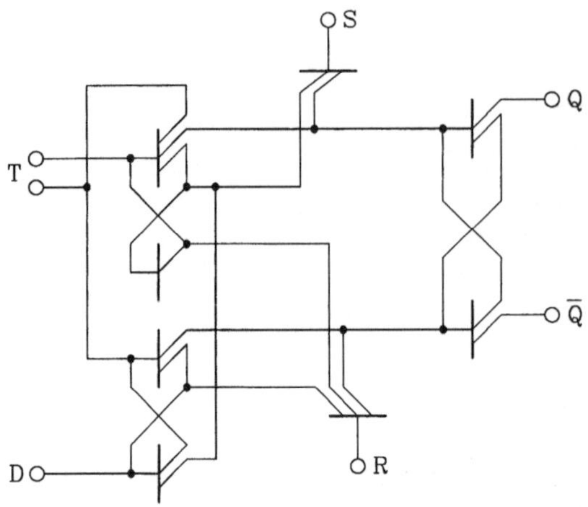

Bild 4-28
Taktflankengesteuertes D-FF in I^{2}L-Technik

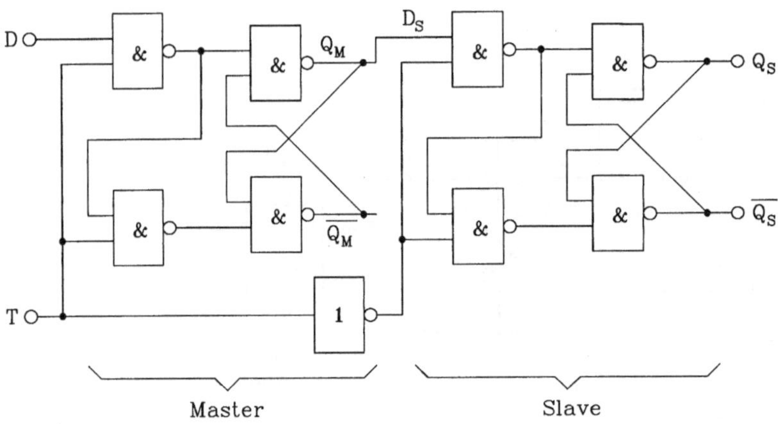

Bild 4-29 Taktflankengesteuertes Master-Slave-D-FF

Mit dem Taktzustand T = H gelangt die Eingangsinformation in den Master (erstes FF), der Slave behält seinen bisherigen Zustand bei. Wird der Takt mit T = L belegt, übernimmt der Slave die Information des Masters, wobei der Master nun am D-Eingang nicht mehr steuerbar ist. Damit liegt bzgl. der Übernahme der Information in den Slave eine echte Flankensteuerung vor (siehe auch Impulsdiagramm Bild 4-30).

Bild 4-31 zeigt ein Master-Slave-D-FF in CMOS-Technik, das aus dem D-Latch nach Bild 4-22b entstanden ist.

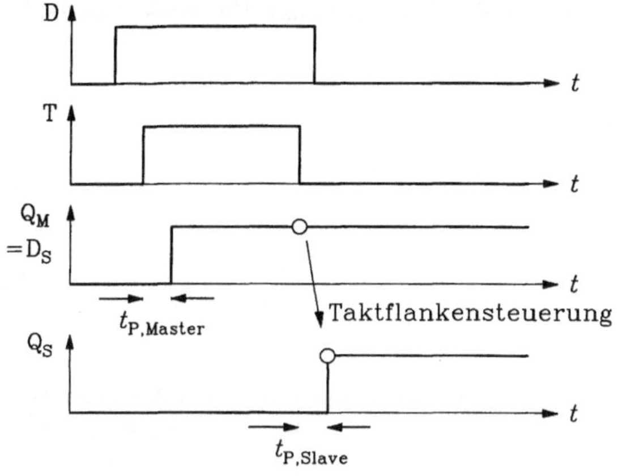

Bild 4-30
Impulsdiagramm des Master-Slave-D-FF

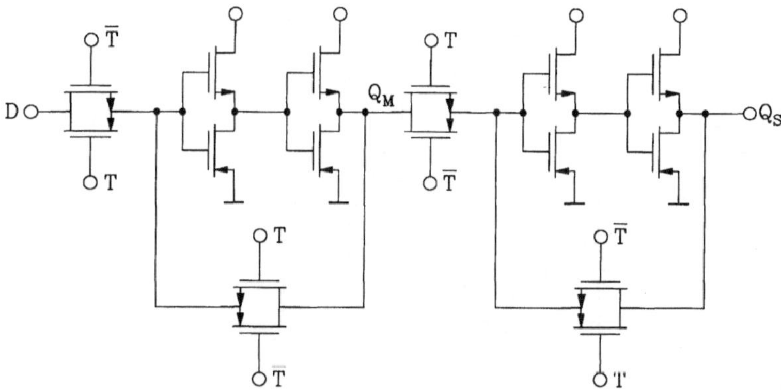

Bild 4-31 CMOS-Master-Slave-D-FF

Eine Verkürzung der Kettenlänge vom D-Eingang zum Q_S-Ausgang (und damit eine Erhöhung der Taktfrequenz) erreicht man durch geringfügige Veränderung der Schaltung Bild 4-31, indem jeweils ein Inverter in den Rückkopplungszweig verlegt wird (siehe Bild 4-32).

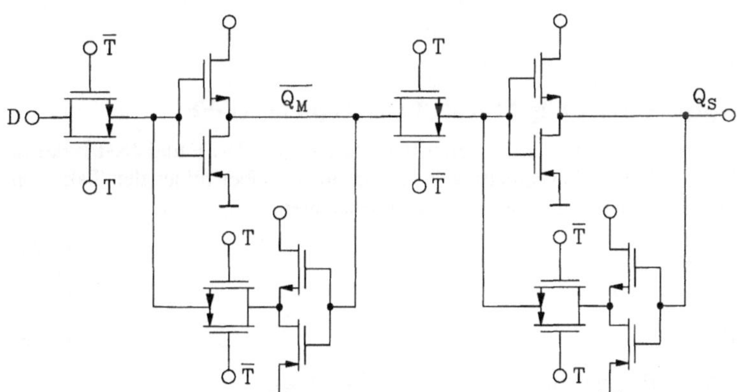

Bild 4-32
„Schnelles" CMOS-
Master-Slave-D-FF

Häufig werden Master-Slave-JK-FF eingesetzt (z.B. in der TTL- Technik). Die Funktionstabelle dieses FF ist in Tabelle 4-5 angegeben.

Tabelle 4-5 Funktionstabelle des JK-FF

J^t	K^t	Q^{t+1}	$\overline{Q}^{t+1}$
0	0	Q^t	$\overline{Q}^t$
0	1	0	1
1	0	1	0
1	1	$\overline{Q}^t$	Q^t

Der Zustand J = K = 1 führt zum Wechsel der Ausgangsinformation und ermöglicht den einfachen Aufbau von Frequenzteilern. Die Schaltung besteht aus 2 taktzustandsgesteuerten RS-FF mit zusätzlicher Rückführung der Ausgänge auf den jeweils anderen Eingang (siehe Bild 4-33).

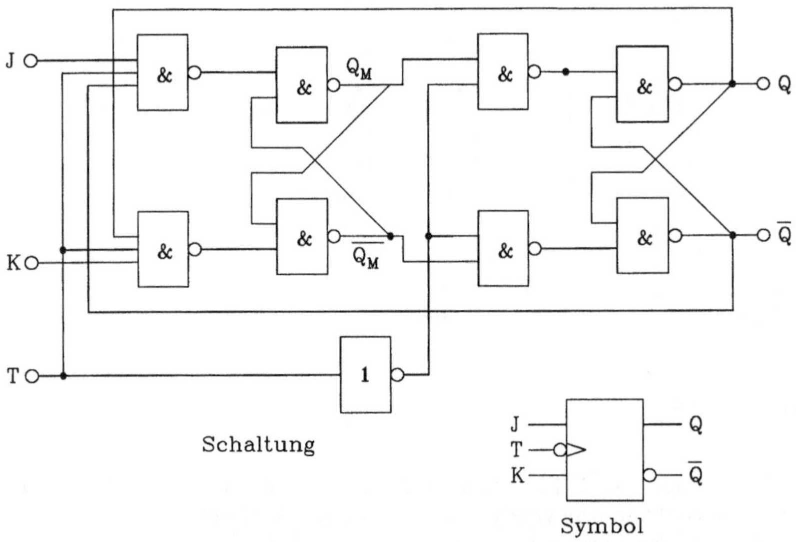

Bild 4-33 Master-Slave-JK-FF

4.2.2.3 Nutzung taktflankengesteuerter Flip-Flop als Teiler-Flip-Flop (T-FF)

Aus den im Abschnitt 4.2.2.2 besprochenen taktflankengesteuerten RS-FF, D-FF und JK-FF lassen sich Teiler-Flip-Flop (T-FF) mit dem Teilerverhältnis 2 : 1 aufbauen. Dabei bildet der Takt den Eingang des Teilers, die Dateneingänge sind entsprechend zu beschalten:

$$\text{RS-FF:} \quad R = Q, S = \overline{Q}, \tag{4.24}$$

$$\text{D-FF:} \quad D = \overline{Q}, \tag{4.25}$$

$$\text{JK-FF:} \quad J = K = H. \tag{4.26}$$

Bild 4-34 zeigt die entsprechende Beschaltung für die drei o.g. FF-Typen.

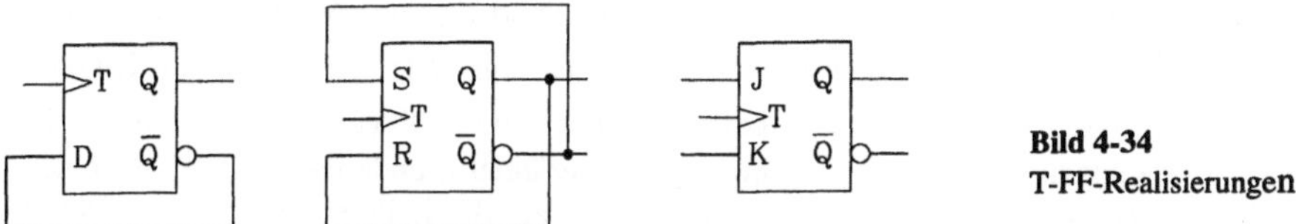

Bild 4-34
T-FF-Realisierungen

Bei der Nutzung des JK-FF als T-FF wurde davon ausgegangen, daß die nicht beschalteten Eingänge J und K den H-Zustand repräsentieren.

In Bild 4-35 ist das entsprechende Impulsverhalten am Beispiel des T-FF aus D-FF dargestellt.

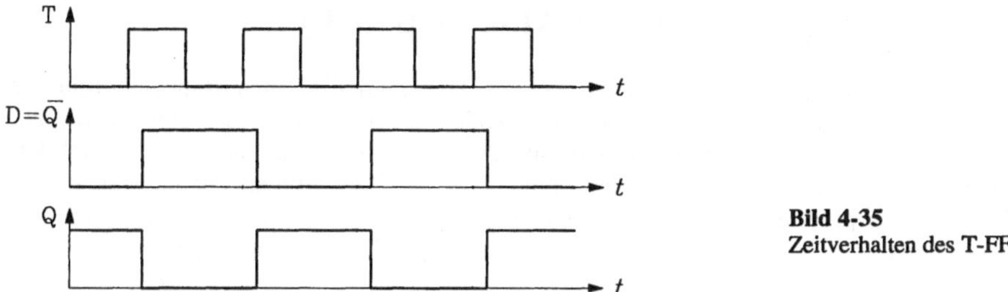

Bild 4-35
Zeitverhalten des T-FF

Der erhebliche Aufwand an Gattern und damit Transistoren hat dazu geführt, T-FF zu entwickeln, die die kurzzeitige Ladungspeicherung auf parasitären Kapazitäten ausnutzen und damit weniger Bauelemente benötigen. Bild 4-36 zeigt einen solchen Teiler in NMOS-ED-Technik und das dazugehörige Zeitverhalten.

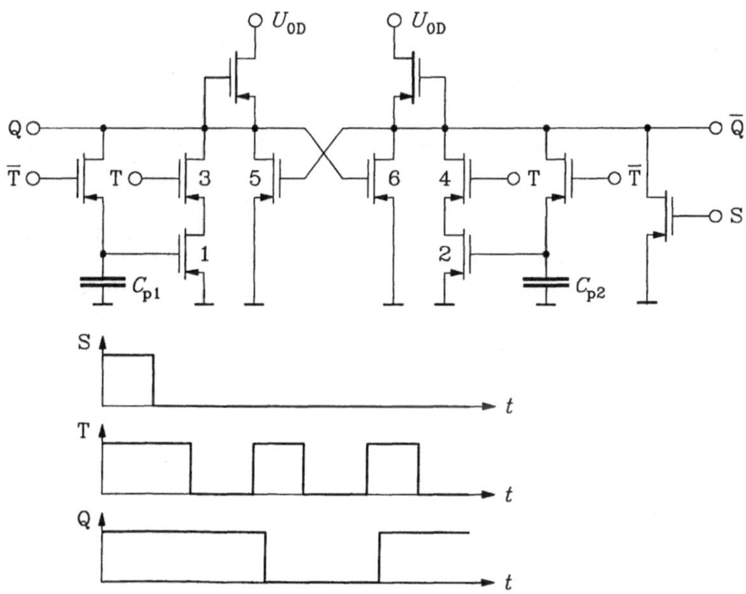

Bild 4-36 T-FF in NMOS-ED-Technik

Mit $\overline{T}$ = H und T = L werden die parasitären Kapazitäten C_{p1} und C_{p2} auf den Wert von Q bzw. $\overline{Q}$ aufgeladen, im Beispiel Bild 4-36 C_{p1} zunächst auf den H-Pegel U(H), C_{p2} auf den L-Pegel U(L). Damit wird T_1 eingeschaltet, T_2 bleibt gesperrt. Schaltet nun der Takt auf T = H und $\overline{T}$ = L, können einerseits die Kapazitäten ihre Ladung nicht mehr verändern, andererseits wird über den leitenden Transistor T_3 (in Verbindung mit T_1) der Ausgang Q auf das L-Potential gezogen. Damit sperrt T_6, $\overline{Q}$ wird $\overline{Q}$ = H. Das innere FF mit den Transitoren T_5 und T_6 speichert diesen Zustand bis zum erneuten Umschalten des Taktes. Der Eingang S wirkt statisch und legt den Anfangszustand fest.

4.3 Monostabile Kippschaltungen, Monoflop (MF)

Monostabile Kippschaltungen leiten aus einem kurzen Triggerimpuls einen Impuls definierter Dauer T ab, der durch die in der Schaltung auftretenden Zeitkonstanten bestimmt wird. Da Monoflop somit einen kurzzeitig stabilen Zustand mit der Verweilzeit T und einen statisch stabilen Ruhezustand besitzen, müssen die beiden Verkopplungen der Gatter unterschiedlich ausgelegt werden. Die eine Verkopplung stellt einen Gleichstrompfad dar, die andere einen Hochpaß, wie das auch aus der Schaltung Bild 4-37 für ein Monoflop in NAND-Technik hervorgeht.

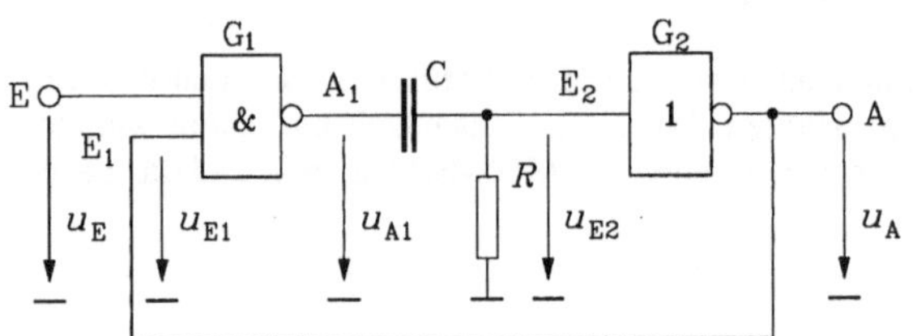

Bild 4-37
Monoflop in NAND-Technik

Zur Wirkungsweise des Monoflop nach Bild 4-37:

Im Ruhezustand liegt der Eingang E_2 auf E_2 = L, der Ausgang A wird A = E_1 = H. Der Eingang E soll ebenfalls mit E = H belegt sein, so daß für A_1 = L gilt. Ein schmaler L-aktiver Eingangsimpuls führt zu A_1 = H. Dieser positive Spannungssprung an A_1 gelangt sofort an den Eingang E_2, weil sich die Spannung über der Kapazität C nicht sprungartig ändern kann. Damit wird E_2 = H, A = E_1 = L. Ein nachfolgendes Schalten am Eingang auf E = H ändert nichts am momentanen Zustand der Schaltung, da nun der Eingang E_1 mit E_1 = L A_1 auf dem H-Pegel hält. Der Zustand E_2 = H kann jedoch auf Dauer nicht beibehalten werden, weil eine Umladung der Kapazität C über den Widerstand R stattfindet, so daß die Spannung an E_2 wieder absinkt. Zur Beurteilung des weiteren dynamischen Verhaltens soll für den Negator Gatter 2 eine ideale Übertragungskurve angenommen werden (Bild 4-38), außerdem seien die Eingangsströme von Gatter 2 I_E(H) = 0, I_E(L) < 0 (z.B. TTL-Technik).

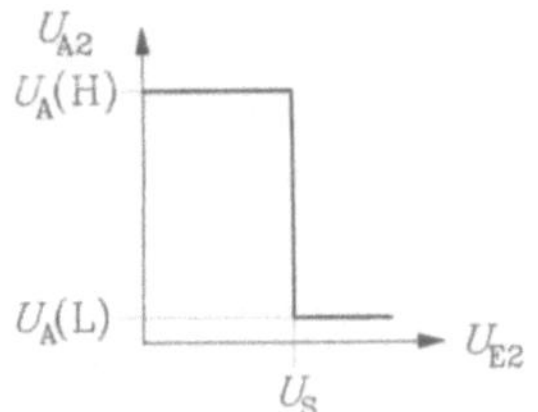

Bild 4-38
Idealisierte statische Übertragungskennlinie eines Negators

Erreicht nun die absinkende Spannung u_{E2} die Schwellspannung U_S, so springt die Ausgangsspannung u_{A2} und damit u_{E1} auf $U_A(H)$. Das wiederum führt zum negativen Spannungssprung am Ausgang A_1 von $U_A(H)$ nach $U_A(L)$, der wiederum sofort an den Eingang E_2 gelangt. Damit beginnt eine erneute Umladung der Kapazität C bis zum Erreichen des Endwertes

$$U_{E2}(L) = -I_E(L)\, R. \tag{4.27}$$

Diese zweite Umladung hat keinen Einfluß auf die Verweilzeit T, sie muß jedoch beachtet werden, wenn in dieser Phase ein erneuter Eingangsimpuls angelegt wird, weil dieser nur zu einer verkürzten Verweilzeit T führen würde. Die bisher beschriebenen dynamischen Prozesse des Monoflop sind in Bild 4-39 zusammenfassend dargestellt.

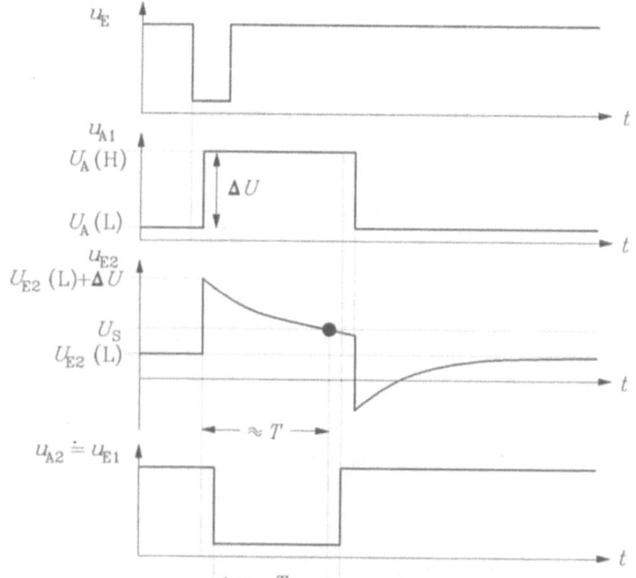

Bild 4-39
Dynamisches Verhalten des
Monoflop

In Bild 4-39 wurden die internen Verzögerungen der Gatter mit eingetragen. Da die Verweilzeit T meist wesentlich größer als diese Zeiten ist, werden sie bei den grundlegenden Betrachtungen zur Berechnung der Verweilzeit von Monoflop und anschließend von Impulsgeneratoren vernachlässigt.

Zur Berechnung der Verweilzeit T:

Maßgebend für die Verweilzeit ist die Geschwindigkeit der Umladung der Kapazität C, wobei Indikator das Erreichen der Schwellspannung U_S durch u_{E2} ist. Aus Bild 4-37 entnimmt man mit $I_{E2}(H) = 0$ die Knotengleichung

$$C\frac{\mathrm{d}}{\mathrm{d}t}(u_{A1} - u_{E2}) = \frac{u_{E2}}{R}. \tag{4.28}$$

Wie aus Bild 4-39 hervorgeht, ist in dieser Phase die Ausgangsspannung u_{A1} konstant, $u_{A1} = U_A(H)$, so daß die folgende Differentialgleichung 1. Ordnung entsteht:

$$0 = u_{E2} + RC\frac{\mathrm{d}u_{E2}}{\mathrm{d}t}. \tag{4.29}$$

Anmerkung: $\dfrac{\mathrm{d}U_\mathrm{A}(\mathrm{H})}{\mathrm{d}t} = 0$ (Differentiation einer Konstanten).

Durch Trennung der Variablen mit anschließender bestimmter Integration folgt daraus

$$\int_0^T \mathrm{d}t = -RC \int_{U_{\mathrm{E2}}(\mathrm{L})+\Delta U}^{U_\mathrm{S}} \frac{\mathrm{d}u_{\mathrm{E2}}}{u_{\mathrm{E2}}}, \tag{4.30}$$

$$T = RC \ln \frac{U_{\mathrm{E2}}(\mathrm{L}) + U_\mathrm{A}(\mathrm{H}) - U_\mathrm{A}(\mathrm{L})}{U_\mathrm{S}}. \tag{4.31}$$

Für Schaltungen mit idealem L-Pegel, leistungsloser Steuerung des Einganges und idealer Schwellspannung $U_\mathrm{S} = 0{,}5\ U_\mathrm{A}(\mathrm{H})$ vereinfacht sich Gl. (4.31) zu

$$T = RC \ln 2. \tag{4.32}$$

Mit Festlegung der Zeitkonstante $\tau = RC$ wird demnach die Verweilzeit dimensioniert. Der Widertand R darf nicht zu hochohmig sein, weil im Ruhestand an E_2 stets ein stabiler L-Pegel erreicht werden muß.

Als zweites Beispiel für Monoflop ist in Bild 4-40 eine Schaltung in NOR-Technik angegeben.

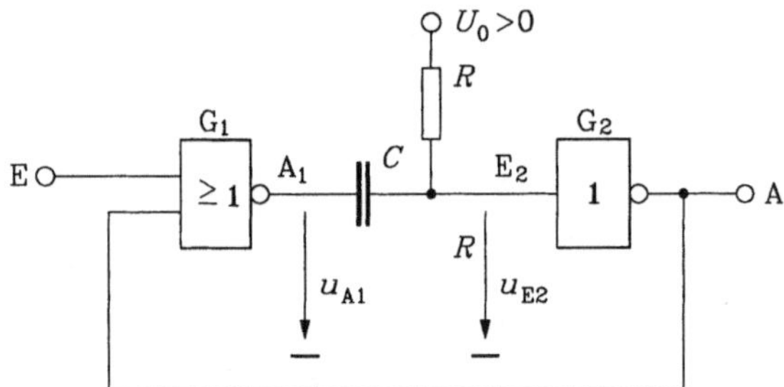

Bild 4-40
Monoflop in NOR-Technik

Der Ruhezustand dieses Monoflop ist E = A = L. Der kurzzeitig stabile Zustand wird durch Anlegen eines kurzen H-Impulses am Eingang ausgelöst, das Monoflop ist also H-aktiv. Der statisch stabile Zustand A = L wird durch den an der Betriebsspannung U_0 liegenden Widerstand R gesichert.

Bei Vernachlässigung des Eingangsstroms in Gatter 2 ergibt sich aus Bild 4-40 folgende die Verweilzeit T bestimmende Differentialgleichung:

$$U_0 = u_{\mathrm{E2}} + RC \frac{\mathrm{d}u_{\mathrm{E2}}}{\mathrm{d}t}. \tag{4.33}$$

$$T = RC \ln \frac{U_\mathrm{A}(\mathrm{H}) - U_\mathrm{A}(\mathrm{L})}{U_0 - U_\mathrm{S}}. \tag{4.34}$$

4.4 Astabile Kippschaltungen, Multivibratoren

Astabile Kippschaltungen oder Multivibratoren besitzen zwei kurzzeitig stabile Verweilzustände, die sie im ständigen Wechsel einnehmen. Die beiden Verweilzustände werden durch die Zeitkonstanten der Schaltung bestimmt. Multivibratoren werden deshalb als Impulsgeneratoren eingesetzt. Die generierte Impulsfolge zeichnet sich durch den regelmäßigen Wechsel von L- und H-Zustand aus (siehe Bild 4-41).

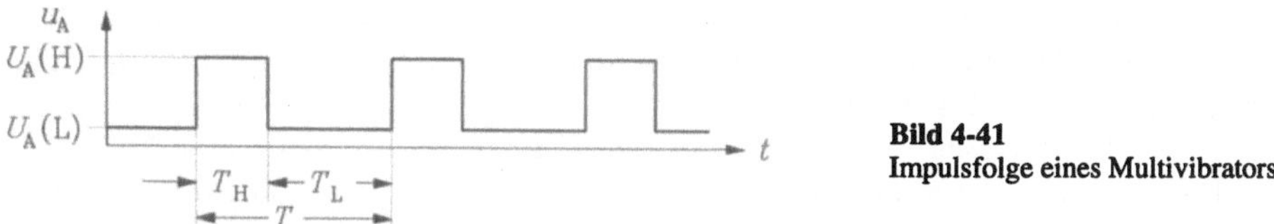

Bild 4-41
Impulsfolge eines Multivibrators

T ist die Periodendauer der Impulsfolge. Das Tastverhältnis k ergibt sich nach Bild 4-41 zu

$$k = \frac{T_\mathrm{H}}{T_\mathrm{L} + T_\mathrm{H}} = \frac{T_\mathrm{H}}{T}, \tag{4.35}$$

die Impulsfolgefrequenz f wird

$$f = \frac{1}{T}. \tag{4.36}$$

Läßt sich die Impulsfolgefrequenz steuern, z.B. durch äußere Spannungen, so entsteht ein spannungsgesteuerter Oszillator (VCO: *voltage controlled oscillator*). Er kann für Modulationsaufgaben eingesetzt werden.

Nachfolgend werden Impulsgeneratoren betrachtet, die direkt eine Impulsfolge erzeugen. Eine Ausnahme bildet der Quarzgenerator, der sinusförmige Spannungen generiert, die nachfolgend in digitale Signale gewandelt werden. Es erscheint trotzdem zweckmäßig, dieses analoge Bauelement Quarzgenerator innerhalb der Digitaltechnik zu behandeln, weil die hohe Genauigkeit der entstehenden Frequenz für viele Anwendungen (z.B. Uhren) ausgezeichnet zusammenpaßt mit der hohen Verarbeitungs- und Darstellungsgenauigkeit digitaler Schaltungen.

Das Grundprinzip der Multivibratoren wird an einem Generator mit Schaltstufen in Übersteuerungstechnik erläutert, danach folgen Generatoren in ECL-Technik, sowie die auf TTL- und MOS-Technik basierende Nutzung von Grundgattern und Beispiele von integrierten Lösungen und Quarzgeneratoren.

4.4.1 Generator in Übersteuerungstechnik

Bild 4-42 zeigt einen Generator, der aus 2 Schaltstufen in Übersteuerungstechnik und 2 Hochpaßgliedern (C, R_B) besteht. Die Hochpaßglieder sind als Koppelglieder zwischen den Schaltstufen eingesetzt. Über die Widerstände R_B wird außerdem der Basisstrom für den jeweils leitenden Transistor zugeführt.

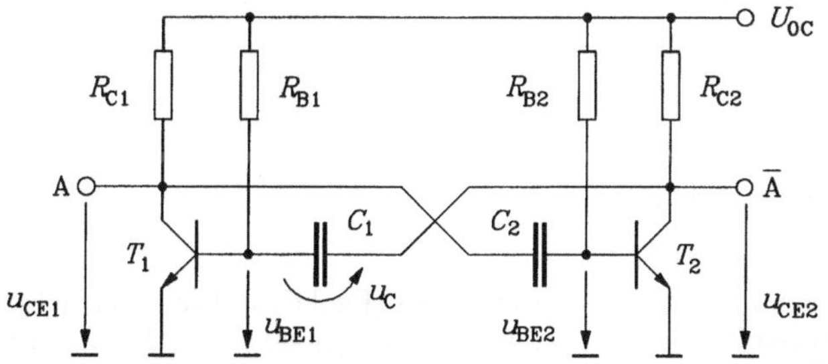

Bild 4-42
Generator in Übersteuerungstechnik

Zur Erläuterung der Wirkungsweise ist es zweckmäßig, davon auszugehen, daß jeweils ein Transistor gesperrt ist (z.B. T_2), während sich der andere im Übersteuerungszustand befindet (z.B. T_1). Der Sperrzustand von T_2 kann wegen der Verbindung der Basis über R_B2 mit der Betriebsspannung U_{0C} auf Dauer nicht beibehalten werden, es erfolgt eine Umladung der Kapazität C_2 über R_{B2} und die Kollektor-Emitterstrecke von T_1, so daß u_{BE2} ansteigt. Erreicht nun u_{BE2} die Flußspannung U_{BEF} von T_2, beginnt Kollektorstrom zu fließen, so daß u_{CE2} absinkt. Über die Kapazität C_1 wird dieses Absinken auf die Basis von T_1 gekoppelt, so daß dieser Transistor gesperrt wird. Damit steigt die Kollektor-Emitterspannung u_{CE1} sehr schnell an, was wiederum über die Kapazität C_2 zum weiteren Anstieg von u_{BE2} auf U_{BEX} mit kurzzeitig sehr großem Basisstrom (großer Übersteuerungsgrad m) führt. Damit sinkt u_{CE2} sprungartig auf die Sättigungsspannung U_{CEX} ab. Der negative Spannungssprung am Kollektor von T_2

$$\Delta U = U_{0C} - U_{CEX} \tag{4.37}$$

führt zur vollständigen Sperrung von T_1, seine Basis-Emitterspannung sinkt von U_{BEX} auf

$$u_{BE1} = U_{BEX} - \Delta U = U_{BEX} - U_{0C} + U_{CEX} \tag{4.38}$$

ab. Nun beginnt die Umladung von C_1, so daß u_{BE1} wieder ansteigt, bis T_1 wieder leitend wird. In Bild 4-43 sind die eben beschriebenen dynamischen Vorgänge dargestellt, wobei zur Erzielung einer Impulsfolge mit dem Tastverhältnis $k = 0,5$ $R_{B1} = R_{B2} = R_B$ und $C_1 = C_2 = C$ gesetzt wurde. Außerdem wurde zweckmäßig $R_{C1} = R_{C2} = R_C$ festgelegt.

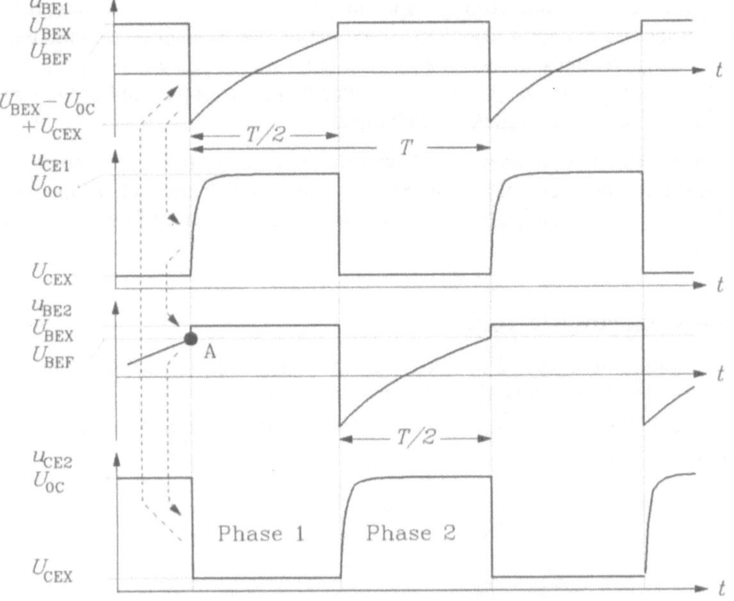

Bild 4-43 Dynamisches Verhalten des Generators nach Bild 4-42

Der Kippvorgang wird mit Erreichen von U_{BEF} durch u_{BE2} ausgelöst (Punkt A). Die zusätzlich eingetragenen Pfeile deuten die Wirkungskette an. Die Berechnung der Periodendauer T soll am Beispiel von u_{BE1} (Phase 1) erfolgen. Bild 4-44 zeigt die Wege der beiden Umladeströme für diese Phase.

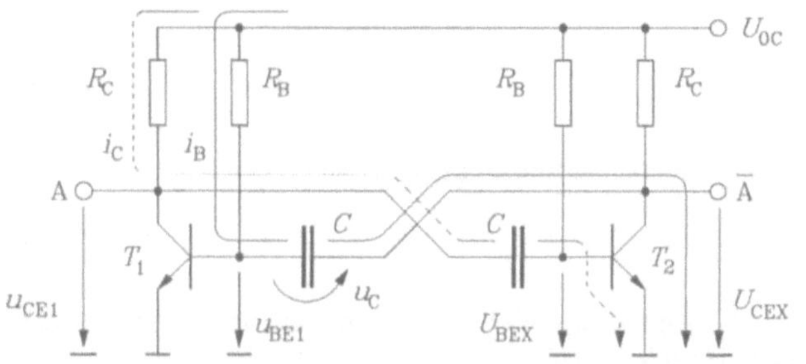

Bild 4-44
Umladungsströme in der
Schaltung nach Bild 4-41

Die Umladung am Kollektor von T_1 soll schnell gegenüber der Umladung an der Basis erfolgen, um die Ausgangsimpulse möglichst wenig zu verfälschen. Das wird erreicht durch eine entsprechende Gestaltung der Widerstandsverhältnisse $R_C \ll R_B$. Für die frequenzbestimmende Umladung an der Basis von T_1 gelten nach Bild 4-44 folgende Netzwerkgleichungen:

$$U_{0C} = R_B\, i_B + u_C + U_{CEX}, \tag{4.39}$$

$$i_B = C\,\frac{\mathrm{d}u_C}{\mathrm{d}t}, \tag{4.40}$$

$$u_{BE1} = u_{C1} + U_{CEX}. \tag{4.41}$$

Daraus entsteht die Differentialgleichung für u_{BE1} zu

$$U_{0C} = u_{BE1} + R_B C\,\frac{\mathrm{d}u_{BE1}}{\mathrm{d}t}. \tag{4.42}$$

Durch Trennung der Variablen und die anschließende bestimmte Integration mit den aus Bild 4-43 entnommenen Integrationsgrenzen folgt daraus

$$\int_0^{T/2}\mathrm{d}t = R_B C \int_{U_{BEX}-U_{0C}+U_{CEX}}^{U_{BEF}} \frac{\mathrm{d}u_{BE1}}{U_{0C}-u_{BE1}}, \tag{4.43}$$

$$T = 2R_B C\,\ln\frac{2U_{0C}-U_{BEX}-U_{CEX}}{U_{0C}-U_{BEF}}. \tag{4.44}$$

Als Näherung gilt mit $U_{0C} \gg U_{BEX},\ U_{BEF},\ U_{CEX}$

$$T \approx 2R_B C\,\ln 2 \tag{4.45}$$

Die Impulsfolgefrequenz wird nun

$$f = \frac{1}{T} = \frac{1}{2R_B C\,\ln\dfrac{2U_{0C}-U_{BEX}-U_{CEX}}{U_{0C}-U_{BEF}}}. \tag{4.46}$$

Bei der Berechnung der Periodendauer T wurden die Verzögerungen der Schaltstufen vernachlässigt. Diese Näherung ist gültig, wenn die Periodendauer T der erzeugten Impulsfolge groß ist gegenüber den Verzögerungszeiten der Schaltstufen. Die Bemessung des Widerstandes R_B muß die statische Übersteuerung des Transistors gewährleisten, obwohl während der Umladeprozesse ein zusätzlicher Basisstrom den Übersteuerungsgrad vergrößert. Somit gilt

$$I_{BX} = \frac{U_{0C}-U_{BEX}}{R_B}. \tag{4.47}$$

Der statische Kollektorstrom wird

$$I_{CX} = \frac{U_{0C} - U_{CEX}}{R_C},\tag{4.48}$$

so daß sich die Bedingung für den statischen Übersteuerungsgrad m zu

$$m = B_N \frac{I_{BX}}{I_{CX}} = B_N \frac{U_{0C} - U_{BEX}}{U_{0C} - U_{CEX}} \cdot \frac{R_C}{R_B}\tag{4.49}$$

ergibt. Damit legt der statische Übersteuerungsgrad das Widerstandsverhältnis R_C/R_B fest. Näherungsweise lautet diese Bezeichnung für $U_{0C} \gg U_{BEX}, U_{CEX}$

$$\frac{R_C}{R_B} \approx \frac{m}{B_N}\tag{4.50}$$

Durch einen zusätzlichen Transistor T_0 läßt sich die Schaltung Bild 4-42 so erweitern, daß eine Start-Stop-Schaltung entsteht, also Beginn und Ende des Schwingens des Generators gesteuert werden können (Bild 4-45).

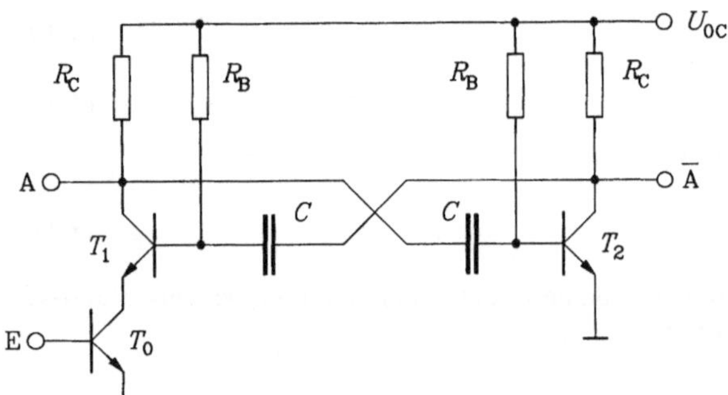

Bild 4-45
Generator in Start-Stop-Schaltung

Für E = L ist T_0 gesperrt, somit werden A = H und $\overline{A}$ = L. Wird E mit H belegt, werden T_0 und T_1 leitend, A sinkt auf L ab, es beginnt der Schwingvorgang, der mit E = L wieder gestoppt werden kann.

Am Beispiel des sehr einfachen (und heute kaum noch eingesetzten) Generators nach Bild 4-42 läßt sich auch sehr anschaulich das Prinzip des Spannungs-Frequenz-Umsetzers (VCO) erklären. Ändert man die Schaltung geringfügig, in dem die Widerstände R_B an eine gesonderte Spannungsquelle $U_{0B} = U_{0B0} + \Delta U$ gelegt werden, so entsteht ein VCO (siehe Bild 4-46).

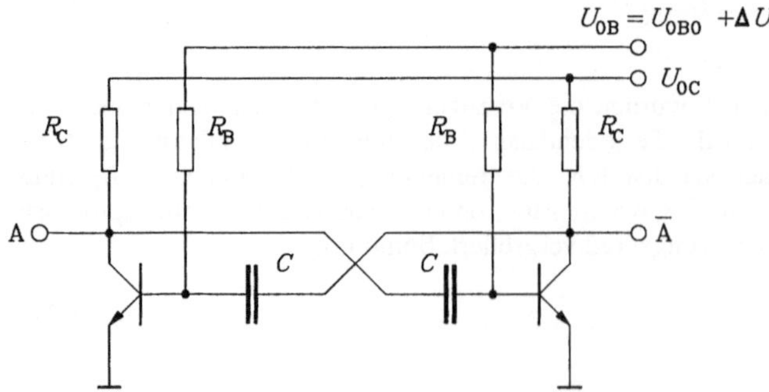

Bild 4-46
VCO

Damit ändert sich Gl. (4.42) zu

$$U_{0B} = u_{BE1} + R_B \cdot C \,\frac{d\,u_{BE1}}{d\,t}. \tag{4.51}$$

Da die Integrationsgrenzen zur Berechnung der Periodendauer T erhalten bleiben, folgt daraus

$$T = 2R_B C \ln \frac{U_{0B} + U_{0C} - U_{BEX} - U_{CEX}}{U_{0B} - U_{BEF}}, \tag{4.52}$$

oder näherungsweise

$$T \approx 2R_B C \ln\left(1 + \frac{U_{0C}}{U_{0B}}\right). \tag{4}$$

Wählt man $U_{0C} \ll U_{0B}$, so kann der Logarithmus mit guter Genauigkeit in eine Taylorreihe um den Punkt 1 entwickelt und nach dem linearen Glied abgebrochen werden

$$\ln\left(1 + \frac{U_{0C}}{U_{0B}}\right) \approx \ln 1 + \frac{1}{1!} \cdot \frac{U_{0C}}{U_{0B}}, \tag{4.54}$$

$$T = 2R_B C \,\frac{U_{0C}}{U_{0B}}. \tag{4.55}$$

Somit wird die Impulsfolgefrequenz

$$f = \frac{1}{T} \approx \frac{U_{0B} + \Delta U}{2R_B \cdot C \cdot U_{0C}} = f_0 + \text{konst.}\ \Delta U \tag{4.56}$$

linear abhängig von der Spannungsänderung ΔU. Diese Schaltung läßt sich z.B. zur einfachen Frequenzmodulation (ohne hohe Ansprüche an Stabilität und Linearität) einsetzen.

4.4.2 Generatoren in ECL-Technik

In Bild 4-47 sind 2 Multivibratoren in ECL-Technik dargestellt. Das Wirkprinzip beider Schaltungen ist gleich, deshalb wird nur der etwas einfachere Generator, Bild 4-47b), betrachtet. Auch bei diesem Multivibrator sind die beiden Transistoren T_1 und T_2 wechselseitig leitend.

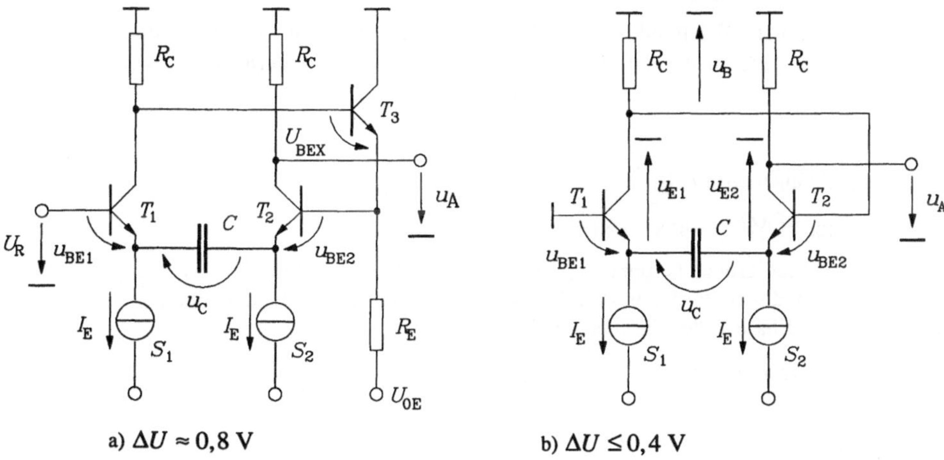

a) $\Delta U \approx 0{,}8$ V   b) $\Delta U \leq 0{,}4$ V

Bild 4-47   Prinzipschaltungen für ECL-Multivibratoren

Nimmt man zunächst an, daß T_1 leitend und T_2 gesperrt ist, so wird das Emitterpotential u_{E1} konstant sein,

$$u_{E1} = -U_{BEX},\tag{4.57}$$

während u_{E2} aufgrund der Umladung der Kapazität C durch den Strom I_E der Stromquelle S_2 negativer wird. Da andererseits u_B ebenfalls konstant ist,

$$u_B = -2I_E R_C = -\Delta U\tag{4.58}$$

(beide Ströme I_E fließen in dieser Phase durch T_1), steigt u_{BE2} an,

$$u_{BE2} = u_B - u_{E2}.\tag{4.59}$$

Die Ausgangsspannung u_A ist Null,

$$u_A = U_A(H) = 0.\tag{4.60}$$

Zum Zeitpunkt $t = t_1$ (siehe Bild 4-48) erreicht u_{BE2} den Wert U_{BEF}, T_2 beginnt zu leiten, so daß infolge des nun verringerten Stromflusses durch T_1 u_B ansteigt, was erneut zum weiteren schnellen Stromanstieg durch T_2 beiträgt, die Schaltung kippt in den anderen Zustand. T_1 wird aufgrund des sprunghaften Spannungsanstiegs von u_B gesperrt, weil dieser positive Sprung um ΔU einerseits die Basis-Emitter-Spannung von T_2 von U_{BEF} auf

$$u_{BE2} = U_{BEX}\tag{4.61}$$

ansteigen, andererseits u_{BE1} von U_{BEX} auf

$$u_{BE1} = U_{BEX} - (\Delta U - (U_{BEX} - U_{BEF}))\tag{4.62}$$

absinken läßt (der Spannungssprung um ΔU zur Zeit $t = t_1$ führt zunächst nicht zur Änderung von $u_C(t_1)$, sondern nur zur Änderung der Basis-Emitter-Spannung beider Transistoren). In der nun folgenden Phase führt der Strom I_E von S_1 zur Umladung von C und somit zum Ansteigen von u_{BE1} (beide Ströme I_E fließen jetzt durch T_2), da das Emitterpotential von T_2 konstant ist,

$$u_{E2} = u_B - U_{BEX} = -U_{BEX} \quad (u_B = 0),\tag{4.63}$$

die Ausgangsspannung beträgt

$$u_A = U_A(L) = -2I_E R_C = -\Delta U.\tag{4.64}$$

Zum Zeitpunkt $t = t_2$ wird T_1 leitend, die Schaltung kippt erneut in den anderen Zustand um. Der damit verbundene negative Spannungssprung $-\Delta U$ führt einerseits zur Veränderung von u_{BE1} von U_{BEF} auf

$$u_{BE1} = U_{BEX},\tag{4.65}$$

andereseits zum Absinken von u_{BE2} auf

$$u_{BE2} = U_{BEX} - (\Delta U - (U_{BEX} - U_{BEF})).\tag{4.66}$$

Damit kann der Zyklus erneut beginnen. In Bild 4-48 sind die beschriebenen Verhältnisse dargestellt. Die Periodendauer wird aus den Netzwerkgleichungen für die Umladungen errechnet. Beispielsweise gilt in Phase 1 die Maschengleichung

$$u_B = 0 = U_{BEX2} + u_C - u_{BE1}\tag{4.67}$$

und damit

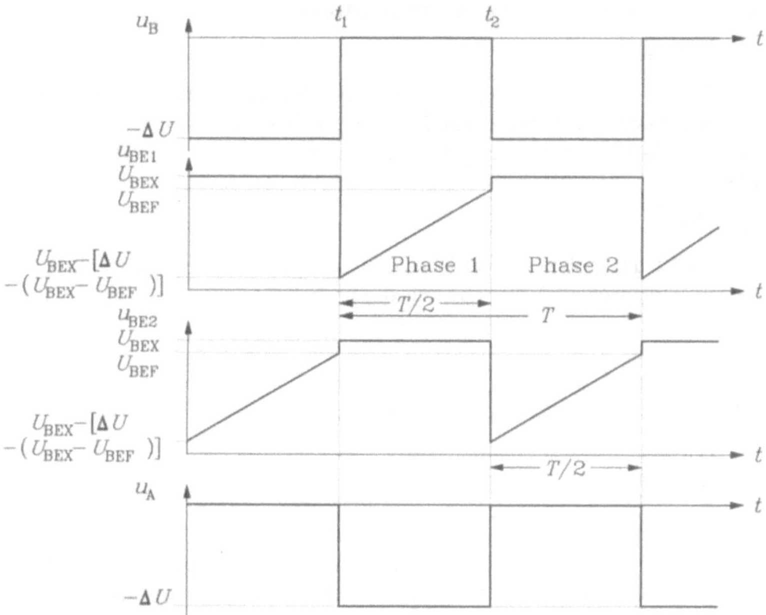

Bild 4-48 Zeitverhalten des Multivibrators nach dem Stromschaltprinzip

$$\frac{\mathrm{d}\,u_C}{\mathrm{d}\,t} = \frac{\mathrm{d}\,u_{BE1}}{\mathrm{d}\,t} . \tag{4.68}$$

Integriert man die Strombeziehung

$$I_E = C\frac{\mathrm{d}\,u_C}{\mathrm{d}\,t} = C\frac{\mathrm{d}\,u_{BE1}}{\mathrm{d}\,t} \tag{4.69}$$

in den in Bild 4-48 angegebenen Grenzen,

$$I_E \int_0^{T/2} \mathrm{d}\,t = C \int_{U_{BEX} - (\Delta U - (U_{BEX} - U_{BEF}))}^{U_{BEF}} \mathrm{d}\,t \tag{4.70}$$

so ergibt sich die Periodendauer T zu

$$T = \frac{1}{f} = \frac{2C}{I_E}(\Delta U - 2(U_{BEX} - U_{BEF})) . \tag{4.71}$$

Die Spannungsdifferenz $U_{BEX} - U_{BEF}$ beträgt

$$U_{BEX} - U_{BEF} \approx (1 \dots 2)U_T . \tag{4.72}$$

Multivibratoren in ECL-Technik erreichen aufgrund der möglichen hohen Geschwindigkeiten ungesättigter Logikschaltungen gegenwärtig die höchsten Impulsfrequenzen bei herkömmlichen Transistorschaltungen.

4.4.3 Generatoren mit NOR- oder NAND-Grundgattern

Generator mit zwei RC-Gliedern

Die Multivibratorschaltung Bild 4-49 kann aus der des einfachen Generators in Übersteuerungs-technik (Bild 4-41) abgeleitet werden. Zur Erläuterung des Zeitverhaltens soll von einer idealisier-ten Übertragungskennlinie (Bild 4-50) ausgegangen werden. Außerdem wird angenommen, daß zu einem Anfangszeitpunkt t_0

$$u_{E1} > U_S \quad \text{und} \quad u_{E2} < U_S$$

sind, so daß sich die in Bild 4-51 angegebenen Verhältnisse einstellen. Infolge der Entladung der Kapazität C über R wird u_{E1} absinken und u_{E2} auf den durch den Eingangsstrom $I_E(L)$ fest-gelegten Wert

$$U_{E2}(t \rightarrow \infty) = -I_E(L)R \tag{4.73}$$

ansteigen, wobei zur einwandfreien Funktion des Generators dieser Wert unter der Schwell-spannung des Gatters liegen muß,

$$-I_E(L)R < U_S \ . \tag{4.74}$$

Damit darf R einen Maximalwert nicht überschreiten.

Zur Zeit $t = t_1$ erreicht u_{E1} die Schwellspannung U_S, die Ausgangsspannung von Gatter 1 ändert sich sprungförmig von $U_A(L)$ auf $U_A(H)$. Damit steigt u_{E2} ebenfalls sofort um ΔU an, was zum Umschalten von Gatter 2 führt. Der dabei am Ausgang entstehende negative Spannungssprung $-\Delta U$ läßt u_{E1} negativ werden. Im Anschluß beginnen erneut die schon beschriebenen Umladungen am jeweils anderen Gatter. Die in Bild 4-49 zusätzlich angebrachten Dioden begrenzen den negati-ven Spannungssprung, um das Einschalten der Diode NBG-Substrat in intergrierten Schaltungen zu verhindern.

Näherungsweise kann die Frequenz f des Generators ermittelt werden. Dazu soll der Verlauf von u_{E2} im Bereich $t_1 \leq t \leq t_2$ betrachtet werden. Aus Bild 4-51 folgt die Differentialgleichung

$$C\frac{\mathrm{d}}{\mathrm{d}t}(u_{A1} - u_{E2}) = \frac{u_{E2}}{R} \ . \tag{4.75}$$

Mit $u_{A1} = U_A(H)$ ergibt sich

$$u_{E2} + RC\frac{\mathrm{d}\,u_{E2}}{\mathrm{d}t} = 0 \ . \tag{4.76}$$

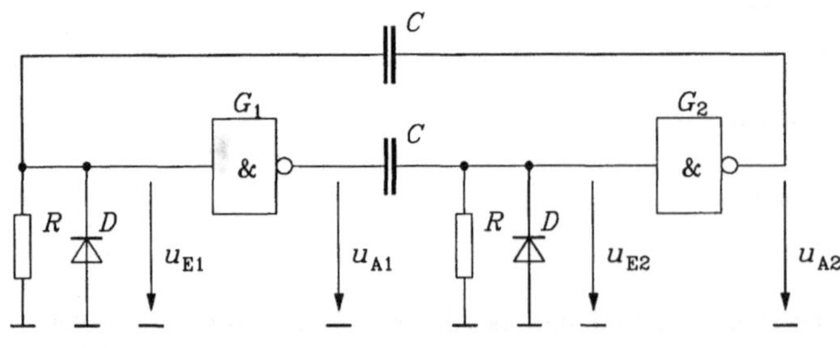

Bild 4-49
Einfacher TTL-Generator

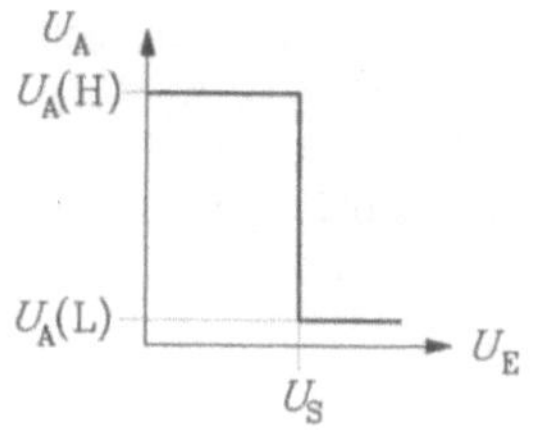

Bild 4-50
Idealisierte Übertragungskennlinie des
TTL-NAND-Gatters

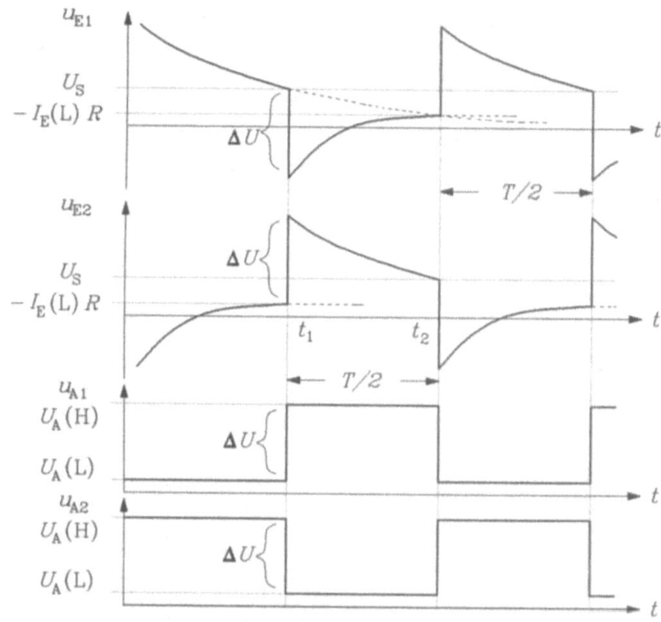

Bild 4-51
Zeitverhalten des TTL-
Generators Bild 4-49

Unter Beachtung der Anfangsbedingung

$$u_{E2}(t = t_1) \approx U_A(H) - U_A(L) - I_E(L)R \tag{4.77}$$

und der Abbruchbedingung

$$u_{E2}(t = t_2) = U_S \tag{4.78}$$

erhält man die Periodendauer T zu

$$T = 2RC \ln \frac{U_A(H) - U_A(L) - I_E(L)R}{U_S} \; . \tag{4.79}$$

Generatoren mit einem RC-Glied

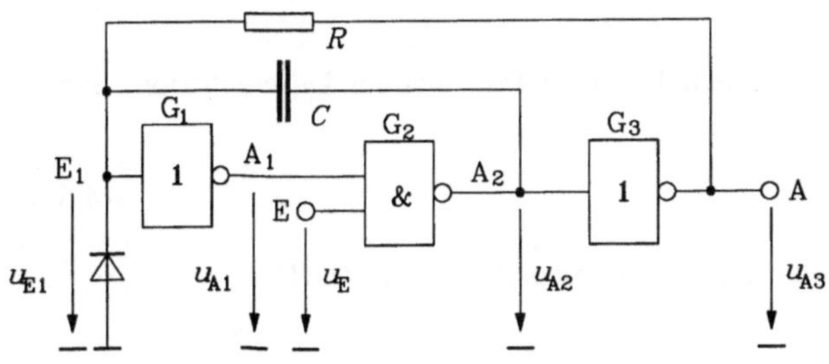

Bild 4-52
Generator mit einem RC-Glied

Die in Bild 4-52 gezeigte Schaltung benötigt nur ein RC-Glied. Der Eingang E ermöglicht den Start-Stop-Betrieb. Mit E = L ist der Generator im Ruhezustand (A_2 = H, A = E_1 = L, A_1 = H), mit E = H beginnt er zu schwingen. Bild 4-53 zeigt das zugehörige Impulsverhalten der Schaltung, wobei erneut eine idealisierte Übertragungskurve der Gatter (Bild 4-50), vernachlässigbar kleine Gatterverzögerungen und Gattereingangsströme angenommen wurden. Ebenso wird der Einfluß der Diode am Eingang E_1 zunächst nicht berücksichtigt.

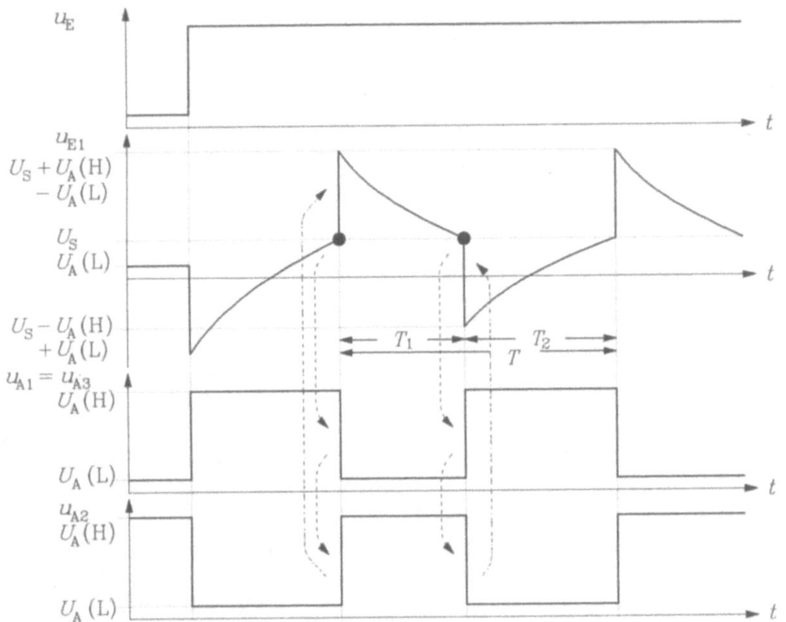

Bild 4-53 Impulsverhalten des Generators Bild 4-52

Mit dem Schalten von E auf H wird A_2 = L. Dieser negative Sprung wird sofort auf den Eingang E_1 rückgekoppelt, A_1 bleibt somit H. Da gleichzeitig der Ausgang A auf H springt, beginnt nun die Umladung der Kapazität C. Erreicht u_{E1} die Schwellspannung U_S, so schaltet Gatter 1, es werden A_1 = L und damit A_2 = H. Das führt zu einem positiven Sprung an E_1, es beginnt eine erneute Umladung der Kapazität, wobei nun der Ausgang A auf dem L-Pegel liegt. Beim Erreichen der Schwellspannung schalten alle Gatter wieder um, u_{E1} steigt wieder an, bis erneut die Schwellspannung erreicht ist. Die Berechnung der Periodendauer T darf erst mit der 2. Flanke von u_{E1} beginnen, weil das Anschwingen zu falschen Ergebnissen führt. Für die Umladung der Kapazität C gilt folgende Knotengleichung:

$$\frac{u_{A3} - u_{E1}}{R} = C \frac{\mathrm{d}}{\mathrm{d}t}(u_{E1} - u_{A2}). \tag{4.80}$$

Da u_{A2} während der Umladung konstant ist, entfällt dieser Term bei der Differentiation. Somit wird

$$u_{A3} = u_{E1} + RC \frac{\mathrm{d}u_{E1}}{\mathrm{d}t}. \tag{4.81}$$

Zur Berechnung von T_1 ist $u_{A3} = U_A(L)$ zu setzen, zur Berechnung von T_2 $U_A(H)$.

Mit den aus Bild 4-53 ablesbaren Integrationsgrenzen ergeben sich

$$T_1 = RC \ln\frac{U_S + U_A(H) - 2U_A(L)}{U_S - U_A(L)}, \tag{4.82}$$

$$T_2 = RC \ln\frac{2U_A(H) - U_S - U_A(L)}{U_A(H) - U_S}. \tag{4.83}$$

Im allgemeinen ist $T_1 \neq T_2$, so daß das Tastverhältnis $k \neq 1/2$ wird. Nur für den Fall, daß man

$$U_S = \frac{1}{2}(U_A(H) + U_A(L)) \tag{4.84}$$

wählen kann (z.B. in CMOS-Technik), werden

$$T_1 = T_2 = T/2 = RC \ln3 \tag{4.85}$$

und die Impulsfolgefrequenz

$$f = \frac{1}{T} = \frac{1}{2RC \ln3}. \tag{4.86}$$

Die Schaltung nach Bild 4-52 benötigt am Eingang E_1 ebenfalls wieder eine Klemmdiode, die zu negative Eingangsspannungen begrenzt. Damit wird die Zeit T_1 etwas kürzer als in Gl. (4.82) angegeben.

Das NAND-Glied in Schaltung Bild 4-52 kann durch ein NOR-Glied ersetzt werden, die Freigabe erfolgt dann allerdings durch E = L (siehe Bild 4-54).

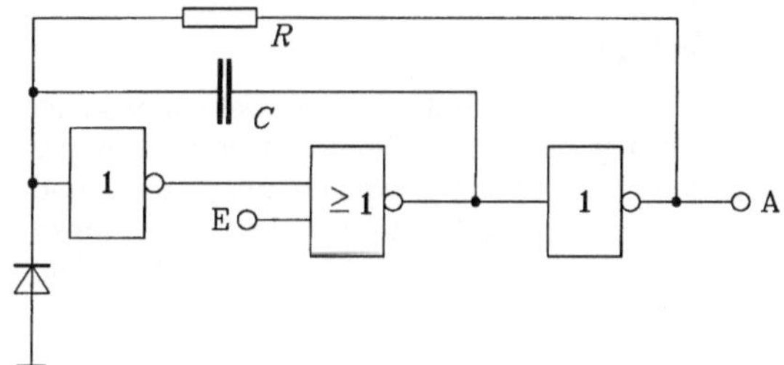

Bild 4-54
Generator mit NOR-Gattern

Ringoszillator

Eine besonders einfache Multivibratorschaltung kann aus einer Kette von Negatoren aufgebaut werden (Bild 4-55), wobei die Zahl der Negatoren ungerade sein muß. Werden n gleiche Gatter eingesetzt, so ergibt sich die Periodendauer T zu

$$T = \frac{1}{f} = n(t_{PHL} + t_{PLH}). \tag{4.87}$$

Die Schaltung kann auch mit einem einzigen Negator betrieben werden, wenn die restliche Gatterzahl durch eine Laufzeitkette nachgebildet wird, zum Beispiel durch eine Leitung, wie nachfolgend dargelegt wird.

Bild 4-56 zeigt dazu das Schaltungsprinzip der Rückkopplung über eine Leitung mit dem Wellenwiderstand Z und der Laufzeit (Verzögerungszeit) τ und eine in ECL-Technik ausgeführte Schaltung mit einem Spannungshub von $\Delta U = 0{,}4V$.

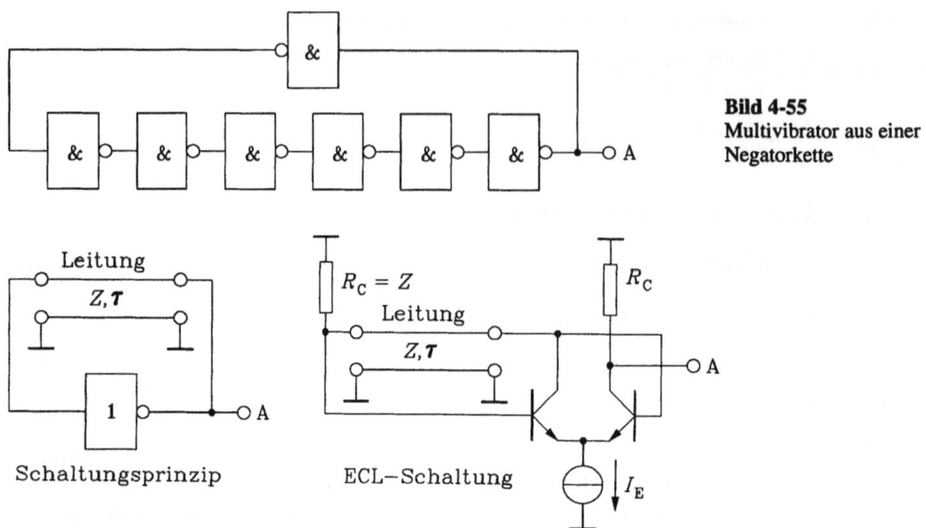

Bild 4-55
Multivibrator aus einer
Negatorkette

Bild 4-56 Generator mit Leitungsrückkopplung

Zur Vermeidung von Reflexionen sollte die Schaltstufe an den Ausgang der Leitung Leitung angepaßt werden, indem $R_C = Z$ gewählt wird (siehe dazu Abschnitt 5.3 des Buches).

4.4.4 Multivibratoren in integrierten Schaltungen

Die bisher behandelten einfachen Multivibratoren erreichen bezüglich der Frequenzkonstanz keine hohen Werte, so daß sie für bestimmte Anwendungen ungeeignet sind. Forderungen nach hoher Genauigkeit erfüllen Quarzgeneratoren am besten, allerdings sind Schwingquarze relativ teuer und lassen sich nicht integrieren. Aus diesem Grund wird versucht, mittlere Genauigkeitsforderungen durch integrierte Schaltungsanordnungen höheren Aufwands zu realisieren. Die Bilder 4-57 und 4-60 geben 2 Beispiele dieser Art an.

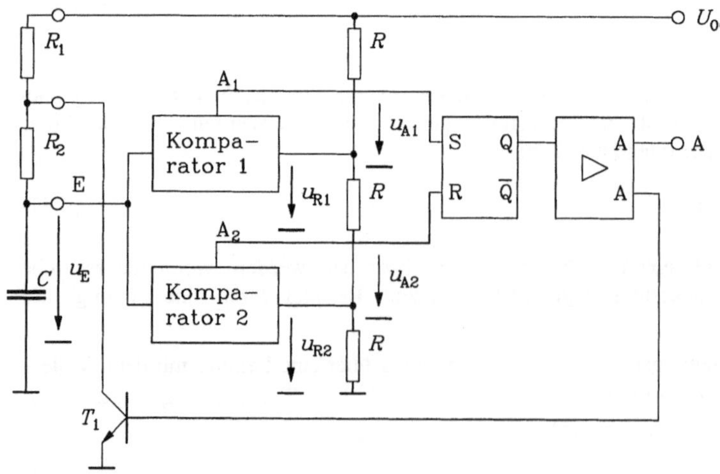

Bild 4-57 Multivibrator mit Komparatoren

Beim Generator nach Bild 4-57 wird eine nahezu betriebsspannungsunabhängige Impulsfrequenz erzielt, wie nachfolgende Erklärung beweist.

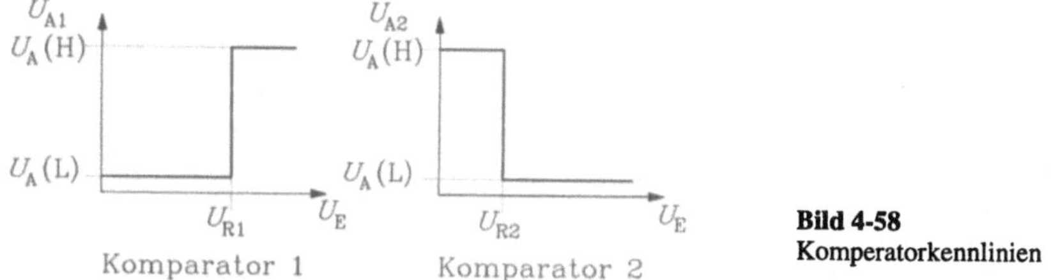

Bild 4-58
Komperatorkennlinien

Das Eingangs-RC-Glied $(R_1 + R_2, C)$ arbeitet auf 2 Komparatoren, deren Kennlinien in Bild 4-58 dargestellt sind. Steigt bei gesperrtem Transistor T_1 die Spannung u_C infolge der Aufladung des RC-Gliedes mit der Zeitkonstante τ_1

$$\tau_1 = (R_1 + R_2)C \tag{4.88}$$

an, so erreicht sie zur Zeit $t = t_1$ den Wert

$$u_C(t = t_1) = U_{R1} = \frac{2}{3} U_{0C}. \tag{4.89}$$

Damit springt U_{A1} auf $U_{A1}(H)$, das nachfolgende RS-FF erhält Q = H, der Ausgangsverstärker erreicht ebenfalls A = H und Transistor T_1 wird leitend übersteuert, so daß sich die Kapazität mit der Zeitkonstante

$$\tau_2 = R_2 \cdot C \tag{4.90}$$

entladen kann. Mit dem Absinken von u_C wird U_{A1} wieder $U_A(L)$. Erreicht u_C zur Zeit $t = t_2$ den Wert

$$u_C(t = t_2) = U_{R2} = \frac{1}{3} U_{0C}, \tag{4.91}$$

schaltet Komparator 2 auf $U_{A2} = U_{A2}(H)$, so daß am RS-FF und am Ausgang Q = A = L entsteht und T_1 wieder ausschaltet. Eine erneute Aufladung kann beginnen, und Komparator 2 erreicht wieder den Wert $U_{A2}(L)$. Diese dargelegten Zeitverläufe sind in Bild 4-59 angegeben. Die Zeiten t_a und t_f lassen sich sehr einfach berechnen:

1. Aufladung

$$u_C = U_{0C} - \frac{2}{3} U_{0C} \exp \frac{-t}{\tau_1}, \tag{4.92}$$

$$u_C(t = t_a) = \frac{2}{3} U_{0C}, \tag{4.93}$$

$$t_a = \tau_1 \ln 2 \tag{4.94}$$

2. Entladung

$$u_C = \frac{2}{3} U_{0C} \exp \frac{-t}{\tau_2}, \tag{4.95}$$

$$u_C(t = t_f) = \frac{1}{3} U_{0C}, \tag{4.96}$$

$$t_f = \tau_2 \ln 2 \tag{4.97}$$

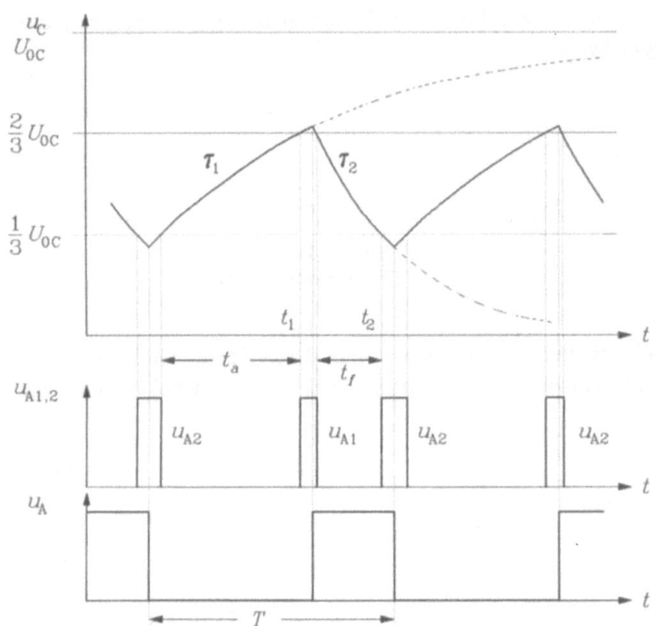

Bild 4-59
Zeitverhalten des
Generators nach Bild 4-57

Die gesamte Periodendauer ergibt sich näherungsweise zu

$$T \approx t_\mathrm{a} + t_\mathrm{f}, \tag{4.98}$$

wenn man die inneren Verzögerungen der Bauelemente (Komparatoren, RS-FF, Ausgangsverstärker und Transistor T_1) vernachlässigt,

$$T \approx (R_1 + 2R_2)C \ln 2. \tag{4.99}$$

T ist damit betriebsspannungsunabhängig.

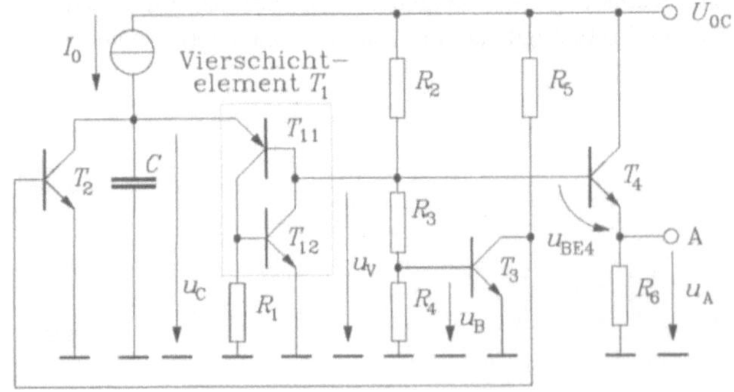

Bild 4-60
Multivibrator mit Vierschichtelement

Die Wirkungsweise der Schaltung mit Vierschichtelement (Bild 4-60) beruht darauf, daß bei Ansteigen der Kondensatorspannung u_C (Transistor T_2 sei infolge leitenden Transistors T_3 gesperrt) das ausgeschaltete Vierschichtelement dann eingeschaltet wird, wenn

$$u_{\mathrm{C}}(t = t_1) = U_{\mathrm{EBX11}} + u_{\mathrm{v}}$$

$$= U_{\mathrm{EBX11}} + U_{\mathrm{BEX3}} + \frac{R_3}{R_2 + R_3}(U_{\mathrm{0C}} - U_{\mathrm{BEX3}}) \tag{4.100}$$

wird. Der zum Zeitpunkt $t = t_1$ ansteigende Kollektorstrom von T_{11} fließt in die Basis von T_{12} (mit Ausnahme eines geringen Stromanteiles durch R_1) und führt zur Übersteuerung dieses Transistors, u_{v} wird

$$u_{\mathrm{v}}(t = t_1) = U_{\mathrm{CEX}} \approx 0. \tag{4.101}$$

Das sich anschließende Sperren von T_3 führt zum Einschalten des Entladetransistors T_2 und damit zum Absinken von u_{C}. Sinkt nun dadurch u_{EB11} unter U_{EBX11}, schaltet das Vierschichtelement aus. Dieses Ausschalten wird durch R_1, unterstützt. Die Folge des Ausschaltens von T_1 ist das Ansteigen von u_{v}, das Einschalten von T_3 und das Sperren von T_2. Es beginnt anschließend die erneute Aufladung des Kondensators C. Transistor T_4 und R_6 dienen lediglich zur belastungsarmen Auskopplung von u_{v},

$$U_{\mathrm{A}}(\mathrm{H}) = \frac{R_3}{R_2 + R_3}(U_{\mathrm{0C}} - U_{\mathrm{BEX3}}) + U_{\mathrm{BEX3}} - U_{\mathrm{BEX4}}$$

$$\approx \frac{R_3}{R_2 + R_3}(U_{\mathrm{0C}} - U_{\mathrm{BEX}}) \tag{4.1}$$

$$U_{\mathrm{A}}(\mathrm{L}) = 0. \tag{4.103}$$

Die Periodendauer T wird im wesentlichen von der Anstiegszeit t_{a} bestimmt,

$$T \approx t_{\mathrm{a}}\ . \tag{4.104}$$

$$I_0 = C\frac{\mathrm{d}\,u_{\mathrm{C}}}{\mathrm{d}\,t} \tag{4.105}$$

$$I_0 \int\limits_0^T \mathrm{d}\,t = C \int\limits_{U_{\mathrm{CEX}} + U_{\mathrm{EBX11}}}^{U_{\mathrm{EBX11}} + U_{\mathrm{BEX}} + \frac{R_3}{R_2 + R_3}(U_{\mathrm{0C}} - U_{\mathrm{BEX}})} \mathrm{d}\,u_{\mathrm{C}} \tag{4.106}$$

damit wird

$$T = \frac{C}{I_0}\left(\frac{R_3}{R_2 + R_3}U_{\mathrm{0C}} + \frac{R_2}{R_2 + R_3}U_{\mathrm{BEX}} - U_{\mathrm{CEX}}\right). \tag{4.107}$$

Die entsprechenden Zeitverläufe zeigt Bild 4-61. Realisiert man die Stromquelle I_0 durch einen Stromspiegel nach Bild 4-62, so ergibt sich I_0 zu

$$I_0 = \frac{U_{\mathrm{0C}} - U_{\mathrm{EBX}}}{R} \cdot \frac{A_{\mathrm{C1}}}{A_{\mathrm{C2}}}\ . \tag{4.108}$$

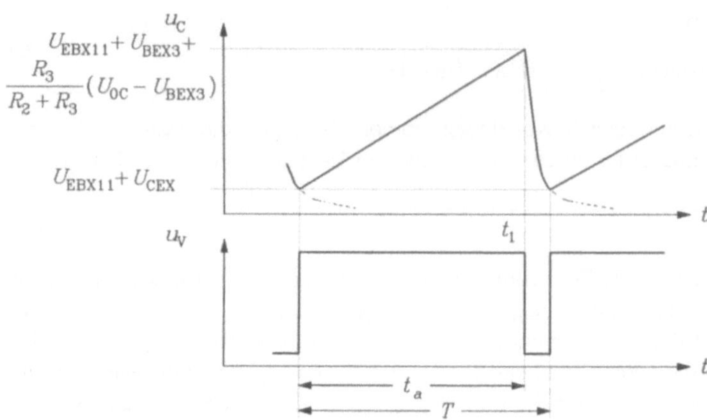

Bild 4-61 Zeitverläufe des Generators nach Bild 4-60

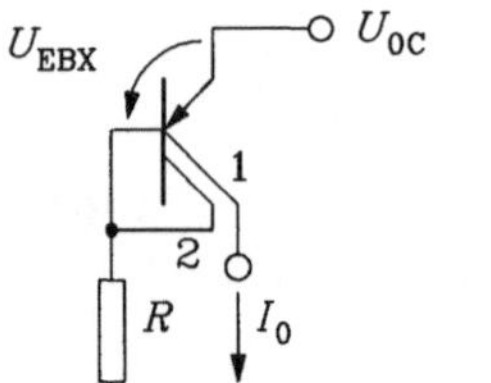

Bild 4-62
Stromspiegel als Stromquelle

Das Verhältnis A_{C1} / A_{C2} ist das Verhältnis der Kollektorflächen des Stromspiegeltransistors. Somit wird nun

$$T = C \cdot R \cdot \frac{A_{C2}}{A_{C1}} \cdot \frac{\dfrac{R_3}{R_2+R_3} U_{0C} + \dfrac{R_2}{R_2+R_3} U_{BEX} - U_{CEX}}{U_{0C} - U_{EBX}} \qquad (4.109)$$

Durch Wahl eines großen (zum Beispiel externen) Widerstandes und eines großen Flächenverhältnisses

$$\frac{A_{C2}}{A_{C1}} \geq 3 \qquad (4.110)$$

können selbst mit integrierten Kapazitäten (also bei Einsparung eines externen Bauelements) niedrige Frequenzen im kHz-Bereich erreicht werden. Die Betriebsspannungsabhängigkeit ist bei geeigneter Dimensionierung des Spannungsteilers R_2, R_3 ebenfalls gering.

4.4.5 Quarzgeneratoren

Wie schon erwähnt, sind Quarzgeneratoren analoge Bauelemente, die zunächst Sinusschwingungen erzeugen. Zur Nutzung als Impulsgenerator müssen deshalb dem Quarzgenerator Impulsformerstufen nachgeschaltet werden.

Bild 4-63 zeigt einen einfachen Quarzgenerator in CMOS-Technik.

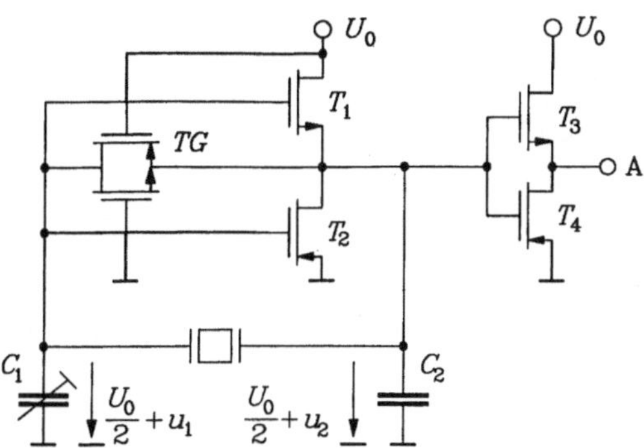

Bild 4-63
Quarzgenerator in CMOS-Technik

Zwischen den beiden Klemmen des Schwingquarzes ist der analoge invertierende Verstärker mit dem Transmission-Gate TG und den Transistoren T_1 und T_2 geschaltet. Das Transmission-Gate ist hochohmig ausgelegt und dient zur Einstellung des Arbeitspunktes auf dem steilen Ast der Übertragungskennlinie ($U_A = U_E = U_0$) nach Bild 4-64.

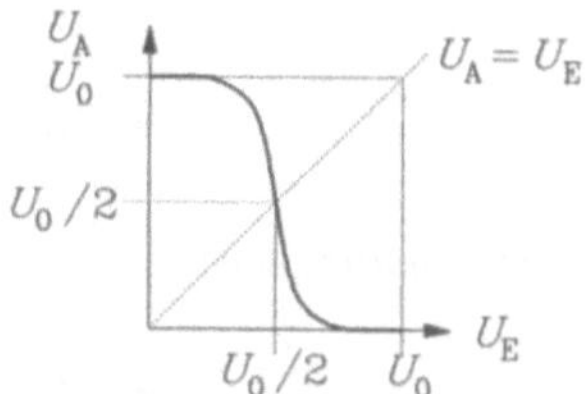

Bild 4-64
Arbeitspunkteinstellung des CMOS-
Verstärkers nach Bild 4-63

Die Spannungen u_1 und u_2 stellen die sinusförmigen Wechselspannungen am Ein- und Ausgang des Verstärkers dar. Die Transistoren T_3 und T_4 arbeiten als Begrenzer und formen die Sinusschwingungen in digitale Impulse um.

Der Quarz ist ein schwingfähiges Gebilde und kann auf seiner Grundwelle oder den Oberwellen schwingen. Bild 4-65 zeigt eine Ersatzschaltung für die Grundwelle des Quarzes.

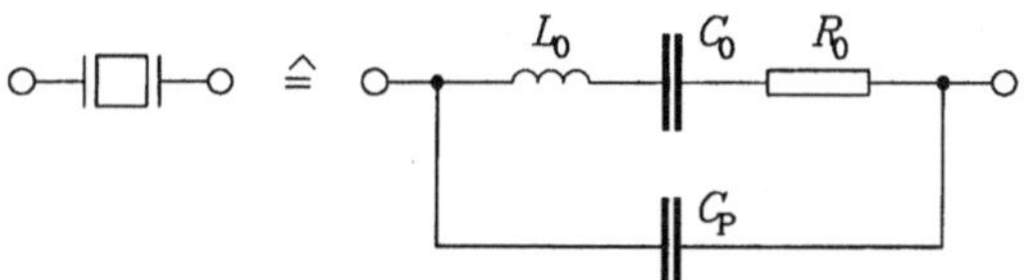

Bild 4-65
Ersatzschaltung des Quarzes

Da der Quarz eine außerordentlich hohe Güte besitzt, kann für Näherungsrechnungen der Widerstand R_0 entfallen.

$$Q = \frac{\omega_0 L_0}{R_0} > 30\ 000 \tag{4.111}$$

Die geringen Verluste des Quarzes und der angeschlossenen Schaltungsteile werden durch den CMOS-Verstärker ausgeglichen, so daß stabile Sinusschwingungen entstehen.

Mit dem in Bild 4-65 angegebenen Bauelementemodell entsteht die in Bild 4-66 dargestellte Wechselstrom-Ersatzschaltung, wobei die hochohmige Verstärkerstufe vernachlässigt wurde.

Der komplexe Leitwert G des Quarzes wird

$$G = j\omega\, C_P + \cfrac{1}{j\omega\, L_0 + \cfrac{1}{j\omega\, C_0}} = j\omega\left(C_P + \frac{C_0}{1 - \omega^2 L_0 C_0}\right). \tag{4.112}$$

Damit erhält man folgende Knotengleichungen:

$$u_1\,(j\omega C_1 + G) - u_2\,G = 0, \tag{4.113}$$

$$-u_1\,G + u_2\,(j\omega C_2 + G) = 0. \tag{4.114}$$

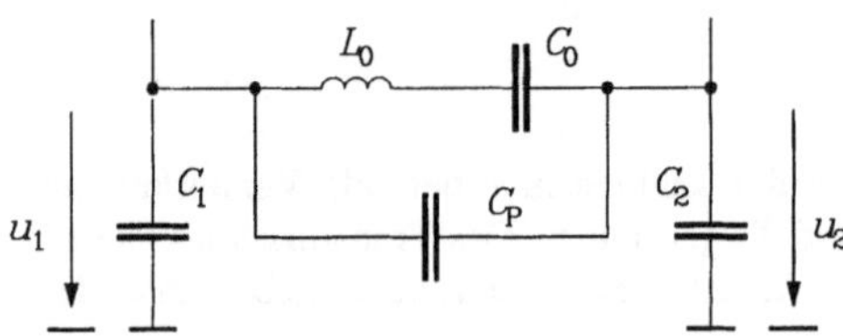

Bild 4-66
Regeneration digitaler Signale

Führt man Gl. (4.114) in Gl. (4.113) ein, so ergibt sich

$$u_1\left(j\omega\, C_1 + G - \frac{G^2}{j\omega\, C_2 + G}\right) = 0. \tag{4.115}$$

Gl. (4.115) ist sinnvoll nur für $u_1 \neq 0$ erfüllbar, also bei einer bestimmten Schwingfrequenz ω_r,

$$j\omega_r C_1 + G - \frac{G^2}{j\omega_r C_2 + G} = \frac{-\omega_r^2 C_1 C_2 + j\omega_r (C_1 + C_2)G}{j\omega_r C_2 + G} = 0. \tag{4.116}$$

Da $\omega_r = 0$ ebenfalls als sinnvolle Lösung ausfällt, wird mit Gl. (4.112)

$$C_1 C_2 + (C_1 + C_2)\left(C_P + \frac{C_0}{1 - \omega_r^2 L_0 C_0}\right) = 0. \tag{4.117}$$

Daraus folgt die sich einstellende Schwingfrequenz zu

$$\omega_r = \sqrt{\frac{1}{L_0 C_0}\left(1 + \frac{C_0}{C_P + \dfrac{C_1 C_2}{C_1 + C_2}}\right)}. \tag{4.118}$$

Mit Einführung der Grundfrequenz des Quarzes ω_0,

$$\omega_0 = \frac{1}{\sqrt{L_0 C_0}}, \tag{4.119}$$

wird

$$\omega_r = \omega_0 \sqrt{1 + \frac{C_0}{C_P + \dfrac{C_1 C_2}{C_1 + C_2}}}. \tag{4.120}$$

C_0 ist meist 3 Größenordnungen kleiner als C_P, bzw. C_1 und C_2, so daß die sich einstellende Schwingfrequenz nur wenig von der Reihenresonanzfrequenz des Quarzes in positiver Richtung abweicht.

Mit Hilfe des Trimmers C_1 kann die Schwingfrequenz abgeglichen werden. Dazu soll die Empfindlichkeit dieser Frequenz gegenüber Änderungen dieser Kapazität ermittelt werden,

$$\frac{d\omega_r}{\omega_r} \approx \frac{d\omega_r}{\omega_0} = f\left(\frac{dC_1}{C_1}\right). \tag{4.121}$$

Durch Differentiation von Gl. (4.120) erhält man in guter Näherung

$$\frac{d\omega_r}{dC_1} \approx -\frac{1}{2}\omega_0 \frac{C_0 C_2{}^2}{\left[C_1 C_2 + C_P(C_1 + C_2)\right]^2} \tag{4.122}$$

oder

$$\frac{d\omega_r}{\omega_r} \approx -\frac{1}{2} \frac{C_1 C_0 C_2{}^2}{\left[C_1 C_2 + C_P(C_1 + C_2)\right]^2} \frac{dC_1}{C_1}. \tag{4.123}$$

Das Ergebnis soll an einem Zahlenbeispiel erläutert werden. Ein Schwingquarz mit $f_0 = 4\text{MHz}$ habe folgende Parameter: $L_0 = 87\text{mH}$, $C_0 = 18\text{fF}$, $C_P = 5\text{pF}$. C_2 betrage 20pF, C_1 lasse sich von 5-20pF einstellen. Die maximale Empfindlichkeit entsteht bei $C_1 = 5\text{pF}$, sie beträgt

$$\frac{d\omega_r}{\omega_r} = \frac{df_r}{f_r} = -3,6 \cdot 10^{-4} \frac{dC_1}{C_1}.$$

Eine Änderung der Kapazität von 1 % führt zu einer absoluten Frequenzänderung Δf_r von 14 Hz.

4.5 Schmitt-Trigger

Schmitt-Trigger sind dadurch gekennzeichnet, daß sich der Hysteresebereich im Übergangsbereich zwischen dem Eingangs-L- und -H-Pegel befindet (Bild 4-67).

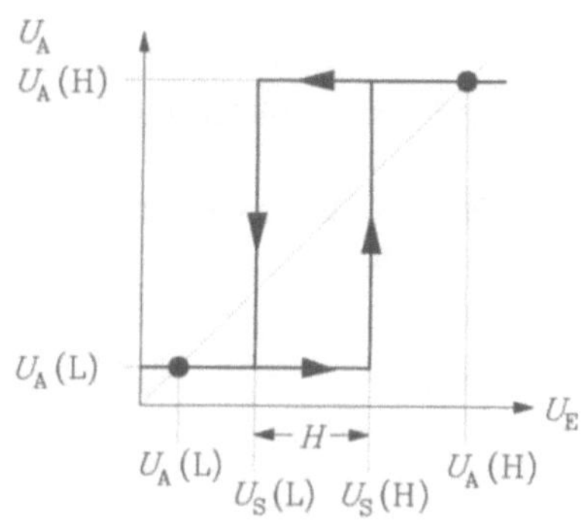

Bild 4-67
Übertragungskennlinie des Schmitt-Trigger

Damit wirkt die Schaltung bei Betrieb mit den Normpegeln wie ein kombinatorisches Grundgatter, während sie beim Übergang von einem Normpegel zum anderen Hystereseeigenschaften zeigt. Die Hysteresebreite H ergibt sich aus den Umschaltschwellen zu

$$H = U_S(H) - U_S(L). \tag{4.124}$$

Schmitt-Trigger lassen sich gut zur Wandlung beliebiger Signalformen in Rechteckimpulse nutzen und damit auch zur Regenerierung verzerrter ursprünglich digitaler Signale. Bild 4-68 zeigt das Prinzip der Regeneration digitaler Signale, Bild 4-69, das der Wandlung sinusförmiger Schwingungen in eine Impulsfolge. Zu beachten ist, daß das Umschalten von L nach H erst bei Erreichen von $U_S(H)$ erfolgt, das Umschalten von H nach L bei $U_S(L)$.

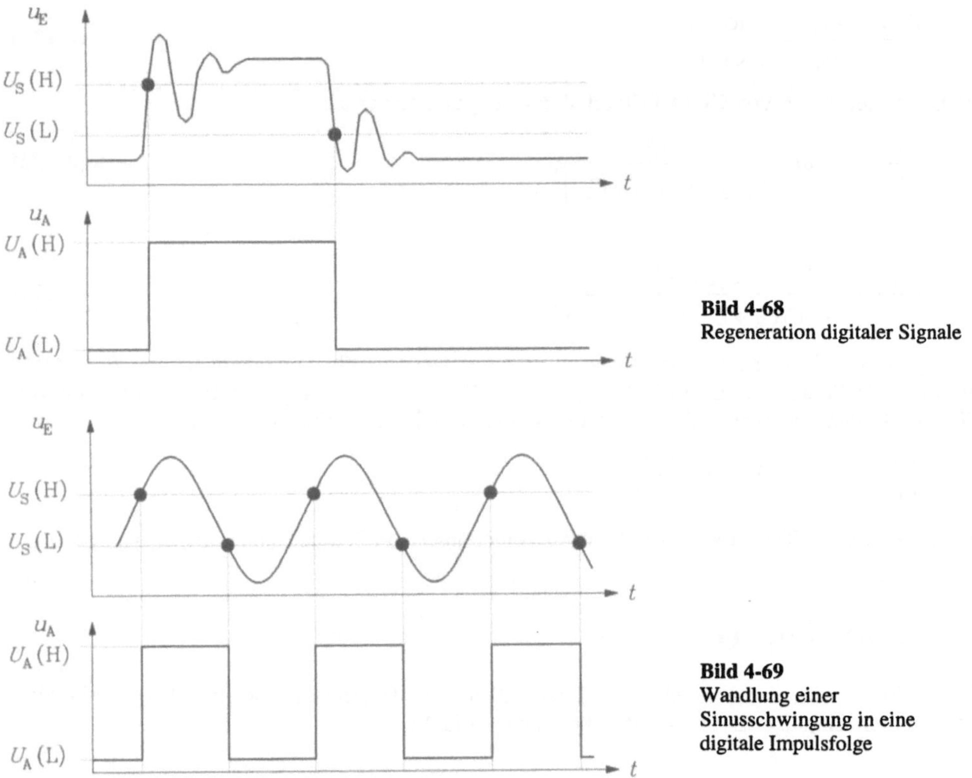

Bild 4-68
Regeneration digitaler Signale

Bild 4-69
Wandlung einer
Sinusschwingung in eine
digitale Impulsfolge

Damit ist z.B. der Schmitt-Trigger prädestiniert, als Signalwandler am Ausgang von Quarzgeneratoren umgesetzt zu werden (siehe Abschnitt 4.4.5).

Wählt man die Hysteresebreite sehr klein, so entsteht eine ideale Übertragungskurve (Bild 4-70 für einen Inverter) mit sprungartigem Übergang zwischen den beiden Zuständen.

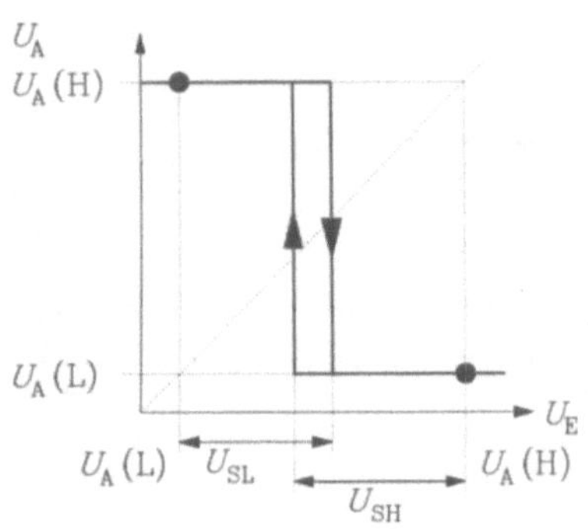

Bild 4-70
Schmitt-Trigger als
Inverter

Dabei ergeben sich große statische Störsicherheiten und wesentlich verringerte Verzögerungszeiten. Die Schaltungstechnik der Schmitt-Trigger folgt im wesentlichen 2 Prinzipien. Bild 4-71 zeigt das am meisten eingesetzte Prinzip. Zwei in Kette geschaltete Negatoren sind über einen gemeinsamen Widerstand R_K (oder eine Diode, einen Transistor, eine Stromquelle) am ursprünglichen Massepotential der Negatoren (Emitter bei Bipolartransistoren, Source bei Feldeffekttransistoren) zusätzlich miteinander verkoppelt.

Aus Bild 4-71 abgeleitete Schaltungsvarianten zeigt für gebräuchliche Schaltungstechniken Bild 4-72.

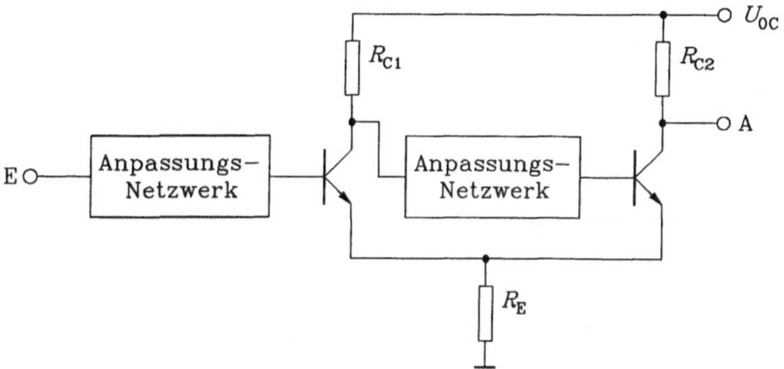

Bild 4-71 1. Schaltungsprinzip von Schmitt-Triggern

Das Entstehen der Hysterese soll am Beispiel der ECL-Schaltung nach Bild 4-72c erläutert werden.
Zunächst sei E mit L belegt , d.h., die Eingangsspannung U_E beträgt

$$U_E(L) = -U_{BEX} - \Delta U \tag{4.125}$$

(siehe dazu Kapitel 3 des Buches). Transistor 1 sei gesperrt, seine Kollektorspannung ist somit

$$U_{C1} = 0V. \tag{4.126}$$

Damit wird die Basisspannung von Transistor 2

$$U_{B2} = U_{C1} - U_{BEX} = -U_{BEX}, \tag{4.127}$$

Transistor 2 ist leitend, seine Ausgangsspannung beträgt

$$U_A = -\Delta U. \tag{4.128}$$

Erhöht man nun die Eingangsspannung, so verbleiben die Transistoren solange in ihren bisherigen Zuständen, wie noch

$$U_E < U_{B2} = -U_{BEX} \tag{4.129}$$

gilt. Nähert sich U_E nun diesem Wert, beginnt durch T_1 Strom zu fließen, U_{C1} sinkt ab. Das wiederum führt zum Absinken von U_{B2}, so daß T_2 sehr schnell sperrt und der Strom I_0 der Stromquelle auf den linken Transistor umgeleitet wird. Damit wird nun

$$U_{C1} = -\Delta U, \tag{4.130}$$

$$U_{B2} = -\Delta U - U_{BEX}. \tag{4.131}$$

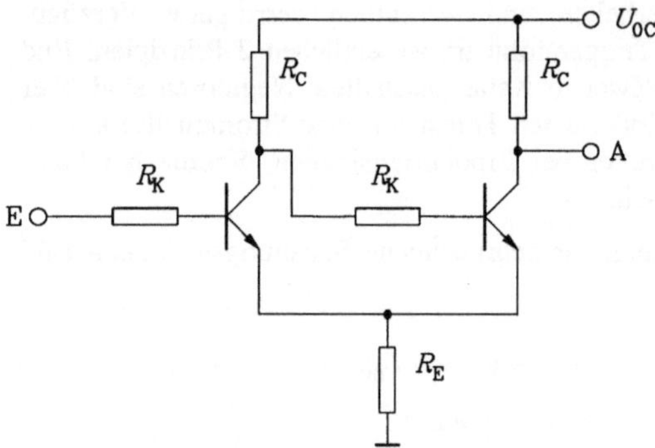

a) Übersteuerungslogik

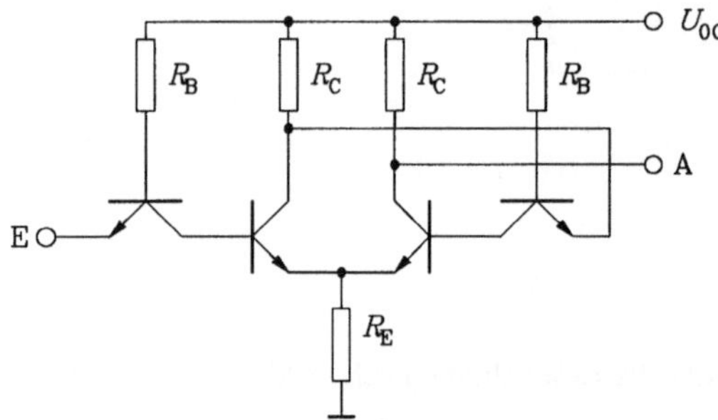

b) TTL
(ohne Ausgangsstufe)

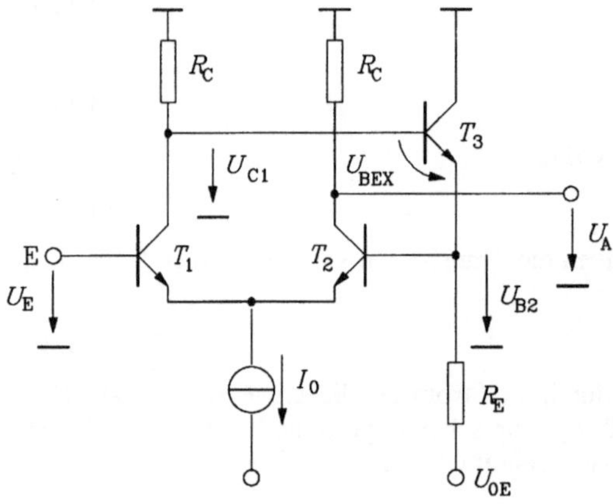

c) ECL mit $\Delta U = 0{,}8\,\text{V}$

Bild 4-72 Schmitt-Trigger-Schaltungsvarianten

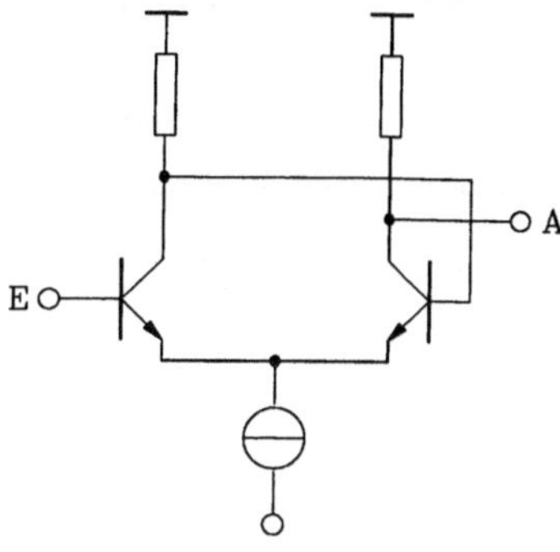

d) ECL mit $\Delta U = 0{,}4\text{V}$

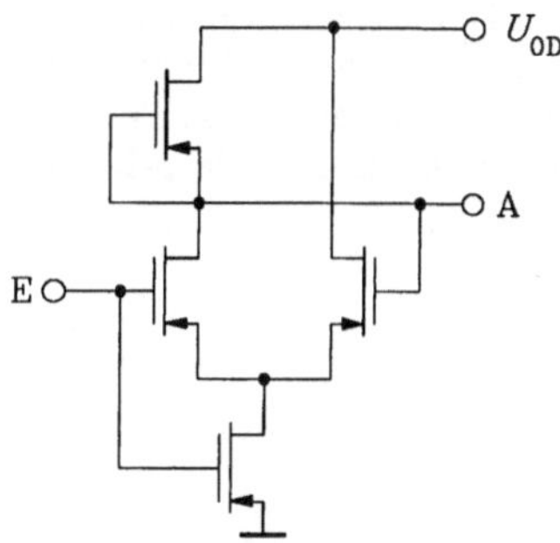

e) NMOS–Technik

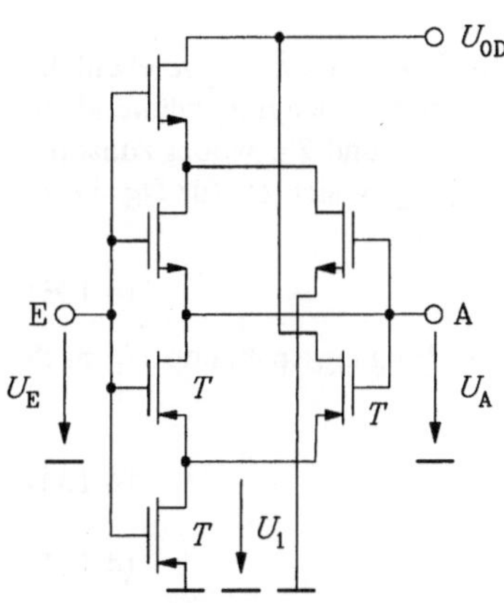

f) CMOS–Technik

Bild 4-72 (Fortsetzung)

Beim Zurückschalten der Eingangsspannung vom H- zum L-Pegel bleibt die Schaltung in dem durch die Gl. (4.130) und (4.131) beschriebenen Zustand, solange

$$U_E > U_{B2} = -\Delta U - U_{BEX} \tag{4.132}$$

ist. Bei Annäherung an diesen Wert schaltet der Schmitt-Trigger erneut um. Bild 4-73 macht das eben beschriebene Verhalten nochmals deutlich.

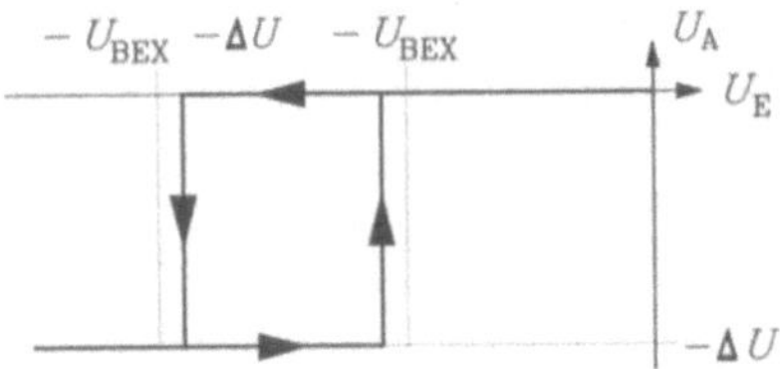

Bild 4-73
Hysterese des ECL-Schmitt-Triggers

Der CMOS-Schmitt-Trigger nach Bild 4-72f unterscheidet sich insofern von den anderen Varianten, daß sowohl die n-Kanal-Transistoren wie auch die p-Kanal-Transistoren jeweils nach dem Grundprinzip Bild 4-71 aufgebaut sind, er beinhaltet praktisch zwei Schmitt-Trigger. Zur Erläuterung des Verhaltens dieses Schmitt-Triggers soll zunächst nur das Schalten des Ausganges von H nach L an Hand der n-Kanal-Transistoren erläutert werden. Dazu werden alle p-Kanal-Transistoren in einem Ersatzwiderstand R_P zusammengefaßt (Bild 4-74).

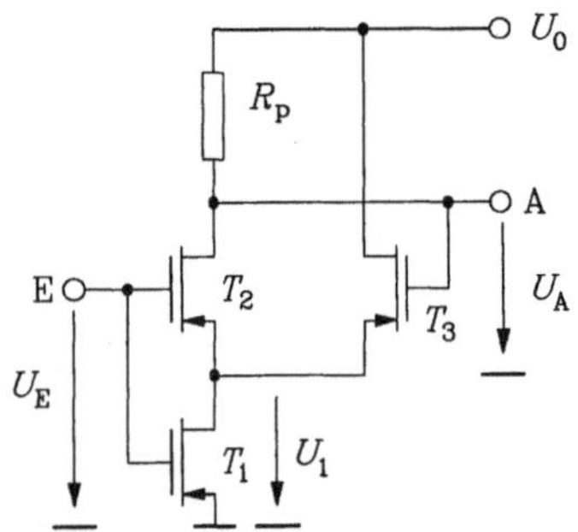

Bild 4-74
Ersatzschaltbild des CMOS-Schmitt-Triggers

Für $U_E = 0$ wird $U_A = U_0$ (H-Pegel), T_1 und T_2 sind gesperrt, durch T_3 kann demzufolge ebenfalls kein Strom fließen. Erreicht U_E die Schwellspannung U_{Tn}, wird zuerst T_1 leitend, während T_2 noch gesperrt bleibt. Damit entsteht ein Inverter aus den Transistoren T_1 und T_3, wobei zunächst T_1 und auch T_3 im Einschnürbereich arbeiten ($U_{GST3} = U_{DST3}$). Somit ergibt sich U_1 für $U_E = U_{Tn}$ zu

$$U_1 = U_0 - U_{Tn}. \tag{4.133}$$

Haben T_1 und T_3 die gleichen β-Werte, so wird U_1 mit ansteigender Eingangsspannung U_E nach Gl. (4.134),

$$\frac{\beta_1}{2}(U_E - U_{Tn})^2 = \frac{\beta_3}{2}(U_0 - U_1 - U_{Tn})^2, \tag{4.134}$$

$$U_1 = U_0 - U_E. \tag{4.135}$$

Die Ausgangsspannung U_A kann sich erst verändern, wenn T_2 leitend wird. Dazu muß

$$U_E = U_1 + U_{Tn} \tag{4.136}$$

werden,

$$U_E = \frac{1}{2}(U_0 + U_{Tn}) > \frac{U_0}{2}. \qquad (4.137)$$

Mit weiter steigendem U_E sinkt nun U_A ab, damit wird T_3 weniger leitend, der Umklappvorgang wird eingeleitet. Ähnliche Betrachtungen gelten für die p-Kanal-Transistoren beim Schalten des Ausganges von H nach L. Der Umklappvorgang beginnt bei der Eingangsspannung

$$U_E = \frac{1}{2}(U_0 + U_{Tp}) < \frac{U_0}{2}. \qquad (4.138)$$

Bild 4-75 zeigt das exakte Verhalten dieses CMOS-Schmitt-Triggers, welches mit Hilfe eines Netzwerkanalyseprogramms ermittelt wurde.

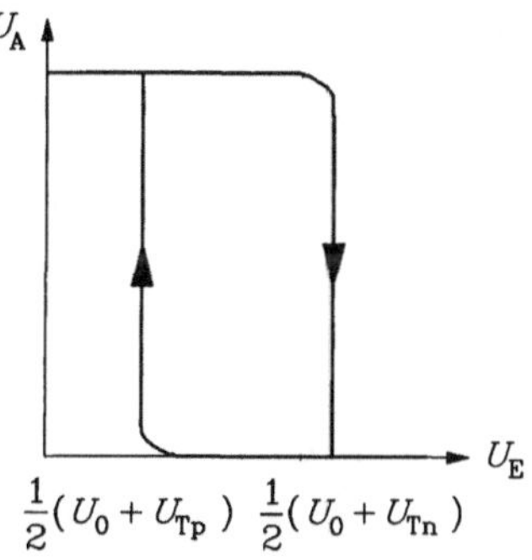

Bild 4-75
Hysteresekennlinie des CMOS-Schmitt-Triggers

Neben den bisher beschriebenen Schmitt-Trigger-Prinzip ist eine aus Gattern aufgebaute zweite Variante üblich (Bild 4-76).

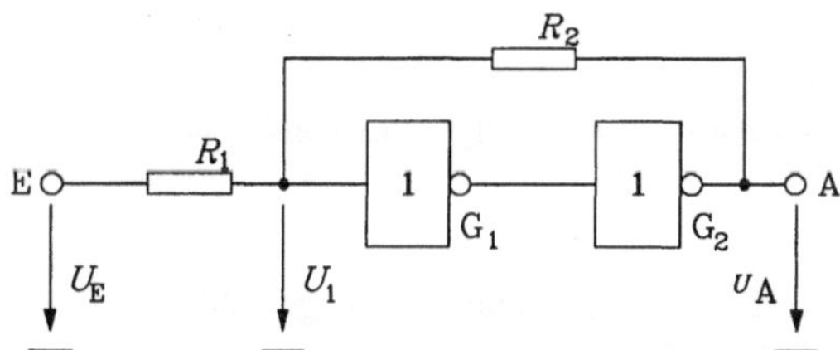

Bild 4-76
2. Schaltungsprinzip: Schmitt-Trigger auf Gatterbasis

Zur Erläuterung dieses Prinzips sei erneut angenommen, daß die Negatoren ideale Übertragungskennlinien aufweisen (Bild 4-77), ihr Eingangsstrom sei zu vernachlässigen.

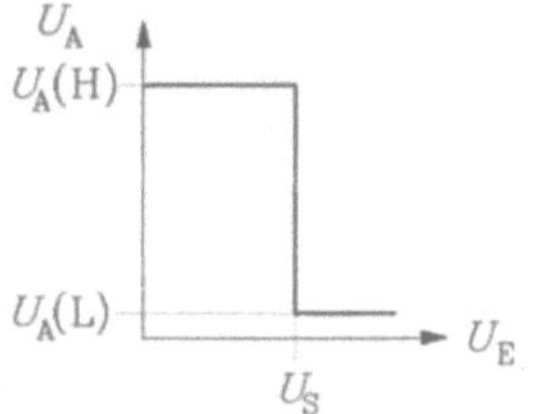

Bild 4-77
Idealisierte Übertragungskennlinie der Negatoren in Bild 4-74

Für $U_E = U_E(L)$ sei auch $U_A = U_A(L)$. Steigt nun U_E an, so erfolgt ein Umschalten der Negatoren dann, wenn U_1 die Schwellspannung U_S erreicht. Damit gilt kurz vor dem Umschalten

$$\frac{U_E - U_S}{R_1} = \frac{U_S - U_A(L)}{R_2}, \qquad (4.139)$$

$$U_E = U_{ES}(H) = U_S + \frac{R_1}{R_2}(U_S - U_A(L)). \qquad (4.140)$$

Erhöht man U_E über diesen Schwellwert $U_{ES}(H)$ hinaus, springt U_A auf $U_A(H)$, so daß sich über den Spannungsteiler R_1, R_2 auch U_1 sprunghaft erhöht.

Verringert man anschließend die Eingangsspannung $U_E = U_E(H)$, so erfolgt das erneute Umschalten wieder bei $U_1 = U_S$,

$$\frac{U_E - U_S}{R_1} = \frac{U_S - U_A(H)}{R_2}, \qquad (4.141)$$

$$U_E = U_{ES}(H) = U_S + \frac{R_1}{R_2}(U_S - U_A(H)). \qquad (4.142)$$

Die Hysteresebreite H wird damit

$$H = U_{ES}(H) - U_{ES}(L) = \frac{R_1}{R_2}(U_A(H) - U_A(L)). \qquad (4.143)$$

Bild 4-78 zeigt die Hysteresekurve dieses Schmitt-Triggers.

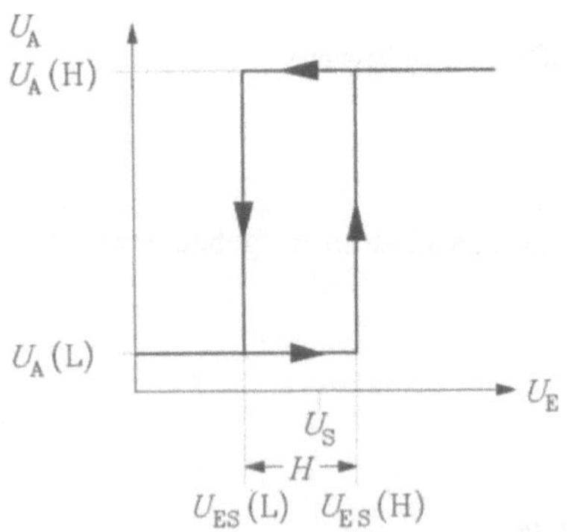

Bild 4-78
Hysteresekurve des Schmitt-Triggers nach Bild 4-74

Im allgemeinen muß für die Einstellung einer üblichen Hysteresekennlinie $R_1 < R_2$ gewählt werden, um zu sichern, daß die Schwellspannung $U_{ES}(L) > U_E(L)$ wird.

4.6 Aufgaben

Aufgabe 4.1

Gegeben ist folgendes Flip-Flop:

$m = 10$; $B_N = 30$; $U_{CEX} = 0,1$ V; $U_{BEX} = 0,8$ V

1. Berechnen Sie U_{0C}.
2. Welche Übersteuerung m ergibt sich für $U_{0C} = 2$ V?
3. Auf welchen Wert sinkt die Übersteuerung für $U_{0C} = 2$ V, wenn in die Basisleitung je eine Diode mit $U_F = 0,7$ V eingefügt wird?

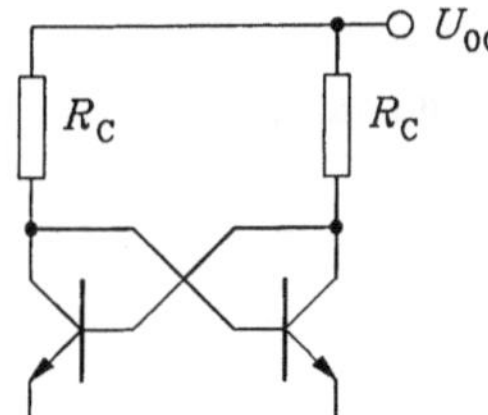

Bild Aufgabe 4.1

Aufgabe 4.2

Gegeben sei die idealisierte Übertragungskennlinie eines DCTL-FF mit $U_E = 0$ V.

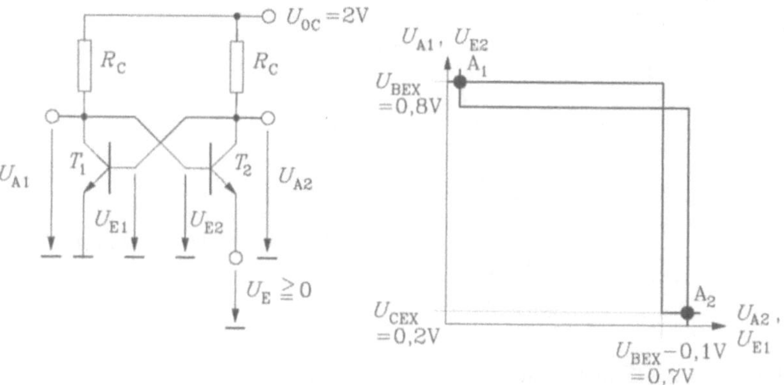

Bild Aufgabe 4.2

1. Geben Sie die maximale Spannung U_E an, bei der noch zwei Arbeitspunkte möglich sind.
2. Geben Sie die Störsicherheiten U_{SL} und U_{SH} der Schaltung an.
3. Berechnen Sie R_C und den Übersteuerungsgrad m ($I_{CX} = 1$ mA; $B_N = 30$).

Aufgabe 4.3

Berechnen Sie für das angegebene RS-FF in ED-Technik die zum Umschalten des FF notwendige Mindestbreite des Setzimpulses, wenn für das einzelne NOR-Gatter folgende Verzögerungszeiten gelten:

$t_{PHL} = t_{HL} = 10$ ns, $t_{PLH} = t_{LH} = 30$ ns.

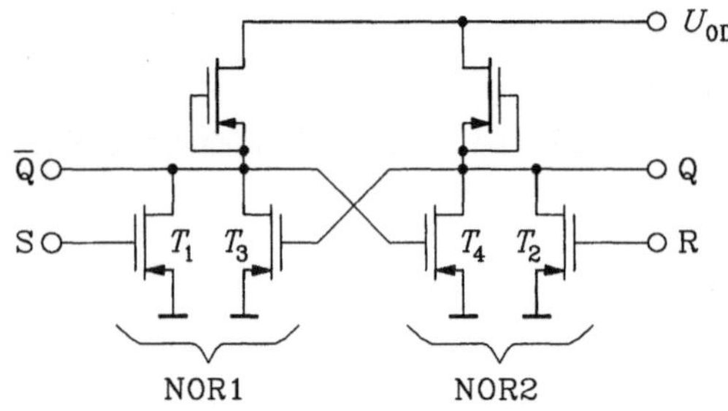

Bild Aufgabe 4.3

Aufgabe 4.4

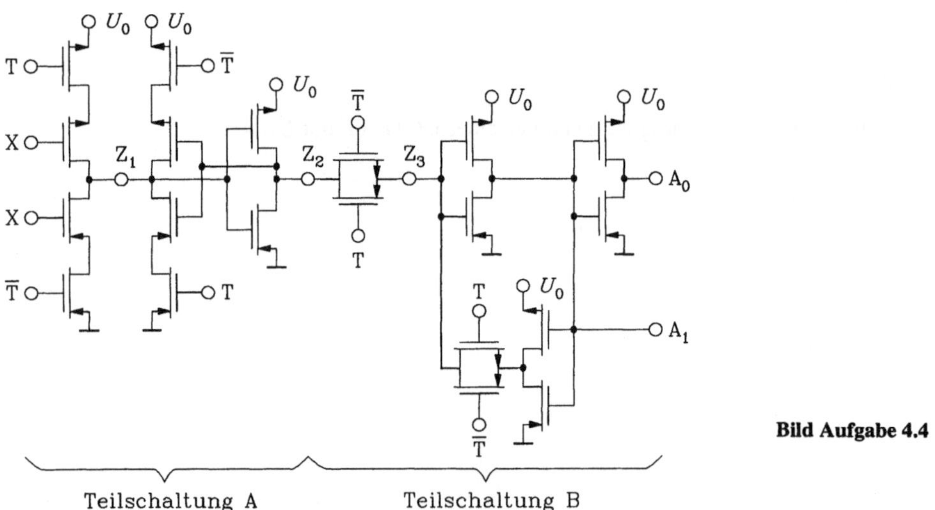

Bild Aufgabe 4.4

Die Funktion der abgebildeten CMOS-Schaltung soll ermittelt werden.

1. Geben Sie für T = L und T = H die logischen Funktionen $Z_1(X)$, $Z_2(X)$, $Z_3(X)$, $A_0(X)$ und $A_1(X)$ an.
2. Welche Funktionen realisieren die Teilschaltungen A, B und die Gesamtschaltung?
3. Beschreiben Sie die Funktion der Eingänge T und X.

Aufgabe 4.5

Gegeben ist ein Monoflop (siehe Bild).

1. Ergänzen Sie die Schaltung so, daß durch einen kurzen H-Impuls die Schaltung in den dynamisch stabilen Zustand gekippt werden kann.
2. Skizzieren Sie $u_{BE1}(t)$ und $u_A(t)$ während des dynamisch stabilen Zustandes.
3. Berechnen Sie die Verweildauer T des dynamisch stabilen Zustandes.

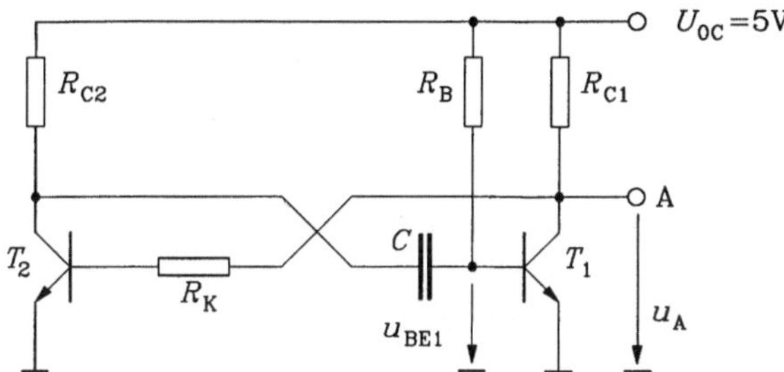

Bild Aufgabe 4.5

Zahlenwerte: $U_{CEX}=0{,}1V$, $U_{BEX}=0{,}7V$, $U_{BEF}=0{,}65V$, $R_B=10k\Omega$, $C=10nF$

Aufgabe 4.6

Aus zwei Gattern (2-fach NAND in TTL-Technik) wird ein Monoflop aufgebaut. Die Übertragungskennlinie des Gatters soll idealisiert angenommen werden (siehe Bild), der Eingangsstrom des Gatters 2 betrage für E = L $I_E = -\,1\,mA$.

1. Geben Sie für den statisch stabilen Zustand die Spannungspegel U_E, U_{A1} und U_A an.
2. Berechnen Sie die Dauer T des dynamisch stabilen Zustandes.

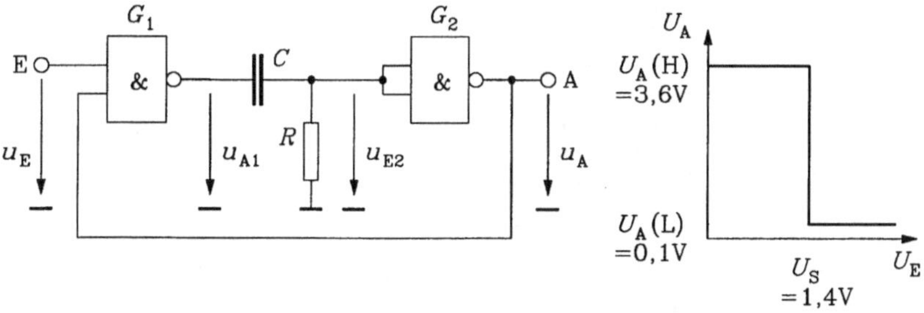

Bild Aufgabe 4.6

Zahlenwerte: $R = 300\Omega$, $C = 100nF$

Aufgabe 4.7

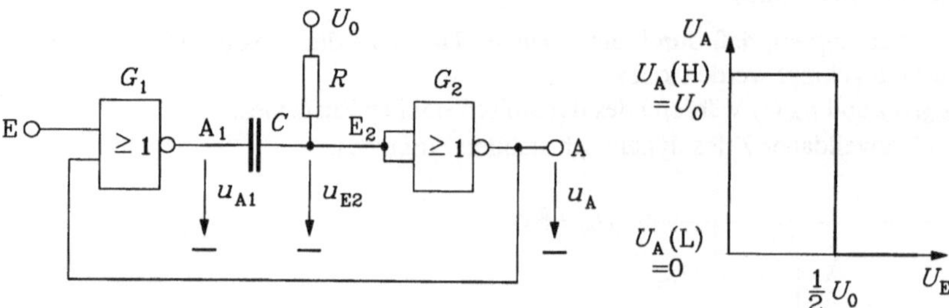

Bild Aufgabe 4.7

Gegeben ist ein Monoflop mit NOR-Gliedern, deren statische Übertragungskurve als ideal angenommen wird (siehe Bild). Der Eingangsstrom der Gatter sei Null.

1. Geben Sie für den Ruhezustand des Monoflop die logischen Werte für E, A_1, E_2 und A an.
2. Mit welchem Impuls an E wird der kurzzeitige Verweilzustand ausgelöst?
3. Zeichnen Sie das Impulsdiagramm für $E(t)$, $u_{A1}(t)$, $u_{E2}(t)$ und $u_A(t)$ bei Aktivierung des Einganges E bis zum erneuten Erreichen des Ruhezustandes! Tragen Sie darin die möglichen
   Spannungspegel ein (Konstantspannungen, Anfangs-, End- und Abbruchwerte).
4. Dimensionieren Sie C so, daß eine Verweilzeit von $T = 10\text{ms}$ entsteht.

Zahlenwerte: $U_0 = 5\text{V}$, $R = 10\,\text{k}\Omega$

Aufgabe 4.8

Gegeben ist folgender astabiler Multivibrator, der aus zwei kapazitiv verkoppelten Negatoren in
Übersteuerungstechnik besteht.

$I_{CX} = 10\,\text{mA}\,;\ B_N = 60;\ m = 3;$

$U_{0C} = 12\,\text{V}\,;\ U_{BEX} = 0,7\,\text{V}\,;\ U_{BEF} = 0,5\,\text{V}\,;$

$U_{CEX} = 0,3\,\text{V}\,;\ C = 100\,\text{pF}$

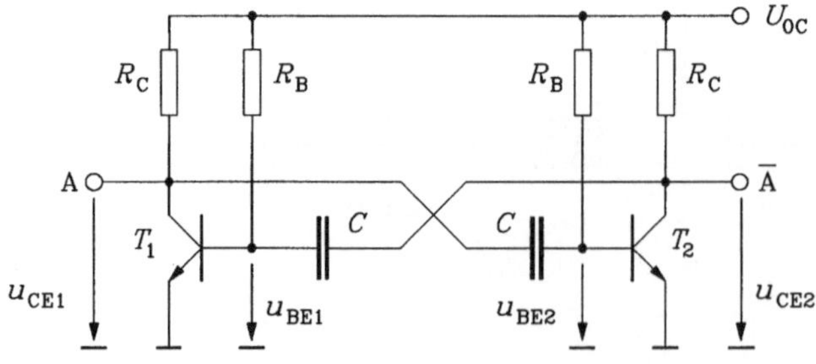

Bild Aufgabe 4.8

1. Geben Sie qualitativ die Verläufe $u_{BE1}(t)$, $u_{BE2}(t)$, $u_{CE1}(t)$ und $u_{CE2}(t)$ an.
2. Berechnen Sie R_B so, daß im leitenden Zustand der Transistor garantiert übersteuert wird.
3. Berechnen Sie R_C.
   Geben Sie den Zusammenhang zwischen R_C und R_B an ($U_{0C} \gg U_{CEX}$, U_{BEX}).
4. Berechnen Sie die Frequenz f der Schwingung.

Aufgabe 4.9

Gegeben ist ein Generator in ungesättigter Logik, der eine Impulsfrequenz von 60 MHz abgeben soll.

1. Geben Sie das Zeitverhalten der Spannungen $u_B(t)$, $u_{BE1}(t)$, $u_{BE2}(t)$ und $u_A(t)$ an.
2. Berechnen Sie die Größe der Kapazität C und das Tastverhältnis k.

Zahlenwerte: $U_{BEX} = 0{,}7\,\text{V}$, $U_{BEF} = 0{,}6\,\text{V}$

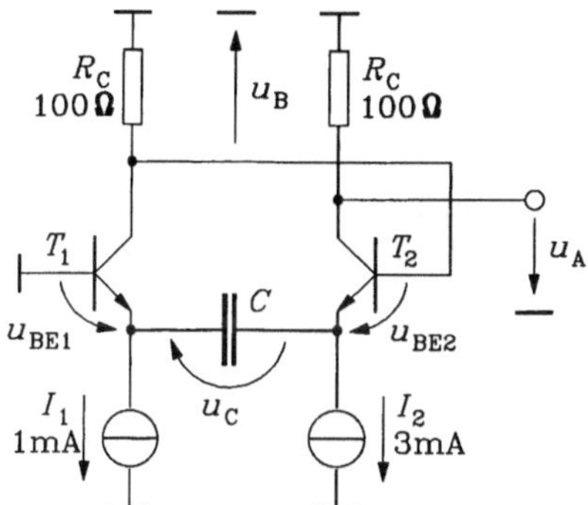

Bild Aufgabe 4.9

Aufgabe 4.10

Analysieren Sie die Arbeitsweise des folgenden Impulsgenerators, wenn die Einzelgatter ideale Übertragungskurven aufweisen (siehe Bild). Der Eingangsstrom der Gatter sei zu vernachlässigen.

1. Geben Sie das Impulsdiagramm $u_1(t)$, $u_2(t)$ und $u_3(t)$ an, wenn zum Zeitpunkt $t = 0$ der Starteingang S von L auf H geschaltet wird.
2. Berechnen Sie die Impulsfrequenz f und das Tastverhältnis k.

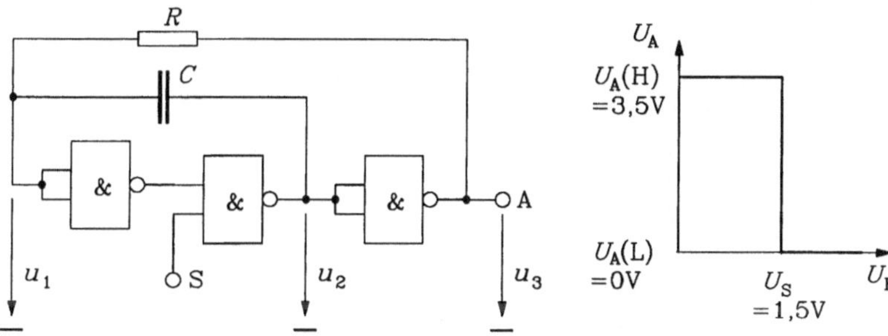

Bild Aufgabe 4.10

Zahlenwerte: $R = 1\,\text{k}\Omega$, $C = 0{,}1\,\mu\text{F}$

Aufgabe 4.11

Ermitteln Sie die Impulsfrequenz des dargestellten Ringoszillators, wenn $t_{PLH} = t_{HL} = 5\,\text{ns}$ und $t_{PHL} = t_{LH} = 10\,\text{ns}$ betragen. Zeichnen Sie das Impulsdiagramm.

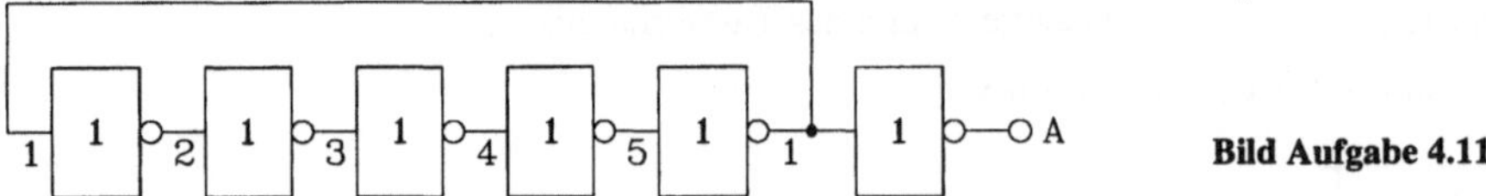

Bild Aufgabe 4.11

Aufgabe 4.12

Berechnen Sie die Hysteresekurve des Schmitt-Triggers unter Verwendung von Gattern mit idealer Übertragungskennlinie (siehe Aufgabe 4.10) und vernachlässigten Gattereingangsströmen.

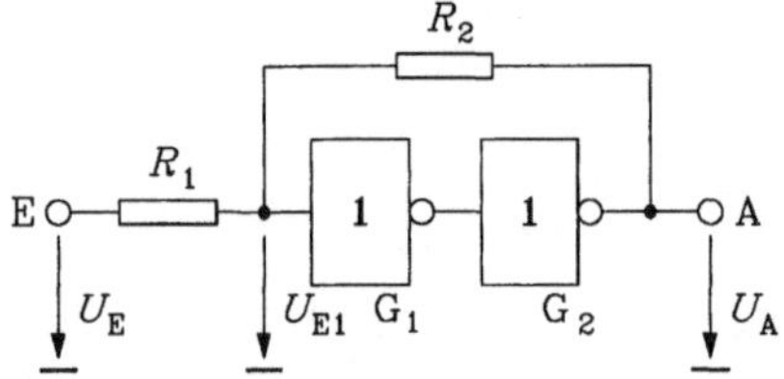

Bild Aufgabe 4.12

Zahlenwerte: $R_1 = 100\,\Omega$, $R_2 = 500\,\Omega$

Aufgabe 4.13

Ein Schmitt-Trigger mit der angegebenen Übertragungskennlinie soll mit einem RC-Tiefpaß-Glied als Generator eingesetzt werden.

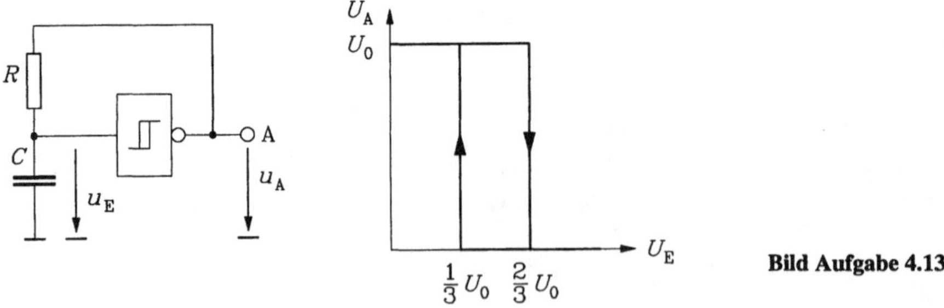

Bild Aufgabe 4.13

Ermitteln Sie

1. den Verlauf der Spannungen $u_E(t)$ und $u_A(t)$,
2. die Generatorfrequenz f und das Tastverhältnis k.

Der Eingangsstrom des Schmitt-Triggers kann vernachlässigt werden.

5 Interfaceschaltungen

Interfaceschaltungen sollen das Zusammenwirken digitaler Schaltungen an ihren Schnittstellen und den Übergang von oder zu analogen Pegeln problemlos ermöglichen. Aus dieser grundsätzlichen Aufgabe können folgende Teilaufgaben abgeleitet werden:

1. Anpassung der internen Pegel von Schaltkreisfamilien an Standardpegel, um Schaltkreise aus unterschiedlichen Technologien in einem Gesamtsystem betreiben zu können. Der gebräuchlichste Standardpegel ist der TTL-Pegel mit folgenden Grenzwerten:

$$U_E(L)_{max} = 0,8V, \qquad U_E(H)_{min} = 2,0V,$$
$$U_A(L)_{max} = 0,4V, \qquad U_A(H)_{min} = 2,4V.$$

   Die Interfaceschaltungen müssen jedoch auch die anderen Parameter der Standardpegel wie Stromaufnahme- oder -abgabemöglichkeiten, Störsicherheiten und Verzögerungszeiten berücksichtigen.

   Neben dem TTL-Pegel gibt es weitere standardisierte Schnittstellen, z.B. für die Verbindungen von Geräten (Meßgeräte, Rechner und deren periphere Geräte), die durch entsprechende schaltungstechnische Maßnahmen garantiert werden. Im vorliegenden Buch wird jedoch exemplarisch nur auf die Anpassung an den TTL-Pegel eingegangen.

   Oft ist es für bestimmte firmenspezifische Kopplungen von Schaltkreisfamilien uneffektiv, die Anpassung über den TTL-Pegel vorzunehmen (z.B. die Kopplung von ECL- mit CMOS-Schaltkreisen über die Kopplung ECL-TTL-CMOS). Dafür werden dann spezielle Interface-stufen zur direkten Kopplung der beiden Schaltkreisfamilien entwickelt, um Bauelemente, Verlustleistung und Verzögerungszeit einzusparen.

2. Realisierung von Treiberstufen, die auf mehrfach zu nutzende Leitungen (Datensammelschienen) arbeiten. Werden mehrere solche Leitungen zu einem funktional zusammengehörigen Leitungsbündel zusammengefaßt, so spricht man von einem Bus.

3. Realisierung von Treiber- und Empfängerstufen, die über elektrisch lange Leitungen miteinander verbunden sind, wobei das Einschwingverhalten der Leitung den digitalen Betrieb möglichst wenig stören soll.

4. Treiben systemfremder ohmscher, kapazitiver und induktiver Lasten.

5. Anpassung systemfremder digitaler Pegel (z.B. von Schaltern und Relais) zur Weiterverarbeitung in digitalen Schalzungen.

6. Wandlung analoger Signale in digitale und umgekehrt durch Analog-Digital-Umsetzer (ADU) und Digital-Analog-Umsetzer (DAU).

5.1 Technologiebedingte Pegelwandlung

Im Kapitel 3 des Buches sind bereits exemplarisch für I²L- und ECL-Schaltungen Anpassungen an den TTL-Pegel behandelt worden, so daß in diesem Abschnitt lediglich die Anpassung von NMOS- und CMOS-Schaltungen untersucht werden muß.

5.1.1 Pegelwandlung NMOS-TTL

Bild 5-1 zeigt eine typische Ausgangsstufe der NMOS-ED-Technik.

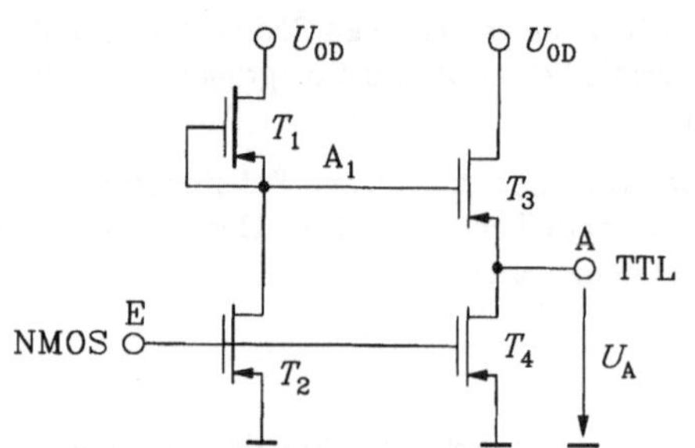

Bild 5-1 NMOS-ED-Ausgangsstufe

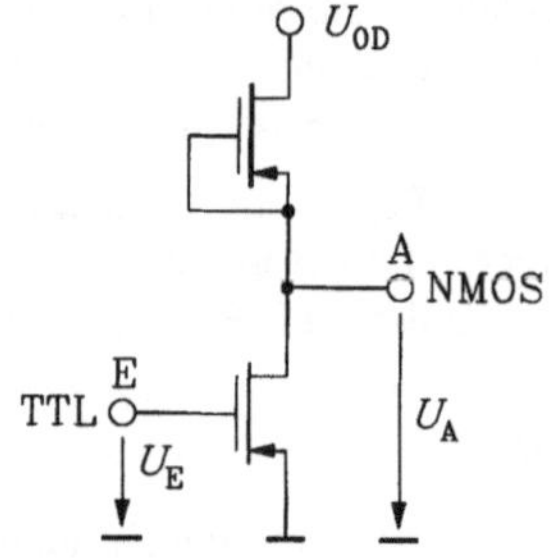

Bild 5-2 NMOS-ED-Eingangsstufe

Für E = L entsteht an A_1 ein idealer H-Pegel $U_{A1}(H) = U_{0D}$, mithin an A ein um U_{TE} abgesenkter H-Pegel,

$$U_A(H) = U_{0D} - U_{TE}, \tag{5.1}$$

der bei 5V Betriebsspannung und üblichen Schwellspannungen von $U_{TE} < 1V$ über dem geforderten TTL-Pegel $U_E(H)_{min} = 2{,}0V$ liegt. Belegt man E mit E = H, so wird T_4 leitend aktiv (T_3 ist gesperrt). Durch eine entsprechend große Kanalbreite wird gesichert, daß T_4 wenigstens einen TTL-Eingangsstrom aufnehmen kann und dabei $U_A(L) < U_E(L)_{maxTTL} = 0{,}8V$ bleibt,

$$I_D = I_{TTL} = \beta_{E4} \cdot \left[(U_{0D} - U_{TE}) U_A(L) - \frac{1}{2} U_A(L)^2 \right]. \tag{5.2}$$

Es wird klar, daß die Schaltung nach Bild 5-1 bei entsprechender Gestaltung beider Ausgangstransistoren in der Lage ist, die Anforderungen an den TTL-Pegel zu erfüllen.

Andererseits können NMOS-ED-Schaltungen (siehe Bild 5-2) auch problemlos durch TTL-Pegel angesteuert werden, da für den L-Pegel meist

$$U_A(L)_{max TTL} < U_{TE} \tag{5.3}$$

gilt und durch entsprechende Dimensionierung der Eingangsstufe erreicht werden kann, daß $U_A(H)_{minTTL}$ den Schalttransistor der Eingangsstufe sicher in den aktiven Bereich bringt.

5.1.2 Pegelwandlung CMOS-TTL

CMOS-Schaltungen mit einer Betriebsspannung von $U_0 = 5V$ können direkt TTL-Schaltungen ansteuern, ohne daß die TTL-Standardpegel verletzt werden (siehe Bild 5-3).

Bei unbelastetem Ausgang gilt

$$U_A(H)_{CMOS} = U_0 > U_E(H)_{minTTL}, \tag{5.4}$$

$$U_A(L)_{CMOS} \approx 0 < U_E(L)_{maxTTL}. \tag{5.5}$$

Durch entsprechend breite Kanalgestaltung insbesondere von T_2 wird gesichert, daß der CMOS-L-Pegel am Ausgang auch bei Aufnahme eines TTL-Eingangsstromes niedrig bleibt.

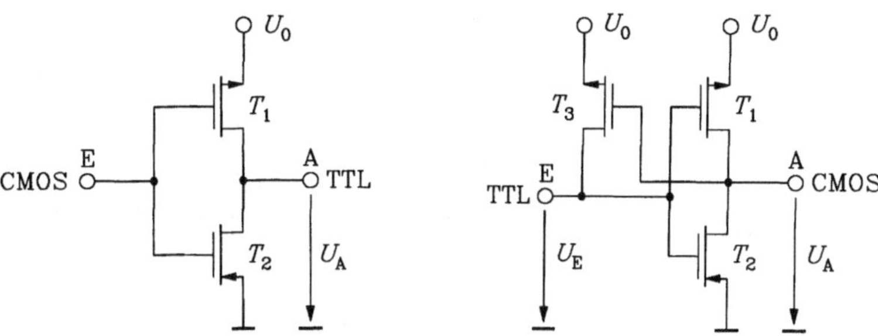

Bild 5-3 CMOS-Ausgangsstufe   **Bild 5-4** CMOS-Eingangsstufe

Die direkte Ansteuerung eines CMOS-Inverters durch eine TTL-Ausgangsstufe ist jedoch nicht möglich, weil der minimale TTL-H-Pegel von 2,4V beide Transistoren des CMOS-Inverters einschaltet, so daß ein für digitale Signale nicht definierter mittlerer Pegel entsteht. Der TTL-H-Pegel muß also zusätzlich angehoben werden. In der Schaltung Bild 5-4 geschieht das durch den p-Kanal-Transistor T_3, der beim Absinken von U_A einschaltet und U_E auf U_0 anhebt.

Der TTL-L-Pegel wird wie schon bei NMOS-Schaltungen ohne Probleme verarbeitet.

5.2 Ankopplung von Schaltungen an den Bus

Ein Bus ist ein Bündel von Sammelleitungen zum Informationsaustausch. Die 3 Ankoppelmöglichkeiten an den Bus sind in Bild 5-5 dargestellt, es existieren sowohl getrennte wie auch kombinierte Sender- und Empfängerschaltungen. Jede dieser Schaltungen besteht an der Schnittstelle zum Bus entsprechend der Verarbeitungsbreite aus mehreren gleichen Strukturen, die maximale Zahl wird durch die Breite des Busses festgelegt. Wird eine Busleitung in beiden Richtungen betrieben, so spricht man von bidirektionaler Arbeitsweise (Bild 5-6). Sind an einem Bus mehr als zwei Schaltungen angeschlossen oder liegt bidirektionale Arbeitsweise bei nur zwei Schaltungen vor, so sind Steuersignale notwendig, die die jeweils herzustellende Verbindung schalten.

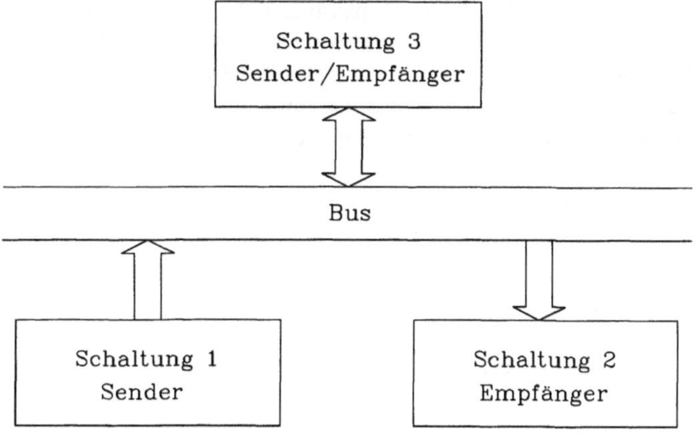

Bild 5-5
Ankopplungsmöglichkeiten von Schaltungen an den Bus

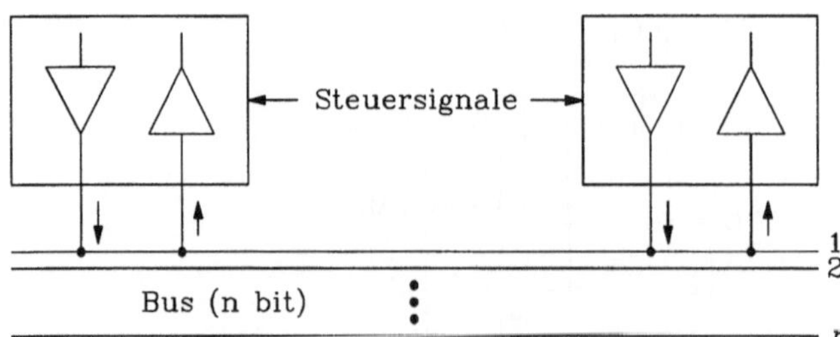

Bild 5-6
Bidirektional betriebener
Bus

Als Bustreiber kommen Open-Kollektor/Drain-, Open-Emitter/Source- oder Tristate-Stufen in
Frage. Die Ankopplung mehrerer Open-Kollektor-Stufen an den Bus zeigt Bild 5-7. Jeweils eine
Stufe ist in der Lage, den Zustand des Busses A = L zu erreichen. Der Ruhezustand A = H kann
keiner einzelnen Schaltung zugeordnet werden, es sind alle Stufen gesperrt. Beim Open-Emitter-
Bus (siehe Bild 5-8) ist der Ruhezustand A = L. Auch hier darf jeweils nur ein einziger Block über
den Bus senden. Zum Betrieb der Schaltung Bild 5-7 sind ein externer Widerstand und eine Spannungsquelle notwendig. Auf Grund der relativen Hochohmigkeit von R_C wird die Busleitung nur
langsam umgeladen (siehe Abschnitt 5.4).

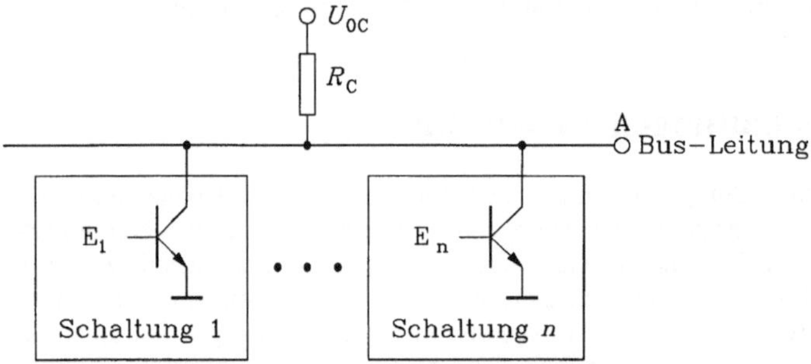

Bild 5-7
Open-Kollektor-Stufen als
Bustreiber

Insgesamt bessere Verhältnisse (höhere Geschwindigkeiten, Auswertung beider Zustände L und H
auf dem Bus) erreicht man durch den Einsatz von Tristate-Stufen (siehe Kapitel 3). Dabei kann
eine Schaltung als aktiver Sender die Zustände L oder H oder als passive, nicht zum Senden eingesetzte Stufe den Passivzustand Leerlauf realisieren. Bild 5-9 zeigt das Prinzipschaltbild einer solchen Bus-Ansteuerung, wobei der gewünschte Sender durch den Tristate-Steuereingang S_γ aus
dem Leerlauf in den aktiven Zustand gebracht wird. Zur Vermeidung von Kurzschlüssen zwischen
den Tristate-Stufen ist unbedingt zu garantieren, daß nur ein Steuereingang S_v jeweils aktiv ist.

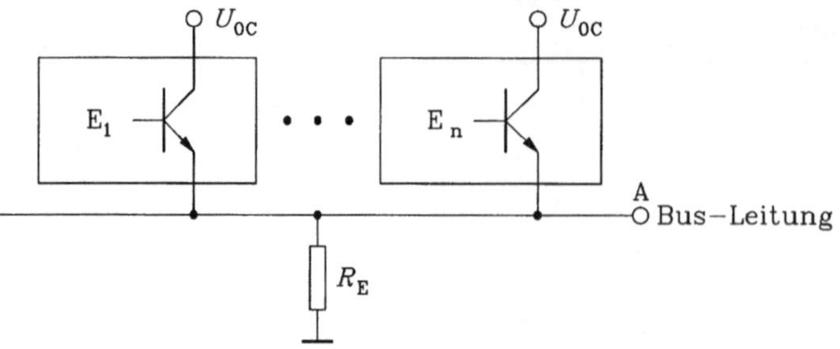

Bild 5-8
Open-Emitter-Stufen als
Bustreiber

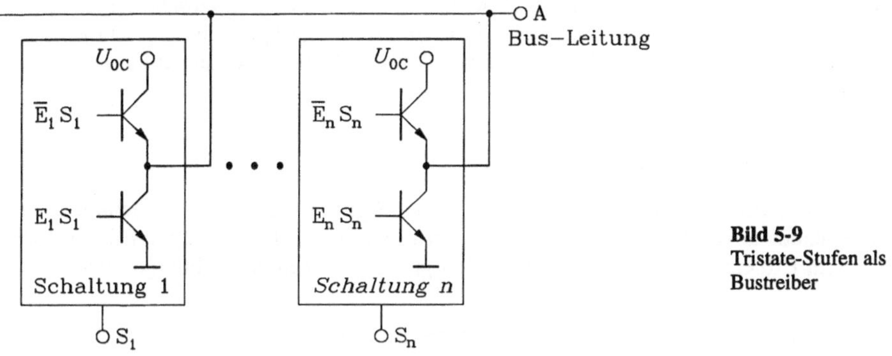

Bild 5-9
Tristate-Stufen als
Bustreiber

Konkrete Schaltungsauslegungen von Tristate-Stufen für TTL-, NMOS-ED- und CMOS-Techniken wurden bereits im Kapitel 3 behandelt. Als Empfängerschaltungen für Bussignale eignen sich Tor-Schaltungen (AND, NAND). Durch Steuereingänge wird das Tor freigegeben (siehe Bild 5-10).

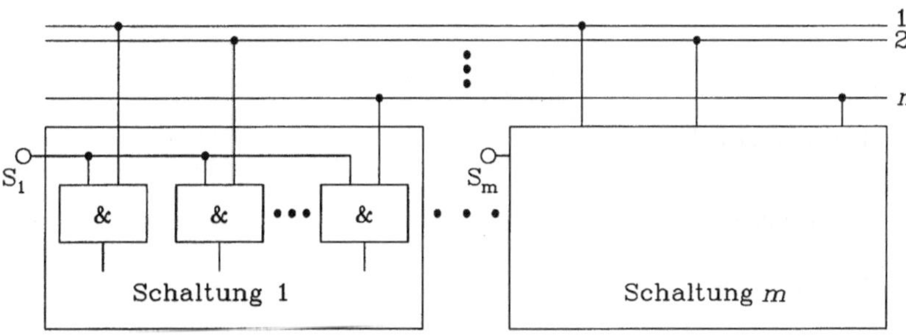

Bild 5-10 Empfängerschaltung für Bussignale

5.3 Digitaler Betrieb von Leitungen

Beim digitalen Betrieb von Leitungen treten 3 unerwünschte Effekte auf:

1. Signale treffen auf Grund des Laufzeitverhaltens der Leitung verzögert am Leitungsende ein,
2. bei Fehlanpassungen treten Reflexionen auf, so daß die Signale ihre gewünschten Endwerte erst nach dem mehrmaligen Durchlaufen der Leitung erreichen,
3. zwischen benachbarten Leitungen existieren Verkopplungen, die ein unerwünschtes Übersprechen zur Folge haben.

Die drei genannten Effekte sind in digitalen Systemen nur dann von Bedeutung, wenn sie das Verhalten der Gatter wesentlich stören, wenn also z.B. die Laufzeit der Leitung in die Größenordnung der Verzögerungszeit der Gatter kommt, die Leitung demnach als „elektrisch lang" bezeichnet werden kann.

Auf Grund des Großsignalbetriebes digitaler Schaltungen sind die Leitungsabschlüsse oft nicht-lineare Bauelemente, der lineare Zusammenhang zwischen Strom und Spannung ist nicht mehr ge-geben. Damit kann das lineare „Reflexionsfaktormodell" für verlustlose Leitungen i.a. nicht ange-wendet werden.

5.3.1 Modell von verlustlosen Leitungen

Für einfache Abschätzungen des Verhaltens von digitalen Signalen auf Leitungen genügt es, die Leitung als verlustlos anzusehen, d.h., alle Leitungsverluste einschl. des bei höheren Frequenzen auftretenden Skin-Effektes werden bei den folgenden grundsätzlichen Betrachtungen vernachläs-sigt.

Bild 5-11 zeigt ein differentielles Stück einer verlustlosen Einzelleitung.

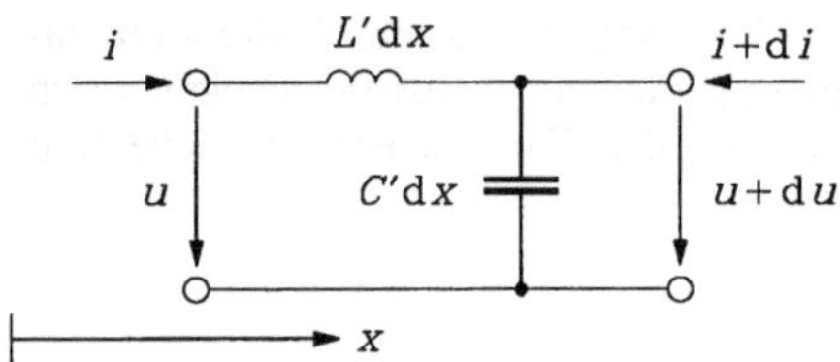

Bild 5-11
Leitungsstück einer verlustlosen Einzelleitung

Es bedeuten:

$$L' = \frac{L}{l} \quad = \quad \text{Induktivitätsbelag}$$

$$C' = \frac{C}{l} \quad = \quad \text{Kapazitätsbelag}$$

$$l \quad\quad = \quad \text{Leitungslänge}$$

$$x \quad\quad = \quad \text{ortsabhängige Variable } (0 \le x \le l)$$

Weitere wichtige Kenngrößen der Leitung sind der Wellenwiderstand Z,

$$Z = \sqrt{\frac{L'}{C'}} = \sqrt{\frac{L}{C}}, \tag{5.6}$$

die Ausbreitungsgeschwindigkeit v der Welle auf die Leitung,

$$v = \frac{Z}{L'} = \frac{1}{C'Z} = \frac{1}{\sqrt{L'C'}} = \frac{l}{\tau} \tag{5.7}$$

und die in Gl. (5.7) schon angegebene Laufzeit τ ,

$$\tau = \frac{l}{v} = \sqrt{LC}. \tag{5.8}$$

Aus Bild 5-11 können folgende Differentialgleichungen entnommen werden,

$$u = L' \cdot dx \cdot \frac{di}{dt} + u + du, \tag{5.9}$$

$$i = C' \cdot dx \cdot \frac{du}{dt} + i + di. \tag{5.19}$$

Durch Umformung erhält man daraus

$$\frac{du}{dx} = -\frac{L'}{Z} \cdot Z \cdot \frac{di}{dt} = -\frac{1}{v} \cdot Z \cdot \frac{di}{dt},$$
(5.11)

$$Z \cdot \frac{di}{dx} = -C' Z \cdot \frac{du}{dt} = -\frac{1}{v} \cdot \frac{du}{dt}$$
(5.12)

Aus der Addition bzw. Subtraktion von Gl. (5.11) und Gl. (5.12) folgen

$$\frac{d}{dx}(u + Zi) = -\frac{1}{v}\frac{d}{dt}(u + Zi),$$
(5.13)

$$\frac{d}{dx}(u - Zi) = \frac{1}{v}\frac{d}{dt}(u - Zi).$$
(5.14)

Gl. (5.13) und Gl. (5.14) sagen aus, daß Ort und Zeit austauschbar sind, so daß für die beiden Funktionen $f_1 = u + Zi$ und $f_2 = u - Zi$ folgender Ansatz gerechtfertigt scheint:

$$u + Zi = f_1(t - \frac{x}{v}) = f_1(a),$$
(5.15)

$$u - Zi = f_2(t + \frac{x}{v}) = f_2(b).$$
(5.16)

Durch Einfügen von Gl. (5.15) in Gl. (5.13) und Gl. (5.16) in Gl. (5.14) erhält man

$$\frac{df_1(a)}{da}\frac{da}{dx} = \frac{df_1(a)}{da}\left(-\frac{1}{v}\right) = -\frac{1}{v}\frac{df_1(a)}{da}\frac{da}{dt} = -\frac{1}{v}\frac{df_1(a)}{da},$$
(5.17)

$$\frac{df_2(b)}{db}\frac{db}{dx} = \frac{df_2(b)}{db}\frac{1}{v} = \frac{1}{v}\frac{df_2(b)}{db}\frac{db}{dt} = \frac{1}{v}\frac{df_2(b)}{db},$$
(5.18)

der Ansatz war also richtig.

Die Funktion $u + Zi$ ist also konstant, wenn $t - \frac{x}{v}$ konstant gehalten wird, $u - Zi$ entsprechend bei konstantem $t + \frac{x}{v}$.

Bezeichnet man die Spannungen und Ströme am Eingang der Leitung (Leitungsanfang $x = 0$) mit u_1 und i_1, am Ausgang (Leitungsende $x = l$) mit u_2 und i_2, so folgt daraus

$$(u_2 + Zi_2)\big|_{t,x=l} = (u_1 + Zi_1)\big|_{t-l/v,x=0},$$
(5.19)

$$(u_1 - Zi_1)\big|_{t,x=0} = (u_2 - Zi_2)\big|_{t-l/v,x=l},$$
(5.20)

oder vereinfacht

$$(u_2 + Zi_2)\big|_{t} = (u_1 + Zi_1)\big|_{t-\tau},$$
(5.21)

$$(u_1 - Zi_1)\big|_{t} = (u_2 - Zi_2)\big|_{t-\tau}.$$
(5.22)

Gl. (5.21) sagt aus, daß $u_2 + Zi_2$ den Wert von $u_1 + Zi_1$ erreicht, nachdem die Welle mit der Laufzeit τ den Ausgang erreicht hat. Entsprechend ergibt sich $u_1 - Zi_1$ aus dem Wert $u_2 - Zi_2$ ebenfalls eine Laufzeit τ später.

Aus den Gl. (5.21) und (5.22) läßt sich das Ersatzschaltbild einer verlustlosen Leitung gewinnen (siehe Bild 5-12).

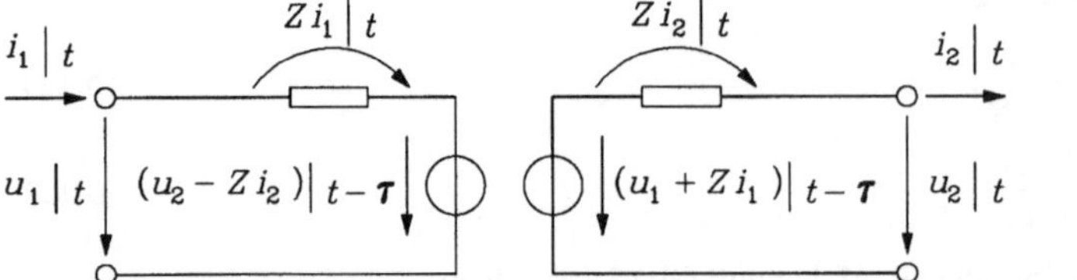

Bild 5-12
Ersatzschaltbild einer
verlustlosen Leitung

Oft wird mit einem symmetrischen Modell gearbeitet (z.B. im Netzwerksimulator SPICE), in dem alle Ströme in die Leitung hinein fließen. Das entsprechend Modelle zeigt Bild 5-13.

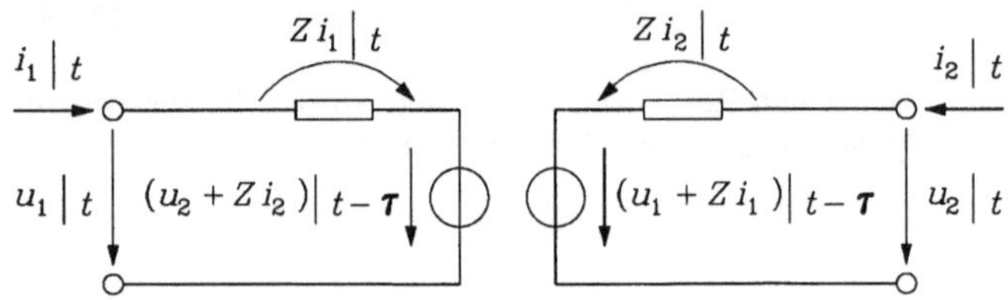

Bild 5-13
Symmetrisches Modell einer
verlustlosen Leitung

5.3.2 Einzelleitung

Die Verzögerungen digitaler Signale auf Leitungen sind dann am geringsten, wenn der Wellenwiderstand Z der Leitung an den Ausgangswiderstand R_G des Generators oder an den Eingangswiderstand R_E der nachfolgenden Schaltung angepaßt ist (einseitige Anpassung),

$$R_G = Z \tag{5.23}$$

bzw.

$$R_E = Z. \tag{5.24}$$

Eine zweiseitige Anpassung ist unzweckmäßig, weil sie zur Halbierung des L- bzw. H-Pegels führt.

In Bild 5-14 sind die den Gl. (5.23) und (5.24) entsprechenden Schaltungen angegeben.

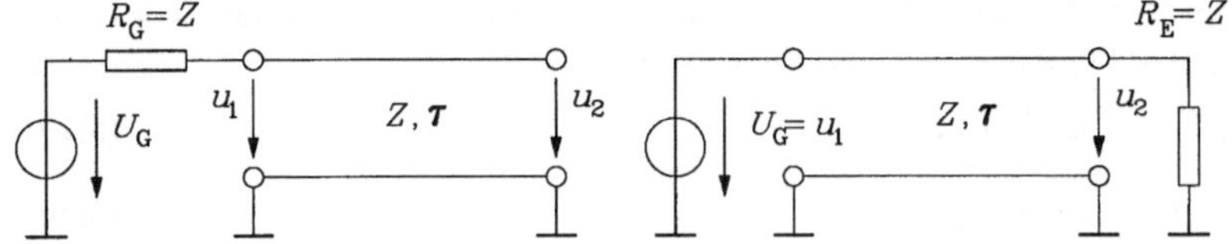

a) Leitung mit eingangsseitiger   b) Leitung mit ausgangsseitiger
   Anpassung   Anpassung

Bild 5-14 Möglichkeiten der Leitungsanpassung

Zur Berechnung der Spannungen und Ströme der Leitungen ist zunächst das Schaltungsmodell zu erstellen, indem die Leitung durch ihr Modell (siehe Bild 5-12) ersetzt wird. Die entsprechenden Untersuchungen sollen am Beispiel der Schaltung 5-14a geführt werden.

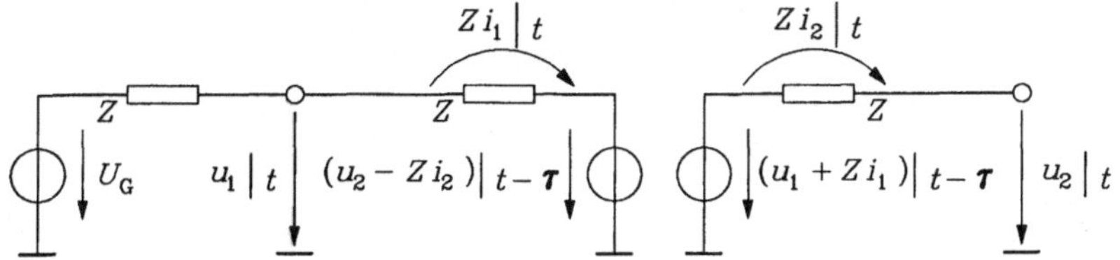

Bild 5-15 Schaltungsmodell der Leitung nach Bild 5-14a

Da die Leitung im Leerlauf betrieben wird, ist i_2 bzw. Zi_2 stets Null. Es soll angenommen werden, daß U_G zum Zeitpunkt $t = 0$ von $U_G(L)$ auf $U_G(H)$ springt. Zur Ermittlung der Verhältnisse zum Zeitpunkt $t = 0$ ist die Kenntnis von u_2 und Zi_2 zum Zeitpunkt $t = -\tau$ (vor dem Schalten) notwendig,

$$u_2\big|_{-\tau} = U_G(L),\qquad(5.25)$$

$$Zi_2\big|_{-\tau} = 0.\qquad(5.26)$$

Damit folgt die Eingangsmaschengleichung zu

$$U_G(H) = 2Zi_1\big|_0 + U_G(L)\qquad(5.27)$$

und

$$u_1\big|_0 = Zi_1\big|_0 + U_G(L).\qquad(5.28)$$

Gl. (5.27) und (5.28) liefern

$$Zi_1\big|_0 = \frac{1}{2}(U_G(H) - U_G(L)) = \frac{\Delta U}{2},\qquad(5.29)$$

$$u_1\big|_0 = \frac{\Delta U}{2} + U_G(L),\qquad(5.30)$$

der Eingangspegel erreicht zunächst nur ca. 50% seines Endwertes.

Zum Zeitpunkt $t = \tau$ erreicht das Signal den Ausgang der Leitung, die entsprechende Maschengleichung lautet

$$(u_1 + Zi_1)\big|_{\tau-\tau=0} = \Delta U + U_G(L) = U_G(H) = u_2\big|_\tau.\qquad(5.31)$$

Die Ausgangsspannung springt um τ verzögert sofort auf den erwarteten Endwert $U_G(H)$. Nach 2 τ erreicht das am Ausgang reflektierte Signal erneut den Eingang, so daß gilt

$$U_G(H) = 2Zi_1\big|_{2\tau} + (u_2 - Zi_2)\big|_\tau = 2Zi_1\big|_{2\tau} + U_G(H),\qquad(5.32)$$

$$Zi_1\big|_{2\tau} = 0,\qquad(5.33)$$

$$u_1\big|_{2\tau} = Zi_1\big|_{2\tau} + U_G(H) = U_G(H).\qquad(5.34)$$

Nach 2τ stellt sich auch am Eingang der erwartete Pegel $U_G(H)$ ein. In Tabelle 5.1 und Bild 5-16 ist diese iterative Berechnung des Einschwingens der Leitung nochmals deutlich gemacht.

Es ist festzustellen, daß die erwartete Information am Ausgang der Leitung eher vorhanden ist als am Eingang. Die gleichen Verhältnisse ergeben sich beim Anlegen eines negativen Sprunges des Generators an die Leitung.

Tabelle 5.1 Einschwingverhalten der Leitung nach Bild 5-14a

t	u_1	Zi_1	u_2	Zi_2
$-\tau$	$U_G(L)$	0	$U_G(L)$	0
0	$U_G(L)+$ $0,5\Delta U$	$0,5\Delta U$		
τ			$U_G(H)$	0
2τ	$U_G(H)$	0		

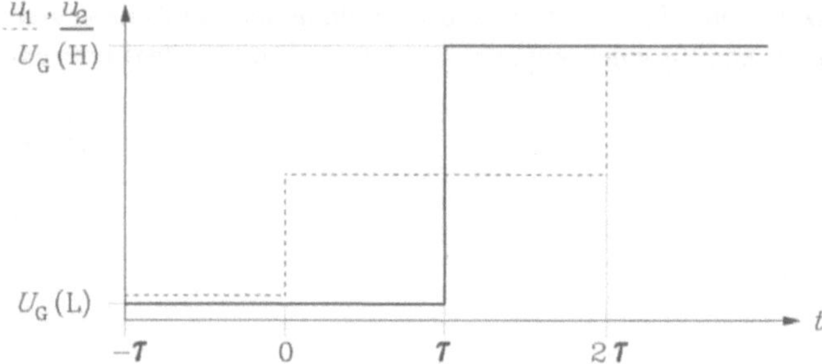

Bild 5-16
Einschwingverhalten der
Leitung nach Bild 5-14a

Günstiger gestalten sich die Verhältnisse bei ausgangsseitiger Anpassung (Bild 5-14b). In Tabelle
5.2 und Bild 5-17 sind die Ergebnisse der Berechnung dargestellt, die der Leser leicht selbst nach-
vollziehen kann.

Tabelle 5.2 Einschwingverhalten der Leitung nach Bild 5-14b

t	u_1	Zi_1	u_2	Zi_2
$-\tau$	$U_G(L)$	$U_G(L)$	$U_G(L)$	$U_G(L)$
0	$U_G(H)$	$U_G(H)$		
τ			$U_G(H)$	$U_G(H)$

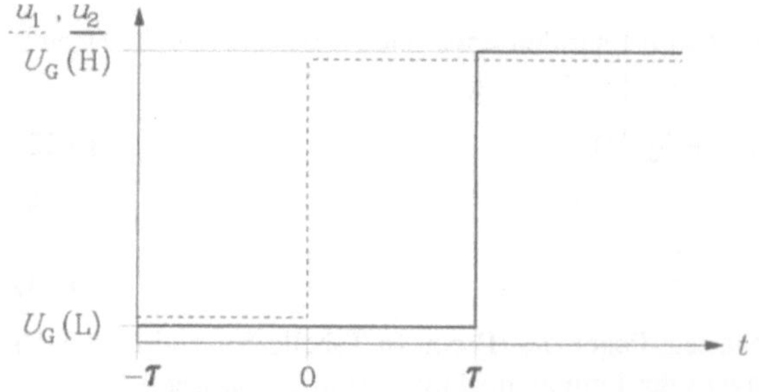

Bild 5-17
Einschwingverhalten der
Leitung nach Bild 5-14b

Die ausgangsseitige Anpassung der Leitung erweist sich auch für den Fall als günstig, wenn mehrere Empfänger E_v die Leitung verlustlos anzapfen (siehe Bild 5-18).

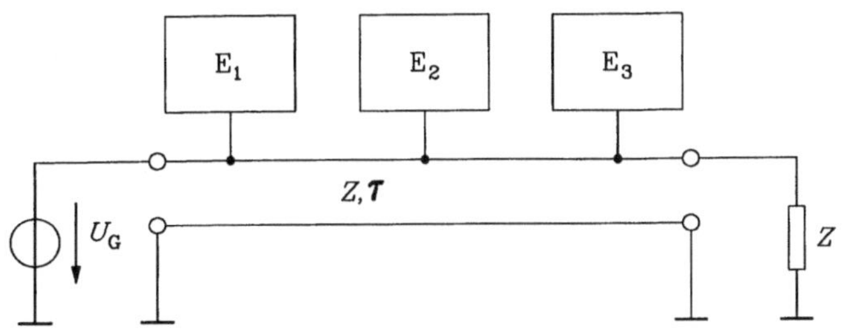

Bild 5-18
Leitung mit hochohmigen
verlustlosen Anzapfungen

Das Steuersignal erreicht zunächst den Empfänger E_1, danach E_2 und nach der Laufzeit τ den am Abschlußwiderstand $R_E = Z$ gelegenen Empfänger E_3.

Wesentlich ungünstiger wird das Verhalten von Signalen auf Leitungen, wenn Fehlanpassung vorliegt. Ein typisches Beispiel dafür ist die Verbindung von TTL-Schaltkreisen über Leitungen (siehe auch Bild 5-19).

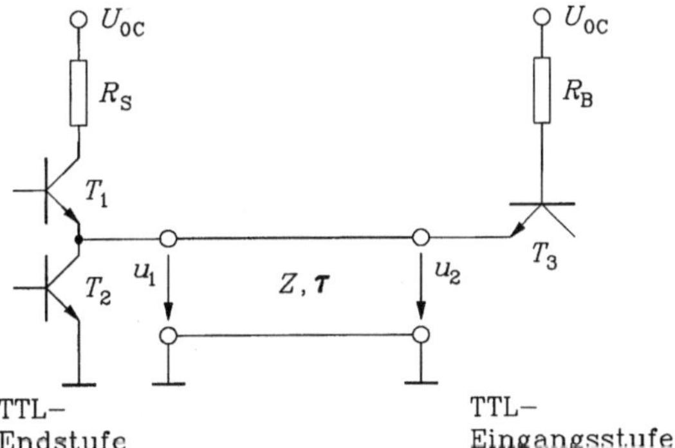

Bild 5-19
Über eine Leitung verbundene
TTL-Schaltungen
(Standardserie)

Besonders kritisch ist das Einschalten von T_2 und Ausschalten von T_1, indem der Pegel am Eingang der Leitung von $U_A(H)$ auf $U_A(L)$ sinkt. Da T_2 übersteuert wird, ist sein Innenwiderstand sehr gering. Für die nachfolgenden Berechnungen werden deshalb angenommen: $U_A(H) = 3{,}5\text{V}$, $U_A(L) = 0\text{V}$, $R_G(L) = 20\,\Omega$. Der Wellenwiderstand der Leitung sei $Z = 80\,\Omega$. Die TTL-Eingangsstufe ist in beiden Schaltzuständen hochohmig gegenüber dem Wellenwiderstand Z, so daß das in Bild 5-20 gezeigte Ersatzschaltbild angenommen werden kann.

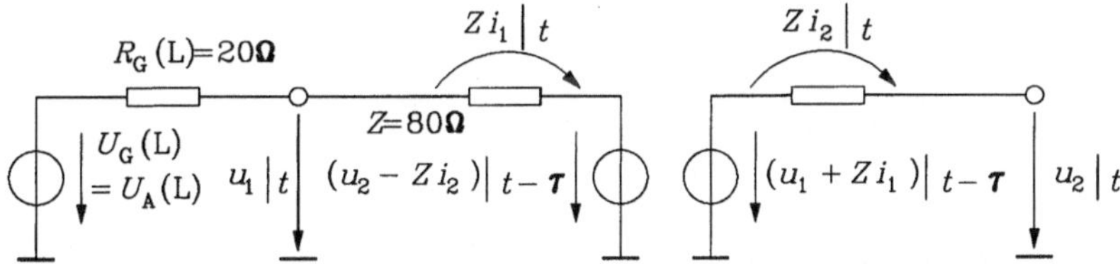

Bild 5-20 Modell der Schaltung nach Bild 5-19

Vor dem Schalten gelten am Ausgang der Leitung folgende Bedingungen:

$$u_2\big|_{-\tau} = U_A(H) = 3,5\,\text{V},$$ (5.35)

$$i_2\big|_{-\tau} = 0.$$ (5.36)

Der Spannungsverlauf läßt sich günstig wieder mit Hilfe einer Tabelle ermitteln (siehe Tabelle 5.3).

Tabelle 5.3 Einschwingverhalten der Schaltung nach Bild 5-19

	1	2	3	4
t	u_1/V	Zi_1/V	u_1/V	Zi_1/V
$-\tau$			3,5	0
0	0,7	-2,8		
τ			-2,1	0
2τ	-0,42	1,68		
3τ			1,26	0
4τ	0,25	-1,01		
5τ			-0,76	0
6τ	-0,15	0,61		
7τ			0,46	0
8τ	0,09	-0,37		
9τ			-0,28	0
10τ	-0,06	0,22		
11τ			0,14	0

Zum Zeitpunkt $t = 0$ gilt für den Eingang der Leitung das in Bild 5-21 angegebene Schaltungs-modell.

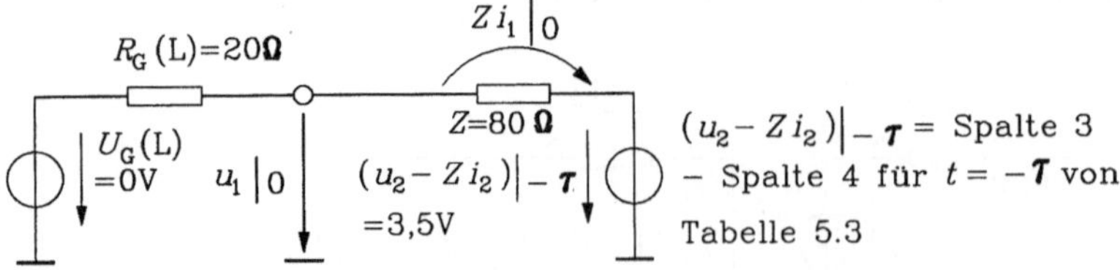

Bild 5-21 Schaltungsmodell des Einganges der Leitung

Damit wird

$$u_1 = \frac{R_G(L)}{R_G(L) + Z}(u_2 - Zi_2)\big|_{-\tau} = 0,7\,\text{V}$$ (5.37)

und

$$Zi_1 = u_1 - (u_2 - Zi_2)\big|_{-\tau} = -2,8\,\text{V}. \tag{5.38}$$

Zum Zeitpunkt $t = \tau$ werden entsprechend dem nun geltenden Schaltungsmodell Bild 5-22 die Verhältnisse am Ausgang berechnet.

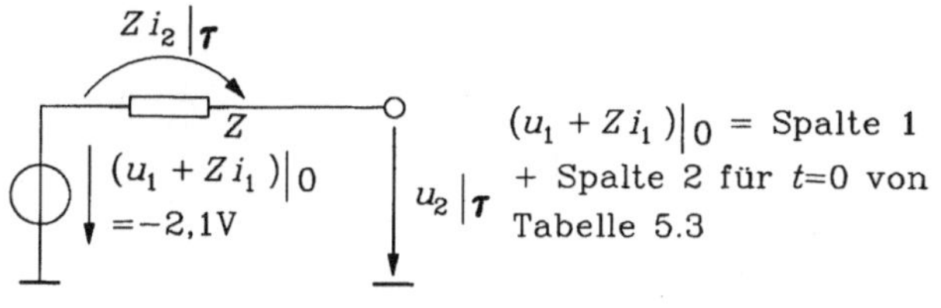

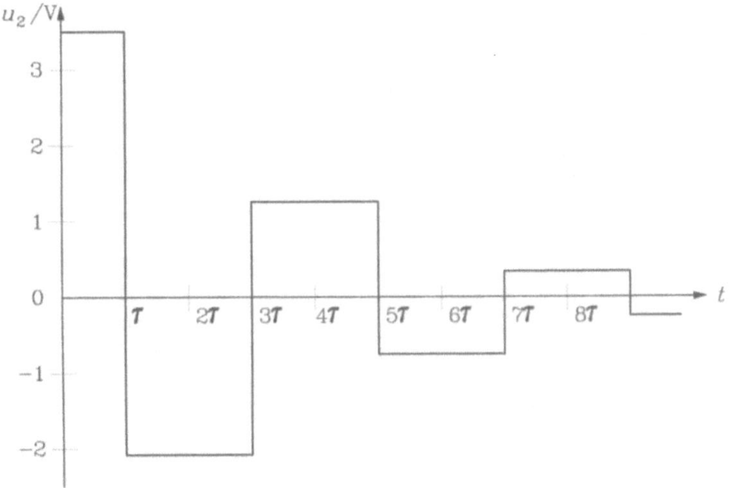

Bild 5-22
Schaltungsmodell des Ausganges
der Leitung

$$u_2 = (u_1 + Zi_1)\big|_0 = -2,1\,\text{V}, \tag{5.39}$$

$$Zi_2 = 0. \tag{5.40}$$

Die Berechnung erfolgt also iterativ im ständigen Wechsel zwischen Ein- und Ausgang der Leitung unter Beachtung des jeweils vorhergehenden Zustandes der anderen Leitungsseite. Der Verlauf der Spannung u_2 ist in Bild 5-23 dargestellt.

Bild 5-23
Einschwingverhalten
der Schaltung nach
Bild 5-19

Man erkennt, daß die Ausgangsspannung mehrmals negativ wird und bis zum Erreichen eines einwandfreien L-Pegels eine Verzögerungszeit von mindestens 5τ vergeht. Verbesserungen erreicht man, wenn ein für die H-L-Flanke wirksamer Zusatzwiderstand R_Z die Anpassung eingangsseitig verbessert (siehe Bild 5-24a) oder ausgangsseitig eine Schottky-Diode die negativen Spannungen begrenzt (siehe Bild 5-24b).

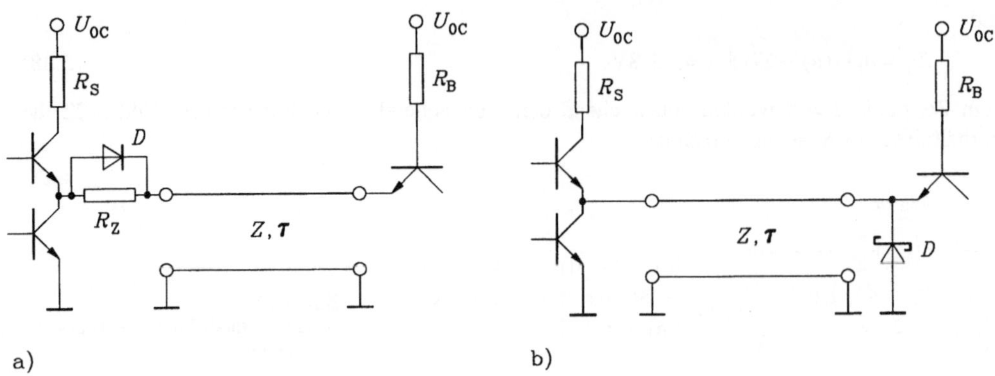

Bild 5-24 Maßnahmen zur Verbesserung des Einschwingverhaltens von fehlangepaßten Leitungen

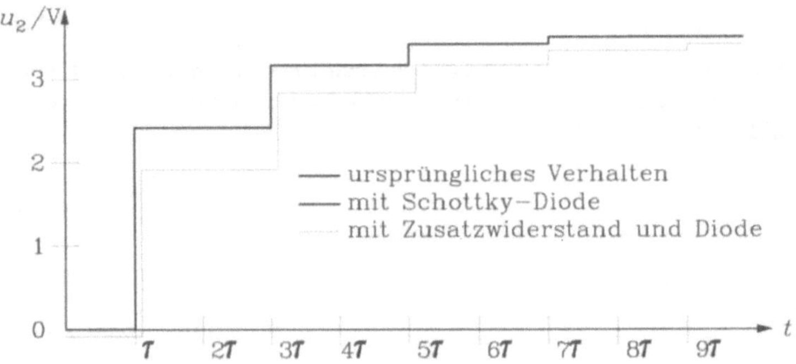

a) Verhalten der LH–Flanke

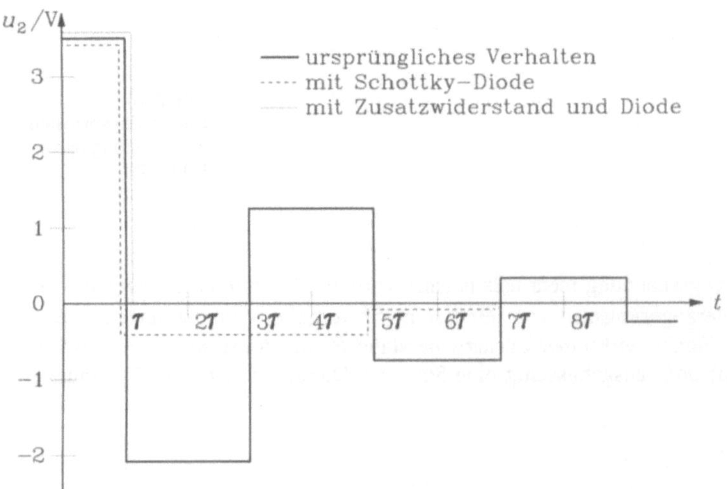

Bild 5-25
Verbessertes
Einschwing-
verhalten der
Leitung

b) Verhalten der HL–Flanke

Die entsprechenden Zeitverläufe für das Schalten der LH- bzw. HL-Flanke am Generator zeigt Bild 5-25. Die Dioden wurden als ideale Schalter mit den Flußspannungen der einfachen Diode von $U_F = 0{,}7$V und der Schottky-Diode von $U_{FS} = 0{,}4$V approximiert. Als Generatorkennwerte wurden angenommen:

$$U_G(L) = 0V, \qquad U_G(H) = 3{,}5V,$$

$$R_G(L) = 20\Omega \qquad R_G(H) = 150\Omega.$$

Die parallel zu R_Z geschaltete Diode von Bild 5-24a verhindert, daß die Reaktion der Schaltung auf den positiven Sprung nicht wesentlich verschlechtert wird, weil ohne die Diode der Generatorwiderstand $R_G(H)$ wesentlich größer als der Wellenwiderstand wird.

5.3.3 Leitungsverzweigungen

Ebenfalls nicht unproblematisch ist die Gestaltung von Leitungsverzweigungen. Ein ebenso gutes Einschwingverhalten wie bei Einzelleitungen mit Anpassung stellt sich ein, wenn der Verzweigungspunkt direkt beim Senderschaltkreis liegt und die Leitungen am Ausgang angepaßt sind (siehe Bild 5-26a).

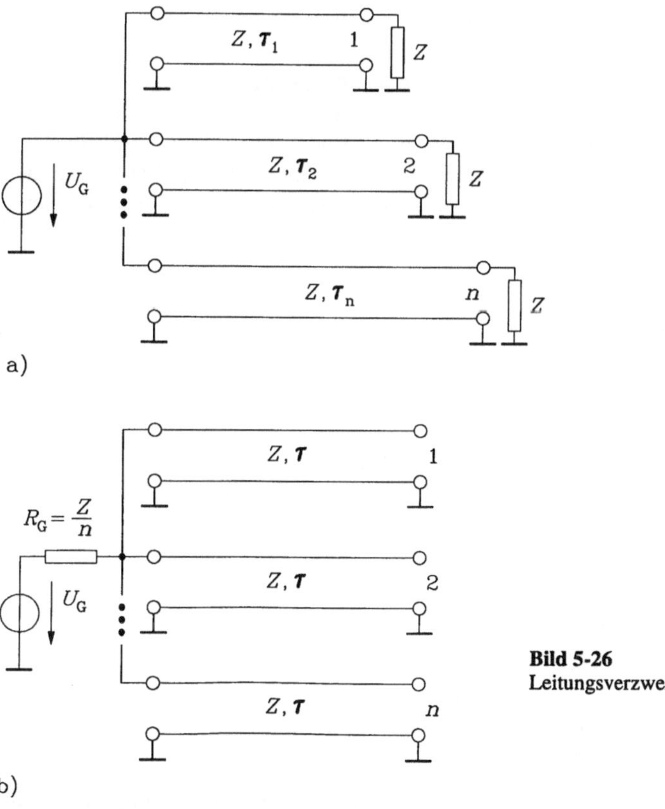

Bild 5-26
Leitungsverzweigung am Sender

Eine eingangsseitige Anpassung nach Bild 5-26b führt nur dann zu einem schnellen Einschwingen, wenn die Leitungsverzögerungen aller Teilleitungen exakt gleich sind, was nur in Ausnahmefällen gewährleistet ist. Außerdem muß der Anpassungswiderstand

$$R_G = \frac{Z}{n} \tag{5.41}$$

sehr niederohmig gewählt werden.

Ungünstig erweist sich, wenn sich der Verzweigungspunkt nicht direkt am Senderschaltkreis befindet (siehe Bild 5-27).

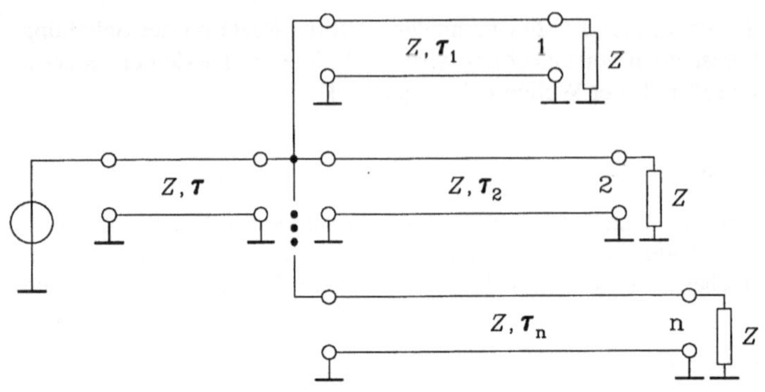

Bild 5-27
Leitungsverzweigung am
Ende einer Einzelleitung

Die vom Sender am Verzweigungspunkt ankommende Welle findet als Anpassungswiderstand durch die Parallelschaltung der Leitungen nur Z/n vor, so daß selbst bei Anpassung an den Leitungsausgängen ein schlechtes Einschwingverhalten entsteht. In Bild 5-28 ist dieses Verhalten für 2 sich verzweigende Leitungen mit einem Laufzeitunterschied $\Delta\tau = 50\text{ns}$ bei einer LH-Flanke des Generators dargestellt. Die HL-Flanke verhält sich bzgl. der Verzögerungen analog zur LH-Flankensteuerung, so daß auf ihre Darstellung verzichtet wurde.

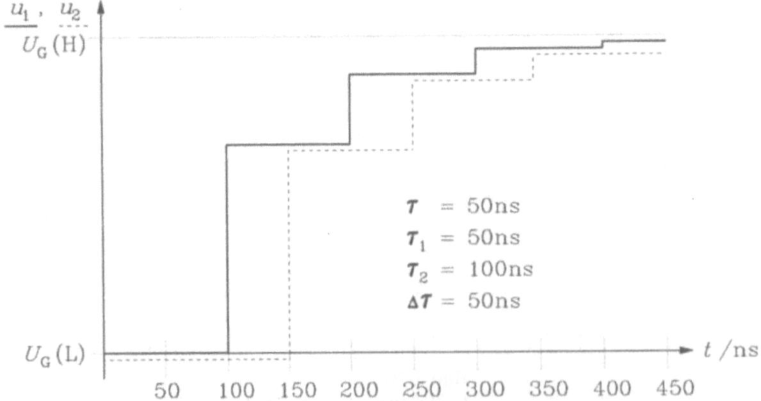

Bild 5-28 Einschwingverhalten verzweigter Leitungen mit Anpassungen an den Leitungsenden

Ist eine Leitungsverzweigung nach Bild 5-27 nicht zu vermeiden, sollte im Verzweigungspunkt ein Trennverstärker mit einem Eingangswiderstand $R_E = Z$ installiert werden (Bild 5-29).

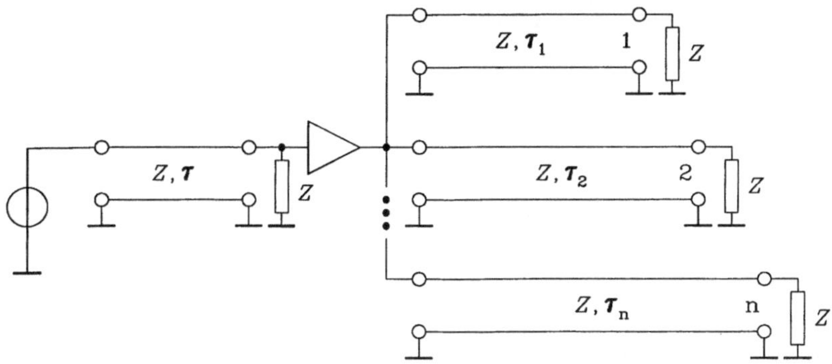

Bild 5-29 Leitungsverzweigung mit Trennverstärker

5.3.4 Leitungsverkopplungen, Übersprechen

Durch Parallelführen von Leitungen entstehen Verkopplungen, die zu unerwünschtem Übersprechen führen. Dieses Problem tritt häufig bei der Verlegung von Bus-Leitungen auf. Mit dem in diesem Abschnitt abgeleiteten Modell der Einzelleitung lassen sich auch verkoppelte Leitungen modellieren, indem die Kopplung selbst als Leitung aufgefaßt wird. Bild 5-30 zeigt solche Verkopplungen (Bild 5-30a) und das entsprechende Modell (Bild 5-30b), wobei im Modell wegen der Übersichtlichkeit nur die äußeren Klemmenspannungen bezeichnet wurden.

In Bild 5-31 ist das Verhalten gekoppelter Leitungen gezeigt, wenn der Sender S_1 von H nach L schaltet und Sender S_2 stets ein L-Signal abgibt. Die Anpassungen der Leitungen mit dem Wellenwiderstand Z erfolgen an den Leitungsausgängen. Für die Verkopplung wurde ein Wellenwiderstand $Z_K = 5\,Z$ angesetzt, die Laufzeit τ_K wurde gleich der der Leitungen gewählt.

Die Reduzierung des Übersprechens kann z.B. durch folgende Maßnahmen erfolgen:

– Vertauschen benachbarter Leitungen in Bussen bei Überschreiten einer kritischen Länge der Parallelführung,

– Einbringen neutraler Leitungen (Masse) zwischen Informationsleitungen.

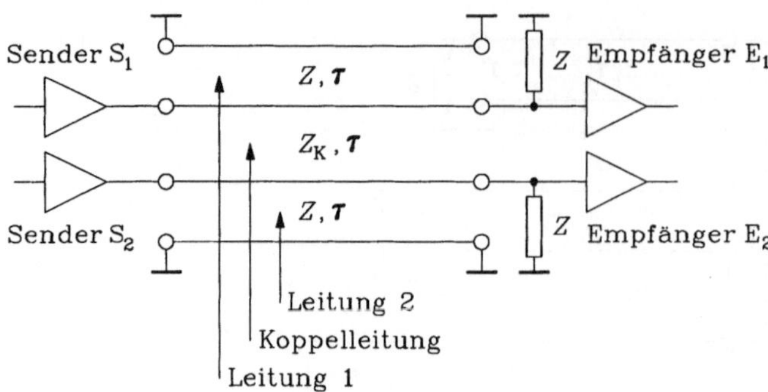

a) verkoppelte Leitungen

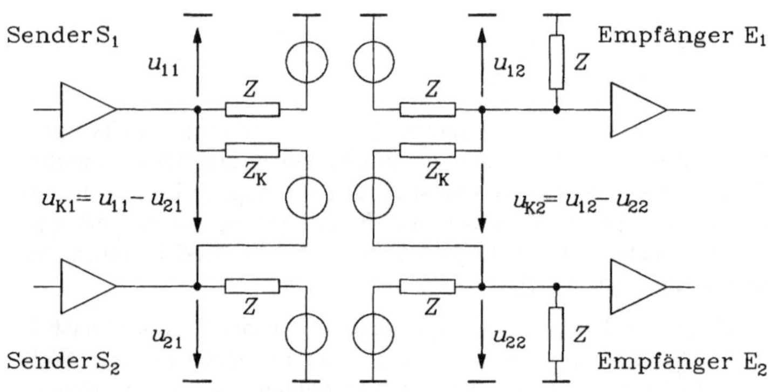

Bild 5-30
Verkoppelte Leitungen

b) Modell verkoppelter Leitungen

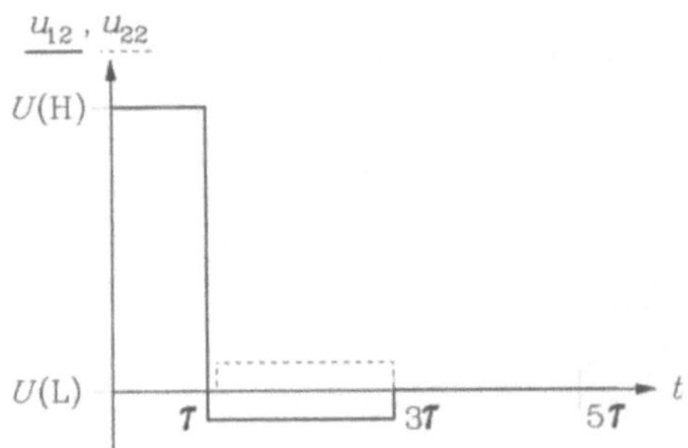

Bild 5-31
Verhalten verkoppelter
Leitungen

5.4 Treiber für systemfremde ohmsche, kapazitive und induktive Lasten

5.4.1 Treiber für ohmsche Lasten höherer Leistung

Oftmals sollen Open-Kollektor- oder Open-Drain-Schaltungen ohmsche Lasten höherer Leistung treiben (Bild 5-32). Dabei ist zu beachten, welchen maximalen Kollektorstrom bei sicherem Low-Pegel das einzelne Bauelement aufnehmen kann.

In üblichen integrierten Bipolarschaltkreisen liegt dieser Wert bei (0,1 ... 1) A, in MOS-Schaltungen bei (1 ... 10) mA. Außerdem begrenzt die maximal zulässige Sperrspannung des integrierten Transistors die Betriebsspannung U_L.

Für größere Lastströme sind zusätzlich Leistungstransistoren an dieSchaltung anzuschließen. Bild 5-33 gibt dafür 2 Beispiele an. Schaltung a) stellt eine Darlingtonstufe dar, der Emitterstrom von T_1 treibt unmittelbar den Basisstrom von T_2. Diese Schaltung hat allerdings einen relativ hohen L-Pegel,

$$U_A(L) = U_{BEX2} + U_{CEX1}.$$

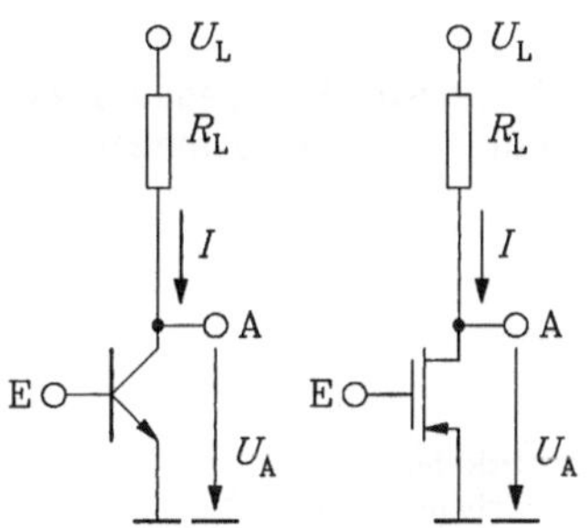

Bild 5-32 Treiber für ohmsche Lasten
(mittlere Ströme)

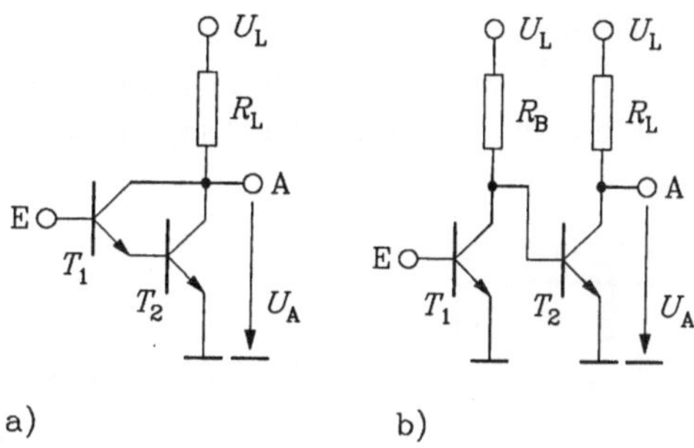

Bild 5-33a + b Treiber für ohmsche Lasten
(große Ströme)

Diesen Nachteil vermeidet Schaltung b).

Der Widerstand R_B ist so zu dimensionieren, daß einerseits dieÜbersteuerung von T_1 gesichert ist,

$$U_L = R_B I_{CX1} + U_{CEX1},$$
(5.43)

andererseits die von T_2,

$$U_L = R_B \frac{m_2 I_{CX2}}{B_{N2}} + U_{BEX2}.$$
(5.44)

Dabei gilt noch die Maschengleichung

$$U_L = R_L I_{CX2} + U_{CEX2}.$$
(5.45)

5.4.2 Treiber für kapazitive Lasten

Die in Bild 5-34 angegebene Übersteuerungsschaltstufe soll größere kapazitive Lasten (Eingänge weiterer Gatter, Leitungskapazitäten elektrisch kurzer Leitungen,...) treiben.

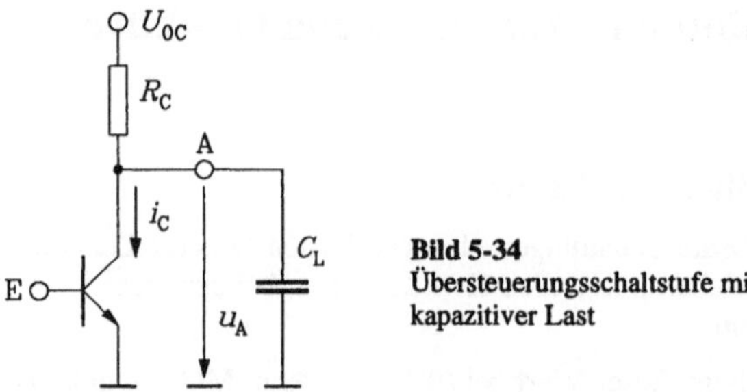

Bild 5-34
Übersteuerungsschaltstufe mit
kapazitiver Last

Für Auf- und Entladung der Kapazität gilt die Knotengleichung

$$\frac{U_{0C} - u_A}{R_C} = i_C + C_L \frac{du_A}{dt}. \tag{5.46}$$

Zur Berechnung der Entladung der Lastkapazität C_L über den Transistor kann wegen der Niederohmigkeit der Kollektor-Emitter-Strecke gegenüber dem Widerstand R_C der Nachladestrom durch R_C vernachlässigt werden. Außerdem soll im Schaltungsmodell die Sperrschichtkapazität C_{CS} weggelassen werden, weil sie bei großen Lastkapazitäten das Gesamtverhalten am Ausgang nur wenig verfälscht.

Während der Entladung befindet sich der Transistor im aktiven Bereich, die Kollektorspannung u_A ist größer als die Sättigungsspannung U_{CEX}. Bild 5-35 zeigt das dafür gültige Schaltungsmodell.

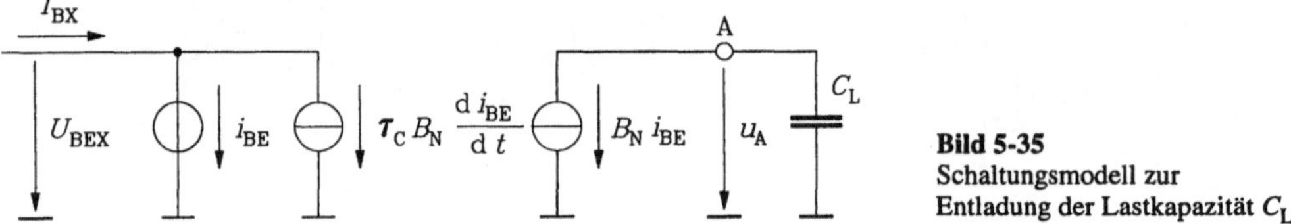

Bild 5-35
Schaltungsmodell zur
Entladung der Lastkapazität C_L

Der Basis-Emitter-Strom i_{BE} steigt bei der Entladung von 0 auf I_{CX}/B_N an, wobei u_A von U_{0C} auf U_{CEX} absinkt. Damit wird i_{BE}

$$i_{BE} = I_{BX}\left(1 - \exp\frac{-t}{\tau_C B_N}\right) \tag{5.47}$$

und mit

$$-C_L \frac{du_A}{dt} = B_N i_{BE} \tag{5.48}$$

nach Integration von Gl. (5.48)

$$u_A = U_{0C} - \frac{B_N I_{BX}}{C_L}\left[t - \tau_C B_N\left(1 - \exp\frac{-t}{\tau_C B_N}\right)\right]. \tag{5.49}$$

Gl. (5.49) beinhaltet 2 Phasen. In Phase 1 bleibt zunächst $u_A \approx U_{0C}$,

$$\frac{du_A(t=0)}{dt} = 0, \tag{5.50}$$

der Basisstrom steigt auf I_{BX} an. In Phase 2 wird nun die Kapazität C_L mit dem überhöhten Kollektorstrom $B_N I_{BX}$ schnell und nahezu linear entladen, bis der EIN-Zustand erreicht wird. Bild 5-36 zeigt diese Verhältnisse am Ausgangskennlinienfeld des Transistors, Bild 5-37 die Zeitabhängigkeit von i_C und u_A.

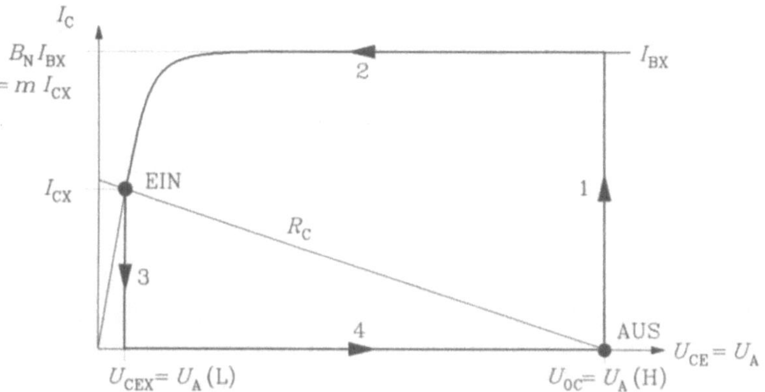

Bild 5-36 Ausgangskennlinien der Übersteuerungsschaltstufe bei kapazitiver Last

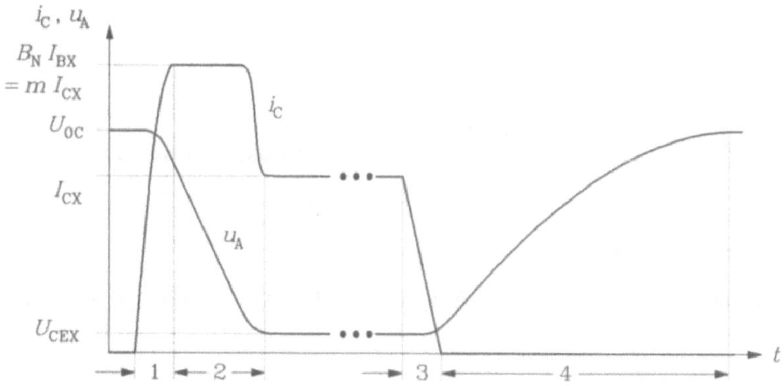

Bild 5-37 Zeitverhalten der Übersteuerungsschaltstufe bei kapazitiver Last

Man erkennt, daß am Ende der Entladung in Phase 2 der Kollektorstrom wieder auf den statischen Endwert I_{CX} absinkt.

Die Aufladung von C_L geschieht bei Sperrung des Transistors. Dabei gilt das in Bild 5-38 angegebene Schaltungsmodell für den aktiven Bereich des Transistors, weil ebenso wie bei der Entladung der Transistor nicht übersteuert wird.

Der Transistor wird sehr schnell entsprechend der Funktion

$$i_{BE} = I_{BY} + \left(\frac{I_{CX}}{B_N} - I_{BY}\right) \exp\frac{-t}{\tau_C B_N} \tag{5.51}$$

gesperrt, wobei die Ausgangsspannung zunächst wieder nahezu konstant bleibt, $u_A \approx U_{0C}$ (Phase 3 in Bild 5-36). Anschließend wird C_L über den relativ großen Widerstand R_C aufgeladen (Phase 4 in Bild 5-36). Dabei wird

$$u_A = U_{0C} + (U_{CEX} - U_{0C}) \exp \frac{-t}{R_C C_L}.$$

(5.52)

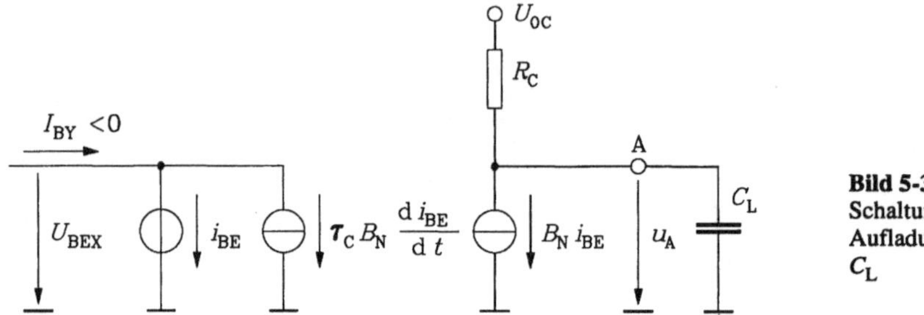

Bild 5-38
Schaltungsmodell zur
Aufladung der Lastkapazität
C_L

Aus dem Vergleich zwischen Ein- und Ausschalten des Transistors wird deutlich, daß äußerst unterschiedliche Zeiten zustande kommen. Die Geschwindigkeitseinbuße bei der Aufladung kann vermieden werden, wenn auch die Aufladung niederohmig geschieht. Dazu sind alle im Kapitel 3. behandelten Gegentaktstufen in der Lage (siehe auch Bild 5-39).

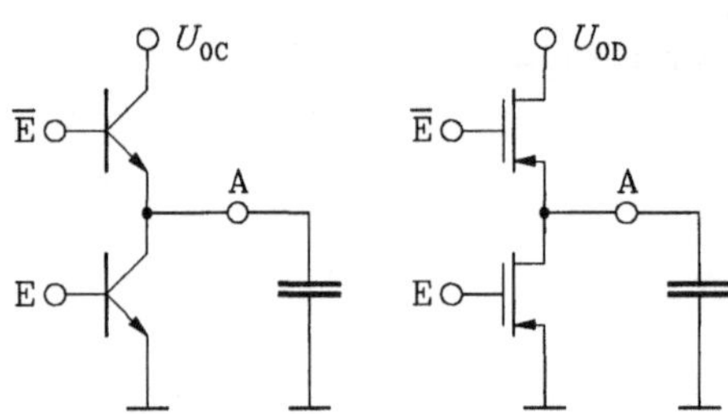

Bild 5-39
Prinziplösung zum Treiben kapazitiver Lasten

5.4.3 Treiber für induktive Lasten

Induktive Lastelemente (Spulen, Übertrager, Relais, Magnete, Motoren,...) werden in Reihe zu den Schalterelementen betrieben (Bild 5-40).

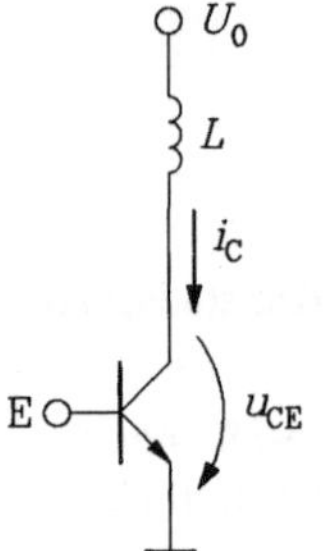

Bild 5-40
Bipolartransistor mit induktiver Last

Die aus Bild 5-40 ablesbare Maschengleichung lautet

$$U_0 = L \frac{di_C}{dt} + u_{CE}.$$

(5.53)

In den beiden statischen Zuständen ist die Kollektorspannung u_{CE} gleich der Betriebsspannung U_0, weil über der Induktivität keine Gleichspannung abfällt. Zur Berechnung des Schaltverhaltens dieser Stufe werden ähnlich wie beim Treiben kapazitiver Lasten folgende Vereinfachungen angenommen:

— der Transistor wird während der Umladungen stets im aktiv normalen Bereich betrieben,
— die Sperrschichtkapazität C_{CS} wird vernachlässigt, weil sie das Gesamtverhalten am Kollektor wegen des großen Kollektorstromes nur wenig verfälscht.

Damit gilt das Schaltungsmodell Bild 5-41.

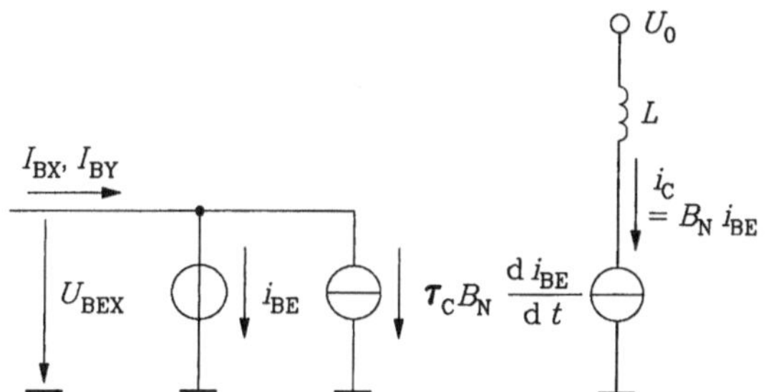

Bild 5-41
Schaltungsmodell zum Treiben induktiver Lasten

Beim Einschalten wird damit der Kollektorstrom genau wie beim Treiben kapazitiver Lasten

$$i_C = B_N i_{BE} = B_N I_{BX}\left(1 - \exp\frac{-t}{\tau_C B_N}\right) = I_{CX}\left(1 - \exp\frac{-t}{\tau_C B_N}\right). \tag{5.54}$$

Das Ausschalten des Transistors wird durch den negativen Strom $I_{BY} < 0$ bewirkt, so daß

$$i_C = B_N i_{BE} = B_N I_{BY} + (I_{CX} - B_N I_{BY})\exp\frac{-t}{\tau_C B_N} \tag{5.55}$$

wird (siehe auch Treiben kapazitiver Lasten).

Das Schaltverhalten der Stufe soll zunächst am Kennlinienfeld des Transistors betrachtet werden (Bild 5-42).

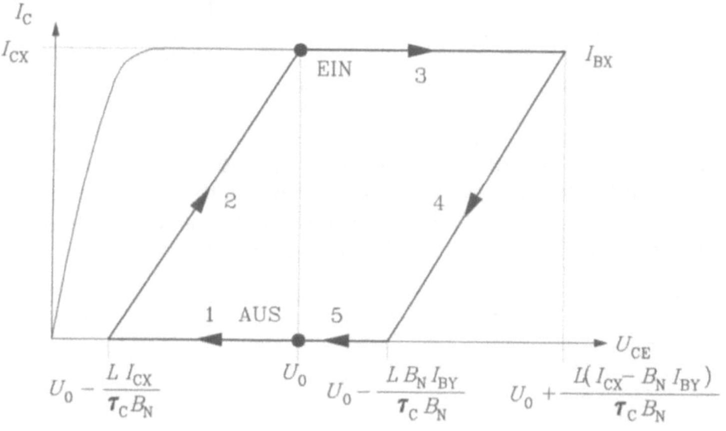

Bild 5-42 Ausgangskennlinien der bipolaren Schaltstufe bei induktiver Last

Wird der Transistor eingeschaltet, so fließt Kollektorstrom nach Gl. (5.54). Damit folgt die Kollektorspannung nach Gl. (5.53) zu

$$u_{CE} = U_0 - \frac{LI_{CX}}{\tau_C B_N} \exp\frac{-t}{\tau_C B_N}. \tag{5.56}$$

Zum Zeitpunkt $t = 0$ springt also u_{CE} auf

$$u_{CE} = U_0 - \frac{LI_{CX}}{\tau_C B_N}, \tag{5.57}$$

wie das in Bild 5-42 durch Phase 1 dargestellt ist. Anschließend steigt in Phase 2 u_{CE} nach Gl. (5.56) wieder auf U_0 an, bis der EIN-Zustand erreicht ist.

Beim Ausschalten gilt Gl. (5.55). Damit wird

$$u_{CE} = U_0 + \frac{L(I_{CX} - B_N I_{BY})}{\tau_C B_N} \exp\frac{-t}{\tau_C B_N}. \tag{5.58}$$

Zum Zeitpunkt $t = 0$ steigt u_{CE} sprungartig auf

$$u_{CE} = U_0 + \frac{L(I_{CX} - B_N I_{BY})}{\tau_C B_N} \tag{5.59}$$

an (siehe Phase 3 in Bild 5-42), ehe anschließend wieder die Betriebsspannung erreicht wird. Dabei sperrt der Transistor bereits am Ende von Phase 4, so daß nochmals ein Spannungssprung erforderlich ist, um den statischen AUS-Zustand wieder zu erreichen (Phase 5). Bild 5-43 zeigt diese Verläufe der Kollektorspannung.

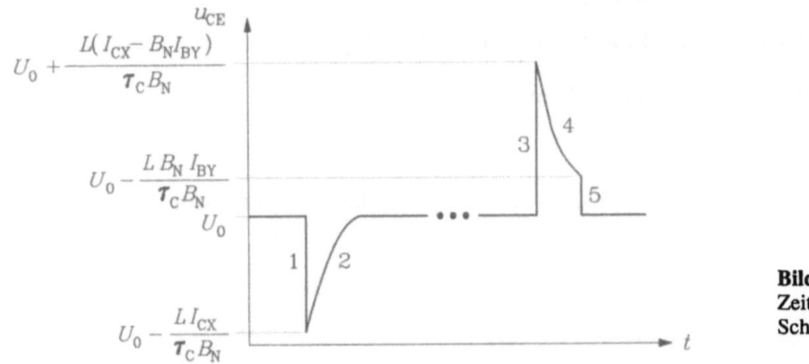

Bild 5-43
Zeitverhalten der
Schaltung nach Bild 5-40

Die Bilder 5-42 und 5-43 machen deutlich, daß beim Ausschalten des Transistors eine Spannungsüberhöhung an seinem Kollektor stattfindet, die bei in kurzer Zeit auszuschaltenden großen Strömen und entsprechend großer Induktivität zur Zerstörung des Transistors führen kann. Um diese Spannungsüberhöhung zu vermeiden, wird meist über die Induktivität eine Begrenzerdiode geschaltet (siehe Bild 5-44).

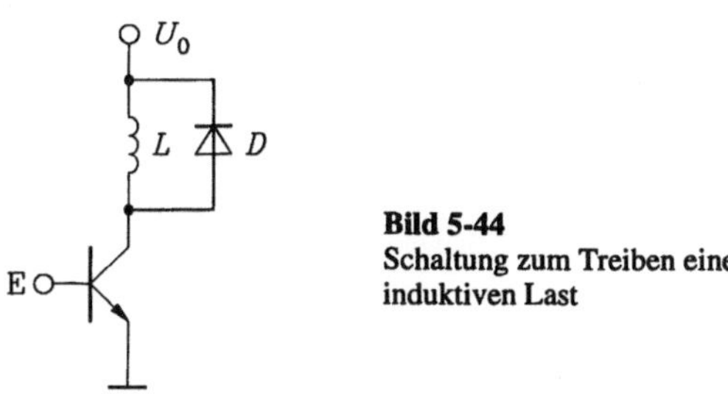

Bild 5-44
Schaltung zum Treiben einer
induktiven Last

5.5 Schalter, Taster und Relais am Eingang digitaler Schaltungen

Alle Schalterelemente haben ideale Pegel, so daß zunächst beim Betrieb solcher Elemente an digitalen Schaltungen keine Probleme zu erwarten sind. Schwierigkeiten kommen jedoch insbesondere bei Relaiskontakten durch das Prellen des Relais zustande. Dabei wird durch die federnde Wirkung des Schalters zum Beispiel ein schließender Schalter kurzzeitig und mehrmals zurückfedern, so daß der Kontakt während der Prellzeit t_{Prell} nicht eindeutig den gewünschten Pegel hat (Bild 5-45). Um Fehlschaltungen zu vermeiden, muß die digitale Eingangsschaltung die erste Pegeländerung verarbeiten, danach aber während der Prellzeit nicht mehr auf Eingangspegeländerungen reagieren.

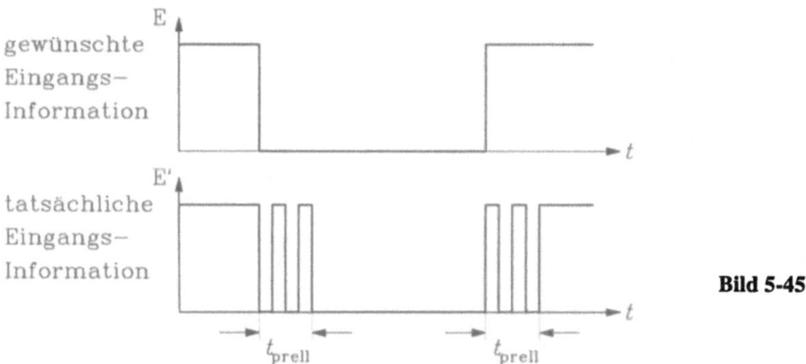

Bild 5-45

Einen einfachen prellfreien Schalter zeigt Bild 5-46, mit der ersten Änderung der Schaltstellung wird ein FF gesetzt. Ein Zurückprellen hat dann keinen Einfluß, wenn der Schalter nicht bis zum anderen Kontakt zurückspringt. In Bild 5-47 ist eine anspruchsvollere Schaltung dargestellt. Aus den ersten Eingangsflanken werden auf Grund der Verzögerungszeiten t_{PHL} der Gatter G_1 bzw. G_2 schmale Impulse gebildet, die ein Monoflop ansteuern, dessen Verweilzeit gleich der Prellzeit t_{Prell} gemacht wird. Der negierte Univibratorausgang sperrt die Differenzierglieder, so daß das RS-FF während der Prellzeit seinen Zustand nicht ändern kann.

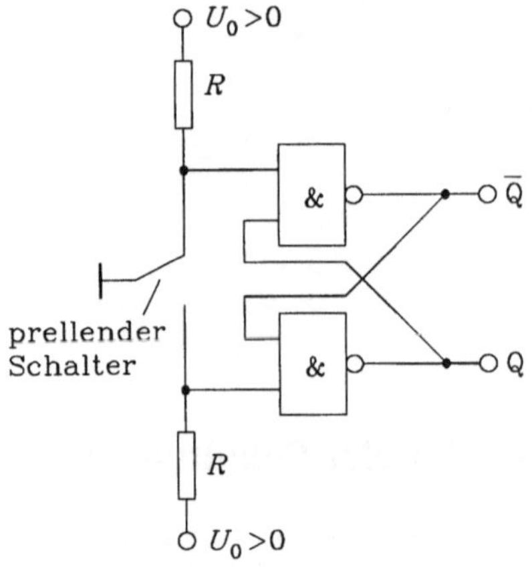

Bild 5-46
Prellfreier Schalter

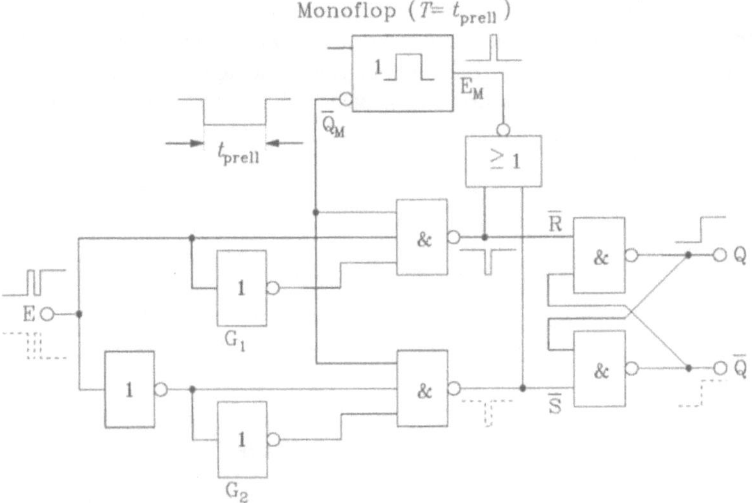

Bild 5-47 Prellunterdrückung

5.6 Digital-Analog- und Analog-Digital-Umsetzer

Die wachsenden Möglichkeiten der digitalen Informationsverarbeitung und die Tatsache, daß in vielen Zweigen der Technik analoge Signale zu verarbeiten sind, hat die Entwicklung von Analog-Digital- und Digital-Analog-Umsetzern wesentlich beschleunigt. Die bei Umsetzern übliche Verarbeitungsbreite schwankt je nach Anforderung zwischen gegenwärtig 4 bis 13 Bit, wobei bereits 10-Bit-Wandler eine hohe analoge Auflösung von 10^{-3} garantieren. Wandler von 10 bis 12 Bit reichen für die Lösung der meisten Aufgaben auf diesem Gebiet aus.

5.6.1 Digital-Analog-Umsetzer (DAU)

Die Mehrzahl der DAU arbeitet nach dem Parallelverfahren, d.h., daß Ströme unterschiedlicher Größe (gestuft nach 2er Potenzen) parallel an dem Analogausgang addiert werden. Die Auswahl der zu addierenden Ströme geschieht durch Schalter, die durch die digitalen Eingangsinformationen angesteuert werden. Der dem analogen Signal entsprechende Gesamtstrom I_a (bezogen auf den Maximalwert I) ergibt sich durch Addition der Einzelströme zu

$$\frac{I_a}{I_{max}} = \frac{1}{2^1}b_1 + \frac{1}{2^2}b_2 + \frac{1}{2^3}b_3 + \cdots + \frac{1}{2^n}b_n \tag{5.60}$$

Die Werte b_γ (0,1) werden durch Schalter gesteuert, b_1 wird MSB (*most signifcant bit*), b_n LSB (*least significant bit*) genannt. Bild 5-48 gibt mögliche Prinzipschaltungen für Umsetzer nach dem Parallelverfahren an. In Schaltung a) werden die Stromstufungen durch gestufte Widerstände, in Schaltung b) durch gestufte Stromquellen erreicht. Besonders günstig zur Realisierung der Stromstufungen ist das in Schaltung c) angegebene R2R-Kettennetzwerk. Der Gesamtstrom I wird in dieser Schaltung

$$I_{max} = \frac{U_R}{R}\,, \tag{5.61}$$

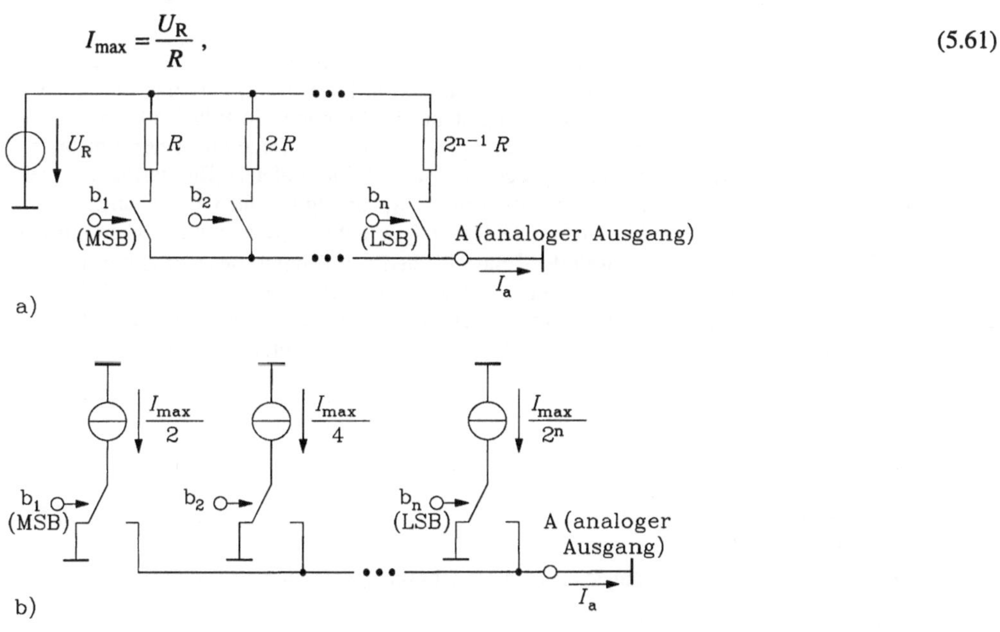

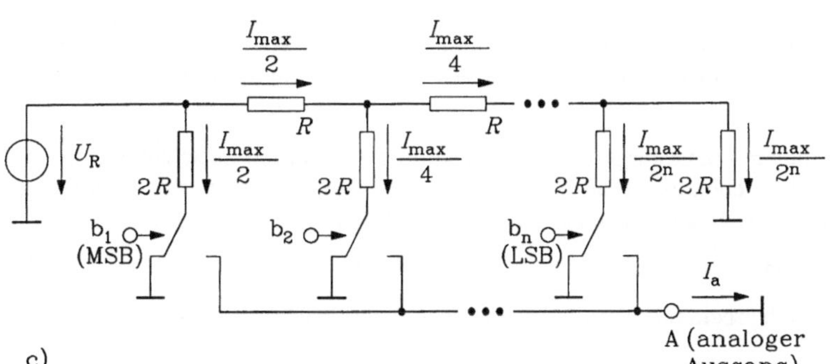

Bild 5-48
Prinzipschaltungen von DAU nach dem Parallelverfahren

Der kleinste zu unterscheidende Strom ist gegeben, wenn nur der LSB-Strom zum Ausgang A
fließt,

$$I_{LSB} = \frac{I_{max}}{2^n} = \frac{U_R}{2^n R} \; . \tag{5.62}$$

Soll aus dem einzustellenden analogen Strom I_a die kleinste Stromdifferenz $(\Delta I_a = \pm \frac{1}{2} I_{LSB})$ noch
erkannt werden, darf der Strom I_{MSB}

$$I_{MSB} = \frac{U_R}{2R} \tag{5.63}$$

nur um $\pm \frac{1}{4} I_{LSB}$ falsch sein, der Strom des 2. Bit nur um $\pm \frac{1}{8} I_{LSB}$ und der Strom des LSB nur um
$\pm \frac{1}{2^{n+1}} I_{LSB}$. Aus diesen Genauigkeiten leiten sich hohe Forderungen an die Präzision des R2R-
Netzwerkes und der Referenzspannungsquelle U_R ab,

$$\frac{\Delta I_a}{I_{max}} = \frac{\pm \frac{1}{2} I_{LSB}}{2 I_{MSB}} = \pm \frac{1}{2^{n+1}} \; .$$

Für $n = 10$ Bit bedeutet Gl. (5.62), daß die Ströme mit der Genauigkeit von 0,5°/oo eingestellt
werden müssen. Das wird durch abgleichbare Widerstände (mit Laserstrahl) und eine sehr genaue
Referenzspannungsquelle (temperatur und spannungsstabilisiert) erreicht. In Bild 5-49 sind 3 Rea-
lisierungsbeispiele von DAU angegeben. In Schaltung a) werden zur Sicherung einer konstanten
Spannung am R2R-Netzwerk die Emitterzahlen gestuft, so daß durch gleiche Emitterflächen gleiche Ströme fließen und damit eine konstante Basis-Emitter-Spannung bei allen Teilströmen garantiert wird. Der Strom $I_{MSB} / 4$ wird im Stromschalter zu I_{LSB} halbiert. Schaltung a) kann nur geringe Verarbeitungsbreiten realisieren, weil die Emitterflächen von Bipolartransistoren nur im Verhältnis 1 : 4 gestuft werden können. In Schaltung b) werden MOS-Transistoren als Schalterelemente verwendet. Um auch hier für alle Ströme gleiche Drainspannungen bei gleichen Gate- und
Schwellspannungen zu garantieren, müssen die Kanalgeometrien entsprechend gestaltet werden.
Mit

$$I_D = \beta \, f(U_G, U_D, U_T) \tag{5.65}$$

folgt

$$\frac{I_{MSB}}{\beta_{MSB}} = \frac{I_2}{\beta_2} = \cdots = \frac{I_{LSB}}{\beta_{LSB}} \; . \tag{5.66}$$

Damit sind die Kanalbreiten-/Kanallängenverhältnisse sehr unterschiedlich zu gestalten,

$$\frac{\beta_{MSB}}{\beta_{LSB}} = \frac{I_{MSB}}{I_{LSB}} = 2^{n-1} \; . \tag{5.67}$$

Gl. (5.67) kann erfüllt werden, wenn mehrere Transistoren mit großem W/L-Verhältnis für I_{MSB}
parallelgeschaltet und mehrere Transistoren mit kleinem W/L-Verhältnis für I_{LSB} in Reihe geschaltet sind.

Die Probleme unterschiedlicher Transistorgeometrien (Schaltung a)) werden in Schaltung c) vermieden, indem zwischen benachbarten Transistoren zusätzlich ein Basiswiderstand eingefügt
wurde. Zur Sicherung konstanter Spannungen am R2R-Netzwerk muß

$$U_{BE\gamma} = R_B I_B + U_{BEY+1} \qquad (1 \leq \gamma \leq n) \tag{5.68}$$

gelten. Für im aktiven Bereich arbeitende Transistoren werden die Teilströme

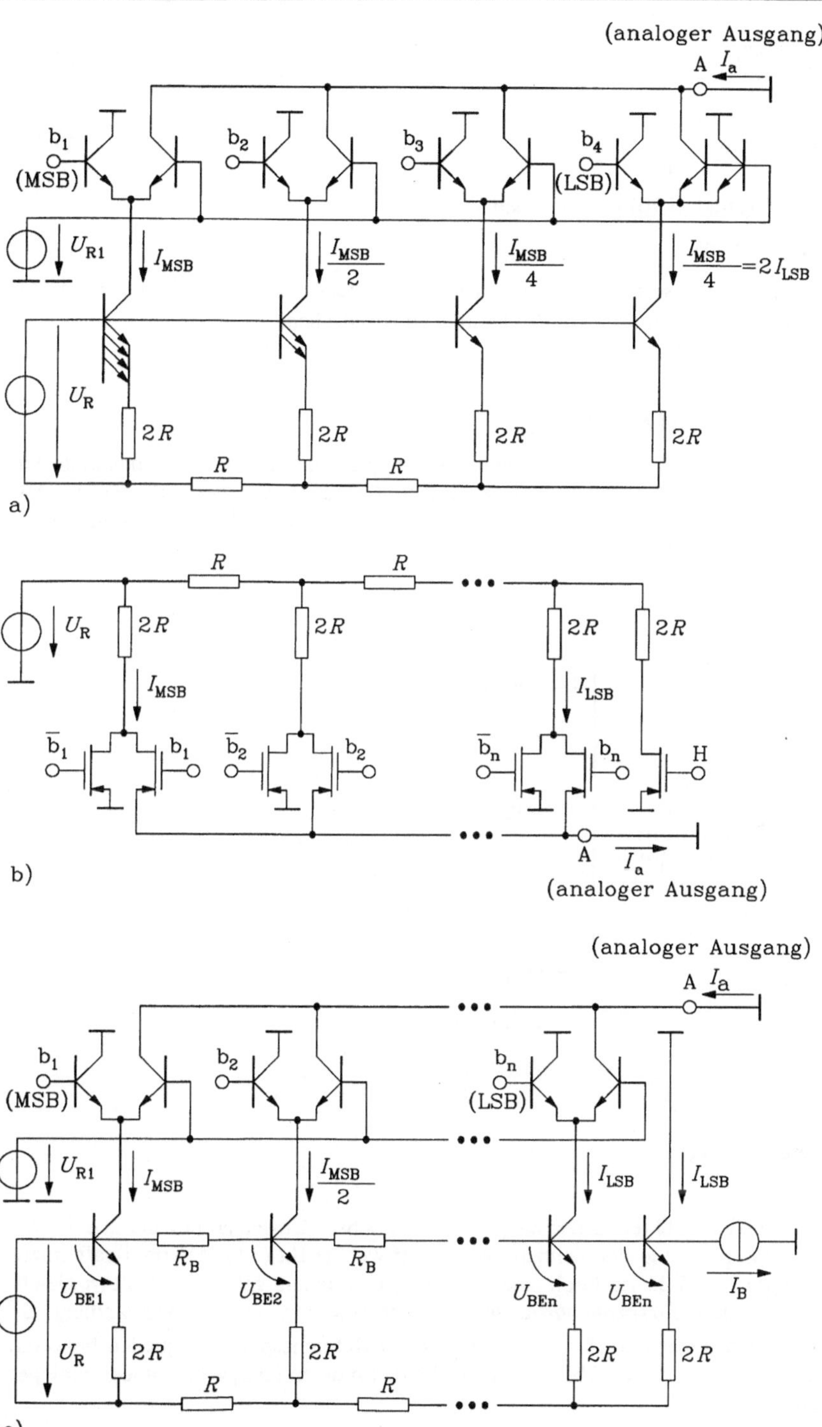

Bild 5-49 Beispiele für DAU

$$I_\gamma = I_{CEO}\,\exp\frac{U_{BE\gamma}}{U_T},\qquad\qquad (5.69)$$

$$I_{\gamma+1} = \frac{I_\gamma}{2} = I_{CEO}\,\exp\frac{U_{BE\gamma+1}}{U_T}\,.\qquad\qquad (5.70)$$

Aus den Gl. (5.68), (5.69) und (5.70) gewinnt man

$$R_B I_B = U_T \ln 2 \approx 18\ \text{mV}\,.\qquad\qquad (5.71)$$

Die Stromquelle I_B sollte groß sein gegenüber den Basis-Emitter-Strömen der Transistoren, um den erforderlichen Spannungsabfall nach Gl. (5.71) nicht zu verfälschen.

5.6.2 Analog-Digital-Umsetzer (ADU)

In ADU werden gegenwärtig verschiedene Schaltungsprinzipien angewendet. Die bekanntesten Verfahren sind das Prinzip der direkten Umsetzung (Bild 5-50), das Prinzip der stufenweisen Annäherung oder Sukzessiv-Approximation (Bild 5-51, 5-52 und 5-53) und das Sägezahn- oder Dual-Slope-Verfahren (Bild 5-54 und 5-55).

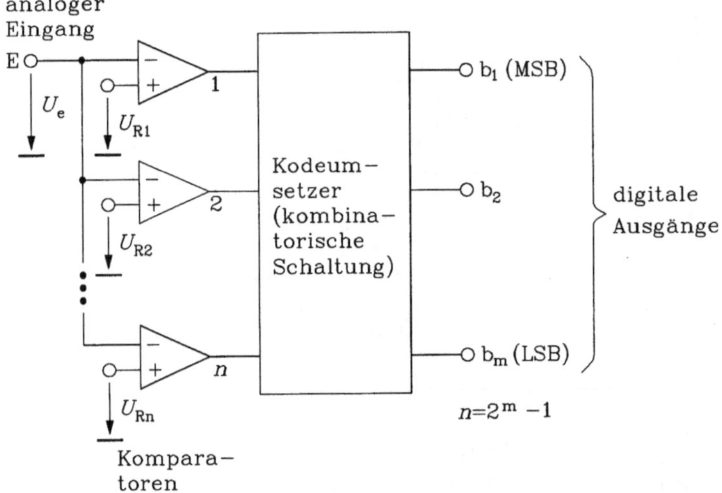

Bild 5-50 Direkt umsetzender ADU

ADU nach dem Prinzip der direkten Umsetzung erzielen höchste Umsetzgeschwindigkeiten bei allerdings geringer Genauigkeit. Sie sind demzufolge nur für wenige Bit (3 bis 4) vorteilhaft einzusetzen. Die Schaltung im Bild 5-35 ist durch einen sehr hohen Aufwand gekennzeichnet (n gleichmäßig gestufte Präzisionsreferenzspannungsquellen, n Komparatoren, einen Kodewandler). So werden für einen 4-Bit-Umsetzer mit $2^4 = 16$ Stufen $n = 15$ Referenzspannungsquellen benötigt, deren Spannungswerte sich um genau $\Delta U_e / 16$ unterscheiden müssen (ΔU_e = maximaler analoger Spannungswertebereich).

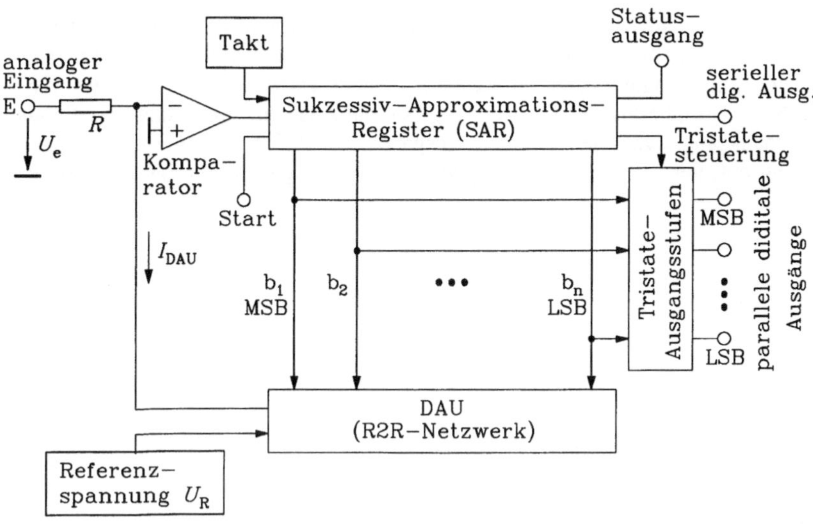

Bild 5-51 ADU nach dem Sukzessiv-Approximations-Verfahren

Aus der großen Gruppe von ADU nach dem Prinzip der Sukzessiv-Approximation haben sich vor allem Wandler mit R2R-Netzwerk (siehe Bild 5-48c)) oder mit kapazitivem Ladungsausgleich bewährt. Bild 5-51 zeigt das Blockschaltbild eines solchen Wandlers, der einen DAU nach Bild 5-49c) enthalten soll. Im folgenden wird das Wirkprinzip dieses ADU beschrieben. Zu Beginn eines Wandlungszyklus wird das höchstwertige Bit b_1 (MSB) auf H, alle anderen auf L gesetzt, der DAU kann einen Strom I_{DAU} aufnehmen, der der Hälfte des maximalen Eingangsstroms

$$I_{emax} = \frac{U_{emax}}{R} \tag{5.72}$$

entspricht. Ist der tatsächliche Eingangsstrom

$$I_e = \frac{U_e}{R} > \frac{U_{emax}}{2R}, \tag{5.73}$$

so gibt der Komparator ein H-Signal an das SAR ab, das Bit b_1 bleibt im folgenden Taktimpuls auf H. Gilt andererseits

$$\frac{U_e}{R} < \frac{U_{emax}}{2R}, \tag{5.74}$$

so würde Bit b_1 auf L gesetzt. Mit diesem Takt wird außerdem Bit b_2 auf H gesetzt, der DAU kann nun

$$I_{DAU} = \left(\frac{1}{2} + \frac{1}{4}\right) \frac{U_{emax}}{R} \text{ für } b_1 = \text{H} \tag{5.75}$$

oder

$$I_{DAU} = \frac{1}{4} \cdot \frac{U_{emax}}{R} \text{ für } b_1 = \text{L} \tag{5.76}$$

aufnehmen, es erfolgt ein erneuter Vergleich. Der nächste Takt kann nun Bit b_2 je nach Komparatorausgang auf H belassen oder auf L rücksetzen und gleichzeitig das nächste Bit b_3 setzen. Dieser

Zyklus wiederholt sich bis zum Bit b_n (LSB), er ist in Bild 5-52 dargestellt. Während des gesamten Wandlungszyklus vom Bit MSB bis zu LSB sind die parallelen digitalen Ausgänge (Tristate-Stufen) im Leerlauf, der Statusausgang zeigt den Zustand „Schaltkreis wandelt ein analoges in ein digitales Signal" an. Nach Beendigung des Umsetzens geben die Ausgangsstufen das Wandlungsergebnis an, der Statusausgang signalisiert „Ergebnisausgabe". Zusätzlich weisen einige Wandler einen seriellen Ausgang auf, der sein Ergebnis des jeweiligen Bit ausgibt, wenn das folgende Bit bearbeitet wird.

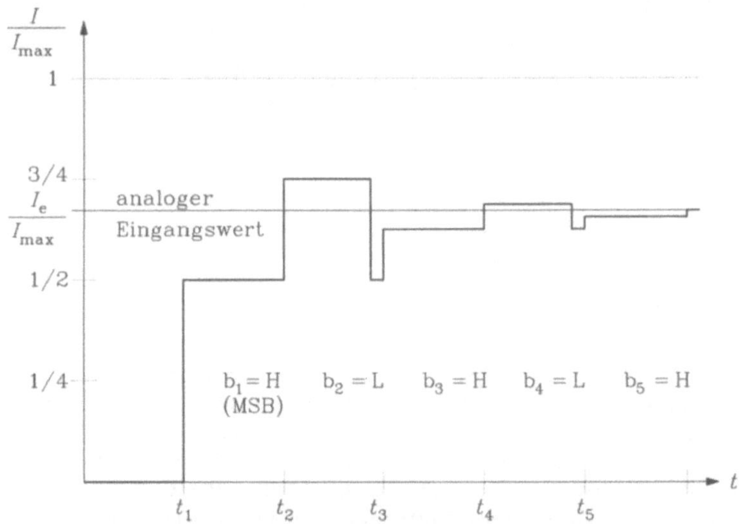

Bild 5-52 Zur Erläuterung des Sukzessiv-Approximations-Verfahrens

Besonders hohe Anforderungen werden bei hoher Verarbeitungsbreite von 10 bis 13 Bit an die Referenzspannung U_R gestellt. Sie wird meist durch temperatur- und spannungsstabilisierte Zener-Dioden-Schaltungen realisiert. Ähnlich hohe Forderungen werden an den Komparator gestellt, während die Taktfrequenz relativ ungenau sein kann, da sie nur die Umsetzzeit und nicht das Umsetzergebnis beeinflußt.

Wandler nach Bild 5-51 erfüllen gegenwärtig am besten höchste Ansprüche an Genauigkeit bei mittleren bis hohen Umsetzungsgeschwindigkeiten.

Verzichtet man auf hohe Umsetzgeschwindigkeiten und höchste Genauigkeiten, so kann vorteilhaft an Stelle des R2R-Netzwerkes das Prinzip der Ladungsübertragung von über Schalter gekoppelten Kapazitäten eingesetzt werden. Bild 5-53 zeigt das Prinzip dieses Ladungsbalance-Verfahrens. Zu Beginn der Wandlung seien beide Kapazitäten entladen, durch Schließen von S_1, wird C_1 aufgeladen ($U_1 = U_R$). Anschließendes Öffnen von S_1 und Schließen von S_3 ermöglicht den Ladungsausgleich.

$$Q = C_1 U_R = (C_1 + C_2) U_A, \tag{5.77}$$

$$U_A = \frac{C_1}{C_1 + C_2} U_R = \frac{U_R}{2} \, (C_1 = C_2 = C) \, . \tag{5.78}$$

Dieser Spannungswert $U_R/2$, der der Hälfte des Maximalwertes (Wertebereich der analogen Spannung) entspricht, wird wie in Bild 5-51 dargelegt mit der analogen Spannung U_e verglichen. Für

$$U_e > \frac{U_R}{2} \qquad (5.79)$$

wird S_3 geöffnet und S_1 geschlossen, die Ladung auf C_1 wird erneut

$$Q = C_1 U_R \qquad (5.80)$$

Ein folgender Ladungsausgleich ergibt

$$CU_R + C\frac{U_R}{2} = 2 \cdot CU_A \,, \qquad (5.81)$$

$$U_A = \frac{3}{4}U_R \cdot \qquad (5.82)$$

Liegt der analoge Wert immer noch unter dem aus Gl. (5.82), wird die Sukzessiv-Approximation in der beschriebenen Weise fortgesetzt. Ist hingegen

$$U_e < \frac{U_R}{2} \,, \qquad (5.83)$$

so wird S_2 anstelle S_1 geschlossen, C_1 entladen und nach Öffnen von S_2 der Ladungsausgleich vorgenommen, es entsteht

$$U_A = \frac{U_R}{4} \cdot \qquad (5.84)$$

Bei erneuter Erhöhung von U_A erhält man im folgenden Schritt allerdings nicht $U_A = \frac{3}{8} \cdot U_R$, sondern $U_A = \frac{5}{8} \cdot U_R$, die Sukzessiv-Approximation nach Bild 5-53 funktioniert also nicht immer einwandfrei. Aus diesem Grunde werden zusätzliche Kapazitäten zur Zwischenspeicherung und weitere Schalter in die Schaltung eingebracht.

Setzt man in ADU DAU nach dem Ladungsausgleichsverfahren ein, so wird der geringere Aufwand an Kapazitäten gegenüber dem R2R-Netzwerk durch komplizierte Transistorschalternetzwerke und geringere Genauigkeit infolge ungenauen Ladungsausgleiches und parasitären Entladevorgängen erkauft. Außerdem werden nur geringe Zykluszeiten erreicht.

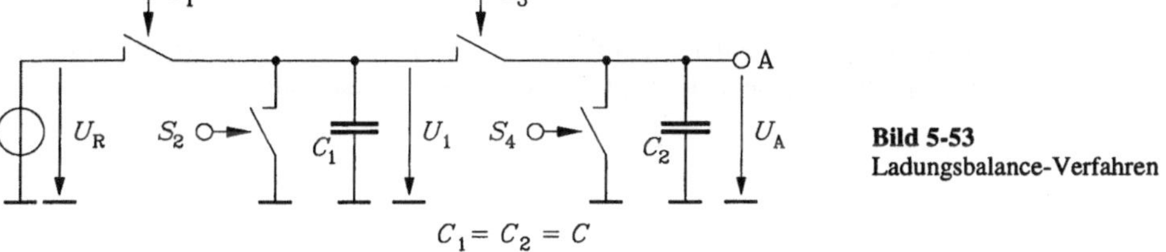

Bild 5-53
Ladungsbalance-Verfahren

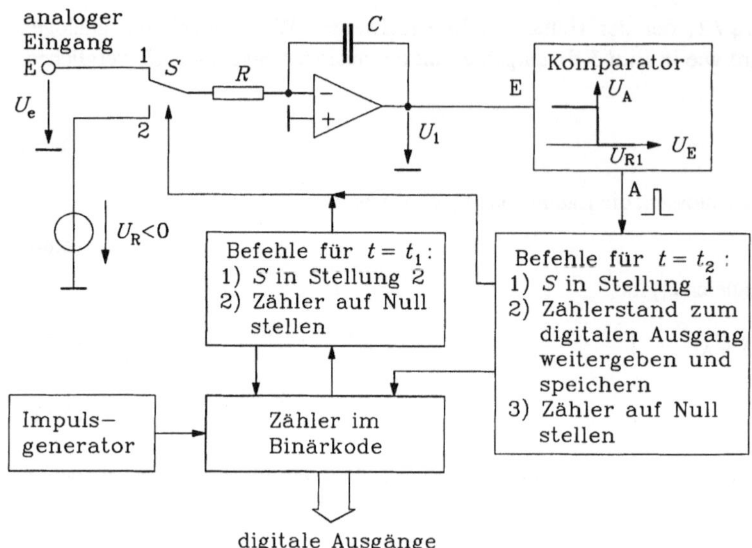

Bild 5-54 Blockschaltung eines ADU nach dem Dual-Slope-Verfahren

Ein drittes häufig verwendetes ADU-Prinzip ist das Dual-Slope-Verfahren (Bild 5-54). Es kann für geringe bis mittlere Umsetzgeschwindigkeiten eingesetzt werden.

Bei diesem Verfahren wird zunächst innerhalb eines definierten Zeitraums $t_1 - t_0$ eine Integration der analogen Eingangsspannung U_e vorgenommen (siehe Bild 5-55), indem der Schalter in Stellung 1 gebracht wird. Dabei gilt für den idealen Operationsverstärker nach Integration im Bereich $t_0 \le t \le t_1$

$$U_1 = -\frac{t_1 - t_0}{RC} \cdot U_e \, . \tag{5.85}$$

Eine nachfolgende Entladung mit einer Referenzspannung U_R durch Umschalten des Schalters auf Stellung 2 benötigt bis zum Erreichen der Komparatorschwelle $U_{R1} = 0$ V die Zeit

$$t_2 - t_1 = (t_1 - t_0) \cdot \frac{U_e}{-U_R} \, . \tag{5.86}$$

Während dieser Zeit werden die dem Zähler zugeführten Generatorimpulse registriert, der zur Zeit t_2 erreichte Zählerstand wird ausgegeben, er entspricht dem gewandelten analogen Signal.

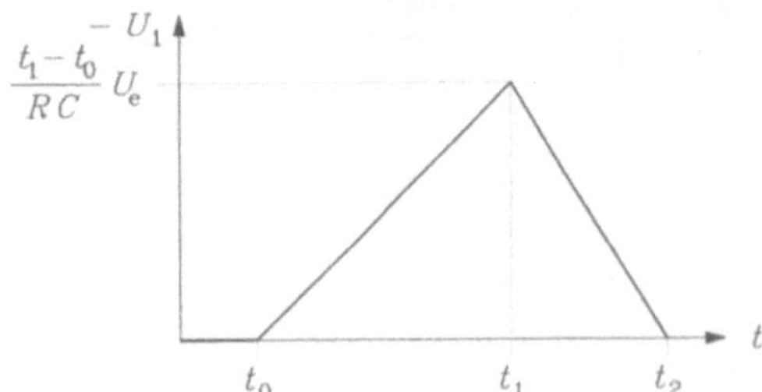

Bild 5-55
Zeitverlauf der Integratorspannung eines ADU
nach dem Dual-Slope-Verfahren

5.6.3 Vollständiges Wandlersystem

Oft müssen mehrere analoge Signale durch eine digitale Schaltung verarbeitet werden. Dazu sind die analogen Signale aufzunehmen und kurzzeitig zu speichern. Das wird durch Abtast- und Halteschaltungen (*Sample and Hold*) garantiert. Anschließend tastet ein Analog-Multiplexer (AMUX) zeitgestaffelt die von den Abtast- und Halteschaltungen bereitgestellten analogen Informationen ab und führt sie dem ADU zu. Nach einer digitalen Informationsverarbeitung werden entweder digitale Ausgangssignale zur Verfügung stehen oder eine erneute DA-Wandlung vorgenommen. Bild 5-36 zeigt dieses Gesamtsystem.

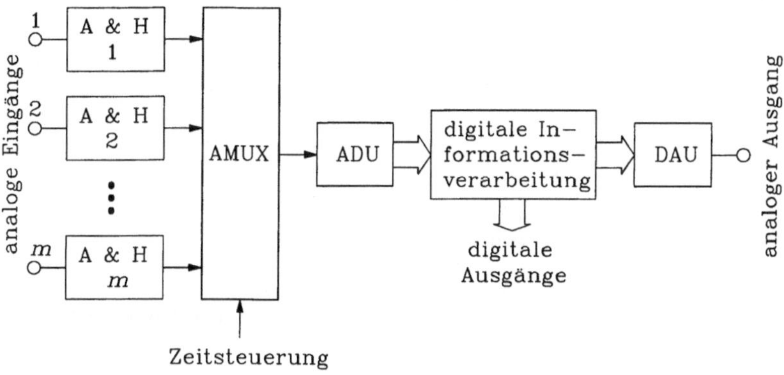

Bild 5-56 Vollständiges Wandlersystem

5.7 Aufgaben

Aufgabe 5.1

Berechnen Sie näherungsweise die Schaltzeiten der Ausgangsspannung der beiden gegeben Treiberschaltungen.

Zahlenwerte:

$C_L = 20\ \text{pF};\ m = 4;\ U_{0C} = 5\ \text{V};\ U_{CEX} = 0\ \text{V};\ I_{CX} = 10\ \text{mA}$

Die Ein- und Ausschaltzeiten des Kollektorstromes betragen $t_{ein} = t_{aus} = 0,5\ \text{ns}$.

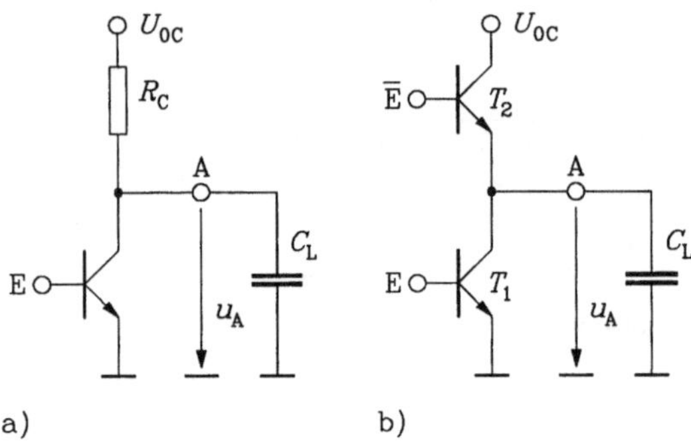

a)   b)

Bild Aufgabe 5.1

Aufgabe 5.2

Gegeben ist eine TTL-Stufe, die über eine verlustlose Leitung mit dem Wellenwiderstand $Z = 80\ \Omega$ und der Laufzeit τ weitere Stufen treiben soll. Der Eingangswiderstand R_A der nachfolgenden Stufe sei sehr groß ($R_A \gg Z$). Der Innenwiderstand der Treibertransistoren T_1 und T_2 betrage im leitenden Zustand $R_1 = R_2 = 20\ \Omega$, die Basis-Emitterspannung leitender Transistoren $U_{BEX} = 0,75\ \text{V}$, die Sättigungsspannung von T_2 $U_{CEX} = 0\ \text{V}$. Die Schaltzeit der TTL-Treiberstufe sei klein gegenüber der Leitungslaufzeit.

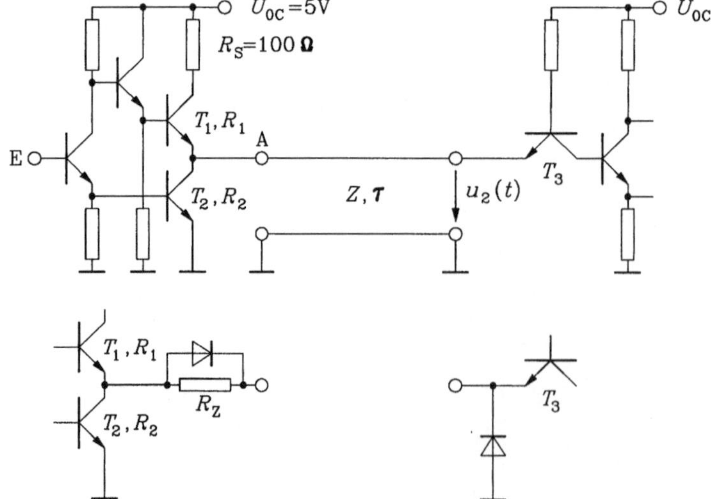

**Bild Aufgabe 5.2

1. Berechnen Sie die statischen Pegel $U_A(L)$ und $U_A(H)$ am Ausgang A.

2. Berechnen Sie $u_2(t)$ beim Anlegen von Eingangssprüngen für beide Schaltzustände. Nach welcher Zeit erreicht $u_2(t)$ den Wert $0,9 U_A(H)$ bzw. $0,1 U_A(H)$?

3. Berechnen Sie $u_2(t)$, wenn der Eingang der folgenden Stufe eine Klammerdiode enthält und die Diodenkennlinie durch eine Schalterkennlinie ersetzt wird ($U_F = 0,75\,\text{V}$).

4. Berechnen Sie $u_2(t)$, wenn in die Ausgangsleistung ein mit einer Diode überbrückter Widerstand $R_Z = 60\,\Omega$ geschaltet wird ($U_F = 0,75\,\text{V}$).

Zahlenwert: $U_{0C} = 5\,\text{V}$

Aufgabe 5.3

Gegeben ist folgende ECL-Schaltung, die über eine verlustlose Leitung mit dem Wellenwiderstand Z und der Laufzeit τ weitere Stufen treiben soll. Der Eingangswiderstand des nachfolgenden Emitterfolgers R_A sei groß gegenüber Z.

Berechnen Sie $u_A(t)$ für die beiden Werte R_C ($80\,\Omega$ bzw. $240\,\Omega$) beim Einschalten von T_2, wenn die Verzögerung der Schaltstufe klein sei gegenüber der Laufzeit τ.

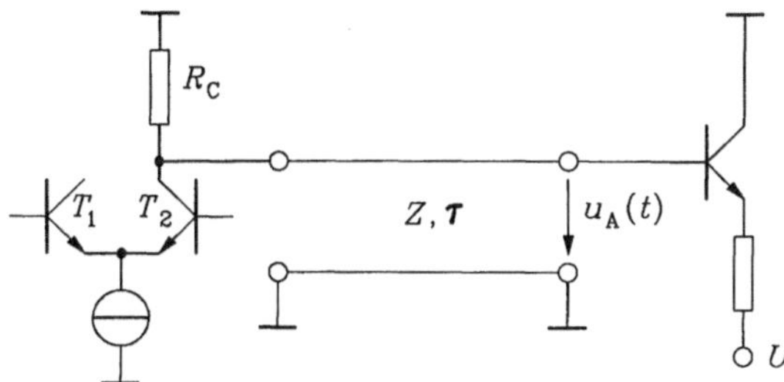

Bild Aufgabe 5.3

Zahlenwerte: $\Delta U = 0,8\,\text{V}$; $R_C = 80\,\Omega$ bzw. $240\,\Omega$; $Z = 80\,\Omega$

Aufgabe 5.4

Eine Treiberstufe gibt am Ausgang Rechteckimpulse von 5 V ab und soll zwei Laststufen treiben. Der Innenwiderstand der Treiberstufe sei $R_I = 0$, der Eingangswiderstand der Laststufe entspricht dem Wellenwiderstand Z der Leitung.

Die Schaltkreise bilden in ihrer Anordnung ein gleichseitiges Dreieck.

Berechnen Sie für die zwei möglichen Leitungsführungen die Spannungsverläufe an den Laststufen und wählen Sie danach die günsigste Variante aus.

Aufgabe 5.5

1. Analysieren Sie die Arbeitsweise der I^2L-TTL-Anpaßstufe.

2. Berechnen Sie R_C für einen maximalen Laststrom von 50 mA (die beiden Kollektoren von T_3 haben gleiche Verstärkungen B_{N3}).

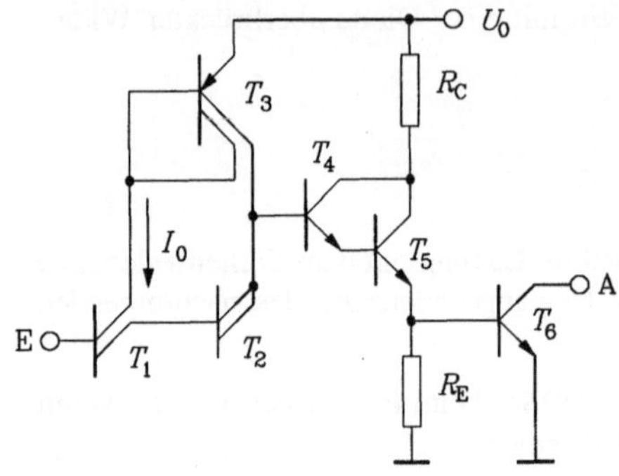

Bild Aufgabe 5.5

Zahlenwerte: $U_0 = 3$ V, $U_{BEX} = 0,75$ V, $U_{CEX} = 0,1$ V, $B_{N3} = 9$, $B_{N4,5} = 50$, $B_{N6} 25$, $I_0 = 10\,\mu$A für E = H, $m_{min} = 2$, $R_E = 5$ kΩ

6 Speicher

Speicher sind spezielle sequentielle Schaltungen. Sie dienen dazu, große Mengen von Informationen (Daten, Programme) meist über einen längeren Zeitraum zu erhalten (zu speichern). Zur Wiederauffindung der Daten sind die meisten Speicher adressierbar.

Im Buch werden nur Halbleiterspeicher behandelt. Sie werden vorwiegend in den Zentraleinheiten von Rechnern eingesetzt. Da diese Speicher viele Informationen speichern sollen, muß die Zahl der Bauelemente für eine Speicherzelle im Interesse einer großen Speicherkapazität des Schaltkreises gering sein. Die Schreib- und Lesevorgänge von Speichern werden zur Einsparung von Leitungen und damit Chipfläche ebenfalls meist anders organisiert als bei üblichen Flip-Flop. Damit wird klar, daß die in Kapitel 4 behandelten Flip-Flop nur bedingt als Zellen für Massenspeicher eingesetzt werden können.

Im folgenden sollen vor allem die schaltungstechnischen Aspekte der Speicherzellen und die dazu notwendige Randelektronik im Vordergrund stehen und nicht sosehr die Speicherorganisation.

Man unterscheidet bei den Speichern zwischen Schreib-Lese-Speichern (RAM: random access memory) und Nur-Lese-Speichern (ROM: read only memory). Außerdem werden oft programmierbare Logikanordnungen (PLD: programmable logic device) den Speichern zugeordnet.

RAM können nach dem Aufbau ihrer Speicherzellen in SRAM (static RAM) und DRAM (dynamic RAM) unterteilt werden. SRAM-Zellen bestehen aus speziellen getakteten Flip-Flop, sie halten ihre Information bei eingeschalteter Betriebsspannung solange, bis sie durch eine neue Information überschrieben wird. DRAM speichern die Information auf integrierten Kapazitäten, so daß sie auf Grund von Leckströmen und Auslesevorgängen nur für kurze Zeit gespeichert bleibt. Damit muß die Information in DRAM regelmäßig aufgefrischt werden (refresh). Da auch bei DRAM die Information beim Abschalten der Betriebsspannung verloren geht, bezeichnet man RAM generell als flüchtige Speicher.

ROM werden oft nach ihren Programmiermöglichkeiten unterschieden. Erfolgt eine Maskenprogrammierung entsprechend den Kundenwünschen bereits im technologischen Prozeß beim Hersteller, so spricht man von ROM. PROM (programmable ROM) erlauben die einmalige Programmierung des Schaltkreises, EPROM (erasable PROM) die mehrmalige Programmierung beim Kunden. ROM behalten die Information auch nach dem Abschalten der Betriebsspannung, sie sind also nichtflüchtige Speicher.

PLD ermöglichen im einfachsten Fall die Programmierung zweistufiger kombinatorischer Schaltungen. In anspruchsvolleren PLD-Schaltkreisen existieren außerdem Flip-Flop, um Schaltungen mit sequentiellen Anteil realisieren zu können (z.B. Steuerwerke). PLD beinhalten demzufolge wenigstens 2 matrixartige Strukturen, um zweistufige Schaltungen programmieren zu können. Je nachdem, welche Matrix programmierbar ist, unterscheidet man zwischen FPLA (field programmable logic array) und PAL (programmable array logic). Während in FPLA beide Matrizen (AND- und OR-Matrix) vom Kunden programmierbar sind, kann er in PAL nur die erste Matrix (AND-Matrix) programmieren. Betrachtet man PROM ebenfalls unter dem Aspekt der PLD-Programmierung, so kann bei diesen PLD der Kunde nur die zweite Matrix (OR-Matrix) beeinflussen. Neben den matrixartigen programmierbaren Grundstrukturen in FPLA, PAL und PROM existieren weitere matrixartige Strukturen mit größeren programmierbaren Logikzellen, programmierbaren Verbindungsleitungen und programmierbaren Interfacestufen, sie werden FPGA (field programmable gate array) genannt.

6.1 Schreib-Lese-Speicher (RAM)

Der generelle Aufbau eines RAM ist in Bild 6-1 am Beispiel eines wortorganisierten Speichers dargestellt.

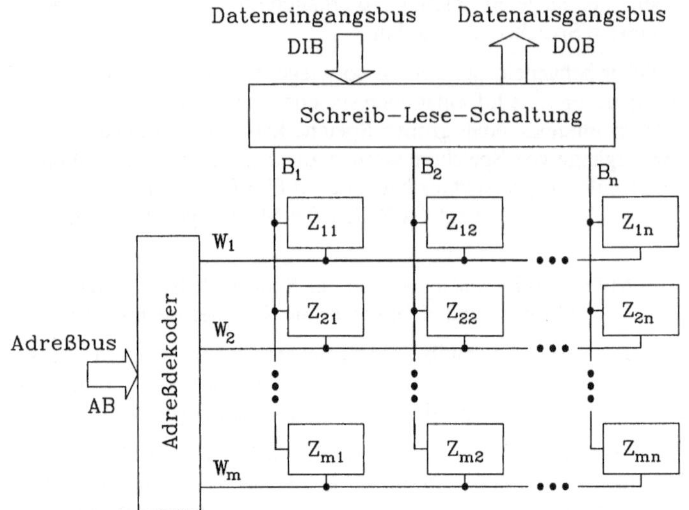

Bild 6-1
Genereller Aufbau eines RAM

Der RAM besteht aus den eigentlichen Speicherzellen $Z_{\mu\nu}$, der Schreib-Lese-Schaltung und dem Adreßdekoder (1-aus-m-Dekoder). Teilt man über den Adreßbus AB dem Speicher eine Adresse mit, so wird die entsprechende Wortleitung W_μ aktiviert ($W_\mu = H$). Dadurch können alle n Zellen, die mit der Wortleitung W_μ verbunden sind, entweder über die Bitleitungen $B_1,...,B_n$ ausgelesen oder eingeschrieben werden. Beim Auslesen gibt dabei die Schreib-Lese-Schaltung das in den aktivierten Zellen gespeicherte n Bit breite Wort an den Datenausgangsbus DOB, beim Einschreiben wird das am Dateneingangsbus DIB anliegende Wort in die n Speicherzellen weitergeleitet und dort gespeichert. Wird anschließend die Wortleitung W_μ wieder inaktiv ($W_\mu = L$), so bleibt das gespeicherte Wort in den Zellen erhalten.

Im Unterschied zum wortorganisierten Speicher gibt es den bitorganisierten Speicher, bei dem jeweils nur eine Speicherzelle adressiert wird (siehe Bild 6-2). Der Dateneingangs- und -ausgangsbus besteht dann nur noch jeweils aus einer einzigen Leitung. Zur Verminderung des Aufwandes beim Adreßdekoder wird dabei vor allem bei SRAM jede Zelle mit 2 Adreßleitungen versehen. Die Zelle wird nur dann aktiv, wenn beide Adreßleitungen aktiv sind.

Während SRAM meist wortorganisiert sind, überwiegt bei DRAM die Bit-Organisation. Um auch bei bitorganisierten Speicherschaltkreisen vollständige n-Bit-Worte auslesen zu können, benutzt man *n* solche Schaltkreise, bei denen die entsprechenden Zellen gleichzeitig aktiviert werden.

Ein wortorganisierter Speicherschaltkreis ist noch gut flächenhaft, also zweidimensional, darstellbar. Ein wortorganisierter Speicher jedoch, der aus bitorganisierten Speicherschaltkreisen aufgebaut werden soll, müßte zweckmäßig dreidimensional dargestellt werden. Deshalb verwendet man auch die Begriffe 2D- oder 3D-Organisation.

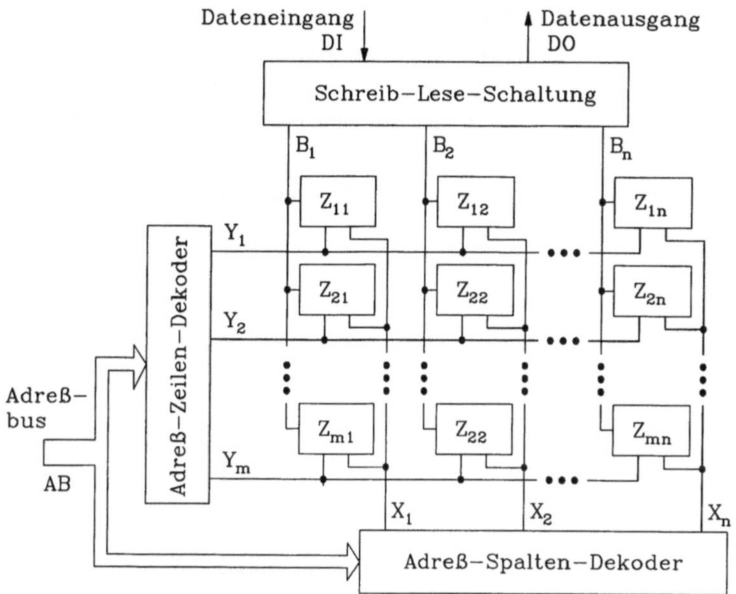

Bild 6-2 Bitorganisierter Speicher

Die Speicherkapazität als eine wichtige Kenngröße der Speicher ist das Produkt aus der Wortbreite und der Zahl der speicherbaren Worte. So hat z.B. ein wortorganisierter 1-kBit-Speicher mit einer Wortbreite von 8 Bit 128 adressierbare Speicherplätze (8 Bit * 128), für deren Auswahl der Adreßbus eine Breite von 7 Bit aufweisen müßte, während bei einem bitorganisierten Speicher 1024 Speicherplätze (1 Bit * 1024) mit einer Adreßbusbreite von 10 Bit adressierbar sind.

Eine weitere wichtige Kenngröße von Speichern ist die Zugriffszeit (access time) t_{ACC}. Sie gibt die Zeit an, die vergeht, bis nach dem Anlegen einer Adresse die Information am Datenausgang zur Verfügung steht.

Die meisten Speicherschaltkreise besitzen noch einen Chip-Select-Eingang, der für den Betrieb des Schaltkreises in einem größeren Speicher notwendig ist. Die Zeit zwischen der Aktivierung des Chips über den Chip-Select-Eingang und der vollen Betriebsbereitschaft ist ebenfalls Kenngröße des Speichers und wird t_{CS} genannt. Analog dazu heißt die Zeit zur Inaktivierung des Chips Deselektionszeit t_{CD}. Weitere dynamische Kennwerte der Speicher sind die Mindestbreiten der Eingangsimpulse auf den Adreß- und Datenleitungen sowie die Zeitdauer der Ausgangsimpulse.

RAM werden vorwiegend als Haupt- oder Arbeitsspeicher in Rechnern eingesetzt. Dabei erfordert der Trend zu immer leistungsfähigeren Programmen bei weiterer Geräteminiaturisierung und gleichzeitiger Erhöhung der Zuverlässigkeit von Soft- und Hardware die weitere Steigerung der Speicherkapazität auf dem Chip (meist um den Faktor 4 innerhalb von 2-3 Jahren: 1 MBit, 4 MBit, 16 MBit, 64 MBit,...?). Dieser Trend zu höchsten Integrationsgraden mit Kapazitäten der Speicherschaltkreise von ≥1 MBit war und ist technisch nur sinnvoll zu verwirklichen, wenn dazu die verlustleistungsarme CMOS-Technik eingesetzt wird. Oftmals werden jedoch auch Speicher mit wesentlich kleinerer Speicherkapazität, dafür aber mit geringsten Verzögerungszeiten als Zwischenspeicher (Cache-Speicher) benötigt. In diesem Fall kann vorteilhaft die Bipolartechnik (ECL-Technik) in Speichern eingesetzt werden.

6.1.1 Statische Schreib-Lese-Speicher (SRAM)

SRAM bestehen wie Flip-Flop aus 2 rückgekoppelten Invertern. Die Taktzustandssteuerung der SRAM-Flip-Flop (durch die Wortleitung W_μ) geschieht jedoch anders als bei herkömmlichen Flip-Flop, weil das Einschreiben und das Auslesen über die gleiche Leitung (die Bitleitung B_v) erfolgen soll.

Bild 6-3 zeigt eine solche SRAM-6-Transistor-Zelle $Z_{\mu v}$ in CMOS-Technik für einen wortorganisierten Speicher.

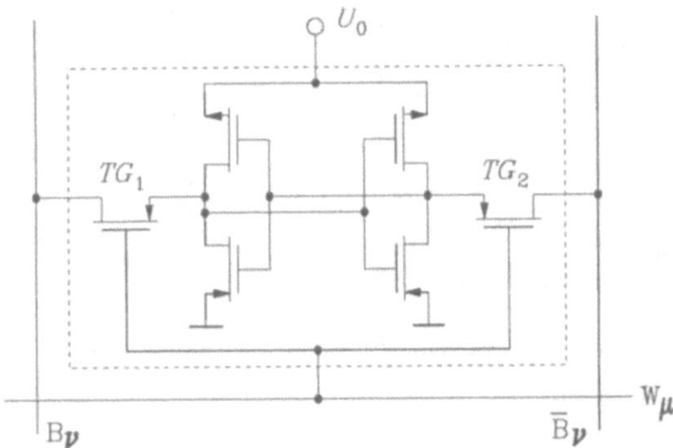

Bild 6-3
SRAM-6-Transistor-Zelle $Z_{\mu v}$

Für $W_\mu = $ L sind die Transfergates TG_1 und TG_2 gesperrt, die Zelle befindet sich im Ruhezustand (die Information ist gespeichert). Wird $W_\mu = $ H, so gelangt die gespeicherte Information an die Bitleitungen B_v bzw. $\overline{B}_v$, sie kann ohne Informationsverlust ausgelesen werden. Andererseits ist es in diesem Zustand auch möglich, über die Bitleitungen eine neue Information in die Zelle einzuschreiben. Eine mögliche Gesamtschaltung einer Spalte des Zellenfeldes eines wortorganisierten Speichers in CMOS-Technik ist in Bild 6-4 dargestellt. An ihr sollen die Funktionen Lesen und Einschreiben genauer erläutert werden.

Vor jedem Lese- oder Schreibvorgang werden die Bitleitungen B_v bzw. $\overline{B}_v$ (und damit auch die Kapazitäten C_B und $C_{\overline{B}}$) durch den Takt PC=L (precharge) auf das H-Potential vorgeladen, so daß bei den nun folgenden Lese- oder Schreibvorgängen lediglich eine Leitung entladen werden muß, was zu kurzen Zugriffs- und Schreibzeiten führt. Soll nun eine neue am Dateneingang DI anliegende Information eingeschrieben werden, ist zuerst die Vorladung abzubrechen (PC = H). Anschließend werden das Schreib-Signal (WRITE) und die Wortleitung W_μ mit WRITE = W_μ = H aktiviert. Damit kann sich eine Bitleitung entladen (für DI = H die Leitung $\overline{B}_v$ über den Transistor T_1, für DI = L die Leitung B_v über den Transistor T_2). Außerdem gelangen die beiden Bitleitungsbelegungen in die aktivierte Zelle und setzen das Flip-Flop in den gewünschten Zustand. Nach erfolgter Speicherung werden die Zelle und der Schreibverstärker wieder inaktiv geschaltet (WRITE = W_μ = L). Beim Auslesen der Information aus der Zelle sind die Bitleitungen B_v bzw. $\overline{B}_v$ ebenfalls wieder auf den H-Pegel vorgeladen. Mit W_μ = H erfolgt die Entladung einer Leitung über die Zelle, so daß entweder T_3 oder T_4 leitend wird. Belegt man nun das Lesesignal mit $\overline{\text{READ}}$ = L, so werden auch die Transistoren T_5 und T_6 leitend. Ist z.B. B_v = H und $\overline{B}_v$ = L, so wird T_3 leitend. Da außerdem die Transistoren T_9 und T_{10} durch das Lesesignal gesperrt werden, wird der Knoten A auf das Betriebsspannungspotential U_0 aufgeladen, so daß über den ebenfalls leitenden Transistor T_{11} am Datenausgang DO der H-Pegel abgegeben wird. Der H-Pegel an A macht T_8 leitend und sichert damit den L-Pegel am Knoten B und die Sperrung von T_7, so daß der H-Pegel an A stabil garantiert wird. Nach Abschluß des Lesevorganges wird $\overline{\text{READ}}$ = H, so daß

T_5, T_6 und T_{11} sperren, während über T_9 und T_{10} die Knoten A und B auf den L-Pegel vorgeladen sind. Damit sind sie auf die Aufladung eines Knotens beim nächsten Lesevorgang vorbereitet. Der Leser kann selbst nachempfinden, daß für B_v = L und $\overline{B}_v$ = H beim Lesen B = H, A = L und damit auch DO = L wird.

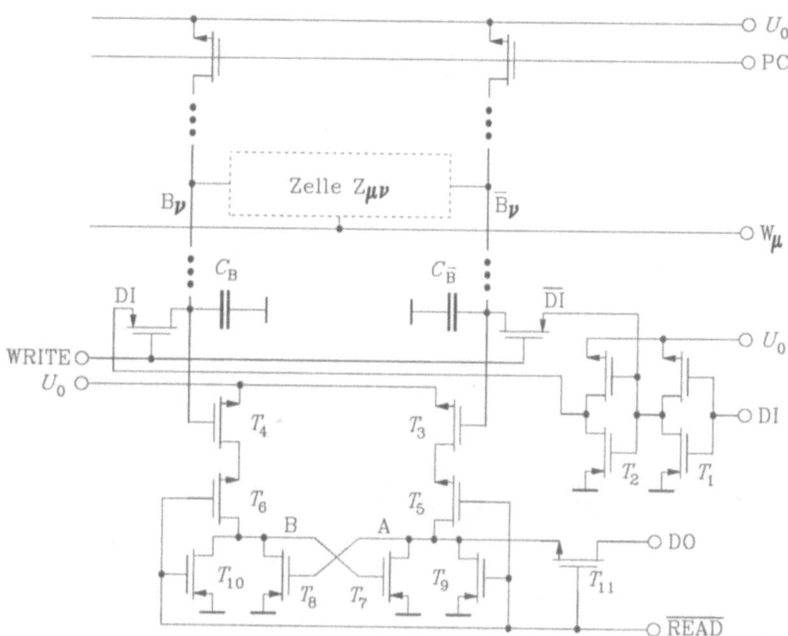

Bild 6-4 SRAM-Zelle mit Schreib-Lese-Schaltung

Oft wird anstelle des relativ aufwendigen Lese-Flip-Flop ein einfacherer Operationsverstärker eingesetzt (siehe Bild 6-5), der allerdings ein schlechteres Übertragungsverhalten als das Flip-Flop aufweist und demzufolge in der Schaltung Bild 6-4 nicht angewendet wurde.

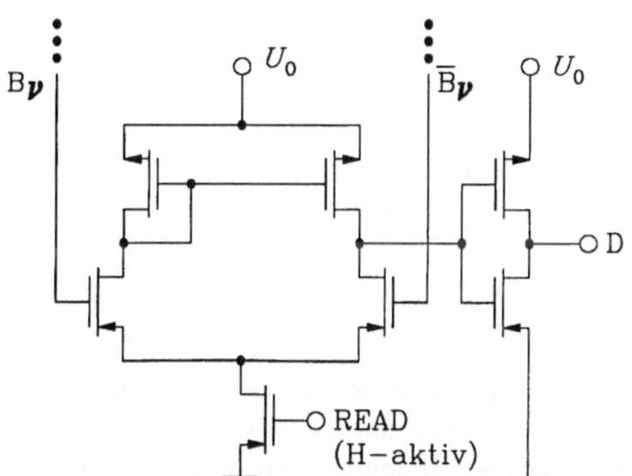

Bild 6-5
Operationsverstärker als Leseverstärker für SRAM

Setzt man anstelle eines wortorganisierten SRAM einen bitorganisierten ein, so muß die Speicherzelle durch ein weiteres Transfergate ergänzt werden (siehe Bild 6-6).

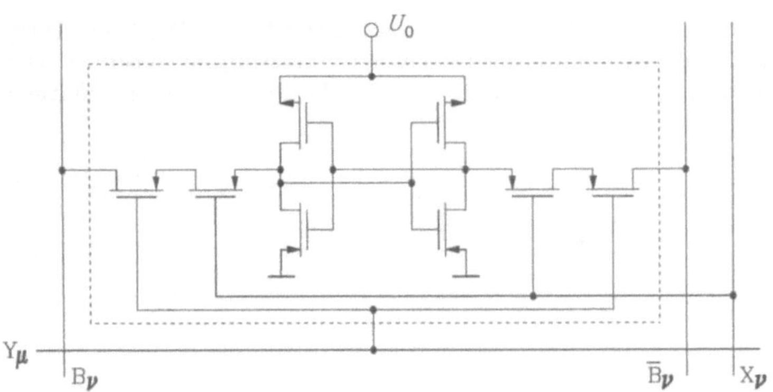

Bild 6-6 SRAM-8-Transistor-Zelle in CMOS-Technik

Zur Reduzierung der Verlustleistung von SRAM wird oft die Betriebsspannung dann auf einen minimalen, zum Erhalt des Speicherzustandes notwendigen Wert abgesenkt, wenn das Speicherchip durch den CHIPSELECT-Eingang in den nicht aktiven Zustand gesetzt wurde. Dieser Zustand heißt Schlafzustand, die entsprechende Betriebsspannung Schlafspannung. Sie beträgt z.B. bei CMOS-SRAM ca. 2V.

Für schnelle kleine Speicher eignet sich gut die ECL-Technik. Eine mögliche ECL-Speicherzelle mit einem internen Spannungshub von $\Delta U = 0{,}4$V zeigt Bild 6-7.

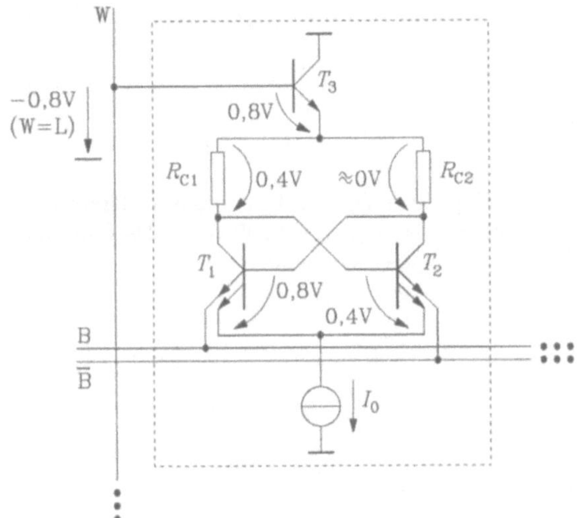

Bild 6-7
ECL-Speicherzelle

Im Ruhezustand fließt durch das Flip-Flop der Quellenstrom I_0, das Potential der Bitleitungen B und $\overline{\text{B}}$ ist so hoch, daß durch die an ihnen angeschlossenen Emitter der Transistoren T_1 und T_2 kein Strom fließt. Das wird erreicht, indem die Zelle durch die Belegung der Wortleitung mit $W = L$ $(= -0{,}8$V) pegelmäßig abgesenkt ist. In Bild 6-7 sind für diesen Fall und bei Annahme des Leitens von Transistor T_1 die Potentiale eingetragen, wobei für die Basis-Emitter-Spannung im EIN-Zustand $U_{\text{BEX}} = 0{,}8$V angenommen wurde.

Zum Schreiben wird die Wortleitung mit W = H (= 0V) belegt, die Zelle wird potentialmäßig gegenüber den Zellen anderer Wortleitungen angehoben. Senkt man nun z.B. das Potential der Bitleitung $\overline{B}$ gegenüber B ab, so kann über den 2. Emitter von T_2 ein Strom in die Bitleitung $\overline{B}$ fließen, der zu einem Spannungsabfall an R_{C2} und damit zum Absinken der Basis-Emitter-Spannung von T_1 führt. Daraus folgt eine Verringerung des Spannungsabfalls an R_{C1} und eine Erhöhung der Basis-Emitter-Spannung von T_2, was den Stromanstieg in diesem Transistor unterstützt, so daß die Zelle schließlich in den anderen Zustand schaltet. Die für das Schreiben notwendigen Spannungen auf den beiden Bitleitungen sind demnach so zu wählen, daß ein bisher gesperrter Transistor leitend wird ($U_{BE} = 0{,}8V$) und der andere durch die Bitleitung keinen Strom erhält ($U_{BE} = 0{,}4V$). Damit ergeben sich mit den in Bild 6-7 angegebenen Potentialverhältnissen die Bitleitungsspannungen zu $U_{\overline{B}} = U_{\overline{B}}(L) = -2{,}0V$ und $U_B = U_B(H) = -1{,}2V$.

Das Lesen der Zelle geschieht wieder bei aktivierter Wortleitung W = H. Die Spannungen auf den beiden Bitleitungen B und $\overline{B}$ werden dazu auf den L-Pegel abgesenkt, $U_{\overline{B}} = U_B = U_{B,\overline{B}}(L) = -2{,}0V$, der leitende Transistor der Zelle übernimmt den Strom der jeweiligen Bitleitung. Damit vergrößert sich der Spannungsabfall an seinem Kollektorwiderstand, so daß der gesperrte Transistor trotz Absenkung der Bitleitungsspannung gesperrt bleibt. Zwischen den Bitleitungen entsteht also eine Stromdifferenz, die als Lesesignal ausgewertet werden kann.

Das Zusammenwirken der Speicherzelle mit der Randelektronik für den Fall einer schon aktivierten Wortleitung und sich noch im Ruhezustand befindender Eingänge D und $\overline{D}$ ist in Bild 6-8 dargestellt.

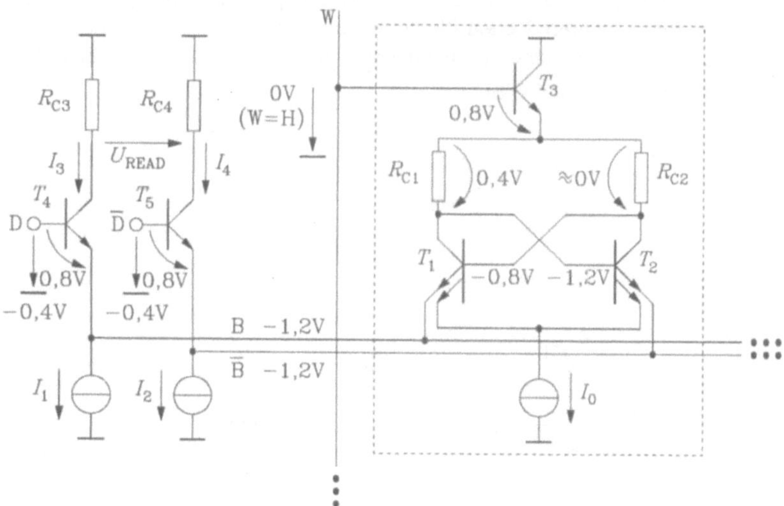

Bild 6-8 Ausschnitt aus einem ECL-Speicher

Die Potentiale an den Eingängen D und $\overline{D}$ sind aus den Bitleitungsspannungen zu ermitteln und betragen $U_{D,\overline{D}}(H) = -0{,}4V$, $U_{D,\overline{D}}(L) = -1{,}2V$. Im Ruhezustand erhalten beide Eingänge den H-Pegel (im Bild 6-8 angegeben), die Zusatzemitter der aktivierten Zelle werden noch nicht leitend. Soll nun z.B. die Zelle mit D = H und $\overline{D}$ = L beschrieben werden, so entsteht auf der Bitleitung $\overline{B}$ ein Spannungspegel von −2V, der 2. Emitter von T_2 wird leitend und erhält einen Teil des Stromes von I_2. Damit fällt an R_{C2} eine Spannung ab, die auf T_1 rückgekoppelt wird, so daß die Zelle in den anderen Zustand kippt.

Das Lesen soll ebenfalls mit den in Bild 6-8 eingetragenen Potentialen der Zelle erfolgen. Dazu werden beide Dateneingänge D und $\overline{\text{D}}$ abgesenkt. Dabei könnte das Bitleitungspotential bis auf -2,0V absinken. Bereits bei einer Spannung von -1,6V beginnt jedoch auf der Bitleitung B der Strom I_1 durch den 2. Emitter des leitenden Transistors T_1 zu fließen, so daß beim weiteren Absenken des Potentials an D und $\overline{\text{D}}$ der Transistor T_4 sperrt, während T_5 leitend bleibt. Somit wird der Strom $I_3 = 0$, während $I_4 = I_2$ bleibt. Die Lesespannung U_{READ} folgt daraus mit $R_{C3} = R_{C4} = R_C$ und $I_1 = I_2 = I$ zu

$$U_{\text{READ}} = I_4 \cdot R_{C4} - I_3 \cdot R_{C3} = A_N \cdot I \cdot R_C \approx I \cdot R_C. \tag{6.1}$$

Für den Fall, daß T_2 leitend ist, wird demnach mit $I_4 = 0$

$$U_{\text{READ}} \approx -I \cdot R_C. \tag{6.2}$$

Aus der Polarität der Differenzspannung U_{READ} ist also eindeutig der Zellenzustand bestimmbar.

Die Belegung der Eingänge D und $\overline{\text{D}}$ ergibt sich aus dem Dateneingang DI, den WRITE- und READ-Signalen und der Wortleitung W_μ entsprechend der dargelegten Funktionsweise zu

$$\text{D} = \overline{\text{W}}_\mu + \text{WRITE} \cdot \text{DI} \cdot \overline{\text{READ}}, \tag{6.3}$$

$$\overline{\text{D}} = \overline{\text{W}}_\mu + \text{WRITE} \cdot \overline{\text{DI}} \cdot \overline{\text{READ}}. \tag{6.4}$$

Die Schaltung nach Bild 6-8 kann bzgl. der auftretenden Verlustleistung verbessert werden, indem wie bei komplexen ECL-Strukturen mehrere Zellen übereinander angeordnet werden (siehe Bild 6-9). Für die Randelektronik wird dazu allerdings noch ein Signal zum Umschalten zwischen oberer und unterer Ebene (O$\overline{\text{U}}$ bzw. $\overline{\text{O}}$U) benötigt.

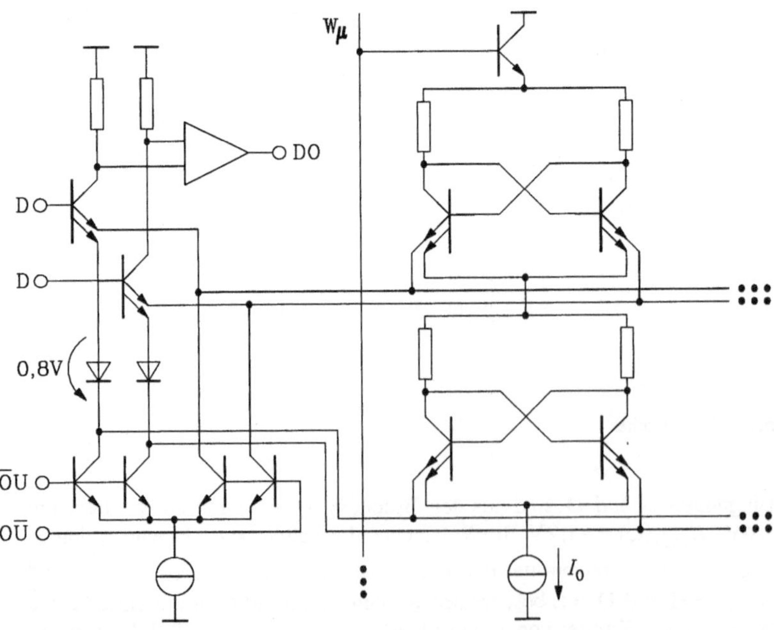

Bild 6-9 ECL-SRAM mit spezieller Organisation

6.1.2 Dynamische Schreib-Lese-Speicher (DRAM)

Grundprinzip von DRAM ist die Ladungsspeicherung auf in der Zelle (siehe Bild 6-10) integrierten kleinen Kapazitäten C_S.

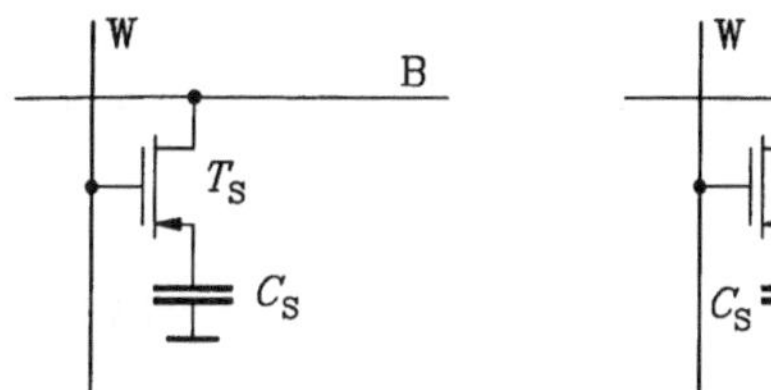

Bild 6-10 DRAM-Zelle   **Bild 6-11** Zum Ladungsausgleich der DRAM-Zelle

Die Kapazität C_S ist bei der in Bild 6-10 dargestellten 1-Transistor-Zelle direkt am Source-Gebiet des Transistors T_S integriert. Der Transistor dient als Schalter, der beim Schreiben und Lesen über die Wortleitung W leitend gemacht wird, so daß der Informationsaustausch zwischen der Speicherkapazität C_S und der Bitleitung B erfolgen kann.

DRAM ermöglichen es auf Grund der wenigen Bauelemente der Zelle (Transistor mit integrierter Kapazität), größte Speicherkapazitäten auf einem Chip zu realisieren. Der Gesamtaufwand an Bauelementen und Verdrahtungsfläche ist bei DRAM etwa viermal kleiner als bei SRAM, so daß bei gleichem technologischen Niveau mit DRAM die vierfache Speicherkapazität gegenüber SRAM erreicht wird.

Die Speicherkapazität C_S ist mit steigendem Integrationsgrad und technologischem Niveau des Beherrschens immer kleinerer Strukturabmessungen ebenfalls kleiner geworden, was für die Funktion des Speichers nicht unproblematisch ist, wie noch gezeigt wird. Aus diesem Grunde wurde versucht, die Speicherkapazität bei weiter sinkenden Bauelementeabmessungen dadurch relativ zu vergrößern, daß sie V-förmig in die Tiefe integriert wird und so eine vergrößerte Kapazitätsfläche entsteht. Die Probleme mit der Speicherung von Ladungen auf solch kleinen Kapazitäten sollen an einem einfachen Rechenbeispiel dargelegt werden. Wenn man auf einer Speicherkapazität $C_S = 50\text{fF}$ eine Spannung $U(\text{H}) = U_0 = 5\text{V}$ speichert, so entspricht das einer Ladungsmenge von

$$Q_S = C_S \cdot U_0 = 250\text{fC}. \tag{6.5}$$

Die Zahl der Ladungen beträgt dabei

$$n = \frac{Q_S}{e} = 1{,}56 \cdot 10^6. \tag{6.6}$$

Diese schon recht kleine Zahl von Elektronen wird durch Leckströme und beim Auslesen weiter drastisch verringert. Da die Bitleitung an viele Zellen angeschlossen ist, ist sie relativ lang und weist demzufolge eine große Kapazität C_B auf, die sich aus der Leitungskapazität, den Drain-Kapazitäten der anderen nicht aktivierten Zellen und der Eingangskapazität der angeschlossenen Randelektronik zum Lesen und Schreiben zusammensetzt (siehe Bild 6-11).

Die an C_S anliegende Spannung kann je nach Speicherzustand

$$U_{CS}(\text{H}) = U_0 \tag{6.7}$$

oder

$$U_{CS}(L) = 0 \tag{6.8}$$

betragen.

Die Bitleitung wird vor dem Ladungsausgleich auf eine Referenzspannung U_R vorgeladen. Da die Gesamtladungen vor und nach dem Ladungsausgleich konstant sind, ergibt sich die Spannung der Bitleitung U_B nach dem Ladungsausgleich mit

$$U_{CS}(H,L) \cdot C_S + U_R \cdot C_B = U_B(C_S + C_B) \tag{6.9}$$

zu

$$U_B = \frac{U_{CS}(H,L) \cdot C_S + U_R \cdot C_B}{C_S + C_B}. \tag{6.10}$$

Die Referenzspannung sollte so gewählt werden, daß die positive Abweichung von U_B gegenüber U_R bei Speicherung von U_0 gleich der negativen bei Speicherung von 0V ist,

$$U_B(H) = U_R + \Delta U, \tag{6.11}$$

$$U_B(L) = U_R - \Delta U. \tag{6.12}$$

Daraus folgen

$$U_R = \frac{U_0}{2}, \tag{6.13}$$

$$\Delta U = \frac{U_0}{2} \frac{C_S}{C_S + C_B}. \tag{6.14}$$

Für den Speicher sei z.B. $C_B = 10\,C_S$ ermittelt worden. Dann wird die Spannungsänderung auf der Bitleitung

$$\Delta U = \frac{U_0}{2} \frac{1}{11} = \frac{U_0}{22} = 0,23\mathrm{V}.$$

Diese kleine positive oder negative Abweichung von der Referenzspannung muß als H- oder L-Pegel erkannt werden. Außerdem ist diese Spannungsänderung für die Weiterleitung nach außen zu verstärken und gleichzeitig wieder in die Zelle einzuschreiben, weil sonst der Speicherinhalt verloren wäre. Diesen Vorgang nennt man Refresh (Auffrischen des Inhaltes der Zelle). Er muß bei DRAM in regelmäßigen Abständen vorgenommen werden, um Informationsverluste zu vermeiden. Diese geringen Spannungsunterschiede dürfen nicht durch einen schlechten Schaltungs- oder Layoutaufbau verfälscht werden, so daß DRAM völlig symmetrisch aufgebaut sind. Bild 6-12 zeigt dazu das Blockschaltbild des Speichers, Bild 6-13 eine mögliche Variante einer Schreib-Lese-Schaltung für die obersten Bitleitungen B_1 und B_{n+1} von Bild 6-12.

Im folgenden soll die Funktion der Schreib-Lese-Schaltung erläutert werden. Es wird angenommen, daß die Zelle Z_{11} den H-Pegel U_0 gespeichert hat, der ausgelesen und wieder aufgefrischt werden soll.

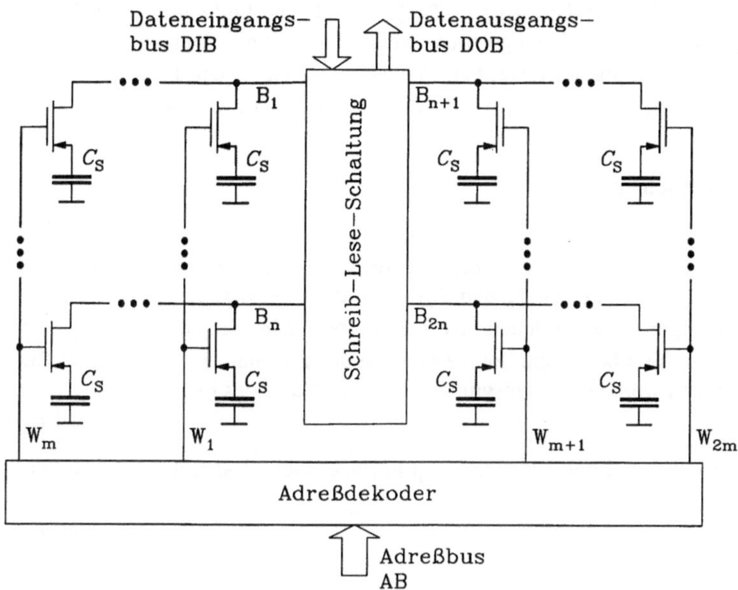

Bild 6-12 Blockschaltbild eines DRAM

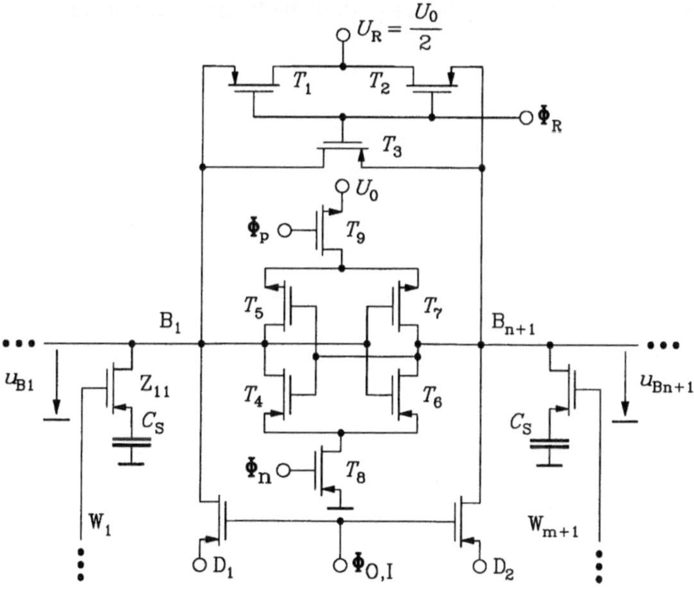

Bild 6-13 Schreib-Lese-Schaltung eines DRAM

Zunächst werden durch $\Phi_R = H$ über die Transistoren T_1, T_2 und T_3 die Leitungen B_1 und B_{n+1} auf die Referenzspannung U_R völlig gleich vorgeladen, weil selbst geringe Ungleichheiten der Transistoren T_1 bzw. T_2 durch T_3 ausgeglichen werden. Nachdem Φ_R wieder den L-Pegel erhalten hat, wird die Zelle Z_{11} durch $W_1 = H$ aktiviert, u_{B1} wird dabei um ΔU größer als U_R,

$$u_{B1} = U_R + \Delta U, \tag{6.15}$$

während u_{Bn+1} die Referenzspannung beibehält,

$$u_{Bn+1} = U_R. \tag{6.16}$$

Anschließend werden durch $\Phi_n = H$ die Source-Gebiete der n-Kanal-Transistoren T_4 und T_6 des sogenannten Sensor-Flip-Flop (T_4, T_5, T_6, T_7, T_8 und T_9) nach Masse gezogen, wobei durch die unterschiedlichen Gate-Spannungen T_6 besser leitend wird als T_4. Nun wird auch der Takt Φ_p aktiviert und auf $\Phi_p = L$ gesetzt, so daß über T_9 die Source-Gebiete der p-Kanal-Transistoren auf Betriebsspannungspotential gezogen werden. Die Unsymmetrie an den Gates des Flip-Flop,

$$u_{B1} > u_{Bn+1}, \tag{6.17}$$

führt anschließend zum vollständigen Kippen des Flip-Flop in seine stabile Lage, das Potential der Bitleitung B_1 wird

$$u_{B1} = U_0, \tag{6.18}$$

das der Bitleitung B_{n+1}

$$u_{Bn+1} = 0. \tag{6.19}$$

Damit wird das Potential der Speicherkapazität C_S der Zelle Z_{11} wieder regeneriert. Außerdem kann mit dem Takt $\Phi_{O,I}$ der regenerierte Zelleninhalt an die Datenleitungen D_1 und dessen Negation an D_2 nach außen gegeben werden. Bild 6-14 zeigt dieses Taktregime für die beiden möglichen Speicherinhalte der Zelle Z_{11}.

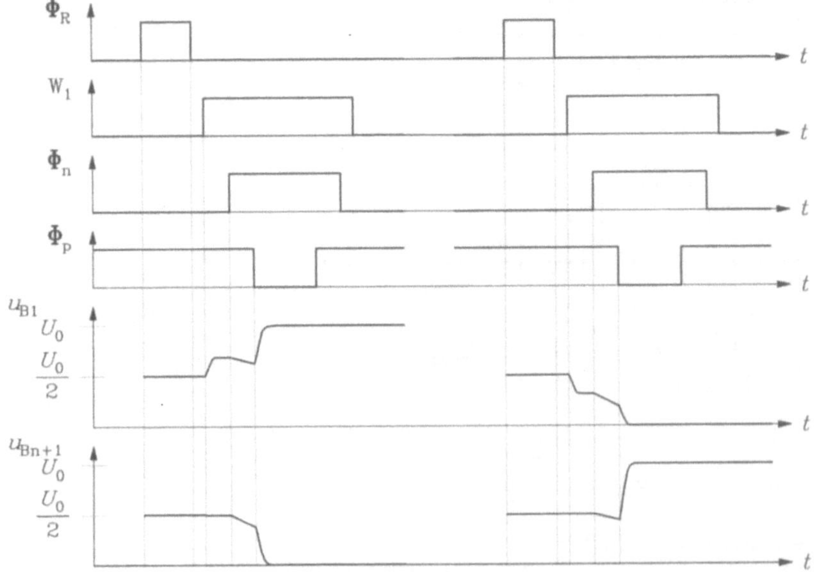

Bild 6-14 Taktregime und dynamisches Verhalten der DRAM-Zelle

In dem Diagramm Bild 6-14 bleiben die Spannungen u_{B1} und u_{Bn+1} bereits nach dem Zuschalten von Φ_n nicht mehr konstant, weil – wie schon erwähnt – die nun leitenden Transistoren T_4 und T_6 das Potential beider Leitungen absinken lassen. Dabei sinkt das Potential der Bitleitung mit der niedrigeren Spannung stets stärker ab, weil die Drain-Source-Strecke des Sensor-Flip-Flop-Transistors dieser Leitung bereits besser leitend ist als die des anderen. Dadurch vergrößert sich günstigerweise die Spannungsdifferenz ΔU zwischen beiden Leitungen.

Es wird deutlich, daß jeder Lesevorgang gleichzeitig das Auffrischen des jeweiligen Zellinhaltes bewirkt. Trotzdem muß jede Zelle periodisch aufgefrischt werden um zu verhindern, daß über einen längeren Zeitraum nicht gelesene Zellen ihre Information verlieren.

Das Einschreiben in die Zelle ist problemlos. Dazu sind lediglich der Takt $\Phi_{O,I}$ und die entsprechende Wortleitung zu aktivieren und die Daten über D_1 oder D_2 an die für die Zelle zuständige Bitleitung zu legen.

6.2 Nur-Lese-Speicher (ROM)

Im Gegensatz zu RAM, wo die gespeicherte Information beim Abschalten der Betriebsspannung flüchtig ist, also verloren geht, bleibt bei ROM die einmal gespeicherte Information ständig erhalten oder zumindest solange, bis eine Neuprogrammierung des ROM erfolgt. Aus diesem Grund werden ROM für die Speicherung solcher Daten eingesetzt, die in dem betreffenden Gerät immer wieder benötigt werden, z.B. Konstanten oder bestimmte betriebssystemnahe Programme.

6.2.1 Schaltungsprinzip

Das Grundprinzip von ROM zeigt am Beispiel eines 8 Bit breiten Datenausganges Bild 6-15.

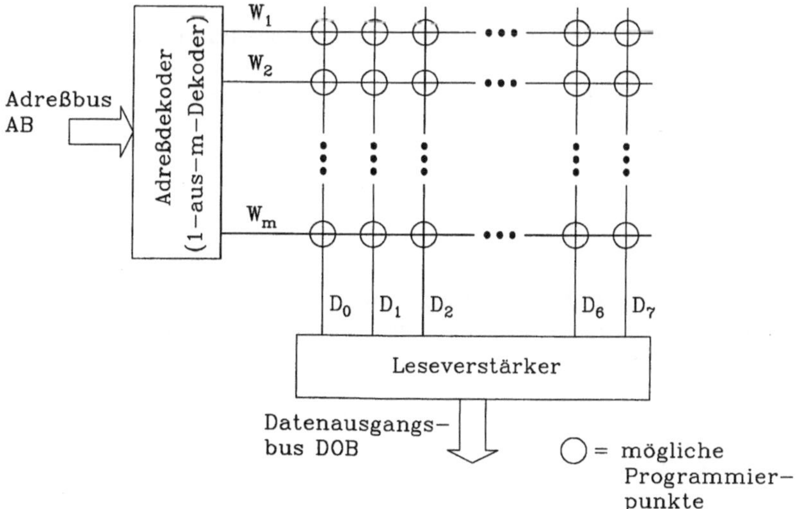

Bild 6-15 Grundprinzip von ROM

Der ROM beinhaltet eine gitterartige Leitungsstruktur. In den Kreuzungspunkten zwischen Wort- und Datenleitungen kann durch eine entsprechende Programmierung entschieden werden, ob der ROM bei Aktivierung der zugehörigen Wortleitung W_μ an den Datenausgang den H- oder L-Pegel abgibt. Dazu befinden sich in den Kreuzungspunkten Dioden oder Transistoren, die mit Hilfe der Programmierung eine Verbindung zwischen Wort- und Datenleitung ermöglichen. Bild 6-16 zeigt dazu einen Ausschnitt aus der programmierbaren Matrix eines ROM in NMOS-ED-Technik.

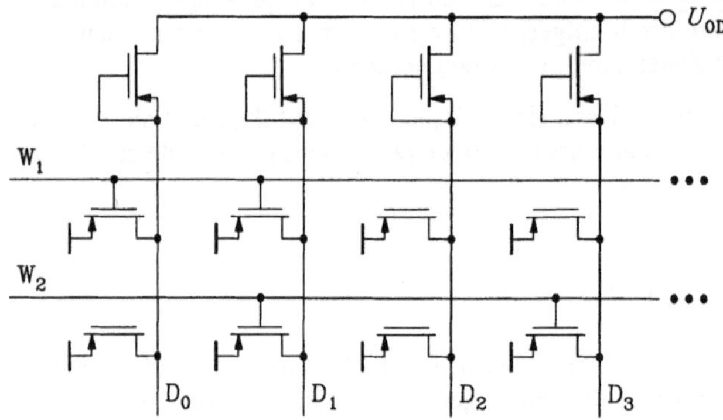

Bild 6-16
Teil eines NMOS-ED-ROM

Verbindet man das Gate des im Kreuzungspunkt zwischen der Wortleitung W_μ und der Datenleitung D_ν angeordneten Transistors mit der Wortleitung, so entsteht die Funktion

$$D_\nu = \overline{W}_\mu, \tag{6.20}$$

andernfalls

$$D_\nu = H. \tag{6.21}$$

Das in Bild 6-16 dargestellte Beispiel realisiert somit die folgende Funktionstabelle (Tabelle 6.1).

Tabelle 6.1 Funktionstabelle des ROM nach Bild 6-16

W_2	W_1	D_3	D_2	D_1	D_0
0	1	1	1	0	0
1	0	0	1	0	1

Tabelle 6.1 macht deutlich, daß ROM auch benutzt werden können, um einstufige logische Funktionen (NOR) zu programmieren und zu adressieren. So ergeben sich im gewählten Beispiel

$$D_3 = \overline{W}_2, \tag{6.22}$$

$$D_2 = H, \tag{6.23}$$

$$D_1 = \overline{W_1 + W_2}, \tag{6.24}$$

$$D_0 = \overline{W}_1. \tag{6.25}$$

Bezieht man den Dekoder (1-aus-m-Dekoder) zur Auswahl der Wortleitungen aus den Adressen in die Bildung der Logikfunktion mit ein, so entsteht eine zweistufige Realisierung, bei der allerdings die AND-Verknüpfungen der ersten Stufe (des Dekoders) vollständig sind und nicht programmiert werden können.

Die in Bild 6-16 dargestellte NMOS-ED-Schaltung läßt sich auch mit der CMOS-Technologie realisieren (siehe Bild 6-17).

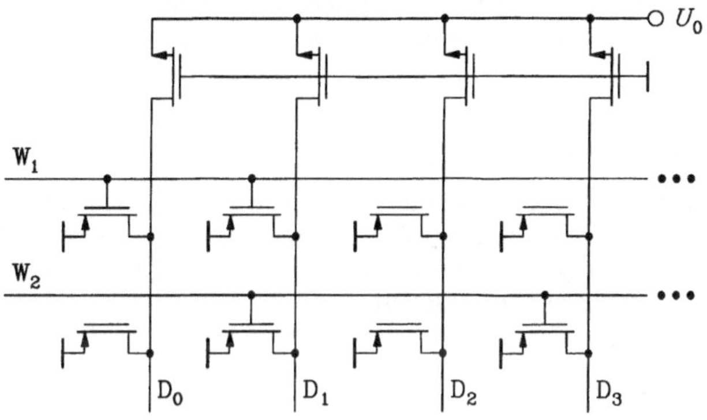

Bild 6-17
CMOS-ROM

Die p-Kanal-Transistoren des ROM werden wie in der NMOS-Technik als Lasttransistoren benutzt, wobei ihr Gate ständig auf Masse gelegt wird. Dabei kann beim Lesen des Speichers über leitende n-Kanal-Transistoren ein statischer Strom fließen, der zu einer statischen Verlustleistung führt. Taktet man hingegen wie bei der dynamischen MOS-Technik (siehe Abschnitt 3.2.6) den CMOS-ROM, so entsteht keine statische Verlustleistung. Bild 6-18 zeigt eine solche „echte" CMOS-Schaltung, die aus der Schaltung Bild 6-17 entwickelt wurde.

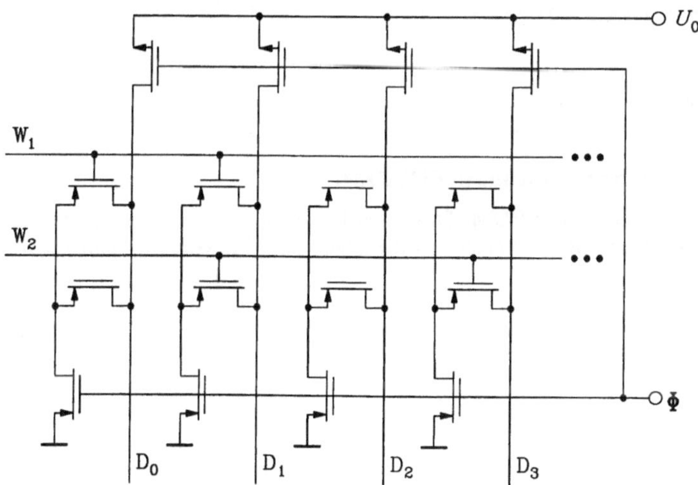

Bild 6-18
CMOS-ROM in
dynamischer Technik

Dabei werden im Ruhezustand mit $\Phi = L$ alle Datenleitungen auf den H-Pegel vorgeladen. Kurz vor dem Zuschalten der Wortleitung wird beim Auslesen $\Phi = H$ gesetzt, so daß sich die Datenleitungen je nach Speicherzustand auf den L-Pegel entladen können oder den H-Pegel beibehalten.

6.2.2 Programmiermöglichkeiten von ROM

6.2.2.1 Maskenprogrammierung beim Hersteller (ROM)

Der ROM wird direkt beim Hersteller des Schaltkreises durch eine entsprechende Maske im technologischen Prozeß programmiert. Ein späteres Löschen des Speicherinhaltes und eine nachfolgende Neuprogrammierung ist nicht möglich. Diese Schaltungen weisen also gegenüber Änderungswünschen keine Flexibilität auf.

6.2.2.2 Einmalige Programmierung beim Kunden (PROM)

Bei PROM, die sich nur einmal beim Kunden programmieren lassen, geschieht die Programmierung mittels des Durchschmelzens eines Sicherungsdrahtes (Fusible-Link-Verfahren). Es eignet sich auf Grund der relativ hohen Ströme beim Programmieren vor allem für bipolare PROM. Bild 6-19 zeigt dazu einen solchen mit Dioden versehenen Programmierpunkt.

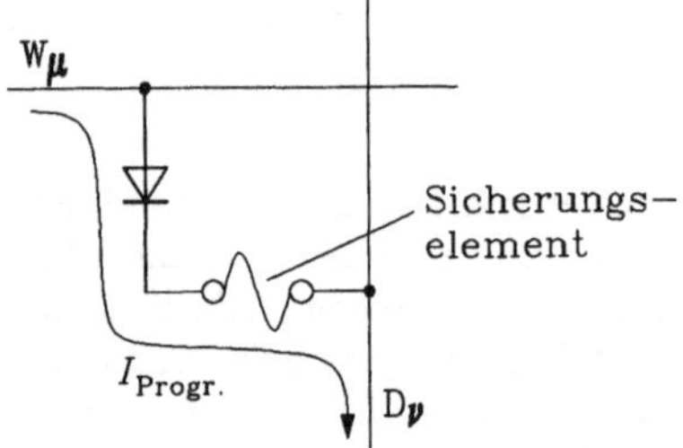

Bild 6-19
PROM mit Sicherungselement

Schmilzt man das Sicherungselement nicht, so ergibt sich

$$D_V = W_\mu, \tag{6.26}$$

andernfalls hängt D_V nicht von W_μ ab.

6.2.2.3 Mehrmalige Programmierung beim Kunden (EPROM)

Die Bezeichnung EPROM bedeutet erasable PROM. Dazu werden in den Programmierpunkten MOS-Transistoren mit einem Steuergate SG und einem zusätzlichen Gate FG (floating gate) eingesetzt (siehe Bild 6-20).

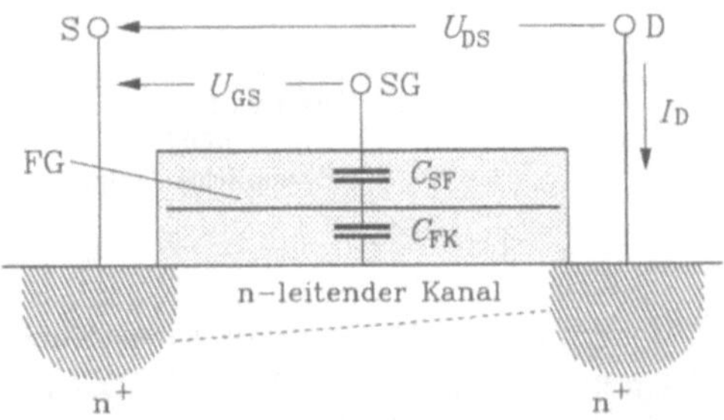

Bild 6-20
Floating-Gate-Prinzip

Das Floating-Gate ist isoliert zwischen dem Steuergate und dem Kanal angeordnet. Die Programmierung erfolgt, indem auf das Floating-Gate zusätzlich Elektronen gebracht werden, so daß sich die Schwellspannung des Transistors erhöht. Dazu wird eine relativ hohe Drain-Source-Spannung U_{DS} angelegt, so daß der Transistor im Einschnürbereich arbeitet. Die Elektronengeschwindigkeit im Kanal ist dabei sehr hoch. Erhöht man nun die Gate-Source-Spannung U_{GS}, so gelangen entsprechend dem kapazitiven Spannungsteilerverhältnis mit C_{SF} und C_{FK} schnelle Elektronen auf das Floating-Gate, die bei Abschalten der Programmierspannungen auf dem Floating-Gate (auch über Jahre) verbleiben. Bild 6-21 zeigt die beiden möglichen Kennlinien für den Drainstrom des programmierbaren Transistors.

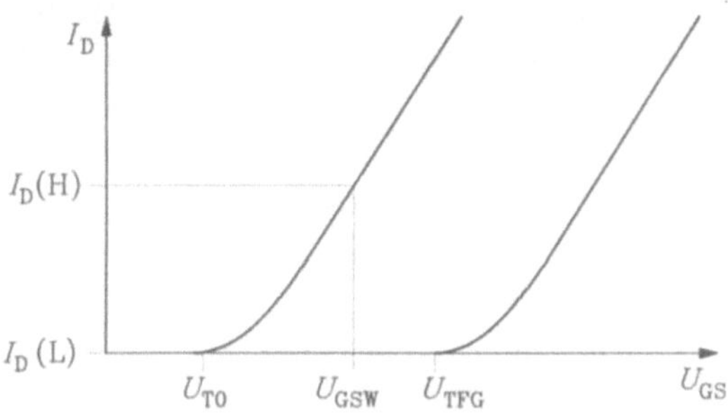

Bild 6-21
Kennlinien des Floating-Gate-Transistors

U_{GSW} bezeichnet die beim Auslesen durch die aktivierte Wortleitung verwendete Gate-Source-Spannung. Ist das Floating-Gate nicht programmiert worden, so fließt beim Auslesen der Drainstrom $I_D(H)$, andernfalls $I_D(L) = 0$.

Das Löschen des EPROM erfolgt global für alle Zellen durch Bestrahlung mit energiereichem UV-Licht über einen transparenten Deckel im Chipgehäuse.

Neben dem globalen Löschen des Speichers beim EPROM existieren auf dem gleichen Grundprinzip nach Bild 6-19 aufgebaute elektrisch löschbare EAROM (electrically alternable ROM), bei denen die Zellen einzeln gelöscht werden können. Dabei wird die Gateoxyddicke für beide Gates am drainseitigen Kanalende reduziert, so daß das Steuergate durch eine entsprechend große negative Vorspannung $U_{GS}<0$ zum Löschen des Floating-Gate benutzt werden kann. Die Elektronen des Floating-Gate werden somit wieder zum Drain zurück geführt.

Mit der Entwicklung von EAROM wurde der Funktionsunterschied zu den RAM weiter verringert. Allerdings stehen dem Vorteil der EAROM der Nichtflüchtigkeit der Information die Nachteile zusätzlicher Programmier- und Löschspannungen und das schlechte dynamische Verhalten beim Schreiben und Löschen gegenüber.

6.3 Programmierbare Logikanordnungen (PLD)

Mit PLD lassen sich komplexe logische Funktionen durch entsprechende Programmierung relativ schnell und einfach realisieren. Da sie ähnlich wie RAM oder ROM matrixartig aufgebaut sind, wird allerdings die Chipfläche meist nicht voll genutzt werden können, so daß Redundanzen und damit oft erhöhte Kosten bei einer Serienproduktion von Geräten mit PLD-Schaltkreisen entstehen. Lohnenswert ist der Einsatz von PLD jedoch bei der Erstentwicklung eines Systems, wobei später in der Vorbereitungsphase für die Serienproduktion PLD durch flächengünstigere anwenderspezifische Schaltkreise (ASIC) ersetzt werden können, zumal dann die Gesamtfunktion des Systems mit Hilfe der PLD bereits nachgewiesen ist.

Vorteilhaft können PLD auch dann eingesetzt werden, wenn für Spezialaufgaben nur Unikate oder geringe Stückzahlen benötigt werden.

PLD kann man z.B. ähnlich wie RAM und ROM nach ihren Programmiermöglichkeiten unterscheiden, nämlich nach nichtflüchtiger Programmierung wie bei ROM und nach flüchtiger Programmierung wie bei RAM.

6.3.1 PLD mit nichtflüchtiger Programmierung

PLD dieser Art sind meist zweistufige matrixartige Strukturen zur Realisierung zweistufiger kombinatorischer Netze mit zusätzlichen Flip-Flop für den Aufbau sequentieller Schaltungen. Die beiden kombinatorischen Matrizen werden oft in NOR-Technik wie bei ROM ausgeführt. Bild 6-22 zeigt den prinzipiellen Aufbau dieser PLD.

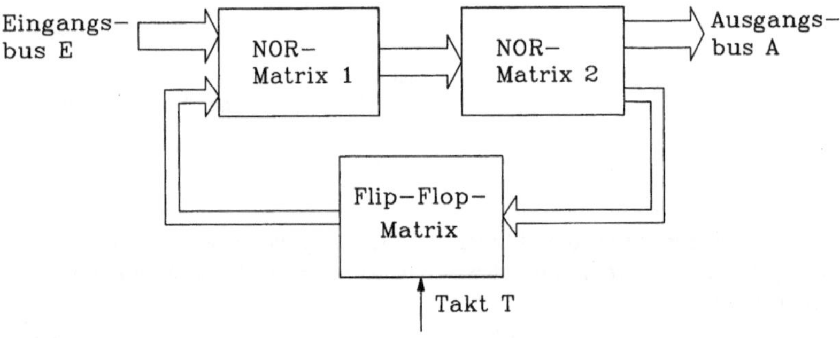

Bild 6-22 Grundprinzip von PLD

Die NOR-Matrix 1 realisiert die Konjunktionen der zweistufigen Schaltung, deshalb wird sie oft als AND-Matrix bezeichnet, die NOR-Matrix 2 die Disjunktionen, so daß sie auch OR-Matrix heißt. Dabei ist zu beachten, daß NOR-NOR-Schaltungen gegenüber AND-OR-Schaltungen mit den negierten Eingangsvariablen angesteuert werden müssen und die negierte Ausgangsfunktion liefern. Durch entsprechende Ein- und Ausgangstreiber wird das jedoch wieder ausgeglichen, so daß das der Kunde beim Programmieren seines PLD nicht beachten muß. In Bild 6-23 ist zur Erläuterung des Prinzips eine einfache NMOS-Schaltung in ED-Technik analog zur ROM-Schaltung nach Bild 6-16 dargestellt. Dabei wurde auf die Flip-Flop verzichtet.

In der NOR-Matrix 1 entstehen die Zwischenfunktionen

$$Z_0 = \overline{E_0 + E_1}, \tag{6.27}$$

$$Z_1 = \overline{\overline{E}_0 + \overline{E}_1}, \tag{6.28}$$

$$Z_2 = \overline{E_0 + \overline{E}_1}, \tag{6.29}$$

$$Z_3 = \overline{\overline{E}_0 + E_1}. \tag{6.30}$$

Die NOR-Matrix 2 bildet mit den Ausgangsnegatoren die Funktionen

$$A_0 = Z_0 + Z_1 = \overline{E_0 + E_1} + \overline{\overline{E}_0 + \overline{E}_1} = \overline{E}_0 \cdot \overline{E}_1 + E_0 \cdot E_1, \tag{6.31}$$

$$A_1 = Z_2 + Z_3 = \overline{E_0 + \overline{E}_1} + \overline{\overline{E}_0 + E_1} = \overline{E}_0 \cdot E_1 + E_0 \cdot \overline{E}_1. \tag{6.32}$$

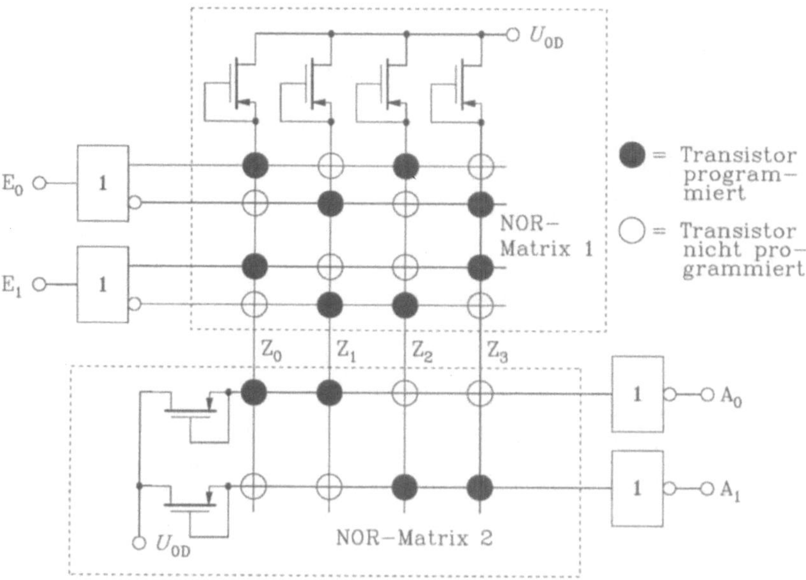

Bild 6-23 Ausschnitt aus einem kombinatorischen PLD

Die Schaltung nach Bild 6-23 liefert also die Äquivalenz und die Antivalenz der Eingangsvariablen.

Das gewählte Beispiel zeigt auch, daß die Hälfte der möglichen Programmierpunkte nicht benötigt wurde, aber auch nicht für andere Funktionen genutzt werden konnte, die Flächenausnutzung eines PLD-Chip ist also nicht optimal, wie einleitend schon beschrieben wurde.

PLD dieser Art kann man weiter danach unterscheiden, welche der beiden Matrizen vom Kunden programmierbar ist und welche durch den Hersteller eingestellt wurde. Schaltungen, bei denen beide Matrizen durch den Kunden programmierbar sind, heißen FPLA (field programmable logic array), wie eingangs bereits dargelegt wurde. Sie weisen gegenüber PAL und PROM die größere Flexibilität für den Kunden auf. Auf die Angabe weiterer Namen solcher PLD soll verzichtet werden, weil neben den sich allgemein durchgesetzten Namen eine Vielzahl firmenspezifischer Namen existiert, deren Angabe und Erläuterung den Rahmen des Buches sprengt. Der Nutzer von PLD wird beim Entwurf durch entsprechende firmenspezifische Programme zur Ermittlung der Programmierpunkte, der Simulation des Verhaltens und der anschließenden Programmierung des PLD unterstützt. Dabei gelingt eine echte Synthese im Sinne des Top-Down-Entwurfs, der Kunde benötigt keine Spezialkenntnisse der Mikroelektronik.

6.3.2 PLD mit flüchtiger Programmierung

Durch verschiedene Firmen sind PLD ähnlich den Gate-Array entwickelt worden, bei denen ganze Logikzellen matrixartig zwischen Verbindungskanälen angeordnet sind (Bild 6-24). Solche PLD heißen FPGA (field programmable gate array) oder werden unter firmenspezifischen Namen angeboten.

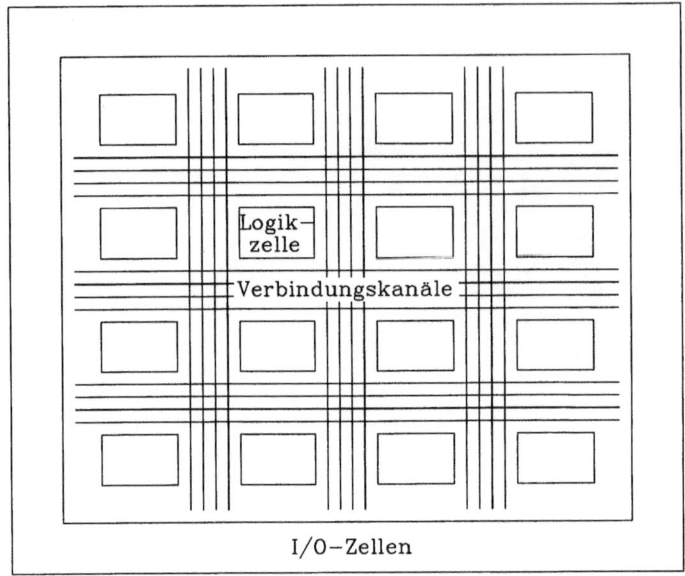

Bild 6-24
Aufbau eines FPGA

Durch SRAM-Strukturen und Transfergate lassen sich die Logikzellen, die Leitungsverbindungen in den Kanälen und die I/O-Zellen programmieren. Die SRAM werden beim Einschalten der Betriebsspannung programmiert, indem vor die eigentliche Arbeitsphase eine Programmierphase geschaltet wird. Am Beispiel von Logikzellen, die zweistufige kombinatorische Funktionen realisieren, von Multiplexern und von geschalteten Verbindungen sollen die o.g. Möglichkeiten der Nutzung von SRAM für die Programmierung von FPGA prinzipiell gezeigt werden.

Bild 6-25 zeigt eine allgemeine FPGA-Schaltung mit 2 Eingangsvariablen, deren SRAM-Flip-Flop so programmiert sind, daß sie als Antivalenzschaltung arbeitet.

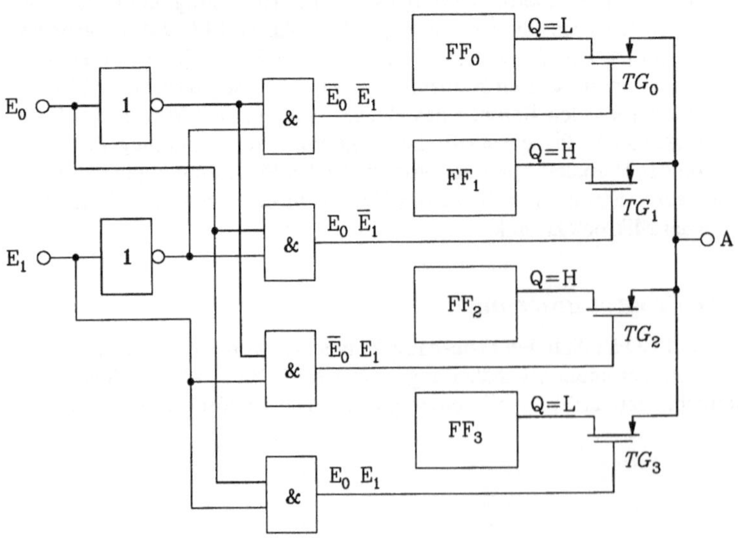

Bild 6-25
Mit Flip-Flop
programmierte
Antivalenzschaltung

Dazu müssen die Flip-Flop FF_1 und FF_2 den H-Pegel abgeben, der beim Einschalten der Transfergate TG_1 oder TG_2 an den Ausgang gelangt. Schalten dagegen die Transfergate TG_0 oder TG_3 ein, so entsteht am Ausgang der L-Pegel. Die Transfergate und der Eingangsdekoder (1-aus-4-Dekoder) ergeben zusammen einen 1-aus-4-Multipexer.

Einen programmierten 1-aus-2-Multiplexer zum alternativen Schalten von Verbindungen mit einem SRAM-Flip-Flop zeigt Bild 6-26.

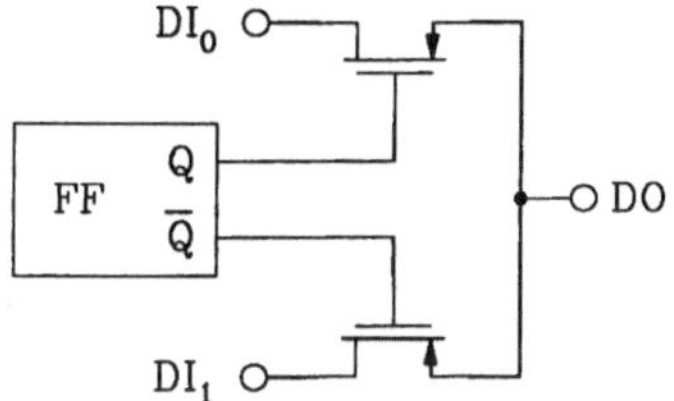

Bild 6-26
Mit Flip-Flop programmierter 1-aus-2-Multiplexer

Je nach Stellung des Flip-Flop werden die Dateneingänge DI_0 oder DI_1 auf den Datenausgang DO geschaltet.

Zum Schalten von Verbindungen der Zellen in die Kanäle und zwischen den Kanälen können ebenfalls wieder Flip-Flop mit Transfergate eingesetzt werden (siehe Bild 6-27).

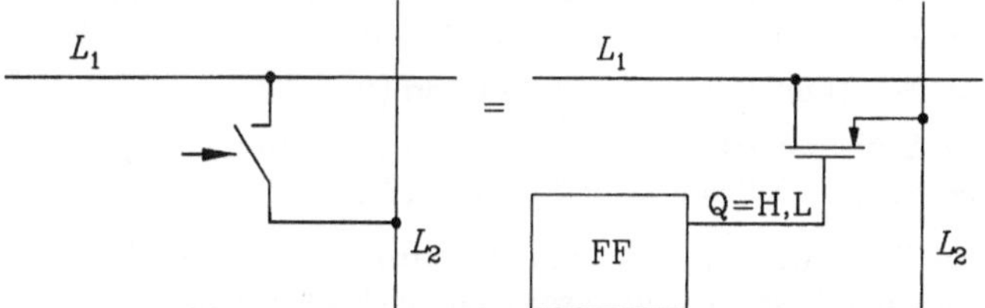

Bild 6-27
Mit Flip-Flop programmierte Verbindung

Für Q = H ist die Verbindung der beiden Leitungen hergestellt, für Q = L existiert keine Verbindung. Auf einem FPGA werden im Interesse der Verringerung der Chipfläche nicht alle Verbindungen programmierbar sein, einige häufig benutzte Verbindungen wird man durch den Chiphersteller fest verdrahten.

Die Programmierung der Flip-Flop kann z.B. wie bei wortorganisierten SRAM erfolgen (siehe Abschnitt 6.1.1.) oder auch vollständig seriell durch Zusammenschalten aller Flip-Flop zu einer Schieberegisterkette, wobei die Flip-Flop dazu allerdings getaktet arbeiten müssen (siehe Bild 6-28).

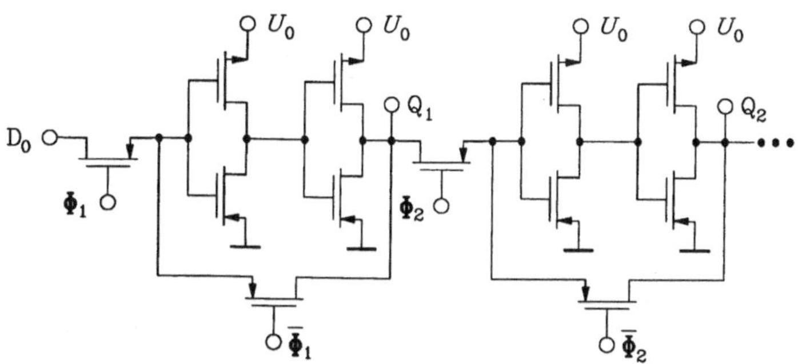

Bild 6-28
Schieberegisterschaltung der Speicher-Flip-Flop

Am Beispiel des Impulsverhaltens Bild 6-29 soll gezeigt werden, wie sequentiell über den Eingang D_0 die Ausgänge mit $Q_1 = L$ und $Q_2 = H$ belegt werden können.

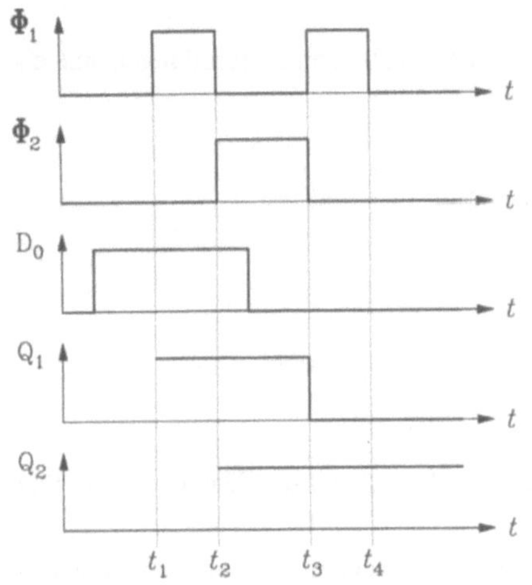

Bild 6-29
Verhalten des Schieberegisters nach Bild 6-28

Zum Zeitpunkt t_1 übernimmt Q_1 den Wert von D_0, zum Zeitpunkt t_2 wird dieser Wert durch den Takt $\overline{\Phi}_1 = H$ im 1. Flip-Flop gespeichert und durch $\Phi_2 = H$ an das 2. Flip-Flop weitergegeben. Zum Zeitpunkt t_3 wird die Information $Q_2 = H$ im 2. Flip-Flop gespeichert $\left(\overline{\Phi}_2 = H\right)$, während das 1. Flip-Flop die neue Information $D_0 = L$ übernimmt. Bei t_4 wird auch diese Information gespeichert, das Einschreiben der Kette ist beendet, so daß nun $\Phi_1 = \Phi_2 = L$ bleiben muß.

Der zusätzliche Schaltungsaufwand zur Programmierung der FPGA ist trotz vieler firmenspezifischer Optimierungen relativ hoch, so daß mit diesen Schaltkreisen nicht die höchsten Integrationsgrade erreicht werden und ihr Einsatzgebiet vorwiegend auf kleinere Stückzahlen von Geräten oder Entwicklungsaufgaben gerichtet ist. Auf Grund ihrer Flexibilität bei der Programmierung können sie auch in selbst lernenden Strukturen eingesetzt werden.

6.4 Aufgaben

Aufgabe 6.1

Ein Speicherschaltkreis mit einer Speicherkapazität von 4 MBit soll eine Wortbreite von 4 Bit aufweisen.

Ermitteln Sie die Breiten des Daten- und Adreßbusses.

Aufgabe 6.2

Die abgebildete Schaltung einer getakteten Leuchtbandansteuerung mit den 3 Segmenten L_1, L_2 und L_3 soll durch eine FPLA in NMOS-ED-Technik realisiert werden, deren kombinatorische Matrizen in NOR-NOR-Technik aufgebaut sind. Tragen Sie in den abgebildeten FPLA-Ausschnitt die Programmierpunkte ein und kennzeichnen Sie die Ein- und Ausgänge.

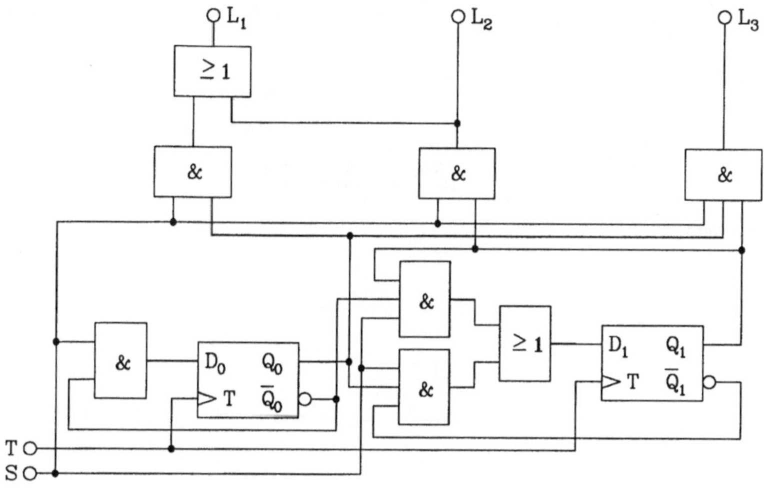

Bild Aufgabe 6.2a Schaltung

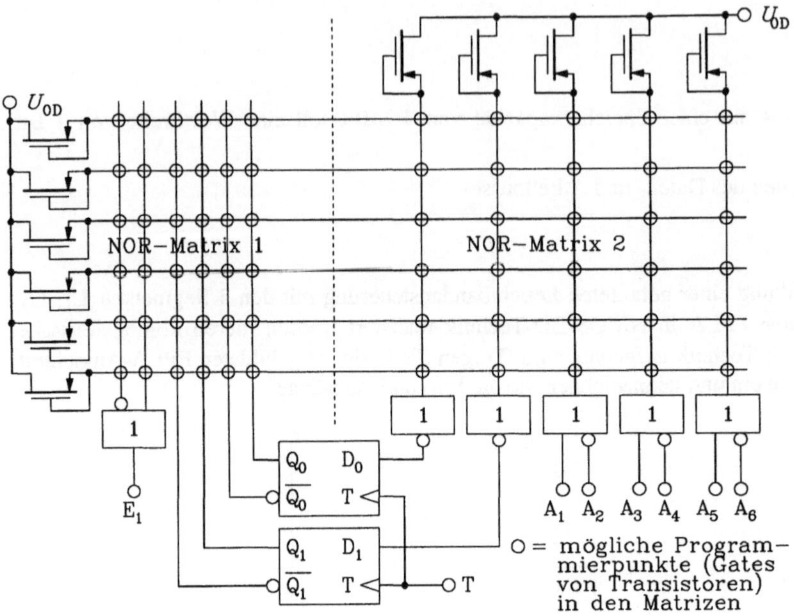

Bild Aufgabe 6.2b FPLA-Ausschnitt

7 Kombinatorische Schaltungen im MSI-Niveau

Mit den im Kapitel 3 behandelten kombinatorischen Grundschaltungen können größere Schaltungskomplexe im MSI-Niveau wie Kodewandler, Multiplexer, Demultiplexer, Addierer, Komparatoren, Komplementbildner, Subtrahierer, Multiplizierer u.s.w. aufgebaut werden, die ihrerseits neben den im Kapitel 8 zu besprechenden sequentiellen Schaltungen wieder Grundzellen für LSI/VLSI-Schaltungen darstellen.

Die folgenden Schaltungen gehen bis auf wenige Ausnahmen von den Logiksymbolen der Gatter aus, berücksichtigen also nicht mehr die konkrete Schaltungstechnik. Trotzdem sollte der Entwurf solcher kombinatorischer Schaltungen folgende schaltungstechnischen Eigenschaften anstreben:

1. Minimierung des Schaltungsaufwandes mit dem Ziel der Einsparung von Chipfläche (oder Leiterplattenfläche) und der Verringerung der Verzögerungszeiten sowie der Gesamtverlustleistung,
2. Minimierung der Kettenlänge (Zahl der von einem Signal zu durchlaufenden Gatter) zur weiteren Reduzierung der Verzögerungszeiten,
3. Verringerung der Anfälligkeit der Schaltung für das Auftreten von Hasards.

Die Hauptaufgabe ist meist zunächst der Entwurf minimierter Schaltungen. Die Minimierungsverfahren nutzen vor allem die Minimierungsregel

$$f(x)a + f(x)\bar{a} = f(x)(a + \bar{a}) = f(x). \tag{7.1}$$

Wenn also 2 Konjunktionen $f(x)a$ und $f(x)\bar{a}$ existieren, deren Variable sich nur an einer Stelle unterscheiden (hier a und $\bar{a}$), dann kann diese Variable weggelassen werden. Zum schnellen Erkennen des mit Gl. (7.1) ausgedrückten Tatbestandes eignet sich bei kleinen Zahlen von Variablen gut die Karnaugh-Tafel. Sie ist zunächst lediglich eine andere Form der Darstellung logischer Funktionen als die bekannte Funktionstabelle, wie der Vergleich von Tabelle 7.1 für eine Funktion mit 2 Variablen E_1 und E_0 mit der in Bild 7-1 dargestellten Karnaugh-Tafel beweist.

Tabelle 7.1 Funktionstabelle

Zustand	E_1	E_0	A
0	0	0	0
1	0	1	1
2	1	0	0
3	1	1	1

Der Strich bei der jeweiligen Variable deutet auf den H-Zustand dieser Eingangsvariablen hin. In die Felder (0-3), die den Zuständen 0-3 von Tabelle 7.1 entsprechen, werden die dazugehörigen Ausgangsbelegungen A geschrieben. So lautet die aus Bild 7-1 für das Eins-Feld ablesbare Beispielfunktion zunächst

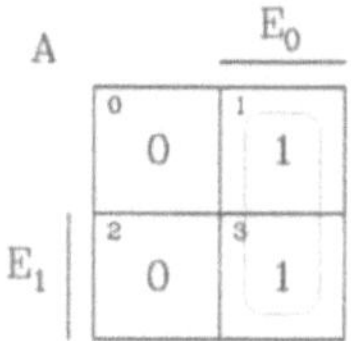

Bild 7-1
Karnaugh-Tafel für 2 Variable

$$A = E_1 \cdot E_0 + \overline{E}_1 \cdot E_0 \tag{7.2}$$

und mit der Regel Gl. (7.1)

$$A = E_0 . \tag{7.3}$$

Die Felder 1 und 3 haben die gleiche Belegung und sind zu einem Rechteck zusammenfaßbar, für das die Belegung des Einganges E_1 gleichgültig ist, wie man aus Bild 7-1 sofort sieht.

Für das Null-Feld ergibt sich

$$\overline{A} = E_1 \cdot \overline{E}_0 + \overline{E}_1 \cdot \overline{E}_0 = \overline{E}_0 , \tag{7.4}$$

das Ergebnis stimmt mit dem von Gl. (7.3) überein. Auch bei diesem Rechteck ist also die Belegung des Einganges E_1 für die Funktion $\overline{A}$ gleichgültig.

Für die Karnaugh-Tafel mit 2 Variablen gibt es bzgl. der Minimierung der Ausgangsfunktion 3 Fälle:

1. es gibt für das Null- oder Eins-Feld kein Rechteck, so daß die Funktion nicht minimiert werden kann,
2. es existiert ein Rechteck für das Null-Feld und demzufolge auch eins für das Eins-Feld, eine Minimierung kann erfolgen,
3. das gesamte Feld ist nur mit dem Wert 0 oder mit dem Wert 1 belegt, die Ausgangsfunktion hängt nicht von den Eingangsvariablen ab, sie wird

$$A = 0 \quad \text{oder} \quad A = 1, \tag{7.5}$$

der Beweis dafür kann wieder mit Gl. (7.1) geführt werden.

Aus der bisher vorgenommenen Betrachtung der Karnaugh-Tafel mit 2 Variablen wird bereits deutlich, daß sie auf Grund ihrer flächenhaften Darstellung besonders geeignet ist, Minimierungsmöglichkeiten schnell und sicher zu finden.

Eine mögliche Karnaugh-Tafel mit 3 Variablen und entsprechender Beispiel-Belegung ist in Bild 7-2 dargestellt, wobei die Lage der Variablen an der Tafel frei wählbar ist. Randbedingung ist nur, daß alle Eingangsbelegungen in die Tafel eingetragen werden können. Das gilt natürlich auch für die Karnaugh-Tafel mit 2 Variablen und für die noch folgende mit 4 Variablen.

Es lassen sich 5 Rechtecke angeben (die Felder 1,3; 5,7; 1,5; 3,7; und 6,7). Die ersten 4 Felder können zu einem Quadrat zusammengefaßt werden, für das $A = E_0$ gilt. Damit lautet die Gesamtfunktion

$$A = E_0 + E_2 \cdot E_1 . \tag{7.6}$$

Das gewählte Beispiel zeigt, daß sich die abzuspaltenden Rechtecke oder Quadrate auch überlappen dürfen, um im Sinne der Minimierung möglichst große zusammenhängende Flächen zu erhalten.

In den folgenden Abschnitten werden oft Funktionen mit 4 Variablen benötigt. Die entsprechende Karnaugh-Tafel mit Beispiel zeigt Bild 7-3.

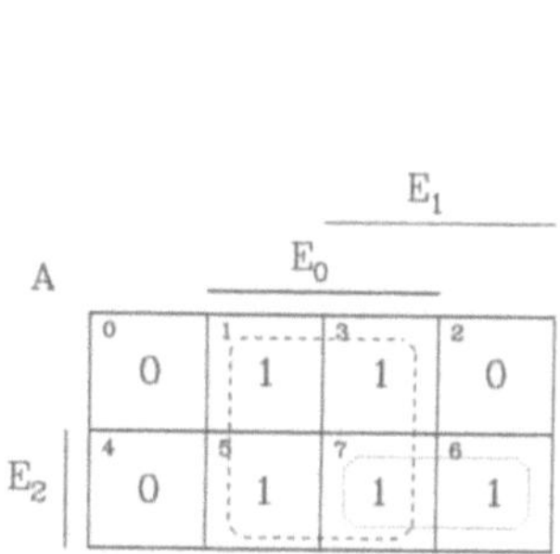

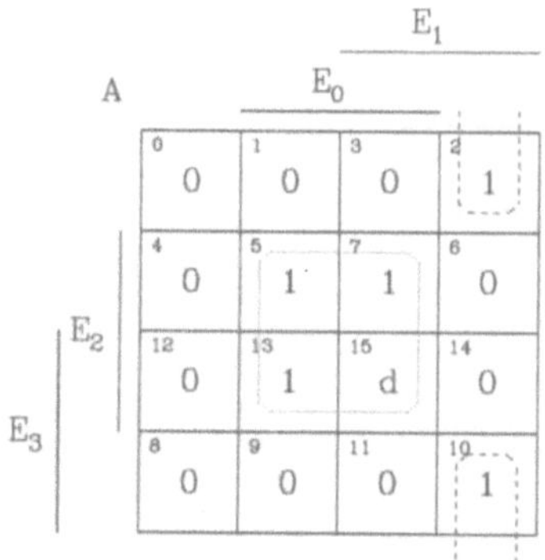

Bild 7-2 Karnaugh-Tafel für 3 Variable   **Bild 7-3** Karnaugh-Tafel für 4 Variable

Neben den logischen Werten 0 und 1 existiert im gewählten Beispiel der Wert d (don't care = Gleichgültigkeit) im Feld 15, die entsprechende Belegung $E_3E_2E_1E_0$ ist also für die Ausgangsfunktion A gleichgültig. So kann gewählt werden (0 oder 1), wie das für die Minimierung günstig ist. Der Wert d kann also dem Null- und dem Eins-Feld zugehörig sein. Damit ergeben sich im gewählten Beispiel die in Bild 7-3 eingezeichneten zusammenhängenden Flächen für das Eins-Feld, wobei die Felder 2 und 10 ebenfalls über den Rand hinaus ein zusammenhängendes Rechteck mit der Konjunktion $\overline{E}_2E_1\overline{E}_0$ bilden. Die Gesamtfunktion lautet somit

$$A = E_2E_0 + \overline{E}_2E_1\overline{E}_0. \tag{7.7}$$

Die in den folgenden Abschnitten zu behandelnden kombinatorischen Schaltungen werden mit Hilfe der Karnaugh-Tafel minimert. Dabei wird noch nicht auf den hasardfeien Entwurf eingegangen, dieser ist Gegenstand des Abschnittes 7.9.

7.1 Kodewandler

Kodewandler werden oft auch als Dekoder bezeichnet; sie wandeln Eingangsdaten im Kode 1 in Ausgangsdaten im Kode 2 um (Bild 7-4). Die Kodewandlung soll am Beispiel des BCD-Dezimal-Dekoders erläutert werden. Der BCD-Kode (siehe Tabelle 7.2) benötigt zur Darstellung der 10 Dezimalzahlen 4 bit, wobei nach der Ziffer Neun wieder die Null folgt.

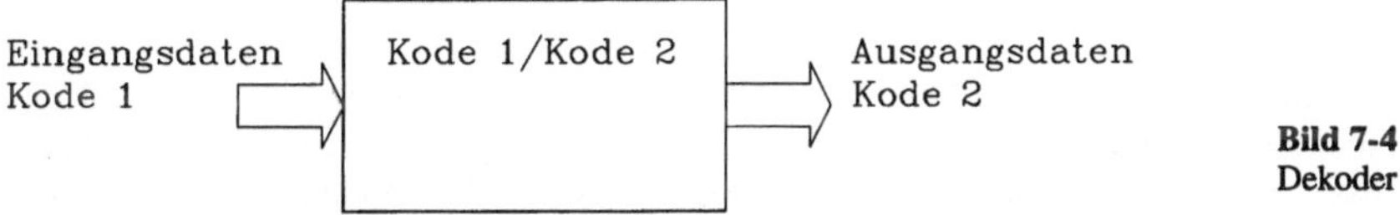

Bild 7-4
Dekoder

Die weiteren möglichen Bit-Kombinationen 1010 bis 1111 existieren im BCD-Kode nicht. Die Funktionstabelle eines BCD-Dezimal-Dekoders ist in Tabelle 7.3 angegeben.

Tabelle 7.2 BCD-Kode

Dezimalzahl	BCD-Kode
0	0 0 0 0
1	0 0 0 1
2	0 0 1 0
3	0 0 1 1
4	0 1 0 0
5	0 1 0 1
6	0 1 1 0
7	0 1 1 1
8	1 0 0 0
9	1 0 0 1

Tabelle 7.3 BCD-Dezimal-Dekoder

Dezimalzahl	BCD-Kodewort 3 2 1 0	Ausgangskode (1 aus 10-Kode) A_9 A_8 A_7 A_6 A_5 A_4 A_3 A_2 A_1 A_0
0	0 0 0 0	1 1 1 1 1 1 1 1 1 0
1	0 0 0 1	1 1 1 1 1 1 1 1 0 1
2	0 0 1 0	1 1 1 1 1 1 1 0 1 1
3	0 0 1 1	1 1 1 1 1 1 0 1 1 1
4	0 1 0 0	1 1 1 1 1 0 1 1 1 1
5	0 1 0 1	1 1 1 1 0 1 1 1 1 1
6	0 1 1 0	1 1 1 0 1 1 1 1 1 1
7	0 1 1 1	1 1 0 1 1 1 1 1 1 1
8	1 0 0 0	1 0 1 1 1 1 1 1 1 1
9	1 0 0 1	0 1 1 1 1 1 1 1 1 1
nicht existie- rende Zustände	1 0 1 0 1 0 1 1 1 1 0 0 1 1 0 1 1 1 1 0 1 1 1 1	d

d $\triangleq$ Gleichgültigkeit

Da 6 Eingangsbelegungen (1010 bis 1111) nicht auftreten, ist gleichgültig, welchen Zustand die Ausgänge einnehmen (Zustand d $\triangleq$ Gleichgültigkeit). Die einfachste logische Realisierung dieses Dekoders findet man, wenn jeder Ausgangswert A_γ direkt aus der AND-Verknüpfung der negierten oder nichtnegierten Eingangsvariablen gewonnen wird,

$$\overline{A_0} = \overline{3}\,\overline{2}\,\overline{1}\,\overline{0}\,;$$

$$\overline{A_1} = \overline{3}\,\overline{2}\,\overline{1}\,0\,;$$

$$\overline{A_2} = \overline{3}\,\overline{2}\,1\,\overline{0}\,;$$

$$\vdots$$

$$\overline{A_9} = 3\,\overline{2}\,\overline{1}\,0\,. \tag{7.8}$$

Die dazugehörige Gatterrealisierung zeigt Bild 7-5.

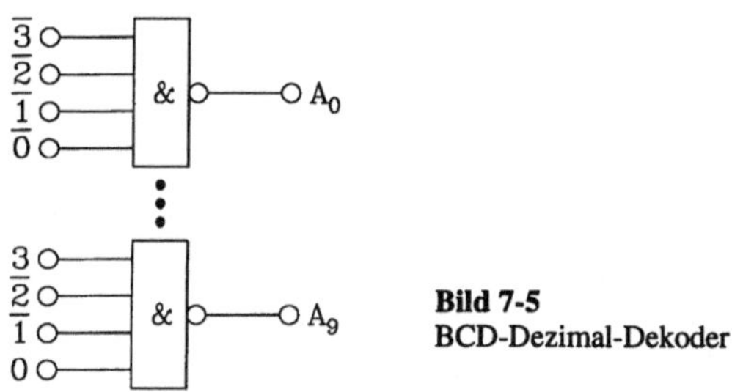

Bild 7-5
BCD-Dezimal-Dekoder

Die Schaltung kann minimiert werden. Dazu soll die Karnaugh-Tafel in der in Bild 7-6 angegebenen Form benutzt werden. Die Feldnummern 0-9 entsprechen der jeweiligen Dezimalzahl, die Felder 10-15 sind bereits mit dem Wert d belegt, weil diese Eingangsbelegungen im BCD-Kode nicht existieren. Für den Ausgang A_9 als Beispiel zeigt Bild 7-7 die zugehörige Karnaugh-Tafel.

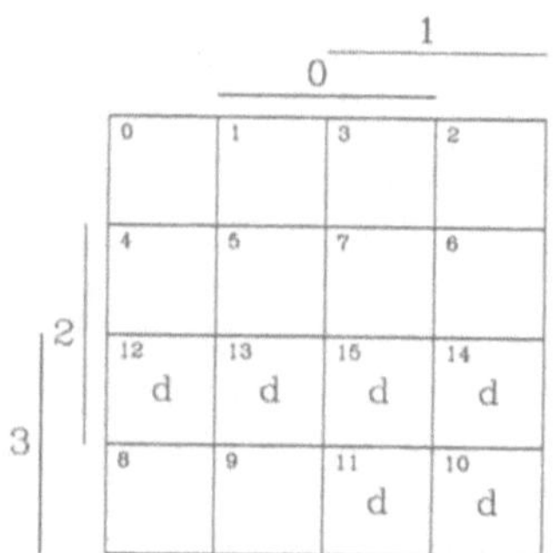

Bild 7-6 Karnaugh-Tafel für den BCD-Kode

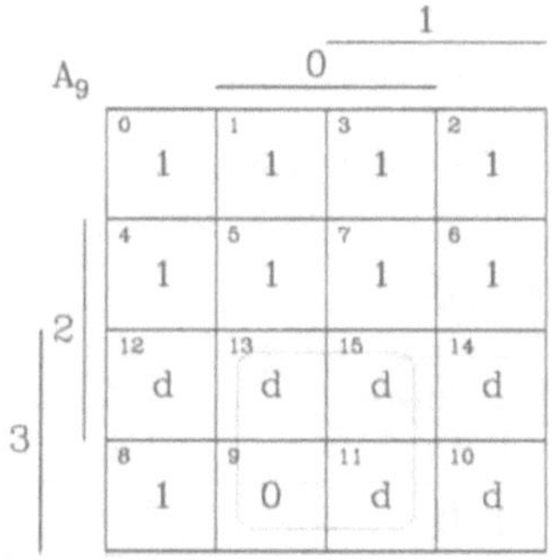

Bild 7-7 Karnaugh-Tafel für A_9

Zweckmäßigerweise wird das Null-Feld ausgelesen. Unter Nutzung der Gleichgültigkeiten entsteht das in Bild 7-7 eingetragene Quadrat. Damit lautet nun die Ausgangsfunktion $\overline{A}_9$

$$\overline{A}_9 = 3 \cdot 0.$$

(7.9)

Wird diese Methode auf alle Teilfunktionen angewendet, ergibt sich

$$\overline{A}_9 = 3\,0\;;$$

$$\overline{A}_8 = 3\,\overline{0}\;;$$

$$\overline{A}_7 = 2\,1\,0\;;$$

$$\vdots$$

$$\overline{A}_2 = \overline{2}\,1\,\overline{0}\;;$$

$$\overline{A}_1 = \overline{3}\,\overline{2}\,\overline{1}\,0\;;$$

$$\overline{A}_0 = \overline{3}\,\overline{2}\,\overline{1}\,\overline{0}\,.$$

(7.10)

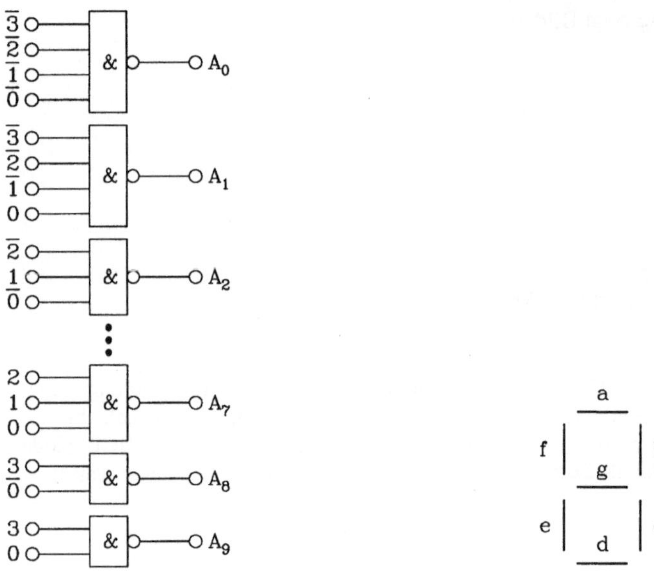

Bild 7-8 Minimierter BCD-Dezimal-Dekoder   **Bild 7-9** 7-Segment-Anzeige

Tabelle 7.4 BCD-7-Segment-Dekoder

Dezimal- zahl	BCD-Kodewort 3 2 1 0	Ausgangskode a b c d e f g
0	0 0 0 0	1 1 1 1 1 1 0
1	0 0 0 1	0 1 1 0 0 0 0
2	0 0 1 0	1 1 0 1 1 0 1
3	0 0 1 1	1 1 1 1 0 0 1
4	0 1 0 0	0 1 1 0 0 1 1
5	0 1 0 1	1 0 1 1 0 1 1
6	0 1 1 0	1 0 1 1 1 1 1
7	0 1 1 1	1 1 1 0 0 0 0
8	1 0 0 0	1 1 1 1 1 1 1
9	1 0 0 1	1 1 1 1 0 1 1
	Eingangsfeld	Ausgangsfeld

Die Minimierung reduziert also den Aufwand bei 8 von 10 Funktionen (siehe dargestellte Deko-derschaltung).

Als weiteres Beispiel soll der BCD-7-Segment-Dekoder betrachtet werden. Der Dekoder hat die Aufgabe, die Ansteuerung einer 7-Segment-Anzeige (Bild 7-9) zu sichern. Dabei entspricht der Ausgangszustand 1 dem Leuchten eines Balkens, der Zustand 0 dem Nichtleuchten (siehe Tabelle 7.4).

Aus der Funktionstabelle kann die logische Funktion abgelesen werden. Zweckmäßig ist auch hier (wie beim BCD-Dezimal-Dekoder) das Auslesen der 0 (des Nichtleuchtens) aus dem Ausgangsfeld, da die Zahl der auftretenden 0en geringer als die Zahl der 1en ist und somit eine Schaltung mit geringerem Aufwand zu erwarten ist.

$$\bar{a} = \underline{\bar{3}\,\bar{2}\,\bar{1}\,0}_{\,1} + \underline{\bar{3}\,2\,\bar{1}\,\bar{0}}_{\,4}$$

$$\bar{b} = \underline{\bar{3}\,2\,\bar{1}\,0}_{\,2} + \bar{3}\,2\,1\,\bar{0}$$

$$\bar{c} = \underline{\bar{3}\,\bar{2}\,1\,\bar{0}}_{\,3} \tag{7.11}$$

$$\bar{d} = \underline{\bar{3}\,\bar{2}\,\bar{1}\,0}_{\,1} + \underline{\bar{3}\,2\,\bar{1}\,\bar{0}}_{\,4} + \underline{\bar{3}\,2\,1\,0}_{\,5}$$

$$\bar{e} = \underline{\bar{3}\,\bar{2}\,\bar{1}\,0}_{\,1} + \underline{\bar{3}\,\bar{2}\,1\,0}_{\,6} + \underline{\bar{3}\,2\,\bar{1}\,\bar{0}}_{\,4} + \underline{\bar{3}\,2\,\bar{1}\,0}_{\,2} + \underline{\bar{3}\,2\,1\,0}_{\,5} + 3\,\bar{2}\,\bar{1}\,0$$

$$\bar{f} = \underline{\bar{3}\,\bar{2}\,\bar{1}\,0}_{\,1} + \underline{\bar{3}\,\bar{2}\,1\,\bar{0}}_{\,3} + \underline{\bar{3}\,\bar{2}\,1\,0}_{\,6} + \underline{\bar{3}\,2\,1\,0}_{\,5}$$

$$\bar{g} = \underline{\bar{3}\,\bar{2}\,\bar{1}\,\bar{0}} + \underline{\bar{3}\,\bar{2}\,\bar{1}\,0}_{\,1} + \underline{\bar{3}\,2\,1\,0}_{\,5}$$

Die Gl. (7.11) realisierende logische Schaltung zeigt Bild 7-10. Die mehrfach auftretenden Produktterme sind unterstrichen und numeriert und führen bereits zu reduziertem Schaltungsaufwand. Werden die restlichen Eingangsbelegungen 1010 bis 1111 nicht für Sonderzeichen verwendet, kann das Gleichungssystem Gl. (7.11) wesentlich vereinfacht werden.

$$\bar{a} = \underline{\bar{3}\,\bar{2}\,\bar{1}\,0}_{\,1} + \underline{2\,\bar{1}\,\bar{0}}_{\,2} \qquad\qquad \bar{e} = 0 + \underline{2\,\bar{1}\,\bar{0}}_{\,2}$$

$$\bar{b} = 2\,\bar{1}\,0 + 2\,1\,\bar{0} \qquad\qquad \bar{f} = \underline{\bar{3}\,\bar{2}\,\bar{1}\,0}_{\,1} + \underline{\bar{2}\,1\,\bar{0}}_{\,3} + 1\,0$$

$$\bar{c} = \underline{\bar{2}\,1\,\bar{0}}_{\,3} \qquad\qquad\qquad \bar{g} = \bar{3}\,\bar{2}\,\bar{1} + \underline{2\,1\,0}_{\,4}$$

$$\bar{d} = \underline{\bar{3}\,\bar{2}\,\bar{1}\,0}_{\,1} + \underline{2\,\bar{1}\,\bar{0}}_{\,2} + \underline{2\,1\,0}_{\,4} \tag{7.12}$$

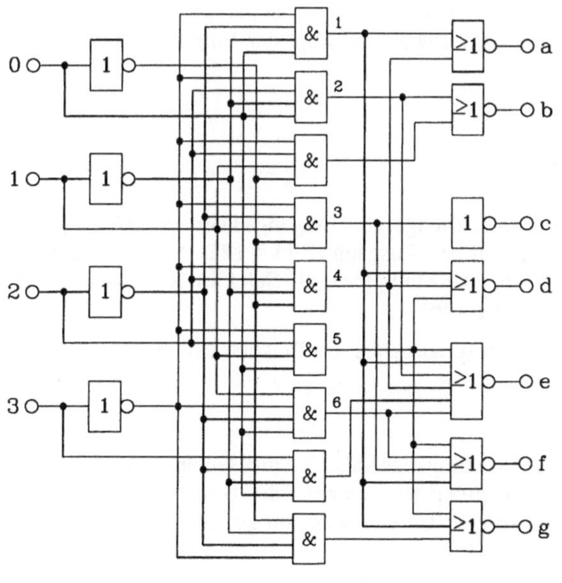

Bild 7-10
BCD-7-Segment-Dekoder

Die Funktionen $\bar{e}$ und $\bar{f}$ wurden nicht vollständig minimiert, sie könnten weiter reduziert werden,

$$\bar{e} = 0 + 2\bar{1},$$

$$\bar{f} = \overline{3}\overline{2}0 + \bar{2}1 + 10. \tag{7.13}$$

Die Konjunktionen $\overline{3}\overline{2}0$, $2\bar{1}$ und $\bar{2}1$ existieren jedoch bisher in den anderen Funktionen nicht, so daß sich der Schaltungsaufwand nicht verringern, sondern erhöhen würde. Die Minimierung muß also auf das gesamte Funktionsfeld als Einheit gerichtet sein und nicht nur auf die Einzelfunktionen $\bar{a},...,\bar{g}$.

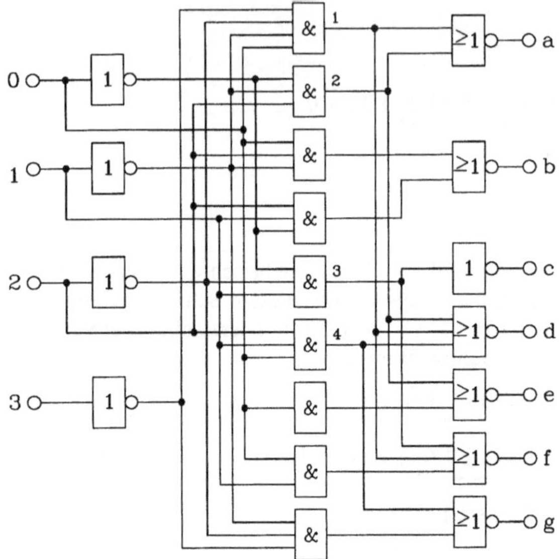

Bild 7-11
Minimierter BCD-7-Segment-Dekoder

Die zu Gl. (7.12) äquivalente Schaltung (Bild 7-11) spart gegenüber der nichtminimierten Form wesentlich an Einfächerung und Verbindungsstruktur, obwohl die Zahl der Eingangsgatter gleich geblieben ist.

7.2 Multiplexer/Datenselektoren

Multiplexer oder Datenselektoren schalten aus einer Menge von Eingangsdaten in Abhängigkeit von Adressen nur die Information eines Eingangs auf den Ausgang (Bild 7-12a). Werden mehrere Multiplexer zusammengefaßt, so kann dieser komplexe Multiplexer als Selektor für verschiedene Eingangsdatenbündel (Eingangsbusse) dienen (Bild 7-12b).

Der Strobe-Eingang dient der Freigabe des Multiplexerausgangs. Im Beispiel Bild 7-12a) werden zur Selektion von n Eingangsinformationen

$$n_a = ld\ n \tag{7.14}$$

Adresseneingänge benötigt, zur Auswahl zwischen 8 Eingängen also 3 Adresseneingänge. Für Beispiel Bild 7-12b) bedeutet das, daß eine Adressenleitung zur Selektion der beiden Eingangsbusse genügt. Die Schaltung solcher Multiplexer führt erneut auf eine zweistufige Realisierung, wie an folgendem Beispiel deutlich wird. Die 4 Dateneingänge D_3, D_2, D_1 und D_0 sollen durch die 2 Adresseneingänge X_1 und X_0 selektiert werden, so daß die Funktionstabelle (Tabelle 7.5) gilt.

Somit wird

$$A = D_0\overline{X_1}\,\overline{X_0} + D_1\overline{X_1}X_0 + D_2X_1\overline{X_0} + D_3X_1X_0 \tag{7.15}$$

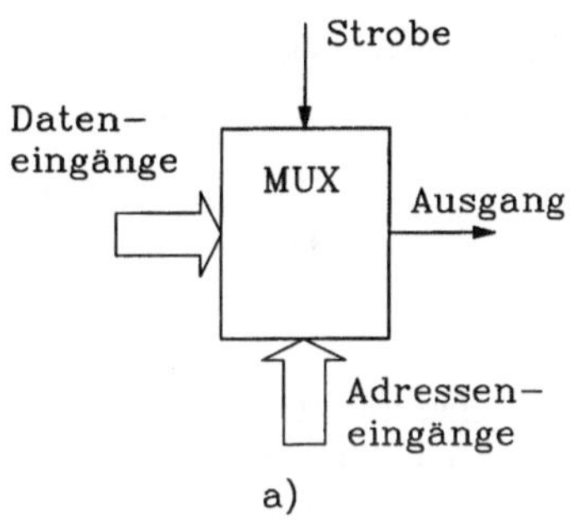

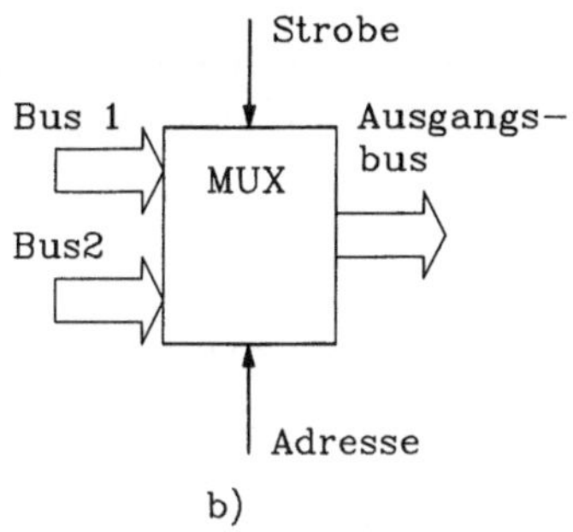

Bild 7-12 Multiplexer/Datenselektoren

Tabelle 7.5 4-Bit-Multiplexer

Adresseneingänge		Ausgang
X_1	X_0	A
0	0	D_0
0	1	D_1
1	0	D_2
1	1	D_3

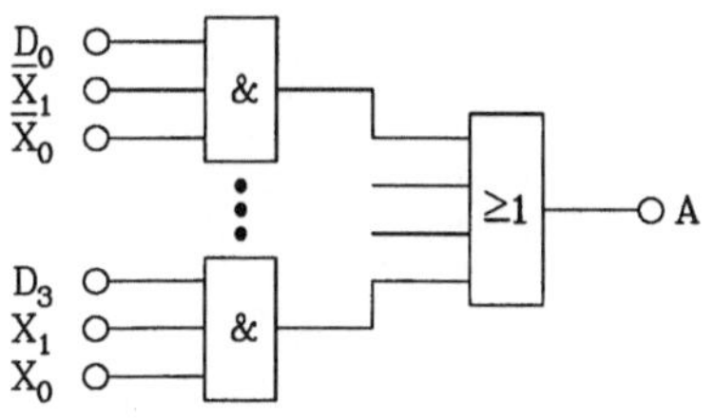

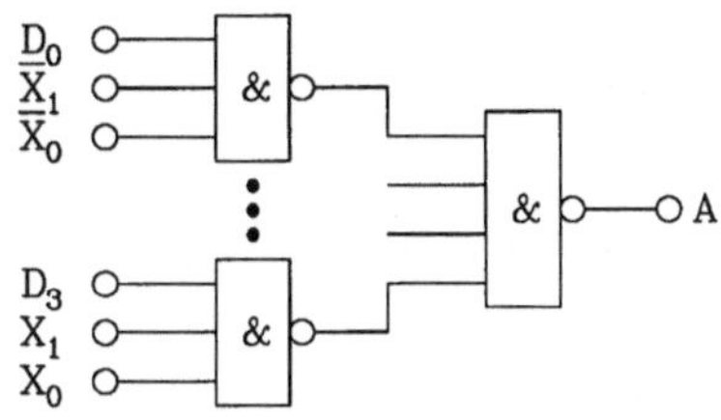

a) AND–OR–Realisierung

b) NAND–NAND–Realisierung

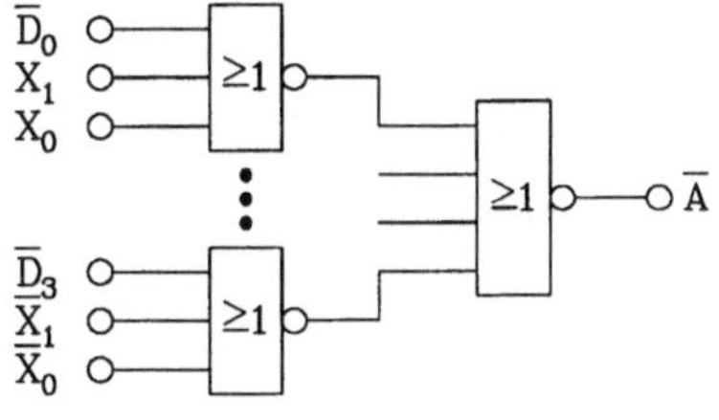

Bild 7-13 4-Bit-Multiplexer
a) AND-OR-Realisierung
b) NAND-NAND-Realisierung
c) NOR-NOR-Realisierung

c) NOR–NOR–realisierung

Bild 7-13a zeigt diese auf AND- und OR-Gattern basierende Schaltung. Stehen nur NAND-Gatter zur Verfügung, so ist Gl. (7.1) über das Theorem von de Morgan

$$\overline{a \cdot b} = \overline{a} + \overline{b} \tag{7.16}$$

umzuformen

$$A = \overline{\overline{D_0 \overline{X}_1 \overline{X}_0} \cdot \overline{D_1 \overline{X}_1 X_0} \cdot \overline{D_2 X_1 \overline{X}_0} \cdot \overline{D_3 X_1 X_0}} \; , \tag{7.17}$$

so daß die in Bild 7-13b) dargestellte Schaltung entsteht. Bild 7-13c) zeigt schließlich die reine NOR-Gatter-Realisierung, die man durch Umformung über das 2. Theorem von de Morgan

$$\overline{a + b} = \overline{a} \cdot \overline{b} \tag{7.18}$$

erhält.

$$\overline{A} = \overline{\overline{D_0 + X_1 + X_0} + \overline{D_1 + X_1 + \overline{X}_0} + \overline{D_2 + \overline{X}_1 + X_0} + \overline{D_3 + \overline{X}_1 + \overline{X}_0}} \; . \tag{7.19}$$

Die Aussagen der Gln. (7.15), (7.17) und (7.19) gelten allgemein. Eine zweistufige AND-OR-Realisierung kann durch eine NAND-NAND-Schaltung ersetzt werden. Soll die NOR-NOR-Schaltung verwendet werden, sind die negierten Eingangsvariablen zu verwenden, am Ausgang erscheint ebenfalls die Negation.

7.3 Demultiplexer/Binärdekoder

Ein Demultiplexer gewinnt aus einem Dateneingang in Abhängigkeit von Adresseneingängen mehrere Ausgangsdaten (Bild 7-14), wie am Beispiel des folgenden 4-Bit-Demultiplexers gezeigt wird (Tabelle 7.6).

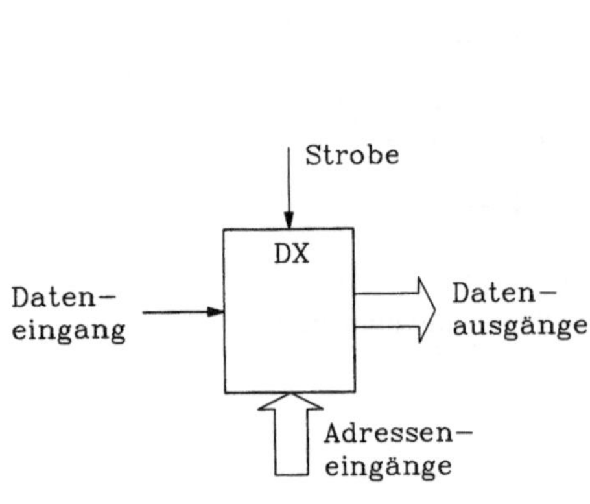

Bild 7-14 Demultiplexer

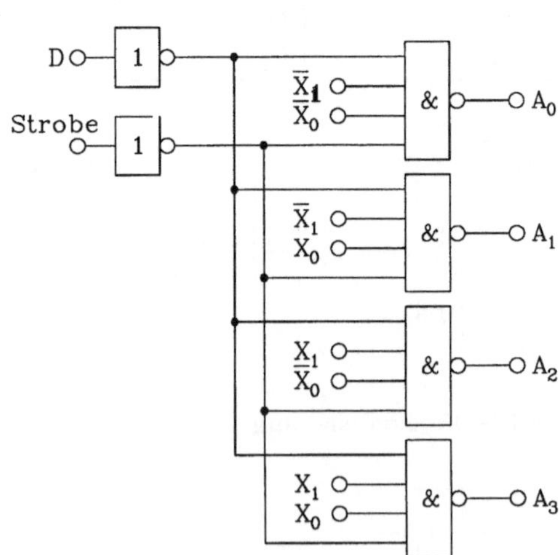

Bild 7-15 4-Bit-Demultiplexer

Tabelle 7.6 Demultiplexer

Daten- eingang D	Adressen- eingänge X_1 X_0		Strobe	Datenausgänge A_3 A_2 A_1 A_0			
d	d	d	1	1	1	1	1
0	0	0	0	1	1	1	0
0	0	1	0	1	1	0	1
0	1	0	0	1	0	1	1
0	1	1	0	0	1	1	1
1	0	0	0	1	1	1	1
1	0	1	0	1	1	1	1
1	1	0	0	1	1	1	1
1	1	1	0	1	1	1	1

d = Gleichgültigkeit

Bild 7-15 zeigt die schaltungstechnische Realisierung des Demultiplexers.

7.4 Addierer

Addierer sind Grundbausteine von Arithmetiknetzwerken. Mit ihrer Hilfe werden arithmetische Operationen wie Addition, Substraktion, Multiplikation und Division realisiert. Das einfachste Addiererelement ist der Halbaddierer, er addiert 2 Binärzahlen A und B, ohne den Übertrag der vorhergehenden Bitstelle $Ü_{-1}$, zu beachten (siehe Tabelle 7.7).

Tabelle 7.7 Halbaddierer

Summanden A B		Summe S	Übertrag Ü
0	0	0	0
0	1	1	0
1	0	1	0
1	1	0	1

Der Halbaddiererelement gibt dann einen Übertrag Ü ab, wenn beide Summanden H ($\hat{=}$ 1) sind. Die logischen Funktionen lauten

$$S = A\overline{B} + \overline{A}B \quad \text{(Antivalenz)}, \tag{7.20}$$
$$Ü = A \cdot B .$$

Die Schaltungsrealisierung aus NAND-Gliedern zeigt Bild 7-16.

Der Volladdierer beachtet zusätzlich den Übertrag $Ü_{-1}$ der vorhergehenden Bitstelle. Die Funktionstabelle ist in Tabelle 7.8 angegeben.

Die logischen Funktionen ergeben sich zu

$$S = \overline{\overline{Ü}}_{-1}(A\overline{B} + \overline{A}B) + Ü_{-1}(AB + \overline{AB}) , \tag{7.21}$$
$$Ü = Ü_{-1}AB + \overline{\overline{Ü}}_{-1}AB + Ü_{-1}(A\overline{B} + \overline{A}B). \tag{7.22}$$

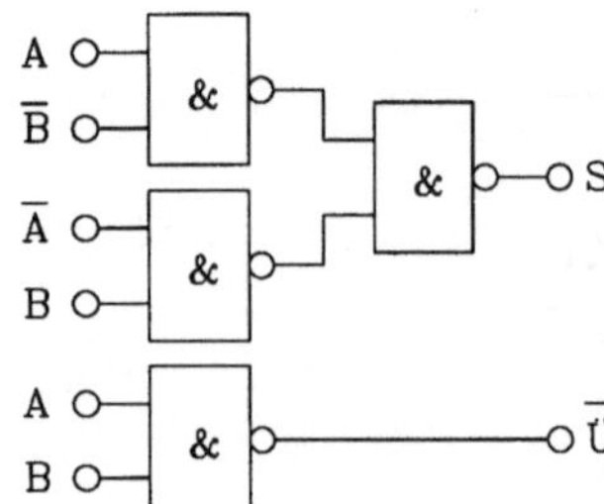

Bild 7-16
Halbaddierer

Tabelle 7.8 Volladdierer

$Ü_{-1}$	A	B	S	Ü
0	0	0	0	0
0	0	1	1	0
0	1	0	1	0
0	1	1	0	1
1	0	0	1	0
1	0	1	0	1
1	1	0	0	1
1	1	1	1	1

Gl. (7.22) läßt sich minimieren,

$$Ü = AB + Ü_{-1}(A\overline{B} + \overline{A}B) ,\qquad(7.23)$$

oder

$$Ü = AB + Ü_{-1}(A + B) .\qquad(7.24)$$

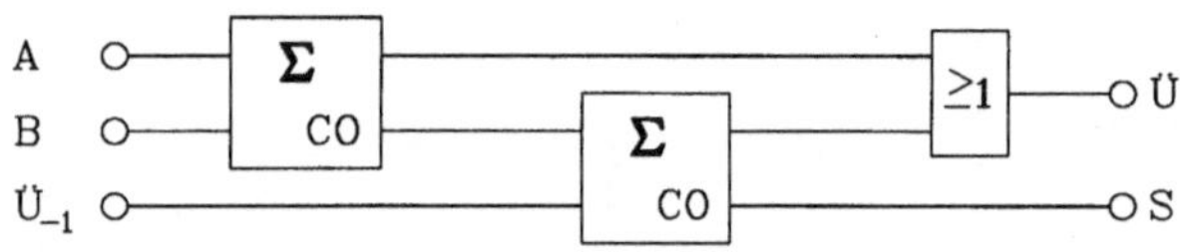

a) mit Halbaddierern und OR–Glied

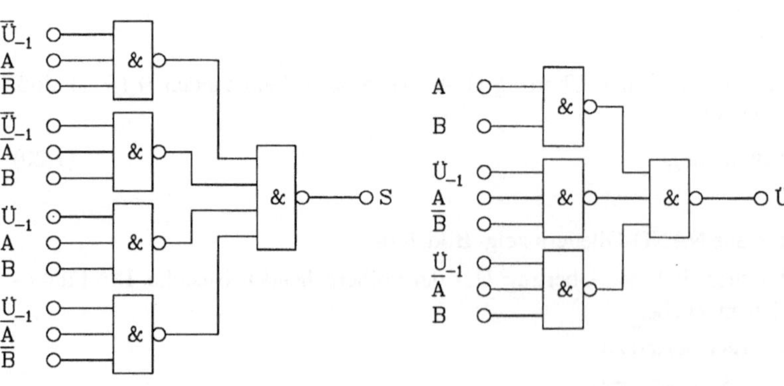

b) mit NAND–Gliedern

Bild 7-17 Volladdierer-Realisierungen

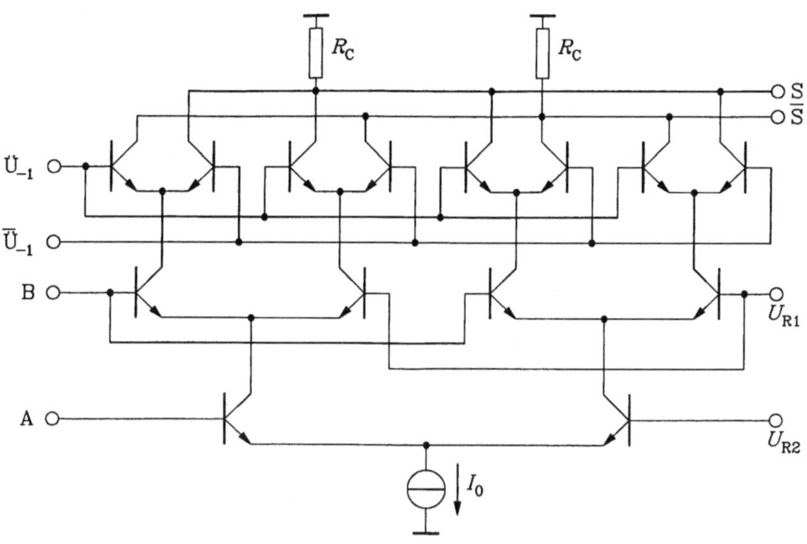

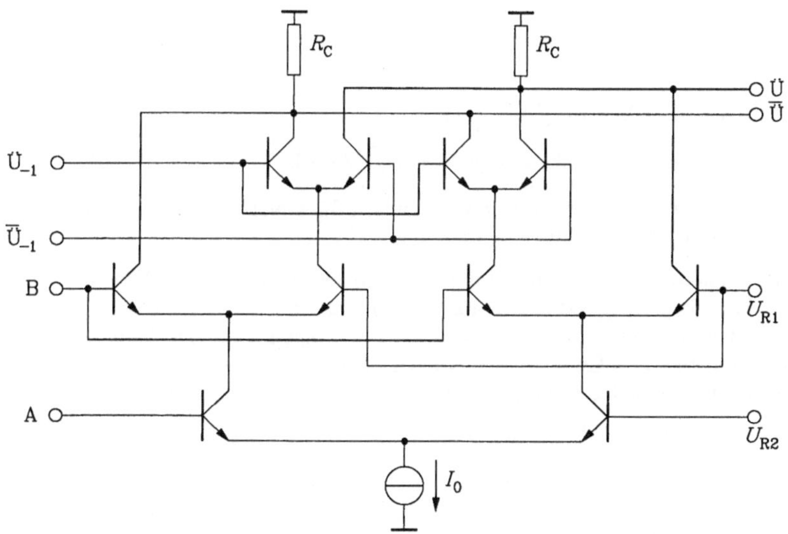

Bild 7-18 ECL-Volladdierer

Zwei mögliche Volladdiererrealisierungen gibt Bild 7-17 an. Der Schaltkreisentwickler wird jedoch nicht auf solche Standardgatterrealisierungen zurückgreifen, sondern entsprechend den Möglichkeiten der gewählten Schaltkreistechnik die Transistorschaltung aufbauen. Bild 7-18 zeigt dazu ein Beispiel eines Volladdierers mit Hilfe komplexer ECL-Baumstrukturen (ohne Anpaßschaltungen).

Die einfachste Zusammenschaltung von 1-Bit-Addier-Bausteinen zu einem Addierernetzwerk ist in Bild 7-19 dargestellt. Sie hat den Nachteil, daß der Übertrag nacheinander durch alle Addierer laufen muß, ehe S_3, und $Ü_3$ zur Verfügung stehen.

Dabei können außer bei S_0 und $Ü_0$ zwischenzeitlich falsche Werte für S_v und $Ü_v$ auf Grund des noch nicht endgültigen Wertes des einlaufenden Übertrages $Ü_{v-1}$ auftreten (Hasards). Das Ergebnis der Addition ist also erst richtig, wenn der Übertrag alle Gatter durchlaufen hat.

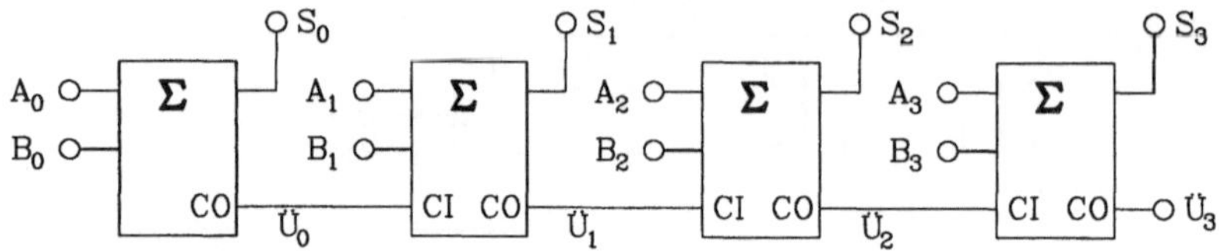

Bild 7-19 4-Bit-Volladdierer

Deshalb wurden Schaltungen mit vorausschauendem Übertrag entwickelt (*carry-look-ahead*-Prinzip). Sie beruhen darauf, daß in jeder Bit-Stelle der Übertrag gebildet wird, also keine Verbindung zwischen den Bit-Stellen besteht. Aus Gl. (7.24) entnimmt man für die Überträge der 1. bis 4. Stelle

$$Ü_0 = A_0B_0 \; , \tag{7.25}$$

$$Ü_1 = A_1B_1 + A_0B_0(A_1 + B_1) \; , \tag{7.26}$$

$$Ü_2 = A_2B_2 + [A_1B_1 + A_0B_0(A_1 + B_1)](A_2 + B_2) \; , \tag{7.27}$$

$$Ü_3 = A_3B_3 + [A_2B_2 + (A_1B_1 + A_0B_0(A_1 + B_1))(A_2 + B_2)](A_3 + B_3) \; . \tag{7.28}$$

Das Übertragsnetzwerk muß mit erhöhtem Aufwand als zweistufiges Netzwerk erstellt werden, allerdings steigt die Verarbeitungsgeschwindigkeit wesentlich.

Neben Volladdierern im Binärkode werden für Rechnungen im Dezimalsystem Volladdierer im BCD-Kode notwendig. Allerdings wird eine Addition zweier Dualzahlen im BCD-Kode dann falsch, wenn das Ergebnis den Dezimalwert 9 überschreitet, da die folgenden 6 Zustände 1010 bis 1111 im BCD-Kode verboten sind. Das Ergebnis wird wieder richtig, wenn zum falschen Ergebnis + 6 addiert wird, wie die nachfolgende Rechnung beweist.

	Dualzahl		Dezimalzahl
	0 1 0 1		5
	0 1 1 1		<u>7</u>
	1 1 0 0	(keine BCD - Zahl)	12
	0 1 1 0	($\hat{=}6$)	
0 0 0 1	0 0 1 0		
$\hat{=}1$	$\hat{=}2$	=	12

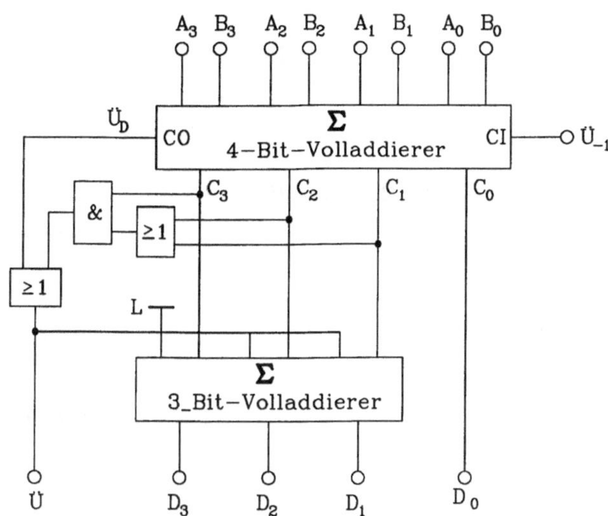

Bild 7-20
BCD-Addiernetzwerk für eine
Dezimalstelle

Das Ergebnis der Dualaddition ist falsch, wenn die nicht zugelassenen Zustände

C_3	C_2	C_1	C_0
1	0	1	0
1	0	1	1
1	1	0	0
1	1	0	1
1	1	1	0
1	1	1	1

entstehen, d.h., wenn

$$C_3(C_1+C_2)=1 \tag{7.29}$$

wird. Das Ergebnis ist außerdem falsch, wenn bei der Dualaddition ein Übertrag $\ddot{U}_D = 1$ entsteht. Eine Korrektur um +6 ist also notwendig, wenn

$$\ddot{U}_D + C_3(C_1+C_2)=1 \tag{7.30}$$

wird. Damit kann nun die Schaltung entwickelt werden (siehe Bild 7-20). Die Korrekturaddition von +6 (0110) bedeutet, daß die Summe C_0 sofort dem Endergebnis D_0 entspricht, während C_3 als Summand 0 erhält. Der Gesamtübertrag $\ddot{U}$ entsteht, wenn +6 addiert werden muß.

7.5 Komparatoren

Digitale Komparatoren vergleichen binär codierte Zahlen (z.B. im Binär- oder im BCD-Kode). Dabei werden zuerst die höchstwertigen Bit verglichen, und nur bei Gleichheit dieser Bits werden die nächsten Bits in den Vergleich einbezogen. Als Beispiel dienen 2 4-Bit-Zahlen A (A_3 A_2 A_1 A_0) und B (B_3 B_2 B_1 B_0).

A ist größer als B, wenn gilt

$$(A > B) = (A_3 > B_3) + (A_3 = B_3)\{(A_2 > B_2) + (A_2 = B_2)[(A_1 > B_1)$$

$$+(A_1 = B_1)(A_0 > B_0)]\}. \tag{7.31}$$

A ist kleiner als B, wenn gilt

$$(A < B) = (A_3 < B_3) + (A_3 = B_3)\{(A_2 < B_2) + (A_2 = B_2)[(A_1 < B_1)$$

$$+(A_1 = B_1)(A_0 < B_0)]\}. \tag{7.32}$$

A ist gleich B, wenn alle Bits gleich sind,

$$(A = B) = (A_3 = B_3)(A_2 = B_2)(A_1 = B_1)(A_0 = B_0). \tag{7.33}$$

Die Einzelfunktionen ergeben sich dabei zu

$$(A_v > B_v) = A_v \overline{B_v}, \tag{7.34}$$

$$(A_v < B_v) = \overline{A_v} B_v, \tag{7.35}$$

$$(A_v = B_v) = A_v B_v + \overline{A_v}\,\overline{B_v}. \tag{7.36}$$

Die Gl. (7.34) und (7.35) geben Implikationen an, Gl. (7.36) stellt die Äquivalenz EQ(A,B) dar.

Soll der Komparator alle drei Funktionen (A>B, A<B, A=B) liefern, so genügt es, zwei davon zu realisieren und daraus die dritte zu ermitteln, z.B.

$$(A < B) = \overline{(A > B) + (A = B)}. \tag{7.37}$$

Die Schaltung des 4-Bit-Komparators mit Nutzung von Äquivalenzbausteinen wurde nach den Gl. (7.31), (7.33) und (7.37) entwickelt und in Bild 7-21 dargestellt.

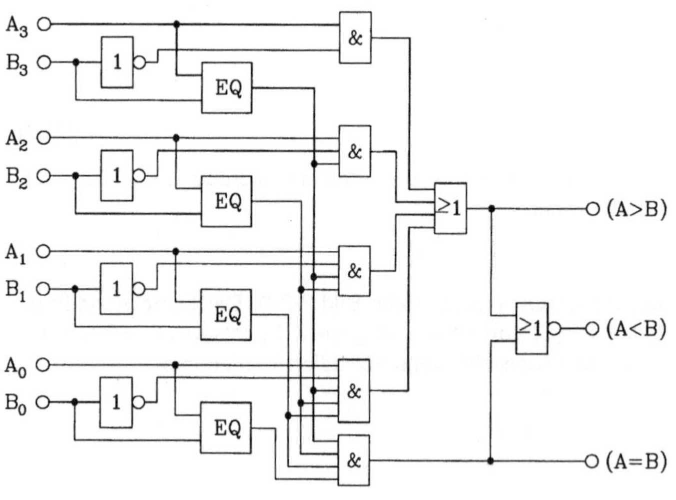

Bild 7-21
4-Bit-Komparator

7.6 Komplementbildner

Komplementbildner werden z.B. in Subtrahierern benötigt, wie in Abschnitt 7.7 noch gezeigt wird. Meist können sie in Abhängigkeit von einer Steuervariable S das Komplement einer binär kodierten Zahl (im Beispiel $D_3 D_2 D_1 D_0$) bilden oder diese Zahl direkt weiterleiten. Tabelle 7.9 gibt die entsprechende Funktionstabelle an.

Tabelle 7.9 Funktionstabelle zur Komplementbildung

S	A_3	A_2	A_1	A_0
0	$\overline{D}_3$	$\overline{D}_2$	$\overline{D}_1$	$\overline{D}_0$
1	D_3	D_2	D_1	D_0

Aus Tabelle 7.9 erhält man die logische Funktion zu

$$A_v = D_v S + \overline{D}_v \overline{S}. \qquad (7.38)$$

Gl. (7.38) kann durch Äquivalenzschaltungen realisiert werden (siehe Bild 7-22).

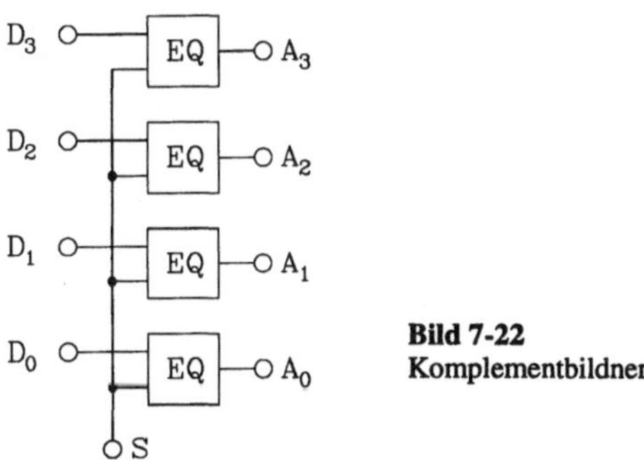

Bild 7-22
Komplementbildner

7.7 Subtrahierer

Die Subtraktion zweier binär kodierter Zahlen kann über die Komplementbildung der kleineren Zahl und anschließender Addition mit der größeren Zahl und dem Wert 1 erfolgen, wie nachfolgende Rechnung beweist. Es soll im 8421-Kode $15 - 6 = 9$ berechnet werden.

```
Binärkode      Dezimalkode
 1 1 1 1          15
-0 1 1 0         - 6
 1 0 0 1          9
```

Die Rechnung unter Nutzung der Komplementbildung und der Addition liefert

```
Binärkode                        Dezimalkode
   1 1 1 1                          15
 + 1 0 0 1 (Komplement von 0110)  +93
 + 0 0 0 1                         +01
(1) 1 0 0 1                    (1)  09
```

Der entstehende Übertrag (in Klammern) ist zu streichen.

Damit sind die bisherigen Addierstrukturen ebenfalls zur Subtraktion nutzbar, wenn sie durch Komplementbildner und (+1)-Addition ergänzt werden. Auf die schaltungstechnische Realisierung wird im Rahmen des Buches verzichtet.

Eine andere Möglichkeit der Subtraktion besteht im Aufbau spezieller 1-Bit-Vollsubtrahierer (oder Halbsubtrahierer) analog zu 1-Bit-Volladdierern (oder Halbaddierern). Bild 7-23 zeigt dazu das Blockschaltbild eines solchen 1-Bit-Vollsubtrahierers.

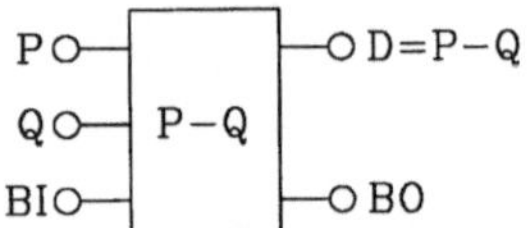

Bild 7-23
Blockschaltbild eines 1-Bit-Vollsubtrahierers

Dabei ist BI der einlaufende Borger (engl.: borrow) aus dem vorhergehenden Subtrahierer und BO der abzugebende Borger. BO wird H, wenn das Ergebnis der Subtraktion, die Differenz $D = P - Q - BI < 0$ ist. Für den 1-Bit-Vollsubtrahierer ergibt sich damit die in Tabelle 7.10 angegebene Funktionstabelle.

Tabelle 7.10 Funktionstabelle des 1-Bit-Vollsubtrahierers

P	Q	BI	D	BO
0	0	0	0	0
0	1	0	1	1
1	0	0	1	0
1	1	0	0	0
0	0	1	1	1
0	1	1	0	1
1	0	1	0	0
1	1	1	1	1

Damit lauten die Funktionen für D und BO

$$D = \overline{BI}(P\overline{Q} + \overline{P}Q) + BI(PQ + \overline{P}\,\overline{Q}), \tag{7.39}$$

$$BO = \overline{P}Q + BI(PQ + \overline{P}\,\overline{Q}). \tag{7.40}$$

Aus dem Vergleich der Funktionen zwischen dem 1-Bit-Volladdierer (Gl. (7.21) und Gl. (7.23)) und dem 1-Bit-Vollsubtrahierer wird deutlich, daß sie sich nur in der Übertrags- bzw. Borgerbildung dadurch unterscheiden, daß beim Borger die erste Eingangsvariable (der Minuend) negiert angesteuert werden muß. Das zeigt auch der Vergleich des Volladdierers in ECL-Technik nach Bild 7-18 und des entsprechenden Subtrahierers aus Aufgabe 3.24.

7.8 Multiplizierer

Die Multiplikation zweier binär kodierter Zahlen kann ebenfalls auf die Addition zurückgeführt werden, die allerdings mehrfach durchzuführen ist. Als Beispiel soll das Produkt $15 * 6 = 90$ gebildet werden.

$$\begin{array}{l}\underline{1\ 1\ 1\ 1\ *\ 0\ 1\ 1\ 0}\\ 0\ 0\ 0\ 0\\ \quad 1\ 1\ 1\ 1\\ \quad\ \ 1\ 1\ 1\ 1\\ \underline{\quad\quad 0\ 0\ 0\ 0\quad\quad}\\ 1\ 0\ 1\ 1\ 0\ 1\ 0\end{array}$$

$$(= 2^6 + 2^4 + 2^3 + 2^1 = 90)$$

Bei der Addition ist jedes nachfolgend zu addierende Teilprodukt jeweils um eine Stelle nach rechts zu verschieben. Dazu eignen sich die im Kapitel 8 zu behandelnden Schieberegister.

7.9 Dividierer

Wie die Subtraktion auf eine Addition zurückgeführt wurde, kann die Division durch eine mehrmalige Subtraktion mit Verschiebeoperationen ersetzt werden, wie am Beispiel $30 : 6 = 5$ im Binärkode gezeigt werden soll.

	Dividend	Divisor	Ergebnis
	1 1 1 1 0 :	1 1 0	= 1 0 1
	− 1 1 0		
Teil-Rest ≥ 0	1 1 0	1. Ergebnisbit = 1	
	− 1 1 0		
Teil-Rest < 0		2. Ergebnisbit = 0	
	1 1 0		
	− 1 1 0		
Teil-Rest = 0	0 0 0	3. Ergebnisbit = 1	

Ist das Ergebnis der Subtraktion positiv oder Null, so ist das entsprechende Ergebnisbit 1, andernfalls Null. Führt die Subtraktion auf ein negatives Ergebnis, so wird sie nicht ausgeführt. Anschließend ist der Divisor nach rechts zu verschieben und erneut die Subtraktion auszuführen. Der Vorgang wird solange wiederholt, bis der Divisor rechtsbündig unter dem Dividenten steht. Ist das Ergebnis der Division keine ganze Zahl, so wird der letzte Teil-Rest nicht Null.

Die Subtraktion kann wieder über die Komplementbildung auf die Addition zurückgeführt werden. Dabei ist zu beachten, daß ein negatives Ergebnis einer Subtraktion einem Additionsergebnis entspricht, bei welchem der Übertrag Null ist. Die nachfolgende Rechnung führt die Division unter Nutzung der Addition für das o. a. Beispiel durch.

	Dividend	Divisor	Ergebnis
	1 1 1 1 0 :	1 1 0	= 1 0 1
+	0 0 1	Komplement von 110	
±	0 0 1	+1	
(1)	0 0 1 1 0	Übertrag = 1	
+	0 0 1		
±	0 0 1		
	(0) 1 0 1 0	Übertrag = 0	
	1 1 0		
+	0 0 1		
±	0 0 1		
	(1) 0 0 0	Übertrag = 1	

Das Ergebnis zeigt, daß Dividierer ebenfalls wie Multiplizierer aus Addierern, Komplementbildnern und Schieberegistern aufgebaut werden können.

Aus den Darlegungen der Abschnitte 7.6, 7.7, 7.8 und 7.9 wird deutlich, daß zur schaltungstechnischen Realisierung der 4 Grundrechenarten Addition, Subtraktion, Multiplikation und Division in sog. Arithmetikeinheiten die digitalen Baugruppen Addierer, Komparator, Komplementbildner und Schieberegister benötigt werden. Auf Schaltungsbeispiele soll im Rahmen dieses auf die Behandlung der Grundlagen der digitalen Schaltungstechnik gerichteten Buchvorhabens verzichtet werden. Der Leser ist jedoch mit den Darlegungen der Kapitel 7 und 8 des Buches durchaus in der Lage, solche komplexeren Schaltungen zu entwickeln.

7.10 Hasards in kombinatorischen Schaltungen

Hasards sind Fehlimpulse, die durch Wettläufe von Signalen entstehen. Meist unterscheidet man Struktur- und Funktionshasards.

7.10.1 Strukturhasards

Strukturhasards können auftreten, wenn sich im betrachteten Netzwerk nur eine Eingangsvariable ändert. Sie können entstehen, wenn Signalpfade verzweigt und nach Durchlaufen von Gattern wieder zusammengeführt werden, wobei unterschiedliche Verzögerungszeiten in den einzelnen Signalpfaden existieren. Für die Reaktion einer Schaltung auf die einmalige Änderung einer Signalgröße E gibt es zwei Möglichkeiten:

      1. die Ausgangsfunktion A soll sich nicht ändern,
      2. die Ausgangsfunktion A soll sich ebenfalls einmal ändern.

Bild 7-24 zeigt beispielhaft das gewünschte hasardfreie Verhalten für diese beiden Fälle und das Verhalten mit Hasards.

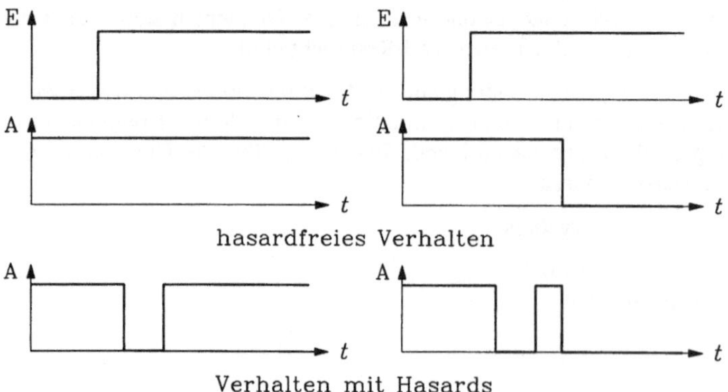

Bild 7-24 Verhalten von Schaltungen mit Strukturhasards

Im Fall Bild 7-24a tritt der Hasard auf, wenn die Ausgangsfunktion statisch konstant bleiben soll, er wird deshalb statischer Strukturhasard genannt. Bild 7-24b zeigt einen Hasard, wenn sich die Ausgangsfunktion ändern soll, er heißt deshalb dynamischer Hasard.

Im folgenden Schaltungsbeispiel sollen konstante Ausgangspegel $A_1 = H$ bzw. $A_2 = L$ erzeugt werden, auch wenn sich der Eingangspegel E ändert,

$$A_1 = H = \overline{E \cdot \overline{\overline{E}}}, \tag{7.41}$$

$$A_2 = L = E \cdot \overline{E}. \tag{7.42}$$

Eine mögliche Schaltungsrealisierung zeigt Bild 7-25, das dazugehörige Impulsdiagramm unter Beachtung der Verzögerungszeiten t_{PLH} und t_{PHL} der Gatter G_1 und G_2 ist in Bild 7-26 dargestellt.

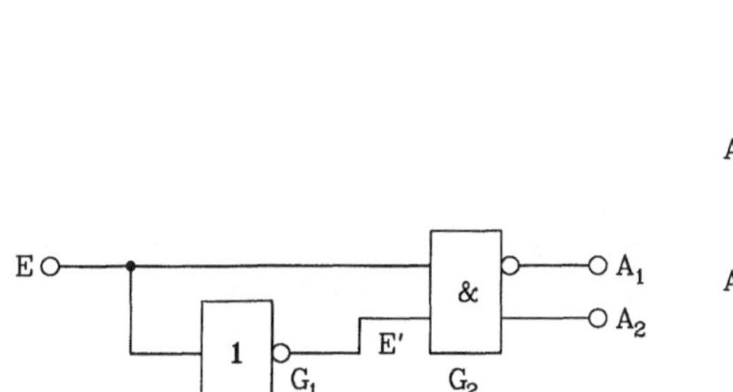

Bild 7-25
Hasardträchtige Schaltung für den Fall nach Bild 7-24a

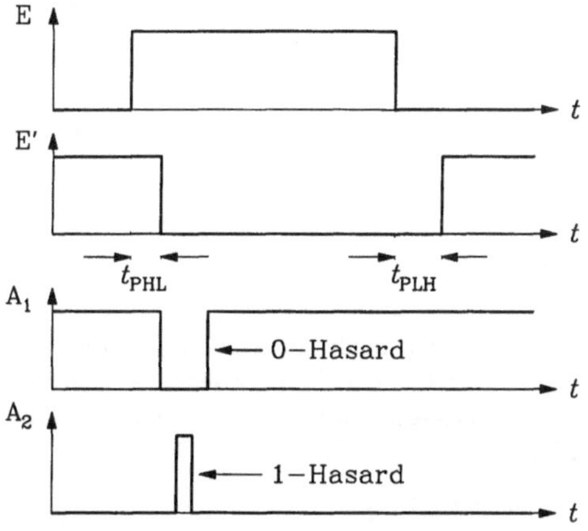

Bild 7-26
Verhalten der Schaltung nach Bild 7-25

Am Ausgang A_1 tritt als Reaktion auf die LH-Flanke des Einganges E ein 0-Hasard auf, an A_2 ein 1-Hasard.

Die Hasards können nur beseitigt werden, wenn die Schaltungsstruktur geändert wird, indem man die Verzweigung beseitigt (Bild 7-27).

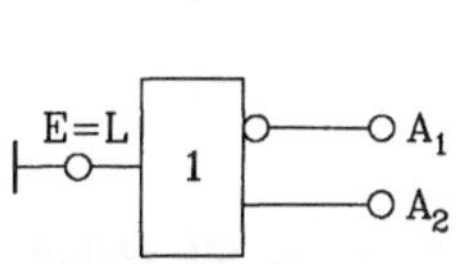

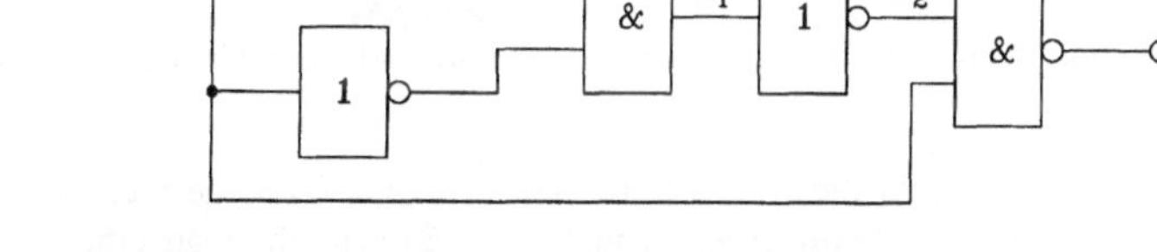

Bild 7-27
Hasardfreie Schaltung zur
Erzeugung konstanter Signale

Bild 7-28
Hasardträchtige Schaltung für den Fall nach Bild 7-24b

Die Schaltung nach Bild 7-25 kann jedoch sinnvoll als Differenzierglied (oder Flankendiskriminator) eingesetzt werden, indem aus einer Impulsflanke ein schmaler Impuls generiert wird, der dann allerdings nicht mehr als Hasard bezeichnet werden kann, weil er ja gerade so als Nutzsignal benötigt wird.

Ein Schaltungsbeispiel für das Hasardverhalten nach Bild 7-24b zeigt Bild 7-28, das entsprechende Verhalten ist in Bild 7-29 dargestellt.

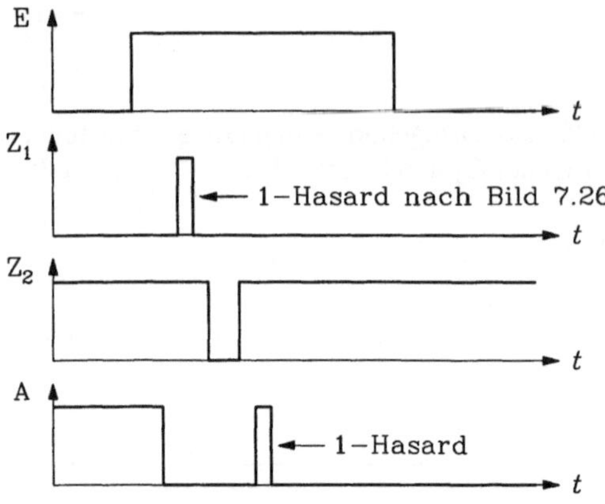

Bild 7-29
Verhalten der Schaltung nach Bild 7-27

Die Schaltungen nach den Bildern 7-25 und 7-28 werden so sicher nicht entworfen, wenn man Hasards vermeiden will, sie können jedoch in größeren Schaltungsteilen eingebunden sein, ohne sofort als hasardträchtig erkannt zu werden. Bild 7-30 zeigt eine solche Schaltung zur Realisierung der Implikation

$$A = \overline{E}_1 + E_2, \qquad\qquad (7.43)$$

die durch Umformung auf die NAND-Form

$$A = \overline{\overline{E_1 \cdot E_2} \cdot E_1} \qquad\qquad (7.44)$$

gebracht wurde (Schaltung Bild 7-30).

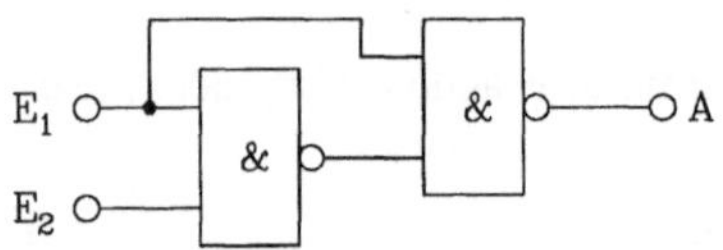

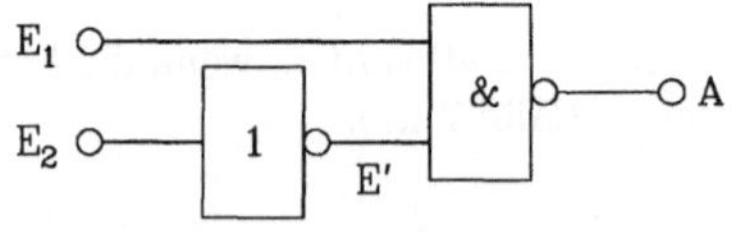

Bild 7-30
Schaltung zur Realisierung der Implikation

Bild 7-31
Strukturhasardfreie Schaltung zur Realisierung der Implikation

Für $E_2 = H$ entspricht diese Schaltung der von Bild 7-25, sie weist also einen Hasard auf. Durch eine zweckmäßigere Umformung von Gl. (7.43) erreicht man eine verzweigungsfreie und damit strukturhasardfreie Schaltung (siehe Bild 7-31),

$$A = \overline{E}_1 + E_2 = \overline{E_1 \cdot \overline{E}_2}. \qquad\qquad (7.45)$$

Strukturhasards sind nur dann sicher zu vermeiden, wenn keine Schaltungsstrukturen benutzt werden, die einzelne Signale verzweigen und wieder zusammenführen lassen. Der zusätzliche Einbau von Verzögerungsgliedern in die schnelleren Signalpfade ist meist kein Mittel zur Beseitigung der

Hasards, weil dann der bisher langsamere Pfad schneller wird und damit wieder Hasards auftreten, allerdings dann beim Schalten der bisher hasardfreien Flanke des Eingangsimpulses. Zudem unterliegen Gatterverzögerungen großen Toleranzen, so daß eine genaue Dimensionierung des Timing auf diese Weise nicht möglich ist.

7.10.2 Funktionshasards

Funktionshasards können auftreten, wenn sich mindestens zwei Eingangsvariable im betrachteten Schaltungsteil gleichzeitig ändern. Ganz analog zu den Strukturhasards (siehe Bild 7-24) unterscheidet man zwischen statischen und dynamischen Funktionshasards.

Da sich die schaltungstechnischen Probleme zwischen statischen und dynamischen Funktionshasards kaum unterscheiden, wird im folgenden nur auf statische Hasards eingegangen.

Als ein Beispiel für Funktionshasards soll wieder die Implikation benutzt werden (siehe Gl. (7.43)), deren Karnaugh-Tafel in Bild 7-32 dargestellt ist.

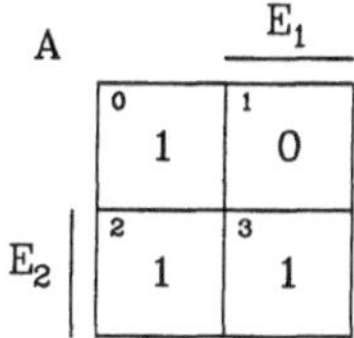

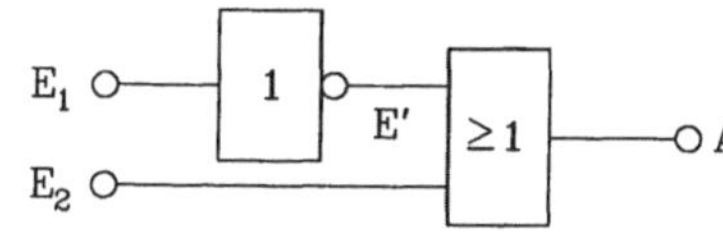

Bild 7-32
Karnaugh-Tafel für die Implikation

Bild 7-33
Schaltung zur Realisierung der Implikation (strukturhasardfrei)

Wird vom Zustand 0 nach dem Zustand 3 geschaltet, so geschieht das über den Zustand 1 oder den Zustand 2. Beim Schalten über den Zustand 1 entsteht ein statischer Funktionshasard (0-Hasard), beim Schalten über den Zustand 2 tritt kein Hasard auf. Bild 7-33 zeigt die zu Gl. (7.43) gehörende Schaltung, Bild 7-34a das Schalten vom Zustand 0 nach dem Zustand 3, Bild 7-34b das vom Zustand 3 nach 0.

Beim Schalten vom Zustand 3 nach 0 wird kurzzeitig der Zustand 1 durchlaufen ($E'+E_2 = L$), es entsteht ein statischer Funktionshasard. Schaltet man hingegen von 0 nach 3, so wird erst $E_2 = H$, ehe E' ebenfalls H wird, der Zustand 3 wird also über den Zustand 2 erreicht. Diese Schaltverläufe werden auch in der Karnaugh-Tafel Bild 7-35 deutlich.

Der Hasard beim Schalten vom Zustand 3 nach 0 kann beseitigt werden, indem E_1 nicht zeitgleich mit E_2, sondern genügend lange davor schaltet. Allerdings tritt dann evtl. ein Hasard beim Schalten vom Zustand 0 nach 3 auf.

Generell empfiehlt es sich also, stets nur eine Eingangsvariable zu schalten, um Funktionshasards weitgehend zu vermeiden. Allerdings ist die zeitliche Reihenfolge des Schaltens der Variablen jeweils in Abhängigkeit vom beabsichtigten Schaltvorgang zu bestimmen. Leider gibt es auch Schaltungen, wo Funktionshasards in jedem Fall auftreten, weil stets über den unerwünschten Zustand gesprungen werden muß. Das trifft z.B. für Antivalenz- und Äquivalenzschaltungen zu. Bild 7-36 zeigt dazu die Karnaugh-Tafel für die Antivalenz.

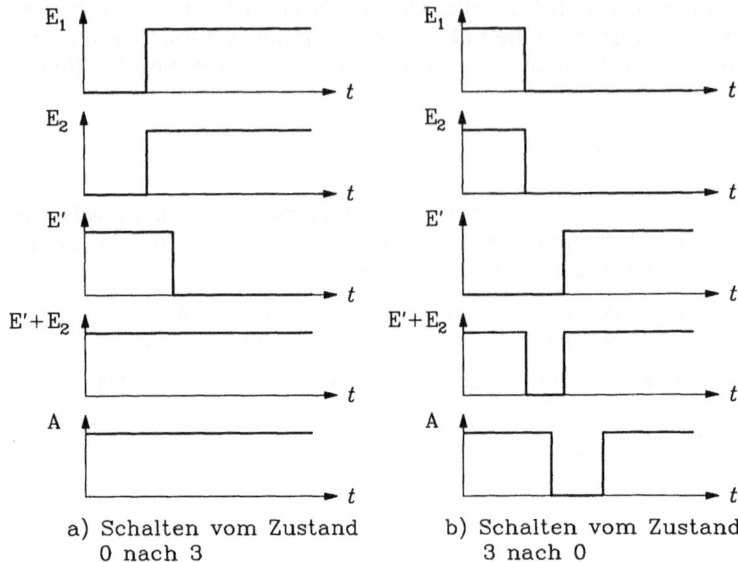

a) Schalten vom Zustand
   0 nach 3

b) Schalten vom Zustand
   3 nach 0

Bild 7-34 Verhalten der Schaltung nach Bild 7-33

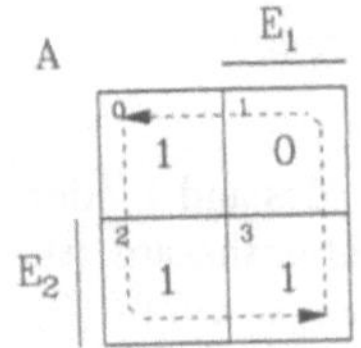

Bild 7-35
Darstellung des Schaltverlaufs in der Karnaugh-Tafel

Bild 7-36
Karnaugh-Tafel für die Antivalenz

Wird z. B. vom Zustand 0 nach 3 geschaltet, werden in jedem Fall die den Hasard auslösenden Zustände 1 oder 2 durchlaufen. Das soll an einer konkreten Schaltungsrealisierung nachgewiesen werden. Die logische Funktion der Antivalenz lautet

$$A = E_1 \cdot \overline{E}_2 + \overline{E}_1 \cdot E_2, \tag{7.46}$$

oder für eine nachfolgende NAND-Realisierung

$$A = \overline{\overline{E_1 \cdot \overline{E}_2} \cdot \overline{\overline{E}_1 \cdot E_2}}. \tag{7.47}$$

Die entsprechende Schaltung zeigt Bild 7-37 und das dazugehörige Verhalten für das Schalten vom Zustand 0 nach 3 Bild 7-38.

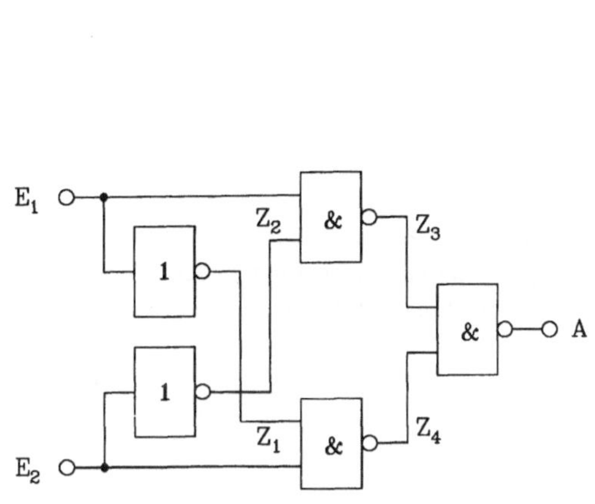

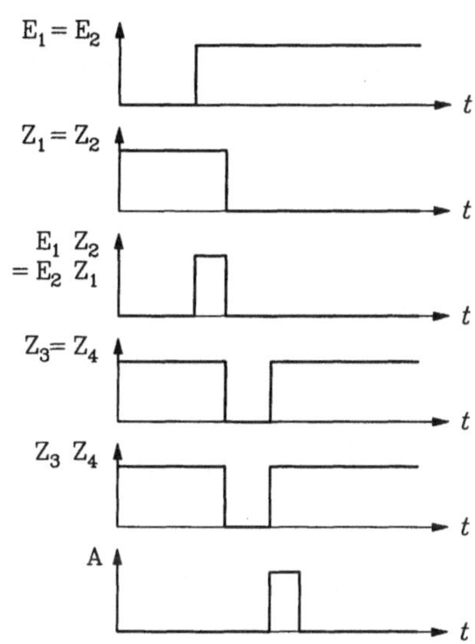

Bild 7-37
Antivalenzschaltung

Bild 7-38
Hasardverhalten der Antivalenzschaltung

Der Hasard ist nicht vermeidbar und kann durch zeitliche Verschiebung von E_2 gegenüber E_1 nicht beseitigt werden.

Bei den bisherigen Nachweisen von Hasards wurde stets davon ausgegangen, daß $t_{PLH} > t_{PHL}$ ist. Für die Grundschaltungen mit negierendem Ausgang (NOT, NOR, NAND,...) trifft das meist zu. Hasards können selbstverständlich auch nachgewiesen werden, wenn obige Bedingung nicht erfüllt ist, wie z.B. bei OR- und AND-Schaltungen. Nur treten sie dann möglicherweise nicht bei der gleichen Schaltfolge auf.

7.10.3 Ratschläge zur Vermeidung von Hasards

Aus den bisher mit Hasards dargelegten Problemen wird deutlich, daß nur einige Hasards durch folgende schaltungstechnische Maßnahmen beseitigt werden können:

1. Vermeidung von Strukturhasards durch Vermeiden von solchen verzweigten Signalpfaden, die wieder zu einem Signalpfad zusammengeführt werden,
2. Vermeiden von gleichzeitigem Schalten mehrerer Signale, wobei die Schaltreihenfolge im Sinne der Hasardfreiheit jeweils zu ermitteln ist. Dabei kann es durchaus sein, daß die Schaltreihenfolge für unterschiedliche Schaltfolgen unterschiedlich ist.

Man sieht, daß die beiden Empfehlungen nur für wenige Schaltungsbeispiele praktikabel sind, zumal damit nicht alle Hasards beseitigt werden können. Es empfiehlt sich daher im Sinne der Hasardfreiheit, kombinatorische Schaltungsteile stets zwischen getakteten Flip-Flops zu betreiben, also synchrone Schaltungen zu benutzen. Evtl. auftretende Hasards sind bis zur Übernahme der Information in die Flip-Flops abgeklungen, so daß sie für die Weiterverarbeitung der Signale keine Rolle spielen. Um zu sichern, daß die Ausgänge einer größeren Schaltung ebenfalls hasardfrei sind, sollten auch vor den Ausgangstreibern entsprechende getaktete Flip-Flop vorgesehen werden.

Soll jedoch aus bestimmten Gründen (z.B. eine hohe Verarbeitungsgeschwindigkeit) eine komplexe Schaltung asynchron betrieben werden, muß ihr Verhalten auf alle Fälle gründlich simuliert werden, so daß Hasards erkannt und mit den angegebenen Empfehlungen behandelt werden können.

7.11 Aufgaben

Aufgabe 7.1

Entwickeln Sie einen Kodewandler mit minimalem Schaltungsaufwand, der den BCD-Kode in den Glixon-Kode umwandelt (siehe Funktionstabelle). Der Glixon-Kode kann als Ausschnitt aus dem Gray-Kode angesehen werden, so daß sich beim Übergang von einem Zustand in den nächsten jeweils nur 1 Bit ändert, was bekanntlich günstig ist zur Vermeidung von Funktionshasards.

Ziffer	BCD-Kode				Glixon-Kode			
	E_3	E_2	E_1	E_0	A_3	A_2	A_1	A_0
0	0	0	0	0	0	0	0	0
1	0	0	0	1	0	0	0	1
2	0	0	1	0	0	0	1	1
3	0	0	1	1	0	0	1	0
4	0	1	0	0	0	1	1	0
5	0	1	0	1	0	1	1	1
6	0	1	1	0	0	1	0	1
7	0	1	1	1	0	1	0	0
8	1	0	0	0	1	1	0	0
9	1	0	0	1	1	0	0	0

Aufgabe 7.2

Es soll ein Komparator für 2 Bit entworfen werden, der die im Binärkode vorliegenden Worte A (A_1 A_0) und B (B_1 B_0) vergleicht. Der Komparator soll 3 Ausgänge für die Signale (A > B), (A < B) und (A = B) aufweisen.

1. Geben Sie die Funktionstabelle des Komparators an.
2. Entwickeln Sie aus 1. die logischen Funktionen so, daß ein minimaler Schaltungsaufwand entsteht.
3. Entwerfen Sie aus 2. eine Transistorschaltung mit komplexen Gattern in NMOS-ED-Technik.

Aufgabe 7.3

Ein 4-Bit-Volladdierer (mit einem frei nutzbaren Eingang CIN für den einlaufenden Übertrag) soll auch als Subtrahierer genutzt werden.

Entwickeln Sie eine Schaltung, die es über einen Steuereingang S ermöglicht, daß der Addierer über die Komplementbildung auch als Subtrahierer $D = A - B$ genutzt werden kann, wobei $A \geq B$ angenommen werden kann.

8 Sequentielle Schaltungen im MSI-Niveau

Im folgenden Kapitel werden Schaltungen mit taktflankengesteuerten Flip-Flop behandelt und zwar Frequenzzähler, Frequenzteiler, Register und Taktgeber. Sie werden je nach der Verzögerung zwischen dem taktflankengesteuerten Eingang und den Ausgängen in synchrone, teilsynchrone oder asynchrone Schaltungen unterteilt.

8.1 Taktflankengesteuerte Flip-Flop als Grundzellen für Zähler, Teiler, Register und Taktgeber

Taktflankengesteuerte Flip-Flop besitzen taktflankenabhängige Dateneingänge D_n (DATA), den Takteingang T (CLOCK), taktunabhängige (also mit Priorität wirkende) Setz- und Rücksetzeingänge R und S oder $\overline{R}$ und $\overline{S}$, sowie die Ausgänge Q und $\overline{Q}$. Die Dateneingänge D_n können der D-Eingang des D-Flip-Flop, die JK-Eingänge des JK-Flip-Flop bzw. die dynamisch wirkenden RS-Eingänge des RS-Flip-Flop sein (siehe Bild 8-1). Die Taktsteuerung kann entweder durch die LH- oder die HL-Flanke des Taktes erfolgen.

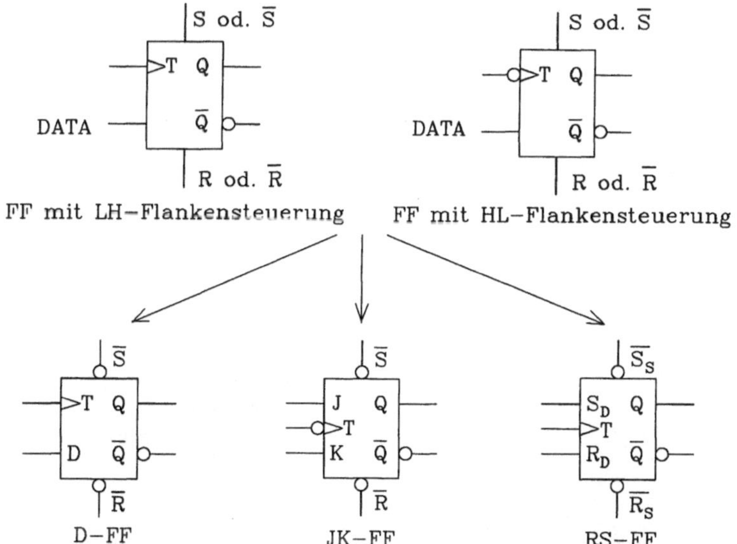

Bild 8-1 Allgemeines taktflankengesteuertes Flip-Flop und daraus abgeleitete spezielle Flip-Flop

D-FF sind oft LH-flankengesteuert, JK-FF HL-flankengesteuert. Durch Einschalten eines Inverters in die Taktleitung können die beiden Arten der Flankensteuerung ineinander überführt werden (Bild 8-2).

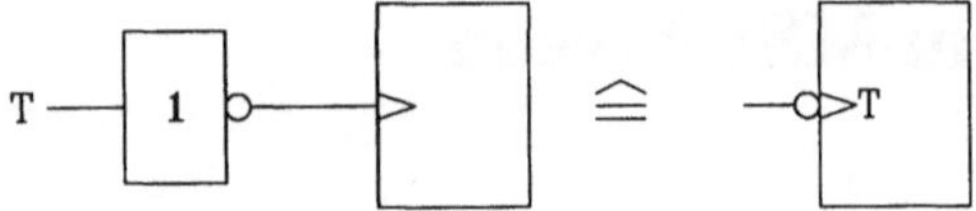

Bild 8-2
Überführung von LH- in HL-Flankensteuerung

Das dynamische Verhalten dieser Flip-Flop soll am Beispiel des in Bild 8-3 dargestellten D-FF erläutert werden.

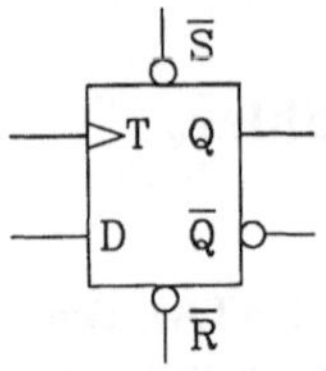

Bild 8-3
D-FF

Bild 8-4 zeigt dazu das entsprechende Impulsdiagramm.

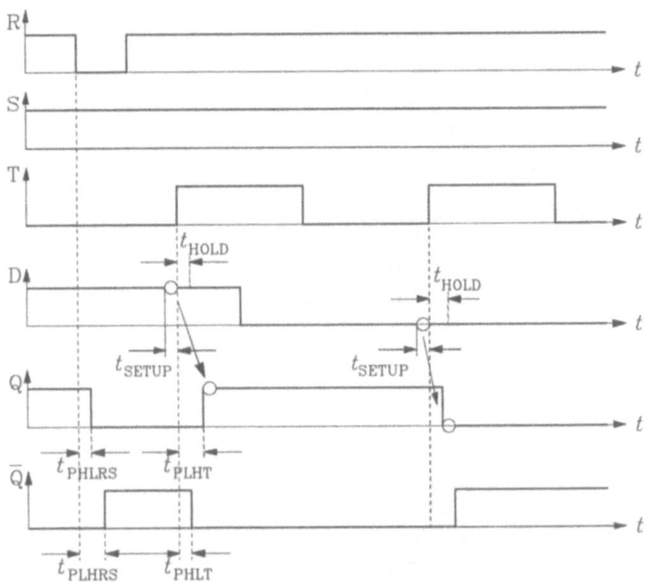

Bild 8-4
Impulsdiagramm des D-FF

Mit dem statischen $\overline{R}$-Eingang wird das D-FF z.B. in den definierten Anfangszustand $Q = 0$ und $\overline{Q} = 1$ gesetzt. Mit jeder positiven Taktflanke übernimmt das Flip-Flop den Wert des D-Einganges. Bei der Ermittlung des dynamischen Verhaltens des D-FF sind die unterschiedlichen Verzögerungszeiten bei der Informationsübernahme durch die statischen RS-Eingänge bzw. den dynamischen D-Eingang zu berücksichtigen. Bezüglich des D-Einganges ist außerdem zu beachten, daß die zu übernehmende Information eine bestimmte Zeit vor und nach der steuernden Taktflanke zur Verfügung stehen muß, damit sie sicher übernommen wird. Dieser Zeitbereich umfaßt die SETUP- und HOLD-Zeit des Flip-Flop.

Die *Funktionstabelle* der taktflankengesteuerten Flip-Flop sollte für nachfolgende Synthese-aufgaben zweckmäßiger taktorientiert geschrieben werden. Für die am meisten eingesetzten Flip-Flop-Typen D-FF und JK-FF wird nachfolgend diese Funktionstabelle abgeleitet. Für das D-FF gilt folgende Tabelle, wobei t den Zustand des Flip-Flop vor und $t+1$ nach der steuernden Taktflanke charakterisiert:

Tabelle 8.1

D^t	Q^t	Q^{t+1}
0	0	0
0	1	0
1	0	1
1	1	1

Für D = 0 wird unabhängig vom Inhalt des Flip-Flop vor der steuernden Taktflanke nach dieser Flanke Q = 0, für D = 1 demnach Q = 1, d.h., die Zustände Q^t sind gleichgültig (d = don't care). Damit ergibt sich die neue Funktionstabelle zu

Tabelle 8.2 Taktorienterte Funktionstabelle des D-FF

D^t	Q^t	Q^{t+1}
0	d	0
1	d	1

Für das JK-FF gilt Tabelle 8.3.

Tabelle 8.3

J^t	K^t	Q^t	Q^{t+1}	
0	0	0	0	(1)
		1	1	(4)
1	0	0	1	(2)
		1	1	(4)
0	1	0	0	(1)
		1	0	(3)
1	1	0	1	(2)
		1	0	(3)

Unter Nutzung der Gleichgültigkeit erhält man daraus die nachstehende Funktionstabelle (Tabelle 8.4).

Tabelle 8.4 Taktorienterte Funktionstabelle des JK-FF

J^t	K^t	Q^t	Q^{t+1}	
0	d	0	0	(1)
1	d	0	1	(2)
d	1	1	0	(3)
d	0	1	1	(4)

Mit den angegebenen Funktionstabellen (Tabellen 8.2 und 8.4) lassen sich die Flip-Flop-Typen ineinander überführen. Dazu werden beide Tabellen zu einer Tabelle vereint (Tabelle 8.5).

Tabelle 8.5

J^t	K^t	D^t	Q^t	Q^{t+1}
0	d	0	0	0
1	d	1	0	1
d	1	0	1	0
d	0	1	1	1

Die Erweiterung eines D-FF zu einem JK-FF erfolgt, indem die Funktion

$$D^t = f(J, K, Q)^t \qquad (8.1)$$

ermittelt wird. Aus Tabelle 8.5 wird das Eins-Feld von D^t ausgelesen, es lautet

$$D^t = J^t \overline{Q}^t + \overline{K}^t Q^t. \qquad (8.2)$$

Bild 8-5 zeigt dazu die entsprechende Schaltung auf AND/OR-Basis.

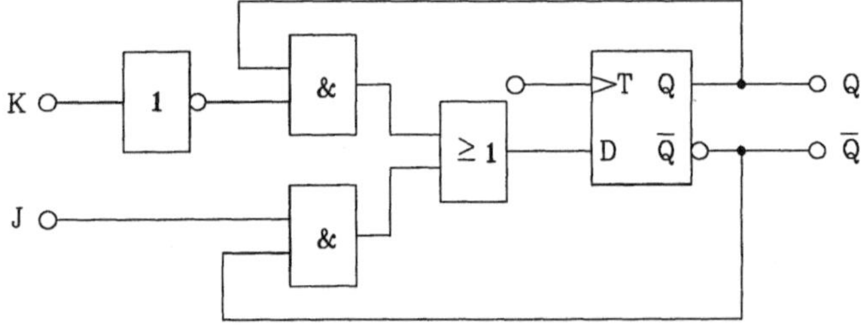

Bild 8-5
JK-FF, aus einem D-FF
erzeugt

Ein JK-FF wird zum D-FF durch folgende Beziehung

$$J^t, K^t = f(D, Q)^t. \qquad (8.3)$$

Unter teilweiser Nutzung der Gleichgültigkeiten (in Gl. 8.4 und 8.6 in Klammer gesetzt) ergeben sich

$$J^t = D^t \overline{Q}^t + (\overline{D}^t Q^t) + (D^t Q^t), \qquad (8.4)$$

$$J^t = D^t, \qquad (8.5)$$

$$K^t = \overline{D}^t Q^t + (\overline{D}^t \overline{Q}^t) + (D^t \overline{Q}^t), \qquad (8.6)$$

$$K^t = \overline{D}^t. \qquad (8.7)$$

Die dazugehörige Schaltung ist in Bild 8-6 dargestellt.

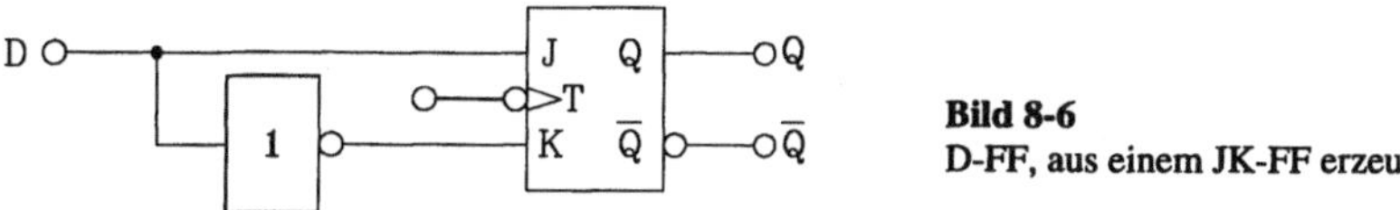

Bild 8-6
D-FF, aus einem JK-FF erzeugt

In den folgenden Abschnitten werden die Zeitpunkte t und $t+1$ bei der Charakterisierung der Flip-Flop-Zustände nicht mehr angegeben, da die Funtionstabellen eindeutig sind.

8.2 Zähler

Zähler sind Schaltungen, die die Zahl der Eingangsimpulse ermitteln und binär in einem festzulegenden Kode ausgeben. Als Kode wird oft der Binär- oder Dualkode gewählt, jedoch lassen sich durch Wahl anderer Kodes oft Schaltungen mit einem geringeren Aufwand an kombinatorischen Grundgattern entwickeln. Die Zahl m der einzusetzenden D- oder JK-FF hängt vom maximal zu erreichenden Zählerstand n ab,

$$n \leq 2^{\,m}. \tag{8.8}$$

Im vorliegenden Buch werden die Zähler nach ihrer Synchronisationsart unterschieden. Die Synchronisation bezeichnet die zeitliche Zuordnung aller Ausgangsimpulse (also des jeweiligen Zählerstandes) zur zu zählenden Eingangsimpulsfolge (Eingangstakt). Behandelt werden synchrone, teilsynchrone und asynchrone Zählschaltungen.

8.2.1 Synchrone Zähler

Bei synchronen Zählern sind alle Ausgangssignale genau um eine Flip-Flop-Verzögerung t_{PLH} oder t_{PHL} gegenüber dem Eingangstakt verzögert. Das kann nur erreicht werden, wenn das Taktsignal direkt an alle Flip-Flop der Zähler geführt wird (siehe Bild 8-7).

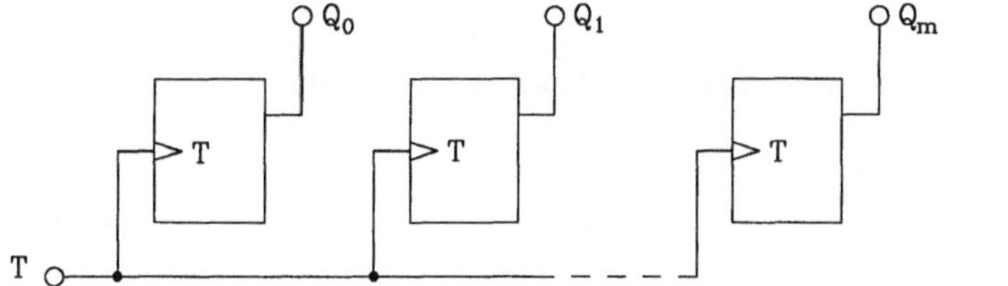

Bild 8-7
Prinzip des synchronen Zählers

Die Dateneingänge der Flip-Flop und die Ausgänge haben keine Verbindung zum Takt, so daß synchrone Zähler ohne Hasards arbeiten und zwar unabhängig davon, welche Taktflanke die Flip-Flop der Zählkette benutzen (alle Flip-Flop LH- oder alle HL-flankengesteuert).

1. Zähler für 0 und 1

Jedes taktflankengesteuerte Flip-Flop kann als Zähler für 0 und 1 benutzt werden. Für die D-FF gilt damit die folgende Funktionstabelle entsprechend Tabelle 8.2:

Tabelle 8.6 D-FF als Zähler für 0 und 1

Zählerstand	Q	T	D
0	0	←	1
1	1	←	0
0	0		

Die Belegung des D-Einganges erfolgt so, daß nach der Taktflanke (gekennzeichnet durch den Pfeil in der Spalte T mit der Spitze nach links als Kennzeichen für LH-Flankensteuerung) der Ausgang Q den gewünschten Wert erreicht. Der Anfangszustand des Zählers kann durch die statischen RS-Eingänge des Flip-Flop voreingestellt werden. Aus Tabelle 8.6 entnimmt man

$$D = \overline{Q}. \tag{8.9}$$

Der Zähler für 0 und 1 ist gleichzeitig ein Frequenzteiler im Verhältnis 2 : 1. Bild 8-8 zeigt die Schaltung und deren dynamisches Verhalten am Beispiel der LH-Flankensteuerung.

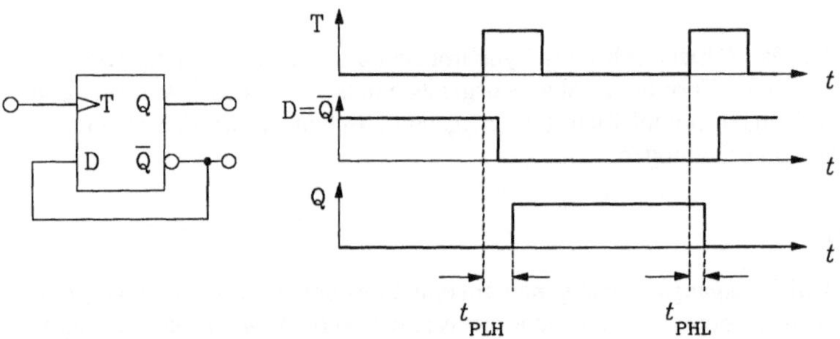

Bild 8-8 Zähler für 0 und 1 bzw. 2:1-Teiler aus D-FF

Für den 0,1-Zähler aus JK-FF gilt entsprechend Tabelle 8.4 folgende Funktionstabelle:

Tabelle 8.7 JK-FF als Zähler für 0 und 1

Zählerstand	Q	T	J	K
0	0	→	1	d
1	1	→	d	1
0	0			

Die nach rechts zeigende Pfeilspitze des Taktes weist auf die HL-Flankensteuerung hin. Der Sprung von Q von 0 nach 1 erfordert die Belegung J = 1, K = d, der nachfolgende Sprung von 1 nach 0 die Belegung J = d, K = 1.Unter Nutzung der Gleichgültigkeiten erhält man die Zählschaltung oder den 2:1-Teiler zu

$$J = K = 1. \tag{8.10}$$

Bild 8-9 zeigt die entsprechende Schaltung und das Impulsdiagramm.

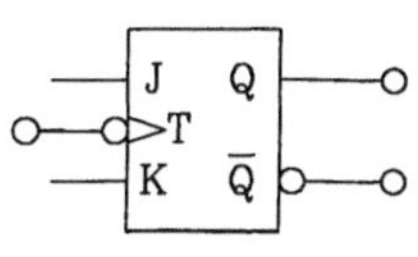

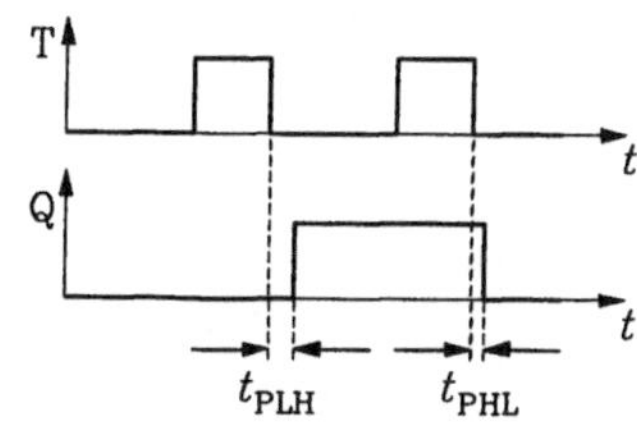

Bild 8-9
Zähler für 0 und 1 bzw. 2:1-
Teiler aus JK-FF

2. Zähler mit beliebigem Zählerstand

Synchrone Zähler lassen sich durch echte Syntheseverfahren entwickeln. Das sei an zwei Beispielen, dem Zähler für die Zählerstände 0,1 und 2 und dem von 0 bis 9 zählenden Zähler im BCD-Kode (binär codierter Dezimalkode) dargestellt.

Zähler für 0,1,2:

Die Funktionstabelle dieses Zählers (Tabelle 8.8) wurde sowohl für die Realisierung mit JK-FF wie auch mit D-FF ausgelegt. Zusätzlich wurde in die Tabelle eine Spalte für die schaltende Taktflanke aufgenommen. Die Belegung der Dateneingänge zum Zustand n muß das Umschalten der Datenausgänge vom Zustand n in den Zustand n+1 mit der steuernden Taktflanke sichern (entsprechend den Tabellen 8.2 bzw. 8.4).

Tabelle 8.8 Funktionstabelle des Zählers für 0,1,2

Zustand	Q_1	Q_0	T	J_1	K_1	J_0	K_0	T	D_1	D_0
0	0	0	→	0	d	1	d	←	0	1
1	0	1	→	1	d	d	1	←	1	0
2	1	0	→	d	1	0	d	←	0	0
0	0	0								
X	1	1		d	d	d	d		d	d
	gewählter Kode			Realisierung mit JK-FF				Realisierung mit D-FF		

Es wurde der Binärkode gewählt, so daß die Ausgangsbelegung $Q_1 = Q_0 = 1$ nicht benutzt wird. Damit ist zunächst die Belegung der Eingänge für diese Ausgangsbelegung gleichgültig (d), sie kann zur Minimierung der Schaltung eingesetzt werden.

Damit ergeben sich

$$J_1 = \overline{Q}_1\, Q_0 + (Q_1\, \overline{Q}_0 + Q_1\, Q_0) = Q_0, \tag{8.11}$$

$$K_1 = 1, \tag{8.12}$$

$$J_0 = \overline{Q}_1\, \overline{Q}_0 + (\overline{Q}_1\, Q_0 + Q_1\, Q_0) = \overline{Q}_1, \tag{8.13}$$

$$K_0 = 1. \tag{8.14}$$

Die entsprechende Schaltung zeigt Bild 8-10.

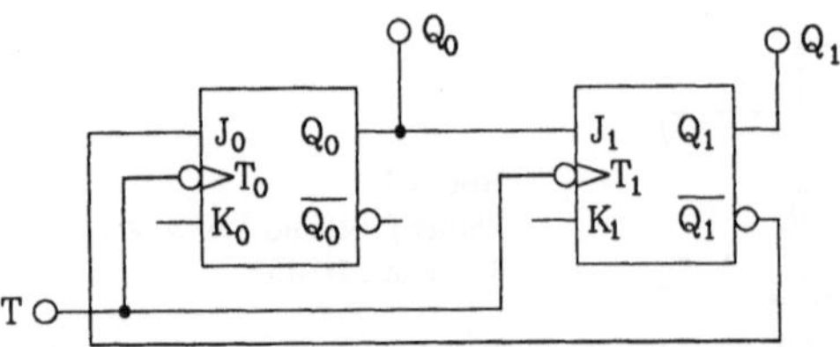

Bild 8-10
Zähler für 0,1,2 mit JK-FF

Die Realisierung des Zählers mit D-FF führt zu

$$D_1 = \overline{Q}_1\, Q_0 + (Q_1\, Q_0) = Q_0 \qquad\qquad (8.15)$$

$$D_0 = \overline{Q}_1\, \overline{Q}_0 + (Q_1\, Q_0) = \overline{Q}_1\, \overline{Q}_0 = \overline{Q_1 + Q_0} \qquad\qquad (8.16)$$

und damit zur Schaltung nach Bild 8-11.

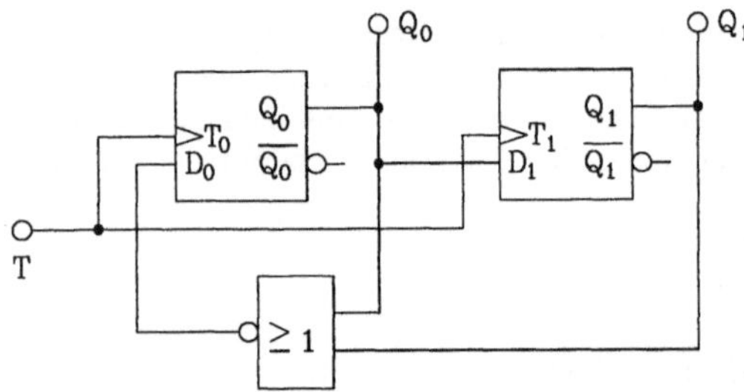

Bild 8-11
Zähler für 0,1,2 aus D-FF

Die Schaltung mit D-FF benötigt ein zusätzliches Gatter gegenüber der JK-FF-Variante. Allerdings benötigt ein D-FF weniger Bauelemente als ein JK-FF.

Bild 8-12 zeigt das Verhalten der Schaltung nach Bild 8-11. Man erkennt, daß die Ausgänge Q_1 und Q_0 genau um eine Verzögerungszeit t_{PHL} bzw. t_{PLH} gegenüber dem Takt versetzt sind.

Der bei D_0 evtl. entstehende Hasard der Breite $B = t_{PLH} - t_{PHL}$ stört das Verhalten der Ausgänge des Zählers nicht, da zu diesem Zeitpunkt keine Informationsübernahme von D_0 erfolgt.

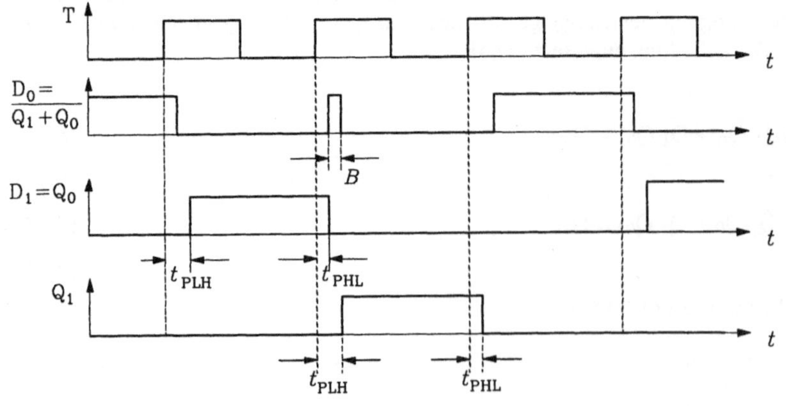

Bild 8-12 Verhalten des Zählers nach Bild 8-11

Interessant ist die Frage, wie der Zähler reagiert, wenn z.B. durch falsches Setzen des Initialzustandes der Zustand $Q_1 = Q_0 = 1$ angenommen wird. Im angegebenen Fall würde das zu den Anfangswerten der Dateneingänge $D_0 = \overline{Q_1}\ \overline{Q_0} = 0$ und $D_1 = Q_0 = 1$ führen, so daß mit der nächsten Taktflanke $Q_1 = 1$ und $Q_0 = 0$ wird. Das entspricht dem Zustand 2. Um zu erreichen, daß bei versehentlicher Einnahme der nicht definierten Zustände der Schaltung nach der nächsten Taktflanke trotzdem ein definierter Zustand, z.B. der Anfangszustand $Q_1 = Q_0 = 0$ eingenommen wird, muß das bereits in der Funktionstabelle berücksichtigt werden (siehe Tabelle 8.9).

Tabelle 8.9 Zähler mit Anlauf aus dem nicht definierten Zustand

Zustand	Q_1	Q_0	J_1	K_1	J_0	K_0	D_1	D_0
0	0	0	0	d	1	d	0	1
1	0	1	1	d	d	1	1	0
2	1	0	d	1	0	d	0	0
0	0	0						
X	1	1	d	1	d	1	0	0

Aus Tabelle 8.9 folgt für die D-FF-Schaltung

$$D_1 = \overline{Q_1}\ Q_0 = \overline{Q_1 + \overline{Q_0}}, \tag{8.17}$$

$$D_0 = \overline{Q_1}\ \overline{Q_0} = \overline{Q_1 + Q_0}, \tag{8.18}$$

eine Minimierung ist im angegebenen Beispiel nicht mehr möglich. Bild 8-13 zeigt die nun etwas aufwendigere Schaltung. Die JK-FF-Schaltung ist mit der in Bild 8-10 identisch, es entsteht kein zusätzlicher Aufwand.

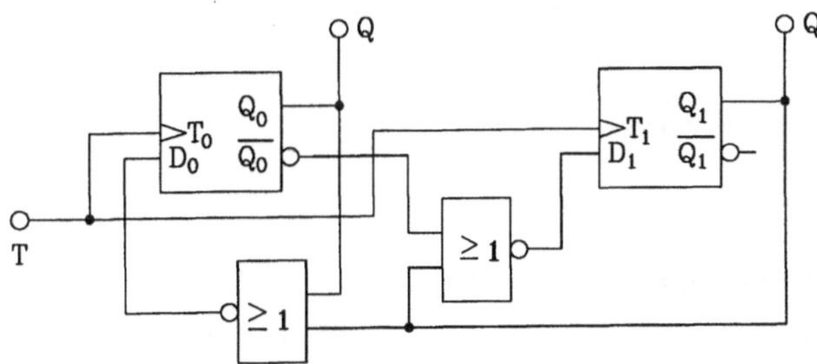

Bild 8-13
Zähler mit Rückkehr aus dem
undefinierten Zustand

Zähler im BCD-Kode:

Der Zähler im BCD-Kode hat 10 Zustände 0,1,...,9, danach springt er in den Anfangszustand zurück (siehe Tabelle 8.10). Außerdem soll er mit dem 10. Taktimpuls einen Übertragsimpuls CO abgeben. Die Schaltung soll aus D-FF mit LH-Flankensteuerung aufgebaut werden, dazu werden 4 Flip-Flop benötigt. Die undefinierten Zustände sollen zur Minimierung der Schaltung genutzt werden.

Tabelle 8.10 Funktionstabelle des BCD-Zählers mit D-FF

Zustand	Q_3	Q_2	Q_1	Q_0	CO	T	D_3	D_2	D_1	D_0
0	0	0	0	0		←	0	0	0	1
1	0	0	0	1		←	0	0	1	0
2	0	0	1	0		←	0	0	1	1
3	0	0	1	1		←	0	1	0	0
4	0	1	0	0		←	0	1	0	1
5	0	1	0	1		←	0	1	1	0
6	0	1	1	0		←	0	1	1	1
7	0	1	1	1		←	1	0	0	0
8	1	0	0	0		←	1	0	0	1
9	1	0	0	1	←	←	0	0	0	0
0	0	0	0	0						
	1	0	1	0						
	1	0	1	1						
X	1	1	0	0				d		
	1	1	0	1						
	1	1	1	0						
	1	1	1	1						

Zweckmäßigerweise wird zum Entwurf der Schaltung die Karnaugh-Tafel benutzt. Bild 8-14 zeigt diese Tafel mit der Zuordnung der Zustände.

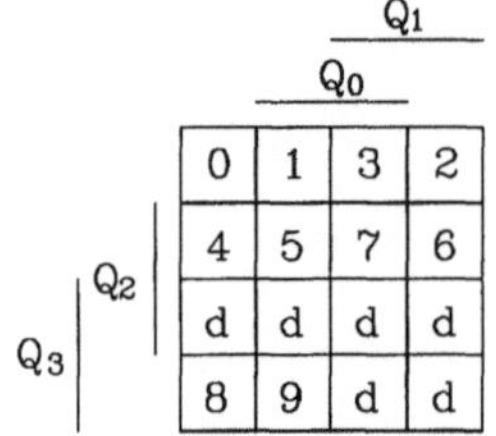

Bild 8-14
Karnaugh-Tafel für den Zähler
im BCD-Kode

Die auf Bild 8-14 aufbauende Belegung der D-Eingänge zeigt Bild 8-15.

Auf die Darstellung von D_0 wurde verzichtet, D_0 ergibt sich direkt aus Tabelle 8.10 zu

$$D_0 = \overline{Q_0}. \tag{8.19}$$

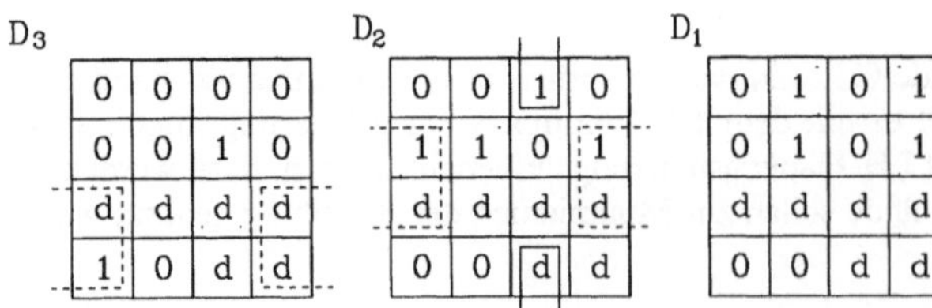

Bild 8-15
Belegung der D-Eingänge
entsprechend Bild 8-14

Unter Nutzung der Gleichgültigkeiten erhält man

$$D_3 = Q_2\,Q_1\,Q_0 + Q_3\,\overline{Q_0}, \tag{8.20}$$

$$D_2 = \overline{Q_2}\,Q_1\,Q_0 + Q_2\,\overline{Q_0} + Q_2\,\overline{Q_1}, \tag{8.21}$$

$$D_1 = \overline{Q_3}\,\overline{Q_1}\,Q_0 + Q_1\,\overline{Q_0}. \tag{8.22}$$

Bild 8-16 zeigt die entsprechende Schaltung bereits mit Übertragsimpulsbildung.

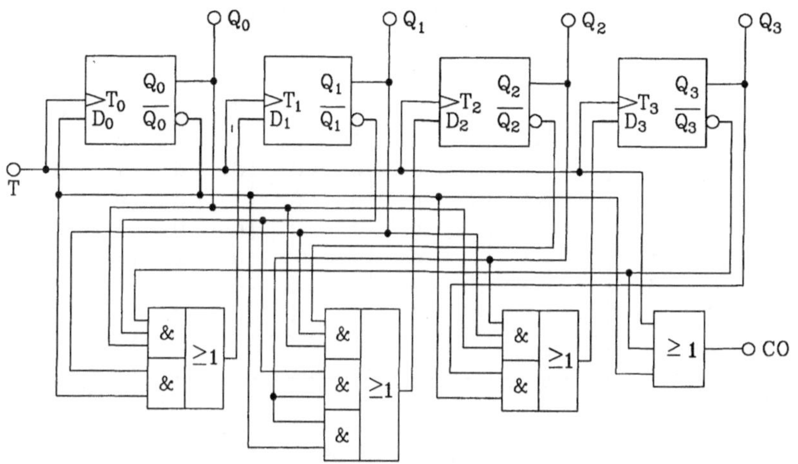

Bild 8-16 Synchroner BCD-Zähler aus D-FF

Das Impulsdiagramm einschl. des geforderten Übertrages ist in Bild 8-17 dargestellt.

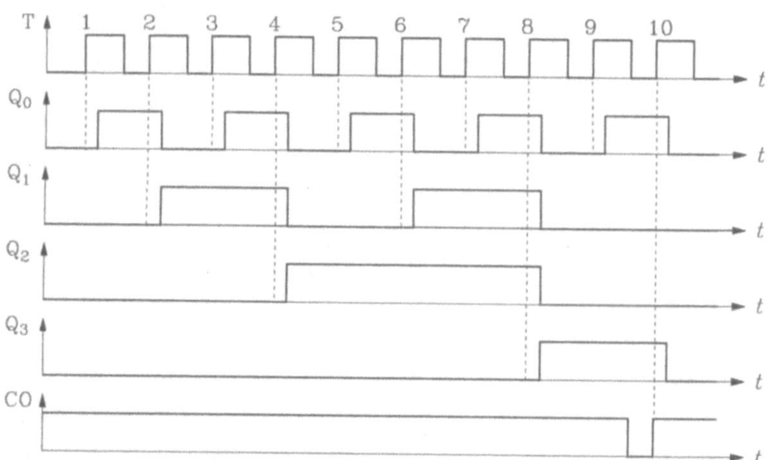

Bild 8-17 Impulsdiagramm des BCD-Zählers mit D-FF

Die LH-Flanke des Übertrages läßt sich synchron nur in der angegebenen Form durch

$$CO = T + \overline{Q_3} + \overline{Q_0} \tag{8.23}$$

verwirklichen. Die Nutzung von JK-FF mit HL-Flankensteuerung führt auf die Funktionstabelle 8.11 und die in Bild 8-18 angegebenen Karnaugh-Tafeln.

Tabelle 8.11 Funktionstabelle des BCD-Zählers mit JK-FF

Zustand	Q_3	Q_2	Q_1	Q_0	CO	T	J_3	K_3	J_2	K_2	J_1	K_1	J_0	K_0
0	0	0	0	0		$\rightarrow$	0	d	0	d	0	d	1	d
1	0	0	0	1		$\rightarrow$	0	d	0	d	1	d	d	1
2	0	0	1	0		$\rightarrow$	0	d	0	d	d	0	1	d
3	0	0	1	1		$\rightarrow$	0	d	1	d	d	1	d	1
4	0	1	0	0		$\rightarrow$	0	d	d	0	0	d	1	d
5	0	1	0	1		$\rightarrow$	0	d	d	0	1	d	d	1
6	0	1	1	0		$\rightarrow$	0	d	d	0	d	0	1	d
7	0	1	1	1		$\rightarrow$	1	d	d	1	d	1	d	1
8	1	0	0	0		$\rightarrow$	d	0	0	d	0	d	1	d
9	1	0	0	1	$\rightarrow$	$\rightarrow$	d	1	0	d	0	d	d	1
0	0	0	0	0										
	1	0	1	0										
	1	0	1	1										
X	1	1	0	0			d		d		d		d	
	1	1	0	1										
	1	1	1	0										
	1	1	1	1										

J_3

0	0	0	0
0	0	1	0
d	d	d	d
d	d	d	d

J_2

0	0	1	0
d	d	d	d
d	d	d	d
0	0	d	d

J_1

0	1	d	d
0	1	d	d
d	d	d	d
0	0	d	d

K_3

d	d	d	d
d	d	d	d
d	d	d	d
0	1	d	d

K_2

d	d	d	d
0	0	1	0
d	d	d	d
d	d	d	d

K_1

d	d	1	0
d	d	1	0
d	d	d	d
d	d	d	d

Bild 8-18
Karnaugh-Tafel der J- und K-Eingänge entsprechend Bild 8-14

Aus Tabelle 8.11 erhält man sofort

$$J_0 = K_0 = 1. \tag{8.24}$$

Aus Bild 8-18 folgen unter Nutzung der Minimierungsregeln (eingerahmte Flächen der Karnaugh-Tafel)

$$J_3 = Q_2\,Q_1\,Q_0, \tag{8.25}$$

$$K_3 = K_1 = Q_0, \tag{8.26}$$

$$J_2 = K_2 = Q_1\,Q_0, \tag{8.27}$$

$$J_1 = \overline{Q_3}\,Q_0. \tag{8.28}$$

Da JK-FF meist mehrere AND-verknüpfte Eingänge aufweisen, entfällt sehr oft die externe Zusatzlogik (siehe Bild 8-19).

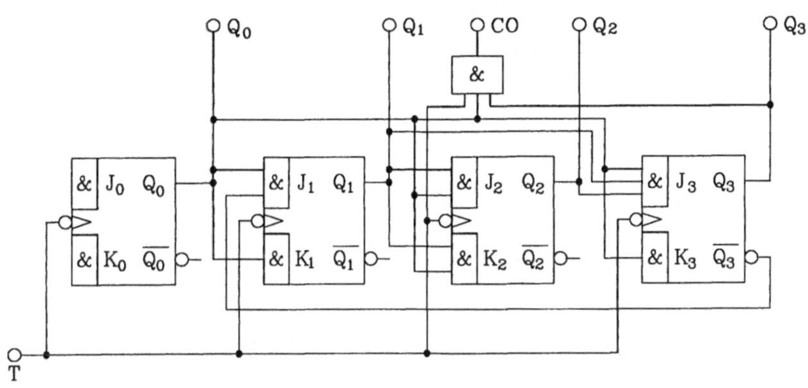

Bild 8-19 Synchroner Zähler aus JK-FF

Der 10. Taktimpuls kann direkt zur Übertragungsbildung genutzt werden, wie aus dem Impulsdiagramm (Bild 8-20) hervorgeht.

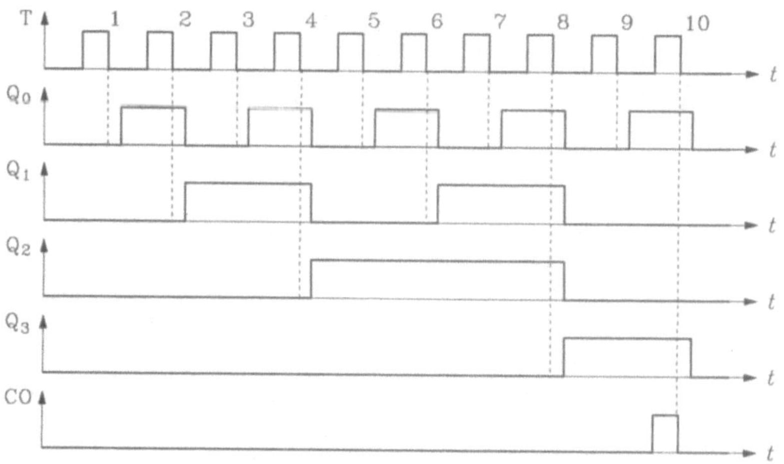

Bild 8-20 Impulsdiagramm des BCD-Zählers mit JK-FF

Der Übertragsimpuls ergibt sich zu

$$CO = T\,Q_3\,Q_0. \tag{8.29}$$

Vergleicht man die Zählerschaltungen mit JK-FF mit denen von D-FF, so stellt man zunächst den geringeren zusätzlichen Schaltungsaufwand der JK-FF-Schaltungen fest. Allerdings sind JK-FF i.a. im Inneren umfangreicher aufgebaut als D-FF, so daß insgesamt bzgl. des Gesamtaufwandes an

Transistoren nur unwesentliche Unterschiede bestehen. Besondere Sorgfalt erfordert der Entwurf der Übertragsschaltung bei FF mit LH-Flankensteuerung zur Vermeidung von Hasards und zur guten Synchronisation mit dem Takt.

Bei den bisher entwickelten Schaltungen wurde der BCD-Kode zugrunde gelegt. Mit der Wahl eines anderen Kodes ändert sich naturgemäß die Schaltung. Das soll am Beispiel des BCD-Zählers mit dem Gray-Kode dargestellt werden (siehe Tabelle 8.12).

Die Belegung der Karnaugh-Tafel entsprechend Bild 8-14 zeigt Bild 8-21.

Tabelle 8.12 BCD-Zähler im Cray-Kode

Zustand	Q_3	Q_2	Q_1	Q_0	T	D_3	D_2	D_1	D_0
0	0	0	0	0	←	0	0	0	1
1	0	0	0	1	←	0	0	1	1
2	0	0	1	1	←	0	0	1	0
3	0	0	1	0	←	0	1	1	0
4	0	1	1	0	←	0	1	1	1
5	0	1	1	1	←	0	1	0	1
6	0	1	0	1	←	0	1	0	0
7	0	1	0	0	←	1	1	0	0
8	1	1	0	0	←	1	1	0	1
9	1	1	0	1	←	0	0	0	0
0	0	0	0	0					
X	1	0	0	0					
	1	0	0	1					
	1	0	1	0		d			
	1	0	1	1					
	1	1	1	0					
	1	1	1	1					

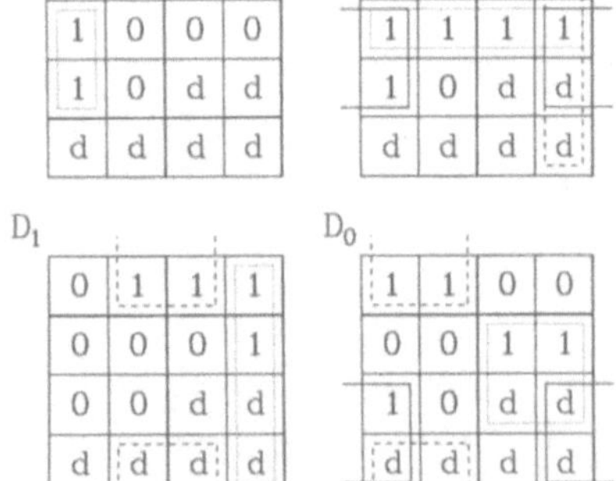

D_3

0	0	0	0
1	0	0	0
1	0	d	d
d	d	d	d

D_2

0	0	0	1
1	1	1	1
1	0	d	d
d	d	d	d

D_1

0	1	1	1
0	0	0	1
0	0	d	d
d	d	d	d

D_0

1	1	0	0
0	0	1	1
1	0	d	d
d	d	d	d

Bild 8-21
Karnaugh-Tafel des BCD-Zählers im Cray-Kode mit D-FF

Damit ergeben sich folgende minimierte Funktionen:

$$D_3 = Q_2\,\overline{Q_1}\,\overline{Q_0}, \tag{8.30}$$

$$D_2 = \overline{Q_3}\,Q_2 + Q_1\,\overline{Q_0} + Q_2\,\overline{Q_0}, \tag{8.31}$$

$$D_1 = \overline{Q_2}\, Q_0 + Q_1\, \overline{Q_0}, \tag{8.32}$$

$$D_0 = Q_2\, Q_1 + Q_3\, \overline{Q_0} + \overline{Q_2}\, \overline{Q_1}. \tag{8.33}$$

Man erkennt, daß dieser Zähler 9 AND- und 3 OR-Gatter als zusätzlichen Schaltungsaufwand benötigt, während die Schaltung nach Bild 8-16 nur aus 7 AND- und 3 OR-Gattern an Zusatzlogik besteht. Aus der Sicht des Schaltungsaufwandes ist die Benutzung des Gray-Kodes nicht günstig. Er hat jedoch auf Grund der Tatsache, daß beim Übergang vom Zustand n zum Zustand n+1 stets nur 1 Ausgang seinen Wert verändert (mit Ausnahme des Überganges von 9 nach 0), den Vorteil, daß bei Verknüpfung der Ausgänge keine Hasards entstehen können.

8.2.2 Teilsynchone Zähler

Teilsynchrone Zähler nutzen den Takt zur Synchronisation der Flip-Flop, allerdings werden nicht benötigte Taktimpulse durch kombinatorische Zusatzlogik ausgeblendet. Teilsynchrone Zähler könnten demzufolge auch als Zähler mit indirekter Synchronisation bezeichnet werden.

Zähler für 0,1,2:

Tabelle 8.13 zeigt die Funktion dieses teilsynchronen Zählers mit D-FF. Die folgenden Ableitungen erfolgen mit HL-flankengesteuerten Flip-Flop, um Hasards auf einfache Weise zu vermeiden.

Sollten nur LH-flankengesteuerte D-FF vorliegen, kann durch zusätzliche Negatoren das gewünschte Verhalten erreicht werden

Tabelle 8.13 Funktionstabelle des Zählers für 0,1,2 mit D-FF

Zustand	Q_1	T_1	Q_0	T_0	T	D_1	D_0
0	0		0	$\rightarrow$	$\rightarrow$	d	1
1	0	$\rightarrow$	1	$\rightarrow$	$\rightarrow$	1	0
2	1	$\rightarrow$	0		$\rightarrow$	0	d
0	0		0				
X	1	d	1	d		d	d

In Ergänzung zur Funktionstabelle des synchronen Zählers wurden die zur Ansteuerung der beiden D-FF benötigten Taktflanken T_1 und T_0 eingetragen. Außerdem ist die Belegung der Dateneingänge dann gleichgültig (d), wenn das jeweilige D-FF keine Taktflanke erhält.

Für die Dateneingänge erhält man somit

$$D_1 = \overline{Q_1}\, Q_0 + (\overline{Q_1}\, \overline{Q_0} + Q_1\, Q_0), \tag{8.34}$$

$$D_1 = \overline{Q_1} \tag{8.35}$$

oder

$$D_1 = Q_0, \tag{8.36}$$

$$D_0 = \overline{Q_1}\, \overline{Q_0} + (Q_1\, \overline{Q_0} + Q_1\, Q_0), \tag{8.37}$$

$$D_0 = \overline{Q_0}. \tag{8.38}$$

Wählt man $D_1 = \overline{Q_1}$ und $D_0 = \overline{Q_0}$, so entstehen T-FF als Grundelemente teilsynchroner Zähler. Damit können beliebige T-FF-Schaltungen in teilsynchronen Zählern eingesetzt werden. Die Takt-

impulse T_1 und T_0, (negative Taktflanke) werden aus dem Takt und der jeweiligen Ausgangsbelegung gewonnen,

$$T_1 = T\,(\overline{Q_1}\,Q_0 + Q_1\,\overline{Q_0} + (Q_1\,Q_0)), \qquad (8.39)$$

$$T_1 = T\,(Q_1 + Q_0), \qquad (8.40)$$

$$T_0 = T\,(\overline{Q_1}\,\overline{Q_0} + \overline{Q_1}\,Q_0 + (Q_1\,Q_0)), \qquad (8.41)$$

$$T_0 = T\,\overline{Q_1}. \qquad (8.42)$$

Die dazugehörige Schaltung zeigt Bild 8-22, das Impulsdiagramm Bild 8-23.

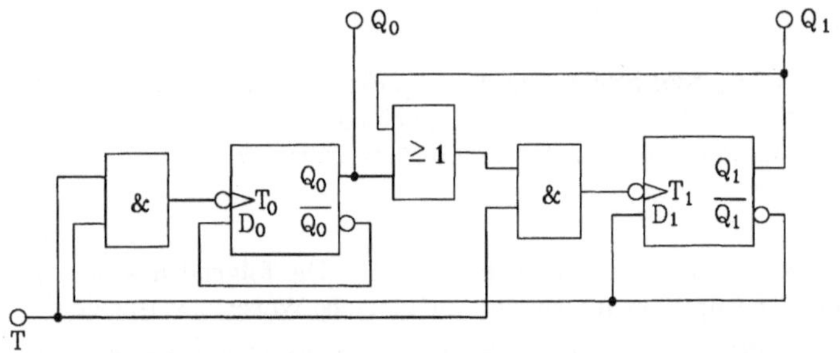

Bild 8-22 Teilsynchroner Zähler mit HL-Flankensteuerung

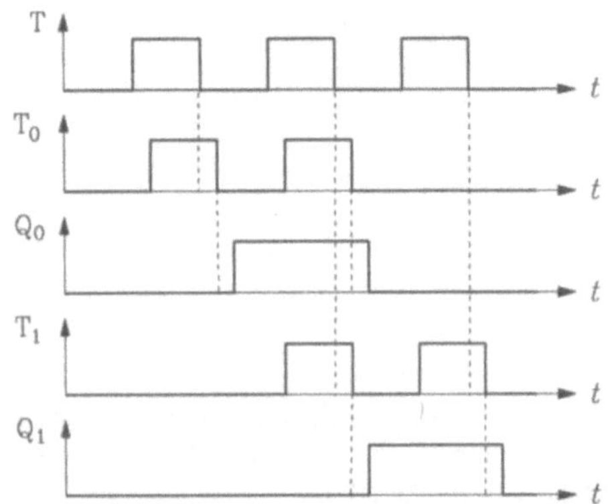

Bild 8-23
Impulsdiagramm des teilsynchronen Zählers mit
HL-Flankensteuerung

Die Verzögerungen von T_1 und T_0 gegenüber T haben ihre Ursache in den Verzögerungen der
kombinatorischen Zusatzlogik.

Soll die Schaltung insgesamt und jedes D-FF mit der LH-Flanke schalten, so müssen vor jedem
Takteingang T, T_1 und T_0 Negatoren eingebaut werden. Damit sind die Gl. (8.40) und (8.42) entsprechend zu modifizieren,

$$T_1 = \overline{\overline{T}\,(Q_1 + Q_0)}, \qquad (8.43)$$

$$T_1 = T + (\overline{Q_1 + Q_0}), \qquad (8.44)$$

$$T_0 = \overline{\overline{T}\,\overline{\overline{Q_1}}}, \qquad (8.45)$$

$$T_0 = T + Q_1. \tag{8.46}$$

Die entsprechende Schaltung und das dazugehörige Impulsdiagramm sind in den Bildern 8.24 und 8.25 dargestellt.

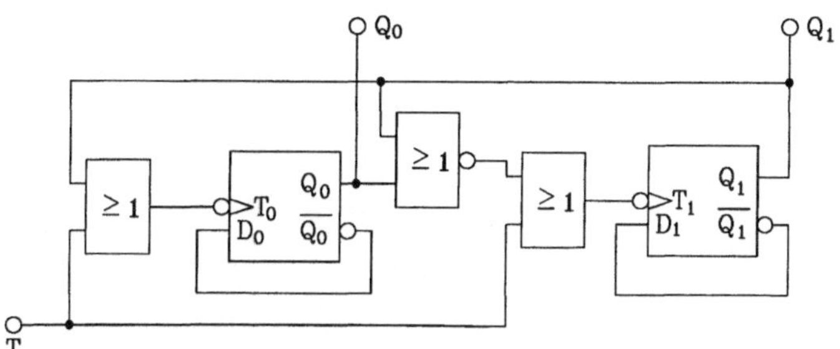

Bild 8-24 Teilsynchrone Zähler mit LH-Flankensteuerung

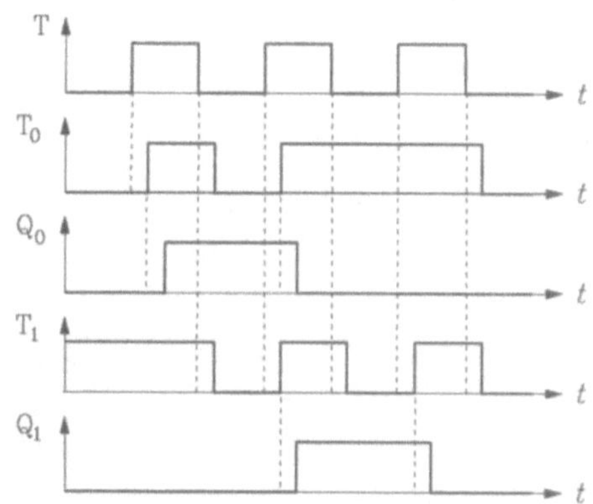

Bild 8-25
Impulsdiagramm des Zählers nach Bild 8-24

Zähler im BCD-Kode:

Die Funktionstabelle dieses Zählers (Tabelle 8.10) ist gegenüber der synchronen Realisierung entsprechend zu modifizieren, wie das schon beim Zähler für 0,1, und 2 gezeigt wurde (siehe Tabelle 8.14). Die Steuerung des Taktes soll wieder mit der HL-Flanke erfolgen.

Für die Dateneingänge erhält man unter Nutzung der Karnaugh-Tafel nach Bild 8-14 folgende Funktionen:

$$D_3 = \overline{Q_3}, \tag{8.47}$$

oder

$$D_3 = Q_2, \tag{8.48}$$

$$D_2 = \overline{Q_2}, \tag{8.49}$$

$$D_1 = \overline{Q_1}, \tag{8.50}$$

$$D_0 = \overline{Q_0}. \tag{8.51}$$

Es wurde generell die T-FF-Variante ($D_n = \overline{Q_n}$) ausgewählt.

Die Ermittlung der Zustände zur Auswahl der Taktflanken kann ebenfalls über die Karnaugh-Tafel erfolgen (Bild 8-26). Für T_0 entnimmt man aus Tabelle 8.14 sofort

$$T_0 = T. \tag{8.52}$$

Tabelle 8.14 Teilsynchroner BCD-Zähler

Zustand	Q_3	T_3	Q_2	T_2	Q_1	T_1	Q_0	T_0	T	D_3	D_2	D_1	D_0
0	0		0		0		0	→	→	d	d	d	1
1	0		0		0	→	1	→	→	d	d	1	0
2	0		0		1		0	→	→	d	d	d	1
3	0		0	→	1	→	1	→	→	d	1	0	0
4	0		1		0		0	→	→	d	d	d	1
5	0		1		0	→	1	→	→	d	d	1	0
6	0		1		1		0	→	→	d	d	d	1
7	0	→	1	→	1	→	1	→	→	1	0	0	0
8	1		0		0		0	→	→	d	d	d	1
9	1	→	0		0		1	→	→	0	d	d	0
0	0		0		0		0						
X	1		0		1		0					d	
X	1		0		1		1					d	
X	1		1		0		0					d	
X	1		1		0		1					d	
X	1		1		1		0					d	
X	1		1		1		1					d	

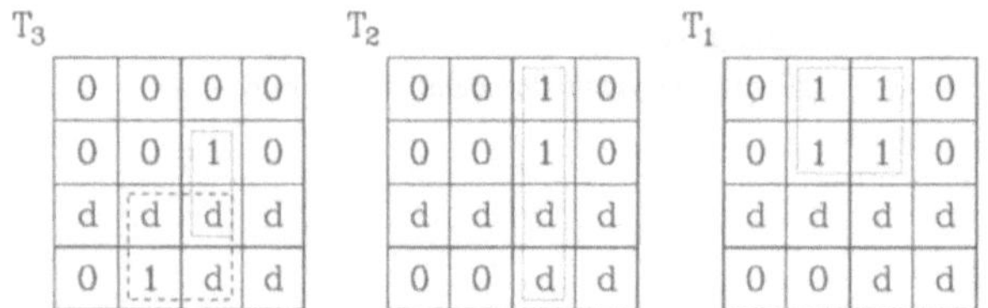

Bild 8-26 Karnaugh-Tafel für die Taktsignale des teilsynchronen BCD-Zählers

Für die Takteingänge T_3, T_2 und T_1 ergeben sich

$$T_3 = T\,(Q_3\,Q_0 + Q_2\,Q_1\,Q_0) = T\,Q_0\,(Q_3 + Q_2\,Q_1), \tag{8.53}$$

$$T_2 = T\,Q_1\,Q_0, \tag{8.54}$$

$$T_1 = T\,\overline{Q_3}\,Q_0. \tag{8.55}$$

Die Bilder 8.27 und 8.28 zeigen Schaltung und Impulsdiagramm des teilsynchronen BCD-Zählers. Die Verzögerungen von T_3, T_2 und T_1 gegenüber dem Takt T wurden der Übersichtlichkeit halber in Bild 8-28 vernachlässigt.

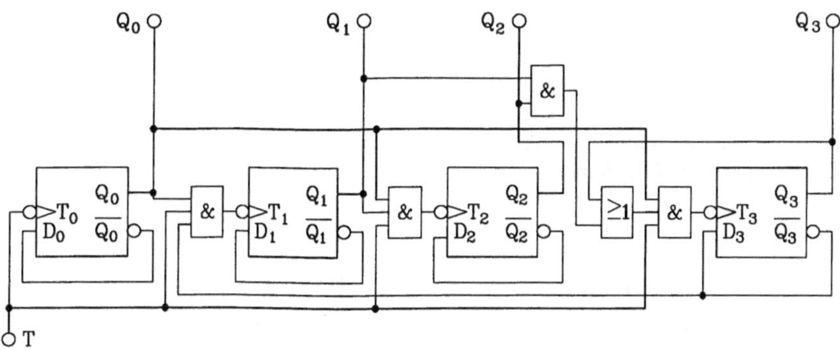

Bild 8-27 Teilsynchroner BCD-Zähler

Bild 8-28 Impulsdiagramm des teilsynchronen BCD-Zählers

Vergleicht man den synchronen mit dem teilsynchronen BCD-Zähler, so wird die Ersparnis an Zusatzgattern beim teilsynchronen Zähler deutlich. Allerdings ist die Synchronität der Ausgangsimpulse durch die Verzögerungen der Takte T_1, T_2 und T_3 geringfügig schlechter als bei der synchronen Variante.

8.2.3 Asynchrone Zähler

Zur Reduzierung des Aufwandes an zusätzlichen Gattern und Leitungen wird bei asynchronen Zählern versucht, Ausgänge der Zähler direkt als Takteingänge folgender Flip-Flop zu nutzen, wobei der Eingangstakt nur an die unbedingt erforderlichen Flip-Flop-Takteingänge geführt wird (z.B. in der Regel an das erste Flip-Flop). Daraus folgt, daß die Ausgänge solcher nicht vom Eingangstakt angesteuerten Flip-Flop gegenüber diesem Takt um mindestens 2 Flip-Flop-Verzögerungen oder mehr versetzt sind. Die Nutzung solcher Flip-Flop-Ausgänge als Takteingänge für folgende Flip-Flop setzt jedoch voraus, daß sich eine Wirkungsfolge dieser internen Takte zum Eingangstakt verfolgen läßt, daß sie also letztendlich auch vom Eingangstakt abgeleitet sind. Besonders einfach werden asynchrone Zähler, wenn sie im 8421-Kode arbeiten können. Das sei am Beispiel des Zählers für die Zustände 0-7 erläutert. Tabelle 8.15 zeigt das Verhalten dieses Zählers. Das Schalten soll mit der HL-Flanke erfolgen.

Tabelle 8.15 Asynchroner Zähler für 0-7

Zustand	Q_2		T_2	Q_1		T_1	Q_0	T_0	T	D_2	D_1	D_0
0	0			0			0	→	→	d	d	1
1	0			0	→	→	1	→	→	d	1	0
2	0			1			0	→	→	d	d	1
3	0	→	→	1	→	→	1	→	→	1	0	0
4	1			0			0	→	→	d	d	1
5	1			0	→	→	1	→	→	d	1	0
6	1			1			0	→	→	d	d	1
7	1	→	→	1	→	→	1	→	→	0	0	0
0	0			0			0						

Die Funktionstabelle für asynchrone Zähler unterscheidet sich von der für teilsynchrone Zähler dadurch, daß zusätzlich die HL-Flanken der Ausgänge Q_2, Q_1 und Q_0 links in der jeweiligen Spalte angegeben sind. Man erkennt, daß die Takteingänge T_2 und T_1 direkt aus den Flip-Flop-Ausgängen Q_1 und Q_0 entnommen werden können,

$$T_2 = Q_1, \quad T_1 = Q_0. \tag{8.56}$$

Die Dateneingänge ergeben sich zu

$$D_2 = \overline{Q_2}, \quad D_1 = \overline{Q_1}, \quad D_0 = \overline{Q_0}. \tag{8.57}$$

Bild 8-29 zeigt die Schaltung dieses Zählers, Bild 8-30 das Impulsdiagramm.

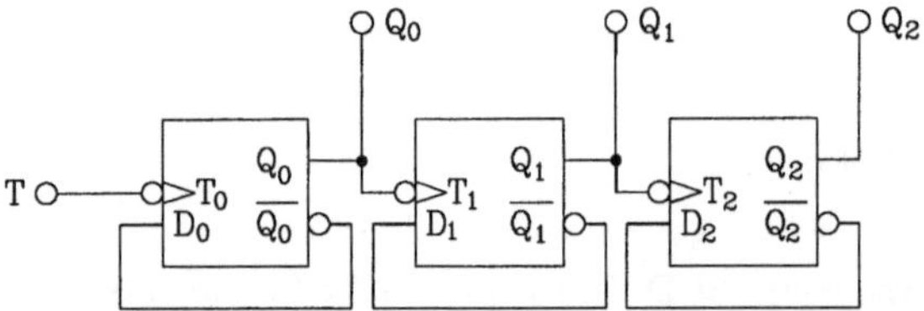

Bild 8-29
Asynchroner Zähler für 0-7

Aus Bild 8-30 geht hervor, daß Ausgänge unterschiedliche Verzögerungen aufweisen (Q_0: 1tv, Q_1: 2tv, Q_2: 3tv). Dieses Verhalten reduziert die Synchronität der Ausgangsimpulse erheblich, so daß es bei Zählern mit vielen Zuständen und hohen Eingangsfrequenzen vorkommen kann, daß es keinen gemeinsamen Zeitpunkt zum Feststellen eines bestimmten Zählerstandes mehr gibt. Bild 8-31 soll das verdeutlichen.

Damit liegt die obere Grenzfrequenz asynchroner Zähler unter der von synchronen bzw. teilsynchronen.

Schwieriger wird der Entwurf asynchroner Zähler, wenn vom Binär-Kode abgewichen werden muß, wie an dem nachfolgenden Zähler für den BCD-Kode und für einen Zähler mit den Zuständen 0-4 gezeigt wird.

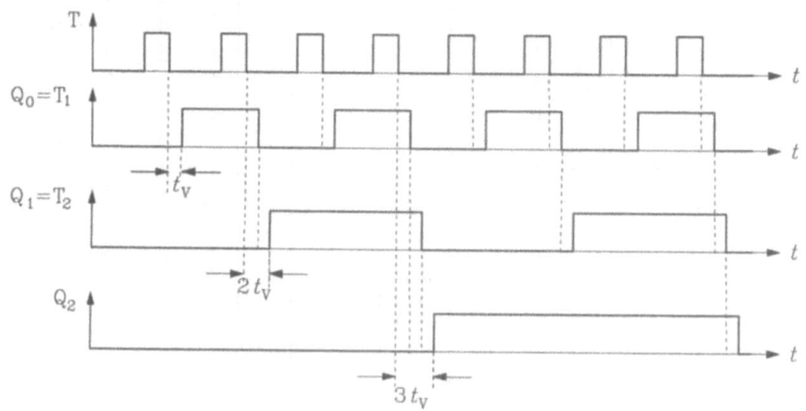

Bild 8-30 Impulsdiagramm des asynchronen Zählers für 0-7

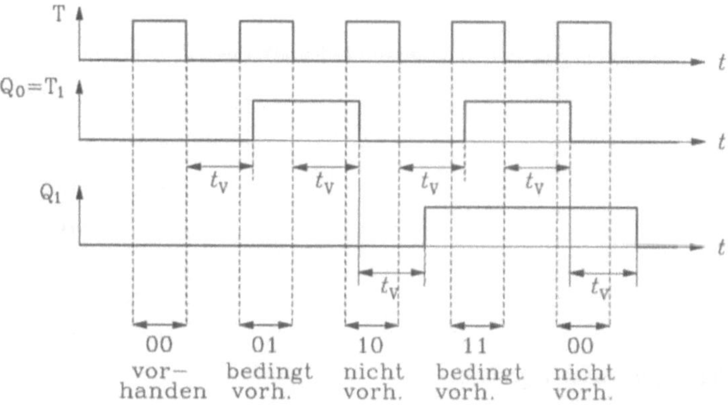

Bild 8-31 Synchronität des asynchronen Zählers

BCD-Zähler:

Die Funktionstabelle ist in Tabelle 8.16 dargestellt.

Tabelle 8.16 Funktionstabelle des asynchronen BCD-Zählers

Zustand	Q_3	T_3		Q_2	T_2		Q_1	T_1		Q_0	T_0	T	D_3	D_2	D_1	D_0
0	0			0			0			0	→	→	d	d	d	1
1	0			0			0	→	→	1	→	→	d	d	1	0
2	0			0			1			0	→	→	d	d	d	1
3	0			0	→	→	1	→	→	1	→	→	d	1	0	0
4	0			1			0			0	→	→	d	d	d	1
5	0			1			0	→	→	1	→	→	d	d	1	0
6	0			1			1			0	→	→	d	d	d	1
7	0	→	→	1	→	→	1	→	→	1	→	→	1	0	0	0
8	1			0			0			0	→	→	d	d	d	1
9	1	→		0			0		→	1	→	→	0	d	d	0
0	0			0			0			0						
X	1			0			1			0						
	1			0			1			1						
	1			1			0			0				d		
	1			1			0			1						
	1			1			1			0						
	1			1			1			1						

Die Ermittlung der D-Eingangsbelegungen ergibt sich analog zum teilsynchronen Zähler zu

$$D_3 = \overline{Q_3}, \tag{8.58}$$

oder

$$D_3 = Q_2, \tag{8.59}$$

$$D_2 = \overline{Q_2}, \tag{8.60}$$

$$D_1 = \overline{Q_1}, \tag{8.61}$$

$$D_0 = \overline{Q_0}. \tag{8.62}$$

Der Takteingang T_0 wird mit dem Systemtakt T gesteuert

$$T_0 = T. \tag{8.63}$$

Außerdem zeigt Tabelle 8.16, daß

$$T_2 = Q_1 \tag{8.64}$$

wird. T_3 erhält man aus Q_2 und dem letzten von Q_0 abgegebenen Takt,

$$T_3 = Q_2 + Q_3\, Q_0, \tag{8.65}$$

T_1 aus Q_0, wenn dessen letzter Takt unterdrückt wird,

$$T_1 = \overline{Q_3}\, Q_0. \tag{8.66}$$

Bild 8-32 zeigt die Schaltung dieses asynchronen BCD-Zählers, Bild 8-33 das Impulsdiagramm.

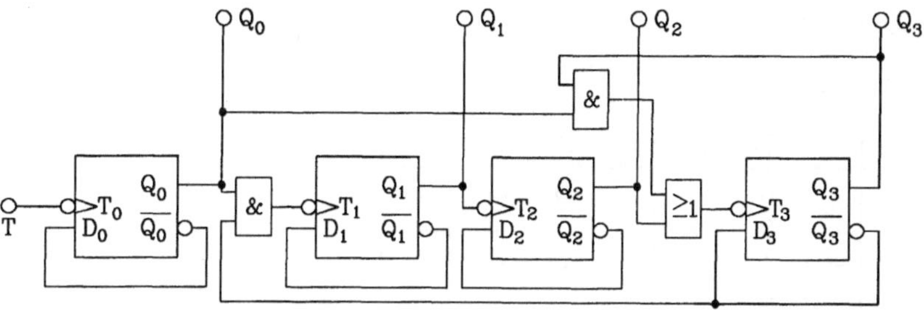

Bild 8-32 Asynchroner BCD-Zähler

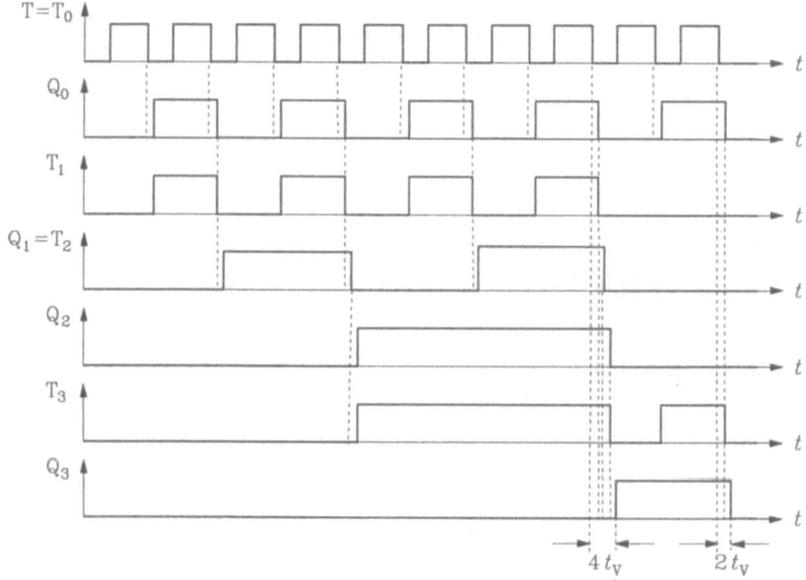

Bild 8-33 Impulsdiagramm des asynchronen BCD-Zählers

Sollen Flip-Flop verwendet werden, die mit der LH-Flanke des Taktes schalten, muß die Schaltung 8.32 ähnlich wie bei teilsynchronen Zählern modifiziert werden, indem vor jedem Takteingang T_0, T_1, T_2 und T_3 eine Negation vorgenommen wird und außerdem der Eingangstakt T negiert wird. Im Beispiel des BCD-Zählers ergibt sich damit

$$T_0 = \overline{\overline{T}} = T, \tag{8.67}$$

$$T_1 = \overline{Q_0\,\overline{Q_3}}, \tag{8.68}$$

$$T_2 = \overline{Q_1}, \tag{8.69}$$

$$T_3 = \overline{Q_2 + Q_3\,Q_0} = \overline{Q_2 + \overline{Q_3} + \overline{Q_0}}. \tag{8.70}$$

Der Entwurf asynchroner Zähler ist nicht ganz unproblematisch, insbesondere betrifft das die Auswahl der als Takte in Frage kommenden Flanken, wie das nachfolgende Beispiel eines Zählers von 0-4 mit willkürlich festgelegtem Kode beweist. Die Steuerung der Takteingänge der Flip-Flop erfolgt wie in den meisten bisher behandelten Schaltungen mit der HL-Flanke.

Zähler für die Zustände 0-4:

Tabelle 8.17 Zähler für die Zustände 0-4

Zustand	Q_2	T_2		Q_1	T_1		Q_0	T_0	T
0	0			0			0	→	→
1	0			0	→1	→	1	→	→
2	0	→	→	1	→2		0	→	→
3	1			0	→3	→	1	→	→
4	1	→	→	1	→4		0		→
0	0			0			0		

Während T_0 und T_2 sofort eindeutig im Sinne asynchroner Zähler angegeben werden können,

$$T_2 = Q_1, \tag{8.71}$$

$$T_0 = T\,(\overline{Q_2} + \overline{Q_1}) \tag{8.72}$$

oder

$$T_0 = T\,(\overline{Q_2} + Q_0), \tag{8.73}$$

gibt es für den Entwurf von T_1 mehrere Möglichkeiten:

1. die Taktflanken 1 und 3 in Tabelle 8.17 werden aus Q_0 abgeleitet, 2 und 4 aus T,

$$T_1 = Q_0 + T\,Q_1. \tag{8.74}$$

Bild 8-34 zeigt das dazugehörige Impulsdiagramm.

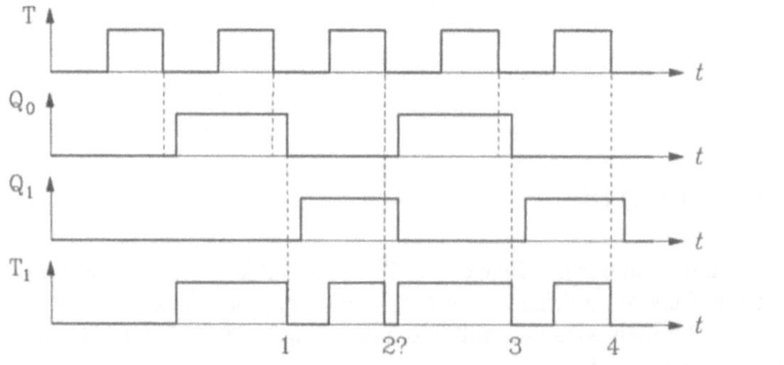

Bild 8-34

Man erkennt, daß die 2. Flanke nicht sicher entsteht, sie wird durch den für die 3. Flanke notwendigen Verlauf von Q_0 gestört.

2. Die Taktflanken 1 und 3 werden aus Q_0 abgeleitet, 2 aus $\overline{Q_0}$ und nur 4 aus T,

$$T_1 = Q_0 + \overline{Q_2}\,Q_1\,\overline{Q_0} + T\,Q_2\,Q_1. \tag{8.75}$$

Auch diese Variante führt nicht zu einer funktionierenden Schaltung, da beide Impulsflanken 1 und 2 unsicher sind (siehe Bild 8-35).

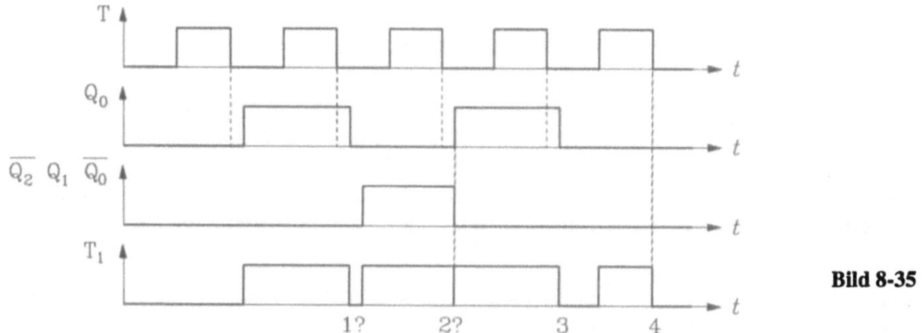

Bild 8-35

3. Die Taktflanke 1 wird aus Q_0 abgeleitet, die anderen aus T,

$$T_1 = \overline{Q_2}\, Q_0 + T\,(Q_2 + Q_1), \tag{8.76}$$

Bild 8-36 zeigt den Ausschnitt aus dem Impulsdiagramm dieser Schaltungsvariante.

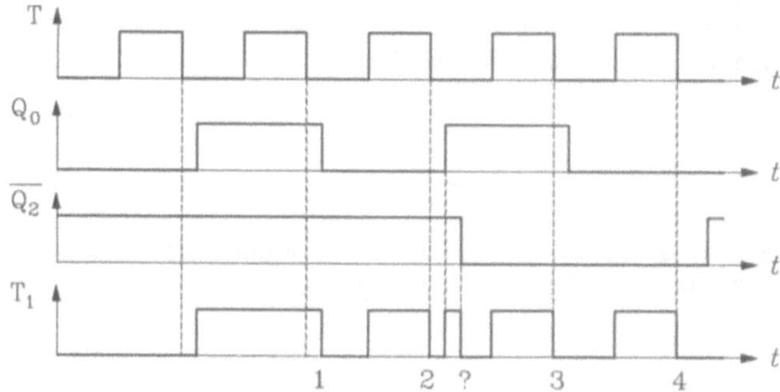

Bild 8-36

Es entstehen die vier benötigten Taktflanken, allerdings auch zusätzlich ein Hasard.

4. Insgesamt wird deutlich, daß keine der bisher vorgestellten Schaltungsvarianten zu einer sicher funktionierenden Schaltung führt. Außerdem ist in allen Varianten der Ausgang Q_1 nur teilweise mit dem Takt synchronisiert. Es empfielt sich deshalb in diesem Fall, den Takt T_1 einheitlich aus T abzuleiten, also teilsynchron zu gestalten,

$$T_1 = T\,(Q_1 + Q_0). \tag{8.77}$$

Die Gesamtschaltung des asynchronen Zählers mit der Kodierung nach Tabelle 8.17 für die Zustände 0-4 zeigt Bild 8-37.

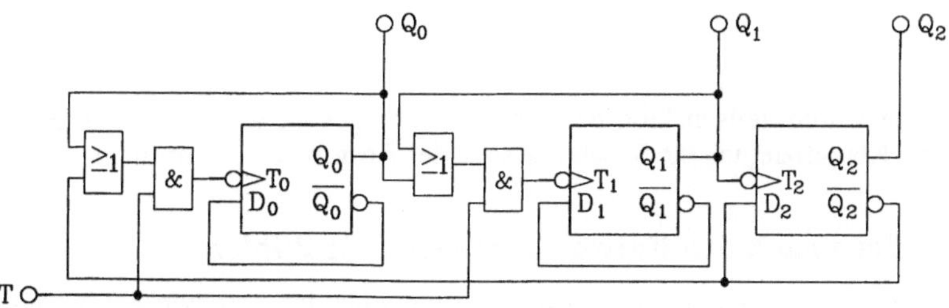

Bild 8-37 Asynchroner Zähler für 0-4

Allgemein gilt für den Entwurf asynchroner Zähler:

1. die Taktflankenfolgedichte der Taktflankenverbraucher muß kleiner oder höchstens gleich der der Taktflankenspender sein (wird in Möglichkeit 1 und 2 verletzt),
2. die zur Auswahl von Taktflanken der Taktflankenspender zusätzlich notwendigen Verknüpfungen mit Zuständen von Flip-Flop müssen so gewählt werden, daß keine zusätzlichen Taktflanken durch diese Zustände entstehen (wird in Möglichkeit 3 verletzt),
3. es ist günstig im Sinne der Hasardfreiheit und einer besseren Synchronisation, für jeden Taktflankenverbraucher nur einen Taktflankenspender auszuwählen (Möglichkeit 4, siehe Bild 8-37).

Alle bisher behandelten Zähler schalten nach Erreichen des maximalen Zählerstandes wieder auf den Anfangszustand ohne Benutzung der statischen R- und S-Eingänge zurück. Im Gegensatz dazu kann man Zähler entwerfen, die die R- und S-Eingänge zur Rückkehr in den Initialzustand ausnutzen. Dazu wird der Zähler zunächst für den Binär-Kode entworfen, wobei der maximal erreichbare Zählerstand $2^m - 1$ damit über dem gewünschten maximalen Zählerstand n liegt. Beim Übergang vom Zustand n in den Zustand n+1 wird aus den Ausgangssignalen durch eine kombinatorische Schaltung ein Signal für die statischen R- und S-Eingänge gebildet, welches den Zähler in den Initialzustand zurücksetzt. Dabei entsteht in jedem Fall ein kurzer Hasardimpuls im (n+1). Zustand, der ja eigentlich der Anfangszustand ist. Die fehlende Hasardfreiheit ist der Grund, daß diese Zähler im vorliegenden Buch nicht ausführlich behandelt werden.

8.3 Teiler

Frequenzteiler sind Zähler mit nur einem Ausgang, die anderen Flip-Flop-Ausgänge sind uninteressant. Bild 8-38 zeigt den prinzipiellen Verlauf von Ein- und Ausgangsspannung am Beispiel des 3:1-Teilers.

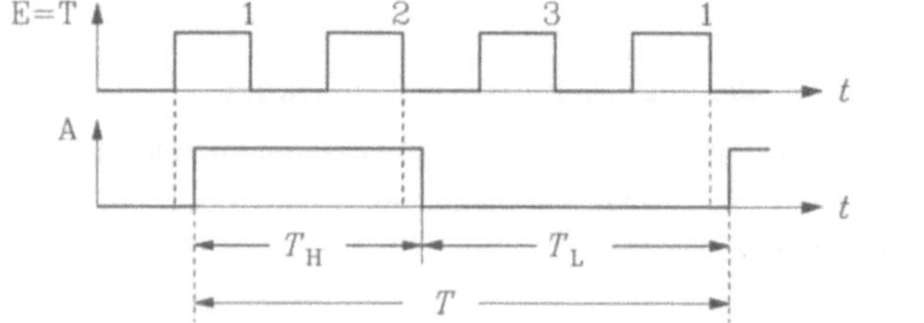

Bild 8-38
3:1-Teiler

Das Verhältnis

$$k = \frac{T_H}{T_H + T_L} = \frac{T_H}{T} \tag{8.78}$$

heißt Tastverhältnis k.

Teiler können wie Zähler synchron, teilsynchron oder asynchron aufgebaut werden, wobei Entscheidungskriterium für die Klassifizierung die Synchronisation des Ausgangs mit dem Eingang ist.

8.3.1 Entwurf von Teilern nach den Entwurfsmethoden für Zähler

Da Teiler als spezielle Zähler betrachtet werden können, sind sie mit den im Abschnitt 8.2 behandelten Methoden entwerfbar. Die Kodierung der für den Teiler uninteressanten weiteren Flip-Flops sollte vom Entwickler so gewählt werden, daß Schaltungen mit minimalen Aufwand entstehen. Der Minimalaufwand m an Flip-Flops für das entsprechende Teilerverhältnis n : 1 entspricht dem Aufwand für Zähler,

$$n \leq 2^m \tag{8.79}$$

und ist in Tabelle 8.18 angegeben.

Tabelle 8.18 Aufwand an FF für Teiler

Zahl der FF m	Teilerverhältnis n : 1
1	2 : 1
2	3 : 1
	4 : 1
3	5 : 1
	6 : 1
	7 : 1
	8 : 1
4	9 : 1

8.3.2 Entwurf von Teilern aus Teilerketten

Läßt sich das Teilerverhältnis n : 1 in Produkte kleinerer Teilerverhältnisse zerlegen,

$$n = \prod_{v=1}^{m} n_v, \tag{8.80}$$

so kann der Gesamtteiler als Kettenschaltung der Einzelteiler aufgebaut werden. Der 4:1-Teiler entsteht aus zwei 2:1-Teilern, der 6:1-Teiler aus dem 3:1- und dem 2:1-Teiler.

Oft wird angestrebt, ein Tastverhältnis $k = 1/2$ zu erreichen. Das gelingt bei Kettenschaltung von Teilen nur, wenn am Ende der Teilerkette ein 2:1-Teiler existiert, wie am Beispiel des Impulsdiagramms des 6:1-Teilers (Bild 8-39) aus einem 3:1- und einem 2:1-Teiler gezeigt werden soll. In Variante a befindet sich der 3:1-Teiler am Ende der Kette, in Variante b der 2:1-Teiler.

Aus Bild 8-39 wird deutlich daß als Teilerkette aufgebaute Teiler stets asynchron arbeiten, die Verzögerung des Ausganges gegenüber dem Eingang beträgt $m \cdot t_v$, wobei m nach Gl. (8.79) die Zahl der Einzelteiler ist.

Der Aufwand an Flip-Flop für Teilerketten kann im ungünstigsten Falle über dem der Realisierung als Zähler liegen. So wird z.B. der 50:1-Teiler als Zähler mit 6 Flip-Flop auskommen, während die Kettenschaltung von zwei 5:1-Teilern mit einem 2:1-Teiler 7 Flip-Flop benötigt.

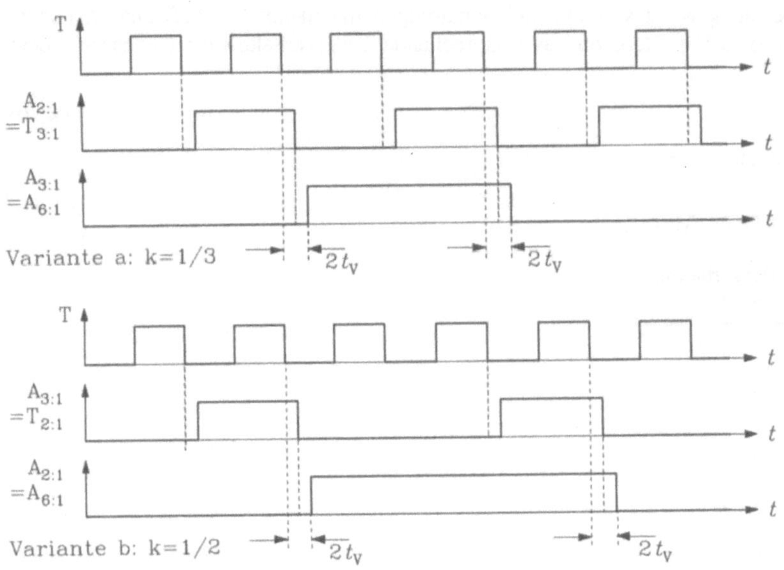

Bild 8-39 Impulsdiagramm einer Teilerkette als 6:1-Teiler

8.3.3 Entwurf von Teilern mit ungeradem Teilerverhältnis n:1

Sollen Teiler mit beliebigem Teilerverhältnis entworfen werden, so können sie stets in Teilerketten mit Teilerverhältnissen zerlegt werden, die nur aus Primzahlen bestehen. Diese Primzahlteilerverhältnisse sind mit Ausnahme des 2:1-Teilers alle ungerade (3:1, 5:1, 7:1, 11:1, 13:1,...), so daß dem Entwurf von solchen Teilern entsprechende Bedeutung zukommt.

Bild 8-40 zeigt eine aus der Literatur allgemein bekannte Variante eines Teilers mit dem Teilerverhältnis n:1, der mit einem Zwischenteiler x:1 mit

$$x = \frac{n-1}{2} \tag{8.80}$$

aufgebaut wurde.

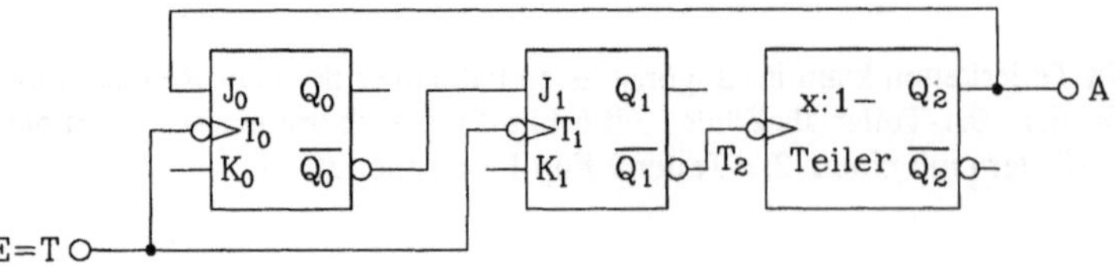

Bild 8-40 Teiler mit Zwischenteiler x:1

Für den Zwischenteiler gelte das in Bild 8-41 dargestellte Impulsdiagramm.

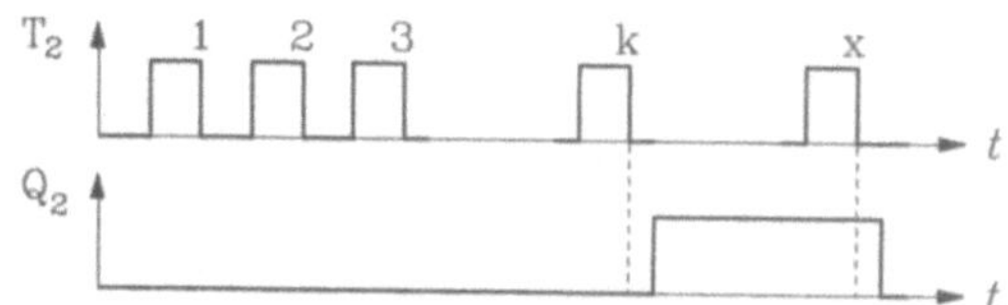

Bild 8-41
Impulsdiagramm des Zwischenteilers x:1

Das Gesamtimpulsdiagramm des Teilers nach Bild 8-40 ist unter Berücksichtigung des Verhaltens des Zwischenteilers in Bild 8-42 dargestellt.

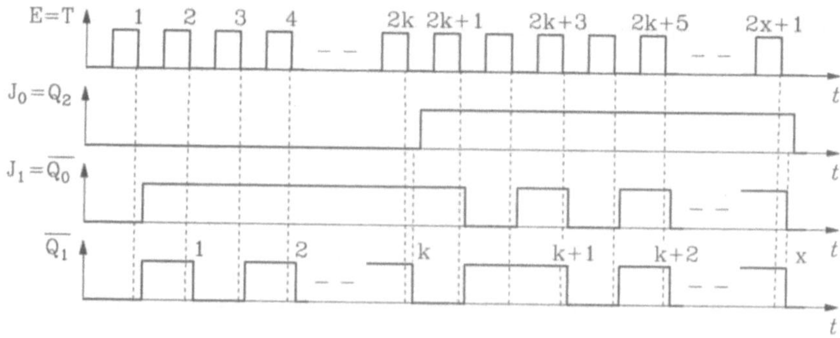

Bild 8-42 Impulsdiagramm des Teilers mit Zwischenteiler x:1

Die Schaltung arbeitet mit dem Anfangszustand

$$Q_0 = Q_1 = 1, \quad Q_2 = 0, \tag{8.82}$$

der nach n = 2x+1 Impulsen wieder erreicht wird. Damit ergibt sich x zu

$$x = \frac{n-1}{2},$$

wie bereits in Gl. (8.80) angegeben ist. Die Schaltung nach Bild 8-40 läßt sich einfach aufbauen, allerdings reagiert der Ausgang A asynchron gegenüber dem Takt.

Eine andere Möglichkeit zur Realisierung des Teilerverhältnisses n:1 = (2x+1):1 besteht darin, zunächst die Kettenschaltung eines x:1-Teilers mit einem 2:1-Teiler zu realisieren und danach anschließend das Ergebnis dieses 2x:1-Teilers um einen Takt zu verschieben. Dabei darf der letzte Taktimpuls 2x+1 keine Veränderung im 2x:1-Teiler hervorrufen, um einen vorzeitigen Neustart zu verhindern. Bild 8-43 zeigt das Prinzipschaltbild dieses Teilers, Bild 8-44 das Impulsdiagramm unter Zugrundelegung der in Bild 8-41 angegebenen Arbeitsweise des Zwischenteilers.

Das Taktsignal T_0 wird aus dem Eingangstakt T und den Ausgangssignalen Q_1 und Q_2 abgeleitet,

$$T_0 = T\,(\overline{Q_2} + Q_1). \tag{8.83}$$

Das letzte Flip-Flop kann ein D- oder JK-FF sein, es verschiebt die Eingangsinformation Q_1 um 1 Takt. Bild 8-45 zeigt eine Realisierung mit JK-FF.

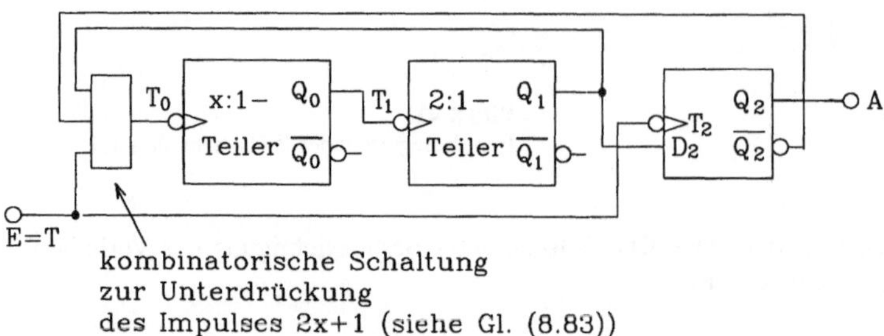

Bild 8-43 Prinzipschaltung eines Teilers mit Zwischenteiler und Schiebe-Flip-Flop

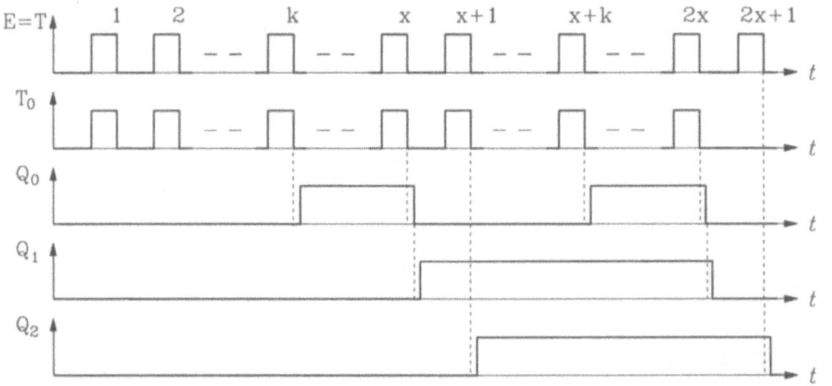

Bild 8-44 Impulsdiagramm des Teilers nach Bild 8-43

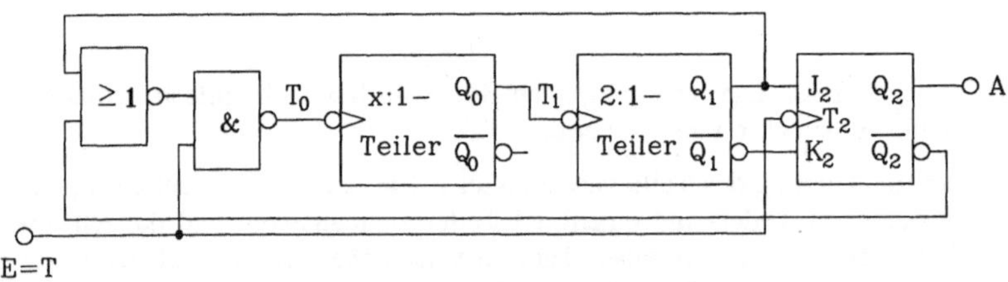

Bild 8-45 Teiler mit Zwischenteiler und JK-FF-Schiebe-Flip-Flop

Die Schaltungen nach Bild 8-43 und 8-45 haben den Vorteil, daß der Ausgang taktsynchron arbeitet, allerdings werden Zusatzgatter zur Unterdrückung des letzten Taktimpulses benötigt.

8.4 Schieberegister

Schieberegister ermöglichen das taktweise Verschieben von Informationen durch eine Kette von Flip-Flops. Ein einfaches Schieberegister mit taktflankengesteuerten D-FF zeigt Bild 8-46.

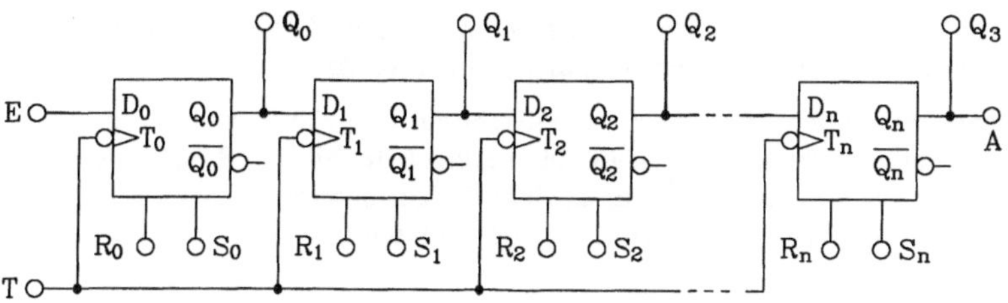

Bild 8-46 Schieberegister

Die Eingangsinformation wird in jedem Takt um ein Flip-Flop weitergeschoben, sie erscheint nach einem Takt an Q_0, nach zwei Takten an Q_1, nach n+1-Takten ist sie bis zum Ausgang A gelangt (siehe Bild 8-47).

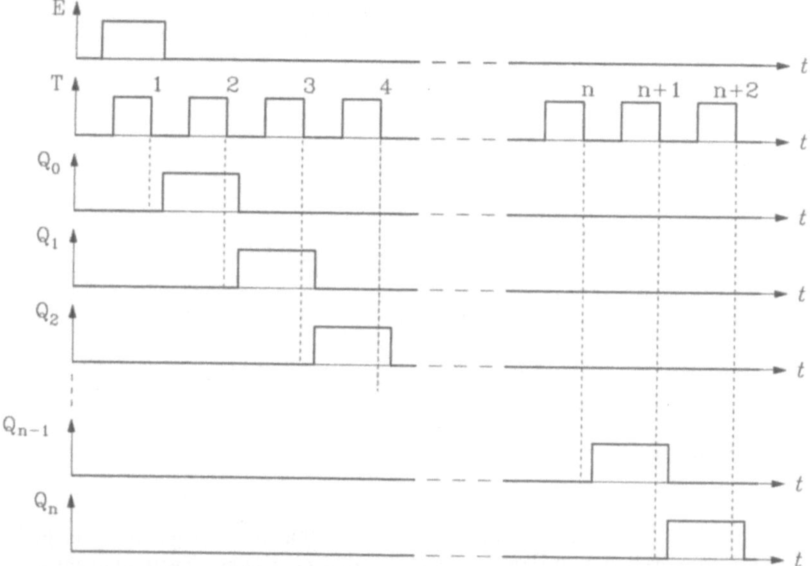

Bild 8-47 Impulsdiagramm eines Schieberegisters

Schiebt man in die Kette über den Eingang E eine Impulsfolge von n+1 Impulsen hinein, so steht diese Folge nach n+1 Taktimpulsen an den Ausgängen Q_0, Q_1,..., Q_n parallel zur Verfügung. Werden nun weitere Taktimpulse hinzugefügt, so hat die Folge die Schiebekette seriell nach 2n+2 Impulsen wieder verlassen. Nutzt man außerdem noch die statischen R- u. S-Eingänge der Flip-Flop, kann über diese Eingänge parallel das Schieberegister geladen werden. Anschließend können diese Informationen sequentiell ausgegeben werden.

Das Schieberegister besitzt also folgende Funktionen:

– serielle Eingabe von Daten über den Eingang E,
– parallele Eingabe von Daten über die statischen R- und S-Eingänge,
– serielle Ausgabe von Daten über den Ausgang A,
– parallele Ausgabe von Daten über die Ausgänge Q_0,..., Q_n.

Damit können Schieberegister sowohl für einfache Verschiebeoperationen (z.B. beim Multiplizieren) wie auch als Serien-Parallel- u. Parallel-Serien-Wandler genutzt werden.

Verbindet man den Ausgang A mit dem Eingang E, so entsteht ein Ringzähler, wenn sich in der gesamten Schiebekette nur ein einziger H- bzw. L-Impuls befindet. In Bild 8-48 ist ein solcher Ringzähler mit 3 Flip-Flop dargestellt, der gleichzeitig auch als Taktgenerator für einen 3-Phasen-Takt arbeiten kann, wie aus dem Impulsdiagramm Bild 8-49 deutlich wird.

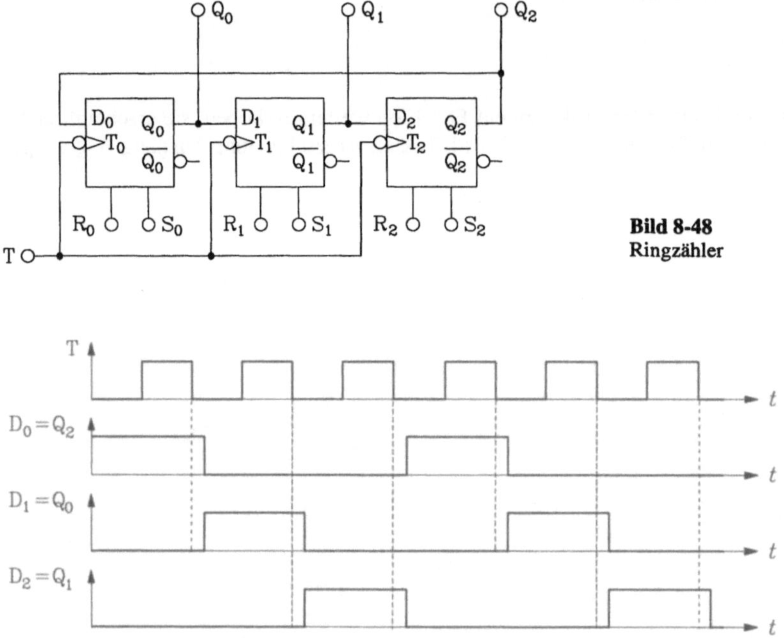

Bild 8-48
Ringzähler

Bild 8-49 Impulsdiagramm des Ringzählers

Der Aufwand für die Nutzung des Ringzählers als Zähler ist sehr hoch. Im angegebenen Beispiel werden zum Zählen von 3 Impulsen 3 Flip-Flop benötigt, so daß eine echte Zählerrealisierung (siehe Abschnitt 8.2) günstiger erscheint.

In einer Reihe von Anwendungen der Schieberegister soll die Schieberichtung gesteuert werden. Das wird durch eine Zusatzlogik in Form eines 1aus2-Multiplexers erreicht. Der entsprechende Informationsfluß ist am Beispiel eines 4bit-Schieberegisters in Bild 8-50 dargestellt.

So kann für den Steuereingang S = H die Schieberichtung von links nach rechts gesteuert werden, die Eingabe erfolgt über den seriellen linken Eingang SEL, die Ausgabe über den seriellen rechten Ausgang SAR. Für S = L erfolgt die Eingabe über SER, die Ausgabe über SAL. Die Multiplexerfunktion z.B. der Stufe n ergibt sich damit zu

$$D_n = S\, Q_{n-1} + \overline{S}\, Q_{n+1}. \tag{8.84}$$

Die entsprechende Schaltung in NAND-Technik zeigt Bild 8-51.

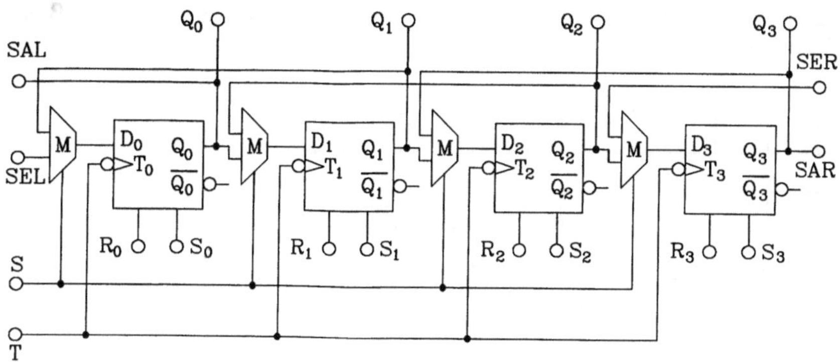

Bild 8-50 Schieberegister mit Steuerung der Schieberichtung

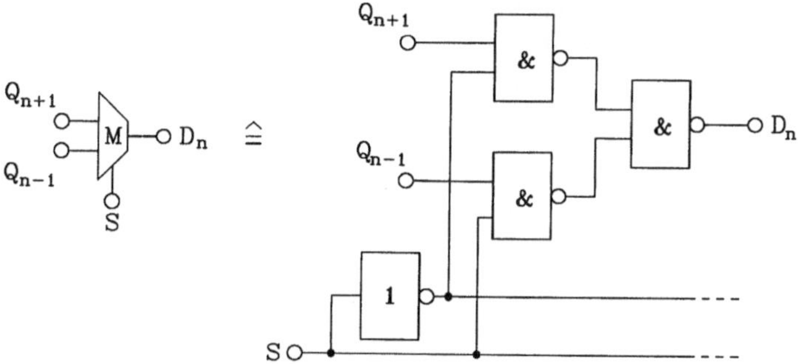

Bild 8-51 Multiplexer für das Schieberegister Bild 8-50

8.5 Taktgeber

Taktgeber sind Schaltungen, die aus einem Muttertakt (Eingangstakt) verschiedene Taktimpulsfolgen ableiten (siehe Bild 8-52 für einen 4-Phasentakt).

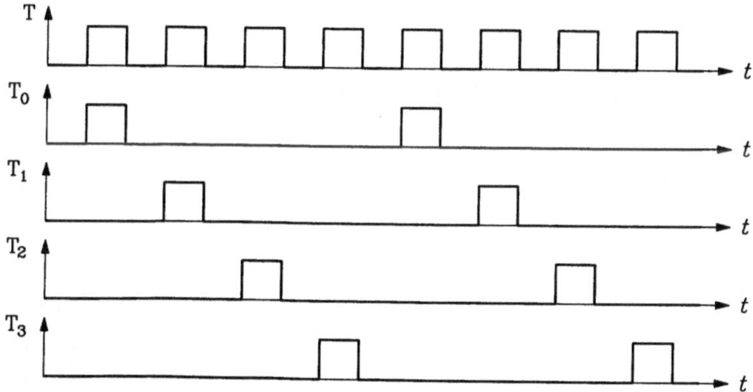

Bild 8-52 Impulsdiagramm eines 4-Phasen-Taktgebers

Natürlich können auch kompliziertere Taktimpulsfolgen im Taktgeber erzeugt werden, wie z.B. in Bild 8-53 für ein 2-Phasen-Taktsystem gezeigt ist.

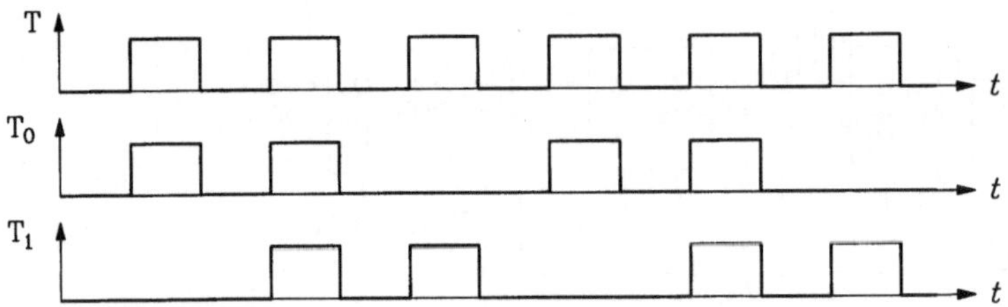

Bild 8-53 Impulsdiagramm eines 2-Phasen-Taktsystems

Zur Erzeugung der aus dem Muttertakt abgeleiteten Takte eignen sich Zähler und Schieberegister. So kann die Schaltung des 4-Phasen-Taktgebers (Bild 8-52) mit einem Zähler für 4 Zustände realisiert werden (siehe Bild 8-54 für das Impulsdiagramm).

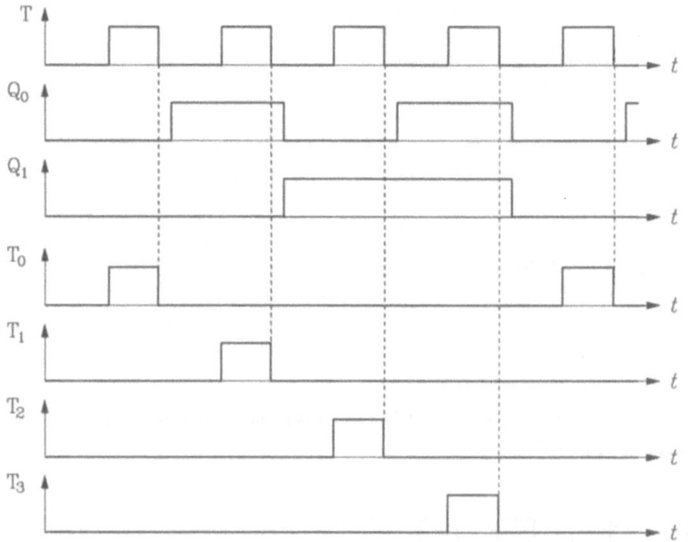

Bild 8-54 Impulsdiagramm des mit einem Zähleraufgebauten 4-Phasen-Taktgebers

Es ergeben sich

$$T_0 = T \, \overline{Q_1} \, \overline{Q_0}, \tag{8.85}$$

$$T_1 = T \, \overline{Q_1} \, Q_0, \tag{8.86}$$

$$T_2 = T \, Q_1 \, \overline{Q_0}, \tag{8.87}$$

$$T_3 = T \, Q_1 \, Q_0. \tag{8.88}$$

Bild 8-55 zeigt die entsprechende Schaltung mit einem asynchronen Zähler.

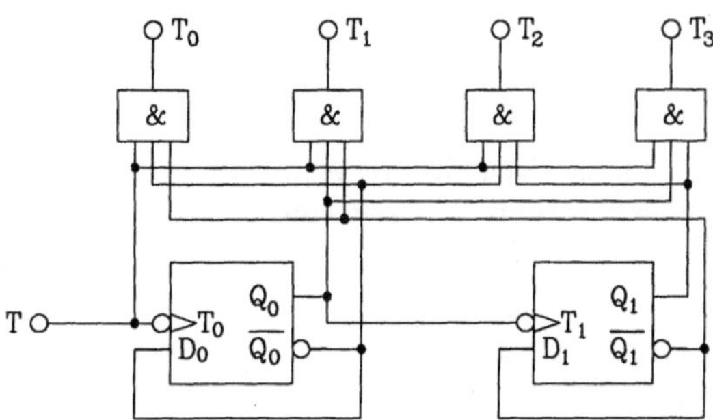

Bild 8-55
4-Phasen-Taktgeber

Fehlerhaft kann der Entwurf werden, wenn Zähler eingesetzt werden, die mit der LH-Flanke schalten und dabei die Lösung Bild 8-52 schematisch übernommen wird, wie das nachfolgende Impulsdiagramm (Bild 8-56) zeigt.

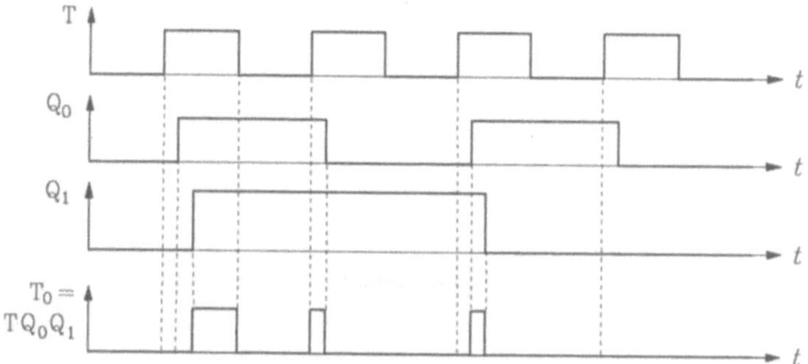

Bild 8-56 Fehlerhafte Schaltung eines Taktgebers

Man erkennt, daß die gewünschten Taktimpulse schmaler werden, außerdem treten Hasards auf. Das Problem kann beseitigt werden, indem durch Einfügen von Negatoren das Schalten der Flip-Flop auf der HL-Flanke erzwungen wird.

8.6 Aufgaben

Aufgabe 8.1

Gegeben ist folgendes I^2L-D-FF, welches als T-FF in einem Zähler verwendet werden soll $(D = \overline{Q})$. Durch einen zusätzlichen S-Eingang soll für T = H die Voreinstellung Q = H, $\overline{Q}$ = L erreicht werden.

1. Ergänzen Sie die Schaltung.
2. Geben Sie die Impulsdiagramme für alle Basis-Emitter-Spannungen des (2:1)-Teilers an, wenn die Anstiegszeit $t_{LH} = t_V$ und die Abfallzeit $t_{HL} \approx 0$ ist.
3. Bauen Sie einen umschaltbaren Vor- und Rückwärtszähler für 8 Impulse mit den gegebenen T-FF auf.

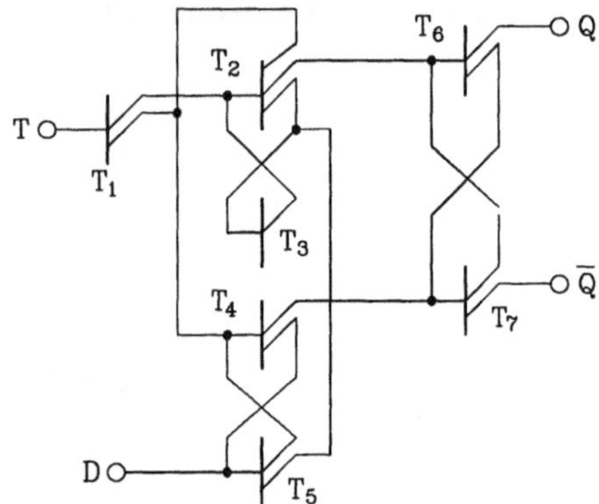

Bild Aufgabe 8.1

Aufgabe 8.2

Entwerfen Sie einen Zähler im Binärkode für die Zählerstände 0-6 mit auf der LH-Flanke schaltenden D-Flip-Flop in den Varianten

1.   synchroner Zähler,
2.   teilsynchroner Zähler,
3.   asynchroner Zähler.

Aufgabe 8.3

Welches Teilerverhältnis realisiert die angegebene Schaltung? Zeichnen Sie die Impulsdiagramme für T, D_1, Q_1 und Q_2, wenn die Schaltung zu Beginn durch $R_1 = R_2 = H$ voreingestellt wurde.

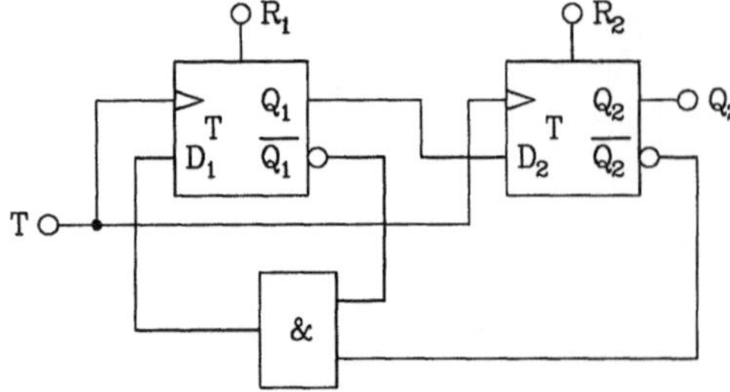

Bild Aufgabe 8.3

Aufgabe 8.4

Entwerfen Sie einen 3:1-Teiler in synchroner Arbeitsweise mit auf der LH-Flanke schaltenden D-Flip-Flop mit dem Tastverhältnis k=1/3 (siehe Bild). Der Anfangszustand aller D-FF sei Q_V=0.

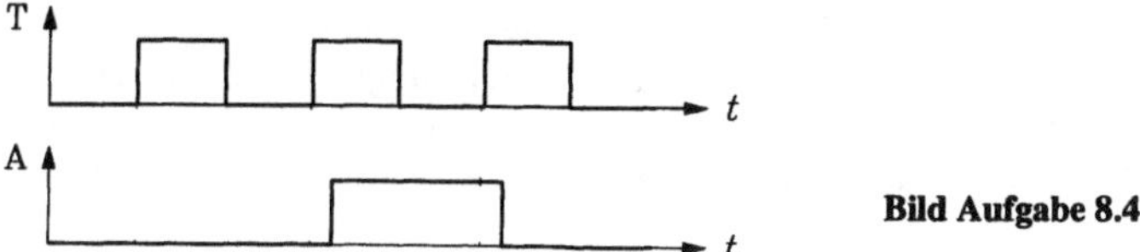

Bild Aufgabe 8.4

Geben Sie den Impulsverlauf der Ausgänge Q_V der D-FF an.

Aufgabe 8.5

Entwerfen Sie einen Frequenzteiler mit dem Teilerverhältnis 13:1 und dem Tastverhältnis $k \approx 1/2$

    1. als Zähler mit beliebigem Kode für die restlichen Flip-Flop-Ausgänge,

    2. als Teiler mit Zwischenteiler x:1 $(x = \dfrac{n-1}{2})$.

Als Flip-Flop sind D-FF mit HL-Flankensteuerung einzusetzen.

Aufgabe 8.6

Entwerfen Sie einen Taktgeber aus D-Flip-Flop mit LH-Flankensteuerung in synchroner Arbeitsweise, der bei einer Periode von 5 Eingangsimpulsen am Ausgang A_1 jeweils den ersten und am Ausgang A_2 jeweils den fünften Impuls ausgibt. Der Anfangszustand aller Flip-Flop sei $Q_V = 0$.

Aufgabe 8.7

Die Ansteuerung eines Leuchtreklamebandes aus 4 Segmenten (L_1, L_2, L_3 und L_4, siehe Bild) soll in Abhängigkeit eines Startimpulses S durch den Takt T und erfolgen.

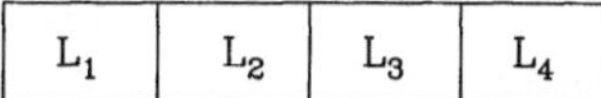

Bild Aufgabe 8.7

Im Zustand S=L geben alle 4 Segmente den L-Pegel ab. Für S = H erhält mit dem folgenden ersten Taktimpuls L_1 den H-Pegel, mit dem zweiten Taktimpuls zusätzlich L_2, u.s.w., bis beim vierten Taktimpuls alle Segmente den H-Pegel erhalten (das gesamte Band leuchtet). Beim fünften Taktimpuls wird an alle Segmente wieder der L-Pegel abgegeben (das Band leuchtet nicht).

Bei Betriebsbeginn ist das Startsignal S zunächst mit S = L belegt, so daß alle Segmente ausgeschaltet sind.

Entwickeln Sie die Ansteuerschaltung für das Leuchtreklameband. Ihnen stehen dazu AND- und OR-Glieder sowie taktflankengesteuerte D-Flip-Flop mit LH-Flankensteuerung zur Verfügung.

9 Stromversorgung digitaler Schaltungen

Die Betriebsspannung U_0 digitaler Schaltungen wird entweder aus dem Wechselstromnetz oder aus Batterien entnommen. Letzteres gilt vor allem für tragbare Geräte oder für Anlagen, die ohne Netzanschlüsse auskommen müssen. In diesem Abschnitt wird nur auf einige einfache Netzteile eingegangen, tiefergehende Erläuterungen sind spezieller Literatur zur Stromversorgung zu entnehmen. Weiterhin werden Hinweise zur Stromversorgung auf der Leiterplatte und auf dem Chip gegeben.

9.1 Netzteile

Die einfachste Schaltung zur Erzeugung der Betriebsspannung U_0 aus der Netzspannung besteht aus einem Transformator zur Spannungswandlung, einer Diode zur Gleichrichtung der Wechselspannung, einem Ladekondensator und der zu betreibenden Schaltung, die durch einen Lastwiderstand R_L nachgebildet wird (Bild 9-1).

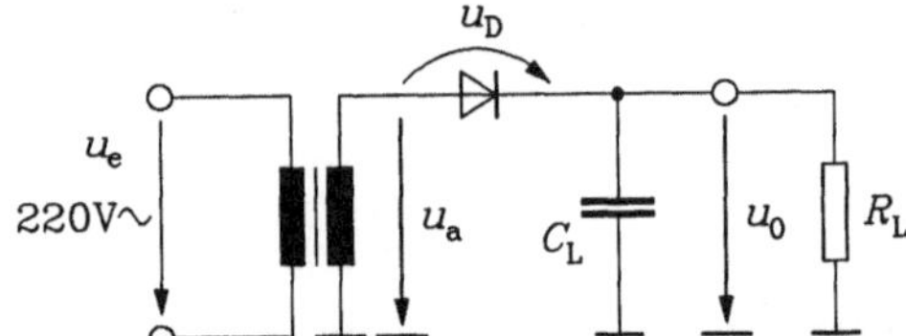

Bild 9-1
Einweggleichrichterschaltung

Die gewünschte abzugebende Versorgungsspannung u_0 ergibt sich aus der Ausgangsspannung u_a des Transformators und der Diodenspannung u_D zu

$$u_0 = u_a - u_D. \tag{9.1}$$

Die Diode ist nur dann leitend, wenn die Transformatorausgangsspannung u_a um die Flußspannung U_F der Diode größer ist als die Spannung u_0,

$$u_a = u_0 + U_F. \tag{9.2}$$

Bild 9-2 zeigt das Verhalten der Schaltung ohne und mit Ladekondensator C_L.

Läßt man den Ladekondensator C_L weg, so wird praktisch nur die negative Halbwelle von u_a unterdrückt, eine konstante Versorgungsspannung U_0 entsteht nicht.

Durch den Ladekondensator C_L wird das schnelle Absinken von u_0 mit der Rückflanke der positiven Halbwelle von u_a verhindert. Dazu muß allerdings die Entladung von C_L über den Lastwiderstand R_L wesentlich langsamer erfolgen als das Absinken der um die Diodenflußspannung U_F verminderten Ausgangsspannung u_a,

$$\left| \frac{\mathrm{d}}{\mathrm{d}t} \hat{U}_0 \cdot \exp \frac{-t}{C_L R_L} \right| << \left| \frac{\mathrm{d}}{\mathrm{d}t} \left(\hat{U}_a \cdot \cos \omega t - U_F \right) \right|. \tag{9.3}$$

Gl. (9.3) wird erfüllt, wenn

$$C_L R_L >> \frac{1}{\omega} = \frac{1}{2\pi \cdot 50\mathrm{Hz}} \approx 3\mathrm{ms} \tag{9.4}$$

gilt. So muß z.B. für eine Versorgungsspannung von U_0=5V und einen Laststrom von I_L=0,5A, das entspricht einem Lastwiderstand von

$$R_L = \frac{U_0}{I_L} = 10\Omega, \tag{9.5}$$

der Ladekondensator C_L wesentlich größer als 300 µF sein so daß unbedingt Elektrolytkondesatoren verwendet werden müssen.

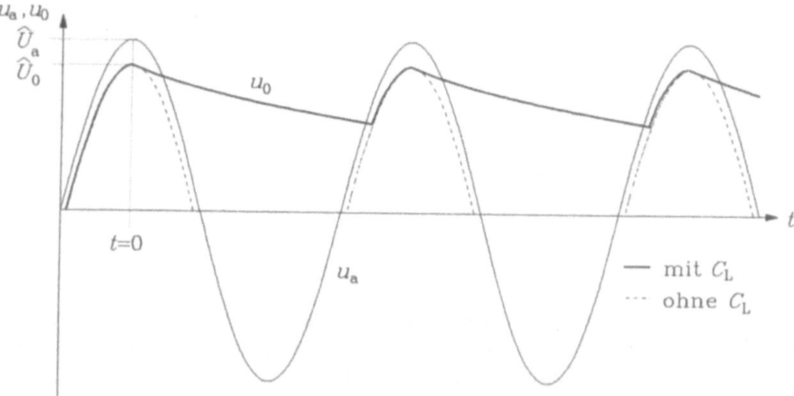

Bild 9-2 Verhalten der Schaltung nach Bild 9-1

Zur Dimensionierung des Übertragungsverhältnisses des Transformators

$$\ddot{u} = \frac{u_a}{u_e} \tag{9.6}$$

wird der Zusammenhang zwischen Spitzenwert $\hat{U}_a$ und Effektivwert U_{aeff} benötigt, weil die Angabe der Netzspannung von 220V den Effektivwert darstellt. Dabei gilt

$$U_{aeff} = \sqrt{\frac{1}{T}\int_0^T u_a^2(t)\cdot dt} = \sqrt{\frac{1}{T}\int_0^T \hat{U}_a^2 \cdot \sin^2 \omega t \cdot dt} = \frac{\hat{U}_a}{\sqrt{2}}. \tag{9.7}$$

So folgt aus der gewünschten Versorgungsspannung U_0 der Spitzenwert von u_a zu

$$\hat{U}_a \geq U_0 + U_F. \tag{9.8}$$

Daraus ergibt sich

$$U_{aeff} \geq \frac{\sqrt{2}}{2}(U_0 + U_F) \tag{9.9}$$

und das Übertragungsverhältnis des Netztransformators

$$\ddot{u} \geq \frac{\sqrt{2}}{2}\frac{(U_0 + U_F)}{220V}. \tag{9.10}$$

Die Glättung der abzugebenden Versorgungsspannung U_0 ist bei dem Einweggleichrichter nach Bild 9-1 relativ schlecht, so daß er nur geringen Ansprüchen genügt.

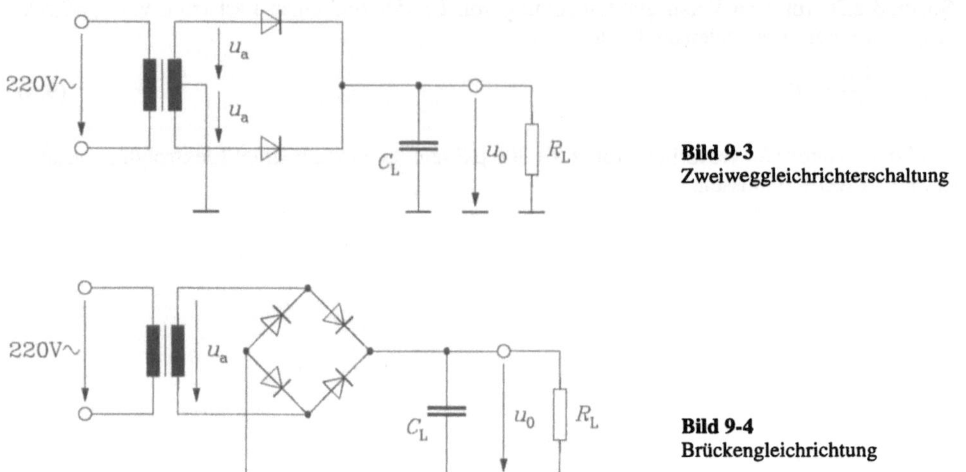

Bild 9-3
Zweiweggleichrichterschaltung

Bild 9-4
Brückengleichrichtung

Verbesserungen können durch Zweiweg- oder Brückengleichrichterschaltungen erzielt werden
(Bilder 9-3 und 9-4). Die abzugebende Versorgungsspannung erreicht bei vernachlässigtem Innenwiderstand von Transformator und Gleichrichter den Spitzenwert

$$\hat{U}_0 = \frac{\hat{U}_a}{U_{aeff}} - a \cdot U_F \ .$$
(9.11)

a: 1 für Zweiweggleichrichtung; 2 für Brückengleichrichtung

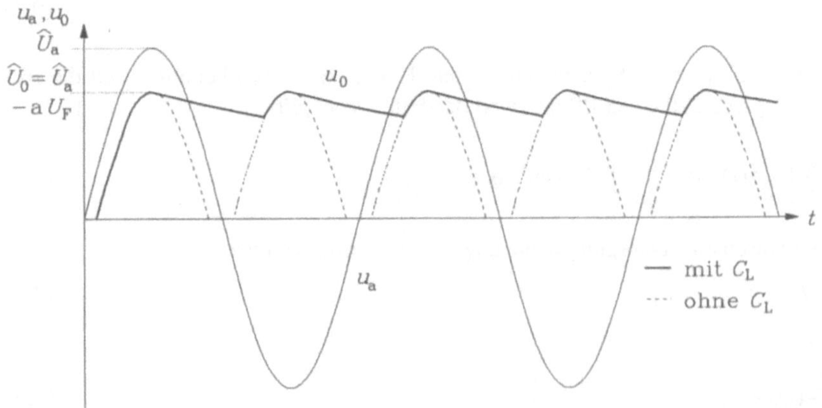

Bild 9-5 Ausgangsspannung der Schaltungen Bilder 9-3 und 9-4

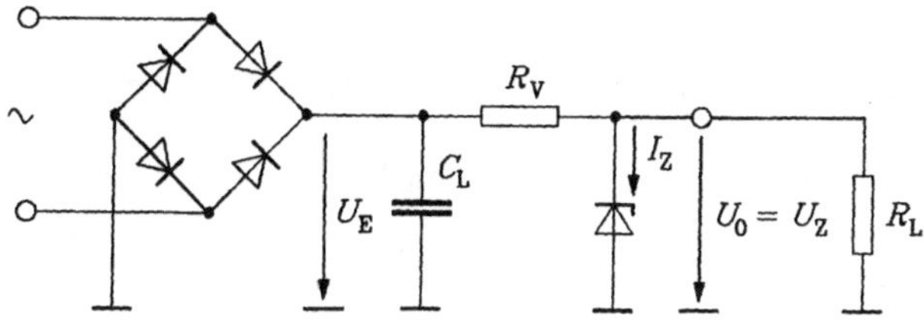

Bild 9-6
Z-Dioden-Stabilisierungs-
schaltung

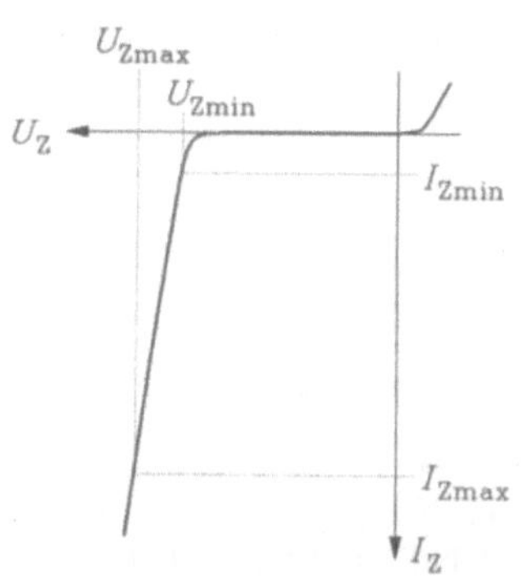

Bild 9-7
Kennlinie einer Z-Diode

Die anschließende Entladung von C_L über R_L ist um etwa 50% kürzer als bei der Einweggleichrichtung, so daß eine insgesamt weniger wellige Gleichspannung U_0 entsteht. Zur weiteren Glättung der Gleichspannung wird im einfachsten Fall eine Z-Diode verwendet (Bild 9-6). Im Idealfall bei sehr steilem Anstieg des Stromes I_Z im Bereich $U_{Zmin} \le U_Z \le U_{Zmax}$ (siehe Z-Diodenkennlinie Bild 9-7) bleibt $U_0 = U_Z$ bei Änderungen der Eingangsspannung U_E konstant, R_v fängt diese Spannungsschankungen ab.

Innerhalb des Stabilisierungsbereichs $U_{Zmin} \le U_Z \le U_{Zmax}$, $I_{Zmin} \le I_Z \le I_{Zmax}$ gilt die Kennliniengleichung

$$I_Z = \frac{I_{Zmax} - I_{Zmin}}{U_{Zmax} - U_{Zmin}} U_Z + \frac{U_{Zmax} \cdot I_{Zmin} - U_{Zmin} \cdot I_{Zmax}}{U_{Zmax} - U_{Zmin}} \tag{9.12}$$

$$I_Z = \frac{U_Z}{r_Z} + I_0 \quad (I_0 < 0). \tag{9.13}$$

Aus Bild 9-6 erhält man die Knotengleichung

$$\frac{U_Z}{R_L} + I_Z = \frac{U_E - U_Z}{R_v} , \tag{9.14}$$

$$U_Z\left(\frac{1}{R_L} + \frac{1}{r_Z}\right) + I_0 = \frac{U_E - U_Z}{R_v} . \tag{9.15}$$

Die Stabilisierungsschaltung ist besonders gut, wenn eine Eingangsspannungsänderung ΔU_E nur eine geringe Ausgangsspannungsänderung ΔU_Z hervorruft. Aus

$$\frac{\Delta U_Z}{\Delta U_E} \approx \frac{d\,U_Z}{d\,U_E} = \frac{\dfrac{1}{R_v}}{\dfrac{1}{R_L} + \dfrac{1}{R_v} + \dfrac{1}{r_Z}} \tag{9.16}$$

entnimmt man, daß eine gute Stabilisierung für $r_Z \ll R_V$ erreicht wird.

Die Schaltung muß so dimensioniert werden, daß die Z-Diode stets im stabilisierenden Bereich arbeitet ($I_{Zmin} \leq I_Z \leq I_{Zmax}$, $U_{Zmin} \leq U_Z \leq U_{Zmax}$). Damit sind U_Z bzw. I_Z die für die einwandfreie Funktion der Stabilisierung wichtigen kritischen Größen. Aus Gl. (9.15) folgt für U_Z

$$U_Z = \frac{U_E - I_0 R_V}{1 + \dfrac{R_V}{R_L} + \dfrac{R_V}{r_Z}}. \tag{9.17}$$

Der Maximalwert von U_Z wird erreicht, wenn auch U_E und R_L den Maximalwert aufweisen. Das wird aus Gl. (9.17) sofort erkennbar,

$$U_{Zmax} = \frac{U_{Emax} - I_0 R_V}{1 + \dfrac{R_V}{R_{Lmax}} + \dfrac{R_V}{r_Z}}. \tag{9.18}$$

Bei komplexeren Ausdrücken kann die Zuordnung der Aussteuergrenzen über die Ermittlung der Empfindlichkeiten $\dfrac{dU_Z}{dU_E}$ bzw. $\dfrac{dU_Z}{dR_L}$ erfolgen. Sind diese Empfindlichkeiten positiv, so haben die Abweichungen an den Aussteuerungsgrenzen die gleiche Richtung, sind sie negativ, so weisen sie entgegengesetzte Richtungen auf. Ist die Empfindlichkeit einer Größe Null, so beeinflußt diese Größe nicht die für die Funktion der Schaltung wichtige kritische Größe. Die Empfindlichkeiten für U_Z ergeben sich z.B. aus Gl. (9.17) zu

$$\frac{dU_Z}{dU_E} = \frac{1}{1 + \dfrac{R_V}{R_L} + \dfrac{R_V}{r_Z}} > 0, \tag{9.19}$$

$$\frac{dU_Z}{dR_L} = \frac{(U_E - I_0 R_V)\dfrac{R_V}{R_L^2}}{\left(1 + \dfrac{R_V}{R_L} + \dfrac{R_V}{r_Z}\right)^2} > 0. \tag{9.20}$$

Analog zu Gl. (9.18) gilt für U_{Zmin}

$$U_{Zmin} = \frac{U_{Emin} - I_0 R_V}{1 + \dfrac{R_V}{R_{Lmin}} + \dfrac{R_V}{r_Z}}. \tag{9.21}$$

Die Gl. (9.18) und (9.21) können sowohl zur Dimensionierung von R_V wie auch zur Ermittlung der zulässigen Belastungsschwankungen (R_L) benutzt werden.

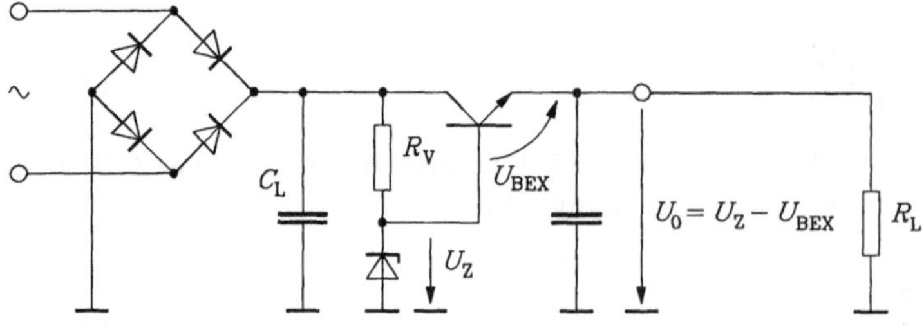

Bild 9-8 Verbesserte Z-Dioden-Stabilisierungsschaltung

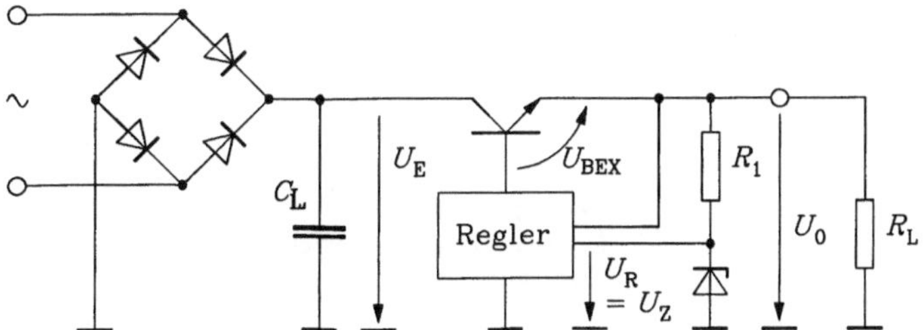

Bild 9-9 Prinzipschaltbild eines geregelten Netzteils

Zur Verringerung der Schwankungen des Stroms der Z-Diode bei Belastungsschwankungen wird oft zusätzlich ein Transistor in die Schaltung eingebaut (Bild 9-8).

Weitere Schaltungsverbesserungen erreicht man durch Einsatz von Reglern zur Stabilisierung der Versorgungsspannung U_0 (Bild 9-9). Die Ausgangsspannung wird mit einem Sollwert verglichen, der einer möglichst konstanten Referenzspannungsquelle U_R entnommen wird. Entsteht eine Regelabweichung, so wird das Basispotential des die Ausgangsspannung U_0 steuernden Transistors so verändert, daß der Sollwert wieder erreicht wird. Zur Gewinnung der Referenzspannung werden meist Z-Dioden eingesetzt, so daß U_R selbst ohne wesentliche Schwankungen von U_0 abgeleitet werden kann. Zum Aufbau des Reglers können Operationsverstärker (Bild 9-10), einzelne Differenzverstärker (Bild 9-11) oder 1-Transistorverstärker (Bild 9-12) eingesetzt werden.

Für die Schaltung Bild 9-10 ergibt sich unter der Voraussetzung eines idealen Operationsverstärkers die Knotengleichung:

$$\frac{U_0 - U_Z}{R_2} = \frac{U_A - U_{BEX} - U_Z}{R_2} = \frac{U_Z}{R_3} \tag{9.22}$$

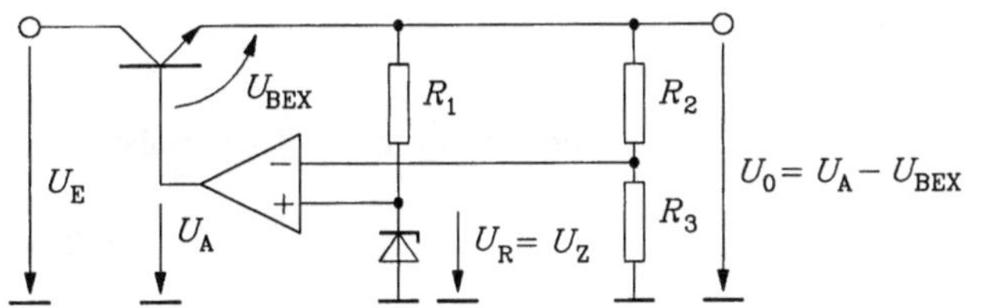

Bild 9-10
Regler mit Operationsverstärker

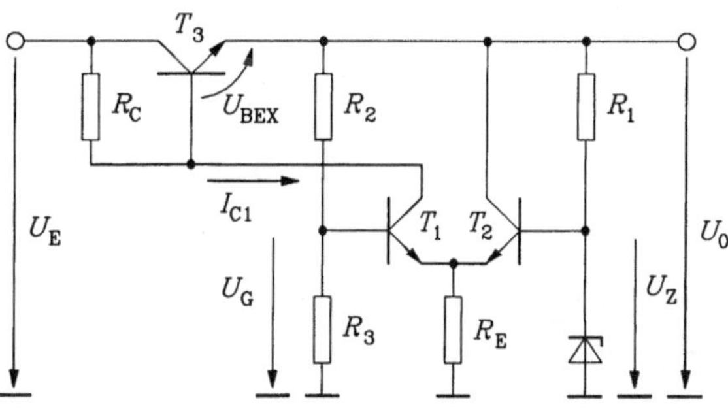

Bild 9-11
Regler mit Differenzverstärker

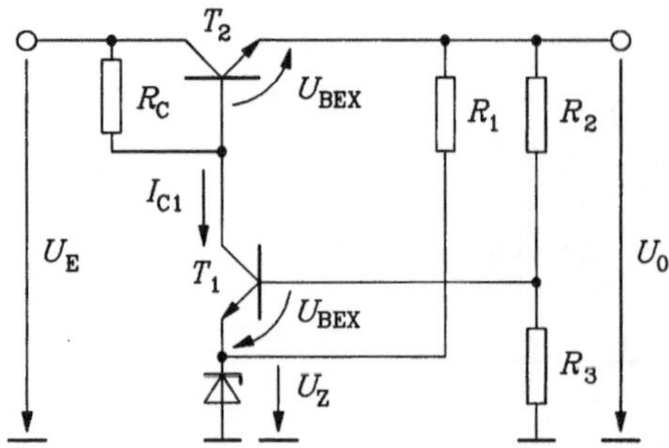

Bild 9-12
Regler mit einem verstärkenden
Transistor

Daraus folgt die konstante Ausgangsspannung U_0 zu

$$U_0 = \frac{R_2 + R_3}{R_3} U_Z. \tag{9.23}$$

Die Schaltung nach Bild 9-11 wird so eingestellt, daß für mittlere Betriebsbedingung der Gesamtstrom durch R_E auf beide Transistoren T_1 und T_2 des Differenzverstärkers gleichverteilt wird, so
daß

$$I_{C1} = \frac{U_Z - U_{BEX}}{2R_E} \tag{9.24}$$

wird. Unter Vernachlässigung des Basisstroms von T_3 wird dann

$$U_0 \approx U_E - \frac{R_C}{2R_E}(U_Z - U_{BEX}) - U_{BEX}. \tag{9.25}$$

Verändert sich U_E und damit U_0, wird das Gleichgewicht des Differenzverstärkers gestört. Mit
Gl. (2.199) wird I_{C1}

$$I_{C1} = \frac{U_Z - U_{BEX}}{R_E} \cdot \frac{1}{1 + \exp\left[-\dfrac{U_G - U_Z}{U_T}\right]}. \tag{9.26}$$

Für $U_G - U_Z \ll U_T$ ergibt sich näherungsweise nach Entwicklung von I_{C1} in eine Taylorreihe

$$I_{C1} \approx I_{C1}\big|_{U_G=U_Z} + \frac{d\,I_{C1}}{d\,U_G}\bigg|_{U_G=U_Z}(U_G - U_Z), \tag{9.27}$$

$$I_{C1} \approx \frac{U_Z + U_{BEX}}{2R_E}\left(1 + \frac{U_G - U_Z}{2U_T}\right). \tag{9.28}$$

Mit

$$U_G = \frac{U_0 \cdot R_3}{R_2 + R_3} \tag{9.29}$$

wird Gl. (9.25) nun

$$U_0 = U_E - \frac{R_C}{2R_E}(U_Z - U_{BEX})\left(1 + \frac{\dfrac{R_3}{R_2 + R_3}U_0 - U_Z}{2U_T}\right). \tag{9.30}$$

Die Stabilisierungswirkung folgt damit zu

$$\frac{\mathrm{d}\,U_0}{\mathrm{d}\,U_\mathrm{E}} \approx \frac{4R_\mathrm{E}(R_2+R_3)}{R_\mathrm{C}\cdot R_3}\cdot\frac{U_\mathrm{T}}{U_\mathrm{Z}-U_\mathrm{BEX}}\,. \tag{9.31}$$

Die Schaltung stabilisiert gut für $U_\mathrm{Z}\gg U_\mathrm{T}$.

Für die Schaltung nach Bild 9-12 gelten folgende Netzwerkgleichungen:

$$U_\mathrm{E} \approx R_\mathrm{C}I_\mathrm{C1}+U_\mathrm{BEX}+U_0, \tag{9.32}$$

$$I_\mathrm{C1} = I_\mathrm{CE0}\exp\left(\frac{R_3}{R_2+R_3}U_0-U_\mathrm{Z}\right)\frac{1}{U_\mathrm{T}}\,. \tag{9.33}$$

Damit wird

$$\frac{\mathrm{d}\,U_0}{\mathrm{d}\,U_\mathrm{E}} \approx \frac{R_2+R_3}{R_3}\cdot\frac{U_\mathrm{T}}{U_\mathrm{E}-U_\mathrm{BEX}-U_0}\,. \tag{9.34}$$

Aus den bisher behandelten einfachen Stromversorgungsschaltungen lassen sich komplexe Schaltungen mit verbesserten Stabilisierungseigenschaften für Eingangsspannungsschwankungen, unterschiedliche Belastungen und verschiedene Betriebstemperaturen ableiten. Alle diese Schaltungen werden bezüglich ihrer stabilisierenden Wirkung durch den Stabilisierungsfaktor S als Verhältnis der relativen Änderung der Eingangsspannung zur relativen Änderung der Ausgangsspannung

$$S = \frac{\mathrm{d}\,U_\mathrm{E}}{U_\mathrm{E}}\cdot\frac{U_0}{\mathrm{d}\,U_0} \tag{9.35}$$

beurteilt. $S\gg 1$ bedeutet, daß U_0 nahezu unabhängig von U_E ist. Weiterhin soll eine Versorgungsspannungsschaltung eine konstante Spannung unabhängig von der Belastung abgeben. Diese Forderung wird erfüllt, wenn

$$\frac{\mathrm{d}\,U_0}{\mathrm{d}\,I_0} = 0 \tag{9.36}$$

wird. Gl. (9.36) bedeutet, daß der Innenwiderstand R_i der Schaltung im Arbeitsbereich Null sein muß.

9.2 Stromversorgung auf der Leiterplatte und in der integrierten Schaltung

Der aus dem Netzteil zur Versorgung der Schaltung entnommene Strom soll in den Verbindungsleitungen zwischen Netzgerät und Schaltung möglichst keine Spannungsabfälle hervorrufen. Da jedoch jede Leitung einen ohmschen Widerstand und eine Induktivität aufweist (siehe Bild 9-13), werden insbesondere die großen Ströme auf den Versorgungsleitungen zu Spannungsabfällen führen, die die logischen Pegel der Schaltung gefährden können (vor allem den L-Pegel). Außerdem führt das Umschalten der Pegel in digitalen Schaltungen meist zur plötzlichen Änderung der Ströme in den Versorgungsleitungen, so daß zusätzlich Spannungsabfälle über den Leitungsinduktivitäten entstehen, die ebenfalls den L-Pegel verfälschen können. Es ist deshalb zweckmäßig,

- auf Leiterplatten und in integrierten Schaltungen möglichst kurze breite Leitbahnen für die Stromversorgung zu verwenden,

- auf Leiterplatten und zum Teil auch auf dem Chip sternförmige Erdungen zur Herabsetzung der gegenseitigen Beeinflussungen der Schaltungen vorzunehmen,

– auf Leiterplatten zwischen den Versorgungsleitungen Kapazitäten zur Konstanthaltung der
  Versorgungsspannung beim Umschalten von Schaltungsteilen einzubauen, so daß die Um-
  schaltstromspitzen abgefangen werden.

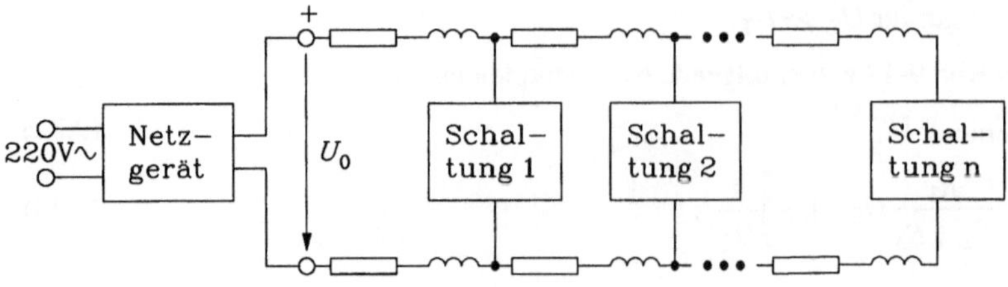

Bild 9-13 Stromversorgung von Schaltungen

9.3 Aufgaben

Aufgabe 9.1

Die abgebildete Einweggleichrichterschaltung soll bei einem minimalen Lastwiderstand $R_{Lmin} = 0,5\,k\Omega$ eine Versorgungsspannung $U_0{=}5V$ abgeben, die eine maximale Welligkeit $\Delta U_0{=}\pm0,5V$ aufweisen darf. Die Flußspannung der Diode beträgt $U_F{=}0,5V$.

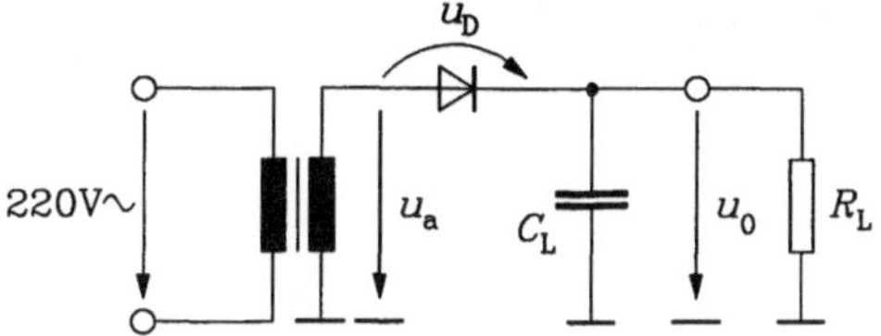

Bild Aufgabe 9.1

Berechnen Sie

1. die erforderliche Kapazität C_L des Ladekondensators,

2. das Übertragungsverhältnis $\ddot{u}$ des Transformators.

Aufgabe 9.2

Die angegebene Stabilisierungsschaltung mit einer Z-Diode ($U_{Zmax}{=}6V$, $U_{Zmin}{=}5V$, $I_{Zmax}{=}0,5A$, $I_{Zmin}{=}0$, $r_Z{=}2\Omega$) wird von einer Eingangsspannung U_E mit den Grenzwerten $U_{Emax}{=}14V$ und $U_{Emin}{=}10V$ gespeist.

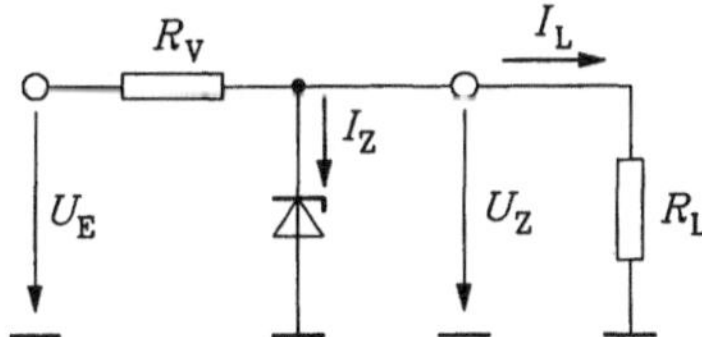

Bild Aufgabe 9.2

Ermitteln Sie

1. den Wert von R_V und den Wertebereich von R_L, wenn die Schaltung auch im Leerlauf sicher arbeiten soll,
2. den maximal möglichen Laststrom I_{Lmax}, der unabhängig von den Schwankungen der Eingangsspannung entnommen werden kann.

10 Lösungen

Für die am Ende der Kapitel 1 bis 9 angegebenen Aufgaben werden in diesem Kapitel die Lösungen angegeben. Dabei werden nur die wichtigsten Schritte aus den Komplexen Lösungsansatz, -weg und Ergebnis dargestellt, auf die Angabe einfacher Zwischenschritte wird also verzichtet. Bei Syntheseaufgaben muß auf Grund der Vielfalt der Lösungsmöglichkeiten die angegebene Lösung nicht unbedingt mit der des Studenten übereinstimmen. Der Autor empfiehlt dem Lernenden, zunächst die jeweilige Aufgabe ohne Kenntnis der Lösung selbständig zu bearbeiten und erst danach oder bei größeren Schwierigkeiten im Kapitel 10 nachzuschlagen.

10.1 Lösungen zu Kapitel 1

Aufgabe 1.1

$m = l^n$ mit m: Zahl der Signalwerte,
$\phantom{m = l^n \quad \text{mit} \quad}$ l: Zahl der Signalniveaus,
$\phantom{m = l^n \quad \text{mit} \quad}$ n: Zahl der Signalelemente (Buchstaben)

Dezimalsystem: $m = 10,\ l = 10,\quad n = 1$

Binärsystem: $m = 10,\ l = 2,\quad n = \dfrac{\lg m}{\lg 2} = \dfrac{1}{0,301} = 3,32,\quad n = 4$

Ternärsystem: $m = 10,\ l = 3,\quad n = \dfrac{\lg m}{\lg 3} = \dfrac{1}{0,447} = 2,1,\quad n = 3$

Redundanz: Binärsystem $m = 2^4 = 16;\quad$ 6 Signalwerte Redundanz
$\phantom{\text{Redundanz: }}$ Ternärsystem $m = 3^3 = 27;\quad$ 17 Signalwerte Redundanz

Aufgabe 1.2

A	B	$\overline{A}$	$\overline{B}$	$\overline{A+B}$	$\overline{A \cdot B}$	$\overline{A} \cdot \overline{B}$	$\overline{A} + \overline{B}$
0	0	1	1	1	1	1	1
0	1	1	0	0	0	1	1
1	0	0	1	0	0	1	1
1	1	0	0	0	0	0	0

Aufgabe 1.3

Analogwertveränderungen $\Delta a < \dfrac{1}{2} \text{LSB}$ werden vom ADU nicht mehr unterschieden. Damit folgt

$$\frac{\Delta a}{a_{\max}} = \frac{1}{2} \text{LSB} = \frac{1}{2} \cdot \frac{1}{2^n} = \frac{1}{2^{n+1}}.$$

10-Bit-ADU:

$$\frac{\Delta a}{a_{\max}} = \frac{1}{2^{11}} \approx 0,05\%$$

13-Bit-ADU:

$$\frac{\Delta a}{a_{\max}} = \frac{1}{2^{14}} \approx 0,006\%$$

Aufgabe 1.4

$$I_1 = \frac{U_1 - U_3}{R_1} = 0,43 \text{ mA} \qquad I_2 = \frac{U_3 - U_2}{R_2} = 0,107 \text{ mA}$$

$$I_3 = I_1 - I_2 = 0,323 \text{ mA} \qquad I_4 = \frac{U_5 - U_4}{R_3} = 4,9 \text{ mA}$$

Aufgabe 1.5

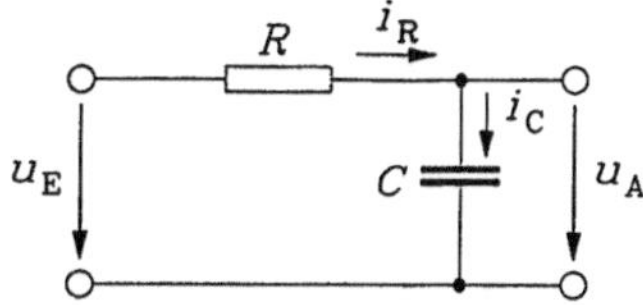

1. Netzwerkgleichung:

$$i_R = i_C$$

$$\frac{u_E - u_A}{R} = C\frac{du_A}{dt}$$

2. Normalform der DGL 1. Ordnung:

$$u_E = U_0 = u_A + RC\frac{du_A}{dt} = u_A + \tau\frac{du_A}{dt}$$

Allgemeine Lösung der o.a. DGL 1. Ordnung:

$$u_A(t) = u_A(t \to \infty) + \left[u_A(t = 0) - u_A(t \to \infty)\right]\exp\frac{-t}{\tau}$$

3. Die Spannung über der Kapazität C kann sich nicht sprunghaft ändern, weil der Strom

$$i_C = C\frac{du_C}{dt}$$

durch den Widerstand R begrenzt ist (das Differential eines Sprunges ist unendlich). Damit wird

$$u_A(t = 0) = 0,$$

$$u_A(t \to \infty) = U_0.$$

4. Ergebnis:

$$u_A(t) = U_0(1 - \exp\frac{-t}{RC})$$

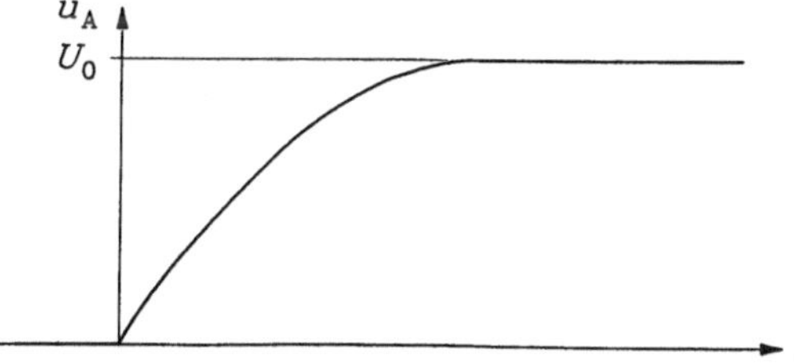

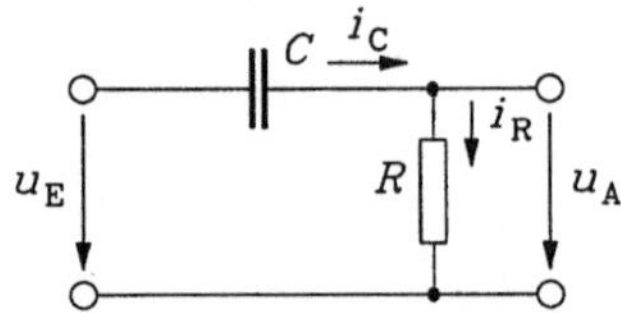

1. $i_C = i_R$

$$C\frac{\mathrm{d}}{\mathrm{d}t}(u_E - u_A) = \frac{u_A}{R}$$

2. $RC\dfrac{\mathrm{d}u_E}{\mathrm{d}t} = u_A + RC\dfrac{\mathrm{d}u_A}{\mathrm{d}t}$

Für $t>0$ ändert sich u_E nicht mehr, so daß $\dfrac{\mathrm{d}u_E}{\mathrm{d}t} = 0$ wird,

$$0 = u_A + RC\frac{\mathrm{d}u_A}{\mathrm{d}t}.$$

3. Die Spannung über der Kapazität C kann sich nicht sprunghaft ändern (siehe erste Schaltung). Damit wird

$u_A(t=0) = u_E(t=0) = U_0,$

$u_A(t \rightarrow \infty) = 0.$

4. $u_A(t) = U_0 \cdot \exp\dfrac{-t}{RC}$

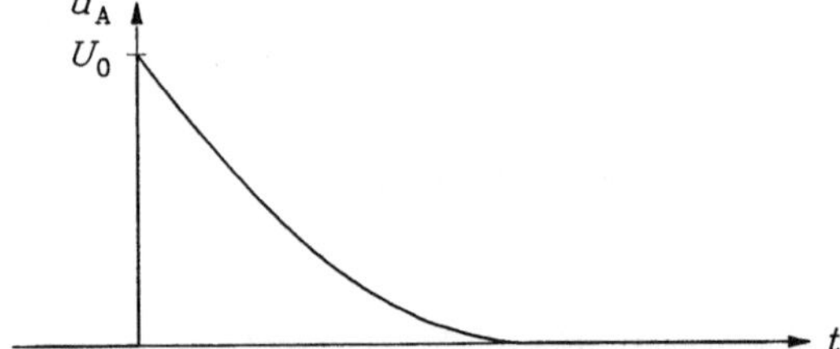

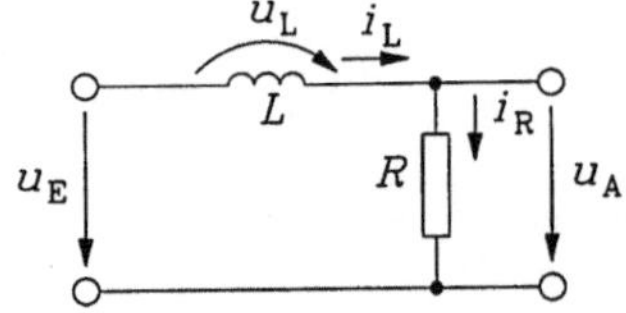

1. $u_E = L\dfrac{\mathrm{d}i_L}{\mathrm{d}t} + u_A$

$i_L = i_R$

$u_E = L\dfrac{\mathrm{d}}{\mathrm{d}t}\left(\dfrac{u_A}{R}\right) + u_A$

2. $u_E = u_A + \dfrac{L}{R}\dfrac{\mathrm{d}u_A}{\mathrm{d}t}$

3. Der Strom durch die Induktivität L kann sich nicht sprunghaft ändern, weil die Spannung

$$u_L = L\frac{di_L}{dt}$$

durch die angelegte Spannung u_E begrenzt wird und nicht unendlich werden kann. Damit wird

$$u_A\,(t=0) = u_A\,(t<0) = 0,$$

$$u_A\,(t\to\infty) = u_E = U_0.$$

4. $\quad u_A\,(t) = U_0(1-\exp\dfrac{-tR}{L})$

Der Verlauf von u_A entspricht dem der ersten Schaltung

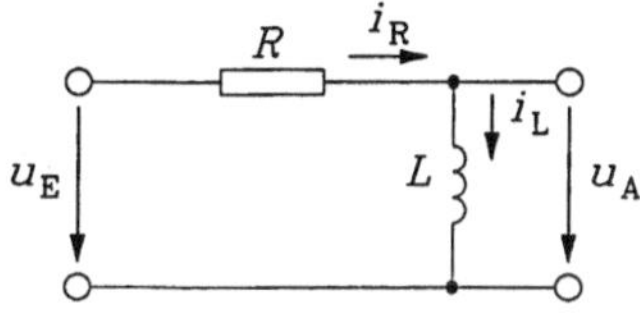

1. $\quad u_A = L\dfrac{di_L}{dt}$

$\quad i_L = i_R$

$\quad u_A = L\dfrac{d}{dt}\left(\dfrac{u_A - u_E}{R}\right)$

2. $\quad \dfrac{L}{R}\dfrac{du_E}{dt} = u_A + \dfrac{L}{R}\dfrac{du_A}{dt}$

$\quad \dfrac{du_E}{dt} = 0$ (siehe zweite Schaltung)

$\quad 0 = u_A + \dfrac{L}{R}\dfrac{du_A}{dt}$

3. Der Strom durch die Induktivität L kann sich nicht sprunghaft ändern (siehe dritte Schaltung),

$\quad i_L\,(t=0) = 0,$

damit wird

$\quad u_A\,(t=0) = u_E\,(t=0) = U_0.$

$\quad u_A\,(t\to\infty) = 0$

4. $\quad u_A\,(t) = U_0\cdot\exp\dfrac{-tR}{L}$

Der Verlauf von u_A entspricht dem der zweiten Schaltung

Aufgabe 1.6

Aufstellen der Netzwerkgleichung:

$$\frac{U_0 - u_C}{R_1} = \frac{u_C}{R_2} + C\frac{d\,u_C}{d\,t}\ ;\qquad u_C + \frac{R_1 R_2}{R_1 + R_2}C\frac{d\,u_C}{d\,t} = \frac{R_2}{R_1 + R_2}U_0$$

$$u_C(t) = \frac{R_2}{R_1 + R_2} U_0 \left(1 - \exp\frac{-t(R_1 + R_2)}{R_1 R_2 C} \right),$$

$$u_C(t) = 4{,}54 \text{ V} \left(1 - \exp\frac{-1{,}1t}{\text{ms}} \right).$$

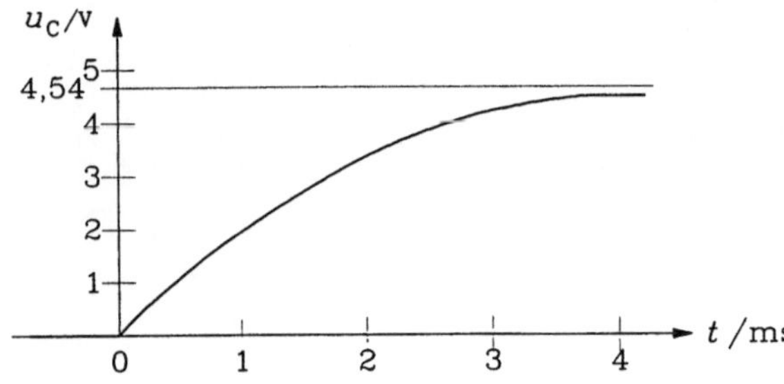

Aufgabe 1.7

1. Maschengleichung:

$$U_0 = i_L R_1 + L\frac{di_L}{dt} + i_L R_2$$

$$\frac{U_0}{R_1 + R_2} = i_L + \frac{L}{R_1 + R_2}\frac{di_L}{dt}$$

2. Randbedingungen:

$$i_L(t = 0) = \frac{U_0}{R_1} \quad (i_L \text{ kann beim Schalten nicht springen!})$$

$$i_L(t \to \infty) = \frac{U_0}{R_1 + R_2}$$

3. Ergebnisse:

$$i_L(t) = \frac{U_0}{R_1 + R_2} + \left(\frac{U_0}{R_1} - \frac{U_0}{R_1 + R_2} \right)\exp\frac{-t(R_1 + R_2)}{L}$$

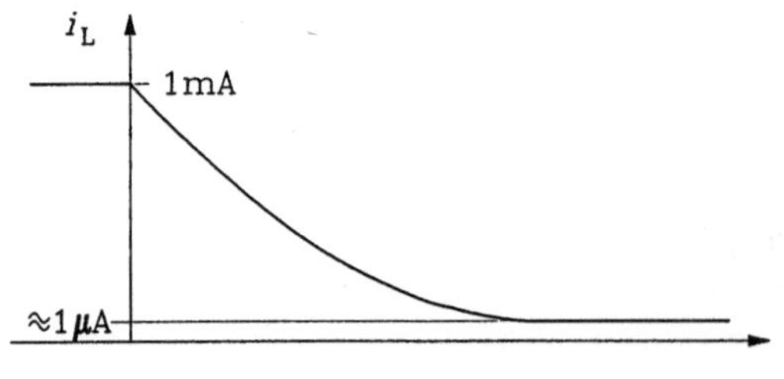

Lösung 1.7.1

$$u_L(t) = L\frac{di_L}{dt} = -\frac{U_0 R_2}{R_1}\exp\frac{-t(R_1 + R_2)}{L}$$

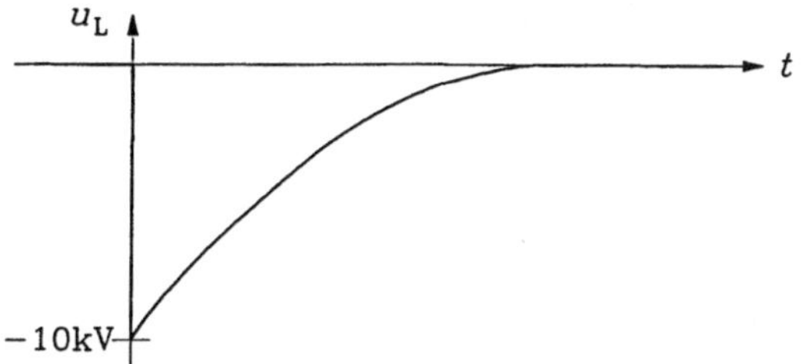

Lösung 1.7.2

Die negative Hochspannung am Schalter kann durch eine Klemmdiode vermieden werden.

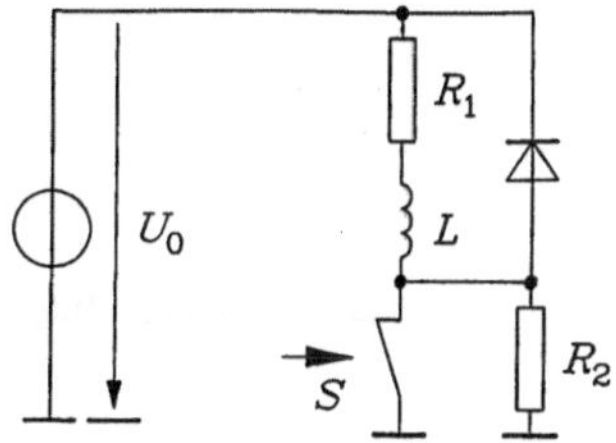

10.2 Lösungen zu Kapitel 2

Aufgabe 2.1

1. $t < t_0$: $u_A = u_D = U_G = 0\,\text{V}$; $i_D = 0$.

    $t_0 < t < t_1$ (nach Abklingen der zeitabhängigen Prozesse):

    $$u_D = U_F = 0,7\,\text{V}\,;\ i_D = I_{DX} = \frac{U_{GX} - U_F}{R_G + R} = 2,87\,\text{mA}$$

    $$u_A = I_{DX} \cdot R = \frac{R}{R_G + R}(U_{GX} - U_F) = 2,87\,\text{V}$$

    $t_1 < t$ (nach Abklingen der zeitabhängigen Prozesse):

    $$u_A = 0\,\text{V}\,;\ i_D = 0\,;\ u_D = U_{GY} = -5\,\text{V}$$

2. Einschalten der Diode ($t_0 \leq t < t_1$):
    Beim Anlegen von $U_{GX} = 5\,\text{V}$ wird gemäß Ersatzschaltung (Bild 2.1a) die Sperrschichtkapazität C_S umgeladen, bis die Flußspannung U_F erreicht ist.

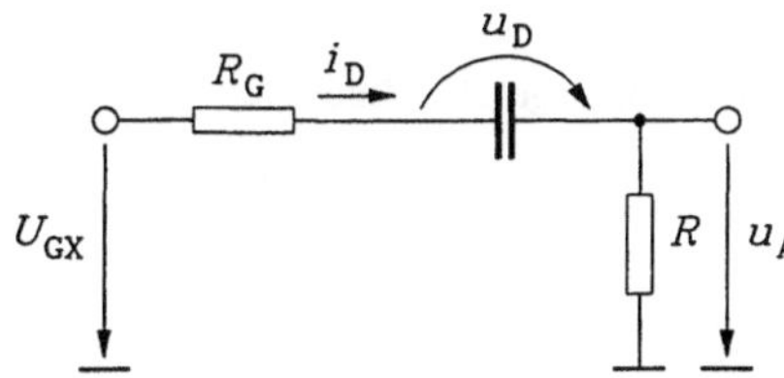

Bild 2.1a

Aus dem Ersatzschaltbild folgt:

$$i_D = C_s \frac{d\,u_D}{d\,t}\,;\ U_{GX} = u_D + C_s(R_G + R)\frac{d\,u_D}{d\,t}\,;\ u_A = i_D \cdot R = C_s R \frac{d\,u_D}{d\,t}\,.$$

Mit $u_D(t = t_0) = 0$ V werden:

$$u_D = U_{GX}\left(1 - \exp\frac{-(t - t_0)}{C_s(R_G + R)}\right);$$

$$i_D = -\frac{U_{GX}}{R_G + R}\exp\frac{-(t - t_0)}{C_s(R_G + R)}\,;$$

$$u_A = -\frac{R}{R_G + R}U_{GX}\cdot\exp\frac{-(t - t_0)}{C_s(R_G + R)}\,.$$

Mit Erreichen von U_F wird die Umladung abgebrochen $(t = t_0 + t_d')$:

$$U_F = U_{GX}\left(1 - \exp\frac{-t_d'}{C_s(R_G + R)}\right);\ t_d' = C_s(R_G + R)\cdot\ln\frac{U_{GX}}{U_{GX} - U_F} = 0{,}43\ \text{ns}$$

Ausschalten der Diode $(t_1 \le t)$: Beim Anlegen von U_{GY} wird zunächst die Speicherladung abgebaut (Bild 2.1b).

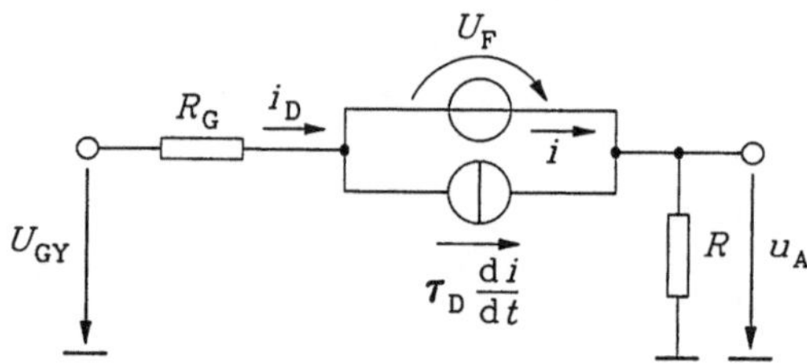

Bild 2.1b

$$i_D = I_{DY} = \frac{U_{GY} - U_F}{R_G + R} = -3{,}8\ \text{mA}\,;\ u_D = U_F = 0{,}7\ \text{V}$$

$$u_A = I_{DY}\cdot R = \frac{R}{R_G + R}(U_{GY} - U_F) = -3{,}8\ \text{V}\,;\ i_D = I_{DY} = i + \tau_D \frac{d\,i_D}{d\,t}$$

$$i(t = t_1) = I_{DX} = \frac{U_{GX} - U_F}{R_G + R}\,;\ i = I_{DY} + (I_{DX} - I_{DY})\exp\frac{-(t - t_1)}{\tau_D}\,.$$

Der Abbau der Speicherladung wird bei $i = 0$ beendet,

$$t_s' = \tau_D \ln\frac{I_{DX} - I_{DY}}{-I_{DY}} = \tau_D \ln\frac{U_{GX} - U_{GY}}{-(U_{GY} - U_F)} = 0{,}81\ \text{ns}$$

Nach Abbau der Speicherladung ist die Diode gesperrt; die Sperrschicht wird umgeladen (Bild 2.1c).

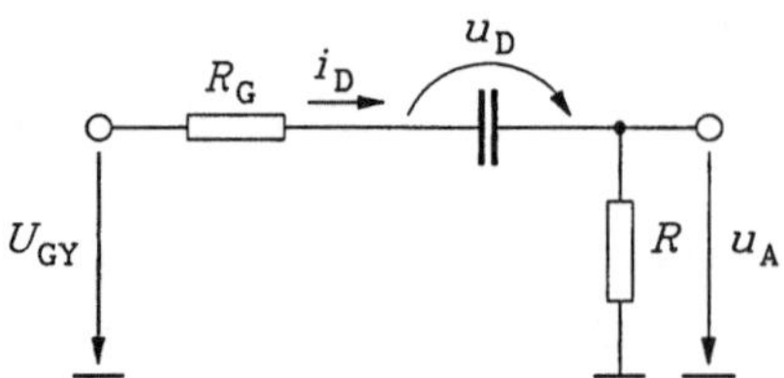

Bild 2.1c

$$U_{GY} = u_D + C_s(R_G + R)\frac{d\,u_D}{d\,t}\ .$$

Mit $u_D(t = t_1) = U_F$ werden

$$u_D = U_{GY} + (U_F - U_{GY})\exp\frac{-(t-t_1)}{C_s(R_G + R)};$$

$$i_D = C_s\frac{d\,u_D}{d\,t} = \frac{U_{GY} - U_F}{R_G + R}\exp\frac{-(t-t_1)}{C_s(R_G + R)};$$

$$i_D(t = t_1 + t_f) = 0{,}1\frac{U_{GY} - U_F}{R_G + R},\ t_f = C_s(R_G + R)\ln 10 = 6{,}2\ \text{ns}$$

$$u_A = \frac{R}{R_G + R}(U_{GY} - U_F)\exp\frac{-(t-t_1)}{C_s(R_G + R)}\ .$$

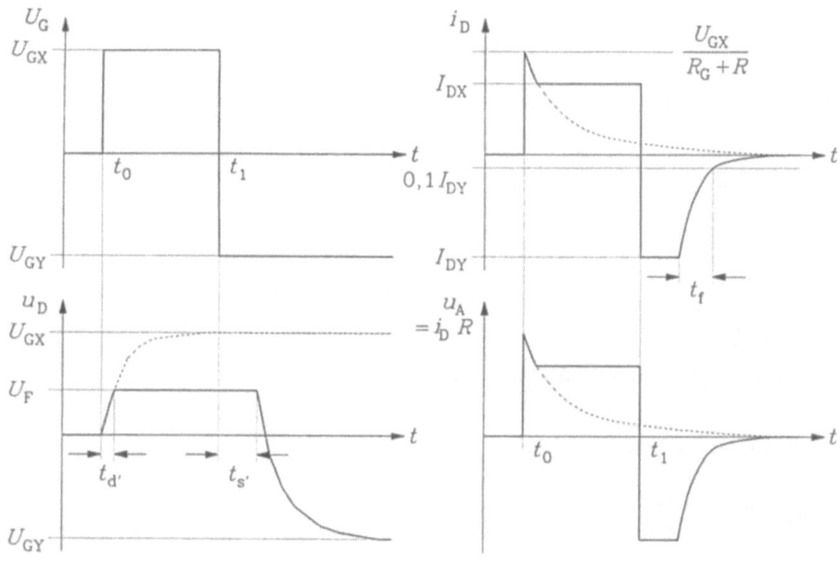

Aufgabe 2.2

1. Unter Vernachlässigung von I_{BC} (aktiv normal) wird die Eingangsmasche

$$U_{BE} = I_B r_{BB'} + U_{B'E} = I_B r_{BB'} + m_E U_T \ln\frac{I_B}{I_{BE0}}\ .$$

$$r_{be} = \frac{\partial U_{BE}}{\partial I_B} = r_{BB'} + \frac{m_E U_T}{I_B}$$

2. $I_C \approx I_{CE0}\exp\dfrac{U_{B'E}}{U_T};$

$$I_B \approx I_{BE0}\exp\frac{U_{B'E}}{m_E U_T};\ I_C \approx I_{CE0}\left(\frac{I_B}{I_{BE0}}\right)^{m_E};\ b = \frac{\partial I_C}{\partial I_B} = \frac{I_{CE0}}{I_{BE0}}\cdot m_E\left(\frac{I_B}{I_{BE0}}\right)^{m_E - 1}$$

Anmerkung: Die Großsignalverstärkung B_N unterscheidet sich nur gering von b.

$$B_N = \frac{I_C}{I_B} = \frac{I_{CE0}}{I_{BE0}} \left(\frac{I_B}{I_{BE0}} \right)^{m_E-1} ; \; b = B_N \cdot m_E .$$

3. $I_C \approx I_{CE0} \exp\dfrac{U_{B'E}}{U_T} \neq f(U_{CE}); \; \dfrac{1}{r_{ce}} = \dfrac{\partial I_C}{\partial U_{CE}} = 0$

Der Ausgangswiderstand ist sehr groß (Effekte 2. Ordnung).

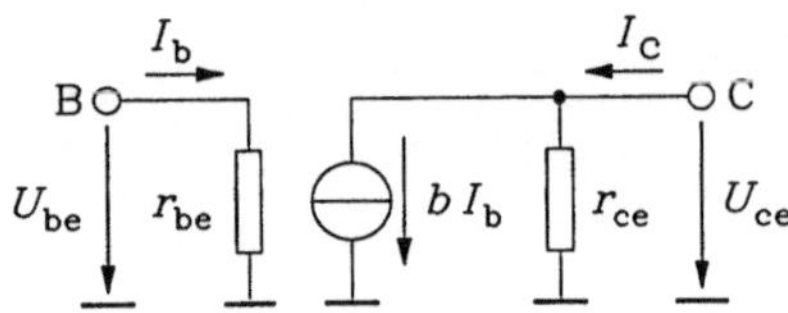

Aufgabe 2.3

1. $B_N = \dfrac{I_{CE}}{I_{BE}} \bigg|_{U_{BC} \ll 0} \approx \dfrac{I_{CE0}}{I_{BE0}} = \dfrac{S_{CE0} \cdot A_E}{S_{BE0} \cdot A_E} = \dfrac{S_{CE0}}{S_{BE0}} = \dfrac{S_{CE}}{S_{BE}} = 225$

2. $B_I = \dfrac{I_{CE}}{I_{BC}} \bigg|_{U_{BE} \ll 0} \approx \dfrac{I_{CE0}}{I_{BE0}} = \dfrac{S_{CE0} \cdot A_E}{S_{BC0} \cdot A_B} = \dfrac{S_{CE} \cdot A_E}{S_{BC} \cdot A_B} = 9,8$

Aufgabe 2.4

1. $R_C = \dfrac{U_{0C} - U_{CEX}}{I_{CX}} = \dfrac{5\,V - 0,2\,V}{8\,mA} = 600\,\Omega$

Eingangsmasche bei leitendem Transistor: $\dfrac{U_{GX} - U_{BEX}}{R_K + R_{GX}} = I_{BX}$

Mit $I_{BX} = \dfrac{m \cdot I_{CX}}{B_N}$, $R_{GX} = R_C$ und $U_{GX} = U_{0C}$ folgt:

$$R_K = \frac{U_{0C} - U_{BEX}}{m \cdot I_{CX}} B_N - R_C = \frac{5\,V - 0,8\,V}{4 \cdot 8\,mA} \cdot 80 - 600\,\Omega = 9,9\,k\Omega$$

2. $U_{BEY} = U_{GY} = U_{CEX} = 0,2\,V$

Der Transistor ist mit der Sicherheit $U_{BE\,Sperr} - U_{BEY} = 0,2\,V$ gesperrt.

Aufgabe 2.5

1. $R_C = \dfrac{U_{0C} - U_{CEX}}{I_{CX}} = 860\,\Omega = R_{GX}$; $R_{GY} \approx \dfrac{U_{CEX}}{I_{CX}} \approx 20\,\Omega \ll R_{GX}$

$$U_{GX} = (R_{GX} + R_K)\left(I_0 + m \cdot \frac{I_{CX}}{B_N} \right) + 3U_F + U_{BEX};$$

$$R_K = \frac{U_{0C} - 3U_F - U_{BEX}}{I_0 + m \cdot \dfrac{I_{CX}}{B_N}} - R_C = 886\,\Omega$$

2. Durch I_0 bleiben die Dioden auch im Sperrzustand des Transistors leitend,

$U_{GY} \approx R_K I_0 + 3U_F + U_{BEY}; \; U_{BEY} = U_{CEX} - 3U_F - R_K I_0 \approx U_{CEX} - 3U_F = -2\,V$

Aufgabe 2.6

1. Sperrbereich des Transistors $U_G \leq U_{BEX}$: $U_{CE} = U_{CE}(H) = U_{0C} = 10\,V$

2. aktiv normaler Bereich des Transistors $U_{BEX} \leq U_G$:

$$U_{CE} = U_{0C} - I_C R_C = U_{0C} - B_N I_B R_C = U_{0C} - \frac{B_N R_C}{R_G}(U_G - U_{BEX}) = 10\,V - 10(U_G - 0,8\,V)$$

3. Übersteuerungsbereich des Transistors

$$U_G = \frac{R_G}{B_N R_C}(U_{0C} - U_{CEX}) + U_{BEX} = 1,77\,V$$

$$U_{CE}(L) = U_{CEX} = 0,3\,V \,;\quad \Delta U_G = \frac{R_G}{B_N R_C}(U_{0C} - U_{CEX}) = 0,97\,V$$

Aufgabe 2.7

1. Während der Zeit t_d' ist der innere Transistor stromlos, es gilt für $u_{BE} < U_{BEX}$ das Ersatzschaltbild 2.7a: Der Spannungsabfall über R_C wird wegen des kleinen Kollektorstromes vernachlässigt.

$$\frac{U_{0C} - u_{BE}}{R_B} = C_{CS}\frac{d\,u_{BE}}{d\,t} + C_{ES}\frac{d\,u_{BE}}{d\,t}$$

$$U_{0C} = -u_{BC} + u_{BE}\,;\quad u_{BE} + R_B(C_{ES} + C_{CS})\frac{d\,u_{BE}}{d\,t} = U_{0C}$$

Mit $u_{BE}(t=0) = 0$ wird

$$u_{BE} = U_{0C}\left[1 - \exp\frac{-t}{R_B(C_{CS} + C_{ES})}\right].$$

$$u_{BE}(t = t_d') = U_{BEX}\,;\quad t_d' = R_B(C_{ES} + C_{CS})\ln\frac{U_{0C}}{U_{0C} - U_{BEX}} = 10,8\,ns$$

2. Während der Zeit t_a' ist $u_{BE} = U_{BEX} = $ konstant, es gilt das Ersatzschaltbild 2.7b:

$$i_B = I_{BX} = \frac{U_{0C} - U_{BEX}}{R_B} = 0,42\,mA \ .$$

Außerdem kann $i_C \approx B_N i_{BE}$ angenommen werden.

$$I_{BX} = C_{CS}\frac{d\,u_{BC}}{d\,t} + i_{BE} + \tau_C B_N\frac{d\,i_{BE}}{d\,t}$$

$$i_C \approx B_N i_{BE}\,;\quad U_{0C} = R_C i_C - u_{BC} + U_{BEX}$$

$$i_C + B_N(R_C C_{CS} + \tau_C)\frac{d\,i_C}{d\,t} = B_N I_{BX}$$

Mit der Anfangsbedingung $i_C(0) \approx 0$ wird

$$i_C = B_N I_{BX}\left[1 - \exp\frac{-t}{B_N(R_C C_{CS} + \tau_C)}\right].$$

$$i_C(t = t_a') = I_{CX} = \frac{U_{0C} - U_{CEX}}{R_C}$$

$$t_a' = B_N(R_C C_{CS} + \tau_C)\ln\frac{1}{1 - \dfrac{I_{CX}}{B_N I_{BX}}} = B_N(R_C C_{CS} + \tau_C)\ln\frac{1}{1 - \dfrac{1}{m}} = 52\,ns$$

mit

$$m = \frac{B_N I_{BX}}{I_{CX}} = B_N \frac{U_{0C} - U_{BEX}}{U_{0C} - U_{CEX}} \cdot \frac{R_C}{R_B} = 4,4$$

3. Nach Gl.(2.150) gilt für t'_s

$$t'_s = \tau_s \ln \frac{m+k}{1+k} \quad k = \frac{-I_{BY}}{I_{CX}} B_N = B_N \frac{U_{BEX}}{U_{0C} - U_{CEX}} \cdot \frac{R_C}{R_B} = 0{,}833; \quad t'_s = 52{,}5 \, \text{ns}$$

4. Während der Zeit t'_f gilt das gleiche Ersatzschaltbild wie für t'_a, nur der Basisstrom wird I_{BY}. Er bleibt konstant, da auch $u_{BE} = U_{BEX}$ annähernd erhalten bleibt.

$$i_C + B_N (R_C C_{CS} + \tau_C) \frac{d\, i_C}{d\, t} = B_N I_{BY}; \; i_C(t=0) = I_{CX}$$

$$i_C = B_N I_{BY} + (I_{CX} - B_N I_{BY}) \exp \frac{-t}{B_N (R_C C_{CS} + \tau_C)}$$

$$i_C = I_{CX} \left[-k + (1+k) \exp \frac{-t}{B_N (R_C C_{CS} + \tau_C)} \right]$$

$$i_C(t = t'_f) = 0; \; t'_f = B_N (R_C C_{CS} + \tau_C) \ln \frac{1+k}{k} = 158 \, \text{ns}$$

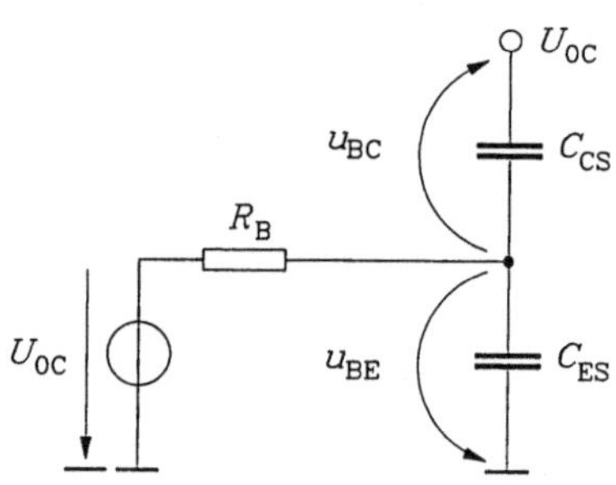

Bild 2.7a

a)

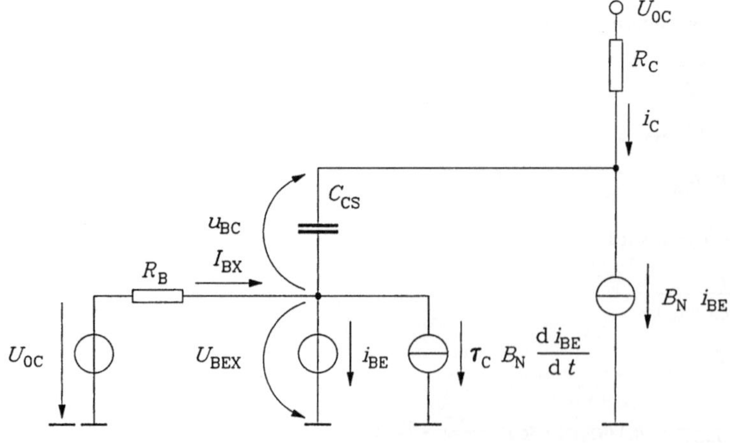

b)   **Bild 2.7b**

Aufgabe 2.8

1. $\quad t_a' = B_N(\tau_C + R_C C_{CS})\ln\dfrac{m}{m-1} = B_N\left(\tau_C + C_{CS}\dfrac{U_{0C}-U_{CEX}}{I_{CX}}\right)\ln\dfrac{m}{m-1} = 12{,}1\text{ ns}$

2. $\quad t_f' = B_N(\tau_C + R_C C_{CS})\ln\left(1+\dfrac{1}{k}\right);\quad k = \dfrac{-I_{BY}}{I_{CX}}B_N = \dfrac{I_0}{I_{CX}}B_N = 4\cdot 10^{-2}$

   $\quad t_f' = B_N\left(\tau_C + C_{CS}\dfrac{U_{0C}-U_{CEX}}{I_{CX}}\right)\ln\left(1+\dfrac{1}{k}\right) = 180\text{ ns}$

Aufgabe 2.9

1. $\quad A_1 = \overline{E};\ A_2 = E$

2. $\quad$ Masche: $U_E = U_{BEX} + U_{GX,Y}$

   $\quad E = H,\ \text{d.h. } U_E = 0{:}\ 0 = U_{BEX} + U_{GX};\ U_{GX} = -U_{BEX} = -0{,}8\text{ V}$

   $\quad E = L,\ \text{d.h. } U_E = -\Delta U{:}\ -\Delta U = U_{BEX} + U_{GY};\ U_{GY} = -U_{BEX} - \Delta U = -1{,}6\text{ V}$

3. $\quad R_{C1} = R_{C2} = \dfrac{\Delta U}{-A_N I_E} = \dfrac{0{,}8\text{ V}}{2\text{ mA}} = 400\,\Omega$

4. $\quad E = H{:}\ U_E = 0 = U_{BEX} + I_{EK}R_K + U_{0E};\ R_K = \dfrac{-U_{BEX}-U_{0E}}{I_{EK}} = \dfrac{4{,}2\text{ V}}{2\text{ mA}} = 2{,}1\text{ k}\Omega$

5. $\quad P_V = P_{VS} + P_{VK} = -U_{0E}\left(I_E + \dfrac{I_{EK}\big|_{E=H} + I_{EK}\big|_{E=L}}{2}\right)$

   $\quad P_V = -U_{0E}\left(I_E + \dfrac{\dfrac{-\Delta U}{2} - U_{BEX} - U_{0E}}{R_K}\right) = 5\text{ V}\left(2\text{ mA} + \dfrac{3{,}8\text{ V}}{2{,}1\text{ k}\Omega}\right) = 19\text{ mW}$

Aufgabe 2.10

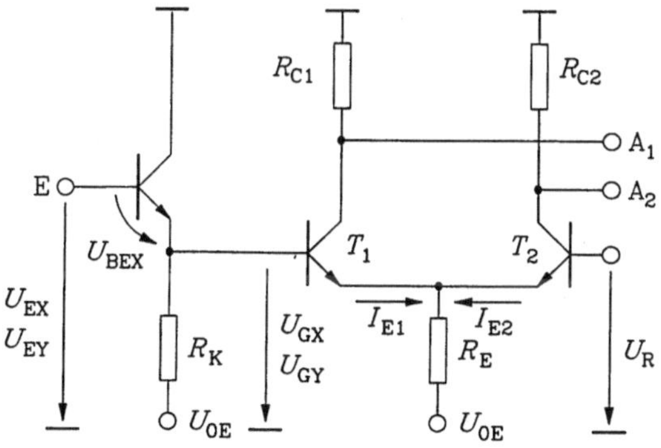

1. $\quad U_{GX} = U_{EX} - U_{BEX};\ U_{EX} = 0;\ U_{GX} = -U_{BEX} = -0{,}75\text{ V}$

   $\quad U_{GY} = U_{EY} - U_{BEX};\ U_{EY} = -\Delta U;\ U_{GY} = -\Delta U - U_{BEX} = -1{,}55\text{ V}$

   $\quad U_R = \dfrac{U_{GX} + U_{GY}}{2} = -1{,}15\text{ V}$

2. $\quad R_{C1} = \dfrac{\Delta U}{A_N I_{E1}}; \; R_{C2} = \dfrac{\Delta U}{A_N I_{E2}}$

Maschengleichung für $I_{E1,2}$:

$$U_{GX} = U_{BEX} + I_{E1} R_E + U_{0E}; \; U_R = U_{BEX} + I_{E2} R_E + U_{0E}$$

$$I_{E1} = \frac{U_{GX} - U_{BEX} - U_{0E}}{R_E} = \frac{3{,}5\,\text{V}}{1{,}2\,\text{k}\Omega} = 2{,}92\,\text{mA}$$

$$I_{E2} = \frac{U_R - U_{BEX} - U_{0E}}{R_E} = \frac{3{,}1\,\text{V}}{1{,}2\,\text{k}\Omega} = 2{,}58\,\text{mA} \quad R_{C1} = 274\,\Omega \quad R_{C2} = 310\,\Omega$$

Aufgabe 2.11

1. $\quad U_C = \dfrac{-\Delta U}{1 + e^{-(U_G - U_R)/U_T}} = \dfrac{-\Delta U}{1 + e^{-\Delta U_G/U_T}}$

$$\frac{d\,U_C}{d\,\Delta U_G} = -1 = \frac{(-\Delta U)\left(-e^{-\Delta U_G/U_T}\right)\left(-\dfrac{1}{U_T}\right)}{\left(1 + e^{-\Delta U_G/U_T}\right)^2}; \; e^{-\Delta U_G/U_T} = X$$

$$X^2 - \left(\frac{\Delta U}{U_T} - 2\right) X + 1 = 0$$

$$X_{1,2} = \frac{1}{2}\left(\frac{\Delta U}{U_T} - 2\right) \pm \sqrt{\frac{1}{4}\left(\frac{\Delta U}{U_T} - 2\right)^2 - 1}$$

$$X_1 \approx \frac{\Delta U}{U_T} - 2; \; X_2 \approx \frac{1}{\dfrac{\Delta U}{U_T} - 2}$$

$$\frac{\Delta U_{G1}}{U_T} = -\ln\left(\frac{\Delta U}{U_T} - 2\right); \; \frac{\Delta U_{G2}}{U_T} = \ln\left(\frac{\Delta U}{U_T} - 2\right)$$

$$W = 2 U_T \ln\left(\frac{\Delta U}{U_T} - 2\right) = 50\,\text{mV} \cdot \ln 30 = 170\,\text{mV}$$

2. $\quad U_C = \dfrac{-\Delta U}{1 + e^{-(\Delta U_G + U_R - U_R + \Delta U_G)/U_T}} = \dfrac{-\Delta U}{1 + e^{-2\Delta U_G/U_T}}$

$$\frac{d\,U_C}{d\,\Delta U_G} = -1 = \frac{(-\Delta U)\left(-e^{-2\Delta U_G/\Delta U_T}\right)\left(-\dfrac{2}{U_T}\right)}{\left(1 + e^{-2\Delta U_G/U_T}\right)^2}$$

Daraus folgt:

$$W = U_T \ln\left(\frac{2\Delta U}{U_T} - 2\right) = 25\,\text{mV} \cdot \ln 62 = 103\,\text{mV}$$

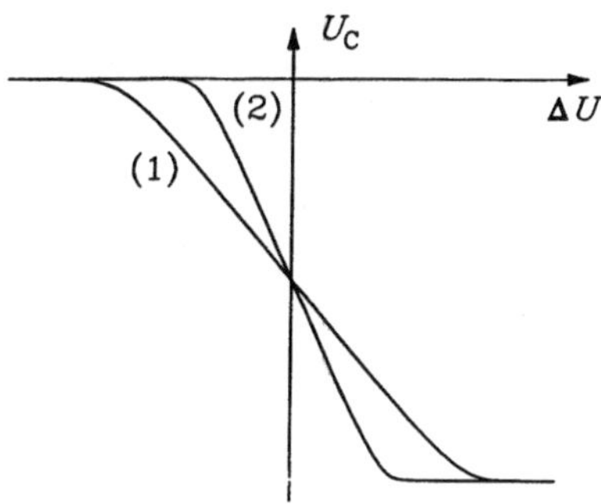

Aufgabe 2.12

1. Der Schalttransistor arbeitet im leitenden Zustand im aktiven Bereich, es gelten folgende Kennliniengleichungen:

$$I_D = \frac{\beta_L}{2}(U_{GSL} - U_{TL})^2 = \beta_S\left((U_{GSS} - U_{TS})U_{DSS} - \frac{1}{2}U_{DSS}^2\right)$$

Mit $U_{GSL} = U_{0D} - U_A(L)$; $U_{GSS} = U_E = U_A(H) = U_{0D} - U_{TL}$; $U_{DSS} = U_A(L)$ wird

$$\frac{\beta_S}{\beta_L} = \frac{(U_{0D} - U_A(L) - U_{TL})^2}{2(U_{0D} - U_{TL} - U_{TS})U_A(L) - U_A^2(L)} = 4,225$$

Näherung für $U_A(L)$, $U_{TS} \ll U_{0D} - U_{TL}$:

$$\frac{\beta_S}{\beta_L} \approx \frac{(U_{0D} - U_{TL})^2}{2(U_{0D} - U_{TL})U_A(L)} = \frac{U_A(H)}{2U_A(L)} = 3,75$$

2. $P_{V\,max} = U_{0D}I_{D\,max}$

$$I_{D\,max} = \frac{\beta_L}{2}(U_{0D} - U_A(L) - U_{TL})^2 = \beta_S\left[(U_{0D} - U_{TL} - U_{TS})U_A(L) - \frac{1}{2}U_A^2(L)\right]$$

$$\beta_L = \frac{2P_{V\,max}}{U_{0D}(U_{0D} - U_A(L) - U_{TL})^2} = 1,775\,\mu A\,/\,V^2;\ \beta_S = 4,255\cdot\beta_L = 7,55\,\mu A\,/\,V^2$$

Aufgabe 2.13

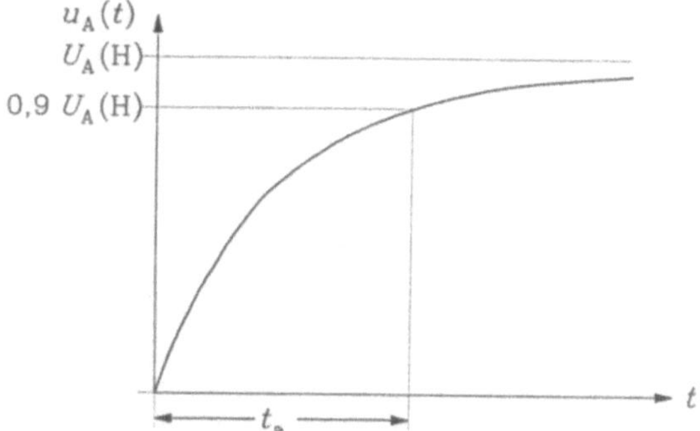

Während der Aufladung der Kapazität C ist der Schalt-FET gesperrt.

1. Last-FET im Einschnürbereich:

$$U_A(H) = U_{0D} - U_{TL} = 10V$$

$$i_{DL} = i_C$$

$$\frac{\beta_L}{2}(U_{0D} - u_A - U_{TL})^2 = \frac{\beta_L}{2}(U_A(H) - u_A)^2 = C\frac{du_A}{dt}$$

$$\int_0^{t_a} dt = \frac{2C}{\beta_L}\int_0^{0,9U_A(H)}\frac{du_A}{(U_A(H) - u_A)^2}$$

$$t_a = \frac{18C}{\beta_L U_A(H)} = 180ns$$

2. Last-FET im aktiven Bereich:

$$U_A(H) = U_{0D} = 15V$$

$$\beta_L\left[(U_{0G} - u_A - U_{TL})(U_{0D} - u_A) - (U_{0D} - u_A)^2\right] = C\frac{du_A}{dt}$$

$$U_{0G} \gg U_{0D}, U_{TL}:$$

$$\beta_L U_{0G}(U_{0D} - u_A) = \beta_L U_{0G}(U_A(H) - u_A) \approx C\frac{du_A}{dt}$$

$$\int_0^{t_a} dt \approx \frac{C}{\beta_L U_{0G}}\int_0^{0,9U_A(H)}\frac{du_A}{U_A(H) - u_A}$$

$$t_a \approx \frac{C}{\beta_L U_{0G}}\ln 10 = \frac{2,3C}{\beta_L U_{0G}} = 7,7ns$$

3. $\dfrac{t_{a,\text{Einschnürbereich}}}{t_{a,\text{aktiver Bereich}}} = 23,5$

Aufgabe 2.14

Während der Entladung der Kapazität C arbeitet der Schalt-FET zunächst im Einschnürbereich $u_A \geq U_E - U_{TS} = U_A(H) - U_{TS}$ und nachfolgend im aktiven Bereich $u_A \leq U_E - U_{TS} = U_A(H) - U_{TS}$ (siehe Bild).

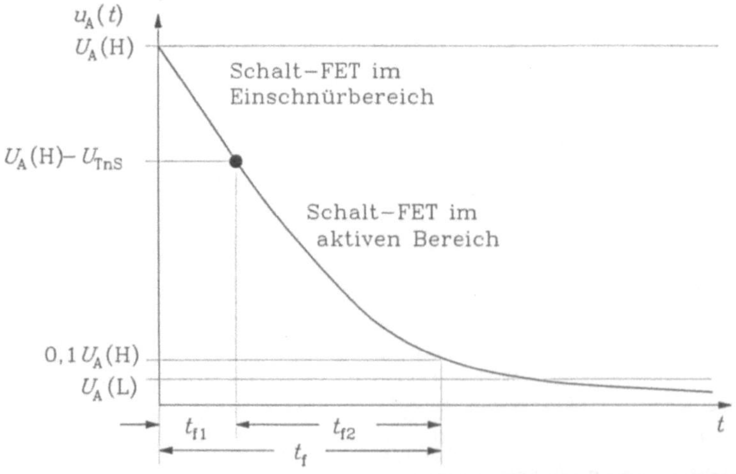

1. t_{f1}:

$$i_C = -i_{DS}$$

$$C\frac{du_A}{dt} = -\frac{\beta_S}{2}(U_A(H) - U_{TS})^2$$

$$\int_0^{t_{f1}} dt = -\frac{2C}{\beta_S}\frac{1}{(U_A(H) - U_{TS})^2}\int_{U_A(H)}^{U_A(H)-U_{TS}} du_A$$

$$t_{f1} = \frac{2C}{\beta_S}\frac{U_{TS}}{(U_A(H) - U_{TS})^2}$$

2. t_{f2}:

$$C\frac{du_A}{dt} = -\beta_S\left[(U_A(H) - U_{TS})u_A - \frac{1}{2}u_A^2\right]$$

$$\int_0^{t_{f2}} dt = -\frac{C}{\beta_S}\int_{U_A(H)-U_{TS}}^{0,1U_A(H)}\frac{du_A}{(U_A(H) - U_{TS})u_A - \frac{1}{2}u_A^2}$$

$$t_{f2} = \frac{C}{\beta_S}\frac{1}{U_A(H) - U_{TS}}\ln\left(19 - \frac{20U_{TS}}{U_A(H)}\right)$$

$$t_f = t_{f1} + t_{f2}$$

$$t_f = \frac{C}{\beta_S}\frac{1}{U_A(H) - U_{TS}}\left[\frac{2U_{TS}}{U_A(H) - U_{TS}} + \ln\left(19 - \frac{20U_{TS}}{U_A(H)}\right)\right]$$

siehe auch Gl. (2.448)

Die Abfallzeiten für die beiden Schaltungsarten des Lasttransistors unterscheiden sich wegen der unterschiedlichen H-Pegel $U_A(H)$:

1. Last-FET im Einschnürbereich ($U_{0D}=U_{0G}$)

   $$U_A(H) = U_{0D} - U_{TL} = 10V$$
   $$t_f = 4,9\,ns$$

2. Last-FET im aktiven Bereich ($U_{0G} \geq U_{0D} + U_{TL}$)

   $$U_A(H) = U_{0D} = 15V$$
   $$t_f = 2,7\,ns$$

Aufgabe 2.15

1. Für $U_A = U_A(L)$ befindet sich der Lasttransistor im Einschnürbereich, der Schalttransistor im aktiven Bereich.

   $$I = \frac{\beta_D}{2}(-U_{TD})^2 = \beta_E\left((U_E - U_{TE})U_A - \frac{1}{2}U_A^2\right)$$

   $$\frac{\beta_D}{2}U_{TD}^2 = \beta_E\left((U_A(H) - U_{TE})U_A(L) - \frac{1}{2}U_A^2(L)\right)$$

   Mit $U_A(H) = U_0 = 5\,V$ wird $\dfrac{\beta_E}{\beta_D} = \dfrac{U_{TD}^2}{U_A(L)[2(U_0 - U_{TE}) - U_a(L)]} = 2,13.$

2. Während t_{pLH} steigt u_A von $U_A(L) = 0,2\,V$ auf $U_A(L) + [U_A(H) - U_A(L)]/2 = 2,6\,V$ an. In dieser Phase ist der leitende Lasttransistor stets im Einschnürbereich, denn

   $$u_A < U_0 + U_{TD} = 3\,V.$$

Somit gilt $C_L \dfrac{dU_A}{dt} = \beta_D \dfrac{U_{TD}^2}{2}$

$$t_{LH} = \frac{2C_L}{\beta_D U_{TD}^2} \int_{U_A(L)}^{U_A(L) + \frac{U_A(H) - U_A(L)}{2}} du_A = \frac{C_L}{\beta_D U_{TD}^2}(U_0 - U_A(L)) = 24 \text{ ns}$$

10.3 Lösungen zu Kapitel 3

Aufgabe 3.1

1.

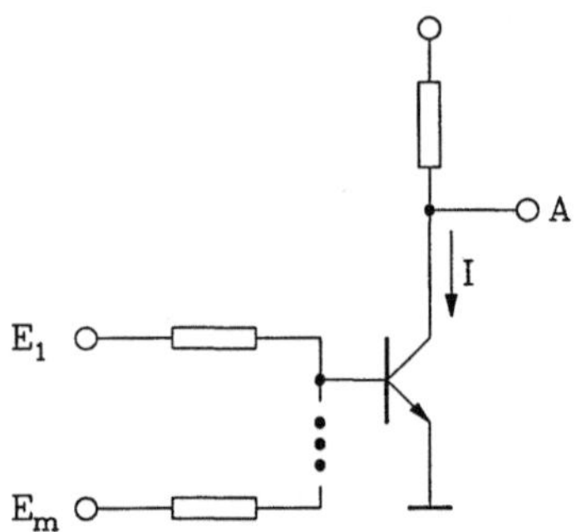

$$I = E_1 + E_2 + \cdots + E_m$$

$$A = \bar{I} = \overline{E_1 + E_2 + \cdots + E_m} \qquad \text{(NOR-Funktion)}$$

2. – Schaltung bei minimaler Übersteuerung m_{min}:
   (1 Eingang ist mit U_{GX} belegt, die anderen mit U_{GY})

Knotengleichung:

$$\frac{U_{0C} - U_{BEX}}{R_C + R_K} = I_{BXmin} + (m-1)\frac{U_{BEX} - U_{CEX}}{R_K} \tag{1}$$

$$m_{min} = \frac{B_N I_{BXmin}}{I_{CX}} = \frac{R_C B_N I_{BXmin}}{U_{0C} - U_{CEX}} \tag{2}$$

Aus (1) und (2) folgt

$$m = 1 + \frac{\dfrac{U_{0C} - U_{BEX}}{R_C + R_K} - \dfrac{U_{0C} - U_{CEX}}{B_N R_C} m_{min}}{\dfrac{U_{BEX} - U_{CEX}}{R_K}} = 3,91,$$

gewählt $m = 3$.

– Schaltung bei maximaler Übersteuerung m_{max}:

(alle Eingänge sind mit U_{GX} belegt)

Knotengleichung

$$m \frac{U_{0C} - U_{BEX}}{R_C + R_K} = I_{BXmax} \tag{3}$$

$$m_{max} = \frac{B_N I_{BXmax}}{I_{CX}} = \frac{R_C B_N I_{BXmax}}{U_{0C} - U_{CEX}} \tag{4}$$

Aus (3) und (4) folgt

$$m = \frac{U_{0C} - U_{CEX}}{U_{0C} - U_{BEX}} \frac{R_C + R_K}{R_C} \frac{m_{max}}{B_N} = 3,43,$$

gewählt $m = 3$.

Ergebnis: mit $m = 3$ werden die angegebenen Bedingungen insgesamt nicht verletzt.

Aufgabe 3.2

1. Maschengleichung

$$U_{0C} = R_C I_{CX} + U_{CEX}$$

$$R_C = \frac{U_{0C} - U_{CEX}}{I_{CX}} = 490\Omega$$

2. Schaltungsmodell

$R_{GX} = R_C$ — R_K — I_{BX} — $U_{GX} = U_{0C}$ — U_E — U_{BEX}

$$I_{BX} = m \frac{I_{CX}}{B_N} = 0,3\text{mA}$$

Maschengleichung

$$U_{0C} - U_{BEX} = (R_C + R_K) I_{BX} = (R_C + R_K) m \frac{I_{CX}}{B_N}$$

$$R_K = \frac{U_{0C} - U_{BEX}}{m I_{CX}} B_N - R_C \approx 13,5\text{k}\Omega$$

3. Schaltungsmodell

Knotengleichung

$$\frac{U_{0C} - U_A(H)}{R_C} = n \frac{U_A(H) - U_{BEX}}{R_K} \tag{1}$$

$$U_A(H) = 0,9 U_{0C} = 4,5\text{V}$$

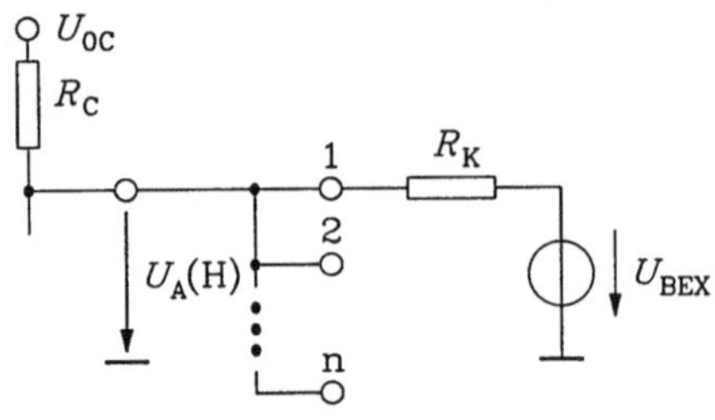

$$n = \frac{0,1 U_{0C}}{0,9 U_{0C} - U_{BEX}} \frac{R_K}{R_C} = 3,72,$$

gewählt. $n = 3$.

Aus (1) folgt mit $n = 3$: $U_A(H) = 4{,}59 V$.

$$m = \frac{B_N I_{BX}}{I_{CX}} = \frac{B_N}{I_{CX}} \frac{U_A(H) - U_{BEX}}{R_K} = 2,81$$

Aufgabe 3.3

1. $$R_1 = R_2 = \frac{U_{0C} - U_{BCX} - U_{BEX}}{I_{BX}} = 7,2 \text{ k}\Omega$$

2. $$m = \frac{B_N \cdot I_{BX}}{I_{CX}} = \frac{B_N \cdot I_{BX}}{U_{0C} - U_{CEX}} R_C \cdot n, \text{ d.h. } m_{min} = f(n_{min}); n = 1,2$$

    mit $n_{min} = 1$: $\quad R_C = \dfrac{U_{0C} - U_{CEX}}{B_N I_{BX}} \cdot m_{min} = 384 \ \Omega$

3. $$m_{max} = \frac{B_N \cdot I_{BX}}{U_{0C} - U_{CEX}} R_C \cdot n_{max} = 2 \cdot m_{min} = 4$$

4. $$I_{RC} \triangleq \overline{A} = E_1 E_2 + E_3 E_4; \ A = (\overline{E}_1 + \overline{E}_2)(\overline{E}_3 + \overline{E}_4) = \overline{E}_1 \overline{E}_3 + \overline{E}_1 \overline{E}_4 + \overline{E}_2 \overline{E}_3 + \overline{E}_2 \overline{E}_4$$

Aufgabe 3.4

1. Für E = H werden die Basis-Kollektor-Diode von T_1, die Transistoren T_2 und T_4 leitend. Es sind deshalb alle Knoten und Maschen dieser leitenden Zweige anzugeben, wobei der Basisstrom von T_2 durch den zu berechnenden Widerstand R_1 fließt. Es gilt an T_2 folgende Strombilanz:

$$I_{BX2} = I_{E2} - I_{CX2} = I_{E2} - \frac{I_{BX2} B_{N2}}{m_2}$$

$$I_{E2} = I_{BX2}\left(1 + \frac{B_{N2}}{m_2}\right) \tag{1}$$

$$I_{E2} = \frac{U_{BEX}}{R_3} + \frac{m_4 n I_L}{B_{N4}} = \frac{U_{BEX}}{R_3} + \frac{m_4 n}{B_{N4}} \cdot \frac{U_{0C} - U_{BEX} - U_{CEX}}{R_1} \tag{2}$$

$$I_{BX2} = \frac{U_{0C} - U_{BCX1} - 2 U_{BEX}}{R_1} \tag{3}$$

(3) und (2) in (1) eingesetzt, liefert

$$\frac{U_{BEX}}{R_3} + \frac{m_4 n}{B_{N4}} \cdot \frac{U_{0C} - U_{BEX} - U_{CEX}}{R_1} = \left(1 + \frac{B_{N2}}{m_2}\right) \frac{U_{0C} - U_{BCX1} - 2 U_{BEX}}{R_1}$$

$$R_1 = \frac{\left(1 + \dfrac{B_{N2}}{m_2}\right)(U_{0C} - U_{BCX1} - 2 U_{BEX}) - \dfrac{m_4 n}{B_{N4}}(U_{0C} - U_{BEX} - U_{CEX})}{U_{BEX}} R_3 \tag{4}$$

Nach (4) gilt: $m_{max} = f(n_{min})$, speziell $m_{max} = 60$, $n_{min} = 1$; $R_1 = 3,95\,k\Omega$

2. Mit (4) wird deutlich, daß $m_4 n = $ konstant; $m_{4\,max} n_{min} = m_{4\,min} n_{max}$; $n_{max} = \dfrac{m_{4\,max} n_{min}}{m_{4\,min}} = 30$

3. $R_2 = \dfrac{U_{0C} - U_{CEX} - U_{BEX}}{I_{CX2}} = \dfrac{U_{0C} - U_{CEX} - U_{BEX}}{U_{0C} - U_{BCX1} - 2U_{BEX}} \cdot \dfrac{m_2}{B_{N2}} \cdot R_1 = 592\,\Omega$

4. Maschengleichung zwischen T_2, T_3, T_4, T_5:

$$U_{CEX2} + U_{BEX4} = U_{BEX3} + U_{BEY5} + U_{CEX4}; \quad U_{BEY} = 0$$

Aufgabe 3.5

1. $I_0(E = L)$:

Aus der Quelle entnimmt nur T_1 Strom.

Maschengleichung:

$$U_{0C} = I_0(E = L)R_1 + U_{BEX} + U_{CEX}$$

$$I_0(E = L) = \frac{U_{0C} - U_{BEX} - U_{CEX}}{R_1} = 1,06\,mA$$

$I_0(E = H)$:

Aus der Quelle entnehmen T_1 (Inversbetrieb) und T_2 (Übersteuerungsbetrieb) Strom.

Maschengleichungen:

$$U_{0C} = I_{B1}R_1 + U_{BCX1} + U_{BEX2} + U_{BEX4}$$

$$U_{0C} = I_{C2}R_2 + U_{CEX2} + U_{BEX4}$$

$$I_0(E = H) = I_{B1} + I_{C2}$$

$$= \frac{U_{0C} - U_{BCX} - 2U_{BEX}}{R_1} + \frac{U_{0C} - U_{CEX} - U_{BEX}}{R_2} = 3,46\,mA$$

2. $P_V = \dfrac{1}{2}[I_0(E = L) + I_0(E = H)]U_{0C} = 11,3\,mW$

Aufgabe 3.6

1. $A = E_1 \cdot E_2$ (AND-Funktion)

2. $I_{CX5} = \dfrac{B_{N5}}{m_5} I_{BX5}$,

$$\frac{U_{0C} - U_F - U_{BEX4} - U_{BEX5}}{R_2} + \frac{U_{0C} - U_{CEX4} - U_{BEX5}}{R_5} = I_{BX5} + \frac{U_{BEX5}}{R_4}\,.$$

$$I_{CX5} = \frac{B_{N5}}{m_5}\left(\frac{U_{0C} - U_F - 2U_{BEX}}{R_2} + \frac{U_{0C} - U_{CEX} - U_{BEX}}{R_5} - \frac{U_{BEX}}{R_4} \right)$$

$$I_{CX5\,max} = \frac{B_{N5}}{m_{5\,min}} \cdot 3,375\,mA = 16,9\,mA, \quad I_{CX5\,min} = \frac{B_{N5}}{m_{5\,max}} \cdot 3,375\,mA = 1,69\,mA$$

$$R_L = \frac{U_{0C} - U_{CEX}}{I_{CX5}}, \quad R_{L\,max} = \frac{U_{0C} - U_{CEX}}{I_{CX5\,min}} = 2,9\,k\Omega, \quad R_{L\,min} = \frac{U_{0C} - U_{CEX}}{I_{CX5\,max}} = 290\,\Omega$$

3. $\quad I_{\text{CX5max}} = \dfrac{U_{0C} - U_{\text{CEX}}}{R_L} + n_{\max} I_E \quad (I_E \triangleq \text{Eingangsstrom eines Gatters}),$

$$I_E = \frac{U_{0C} - U_{\text{BEX1}} - U_{\text{CEX5}}}{R_1} = 1{,}05\,\text{mA}, \quad n_{\max} = \frac{1}{I_E}\left(I_{\text{CX5max}} - \frac{U_{0C} - U_{\text{CEX}}}{R_L} \right) = 11{,}4, \quad n_{\max} = 11$$

Aufgabe 3.7

1. $\quad A = \overline{E_1 \cdot E_2} \qquad$ (NAND-Funktion)

2. $I_E(L)$ fließt, wenn nur ein Eingang mit E=L belegt ist.

   Schaltungsmodell:

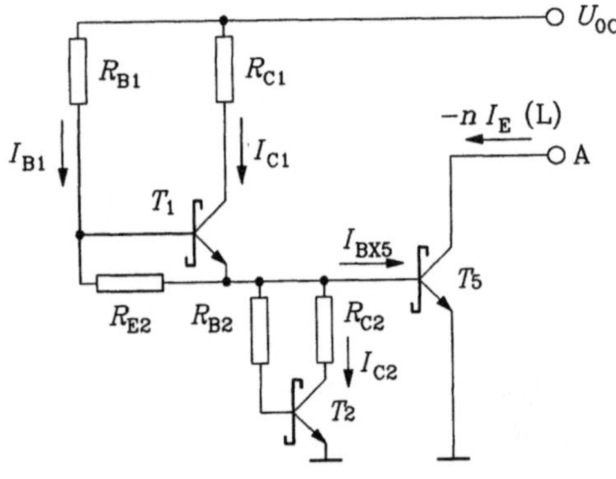

$$R_{B1} = \frac{U_{0C} - U_F - U_{\text{CEX}}}{-I_E(L)} = 20\,\text{k}\Omega$$

3. T_5 ist leitend, wenn beide Eingänge mit $E_1 = E_2 = H$ belegt sind. Dabei sind alle Schottky-Dioden sowie T_3 und T_4 gesperrt.

   Schaltungsmodell:

$$I_{BX5} = m_5 \frac{I_{\text{CX5}}}{B_{N5}} = \frac{m_5}{B_{N5}}\left[-nI_E(L)\right] = \frac{m_{5\min}\, n_{\max}}{B_{N5}}\left[-I_E(L)\right]$$

$$\frac{U_{0C} - 2U_{\text{BEX}}}{R_{B1}} + \frac{U_{0C} - U_{\text{CEX}} - U_{\text{BEX}}}{R_{C1}}$$

$$= \frac{U_{\text{BEX}} - U_{\text{CEX}}}{R_{C2}} + \frac{m_{5\min}\, n_{\max}}{B_{N5}}\left[-I_E(L)\right]$$

$$R_{C1} = \frac{U_{0C} - U_{CEX} - U_{BEX}}{\dfrac{m_{5\min} n_{\max}}{B_{N5}}[-I_E(L)] + \dfrac{U_{BEX} - U_{CEX}}{R_{C2}} - \dfrac{U_{0C} - 2U_{BEX}}{R_{B1}}} = 6,7\,\mathrm{k\Omega}$$

4. $I_{0C}(E_1 + E_2 = L) = -I_E(L) = 0,215\,\mathrm{mA}$

$$I_{0C}(E_1 E_2 = H) = \frac{U_{0C} - 2U_{BEX}}{R_{B1}} + \frac{U_{0C} - U_{CEX} - U_{BEX}}{R_{C1}} = 0,778\,\mathrm{mA}$$

Aufgabe 3.8

1. $U_E \le U_{BEX}$: T_1 ist leitend übersteuert, T_2, T_4 sind gesperrt.

$$I_E = -\frac{U_{0C} - U_{BEX1} - U_E}{R_1}$$

$U_{BEX} \le U_E \le 2U_{BEX}$: T_1 ist leitend übersteuert, T_2 ist leitend aktiv, T_4 ist gesperrt.

$$U_{0C} = R_1(-I_E + I_{B2}) + U_{BEX1} + U_E,$$

$$I_{B2} = \frac{I_{E2}}{1 + B_{N2}} = \frac{U_E + U_{BEX1} - U_{BCX1} - U_{BEX2}}{R_3(1 + B_{N2})}.$$

$$I_E = -\frac{U_{0C} - U_{BEX} - U_E}{R_1} + \frac{U_E - U_{BEX}}{R_3(1 + B_{N2})}.$$

$2U_{BEX} < U_E$: T_1 ist im Inverszustand, T_2 und T_4 sind leitend übersteuert.

$$I_E = B_I I_{B1} = B_I \frac{U_{0C} - U_{BCX1} - U_{BEX2} - U_{BEX4}}{R_1} = B_I \frac{U_{0C} - 3U_{BEX}}{R_1} = 29\,\mathrm{\mu A}$$

2. $U_E \le U_{BEX}$:

$$U_{0C} = \frac{I_A}{1 + B_{N3}} R_2 + U_{BEX3} + U_F + U_A(H); \quad U_A(H) \approx U_{0C} - 2U_{BEX} = 3,6\,\mathrm{V}$$

$U_{BEX} \le U_E \le 2U_{BEX}$: T_1 ist leitend übersteuert, T_2 und T_3 sind leitend aktiv.

$$I_{E2} = \frac{U_E - U_{BEX2}}{R_3}, \quad I_{C2} = \frac{B_{N2}}{1 + B_{N2}} I_{E2} = \frac{B_{N2}}{1 + B_{N2}} \cdot \frac{U_E - U_{BEX}}{R_3},$$

$$U_A = U_{0C} - R_2 I_{C2} - U_{BEX3} - U_F = U_{0C} - 2U_{BEX} - \frac{R_2}{R_3} \cdot \frac{B_{N2}}{1 + B_{N2}}(U_E - U_{BEX})$$

$2U_{BEX} < U_E$: T_4 ist leitend übersteuert.

$$U_A = U_A(L) = U_{CEX4} = 0,1\,\mathrm{V}$$

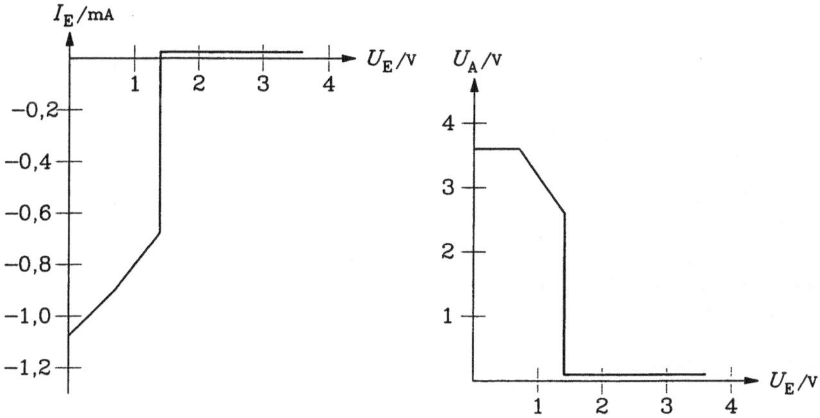

Aufgabe 3.9

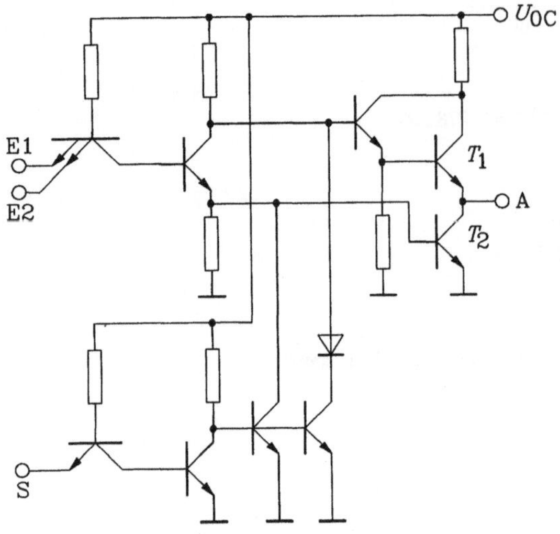

$S = L$ sperrt T_1 und T_2. Damit folgt

für den aktiven Zustand $A = S \cdot \overline{E_1 E_2}$

für den Tristate-Zustand $A = \overline{S} \cdot Z$.

Aufgabe 3.10

Während der Anstiegszeit steigt u_{BE1} von 0 V auf U_{BEX} an, während die Basisspannung der schaltenden vorhergehenden Stufe u_{BE0} von U_{BEX} auf 0 V absinkt. Die nachfolgenden Stufen sind noch eingeschaltet (U_{BEX}). Somit gilt folgende Ersatzschaltung:

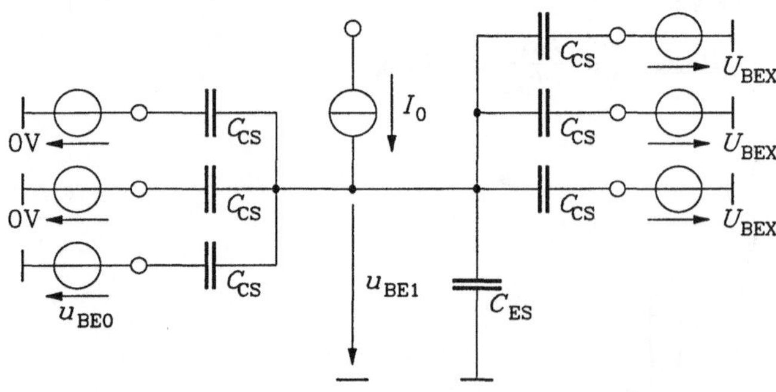

$$I_0 = (6C_{CS} + C_{ES}) \frac{d\, u_{BE1}}{d\, t} - C_{CS} \frac{d\, u_{BE0}}{d\, t}$$

$$\int_0^{t'_a} dt = \frac{1}{I_0} \left[(6C_{CS} + C_{ES}) \int_0^{U_{BEX}} du_{BE1} - C_{CS} \int_{U_{BEX}}^0 du_{BE0} \right]$$

$$t'_a = \frac{U_{BEX}}{I_0} (C_{ES} - 7C_{CS}) = 368 \text{ ns}$$

Aufgabe 3.11

$$A_1 = \overline{\overline{E_1} \cdot \overline{E_3}} = E_1 + E_3$$

$$A_2 = \overline{(E_1 + E_2) \cdot \overline{E_3}} = \overline{E_1 + E_2} + E_3$$

Aufgabe 3.12

$$S = \overline{A}B\overline{Ü}_{-1} + A\overline{B}\overline{Ü}_{-1} + \overline{A}\,\overline{B}Ü_{-1} + ABÜ_{-1}$$

$$Ü = AB\overline{Ü}_{-1} + \overline{A}BÜ_{-1} + A\overline{B}Ü_{-1} + ABÜ_{-1} = AB + \overline{A}BÜ_{-1} + A\overline{B}Ü_{-1}$$

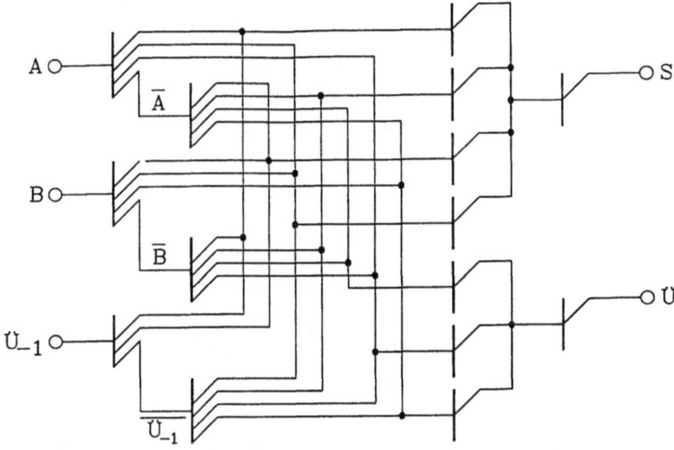

Aufgabe 3.13

1. NOR

2. Kritisch für $U_{CB} \geq 0$ ist der leitende Zustand von T_1, d.h. $U_G = U_{GX}$, E = H. Dann gilt die Maschengleichung $\Delta U + U_{CBX} - U_{BEX} = 0$; $\Delta U \leq U_{BEX}$; $\Delta U = U_{BEX} = 0,8$ V gewählt

3. $U_{GX} = -U_{BEX} = -0,8$ V; $U_{GY} = -U_{BEX} - \Delta U = -1,6$ V;

$$U_R = \frac{U_{GX} + U_{GY}}{2} = -1,2 \text{ V}$$

Masche: $U_{GX} = U_{BEX} - U_{BEY} + U_R$; $U_{BEY} = U_{BEX} + U_R - U_{GX} = 0,4$ V

4. Masche für E_2 = H:

$$0 = U_{BEX} + I_K R_K + U_{0E}; \quad R_K = -\frac{U_{BEX} + U_{0E}}{I_K} = 520 \ \Omega$$

Masche für I_{E2}:

$$U_R = U_{BEX} + I_{E2} R_E + U_{0E}; \quad R_E = \frac{U_R - U_{BEX} - U_{0E}}{I_{E2}} = 1,33 \text{ k}\Omega$$

Masche für I_{E1}:

$$U_{GX} = U_{BEX} + I_{E1} R_E + U_{0E}$$

$$R_{C1} = \frac{\Delta U}{A_N I_{E1}} = \frac{\Delta U}{U_{GX} - U_{BEX} - U_{0E}} R_E = 242 \ \Omega; \quad R_{C2} = \frac{\Delta U}{A_N I_{E2}} = 267 \ \Omega$$

Aufgabe 3.14

Es wird davon ausgegangen, daß im Mittel jeweils die Hälfte der Betriebszeit durch $A_1 = L$ ($A_2 = H$) und $A_1 = H$ ($A_2 = L$) bestimmt wird.

$$P_V = \frac{1}{2}\left[\sum I_V(A_1 = L) + \sum I_V(A_1 = H)\right](-U_{0E})$$

$$P_V = \frac{1}{2}\left[\begin{array}{l}2I_K(A_1 = L) + 2I_K(A_1 = H) + I_E(A_1 = L)\\ +I_E(A_1 = H) + 2I_R + 2I_B\end{array}\right](-U_{0E})$$

$$I_K(A_1 = L) = \frac{-\Delta U - U_{BEX} - U_{0E}}{R_K} = 2,4\text{mA}$$

$$I_K(A_1 = H) = \frac{-U_{BEX} - U_{0E}}{R_K} = 2,93\text{mA}$$

$$I_E(A_1 = L) = \frac{-2U_{BEX} - U_{0E}}{R_E} = 3,13\text{mA}$$

$$I_E(A_1 = H) = \frac{U_R - U_{BEX} - U_{0E}}{R_E} = 2,78\text{mA}$$

$$I_R = \frac{U_R - U_{0E}}{R_1} = 2\text{mA}$$

$$I_B = \frac{2U_F - U_{0E}}{R_2 + R_3} = 2\text{mA}$$

$$P_V = 63,9\text{mW}$$

Aufgabe 3.15

Bei Belastung des Ausgangs durch n weitere Kollektorstufen sinken $U_A(H)$ und $U_A(L)$ gleichmäßig ab, z.B.

$$U_A(H) = 0\text{ V} - nR_C\frac{I_K}{B_N + 1} \approx -\frac{nR_C I_K}{B_N}$$

Damit sinken $U_E(H)$ und $U_E(L)$ folgender Stufen ebenfalls ab, d.h., es verringert sich U_{SH}, es vergrößert sich U_{SL}.

Kritisch ist also nur das Absinken von $U_A(H)$ und damit $U_E(H)$

$$U_{SH0} = \frac{1}{2}(U_E(H) - U_E(L) - W) = \frac{1}{2}(\Delta U - W) = 280\text{ mV}$$

Bei Verringerung von U_{SH} durch $U_A(H)$ gilt $U_{SH0} = U_{SH} + \dfrac{nR_C I_K}{B_N}$.

Mit $U_{SH} = 0,8 \cdot U_{SH0}$ wird $0,2 \cdot U_{SH0} = \dfrac{nR_C I_K}{B_N}$; $n = \dfrac{0,2 \cdot U_{SH0} B_N}{R_C I_K} = 4$.

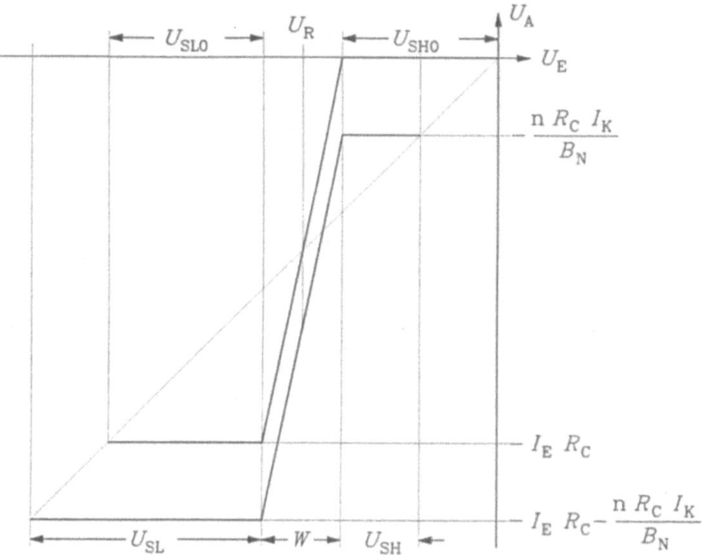

Aufgabe 3.16

1. I)   II)

E_1	E_2	A
1	1	0
0	1	1
1	0	0
0	0	0

E_1	E_2	A
1	1	1
0	1	0
1	0	0
0	0	0

$A = \overline{E}_1 E_2$ $A \triangleq E_1 E_2$

2. Klammerung der Spannung über R_C für die Fälle

    I) $E_1 = H,\ E_2 = L$ II) $E_1 = L,\ E_2 = L$

Aufgabe 3.17

$I_1 = E_1;\ I_2 = \overline{E}_1;\ I_3 = I_1 E_2;$

$I_4 = I_1 \overline{E}_2;\ I_4 = E_1 \overline{E}_2 = \overline{A}_2 = A_1$

$I'_3 = I_2 + I_3$

$I'_3 = E_1 E_2 + \overline{E}_1 = \overline{E}_1 + E_2 = \overline{A}_1 = A_2$

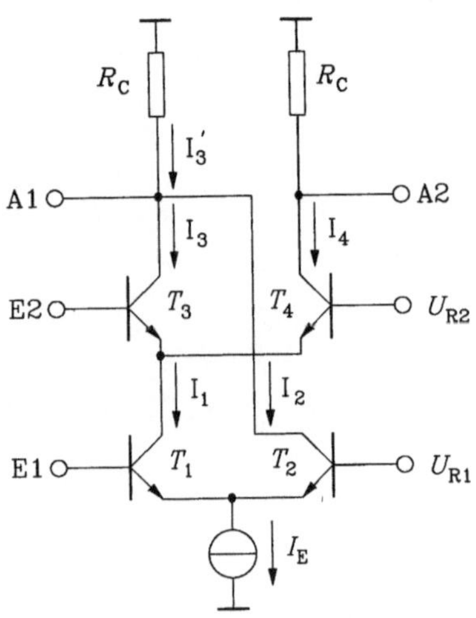

Aufgabe 3.18

1. $B = E_1E_3 + E_2E_5$:

    1. Bedingung $E_2 = \overline{E}_1$, d.h., $E_2 = U_R$

    2. Bedingung $E_3 = \overline{E}_4 = U_R$ und $E_4 = E_5$

    3. Bedingung $E_6 = \overline{E}_5 = U_R$

    Ergebnis: E_2, E_3, $E_6 = U_R$

    $E_1 = X$, $E_4 = E_5 = Y$

    $B = E_1E_3 + E_2E_5$:

    1. Bedingung $E_2 = \overline{E}_2$, d.h., $E_1 = U_R$

    2. Bedingung $E_5 = \overline{E}_6 = U_R$ und $E_3 = E_6$

    3. Bedingung $E_4 = \overline{E}_3 = U_R$

    Ergebnis: E_1, E_4, $E_5 = U_R$

    $E_2 = X$, $E_3 = E_6 = Y$

2. $A = \overline{B} = E_1E_4 + \overline{E}_1\overline{E}_4$ oder $E_2E_6 + \overline{E}_2\overline{E}_6$

Aufgabe 3.19

1. $U_{BX} = 0\,\text{V}$, $U_{BY} = -\Delta U = 0,8\,\text{V}$

2. Zuerst sind die Spannungen der oberen Ebene entsprechend den Eingangsspannungen festzulegen, nach denen sich dann bei Vermeidung von Übersteuerungen die der unteren Ebene berechnen lassen.

Obere Ebene

$$U_{GX2} = U_{BX} - U_{BEX} = -0,8\,\text{V}$$

$$U_{GY2} = U_{GY2} - \Delta U = -1,6\,\text{V}$$

$$U_{R2} = \frac{U_{GX2} + U_{GY2}}{2} = -1,2\,\text{V}$$

Untere Ebene

3 Stromflußmöglichkeiten von I_E:

$$-T_2: \quad \Delta U + U_{\text{CBX2}} + U_{\text{R1}} = 0 \tag{1}$$

$$-T_1, T_3: \; U_{\text{GX2}} = U_{\text{BEX}} + U_{\text{CBX1}} + U_{\text{GX1}} \tag{2}$$

$$-T_1, T_4: \; U_{\text{R2}} = U_{\text{BEX}} + U_{\text{CBX1}} + U_{\text{GX1}} \tag{3}$$

Gleichung (3) ist kritisch für U_{CBX}

$$U_{\text{GX1}} = U_{\text{R2}} - U_{\text{BEX}} - U_{\text{CBX1}} = U_{\text{R2}} - U_{\text{BEX}}\,(U_{\text{CBX1}} = 0) = -2{,}0\ \text{V}$$

$$U_{\text{GY1}} = U_{\text{GX1}} - \Delta U = -2{,}8\ \text{V}; \; U_{\text{R1}} = \frac{U_{\text{GX1}} + U_{\text{GY1}}}{2} = -2{,}4\ \text{V}$$

3. $U_{\text{D1}} = U_{\text{D2}} = U_{\text{R2}} - U_{\text{R1}} = U_{\text{GX2}} - U_{\text{GX1}} = U_{\text{GY2}} - U_{\text{GY1}} = 1{,}2\ \text{V}; \; n = \dfrac{U_{\text{D}}}{U_{\text{F}}} = \dfrac{1{,}2}{0{,}6} = 2$

4. $\quad R_1: \quad U_{\text{GX1}} = I_1 R_1 + U_{\text{0E}}; \qquad\qquad R_1 = \dfrac{U_{\text{GX1}} - U_{\text{0E}}}{I_1} = \dfrac{-2{,}0\ \text{V} + 5\ \text{V}}{3\ \text{mA}} = 1\ \text{k}\Omega$

$\qquad R_2: \quad U_{\text{GX2}} = I_1 R_2 + U_{\text{0E}}; \qquad\qquad R_2 = \dfrac{U_{\text{GX2}} - U_{\text{0E}}}{I_1} = \dfrac{-0{,}8\ \text{V} + 5\ \text{V}}{3\ \text{mA}} = 1{,}4\ \text{k}\Omega$

$\qquad R_3: \quad U_{\text{R1}} = I_2 R_3 + U_{\text{0E}}; \qquad\qquad R_3 = \dfrac{U_{\text{R1}} - U_{\text{0E}}}{I_2} = \dfrac{-2{,}4\ \text{V} + 5\ \text{V}}{1\ \text{mA}} = 2{,}6\ \text{k}\Omega$

$\qquad R_{4,5}: \; U_{\text{BEX}} + U_{\text{R2}} = I_3 R_4 + U_{\text{0E}} = -I_3 R_5; \; R_4 = \dfrac{U_{\text{BEX}} + U_{\text{R2}} - U_{\text{0E}}}{I_3} = \dfrac{4{,}6\ \text{V}}{1\ \text{mA}} = 4{,}6\ \text{k}\Omega$

$\qquad R_5 = \dfrac{-U_{\text{BEX}} - U_{\text{R2}}}{I_1} = \dfrac{0{,}4\ \text{V}}{1\ \text{mA}} = 400\ \Omega; \qquad R_{\text{C}} = \dfrac{\Delta U}{I_{\text{E}}} = \dfrac{0{,}8\ \text{V}}{3\ \text{mA}} = 267\ \Omega$

Aufgabe 3.20

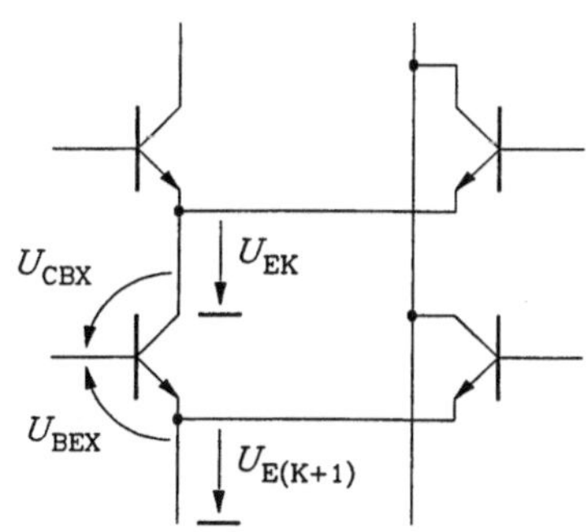

1. Spannung am Emitter der oberen Ebene: $(U_{\text{E1X}} = U_{\text{GX1}} - U_{\text{BEX}})$

$$U_{\text{E1Y}} = U_{\text{R1}} - U_{\text{BEX}} = U_{\text{GX1}} - \frac{\Delta U}{2} - U_{\text{BEX}} = -U_{\text{BEX}} - \frac{\Delta U}{2} - U_{\text{BEX}} = -2{,}5 U_{\text{BEX}}$$

Absenkung zwischen 2 benachbarte Ebenen:

Stromfluß links: Stromfluß rechts:

$$U_{\text{EKX,Y}} = U_{\text{CBX}} + U_{\text{BEX}} + U_{\text{E(K+1)X}} \quad (\Delta U + U_{\text{CBX}} + U_{\text{BEX}} + U_{\text{E(K+1)}} = 0)$$

$$U_{\text{E(K+1)X}} = U_{\text{EKY}} - U_{\text{BEX}}; \; U_{\text{E(K+1)Y}} = U_{\text{EKY}} - U_{\text{BEX}} - \frac{U_{\text{BEX}}}{2} = U_{\text{EKY}} - \frac{3}{2} U_{\text{BEX}}$$

Spannung der Stromquelle: $U_{\text{EnY}} = U_{\text{BEX}} + U_{\text{0E}}$

Gesamtspannung: $U_{\text{EY1}} + (n-1)(U_{\text{E(K+1)Y}} - U_{\text{EKY}}) = U_{\text{EnY}}$

$$-2{,}5 \cdot U_{\text{BEX}} - (n-1)1{,}5 \cdot U_{\text{BEX}} = U_{\text{BEX}} + U_{\text{0E}}$$

$$-U_{0E} = 3{,}5U_{BEX} + (n-1)1{,}5 \cdot U_{BEX} = (1{,}5n+2)U_{BEX} = (1{,}5n+2)\cdot 0{,}8\ \text{V}$$

2. $P_V = -U_{0E}(I_R + I_E + nI_K) = (1{,}5n+2)U_{BEX}(I_R + I_E + nI_K)$

$$P_V = (1{,}5n+2)(3{,}2+n2{,}4)\ \text{mW} = (3{,}6n^2 + 9{,}6n + 6{,}4)\ \text{mW}$$

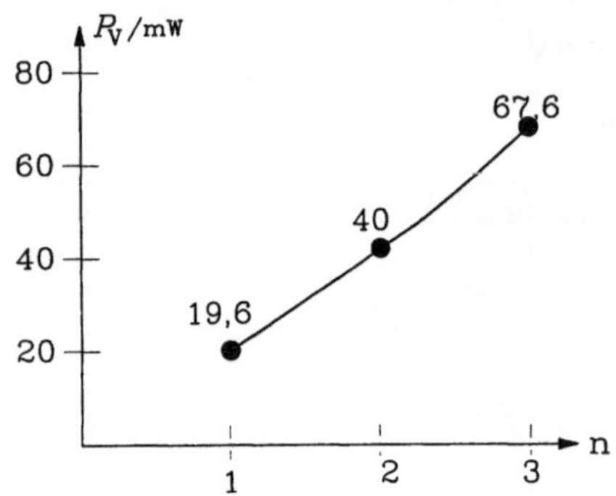

Aufgabe 3.21

1. $A_1 = \overline{A}_2$, $B_1 = \overline{B}_2$

2. Stromberechnung am Ausgang A_1

$$I_{21} = E_2;\ I_{22} = \overline{E}_2$$
$$I_{11} = E_1 I_{21};\ I_{12} = \overline{E}_1 I_{21};\ I_{13} = E_1 I_{22}$$
$$I_{14} = \overline{E}_1 I_{22}$$
$$I_1 = \ddot{U}I_{11};\ I_2 = \overline{\ddot{U}}I_{12};\ I_3 = \overline{\ddot{U}}I_{13}$$
$$I_4 = \ddot{U}I_{14}$$
$$I_0 = I_1 + I_2 + I_3 + I_4$$
$$A_2 = I_0 = \ddot{U}(E_1 E_2 + \overline{E}_1\overline{E}_2) + \overline{\ddot{U}}(\overline{E}_1 E_2 + E_1\overline{E}_2)$$

3. Stromberechnung am Ausgang B_1

$$I_{21} = E_2;\ I_{22} = \overline{E}_2$$
$$I_{11} = E_1 I_{21};\ I_{12} = \overline{E}_1 I_{21};\ I_{13} = E_1 I_{22}$$
$$I_1 = \ddot{U}I_{12};\ I_2 = \ddot{U}I_{13};$$
$$I_0 = I_1 + I_2 + I_{11}$$
$$B_2 = I_0 = E_1 E_2 + \ddot{U}(\overline{E}_1 E_2 + E_1\overline{E}_2)$$

4. Funktionstabelle

E_1	E_2	$\ddot{U}$	A_2	B_2
0	0	0	0	0
0	1	0	1	0
1	0	0	1	0
1	1	0	0	1
0	0	1	1	0
0	1	1	0	1
1	0	1	0	1
1	1	1	1	1

An A_2 entsteht die Summe, an B_2 der Übertrag eines 1-Bit-Volladdierers.

Aufgabe 3.22

Schaltung a): Maschengleichung $2U_\mathrm{F} = U_\mathrm{BEX} + \dfrac{I_0}{A_\mathrm{N}} R_\mathrm{E}$; $I_0 = \dfrac{U_\mathrm{BEX}}{R_\mathrm{E}}$

Schaltung b): Maschengleichungen unter Beachtung des Querstromes I_Q des Spannungsteilers R_1, R_2

$$R_1 I_\mathrm{Q} + U_\mathrm{BEX} + \frac{I_0}{A_\mathrm{N}} R_\mathrm{E} + U_\mathrm{0E} = 0$$

$$(R_1 + R_2) I_\mathrm{Q} + U_\mathrm{0E} = 0$$

$$I_0 = \frac{1}{R_\mathrm{E}} \left(-U_\mathrm{0E} \frac{R_2}{R_1 + R_2} - U_\mathrm{BEX} \right)$$

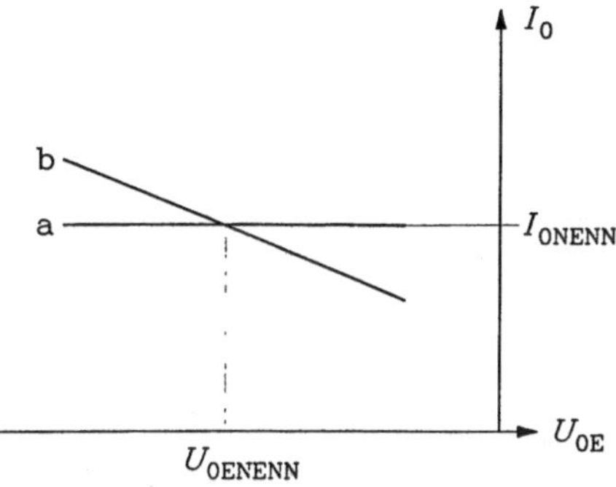

Aufgabe 3.23

Maschengleichungen

$$0 = R_1 I_\mathrm{Q} + U_\mathrm{BEX} + I_0 R_\mathrm{E} + U_\mathrm{0E}; \quad 0 = (R_1 + R_2) I_\mathrm{Q} + 2U_\mathrm{BEX} + U_\mathrm{0E}$$

$$I_0 = \frac{1}{R_\mathrm{E}} \left(\frac{-U_\mathrm{0E} R_2}{R_1 + R_2} + U_\mathrm{BEX} \frac{R_1 - R_2}{R_1 + R_2} \right)$$

$$R_1 = R_2 = R: \quad I_0 = \frac{-U_\mathrm{0E}}{2R_\mathrm{E}}; \quad R_\mathrm{E} = \frac{-U_\mathrm{0E}}{2I_0} = 500\ \Omega; \quad R = \frac{-2U_\mathrm{BEX} - U_\mathrm{0E}}{2I_\mathrm{Q}} = 350\ \Omega$$

Aufgabe 3.24

1. $\quad \mathrm{A} = I_{\overline{\mathrm{A}}} = \mathrm{E}_1 \mathrm{E}_2 \ddot{\mathrm{U}} + \mathrm{E}_1 \overline{\mathrm{E}}_2 \overline{\ddot{\mathrm{U}}} + \overline{\mathrm{E}}_1 \mathrm{E}_2 \overline{\ddot{\mathrm{U}}} + \overline{\mathrm{E}}_1 \overline{\mathrm{E}}_2 \ddot{\mathrm{U}}$

   $\ddot{\mathrm{U}}_1 = I_{\overline{\ddot{\mathrm{U}}}_1} = \overline{\mathrm{E}}_1 \mathrm{E}_2 \overline{\ddot{\mathrm{U}}} + \overline{\mathrm{E}}_1 \overline{\mathrm{E}}_2 \ddot{\mathrm{U}} + \mathrm{E}_1 \mathrm{E}_2 \ddot{\mathrm{U}}$

2. **Obere Ebene**
   $$U_{\ddot{\mathrm{U}}} = -U_\mathrm{BEX} = -0{,}8\ \mathrm{V}$$
   $$U_{\overline{\ddot{\mathrm{U}}}} = -U_\mathrm{BEX} - \Delta U = -1{,}6\ \mathrm{V}$$
   $$U_\mathrm{CX1} = 0$$
   $$U_\mathrm{CY1} = -\Delta U = -0{,}8\ \mathrm{V}$$

   Mittlere Ebene
   $$U_\mathrm{GX2} = U_\mathrm{E2X} - U_\mathrm{BEX} = -2U_\mathrm{BEX} = -1{,}6\ \mathrm{V}$$
   $$U_\mathrm{GY2} = U_\mathrm{E2Y} - U_\mathrm{BEX} = -2U_\mathrm{BEX} - \Delta U = -2{,}4\ \mathrm{V}$$
   $$U_\mathrm{C2} = U_{\ddot{\mathrm{U}}\mathrm{X}} - U_\mathrm{BEX} = U_{\overline{\ddot{\mathrm{U}}}\mathrm{X}} - U_\mathrm{BEX} = -2U_\mathrm{BEX} = -1{,}6\ \mathrm{V}$$

Untere Ebene

$$U_{GX3} = U_{E1X} - U_{BEX} - \frac{3}{2}U_{BEX} = -3,5U_{BEX} = -2,8 \text{ V}$$

$$U_{GY3} = U_{E1Y} - U_{BEX} - \frac{3}{2}U_{BEX} = -3,5U_{BEX} - \Delta U = -3,6 \text{ V}$$

$$U_{C3X} = U_{GX2} - U_{BEX} = -3U_{BEX} = -2,4 \text{ V}$$

$$U_{C3Y} = U_{R2} - U_{BEX} = -3,5U_{BEX} = -2,8 \text{ V}$$

Stromquellentransistor

$$U_{C4X} = U_{GX3} - U_{BEX} = -4,5U_{BEX} = -3,6 \text{ V}$$

$$U_{C4Y} = U_{R3} - U_{BEX} = -5U_{BEX} = -4 \text{ V}$$

$$U_{R4} = \frac{R_7 + R_8}{R_6 + R_7 + R_8}(U_{0E} + 2U_F) - U_{BEX} = -4 \text{ V}$$

3. Mittlerer Strom

$$I_{Ges} = \left(\frac{U_{E2X} + U_{E2Y}}{2} - U_{BEX} - U_{0E}\right)\frac{1}{R_4} + \left(\frac{U_{E1X} + U_{E1Y}}{2} - \frac{5}{2}U_{BEX} - U_{0E}\right)\frac{1}{R_3}$$

$$+2\frac{U_{R4} - U_{BEX} - U_{0E}}{R_1} + 4\left(\frac{U_{C1X} + U_{C1Y}}{2} - U_{BEX} - U_{0E}\right)\frac{1}{R_2}$$

$$+\frac{U_{R4} - U_{0E}}{R_5} + \frac{U_{BEX} + U_{R4} - 2U_F - U_{0E}}{R_6}$$

$$I_{Ges} = \left(-\frac{5}{2}U_{BEX} - U_{0E}\right)\frac{1}{R_4} + (-4U_{BEX} - U_{0E})\frac{1}{R_3} + \frac{2}{R_1}(U_{R4} - U_{BEX} - U_{0E})$$

$$+4\left(-\frac{3}{2}U_{BEX} - U_{0E}\right)\frac{1}{R_2} + \frac{U_{R4} - U_{0E}}{R_5} + \frac{U_{R4} - U_{BEX} - U_{0E}}{R_6} = 20,8 \text{ Ma}$$

$$P_V = I_{Ges}(-U_{0E}) = 20,8 \cdot 4,2 \text{ mW} = 108 \text{ mW}$$

Aufgabe 3.25

Schaltung a): $U_0 = \dfrac{R_1}{R_1 + R_2}U_{0E}$

Schaltung b):   Maschengleichungen

$$U_{BEX} + I(R_3 + R_4) + U_{0E} = 0; \quad U_0 = I \cdot R_4 + U_{0E}$$

$$U_0 = -U_{BEX}\frac{R_4}{R_3 + R_4} + U_{0E}\frac{R_3}{R_3 + R_4}$$

Schaltung c): $\dfrac{-U_{0E}R_6}{R_6 + R_7} + U_{BEX} + U_0 = 0; \quad U_0 = -U_{BEX} + \dfrac{R_6}{R_6 + R_7}U_{0E}$

Schaltung d): $U_0 = -U_{BEX}\dfrac{R_9 + R_{10}}{R_{10}}$

Variantenvergleich der Abhängigkeiten d U_0 / d U_{0E} durch Berechnung der Widerstandsverhältnisse:

a) $\dfrac{R_1}{R_1 + R_2} = \dfrac{-1,5U_{BEX}}{U_{0E}}$ b) $\dfrac{R_3}{R_3 + R_4} = \dfrac{U_{BEX}}{U_{0E}}\left(-1,5 + \dfrac{R_4}{R_3 + R_4}\right)$

c) $\dfrac{R_6}{R_6 + R_7} = \dfrac{-0,5U_{BEX}}{U_{0E}}$ d) keine Abhängigkeit, $U_0 \neq f(U_{0E})$

Ergebnis

$$\left.\frac{\mathrm{d}\,U_0}{\mathrm{d}\,U_{0E}}\right|_a = \frac{R_1}{R_1+R_2} > \left.\frac{\mathrm{d}\,U_0}{\mathrm{d}\,U_{0E}}\right|_b = \frac{R_3}{R_3+R_4} > \left.\frac{\mathrm{d}\,U_0}{\mathrm{d}\,U_{0E}}\right|_c = \frac{R_6}{R_6+R_7} > \left.\frac{\mathrm{d}\,U_0}{\mathrm{d}\,U_{0E}}\right|_d = 0$$

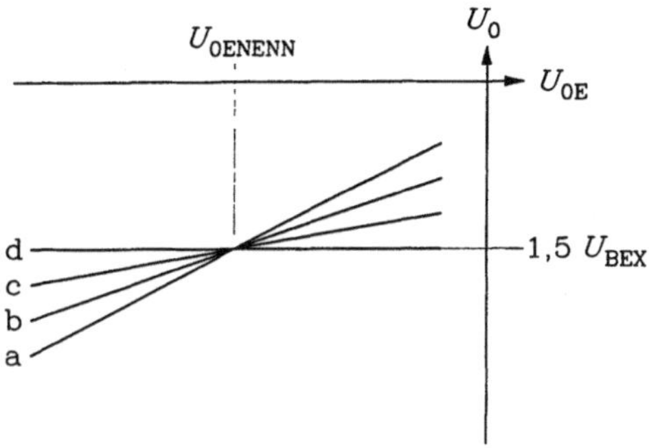

Aufgabe 3.26

1. $\overline{X} = A(C+D)+BE$; $X = \overline{A(C+D)+BE}$; $X = (\overline{A}+\overline{CD})(\overline{B}+\overline{E})$

2. $\overline{X} = AD(G+H+EFI)+(B+C)[FI+E(G+H)]$;

$X = \overline{AD(G+H+EFI)+(B+C)[FI+E(G+H)]}$

$X = \left[\overline{A}+\overline{D}+\overline{GH}(\overline{E}+\overline{F}+\overline{I})\right]\left[\overline{BC}+(\overline{F}+\overline{I})(\overline{E}+\overline{GH})\right]$

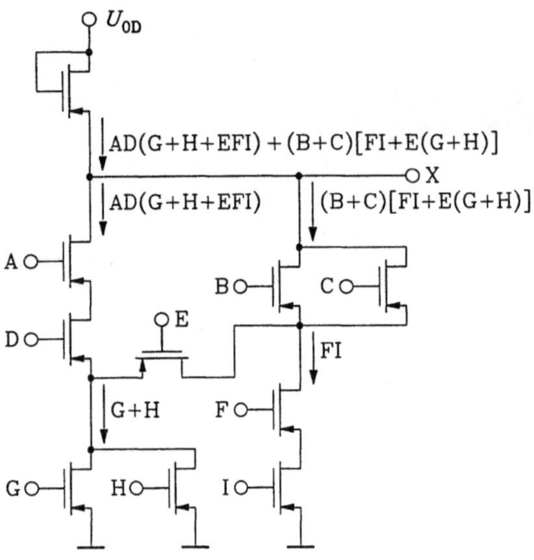

Aufgabe 3.27

1. $A = \overline{E_1 + E_2}$ (NOR)

2.   Für $U_A(\mathrm{H})$ befindet sich der Lasttransistor im aktiven Bereich ($I_D = 0$):

$$I_D = 0 = \beta_D\left[-U_{TD}(U_{0D} - U_A(\mathrm{H})) - \frac{1}{2}(U_{0D} - U_A(\mathrm{H}))^2\right]; \; U_A(\mathrm{H}) = U_{0D} = 5\,\mathrm{V}$$

3.   Da $U_A(\mathrm{L}) < U_{0D} + U_{TD} = 3\,\mathrm{V}$ sein soll, befindet sich Lasttransistor im Einschnürbereich

$$\frac{\beta_D}{2}U_{TD}^2 = n\beta_E\left[(U_{0D} - U_{TE})U_A(\mathrm{L}) - \frac{1}{2}U_A(\mathrm{L})^2\right]; \; n = 1,2$$

$$U_A(\mathrm{L}) = U_{0D} - U_{TE} \pm \sqrt{(U_{0D} - U_{TE})^2 - \frac{\beta_D}{n\beta_E}U_{TD}^2}$$

$U_A(\mathrm{L}) = 0,1\,\mathrm{V}$ für $n = 1$ und $U_A(\mathrm{L}) = 0,05\,\mathrm{V}$ für $n = 2$

Aufgabe 3.28

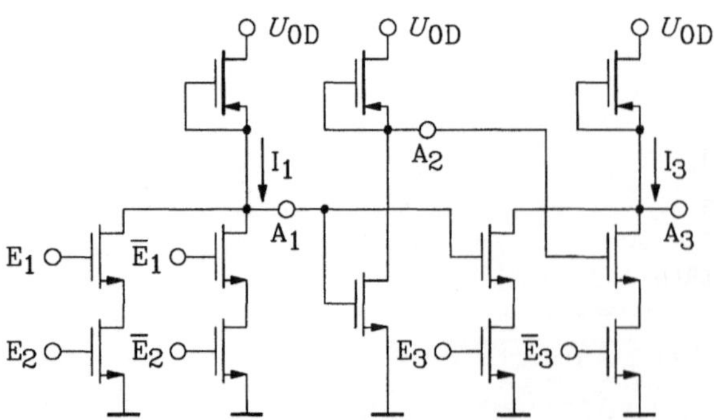

$$A_1 = \overline{I_1}$$

$$I_1 = E_1 \cdot E_2 + \overline{E_1} \cdot \overline{E_2} \qquad \text{(Äquivalenz)}$$

$$A_1 = \overline{E_1 \cdot E_2 + \overline{E_1} \cdot \overline{E_2}} = \overline{E_1 \cdot E_2} \cdot \overline{\overline{E_1} \cdot \overline{E_2}} = \left(\overline{E_1} + \overline{E_2}\right)(E_1 + E_2)$$

$$A_1 = E_1 \cdot \overline{E_2} + \overline{E_1} \cdot E_2 \qquad \text{(Antivalenz)}$$

$$A_2 = \overline{A_1} = E_1 \cdot E_2 + \overline{E_1} \cdot \overline{E_2} \qquad \text{(Äquivalenz)}$$

$$A_3 = \overline{I_3}$$

$$I_3 = A_1 \cdot E_3 + A_2 \cdot \overline{E_3} = A_1 \cdot E_3 + \overline{A_1} \cdot \overline{E_3} \qquad \text{(Äquivalenz)}$$

$$A_3 = A_1 \cdot \overline{E_3} + \overline{A_1} \cdot E_3 \qquad \text{(Antivalenz)}$$

$$A_3 = \left(E_1 \cdot \overline{E_2} + \overline{E_1} \cdot E_2\right)\overline{E_3} + \left(E_1 \cdot E_2 + \overline{E_1} \cdot \overline{E_2}\right)E_3$$

A_3 kann als Summenbildner S eines Volladdierers genutzt werden, wenn E_1 und E_2 als Summanden und E_3 als einlaufender Übertrag CIN aufgefaßt werden.

Aufgabe 3.29

1. $E = E_1 \cdot E_2$; $A = \overline{E_1 \cdot E_2}$ wobei $E_2 = L$ verboten ist (unbestimmter Zustand).

2. $U_A(H) = U_{0D} = 5\,\text{V}$ (siehe Aufgabe 3.27)

   Für $E = H$ wird $U_{E1} = U_{E2} = U_{0D}$, der Transfertransistor befindet sich im Einschnürbereich, denn $U_{GS} - U_{TE} = U_{0D} - U_E(H) - U_{TE} < U_{DS} = U_{0D} - U_E(H)$.

   Somit wird

$$I_D = \frac{\beta_E}{2}(U_{0D} - U_E(H) - U_{TE})^2 = 0;$$
$$U_E(H) = U_{0D} - U_{TE} = 4,2\,\text{V}$$

3. Für $U_A(L)$ ist Lasttransistor im Einschnürbereich (siehe Aufgabe 3.27):

$$\frac{\beta_D}{2}U_{TD}^2 = \beta_E\left[(U_{0D} - 2U_{TE})U_A(L) - \frac{1}{2}U_A(L)^2\right]$$
$$U_A(L) = U_{0D} - 2U_{TE} - \sqrt{(U_{0D} - 2U_{TE})^2 - \frac{\beta_D}{\beta_E}U_{TD}^2} = 0,24\,\text{V}$$

4. Hochohmiger Widerstand oder durch $\overline{E_2}$ geschalteter Transistor nach Masse würden für $E_2 = L$ $E = L$ sichern.
   Gleichartige Maßnahmen nach U_{0D} geschaltet, bedeuten für $E_2 = L$ $E = H$.

Aufgabe 3.30

1. $S_1 = L$: $A = E_4$

2. $S_1 = H$ (bidirektionales Transfergatter):

$$\overline{A} = E_4 + S_1 \cdot E_3 \cdot (E_1 + E_2)$$

$$A = \overline{E_4 + S_1 \cdot E_3 \cdot (E_1 + E_2)} = \overline{E_4} \cdot \overline{S_1 \cdot E_3 \cdot (E_1 + E_2)}$$

Aufgabe 3.31

$$\overline{A} = S_1\overline{E_1}\overline{E_2} + \overline{S_1}\overline{E_3}\overline{E_4}$$

$$A = \overline{S_1\overline{E_1}\overline{E_2} + \overline{S_1}\overline{E_3}\overline{E_4}} = \overline{S\overline{E_1}\overline{E_2}} \cdot \overline{\overline{S_1}\overline{E_3}\overline{E_4}} = (E_1 + E_2 + \overline{S_1})(E_3 + E_4 + S_1)$$

Aufgabe 3.32

1. $E = X \cdot Y + \overline{X} \cdot \overline{Y}$

    $A = \overline{E} = \overline{X \cdot Y + \overline{X} \cdot \overline{Y}} = X \cdot \overline{Y} + \overline{X} \cdot Y$ (Antivalenz)

2. $U_A(H) = U_{0D} = 5V$

    $U_E(H) = U_{0D} - U_{TE} = 4,2V$

    $U_E(L):\quad U_{DS} = U_A(L) - U_E(L)$

    $\qquad\qquad U_{GS} = U_A(H) - U_E(L) = U_{0D} - U_E(L)$

    Das Transfergate befindet sich im aktiven Bereich, weil die Bedingung

    $U_{DS} \leq U_{GS} - U_{TE}$

    mit

    $U_A(L) \leq U_{0D} - U_{TE}$

    erfüllt ist. Damit wird

    $$I_D = \beta_E \left[(U_{0D} - U_E(L) - U_{TE})(U_A(L) - U_E(L)) - \frac{1}{2}(U_A(L) - U_E(L))^2 \right]$$

    $I_D = 0$

    $U_A(L) = U_E(L)$

Aufgabe 3.33

Die ED-Schaltstufe negiert das an den Transfergate erzeugte Signal, so daß diese die Antivalenz realisieren müssen,

$$E = E_1 \cdot \overline{E_2} + \overline{E_1} \cdot E_2.$$

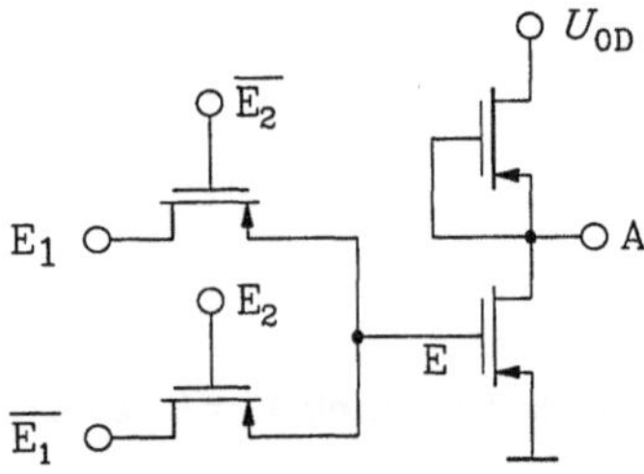

Es ist stets ein Transfergate-Pfad leitend, so daß keine unbestimmten Zustände auftreten können.

Aufgabe 3.34

1. $U_B(H) = U_{0D} = 5\ V$

    $$U_B(L) = U_{0D} - U_{TE} - \sqrt{(U_{0D} - U_{TE})^2 - \frac{\beta_D}{\beta_E} U_{TD}^2} = 0,26\ V$$

2. $U_A(H):$ Einschnürbereich des oberen Transistors T_4

    $U_A(H) = U_{0D} - U_{TE} = 4\ V$

    $U_A(L):$ T_4 ist gesperrt, T_3 ist leitend im aktiven Bereich

    $$I_D = \beta_E \left[(U_{0D} - U_{TE})U_A(L) - \frac{1}{2}U_A(L)^2 \right] = 0$$

$U_A(L) = 0\ V$

Schaltung wird als Gegentaktausgangsverstärker eingesetzt.

Aufgabe 3.35

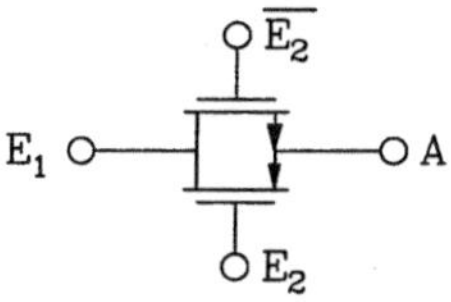

1. Für $E_2 = H$ ist $A = E_1$, wobei für $E_1 = L$ der n-Kanal-Transistor leitend und für $E_2 = H$ der p-Kanal-Transistor leitend wird. Für $E_2 = L$ ist das Gatter gesperrt.

2. $S = L$: hochohmiger Ausgang, Tristate-Verhalten; $S = H$: $A = \overline{E}$.

3. T_1 und T_2 dienen zur schnellen Entladung der Gate-Kapazitäten im hochohmigen Zustand, so daß dieser schnell erreicht werden kann.

Aufgabe 3.36

1. Standardgattervariante

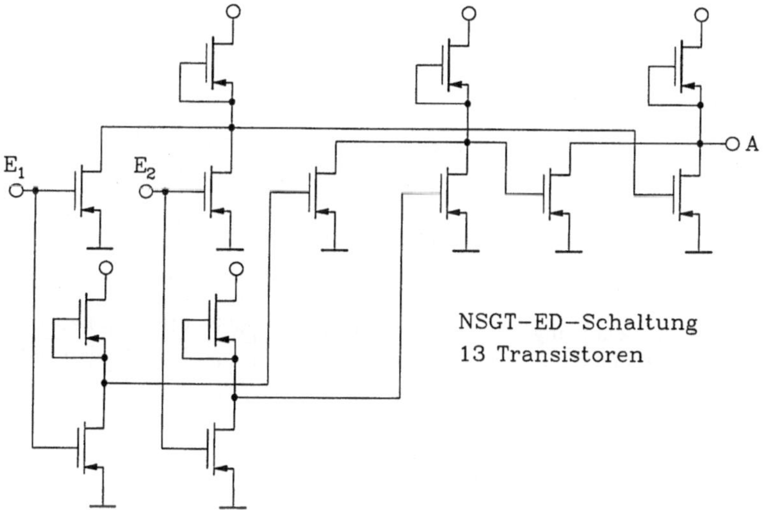

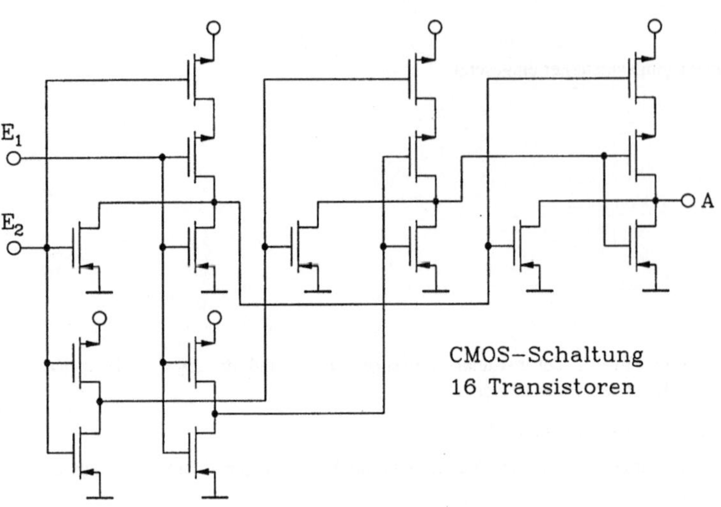

2. Komplexgattervariante

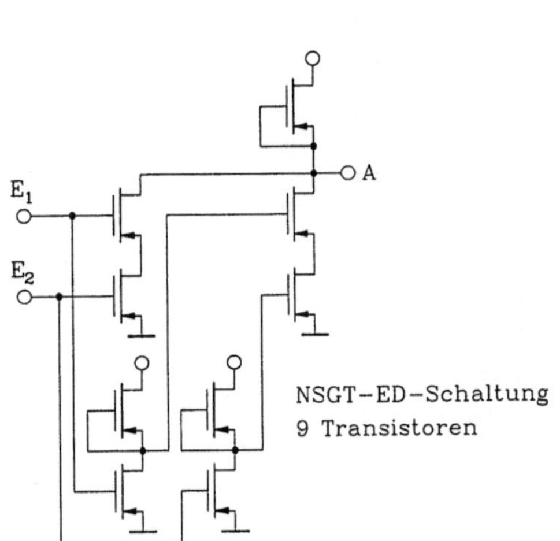

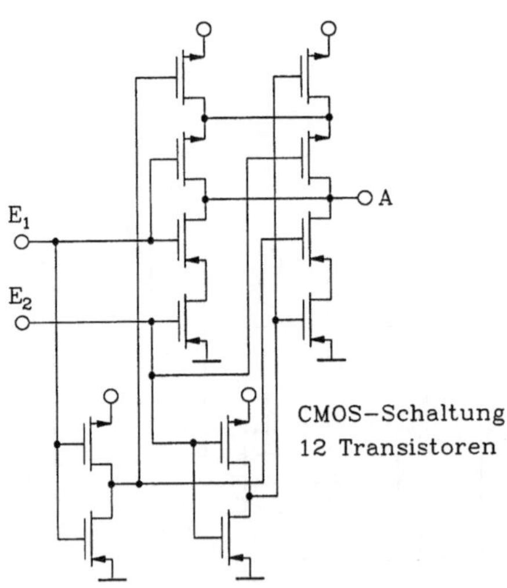

3. Variante mit Transfer- bzw. Transmissiongate

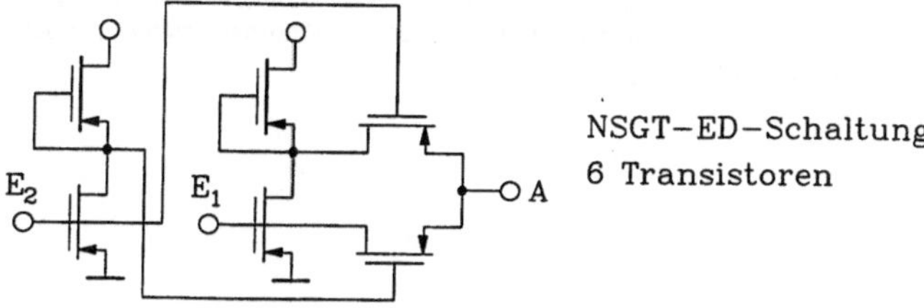

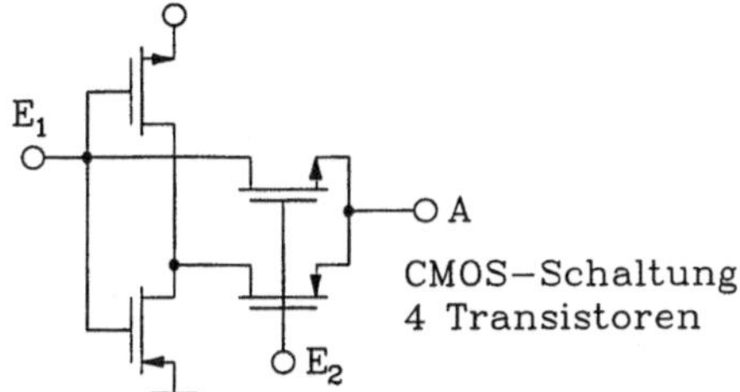

Bei der letzten CMOS-Schaltung entstehen am Ausgang nicht immer die idealen CMOS-Pegel, der H-Pegel ist für $E_1 = L$ und $E_2 = H$ um die Schwellspannung U_{Tn} abgesenkt, während für $E_1 = E_2 = L$ der L-Pegel um $-U_{Tp}$ angehoben ist.

Aufgabe 3.37

1. $A = E_1 \cdot \overline{E_2} + \overline{E_1} \cdot E_2$ (Antivalenz)

2. Funktionstabelle des Volladdierers

A	B	CIN	S	COUT
0	0	0	0	0
0	0	1	1	0
0	1	0	1	0
0	1	1	0	1
1	0	0	1	0
1	0	1	0	1
1	1	0	0	1
1	1	1	1	1

Es werden $\overline{S}$ und $\overline{COUT}$ ausgelesen, um mit einem nachgeschalteten negierenden Treiber S und COUT zu erhalten.

$$\overline{S} = \overline{A} \cdot \overline{B} \cdot \overline{CIN} + \overline{A} \cdot B \cdot CIN + A \cdot \overline{B} \cdot CIN + A \cdot B \cdot \overline{CIN}$$

$$\overline{S} = CIN\left(A \cdot \overline{B} + \overline{A} \cdot B\right) + \overline{CIN}\left(\overline{A \cdot \overline{B} + \overline{A} \cdot B}\right)$$

$\overline{COUT}$ wird so erweitert, daß ebenfalls wieder mit der Antivalenz/Äquivalenzschaltung gearbeitet werden kann.

$$\overline{COUT} = \overline{A} \cdot \overline{B} \cdot \overline{CIN} + \overline{A} \cdot \overline{B} \cdot CIN + \overline{A} \cdot B \cdot \overline{CIN} + A \cdot \overline{B} \cdot \overline{CIN}$$

$$\overline{COUT} = \overline{A} \cdot \overline{B} + \overline{A} \cdot B \cdot \overline{CIN} + A \cdot \overline{B} \cdot \overline{CIN}$$

$$\overline{COUT} = \overline{A}\left(A \cdot B + \overline{A} \cdot \overline{B}\right) + \overline{CIN}\left(A \cdot \overline{B} + \overline{A} \cdot B\right)$$

$$\overline{COUT} = \overline{A}\left(\overline{A \cdot \overline{B} + \overline{A} \cdot B}\right) + \overline{CIN}\left(A \cdot \overline{B} + \overline{A} \cdot B\right)$$

Schaltung:

Bei der Konstruktion der Antivalenz/Äquivalenzschaltung wurde Wert auf gleiche Verzögerungszeiten an beiden Ausgängen gelegt. Dadurch entsteht ein Mehraufwand von 2 Transistoren gegenüber der Minimalvariante, bei der z. B. die Äquivalenz durch einfache Negation aus der Antivalenz gewonnen wird.

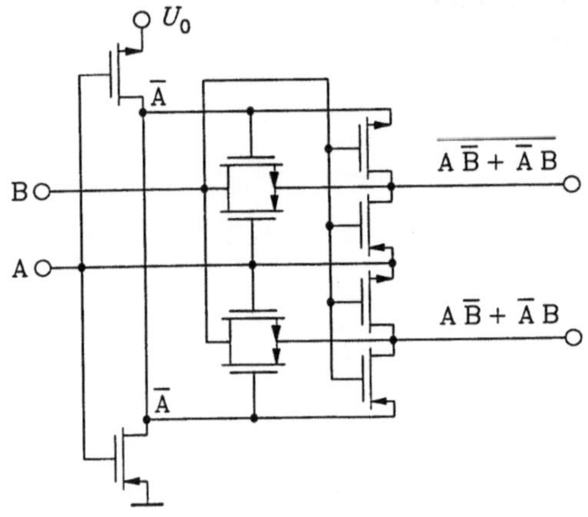

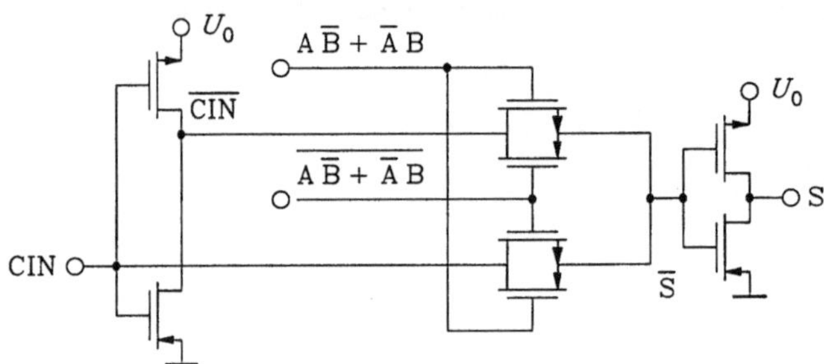

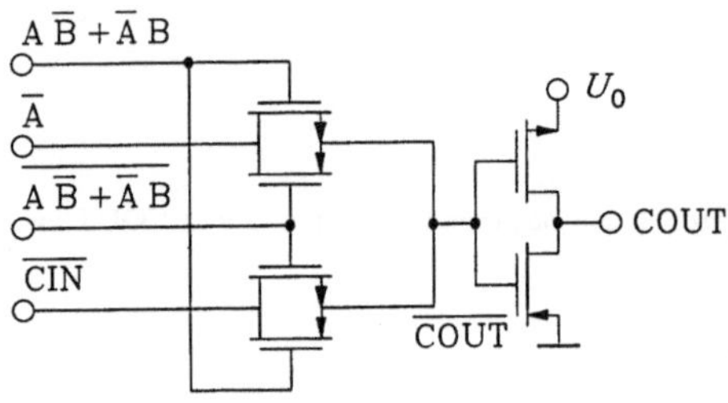

Aufgabe 3.38

Zahl der mit U_{GX} belegten Eingänge $m_1 = T + \frac{1}{2}$

$$U_{01} = m_1 I_0 R_{01} = \left(T + \frac{1}{2} \right) I_0 R_{01} = \frac{m+1}{2} I_0 R_{01}$$

$$U_{02} = (m - m_1) I_0 R_{02} = \left(m - T - \frac{1}{2} \right) I_0 R_{02} = \frac{m-1}{2} I_0 R_{02}$$

$$U_{01} = U_{02} + \Delta U^{\mathrm{x}} \text{ (Schaltbedingung)}$$

Zahl der mit U_{GX} belegten Eingänge $m_2 = T - \frac{1}{2}$

$$U_{01} = m_2 I_0 R_{01} = \left(T - \frac{1}{2}\right) I_0 R_{01} = \frac{m-1}{2} I_0 R_{01}; \quad U_{02} = \frac{m+1}{2} I_0 R_{02}$$

$$U_{02} = U_{01} + \Delta U^{\mathrm{x}} \text{ (Schaltbedingung)}$$

$$\Delta U^{\mathrm{x}} = \frac{m+1}{2} I_0 R_{01} - \frac{m-1}{2} I_0 R_{02}; \quad \Delta U^{\mathrm{x}} = \frac{m+1}{2} I_0 R_{02} - \frac{m-1}{2} I_0 R_{01}$$

Damit werden $R_{01} = R_{02} = R_0$; $\Delta U^{\mathrm{x}} = I_0 R_0$.

Die größte Spannung an R_0 beträgt $U_{01} = \frac{m+1}{2} I_0 R_0 = \frac{m+1}{2} \Delta U^{\mathrm{x}}$.

Mit der Masche $U_{01} + U_{\mathrm{CBX}} + U_{\mathrm{GX}} = 0$ liegt $U_{01} \leq -U_{\mathrm{GX}}$ fest.

$$\frac{m+1}{2} \Delta U^{\mathrm{x}} = -U_{\mathrm{GX}}; \quad m = -\frac{2U_{\mathrm{GX}}}{\Delta U^{\mathrm{x}}} - 1 = 7; \quad R_0 = \frac{\Delta U^{\mathrm{x}}}{I_0} = 40\,\Omega$$

Aufgabe 3.39

1. 7 Eingänge mit U_{GX} belegt, T_1 leitend, T_2 gesperrt, 1-6 Eingänge mit U_{GX} belegt, T_1 gesperrt, T_2 leitend.

    Daraus folgt $A_1 \triangleq \mathrm{NAND}$, $A_2 \triangleq \mathrm{UND}$.

2. $m_1 = T + \dfrac{1}{2} = 7$: $U_{01} - U_{02} = \Delta U^{\mathrm{x}} = m_1 I_0 R_{01} - (m - m_1) I_0 R_{02}$ (1)

    $m_2 = T - \dfrac{1}{2} = 6$: $U_{01} - U_{02} = -\Delta U^{\mathrm{x}} = m_2 I_0 R_{01} - (m - m_2) I_0 R_{02}$ (2)

    Aus (1) + (2) folgt; $\dfrac{R_{01}}{R_{02}} = \dfrac{m}{T} - 1$,   (3)

    aus (1) - (2) folgt: $2\Delta U^{\mathrm{x}} = I_0(R_{01} + R_{02})$.   (4)

    Mit (3) und (4) werden

    $$R_{01} = \frac{2\Delta U^{\mathrm{x}}}{I_0}\left(1 - \frac{T}{m}\right) = 5,72\,\Omega; \quad R_{02} = \frac{2\Delta U^{\mathrm{x}}}{I_0} \cdot \frac{T}{m} = 74,3\,\Omega$$

3. $U_{01}(m_1 = T + \frac{1}{2}) = m I_0 R_{01} = 0,2\,\mathrm{V}$

    $U_{\mathrm{CBX}} = -U_{\mathrm{GX}} - U_{01} = 0,6\,\mathrm{V}$, keine Übersteuerung

10.4 Lösungen zu Kapitel 4

Aufgabe 4.1

1. $U_{0\mathrm{C}} = I_{\mathrm{BX}} R_{\mathrm{C}} + U_{\mathrm{BEX}} = I_{\mathrm{CX}} R_{\mathrm{C}} + U_{\mathrm{BEX}}$

    $U_{0\mathrm{C}} = \dfrac{3}{2} U_{\mathrm{BEX}} - \dfrac{1}{2} U_{\mathrm{CEX}} = 1,15\,\mathrm{V}$

    $\dfrac{I_{\mathrm{BX}}}{I_{\mathrm{CX}}} = \dfrac{U_{0\mathrm{C}} - U_{\mathrm{CEX}}}{U_{0\mathrm{C}} - U_{\mathrm{BEX}}} = \dfrac{B_{\mathrm{N}}}{m} = 3$

    $I_{\mathrm{CX}} R_{\mathrm{C}} = U_{0\mathrm{C}} - U_{\mathrm{CEX}} = \dfrac{B_{\mathrm{N}}}{m} I_{\mathrm{BX}} R_{\mathrm{C}} = 3(U_{0\mathrm{C}} - U_{\mathrm{BEX}})$

2. $m = B_{\mathrm{N}} \dfrac{U_{0\mathrm{C}} - U_{\mathrm{BEX}}}{U_{0\mathrm{C}} - U_{\mathrm{CEX}}} = 19$

3. $U_{0C} = I_{CX}R_C + U_{CEX} = I_{BX}R_C + U_{BEX} + U_F$

$$\frac{I_{CX}}{I_{BX}} = \frac{B_N}{m} = \frac{U_{0C} - U_{CEX}}{U_{0C} - U_{BEX} - U_F}$$

$$m = B_N \frac{U_{0C} - U_{BEX} - U_F}{U_{0C} - U_{CEX}} = 7,9$$

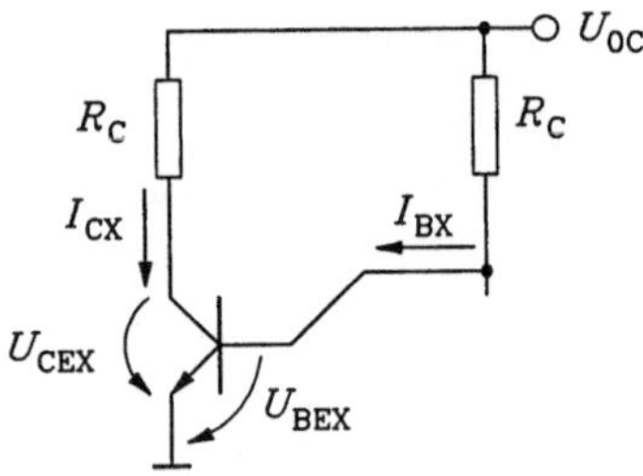

Aufgabe 4.2

1. Änderung der Übertragungskurve mit U_E:

   Mit wachsendem U_E bewegt sich A_1 nach rechts; Grenze für A_1:

   $U_{BEX} - 0,1\,V = U_{CEX} + U_E$, d.h. $U_E \le U_{BEX} - U_{CEX} - 0,1\,V \le 0,5\,V$

2. $U_{SL} = U_{BEX} - 0,1\,V - U_{CEX} = 0,5\,V$

   $U_{SH} = U_{BEX} - (U_{BEX} - 0,1\,V) = 0,1\,V$

3. Es gelten im statischen Betrieb folgende Maschen:

   $U_{0C} = R_C I_{CX} + U_{CEX}$; $U_{0C} = R_C I_{BX} + U_{BEX}$.

   Damit wird

   $$R_C = \frac{U_{0C} - U_{CEX}}{I_{CX}} = 1,8\,k\Omega.$$

   Mit $\dfrac{I_{CX}}{I_{BX}} = \dfrac{B_N}{m} = \dfrac{U_{0C} - U_{CEX}}{U_{0C} - U_{BEX}}$ folgt $m = B_N \dfrac{U_{0C} - U_{BEX}}{U_{0C} - U_{CEX}} = 20$.

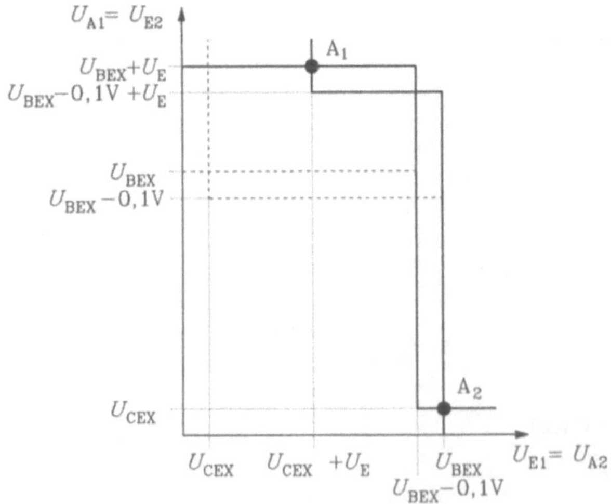

Aufgabe 4.3

Der Eingangsimpuls S = H kann dann abgeschaltet werden, wenn T_3 das NOR-Glied 1 sicher auf $\overline{Q}$ = L hält.

Damit wird die Impulsbreite des Setzimpulses (50%-Wert)

$$B = 2t_{PHL} + t_{PLH} + 0,5(t_{HL} + t_{LH}) - t_{PLH}$$

$$B = 2t_{PHL} + 0,5(t_{HL} + t_{LH}) = 40\ nS$$

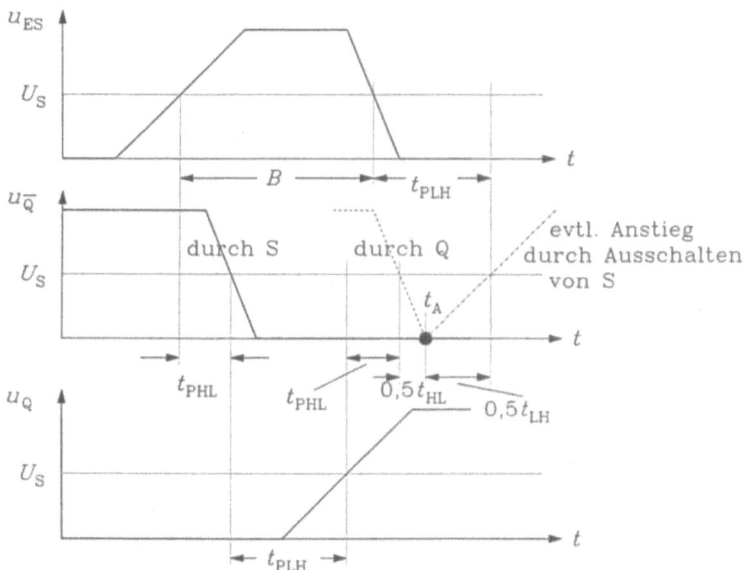

Aufgabe 4.4

1.

t	T	Z_1	Z_2	Z_3	A_0	A_1
0	L	$\overline{X(0)}$	$\overline{Z_1} = X(0)$	$\overline{A_1}$	$Z_3 = \overline{A_1}$	$\overline{Z_3} = A_1$
1	H	$\overline{Z_2} = \overline{X(0)}$	$X(0)$	$Z_2 = X(0)$	$Z_3 = X(0)$	$\overline{Z_3} = \overline{X(0)}$
2	L	$\overline{X(2)}$	$\overline{Z_1} = X(2)$	$\overline{A_1} = X(0)$	$\overline{A_1} = X(0)$	$\overline{X(0)}$
3	H	$\overline{X(2)}$	$X(2)$	$Z_2 = X(2)$	$Z_3 = X(2)$	$\overline{Z_3} = \overline{X(2)}$

2. Teilschaltung A: zustandsgesteuertes D-Flip-Flop in kombinatorischer Realisierung
      Teilschaltung B: zustandsgesteuertes D-Flip-Flop in Transmission-Gate-Realisierung
      Gesamtschaltung: taktflankengesteuertes Master-Slave-D-Flip-Flop mit LH-Flankensteuerung

3. T: Takteingang
   T = L   Übernahme von X in das Master-Flip-Flop
   T = H   Master-Flip-Flop speichert X, Übernahme von X in das Slave-Flip-Flop
   T = L   Slave-Flip-Flop speichert X, Master-Flip-Flop nimmt erneut Information vom Eingang X auf
   X: Dateneingang D

Aufgabe 4.5

1.

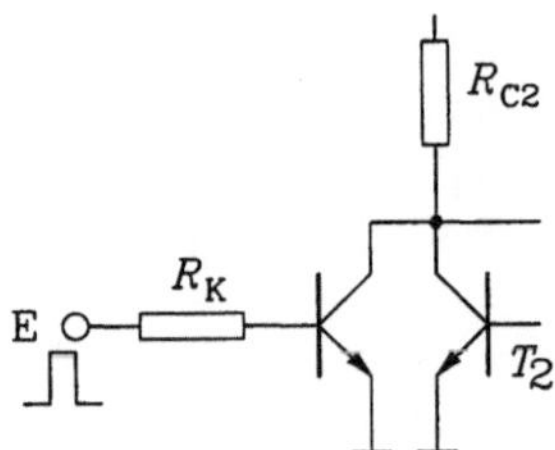

2.

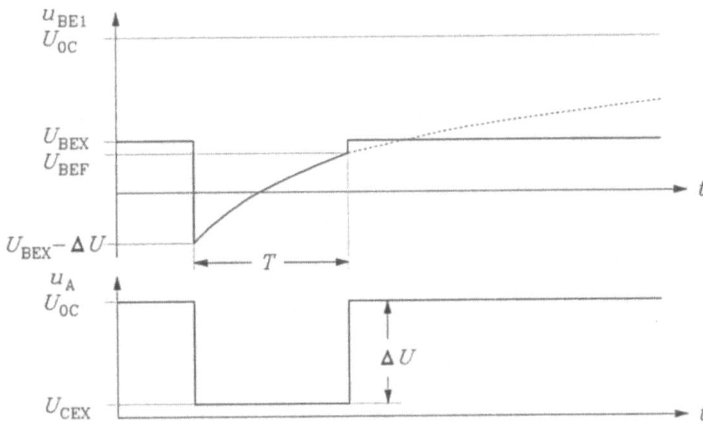

3.
$$\frac{U_{0C} - u_{BE1}}{R_B} = C\frac{\mathrm{d}}{\mathrm{d}\,t}(u_{BE1} - U_{CEX}); \quad u_{BE1} + R_B C\frac{\mathrm{d}\,u_{BE1}}{\mathrm{d}\,t} = U_{0C};$$

$$T = R_B C \int\limits_{U_{BEX}-\Delta U}^{U_{BEF}} \frac{\mathrm{d}\,u_{BE1}}{U_{0C} - u_{BE1}} = R_B C \ln\frac{2U_{0C} - U_{BEX} - U_{CEX}}{U_{0C} - U_{BEF}} = 75\,\mu s$$

Aufgabe 4.6

1. $U_A = U_A(H) = 3,6\,V$; $U_{A1} = U_A(L) = 0,1\,V$; $U_E = U_E(H) = U_A(H) = 3,6\,V$

Differentialgleichung während T:

$$C\frac{\mathrm{d}}{\mathrm{d}\,t}(u_{A1} - u_{E2}) = \frac{u_{E2}}{R}$$

$$u_{A1} = U_A(H); \quad u_{E2} + RC\frac{\mathrm{d}\,u_{E2}}{\mathrm{d}\,t} = 0$$

$$T = RC \int\limits_{U_S}^{-I_E(L)R + U_A(H) - U_A(L)} \frac{\mathrm{d}\,u_{E2}}{u_{E2}}$$

$$T = RC\ln\frac{U_A(H) - U_A(L) - I_E(L)R}{U_S} = 24,8\,\mu s$$

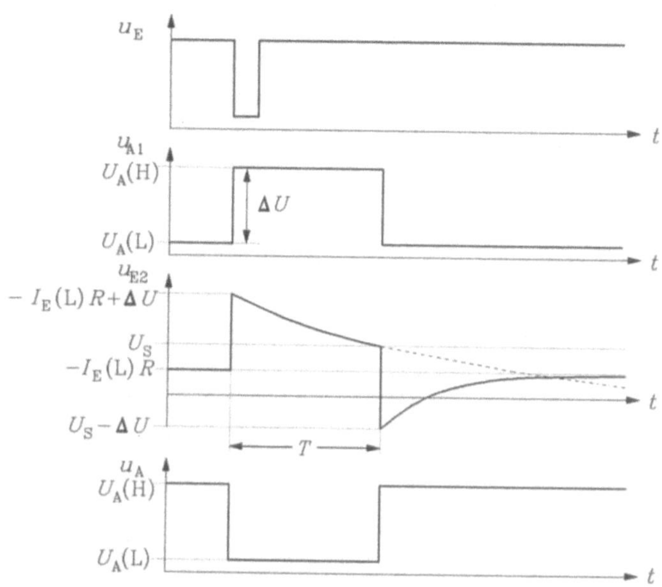

Aufgabe 4.7

1. $E_2 = H$ (wegen U_0, R), $A = L$, $E = L$, $A_1 = H$

2. positiver Triggerimpuls

3.

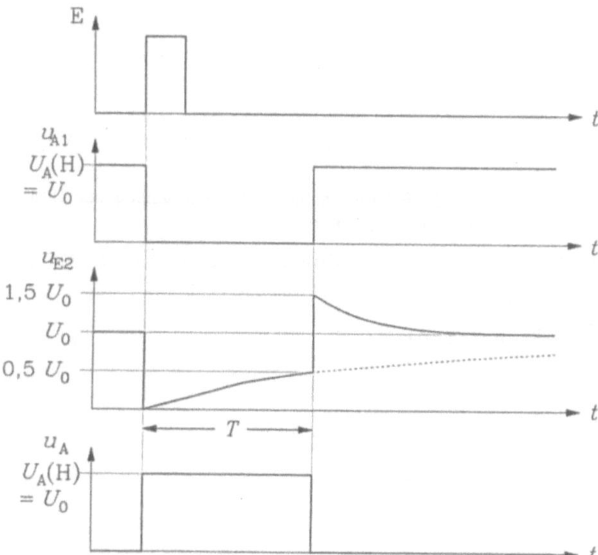

4. $\dfrac{U_0 - u_{E2}}{R} = C \dfrac{\mathrm{d}}{\mathrm{d}t}(u_{E2} - u_{A1})$

   u_{A1}=konstant:

$$\frac{U_0 - u_{E2}}{R} = C\frac{du_{E2}}{dt}$$

$$\int_0^T dt = RC\int_0^{0,5U_0}\frac{du_{E2}}{U_0 - u_{E2}} = RC\cdot\left[-\ln(U_0 - u_{E2})\right]_0^{0,5U_0}$$

$$T = RC\cdot\ln 2$$

$$C = \frac{T}{R\cdot\ln 2} = 1,44\,\mu F$$

Aufgabe 4.8

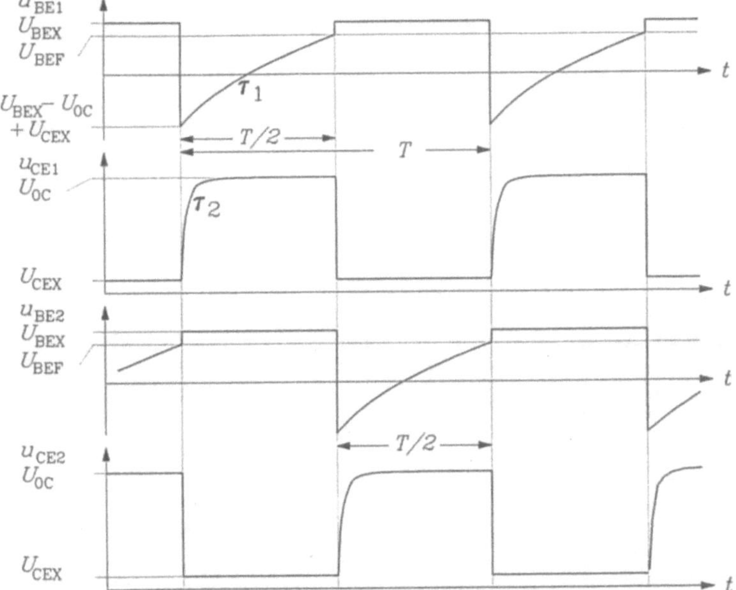

1. Wenn T_2 leitend wird, sinkt u_{CE2} auf U_{CEX} ab. Dieser Sprung macht u_{BE1} negativ. Die anschließende Umladung von C geschieht über U_{0C}, R_B, C und U_{CEX} des Transistors T_2 mit $\tau_1 = CR_B$.

    Mit der Sperrung des Transistors T_1 steigt u_{CE1} an. Dabei gibt es eine Aufladung von C über R_C, C und U_{BEX} des Transistors 2 mit $\tau_2 = CR_C$.

2. $R_B = \dfrac{U_{0C} - U_{BEX}}{I_{BX}}$; $I_{BX} \geq m\dfrac{I_{CX}}{B_N}$; $R_B = \dfrac{U_{0C} - U_{BEX}}{mI_{CX}}B_N = 22,6\,k\Omega$

3. $R_C = \dfrac{U_{0C} - U_{CEX}}{I_{CX}} = 1,17\,k\Omega$

    $R_B \approx \dfrac{U_{0C}B_N}{mI_{CX}}$; $R_C \approx \dfrac{U_{0C}}{I_{CX}}$

    $R_B \approx \dfrac{B_N}{m}R_C$; $\dfrac{R_B}{R_C} \approx \dfrac{B_N}{m}$

4. Geht der Transistor vom Sperr- in den leitenden Zustand über, so entsteht an seinem Kollektor ein Spannungssprung $-(U_{0C} - U_{CEX})$, der über C sofort auf die Basis des vorher offenen Transistors übertragen wird, weil C seine Spannung (Ladung) $(U_{0C} - U_{BEX})$ nicht sprungartig ändern kann. Danach wird C über R_B umgeladen.

Ansatz $u_{BE}(t) = k_1 + k_2 e^{-t/\tau}$; $\tau = C \cdot R_B$

Randbedingungen:

$u_{BE}(t=0) = -(U_{0C} - U_{CEX} - U_{BEX})$; $u_{BE}(t \to \infty) = U_{0C}$; $u_{BE}(t = \tfrac{T}{2}) = U_{BEF}$

$$u_{BE}(t) = U_{0C} - (2U_{0C} - U_{CEX} - U_{BEX}) \exp\frac{-t}{CR_B}$$

$$u_{BEF} = U_{0C} - (2U_{0C} - U_{CEX} - U_{BEX})\exp\frac{-T}{2CR_B}$$

$$T = 2CR_B \ln\frac{2U_{0C} - U_{CEX} - U_{BEX}}{U_{0C} - U_{BEF}}$$

$U_{0C} > U_{CEX}, U_{BEX}, U_{BEF}$; $T \approx 2CR_B \ln 2 \approx 1,4 \cdot CR_B$

$$f = \frac{1}{T} = \frac{1}{1,4 \cdot CR_B} \approx 316\text{ kHz}$$

Aufgabe 4.9

1.

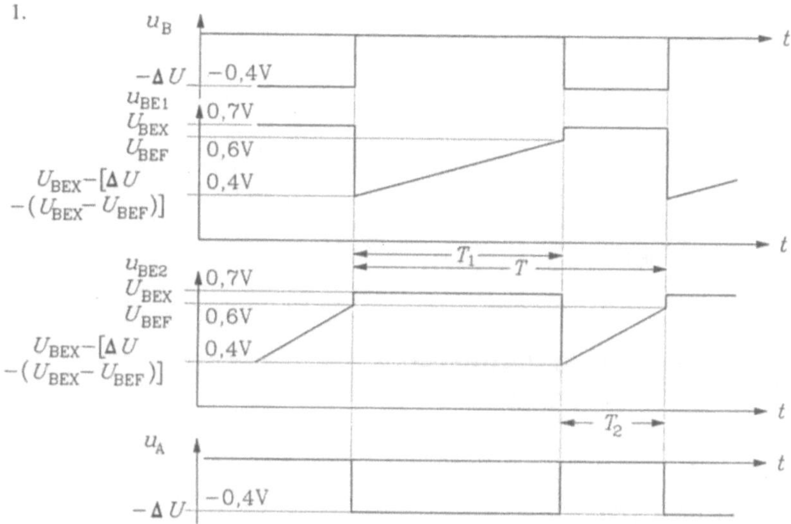

2. Maschengleichung für Umladung:

$u_B = u_{BE2} + u_C - u_{BE1}$

Phase T_1:

$$0 = U_{BEX} + u_C - u_{BE1}, \quad \frac{d\,u_{BE1}}{d\,t} = \frac{d\,u_C}{d\,t}$$

$$i_C = I_1 = 1\text{ mA} = C\frac{d\,u_C}{d\,t} = C\frac{d\,u_{BE1}}{d\,t}; \quad T_1 = \frac{C}{1\text{ mA}} \int_{0,4\text{ V}}^{0,6\text{ V}} d\,u_{BE1} = 200\,\Omega \cdot C$$

Phase T_2:

$$-0,4\text{ V} = u_{BE2} + u_C - U_{BEX}, \quad \frac{d\,u_{BE2}}{d\,t} = -\frac{d\,u_C}{d\,t}$$

$$i_C = -I_2 = -3\text{ mA} = C\frac{d\,u_C}{d\,t} = -C\frac{d\,u_{BE2}}{d\,t}; \quad T_2 = \frac{C}{3\text{ mA}} \int_{0,4\text{ V}}^{0,6\text{ V}} d\,u_{BE2} = \frac{200}{3}\,\Omega \cdot C$$

$$T = T_1 + T_2 = \frac{800}{3}C = \frac{1}{f} = \frac{1}{60 \cdot 10^6\text{ s}^{-1}}; \quad C = 62,5\text{ pF}; \quad \overline{\overline{K}} = \frac{T_2}{T_1 + T_2} = \frac{1}{4}$$

Aufgabe 4.10

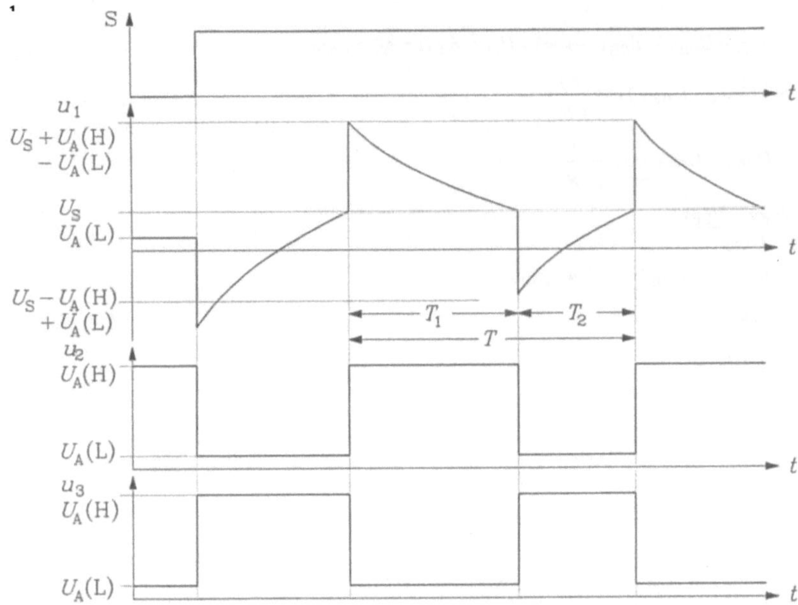

2.   Allgemein gilt $\dfrac{u_1 - u_3}{R} = -C\dfrac{\mathrm{d}}{\mathrm{d}\,t}(u_1 - u_2)$

Phase T_1:

$$u_1 + RC\frac{\mathrm{d}\,u_1}{\mathrm{d}\,t} = U_A(L), \; u_1(t=0) = U_S + \Delta U = U_S + (U_A(H) - U_A(L)),$$

$$T_1 = RC \int_{U_S+\Delta U}^{U_S} \frac{\mathrm{d}\,u_1}{U_A(L) - u_1} = RC\ln(u_1 - U_A(L))\Big|_{U_S}^{U_S+\Delta U}$$

$$T_1 = RC\ln\frac{U_S + U_A(H) - 2U_A(L)}{U_S - U_A(L)} = 1,26\cdot RC$$

Phase T_2:

$$u_1 + RC\frac{\mathrm{d}\,u_1}{\mathrm{d}\,t} = U_A(H), \; u_1(t=0) = U_S - \Delta U = U_S - (U_A(H) - U_A(L)),$$

$$T_2 = RC \int_{U_S-\Delta U}^{U_S} \frac{\mathrm{d}\,u_1}{U_A(H) - u_1} = RC\ln(u_1 - U_A(H))\Big|_{U_S}^{U_S-\Delta U}$$

$$T_2 = RC\ln\frac{2U_A(H) - U_A(L) - U_S}{U_A(H) - U_S} = 0,97\cdot RC$$

$$T = T_1 + T_2 = 2,23\,RC, \quad f = \frac{1}{T} = 0,45\frac{1}{RC}, \quad k = \frac{T_2}{T_1 + T_2}l = 0,43$$

Aufgabe 4.11

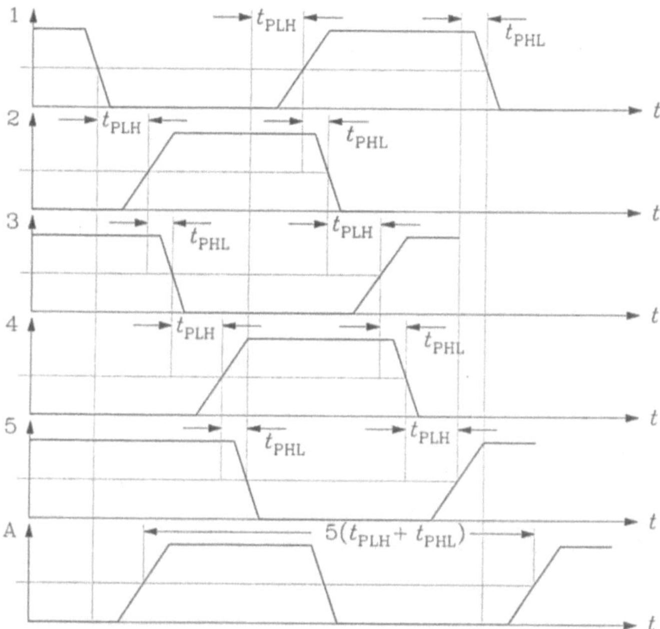

$$T = 5(t_{\text{PLH}} + t_{\text{PHL}}) = 75\ \text{ns};\ f = 13{,}3\ \text{MHz}$$

Aufgabe 4.12

1. Für $U_{\text{E1}} < U_{\text{S}}$ ist $U_{\text{A}} = U_{\text{A}}(\text{L})$, so daß bei steigender Spannung U_{E} an der Schwelle $U_{\text{E1}} = U_{\text{S}}$

$$\frac{U_{\text{E}} - U_{\text{S}}}{R_1} = \frac{U_{\text{S}} - U_{\text{A}}(\text{L})}{R_2}$$

wird,

$$U_{\text{EX}} = U_{\text{S}}\left(1 + \frac{R_1}{R_2}\right) - \frac{R_1}{R_2} U_{\text{A}}(\text{L}) = 1{,}76\ \text{V}$$

2. Für $U_{\text{E1}} > U_{\text{S}}$ ist $U_{\text{A}} = U_{\text{A}}(\text{H})$, so daß an der Grenze $U_{\text{E1}} = U_{\text{S}}$ bei sinkender Eingangsspannung U_{E}

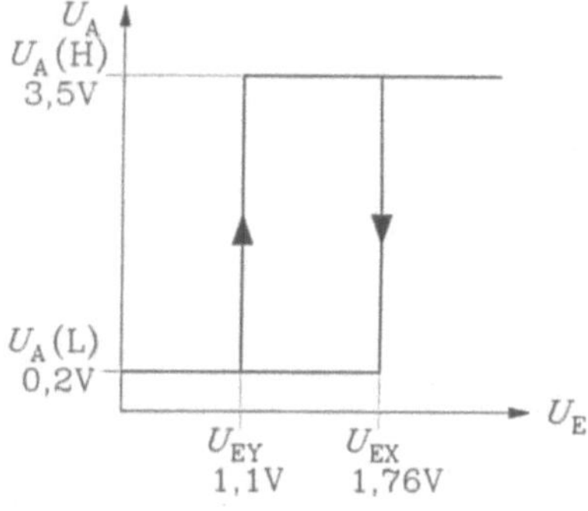

$$\frac{U_E - U_S}{R_1} = \frac{U_S - U_A(H)}{R_2} \text{ gilt.}$$

$$U_{EY} = U_S\left(1 + \frac{R_1}{R_2}\right) - \frac{R_1}{R_2} U_A(H) = 1,1\,\text{V}$$

3. $W = U_{EX} - U_{EY} = \dfrac{R_1}{R_2}(U_A(H) - U_A(L)) = 0,66\,\text{V}$

Aufgabe 4.13

1.

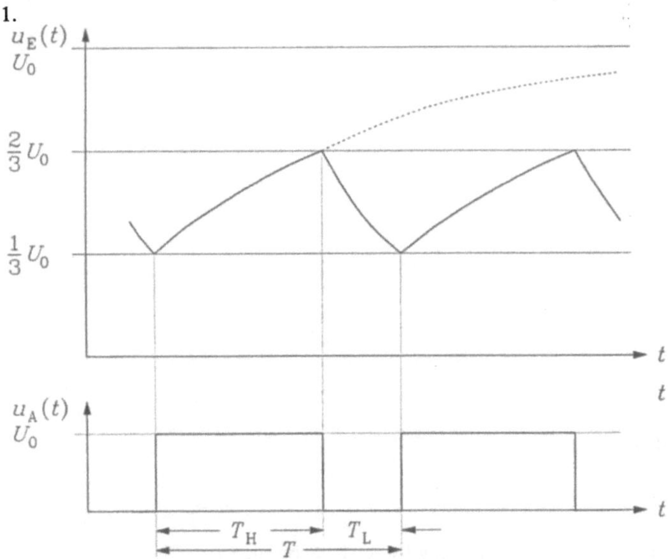

2.   Differentialgleichung:

$$\frac{u_A - u_E}{R} = C\frac{du_E}{dt}$$

$$dt = RC\frac{du_E}{u_A - u_E}$$

Aufladung: $u_A = U_0$

$$\int\limits_0^{T_H} dt = RC \int\limits_{\frac{1}{3}U_0}^{\frac{2}{3}U_0} \frac{du_E}{U_0 - u_E} = RC\left[-\ln(U_0 - u_E)\right]_{\frac{1}{3}U_0}^{\frac{2}{3}U_0}$$

$$T_H = RC \cdot \ln 2$$

Entladung: $u_A = 0$

$$\int\limits_0^{T_L} dt = RC \int\limits_{\frac{2}{3}U_0}^{\frac{1}{3}U_0} \frac{du_E}{-u_E} = RC\left[-\ln u_E\right]_{\frac{2}{3}U_0}^{\frac{1}{3}U_0}$$

$$T_L = RC \cdot \ln 2$$

$$T = T_H + T_L = 2RC \cdot \ln 2$$

$$f = \frac{1}{T} = \frac{1}{2RC \cdot \ln 2}$$

$$k = \frac{T_\mathrm{H}}{T} = \frac{1}{2}$$

10.5 Lösungen zu Kapitel 5

Aufgabe 5.1

1. Schaltung 1, t_{V1} (Einschalten des Transistors):

    Für das Absinken von u_C gilt:

    $$mI_\mathrm{CX} = -C_\mathrm{L}\frac{\mathrm{d}\,u_\mathrm{C}}{\mathrm{d}\,t}; \; u_\mathrm{C} = U_\mathrm{0C} - (U_\mathrm{0C} - U_\mathrm{CEX})\frac{t}{\tau}$$

    $$\tau = \frac{U_\mathrm{0C} - U_\mathrm{CEX}}{mI_\mathrm{CX}}C_\mathrm{L} = \frac{R_\mathrm{C}C_\mathrm{L}}{m}$$

    $$t_{V1} = t_\mathrm{ein} + \frac{RC_\mathrm{L}}{m} = 0,5\ \mathrm{ns} + 2,5\ \mathrm{ns} = 3\ \mathrm{ns}$$

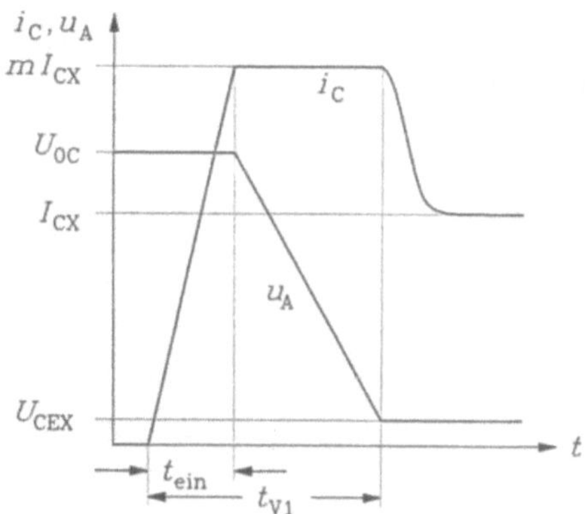

2. Schaltung 1, t_{V2} (Ausschalten des Transistors):

    Für das Ansteigen von u_C gilt:

    $$\frac{U_\mathrm{0C} - u_\mathrm{C}}{R_C} = C_\mathrm{L}\frac{\mathrm{d}\,u_\mathrm{C}}{\mathrm{d}\,t}$$

    $$u_\mathrm{C} = U_\mathrm{0C} - (U_\mathrm{0C} - U_\mathrm{CEX})\exp\frac{-t}{\tau}$$

    $$t|_{0,9U_\mathrm{0C}} = 2,3R_\mathrm{C}C_\mathrm{L}$$

    $$t_{V2} = t_\mathrm{aus} + 2,3R_\mathrm{C}C_\mathrm{L} = 0,5\ \mathrm{ns} + 23\ \mathrm{ns} = 23,5\ \mathrm{ns}$$

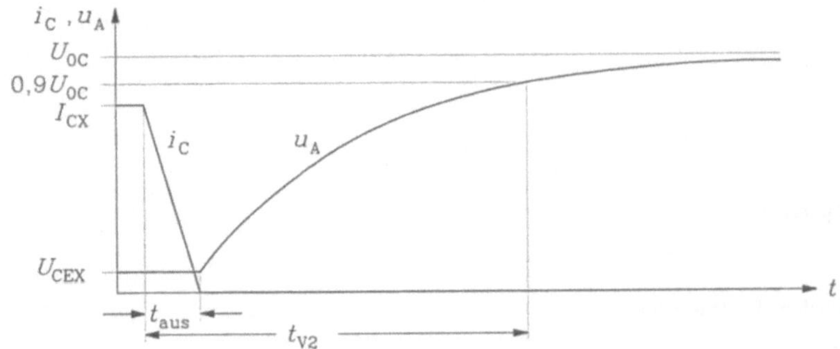

3. Schaltung 2, t_{V1} (Einschalten von T_1, T_2 sei ausgeschaltet) siehe 1.:

$$t_{V1} = 3 \text{ ns}$$

4. Schaltung 2, t_{V1} (Einschalten von T_2, T_1 sei ausgeschaltet):

Für das Ansteigen von u_C gilt:

$$B_N I_{BX} = m I_{CX} = C_L \frac{d\, u_C}{d\, t}; \quad u_C = U_{CEX} + (U_{0C} - 2U_{CEX})\frac{t}{\tau}$$

$$\tau = \frac{U_{0C} - 2U_{CEX}}{m I_{CX}} C_L \approx \frac{R_C C_L}{m} \qquad (R_C \text{ sei ein fiktiver Widerstand!})$$

$$t_{V2} = t_{ein} + \frac{R_C C_L}{m} = 3 \text{ ns}$$

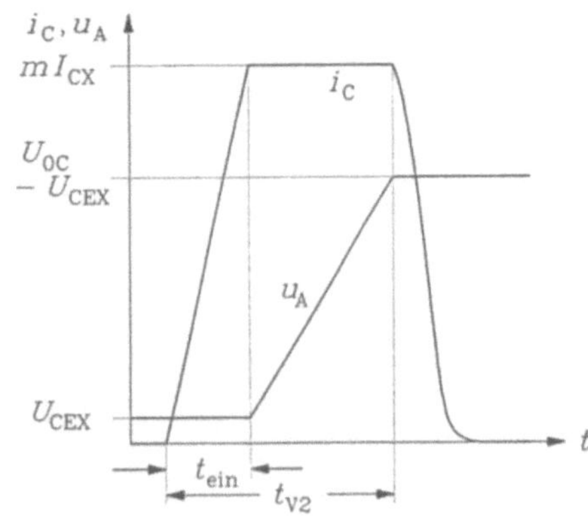

Aufgabe 5.2

1. $U_A(L) = U_{CEX} = 0 \text{ V}$

    $U_A(H) \approx U_{0C} - 2U_{BEX} = 3,5 \text{ V}$

2.

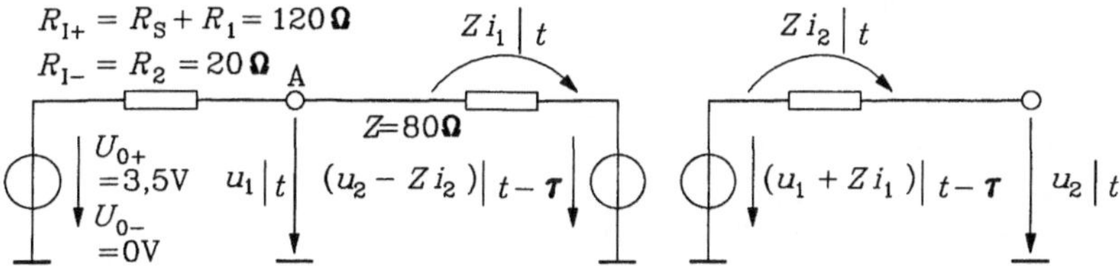

3.

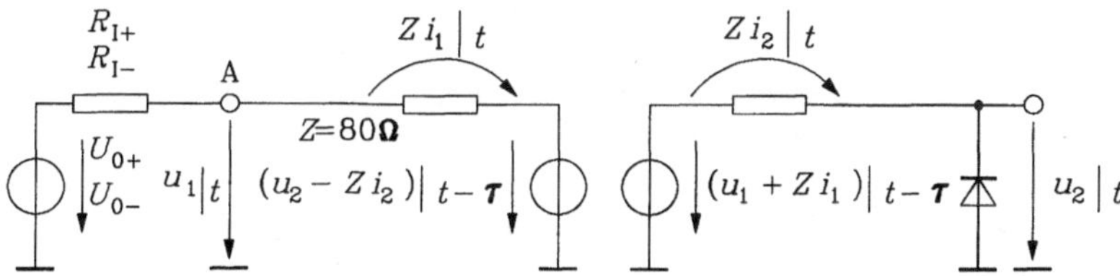

4.

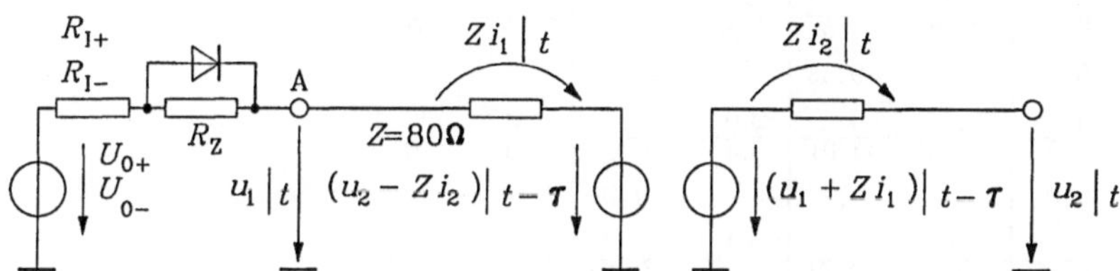

In diesen Ersatzschaltbildern für die Aufgabenstellungen 2., 3. und 4. bedeutet + positiver Sprung an A; – negativer Sprung an A.

Die iterative Berechnung des Zeitverhaltens soll am Beispiel des negativen Sprunges $U_{0-} = 0$ V der Aufgabenstellung 2. behandelt werden.

Vor dem Anlegen des Sprunges gilt

$$u_2(t < 0), \text{ z.B. } (t = -\tau) = 3,5 \text{ V}$$

$$Z \cdot i_2(t = -\tau) = 0 \text{ (es fließt kein Strom)}$$

Wir berechnen zunächst u_1, $Zi_1(t = 0)$.

$$t = 0: \quad (u_2 - Zi_2)\big|_{0-\tau} = 3,5 \text{ V}$$

Maschengleichung des Leitungseingangs:

$$U_{0-} = (Z + R_{1-})i_1\big|_0 + (u_2 - Zi_2)\big|_{-\tau}$$

$$Zi_1\big|_0 = \frac{(U_{0-} - (u_2 - Zi_2))\big|_{-\tau}}{Z + R_{1-}} Z = \frac{0 \text{ V} - 3,5 \text{ V}}{100 \text{ }\Omega} \cdot 80 \text{ }\Omega = -2,8 \text{ V}$$

$$u_1\big|_0 = Zi_1\big|_0 + (u_2 - Zi_2)\big|_{-\tau} = -2,8 \text{ V} + 3,5 \text{ V} = 0,7 \text{ V}$$

$t = t$:   Maschengleichung am Ausgang der Leitung:

$$(u_1 + Zi_1)\big|_{\tau-\tau} = (u_1 - Zi_1)\big|_0 = u_2\big|_\tau, \text{ da } i_2 = 0$$

$$u_2\big|_\tau = -2,1\ \text{V}$$

$t = 2\tau$:   Maschengleichung am Eingang der Leitung liefert:

$$Zi_1\big|_{2\tau} = \frac{(U_{0-} - (u_2 - Zi_2))\big|_\tau}{Z + R_{1-}}\, Z = \frac{0\ \text{V} + 2,1\ \text{V}}{100\ \Omega} \cdot 80\ \Omega = -1,68\ \text{V}$$

$$u_1\big|_{2\tau} = Zi_1\big|_{2\tau} + (u_2 - Zi_2)\big|_\tau = -0,42\ \text{V}$$

$t = 3\tau$:

$$u_2\big|_{3\tau} = (u_1 + Zi_1)\big|_{2\tau} = 1,26\ \text{V}$$

In der folgenden Tabelle sind alle Ergebnisse eingetragen. Leerstellen bedeuten, daß keine Abweichungen gegenüber der Aufgabenstellung 2. auftreten oder die Prozesse abgeklungen sind.

Aufg.	$n\tau$	u_1 / V +	u_1 / V −	Zi_1 / V +	Zi_1 / V −	u_2 / V +	u_2 / V −	Zi_2 / V +	Zi_2 / V −
	$-\tau$					0	3,5	0	0
2	$0, \tau$	1,4	0,7	1,4	−2,8	2,8	−2,1	0	0
3			0,7		−0,75		−0,75		−1,35
4		1,1	1,75	1,1	−1,75	2,2	0	0	0
2		3,08	−0,42	0,28	1,68	3,36	1,26	0	0
3	$2\tau, 3\tau$		0,12		−0,48		−0,36		0
4		2,6	0	0,4	0	3,0		0	
2		3,42	0,25	0,06	−1,01	3,47	−0,76	0	0
3	$4\tau, 5\tau$		−0,07		0,29		0,22		0
4		3,15		0,15		3,3		0	
2			−0,15		0,61		0,46		0
3	$6\tau, 7\tau$		0,04		−0,18		−0,14		0
4		3,36		0,06		3,42		0	
2			0,09		0,37		−0,28		0
3	$8\tau, 9\tau$								
4									

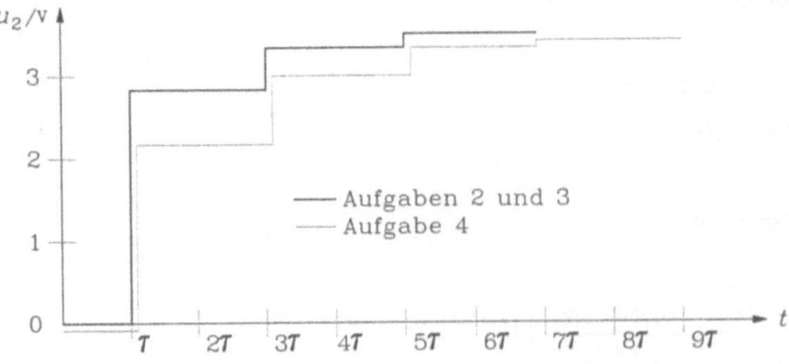

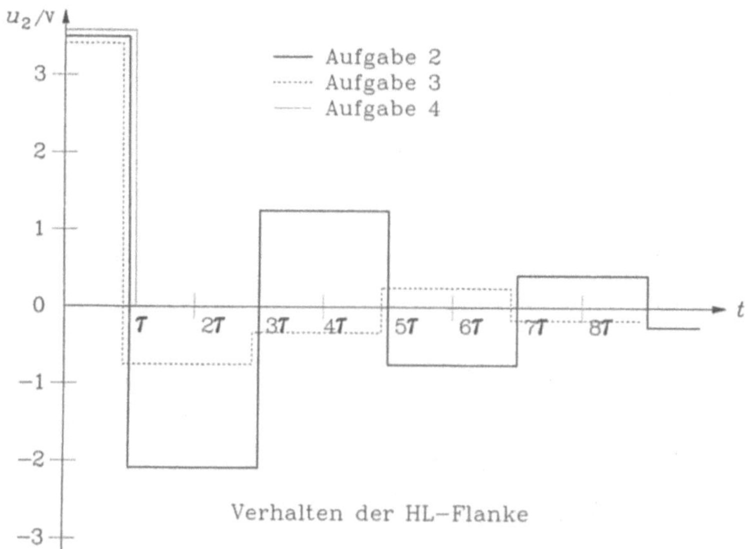

Der positive Sprung erreicht nach 3τ $0,9U_A(\text{H})$ am Ausgang der Leitung in Aufgabenstellung 2., der negative Sprung erreicht nach 9τ am Ausgang $0,1U_A(\text{H})$.

Die Zeitverläufe sind im folgenden Diagramm dargestellt.

Aufgabe 5.3

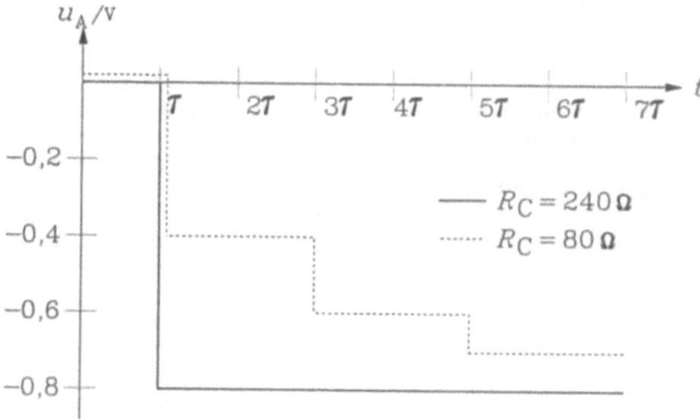

Aufgabe 5.4

1. Variante:

Leitungsanordnung

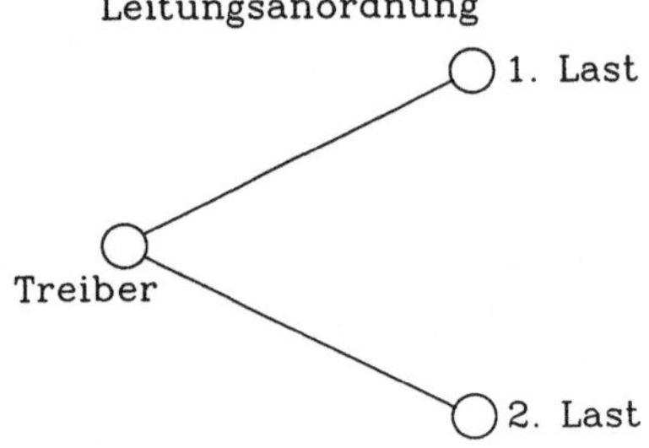

Leitungsmodell

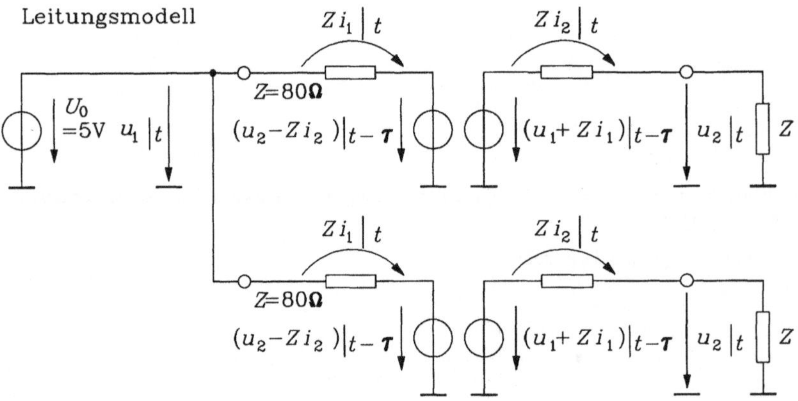

Beide Laststufen sind gleichberechtigt, es treten die gleichen Strom- und Spannungsverläufe auf, so daß im Ersatzschaltbild nicht zwischen den Laststufen unterschieden werden muß.

Nach der Laufzeit τ erreichen die Ausgangsspannungen ihren Endwert.

Tabelle des Zeitverhaltens

	U_1 / V	$Z i_1$ / V	U_2 / V	$Z i_2$ / V
$-\tau$			0	0
$0,\tau$	5	5	5	5

2. Variante:

Leitungsanordnung

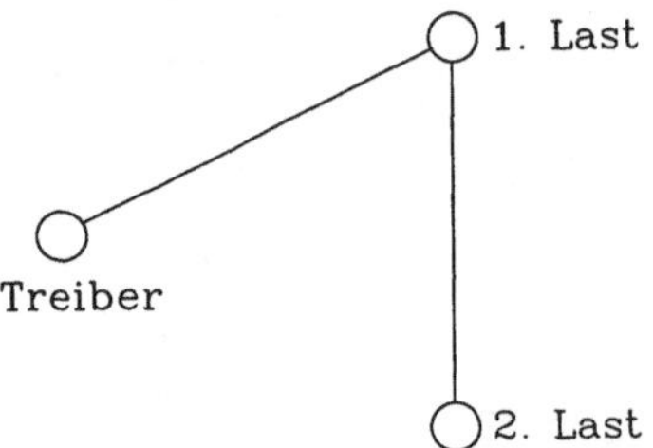

Leitungsmodell

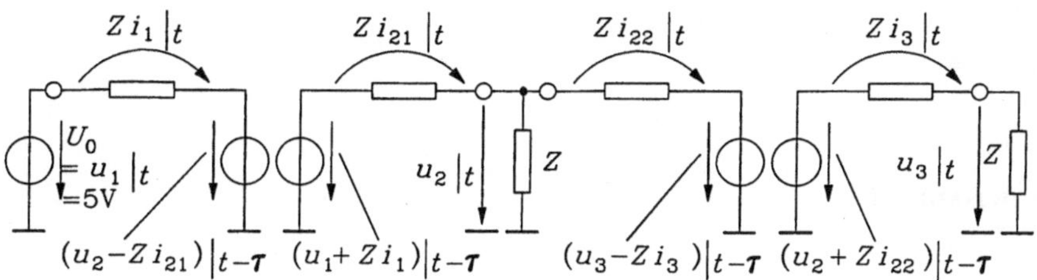

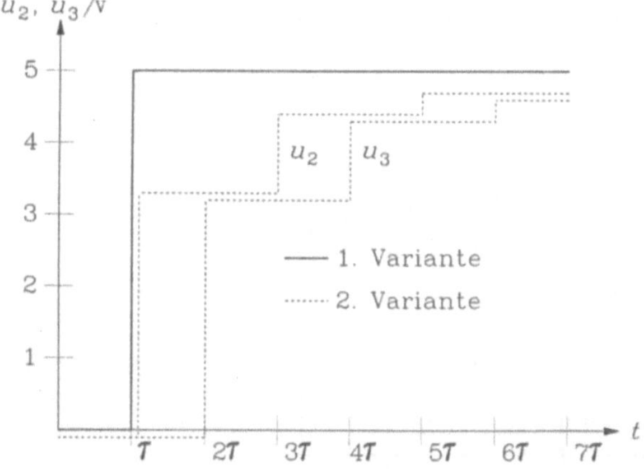

Ergebnis:

Während die Einschwingvorgänge bei Variante 1 nach τ beendet sind, dauern sie bei Variante 2 für u_2 insgesamt 5τ und für u_3 insgesamt 6τ.

Aufgabe 5.5

1. E = L: T_1, T_2, T_3, T_4, T_5, T_6 gesperrt, A = H

    E = H: T_1 leitend, T_3 arbeitet als Stromspiegel,

    T_2 gesperrt, T_4 leitend (übersteuert),

    T_5 leitend aktiv, T_6 leitend übersteuert, A = L

2. Für E = H gilt:

$$I_{B3} + I_{C3} = I_{C3}\left(1 + \frac{1}{B_{N3}}\right) = I_0.$$

$$I_{BX6} = \frac{m_6}{B_{N6}} I_{CX6} = 4\,\text{mA}$$

$$I_{BX4} = I_{C3} = I_0 \frac{B_{N3}}{1 + B_{N3}} = 9\,\mu\text{A}$$

$$I_{EX5} = \frac{U_{BEX}}{R_B} + I_{BX6} = 4{,}15\,\text{mA}$$

$$I_{RC} = I_{EX5} - I_{BX4} = 4{,}38\,\text{mA}$$

Bei Übersteuerung von T_4:

$$R_C = \frac{U_0 - 2U_{BEX} - U_{CEX}}{I_{RC}} = 338\,\Omega$$

Nachweis der Übersteuerung von T_4:   Zusammenfassung:

$$m_4 = B_{N4}\,\frac{I_{BX4}}{\dfrac{I_{EX5}}{1+B_{N5}} - I_{BX4}} = 6,2 > m_{min} \qquad R_C = \frac{U_0 - 2U_{BEX} - U_{CEX}}{\dfrac{U_{BEX}}{R_B} + \dfrac{m_6}{B_{N6}}\,I_{CX6} - I_0\,\dfrac{B_{N2}}{1+B_{N2}}}$$

10.6 Lösungen zu Kapitel 6

Aufgabe 6.1

1. Die Wortbreite entspricht der des Datenbusses (4 Bit)

2. Es sind 1 MBit Adressen $= 2^{20}$ zu unterscheiden, so daß die Adreßbreite 20 Bit beträgt.

Aufgabe 6.2

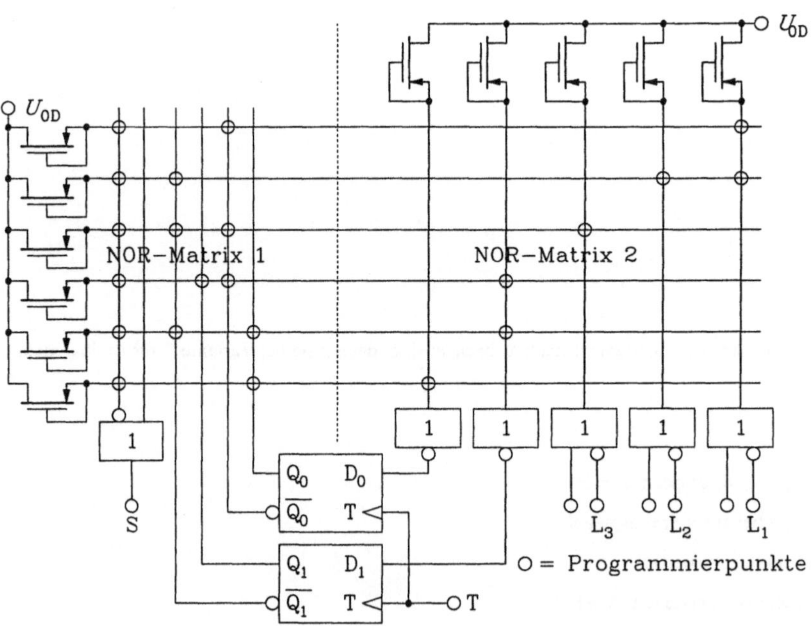

10.7 Lösungen zu Kapitel 7

Aufgabe 7.1

Karnaugh-Tafel:

A_3

	E_1		
	E_0		
0: 0	1: 0	3: 0	2: 0
4: 0	5: 0	7: 0	6: 0
d	d	d	d
8: 1	9: 1	d	d

$$A_3 = E_3$$

A_2

	E_1		
	E_0		
0: 0	1: 0	3: 0	2: 0
4: 1	5: 1	7: 1	6: 1
d	d	d	d
8: 1	9: 0	d	d

$$A_2 = E_2 + E_3 \cdot \overline{E_0}$$

A_1

	E_1		
	E_0		
0: 0	1: 0	3: 1	2: 1
4: 1	5: 1	7: 0	6: 0
d	d	d	d
8: 0	9: 0	d	d

$$A_1 = E_2 \cdot \overline{E_1} + \overline{E_2} \cdot E_1$$

A_0

	E_1		
	E_0		
0: 0	1: 1	3: 0	2: 1
4: 0	5: 1	7: 0	6: 1
d	d	d	d
8: 0	9: 0	d	d

$$A_1 = \overline{E_3} \cdot \overline{E_1} \cdot E_0 + E_1 \cdot \overline{E_0}$$

Schaltung:

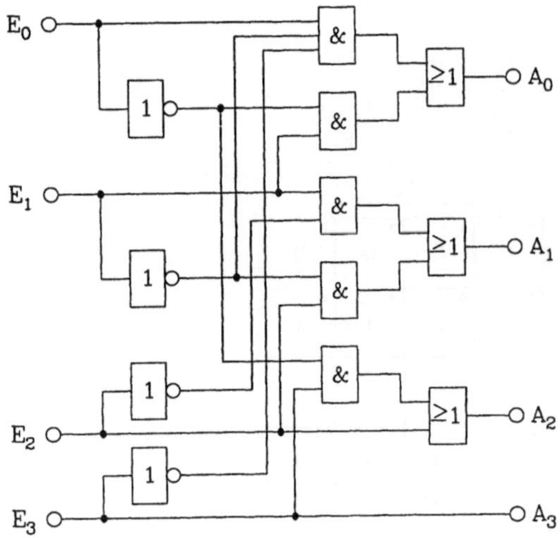

Aufgabe 7.2

1.

A_1	A_0	B_1	B_0	$(A>B)$	$(A<B)$	$(A=B)$
0	0	0	0	0	0	1
0	0	0	1	0	1	0
0	0	1	0	0	1	0
0	0	1	1	0	1	0
0	1	0	0	1	0	0
0	1	0	1	0	0	1
0	1	1	0	0	1	0
0	1	1	1	0	1	0
1	0	0	0	1	0	0
1	0	0	1	1	0	0
1	0	1	0	0	0	1
1	0	1	1	0	1	0
1	1	0	0	1	0	0
1	1	0	1	1	0	0
1	1	1	0	1	0	0
1	1	1	1	0	0	1

2. Es genügt, zwei Funktionen zu realisieren, z. B. $(A>B)$ und $(A<B)$, die dritte ergibt sich danach zu
   $(A=B) = \overline{(A > B) + (A < B)}$.

$$(A > B) = A_1 \cdot \overline{B_1} + A_0 \cdot \overline{B_1} \cdot \overline{B_0} + A_1 \cdot A_0 \cdot \overline{B_0}$$

$$(A > B) = A_1 \cdot \overline{B_1} + A_0 \cdot \overline{B_0}\left(A_1 + \overline{B_1}\right)$$

(A<B)

0 **0**	1 **1**	3 **1**	2 **1**
4 **0**	5 **0**	7 **1**	6 **1**
12 **0**	13 **0**	15 **0**	14 **0**
8 **0**	9 **0**	11 **1**	10 **0**

$$(A < B) = \overline{A_1} \cdot B_1 + \overline{A_1} \cdot \overline{A_0} \cdot B_0 + \overline{A_0} \cdot B_1 \cdot B_0$$

$$(A < B) = \overline{A_1} \cdot B_1 + \overline{A_0} \cdot B_0\left(\overline{A_1} + B_1\right)$$

3. Wegen der am Ausgang der NMOS-ED-Gatter zu erwartenden Negation sind (A>B) und (A<B) entsprechend umzuformen:

$$I_{(A>B)} = \overline{(A > B)} = \overline{A_1 \cdot \overline{B_1}} \cdot \overline{A_0 \cdot \overline{B_0}\left(A_1 + \overline{B_1}\right)}$$

$$I_{(A>B)} = \left(\overline{A_1} + B_1\right)\left(\overline{A_0} + B_0 + \overline{A_1} \cdot B_1\right)$$

$$I_{(A<B)} = \overline{(A < B)} = \overline{\overline{A_1} \cdot B_1} \cdot \overline{\overline{A_0} \cdot B_0\left(\overline{A_1} + B_1\right)}$$

$$I_{(A<B)} = \left(A_1 + \overline{B_1}\right)\left(A_0 + \overline{B_0} + A_1 \cdot \overline{B_1}\right)$$

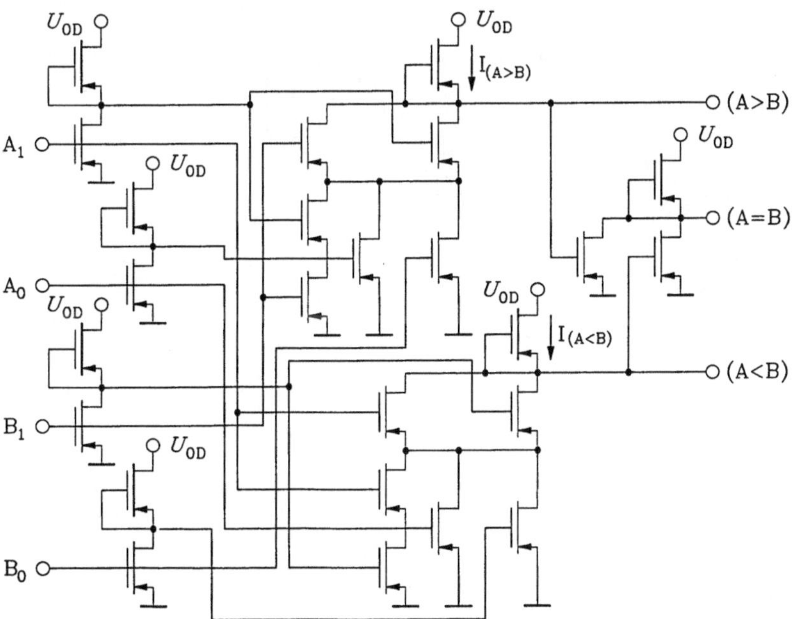

Aufgabe 7.3

Der interne Eingang BI des Addierers muß für die Subtraktion mit dem negierten Eingangssignal angesteuert werden. Außerdem ist zusätzlich der Wert +1 zu addieren, was über den Eingang CIN geschehen kann.

Komplementbildung:

Funktion	Steuereingang S	Eingang BI des Addierers
Addition	1	B
Subtraktion	0	$\overline{B}$

$$BI = B \cdot S + \overline{B} \cdot \overline{S}$$

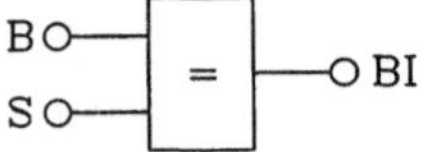

Nutzung von CIN zur (+1)-Addition bei der Subtraktion

Funktion	Steuereingang S	Eingang CIN des Addierers
Addition	1	0
Subtraktion	0	1

$$CIN = \overline{S}$$

Gesamtschaltung

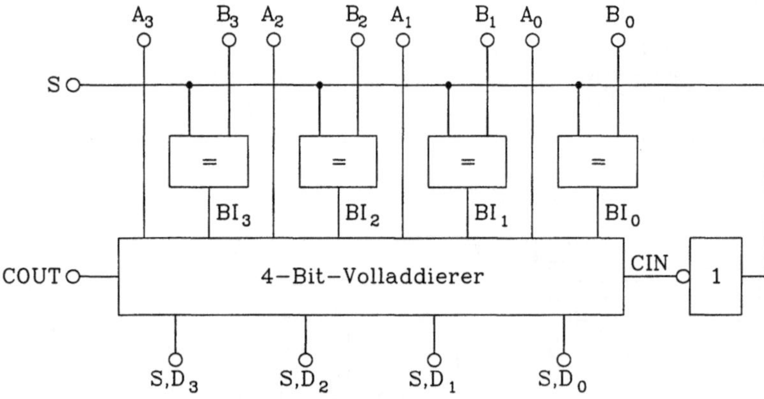

10.8 Lösungen zu Kapitel 8

Zu Aufgabe 8.1

1.

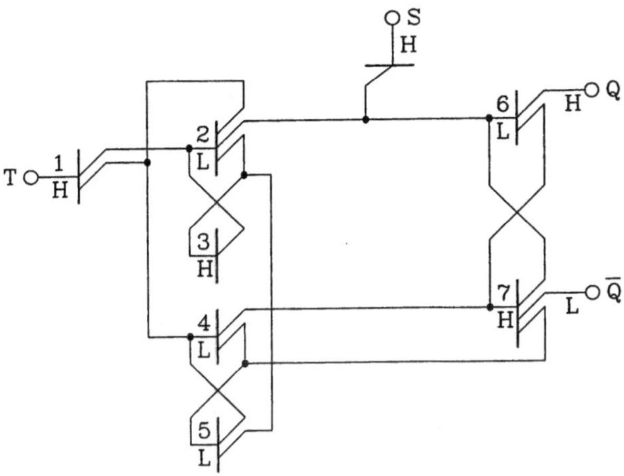

2.

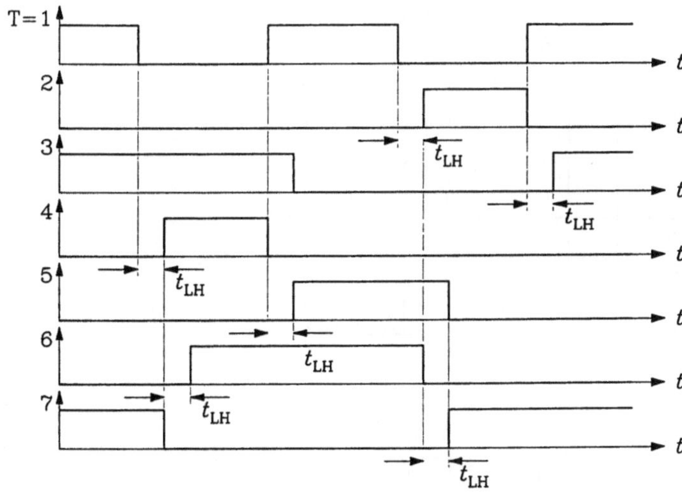

3.

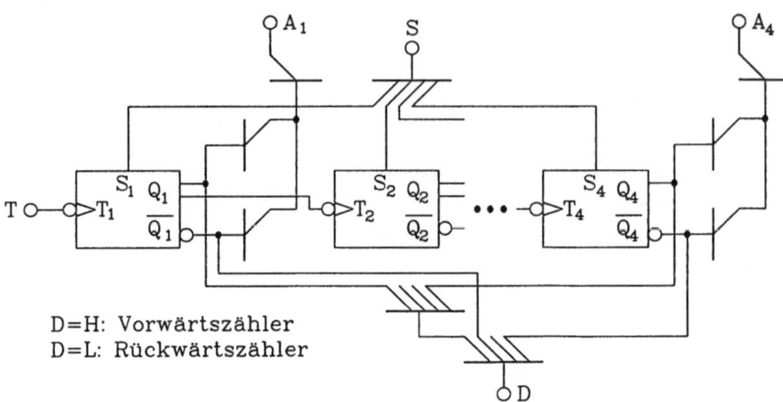

Zu Aufgabe 8.2

Die Schaltung wird zunächst einfacher für eine HL-Flankensteuerung entworfen. Anschließend erfolgt durch eine Negation aller Takteingangssteuerungen die Umsetzung auf die LH-Flankensteuerung.

Zustand	Q_2	T_2	Q_1	T_1	Q_0	T_0	T	D_2	D_1	D_0	D_2	D_1	D_0
0	0		0		0	→	→	0	0	1	d	d	1
1	0		0	→	→1	→	→	0	1	0	d	1	0
2	0		1		0	→	→	0	1	1	d	d	1
3	0	→	→1	→	→1	→	→	1	0	0	1	0	0
4	1		0		0	→	→	1	0	1	d	d	1
5	1		0	→	→1	→	→	1	1	0	d	1	0
6	1	→	→1	→	0		→	0	0	0	0	0	d
0	0		0		0								
X	1		1		1			d	d	d	d	d	d
								synchron			teilsynchron		
											asynchron		

1. Synchrone Schaltung

D_2

	Q_1			
	Q_0			
	0	1	3	2
	0	0	1	0
Q_2	4	5	6	
	1	1	d	0

D_1

	Q_1			
	Q_0			
	0	1	3	2
	0	1	0	1
Q_2	4	5	6	
	0	1	d	0

$$D_2 = Q_2 \cdot \overline{Q_1} + Q_1 \cdot Q_0 = \overline{\overline{Q_2 \cdot \overline{Q_1}} \cdot \overline{Q_1 \cdot Q_0}}$$

$$D_1 = \overline{Q_1} \cdot Q_0 + \overline{Q_2} \cdot Q_1 \cdot \overline{Q_0} = \overline{\overline{\overline{Q_1} \cdot Q_0} \cdot \overline{\overline{Q_2} \cdot Q_1 \cdot \overline{Q_0}}}$$

Q_1			

D_0

0	1	3	2
1	0	0	1
4	5		6
1	0	d	0

Q_2 (row label), Q_0 (top span)

$$D_0 = \overline{Q_0\left(\overline{Q_2}+\overline{Q_1}\right)} = \overline{\overline{Q_0 + \overline{\overline{Q_2}+\overline{Q_1}}}}$$

Es wurde wegen der günstigeren Verzögerungszeiten die NAND-/NOR-Realisierung gewählt.

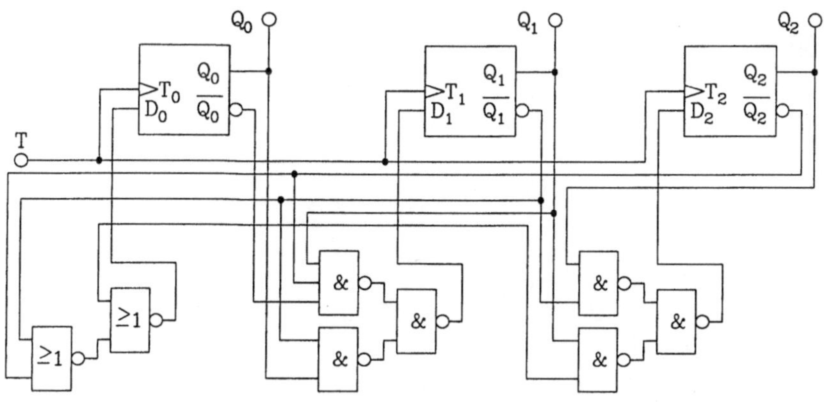

Aufwand: 3 DFF, 8 komb. Gatter

2. Teilsynchrone Schaltung

Dateneingangsbelegung

D_2

Q_1			

0	1	3	2
d	d	1	d
4	5		6
d	d	d	0

$$D_2 = \overline{Q_2}$$

D_1

Q_1			

0	1	3	2
d	1	0	d
4	5		6
d	1	d	0

$$D_1 = \overline{Q_1}$$

$$D_0$$

Q_1			
0 1	**1** 0	**3** 0	**2** 1
4 1	**5** 0	d	d

$$D_0 = \overline{Q_0}$$

Takteingangsbelegung

$$T_0 = T \cdot \overline{Q_2 \cdot Q_1}$$

$$\overline{T_0} = \overline{T \cdot \overline{Q_2 \cdot Q_1}}$$

$$T_1 = T(Q_0 + Q_2 \cdot Q_1)$$

$$\overline{T_1} = \overline{T \cdot \overline{\overline{Q_0} \cdot \overline{Q_2 \cdot Q_1}}}$$

$$T_2 = T \cdot Q_1 (Q_2 + Q_0)$$

$$\overline{T_2} = \overline{T \cdot Q_1 \cdot \overline{\overline{Q_2} \cdot \overline{Q_0}}}$$

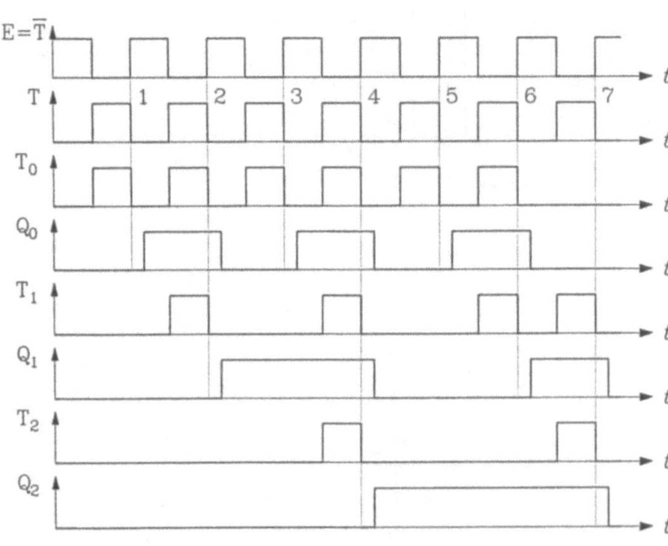

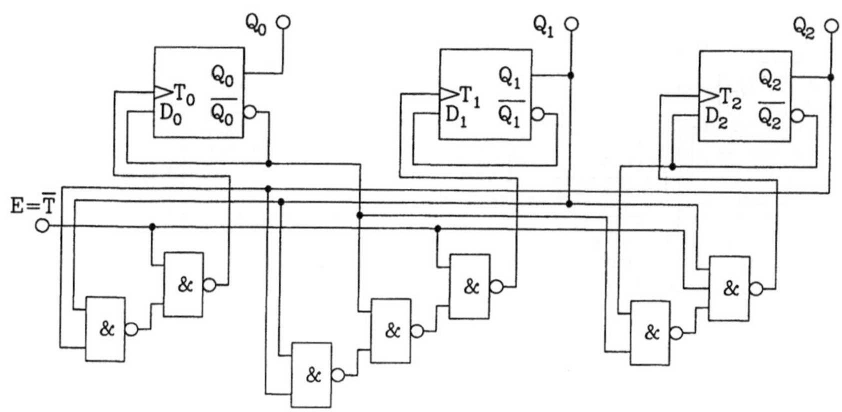

Aufwand: 3 DFF, 7 komb. Gatter

3. Asynchrone Schaltung

Dateneingangsbelegung siehe teilsynchrone Schaltung

Takteingangsbelegung

$$T_0 = T \cdot \overline{Q_2} \cdot Q_1$$

$$\overline{T_0} = \overline{T \cdot \overline{Q_2} \cdot Q_1}$$

$$T_1 = Q_0 + T \cdot Q_2 \cdot Q_1$$

$$\overline{T_1} = \overline{Q_0 + \overline{\overline{T} + \overline{Q_2} + \overline{Q_1}}}$$

$$T_2 = Q_1$$

$$\overline{T_2} = \overline{Q_1}$$

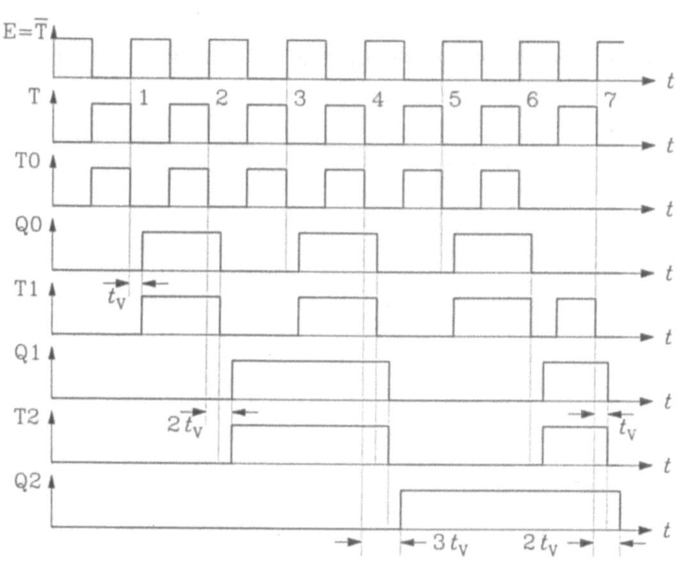

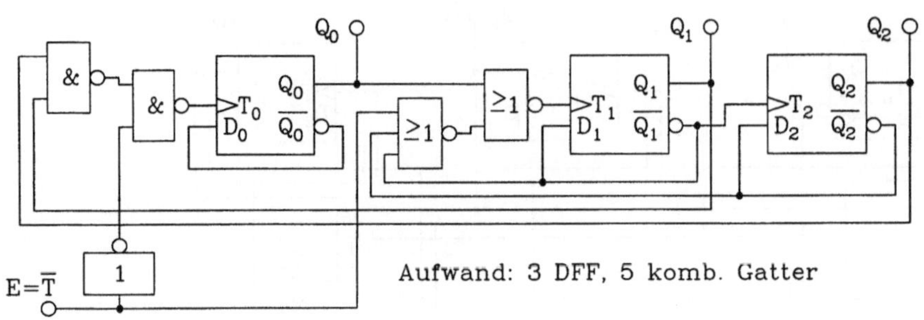

Aufwand: 3 DFF, 5 komb. Gatter

Aufgabe 8.3

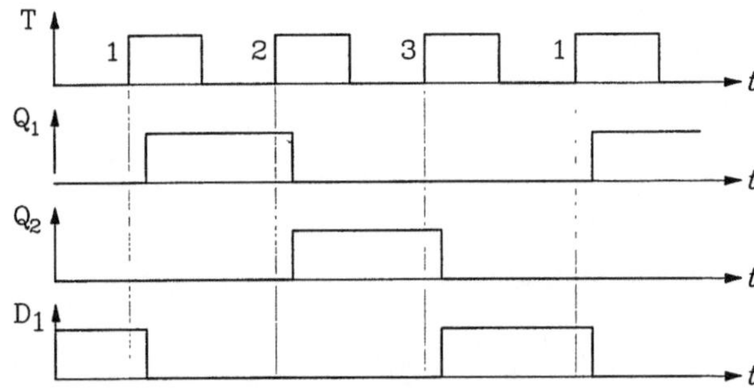

Ergebnis: (3:1)−Teiler

Tastverhältnis $k = 1/3$

Aufgabe 8.4

Benötigt werden 2 Flip-Flop. Es gibt 2 Varianten (a und b) für die Belegungen des 2. Flip-Flop (Q_{0a} und Q_{0b}).

Funktionstabelle

Zustand	$Q_1 = A$	Q_{0a}	Q_{0b}	D_1	D_{0a}	D_{0b}
0	0	0	0	0	1	1
1	0	1	1	1	0	1
2	1	0	1	0	0	0
0	0	0	0			
X	1	1	0	d	d	d

Variante a:

$$D_1 = \overline{Q_1} \cdot Q_0 + (Q_1 \cdot Q_0) = Q_0$$

$$D_0 = \overline{Q_1} \cdot \overline{Q_0} = \overline{Q_1 + Q_0}$$

Variante b:

$$D_1 = \overline{Q_1} \cdot Q_0 + \left(Q_1 \cdot \overline{Q_0}\right) = \overline{Q_1} \cdot Q_0$$

$$D_0 = \overline{Q_1} \cdot \overline{Q_0} + \overline{Q_1} \cdot Q_0 + \left(Q_1 \cdot \overline{Q_0}\right) = \overline{Q_1}$$

Gewählt wurde Variante a.

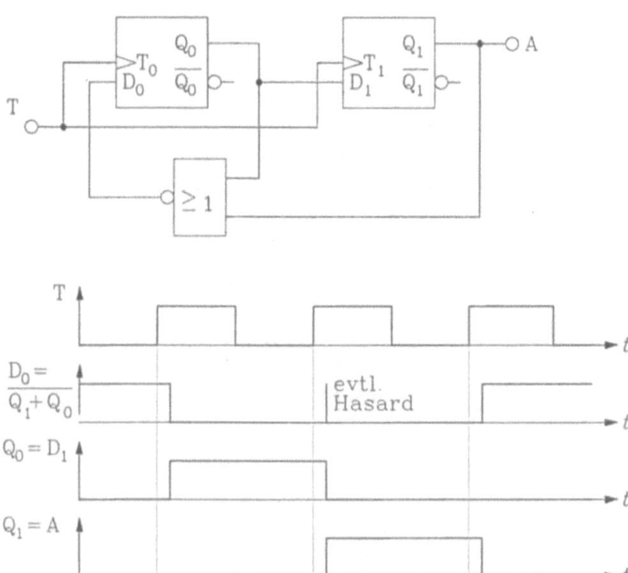

Aufgabe 8.5

1. Wegen des geringeren Schaltungsaufwandes wird ein asynchroner Zähler eingesetzt, dessen Kode so gewählt wurde, daß die Ansteuerung der Takteingänge nur eine minimale Zahl zusätzlicher Gatter erfordert.

Funktionstabelle für $k = \dfrac{7}{13}$:

Zustand	Q_3	T_3	Q_2	T_2	Q_1	T_1	Q_0	T_0	T
0	0		0		0		0	$\rightarrow$	$\rightarrow$
1	0		0		0		$\rightarrow 1$	$\rightarrow$	$\rightarrow$
2	0		0		1		0	$\rightarrow$	$\rightarrow$
3	0		0	$\rightarrow$	$\rightarrow 1$	$\rightarrow$	$\rightarrow 1$	$\rightarrow$	$\rightarrow$
4	0		1		0		0	$\rightarrow$	$\rightarrow$
5	0	$\rightarrow$	1		0	$\rightarrow$	$\rightarrow 1$	$\rightarrow$	$\rightarrow$
6	1		1		1		0	$\rightarrow$	$\rightarrow$
7	1		$\rightarrow 1$	$\rightarrow$	$\rightarrow 1$	$\rightarrow$	$\rightarrow 1$	$\rightarrow$	$\rightarrow$
8	1		0		0		0	$\rightarrow$	$\rightarrow$
9	1		0		0	$\rightarrow$	$\rightarrow 1$	$\rightarrow$	$\rightarrow$
10	1		0		1		0	$\rightarrow$	$\rightarrow$
11	1		0	$\rightarrow$	$\rightarrow 1$	$\rightarrow$	$\rightarrow 1$	$\rightarrow$	$\rightarrow$
12	1	$\rightarrow$	$\rightarrow 1$	$\rightarrow$	0		0		$\rightarrow$
0	0		0		0		0		
X	0		1		1		0		d
X	0		1		1		1		d
X	1		1		0		1		d

$T_0 = T \cdot \overline{Q_3 \cdot Q_2 \cdot \overline{Q_1}}$ (Takt im Zustand 12 unterdrücken)

$T_1 = Q_0$

$T_2 = Q_1 + T \cdot Q_3 \cdot Q_2 \cdot \overline{Q_1}$ (Takt im Zustand 12 hinzufügen)

$T_3 = Q_2 \cdot \overline{Q_1}(Q_3 + Q_0)$

Schaltung:

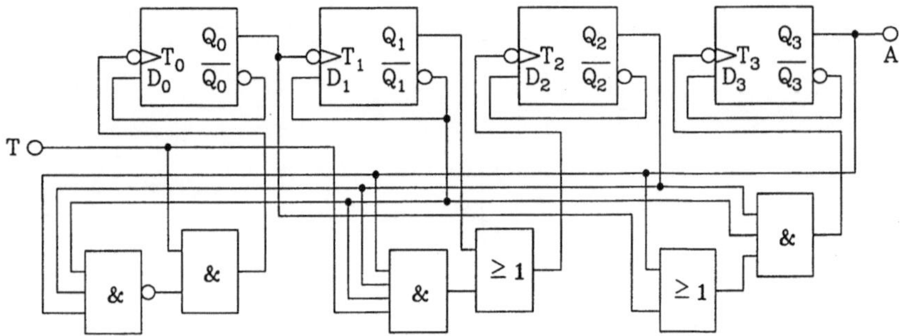

Schaltungsaufwand: 4 DFF, 6 komb. Gatter

2. Schaltung nach Bild 8-43:

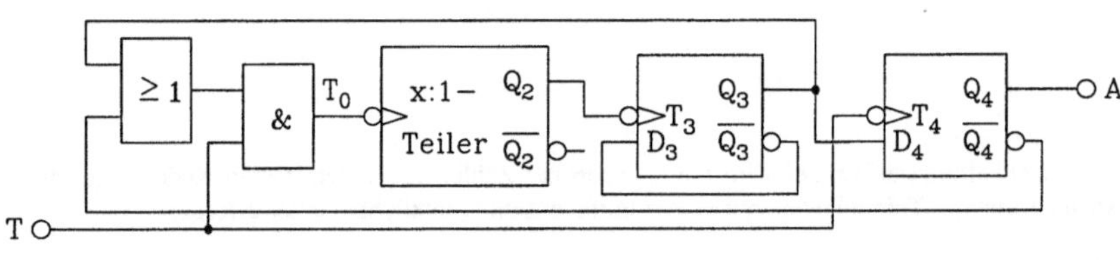

$$x = \frac{m-1}{2} = \frac{13-1}{2} = 6 = 2 \cdot 3, \quad k = \frac{6}{13}$$

Es werden ein synchroner (3:1)-Teiler nach Bild 8-11 und nachfolgend ein (2:1)-Teiler eingesetzt.

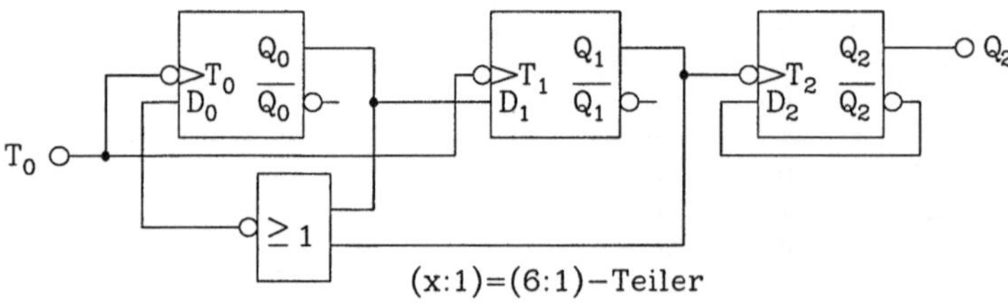

Schaltungsaufwand: 5 DFF, 3 komb. Gatter

Aufgabe 8.6

Der Taktgeber wird aus einem Zähler mit den Zuständen 0–4 (3 Flip-Flop) entwickelt. Zur Vermeidung von Hasards und Verkürzungen der Ausgangsimpulse wird der Zähler mit den negierten Eingangsimpulsen angesteuert, so daß er wie ein HL-flankengesteuerter Zähler wirkt.

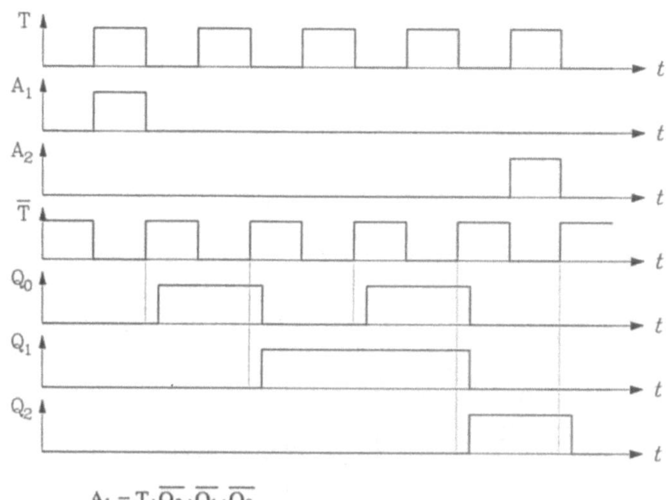

$$A_1 = T \cdot \overline{Q_2} \cdot \overline{Q_1} \cdot \overline{Q_0}$$
$$A_2 = T \cdot Q_2$$

Funktionstabelle des Zählers:

Zustand	Q_2	Q_1	Q_0	D_2	D_1	D_0
0	0	0	0	0	0	1
1	0	0	1	0	1	0
2	0	1	0	0	1	1
3	0	1	1	1	0	0
4	1	0	0	0	0	0
0	0	0	0			
X	1	0	1	d	d	d
X	1	1	0	d	d	d
X	1	1	1	d	d	d

Karnaugh-Tafel:

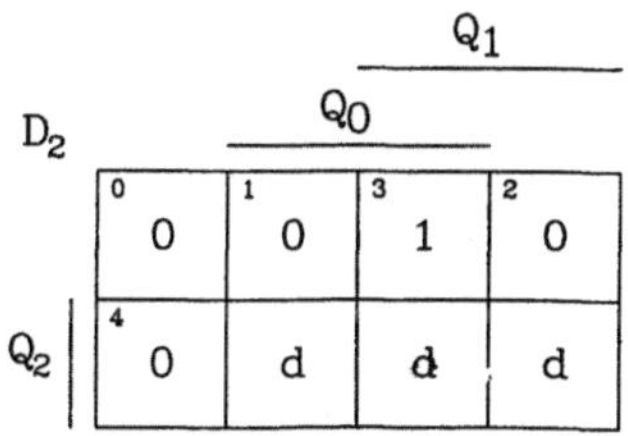

$$D_2 = Q_1 \cdot Q_0 \qquad\qquad D_1 = \overline{Q_1} \cdot Q_0 + Q_1 \cdot \overline{Q_0}$$

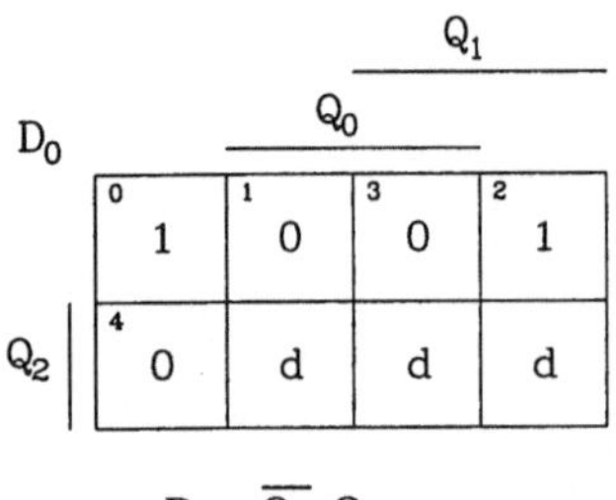

$$D_0 = \overline{Q_2} \cdot Q_0$$

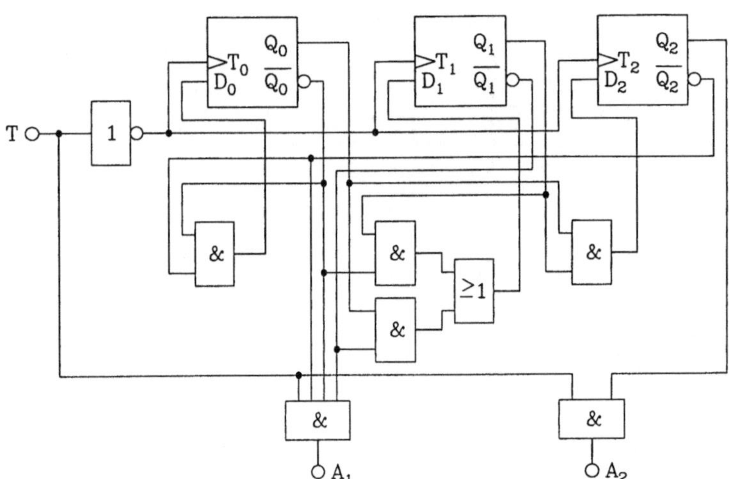

Aufgabe 8.7

Für die Speicherung der 5 Zustände des Bandes werden 3 DFF benötigt.

Funktionstabelle:

Zustand	S	D_2	D_1	D_0	Q_2	Q_1	Q_0	L_4	L_3	L_2	L_1
0	1	0	0	1	0	0	0	0	0	0	0
1	1	0	1	0	0	0	1	0	0	0	1
2	1	0	1	1	0	1	0	0	0	1	1
3	1	1	0	0	0	1	1	0	1	1	1
4	1	0	0	0	1	0	0	1	1	1	1
0	1				0	0	0	0	0	0	0
X	1	d	d	d	1	0	1	d	d	d	d
X	1	d	d	d	1	1	0	d	d	d	d
X	1	d	d	d	1	1	1	d	d	d	d
	0	0	0	0	d	d	d	0	0	0	0
0					0	0	0	0	0	0	0

– Belegung der Dateneingänge (S = 1):

D_2

	0	1	3	2
	0	0	1	0
Q_2 (4)	0	d	d	d

D_1

	0	1	3	2
	0	1	0	1
Q_2 (4)	0	d	d	d

$$D_2 = S \cdot Q_1 \cdot Q_0$$

$$D_1 = S\left(\overline{Q_1} \cdot Q_0 + Q_1 \cdot \overline{Q_0}\right) = S \cdot \overline{Q_1} \cdot Q_0 + S \cdot Q_1 \cdot \overline{Q_0}$$

D_0

	0	1	3	2
	1	0	0	1
Q_2 (4)	0	d	d	d

$$D_0 = S \cdot \overline{Q_2} \cdot \overline{Q_0}$$

Für S = 0 sind $D_2 = D_1 = D_0 = 0$ (wie gefordert).

Belegung der Steuereingänge L_4, L_3, L_2 und L_1:

L_4

	0	1	3	2
	0	0	0	0
Q_2 (4)	1	d	d	d

$$L_4 = S \cdot Q_2$$

L_3

	0	1	3	2
	0	0	1	0
Q_2 (4)	1	d	d	d

L_2

	0	1	3	2
	0	0	1	1
Q_2 (4)	1	d	d	d

$$L_3 = S(Q_2 + Q_1 \cdot Q_0) = S \cdot Q_2 + S \cdot Q_1 \cdot Q_0$$

$$L_2 = S(Q_2 + Q_1) = S \cdot Q_2 + S \cdot Q_1$$

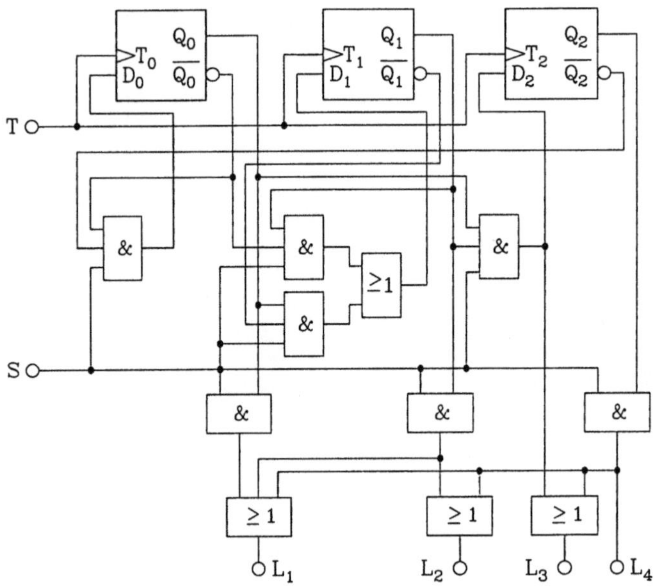

$$L_2 = S(Q_2 + Q_1 + Q_0) = S \cdot Q_2 + S \cdot Q_1 + S \cdot Q_0$$

Schaltung:

10.9 Lösungen zu Kapitel 9

Aufgabe 9.1

1.

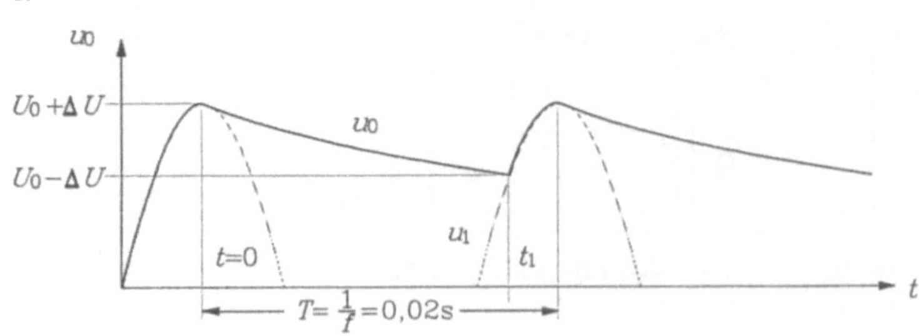

Entladung des Ladekondensators C_L:

$$u_0(t) = (U_0 + \Delta U_0)\cdot\exp\frac{-t}{C_L R_L}.$$

Sie erfolgt besonders schnell für $R_L = R_{Lmin}$.

Für $t = t_1$ gelten

$$u_0(t_1) = U_0 - \Delta U_0 = (U_0 + \Delta U_0)\cdot\exp\frac{-t_1}{C_L R_{Lmin}}, \tag{1}$$

$$u_1(t_1) = U_0 - \Delta U_0 = (U_0 + \Delta U_0)\cdot\cos\omega t_1 - U_F. \tag{2}$$

Aus (2) folgt mit

$$\omega = 2\pi f = \frac{2\pi}{T}$$

$$t_1 = \frac{T}{2\pi}\arccos\frac{U_0 - \Delta U_0 + U_F}{U_0 + \Delta U_0} = 0{,}0186\,\mathrm{s}. \tag{3}$$

Mit (3) in (1) ergibt sich

$$C_L = \frac{t_1}{R_{Lmin}\cdot\ln\dfrac{U_0 + \Delta U_0}{U_0 - \Delta U_0}} = 390\,\mu\mathrm{F}.$$

2. Der Spitzenwert der Transformatorausgangsspannung beträgt

$$\hat{U}_a = U_0 + \Delta U_0 + U_F = 6\,\mathrm{V},$$

der Effektivwert

$$U_{aeff} = 4{,}24\,\mathrm{V}.$$

Damit wird

$$\ddot{u} = \frac{220\,\mathrm{V}}{4{,}24\,\mathrm{V}} = 51{,}9.$$

Aufgabe 9.2

1. Nach Gl. (9.12) und (9.13) folgt für die Z-Diode

$$I_0 = \frac{U_{Zmax}\cdot I_{Zmin} - U_{Zmin}\cdot I_{Zmax}}{U_{Zmax} - U_{Zmin}} = -2{,}5\,\mathrm{A}.$$

Gl. (9.15) wird für die beiden Grenzwerte von U_Z (unter Beachtung der Gl. (9.18) und (9.21)

$$U_{Zmax}\left(\frac{1}{R_{Lmax}} + \frac{1}{r_Z}\right) + I_0 = \frac{U_{Emax} - U_{Zmax}}{R_V}, \tag{1}$$

$$U_{Zmin}\left(\frac{1}{R_{Lmin}} + \frac{1}{r_Z}\right) + I_0 = \frac{U_{Emin} - U_{Zmin}}{R_V}. \tag{2}$$

Mit $R_{Lmax} = \infty$ (Leerlauf) ergeben sich aus (1) und (2) $R_V = 16\,\Omega$ und $R_{Lmin} = 16\,\Omega$.

2.

$$I_Z + I_L = \frac{U_E - U_Z}{R_V}. \tag{3}$$

Aus Gl. (9.13) folgt

$$U_Z = r_Z(I_Z - I_0). \tag{4}$$

(4) in (3) liefert

$$I_Z = \frac{\dfrac{U_E}{R_V} - I_L + \dfrac{r_Z}{R_V} I_0}{1 + \dfrac{r_Z}{R_V}}\,.$$

Kritische Größe für die Funktion der Z-Diode zur Stabilisierung ist I_{Zmin}.

$$I_{Zmin} = \frac{\dfrac{U_{Emin}}{R_V} - I_{Lmax} + \dfrac{r_Z}{R_V} I_0}{1 + \dfrac{r_Z}{R_V}}$$

Mit $I_{Zmin} = 0$ wird

$$I_{Lmax} = \frac{U_{Emin} + r_Z I_0}{R_V} = 0{,}3125\,\mathrm{A}\,.$$

Literaturverzeichnis

Amos, S. W.: Transistorschaltungen, VCH, Weinheim, NewYork, Basel, Cambridge, 1991

Bochmann, D.; Posthoff, C.: Binäre dynamische Systeme, Akademie-Verlag, Berlin, 1981

Bochmann, D.; Roginskij, V. N. (Hrsg.): Dynamische Prozesse in Automaten, VEB Verlag Technik, Berlin, 1977

Eckhardt, D.; Groß, W.: Grundlagen der digitalen Schaltungstechnik, Militärverlag der DDR, 1988

Fischer, W.-J.; Gieseler, M.; Sorst, M.: CMOS-Gate-Array-Technik, Verlag Technik, Berlin, 1990

Fischer, W.-J.; Schüffny, R.: MOS-VLSI-Technik, Akademie-Verlag, Berlin, 1987

Gajski, D.; Kuhn, R.: Guest Editors' Introduction: New VLSI Tools, Computer, December 1983

Hoefer, E. E.; Nielinger, H.: SPICE-Analyseprogramm für elektronische Schaltungen, Benutzerhandbuch mit Beispielen, Springer-Verlag, Berlin, Heidelberg, 1985

Hering, E.; Bressler, K.; Gutekunst, J.: Elektronik für Ingenieure, VDI-Verlag, Düsseldorf, 1992

Köstner, R.; Möschwitzer, A.: Elektronische Schaltungstechnik, Hüthig Buch Verlag, Heidelberg, 1987

Kühn, E.: Handbuch TTL- und CMOS-Schaltkreise, VEB Verlag Technik, Berlin, 1986

Leonhardt, E.: Grundlagen der Digitaltechnik, Carl Hanser Verlag, München, Wien, 1984

Manck, O.: Simulation und Entwurf digitaler integrierter Schaltungen, Vorlesungsmanuskript, TU Berlin, Institut für Mikroelektronik, Wintersemester 1990/91

Möschwitzer, A.: Halbleiterelektronik, Wissensspeicher, Hüthig Buch Verlag, Heidelberg, 1975

Möschwitzer, A.; Lunze, K.: Halbleiterelektronik, Hüthig Buch Verlag, Heidelberg, 1989

Möschwitzer, A.; Rößler, F.: VLSI-Systeme, VEB Verlag Technik, Berlin, 1988 und Carl Hanser Verlag, München, Wien, 1988

Morgenstern, B.: Elektronik II: Schaltungen, Friedr. Vieweg & Sohn, Braunschweig/Wiesbaden, 1992

Morgenstern, B.: Elektronik III: Digitale Schaltungen und Systeme, Friedr. Vieweg & Sohn, Braunschweig/Wiesbaden, 1989

Post, H.-U.: Entwurf und Technologie hochintegrierter Schaltungen, B. G. Teubner, Stuttgart, 1989

Reinhold, W.: Entwurf dynamischer Halbleiterspeicher, Habilitationsschrift, TU Dresden, Fakultät Elektrotechnik, 26.11.91

Rumpf, K.-H.; Pulvers, M.: Transistor-Elektronik, VEB Verlag Technik, Berlin, 1982

Seifart, M.: Digitale Schaltungen, Hüthig Buch Verlag, Heidelberg, 1988

Tietze, U.; Schenk, C.: Halbleiter-Schaltungstechnik, Springer Verlag, Berlin, Heidelberg, NewYork, London, Paris, Tokyo, Hongkong, 1989

Walker, R. A.; Thomas, D.E.: A Model of Design Representation and Synthesis, 22nd Design Automation Conference, Las Vegas, 1985

Weißel, R.; Schubert, F.: Digitale Schaltungstechnik, Springer-Verlag, Berlin, Heidelberg, NewYork, London, Paris, Tokyo, Hongkong, 1990

Wojtkowiak, H.: Entwurf Integrierter Digitalschaltungen, Vorlesungsmanuskript, Universität-GH-Siegen, 1990

XILINX-Firmenschrift: The Programmable Gate Array Data Book, USA, San Jose, 1989

Sachwortverzeichnis

Simulieren mit PSPICE

von Dietmar Ehrhardt und Jürgen Schulte

*1992. X, 227 Seiten mit 115 Abbildungen. Kartoniert.
ISBN 3-528-04921-9*

Aus dem Inhalt: Erstellung einer „Circuit"-Datei – Wahl der Analysearten – Wahl der Signalquellen – Auswertung der Ergebnisse – Angewandte Beispiele für Simulationen – Digitale Simulation – Modellierung von Bauelementen – PSPICE unter Windows

Das Simulationsprogramm PSPICE gehört heute zum Standard-Werkzeug bei der Simulation elektrischer Schaltkreise. Das Buch bietet eine grundlegende Einführung in die Simulationstechnik und zeigt, wie das Programm PSPICE für den Entwurf und die Optimierung eingesetzt werden kann. Mit der beiliegenden Anforderungskarte kann der Leser die aktuelle Demo-Version dieses Programms kostenlos beziehen.

Über die Autoren: Prof. Dr.-Ing. Dietmar Ehrhardt lehrt an der Universität-Gesamthochschule Siegen im Fachbereich Hochfrequenztechnik.
Dipl.-Ing. Jürgen Schulte ist Mitarbeiter am Institut für Hochfrequenztechnik der Universität-Gesamthochschule Siegen.

Verlag Vieweg · Postfach 58 29 · 65048 Wiesbaden

Optoelektronik

von Dirk Jansen

1993. XII, 275 Seiten mit 271 Abbildungen und 18 Tabellen. (Viewegs Fachbücher der Technik) Kartoniert. ISBN 3-528-04714-3

Aus dem Inhalt: Grundlagen der Optik – Physik der optischen Strahlung – Lumineszenzstrahlungsquellen – Strahlungsdetektoren – Optische Übertragungstechnik mit Lichtwellenleitern – Optische Datenübertragungssysteme – Optische Netzwerke

Das Buch behandelt zunächst die Grundlagen der Optik und vermittelt die fundamentalen Kenntnisse strahlungs-physikalischer Größen. Im zweiten Teil werden ausführlich optoelektronische Lichtquellen und Detektoren vorgestellt. Als typische Anwendung der Optoelektronik beschreibt der Autor die Lichtwellenleitertechnik aus optoelektronischer und nachrichtentechnischer Sicht. Die Abschnitte werden durch Zahlenbeispiele, rekapitulierende Fragen und Übungsaufgaben ergänzt. Das Literaturverzeichnis weist auf umfangreiche Spezialliteratur zu jedem Kapitel hin.

Über den Autor: Prof. Dr.-Ing. Dirk Jansen lehrt an der FH-Offenburg.

Verlag Vieweg · Postfach 58 29 · 65048 Wiesbaden

vieweg